DIERCI
QUANGUO DIMING
PUCHA JISHI

第二次全国地名普查纪实（上）

国务院第二次全国地名普查领导小组办公室 编

中国社会出版社
国家一级出版社 · 全国百佳图书出版单位

图书在版编目（CIP）数据

第二次全国地名普查纪实：上中下／国务院第二次全国地名普查领导小组办公室编．—北京：中国社会出版社，2020. 11

ISBN 978－7－5087－6415－3

Ⅰ. ①第…　Ⅱ. ①国…　Ⅲ. ①地名－普查－中国－工作概况　Ⅳ. ①K92

中国版本图书馆 CIP 数据核字（2020）第 183618 号

书　　名：第二次全国地名普查纪实
编　　者：国务院第二次全国地名普查领导小组办公室

出 版 人：浦善新
终 审 人：尤永弘
责任编辑：魏光洁

出版发行：中国社会出版社　　　邮政编码：100032
通联方式：北京市西城区二龙路甲 33 号
电　　话：编辑部：（010）58124851
　　　　　邮购部：（010）58124848
　　　　　销售部：（010）58124845
　　　　　传　真：（010）58124856
网　　址：www. shcbs. com. cn
　　　　　shcbs. mca. gov. cn
经　　销：各地新华书店

中国社会出版社天猫旗舰店

印刷装订：河北鑫兆源印刷有限公司
开　　本：170mm×240mm　1/16
印　　张：108. 5
字　　数：2000 千字
版　　次：2020 年 12 月第 1 版
印　　次：2020 年 12 月第 1 次印刷
定　　价：320. 00 元（上中下）

中国社会出版社微信公众号

2014 年 4 月 15 日，第二次全国地名普查暨加强和改善地名管理电视电话会议在北京召开。

2019 年 5 月 7 日，第二次全国地名普查总结电视电话会议在北京召开。

2017 年 2 月 28 日，第二次全国地名普查验收暨成果转化视频会议在北京召开。

2017 年 11 月 12 日至 13 日，国务院第二次全国地名普查领导小组副组长、民政部部长黄树贤一行赴湖北省检查指导地名普查工作。

2015 年 7 月 28 日至 30 日，国务院第二次全国地名普查领导小组副组长兼办公室主任、民政部副部长宫蒲光率队赴新疆维吾尔自治区考察地名普查工作。

2018 年 5 月 15 日，民政部副部长唐承沛视察第二次全国地名普查数据机房。

2017 年 9 月 1 日至 3 日，国务院地名普查办副主任、民政部区划地名司司长柳拯率督察组对内蒙古自治区地名普查工作进行实地督查。

2015 年 12 月 2 日至 5 日，国务院地名普查办副主任、民政部区划地名司副司长李伟率督查组对上海市、浙江省地名普查工作进行实地督查。

2015 年 11 月 29 日至 12 月 4 日，国务院地名普查办副主任、民政部区划地名司副司长陈德彧率督查组对福建省地名普查工作进行实地督查。

2017 年 12 月 29 日，国务院地名普查办副主任、民政部区划地名司副巡视员陈克相率督察组对河南省地名普查工作进行实地督查。

2016 年 5 月 24 日至 26 日，国务院地名普查办副主任、民政部区划地名司巡视员孙秀东率督察组对山西省地名普查工作进行实地督查。

2014 年 7 月 9 日，第二次全国地名普查示范培训班（第一批）在吉林省延吉市举办。

2014 年 11 月 26 日至 28 日，全国地名管理和服务培训班在湖南省湘潭市举办。

2015 年 3 月 30 日至 4 月 1 日，全国地名普查与地名标志培训班在福建省厦门市举办。

2015 年 5 月 18 日至 20 日，第二次全国地名普查成果转化示范培训班（第一期）在江苏省南京市举办。

2015 年 7 月 14 日至 16 日，第二次全国地名普查外业作业技术培训班在四川省内江市举办。

2015 年 10 月 28 日至 30 日，第二次全国地名普查数据处理培训班在河南省洛阳市举办。

2015 年 11 月 12 日，《中华人民共和国标准地名图集》《中华人民共和国标准地名录》项目签约仪式现场。

2016 年 3 月 29 日至 4 月 1 日，第二次全国地名普查信息报送和新闻宣传暨地理实体图形修测培训班在湖北省武汉市举办。

2016 年 4 月 18 日至 20 日，地名文化保护暨清理整治不规范地名工作培训班（第一期）在贵州省贵阳市举办。

2016 年 6 月 23 日，第二次全国地名普查档案管理培训班（第一期）在新疆维吾尔自治区乌鲁木齐市举办。

2016 年 12 月 22 日至 23 日，《中华人民共和国标准地名词典》词目表初验暨词条编写第一批培训会在北京举办。

2017 年 2 月 14 日至 16 日，第二次全国地名普查验收工作培训班在广东省广州市举办。

2017 年 4 月 21 日至 22 日，跨省界自然地理实体地名普查项目组在潮白河开展“京津冀”跨省界河流外业调查。

2017 年 10 月 10 日至 12 日，第二次全国地名普查跨省界自然地理实体“接边”审议会在北京举办。

2017 年 11 月 13 日至 15 日，第二次全国地名普查成果数据复核工作会在河北省石家庄市召开。

2018 年 1 月 10 日，国务院第二次全国地名普查领导小组办公室会议在北京召开。

2018 年 3 月 27 日至 29 日，第二次全国地名普查成果数据质量完善培训班在贵州省贵阳市举办。

2017 年 2 月 8 日，北京市召开第二次全国地名普查成果验收工作培训会。

2017 年 1 月 17 日，天津市召开地名普查成果转化应用推动会。

2014 年 11 月 20 日，河北省开展第二次全国地名普查宣传活动。

2016 年 7 月 28 日，山西省召开第二次全国地名普查工作推进会，省地名普查领导小组负责同志与各市民政局签订普查责任状。

2016 年 8 月 4 日，内蒙古自治区第二次全国地名普查工作会议召开。

2017 年 12 月 29 日，辽宁省地名普查办聘请专家对承担地名普查验收任务 3 个单位的工作情况进行全面评审。

2018 年 7 月 10 日，吉林省第二次全国地名普查培训班开办。

2016 年 5 月 15 日，黑龙江省地名文化宣传月“我与地名有约”龙江徒步行启动仪式现场。

2019 年 12 月 25 日，上海市规划资源系统地名普查总结大会颁奖现场。

2017 年 11 月 20 日至 21 日，江苏省第二次全国地名普查成果转化推进会在南京召开。

2017 年 10 月 30 日，浙江省衢州市龙游县举办“让地名说话、讲衢州故事”公益性地名宣传活动。

2015 年 9 月 11 日，安徽省召开皖南 6 市地名普查工作推进会。

2016 年 8 月 17 日，福建省召开第二次全国地名普查工作年中分析会。

2014 年 12 月 31 日，江西省、市、县三级联合开展地名普查“进军营、进学校、进社区、进乡村”活动。

2013 年 11 月 28 日，山东省地名文化建设工作会议代表参观“济南市地名文化书画展”。

2016 年 6 月 16 日，河南省第二次全国地名普查推进会召开。

2018 年 4 月 26 日，湖北省召开全国地名普查标准地名图集编制、档案管理及地名文化遗产保护培训班。

2018 年 4 月 25 日，湖南省举办第二次全国地名普查成果网络展馆开馆仪式。

2017 年 8 月 16 日，广东省佛山市“南海地名文化保育计划”活动在佛山区沥东小学课堂开课。

2017 年 6 月 5 日，广西壮族自治区桂林市雁山区地名普查员向龙岩村老人调查地名来历。

2017 年 6 月 28 日，海南省琼海市召开第二次全国地名普查补查市级验收会。

2015 年 9 月 20 日，重庆市地名普查员运用便携式移动测量系统进行外业测查。

2015 年 6 月 21 日，新疆维吾尔自治区博尔塔拉蒙古自治州精河县开展地名普查宣传活动。

2015 年 12 月 10 日，新疆生产建设兵团普查员安装地名标志牌。

《第二次全国地名普查纪实》

序

地名是基本的社会公共信息，也是重要的社会文化形态和载体，在国家治理、社会生活、经济发展、文化传承、国防建设和国际交往等方面发挥着重要作用。党中央、国务院高度重视地名工作。习近平总书记多次就地名管理工作作出重要指示批示，强调要规范地名管理，传承保护弘扬中华传统优秀地名文化。李克强总理对做好第二次全国地名普查工作、加强地名管理提出明确要求。为贯彻落实习近平总书记重要指示批示精神和李克强总理要求，全面掌握我国地名信息，提高地名管理服务水平，2014 年 1 月，国务院印发《关于开展第二次全国地名普查的通知》，决定于 2014 年 7 月至 2018 年 6 月开展第二次全国地名普查。

第二次全国地名普查是一项基础性、战略性、公益性国情调查，是继 20 世纪 80 年代初完成第一次全国地名普查 30 多年后再次开展的全国地名普查，主要任务是查清地名及相关属性信息，提高地名标准化水平，建设国家地名数据库，加强地名信息化服务，为全社会提供全面准确的地名信息。这次普查时间跨度长、技术难度大、社会关注度高、任务艰巨繁重。为做好第二次全国地名普查工作，国务院成立了由发展改革委、教育部、工业和信息化部、国家民委、公安部、民政部等 25 个部门组成的第二次全国地名普查领导小组，王勇国务委员任领导小组组长，办公室设在民政部。县级以上地方各级人民政府相应成立了普查领导小组及其办公室，办公室设在地名行政主管部门。地名普查期间，各级地名普查机构以高度的政治责任感、使命感，加强组织领导，健全普查规范，开展普查宣传，组建普查队伍，严格标准流程，加强质量监理，推进成果转化应用，高质量完成普查任务。广大地名普查工作者以精益求精的工匠精神，科学求实，不畏险阻，拼搏奉献，攻坚克难，做了大量艰苦而卓有成效的工作。

四年砥砺奋进，四年辛勤耕耘。在党中央、国务院的坚强领导下，在国务院地名普查领导小组各成员单位的紧密配合下，在各级地名普查机构和广大地名普查工作人员的共同努力下，第二次全国地名普查圆满完成，取得了丰硕成果。通过普查，全国共采集地名1320余万条，修测标绘地名图2.4万多幅，比较全面地掌握了全国各类地名的基本信息；标准化处理不规范地名7.9万余条，进一步规范了地名管理，净化了地名环境；新设或更新地名标志68万余块，进一步完善了地名标志体系，为社会提供了更加准确、便捷的地名标志导向信息；建立了国家、省、市、县四级地名信息库，地名管理服务信息化水平明显提升；编纂出版了一批标准地名图、录、典、志和地名文化图书，地名成果转化应用不断深化。地名普查取得的这些重要成果，是弥足珍贵的基础国情资料，是不可或缺的社会公共信息，对于服务人民群众生产生活、促进经济社会发展、维护国家主权和领土完整、推进国家治理体系和治理能力现代化等方面，具有十分重要的意义。

为了多角度、多层次、全面真实记录和反映规模宏大的第二次全国地名普查工作过程，生动展示第二次全国地名普查的成果经验，大力宣扬地名普查工作者的先进事迹和精神风貌，国务院第二次全国地名普查领导小组办公室组织编撰了《第二次全国地名普查纪实》（以下简称《纪实》）。《纪实》分为上、中、下三卷，上卷记述了全国和各省地名普查以及专项普查工作情况，中卷记述了地名普查典型案例和人物风采，下卷汇编了普查政策文件资料。《纪实》记录了第二次全国地名普查工作过程，展示了广大地名普查工作者勇于作为、开拓创新、无私奉献的卓越风采。谨以此书向积极参与第二次全国地名普查工作的领导和同志们表示衷心感谢！向关心支持地名普查工作的社会各界致以崇高敬意！

迈进新时代，奔向新征程！希望全国各级地名工作机构和广大地名工作者以习近平新时代中国特色社会主义思想为指导，发扬第二次全国地名普查形成的优良作风，奋发进取，扎实工作，进一步推进地名普查成果转化应用，加强和改善地名管理，强化地名公共服务，深化地名文化建设，努力开创新时代地名管理服务工作新局面，为促进经济社会协调发展、实现中华民族伟大复兴的中国梦作出新的贡献。

本书编委会

2020年10月

目 录

踏地寻名　助力梦想

——第二次全国地名普查综述

2014 年至 2018 年，第二次全国地名普查全面开展、圆满完成。

这是一次规模宏大的全国地名大盘点，普查范围覆盖全国 31 个省（自治区、直辖市）和新疆生产建设兵团，共普查地名 1320 余万条，标准化处理不规范地名 7.9 万余条，新设、更新地名标志 68 万余块。

这是一次具有重大意义的基础性、公益性、战略性工程，对服务人民群众生产生活、促进经济社会发展、维护国家主权和领土完整、推进国家治理体系和治理能力现代化发挥了重要作用。

这是一次全国各级地名工作队伍的大检阅，在地名普查中他们不辱使命，砥砺前行，无私奉献，向党和人民交上了一份合格的答卷。

全国地名普查工作的背后，是一幅幅恢宏壮美的动人画卷，是一段段值得记忆的光辉历程。

一、科学决策，全面部署

地名是重要的地理信息和社会公共信息，是人类文明发展传承的重要载体，在人们日常生产生活和社会治理、经济发展、文化传承、国防建设和外交等方面发挥着重要作用。中国历史悠久，疆土辽阔，是世界上地名数量最多、地名文化资源最丰富的国家之一，地名管理工作复杂艰巨。加强地名管理、做好地名服务，保护、利用好地名文化资源，对于加强国防建设，服务经济社会发展，促进社会交流交往，健全公共服务管理体系，传承弘扬中华优秀传统文化，具有重要的现实意义和深远的历史意义。

党中央、国务院历来十分重视地名管理工作。中华人民共和国成立以来特别是改革开放后，我国地名管理工作从促进经济社会全面、协调、可持续发展的要求出发，不断优化管理体制，加大财政投入，逐步建立健全地名管理标准、规范，逐步完善地名管理和服务体系，地名管理服务经济社会发展和人民群众日常生活的工作水平不断提高。

1979 年至 1986 年，我国组织开展了第一次全国地名普查。通过地名普查及后续开展的补查工作，重点查清了各类地名形成、演变的历史沿革和现实情况，基本上摸清了地名情况和存在的各种不规范问题，对普查发现的现行地名的各种不规范问题进行了标准化处理。依托普查取得的资料成果，自下而上编撰出版了地名图、地名录、地名志和地名词典等地名工具书，形成了图、文、表、卡等成果。

第一次全国地名普查结束30多年来，随着经济社会的迅速发展、城镇化进程的快速推进、多元文化的共同影响，我国地名情况发生了巨大变化，产生了大量新地名，以及有地无名、名实不符、地名重名、地名用字不规范甚至含义不健康等问题。由于地名补查更新制度不完善、地名变化更新不及时，导致地名基础数据不清，特别是地名信息化建设滞后，已难以适应和满足经济发展和社会各界对地名服务越来越高的需求，迫切需要开展第二次全国地名普查，全面查清我国地名底数详情，完善地名公共服务体系，提升政府公共服务水平。

（一）开展地名普查试点

2009年10月10日，国务院办公厅印发《关于开展第二次全国地名普查试点的通知》（国发〔2009〕58号），决定于2009年10月至2012年12月开展第二次全国地名普查试点。试点范围是天津市塘沽区等362个县（市、区）。

为加强地名普查试点工作组织领导，国务院成立了由民政部、国家海洋局、外交部、公安部、财政部等9个部门组成的第二次全国地名普查试点工作领导小组，领导小组组长由民政部部长李学举担任，副组长由国务院副秘书长张勇、民政部副部长李立国、国家海洋局局长孙志辉担任，办公室设在民政部，办公室下设秘书处、陆地普查指导处和海域普查指导处。各有关省份和新疆生产建设兵团分别成立了地名普查试点领导机构。

通过各级普查试点机构3年多的共同努力，试点工作顺利完成，共普查确定了116万条陆地标准地名，采集了3131万条地名信息条目，采编了2.58亿字地名属性信息，修测标绘出1.5万余幅标准地名图，标准化处理了4.6万余条不规范地名，设置了10.2万个标准规范地名标志，建立、完善了各级国家地名和区划数据库。

第二次全国地名普查试点主要取得四方面成效：一是为加强国防建设、

维护国家主权和领土完整提供了基础地名信息。通过地名普查试点，对我国陆地边境线我方一侧5千米以内的边界地名历史性地进行了系统全面的普查和标准化处理，对重要地理实体设置了标准规范的地名标志。全面准确掌握了边境地区地名基本信息，有利于加强军事交通、通信等战场建设，优化军事设施布局和军事力量部署，提高了国防建设水准。比如，2012年公布了钓鱼岛及其部分附属岛屿标准名称、钓鱼岛等岛屿及其周边海域部分地理实体的标准名称及位置，有力维护了国家主权和领土完整，彰显了民族尊严。二是提升了地名管理能力。通过地名普查试点，全面掌握了试点地区地名的基本情况，对名实不符、一地多名、地名重名、用字不规范甚至含义不健康等不规范地名进行了标准化处理，新设置了大量标准规范的地名标志标牌，建立、完善了各级国家地名和区划数据库，大大增强了地名管理能力和效能。同时，各地以普查试点获得的地名信息为基础，逐步建立起地名动态更新机制，进一步提高了地名规范化管理水平。三是提高了地名公共服务水平。通过地名普查试点，为社会各界和广大人民群众提供了更加准确、现势的地名基础信息。各地利用地名普查成果编制了标准地名图、录、典、志等出版物，建立、充实、完善了地名网站，开发研制了地名信息化服务产品，提升了地名公共服务能力。四是探索积累了普查经验。通过地名普查试点，在较为翔实地掌握了试点地区地名基本信息的基础上，探索和积累了地名普查流程管理、信息技术应用和质量监控等方面的成果和经验，为全面开展第二次全国地名普查探索了一套行之有效的工作机制和方法。

（二）部署开展全国地名普查

第二次全国地名普查试点结束后，组织开展第二次全国地名普查的时机日渐成熟。2012年3月，国务院副总理回良玉在第十三次全国民政会议上的讲话中提出“开展第二次全国地名普查”的要求。《民政事业发展第十二个五年规划》作出“开展第二次全国地名普查”有关安排。2013年4月，民政部就全面开展第二次全国地名普查征求各省（自治区、直辖市）民政厅（局）和有关地名行政部门的意见；9月，征求了有关中央和国家机关部门的意见。2013年10月，民政部向国务院上报了关于开展第二次全国地名普查的请示。

2014年1月23日，国务院印发《关于开展第二次全国地名普查的通知》（国发〔2014〕3号），决定开展第二次全国地名普查。《通知》指出，地名是基础地理信息，地名普查是一项公益性、基础性的国情调查。开展地名普查，有利于维护国家主权和领土完整、巩固国防建设，有利于经济社会协调发展，有利于社会交流交往、方便人民群众生产生活，对提高政府管理水平和公共服务能力具有重要意义。普查的目的是查清地名基本情况，掌握地名基础数据，提高地名标准化水平，加强地名信息化服务建设，为社会提供全面准确的地名信息。《通知》明确，这次全国地名普查的范围包括第二次全国地名普查试点区域以外的全国所有陆地国土（不含香港特别行政区、澳门特别行政区、台湾省）。普查从2014年7月1日开始，到2018年6月30日结束，分三个阶段实施。《通知》指出，此次地名普查范围大、涉及面广、情况复杂、技术要求高，为加强领导、确保工作顺利开展，成立国务院第二次全国地名普查领导小组，负责统一制订实施方案、工作规程和普查的组织实施，协调解决工作中的重大问题。领导小组办公室设在民政部，主要承担领导小组日常工作，负责全国地名普查工作的业务指导和督促检查。《通知》要求，普查工作要按照“统一领导、分工协作、分级负责、共同参与”的原则组织实施。领导小组各成员单位要密切配合、通力协作，各司其职、各负其责，共同做好普查工作。普查涉及的县级以上地方各级人民政府要相应成立地名普查领导小组及其办公室，按照国务院第二次全国地名普查领导小组的规定和要求，负责组织本行政区域地名普查工作。各地区、各有关部门要充分认识、广泛宣传第二次全国地名普查的重要意义，加强组织领导，周密部署，统筹协调，确保普查任务顺利完成。普查工作人员要严守工作纪律，按照有关政策规定、工作规程和技术标准认真做好普查工作，确保普查数据真实可靠。

《通知》的印发，标志着第二次全国地名普查工作的正式部署开展，揭开了第二次全国地名普查的序幕。《通知》印发后，民政部认真贯彻落实《通知》精神，在各相关部门的大力支持下，全面启动第二次全国地名普查机构组建、工作部署、实施准备等各项准备工作。

（三）建立组织领导机构

《通知》明确了国务院第二次全国地名普查领导小组组成人员名单。组长由国务委员王勇担任，副组长由民政部部长李立国、民政部副部长宫蒲光、国务院机关党组纪检组组长阎京华、总参谋长助理乙晓光担任。组成人员为发展改革委、教育部、工业和信息化部、国家民委、公安部、财政部、国土资源部、住房城乡建设部、交通运输部、水利部、文化部、卫生计生委、工商总局、统计局、林业局、旅游局、宗教局、能源局、测绘地信局、铁路局、民航局、文物局、中国地方志指导小组办公室等25个部门的相关领导。此后，为确保地名普查工作顺利进行、持续加强领导，根据领导小组成员岗位变动情况和工作需要，国务院第二次全国地名普查领导小组先后两次印发通知对部分组成人员进行了调整。2014年10月，领导小组副组长中总参谋长助理乙晓光调整为总参谋长助理高津，同时调整了3个部门的领导小组成员。2017年1月，领导小组副组长中民政部部长李立国调整为民政部部长黄树贤；增加国务院副秘书长孟扬，总参谋长助理高津调整为中央军委联合参谋部副参谋长徐粉林，同时调整了15个部门的领导小组成员。国务院地名普查领导机构的建立健全，为地名普查工作顺利实施提供了有力组织保障。在日常工作层面，国务院第二次全国地名普查领导小组成员单位还分别明确了一名相关业务司局领导为具体联络人，承担相关沟通协调工作。

为做好国务院地名普查领导小组日常工作，民政部抓紧着手筹备组建地名普查领导小组办公室。2014年4月30日，国务院地名普查办印发《关于地名普查机构设置等有关事项的通知》（国地名普查办发〔2014〕2号），明确了国务院地名普查办主要职责、组成人员及内设机构等事项。《通知》指出，国务院地名普查办的主要职责是拟订地名普查实施方案，制定普查技术规范，组织普查宣传，联系协调领导小组成员单位，负责地名普查会议组织、业务培训、检查指导验收、成果上报和建档，指导建立、完善各级地名普查数据库，组织编纂普查地区标准地名图、录、典、志以及组织地名信息综合应用服务等。办公室主任由民政部副部长宫蒲光担任，副主任由民政部区划地名司司长柳拯、总参谋部测绘导航局局长薛贵江、民政部区划地名司副司长黄茹、民政部区划地名司巡视员孙秀东、民政部地名研究所所长许启大等担任。《通知》还明确了办公室下设秘书处、业务指导处和成果转化处三个处及各处职责，并要求各地要抓紧成立地名普查领导小组及其办公室，明确职责，确定人员，落实经费。

为使新设地名普查机构尽快运转，民政部对区划地名司相关处室职能、人员配置及岗位进行了调整，并从中央军委总参谋部、民政部地名研究所调剂了工作人员，及时组建了普查办公室内设机构。新成立的国务院地名普查办迅速制定了会议制度、工作计划和总结报告制度、调查研究和督查督办制度、发文管理制度、印章管理制度、信息审核和发布制度、工作简报制度等各项工作制度，认真履行联络沟通和综合协调的职能，及时研究解决地名普查准备阶段中遇到的各种问题，确保第二次全国地名普查迅速启动开展。

国务院地名普查办《关于地名普查机构设置等有关事项的通知》印发后，各省、自治区、直辖市和新疆生产建设兵团按照要求相继成立了地名普查领导小组及办公室，共设立普查机构6400个，形成了“政府主导、民政牵头、部门协作、社会参与”的地名普查工作格局，有效加强了地名普查工作的组织领导，保证了地名普查工作上下协调一致。

（四）全面进行动员部署

2014年3月12日，国务院第二次全国地名普查领导小组第一次全体会议在北京召开，国务委员、国务院第二次全国地名普查领导小组组长王勇主持会议并讲话。民政部部长、国务院地名普查领导小组副组长李立国就第二次全国地名普查工作安排作了说明。会议审议了普查实施方案，研究部署全面开展第二次全国地名普查工作。国务院机关党组纪检组组长阎京华，领导小组成员单位有关负责同志、领导小组办公室全体成员共70余人出席会议。会议指出，开展第二次全国地名普查，是新形势下国务院作出的一项重要决定。地名普查领导小组各成员单位要充分认识地名普查的重要意义，全面把握地名普查的任务要求，明确任务，把握原则，科学安排，保证质量，搞好应用。各部门要切实加强对地名普查的组织领导，进一步增强责任感和紧迫感，按照“统一领导、分工协作、分级负责、共同参与”的原则，根据普查总体方案和进度要求，精心组织实施，共同做好普查各项工作。要加强领导、落实责任，将地名普查工作切实放到本单位、本部门的重要议事日程来安排，确保普查工作有人抓、有人管、有人做，落到实处。要密切协作、形成合力，民政部要发挥好牵头作用，领导小组办公室要履行好统筹协调的职责，各成员单位要加强本系统业务指导和督促检查。要抓好培训、提升能力，把培训工作作为确保地名普查的基础性工作，通过培训指导提高普查人员的能力素质，确保普查实施效果。要强化保障，勤俭普查，精打细算，厉行节约，加强监管。要积极宣传、搞好动员，通过多种形式广泛深入宣传地名普查工作的重要性，让社会充分了解地名普查的目的、意义，营造良好的普查工作氛围和环境，形成全社会共同推进地名规范发展的新局面。会议审议并原则通过了《第二次全国地名普查实施方案》，并决定拟于4月中旬召开第二次全国地名普查电视电话会议，全面部署和启动普查工作。

2014年4月15日，国务院第二次全国地名普查领导小组在北京召开第二次全国地名普查暨加强和改善地名管理电视电话会议，对全国地名普查工作进行全面动员部署。国务委员、国务院第二次全国地名普查领导小组组长王勇出席会议并讲话。会议指出，开展第二次全国地名普查，是加强地名管理、提高社会治理水平的迫切需要，是服务经济社会发展和人民群众生活的迫切需要，是传承和弘扬优秀传统文化的迫切需要，是巩固国防和军队建设的迫切需要，各地区、各部门要认真贯彻落实《国务院关于开展第二次全国地名普查的通知》精神，充分认识开展地名普查的重要意义，准确把握第二次全国地名普查的任务要求，明确目标任务，保证普查质量，创新科技手段，搞好成果应用。各级地名管理部门要以地名普查为契机加强和改善地名管理，进一步加强地名命名更名管理，促进地名管理规范有序；强化地名标志设置和管护，健全城乡地名标志导向体系；加快推进地名信息化建设，提高管理和服务效率；积极开展地名文化建设，传承和弘扬优秀地名文化。会议强调，各地区、各部门要高度重视第二次全国地名普查工作，切实加强组织领导，按照“统一领导、分工协作、分级负责、共同参与”的原则，扎实开展地名普查，切实加强和改善地名管理，努力开创地名事业新局面。会上，国务院第二次全国地名普查领导小组副组长、民政部部长李立国对第二次全国地名普查工作总体安排情况作了说明。总参谋部总参谋长助理乙晓光作了发言，山东、福建、广西三省（自治区）政府负责同志介绍了地名普查试点工作经验。各省、自治区、直辖市、新疆生产建设兵团及部分市、县第二次全国地名普查领导小组成员及相关负责同志参加会议。

为抓好《国务院关于开展第二次全国地名普查的通知》和全国电视电话会议精神的贯彻落实，切实加快推进全国地名普查工作，2014年5月9日，国务院地名普查办印发《关于加快推进第二次全国地名普查工作的通知》（国地名普查办发〔2014〕4号），对各地地名普查启动环节的各项工作进行了全面部署。《通知》要求各地高度重视普查工作，抓紧组建普查机构，尽快制订实施方案，及时落实普查经费，切实抓好培训和宣传，加快推进和科学部署普查工作。《通知》还明确提出，国务院地名普查办将建立督查督办制度和信息交流通报制度，定期督查和通报各地普查进展情况，各地要及时向国务院地名普查办报送普查信息。

《国务院关于开展第二次全国地名普查的通知》、国务院地名普查办《关于加快推进第二次全国地名普查工作的通知》等文件下发和全国第二次地名普查暨加强和改善地名管理电视电话会议召开后，各地迅速行动，深入贯彻落实国务院决策部署，纷纷召开省级第二次全国地名普查暨加强和改善地名管理会议，对地名普查工作进行动员部署。同时，组建地名普查机构、研究制定普查制度规范、积极争取落实普查经费、广泛开展普查宣传动员，建立普查队伍，为全面推进普查工作奠定基础。截至 2014 年 6 月底，山东、重庆、安徽、甘肃、河北、内蒙古等省（自治区、直辖市）印发了关于开展第二次全国地名普查的通知；天津、河北、山西、上海、江苏、浙江、安徽、广西、湖北、重庆、贵州、青海等省（自治区、直辖市）召开了省级第二次全国地名普查暨加强和改善地名管理会议；天津、河北、山西、辽宁、吉林、上海、安徽、河南、湖北、广西、四川、贵州、西藏、宁夏、新疆等省（自治区、直辖市）完成了普查实施方案的制订。到 2014 年年底，各地地名普查机构均细化制订了本级地名普查实施方案，各省级地名普查机构完成了省级地名普查实施方案的报批工作。

在部署开展第二次全国地名普查的同时，国务院地名普查领导小组研究决定统筹开展普查试点地区地名补查工作。由于 2012 年第二次全国地名普查试点工作结束以来，试点地区的地名情况发生了一些变化。同时，第二次全国地名普查在普查内容、标准规范、成果应用等方面也提出了更高的要求，为确保全国地名普查成果的时效性、规范性和完整性，需要试点地区按照第二次全国地名普查统一时间节点要求，一并开展地名补查和资料更新工作。2014 年 9 月 16 日，国务院地名普查领导小组印发《关于做好第二次全国地名普查试点地区地名补查工作的通知》（国地名普查组发〔2014〕4 号）。《通知》要求，各地要高度重视试点地区地名补查工作，切实加强组织领导，将地名补查与全面普查同部署、同安排、同推进。要在前期试点普查成果的基础上，认真搞好地名补查和资料更新整理，提前完成相关阶段性工作，率先开展成果转化利用，建立地名信息更新维护长效机制，更好发挥试点地区的示范引领作用。《通知》下发后，各地按要求组织试点地区开展地名补查工作。

2014 年 12 月 30 日，在第二次全国地名普查标准时点到来之际，为总结交流普查准备阶段工作，对全面普查阶段工作进行进一步动员部署，国务院地名普查领导小组办公室在北京召开第二次全国地名普查工作推进视频会议。国务院地名普查领导小组副组长、民政部部长李立国出席会议并讲话。国务院地名普查领导小组副组长兼办公室主任、民政部副部长宫蒲光主持会议，浙江省、江西省、西藏自治区民政厅负责同志作经验交流。国务院地名普查领导小组成员单位联络员及办公室成员，各省、自治区、直辖市、新疆生产建设兵团以及有关市县领导小组成员单位联络员及办公室成员参加会议。会议指出，2014 年 1 月国务院通知印发以来，各级地名普查机构深入贯彻落实国务院决策部署，精心组织，周密安排，扎实推进地名普查前期准备工作，为普查工作全面实施打下了良好基础。当前地名普查工作要全面铺开，各级地名普查机构要从战略高度和长远角度，充分认识地名普查全面实施阶段工作的重要性，进一步增强紧迫感，深入推进各项地名普查工作。要准确把握关键环节，妥善处理各方关系，特别是处理好地名普查与地名管理、全面普查与试点补查、履行职能与借助外力之间的关系，切实保证人身安全、资金安全和数据安全。会议对做好 2015 年地名普查各项工作作了全面部署，强调 2015 年是第二阶段地名普查的开局之年，各级地名普查机构一定要发挥组织领导作用，认真组织实施，做到科学调查、科学管理、科学推进，确保从 2015 年起至 2017 年 6 月每年完成普查县级政区总数的 40%、40% 和 20%。要着力搞好制度建设，在质量控制、经费管理、规划制定、细化设计上下功夫。要着力推进重点工作，抓好软件研发、队伍建设、经费落实、普查宣传、成果转化，以点带面，推进普查工作深入开展。这次会议，是在第二次全国地名普查准备阶段和全面实施阶段转换节点上召开的一次承上启下的会议，对指导推动全国各地全面实施开展地名普查发挥了重要作用。

（五）制定普查工作规范

在普查准备阶段，为指导推动各地地名普查工作有序实施，国务院地名普查领导小组和办公室组织先后制定印发《第二次全国地名普查实施方案》《第二次全国地名普查工作规程》《第二次全国地名普查数据建库与管理软件设计规范》等工作制度规范。

2014 年 4 月 11 日，国务院第二次全国地名普查领导小组印发《第二次全国地名普查实施方案》（国地名普查组发〔2014〕1 号），对地名普查的目标任务、普查范围、组织实施、职责分工、时间安排、方法步骤等内容进一步作出了细化明确。《实施方案》指出，此次普查的总体目标任务是查清地名基本情况，对有地无名的有地名作用的地理实体进行命名，对不规范地名进行标准化处理，设置标准规范的地名标志，建立、完善各级国家地名和区划数据库，加强地名信息化服务建设，发挥地名在促进经济社会协调发展、方便人民群众生产生活、加强国防建设和维护国家主权与领土完整等方面的基础作用。《实施方案》明确地名普查以县级行政区为单位进行，省、市、县级地名普查办公室设在地名主管部门。《实施方案》对国务院地名普查领导小组、国务院地名普查办以及领导小组成员单位职责作出了进一步明确，细化了普查3个阶段的时间安排以及方法步骤。普查第一阶段为2014年7月至12月，所有普查地区完成组织动员、成立机构、搜集资料、制订方案、人员培训等各项准备工作。第二阶段为2015年1月至2017年6月，完成所有地区的普查和各级检查验收工作。第三阶段为2017年7月至2018年6月，完成成果完善、上报、汇总工作，建立档案，开展普查成果转化利用。《实施方案》还对普查的技术规范、保密管理、跨省界地理实体、军事管理区、民族地区地名普查、普查宣传等方面提出了工作要求。《第二次全国地名普查实施方案》为各级组织实施第二次全国地名普查提供了基本的制度依据。

2014年4月18日，国务院地名普查领导小组印发《第二次全国地名普查工作规程》（国地名普查组发〔2014〕3号），明确了地名普查的具体流程方法、技术标准等要求。《工作规程》共有10章55条，分别对地名普查内容、地名普查基本流程、地名在地图上的标注、地名标准化处理、地名标志设置、地名普查表格填写、数据库建设、普查验收与成果上报8个方面作出规定要求。比如，在地名普查内容方面，确定了本次普查包括除海域类地名以外的陆地水系，陆地地形，行政区域，群众自治组织，非行政区域，居民点，交通运输设施，水利、电力、通信设施，纪念地、旅游景点，建筑物，单位11大类地名。不仅明确了地名的属性信息，同时也明确了地理实体的相关信息。在数据库建设方面，明确提出了国家、省、市、县统一使用国家地名和区划数据库管理系统，建立本级国家地名和区划数据库。《第二次全国地名普查工作规程》为各地开展地名普查提供了基本的工作依据和标准要求，是指导开展第二次全国地名普查工作的基本规范。

为及早指导各地做好地名普查数据库建设和软件研发工作，2014年9月23日，国务院地名普查办印发《第二次全国地名普查数据建库与管理软件设计规范》（国地名普查办发〔2014〕32 号）及其解读。《规范》从第二次全国地名普查数据建库与管理软件的软件设计、国家地名和区划数据库设计、数据要求、安全要求 4 个方面进行了规定。《规范》要求，各省（自治区、直辖市）及新疆生产建设兵团地名普查领导小组应根据本规范，统一组织本地区软件研发，并下发使用。《第二次全国地名普查数据建库与管理软件设计规范》是适应信息化发展的新形势，针对第二次全国地名普查的信息数据采集、保存、汇交等方面作出的基础性技术规范，对各地提前做好普查准备工作发挥了重要的指导作用。

为高起点、高标准、高水平推进地名普查工作，保证普查质量，国务院地名普查办发挥地名专家学者的人才智力优势，着手建立普查技术支持体系。2014 年 5 月 14 日，印发《关于成立第二次全国地名普查专家咨询委员会的通知》（国地名普查办发〔2014〕5 号），成立了第二次全国地名普查专家咨询委员会。委员会由中国科学院、中国社会科学院、中国人民大学、国家测绘地理信息中心、总参测绘研究所、民政部地名研究所、中国地名文化遗产保护促进会等单位的 24 名院士、研究员、教授、工程师组成，负责研究协调和解决地名普查中遇到的重大技术问题，提供相关咨询、论证和评估意见，提出地名普查政策制度、技术指导等方面的建议。同时，确定民政部地名研究所、总参测绘信息技术总站、厦门精图信息技术股份有限公司为第二次全国地名普查技术支持单位，加强对各地地名普查的技术支持，帮助地方解决地名普查技术问题。各地参照国家层面的做法，结合工作实际，相继聘请当地历史、文化、地理专家学者及热爱地名文化的专家、教授组成各级专家组和专家顾问团队，技术支持体系逐步建立健全。

（六）举办普查示范培训

为搞好第二次全国地名普查培训工作，切实提高地名普查工作人员业务水平和工作能力，2014 年 6 月 10 日，国务院地名普查办印发《第二次全国地名普查培训工作方案》（国地名普查办发〔2014〕8 号）。《方案》明确提出以第二次全国地名普查有关政策文件、工作规程、技术标准、相关知识为培训重点，采用集中授课、现场答疑、软件系统操作、成果观摩等多种形式，按照“统筹规划、分级负责、逐步实施”的原则，2014 年年底前完成综合性培训，2015 年至普查工作结束前，结合外业调查、内业整理和成果转化等工作需要，有针对性地开展专项业务培训。

为了实现培训工作的科学系统，2014 年 4 月至 7 月，国务院地名普查办组织编写了《第二次全国地名普查指导手册》《第二次全国地名普查百问解答》和《第二次全国地名普查案例汇编》系列培训教材，由中国社会出版社正式出版发行，印发供全国地名普查培训班使用。系列教材介绍了普查意义、任务要求、组织实施、操作规程和地名基础知识等内容，针对普查技术难点、工作细节、指标解释、具体方法等难点、疑点问题进行了解答，交流了普查试点省市县外业调查、内业整理、检查验收、机构设置、队伍建设等方面的经验做法，对指导各地培训发挥了积极的作用。

示范培训是保证普查工作扎实推进的重要环节，对指导各地搞好培训具有重要引领意义。根据《第二次全国地名普查培训工作方案》的安排，2014 年 6 月 16 日，国务院地名普查办印发《关于举办第二次全国地名普查示范培训班的通知》（国地名普查办发〔2014〕9 号），决定于 2014 年 7 月至 8 月，在吉林延吉市、重庆市、湖南长沙市和河北昌黎县连续集中举办 4 批全国地名普查示范培训班。示范培训以提高各级地名普查人员业务水平为目标，以准确把握地名普查的政策要求和目标任务，明确地名普查有关技术规范和操作标准为重点，各省级、地级地名普查办有关领导及业务骨干近 600 人参加了培训。示范培训期间，国务院地名普查办有关人员就普查政策、实施方案、工作规程以及普查数据建库与管理软件设计规范等内容进行了全面系统的解读，相关地名专家就地名标准化、地名用字读音审定、地名文化保护与挖掘以及图形数据采集与标注等内容进行了专题讲解。示范培训班还结合参训人员提出的问题，有针对性地开展了多种形式的政策咨询，重点难点问题解答等教学活动，并利用多媒体设备对地名普查图形处理环节和数据入库环节进行了实际演示。示范培训课程设计全面、内容多维、覆盖面广，既有政策解读，又有经验介绍，涵盖了地名普查的各个工作程序，对指导各地搞好培训起到了重要的示范指导作用。示范培训结束后，各省（自治区、直辖市）按照培训工作方案的总体要求，陆续组织开展了对市县普查人员的培训，指导解答基层遇到的有关政策及技术问题，提高了全国地名普查队伍的专业能力。

（七）广泛开展普查宣传

第二次全国地名普查涉及社会生产、生活的各个方面，需要深入宣传，广泛发动，举全民之力，形成全社会积极参与、大力支持地名普查的良好社会氛围。为确保第二次全国地名普查顺利启动实施，国务院地名普查办公室高度重视准备阶段的宣传发动，采取多种举措，大力宣传地名普查的目的意义、内容要求，积极营造良好的社会舆论氛围。

一是制订普查宣传工作方案。2014 年 5 月 23 日，国务院地名普查办印发《第二次全国地名普查工作宣传方案》（国地名普查办发〔2014〕6 号）。《方案》指出，地名普查宣传工作要按照“围绕普查搞宣传，搞好宣传促普查”的总体要求，以普查政策、普查成果、普查经验与先进事迹宣传为重点，以保障和提升宣传效果为核心，重点宣传地名普查的重要意义、地名普查的内容和要求、地名普查中的先进经验和典型事迹、地名文化的传播和弘扬等。《方案》结合不同阶段普查任务，确定了每年的宣传工作重点，要求各级地名普查领导小组及其办公室加强对宣传工作的组织指导，组织策划开展多种形式的宣传活动，确保各阶段宣传工作落到实处。

二是征集发布地名普查标志和宣传口号。为搞好地名普查宣传，国务院地名普查办组织设计了第二次全国地名普查标志。地名普查标志整体形状为传统圆形徽标样式，以蓝色为主色调，以中国地名图为主体，上面写有“第二次全国地名普查”文字和地名普查的拼音首字母。标志简洁醒目，表意准确，易于传播推广。主要含义包括以下方面：一是蓝色象征这次地名普查的庄重严谨，也体现这次普查数字化、信息化的特点；二是中间的中国地图表示这次普查的范围为全国，也象征着普查工作的国家属性和公益性；三是中国地图底部纹案为地球维度的立体化、技术化处理，象征着地名具有指位定位功能，具有服务全球交流交往的作用；四是外围装饰纹样为飘带形成的阿拉伯数字 2 的变体，代表这是我国历史上第二次全国地名普查。同时，标志整体呈圆形也代表这次普查能够进展顺利，圆满完成任务。

为动员社会各界广泛参与支持地名普查工作，2014 年 4 月 18 日，国务院地名普查办印发《关于征集第二次全国地名普查宣传口号的通知》（国地名普查办发〔2014〕1 号），启动了为期 20 天的地名普查标志和宣传口号征集活动。在各地的广泛发动和积极组织下，征集活动得到社会各界人士包括民政干部、社区居民、教师、技术工作者的大力支持和广泛参与，共征集宣传口号 2200 多条。经筛选，确定了普查意义、普查动员、普查原则、地名文化 4 类共 100 条宣传口号，作为第二次全国地名普查宣传推荐使用口号。2014 年

5 月 23 日，国务院地名普查办印发了《关于发布第二次全国地名普查标志和推荐使用宣传口号的通知》（国地名普查办发〔2014〕7 号）。各地按照通知要求，充分利用报刊、广播、电视、互联网等多种媒体，在城市农村、街头巷尾，广泛发布这些宣传口号，推动第二次全国地名普查走进社会、走进基层、走进群众。

三是搭建宣传平台。为加大普查宣传，强化普查指导，反映普查进展，展示普查成果，国务院地名普查办充分借助网络和信息化手段，组织力量设计建立了“国家地名普查网”官方网站，2014 年 7 月 6 日正式开通。国家地名普查网以集中宣传第二次全国地名普查工作为重点，及时发布全国各地地名普查工作情况。首页设置了通知公告、普查新闻、工作简报、普查机构、地方动态、成果转化等 8 个板块，以及概况、机构、文件、指导、宣传、聚焦、进展、下载等滑动栏目，并实现了与民政部官方网站的链接。7 月 9 日，正式开通了“第二次全国地名普查”微信公众平台。平台首页设 3 个类别菜单：一是微官网，下设国家地名普查网、中国行政区划网、信息报送整理平台 3 个链接，实现多渠道、多方位普查宣传；二是最新资讯，下设通知公告、普查要闻、普查简报 3 个子栏目，及时发布和普查相关的政务信息及相关政策；三是全民普查，下设普查纪实、地名文化、地名故事 3 个子栏目，将普查成果以纪实和故事的形式服务大众。国家地名普查网和地名普查微信公众号的建立和开通运行，进一步扩大了地名普查工作的社会影响力，成为社会各界了解、认识地名普查工作的重要窗口，是指导各地扎实推进工作、宣传典型做法经验的重要途径和阵地。为进一步发挥国家地名普查网站作用，提升网站质量，扩大网站影响，9 月 15 日，国务院地名普查办公室印发《关于充分发挥国家地名普查网作用推进地名普查工作的通知》（国地名普查办发〔2014〕29 号），要求各地充分认识国家地名普查网作用，积极参与国家地名普查网建设，着力做好普查信息报送工作，抓紧开通各级地名普查网站。

四是制作投放普查宣传用品。根据《第二次全国地名普查宣传工作方案》要求，为确保在全国地名普查宣传月掀起高潮，国务院地名普查办采取公开招标方式，委托有关专业公司组织设计制作了系列地名普查宣传品，包括 1 万册地名普查宣传手册、5 款 15 万张地名普查宣传海报、1 套地名普查宣传片、2 套地名普查公益广告、1 万个普查徽章等。有关宣传品完成制作后，国务院地名普查办及时发放各地使用。地名普查公益广告在中央电视台播放，引发了社会的广泛关注。同时还充分借助报纸、杂志等平面媒体，加强地名普查宣传，先后在《中国社会报》《中国地名》杂志等开辟地名普查专栏，策划专题报道，解读地名普查的目的意义、普查方式方法，介绍相关法律法规、地名知识。

五是组织开展宣传活动。为使社会更加全面了解、关注和支持地名普查工作，2014 年 5 月 22 日，国务院地名普查办在北京召开第二次全国地名普查新闻发布会。国务院地名普查领导小组副组长兼办公室主任、民政部副部长宫蒲光出席发布会。人民日报社、中央电视台、中央人民广播电台等 36 家媒体记者共 70 余人参加会议。发布会介绍了全国第二次地名普查的总体情况、普查工作的筹备准备情况，以及下一步工作安排。

2014 年 6 月，民政部区划地名司联合中国摄影家协会共同发起“以省界为‘线’，让边界上的地名化成美丽的‘图片’”全国省界地名文化图片征集活动。在历时 4 个半月的活动期间内，全国民政系统广大干部职工和社会各界摄影人士踊跃参与，累计投稿图片近 10000 幅。经评选会评选，共选出优秀作品 150 幅，包括一级收藏 5 幅、二级收藏 10 幅、三级收藏 15 幅和入选作品 120 幅。2014 年 11 月，民政部区划地名司组织策划了全国地名知识有奖竞答活动。此次活动试题涵盖地名理论、政策法规、地名普查、地名标准化、地名译写、地名标志、地名管理、地名信息化等方面内容，共收到有效答题卡 1000 余份。根据竞赛成绩，抽取一等奖 3 名、二等奖 5 名、三等奖 7 名。这些地名文化宣传普及活动进一步增强了社会公众对地名工作的认知度和关注度，为第二次全国地名普查营造了浓厚的社会氛围。

2014 年 12 月 31 日为第二次全国地名普查标准时点，地名普查工作由准备阶段进入全面实施阶段。为更好宣传地名普查，推进普查顺利展开，2014 年 12 月 9 日，国务院地名普查办印发《关于开展地名普查集中宣传活动的通知》（国地名普查办发〔2014〕46 号），要求各地集中在 12 月 30 日至 31 日，以“开展地名普查，弘扬地名文化”为主题，掀起地名普查宣传新高潮。12 月 30 日，国务院地名普查办联合北京市地名普查办在北京王府井步行街组织举办了“开展地名普查、弘扬地名文化”的主题宣传活动。国务院地名普查领导小组副组长兼办公室主任、民政部副部长宫蒲光与北京市地名普查领导小组组长、副市长戴均良参加了宣传活动，并在现场与群众积极互动，共同观看地名普查宣传展板、地名普查宣传片和公益广告片，体验北京市历史文化地理信息系统。活动现场还发放了第二次全国地名普查宣传册、北京市地名普查活动地图折页等宣传材料。与此同时，河北、江苏、山东、山西、四川、西藏、云南、重庆、福建、江西、河南、宁夏、甘肃、广东、贵州、湖北等省（自治区、直辖市）按照国务院地名普查办统一要求，分别组织开展了地名普查街头宣传活动，以猜地名谜语、讲地名故事、发地名资料、宣传品等方式，积极宣传地名普查工作和地名法规，展示地名文化建设成果，让地名普查宣传进社区、进军营、进企业、进学校。据统计，截至 2014 年年底，全国 31 个省（自治区、直辖市）和新疆生产建设兵团累计开展宣传活动 13 万余场次，咨询群众达 1.1 亿余人次，为全国地名普查顺利开展创造了良好的舆论环境。

二、精心组织，扎实推进

2015 年，第二次全国地名普查转入全面实施阶段。在国务院地名普查领导小组领导指挥和办公室组织协调下，在各成员单位大力协助支持下，全国各级地名普查机构按照普查实施方案要求，紧紧围绕普查总体目标和实施阶段工作任务，以高度的责任感和使命感，科学统筹，精心组织，在健全制度、明确标准、严控质量、精准实施等方面狠下功夫，扎实推进各项普查工作。

（一）强化普查制度建设

国务院地名普查办紧密结合全国地名普查工作实际，注重顶层设计，着力加强制度规范建设，在普查资金管理、质量管理、成果验收、成果转化等方面先后制定印发制度规范 20 余项；各省（自治区、直辖市）结合本地实际制定省级普查规范性文件 230 多个，形成了一整套系统严密、配套完备、相互衔接、运行有效的地名普查制度规范体系，使地名普查各项工作有章可循、规范有序，有力指导和推动了地名普查顺利实施。

1. 资金管理方面。为加强第二次全国地名普查资金管理、确保资金安全规范使用，2015 年 5 月 21 日，国务院地名普查办印发《第二次全国地名普查专项资金使用管理办法》（国地名普查办发〔2015〕10 号），对地名普查专项资金的预算编制、分配方案、使用范围、监督检查、绩效评估等作出明确规范。《办法》规定，普查资金专款专用，任何单位和个人不得截留、挤占或挪用，不得用于楼堂馆所建设、车辆购置等项目，不得用于缴纳罚款、违约金、滞纳金、归还贷款本息、捐赠、赞助、对外投资等。《办法》强调，全国各级地名普查办要加强监督检查，强化风险防控，确保专款专用、廉洁高效。

2. 质量管理方面。为规范第二次全国地名普查质量管理，2015 年 5 月 25 日，国务院地名普查办印发《第二次全国地名普查质量管理规定》（国地名普查办发〔2015〕11 号）。《规定》以实现质量管理全过程、全覆盖为目标，科学确定了地名普查质量管理的主体、范围、内容和责任，明确了普查准备、实施、验收等各阶段的质量管理要求。《第二次全国地名普查质量管理规定》为各地开展地名普查质量管理提供了基本制度依据。

为进一步加强地名普查质量管理，指导各地更好把握普查质量的关键环节，2015 年 11 月 23 日，依据《第二次全国地名普查质量管理规定》，国务院地名普查办印发《第二次全国地名普查质量评价体系》（国地名普查办发〔2015〕27 号）。《评价体系》按照组织管理、地名调查、地名标准化、地名标志、数据库建设、成果表、检查验收、普查档案 8 项指标，采取三级权重加权计算方式，对相应地名普查机构完成目标工作质量进行评价。《第二次全国地名普查质量评价体系》进一步细化了地名普查质量的各项指标要求，为提高地名普查质量提供了制度保障。

3. 数据规范方面。地名普查进入实施阶段以来，各地按照普查实施方案、工作规程和数据建库与管理软件设计规范要求，有效推进普查工作。但在实施过程中，仍不同程度存在对地名文化属性信息采集认识不足、重视不够、挖掘不深入、采写不翔实等问题；存在重技术轻文化、重资料整理轻实地考证等失衡现象，直接影响普查成果质量。为进一步规范和加强地名文化属性信息采集工作，2016 年 5 月 19 日，国务院地名普查办印发《关于进一步加强地名文化属性信息采集工作的通知》（国地名普查办发〔2016〕11 号）。《通知》指出，地名是文化的载体，文化是地名的灵魂，系统采集整理地名文化属性信息是地名普查的核心任务。要深刻认识地名文化属性信息采集的重要性、紧迫性，高度重视地名文化属性信息采集工作；要进一步明确地名文化属性信息采集的内容、要求和方法，丰富采集信息，明确采集范围，采取有效措施切实加强地名文化属性信息采集工作，不断提高地名普查成果质量。《关于进一步加强地名文化属性信息采集工作的通知》对加强地名文化属性信息采集、完善规范地名信息数据发挥了重要指导作用。

随着地名普查工作的深入开展，运用多媒体载体形式采集、记录地名数据信息显得日益重要，迫切需要统一工作技术规范。为更好指导各地通过采集和制作多媒体文件来记录和保存地名相关信息，丰富普查内容，完善地名内涵，2016 年 11 月 17 日，国务院地名普查办印发《第二次全国地名普查多媒体信息采集规范》（国地名普查办发〔2016〕22 号），对地名普查多媒体采集的范围、采集方法、技术标准、检查提交等提出了要求。《规范》明确了多媒体信息采集内容分为图片、录音、录像、文本 4 种类型，采集的各类多媒体信息要类型齐全、项目完整、地名主体突出，能准确、清晰地记载地名相关信息和普查工作重要过程。图片、录音和录像清晰、主体明确、内容精准、文件格式和名称规范，便于对应查看和操作。《第二次全国地名普查多媒体信息采集规范》的印发实施，有力地促进了地名普查多媒体信息采集工作科学化规范化水平的提高。

4. 监理督查方面。为规范地名普查行为，保证地名普查质量，根据地名普查实施方案、工作规程等有关规定，2015 年 6 月 19 日，国务院地名普查办印发《第二次全国地名普查监理办法》（国地名普查办发〔2015〕13 号）。《办法》明确，地名普查监理工作应遵循独立、公平、公正、科学的原则进行，监理内容包括质量监理、进度监理、安全监理、验收监理、档案监理、成果监理等。受委托的监理机构要定期或不定期对地名普查各个环节、关键点等进行实地查验并形成监理报告；对发现问题较多的地方，会商解决方法和措施，限期整改。《第二次全国地名普查监理办法》的制定，为进一步规范地名普查工作，提高地名普查质量奠定了基础。

为推动全国地名普查扎实开展，督促检查指导各地地名普查工作，2015 年至 2018 年，国务院地名普查办根据民政部督查工作计划和重点民政工作督查有关安排，每年印发《关于开展第二次全国地名普查督查工作的通知》，对各省（自治区、直辖市）和新疆生产建设兵团第二次全国地名普查工作进展情况进行督查。每年的《通知》根据本年度地名普查工作的重点，对督查任务及内容、督查范围及方式和时间安排作出明确，并规定了提交督查报告、反馈问题清单等做法，形成了一套完整有效的地名普查督查制度，为督促推动第二次地名普查各项任务按时高质完成发挥了重要作用。

为及时反映各省（自治区、直辖市）地名普查进展情况，扎实推进全国地名普查工作，2015 年 8 月 27 日，国务院地名普查办印发《关于建立第二次全国地名普查进展情况通报制度的通知》（国地名普查办发〔2015〕19 号）。

通报制度明确了地名普查组织领导、阶段进展通报、质量管理、成果转化、典型经验做法5个方面的通报内容，采取定期通报和不定期通报相结合的方式进行，提出了明确专人负责、及时报送信息、纳入绩效考评等工作要求。通报制度作为推进地名普查的重要措施，有助于及时有效地反映普查情况、发现存在问题、督促责任落实，进一步加快地名普查进程，提高普查质量。

为全面掌握、及时反映各省（自治区、直辖市）地名普查工作进展情况，扎实推进地名普查工作，2016年1月22日，国务院地名普查办印发《关于进一步加强第二次全国地名普查信息报送工作的通知》（国地名普查办发〔2016〕1号）。《通知》对信息报送平台与对象、内容与方式、工作要求等方面作出了明确规定。指出自2016年2月，正式启用第二次全国地名普查信息报送系统，各地要按照《关于建立第二次全国地名普查进展情况通报制度的通知》中明确的五方面内容，就地名普查进展情况相关信息进行编辑、报送。《关于进一步加强第二次全国地名普查信息报送工作的通知》的下发，有力地督促和推动了地名普查信息报送工作。

5. 保密管理方面。第二次全国地名普查工作专业性、技术性强，一些地名信息数据属于国家秘密，做好保密工作至关重要。为确保第二次全国地名普查涉密数据安全管理，2015年5月4日，国务院地名普查办印发《第二次全国地名普查涉密数据保密管理办法》（国地名普查办发〔2015〕8号）。《办法》对地名普查涉密数据范围和保密责任、涉密数据使用和审批、涉密环境安全管理、涉密人员管理、涉密数据管理等作了具体规定，要求各级地名普查办公室切实履行好对下级地名普查办和本级涉密单位涉密数据管理的指导、监督和检查职责，任何单位、部门和个人不得以任何形式泄露涉密数据。《第二次全国地名普查涉密数据保密管理办法》是第二次全国地名普查保密管理的基本规范，对加强地名普查涉密数据安全管理发挥了重要的制度保障作用。

6. 成果验收方面。为搞好地名普查成果数据入库验收工作，根据地名普查工作规程、数据建库与管理软件设计规范等有关规定，2016年2月19日，国务院地名普查办印发《第二次全国地名普查成果数据入库验收办法》（国地名普查办发〔2016〕3号）。《办法》明确了各省级地名普查成果数据的报送要求、入库验收的流程及检查内容，对普查成果数据入库验收工作作出了规范。为全面加强地名普查验收管理，保证普查成果质量，2016年12月23日，国务院地名普查办印发《第二次全国地名普查验收办法》（国地名普查办发

〔2016〕24号)。《办法》对地名普查验收工作的程序、内容、要求等作了全面系统的规定，明确地名普查验收的主体为各级地名普查办，验收内容包括组织实施和普查成果两个方面28项具体内容，验收程序为自下而上申请报验，逐级审核。地级地名普查办进行全面核查，省级地名普查办进行全面验收，国务院地名普查办对省级地名普查办上报验收的普查成果进行全面审核，并规定了各级现场抽查复验的比例以及问题整改复验的程序。《第二次全国地名普查验收办法》对各地开展普查验收起到了重要指导和规范作用。

7. 档案管理方面。第二次全国地名普查是一次重要国情调查，留存好相关档案资料，是对历史负责、对人民群众负责的具体体现。为规范第二次全国地名普查档案管理，确保档案完整准确、系统安全和有效利用，2016年6月23日，民政部、国家档案局联合印发《第二次全国地名普查档案管理办法》(民发〔2016〕104号)。《办法》明确了地名普查档案的管理、归档和利用等要求，对地名普查档案的管理机制、经费保障以及归档范围和时限、验收机制和流程、移交时限和程序等作出具体规定，是地名普查档案管理的基本制度规范。

8. 成果转化方面。为科学安排、有序推进地名普查成果转化工作，充分发挥普查成果在国民经济和社会发展中的积极作用，2015年4月10日，国务院地名普查办印发《第二次全国地名普查成果转化规划（2015—2020年)》(国地名普查办发〔2015〕6号)。《规划》介绍了第二次全国地名普查成果转化规划的背景、意义、指导思想、基本原则，提出了到2020年基本建成数据准确、内容丰富、形式多样、结构完善的地名普查成果转化管理服务体系，地名管理服务水平明显提升的总体目标，明确了重点推进的地名基础研究、地名图书编纂、地名文化保护、地名信息化建设、地名公共服务5个方面具体工作，并从组织领导、人才、经费、管理等方面对规划实施提出了要求。《第二次全国地名普查成果转化规划（2015—2020年)》是落实国务院地名普查领导小组“边普查、边应用”要求的重要制度安排，是指导开展第二次地名普查成果转化的顶层制度设计。

（二）加强普查基础保障

为确保第二次全国地名普查顺利推进，国务院地名普查办积极协调拨付普查专项资金，筹措发放相关物资设备，广泛开展普查宣传，为圆满完成地名普查实施阶段各项工作任务提供了坚实有力的基础保障。

1. 落实地名普查专项资金。在普查准备阶段，国务院地名普查办提前筹划，组织人员对第二次全国地名普查所需经费进行科学测算，积极向财政部申请经费，确保按年度落实普查资金。在普查实施阶段，国务院地名普查办每年及时测算并向财政部报送年度地名普查中央财政补助地方经费申请和分配方案，下拨资金并督促各地加强资金配套和使用管理。地方各级普查机构也积极向财政部门报送经费预算方案，争取普查经费尽快落实到位，并制定出台资金管理的具体办法，保障普查工作顺利开展。

2015 年 4 月 14 日，财政部印发《关于下达 2015 年第二次全国地名普查补助资金的通知》（财社〔2015〕29 号），拨付 2015 年度中央补助资金 8.27 亿元。5 月 18 日，国务院地名普查办印发《关于尽快下拨第二次全国地名普查中央补助资金的通知》（国地名普查办发〔2015〕9 号），督促各地中央补助资金拨付进度，做好本级普查预算编报，积极争取财政支持，保障一线普查顺利推进。各地按照国务院地名普查办要求，积极争取当地财政支持，北京、河北、辽宁、福建、山东、湖北、广西、云南等省级财政安排资金超过 1000 万元。

2016 年 4 月 15 日，财政部印发《关于下达 2016 年第二次全国地名普查补助资金的通知》（财社〔2016〕15 号），拨付 2016 年度全国地名普查中央补助资金 7.47 亿元。5 月 23 日，国务院地名普查办印发《关于尽快下拨 2016 年度第二次全国地名普查中央补助资金的通知》（国地名普查办发〔2016〕13 号），要求省级地名普查按照《第二次全国地名普查专项资金使用管理办法》，结合本地实际，规范资金使用管理，确保专款专用，并于 6 月 15 日前将 2016 年度中央补助资金分配方案和本地区各级财政 2016 年度资金预算落实情况报送国务院地名普查办。7 月，国务院地名普查办对各地地名普查中央、省、市县三级资金落实情况进行了统计，发现一些省份在地名普查资金落实过程中，还存在统筹中央补助资金比例过高、下拨速度较慢、落实省级和市县级配套资金力度不够等问题。为进一步加强中央补助资金使用管理，加大地方配套资金落实力度，8 月 18 日，国务院地名普查办印发《关于尽快足额下拨地名普查中央补助资金和落实配套资金的通知》（国地名普查办发〔2016〕18 号），督促各地落实配套资金，强化资金监管。《通知》指出，2016 年是第二次全国地名普查工作实施阶段的关键一年，落实地名普查中央补助资金和各级配套资金是完成地名普查任务的基础保障。各省级地名普查办要进一步提高思想认识，认真抓好地名普查资金落实工作，将地名普查资金足额下拨各县（市、区）。要进一步加强沟通协调，积极主动争取各级财政支持。要进一步强化监督检查，强化风险防控，确保专款专用、廉洁高效。各地按照《通知》要求，加快了地名普查中央补助资金下拨进度，积极协调争取省、市县级配套资金。截至2016年年底，全国各省级和市县级财政分别落实配套资金2.65亿元和13亿元。

2017年4月、2018年4月，国务院地名普查办先后协调财政部下拨地名普查2017、2018年度中央补助资金6.67亿元、4.27亿元。各级按照国务院地名普查办要求，及时下拨和配套资金。据统计，2015年至2018年，全国各级地名普查机构共争取落实60多亿元财政资金，其中，中央财政补助资金26.68亿元，各地配套普查经费约35亿元，为地名普查顺利开展提供了必要的经费支持。

在拨付落实地名普查专项资金的同时，各级地名普查机构坚持厉行节约、勤俭普查，严守各项财务制度规定，严格普查资金使用管理。为指导督促各地加强地名普查资金使用管理，2017年3月，国务院地名普查办印发《关于上报2015、2016年度中央、省级地名普查资金拨付支出情况的函》（国地名普查办函〔2017〕1号），要求各地统计上报地名普查中央补助资金和省级配套资金拨付、实际支出和结转金额，加快经费执行进度。2019年3月，国务院地名普查办印发《关于报送第二次全国地名普查专项资金有关情况的通知》（国地名普查办发〔2019〕5号），要求各地统计上报2015—2018年度地名普查中央补助资金拨付、实际支出和结转金额，以及地方财政配套资金情况，并强调各地要严格按照《第二次全国地名普查专项资金使用管理办法》和有关财务规定，对2015年以来地名普查资金拨付、使用情况进行自查，对发现的问题及时整改纠正，对违纪违法行为要依照有关法律法规严肃处理。各级地名普查机构牢固树立“廉洁普查”的意识，认真执行资金管理使用的各项制度规定，规范开展招投标等业务委托行为，及时跟踪核查资金开支范围、执行进展、使用绩效等情况，开展相关审计、督促工作，确保了普查资金安全、廉洁、高效使用。

2. 配备普查物资设备。各级地名普查机构从普查工作需要出发，积极筹措配发必要的物资设备，建设普查数据机房及各类设施，为地名普查工作顺利开展提供了必要的物资设备保障。

一是配发地名普查工作用图。2015 年 3 月，国务院地名普查办派工作组赴总参测绘导航局沟通协调地名普查工作用图有关事宜。4 月 9 日，印发《关于报送第二次全国地名普查所需地形图图号的通知》（国地名普查办发〔2015〕5 号)，启动地名普查工作用图及其矢量数据和正射影像数据的发放工作。共免费提供并下发 1∶5 万比例尺普查纸质用图 13.7 万幅、矢量图和正射遥感影像图电子数据 10.1T，上海、江苏、浙江、湖南、广西、甘肃等省份在此基础上协调使用 1∶1 万或更大比例尺地图。

二是发放地名普查手持终端设备。2015 年，国务院地名普查办安排专项资金 1033.23 万元，通过公开招标，采购普查手持 GPS 设备和平板终端设备各 3100 台。6 月 19 日，印发《关于发放第二次全国地名普查手持终端设备及有关事项的通知》（国地名普查办发〔2015〕14 号)，向全国各地免费发放，并要求各地及时做好普查设备发放、管理和使用工作，进一步规范地名普查设备、软件和技术服务招标采购，严格审核承担单位资质和能力，确保普查质量。

三是研发落实地名普查软件。2015 年，国务院地名普查办按照《第二次全国地名普查数据建库与管理软件设计规范》要求，研发了普查数据预检查软件和成果数据入库检查软件。各地按照国务院地名普查办软件设计规范要求，积极推进软件研发，并及时发放，投入使用。截至 2015 年 9 月，天津、河北、黑龙江等 18 个省份和新疆生产建设兵团完成了软件研发，其中天津、吉林、上海、浙江、广西、云南、西藏、甘肃已将软件下发市县使用。截至 2016 年 7 月，北京、吉林、广东、重庆等 18 个省市的全部县（市、区）已实际应用普查软件。

四是建设普查数据机房。2015 年 7 月，国务院地名普查办研究制订了第二次全国地名普查数据机房建设方案，通过公开招标方式，年底前完成了机房建设。国务院地名普查机房总面积 34 平方米，配置了服务器、工作站、存储阵列、操作系统、GIS 软件、数据库软件等软硬件设备，总存储容量达到 70T（存储、备份各 35T)，配备了电磁屏蔽、视频监控、入侵检测等安全设施，建立了机房人员、设备、数据安全等管理制度规范。2017 年，从地名普查数据存储、处理需要出发，开展了数据机房存储扩容、工作站购置工作。新购工作站 8 台，机房数据容量从 70T 扩展到 600T（存储、备份各 300T)，充分满足了后期数据入库存储需求。

民政部领导高度重视和关心支持地名第二次全国普查数据机房建设，多次实地视察机房并指导机房建设。2015 年 10 月 21 日，国务院第二次全国地名普查领导小组副组长兼办公室主任、民政部副部长宫蒲光视察国务院地名普查办，实地查看普查机房建设进展情况，要求严格把控普查机房建设质量，确保成果数据及时、高效地储存和更新。2016 年 2 月 1 日，宫蒲光副部长再次视察第二次全国地名普查数据机房，在听取机房建设情况汇报后，对数据机房建设工作给予充分肯定，要求下一步紧密结合普查进展情况，认真细致做好各地汇交成果数据入库以及机房日常运维管理工作，确保处理好、保管好和使用好地名普查数据成果。2018 年 5 月 15 日，民政部副部长唐承沛视察第二次全国地名普查数据机房，看望慰问了正在进行普查成果数据入库检查的工作人员，听取了机房建设和数据入库工作汇报，观看了机房视频监控系统和自动报警系统演示，查看了机房人员管理、设备管理、数据安全管理等规章制度，并详细询问了解地名普查成果数据的规模、质量以及数据入库检查情况。唐承沛副部长在听取汇报后，对数据机房日常运维管理以及第二次全国地名普查成果数据入库工作给予充分肯定，要求下一步认真做好各地汇交成果数据入库工作，对入库后数据要及时进行接边和地图整饰，同时要继续做好日常管理，确保处理好、保管好和使用好地名普查成果数据。

全国各级地名普查办认真落实国务院地名普查办的相关要求，积极协调办公用房、专用保密室等，同时投入资金添置必要的设施设备，购置 GPS、电脑、相机、扫描复印机、保密台式电脑、服务器、保密管理系统等专业设施设备 5 万余套，为顺利开展普查提供了物质和技术保障。

3. 持续开展普查宣传。围绕第二次全国地名普查组织实施和验收阶段工作任务，国务院地名普查办不断强化宣传工作的组织领导，持续加强信息报送和发布工作，加大宣传平台建设，创新宣传活动内容和形式载体，及时反映各级普查工作进展情况，大力宣扬普查中涌现出的经验做法、先进人物和事迹，有力促进和推动了普查工作顺利开展。

一是进一步强化部署安排。为认真总结普查工作启动以来的宣传工作经验，发挥普查宣传工作在地名普查中的重要作用，推动普查宣传工作的不断深化，2015 年 5 月 7 日，国务院地名普查办在北京召开第二次全国地名普查宣传工作座谈会。会议总结交流了前期地名普查宣传工作经验，研究部署了普查实施验收阶段的宣传工作。国务院地名普查办副主任、区划地名司司长柳拯出席会议并讲话。山西、山东、江西、重庆、云南 5 省（市）代表介绍了地名普查宣传工作经验。会议指出，地名普查启动以来，各级普查管理机构深入贯彻落实国务院普查领导小组关于做好地名普查宣传的有关要求，精心谋划部署，广泛开展宣传，地名普查宣传工作启动迅速、开局良好、效果明显。会议强调，随着地名普查的全面展开，2015 年地名普查宣传任务艰巨，责任重大，要按照“围绕普查搞宣传，搞好宣传促普查”的总体要求，坚持点上与面上相结合、系统内与系统外相结合、地名普查与地名管理相结合、传统媒体与新兴媒体相结合，抓好宣传工作机制建设，搞好宣传活动。会议要求，各级普查机构要根据全国地名普查工作进展，坚持全程贯穿、全员参与、全面覆盖，做到把握导向性，富有创新性，注重文化性，努力提高普查宣传工作水平。这次会议，对开展地名普查宣传工作发挥了重要的指导和推动作用。各省（自治区、直辖市）认真贯彻宣传工作座谈会精神，积极开展地名普查宣传。截至 2015 年 9 月，北京、内蒙古、黑龙江、浙江、江苏、福建、山东、湖北、云南、甘肃、青海、宁夏、新疆 13 个省份和新疆生产建设兵团出台了省级地名普查宣传工作方案，各省（自治区、直辖市）普遍建立了地名普查网站或专栏，编发了普查简报，利用多种媒体开展了各种形式宣传，地名普查宣传工作呈现出百花齐放、异彩纷呈的新局面。

二是积极拓展宣传平台。在已有的“国家地名普查”网站和“第二次全国地名普查”微信公众号宣传平台的基础上，2015 年 12 月，国务院地名普查办又正式开通第二次全国地名普查官方微博——“国家地名”新浪微博。“国家地名”微博的宣传内容不仅涵盖了第二次全国地名普查的工作情况、经验做法、相关会议培训等内容，还增加了地名故事、地名历史沿革、地名文化传承等方面的内容。截至 2018 年 6 月 30 日，共发布微博信息 830 余条，累计浏览量 246. 3 万余次，受众人数约 19. 6 万人。为进一步发挥“第二次全国地名普查”微信公众号的功能作用，2016 年 7 月，国务院地名普查办对微信公众号进行改进，8 月底完成了平台新的栏目设置。改进后的微信公众平台首页开设了“微官网”“最新资讯”和“全民普查”3 个类别菜单，实现了多渠道、全方位的普查宣传，及时发布和普查相关的政务信息及相关政策，将普查成果以纪实和故事的形式呈现给社会公众。截至 2018 年年底，“第二次全国地名普查”微信公众号共发布地名普查信息 2200 余条，关注人数达 7800

余人，总计阅览量 110 余万人次。

三是加强信息报送与发布。各省（自治区、直辖市）地名普查机构按照国务院地名普查办《关于建立第二次全国地名普查进展情况通报制度的通知》要求，认真梳理总结本地区地名普查进展情况和经验做法，及时报送普查信息，并通过普查网站、工作简报刊用发布，信息的数量、质量和时效性明显提高，较好发挥了反映情况、交流借鉴、服务决策、指导工作的作用。

一方面，不断健全信息报送机制。为确保地名普查信息报送及时、高效，2015 年 11 月，国务院地名普查办委托中国地名文化遗产保护促进会开发第二次全国地名普查信息报送系统平台，并承担第二次全国地名普查信息的采集、梳理和编辑工作。信息报送系统平台在国家地名普查网站首页建立了链接，为各省、市、县普查机构分配了登录账号，形成了一个渠道唯一、专人负责、覆盖全国、各级贯通、便捷高效的信息报送网络和工作机制。2016 年 1 月 22 日，国务院地名普查办印发《关于进一步加强第二次全国地名普查信息报送工作的通知》（国地名普查办发〔2016〕1 号），明确第二次全国地名普查信息报送系统于 2016 年 2 月正式启用，要求各地地名普查办进一步提高对地名普查信息宣传工作认识，加强信息报送工作组织领导，指定信息报送人员，熟练使用普查信息报送系统，按照规定的内容和数量报送信息。《通知》下发后，各地普查办积极落实信息报送人员，加强信息报送队伍建设，明确信息报送的内容重点和平台渠道。2016 年 3 月，在湖北武汉举办的第二次全国地名普查信息报送和新闻宣传工作暨地理实体图形修测培训班上，工作人员对地名普查信息报送系统使用进行了专题培训。通过健全完善信息报送工作机制，全国地名普查信息报送工作得到进一步加强，截至 2018 年 6 月，各地共报送第二次全国地名普查政务信息 6200 余条。

另一方面，及时采用发布普查信息。为确保信息发布的权威性、及时性与准确性，国务院地名普查办对各地报送的地名普查信息进行审核把关，严格执行政务信息发布相关审批制度，及时将信息通过民政部门户网站“区划地名”业务板块、国家地名普查网、中国行政区划地名网和“第二次全国地名普查”微信公众号、“国家地名”新浪微博以及《第二次全国地名普查工作简报》等平台发布。从 2016 年开始，国务院地名普查办不定期通报各地信息报送和在“三网两微一报”上采用的情况。2016 年 7 月 12 日，印发《2016 年 1—6 月第二次全国地名普查信息采用情况通报》（国地名普查办发

〔2016〕15号），肯定了各地信息报送工作取得的进步，指明了存在的问题，提出了增强信息报送主动性、针对性、创新性的要求，并通报了《第二次全国地名普查工作简报》采用各地信息情况以及普查网站、微信、微博采用各地信息的数量。2017年1月，国务院地名普查办以《工作简报》增刊的形式，通报了2016年1—12月全国地名普查信息采用情况。各地共报送信息2411条，其中国务院地名普查办《工作简报》第1—22期共采用304条，网站、微信、微博共采用777条，湖北、山东、新疆、浙江、广东等地报送和采用数量均在前列。2017年1—12月，各地共报送信息1086条，其中国务院地名普查办《工作简报》第1—12期共采用193条，网站、微信微博共采用490条。湖北、重庆、山东、河南、安徽、湖南、青海等省份报送和采用数量居各地前列。各省（自治区、直辖市）地名普查办也纷纷利用地名普查网页专栏、微信公众号、工作简报等媒体平台，加大地名普查信息采用发布力度。通过及时高效的信息报送发布，比较全面地反映了各地地名普查工作开展情况，宣传交流了各地经验做法和成效亮点，对推动普查工作顺利开展发挥了重要作用。

四是广泛开展宣传活动。2015年以来，国务院地名普查办在做好日常信息报送和发布的同时，着力在开展全国性地名普查宣传活动、打造地名文化宣传精品上下功夫，每年精心策划组织和推出1—2个具有不同文化内涵、形式载体的大型宣传活动项目，有效提高了第二次全国地名普查的社会影响力，为普查全面实施推进营造了良好社会氛围。

2015年，与《光明日报》合作开展地名文化系列宣传活动，推出“地名的故事·那些历史那些乡愁”系列报道，60多家媒体广为宣传，引起舆论广泛关注。开展“寻找最美地名”评选，优秀作品被编入光明日报出版社出版的《核心价值观》丛书。

2015年7月至2016年1月，国务院地名普查办组织开展了“地名情·中国梦”全国地名普查微视频（微电影）征集活动。活动启动后，通过联合31个省（自治区、直辖市）地名普查系统，广泛动员企业、社会组织、社会公众参与，历时4个月，共征集全国微视频拍摄爱好者、微电影创作者和地名普查工作者的作品313部，参与活动人数达8.19万人。2016年1月26日，征集活动现场专家评审会在北京举行。国务院地名普查办副主任、民政部区划地名司副司长李伟出席会议并讲话，中国科学院、中国社会科学院、中国地名研究所等长期从事地名文化研究的领导和专家学者共20多人参加会议。专家结合公众投票和评委评分结果，确定获奖作品66个。其中，特别荣誉奖1个，地名普查工作类作品23部，地名故事类作品32部，最佳组织奖10个。通过此次活动，增进了社会公众对地名和地名普查的直观了解，加强了地名普查工作与民众的“零距离”互动交流，增强了地名普查宣传的吸引力、亲和力和感染力。

为吸引更多社会公众关注地名普查、参与地名工作，2016年1月，国务院地名普查办委托开展了“第二次全国地名普查新媒体宣传月”活动。此次活动以“地名普查助力中国梦”为主题，以“国家地名”新浪官方微博、“第二次全国地名普查”微信平台为载体，精心设置宣传内容，采用新媒体推广手段。在微博平台主话题“第二次全国地名普查”下，设置“一地系列”（“一地一佳音”“一地一味蕾”“一地一图像”等）、“地名故事”“地名趣谈”“百问地名普查”“春节回家解乡愁”等12个互动话题栏目，开展有奖转发、有奖答题、卡通形象征集等丰富多样的线上活动，与湖北、浙江、新疆等地地名普查系统账号进行充分互动，共同宣传当地普查工作进展情况，推广地名文化，并邀请地名普查专家及时解答网民提问。活动期间，共发布地名普查专业知识等各类稿件530多件，吸引粉丝超过20万，游戏登入量超过10万次；评论转发1.6万余次，被点赞超7000次，“第二次全国地名普查”“春节回家解乡愁”等话题曾一度位列“社会话题榜”和“政务话题榜”首位，话题总阅读数近3000万次。此次新媒体宣传月活动始终保持了较高的社会关注度，新华网、今日头条、新浪新闻等网站分别报道或转载了活动专题新闻。中组部“共产党员”官方微信公众号将这次活动作为政务新媒体工作典型，在其“政务新媒体工作亮点”栏目进行了重点介绍，面向全国推广。

2016年10月至2017年7月，国务院地名普查办委托光明网组织开展了“寻找最美地名故事”网络征集活动。此次活动旨在通过广泛征集和评选各地民间地名故事，进一步丰富地名普查文化内涵，提升普查成果质量，为加快推进普查工作创造良好氛围。2016年10月20日，国务院普查办印发《关于开展“寻找最美地名故事”网络征集活动有关事宜的通知》（国地名普查办发〔2016〕20号），要求各地把组织参与此次活动与开展地名普查文化属性信息采集工作紧密结合起来，按照活动征集要求认真组稿报送。截至2016年12月底，共收到来自全国各地的3600余篇参选作品。经专家评议、网络投票，最终评选出100篇获奖作品，安徽、山东、湖北、江西、山西、江苏6个省级普查办获优秀组织奖。获奖作品编辑出版《中国100个地名故事》图书。2017年7月20日，活动组委会在北京召开地名文化保护与传承座谈会，发布了活动获奖名单。国务院地名普查办副主任、民政部区划地名司副司长李伟，《光明日报》和光明网有关领导和评审专家，各省级地名普查办和获奖作者代表共60余人参加会议。通过开展这次活动，进一步传承弘扬优秀地名文化，扩大了第二次全国地名普查的社会影响力。

2018年1月至10月，国务院地名普查办委托光明网组织开展了“美丽中国·地名寻梦”全国地名文化短视频征集与展播活动。1月5日，国务院地名普查办印发《关于开展“美丽中国·地名寻梦”全国地名文化短视频征集与展播活动的通知》（国地名普查办发〔2018〕1号）。活动得到全国各级地名普查办以及广大地名文化爱好者的积极参与，共征集视频作品776部。经筛选，500部作品在网上进行了展播，300部作品入围网络投票环节，共计970多万人次参与投票，浏览量达8500余万人次。综合专家评审和网络投票情况，确定了《李元章——栖霞的活字典》《盐与盐城》《马不停蹄的乡愁》等100部获奖作品，山东、安徽、河南、广东、江西、贵州、福建、重庆8个省级地名普查办获优秀组织奖。10月19日，活动组委会在福建厦门召开保护弘扬中华优秀地名文化座谈会，公布了获奖名单。在作品征集的同时，还组织了“中国地名寻游大直播”“文化名家讲地名故事”“地名文化公益广告”等系列宣传活动。通过此次地名文化短视频征集与展播活动，积累了地名文化影像资料，促进了优秀地名文化的保护弘扬；宣扬了地名工作者、普查员的精神风貌与突出贡献，激发了广大地名工作者的职业自豪感；推广了各级地名普查机构的典型做法和成功经验，生动展示了第二次全国地名普查工作取得的成绩。

2019年1月至8月，国务院地名普查办委托光明网开展了“美丽中国·诗意地名”中国地名诗词创作征集活动。光明网联合《光明日报》文艺部、中国作协《诗刊》社、中国诗歌学会共同承办此次活动。活动围绕“中国地名”主题，面向全国共征集地名诗词原创作品12778首。经专家评委评定，《鹧鸪天·总书记和梁家河》《河西走廊》等60首格律诗和新诗作品分获一、二、三等奖，100首诗词获优秀奖。获奖作品编辑出版《美丽中国 诗意地名——中国地名诗词创作征集活动获奖作品集》。8月30日，活动组委会在北京召开“美丽中国　诗意地名”中国地名诗词创作征集活动颁奖仪式暨优秀作品分享会，公布了获奖名单。在作品征集的同时，组织了“《绝美诗词 · 带你游遍美丽中国》诗词问答互动 H5”“《地名诗词 · 专家谈》30 期节目录制”“中国地名诗词创作朗诵会”等系列宣传活动。通过此次活动，带动全民分享诗词之美，感受诗词之趣，唤起全社会保护地名文化的热情，提高了大众对保护地名文化传承的意识。

为深化地名公共服务和地名文化建设，引导、鼓励和支持社会组织积极参与地名普查宣传、地名公共服务和地名文化保护等工作，根据第二次全国地名普查宣传工作安排以及《民政部关于进一步加强地名文化遗产保护工作的通知》（民函〔2016〕344 号）、《财政部　民政部关于通过政府购买服务支持社会组织培育发展的指导意见》（财综〔2016〕54 号）等文件，2017 年 6 月至 2018 年 3 月、2018 年 5 月至 2019 年 1 月，国务院地名普查办相继组织开展了 2 次全国范围的公益性地名活动。活动以公开发布方式，资助有关社会组织开展地名普查宣传、地名公共服务、地名文化保护等公益性地名项目。2017 年 6 月，民政部门户网站公开发布《“公益性地名”项目申报指南》，截至 7 月共收到项目申请 53 份。经评审，中国科技新闻学会申报的“中国地名文化大直播”、中国地名文化遗产保护促进会申报的“地名文化遗产资源调查与社会服务”等 20 个项目立项。相关社会组织按照签订的项目合同，认真制订活动方案，开展了内容丰富、形式多样的各种宣传活动，共计举办讲座 104 场次，网络直播 11 场次，展览 41 场次，培训 9 期；举办诗歌、演讲、摄影、展播等各类主题大赛 7 场次，征集地名故事、诗歌等文学作品 1800 余篇，图片、视频等摄影作品 2400 余组；整理历史地名资料，拍摄地名宣传片、短视频，制作地名标识标牌、地名资料查询 App 等。2018 年，共收到项目申请 96 份，经评审，浙江省区划地名学会“不忘来时路——浙江红色地名展”等 30 个项目予以立项。各项目承接单位结合当地地名文化资源和自身特色，组织开展了形式丰富多样、新颖灵活的公益性地名活动，一些项目还打出“组合拳”，多角度、立体化宣传地名文化，让地名普查、地名文化走进大众视野，引发大众共鸣，社会影响广泛，服务效果显著，带动效应明显。通过资助社会组织开展公益性地名活动，宣传普及了地名知识，深化拓展了地名公共服务，保护弘扬了地名文化，培育壮大了地名工作队伍，是地名普查、地名文化宣传和地名管理工作的重大创新和有益探索，为深入开展第二次地名普查进一步创造了有利的社会条件。

各省（自治区、直辖市）地名普查办结合当地实际，积极深化普查宣传，指导市、县开展地名普查宣传工作。各级以互联网、广播电视、街头现场等为主要阵地，通过进社区、进校园、进军营、张贴宣传画、制播公益广告等方式，广泛开展地名普查知识竞答、摄影比赛、地名故事征集评选等形式多样的宣传活动，累计举办普查宣传活动 13 万余场次，群众参与 1.1 亿多人次，为第二次全国地名普查营造了良好的社会氛围。

（三）开展普查业务培训

各级地名普查机构坚持把抓好普查工作人员培训、提升普查人员专业素质作为确保普查质量的基础性工作来抓，采取专题培训、以会代训等方式，有计划、分层次、按阶段地组织开展了一系列业务培训。通过解读地名普查政策制度、技术规范和标准流程等，有效提高了普查队伍的专业素质，为地名普查工作的顺利开展奠定了基础。

为落实地名普查不同时段的工作要求，2015 年至 2018 年，国务院地名普查办围绕工作推进、数据质量、验收入库、成果转化以及地名标志设置、地名文化挖掘等方面，先后举办了 30 期全国培训班，培训普查业务骨干共计 4500 多人次。

在地名普查实施推进方面，国务院地名普查办在 2015 年先后举办了 2 期培训班。3 月 30 日至 4 月 1 日，在福建省厦门市举办地名普查与地名标志培训班，重点就地名普查和地名标志等相关技术规范和业务知识进行了培训，总结交流了全国地名标志设置和管理工作经验。国务院地名普查办副主任、区划地名司司长柳拯出席培训并讲话，强调要高度重视地名标志工作，认真总结地名标志设置经验做法，深入研究地名标志设置存在的问题，加快完善地名标志导向体系，切实加强地名标志管理维护。培训期间，第二次全国地名普查技术支持单位和相关专家针对存在的问题进行了讲解。9 月 23 日至 25 日，在广东省中山市举办全国地名普查与地名规划培训班，区划地名司副司长熊梅出席培训班并讲话。广东省中山市、北京市、河南省、宁夏回族自治区泾源县和浙江省宁波市 5 个地方代表分别就本地区地名规划工作作了典型发言。北京大学城市与环境学院、中山大学城市与区域规划专家，就地名规划和地名文化遗产保护，地名规划的理念、体系及地名遗产保护等内容进行了培训。借助此次培训机会，还就地名普查手持设备终端使用方法进行了培训。

在地名普查数据采集、处理、录入等方面，2015 年至 2016 年，国务院地名普查办先后集中举办了 5 期全国性培训班。为明确地名普查数据采集和地形图修测的技术要求，2015 年 4 月 15 日至 17 日，在云南省昆明市举办第二次全国地名普查数据采集和地形图修测培训班，系统培训了数据采集的要点、难点，明确了工作规范和方法步骤，并直接面向当前实际工作中的技术性难点问题，充分利用软硬件资源，对数据采集的全过程进行了示范演示，对普查终端设备的使用组织了实操练习。为规范外业普查的技术操作，7 月 14 日至 16 日，在四川省内江市举办了第二次全国地名普查外业作业技术培训班，重点对地名普查信息保密管理、外业作业、属性信息处理等方面的技术细节、操作规范等进行培训示范和实操演练。为做好国务院地名普查办下发的 1∶5 万地形图、矢量图、遥感影像图的判读使用，10 月 28 日至 30 日，在河南省洛阳市举办第二次全国地名普查数据处理培训班，邀请相关专家就属性信息采集处理、矢量图使用及图形综合处理、遥感影像判读使用等进行了培训，对于推进普查实施、确保普查质量起到了重要作用。为进一步加强第二次全国地名普查信息报送和新闻宣传工作，提高地名普查地理实体图形修测技术能力水平，2016 年 3 月 29 日至 4 月 1 日，在湖北武汉举办了第二次全国地名普查信息报送和新闻宣传工作暨地理实体图形修测培训班。国务院地名普查办副主任、民政部区划地名司副司长李伟在培训班上围绕如何做好地名普查信息报送和新闻宣传工作、提高地理实体图形修测水平作了讲话。湖北、山东、湖南、内蒙古 4 个省（自治区）分别交流了信息报送和新闻宣传工作的经验做法。民政部办公厅、中国地名文化遗产保护促进会、《人民日报》、光明网和陆军参谋部、湖北省国土测绘院、武汉大学 7 个单位专家进行了授课。为提高地名信息和数据入库质量，2016 年 8 月 31 日至 9 月 3 日，在新疆乌鲁木齐市举办了第二次全国地名普查地名信息录入和数据入库处理培训班，就普查数据入库与处理，多媒体信息采集等进行了培训。

在普查验收和数据完善方面，2017 年至 2018 年，国务院地名普查办先后举办 2 期培训班。为贯彻落实《第二次全国地名普查验收办法》，2017 年 2 月 14 日至 16 日，在广州市举办第二次全国地名普查验收工作培训班。国务院地名普查办副主任、民政部区划地名司司长柳拯出席开班式并讲话，强调要加快普查进度，确保按时完成内业整理、外业调查和普查验收任务；要严格普查验收，规范程序，严格标准，认真开展普查验收工作，确保普查成果质量；要加快普查成果转化，紧密结合普查工作进展积极推进成果转化，提高普查综合效益。相关专家从验收办法政策解读、质量评价体系解读、质量验收系统应用、地名普查文化属性信息处理等方面进行了专题授课。为确保普查数据质量，2018 年 3 月 27 日至 29 日，在贵阳市举办第二次全国地名普查成果数据质量完善培训班。柳拯司长出席开班式并讲话，指出 2018 年是第二次全国地名普查的收官之年、决胜之年。各地要按照全国民政工作会议要求，将地名普查作为今年全国区划地名系统的“头号工程”，要加快普查进度，提高普查质量，加紧成果转化，搞好宣传总结，按时圆满完成各项普查任务。培训班上，国务院地名普查办通报了各地地名普查成果数据存在的问题，并进行了授课答疑。广西壮族自治区、安徽省、内蒙古自治区作了经验交流。

在普查成果转化应用方面，2015 年、2017 年，国务院地名普查办先后举办了 3 期培训班。为推进《第二次全国地名普查成果转化规划（2015—2020 年)》的落实，2015 年 5、6 月，分别在江苏省南京市、黑龙江省哈尔滨市举办了两期普查成果转化示范培训班，重点就第二次全国地名普查成果转化规划的内容、任务、要求进行了培训，交流了试点地区成果转化经验，部署了地名普查成果转化工作。国务院地名普查办副主任、民政部区划地名司司长柳拯和国务院地名普查办副主任、民政部区划地名司巡视员孙秀东分别参加第一期、第二期培训班并讲话，指出成果转化作为地名普查的有机组成部分和重要内容，是服务社会民生的客观需要，是规范地名管理的重要手段，是保护地名文化的有效途径，是体现普查成效的关键环节，开展地名普查成果转化工作意义重大、使命光荣。各地要准确把握《规划》总体要求和丰富内涵，坚持“边普查、边利用”的原则，找准成果转化方向，抓住成果转化的核心，从关键环节入手，创新转化形式，丰富成果内容，推进地名信息化建设、地名基础研究、地名图书编纂、地名文化保护和地名公共服务 5 项重点工作，确保每一项成果都能产生应有效益，经得起历史检验。为指导各地做好第二次全国地名普查成果数据入库和成果转化工作，2017 年 7 月 17 日至 19 日，在河北省张家口市举办第二次全国地名普查成果数据入库及转化应用培训班。国务院地名普查办副主任、民政部区划地名司副巡视员陈克相出席开班式并讲话，要求各地要准确把握报送要求，明确报送对象、报送主体和基本要件，做好核实修正，确保入库成效。要抓好基础研究、数据建设、图书编制和文化保护等工作，切实把成果转化规划各项任务要求落到实处。民政部区划地名司、民政部地名研究所、民政部档案馆、商务印书馆、中国地图出版社、上海辞书出版社等机构的有关专家就地名普查成果数据入库检查要点，地名普查档案管理，标准地名词典，标准地名图集、录和标准地名志编制进行了授课。北京市、河北省、湖北省作了经验交流。

在地名图录典志编纂方面，2016 年、2018 年，国务院地名普查办先后举办 3 期培训班。为贯彻落实全国标准地名图录典志编纂工作视频会精神，2016 年 7 月 11 日至 13 日，在陕西省西安市举办《中华人民共和国标准地名词典》编纂培训班。培训班上，印发了词典编纂细则、样稿，进行了专题授课，并组织了专题讨论。全国各省、自治区、直辖市及新疆生产建设兵团地名词典编写工作负责人、业务骨干 140 余人参加培训。为高标准、高质量地完成图录典志编纂和成果数据检查入库工作，2018 年 4 月至 5 月，分别在河南省漯河市与广西壮族自治区南宁市举办标准地名图录典志编纂暨地名普查成果数据入库第一期、第二期培训班。区划地名司柳拯司长、陈克相副巡视员分别出席第一期、第二期开班式并讲话，指出编纂图录典志是一项浩大的地名文化工程，对于服务国家社会治理、传承优秀传统文化、满足社会地名信息需求以及向世界传播中国文化有着十分重要的意义。各地要采取有力措施，加强组织领导，严格编纂管理，强化队伍建设，突出目标任务，在完成好国家图录典志编纂任务的同时，从本地实际出发，参照国家标准抓紧推进做好本地区省、市、县三级图录典志编纂工作，确保形成一批高质量、有特色的编纂成果。要严格对照入库标准，做好全面自查，抓住重点，加快进度，确保高标准、严要求、高质量地完成成果数据检查入库工作。培训班上，浙江、河南、广西、重庆 4 个省（自治区、直辖市）代表作了典型发言。31 个省（自治区、直辖市）和新疆生产建设兵团地名普查办负责人和业务骨干共 340 余人参加培训。

在地名普查档案管理方面，2016 年 8 月至 9 月，国务院地名普查办相继在新疆乌鲁木齐、广西南宁举办第二次全国地名普查档案管理第一期、第二期培训班。国务院地名普查办副主任、民政部区划地名司司长柳拯、巡视员孙秀东分别出席第一期、第二期开班式并讲话，指出加强普查档案管理，对于落实国家档案管理要求、妥善保管普查成果、加强改善地名管理、有效推动成果转化具有重要意义。各地要切实把思想和行动统一到国家要求上来，明确目标任务，抓住收集、整理、保管和利用4个重点环节，把握好责任主体、归档范围和时限要求，建好、管好和用好地名普查档案。两期培训班上，河北、广西、新疆3省（自治区）代表交流了地名普查档案工作情况。国家档案局、民政部档案馆、商务印书馆有关专家进行专题授课。各省（自治区、直辖市）地名普查办负责人及业务骨干共210余人参加培训。

全国各级地名普查机构认真落实国务院地名普查办《第二次全国地名普查工作培训方案》要求，结合本地普查实际，分层次、有重点地组织开展了形式多样的普查培训活动，累计举办地名普查培训班3万多场次，培训普查人员350多万人次。结合业务培训，各地还加强业务考核，推行普查员持证上岗制度，开展地名普查员采集调查技术比武、地名普查知识考核竞赛等活动，调动了地名普查员学习培训的积极性。各地通过培训，有效提升了地名普查人员工作能力，培养了一支能力强、懂专业的地名普查队伍。

（四）加强普查组织实施

第二次全国地名普查时间跨度长，工作任务重，标准要求高。国务院地名普查办认真抓好年度目标任务分解，细化部署安排，明确时限要求，通过召开全国专题会议、印发文件通知、通报各地进展情况、开展督查调研等方式，不断加大组织实施力度。

1. 强化统筹部署。第二次全国地名普查全面展开实施后，国务院地名普查办根据不同阶段的任务要求，持续用力推进各项地名普查工作，确保了普查工作进度。

2015年是第二次全国地名普查全面铺开的第一年。为进一步加快地名普查工作步伐，2015年7月13日，印发《关于进一步加快推进第二次全国地名普查的通知》（国地名普查办发〔2015〕17号）。《通知》指出，各地地名普查办要进一步增强责任感和紧迫感，落实责任制，倒排计划表，确保按统一时点、统一标准，完成2015年40%政区的地名普查任务；要切实加强质量管理，突出抓住“进度”和“质量”两个关键环节，着力强化保障措施，进一步深化宣传交流，深入开展督查指导，特别要加大对少数进展缓慢地区的督导，推动地名普查扎实深入开展。9月16日，国务院地名普查办在北京召开第二次全国地名普查工作交流促进视频会议。国务院地名普查领导小组副组长兼办公室主任、民政部副部长宫蒲光出席会议并讲话。会议强调，要清醒认识普查实施阶段的艰巨性和紧迫性，认真总结前期地名普查成效和经验，切实加快地名普查推进步伐；要以加强组织管理，强化质量管控，落实保障措施，加强队伍建设，深化普查成果转化。会上，国务院地名普查办副主任、民政部区划地名司司长柳拯通报了全国各省（自治区、直辖市）地名普查进展情况，山东、湖北、重庆3省（直辖市）介绍了地名普查工作经验。

2016年是第二次全国地名普查工作承上启下的攻坚之年、全面实施的关键之年。2016年2月14日，国务委员、国务院第二次全国地名普查领导小组组长王勇在国务院地名普查办呈报的《关于2015年第二次全国地名普查工作开展情况的报告》（国地名普查办发〔2016〕2号）上作出重要批示，对2015年全国地名普查取得的成绩给予充分肯定，为推进2016年地名普查工作指明了方向、明确了要求。为认真贯彻落实国务院领导重要批示精神，3月14日，国务院地名普查办印发《关于认真贯彻落实王勇国务委员重要批示精神　扎实推进2016年第二次全国地名普查工作的通知》（国地名普查办发〔2016〕6号），强调各级地名普查办要组织全体普查工作人员认真学习贯彻王勇国务委员重要批示精神，深刻认识肩负的历史使命和重要责任，严格落实进度要求，按期完成年度40%、总量80%的普查任务目标。8月23日至24日，国务院地名普查办在辽宁省大连市召开第二次全国地名普查工作推进会议，宫蒲光副部长出席会议并讲话。会议指出，2015年以来，各地认真贯彻国务院地名普查办部署要求，精心组织，扎实推进，地名普查进度明显加快，内容不断拓展，重点更加突出，亮点不断涌现，地名普查工作取得较大进展，但存在总体进度滞后、文化属性信息调查不足、资金保障不力等问题。各地要高度重视，加快地名普查推进步伐，严格落实普查工作时限，切实提高普查质量，同步推进成果转化，积极完善保障措施，保质保量完成地名普查第二阶段工作任务。会上，辽宁、浙江、湖北、西藏4省（自治区）介绍了地名普查工作经验。

2017年，第二次全国地名普查进入整体验收和成果转化的关键时期。为全面回顾总结第二次全国地名普查工作进展情况，分析面临的形势和问题，研究部署地名普查验收和成果转化措施要求，2月28日，国务院地名普查办在北京召开第二次全国地名普查验收暨成果转化视频会议。国务院第二次全国地名普查领导小组副组长、民政部部长黄树贤出席会议并讲话。会议指出，

2014年以来，各级地名普查机构按照国务院第二次全国地名普查领导小组统一部署，精心组织，扎实推进，各项地名普查工作取得明显成效，全国已完成80%地名普查任务。各地要从贯彻落实党中央国务院决策部署的高度，充分认识当前地名普查工作的重要性和紧迫性，进一步加快进度，加大力度，按时保质完成好地名普查各项任务。要按照《第二次全国地名普查验收办法》要求，按时完成国家验收工作。要扎实推进普查成果转化工作，加强地名文化遗产保护，不断提高地名管理工作水平。各地要加强组织领导，逐级落实工作责任，通过派驻工作组、通报约谈、绩效考评、考核奖励等方式加强工作督导，确保完成地名普查各项任务。山东省、湖北省、重庆市民政厅（局）负责同志作了经验交流。为了推进各项工作的落实，2017年5月17日，国务院地名普查办公室在河南省三门峡市召开部分省份参加的第二次全国地名普查工作座谈会。国务院地名普查领导小组副组长兼办公室主任、民政部副部长宫蒲光出席会议并讲话。国务院地名普查办副主任、民政部区划地名司副巡视员陈克相通报了全国地名普查成果报送情况。会议强调，2017年地名普查的重点任务是完成普查验收，各地要围绕普查验收这一关键环节，加快进度，严格标准，按时完成普查验收，确保普查成果质量。2017年7月至9月，国务院地名普查办对全国31个省（自治区、直辖市）和新疆生产建设兵团开展了普查成果数据现场抽查复验和实地督查工作。为督促各地解决存在的重视不够高、进展不均衡、质量待提升等问题，11月3日，国务院地名普查办印发《关于加快推进地名普查工作的通知》（国地名普查办发〔2017〕16号）。《通知》要求，各地要抓紧整改完善普查成果，按时组织完成本省（自治区、直辖市）各县级政区普查成果整改完善工作。要尽快完成成果数据入库工作，强化普查成果数据保密，切实搞好普查档案资料整理归档。要大力推进普查成果转化，加快推进各级图录典志编纂工作。要继续推进地名标准化处理、地名标志设置、区划地名数据库建设、普查资金使用、信息报送等相关工作。要进一步加强普查工作领导，维护普查队伍稳定，确保人心不乱、队伍不散，确保普查成果质量和各项普查任务按时顺利完成。

2018年是第二次全国地名普查收官之年。为确保地名普查任务全面完成，2018年1月10日，国务院第二次全国地名普查领导小组办公室会议在北京召开，通报第二次全国地名普查进展情况，研究部署2018年地名普查工作。国务院地名普查领导小组副组长兼办公室主任、民政部副部长宫蒲光出席会议并讲话。会议指出，2014 年以来，各级地名普查机构深入贯彻落实习近平总书记关于规范地名管理、保护传承弘扬优秀地名文化重要讲话精神，扎实推进各项地名普查工作，目前已基本完成普查第二阶段任务，取得重要阶段性成果，积累了宝贵经验。2018 年，各级地名普查机构要强化组织领导，严格时限要求，着力抓好成果完善上报、普查数据入库、成果转化应用、普查总结表彰4 方面重点任务，全面按时高质量完成第二次全国地名普查任务。要深刻学习领会习近平新时代中国特色社会主义思想和党的十九大精神，研究把握社会主要矛盾变化对新时代地名工作的机遇和挑战，研究把握新时代地名工作定位和发展目标，以地名普查为契机，统筹推进地名管理、地名服务和地名文化建设，加强部门协调配合和资源共建共享，形成地名工作最大合力，共同开创新时代地名工作新篇章。国务院地名普查领导小组成员单位联络员和办公室成员共 30 余人参加会议。

2. 通报进展情况。及时了解掌握全国地名普查进展情况并发文通报，是督促各地加快普查工作步伐和进度、确保实现地名普查全国“一盘棋”的重要工作方式。2015 年以来，国务院地名普查办按照《关于建立第二次全国地名普查进展情况通报制度的通知》要求，根据不同阶段的工作重点，先后 5 次发文通报各地地名普查进展情况，对各地按时完成普查任务发挥了明显督导作用。

2015 年 9 月 17 日，国务院地名普查办印发《关于第二次全国地名普查进展情况通报》（国地名普查办发〔2015〕24 号）。《通报》肯定了各地在建立组织体系、健全制度规范、落实保障措施、营造良好环境、推进普查实施、加快成果转化 6 个方面所做的工作。其中，天津、浙江、福建、重庆等省市开展了外业调查工作，山东、河南、湖北、四川等省份召开了普查工作推进会，广东、广西、湖南、西藏等省份编制了地名普查工作指导手册，内蒙古、安徽、广西、甘肃、青海等省市成立了督查组。同时，《通报》也指出了存在的普查进度不均衡、经费落实不到位、专业力量不足、长远谋划不够 4 方面问题，要求各地进一步增强责任感和紧迫感，认真总结前期工作，深入分析存在问题，进一步加大工作力度，加强普查质量管理，强化普查保障措施，确保 2015 年完成 40% 政区的地名普查任务。

为及时反映各地地名普查进展情况，比学争优，进一步加快推进全国地名普查工作，2016 年 7 月 18 日，国务院地名普查办印发《关于第二次全国地名普查进展情况通报》(国地名普查办发〔2016〕16号)。《通报》根据2016年上半年各省(自治区、直辖市)上报情况统计结果,从外业调查、内业处理、落实软件、外包服务、监理工作等方面,肯定了各地所做的大量工作和取得的积极进展,指出各地普查工作取得明显进步,各项任务有序进行,取得了阶段性成果。《通报》强调,第二阶段工作是地名普查的主体实施阶段,目前时间已经过半,各地的工作进展还很不均衡,全国地名普查工作形势仍很严峻。各地要进一步提高对搞好地名普查工作的思想认识水平,加强工作紧迫感,积极采取多种措施加快推进普查进程。要突出重点工作和关键环节,有效破解制约普查进展的困难和问题,把普查推上快速运行的轨道。要加强交流,工作滞后地区要积极主动向先进地区学习,学习先进的组织方式、技术手段和操作经验,提高普查效率,做到少走弯路,科学普查。

为加快各地地名普查验收工作进度,2017年,国务院地名普查办采取通报督促的方式,先后3次通报各地普查成果报送进展情况,强力推进验收工作。4月25日,国务院地名普查办印发《关于普查成果报送情况的通报》(国地名普查办发〔2017〕10号)。指出各省(自治区、直辖市)按照《第二次全国地名普查验收办法》《关于切实做好第二次全国地名普查验收工作的通知》要求,积极开展了普查成果验收报送工作,并对截至4月24日各地已上报成果的县级政区数量及报送比例情况进行了通报。其中,北京、山西、辽宁等16个省份已完成全部普查成果报送工作。《通报》强调,全国各省(自治区、直辖市)检查验收工作进度还不平衡,各地要进一步深化组织指导,加强自检核查工作,加快报送普查成果进度。5月9日,国务院地名普查办再次印发《关于普查成果报送情况的通报》(国地名普查办发〔2017〕11号)。《通报》指出,继4月24日通报后,各地积极开展普查成果验收报送工作,完成全部普查成果上报的省份有所增加,全国检查验收工作取得显著进展。截至5月5日,19个省份完成全部普查成果报送工作。未完成成果验收上报工作的,要加快完成,加强对自检核查的监督管理,切实提高普查成果质量。《通报》下发后,各省(自治区、直辖市)加快了检查验收和成果报送进度。截至2017年6月底,各地基本完成了县级自查、地级核查和省级验收工作。12月13日,国务院地名普查办印发《关于第二轮普查成果和界线界桩数据报送情况的通报》(国地名普查办发〔2017〕18号)。《通报》指出,根据国务院地名普查办《关于修改完善第二次全国地名普查成果数据的通知》

（国地名普查办发〔2017〕15 号）要求，各地积极开展普查成果修改完善及第二轮上报工作。截至 12 月 11 日，27 个省（自治区、直辖市）已完成全部县区普查成果的修改完善和报送工作，26 个省（自治区、直辖市）界线界桩数据已入库。《通报》要求，尚未完成报送工作的，要采取切实措施加快完成。这 3 次通报，对确保按时间节点完成普查成果数据验收工作发挥了重要的督促作用。

3. 加强工作督导。在推进地名普查工作中，国务院地名普查办坚持问题导向，通过专题调研、专项督查、工作约谈等方式，深入普查一线了解普查情况，及时发现掌握基层普查工作中出现的问题，并督促整改落实。

一是组织专题调研。为了及时掌握各地地名普查工作的进展情况，2015 年至 2018 年，国务院地名普查领导小组和办公室组织开展了第二次全国地名普查工作专项调研。各调研组深入普查一线通过座谈汇报、资料检查、实地查看等方式，详细了解了各地地名普查工作的开展情况，充分掌握了基层地名普查的实际需求，与基层普查工作人员共同研究解决普查中遇到的困难和问题，有针对性地提出了一系列推进地名普查工作的政策建议。结合地名普查调研中发现的问题，国务院地名普查办多次召开专题会议，组织相关领域专家学者和地方普查办负责同志研究对策措施，有针对性地进行技术指导。

二是开展专项督查。为推动第二次全国地名普查工作扎实开展，2015 年至 2018 年，国务院地名普查办根据各年度民政部督查工作计划和重点工作督查安排，每年印发通知，部署开展了对各省（自治区、直辖市）和新疆生产建设兵团地名普查的专项督查工作，先后组成 27 个督查组对 105 个市、县、区开展了实地督查，及时发现和督促整改问题，总结推广各地好的经验做法。2015 年 6 月至 10 月，采取全面督查与重点抽查相结合、书面督查与实地督查相结合的方式，对全国 31 个省（自治区、直辖市）和新疆生产建设兵团进行了书面督查；由国务院地名普查办公室领导带队，组成 13 个督查工作组对黑龙江、四川、云南等 23 个省份进行实地督查。各督查组检查各地普查政策落实、资金安排、宣传培训、工作进度、普查质量、成果转化等工作情况，共形成 18 篇专项督查报告，及时反馈督查省份，指出存在的问题，明确改进措施，提出改进要求。2016 年 9 月，组成 4 个督查组，重点从保障、进度、质量、成果转化和地名管理五方面，对河北、贵州、宁夏、新疆等 19 个省（自治区、直辖市）进行了实地督查。2017 年 7 月至 9 月，组成 5 个工作组，对全国31个省（自治区、直辖市）和新疆生产建设兵团进行了全覆盖的实地督查，督促各地抓好普查检查验收、成果转化、地名管理等各方面工作，形成了50篇专项督查报告。针对督查中发现的问题，严肃通报问题，分析原因，提出整改要求，形成了地名普查复验反馈意见及各县（市、区）主要问题清单。各地迅速组织整改，部署抓好问题的落实。2018年5月至6月，组成5个督查组对辽宁、黑龙江、福建等11个省份开展了纵向实地督查，组织河北、山西、上海、江苏等20个省份进行了横向互查，全面督促检查各地地名普查质量管理、成果验收、成果转化、清理整治不规范地名等情况，总结挖掘各地的典型经验和做法。每年持续开展的专项督查，对督促指导各地加快推进地名普查、提高普查成果数据质量、加强成果转化工作起到了积极作用。

三是进行工作约谈。在抓好督查工作的同时，针对部分地区普查进度滞后的问题，国务院地名普查办建立了约谈工作机制。2016年7月15日，国务院地名普查领导小组副组长兼办公室主任、民政部副部长宫蒲光约谈了山西、江西和陕西省地名普查办负责同志。宫蒲光副部长分析了3省地名普查工作严重滞后的主要原因，要求3省进一步提高对搞好地名普查工作的思想认识水平，切实采取有力举措，加强组织领导和进度管理，抓好重点工作，学习先进经验，尽快扭转局面，切实搞好地名普查工作。国务院地名普查办就约谈情况及时向各地印发了情况通报。约谈会上，国务院地名普查办副主任、民政部区划地名司司长柳拯通报了山西、江西、陕西3省地名普查工作中存在的主要问题。约谈会后，山西、江西、陕西3省纷纷召开工作部署大会，签订普查进度与质量责任书，加强督查督办，普查工作步伐明显加快。约谈工作机制的建立，对督促推进地名普查工作发挥了积极的作用。

2016年至2018年，国务院地名普查办还将第二次全国地名普查列入民政部重点工作综合评估项目，每年4月至10月，通过组织地名普查实地督促、查看各地提供书面材料、组织第三方开展普查成果评估检查等方式，对全国31个省（自治区、直辖市）和新疆生产建设兵团地名普查工作进行评估打分，评估结果作为对各地民政工作综合评估的重要内容。通过综合评估，督促各地按时高质量地完成年度地名普查各项工作任务。

各省（自治区、直辖市）地名普查办按照国务院地名普查办部署要求，不断强化全国“一盘棋”思想，按照全国统一部署和时序安排，通过采取召开专题会议、督查约谈、情况通报等方式，因地制宜扎实推进各项普查工作。

湖北连续两年将地名普查列为省政府重点督查项目，江苏、重庆、甘肃等省份开展多轮全覆盖督查，切实强化工作责任落实，有力确保了按照时间节点保质保量完成地名普查各项任务。

4. 推进专项工作。一是组织开展跨界自然地理实体地名普查工作。为确保全国地名信息的完整性，国务院地名普查办将跨界自然地理实体地名普查作为第二次全国地名普查的重要内容，制定印发了《关于开展跨界自然地理实体地名普查工作的通知》《跨界自然地理实体地名普查工作实施方案》，组织各地分批分类对跨界自然地理实体地名进行全面普查和处理。各地认真落实通知精神，按要求组织开展了跨界自然地理实体地名普查工作，普查整理跨界地名1.2万多条，填补了各省（自治区、直辖市）普查空白。重点对全国范围内空间范围广阔、经济社会特征显著、历史文化内涵深厚的陆地地形类、陆地水系和其他类跨省界自然地理实体地名进行普查，完成自然地理实体信息数据的采集、建档与建库，地名词条的编研，边界的提取，专题图的制作等工作（详见本书上卷《跨界自然地理实体地名普查工作纪实》）。

二是开展地名文化保护和清理整治不规范地名工作。这项工作是落实第二次全国地名普查“查清地名及相关属性信息”“对不规范地名进行标准化处理”等任务要求的重要举措。国务院地名普查办在充分调研的基础上，2016年2月制订印发了《加强地名文化保护清理整治不规范地名工作实施方案》，要求各地充分调查、挖掘和利用地名文化资源，清理整治不规范地名。通知下发后，国务院地名普查办及时召开全国加强地名文化保护清理整治不规范地名工作视频会议，作出工作安排，进行工作部署。组织编写了《加强地名文化保护清理整治不规范地名工作培训教材》，先后在贵州省贵阳市和宁夏回族自治区银川市举办了两期地名文化保护清理整治不规范地名培训班。积极抓好舆论引导，在中央电视台《焦点访谈》播出2期反映不规范地名问题的专题节目。把加强地名文化保护与清理整治不规范地名工作列入地名普查督查范围，加大工作指导和督查力度，使第二次全国地名普查和清理整治工作相互促进，规范有序。在国务院地名普查办的组织指导下，地名文化保护和清理整治不规范地名专项工作不断深化，各级地名普查机构针对地名文化保护清理整治不规范地名涉及面广、情况复杂的特点，进一步明确“大、洋、怪、重”（即“刻意夸大、崇洋媚外、怪异难懂、重名同音”）等不规范地名的具体界定标准，重点加大对居民点、大型建筑物、街巷、道路等存在的不规范地名进行清理整改的力度，坚决遏制新增不规范地名。通过专项活动，有效减少了“大、洋、怪、重”等不规范地名存量，遏制了增量，进一步健全了地名管理长效机制（详见本书上卷《加强地名文化保护清理整治不规范地名工作纪实》）。

（五）加强普查质量管控

各级地名普查机构坚持把质量作为第二次全国地名普查的生命线，严把普查质量关，围绕外包服务、质量监理与评定、数据检查验收、成果入库等各环节工作，加强业务指导，细化质量要求，严格抓好质量管理控制。

1. 强化普查质量技术指导。2015 年以来，国务院地名普查办组织研发了地名普查质量管理和验收、入库检查系统，下发了入库预检查软件，编写印发了普查验收和全面审核工作手册。同时，不断加强专业指导和支持，及时研究答复各地普查中遇到的技术问题，督促各地完成普查软件研发并投入使用，指导各地通过委托专业工作、组建专业团队、聘请专家学者等方式充实技术力量。针对一些地方在普查外包服务工作中存在的责任不明确、监管不到位、服务质量不高等问题，2016 年 12 月 22 日，国务院地名普查办印发《关于规范地名普查外包服务的通知》（国地名普查办发〔2016〕23 号），强调要提高对加强和规范普查外包服务管理必要性的认识，切实加强对服务单位、服务过程、服务成果的管理，加强外包服务监管，提高外包服务工作质量，确保地名普查信息安全。

各级地名普查机构也高度重视普查质量的过程管控和技术指导，制定出台了适应本地实际的指导手册和技术细则，进一步明确规定了技术标准和工作流程，为保证第二次全国地名普查的工作质量奠定了基础。

2. 开展普查质量监理和评定。按照地名普查质量管理规定、质量评价体系和监理办法，2015 年以来，国务院地名普查办引入了第三方评估机制，对地名普查工作流程进行监督，对普查数据质量进行评定，确保普查数据真实、有效、权威。

2016 年至 2018 年，国务院地名普查办派专业人员实地指导，组织第三方专业机构对 300 多个市、县、区进行现场监理和质量评定。2016 年，对全国 31 个省份的 145 个县（市、区）进行了质量评价和监理。2017 年，对 31 个省（自治区、直辖市）和新疆生产建设兵团的 150 多个县、市进行地名普查监理和质量评定，形成问题反馈清单并要求相关省份对照整改。2017 年 7 月至 9 月，国务院地名普查办结合开展地名普查实地督查，组织了对全国 31 个省（自治区、直辖市）和新疆生产建设兵团、38 个市（州）、75 个县（市、区）的普查成果数据实地抽查复验工作。工作组深入各省、市、县地名普查工作一线，听取了各省、市、县三级地名普查和监理工作完成情况及自查、核查、验收情况的工作汇报，结合实际对《验收办法》中规定的 18 项组织实施方面的材料进行了宏观审核，对 9 项普查成果方面的材料进行了重点审核。对抽验中发现的问题，现场反馈，提出解决方法和整改要求，完成抽验后，工作组进行综合评议，形成地名普查、抽查、复验、反馈意见及主要问题清单，出具了 32 份抽查复验反馈意见，以国务院地名普查办名义逐一向各省份普查办作了反馈。

各地开展省、市、县三级调研、督查、监理、自查、互查验收达 1 万多轮次。重庆市、甘肃省分别开展了 11 轮和 6 轮全覆盖督查。北京市严抓质量控制，完成了 12 轮监理工作。江苏省组织对 13 个市开展两轮交叉检查。青海省充分利用监理队伍和专家力量开展多轮的省级验收。

3. 全面审核验收和完善成果数据。普查验收是确保地名普查质量的关键环节。为切实抓好地名普查验收工作，2017 年 2 月，国务院地名普查办先后举办全国地名普查验收工作培训班、召开全国地名普查验收暨成果转化视频会议，对地名普查验收工作进行了业务培训和专题部署，要求各地按照以普查工作规程为依据，以普查质量评价体系为基准，组建专门验收队伍，开展验收工作专项培训，严格遵守普查验收和质量评价标准，合理制订验收计划，切实搞好第二次全国地名普查验收。为贯彻落实会议精神，3 月 7 日，国务院地名普查办印发《关于切实做好第二次全国地名普查验收工作的通知》（国地名普查办发〔2017〕8 号），进一步明确验收工作的任务和时间安排。要求各地普查办充分认识做好普查验收工作的重要性和紧迫性，切实加强组织领导，强化责任落实、严格验收标准，规范验收程序，严肃工作纪律，确保按时完成全国地名普查验收工作。国务院地名普查办通过网上答疑、电话督导、实地指导等方式加强对各地验收工作指导督促，及时统计并通报各地普查验收进展情况，4 月和 5 月先后两次印发验收情况通报。

为确保地名普查成果数据审核验收工作科学实施，2017 年，国务院地名普查办通过招标，委托第三方专业机构对各地上报复验的海量成果数据开展了三轮审核。11 月初，完成了全国第一轮县级成果全面审核。针对审核中发现的问题，11 月 9 日，国务院地名普查办印发《关于修改完善第二次全国地名普查成果数据的通知》（国地名普查办发〔2017〕15 号），反馈了各地所报县级政区成果数据审核情况和问题清单，要求各地抓紧做好成果数据修改完善工作，于 11 月 30 日前，以省为单位将修改后的成果数据以光盘形式提交国务院地名普查办。2018 年 1 月中旬，国务院地名普查办对各地修改完善后报送的成果数据进行了第二轮全面审核。1 月 26 日，印发《关于修改完善第二次全国地名普查成果数据（第二轮）的通知》（国地名普查办发〔2018〕3 号），再次反馈了各地所报成果数据的问题清单，并要求各地注重加强多音字读音审核、地名文化属性信息考证和表述、多媒体照片审核、成果图整饰等，于 3 月 5 日前，将修改后的全部成果数据提交国务院地名普查办。同时，国务院地名普查办分别在武汉、石家庄召开普查专家、工作人员参加的地名普查成果规范、数据复核工作会议，对地名类别归属不当、历史地名偏少、多媒体信息不规范、成果图整饰不足、成果包数据结构不符合软件规范要求等重点问题提出了整改要求，对数据报送、成果审核、质量完善、问题反馈等工作环节进行了部署与督促。截至 2018 年 6 月，组织对各地上报的普查数据进行了三轮次整改完善。经过三轮审核，做到了对全国 2800 多个县级普查区的数据全覆盖，累计审核地名信息 3600 余万条，审核普查成果图 64 万多张，出具审核报告和问题清单 7500 多份，处理修改问题近 1800 万个。经各地认真修改完善，第二次全国地名普查的成果数据质量得到进一步提高，审核验收工作取得积极成效。

2018 年 5 月 29 日至 31 日，国务院地名普查办在湖南省株洲市召开了第二次全国地名普查成果数据分析工作会议。会议充分肯定了各地在地名普查验收工作中取得的重要阶段性成果，要求各级地名普查办充分认识优质普查数据在后续成果开发利用中的重要基础性作用，抓好普查收官阶段普查数据质量完善工作，提升成果数据质量水平。要持续做好普查质量动态维护和成果转化工作，确保圆满完成第二次全国地名普查任务。会上，湖南、内蒙古、安徽、山东、湖北、甘肃 6 个省份作了经验交流，相关专家围绕地名普查数据资源挖掘与利用、地名云服务与可持续保障机制等课题进行了授课。

为进一步提高第二次全国地名普查成果数据质量，2018 年 6 月 20 日，国务院地名普查办印发《关于充分利用“互联网 +”技术进一步完善地名普查成果的通知》（国地名普查办发〔2018〕14 号）。《通知》指出，第二次全国地名普查已进入收官阶段，各地形成了丰富的地名普查成果，但还存在着采集不够全面、填写不够准确、挖掘不够深入的问题。《通知》明确了利用“互联网 +”技术进一步完善地名普查成果的对象范围、主要内容、方法路径，强调了加强组织领导，加大宣传力度，发动公众参与。各地按照《通知》要求，积极探索“互联网 + 地名普查”的方式，做好地名信息核对和地名文化挖掘等工作，地名普查成果质量得到进一步提高。

4. 严格普查成果数据入库验收。地名普查成果数据涉及陆地水系、陆地地形、行政区域、群众自治组织等 11 大类地名，数据类型多、规模大、结构复杂。为做好普查成果数据入库准备工作，确保成果数据入库质量，国务院地名普查办组织研发了第二次全国地名普查成果数据入库预检查软件，并于 2016 年 5 月下发各级地名普查办使用。后期，又多次升级完善了入库预检查软件，帮助各地更好地查找发现问题。软件被广泛应用在地名普查自查、核查和验收各个环节，对保障成果数据基本质量发挥了重要作用。2016 年 7 月，国务院地名普查办提前启动全国县级以上行政区域界线、界桩数据报送、检查、入库工作，经过近两年坚持不懈的努力，进行了 200 多批次检查，累计反馈整改问题 5 万余条，于 2018 年 3 月完成了全国县级以上行政区域界线、界桩信息的矢量化和数据化，共入库界线 5500 余条，界桩 2.8 万余颗。2016 年 2 月 19 日，国务院地名普查办印发《第二次全国地名普查成果数据入库验收办法》，2017 年 2 月，国务院地名普查办依据《第二次全国地名普查成果数据入库验收办法》，又下发了《入库检查要点》，进一步明确了成果数据入库的检查对象、检查方式和检查流程，规定了入库检查和接边检查两个阶段及具体内容。为组织实施好成果数据入库工作，2017 年 3 月，国务院地名普查办组织编制了《第二次全国地名普查成果数据入库检查工作手册》以及检查要点和操作规范，明晰检查事项、检查内容和判定标准，形成了一整套入库作业流程规范。7 月，组织成果数据入库培训，围绕成果数据入库检查、接边检查的内容、标准、检查方式等，对 5 家招标入库检查单位、接边检查单位和监理单位业务骨干进行了 2 轮 40 人次专题培训及实操演练，确保熟练掌握检查技能。从检查工作需要出发，组织开展了地名基础数据处理，对全国地名普查工作用图数据（包括地形图、影像图）进行分省切片、光盘刻制，共刻制光盘 800 张，提取图载地名 542 万条，数据量 2700 多个 G。

2018年5月，第二次全国地名普查成果数据入库验收工作正式开始，国务院地名普查办组织入库检查单位同时投入130多人，采取“3+1”（3家检查单位涉密机房和普查数据机房同步检查）、三班倒的方式，对全国2871个普查单元报送的成果数据进行检查，指导、帮助各地做好整改完善工作，累计反馈检查意见20948份。截至2018年12月3日，各地普查成果数据全部通过验收，达到入库标准，以国普办名义分别向各省（自治市、直辖区）、兵团出具验收意见。后期，国务院地名普查办又组织完成了全国地名普查成果数据汇总入库，建成普查标准时点中国国家地名信息库（涉密库）和地名标志、历史地名、地名语音、同名地名、同音地名等专题数据库。全国入库地名约1322万条（含历史地名约73万条）、地名标志约74万个，数据规模约25TB。

（六）积极推进地名普查成果转化

地名普查成果转化是第二次全国地名普查的一项重点工作，是推动普查成果应用、服务经济社会发展的重要途径，是体现普查最终成效的关键环节。2015年至2019年，各级地名普查机构按照《第二次全国地名普查成果转化规划（2015—2020年）》要求，坚持“边普查边应用”原则，早部署早谋划，与经济社会发展需求、地名信息化建设、民政信息化建设紧密结合，分别编制实施本级地名普查成果转化规划，积极推进普查成果转化利用工作。

1. 扎实推进图录典志编纂。标准地名图集、标准地名录、标准地名词典和标准地名志是地名基本工具书，是全国性地名普查成果的重要体现。各级地名普查机构依托第二次全国地名普查资料，按照分类、分级、分批原则，积极推动标准地名图录典志的编纂工作。

2015年12月，国务院地名普查办公开招标启动《中华人民共和国标准地名图集》《中华人民共和国标准地名录》和《中华人民共和国标准地名词典》编纂工作，确定了编纂承担单位，研究制订了编纂方案、技术规格和成果定位。为加强编纂出版工作的组织领导，2016年5月18日，国务院地名普查办印发通知（国地名普查办发〔2016〕9号），决定成立《标准地名图集》《标准地名录》《标准地名词典》编委会和编辑部，明确了组成人员，《标准地名词典》编辑部设在商务印书馆，《标准地名图集》《标准地名录》编辑部设在中国地图出版社。通知指出，编纂出版工作时间紧、任务重，要求高、标准严。各地要高度重视，抓紧成立编写组，健全工作机制，明确任务分工，搞好资金保障。

2016年6月3日，国务院地名普查办在北京召开标准地名图录典志编纂工作视频会议，全面部署启动标准地名图录典志编纂工作。国务院地名普查领导小组副组长、民政部李立国部长出席会议并讲话。会议指出，编纂图录典志是目前正在推进的第二次全国地名普查乃至整个地名工作领域的一件大事。要坚持正确的政治方向、坚持先进的文化理念、坚持严格的质量标准，充分反映地名工具图书的科学性、标准性、实用性，抓好图录典志编纂的重点环节，力争圆满完成各项编纂工作任务。会后，各省（自治区、直辖市）均成立相关编写组，相继启动了本级图录典志编纂工作。2016年12月，国务院地名普查办公开招标确定了《中华人民共和国标准地名志》编纂承担单位，制订了编纂计划，积极指导推进《标准地名志》编纂工作。

2017年，国务院地名普查办持续推进地名图录典志各项编纂工作，健全了编纂机构，设立地名志编委会、编辑部，调整完善图录典志编委会、编辑部。加强实施管理，多次召集图录典志承担单位召开协调会，协调进度，强化统筹。先后召开2次词典编辑部主任办公会、1次图集录工作沟通会，对政区政府驻地、自然村释文编写、样图编制等进行专题研究，明确处理意见。加快组织推进。图集、录方面，进一步完善设计方案，完成了全国13个省份159个地级市（地区）底图编制，制作试验样图159幅。开展了样图校验工作，使用东中西部10个区县地名普查成果数据进行匹配试验，重点对县乡驻地、村级点位、交通、水系等要素进行了比对。词典方面，先后在北京召开3期《标准地名词典》词目表初验暨词条编写培训会，完成全国除港澳台外31个省份第一部分词目表审核并逐一出具验收回复单，最终确定选收词条12.6万条。启动了第一部分词条释文撰写工作，完善政区类样条，组织专家对21个省份报送的29个地级市释文进行了审稿。12月18日，国务院地名普查办印发《关于加快推进〈中华人民共和国标准地名词典〉编纂工作的通知》（国地名普查办发〔2017〕18号），对加快推进编纂工作提出明确要求。地名志方面，制定了编纂实施方案、编纂手册，研究明确了政区·居民点类地名收词标准，形成了样稿。此外，还启动了标准地名系列挂图编制工作。

2018年，国务院地名普查办编制出版1∶250万、1∶330万、1∶400万和1∶600万比例尺《中华人民共和国标准地名挂图》，制定了标准地名图集数据处理方案，开展了地理底图编制、地名录编制，形成《中华人民共和国标准地名图集》（华东卷）样稿。标准地名词典方面，为加快进度、提高质量，先后在北京组织两批、约 20 人次进行集中编纂，基本完成《中华人民共和国标准地名词典》（第一卷）约 600 万字的审稿和文字加工工作。积极推进第二至四卷释文编写工作，制定下发第五、六卷（即第二至八部分）编纂细则，部署启动相关采词、编写工作。标准地名志方面，在上海召开专家工作会议，完善政区·居民点地名样条，细化自然地名采词原则和释文要求。以国普办名义下发《关于做好〈中华人民共和国标准地名志〉编纂工作的通知》，对做好词目收录、释文撰写提出明确要求。基本完成了“政区·居民点类”地名词目表采词，共采收词条 1.8 万条，积极推进释文撰写工作。

截至 2019 年年底，《中华人民共和国标准地名图集》《中华人民共和国标准地名录》已经形成初稿，待各地审核确认后即可出版。《中华人民共和国标准地名词典》完成第一卷编纂工作，即将付印，第二卷、第三卷正在进行审稿和文字加工工作，第四卷已经形成初稿，第五卷和第六卷也开始进行词目表编制和释文撰写。《中华人民共和国标准地名志》已经形成 8 个分册初稿，正在进行审稿、退改。各地结合实际出版了《福建省政区图》《广西地名词典》等一批具有地方特色的地名图书。

2. 大力加强地名信息化建设。建设国家、省、市、县四级区划地名数据库以及地名信息政务管理平台和地名信息社会服务平台，是适应新时代社会信息化加速发展的必然要求，是提高地名信息化水平的重要基础。在地名普查成果转化过程中，各级地名普查办高度重视地名信息化建设，加快建设“一库两平台”。国务院地名普查办开通运行“中国·国家地名信息库”，进一步提高了地名信息化水平。

2016 年，国务院地名普查办坚持研发先行、先库后平台的原则，搞论证、搭框架，提前设计谋划数据库和平台建设。一方面，完成了国家级国家区划地名数据库软件研发。会同承建单位，多次召开技术协调会，研究解决研发过程中遇到的重点难点问题。经过十几轮修改完善，采用模拟数据进行 1 个多月试运行后，4 月，在北京召开第二次全国地名普查数据库管理系统建设及基础数据处理入库项目验收会。经专家评议，系统技术架构先进合理、功能齐全、界面友好，能够满足普查成果数据检查、入库以及后期数据管理的应用需求，项目通过验收。经申报评审，该项目获评 2016 年中国地理信息产业优秀工程银奖。另一方面，完成了地名信息政务管理与社会服务平台建设前期准备工作。在充分研究论证的基础上，立足标准性、先进性、实用性、安全性、延展性、易操作性，将平台建设项目细化为3个主要目标，即地名普查成果数据处理及发布、地名信息政务管理平台建设（含6个子系统，28个功能模块）、地名信息社会服务平台建设（含6个子系统，30个功能模块）。在建设论证的基础上，开展了平台项目招标工作。2017年，国务院地名普查办加快推进地名信息政务管理及社会服务平台建设，组织研发单位先后赴江苏、广西、宁夏等省区开展平台需求调研、形成项目需求分析报告，完成了平台原型研发、硬件设备采购，开展了功能测试。2018年，初步建成国家地名信息库（涉密库）以及界线界桩、地名标志、历史地名等专题数据库，完成地名信息政务管理及社会服务平台研发并开通试运行。积极推动地名信息资源共享和协同应用，初步建立了地名数据库更新机制和地名信息共享机制。2019年5月7日，王勇国务委员在第二次全国地名普查总结电视电话会议上正式开通中国·国家信息库，这是我国第一次建成的全国性地名数据库，标志着我国地名标准化、信息化进入了一个新阶段。

各地按照国务院地名普查办要求，加快省、市、县三级地名信息库建设，建成一批涵盖地名数据管理、门牌地址管理更新的政务管理平台。山东、湖北、湖南、海南、重庆、甘肃、青海、新疆等省（自治区、直辖市）开通运行地名公共服务平台，广泛开展地名电话查询、触摸屏、电子地图、导航、移动客户端、微信公众号等多种形式服务，大幅提升了地名信息化管理服务水平。

3. 持续深化地名基础理论研究。各级地名普查办充分利用第二次全国地名普查成果，积极推动地名学理论研究和实践应用，为地名工作提供了有力的理论指导和方法支持。

2015年7月，国务院地名普查办未雨绸缪，组织启动了《中国地名系列丛书》的编撰工作。系列丛书包括《地名管理概论》《地名服务概论》《地名文化概论》《地名规划研究》《地名标志研究》《地名拼写译写研究》《地名信息化研究》共7项课题，由第二次全国地名普查专家咨询委员会、中国地名学会、中国地名文化遗产保护促进会、山东省地名研究所等单位的7名专家承担。经过两年多的努力，截至2017年10月，完成了研究项目，形成了研究成果。丛书共160余万字，2018年8月由中国社会出版社出版。

2015年至2018年，国务院地名普查办结合每年发布区划地名理论研究课题，组织和引导高等院校、科研院所、企事业单位专家、学者，围绕地名普查、管理、服务和文化建设等方面开展专题理论研究，形成了100多项研究成果。其中，跨界地名普查与地名标准化、基于大数据和物联网的地名信息服务、地名普查质量控制管理、地名普查中地名文化属性信息、地名信息更新共享机制、基于电子定位和物联网技术的新型地名标志、我国地名地址管理、基于“互联网+”的地名普查信息动态更新与应用机制等课题，选题新颖，立足前沿，研究深入，完成质量高，现实性、针对性、指导性强，为深化地名理论研究发挥了带动作用。各地也广泛组织开展地名理论研究和征文活动，形成了一大批研究成果，为地名普查提供了理论支持。

4. 严格规范地名普查档案管理。地名普查档案是第二次全国地名普查成果的真实记录，是各级地名普查机构辛勤劳动的结晶，更是做好今后地名工作的重要基础性资料。国务院地名普查办高度重视地名普查档案的归档、建档等管理工作，按照《第二次全国地名普查档案管理办法》要求，切实加强普查档案管理，确保档案管理工作与地名普查同推进、同落实。

2016年8月至9月第二次全国地名普查档案管理培训班结束后，各地普查机构及时制定出台地名普查档案验收实施细则，建立健全地名档案工作岗位责任制、文件归档、保管、查阅、保密、档案利用等一系列工作制度，形成了普查地名档案管理的长效机制。地名普查档案资料体量巨大，分类烦琐。各地普查机构结合实际，积极探索改进地名档案管理的方式和手段，规范完善档案整理，加大档案管理的投入，给予充分的人力物力保障。坚持实行地名普查档案资料的集中管理，归入档案室，实行专柜存放，做好防火、防虫、防潮、防尘等保护工作，确保档案安全。统一印制第二次全国地名普查档案盒，实行纸质档案和电子档案同时储存、并行管理查阅，不断提高地名普查立卷归档工作质量。

2016年至2018年，国务院地名普查办根据地名普查年度工作任务，督促各地抓好各个阶段的普查资料整理归档工作。把普查档案管理作为地名普查督查、验收的一项重要内容，联合档案管理部门对各地地名普查档案整理工作进行检查督导，确保普查档案归档完整。据统计，截至2018年年底，全国各级地名普查机构共整理地名普查档案23万卷，形成了完整规范的第二次全国地名普查档案资料。

（七）统筹推进地名管理工作

提高地名管理水平是开展第二次全国地名普查的重要目标。各级地名主管部门认真贯彻习近平总书记关于清理洋地名等不规范地名、传承保护地名文脉的重要指示精神，落实李克强总理要切实加强地名管理的批示要求，按照王勇国务委员2014年在全国地名普查暨加强改善地名管理工作电视电话会议上的讲话部署，紧紧抓住地名普查契机，不断推进地名管理法治化建设，深化地名公共服务，促进地名文化发展繁荣，切实加强和改善地名管理工作。

1. 加快《地名管理条例》修订。地名法治建设在地名管理工作中发挥着基础作用，是做好新时期地名管理工作的重要法治保障。现行的《地名管理条例》自1986年颁布施行以来，在加强地名管理、保持地名相对稳定、服务社会主义现代化建设等方面发挥了重要作用。但经过30多年的经济社会发展，地名管理工作面临的形势和任务发生了很大变化，党和国家对地名工作提出了新要求，人民群众对地名服务有了新期待。《条例》在管理体制、范围内容、程序规定、监管措施等方面已不适应现实工作需要，亟须与时俱进地修订完善。

2003年以来，民政部一直持续推进《地名管理条例》修订工作。2014年开展第二次全国地名普查后，国务院地名普查办加快修订《地名管理条例》工作步伐。2015年10月28日，在北京召开《地名管理条例》修订座谈会，重点围绕地名概念界定、地名管理体制、地名规划、地名标志、法律责任等内容，对《地名管理条例》（征求意见稿）进行了深入的讨论，收集了大量意见和建议。2016年6月，民政部成立了《地名管理条例》修订工作领导小组，抽调地名研究所、浙江、山东、内蒙古、苏州、大连等地方和高校专家20余人组成专班，对《条例》进行集中修订，形成了《条例》（征求意见稿）。7月，下发各地地名主管部门征求意见。在此基础上，2016年8月，在辽宁省大连市召开《地名管理条例》修订座谈会，研究讨论补充完善后的《条例》（征求意见稿）。国务院地名普查领导小组副组长兼办公室主任、民政部副部长宫蒲光出席座谈会并讲话。强调要以《地名管理条例》修订为核心，以政策创制为重点，以制度落实为基础，全面推进地名法治建设。

2017年、2018年，民政部持续推进《地名管理条例》修订工作。2019年4月，再次成立《地名管理条例》修订领导小组和工作专班，组织专家学者、地方同志等深入研究论证，完成研究起草、调研座谈、征求意见、风险评估等环节的工作，形成了《条例》（修订草案征求意见稿）。10月，在部网站公开发布征求社会意见，根据征求意见情况修改完善，修订工作取得重大进展。

在民政部推进《地名管理条例》修订的同时，各地大力健全地名法规制度，江苏、吉林、河南等省出台了省级地名管理法规，4年来县级以上地名主管部门共制定规范性地名管理文件2000多件，极大提高了我国地名管理法治化水平。

2. 加强规范地名管理。围绕实现地名规范化、标准化目标，各级地名管理部门从地名规划、地名标准制定、地名命名更名等方面入手，采取有力措施，不断加强和规范地名管理。

加强地名规划编制。2015年，民政部组织开展全国优秀地名规划评选，编印了《全国优秀地名规划选编》。9月，在广东省中山市举办全国地名普查与地名规划培训班。2016年，民政部制定《地名规划编制导则》，进一步明确了地名规划的编制主体、内容范围、专业评审、批准程序、适时修改等关键内容，为更好指导各地做好地名规划工作提供了标准依据。各地按照《地名规划编制导则》，相继开始地名规划的研究编制工作。

推进地名标准制定。根据联合国地名标准化会议要求，2014年至2015年，民政部组织完成了《中国地名指南》的编撰工作。《中国地名指南》既是对我国地名现状的一次整体梳理，也是提高我国地名标准化水平的重要体现。2016年以来，先后制定了《外语地名译写导则（波斯语）》《外语地名译写导则（日语）》等外语地名汉字译写以及少数民族语地名汉字音译转写等标准规范。

结合开展清理整治不规范地名，各级地名管理部门进一步规范地名命名更名管理，建立并严格落实地名命名更名论证和风险评估工作制度，逐步健全地名管理长效机制，探索建立地名命名前置审批制度，从源头上遏制“大、洋、怪、重”等不规范地名产生。

3. 深化地名公共服务。为深入贯彻落实中央关于加强社会公共服务能力建设的要求，2015年以来，民政部积极推进地名公共服务建设，大力开展地名标志设置、地名地址库试点示范创建等工作，不断加强地名公共服务宣传，推广各地典型经验，地名公共服务水平得到进一步提升。

一是规范地名标志设置。针对地名标志法规不完善、设置不规范、管理不到位等问题，民政部积极推进《地名标志管理办法》修订工作。2017 年 10 月，在福建省厦门市举办了地名法规制定研讨会，对《地名标志管理办法》（征求意见稿）进行专题研讨。2017 年 12 月 29 日，民政部印发《关于进一步加强地名标志管理的意见》。《意见》提出了地名标志设置和管理的总体要求，明确了地名标志设置和加强地名标志管理的工作内容。《意见》的制定，为规范地名标志设置、加强地名标志管理提供了政策依据。各地将地名标志普查和设置作为第二次全国地名普查的重要任务，以新建城区、乡镇驻地、新型农村社区等地域为重点，加大地名标志设置力度，初步构建了城乡一体、衔接有序的地名标志导向体系。

二是开展全国地名地址库试点示范创建活动。2015 年 4 月，在浙江省绍兴市召开了全国地名地址库建设试点座谈会，重点就试点示范创建工作方案听取各地意见，研究部署地名地址库建设试点工作。8 月 7 日，印发《民政部开展全国地名地址库试点示范创建活动的通知》（民函〔2015〕265 号），决定利用 3 年时间在全国开展地名地址库试点示范创建活动。通知明确了创新活动的指导思想、目标任务、主要内容、方法步骤和工作要求。按照《通知》要求，各地积极组织推荐试点示范区。在各省级地名主管部门组织申报和初审基础上，11 月 3 日，民政部制定印发《关于确定全国地名地址库试点示范创建地区的通知》（民发〔2015〕326 号），确定天津市北辰区等 37 个市（区、县、自治州）为全国首批地名地址库试点示范创建地区，并要求各地紧密结合第二次全国地名普查实际，全面推进地名地址库建设，进一步提高地名地址管理服务水平。

2016 年至 2018 年，民政部采取多种举措，扎实推进全国地名地址库试点示范创建活动。2016 年，组织开发了全国地名地址数据库系统。2016 年 8 月、2017 年 6 月，分别在辽宁省大连市、江苏省苏州市举办了两期全国地名地址库试点示范培训班，对地名地址数据库建设进行专题培训，对开展试点示范创建活动提出工作要求。全国 37 个地名地址库试点地区参加了培训，进行了座谈交流，探讨了存在的问题，研讨了工作推进措施。国务院地名普查办副主任、民政部区划地名司陈德彧副司长出席苏州培训班并讲话，指出要进一步加强地名地址管理的法规制度建设，完善管理标准，理顺管理体制，深化地名专项服务，进一步推广地名公共服务示范创建经验。各试点示范创建地区按照培训班要求，进一步统筹规划，周密部署，深入开展调查研究，科学论证实施方案，探索加强地名地址管理的有效手段，取得了明显的工作成效。为了全面评估试点示范创建地区活动成效，2018 年 3 月，民政部制定《全国地名地址库试点示范评估工作方案》，通过招投标开展项目委托，组建了评估工作组，研究制定了评估指标。通过总结评估，认定一批试点示范地区，并对试点示范创建活动进行总结宣传，进一步推进地名地址库建设。

4. 推进地名文化建设。保护优秀地名文化，深化地名文化建设，是第二次全国地名普查成果转化应用的重要任务，对于传承弘扬中华优秀传统文化、增强文化自信具有重要意义。2015 年至 2018 年，民政部采取交流研讨、组织征文、业务培训、地名文化遗产评定等方式，不断加大地名文化保护力度，有力促进地名文化发展繁荣。

2015 年 5 月，国务院地名普查办在北京组织召开地名普查与地名文化研讨班。南京市等 6 个地方代表分别介绍了地名文化建设的经验和做法，中国人民大学、中国地名文化遗产保护促进会等单位专家围绕地名文化遗产保护与鉴定、地名文化建设理论与实践等问题进行了专题授课。2017 年 3 月至 7 月，民政部区划地名司组织开展了全国地名理论征文活动。活动以“地名：保护与发展”为主题，面向全国地名工作者、地名爱好者公开征集论文，共征集涉及地名文化、地名遗产、地名考证、地名立法、地名标准、用字读音、少数民族地名等方面的文章 349 篇。获奖论文汇编出版《保护与发展——2017 年全国地名理论征文文集》一书。2018 年，制作完成《神州地名》地名文化专题片。

为进一步加强地名文化遗产保护，2016 年 12 月 30 日，民政部印发《民政部关于进一步加强地名文化遗产保护工作的通知》（民函〔2016〕344 号）。《通知》明确了进一步加强地名文化遗产保护工作 7 个方面的任务要求，指出要深入开展地名文化遗产资源调查，编制实施地名文化遗产保护规划，建立地名文化遗产名录体系，加强地名文化遗产传承与管理，深化地名文化遗产研究、利用和弘扬，建立健全地名文化遗产保护工作机制。2017 年 7 月 4 日至 6 日，民政部在吉林省长春市举办了全国地名文化遗产保护培训班，区划地名司陈德彧副司长参加培训班并讲话，强调各地要根据民政部《全国地名文化遗产保护工作实施方案》《地名文化遗产鉴定标准》和《关于进一步加强地名文化遗产保护工作的通知》等行业标准和政策文件，明确目标任务，把握基本要求，系统推进地名文化遗产保护工作。培训班上，南京大学、浙江外国语学院的专家针对地名文化遗产保护工作进行了授课。江苏省、浙江省、安徽省和山东省就当地地名文化遗产传承与保护工作进行了经验交流。

根据《民政部关于进一步加强地名文化遗产保护工作的通知》精神，民政部进一步加强和完善了地名文化遗产评价鉴定工作。2016 年 6 月，以项目委托的方式，组织开展了“千年古县”地名文化遗产的评审认定工作，先后制定印发了《“千年古县”地名文化遗产审核工作规范》《“千年古县”地名文化遗产评价指标体系》和申报材料清单，规范完善了申报审核程序。

各地按照《民政部关于加强地名文化建设的意见》《全国地名文化遗产保护工作实施方案》《民政部关于进一步加强地名文化遗产保护工作的通知》等文件要求，结合实际制订地名文化工作方案，出台相关标准和规范，切实加强地名文化遗产保护。各地深入调查地名文化属性信息，查清地名文化遗产资源的存量、分布、内涵和现状，推进地名文化遗产评价鉴定，探索建立省、市、县地名文化遗产保护名录制度，分级分类分批开展古城、古县、古镇、古村落地名等重点地名文化遗产认定工作。天津、吉林、江苏、福建、安徽、山东等省（自治区、直辖市）建立了地名文化遗产保护名录。各地地名普查机构广泛开展地名文化展览、网络直播和知识竞赛等活动。江西、山东、重庆等地结合普查编写出版了《江西红色地名故事集》《山东省古镇古村》《重庆地名杂谈》《海南地名故事》等大量地名文化图书；浙江、海南等省（自治区、直辖市）组织摄制了《恋恋西塘》《御窑景巷》《这里是海南》《千年磁器口》等诸多地名影视作品，地名文化建设成果异彩纷呈。

（八）开展普查总结表彰

在圆满完成各项普查任务的基础上，国务院地名普查办组织开展第二次全国地名普查总结表彰工作。

2018 年 2 月，民政部向国务院报送《关于表彰第二次全国地名普查先进集体和先进个人的请示》。2018 年 7 月，全国评比达标表彰工作协调小组批复同意开展第二次全国地名普查表彰。2018 年 9 月，国务院地名普查办印发《国务院第二次全国地名普查领导小组办公室关于推荐评选第二次全国地名普查先进集体和先进个人的通知》，评选表彰采取自下而上、逐级审核推荐、差额评选、民主择优的方式开展，严格执行“两审三公开”程序，即国务院地名普查办组织初审、复审两次审核程序，分别在所在单位、省级和全国范围内公示。经过各级地名普查机构认真评选、层层推荐和逐级公示，2019 年 4 月，国务院第二次全国地名普查领导小组印发《关于表彰第二次全国地名普查先进集体和先进个人的决定》，授予北京市规划和自然资源委员会地籍管理处（地名管理处）等 100 个单位“第二次全国地名普查先进集体”称号，授予史悦等 100 名同志“第二次全国地名普查先进个人”称号。

2019 年 5 月 7 日，为全面总结第二次全国地名普查成绩和经验，表彰地名普查中作出突出贡献的先进集体和先进个人，研究部署加强新时代地名工作，国务院第二次全国地名普查领导小组在北京召开第二次全国地名普查总结电视电话会议。国务委员、国务院地名普查领导小组组长王勇出席会议并讲话，民政部部长、国务院地名普查领导小组副组长黄树贤主持会议。国务院副秘书长孟扬、民政部唐承沛副部长、中央军委联合参谋部姜国平参谋长助理，国务院地名普查领导小组成员、联络员、办公室成员以及第二次全国地名普查先进集体和先进个人代表、新闻媒体记者共 100 余人在主会场参加会议。各省（自治区、直辖市）、新疆生产建设兵团和条件具备的市（地、州、盟）、县（市、区）地名普查领导小组全体成员在分会场参加会议。会上，孟扬副秘书长宣读了《关于表彰第二次全国地名普查先进集体和先进个人的决定》，向第二次全国地名普查 10 个先进集体和 10 名先进个人代表进行了颁奖，山东、湖北、重庆 3 省（市）地名普查领导小组负责同志介绍了经验，开通了“中国・国家地名信息库”。

王勇国务委员在讲话中充分肯定了第二次全国地名普查取得的成绩和经验，全面系统总结了地名普查的做法和特点。指出 2014 年以来，在党中央、国务院的正确领导下，各级地名普查机构和广大普查人员全面贯彻落实习近平总书记关于地名工作重要指示精神和李克强总理关于地名普查批示要求，以高度的政治责任感和使命感，开拓进取，攻坚克难，圆满完成了全国地名普查任务，取得了丰硕成果。各地区各部门各单位要进一步总结好、转化好、利用好地名普查成果资料，切实发挥地名普查成果在方便人民群众生活、促进经济社会发展、巩固国防建设、维护国家主权和领土完整、推进国家治理体系和治理能力现代化等方面的价值和效用。王勇国务委员强调，新时代地名工作要以习近平新时代中国特色社会主义思想为指导，深入学习贯彻习近平总书记关于民政工作、地名工作的重要指示批示精神，贯彻落实党中央、国务院决策部署和第十四次全国民政会议精神，增强地名工作服务大局意识，坚持需求导向，切实加强地名规范化建设和基础工作，全面提高地名管理服务水平。

在全国地名普查总结电视电话会议召开之际，国务院地名普查办在民政部院内组织开展了第二次全国地名普查（补查）省级成果展。用展板、视频片和折页的形式展示地名普查优秀成果、地名文化遗产成果、试点普查（补查）成果。共制作51张展板，展示了普查的意义、普查领导小组成员情况、普查工作流程、普查成果总体数据、31个省（自治区、直辖市）和新疆生产建设兵团的普查成果等内容。其中，各省份普查成果集中展示每个省级普查单位的地名分布特征和地名命名特征、省级普查成果数据、典型地名案例。视频片时长约16分钟，分为9个部分展示地名普查的工作情况及工作成果。按照缩略展示地名普查且方便携带的原则，截取了展板普查的意义、普查领导小组成员情况、普查工作流程、普查成果总体数据的内容，形成8折16面的宣传折页。成果展还突出展示地名普查工作为经济社会发展、方便人民群众生产生活、加强国防建设和维护国家主权与领土完整等方面起到的基础作用。

会后，中央电视台、新华社、中央人民广播电台、《人民日报》《中国社会报》等新闻媒体报道了会议情况，各地也积极跟进宣传报道会议情况及本地区地名普查取得的成绩和亮点，在全社会营造了关心地名普查、支持地名工作的良好舆论氛围。

第二次全国地名普查总结电视电话会议的召开，标志着第二次全国地名普查工作在全国层面全面完成，为第二次全国地名普查画上了圆满句号。

三、成果显著，服务社会

历时4年多的地名普查，在国务院地名普查办的正确领导下，在领导小组各成员单位的积极支持、共同努力下，全国各级普查机构，强化领导、统筹安排、科学求实、拼搏奉献，以精益求精的匠心精神，突破难点、克服困难，圆满完成了各项地名普查任务，取得了许多重大收获。回顾4年地名普查工作历程，成果显著丰硕，经验弥足珍贵。

（一）全面实现了地名普查的任务目标

1. 查清了全国地名基本情况

第二次全国地名普查共采集地名约1322万条，包括陆地水系、陆地地形、行政区域、群众自治组织、非行政区域、居民点、交通运输设施、水利电力通信设施、纪念地旅游景点、建筑物、单位等 11 大类 49 个中类。其中，陆地水系类地名约 20. 6 万条，陆地地形类地名约 126. 5 万条，行政区域类地名约 5. 5 万条，群众自治组织类地名约 73. 6 万条，非行政区域类地名约 56. 9 万条，居民点类地名约 540. 4 万条，交通运输类地名约 134. 4 万条，水利、电力、通信设施类地名约 83. 3 万条，纪念地、旅游景点类地名约 32 万条，建筑物类地名约 21 万条，单位类地名约 228 万条。除此之外，还包括地名标志约 74. 4 万个，地名原读音数据约 89 万条，界线 5500 余条，界桩约 2. 85 万颗。第二次全国地名普查成果总数据规模约 20 个 T，覆盖全国 2871 个普查单元，2853 个县级政区，采集了地名的标准名称及其别名、简称、曾用名，规范了地名的罗马字母拼写，划分了地名指代地理实体的类别，测定了地名的地理坐标和相对位置，考证了地名形成的历史背景、命名理据和演变的历史过程，调查了地理实体的性质、特征及文化内涵，录制了地名的读音及其地方或民族语原读音，丰富完善了地名属性和地理实体信息，建立了国家、省、市、县四级全国地名目录。

通过跨省界自然地理实体地名普查采集全国跨省界自然地理实体地名 1. 2 万多条，建立了跨省界自然地理实体地名名录、调查表、属性数据库，形成了全国 68 条省级行政区域界线的地名图和地名录，制作地名边界图、专题图和数字三维图 7 万余幅，基本摸清了我国跨界自然地理实体地名的底数详情，填补了我国跨界自然地理实体地名管理的空白，为国情教育、区域发展、文化传承等提供了丰富翔实的地名信息。

2. 推进了地名标准化建设

实现地名标准化是地名管理的重要目标。国务院第二次全国地名普查领导小组于 2016 年 2 月印发《加强地名文化保护清理整治不规范地名工作实施方案》，在全国范围内部署开展了加强地名文化保护清理整治不规范地名工作。经过地名普查和集中清理整治，对有地无名的有地名作用的地理实体进行了命名，对不规范地名进行了标准化处理，全国标准化处理不规范地名 7. 9 万多条。按地名类型分，共清理整治居民区 53155 个，大型建筑物 291 个，道路 8783 个，街巷 3507 个，桥梁 1779 个，其他类地理实体地名 11291 个。按不规范类型分，清理“刻意夸大”地名 851 个，“崇洋媚外”地名 240 个，“怪异难懂”地名 1534 个，“重名同音”地名 53884 个，其他类不规范地名

22298 个。

此外，地名普查期间，对我国海域海岛进行了名称标准化处理，审核报批了太平洋、印度洋和大西洋海域 23 处海底地理实体地名，会同国家海洋局等部门审核公布了 13220 个海域海岛标准名称。推进天体地名标准化，根据联合国地名标准化大会关于“各国应该用本国的语言和文字系统”处理星球地名的决议，经标准化译写和审核，公布冥卫一（Charon）首批 12 个地名标准汉字译名。审定发布了第一批 6 个藏南地区公开使用的地名，有效发挥了地名维护国家领土主权的政治作用。

3. 完善了地名标志体系

设置地名标志是地名普查的重要内容之一。结合第二次全国地名普查，国务院地名普查办大力推进并规范了全国城市设标和县、乡、镇的设标工作，全国新设、更新地名标志 68 万多块，初步形成了全国城乡一体化的地名标志体系，基本解决了错、重、漏等历史遗留问题。同时加强地名标志制度建设，2017 年 12 月制定印发《民政部关于加强地名标志设置和管理的指导意见》，提出了地名标志设置和管理的总体要求，明确了地名标志设置和加强地名标志管理的工作内容。

各地地名普查机构也结合当地实际，加强巩固地名标志设置既有成果，根据城乡发展情况，结合不规范地名清理整治，进一步完善城乡地名标志设置。各地积极探索地名标志创新化建设，地名标志成为展示城市形象的新亮点。内蒙古、江苏、浙江、福建、宁夏等省（自治区、直辖市）创新设置带有“二维码、智能芯片”的新型地名标志，为社会提供更加准确、便捷的地名导向信息。河北省针对城市城中村改造，部分村落拆迁、消失的情况，组织各地开展了设立村名历史碑工作，倡导在村落改造时由开发单位与所在村（居）委会签订历史碑制作协议，挖掘村庄历史文化根脉，传承和弘扬优秀传统文化，村名历史碑内容经地名管理部门审定并在所在村（居）公示。

4. 提高了地名信息化水平

建立了全国地名普查数据库。以管好数据、用好数据为目标，国务院地名普查办按照机密级机房建设标准，完成了全国地名普查数据机房建设，机房总存储容量达到 600TB。配备了电磁屏蔽、视频监控、入侵检测等安全设施，建立了机房人员、设备、数据安全等管理制度规范。组织开发了全国地名普查数据库管理系统，满足了普查标准时点全国2854个县（市、区）汇交成果数据的检查入库，实现了地名普查成果数据的集中统一管理。完成普查成果数据入库和图形整饰，采集入库普查标准时点全国省、市、县三级5500余条行政区域界线、2.8万多颗界桩数据，数据量约256GB；形成覆盖全国（不含香港特别行政区、澳门特别行政区、台湾省）、涵盖11大类、1320多万条地名普查成果数据，形成了数据量约10TB的地名普查工作图数据（包括机密级1∶5万地形图矢量数据和秘密级正射遥感影像数据），并建成了界线界桩、地名标志、地名多媒体、历史地名等专题数据库。

开通了“中国·国家地名信息库”。贯彻“互联网+”理念，充分运用电子地图、遥感影像等技术手段，拓展利用互联网、大数据等技术方式，建成了“中国·国家地名信息库”。2019年5月7日，“中国·国家地名信息库”启动开通，实现我国在国家层面首次公布全国地名信息、首次公布全国省、市、县三级界线界桩信息、首次公布全国地名专用字、专读音信息以及首次公布全国地名原读音信息。“中国·国家地名信息库”从地名普查成果中筛选公布约1200万条地名、74万条地名标志、5500条界线、2.8万颗界桩、89万条地名原读音数据，总数据规模约20TB。信息库覆盖范围涉及普查标准时点全国2854个县级行政区，包括陆地水系、陆地地形、行政区域等11大类49个中类地名类别。“中国·国家地名信息库”的建设实现了地名信息与地图影像相结合、地名查询与统计分析相结合、地名政策与理论研究相结合。

地方各级普查机构分别建立了本级地名普查数据库。比如，天津市实现了以普查成果地名数据库、地名地址数据库为支撑体系的地名信息化管理和地名命名、更名等全信息网络化管理；解决了全市地名信息的更新不及时，更新不方便的问题；实现了全市综合业务的集成管理，以及地名管理和其他业务管理的整合。湖北省开发了湖北省第二次全国地名普查数据建库与管理软件，实现了地名普查数据的建库、采集、录入、维护、查询统计、入库检查、成果管理和地图编绘等功能。

建设地名信息政务管理平台和社会服务平台。在国务院普查办和全国各地普查机构的共同努力下，地名信息政务管理和地名信息公共服务信息化建设取得可喜成果。国家层级，依托“中国·国家地名信息库”建成了地名信息政务管理平台，实现地名命名、更名等申报审批政务的全流程网络化管理；建成了地名信息社会服务平台，创新应用电子地图、遥感影像、三维仿真等技术手段，拓展利用云平台、大数据、物联网等技术方式，向社会提供权威、及时、准确的地名信息服务。多数省份建立了涵盖地名数据管理、行政区划管理、地名标志管理，门牌地址管理、更新和发布地名信息的政务管理平台及地名信息公共服务平台。地名信息政务管理和地名信息公共服务两个平台的建成，全面实现了地名命名、更名等申报审批政务的全流程网络化管理和及时准确地向社会提供权威的地名信息服务，大大提高了地名管理和地名公共服务水平。重庆市建成市级地名政务服务信息化平台，利用地名数据开发地名服务平台，为全市各部门提供标准基础地名数据支撑，内容包括地名信息、行政区划、边界管理、地名标志牌、统计分析、系统管理、兴趣点查询等，实现地名信息由静态服务向动态、由平面到立体、由单向到互动的转化，提高地名信息服务的效率，拓展服务的深度和广度。

（二）取得了一大批地名普查应用成果

1. 加强了地名理论研究

地名普查的工作过程，也是加强地名理论和实践研究的过程。国务院地名普查办把推动地名普查与加强地名理论和实践研究相结合，围绕搞好第二次全国地名普查，加强地名管理，组织引导高等院校、科研院所、企事业单位，重点在地名普查、管理、服务和文化建设等领域组织开展专题理论研究，普查期间形成了100余篇研究成果。这些研究成果，有的直接应用于地名普查工作，对国务院普查办公室组织指导地名普查发挥了积极的作用；有的针对地名标准化管理，提出了完善现有法规，优化管理体制，建立网络化地名规划体系，从命名源头上进行干预，严格管控不规范地名，引导地名规范化使用等具有政策性、导向性的工作建议；有的结合地名信息及其服务特点，在分析不同信息服务主体及其需求特征基础上，提出了可行的构建地名信息服务体系的运营模式和实施路径；有的以少数民族地名文化遗产挖掘保护为重点，提出了注重在城镇化过程中进一步加强对各少数民族语地名来历、含义、演变的研究，加强少数民族语地名管理的政策建议；还有的在总结分析区划地名人才队伍现状的基础上，提出了加强地名管理专业人才队伍建设的措施方法。

国务院地名普查办还组织编写了《中国地名系列丛书》（共7册），涵盖地名管理、地名服务、地名文化等地名工作的主要方面，同时重点对地名规划、地名标志、地名拼写译写、地名信息化等专项进行研究，进一步深入地名普查成果，弘扬地名文化，推进地名工作。

各地结合实际，深化理论研究，研制地方标准。比如，北京编制了《地名规划编制标准》，该标准的主要技术内容包括总则、术语、基本规定、规划准备、规划设计、规划成果、报审与应用、附录，适用于北京市行政区域内的片区，道路，桥梁，轨道交通车站，公园、广场、绿地，其他类型地理实体的地名规划编制与地名命名。湖南省地名普查组织研制 4 项地方标准，分别针对《地名数据元规范》《湖南少数民族语地名译名规则》《地名地址数据库建设技术规程》等 4 个方面的标准编制进行了专题研究。

2. 编纂出版了地名工具书

国务院地名普查办组织编纂一批全国标准地名图（集）、标准地名录、标准地名词典和标准地名志等权威地名工具图书，满足社会对地名信息的需求。组织全国 31 个省（自治区、直辖市）和新疆生产建设兵团编纂《中华人民共和国标准地名词典》《中华人民共和国标准地名图集》《中华人民共和国标准地名志》。《中华人民共和国标准地名词典》，计划采收各类标准地名词条 20 万条左右，字数 3000 万字左右，分为 5—6 卷出版。《中华人民共和国标准地名图集》共 3 卷，图集在灵活运用常用地图表示方法的同时，在符号设计、色彩运用、表现手法等方面将创新突破，形式更加新颖美观，集科学性、艺术性、知识性、适用性于一体，达到国内先进水平。《中华人民共和国标准地名志》，将采收中华人民共和国所辖 31 个省、自治区、直辖市（不含港澳台地区）范围内，县级及县级以上政区名、自然地名、经济文化地名、交通地名等各类重要地名 3 万条左右，约 5 卷 16 册，3000 万字。涵盖了我国境内（不含港澳台地区）重要地名及地名书写、读音、位置、来历、含义、历史沿革、文化内涵、地理实体概况等，为地理信息检索、自然语言处理、数字城市建设以及人文社会科学研究与应用等领域提供基础地名信息资源。此外，还编制出版了全国标准地名挂图和便携式地名图，编制了跨省界自然地理实体地名图集和分布挂图。

各级地名普查单位依托普查资料，出版了一批特色地名图书，研发了一批特色地名地图。比如，广东省组织编写了《地名广东》，湖南省编辑出版了《湖南省政区大典》，江西省组织编写了《地名与名人》，重庆市编印了《重庆历史地图集》，海南省研发政区标准地名图集网络地图等。

3. 深化了地名文化遗产保护

地名文化建设是地名工作的重要组成部分，对地名事业发展具有重要的推动作用。地名普查期间，各级地名普查机构开展地名文化资源调查，开发地名文化产品，建立地名文化遗产保护名录，扎实推进地名文化建设与地名文化遗产保护工作。

国务院地名普查办摸清了地名文化遗产资源的数量和分布情况，调查全国范围内的地名文化遗产 2.7 万余个，推进地名文化遗产分级、分层、分类保护。重点加强“千年古县”“千年古镇”“千年古村落”等地名文化遗产保护工作。制定了一批地名文化保护技术标准，编制了一批地名文化保护规划，进一步健全了地名文化保护标准规范和制度措施。截至 2019 年 5 月，全国共组织评审认定了 99 个“千年古县”地名文化遗产。各地也相继制订出台了《地名文化遗产保护实施方案》等地名文化遗产保护制度和规范标准，建立完善了地名文化遗产保护名录，开展了千年古镇、古村落的认证保护，设立村名历史碑，建设地名文化博物馆等。

江苏省在全国首批提出建立历史地名保护名录体系，全省 13 个设区市和 41 个县（市）均建立了本级历史地名保护名录制度。南京市政府将“南京老地名”纳入非物质文化遗产名录。河南省编制《河南省地名文化遗产保护目录》。吉林省建立《吉林省地名文化遗产重点保护名录》。福建省建立《福建省第一批古地名文化遗产保护名录》，厦门将闽南语发音地名、客家话发音地名、涉台地名、涉侨（外）地名、古军事地名、特殊用字地名等地名文化遗产列为保护重点，并建立了“多规合一”的业务协同平台。安徽省开展“千年古镇”“千年古村落”认定。浙江省建立全国第一个地名文化博物馆，嘉兴市编制《嘉兴市地名文化遗产保护总体规划（2020—2030年）》。黑龙江对地名文化遗产进行全方位的保护和拯救，挖掘整理出如渤海镇、横道河子镇、太平沟、阿城金上京、会宁公园等有历史文化价值的古城、古地名。

地名普查期间，很多地方地名普查机构组织编写地名文化丛书、编制地名文化图集等，形成了地名文化图书系列成果。四川等省组织编写了《古地名录》《故乡杂记》《地名丛谈》《地名故事》《地名文化志》《地名画册》等地名文化图书；新疆维吾尔自治区编辑了《新疆古地名录》，共收录古地名 3000 余条，30 万余字，4 幅古代地图，60 张古迹照片；青海省组织开发建设了“青海省地名文化宣传系统”，实现了地名和行政区划相关数据的检索、查询。

4. 提高了地名公共服务水平

提高地名公共服务能力，满足人民群众对地名信息的迫切需要，是贯彻以人民为中心发展思想的具体体现。地名普查期间，各级地名普查机构投入了大量的人力、财力、物力，获取了大量的数据，积极应用“互联网+”“大数据”等信息技术，建立了覆盖国家、省、市、县四级区划地名数据库，形成全国区划地名数据支撑体系。建设研发了省、市、县互联的三级行政区划地名数据库平台，形成了比较完善的图属匹配的地名数据库，为普查成果更好地应用服务于经济社会发展奠定了坚实基础。在国家、省、市、县四级区划地名数据库基础上，进一步深化了地名公共服务。应用电子信息新技术开发具有电子定位和物联网功能的新型地名标志，探索新的地名标志运营模式，为社会提供更加准确、便捷的地名导向和信息服务。各地结合普查成果和城市发展规划，编制城市和建制镇地名规划，特别是新区地名规划。

江西省南昌市结合智慧城市建设，建立区划地名信息系统，着力打造“一个网络，两个系统”。“一个网络”即将地名网建设成为一个集信息发布、网上浏览、网上查询、网上办公、网上讨论、地名文化宣传等多种内容为一体的集成系统；“两个系统”即建设地名日常审批系统、地名业务管理系统。实现地名信息实时更新、地名图形查询，为各部门和社会各界提供现势性强的地名服务。江西省景德镇市针对区域文化特点对全市路牌分地域规划设计，在珠山区老巷弄设置了瓷板路牌，在高铁新区设置新型信息化路牌，并加入水平陀螺仪、高清摄像头、电子触摸屏、ITV 数字电视、4G 网络等功能。

山东等省份开通地名公共服务平台，开展电子地图、导航等多种形式的地名服务。山东省民政厅组织开发“山东省民政区划地名公共服务系统”，利用普查数据和“天地图・山东”成果加强系统建设，涵盖地名地址数据。济南市开发了基于安卓系统的移动终端地名公众服务地理信息系统；东营市开发的地名普查成果应用服务平台，以高清航片为展示平台，以第二次地名普查成果和界线及区划资料为基础，综合向社会提供地名、区划等方面的服务，同时亦用于内部行政区域界线管理。德州市、潍坊市、泰安市、聊城市、滨州市以大屏触摸设备为载体，将地名普查可公开宣传成果开发为可交互式系统。

重庆市组建由民政、规划、建委等部门，重庆大学等高校教授、地名专家组成的地名审查专家组，负责本地地名规划编制及社会意见征集等工作，开展《主城区地名总体规划》《地名规划编制导则》编制，指导编制沙坪坝区西部现代物流园、九龙坡区道路地名、巴南区龙洲湾组团、大渡口建桥园区地名规划。

湖南省组织开发建设第二次全国地名普查成果网络展馆，以三维虚拟现实技术，结合360°全景体验，在互联网环境下构建网上虚拟现实展览系统，向国内外公众提供24小时不间断的“一站式”展示服务，全方位展示地名普查成果，宣传、弘扬湖湘地名文化。展馆分为序言厅、省级成果厅和14个市州成果厅，集科普性、实用性和创新性为一体，内容丰富，生动活泼，形式美观多样，如临实景实地。

新疆维吾尔自治区组织开发建设了新疆地名公共服务信息网，是覆盖全疆各地（州、市）、县（市、区）的大型网站群。省级主站由原来的21个主栏目扩充为27个栏目，各地（州、市）、县（市、区）各个分站都拥有独立的用户名、密码、上传、审核、编辑等功能。

（三）培养锻造了一支地名普查工作队伍

一流的工作业绩离不开过硬的工作团队。第二次全国地名普查工作难度大、标准要求高、任务艰巨繁重，是对各级地名普查工作机构及其普查队伍工作能力、业务水平、工作作风的全面考验和锻炼。4年的地名普查建设打造了一支讲政治、讲大局、讲奉献的普查工作队伍，涌现了一批先进集体和先进个人，形成了科学求实、开拓创新、精益求精、奋力拼搏、勇于奉献的普查精神。

1. 各级地名普查机构敢于担当，勇挑重担。时隔近30年开展第二次全国地名普查，我国的地名情况和工作要求与第一次地名普查相比都发生了巨大的变化，对很多从事民政工作的干部来说，是一个全新的考验。在第二次地名普查任务面前，很多负责地名工作的同志，临危受命，面对新岗位、新任务，迎难而上，敢于担当，勇挑重担。他们有的被誉为地名普查工作的“排头兵”，在地名普查工作中既当“指挥员”，还是“指导员”和“普查员”，认真学习地名普查相关知识，刻苦钻研政策法规，亲自起草地名普查实施方案，制定标准技术规范，设计普查工作流程，经常深入基层地名普查工作一线，研究解决普查工作中遇到的难点问题。他们有的被称为地名普查工作的“老黄牛”，用心耕耘，以身作则，加班加点，家人重病住院，没有时间守候，自己累病了，顾不上休息，用行动确保了地名普查工作任务的圆满完成。

2. 广大地名普查工作者任劳任怨，甘于奉献。在4年的地名普查中，一支由100万名普查员组成的庞大队伍，奔赴在全国960多万平方千米的广袤大地上，以极大的工作热忱和敬业精神投入到普查工作中。从高原雪山到沼泽湿地，从广阔草原到戈壁大漠，从城市街巷到乡村田间，用汗水记录下一个个地名，用行动诠释了一名合格地名普查员的责任。有的地名普查员与爱人相识于地名普查开展之初，多少次预定的约会，变成了办公室里的加班陪伴，多少次的假期远游计划，变成了一再推后的许诺。有的普查员为普查当起了“狠心”妈妈，白天走村访户、调查登记数据，足迹踏遍乡村街道。夜晚灯火阑珊时，还在电脑前填表打字，甚至连续7天晚上加班不能回家。每一个普查数据的背后，都饱含着普查员的艰辛和付出。

3. 众多地名普查志愿者积极参与，辛勤付出。在地名普查队伍中，还有一批无私奉献的地名普查志愿者。他们中有退休干部，有学校退休教师，有文化工作者，凭借着对地名的热爱，相聚到第二次地名普查工作中，不计报酬，用自己辛勤的汗水与才智，为地名普查工作作出了自己的贡献。比如，山东省淄博市博山区一支由退休老师、干部及文化工作者组成的地名普查团队，他们的平均年龄65岁，最大的已经71岁，大家亲切地尊称5位老人为八陡“五老”。普查中“五老”的足迹踏遍了八陡的每一寸土地。普查结束后，老人们将手头掌握的地名资料，编辑了10篇地名故事，其中有8篇被2017年新出版的《博山地名故事》收录。撰写了5篇关于八陡地名的研究论文，有3篇在《淄博史志》上发表，成为名副其实的“地名文化传承者”。

（四）总结了开展全国地名普查的经验

回顾总结4年的地名普查工作，不仅取得了较为系统的全国地名普查数据、多媒体数据、属性数据、空间定位数据等，同时通过4年地名普查的艰苦实践，更收获了开展地名普查的经验和启示。这些经验和启示既是对4年地名普查工作实践的总结，也是今后加强地名工作的借鉴。

1. 开展全国地名普查必须树牢“四个意识”，坚定“四个自信”。第二次全国地名普查工作是新时期国务院作出的重大工作部署，是贯彻落实习近平总书记以及其他中央领导同志重要讲话和批示精神，推进国家治理体系和治理能力现代化的一项重大举措。国务院地名普查办始终坚持从大局的高度，提高政治站位，充分认识搞好第二次全国地名普查是同党中央保持高度一致的基本要求，充分认识搞好第二次全国地名普查对于加强地名管理、服务经济社会协调发展、促进社会交流交往、建立健全公共服务管理体系的重大现实意义，在认真研究判断第二次全国地名普查形势机遇和工作特点的基础上，坚定信心，不断增强工作的使命感和责任感，自觉遵循中国特色社会主义文化发展道路，以查清地名、弘扬保护地名文化为主线，牢牢把握第二次全国地名普查的工作方向、指导思想、目标任务和工作重点，以习近平新时代中国特色社会主义思想武装头脑，深入贯彻落实党中央国务院关于加强地名管理，搞好地名普查的工作要求，切实增强“四个意识”，坚定“四个自信”，在普查工作中学思践悟、学以致用、知行合一，确保党中央、国务院关于第二次全国地名普查的决策部署落到实处。

2. 开展全国地名普查必须加强组织领导、强化协同配合。第二次全国地名普查周期长、内容多、涉及面广，需要各级政府党委高度重视。国务院地名普查办以强化组织领导为根本，把抓好第二次地名普查摆在突出重要的位置，切实加强领导，建立了由 24 个委办局组成的国务院第二次地名普查领导小组，民政部承担主体责任，抽调力量，全力以赴，加强对整体进度和工作重点的协调督查，各成员单位认真履行各自工作职责，通力协助、密切配合、资源共享，构建了国务院第二次地名普查领导小组统筹，民政部门协调落实，各部门按职能分工合作的组织领导工作机制，发挥了民政部门对普查工作的核心推动和促进作用，形成了地名普查的整体工作合力。充分发挥国务院普查办的组织协调作用，协调指导各地积极争取各级政府领导的支持，切实把第二次全国地名普查工作纳入政府重要工作日程，加强工作领导，加大投入保障，组建普查机构，配齐配强人员，明确各级责任，及时部署总结，确保了地名普查工作有人抓，有人管，形成了第二次地名普查工作与民政业务工作同部署、同检查、同考核的目标责任制。在推动地名普查的工作实践中，以强有力的组织领导推动第二次地名普查与规范地名管理相结合，通过开展保护地名文化，清理整治不规范地名等专项工作，全面清理整治不规范地名，切实解决有地无名和地名重名、用字不规范、含义不健康等问题；与地名文化建设相结合，深入挖掘地名文化资源，传承保护优秀地名文化遗产，提高新生地名的文化含量和文化品位，促进地名文化创新发展；与提高地名公共服务水平相结合，突出工作重点，加强调查研究，破解工作难题，不断实现地名普查工作的新发展和新收获。

3. 开展全国地名普查必须抓好顶层设计、科学规范实施。第二次全国地名普查是一项系统性、综合性很强的庞大工程，必须有良好的顶层设计，才能保证整体普查工作的科学有序，最终实现任务目标一致、技术标准一致、普查质量一致。国务院地名普查办以宣传发动为引领，运用多种手段，搭建宣传平台，拓展地名文化宣传新渠道，谋划新方法，以高度的文化自觉，深入挖掘地名文化遗产，传承最美地名，讲好地名故事，不断提升地名文化影响力和自信力，为地名普查工作营造了强大的社会舆论氛围。以制度建设为保障，充分认识地名普查工作的艰巨性与复杂性，紧密结合地名普查工作各阶段的实际，制定建立了包括实施规程、质量管理、普查验收、成果转化、保密管理、档案管理等一系列的制度文件，使地名普查工作做到有章可循，切实保障了地名普查工作实现规范化、标准化操作。以提升普查人员专业素质作为基础，制订方案，编写教材，开展多层次、多领域的培训，极大提高了各地普查人员的专业工作能力。以技术创新为手段，创新理念，全力整合社会资源，适应信息化社会发展的需要，采用了最新的 GPS 定位和地理信息系统（GIS）技术，首次实现地物与地名的高度统一，不仅大大提高了地名普查成果质量，更推动了全国普查成果的共享与应用。通过购买专业单位的技术服务的方式，实现了不同专业间的人才互补，提高了实地测绘、地图标绘、数据库入库和资料汇总方面的速度，加快地名普查的进度。以地名普查过程质量管理为关键，建立健全质量评价体系，突出重点，把握关键环节，确保了每一个地名信息的准确、客观、完整。

4. 开展全国地名普查必须坚持改革创新、突出信息引领。时隔近 30 年开展的第二次全国地名普查，面对的是信息技术迅猛发展，计算机、通信、数字广播等技术深刻地改变和影响着社会的新形势和新机遇。国务院地名普查办坚持解放思想、抓住机遇、与时俱进，以理念创新引领地名普查工作创新。在地名普查宣传工作中，创新宣传载体充分利用信息技术的传播优势，广辟宣传渠道，实现了多渠道、多手段、广覆盖的普查宣传创新，达到了见效快、影响传播广的良好效果。在地名普查培训工作中改变传统的培训方式，注重加强和促进各级普查办、各技术单位之间的交流学习，通过经验交流发言、技术标准讲解示范、优秀成果展示等，实现了技术要求与好经验、好做法、好成果融合学习，直观展现的培训模式创新，确保了培训质量和普查人员业务能力的提升。在外业调查中针对山峰、山体、河流、高速路大型桥梁和隧洞等实地测量采集的重点区域，推广采用机载测量系统、地面车载移动测量系统、便携式移动测量系统等先进的科技手段作业，实现了地名采集手段的创新，大大提高了地名普查的工作效率。在内业整理中，注重空间技术运用与历史文化传承的良好融合，运用计算机、互联网、移动通信、遥测遥感等现代化空间信息技术，实现了以地名来历、含义、历史沿革、地理实体描述为核心内容的挖掘地名文化内涵的创新，首次形成了属性信息和空间信息共通的地名数据库。

5. 开展全国地名普查必须加强精细管理、抓好督促落实。在地名普查工作中，国务院地名普查办始终坚持高起点谋划，高标准要求，高质量管理，从普查准备、到组织实施、再到成果验收，把高标准、高质量、精细化要求体现贯穿在地名普查工作的各个环节，保证地名信息的真实性、准确性、完整性，经得起时间和历史的检验。在普查类别确定上，明确了第二次全国地名普查类别包括陆地地形，陆地水系，行政区域，居民点，交通运输设施，水利、电力、通信设施，纪念地、旅游景点，建筑物，单位等 11 个大类，117 个子类，覆盖了所有地名类别，确保第二次全国地名普查的范围更广、分类更细、属性更明。在普查操作规程制定上，高度注重地名核心属性信息的准确和完整，强调地名空间位置信息的精度和实用，对不同子类的地名均确定了详细的附加属性填写规范，要求对普查范围内的所有地名进行详查，摸清每条地名的所有地名属性与概况，并要求对每条地名均填写普查成果表，确保了第二次全国地名普查掌握的地名数量更多、更全，地名信息更加丰富。在普查工作的组织推动上，把质量作为衡量普查成败的首要标准，建立了相应的工作流程和操作规范，正确处理地名普查质量、数量与进度的关系，严格按照技术规范抓好培训，按照方案时间安排落实进度，按照质量评价体系管控质量，按照验收标准验收入库。4 年来，国务院地名普查办共制定相关技术标准、制度等文件 50 多项，组织各类培训班 30 余期。建立督查工作机制，按年度开展工作督查，并约谈落后单位，对督查问题通报批评，督促整改，组织复查，确保了地名普查按时高质量完成了各项任务。

6. 开展全国地名普查必须加强人员培训，建强工作队伍。4 年多来，广大地名普查人员以“功成不必在我”的精神境界和“功成必定有我”的历史担当，扎实履职尽责，积极主动作为，踏遍千山万水，用辛勤和汗水记录下每一个地名。他们深入城乡社区、村庄作调查，赴沙漠、高山等偏远地区搞勘测，熬夜加班查阅资料、考证信息、标绘地图，不畏严寒烈日，不怕山高路远，有的同志连续十几天吃住在野外，有的同志因为普查推迟了婚期，有的同志还在普查途中光荣负伤。他们用实际行动诠释了脚踏实地、任劳任怨、甘于奉献的地名普查精神，展现了地名普查工作者的优良作风，描绘了地名普查的壮美诗篇。实践证明，建设一支高素质的地名普查队伍，是地名普查取得成功的重要保证。做好新时代地名工作，必须广泛宣传学习第二次全国地名普查先进集体和先进个人的典型事迹，发扬地名普查精神，提高工作人员素质能力，建强地名工作队伍。

省级第二次全国地名普查工作纪实

北京市第二次全国地名普查工作纪实

北京市地名普查办公室

根据《国务院关于开展第二次全国地名普查的通知》（国发〔2014〕3号）要求，在市政府的领导下，北京市第二次全国地名普查工作，通过建立地名普查工作机构，组织普查培训，上下联动推进，内、外业扎实推进，以普查验收工作为重点，推进地名文化保护和清理整治不规范地名工作，有序开展普查成果转化各项工作。

一、北京市地名普查开展情况

第二次全国地名普查工作从2014年7月1日开始，到2018年6月30日结束。2014年下半年，报请市政府批准，印发了《北京市开展第二次全国地名普查工作实施方案》，明确市地名普查工作按照前期准备、普查实施、检查验收、成果上报4个阶段实施。目前，4个阶段任务已经完成，正在有序推进成果转化工作。

（一）明确普查机构

国务院部署第二次全国地名普查工作后，市各级政府高度重视，认真贯彻落实。2014年11月，按照《关于设立北京市第二次全国地名普查领导小组有关事项的批复》（市编委〔2014〕62号），成立了北京市第二次全国地名普查领导小组，成员由26个市级委办局组成，由原市规划委、市民政局共同牵头，领导小组办公室设在原市规划委。

2014年12月，按照市政府《关于印发〈北京市开展第二次全国地名普查实施方案〉的通知》（京政发〔2014〕40号）明确的任务、时间安排和工作要求，原市规划委、市民政局印发了《关于做好我市第二次全国地名普查相关工作的函》（市规函〔2014〕1825号），细化了领导小组办公室协调推进工作的具体方式，全市16个区由各区原规划分局、民政局牵头，均成立了普查工作机构，明确了工作人员，落实了相关工作职责。

（二）确定普查队伍

严格按照公共资金使用的有关规定，分别在2015年9月底和11月底，通过公开招投标方式确定了12家具备乙级以上测绘资质的公司作为地名普查外业调查项目的中标单位，2家具备相应资质的公司作为监理质检项目中标单位；2018年，又通过公开招标方式确定了地名信息化项目中标单位、地名图录项目中标单位。市地方志办组织的地名词典和地名志项目也完成了招标工作，明确了编纂和出版单位。

（三）制定制度规范

市普查领导小组及办公室先后印发了《北京市第二次全国地名普查技术方案》《关于贯彻落实〈加强地名文化保护清理整治不规范地名的工作实施方案〉的意见》《北京市第二次全国地名普查监理规程》《北京市第二次全国地名普查成果检查验收与质量评定规程》《北京市第二次全国地名普查成果转化规划（2016—2020年）》等文件，保障地名普查各环节、各项工作有序推进。

（四）组织外业调查

市普查办先后组织了10余次技术培训，累计培训800余人。以区为普查单元，以镇街为作业区，通过召开推进会、实地调研、随机抽查等形式，以高精度翔实的大比例尺地形图数据为底图，采用内、外业一体化的全数字化生产流程，推进外业调查工作顺利开展。

（五）开展宣传活动

2014年12月30日，以"开展地名普查、弘扬地名文化"为主题，配合国务院普查办在王府井地区开展了普查集中宣传活动，各区也根据本地实际同步开展了宣传活动，使社会各界了解地名普查工作，加深对地名文化的认识。

2015年1月和3月，在市主要媒体上刊发了文章，提高公众对地名规范化管理的重视与关注。9月，结合国务院第二次全国地名普查工作交流促进视频会议精神，市普查办在《北京日报》刊发《地名见证城市发展、普查服务文明北京》专版，为普查外业工作全面开展宣传鼓劲。

2016 年，按照国务院普查办安排，以民政部宫蒲光副部长来京调研并慰问一线普查员、开展“新媒体宣传月”等活动为契机，市普查办以电视、网络、报纸等多种形式，集中开展普查宣传 4 次，有关报道、文章 20 余篇。

2017 年，积极组织参加国务院普查办“寻找最美地名故事”活动，宣传动员各区及社会各界报送稿件共计 70 余篇，有 3 篇北京地名故事入选“全国 100 个最美地名故事”；积极参加国务院普查办组织的以“地名：保护与发展”为主题的全国地名理论征文活动，并获得一等奖、二等奖各 1 篇。

2018 年，市普查办积极响应国务院普查办“美丽中国 · 地名寻梦”地名文化短视频征集活动，全市上报地名文化短视频 11 部。同时，结合地名管理工作实际，组织拍摄了地名普查系列短视频和动画等，宣传地名普查及地名管理工作。此外，结合清理整治无名路专项工作，通过报纸、网络及时向社会公告无名路命名情况，宣传地名管理政策。

各区结合实际，按照国务院普查办及市工作部署，采用多种形式宣传地名普查，如播放公益广告、制作印发宣传材料、微信推送等，营造了良好的宣传氛围。

（六）落实普查经费

2015 年至 2018 年，市普查办会同市财政局，严格按照财政专项资金的使用规定，对中央累计拨付的补助资金 2384 万元、市财政累计拨付普查资金约 1.2 亿元，通过跟踪检查资金支付情况、项目执行进度等方法，加强监管，提高资金使用效益，确保地名普查项目的顺利完成。

二、北京市地名普查主要成果

（一）摸清了全市地名资源底数

按照国务院普查办工作进度要求，2017 年 3 月，全市 16 个区地名普查成果通过了市级验收。汇总结果显示，全市共采集地名信息条目 72 万余条，其中，行政区域 438 条，群众自治组织 7273 条，非行政区域 1825 条，居民点 1.6 万余条，交通运输设施 5.3 万条，水利电力通信设施 9968 条，纪念地旅游景点 6611 条，建筑物 23 万余条，单位 39 万余条，陆地水系 753 条，陆地地形3615条。调查地名标志2万余条，审定跨界自然地理实体地名88条，地名读音用字审定32条，处理统计地名标准化209条，地名成果图119张，调查历史地名1万余条，形成了3.8T的综合地名数据库。目前普查成果已全部归档，纳入市档案馆保存。

（二）完成了不规范道路名称的清理整治

按照国务院普查办对不规范地名清理工作的总体部署和市政府对道路命名管理工作的要求，从2017年8月起，启动无名路和名称不规范道路的清理整治、命名工作，分3批对无名路和名称不规范道路进行了整治。至2018年6月底，对全市4259条道路分3批全部完成了整治工作。1006条无名路完成命名，其中命名了31条胡同，有25条是老胡同恢复旧名；2664条有名无牌道路，已按照职责分工统一函告道路管理部门安装路牌；另有589条一路多名道路的名称完成了确认或命名工作。

（三）推进地名和区划数据库建库工作

按照市信息化建设的统一要求，开展北京市第二次全国地名普查地名信息数据库建设工作，北京市地名信息数据库（非涉密）基本建设完成，北京市区划地名信息政务平台系统和社会服务平台系统（北京地名网）已经于2019年年底全部建设完成，供有关部门和全社会使用。

（四）开展地名图、录、典、志等成果转化工作

《北京市标准地名志》编纂工作由市地方志办牵头组织实施，目前已完成初稿。2020年年底，16本区志将按计划完成。《北京市标准地名图集》《北京市标准地名图录》编纂工作由市普查办组织实施，实施年度为2018年至2020年。按照工作计划，2018年年底完成了北京市级地名图、录和挂图的总体设计工作。2019年完成了北京市区级地名图、录和挂图的总体设计工作。计划2020年年底完成市级地名图、录和区级地名图、录编辑出版工作。同时，市地名普查办还按照国普办的要求，正在按计划推进《中华人民共和国标准地名志·北京市》和《中华人民共和国标准地名词典·北京市》的组稿和论证工作。

（五）积极推进地名文化保护工作

根据国务院地名普查领导小组关于“加强地名文化保护清理整治不规范地名”的部署，市普查办要求各区在提交的验收成果中，形成地名文化遗产分级保护名录和拟清理整治不规范地名建议名单，并要求随着工作进展不断维护、更新名单内容。现已将此项工作纳入到日常地名管理工作中一并推进。同时，开展了《北京市地名文化遗产保护制度研究》的专题研究工作。其中《北京市地名文化遗产分级保护目录技术要点》已发布试行，为各区研究制定地名文化遗产分级保护目录提供依据与指导。2018 年，初步完成了《北京市地名文化遗产保护实施规划研究》，进一步研究了地名文化遗产保护的步骤和具体措施。目前，正在着手开展首都功能核心区、三山五园地区地名文化分级保护的规划研究工作。

三、普查工作经验

本次地名普查工作涉及范围广，任务重。北京市普查工作以区为普查单元，按照“自下而上、条块结合、市区联动”原则，积极行动，认真组织开展本市第二次全国地名普查工作。

首先，加强统筹协调，细化分级责任机制。按照“统一领导、分工协作、分级负责、共同参与”的原则，建立了市、区两级普查工作机构的组织机制。市地名普查领导小组成员由 26 个委办局组成，负责市地名普查的组织和领导，审议重要地名命名更名事项，协调解决普查中的重大问题。各区普查工作机构负责做好本辖区的普查工作，配备人员、制订详细工作方案，在资料收集、动员培训等环节，为推进和完成全市本次普查工作的顺利开展奠定基础。为更好地完成北京市第二次地名普查工作，市普查办以原市规划委和市民政局双牵头的方式开展工作，并根据工作环节将工作分为综合协调组、技术组、专家组。综合协调组负责研究制定本市普查政策制度与标准规范，加强指导和监督，及时协调普查中遇到的各类问题；技术组负责协助研究技术方案与标准，推动地名普查外业与成果入库等工作；专家组承担普查工作中地名历史文化相关信息的咨询、指导和地名历史文化普查成果的审核，参与地名普查理论研究等工作。各环节发挥各自优势，共同配合、相互协调，保障地名普查工作的有序开展。

其次，注重成果转化，以普查为契机加强地名管理工作。北京市普查工作坚持“边普查、边应用”的原则，对普查数据认真整理、全面考证、深入分析，抓住这次地名普查对新旧地名的统一规范要求机遇，完善地名命名、更名的审批制度，推进地名管理的规范化。同时配套出台完善相关管理制度，健全地名管理标准体系，创新地名管理运行机制。通过加快普查成果的转换，完善市地名数据库。以本次地名普查为契机，重视区域特色，加强和提高地名遗产的保护意识，加大对历史地名的挖掘、整理、保护与利用。

天津市第二次全国地名普查工作纪实

天津市地名普查办公室

地名是基础地理信息的重要组成部分，地名普查是一项公益性和基础性的国情调查。掌握地名基础数据，加强地名信息化服务建设，为社会提供全面准确的地名信息，有利于社会交流交往、方便人民群众生产生活，对提高政府管理水平和公共服务能力具有重要意义。

天津市在顺利完成滨海新区地名普查试点工作基础上，按照主管副市长的要求，进行了深入、细致的总结。同时，与涉及的相关委局进行了沟通，了解了掌握各类地名信息的主管部门。经过多方准备，经报请市政府同意，于2013年1月9日正式开展了天津市第二次全国地名普查工作。2014年1月，国务院下发了《关于开展第二次全国地名普查的通知》，市政府随即召开会议，贯彻落实国务院要求，结合天津实际，重新调整了地名普查工作部署。在市委、市政府高度重视下，经各级地名普查领导小组成员单位共同努力，按照国家整体部署时间节点，顺利完成了此次地名普查工作。全市共形成地名成果表41387条、地名目录表41387条、地名标志表8269条、地名标准化处理统计表91条、1∶5万成果图113幅及1个市级数据库、16个区级数据库。

一、组织领导

市委、市政府高度重视地名普查工作，为了加强全市地名普查工作的组织领导，成立了天津市第二次全国地名普查领导小组，分管副市长担任地名普查领导小组组长，多次就普查工作提出要求、作出批示，有力地推动了普查工作。副组长由市人民政府分管副秘书长及市规划局、市财政局、市民政局负责同志担任，成员单位涉及25个委办局及16个区、县政府。

市地名普查办公室设在市规划局，分管副局长担任普查办公室主任。在整个普查过程中，市地名普查办充分发挥牵头协调作用，精心组织、积极协调，确保高质、高效完成普查工作。各级地名普查领导小组成员单位科学合理分工，通力合作，形成上下联动、部门协作、内外统筹、高效运转的工作机制。同时，市普查办还建立了普查领导小组办公室例会制度，定期组织普查领导小组成员单位研究解决普查工作中遇到的难点、热点问题，有力推动了普查工作顺利开展。

二、政策制定

为了全面推动普查工作，实现工作目标一致、技术标准一致、组织方法一致，市普查办在深入、细致地总结滨海新区试点普查工作的基础上，严格按照国务院地名普查办的相关要求，精心编制了《天津市第二次全国地名普查实施方案》和《天津市第二次全国地名普查技术方案》，下发到各成员单位及区政府，作为普查工作依据。

为了保证普查成果的质量，市普查办组织各区普查办人员，还研究制定了《天津市第二次地名普查审核技术标准》，主要包括：组织实施、审核内容、审核程序、审核标准等内容，作为成果审核的统一标准。同时，还建立了完善的质量管理体系、制度，做到质量管理全覆盖，落实质检责任制，进一步确保普查工作质量。

在普查数据安全保密方面，建立了普查数据安全保密管理制度，对项目中使用的计算机和相关信息进行涉密处理、对参与人员进行保密安全教育、与作业单位签订了保密协议。

2014 年 4 月，国务院地名普查领导小组下发了《第二次全国地名普查实施方案》和《第二次全国地名普查工作规程》，市政府随即召开会议，深入贯彻落实国务院普查办要求，市普查办认真学习了《实施方案》和《工作规程》，并参加了四期第二次全国地名普查示范培训班。通过学习研究，结合实际，修改完善了市普查实施方案、技术方案和工作指导手册。同时，指导各区对区级普查实施方案进行了修改完善。

三、资金保障

（一）地方保障资金

市政府高度重视普查工作，部署各级财政积极落实普查经费，并要求市、区地名普查办合理制定经费预算，财政部门严格审核把关，确保普查经费专款专用。市、区两级财政先后投入资金5000余万元。为加强和规范地名普查专项资金使用管理，提高资金使用效益，市、区两级普查办认真做到合理制定预算、全程监督检查，切实管好、用好普查经费，确保其专项用于第二次全国地名普查工作。

（二）中央补助资金

国务院地名普查办从2015年至2018年，分4次给天津下拨了中央补助资金，共计2192万元。根据资金使用要求，结合各区实际，由市财政局按照市地名普查办拟订的分配方案下拨给各区，用于市内6区地名补查更新及不规范地名清理整治、环城4区及5区的地名图编制和不规范地名清理整治、滨海新区地名图编制等地名普查相关工作。

四、宣传动员

为顺利开展天津市第二次全国地名普查工作，营造社会各界和人民群众关心、重视、支持地名普查工作的氛围，从而使地方各级党政领导从战略高度充分认识地名普查的重要性，使各级政府及有关部门充分认识地名普查对提高公共管理与服务水平的重要作用，使广大地名工作者和普查人员进一步增强责任意识，使广大社会公众进一步加强对地名和地名普查的了解，自觉遵守地名管理法规政策，提高支持、配合普查的主动性、自觉性，通过多地播放宣传片、悬挂宣传口号、张贴宣传海报及街头地名普查宣传等方式，让市民群众更直观地了解地名普查，更好地支持地名普查工作。同时，还通过网站、微博等形式，通报和宣传第二次全国地名普查工作，使市民群众可以及时了解地名普查工作进展，从而为地名普查提供更多素材信息和资料等。

五、学习培训

市地名普查办非常重视培训工作，天津市自1981年开展地名普查以来，已有30多年没有进行过此项工作，对所有参与人员来说都是一项全新的任务，没有经验可以借鉴。为了使普查人员尽快熟悉工作，提高效率，更好地掌握地名普查工作的流程，市普查办先后组织了10多次全市普查技术培训会，根据成员单位的职能分工和提供资料的内容，量身定做了培训材料，按照区地名普查办、街道办事处、相关委局的顺序分期分批开展培训，使地名普查人员尽快掌握普查工作方法，熟悉普查具体内容，确保资料报送的质量。各区也参照市地名普查办的做法，在普查工作开展前，多次组织区级地名普查培训。

六、普查工作

（一）普查范围及内容

本次天津市地名普查范围为所辖的和平、河西、南开、河北、河东、红桥、东丽、津南、西青、北辰、武清、宝坻、静海、宁河、蓟州15个区，以及滨海新区试点的补查更新。按照《第二次全国地名普查工作规程》的要求，天津市第二次全国地名普查共涉及自然地理实体和人文地理实体两个门类，行政区域、非行政区域、群众自治组织、居民点、交通运输设施、水利电力通信、纪念地与旅游景点、建筑物、单位、陆地地形、陆地水系11个大类和40多个小类。

（二）工作安排

普查第一阶段自2013年1月至2014年10月，为和平、河西、南开、河北、河东和红桥市内6个区；按照《第二次全国地名普查实施方案》要求，普查资料收集截止时间为2014年12月底，故2016年10月至2017年3月，市内6区又开展了补查更新工作。第二阶段自2014年10月至2015年12月，为东丽、津南、西青和北辰环城4个区。第三阶段自2016年1月至2017年3月，为武清、宝坻、静海、宁河和蓟州外围5个区。另外，自2014年12月至2017年3月，滨海新区试点开展了地名补查更新工作。

（三）外业调查

按照《第二次全国地名普查工作规程》要求，第二次全国地名普查工作用图使用国务院地名普查办下发的1∶5万地形图，有条件的地区可以使用大比例尺地图数据。天津作为直辖市、超大城市、环渤海地区经济中心、首批沿海开放城市，基础测绘资料比较齐全。从滨海新区试点普查就使用1∶2000地形图作为普查工作用图，这个做法受到国务院地名普查办的肯定和表扬。

为了提高地名普查精度和质量，同时也为了更好地服务于城市规划建设和经济社会发展，经市地名普查领导小组研究决定，本次地名普查继续使用最新的1∶2000地形图作为地名普查工作用图。

1. 工作内容。为保证地名普查工期进度，市普查办在进行前期内业地名信息资料收集的过程中，同时开展了地名信息外业采集工作。以地名调查目录为重点，以纸质的1∶2000地形图作为工作底图实地调查地名现状情况。地名外业信息采集内容主要分为两个方面：

（1）按照《工作规程》要求，实地调查12个地名大类及各小类的地名标准名称、位置、属性信息。详细摸清哪些地名增加了，哪些地名消失或更名了。调查后将外业调查的地名按照《工作规程》要求，准确标注在1∶2000图上。外业地名调查的属性信息内容及地名注记的修改、增删参照《工作规程》要求。另外，按照要求对所调查的有效的标准地名及地名标志，如道路路牌、小区标志牌等拍摄了多媒体照片。

（2）为满足天津市建设地理信息系统的需要，市普查办在国家《工作规程》要求的基础上增加了普查内容。主要有：a. 调查了每个居民住宅小区、农村居民点内的楼址、门址及沿街门牌号地址。b. 分类采集了沿街的企业单位信息，如餐饮企业、金融企业、事业单位、教育科研单位等。

2. 工作方法：（1）每个区选择一个街道进行外业调查试点，总结经验后逐步推开；（2）勤走、勤看、勤问保证信息准确翔实；（3）当天调查采集成果当天完成录入，不遗留问题；（4）边调查、边总结、边培训提高工作效率。

（四）内业整理

地名资料的收集整理是地名普查工作的基础，也是一项十分复杂、烦琐的工作，对普查成果本着科学、严谨、综合、翔实的原则，有序地开展普查内业工作，具体程序分两大部分：

1. 资料收集整理。以下发的1∶5万图载地名信息为基础，结合收集到的相关地图、资料按照地名分类编写各类地名调查目录表，同时，根据地名调查目录整理查阅资料完成预填登记表。

（1）扫描录入历史地名档案。对各区“一普”档案资料、历年地名管理档案进行扫描数字化，按照普查类别分项整理，查阅并录入地名志、地名录等书籍中有关地名的信息。初步整理成预填登记表。

（2）下发地名调查表，各部门填报资料。按照《工作规程》要求，市、区普查办根据各级单位的工作职责，量身定做了不同形式的地名调查表，下发到普查成员单位、各街镇和村（居）委会，明确资料填写上报的工期和质量要求。各部门十分重视、积极配合，抽调精干人员精心整理填报所掌握的地名资料，在认真审查、逐级把关，满足填报要求后上报市、区普查办。

（3）逐条审核、汇总形成地名调查表。将街道办事处、各委局提供的资料与地名档案分别进行校对，审核同一个地名在不同资料中“地名含义、历史沿革以及地理实体概况”等方面的不同之处，仔细考证、精练内容，最后形成比较完善的预填登记表，以备外业进一步实地核查。

2. 信息整合入库

（1）内、外业信息整合。将内、外业所有调查采集地名信息进行重新整合，逐个类别、逐条地名汇总完善其属性信息（地名含义、历史沿革、地理实体概况等项）。

（2）数据入库。以 1：2000 地形图及遥感影像图为基础，使用软件平台将采集的地名按分类录入，与外业数据匹配、与空间数据相链接、与照片和录音录像文件一一对应。

（3）成果制作。经过人工检查与软件自动检查相结合，检查代码、拼音、坐标、地名含义、历史沿革、地理实体概况等属性完善程度、链接关系等，最终形成“四表一图一库”成果。

（五）跨界普查

按照国务院地名普查办下发的《关于做好跨界自然地理实体地名普查工作的通知及实施方案》要求，市地名普查办组织相关委局和各区地名普查办开展了跨省界自然地理实体地名普查工作，通过资料汇总、现场调查、与相邻省份沟通核实等工作方式，最终形成跨省界普查成果 55 条。同时，开展天津市跨区县界自然地理实体地名普查工作，形成跨区县界普查成果 20 条。

七、调研督查

为进一步扎实推进第二次全国地名普查工作，认真贯彻落实国务院地名普查办要求，按时保质保量完成地名普查任务。以全市 16 个区为范围，并结合各区实际情况开展了督查工作。

市普查办建立了每周例会制度，根据进度情况及时组织作业承担单位及各区普查办人员集中讨论解答普查中的难题、探索改进作业方法，将汇总的意见和建议及时融入下一步普查过程中，保证成果质量。同时，市普查办多次深入现场进行调研，按照《第二次全国地名普查质量评价体系》及相关要求对各区成果质量进行现场督查，督促各区及时将普查成果修改完善，并与各委局进行了座谈，分析普查推进和实施中存在的困难和问题，研究提出解决对策和下一步工作思路，加强了普查协作。各区在普查实施过程中，每半个月向市普查办上报进展情况，不定期地上报一些普查过程中的经验、事迹，以便全市推广。

2017 年 6 月，国务院地名普查办监理工作组分别赴蓟州区和滨海新区开展地名普查监理和质量评定工作。通过座谈、翻阅材料后，监理工作组对天津市地名普查工作开展情况给予了充分肯定，并就存在的一些问题，提出了修改完善建议，形成了反馈意见。市地名普查办收到反馈意见后，立即组织召开全市地名普查工作会议，要求各区对地名普查成果及相关材料参考监理意见进行补充完善，并派出工作组进行了现场督查。

2017 年 9 月，国务院地名普查办工作组来津，实地督查抽验武清区、北辰区地名普查成果。国务院地名普查办充分肯定了天津市第二次全国地名普查工作，能够认真落实国务院地名普查办要求，工作措施扎实，保密管理到位，普查组织实施较为规范，相关材料较为齐全。开展并完成了区级自查、市级验收以及质量评价、监理等工作。

八、质量控制与成果检查

为保证地名普查成果质量，在整个地名普查过程中，市普查办严格按照《天津市第二次全国地名普查成果质量控制管理办法》的要求，采用多道工序检查来控制成果质量。

（一）主要检查过程有：一是地名内业搜集成果的 100% 检查；二是地名外业普查数据成果的 100% 检查；三是内、外业成果的对比核查，补充、核实、更新地名各项属性信息。各渠道信息汇总录入成果的 100% 检查；四是地名成果导入数据库前 100% 检查；五是将录入整理的地名成果表返还各委办局、街道及功能区管委会核实确认相关信息，并有审核人和主管领导签字盖章；六是将全部地名成果打印整理后，提交由地名、文化、历史等方面的专家教授组成的专家组进行逐一审查，重点将地名含义、历史沿革、地理实体描述中的语言进一步规范、统一。

（二）主要检查内容有：一是各项普查成果内容完整、不错不漏。二是图、表、库三者名称、位置与实际相符。三是第二次全国地名普查试点地名目录、地名成果表内容填写齐全、文字简练准确。四是地名标准化程序符合规范。五是地名成果图用字规范、标注清晰，位置和符号准确、内容完整。六是地名标志登记表填写规范，设立位置正确、规范，符合标准要求。七是地名来历、含义和演变过程考证准确，资料来源明晰可靠。八是地名调查成果各种过程文件、会议记录、照片等齐全。

九、检查验收

为做好地名普查验收工作，按照《第二次全国地名普查验收办法》《第二次全国地名普查成果数据入库验收办法》和《第二次全国地名普查质量评价体系》要求，结合实际情况制订了《天津市第二次全国地名普查验收工作方案》。

（一）验收情况

天津市地名普查检查验收工作根据普查工作整体安排分为 3 个批次。第一批，2014 年 10 月，和平、河西、南开、河北、河东、红桥市内 6 个区地名普查成果通过市级检查验收，12 月通过国务院地名普查办的阶段性验收；第二批，2015 年 12 月，东丽、津南、西青、北辰环城 4 区地名普查成果通过市级检查验收；第三批，2017 年 3 月，武清、宝坻、静海、宁河、蓟州外围 5 区地名普查成果通过市级检查验收；同时，和平、河西、南开、河北、河东、红桥市内 6 区及滨海新区试点的地名补查更新成果也通过市级检查验收。

在检查验收过程中，市地名普查办严格坚持验收原则，以地名普查工作规程为依据，以地名普查质量评价体系为基准，以分值表得分情况为主要验收指标，认真检查每一项，确保各项工作开展规范，相关材料齐全完整，成果质量符合要求。

通过对各区普查工作的组织实施和普查成果的检查，认为各区地名普查工作细致到位，组织机构完善，各项措施齐备，立卷整理规范，信息资料完备，内容翔实可靠，含义阐释准确，文字表述规范，成果质量优良，符合技术规范要求，一致同意通过验收。

（二）主要做法

在检查验收过程中，采用自查、互查、质检抽查、复验、专家审核5个环节。一是自查，即作业单位在作业过程中严格把关，通过多层自检流程完善成果。二是互查，即两家作业承担单位互为检查，按照《第二次全国地名普查工作规程》全面核查，为成果二次把关。三是质检抽查，天津市测绘产品质量监督检验站作为监理，内业全面检查普查成果、外业实地抽查验证地名信息的现势性、属性的准确性。四是复验，将普查成果再次提交给各委办局、街镇进行普查成果复核、检验。五是专家审核。组织地名、文化、历史等方面的专家教授，对普查成果特别是地名含义、历史沿革、地理实体描述中的语言文字表述进行核查审议。

十、档案管理

为规范地名普查档案管理，确保档案完整、准确、系统、安全和有效利用，严格按照民政部、国家档案局组织制定的《第二次全国地名普查档案管理办法》开展第二次全国地名普查档案归档工作。

为做好第二次全国地名普查档案工作，市普查办给各区下发了《第二次全国地名普查档案管理办法》，并组织召开地名普查档案整理工作专题会议。组织相关人员及作业单位认真学习了《第二次全国地名普查档案管理办法》，并对档案的分类进行了讲解说明，明确了“二普”的档案定义，弄清文书和特殊载体档案的处理、掌握组卷原则和方法、整理工作具体内容、档案保管、移交和验收等方面。

为形成一个统一、标准的普查档案，市普查办给各区下发了档案目录样表。各区按照档案目录样表对普查档案中的业务类、成果类、其他类系统地开展归档工作，为进一步提升地名普查档案的工作质量，确保地名普查档案翔实、准确、全面，市地名普查办对市内各区地名普查档案整理、归档等工作进行了现场督查，并对档案的保管提出明确要求及保护措施。

市地名普查办对档案归档工作验收进行了统一部署，按照国普办对档案归档工作的验收要求，市、区普查办开展了档案归档工作并进行了检查。

十一、成果转化

地名普查成果转化是第二次全国地名普查的一项重点工作，是推动普查成果应用、服务经济社会发展的重要途径，是体现普查最终成效的关键环节。

（一）开展地名图书编纂工作

1. 按照国务院地名普查办部署要求，利用普查成果开展地名图、录、典、志的编制等成果转化利用工作。组织相关人员配合国务院地名普查办编制《中华人民共和国标准地名词典》天津卷部分，与词典编辑部进行了多次对接，词典的条目、词条均已按照编辑部要求编写完成，并通过词典编辑部的审核。同时，开展了《天津市标准地名词典》的编写工作。

2. 市地名普查办根据具体情况，按照各区、各成员单位职能及需求，制订了《天津市标准地名图及图册》的编制方案，目前该项工作已进入编制阶段。

（二）开展地名文化保护工作

在地名普查中加强地名文化的挖掘和整理，全面、系统地开展了地名文化资源调查。在充分利用地名普查成果的基础上，又通过资料搜集、文献检索、民间走访、调查问卷等方法进行了拓展调查。按照国务院地名普查办总体部署及市工作要求，编制了天津市地名文化保护方案，制定了地名文化保护评价体系、地名文化保护导则，形成了天津市历史地名名录（市内六区部分）、历史地名图集。其中，《天津市历史地名名录》总字数约 70 万字，记录了天津市各区县历史地名的演变过程、历史沿革、使用时期、保护价值等。

（三）建设地名信息管理服务平台

利用网络技术、GIS 技术、大型数据库管理技术为支撑，建设集中管理、分散控制的地名信息平台体系结构，构建全市地名数据库支撑体系，实现地名库的科学、高效管理及公众化的地名需求，实现全市地名“一张图”查询、数字化管理、地名成果的共建共享。

通过天津市地名信息管理服务平台建设，第一，实现地名管理的信息化，实现地名命名、更名等全信息网络化管理等；第二，解决全市地名信息的更新不及时、更新不方便的问题；第三，实现全市综合业务的集成管理，实现地名管理和其他业务管理的整合；第四，通过系统实现地名使用的监督检查管理，以保证地名使用的标准化和规范性。

（四）编制《天津市中心城区道路地名规划》

结合第二次全国地名普查成果及正在深化调整的《天津市中心城区控制性详细规划》，本着规范化、序列化、标准化的编制思路，体现天津的历史、文化和时代特色，为政府决策及规划管理提供及时准确的地名信息，在进行大量实地调研的基础上，组织编制完成了《天津市中心城区道路地名规划》。为相关管理部门提供了科学、权威的地名管理依据，更好地满足了规划建设需要和社会公众使用需求。

（五）开展清理整治不规范地名工作

根据国务院地名普查办《加强地名文化保护清理整治不规范地名工作实施方案》，结合第二次全国地名普查成果，各区重点对居民区、大型建筑物（群）、道路、街巷、桥梁等地名中存在的“刻意夸大、崇洋媚外、怪异难懂、重名同音”（“大、洋、怪、重”）以及随意更名等不规范现象，开展了清理整治工作。

河北省第二次全国地名普查工作纪实

河北省地名普查办公室

根据《国务院关于开展第二次全国地名普查的通知》（国发〔2014〕3号）要求，河北省第二次全国地名普查工作从2014年7月全面开展以来，各级地名普查办高度重视，在当地党委和政府的领导下，认真贯彻落实国务院地名普查办的部署，科学制订普查方案，建立普查机构，开展宣传培训，落实专项资金，引进技术服务，加强监理督查，全力推进地名普查各项工作，圆满完成了全省地名普查工作任务。曾在2015年3月全国地名普查与地名标志设置工作会议、2015年12月全国区划地名和界线工作座谈会、2017年7月全国地名普查成果数据入库及转化应用培训班和2017年11月全国地名普查成果数据复核工作会议上介绍经验。

一、精心组织，科学安排，扎实做好地名普查基础工作

（一）领导高度重视，健全普查机构

2010年3月，开展地名普查试点时，河北省就在全省全面铺开了。2014年7月第二次全国地名普查全面展开后，省政府高度重视，专门下发通知，专题部署普查任务，按照国务院要求成立了由主管副省长任组长，省直有关部门为成员的河北省第二次全国地名普查领导小组及其办公室，各市、县（区）均成立了由政府主管领导为组长，有关部门为成员的地名普查领导小组和办公室，全面负责组织本行政区域的地名普查工作。采取调配、借用、政府购买服务等方式，配强、配齐普查工作队伍，保证每个县（市、区）地名普查办工作人员不少于3名，全省参与地名普查的人数达到6.5万多人。每年年初，全省各级地名普查办都要组织召开地名普查工作会议，安排部署年度任务，省地名普查办与地级市普查办、市地名普查办与县级地名普查办都要签订年度责任状，明确任务，落实责任，层层传导压力。年度内根据工作

需要，各级地名普查办适时召开地名普查推进会议，成立督导组，深入各地进行督导检查，针对发现的问题，研究改进措施。同时，省地名普查办和11个市级地名普查办还专门成立了专家咨询委员会，负责研究、协调、解决地名普查中遇到的重大技术疑难问题，确保全省地名普查高质量、高标准、高水平推进。

（二）争取资金支持，做好基础保障

资金是推动地名普查顺利开展的关键。省地名普查办积极向中央和省级财政争取地名普查补助资金，并及时下拨至市、县。各级地名普查办根据地名普查进展，科学编制地名普查资金预算，积极协调当地财政支持。全省共投入地名普查资金2.5亿元（其中，中央补助资金12262万元，省级补助资金5750万元，市县本级资金7000多万元）。解决了办公用房，购置了保密电脑、照相机、GPS等地名普查专用设备。省地名普查办投资498万多元购置了地名普查档案柜、防磁柜、底图柜等保密设施，专门建立了存储地名普查数据库的数据机房，完善了省、市、县各级地名普查档案管理，确保地名普查档案完整、准确、系统、安全。同时，严格执行《第二次全国普查专项资金使用管理办法》等有关财务管理规定，确保普查资金专款专用，规范运营，为顺利开展地名普查工作提供了有力保障。

（三）加大宣传力度，营造良好氛围

根据《国务院第二次全国地名普查宣传工作方案》要求，及时制订了《河北省第二次全国地名普查宣传工作方案》。各级地名普查办按照“围绕普查搞宣传，搞好宣传促普查”的总体要求，以“多渠道、接地气、广传播”为目标，采取“线上”“线下”相结合的形式广泛开展宣传。充分利用报刊、广播、电视、互联网等媒体，在城区繁华地段、出租车上租用电子屏，制作发放地名普查手提袋，在道路标牌及路口悬挂宣传画、宣传标语，在农村广播站进行大喇叭广播等方式，将普查宣传工作深入到城区、乡镇（街道）和村居。省地名普查办与河北电视台、《燕赵都市报》、河北新闻网等群众熟悉的新闻媒体紧密合作，广泛播放、刊登地名普查公益广告和新闻，宣传开展地名普查的重要意义。在河北民政网增设地名普查专栏，开设了河北地名普查网、河北地名普查QQ群、微信群，适时编发《河北省第二次全国地名普

查工作简报》，及时更新发布地名普查最新信息和工作进展。通过全方位、全区域、全覆盖式的广泛宣传，使地名普查工作深入民心，形成了广大干部群众了解地名普查、支持地名普查、参与地名普查的良好局面。省地名普查办印发《工作简报》12 期，各级地名普查办组织专门宣传活动 400 多次。特别是 2016 年 4—6 月，河北省结合加强地名文化保护及清理整治不规范地名工作，与《燕赵都市报》、省摄影家协会合作，组织开展了为期一个多月的“燕赵名片·河北地名印象摄影大赛”活动，4.2 万余人参与了活动，活动微信平台的访问量达到 14 万多人次，对所有参选作品进行了评选，为获得一、二、三等奖和优秀奖的人员颁发了获奖证书。省地名普查办又专门制作了 T 恤、雨伞、水杯、宣传袋等宣传品，发放给广大群众，进一步营造了宣传氛围，收到了非常好的宣传效果。

（四）制定相关文件，完善规章制度

根据国务院地名普查办有关要求，结合河北省实际，先后制订了《河北省第二次全国地名普查工作方案》《河北省第二次全国地名普查工作规程》《河北省第二次全国地名普查质量管理和监理实施细则》《河北省第二次全国地名普查督查实施方案》《河北省第二次全国地名普查档案验收实施细则》等文件，从普查组织体系、目标任务分解、强化督促检查，到地名普查验收、成果转化等各方面，均作出了明确规定，提出了具体要求，使全省地名普查工作有规可依、有章可循、科学推进。及时转发国务院地名普查办《第二次全国地名普查专项资金使用管理办法》《第二次全国地名普查成果数据入库验收办法》《关于进一步加强地名文化属性信息采集工作的通知》等文件，保证了各级地名普查办贯彻落实国家政策步调一致、不打折扣。加强制度建设，完善制度管理，制定了《河北省第二次全国地名普查工作制度》《河北省第二次全国地名普查数据保密制度》《河北省第二次全国地名普查档案管理制度》《河北省第二次全国地名普查档案验收实施细则》《河北省第二次全国地名普查信息报送制度》《河北省第二次全国地名普查成果随改随报工作制度》等多项制度，并辑印成册。各地结合本地实际，进一步细化并制定相关制度措施，坚持用制度管人、管钱、管事，为全省地名普查工作有序开展提供了强有力的制度保障。

（五）及时组织培训，提升人员素质

开展地名普查业务培训，是提高普查骨干业务技能、普查工作效率和保证普查成果质量的重要手段。省地名普查办每年都要组织开展不少于2次的地名普查业务培训，编写专门地名普查培训教材。根据工作需要邀请国家级或省级有关专家对地名、方志、历史、地理、测绘等专业知识进行讲解，为大家答疑释惑。市、县两级地名普查办每年根据不同工作进度组织相应培训，努力提高基层普查人员业务素质。全省各级地名普查办举办地名普查专项业务培训、保密培训、软件应用培训、标准地名词典编纂培训、地名普查档案资料管理培训等各类培训班200余期，编写地名普查专题培训教材10余册，培训各级普查骨干2万余人次，建立了省市县三级地名普查学习培训QQ群和微信群。同时，利用每年年初召开的全省区划地名工作会议开展地名普查经验交流，各市从多角度、多方法、多特点提供地名普查经验供各市参考借鉴，共同推动工作开展。省地名普查办还多次邀请地理、测绘、制图、历史、语言等方面专家开展内部培训。通过系统、全面、形式多样的培训，有效提高了全省地名普查干部队伍的综合能力和业务水平，夯实了普查工作基础。

二、严格要求，强化督导，高质量完成普查工作任务

（一）注重质量管理，加强技术保障

为确保地名普查质量，制定了《河北省第二次全国地名普查质量管理和监理实施细则》，从组织管理、地名调查、地名标准化、地名标志、数据库建设、成果表、检查验收、普查档案8个方面对各市、县开展质量评价，把质量管理贯穿到地名普查的全过程。省地名普查办通过政府购买服务方式与省地理信息中心达成技术协作协议，对全省171个县（市、区）实施了统一监理，实现了全覆盖。为确保地名普查质量和效率，各级地名普查办结合当地实际，采取独立普查与外包公司相结合形式开展普查，明确责任分工，县级地名普查办认真做好地名普查登记表的填写、自查、完善等内业整理工作，技术合作单位充分发挥技术优势负责技术服务。在跨界自然地理实体普查中，省地名普查办专门组织省地名、地理、测绘等权威部门有关专家编制了《河北省跨界自然地理实体目录》，规范了跨界自然地理实体的名称、所跨县级行

政区域以及资料来源等信息，召开河北省跨界自然地理实体普查培训会，明确了普查步骤、普查范围、普查内容、普查成果内容、普查自查审核验收标准、普查时间节点等规定动作，最后由省地名普查办统一组织验收。

在地名普查成果验收阶段，省地名普查办专门聘请了10位地名专家学者、老地名工作者，放弃节假日休息时间，加班突击，对全省171个县（市、区）上报的普查成果分期分批、逐条逐项进行严格审查，并按照《河北省第二次全国地名普查验收赋分表》进行验收赋分；在地名普查抽查复验整改阶段，完善地名来历含义沿革表述23157条，纠正罗马字母错误拼写问题16824条，修测地形图116幅，完善各类地理实体图库匹配373个，成果图整饰182幅，补查市级县级跨界自然地理实体63条，补充采集多媒体信息照片3018张，补充缺失历史地名862条，纠正地名归类不正确问题213条，进一步提高了全省普查成果质量。2018年11月，河北省普查成果顺利通过国务院地名普查办成果验收入库，形成成果11大类，280967条（其中，陆地水系类1606条、陆地地形类5934条、行政区域类2482条、非行政区域类968条、群众自治组织类51595条、居民点类83088条、交通运输设施类33546条、水利电力通信设施类13688条、纪念旅游景点类4160条、建筑物类1682条、单位类78171条、历史地名4047条），普查跨界自然地理实体845条。修测1∶50000地形图1278幅。

（二）强化督导检查，确保工作实效

为扎实推动地名普查工作的开展，河北省制订了《河北省第二次全国地名普查督查实施方案》，突出普查推进、资金安排、普查质量、成果转化、普查宣传等重点环节，采取全面督查与重点抽查相结合、书面督查与实地督查相结合的方式开展督查，着力解决工作难题，推动地名普查稳步开展。2016年，省地名普查办成立了4个督导组，分别深入到11个地级市50余个县（市、区）开展了地名普查专项督查，专门督查地名普查进展缓慢、成果上报工作落后的县区，之后又以约谈和实地回访的方式开展了地名普查督查“回头看”，使进展相对缓慢的县（市、区）工作进度得到了明显加速，部分县的普查工作甚至实现了跨越赶超，有力地推动了全省地名普查工作协调开展。

（三）规范地名管理，保护地名文化

2016年根据国务院地名普查领导小组部署，制订了《关于加强地名文化

保护清理整治不规范地名工作实施方案》，对清理整治不规范地名作了具体安排，稳妥有序开展清理整治不规范地名工作。一是结合地名普查中地名标准化处理、加强地名文化保护和清理整治不规范地名工作以及美丽乡村建设，加强全省地名管理工作，严格地名命名更名管理，开展地名规划编制工作，重点对居民区、街、路、巷、大型建筑物等地名中存在的“大、洋、怪、重”、有地无名、一地多名、多地重名等不规范地名开展清理整治。全省标准化处理地名 171 条，地名用字审定 16 条，增设地名标志 23719 块，清理不规范地名 7835 条。10 个地级市 112 个县（市、区）完成了地名规划编制工作。二是大力加强地名文化遗产保护工作，深入挖掘地名文化资源。全省共有“千年古县”87 个，其中被民政部审批认定了 17 个。按照《民政部关于进一步加强地名文化遗产保护工作的通知》要求，积极向社会征集有关地名方面的书籍，目前已征集到《大中华直隶省地理志》《河北省县名考原》《河北省行政区划沿革新考》等历史书籍，由于历史久远，这些书籍都不同程度地出现破损，为了更好地为“二普”工作提供资料信息，省地名普查办对上述书籍进行了编辑复制，并下发全省，供各地地名普查考证工作参考。随着城镇建设的快速发展，针对城市城中村改造，部分村落拆迁、消失的情况，组织各地开展了设立村名历史碑工作，倡导在村落改造时由开发单位与所在村（居）委员会签订历史碑制作协议，挖掘村庄历史文化根脉，村名历史碑内容经地名管理部门审定并在所在村（居）公示，确保客观、真实，有充分依据和出处，增强当地群众的荣誉感和自豪感。三是弘扬地名文化。充分利用报纸、互联网、手机 App 等多种形式，宣传弘扬地名文化，开展地名文化故事征集活动，编辑出版了《河北省地名文化故事丛书》。积极参与国务院地名普查办组织的“寻找最美地名故事”网络征集活动，6 个地名故事入围前 150 名并获奖。与《燕赵都市报》合作，刊登优秀地名文化故事，弘扬优秀地名文化。石家庄市在《石家庄日报》专版刊登了《留住城市记忆　传承石家庄历史文脉》《不规范地名将从我市消失》等地名文化文章，在全社会掀起了地名文化保护的热潮。

三、加强普查档案管理，积极开展普查成果转化工作

一是扎实做好普查资料档案的整理归档工作。根据民政部、国家档案局《第二次全国地名普查档案管理办法》及相关规定，省民政厅与省档案局联合

制定了《河北省第二次全国地名普查档案验收实施细则》，对进一步规范普查档案资料管理作出了明确要求，为全面开展成果转化工作提供了有力保障。二是积极开展普查成果转化应用工作。2015 年 10 月，结合工作实际，河北省制定了《河北省第二次全国地名普查成果转化规划（2015—2020)》。按照规划要求，编辑出版了一批具有使用价值的地名图书。编辑出版了《河北政区聚落地名由来大典》，全书 450 多万字，收录了全省有地名来历与地名含义的地名 5 万多条，被收录入《燕赵文库》，成为河北省学术水平最高的 700 部专著之一；编印了《河北省沿革图稿增补》，收集了河北省上起公元前 770 年春秋，下至 2016 年间具有代表性的行政区划图 113 幅，按照从古至今的顺序复制编印，是河北省第一部全面展示 2780 余年间，全省行政区划演变历程的大型专题图集，不仅为各级党政领导和有关部门进行宏观决策、地名历史研究、研究行政区划变迁提供了直观翔实的科学依据，还为国内外各界人士了解河北历史变迁、来冀投资兴业、探亲访友、寻根问祖提供了指南，获得河北省档案学会 2016 年度开发利用优秀服务成果一等奖。从社会征集河北省各种《民间故事》图书和期刊中的地名故事传说，挖掘地名文化，编辑出版了《河北地名文化传说》。三是围绕中心服务大局，利用普查成果积极参与雄安新区地名规划研究，与民政部地名研究所联合编写了《雄安新区村落地名录》一书，为领导决策提供科学依据。四是按照国务院地名普查办有关要求，积极开展标准地名图录典志编纂工作。截至目前，已编撰完成了《河北省标准地名图集》《河北省标准地名录》《国家标准地名词典》第一部分（河北部分）和《国家地名志》第一部分（河北部分）的编写工作。在标准地名词典编纂过程中，编制的《河北省标准地名词目表》《〈标准地名词典〉词条编写中各项基本要素的写作要求》2 册培训教材得到了国家编辑部的充分肯定，并作为编纂工作典型经验在全国推广。11 个地级市均出版发行了当地行政区划图和城区图，唐山市编纂了《唐山市地名文化丛书》，邯郸市印制了《地名标志牌图集》，石家庄市藁城区、赞皇县、东光县、黄骅市等编纂出版了当地的地名志。省民政厅还通过公开招标方式开发了河北省区划地名信息系统平台，各市、县（区）按要求建立了地名普查数据库，及时为社会提供服务。与京津两市编制了《京津冀行政区划图》和《京津冀行政区划地图集》。

几年来，在地名普查工作中，河北省广大地名普查工作人员，不忘初心，严格要求、呕心沥血、认真负责、勤奋工作，涌现出了一批先进集体和先进个人。承德市等3个先进集体和赵兰贵等3名同志获全国通报表彰。经省政府批准，对全省90个先进集体和85名先进个人进行了通报表彰。

今后，河北省将以此次地名普查为契机，充分利用地名普查成果，做好成果转化利用，健全完善地名管理信息化服务系统，进一步弘扬优秀地名文化，积极为社会提供优质服务，做好新时代地名管理工作，为建设经济强省、美丽河北努力奋斗。

山西省第二次全国地名普查工作纪实

山西省地名普查办公室

第二次全国地名普查是党中央、国务院作出的重要部署。普查开展 4 年多来，山西省地名普查办以习近平新时代中国特色社会主义思想为指导，认真贯彻习近平总书记关于“规范地名管理、保护传承和弘扬传统优秀地名文化”重要指示精神，周密安排，精心组织，扎实推进，以高度的政治责任感、使命感、荣誉感，以对人民负责、对历史负责的态度，圆满完成了普查阶段各项任务。

一、扎实做好地名普查各项准备工作，圆满完成普查准备阶段任务

自 2014 年国务院决定开展第二次全国地名普查工作以来，山西省各级领导高度重视，迅速行动，为普查工作全面开展奠定坚实基础。2014 年 6 月，召开全省普查动员大会，高建民副省长作动员讲话，薛维栋厅长做工作部署。全省 11 个市、119 个县逐级召开动员会议，山西省第二次全国地名普查工作全面开展。为做好普查工作，成立了以常务副省长高建民同志为组长的省地名普查领导小组，办公室设在省民政厅，并抽调专门力量负责地名普查工作，制订工作方案，成为全国第一家向民政部上报普查实施方案的省市。省普查办积极指导各市、县制订切合本地实际的实施方案，2014 年 10 月底完成省、市、县三级普查方案的审批出台及普查机构成立工作。在普查动员大会结束后，各地积极组织资料收集，通过与成员单位加强沟通，收集了大量成员单位开展各类普查工作流程及成熟经验，各类普查成果及日常工作数据以及地名相关的信息资料，包括图、录、典、志等各类历史资料。

为做好普查工作，省普查办开展了两轮全省范围普查宣传，将 2014 年 8 月定为“山西省第二次全国地名普查宣传月”。省、市、县三级民政部门发挥普查牵头作用，联合各级普查小组成员单位，通过电视、网络、海报、街头活动等多种形式广泛开展地名普查宣传，如忻州、运城、大同等地发动全部

成员单位通过海报、横幅、街头活动等进行宣传；长治、晋中等地与当地党委宣传部沟通，在市区公交车、计程车、电子阅报栏等进行宣传；太原、晋城、晋中等多市及所辖县级政区还通过地名标志牌开展宣传工作，为全省普查工作开展营造了良好工作氛围。

二、开展工作“六强化六到位”，全省普查工作迎头赶上

全省普查工作开展伊始，就遇到诸多困难：一是正值全省经济下行，2015 年度省 GDP 排名全国倒数第二，80% 以上的县级政区财政已进入“保工资”状态，各级普查资金落实均存在非常大的困难，落实后也迟迟不能到位；二是基层地名管理工作力量不足，缺乏承接国家大型项目工作经验；三是在 2010 年前后地名普查试点工作开展时，山西省无一试点地区，给后期工作的开展造成了很大的被动。

面对困难局面和第二次全国地名普查的工作重担，随着国务院地名普查办对普查工作的加快推进，省普查办打破旧有工作局面，通过采取一系列非常规工作措施，形成一整套普查推进工作机制，总结了“左权模板”“运城规范”“阳泉建库”等先进工作经验，以普查质量为核心、以普查进度为抓手，按时完成了普查主体工作，受到国务院地名普查办表扬。

（一）强化反思剖析，做到思想认识到位

面对全省普查工作开展困境，省厅及时向政府主要领导汇报。时任李小鹏省长、罗清宇副省长高度重视，作出专门批示，要求切实加快普查进度，按时保质完成普查任务，决不能拖全国工作的后腿。省民政厅党组召开专题会议，认真贯彻国务院地名普查办和省政府要求，研究工作开展思路，制定工作推进措施。民政厅厅长薛维栋主持召开全省普查工作推进会，站在讲政治、讲大局的高度，站在维护核心、坚决贯彻党中央决策的高度，周密部署，强化措施，下决心做好地名普查工作。

（二）强化组织领导，做到基础保障到位

一是健全完善组织领导机构。2016 年各级政府换届造成了普查工作普遍缺位断档，民政部门按照工作需要，及时提请省政府对地名普查领导小组进行 1 次调整，对普查办进行 3 次调整，进一步完善加强了各级普查机构建设。

每个市政府分管领导到位后，厅领导都要第一时间专程约访。二是充分发挥民政部门牵头作用。薛维栋厅长要求把地名普查作为民政系统头等大事来抓，主要领导必须靠前指挥、亲自上手；主动协调成员单位，争取部门支持配合，推动健全“政府主导、民政牵头、部门配合、社会参与”的工作机制。三是做好普查经费保障。省、市、县三级财政部门累计拨付普查实施阶段资金1.97亿元，分配中央补助资金8380万元。针对全省共有36个国家级贫困县，22个省级贫困县，共占县级政区总数48.7%的情况，省地名普查办主动向政府申请补助资金，各市、县在极其困难的情况下，努力筹措普查资金，确保普查工作顺利开展。

（三）强化督促检查，做到考核问责到位

一是压实工作责任。由时任省地名普查领导小组组长的罗清宇同志带头，以省政府名义与各级政府分管领导逐级签订工作责任状，薛维栋厅长与各级民政部门领导逐级签订普查进度与质量责任书，立下“军令状”，完不成任务的，将严肃追究，直接责任人引咎辞职。二是加强督查督导。省普查办主要领导亲自带队，对11个地级市、23个县级政区进行专项督导；各级普查办领导还在开展其他督查调研工作时，将其他工作与地名普查工作进行挂钩，全力推进普查工作开展；在全省范围开展地名普查“大督查、大调研”工作，按照县级“回头看”、市级“现场看”、省级“抽检看”的方式，逐项解决普查中存在的各类问题；开展三轮普查督查督导暨技术支持指导工作，对工作滞后的5个地级市50余个县级政区进行集中督查督导及技术指导，特别是在历次任务攻坚时期，各市均采取了集中指导、封闭整改等方式，有效提升了普查工作成效。三是考核推动落实。将地名普查工作纳入各级政府目标责任考核体系，细化指标，明确责任，规范要求，做到了有安排、有检查、有考核，完不成任务的直接影响全体人员的年度奖金，与个人经济利益相挂钩。四是通报问责推进。省普查办通过月统周报、电话问询、速度排名、督查通报、约谈问责等措施，拧紧普查进度这根弦。下发《关于全省地名普查工作进展情况的通报》，对3个县级政区进行了书面通报并上报省政府，电话约谈8个滞后县级政区政府分管领导，对1个地级市、54个县级政区发出政府重点工作督办函，有的县级政区因此被当地纪检部门问责。通过问责强化各级领导的责任意识和担当精神，有效保障了各项任务的完成。

（四）强化工作指导，做到政策支持到位

一是及时研究制定指导性文件。省普查办坚持出台工作文件必须接地气、能执行、见实效，在充分征求意见、深入调查研究的基础上，几年来共制订了地名普查实施方案、工作规程实施细则、成果转化规划、档案建设细则等24个规范性文件，内容涉及普查验收、跨界自然地理实体普查、词典编纂、档案建设等专项工作文件46项，有效指导推进普查工作循序开展。二是推广典型经验。省普查办及时将普查工作中出现的先进事迹、先进经验进行宣传推广，通过下发文件、批转成熟经验、成果现场展示等方式，全省共设立《中华人民共和国标准地名词典》山西省分卷编纂示范市1个，地名普查标准档案建设示范县2个，地名普查及成果转化示范县12个，先后对“运城市普查技术流程及规范”“和顺地名普查成果模板”“阳泉市建库及接边工作”“大同市地名标志设置”“晋城市高平县、阳泉市城区档案建设”等进行全省推广，在普查的不同阶段起到一定的效果。三是精心组织培训。几年来全省举办“地名普查专题培训班（3期）”“数据建库与管理软件操作培训班”“成果验收培训班”“普查数据汇交培训班（2期）”等全省性培训12期，全省视频专题培训2次，下发各类学习视频10次46个文件，指定视频自学文件6个，从技术规范、工作流程、涉密安全等方面进行了全面规范。指导各市开展培训28次、各县级培训228次，共培训普查人员3.86万人次。省普查办对各市和重点县级培训每次都要专门指导，提供技术支持。四是创新工作手段。下发《关于下发第二次全国地名普查成果数据入库预检查软件的通知》等相关文件，通过设立全省技术服务热线、成立普查工作及软件技术服务QQ群、成立普查办公微信群及技术支持微信群，开通普查网站、编印各类成果模板、下发普查专用软件及配套数据等方式，全方位提供技术支持。

（五）强化借智借力，做到专业支撑到位

一是充分发挥普查监理作用。省普查办下发《关于做好第二次全国地名普查监理工作的通知》，按照通知要求，全省普查监理采取“分级监理，全面覆盖”方式，建立了全省普查监理体系。省级监理主要对象是各市本级任务，对各县级监理进行监督、指导、抽查；市级监理覆盖所辖全部县级政区普查任务；部分有条件的县也自行开展了监理工作。二是充分调动社会专业力量。

利用市场手段，采取公开招标、聘请聘任、社会招募等多种形式，广泛吸收专家学者、老地名工作者、企业技术人员和志愿者参与地名普查工作。特别是在成果转化阶段，省内一些离退休地名领域专家，在全省历次验收及词典编纂工作中都起到了重要作用。三是实现部门信息资源共享。与山西省测绘地理信息局签订《关于加强地理信息资源共享与合作的协议书》，建立跨部门合作工作信息资源共建共享机制，为全省提供1∶1万遥感影像地图作为普查工作辅图。按照共建共享机制，省普查办联合省测绘局发起地名普查成果比对工作，实现现有测绘数据与普查成果数据的无缝对接，为普查成果的转化利用及服务公众打下坚实的基础。与山西省地方志办公室联合，成立省级标准地名词典、志书编纂委员会，正在筹备词典、志书编纂工作。四是充分利用本地专家优势。省地名普查办吸收各成员单位专家和部分地名领域专家的基础上，成立省地名普查专家咨询委员会，并建立专家库。市、县两级均组建了普查专家咨询委员会，特别是各县本土专家，在挖掘地名文化属性、保证历史文化地名、红色地名等重点地名的文化传承等方面，有效发挥了“普查智库”作用。

（六）强化宣传引导，做到氛围营造到位

在前期普查准备阶段做好宣传的基础上，在普查过程中，各地充分依托现有宣传平台，充分利用报刊、广播、电视、车载广告等多种媒介，通过海报、标语、宣传栏、宣传片等多种方式，部分地区还开通了微信公众号，及时将普查成果进行转化发布，向全社会宣传普查的重大意义及重要作用。在国务院地名普查办组织的“地名情·中国梦”全国地名普查微视频（微电影）征集活动中，山西共获一等奖2名，二等奖1名，优秀奖2名，全国10个优秀组织奖中有2名；在地名文化理论征文活动中，获二等奖1名，省普查办获优秀组织奖；在“寻找最美地名故事”活动中，山西获二等奖1名，优秀奖2名，省普查办获最佳组织奖。为宣传山西地名文化，省普查办拍摄了“足迹——山西地名文化寻踪”，选取“晋祠”“曲沃”“平遥”“左权”等地名，对古晋文化、晋商文化、红色文化进行深入宣传。配合光明网在运城市解州关帝庙开展“地名大直播”网络直播，收看人数达10万人。各市、县通过多种形式广泛宣传普查工作，阳泉市在《阳泉日报》辟专版每周刊登“阳泉地名记忆故事”优秀征文，对地名普查宣传与地名文化保护起到了很好的效果，与阳泉综合广播电台合作，开辟“美妞勇哥谝阳泉”《地名里的故事》栏目，播出6期阳泉地名故事，并综合广播微信公众平台进行宣传；在阳泉市电视台制作播放地名普查公益广告宣传片，全市5套电视台，连续一个月播放了540次；高平市开展“问祖炎帝、寻根高平”拜祖活动，整理发布与炎帝传说有关的特色村名10余条。

三、各项工作取得显著进展，按时完成普查工作任务

经过全省普查工作者的不懈努力，各项工作逐步追赶上全国平均水平，完成了普查各项任务。

（一）按时完成普查主体任务

按照时间节点要求上交各类普查成果。2016年年底全省超额完成上级要求80%的普查总体任务，达88.4%。2017年围绕剩余任务，倒排工期，加大力度，攻坚扫尾，按照3月31日时间节点上交了全省普查成果。在上交普查成果后，继续开展优化提升工作，本着“对工作负责，对人民负责，对历史负责”的态度，在现有成果基础上，继续推进成果优化提升工作，对普查词条进行查漏补缺，补充文化属性信息，深入挖掘地名文化，不断提升成果整体质量。2018年10月底，山西省普查数据在全国第一梯队通过国务院地名普查办的验收。全省共普查词条356968条，包含陆地水系类2531条，陆地地形类16161条，行政区域类1668条，非行政区域类1449条，群众自治组织类30481条，居民点类82959条，交通运输类46276条，水利电力通信设施类27471条，纪念地旅游景点类33179条，建筑物类13062条，单位类101731条。

（二）扎实做好普查验收工作

全省认真落实第二次全国地名普查验收暨成果转化视频会议精神，精心组织实施，制订地名普查成果验收实施方案，逐级完成了县级自查、地级核查、省级验收工作。从2017年4月至2018年5月，全省牢牢抓住普查成果质量这根红线，配合国普办三轮验收，开展了“三大两小”五轮验收，“以验为督、以验促改”，普查成果质量得到有效提升。以“踏石留印”的工作精神和作风，贯彻落实国务院地名普查办工作部署，坚决完成普查成果质量攻坚任

务。按照国务院地名普查办成果质量全部三轮验收情况反馈，第二、三轮（每轮重新检查）反馈问题较第一轮分别减少为65.6%和96.8%，成果质量扎扎实实、稳步提升。在普查数据入库验收过程中，因数据质量较高，得到国务院地名普查办的通报表扬。

（三）多项工作取得良好成绩

2017年国务院地名普查办监理组两次对山西省4市10县进行抽查后反馈，全部达到质量评价要求，有3个县级政区普查成果质量明显高于全国平均水平。省信息报送工作报送率及采用率均较高，多次受到表扬。全省普查界线界桩数据在全国第三家通过国家级验收。全省统一编制下发跨界自然地理实体地名目录1500条，全省跨界自然地理实体地名普查工作开展扎实有效，按时上报全省跨省级界线地名数据。在全国第一家以公开招标方式完成省本级任务社会化购买服务工作。同时，高度重视人员、资金、数据安全，强化安全意识和知识培训，安全检查做到全过程无死角，实现了“零事故”的目标。在全省普查工作者的共同努力下，普查工作实现了跨越式发展。在国务院第二次全国地名普查总结表彰工作中，太原市杏花岭区、大同市县、阳泉市城区获得了全国先进集体荣誉称号，省民政厅主任科员穆大鹏、晋中市民政局区划地名科科长贺军等3位同志获得先进个人荣誉称号，穆大鹏同志作为全国地名普查先进个人代表受邀参加了民政部表彰主会场的表彰活动。

四、积极推进普查成果转化及立卷归档工作

成果转化是第二次全国地名普查第三阶段的重点工作，是推动普查成果应用、服务经济社会发展的重要途径，是体现普查最终成效的关键环节。省地名普查办坚持普查成果转化与普查工作同规划、同部署、同推进原则，前置谋篇布局，稳扎稳打推进。

（一）全面规划，夯实普查成果转化基础

省普查办要求各地要根据成果转化需要，确定一定比例的重点地名和特色地名，重点是行政区域，红色文化，千年古城、古县、古镇、古村落，著名（跨界）自然地理实体，独特文化发祥地或弘扬中华民族精神的纪念地等地名类别，全省共确定重点地名、特色地名近1.6万条，对成果转化工作提

供有力支撑。《中华人民共和国标准地名词典》山西省分卷编纂工作开始后，将全部5200余个词条全部纳入重点地名范畴，为系统利用地名文化资源奠定坚实基础。

（二）突出重点，带动全省成果转化工作

以地名普查领导小组名义下发《关于印发〈山西省第二次全国地名普查成果转化规划〉的通知》，对全省截至2020年前的成果转化工作进行规划部署。按照成果转化规划，积极推动各项重点工作：一是抓好地名地址库建设试点工作。目前长治市在省普查办指导下，认真谋划，广泛调研，在已有《长治市地名管理办法》基础上，相继出台《长治市门楼户牌管理办法》《长治市新建住宅区和大型建筑物命名审核办理流程》，理顺管理体制。积极与数字城市、智慧城市、警用地理信息管理系统的业务主管单位进行业务对接。召开建设方案专家论证会，制订了《长治市地名地址库建设工作方案》，争取了长治市财政配套资金。在中央补助资金分配中，省普查办也对长治市给予充足的资金倾斜。目前长治市地名地址库第一期项目全面完成，已开始向社会提供服务。二是继续做好图录典志编纂工作。成立了《中华人民共和国标准地名词典》山西省分卷编纂组及编辑部，薛维栋厅长亲自担任编纂组组长。下发《关于上报〈中华人民共和国标准地名词典〉山西省采词条目的通知》《关于确定〈中华人民共和国标准地名词典〉山西省分卷省级试点地区的通知》等8个规范性文件，前后制定2套编纂模板。确定晋中市作为词典编纂省级试点地区，全力推进普查词典编纂工作。山西省分卷词目表已于2017年2月份通过国家验收，完成了重点规范非行政区域类词条的选取，2017年3月份词目排序总表通过国家验收，2017年6—8月，完成了各地市词条的上报收集和初步整理工作。2017年8月—2018年2月，召开多次研讨会，明确责任，集中力量进行编写，陆续向国家编辑部上报已完成稿件，其间，也对国家编辑部提出的修改意见进行有序的修改。截至2018年2月底，山西省全部稿件上报。

（三）突出特色，全力打造拳头品牌

1. 省级做好示范，创建拳头品牌。2019年6月起，《山西省标准地名图集》《山西省标准地名录》《山西省标准地名词典》《山西省标准地名志》（含

国家图、录、典、志编纂任务）编纂工作已经全部启动，其中《山西省标准地名图集》作为省级拳头品牌，包含省、市、县三级图组，内容涵盖标准地名、文化挖掘、政区沿革、红色地名等多个项目。

2. 鼓励区域联合，打造精品项目。全省以市为单位，集中人力物力，打造拳头品牌，阳泉、晋中等市以地名政务管理系统为重点，忻州、运城、临汾、朔州、吕梁等市以地名图、地名志编纂为重点，着力打造拳头品牌；鼓励各市、县跨区域联合，以地名文化、红色文化、旅游文化为串联，打造成果转化精品项目，长治分别与晋城、晋中联合编纂《晋东南古地名文化集》《漳河流域特色地名故事集》等跨地级市文化合集；鼓励采取创新技术手段，提升地名公共服务水平，临汾、阳泉、朔州等多地开发智慧地名综合服务系统、地名触摸屏、区划地名移动终端系统，以科技创新提升地名公共服务水平。据统计，全省成果转化项目共326个，涉及资金11904.45万元。其中图、录、典、志类项目共计251个，占到总体比例的76.9%，文化挖掘与弘扬保护类共18个，“互联网+”类8个，其他类8个。目前已开展或正在开展的共292个，计划2020年开展数量34个；已完成项目192个，计划2020年完成134个。

（四）扎实做好普查资料移交及立卷归档工作

普查伊始，省普查办就建立了地名普查工作台账制度，对各项工作进行详细记录，开展有计划、部署有时间、落实有跟进、结果见实效。省普查办早在2015年就对普查建档工作进行系统培训，要求边普查，边建档，以完善的档案管理，全面记录、印证普查整个过程。2016年，下发《地名普查档案整理工作的通知》。2017年，下发《关于印发〈山西省第二次全国地名普查档案检查验收标准〉》，进一步规范普查档案管理，为全面开展成果转化工作提供有力依据。2018年下发通知，正式确定阳泉市城区、晋城市高平县为全省第二次全国地名普查档案建设省级示范县。为了做好档案示范工作，省普查办筛选了部分县级政区的普查档案，邀请民政部档案管理部门领导查验指导，多次沟通，厘清普查建档思路；与省、市、县三级档案部门进行合作，明确普查建档技术规范；组织地级市科长联合查验，研究档案建设工作方式方法；经过认真查验，一致认为阳泉市城区、晋城市高平县的地名普查档案内容完整、形式标准、细节完善，具备作为模板进行全省推广的条件。

五、加强标准化建设，开展地名文化保护各项工作

按照国务院地名普查领导小组《加强地名文化保护清理整治不规范地名工作实施方案》要求，省普查办以标准化建设为抓手，通过全面调查摸底、建立保护机制、加强宣传工作，形成地名文化建设和地名标准化建设同步推进，主要开展以下四方面工作：

（一）全面摸底地名文化资源

结合第二次全国地名普查，对地名文化资源、地名文化保护情况进行摸底调查。一是加强各部门沟通协作。如晋城市与市住建局主动沟通，在征求历史文化名村保护意见稿中提出了加入地名文化保护的意见。二是深入挖掘传统地名文化。阳城县地名普查办向社会开展了征集阳城县域内历代地名故事及传说的活动，收到了社会各界积极踊跃的投稿，在《阳城新闻》开办了“阳城地名文化·地名故事”专栏，刊登征集稿件，同时分6辑编印《阳城地名故事》120则。三是加强实地调研。陵川县地名普查专家组对该县200多条历史地名进行了重新梳理，深入相关历史地名所属地方进行走访调查，重新撰写了相关历史地名的来历、地名故事、传奇等，对现行的出版物中的相关记载进行了重新校正。

（二）建立健全地名文化遗产保护机制

制定下发了《关于进一步加强地名文化遗产保护工作的通知》，要求深入开展地名文化遗产资源调查，编制实施地名文化遗产保护规划，建立地名文化遗产名录体系，加强地名文化遗产传承与管理，深化地名文化遗产研究、利用和弘扬，建立健全地名文化遗产保护工作机制。同时，出台《山西省地名文化遗产保护工作实施方案》，确定地名文化遗产保护总体目标和基本原则，规范管理机制和申报程序，加强保障措施，切实推进地名文化遗产保护工作。一是开展地名文化遗产目录编制工作。部分市、县整理出了该地区重点地名文化遗产目录，对重要的地名文化遗产属性信息进行了重新编写。二是系统掌握地名文化遗产现状。通过实地调查、资料考证、座谈论证等多种方法，系统掌握地名文化遗产资源数量、分布、现状和存在问题。运用文字、图片、录音、录像和数字化多媒体等多种方式全面记录地名信息，深入挖掘、

系统整理。

（三）传承优秀地名文化，加强地名文化宣传

多种形式广泛宣传地名文化保护工作。各地通过在报纸、电台开辟专栏，进行地名文化征文、拍摄地名故事、制作公益宣传片等方式全面宣传地名文化保护工作。阳泉市在《阳泉日报》辟专版每周刊登“阳泉地名记忆故事”优秀征文；与阳泉综合广播电台合作，开辟“美妞勇哥谝阳泉”之《地名里的故事》栏目，播出6期阳泉地名故事，并综合广播微信公众平台进行宣传；在阳泉市电视台制作播放地名普查公益广告宣传片，全市5套电视台，连续1个月播放多达540余次，起到很好的效果；结合地方特色形成地名文化宣传素材，临汾市曲沃县编撰了《曲沃县申报千年古县综述》，编撰出版了《曲沃县地名志》，近年成功申报了成语典故之乡传承基地。

（四）稳妥开展清理整治不规范地名工作

2017年下发《关于印发〈山西省加强地名文化保护清理整治不规范地名工作实施方案〉的通知》，对清理整治不规范地名进一步安排部署。一是强化法制建设、制度建设推进地名标准化。目前共有6个地市和7个县出台了《地名管理办法》，晋中市通过编制《晋中市城市地名规划（2017—2030年）》，制定《地名常用通名管理办法》《标准地名使用证》《门牌号码使用证》等6个配套措施，在建立健全命名更名、门牌编码、通名管理制度方面勇于创新，建立地名管理长效机制和市、县两级地名管理标准。二是抓住重点开展地名不规范清理工作。重点对居民区、大型建筑物、街巷、道路、桥梁等地名中存在的“大、洋、怪、重”、有地无名、一地多名、多地重名等不规范地名开展清理整治。对重名的居民区，积极督促相关单位或产权人进行了更名。三是针对基层集中开展规范化工作。集中开展了针对县城街、路、巷道的规范化命名工作，召开了地名专家组论证会，对县城街、路的地名包括标准地名、地名来历等进行了重新论证，对县城巷道的不规范地名进行了整治清理，确定标准地名名称。四是加强标准化地名标志建设。近年来，各市城区街路名标志更新3万余块，其中大同市6000余块、晋中市5600块、长治市5000块、朔州市3100块。

自2014年第二次全国地名普查开展以来，在民政部、省政府的有力领导

下，各级普查工作者上下一心，奋勇前行，按时完成了上级交办的各项任务。同时也清醒地认识到，各项工作与民政部、省政府的要求还有一定差距，距新时代地名管理工作的发展需要还有一定差距，距人民群众日益增长的社会需求还有一定差距。下一步，山西省将以地名普查及成果转化为契机，努力实现地名管理工作的新跨越、新发展。

内蒙古自治区第二次全国地名普查工作纪实

内蒙古自治区地名普查办公室

内蒙古自治区位于祖国北疆，横跨三北，面积约118.3万多平方千米。东西长约2400千米，南北最大跨度1700多千米，国境线长约4200多千米，辖12个地级、103个县级政区。内蒙古多民族聚居，地名语种多，地形复杂，冬季漫长寒冷，全年有效工作时间短，地名普查外业工作难度较大。2014年1月，国务院下发《关于开展第二次全国地名普查的通知》（国发〔2014〕3号）后，内蒙古及时部署落实，组织开展第二次全国地名普查。在国务院第二次全国地名普查领导小组办公室大力支持和指导下，内蒙古各盟市及旗县（市、区）按照国务院、自治区政府统一部署和《第二次全国地名普查工作规程》相关要求，克服人文地理情况特殊、自然地理条件恶劣、外业工作艰苦等困难，紧抓质量，精心组织，周密安排，按节点扎实推进地名普查各项工作，圆满完成了第二次全国地名普查任务。全区2015年完成了39个县级普查任务，2016年完成了其余63个县级普查任务，2017年、2018年主要进行数据库完善、报验。近年来，按照“边普查、边应用”的要求，出版了一批地名图、录、典、志等书籍传承优秀地名文化，结合“互联网+”开展的地名地址库建设等形成了一批优秀的地名普查转化应用成果。

一、地名普查基本情况

（一）建立健全组织机构，科学制订地名普查方案

2014年4月23日，内蒙古自治区人民政府办公厅下发了《关于成立内蒙古自治区第二次全国地名普查领导小组的通知》（内政办字〔2014〕93号），成立了自治区级普查领导机构，领导小组办公室设在民政厅。2014年4月24日，下发了《关于开展第二次全国地名普查工作的通知》（内政办字〔2014〕94号），正式启动自治区第二次全国地名普查工作。随后，各盟市、旗县

（市、区）均成立了第二次全国地名普查领导小组并设立办公室，三级普查机构人员共2609名。2014年7月，自治区第二次全国地名普查领导小组办公室结合区情制订了《内蒙古自治区第二次全国地名普查实施方案》，明确了内蒙古自治区地名普查工作目标、任务范围、组织实施、职责分工、时间安排和方法步骤，并报请国务院地名普查办批准后印发各地实施。同时，印发《第二次全国地名普查工作规程》，制作《内蒙古第二次全国地名普查指导手册》，便于基层开展地名普查工作。各盟市在深入调查研究的基础上，制订了符合当地实际的地名普查实施方案。旗县（市、区）及时召开动员部署会，科学安排、合理分解任务，按照工作方案将各类地名普查分解落实到相应成员单位和苏木乡镇街道。

（二）组建地名普查队伍，加强内外业工作培训

各盟市和旗县（市、区）积极组建了地名普查队伍，全区范围内抽调了2000余名工作人员投入到地名普查第一阶段工作，全区参与地名普查人员共计2.74万人，形成了县、乡、村三级普查队伍。建立普查联络员制度，通过网络及时与各级普查机构和各成员单位交流工作进展情况，推动地名普查按计划开展。呼和浩特市、锡林郭勒盟、鄂托克前旗、临河区等盟市和旗县（市、区）聘请了蒙古语、文史、地理等领域专家或参与过第一次全国地名普查工作经验丰富的老同志，组成了3—9人不等的专家组，指导各地地名文化挖掘、蒙古语地名译写和标准化处理等工作。旗县（市、区）通过聘用专业技术人员参与地名普查工作，形成了地名专家、技术骨干、专职普查员共同参与、通力合作的普查队伍，为做好普查工作奠定了坚实的基础。

自地名普查伊始，内蒙古就持续跟进加大培训力度。自治区地名普查办从2014年起，每年根据不同阶段普查工作任务举办一次到县级的大型培训班，从地名调查登记表的填写、地名普查外业调查方法、遥感影像判读、地形图修测、手持终端使用技术、成果转化等方面，对全区605名县级普查业务骨干进行了全面系统培训。各盟市和旗县（市、区）地名普查机构也组织了不同规模、不同层次、不同形式的普查业务专题培训，深入到街道苏木乡镇、社区村庄嘎查，让每一名普查员都掌握业务“金刚钻”。截至2018年，自治区及盟市、旗县（市、区）累计组织培训647期，培训地名普查员2.4万余人次，提高了普查工作人员整体技术水平和工作能力。

（三）多措并举，规范地名普查工作

一是制定地名普查规范性文件。根据国务院地名普查办有关要求，结合自治区实际，先后制定下发了《关于第二次全国地名普查购买社会服务的通知》《关于进一步加强第二次全国地名普查保密工作的通知》《关于加快推进内蒙古自治区第二次全国地名普查的通知》《内蒙古自治区加强保护地名文化清理整治不规范地名工作实施方案》《关于进一步加强文化属性信息采集工作的通知》《内蒙古自治区第二次全国地名普查数据入库办法》《内蒙古自治区第二次全国地名普查成果数据库验收办法》《内蒙古自治区第二次全国地名普查成果转化规划（2016—2020）》《内蒙古自治区第二次全国地名普查档案管理办法》《内蒙古自治区地名普查档案验收办法》等20多份规范性文件，对地名普查中购买社会服务、地名文化保护、标准化处理、数据入库、数据库核查验收、保密及普查成果转化等各环节工作进行了规范，为全区地名普查提供了制度保障。

二是地名普查督查贯穿始终。2015年和2016年，自治区地名普查办5次派出工作组赴各盟市，重点对工作积极性不高、责任心不强、工作质量和进度不达标的地区进行督导检查。通过查看资料、集中座谈等方式，及时发现普查中存在的问题，有针对性地进行指导，纠正错误的认识和做法。督查结束后，将各地存在问题进行整理并提出整改建议，以督查报告形式下发有关旗县，责令其立即整改。每个轮次督查结束后进行总结，将各地存在的共性问题和个性问题分类列出，并提出相应解决方法，下发各地，以点带面促进普查工作。各盟市也派出工作组，对所属旗县地名普查进行督查，有力促进了地名普查的进一步开展。普查成果上报验收初期，内蒙古连续下发了3次普查工作情况通报，自治区普查办领导约谈落后盟市普查办领导7人次。通过此项措施，几个落后地区迅速扭转了工作局面，质量和进度迅速跟进，以最短的时间完成了普查任务。

三是加强保密管理工作。为保障地名普查工作安全进行，自治区普查办先后两次下发关于做好地名普查保密工作的通知，对地名普查工作中涉密内容、相关环节和具体要求作出了严格规定。同时，在开会、督查、调查等工作场合必强调保密问题，要求各级普查办及社会服务单位提高保密安全意识，严格执行保密规定，做到保密工作警钟长鸣。各盟市也十分重视保密工作，

巴彦淖尔市普查办会同当地保密局共同检查旗县的普查保密工作，其他各级地名普查办也积极落实保密工作相关要求，确保普查过程中不出现失密、泄密事件。

四是落实工作责任制。从2015年开始连续3年，自治区民政厅将第二次全国地名普查列入民政重点评估项目进行绩效考核。2015—2016年，自治区与12个盟市签订了地名普查工作责任状，进一步明确了工作目标、工作内容和要求、普查成果上报时限及工作责任。通过落实责任制，层层传导压力，将地名普查工作提到了应有的高度，引起各级政府及民政部门的高度重视，营造了地名普查良好的基础和氛围。

（四）保障“三到位”，助推地名普查工作

一是地名普查资金到位。每年中央财政补助资金划拨后，自治区普查办迅速制订分配方案，与财政部门沟通协调，及时下拨旗县。各级普查办积极争取地方财政资金，地名普查期间，自治区、盟市、旗县（市、区）三级共争取地方财政资金约7000万元，有力地保障了地名普查工作顺利进行。同时，严格规范普查资金的使用和管理，要求盟市对各旗县普查专项资金使用情况进行专项检查，保证资金合理使用，争取发挥最大效益，坚决杜绝违法违纪事件的发生。

二是办公场所及软硬件设备到位。三级普查办均落实了普查办公场所，配备了办公设备等基础硬件设施。2015年12月，内蒙古自治区通过公开招标的方式采购了“内蒙古自治区第二次全国地名普查数据建库与管理软件”，并及时对全区各级普查办工作人员进行了软件使用培训，建立了地名普查软件工作群，随时沟通交流软件使用中的问题，帮助各级普查办尽快进入工作状态。除国务院和自治区地名普查办配发的普查设备外，旗县（市、区）根据自身实际情况和外业调查工作量，另行购置了GPS、笔记本电脑、照相机、摄像机、录音笔等必需设备。包头市、乌海市、奈曼旗、伊金霍洛旗等地区通过与城市规划、国土、农牧等部门协调，获得了1：2000、1：5000、1：10000的航空及卫星影像图、城区规划图等，极大地方便了外业调查工作。呼和浩特市等地广泛收集史料，先后收集各类志书、档案150余册，收集部门掌握的行业地名信息15000余条。

三是总结经验交流到位。第二次全国地名普查期间，自治区地名普查办

共召开4次全区地名普查工作会议，通报各地普查进展情况，及时总结普查中出现的好的经验、做法和存在问题，研究部署下一步普查工作，展示优秀地区的地名普查阶段性成果，实地观摩地名标志。呼和浩特市加强组织管理，包头市编印《第二次全国地名普查地名登记表填写操作手册》，赤峰市深入挖掘地名文化等经验都在全区得到了很好的反响。各盟市地名普查机构也不定期召开工作分析会或推进会，研究解决本地区地名普查中存在的问题，有力地推动了普查工作开展。

（五）严把检查验收关，确保普查成果经得起考验

从2016年11月开始，自治区地名普查办使用国家下发的质量预检测软件，陆续对各个旗县的地名普查成果数据进行检测，并将检测报告反馈各地进行整改。2017年上半年，全区各级普查办全面进入自查、核查和验收阶段。自治区普查办依靠自身力量开展验收工作，同时要求盟市和旗县（市、区）认真负责，独立完成自查、核查，这样既发挥了普查办监督指导社会服务单位的作用，也让普查办人员在检查中熟练使用数据库，详细掌握本地地名总体情况，为下一步实现全区地名数据库更新长效机制奠定良好基础。截至2017年上半年，102个县级普查办共自查559次，平均每个旗县开展自查5次以上，12个盟市普查办共开展核查64次。自治区普查办严格按照《内蒙古自治区第二次全国地名普查验收办法》《第二次全国地名普查工作规程》《第二次全国地名普查质量评价体系》《地名普查数据库检查要点》等规范要求，分三批对全区102个地区地名普查成果数据进行检查验收。平均对每个旗县（市、区）进行了5次检查，反馈整改意见400余份，发现存在个别地名罗马字母拼写不规范、音译转写错误、地名来历沿革表述不清、成果图修饰不规范等20多种问题，要求旗县普查办限期整改，盟市普查办督促指导，提升地名普查质量。2018年3月，在国务院地名普查办举办的“第二次全国地名普查成果数据质量完善培训班”上，以“凝心聚力，紧盯质量，高效完成地名普查数据整改工作”为主题，就第二次全国地名普查成果数据检查验收及上报以来的工作经验进行了交流发言。2018年10月，全区102个县级地名普查数据通过国务院地名普查办验收，率先完成入库工作。

（六）开展地名普查宣传，营造良好的社会氛围

自治区各级地名普查机构运用多种形式加大普查工作宣传力度，印制宣

传海报、画册，充分利用广播电视和互联网、报刊等新闻媒体，以及电子屏幕、宣传栏、街路牌广告栏等多种宣传工具，向社会广泛宣传地名普查的重要意义和相关知识。自治区地名普查办在《蒙古语地名文化研究》杂志刊载普查动态及地名文化发至各苏木乡镇，以蒙古语地名文化为引领，广泛宣传助力地名普查。各地通过发挥新媒体独特作用，利用微博、微信等新媒体时效性强、受众多、覆盖面广、效果好的特点，宣传地名普查。2014 年 12 月，自治区地名普查办联合呼和浩特市地名普查办在呼和浩特市新华广场开展第二次全国地名普查集中宣传活动，向群众发放地名普查宣传单，展示地名普查内容。内蒙古积极参加国务院地名普查办组织的普查宣传活动，弘扬优秀地名文化，为全国“最美地名”“寻找最美地名故事”等评选活动报送作品 100 多件，2 件获得“最美地名”三等奖；呼和浩特市开展了“地名文化进校园、进社区”活动，展现呼和浩特传统地名文化的精髓，官方微博“活力呼和浩特”与“国家地名”密切合作、充分互动，宣传地名普查；包头市、扎赉特旗、鄂托克前旗、乌拉特中旗等地地名普查办通过微信公众号、微博报道普查进展，传播地名文化知识，得到了当地群众的认可；鄂伦春自治旗、林西县等地制作了地名文化或地名普查宣传片；一些旗县在电视台、电台和杂志开辟了地名普查工作专栏，普及地名普查知识，利用宣传月、宣传日等集中重点宣传地名普查。2016 年“第二次全国地名普查新媒体宣传月”活动期间，呼和浩特市地名普查办设计制作了一组高质量、图文并茂的宣传图片，在市区主干道和商业区的十几块大型 LED 屏幕上 24 小时滚动播出，取得了非常好的效果。赤峰市及部分旗县利用公交站宣传板、街路牌广告栏、道路隔离栏宣传板，开展地名普查宣传。通辽市、乌兰察布市、乌海市、锡林郭勒盟、阿拉善盟和大部分旗县在主要街道和大型社区悬挂标语、条幅、横幅，在社区宣传栏张贴海报、宣传单，使地名普查宣传深入社区，家喻户晓。全区各地通过形式多样的宣传，使社会公众对地名普查工作有了进一步认知和了解，营造了良好的普查氛围。2019 年，为筹备《中国地名大会》提供支持，内蒙古收集地名文化类试题 400 余道，推荐 7 名选手参赛，并组织各级地名工作者按时收看节目，基层反响热烈。

二、地名普查成果丰硕

（一）普查摸清地名“家底”

截至2018年8月，内蒙古共普查11大类地名27.3585万条，其中陆地水系类地名9178条，陆地地形类地名37085条，行政区域类地名1554条，群众自治组织类地名14378条，非行政区域类地名8285条，居民点类地名78579条，交通运输设备类地名27277条，水利、电力、通信设施类地名27460条，纪念地、旅游景点类的地名4061条，建筑物类地名6285条，单位类地名51639条，历史地名7804条。其中蒙古语地名10.78万条，汉语地名15.65万条，其他9种少数民族语地名2015条（包括鄂温克语地名580条，达斡尔语地名505条，藏语地名360条，鄂伦春语地名321条，满语地名224条，俄罗斯语地名21条，朝鲜语地名2条，苗语地名1条，阿拉伯语地名1条）。采集多媒体照片数量约56.1万张，录制地名读音34.5万余条，录像约2.8万条，标绘纸质工作图数量4875张，标准化处理21773条，普查以来设置地名标志约180万块（其中普通地名标志34368块，楼门牌标志约176万块），地名审音定字1290条。

（二）地名普查成果转化顺利推进

一是全力保障国家“一典一志一图”编审工作的开展。2016年7月底，内蒙古自治区成立了《中华人民共和国标准地名词典》内蒙古编写组，在全区地名普查工作会议上部署了标准地名词典编纂工作，下发160余册《标准地名词典编纂手册》，并进行了系统培训。2019年，全区完成了《中华人民共和国标准地名词典》《标准地名志》第一部分内蒙古卷的释文稿件编写工作和《中华人民共和国行政区划图集》协审工作。

二是积极开展自治区各级图、录、典、志类成果转化工作。自治区地名普查办组织编制了《内蒙古行政区划图集》，将于2020年底印制出版；同时委托蒙古语地名研究会编写《内蒙古蒙古语地名》，目前已完成乌海市、包头市和阿拉善盟3地内容。各盟市按照各自的成果转化规划开展工作，已出版和完成的图、录、典、志有《锡林郭勒盟地图集》《美丽赛罕地名故事选》《二连浩特市地名志》《四子王旗地名志》《达尔罕茂明安联合旗地名志》《满洲里市地名志》《新巴尔虎右旗地名志》《扎赉特旗地名志》《林西县地名志》《敖汉旗地名志》《敖汉地名典故》《乌审名胜古迹》《阿拉善右旗电子地名志》《包头市区道路名称图》《乌海市地图》《呼伦贝尔市行政区划图》《锡林郭勒盟行政区划图》等30余项成果。计划到2020年年底，全区各盟市和旗县（市、区）完成地名志编写，形成全区第二次地名普查基础文化成果。

三是开发地名公共服务软件和系统，推进区划地名信息的社会化应用。地名普查结束后，各级地名普查办均形成了地名数据库、行政区域界线数据库、跨界自然地理实体数据。2020年年底，内蒙古将建成全区行政区划信息查询平台，搭载在政府大数据平台和民政官网，便于社会对行政区划类地名及相关信息的获取。一些地区结合第二次全国地名普查成果数据成果转化开发了地名地址管理、在线地名志、地名网上申报等各类软件系统，提升了地名公共服务水平。2016年，赤峰市建立了地名标志及门户牌管理系统，地名标志及门户牌信息全部录入系统，形成了赤峰市地名地址大数据，与公安等部门协作共享基础信息。包头市已完成地名地址库建设，并已投入日常工作使用。2019年，呼伦贝尔市在全市推行楼门牌和地名标志标准化、数字化、智慧化管理。目前，呼和浩特市正在积极探索建立具有地方特色的“历史地名库”和“地名储备库”，大力培育地名文化社会组织，壮大地名文化遗产保护群众工作基础；林西县打造随身“掌上地名工程”，依托林西县区划地名网站，以第二次全国地名普查成果数据为基础，率先在县中心城区主要标志上设置了二维码，群众通过扫描二维码可实时查找地名来历、含义、历史沿革等信息，成为展示林西地名文化的窗口。鄂托克前旗制作电子地图与大数据中心完成对接，将继续完善地图，为出行、旅游、救援、救灾等提供帮助。

四是深入挖掘地名文化内涵，加强地名文化保护。在第二次全国地名普查的基础上，充分挖掘地名普查成果，促进地名优秀文化的传承、保护和弘扬。包头市、阿尔山市、霍林郭勒市、鄂伦春自治旗、鄂尔多斯东胜区等地建立了地名文化保护名录。根河市属纯林业城市，在林区开发过程中形成了许多与林区开发有关的地名，根河市将这部分地名列为地名保护重点，确保地名普查能够将这些地名收录，准确反映林区开发发展变迁。鄂伦春自治旗从2016年5月，先后4次深入猎民乡镇开展挖掘鄂伦春语地名活动，由于鄂伦春族没有文字，地名靠声音表达，靠语言相传，靠符号或汉语记音，相传久远的地名没有文字记载，地名类资料极少，一些地名的语言和文字表述也有很大差异。因此，在原有调查结果的基础上，深入乌鲁布铁镇猎民村、诺敏镇猎民村、托扎敏乡、古里乡进行了专项的鄂伦春语地名调研工作。根据鄂伦春语地名目录，对第一次地名普查未查到或未查清的一些鄂伦春语地名的来历、含义、读音逐条进行询问、调查、讨论，并进行翻译及读音录制工作，共调查和核实了鄂伦春语地名 250 多条。填补了一些河流、山脉等鄂伦春语地名来历、含义、读音的空白，也为鄂伦春自治旗地名文化遗产的保护留下宝贵的资料。阿尔山市组织对阿尔山天池、三潭峡、玫瑰峰、好森沟、石塘林、鹿鸣湖、松叶湖等 13 个地名进行地名文化论证，从地名管理、民族语言、史志、文物、民俗、地理等方面，对地名文化进行研究。霍林郭勒市对金代长城（金界壕）重要地名文化遗产设立了地名标志。锡林郭勒盟对中蒙边境线纵深 10 千米内的 16 个重要地理实体地名进行了设标工作。

（三）地名管理队伍建设加强

为顺利完成地名普查任务，各级地名普查办及时调配，优化了人员结构，将作风严谨、业务精通的骨干配备到普查岗位，充实了地名管理队伍，为全区地名普查任务圆满完成提供了有力支撑。同时，积极组织协调，多轮次交流培训，淬炼骨干业务技能，提高他们的解疑攻坚本领。在艰辛复杂的地名普查工作中涌现了一批甘于奉献、敢于胜利的先进集体和个人。2019 年 5 月，国务院地名普查领导小组召开全国地名普查总结会议，包头市地名普查办、呼伦贝尔市民政局、奈曼旗地名普查办、伊金霍洛旗民政局被授予“第二次全国地名普查先进集体”称号，自治区地名普查办包雪飞、呼和浩特市地名普查办白洁、林西县地名普查办王相田 3 人被评选为“第二次全国地名普查先进个人”。

三、地名普查的启示

（一）突出重点，抓住关键，加强普查质量管理

全区在普查过程中始终强调质量是地名普查的生命，把普查的成果质量作为衡量普查成败的首要标准，正确处理地名普查质量、数量与进度的关系，质量优先，要求不能因为赶进度而影响普查质量。内蒙古是少数民族自治地区，有独特的地区和民族特点。少数民族语，特别是蒙古语、满语地名较多，

还有鄂温克、鄂伦春、达斡尔、藏等少数民族语地名。内蒙古要求各地不能舍本逐末，要将普查重点放到地名文化属性的调查上，重点对行政区划、居民点、街路巷、纪念地等几大类地名的含义、来历、沿革进行调查，深入挖掘和保护少数民族语地名文化。各地充分利用第二次地名普查人员、经费有保障的机会，通过反复查阅历史资料、实地走访知情人、专家学者论证研讨等方式，对少数民族语地名音译不准、用字不规范、以讹传讹等地名进行了标准化处理，对个别“一普”中含义、来历错误的地名进行了纠正。全区共标准化处理20603条地名，初步形成了一套具有民族特色的地名普查成果。充分利用“互联网+地名普查”的工作方式，开展“我的地名我做主”“名从主人”活动，通过新媒体征集地名来历、含义、沿革等属性信息，既宣传了地名文化，又提高了地名含义、来历的准确性。

（二）直面问题，精准发力，采取有效措施整改完善成果数据

受人员数量和水平限制，自治区初步验收后，一些地区普查成果仍然还存在问题。各地质量情况不平衡，多达几千条，少则几十条。因此，内蒙古自治区十分重视国普办的复验意见。一是分析归纳问题，下发整改标准。自治区普查办收到国普办反馈的复验报告后，全面梳理分析问题清单，归纳了6大类14小项注意事项和整改标准下发各地。旗县普查办在整改期间加大普查人员配备力度，分组进行照片采集，边采集边整改。二是以复验报告中问题清单为重点，对数据进行全面检查整改。把第二次数据整改作为地名普查最后一次攻坚战。要求各级普查办严肃对待整改工作，严格落实整改责任，以复验报告为主，列出的问题要全部核实整改，没有提到的也要认真检查。各旗县对普查成果数据进行了全面检查，并对复验报告中的问题逐条说明整改情况，核实后无须修改的也作出了详细说明，旗县整改完成后，盟市普查办对照问题清单逐一进行了全面核查；自治区普查办按问题清单中20%—30%进行抽查和复查。2017年11月以后，内蒙古进行的两次数据整改工作，仅自治区普查办对县级普查办反馈整改意见就达300余份。基本做到了数据整改全覆盖、无遗漏，使普查数据质量有了很大提升。三是重点地区集中整改，效果明显。问题较多的几个盟、市，将所属各旗县普查办和技术服务单位技术人员召集到呼和浩特，采取集中处理解决的方式进行统一整改，经检查合格后方能离开。遇到疑难问题时，大家互相帮助，协商探讨，当场解决。完

成整改后交叉互检，查漏补缺。通过采取这种方式，这些旗县高效完成了整改任务，没有影响全区的整体工作进程。

（三）构建地名大数据平台，开展地名信息化管理

随着地名普查第二阶段任务的完成，包头市和赤峰市在建设地名普查数据库的同时，着手建立地名地址库。目前，包头市已建成地名地址库系统并已完成了城区地名地址信息录入。赤峰市投入5317.7万元，在12个旗县设置城乡地名标志牌和门户牌162万余块，完成了所有农村牧区苏木乡镇、嘎查村、自然村地名标志牌和门户牌的设置工作，做到了城乡全覆盖，并在市民政信息服务系统中建立了地名标志电子信息档案，形成了全市地名地址数据库。市公安局已通过大数据共享在日常工作中率先使用地名地址数据。2016年，林西县在地名普查进行时同步开展地名地址库建设，民政局与公安、城建等部门合作，采集8.3万余条街路巷牌、楼门牌、单位牌、农村住户牌等地名数据，完成了数据库建设。并将地名地址数据管理、更新直接纳入业务审批日常工作流程中，进行动态管理。并在县民政局搭建基于政务外网的服务器，为县内各地名地址应用单位开发接口，提供在线地名地址查询服务，为政务大数据平台提供有效支撑。同时，林西县开通了“地名网上申报系统”，实现了地名全流程网上申报与审批，用户足不出户便可轻松办理地名申报并随时查询审批结果和办理进度等相关信息，使审批工作最快可一天完成，实现了地名管理工作质的飞跃。同时建立了地名标志二维码管理模块，给地名普查数据库中的每一条地名都赋予二维码，在中心城区156个街路巷标志和9个乡镇、103个村、645个自然村的地名标志上设置了二维码标牌，扫描二维码可实时显示该地名来历含义、历史沿革等信息。目前，各地以国家地名信息库为依托实现地名信息长效更新机制。截至2019年年底全区共更新2015—2018年地名信息7000余条，较好地维护了地名的现势性，为充分发挥地名便民服务、弘扬传统文化的作用奠定了基础。

四、地名普查的感悟

（一）传承“一普”精神、实现“二普”创新是正确思路

第一次全国地名普查时，各种条件较差，调查每条地名都要靠地名普查

人员实地核实，手写地名调查表，制作地名成果卡片。老一辈工作人员艰苦奋斗、任劳任怨、认真负责的工作态度和作风是第一次地名普查取得成功的关键。第二次全国地名普查更需要传承和发扬老一辈地名普查员爱岗敬业精神、一丝不苟的求真务实精神、开拓进取的创新精神和坚韧执着的奉献精神。全区在地名普查过程中，向普查员讲述“一普”故事、展示“一普”成果，通过加强爱岗敬业教育和业务培训，组建了一支支高素质普查队伍，这是保证普查质量的重中之重。全区各地充分利用“一普”成果，并聘请参与过第一次地名普查的老同志指导工作，起到事半功倍的作用。固阳县、乌拉特中旗、乌拉特后旗、阿拉善右旗等地区依靠地名普查办自身力量完成了普查工作。阿拉善右旗地域面积大，自然环境恶劣，人口居住分散，地名较多、分布较广，46%以上的地名都分布在巴丹吉林沙漠之中，给地名普查带来很多困难。普查员克服种种困难，在野外作业两个多月，行程38000多千米，收集地名资料，实地核实地名信息，圆满完成了普查任务。以第一次全国地名普查为基础，着重在“全”“精”“细”“实”上下功夫。按照11个地名大类全面调查，尽量保证不遗漏；挖掘地名文化内涵，突出地名普查精髓所在；多方考证，确保普查成果真实可靠；全区将普查到的少数民族语地名均录制了地名发音，部分地区还录制了地名方言读音。

（二）政府重视、部门联动是推进动力

地名普查是一项系统工程，涉及面广，专业性要求高，需要各级党委、政府高度重视，需要各相关部门加强配合，需要社会各界积极参与。第二次全国地名普查工作开展以来，全区各级政府把地名普查工作纳入了重要议事日程，在人力、物力和财力上给予大力支持，确保地名普查顺利推进。通辽市、赤峰市、锡林郭勒盟等地把地名普查与创建文明城市、加强新农村建设等重点工作结合起来，有力助推地名普查。民政部门作为地名普查工作的具体组织实施单位，主动作为，敢于担当，又加强与相关单位和专业技术部门的协调合作，充分调动社会各方面的积极性，协同联动，形成工作合力。在地名标志设置、清理整治不规范地名、地名成果转化方面取得了良好的成绩。

（三）发挥普查办“一专多员”作用是制胜保障

区地名普查办人员在工作中深深体会到，为了保证地名普查质量，充分

发挥各级普查办作为指挥员、督导员、技术员的作用，是做好地名普查的一个关键环节。自治区地名普查办先后6次派出工作组赴各盟市，重点对质量不达标、工作进度慢的地区进行督导检查，纠正错误的认识和做法，对当地存在的问题有针对性地进行分析和指导，疑难问题协商解决。每次督查结束后，督查组将检查出的问题进行归纳整理，并逐一提出整改建议，以督查报告形式下发有关旗县，要求其整改。每个轮次督查结束后都进行总结，将各地存在的共性问题和个性问题分类列出，共性问题统一解决，个别问题单独指导，并提出解决方案下发盟市，促进了普查质量和进度的双提高。盟市普查办对旗县整改情况进行全面跟踪，旗县普查办专人负责，全程参与整改工作，特别是数据库的整改工作。这样既发挥了普查办监督、指导技术服务单位的作用，保障了普查质量，也让基层普查办人员在检查中熟练使用数据库，详细掌握本地地名具体情况，为下一步实现全区地名数据库更新长效机制奠定了良好基础。

辽宁省第二次全国地名普查工作纪实

辽宁省地名普查办公室

辽宁省是我国东北地区唯一的沿海沿江沿边省份，东南与朝鲜民主主义人民共和国隔鸭绿江相望，南濒黄海和渤海，西南与河北省毗邻，西北与内蒙古自治区接壤，东北与吉林省相连。面积14.84万平方千米，人口4232万，共14个设区市、100个县（市、区）、1531个乡（镇、街道）。从2009年年末开始，辽宁省按照国务院部署，开展了第二次全国地名普查工作。到2018年6月，地名信息调查、地名标准化处理、地名标志设置和地名数据库建立等任务全部完成。目前，地名档案建设和地名普查成果转化工作也取得了显著成效，实现了地名普查任务目标，提高了地名管理服务水平。

一、地名普查试点准备

2009年10月，国务院办公厅下发了《关于开展第二次全国地名普查试点的通知》（国办发〔2009〕58号），决定从2009年10月至2012年12月开展第二次全国地名普查试点，辽宁省沿海沿边地区的大连、丹东、锦州、营口、盘锦、葫芦岛6市的29个县（市、区）被列入试点地区名单。2010年1月，辽宁省政府决定成立辽宁省第二次地名普查试点领导小组，领导小组办公室设在省民政厅，辽宁省第二次地名普查试点工作正式启动。4月8日，召开了全省第二次地名普查试点工作会议，辽宁省第二次地名普查试点领导小组副组长、时任辽宁省民政厅厅长徐铁南同志参加会议并讲话。8月，下发了《辽宁省第二次地名普查试点实施方案》，明确了地名普查试点任务范围、方法步骤、组织保障等内容，同时明确，作为国家指定试点县的长海县2010年完成普查任务，其他县（市、区）2012年完成普查任务。为做好长海县地名普查工作，辽宁省民政厅区划地名处负责同志5次前往长海县，面对面讲方法，手把手教技术，与当地人员一道探讨解决问题，帮助长海县如期完成了普查试点任务并通过国家验收。长海县地名普查的经验为其他试点地区工作提供了借鉴。

辽宁省将普查任务分为两部分，民政部门负责地名信息调查、地名标准化处理、地名标志设置等职责范围内的工作，测绘单位负责地名普查中的地理信息实测、工作图标绘、变化地物修测、数据库属性信息录入等操作复杂、专业性强、技术要求高的工作。这种工作方式解决了民政部门缺少测绘和地理信息专业人员问题，实践证明效果良好。共有5个甲级测绘单位承担了28个县（市、区）的地名普查测绘任务。2011年7月至8月，辽宁省地名普查试点办公室在丹东市举办了3期培训班，对市、县、乡三级普查人员及测绘单位工作人员进行培训。7月，在盘锦市召开专题研讨会，讨论制定了《辽宁省第二次陆地地名普查试点实施细则》《辽宁省第二次地名普查登记表填写说明》《辽宁省第二次陆地地名普查成果检查验收规定》，与相关法规汇编成工作手册，作为试点地名普查工具书印发至乡级普查人员。为加快地名普查进度，查找存在问题并研究对策，确保完成普查任务，同年11月11日，辽宁省地名普查办在大连市召开了全省第二次地名普查试点工作推进会议，辽宁省第二次地名普查试点领导小组办公室主任、时任省民政厅副厅长张克宇同志参加会议并讲话。会后，各地按照部署要求，全力推进试点工作。

2012年8月，第二次全国地名普查试点领导小组办公室组成验收组，对丹东市振兴区、东港市、营口市西市区的试点工作进行了检查验收。在对整改后成果进行复验的基础上，2013年9月，对上述地区作出地名普查试点成果验收合格的意见。2012年9月至10月，辽宁省地名普查试点办公室组成验收组，对试点地区进行了检查验收，并将普查成果上报国务院地名普查试点领导小组办公室。2013年各试点县（市、区）有针对性地进行了成果数据整改。2014年1月，国务院地名普查试点领导小组办公室出具了《关于辽宁省第二次地名普查试点工作的意见》，认为辽宁省圆满完成了普查任务，各项成果达到了国家标准，验收合格。至此，辽宁省第二次全国地名普查试点工作结束。在地名普查试点期间，时任民政部区划地名司负责同志先后来到辽宁省，对地名普查试点工作给予精心指导。

此次地名普查试点，全省试点地区克服了时间较短、任务量大、没有成熟经验借鉴等不利因素，取得了来之不易的成绩。营口市西市区、葫芦岛兴城市工作开展迅速，操作程序规范，成果质量在全省处于前列。全省近1万人参加普查工作，累计投入了近5000万元，共普查11大类地名信息6.8万余条。辽宁省在地名普查方式方法、信息技术应用、质量监督控制等方面积累了一些成功经验，初步探索出了行之有效的地名普查工作机制，为第二次全国地名普查全面开展提供了宝贵的经验，打下了良好的基础。

二、地名普查全面启动

2014 年 1 月，国务院下发了《关于开展第二次全国地名普查的通知》(国发〔2014〕3 号)，决定于 2014 年 7 月至 2018 年 6 月开展第二次全国地名普查。辽宁省普查范围是第二次全国地名普查试点区域 29 个县（市、区）以外的 71 个县（市、区)。同年 4 月，辽宁省民政厅向省编委办发出《关于商请成立辽宁省第二次全国地名普查领导小组的函》，得到同意后，向拟成立的领导小组各成员单位发函确定成员。同时，省民政厅着手编制地名普查经费预算，经多次沟通协商，于 7 月向省财政厅发出《关于商请我省第二次全国地名普查经费的函》，初步概算需省本级地名普查经费 4375 万元，全省共需地名普查经费 1.17 亿元，得到省财政厅同意。同年 5 月，省民政厅开始起草《辽宁省第二次全国地名普查实施方案》，并征求相关部门意见。10 月，《辽宁省人民政府关于开展我省第二次全国地名普查的通知》下发，成立了辽宁省第二次全国地名普查领导小组，领导小组办公室设在省民政厅，办公室主任由时任省民政厅副厅长马涛兼任。

11 月 18 日 14 时，辽宁省第二次全国地名普查领导小组第一次会议在辽宁人民会堂三楼常务会议室召开。会议审议通过了《辽宁省第二次全国地名普查实施方案》及经费预算。15 时，辽宁省第二次全国地名普查工作电视电话会议召开。会议在辽宁人民会堂一楼电视电话会议室设主会场，各市设置分会场，省、市、县（市、区）政府分管领导及各有关部门负责同志参加了会议。会议宣布了《辽宁省第二次全国地名普查实施方案》，丹东市和锦州凌海市介绍了第二次全国地名普查试点工作经验。会议要求，要充分认识地名普查的重要意义，把思想认识统一到国务院部署上来，统一到省政府要求上来，增强做好地名普查工作的责任感和使命感。要明确普查任务，把握普查原则，保证普查质量。要切实加强地名普查的组织领导，建立运行顺畅的组织机构，科学安排普查内容，有效提升工作能力，保障必要普查经费，搞好宣传动员。会后，各市、县（市、区）积极行动，结合本地区实际，学习借鉴试点经验，成立了组织机构，建立了运行机制，制订了工作计划，拟制了经费预算，开始收集普查资料，组织普查培训，搞好宣传发动，做好了普查前期准备工作。

2015 年 1 月至 4 月，辽宁省地名普查办先后同意了各市地名普查实施方案。3 月，成立了辽宁省第二次全国地名普查专家咨询委员会。5 月，制定了《辽宁省第二次全国地名普查操作规程》，编写了《辽宁省第二次全国地名普查登记表填写说明》，与相关法规政策材料一并印制了《辽宁省第二次全国地名普查工作手册》，下发至乡级普查人员。6 月，将国务院第二次全国地名普查领导小组办公室制定的质量管理规定、专项资金使用管理办法、涉密数据保密管理办法转发至各市。6 月至 8 月，先后在沈阳市、朝阳市、鞍山市举办了 8 期培训班，培训了市、县、乡三级普查人员 1000 余人次。10 月至 11 月，前往 6 市 12 县（市、区）开展了地名普查调研督查。12 月，与辽宁省地名档案资料馆签署了《辽宁省第二次全国地名普查监理合同》。通过一系列措施，为辽宁省第二次全国地名普查提供了有力保障。

三、地名普查推进实施

辽宁省第二次全国地名普查工作延续了试点时期的做法，将地名普查分成两部分，分别由民政部门和测绘单位完成。2016 年 1 月和 9 月，通过公开招标，两批共 8 个甲级测绘单位承担了 71 个县（市、区）的地名普查测绘任务，并在 4 月和 9 月举办培训班时，组织了测绘单位与市、县（市、区）民政局对接。同年 2 月至 3 月，针对各地存在的地名调查和信息采集工作进展不平衡、县级专家组没有全部成立等问题，由辽宁省民政厅区划地名处负责同志带队，再次进行调研督查。每到一市，先抽查 2 县（市、区）的资料，就具体存在的问题，召开该市所辖县（市、区）民政局分管局长参加的座谈会，提出整改要求。通过召开小型会议的方式，使各市、县（市、区）民政局有关人员提高了思想认识，端正了工作态度，明确了工作方向，加强了业务能力。6 月，针对各地普遍反映部分地名信息资料由省级部门掌握的情况，辽宁省地名普查办分别向省交通厅、水利厅、通信管理局、沈阳铁路局等部门发出提供地名普查有关资料的通知，要求提供公路、铁路、河流、水库、通信基站等地名目录及属性信息，有效地解决了基层收集资料的难题。与此同时，还将国家配发的和省本级购买的地形图、卫星影像数据等地名普查所需工作底图和参考资料分发至各市，并签署了涉密数据使用保管协议。

辽宁省已经完成地名普查试点任务的沿海沿边6市、29县（市、区），收到国务院第二次全国地名普查领导小组《关于做好第二次全国地名普查试点地区地名补查工作的通知》后，根据“同部署、同安排、同推进”的要求，克服了普查经费短缺、普查队伍重新建立、普查测绘单位合同期满等诸多困难，按照新的普查时点，对试点成果重新审核、调查和考证，补充了新增、变更和遗漏的地名，增加、更新和完善了相关信息资料，更正了错误内容，确保了地名普查资料完整准确，并使试点成果和全面普查成果之间有机衔接和有效融合，形成了全省统一、规范、标准化的普查成果。大连市争取财政列支980万元用于地名补查，更新了地名地址信息。盘锦市对照新的普查标准重新进行地名信息调查，仅盘山县就新增地名1000多条。

跨界地理实体地名普查是一项重要工作内容，关系到地名普查数据的完整性和规范性。辽宁省在制订地名普查实施方案和工作规程时就充分考虑到了这一点，各级地名普查机构在实际普查过程中，专门布置了跨界地名实体地名信息调查及相关数据整合。2015年国务院第二次全国地名普查领导小组办公室下发《关于做好跨界自然地理实体地名普查工作的通知》，辽宁省地名普查办及时将文件精神传达给市、县（市、区）地名普查办，要求高度重视、明确任务、保证质量、扎实推进。2016年辽宁省地名普查办在公开招标地名普查测绘服务单位时，把跨县（市、区）界地理实体地名普查测绘及信息整合等事项，作为工作内容写入招标文件，并成为双方签订合同的约定事项。2017年9月，辽宁省地名普查办把跨省界县（市、区）界地理实体地名核查、跨市界地理实体地名普查及信息采集数据整合入库两项工作，通过政府采购方式确定1个甲级测绘单位来完成，提高了地名普查成果质量。

在进行地名信息调查和地名标准化处理的同时，辽宁省按照国务院第二次全国地名普查领导小组召开的视频会议和《加强地名文化保护暨清理整治不规范地名工作实施方案》要求，把地名文化保护和不规范地名清理整治作为地名普查重要内容一并部署推进。2017年10月，辽宁省地名普查办召开了清理整治不规范地名推进地名普查暨标准图录典志编纂工作会议。各地突出抓好地名文化资源调查，深入挖掘和系统整理地名用字、读音、语义、演变等文化特点；突出抓好地名文化资源保护和传承，紧紧围绕习近平总书记“望得见山、看得见水、记得住乡愁”的要求，充分利用地名文化资源，在地名命名更名时优先使用反映本地历史文化的地名；突出抓好不规范地名清理整治，组织专家组对排查出的不规范地名进行评审论证，全面评估影响，依法依规纠正，规范地名使用；突出抓好长效机制探索和建立，不同程度完善了地名管理体制机制，理顺了审批权限，细化了工作程序，规范了管理措施。沈阳市收集了《奉天附属地实测平面图》（1917 年）等珍贵史料；大连市修订了地名委员会职责，明确了各成员单位工作内容。全省共挖掘历史地名近 9000 条，清理整治不规范地名 300 余条，标准化处理地名近 2000 条。

2016 年 7 月，辽宁省地名普查办再次开展督查调研，现场指导地名普查工作。8 月，下发了《关于我省第二次全国地名普查进展情况的通报》，指出自开展地名普查工作以来，各地全力推进普查进度，严格保证质量，普查工作总体上是好的，但也存在一些不容忽视的问题，个别地区普查流程安排失当，进度缓慢；地名词条数量较少，质量不高；试点地区地名补查重视不够，抓得不实；信息报送质量不高，数量较少；县级普查资金投入不够，使用不足，要求各地认真研究整改措施，尽快加以纠正。通报的下发，为提高普查质量，加快普查进度起到了明显作用。同时，也大力宣传地名普查进度快、质量高的地区。锦州市地名普查整体进展均衡，地名登记表质量普遍较高；义县采取与领导小组成员单位共同办公的方式，保证了地名信息完整准确。辽宁省地名普查办及时将义县做法向全省推广，引导其他市县前往参观学习。

设置地名标志是地名普查重要任务，也是地名服务社会的重要内容。多年来，辽宁省不断加强地名标志管理，特别是城市街路地名标志、楼门地名标志基本完善。在地名普查经费安排上，将地名标志设置作为一项内容，在地名普查实施方案中，将设置大型天然石质地名标志作为一项内容。2016 年 8 月，辽宁省地名普查办下发了《关于做好大型石质地名标志设置工作的通知》，在石质地名标志的材质、外观、文字、地名、埋设等方面提出指导性意见。各地结合地形、位置、环境等因素，设计制作了大型天然石质地名标志，与地理实体协调衔接，成为当地的一道风景，既起到指位作用，又美化了环境。同时，各地进一步加强了城市地名标志设置，不断推进农村地名标志设置。朝阳市、铁岭市在财政困难的情况下，列支了地名标志设置经费。

为了做好地名普查成果数据入库检查准备工作，2016 年 7 月，国务院第二次全国地名普查工作领导小组办公室下发了《关于报送行政区域界线和界桩数据的通知》，要求各省上报省、市、县三级界桩和界线的属性数据、空间数据、多媒体数据。辽宁省地名普查办及时转发了通知，将界线、界桩属性数据和多媒体数据的整理和录入工作进行了分工，避免相邻市、县（市、区）重复工作。由于正处于地名普查关键时期，界线界桩数据信息整理录入工作任务量较大，各级地名普查办普遍缺少人员。辽宁省地名普查办由专人负责界线界桩空间数据整理以及属性数据匹配工作，帮助指导市、县（市、区）克服困难、解决问题。经过共同努力，2017 年 3 月，辽宁省行政区域界线界桩数据首次上报国务院第二次全国地名普查领导小组办公室。经过了 7 次修改后，于 10 月通过验收并入库。2018 年 3 月，辽宁省地名普查办正式就有关界线界桩数据情况进行了书面说明。至此，界桩界线数据上报工作全部完成。

四、地名普查监理和验收

从 2016 年 3 月开始，辽宁省地名档案资料馆作为监理单位组成质量监理组，根据辽宁省第二次全国地名普查监理合同，依据《第二次全国地名普查监理办法》和《第二次全国地名普查质量评价体系》，对全省 100 个县（市、区）进行了监理。质量监理组采取会议听取介绍、核查相关资料、实地旁站监理、阶段成果抽查等方式，对地名普查质量、进度、安全、保密等工作进行检查，对发现的一些问题进行梳理，向被监理地区及时反映，提出整改意见。相关市、县（市、区）收到这些问题后，均及时进行整改。2016 年 9 月和 2017 年 4 月，中国地名学会受国务院第二次全国地名普查领导小组办公室委托，组成国家质量监理组两次来到辽宁省，对沈阳市、抚顺市、鞍山市、营口市部分县（市、区）进行地名普查监理和质量评价。2017 年 7 月，国务院地名普查办工作组到辽宁省进行了地名普查现场抽查复验工作，检查了省级地名普查工作后又到铁岭市，现场查验了县、区地名普查成果数据和过程资料，并于同年 8 月提出抽查复验反馈意见。国家质量监理和现场抽查复验对辽宁省完善地名普查程序，提高地名普查质量发挥了重要作用。

2016 年 12 月，国务院第二次全国地名普查领导小组办公室印发《第二次全国地名普查验收办法》，要求各省级地名普查办在 2017 年 3 月 31 日之前组织完成本省份普查自查、核查、验收及上报审核工作，比地名普查实施方案规定时间大幅提前。为了按时完成验收任务，2017 年 1 月 6 日，辽宁省地名普查办将刚刚收到的验收办法立即转发各市。从 1 月 11 日开始，组成督查组前往 6 个地名普查试点市，每市检查 1 个试点县（市、区），并于 1 月 16 日发出《关于进一步做好试点地区补查工作的催办通知》，要求试点地区加快补查进度。1月24日，召集承担各县（市、区）地名普查测绘任务单位负责人，强调务必遵守工作时限，并对进度较慢的单位发出警告。2月3日，向各市发出《关于开展第二次全国地名普查登记表核查工作的通知》，要求各地必须抓紧时间完成县级自查和市级核查任务。3月，辽宁省地名普查办开始对各市、县（市、区）的普查成果进行查验，约谈进度缓慢的县（市、区）普查办和测绘单位负责人。为了尽量给县级自查和市级核查留出更多时间，又能按规定的时限上报数据，省民政厅区划地名处副处长胡耀辉和高级工程师李香娥等同志夜以继日审核普查成果，终于在3月31日凌晨完成省级检验。当天下午，辽宁省全部14个市、100个县（市、区）的地名普查成果数据，按时报送至国务院地名普查办。

虽然普查成果数据按时上报了，但是辽宁省对成果数据的检查整改并没有就此停止。针对地名普查成果数据质量不高的问题，4月5日，辽宁省地名普查办下发通知，要求补充完善成果资料和过程资料，在1个月内完成市、县（市、区）地名普查成果表核稿工作，承担地名普查测绘任务的单位同时完成相应数据整改工作。全省各级地名普查人员按照要求，及时调整思路、突出重点、加快节奏、毫不松懈、扎实工作。5月25日，辽宁省再次将全省地名普查成果数据更新上报到国务院地名普查办。此后，辽宁省也没有停止普查成果数据整改完善工作。8月下旬，利用国务院地名普查办要求更换上报地名普查成果数据存储介质的机会，第三次更新上报了全省地名普查成果数据。

地名普查省级验收工作，辽宁省是利用政府购买服务通过聘请第三方机构完成的。2017年5月，辽宁省地名普查办采取公开招标，确定了3个甲级测绘单位，并专门举办了培训班，讲解地名普查验收办法、质量评价体系、地名普查成果检查要点，并明确提出验收要求。省级验收采取整体检查与详细核查相结合方式，市级、县级全部覆盖，直接进场核实查验。7月至10月，各验收单位实施了全面验收，向相关市、县（市、区）提出整改意见，并对整改结果进行了复验。辽宁省地名普查办安排人员采取事中抽查、随队监督、专题评审等方式，对验收开展情况进行了监督检查，特别是专门组织了专家评审工作。同年11月，辽宁省地名普查办商请民政部地名研究所（中国地名学会）在全国范围内推荐了25名专家，从中选出12名专家组成了验收检查评审专家组，对承担地名普查验收任务的3个单位的工作情况进行了全面评审，进而评审了8个承担辽宁省地名普查测绘任务单位、1个承担跨省界县（市、区）界地理实体地名核查及相关数据整合入库任务单位、1个承担跨市界地理实体地名普查及相关信息采集数据整合入库任务单位工作情况。11月24日，召开了专家评审会议，交流了情况，讨论并通过了上述单位工作成果合格的评审意见。

在辽宁省组织开展地名普查省级验收的同时，国务院地名普查办进行了第一轮地名普查成果数据复验审核，并于2017年11月初将审核情况和问题清单反馈给辽宁省。就地名普查成果数据修改完善工作，辽宁省地名普查办专门召开了由承担地名普查测绘任务和验收工作单位有关人员参加的会议，要求各单位认真履行合同；同时向各市下发通知，要求各地抓住关键问题，把握时间节点，密切协调配合，按时完成任务。12月初，辽宁省如期提交修改后的地名普查成果数据。2018年1月末，国务院地名普查办将第二轮地名普查成果数据复验审核意见下达到辽宁省。经过再次修改完善，3月初辽宁省如期上报了地名普查成果数据。4月中旬，国务院地名普查办将第3轮地名普查成果数据复验审核意见下达到辽宁省。4月下旬，辽宁省再次如期上报了地名普查成果数据。5月10日，辽宁省地名普查办召开了第二次全国地名普查视频会议，省民政厅副厅长杨景云同志要求各地做好地名普查成果数据审核，不能将错误留存在图录典志和档案中。从5月中旬开始，针对地名普查成果数据在入库时需要解决的问题，各级民政部门和承担地名普查测绘任务单位按照要求反复修改地名普查成果数据，多次集中或单独报送数据。至9月末，经过共同努力，辽宁省地名普查成果数据终于全部入库。2018年10月29日，国务院地名普查办正式下达了《辽宁省第二次全国地名普查成果验收意见》。

五、地名普查成果转化及档案建设

作为地名普查的任务之一，辽宁省在地名普查进行中就开始谋划成果转化工作。2016年7月，接到《中华人民共和国标准地名词典·辽宁卷》编纂任务后，在普查任务重、时间紧、人员少的情况下，辽宁省地名普查办按照“边普查边应用”的原则，决定提前启动《辽宁省标准地名词典》的编纂工作，与《中华人民共和国标准地名词典·辽宁卷》同步推进。由辽宁省地名档案资料馆副编审黄伟同志牵头起草《辽宁省标准地名词典》编纂方案、采词规则及样稿。10月，辽宁省地名普查办印发了《辽宁省第二次全国地名普查成果转化规划（2016—2020）》，召开了部署会议。12 月，在沈阳举办了地名词典编纂作为主要内容的培训班。2017 年 4 月，完成了《中华人民共和国标准地名词典·辽宁卷》词目的采集和排序工作，受到了国家地名词典编辑部的肯定。到 2018 年 2 月，辽宁省各市全部上报了词条稿件，成为完成编纂任务较早省份。2018 年 5 月，辽宁省地名普查办公室召开全省地名普查视频会议，强调推进地名图录典志编纂工作。辽宁省民政厅厅长方守义在全省重点民政工作座谈会上，专门强调地名普查工作，提出下一步的主要任务是推进成果转化。8 月，辽宁省地名普查办公室调整了《辽宁省标准地名词典》编纂规则，起草了《辽宁省标准地名志》《辽宁省标准地名录》《辽宁省标准地名图集》《辽宁省政区图》编纂规则，经过多次修改，于 10 月 19 日通过专家论证。11 月 1 日，省民政厅第 33 次党组会议通过编纂规则及采购方案。12 月，完成了采购招标工作，辽宁省地名图录典志编纂出版工作确定了具体时间表。2019 年 6 月，辽宁省地名普查办公室再次召开了全省地名图录典志编纂工作视频会议，讲述编纂具体要求。同年 12 月，完成了《辽宁省标准地名图集》《辽宁省政区图》印刷前期所有工作；完成了《辽宁省标准地名词典》词条编纂工作，进入编辑出版程序；《辽宁省标准地名志》《辽宁省标准地名录》编纂工作也在推进中，预计 2020 年年底前完成全部编纂出版工作。各市、县（市、区）在完成上级任务的同时，也进行了编纂本级地名图录典志工作。编纂出版辽宁省地名图录典志作为一项重大工程，是辽宁省第二次全国地名普查成果的具体体现，是最新地名信息的汇集整合，是地名文化的全面梳理，必将对地名信息应用与推广、地名文化保护与传承、地名学研究与发展，起到积极的促进作用。

辽宁省第二次全国地名普查成果转化工作从几个方面分别入手，结合实际加以推进。地名基础研究，主要围绕完善地名管理相关法规，组织和引导高等院校、科研院所、企事业单位，在地名标准化、地名信息化、地名管理、地名规划、地名文化等领域开展研究，形成对实践有指导意义的理论成果，促进了地名相关法规修订，为地名管理服务提供保障。地名文化保护，主要利用地名普查机会，充分挖掘地名普查成果，促进了地名优秀文化的传承、保护与弘扬。地名信息化建设，主要建立了符合标准的地名数据库，丰富完善本级数据内容，为全国区划地名数据体系和地名信息政务管理平台、地名信息社会服务平台提供支撑；逐步建立了市、县两级地名管理服务系统，提升了地名管理水平。地名公共服务，主要以区划地名数据库为基础，为社会提供了更加丰富的地名信息；增加地名标志设置数量，开发新型地名标志，为群众提供了更加便利的服务；编制地名规划，推动了标准地名应用。

档案建设是第二次全国地名普查一项重要收尾工作。自地名普查开展以来，辽宁省地名普查办就将其作为地名普查重要任务，把地名普查档案建设经费列入预算，把档案知识作为培训内容进行讲解，把档案管理作为推进会议内容进行部署。2017 年 10 月，辽宁省民政厅和辽宁省档案局共同印发了《辽宁省第二次全国地名普查档案管理办法实施细则》。2018 年 5 月，省本级地名普查档案经费得到落实。因事业单位改革，辽宁省地名档案资料馆转隶辽宁省档案馆。为了妥善做好地名普查相关材料收集、整理、归档，以及地名普查成果档案上报移交，辽宁省民政厅与辽宁省档案局、辽宁省档案馆反复协商，达成一致意见。2019 年 9 月，辽宁省民政厅与辽宁省档案局联合下发了《关于进一步做好我省第二次地名普查档案管理工作的通知》，明确了地名普查档案建设的具体任务、进度安排、职责分工等事项。从此，辽宁省第二次全国地名普查建设工作正式全面展开，预计 2020 年 7 月以后，辽宁省档案馆进行地名档案数字化等工作，与民政部门共享数字化成果，共同开展档案开发利用工作。

六、地名普查成效及经验

辽宁省第二次全国地名普查，从 2009 年 10 月国务院部署试点，到 2018 年 6 月全省成果数据上报入库，前后历经 8 年时间。全省参加地名普查人员共约 2.1 万人、各级财政投入资金共约 1.4 亿元。通过地名普查，摸清了全省各类地名基本信息，进行了标准化处理，设置了地名标志，建立地名数据库，开展了成果转化，建立了普查档案。据统计，辽宁省总计普查地名 26.6 万条（含历史地名 0.9 万条），地名标志信息 2.2 万条。辽宁省第二次全国地名普查，促进了全省经济社会发展，弘扬了优秀传统文化，规范了地名管理服务，揭开了辽宁地名工作新的一页，具有重要的现实意义和深远的历史意义。回顾地名普查历程，成果丰硕，经验珍贵。

领导重视是做好地名普查的关键。辽宁省各级政府都高度重视地名普查工作，列入政府工作重要日程，分别成立领导小组，分管领导任组长，亲自研究部署。各级政府分别召开了工作会议，层层传达工作任务，分别落实工作职责。组建了普查机构，配齐配强了专门人员。落实了普查经费保障，购置了普查设备，购买了社会服务。各相关部门大力协作，为地名普查提供支持。作为地名普查领导小组办公室单位，辽宁省民政厅将第二次全国地名普查作为重点工作，列入年度任务目标，主要领导亲自抓落实，以区划地名处人员为主，并从厅直单位选调专业人员加强力量，组建地名普查办公室。民政部领导高度关注辽宁省第二次全国地名普查工作，多次到辽宁检查指导工作，对辽宁省地名普查工作起到了重要推动作用。

方法科学是做好地名普查的基础。辽宁省采取先制订实施方案、协商普查经费、成立领导机构，再召开会议部署、编制操作规程、全面开展普查的策略，使地名普查工作稳步开展。接到地名普查任务后，辽宁省民政厅首先根据地名工作实际，征求相关部门意见，制订实施方案；与机构编制部门协商成立领导机构，落实组织保障；与财政部门协商落实经费预算，确定资金保障，其次召开全省会议动员部署。结合地名普查试点工作经验，考虑各种可能因素，反复讨论推敲，编写地名普查操作规程和地名普查登记表样表，印制工作手册作为指导全省地名普查的工具书，再全面开展普查。这种脚踏实地、稳步推进的办法实际效果良好。辽宁省在具体普查实施中，全省普遍采取民政部门负责地名属性信息调查、地名标准化处理和地名标志设置等工作，测绘单位负责空间位置信息采集、图形数据处理和地名数据库操作等工作，各自发挥优势，相互弥补不足，实践证明成果显著。

培训督导是做好地名普查的手段。县级地名普查机构是第二次全国地名普查的主要实施者，省、市两级地名普查机构的主要任务是通过教育培训将地名普查的原则、方法、标准等内容传授给基层普查人员，通过督查指导落实地名普查的任务，提高地名普查成果质量。自 2014 年地名普查全面实施以来，辽宁省地名普查办先后举办了 16 期培训班，召开了 31 次各类会议，组织了 6 次省级督查指导。各市也举办了不同规模的培训班，开展了多轮督查指导，核查了所辖县（市、区）的地名普查成果。各县在具体实施地名普查过程中，也采用分步培训的办法，在每一步工作实施前先行培训普查人员，保证落实普查要求。

着眼应用是做好地名普查的目的。辽宁省第二次全国地名普查工作从有利于地名普查成果应用出发，从有利于服务经济社会发展和群众生产生活出发，在制订实施方案时，提出根据需要、突出特色、彰显文化、打造亮点的原则，依据国家有关法规和技术标准设置地名标志。在编制经费预算时，充分考虑各地实际，安排了较大比重的县级地名标志设置补助经费和地名图录典志编纂出版补助经费。在制定操作规程时，注重地名核心属性信息的准确和完整，强调地名空间位置信息的精度和实用。在制定地名普查登记表样表时，要求填写地名地址相关信息。在地名普查内容上，安排全省乡级以上行政区域界线数据更新整合，丰富和规范了地名普查成果，提高了使用价值。各市、县（市、区）在地名地址信息调查上投入较大精力，为地名普查成果应用打下了基础。

辽宁省第二次全国地名普查能够取得现在的成绩，是省政府加强领导和民政部大力支持的结果，是各级地名普查机构认真履职和普查人员辛勤劳动的结果。全省广大地名工作者将认真学习贯彻习近平新时代中国特色社会主义思想，不断创新工作思路，不断加大工作力度，不断提升地名管理服务水平，为辽宁经济社会全面发展作出应有的贡献。

吉林省第二次全国地名普查工作纪实

吉林省地名普查办公室

地名是基础地理信息，它是社会的产物，也是人类活动的历史积淀，留存着人们对特定自然和人文环境的认识，是人类宝贵的文化财富。搞好地名普查，传承和发扬地名文化，是人类留住历史记忆的一种努力。

吉林省地处中国东北中部，东北亚地理中心，因清初建吉林乌拉城而得名，简称“吉”，省会长春，土地面积 18.74 万平方千米，人口 2717 万。共辖 8 个市，1 个少数民族自治州，60 个县（市、区）。吉林省是一个多民族的边疆省份，共有 55 个少数民族，其中人口较多少数民族有 5 个，分别是朝鲜族、蒙古族、满族、回族和锡伯族。伴随着人类文明的不断发展，吉林大地上留下大量的珍贵地名文化，承载着先民的生活印记和远古记忆，是展示吉林历史、文化的窗口。

2014 年 1 月 23 日，国务院印发《国务院关于开展第二次全国地名普查的通知》（国发〔2014〕3 号），决定从 2014 年 7 月至 2018 年 6 月开展第二次全国地名普查。在民政部、吉林省委与省政府的正确领导下，按照“统一领导、分工协作、分级负责、共同参与”的原则，吉林省于 2014 年 7 月 1 日正式开展了第二次全国地名普查工作，目前全省地名普查工作已经全面完成。在地名普查工作中，吉林地名人付出了艰辛的努力，洒下了勤劳的汗水，也收获了满满的地名财富。

一、普查总体情况

吉林省地名普查工作开展以来，得到了省委、省政府的高度重视，在各成员单位的大力配合下，在各市（州）、县（市、区）的共同努力下，普查工作进展顺利。全省共普查地名条数 142870 条，其中陆地地形 6782 条、陆地水系 2933 条、行政区域 1097 条、非行政区域 893 条、居民点 49932 条、交通运输设施 22910 条、水利电力通信设施 8374 条、纪念地 3948 条、建筑物

2529条、单位35391条、地名标志8081条、界线界桩3207条，命名、更名地名783个，标准化处理不规范地名552个；设立政区、居民点、街路等系列地理实体标志8053个；普查跨界自然地理实体342条。编制地名普查操作手册4册，编印了吉林省跨界自然地理实体——水系卷，编纂完成《吉林省地名志》丛书13卷，部分县（市、区）出版了《地名故事》《地名传说》等地名类丛书。

二、主要做法及成效

（一）扎实基础，谋划全局

“万丈高楼平地起”。吉林省地名普查工作自启动之日起，就注重基础工作的开展，力争开一个好头。省政府在第一时间召开了吉林省第二次全国地名普查动员大会，于2014年5月9日下发了《吉林省人民政府办公厅关于成立吉林省第二次全国地名普查领导小组的通知》（吉政办函〔2014〕62号）文件，正式成立吉林省第二次全国地名普查领导小组，对全省地名普查工作进行周密部署。2014年7月5日吉林省第二次全国地名普查领导小组印发了《吉林省第二次全国地名普查实施方案》，明确了领导小组成员单位的职责，确定了吉林省第二次全国地名普查工作从2014年7月1日开始，到2018年6月30日结束，分3个阶段实施。地名普查数据标准时点为2014年12月31日。各级政府、各普查成员单位迅速行动起来，投入到紧张的地名普查工作中去。主要做法是：

一是加强组织领导，狠抓落实。省、市（州）、县（市、区）三级人民政府领导高度重视，把地名普查工作摆上重要议事日程，列入政府重点工作，省政府还把地名普查工作列入了年终绩效考核；各级政府均成立了地名普查领导小组及其办公室，并协调落实了各成员单位职责分工；各地地名普查办有专用印章；建立了普查工作协调机制。各级地名普查领导小组均及时召开了普查工作部署及推进会议；制订了普查实施方案及各年度工作计划；协调配备了普查专职工作人员。同时，省普查办对国家下发的《第二次全国地名普查质量评价体系》进行了细化，并就普查过程中的质量监理、数据保密、资金使用等依据国家规定制定了相应的管理办法，将普查中的每个环节都落到实处。

二是充分做好普查前期准备。“工欲善其事，必先利其器”。为了能够在普查工作中省时省力，提高工作效率，省普查办根据国家要求及本省地名普查试点实际，在原来试点软件的基础上，研发了“吉林省第二次全国地名普查数据建库与管理系统”，并按要求统一完成了军标地形图入库、影像数据转换、普查工作图配发等。根据普查工作中出现的问题，及时进行软件更新，普查期间共更新软件50余次，有效地解决了普查中遇到的问题，提高了工作效率；为了方便工作使用，省普查办组织专家编写了30余万字的地名普查操作手册，印发了2000余册，内容涵盖了整个普查过程相关的操作规程、业务知识、软件使用方法以及最后的验收流程和标准，并对全省普查人员进行了发放。各地普查办根据工作需要，在办公用房非常紧张的情况下，积极协调，落实了专门的普查办公室，配备专、兼职人员，购置普查专用保密电脑、打印机、扫描仪、GPS、相机等设备；全面收集整理地名志、地名录、地名词典、地名相关的历史资料等，完善地名属性信息，编写地名普查目录、填写地名登记表，对重要地理实体和地名标志进行位置测量和坐标采集。

三是科学分配普查资金，监督使用情况。国家、省、地方共计落实地名普查资金10359万元，其中国家地名普查补助资金6039万元，省级补助资金488万元，各地配套资金3832万元；对中央和省级补助资金，省普查办按照国家的补助原则，对各项指标进行科学的量化，确保资金分配合理。同时，在普查过程中，省普查办联合财务、审计等部门，对地名普查资金的使用情况全程监督，确保普查资金使用合理、合规、合法。

四是政策措施指导到位，保障普查工作有序进行。省普查领导小组及普查办高度重视普查政策的制定及落实，多措并举推动全省地名普查工作。自普查开展以来，省普查办从普查实施方案、工作计划、资金管理、普查培训、工作进度、普查方式方法、购买社会服务、质量管理、成果转化、地名文化保护及清理整治不规范地名、档案管理及普查验收办法等方面制定并下发文件共51份。2015、2016、2017、2018年4年分别制订了年度普查实施方案，明确、细化了具体目标任务；分别下发《关于加快推进第二次全国地名普查工作的通知》《关于进一步加快推进第二次全国地名普查工作的通知》《吉林省第二次全国地名普查成果验收办法》，切实保障了地名普查工作进度。

五是强化普查人员业务培训，提高普查工作效率。省普查办先后举办10期地名普查会议及培训班，邀请普查相关各方面专家及技术单位分批次、有针对性地对全省普查人员进行了培训指导，共培训1600余人次；各地普查办也按要求相应举办了多次地名普查业务培训班。通过这些培训班的举办，全省广大地名普查工作人员业务能力得到了有效的提升，普查工作的准确率大大提高。

六是扩大宣传途径，提高社会参与程度。为了营造良好的社会氛围，各级普查领导小组充分利用了报刊、广播、电视和互联网等媒体以及张贴普查海报、悬挂普查条幅等多种形式，广泛深入地宣传了地名普查工作。同时，省普查办研发建设了吉林省第二次全国地名普查网站，对各地普查进展及阶段性成果进行宣传报道。开展了地名普查宣传月活动，利用新媒体（微信公众号、微信群、QQ群、微博）对普查的意义及工作情况进行扩大宣传，让社会公众了解地名普查，支持地名普查，参与地名普查。其中QQ群和微信群已成为全省地名普查工作者最主要的沟通平台，能够及时有效地进行政策宣传指导，便于各地报送普查进展及成果材料。通过国家地名普查信息报送平台查阅接收国家工作简报，上报普查信息等，现已报送信息40余条；形成了通畅的信息沟通渠道，及时地将普查工作进展情况向上级部门和兄弟省份进行通报展示。

七是全省一盘棋，推进试点县（市、区）补查工作。2010年吉林省13个县（市、区）作为第二次全国地名普查试点地区率先开展了地名普查工作，在试点期间已经普查了大量的数据，并建设了试点平台，为了加强全省数据的整合，在普查平台开发的时候，就要求软件开发商要对试点数据做到无缝整合，全省统一使用一款软件，确保了全省的数据格式统一，为后期的省级地名数据中心建设打下良好基础。同时，为了让试点县（市、区）完成补查任务，2017年每个县（市、区）补助15万元经费，用于补查和数据库升级。

（二）狠抓普查质量，加强检查督导

地名普查是一项利国利民的公益性国情调查，没有质量做保障，日后就无法真正发挥它的作用。省普查办在地名普查伊始就认识到了这个问题，在整个普查工作中，始终把地名普查质量作为衡量各地普查工作的一个重要指标，着力抓好以下工作：

一是提高标准，严格要求。省普查办及时转发了《第二次全国地名普查工作规程》《第二次全国地名普查质量管理规定》《第二次全国地名普查监理

办法》和《第二次全国地名普查质量评价体系》，并召开会议及培训班多次强调，要求各地严守普查纪律，做好普查数据保密工作，严格按照普查工作规程进行操作，做好质量管理，及时按照质量评价体系做好自查工作。同时，在省级普查成果验收中严格按照国家下发的质量评价体系进行评分及考核，对考核成绩低于90分的单位，普查办组织专家亲自到实地指导、督查。

二是专家咨询委员会全程指导。省普查办从东北师大、省测绘局、史志办等相关单位选聘了熟悉地名、了解吉林文化的相关专家，成立了吉林省第二次全国地名普查专家咨询委员会，负责对全省第二次全国地名普查工作进行指导、监理，对地名普查成果进行验收，保障全省地名普查的质量。通过实际工作来看，这一举措效果很好，充分发挥本地专家学者的作用，提高了地名的文化内涵，确保了地名普查的数据质量，在省级普查验收阶段，这些专家也发挥了重要作用，是吉林省能够顺利完成省级验收的保障。同时，专家委员会还在地名志编纂、行政区划图编制、街路命名更名、长春地铁站命名等地名成果转化和地名管理工作中作出了积极的贡献。

三是监理督导贯穿整个普查始终。为保障地名普查成果质量，省普查办在地名普查启动之初就制订了《吉林省第二次全国地名普查督查实施方案》。省普查办督查工作组采取全面督查、专项督查、重点督查的方式，每年都要对进展较慢、普查质量较差的县（市、区）的地名普查工作进行重点检查督导，对60个县（市、区）进行抽查，通过督查，实时地掌握了各地普查工作的质量和进度，及时发现纠正普查存在的问题，避免走弯路。2016—2017年，国务院普查办地名普查监理工作组两次对10个县（市、区）的普查工作进行了监理指导。根据国家监理组的意见，结合省级监理发现的问题，省普查办认真进行了总结梳理，形成文件下发到各地，有效推进全省地名普查工作。

四是深入挖掘地名文化，完善地名属性信息。全省除东丰县外均采取了政府购买服务的方式进行地名普查，这在一定程度上提高了工作效率和普查质量，但在地名文化的挖掘和属性信息的采集上有所欠缺。为此，省普查办十分重视。一方面，在资料收集阶段，要求各地注重地名文化属性信息的收集和论证；另一方面，要求各地返聘老地名工作者及地名研究人员对地名文化属性信息进行筛选、把关。并结合地名图、录、典、志编撰工作的逐步推进，进一步加强对地名文化属性信息的挖掘和采集，组织专家对重要的或历史悠久的地名文化进行重点挖掘。

（三）严格程序，认真组织省级验收

2016年11月开始，在各县（市、区）完成地名普查工作后，省普查办推进了地名普查验收工作，按照国家要求，制定出台了《吉林省第二次全国地名普查成果验收办法》，根据《第二次全国地名普查质量评价体系》制定了评分标准，并要求各县（市、区）自查，通过市（州）核查后，方可申请省级验收。

一是严格程序，杜绝人情。为了保证验收的公平公正，省普查办从省测绘局、省地方志办、东北师范大学、中科院长春地理所等单位聘请专家，成立省级地名普查验收专家组。每次组织验收抽取专家时都尽量避开他们熟悉的县市、熟悉的外包单位，同时对专家进行严格的管理，发现弄虚作假的，一律清出专家队伍。

二是细化分工，认真核查。验收专家按照专业领域不同，进行详细的分工，对被验收单位的普查数据逐条逐字地检查，对问题较多的单位，予以不通过，勒令限时完成整改，对整改仍不通过者，由省普查办对主要负责人进行约谈，令其拿出整改措施。

三是逐个验收，保证质量。自2016年12月开始，省普查办按照各县（市、区）普查办的申请，采取听取汇报、实地踏查、资料审核、现场质询等方式对全省60个县（市、区）的地名普查数据逐个进行了验收，并根据验收情况，出具验收报告，明确整改要求，确保全省普查数据的高质量。

（四）加快推进地名普查成果转化

按照国务院地名普查办“边普查、边转化”的指导思想，省普查办在狠抓地名普查进度的同时，多措并举及时开展地名普查成果转化利用工作。

一是编制成果转化规划。省普查办根据各地普查工作进展及各阶段普查的重点任务部署情况，及时制订了《吉林省地名普查成果转化规划方案》，明确提出在外业调查与内业整理阶段之后，将着重推进地名普查成果转化工作；并着重强调了地名图录典志的编制、地名文化的保护以及地名公共服务体系的建立是全省地名普查成果转化的重点。

二是推进地名图录典志编撰工作。在国务院第二次全国地名普查领导小

组召开的标准地名图录典志编纂工作视频会议之后，省普查办及时进行了会议部署；在地名大词典编纂工作培训会之后，编制完成了地名大词典吉林省名录，2017 年以市（州）为单位共召开了地名词典编纂座谈会 7 次，第一卷的词条编纂任务已完成并上报国务院普查办。同时，及时开展吉林省地名志编纂工作，省普查办编制了约 10 万字的《吉林省地名志编纂规范》，印发 400 余册。目前全省 13 个试点县（市、区）全部完成编纂《地名志》，已出版 10 册，其余正在印刷厂排版印刷，另外的 47 个县（市、区）也逐步开展了编纂工作；编辑出版《吉林省行政区划图》和《吉林省行政区划图册》；聘请吉林省行政区划与地名学会编制《吉林省地名文化遗产名录》《吉林省行政区划历史沿革图集》。

三是指导各地积极开发街路门牌管理系统。在地名管理中，门牌管理是一项频繁而重要的基础工作，由于经济欠发达，各地用于门牌管理的经费不多，所以传统的管理手段比较落后，多采用纸质档案或者 Excel 表格进行管理，距离编码需要实际测量距离，费时费力，工作效率很低。借此次地名普查良机，有了一定的工作经费和普查数据作保障，在此基础上开发出一个基于大比例尺地图的门牌管理系统，实现网上申请门牌号、图上测距、编号等多功能的管理系统，可以提高地名管理的科技含量。

四是开发吉林省行政区划与历史沿革数据库系统。为了完整地记录全省的行政区划变更情况，与东北师范大学联合，开发了吉林省行政区划与历史沿革数据库系统，将全省中华人民共和国成立以后的行政区划沿革完整地记录、展现出来，为行政区划调整提供了重要的参考依据和管理平台，同时《吉林省行政区划与历史沿革图册》也在设计编制中。

五是开展省级地名数据中心建设。为了能够更好地为社会提供地名服务，及时更新地名普查数据，积极开展省级地名数据中心的建设，通过省级地名数据中心建设，建立市（州）、县（市、区）两级的地名数据库子中心，力争实现地名普查数据的实时更新、实时发布、实时利用。该系统实现对全省地名数据入库、汇总，在此基础上开发地名地址库子系统、跨界自然地理实体子系统、界线、界桩管理子系统等多种应用平台，使地名普查成果数据真正发挥作用。

（五）加强地名管理

一是地名地址库试点建设已经基本完成。延边朝鲜族自治州作为全省地名地址库试点单位，延边州地名地址项目制订了《延边州地名地址库试点示范建设实施方案》，明确了目标任务、组织领导以及时间安排，并于2016年9月开始开发建设，2017年9月上线内测。以地名公共服务体系建设为基础，进一步完善了“地名规范、地名标志、地名规划、数字地名”4个专项任务，全州各县（市、区）均出台了地名管理法规及相关规范性文件，设立地名工作机构，配备专职工作人员；将地名设标经费及地名管理经费列入本级财政预算，对所有“村和道路两侧的屯”标志进行设置；全部完成地名规划编制。以第二次全国地名普查为契机，理顺地名地址管理体制，尝试以地名主管部门统一管理行政区划名称、街路巷名称和楼门牌名称的制度体系，统一发布地名地址信息，统一开展地名地址应用和服务的工作机制。完善以行政区划名称、街路巷名称和楼门牌管理为主要内容的地名地址法规体系。目前，延边州地名地址库管理系统已经初步完成构建，下一步将立足实际，优化项目，积极搭建地名地址管理的良好平台，建立比较完善的地名公共服务体系。

二是进一步完善城乡地名标志。普查开展以来，因地制宜设立政区、居民地、街路等系列地理实体标志8053个。截至目前，全省已设置街路标志3.68万个，楼门牌标志72.2万块。全省城乡地名标志覆盖率达到92%，为社会交往提供了系列导向系统。

三是开展了加强地名文化保护清理整治不规范地名工作。2016年3月22日，国务院第二次全国地名普查领导小组办公室召开视频会议，部署了加强地名文化保护清理整治不规范地名工作。省普查办及时组织普查领导小组成员单位进行收看，并组织召开全省会议，深入学习领会部长讲话精神，对保护地名文化、清理整治不规范地名工作进行了总体部署。结合吉林省实际，制订并下发了《加强地名文化保护清理整治不规范地名工作实施方案》（吉林地名普查组发〔2016〕1号）。成立吉林省地名文化遗产保护工作专家组，负责省内地名文化遗产的挖掘、整理、保护和传承，建立《吉林省地名文化遗产重点保护名录》，省普查办2018年5月又专门下发关于《吉林省地名文化遗产保护名录》的文件，要求各县（市、区）结合地名普查成果，对当地知名度高、底蕴深厚、具有地域特色的地名文化遗产的历史沿革、文化内涵和保存现状进行仔细梳理、论证、整理、汇总、上报，年底前出版。凡是列入《吉林省地名文化遗产保护名录》中的地名，更名、注销要有地名专家的严格论证，并通过媒体公开征集群众意见，没有特殊情况、未经法定程序，不得变动。普查开展以来，全省共命名、更名地名783个，标准化处理不规范地名522个。根据民政部、公安部、自然资源部、住房城乡建设部、交通运输部、国家市场监督总局《关于进一步清理整治不规范地名的通知》（民发〔2018〕146号），省普查办联合相关部门制订了《吉林省清理整治不规范地名的实施方案》（吉民发〔2019〕17号）。

三、地名普查工作经验

（一）统一建设软件平台，普查数据无缝衔接

吉林省是国家的普查试点省份之一，在试点期间，已经普查了大量的数据，建设了试点平台。但当时使用的是3.0的数据库平台，为了能够更好地跟试点数据衔接，省普查办在研发普查平台时，要求软件开发商要对试点数据做到无缝整合，同时试点县（市、区）将软件统一升级到5.0数据库平台，这样确保了全省的数据格式统一，为后期的全省地名普查工作打下良好基础。考虑到全省都需要录入界线、界桩信息，省普查办在地名普查平台系统开发完成后，将国家下发的1∶5万数据、遥感影像数据，以及本省自己的界线、界桩数据，统一导入数据库，在一定程度上减少了普查单位的工作量，又确保了界线、界桩数据的精度。

（二）重视资料收集，确保数据信息准确

在普查过程中，省普查办十分注重地名“一普”资料的收集整理，返聘参与过“一普”工作的老同志，让他们在力所能及的条件下，发挥余热，把珍贵的历史地名资料从脑海中转移保存到地名普查数据库中，实现文化的传承与保护。除此以外，大量收集水利、林业、地方志等专业部门的馆藏资料，与省国土资源厅、省水利厅分别签署了数据共享协议，获取了吉林省国土二调数据、水系资料等，统一下发给各普查单位。这些资料和数据的获取，为全省的地名普查提供了重要的数据来源。

（三）强化省级验收，严把普查数据质量关

吉林省地名普查工作除东丰县外均采取购买社会服务的方式进行，同时试点县（市、区）按照现行标准要将数据库从V3.0升级到V5.0，需要补查

数据。考虑到各地普查力量不一、水平不一、质量不一，省普查办对每一个普查单位进行严格的实地验收。2016 年 11 月，省普查办制定出台了《吉林省第二次全国地名普查成果验收办法》，制定了评分标准，要求各县（市、区）自查、通过市（州）核查后，方可申请省级验收。省普查办从省测绘局、省地方志办、东北师范大学、中科院长春地理所等单位聘请专家，成立省级地名普查验收专家组，每次随机抽取专家，按照专业领域不同，进行详细的分工，采取听取汇报、实地踏查、资料审核、现场质询等方式，对全省包括试点县（市）在内的60 个县（市、区）的地名普查数据逐个进行了验收，并根据验收情况，出具验收报告，明确整改要求。对问题较多的单位，予以不通过，勒令限时完成整改。对整改仍不通过者，由省普查办对主要负责人进行约谈，令其拿出整改措施，切实把控了省普查数据的质量关。

（四）协调推进成果转化，边普查边转化

在普查开始时，省普查办就明确提出在外业调查与内业整理阶段之后，逐步开始推进普查成果转化，要求各地边普查边转化，所有试点县（市、区）省级数据库补查数据的同时开展地名成果转化，必须出版地名志、行政区划图，有条件的地区可出版其他地名文化类书籍。经过 6 年的努力，全省 13 个试点县（市、区）的地名志已经全部编纂完成。通过试点地区的地名志编纂带动全省的图录典志编纂工作，实现“以点带面、点面结合”，其余县（市、区）的地名志也启动了编纂工作，从而形成了吉林省地名志系列丛书的多点开花。各县市行政区划图也相继出版，部分县（市、区）出版了《地名故事》《地名传说》等图书。加快了省级行政区划图和行政区划手册的编制出版步伐，各市（州）也正在加紧编纂地名词典。各地根据需要开发了一系列的地名成果，比如白城市洮北区的街路牌上添加二维码，能够通过手机扫描获取相应街路的信息；安图县和洮北区正在开发基于高德地图的门牌管理系统，充分利用网络地图适时更新的优势，大大降低了更新地图的工作量。

（五）建设省级数据中心，发挥普查数据作用

第二次全国地名普查从 2010 年试点县（市、区）开始，历时 9 年，投入了大量的人力、财力、物力，获取各种数据近 20 万条。为了将这些数据管起来、用起来，省普查办积极协调各部门，获取资金支持，开发建设吉林省行

政区划和地名数据库系统研发的省级数据中心，无缝对接吉林省第二次全国地名普查数据库与管理系统 V5.0 中的各类数据，建设了 1 个省级、9 个市（州）级、60 个县（市、区）行政区划和地名数据库以及全省跨界自然地理实体地名数据库。省地名地址数据库、行政区划及历史沿革数据库、界线界桩数据库具有查询、统计、分析、发布等多种使用功能，为各市（州）、县（市、区）开发接口，实现局域网内的数据实时更新，在今后的工作中为各级民政部门提供统一的地名信息管理、维护与服务平台，构建形成从省级到地市、县区各级民政部门的服务管理体系，完善与其他部门数据共享机制。

黑龙江省第二次全国地名普查工作纪实

黑龙江省地名普查办公室

2014年以来，黑龙江省地名普查工作在国务院第二次全国地名普查领导小组办公室的领导下，在省委、省政府的重视和各级民政部门的大力支持下，始终把普查工作作为一项重大政治任务和民生工程，扎实推进，不放松、不停顿、不懈怠，坚持质量标准，牢牢把握，圆满完成各项任务，取得丰硕成果。

国务院第二次全国地名普查暨加强和改善地名管理电视电话会议召开之后，为全面贯彻落实会议精神，黑龙江省高度重视，积极谋划、精心安排，认真做好筹备工作。时任黑龙江省民政厅厅长杨喜军亲自安排部署，要求区划处拿出具体落实意见。副厅长魏峰要求区划处尽快制订筹备工作方案，并明确具体工作流程。按照国务院地名普查办《关于加快推进第二次全国地名普查工作的通知》精神和厅领导有关工作要求，成立了由时任副省长孙永波为组长，省政府副秘书长王大为、民政厅厅长杨喜军、副厅长魏峰为副组长，21个成员单位组成的黑龙江省第二次全国地名普查领导小组，领导小组下设办公室，办公室设在省民政厅。并召开领导小组第一次会议，讨论通过普查方案；召开黑龙江省第二次全国地名普查动员会议，总结试点工作经验，对第二次全国地名普查工作作出了全面部署。为进一步扩大第二次全国地名普查工作的影响，还举办了第二次全国地名普查试点工作成果展览，并下发普查试点工作纪实图册。黑龙江省地名普查工作全面拉开序幕。

一、精心组织地名普查

（一）抓统筹建设，确保全面完成地名普查任务

一是加强组织领导。省普查办高度重视地名普查工作，始终把地名普查作为民族工程、历史工程、良心工程来抓，让硬性的普查工作接入文化、赋

予情怀、融入情感，转化为责任、义务和家事。主管副省长多次参加领导小组会议及普查工作会议，对全省普查工作提出要求；省民政厅党组对地名普查工作高度重视，精心部署；厅领导十分关注，经常过问普查进展情况，对地名工作寄予前所未有的期望和鼓励；历任分管副厅长更是全程跟进，深入研究，具体指导。2016 年 8 月 3 日，时任分管副厅长魏峰在国地名普查办发〔2016〕17 号上批示，“约谈代表，分量够重。务必瞪大眼睛，只能前进，领先！不能落后，挨批！”并要求省普查办研究办法，加以落实。目前，全省各级普查领导机构都在层层传导带动，切实发挥作用，积极推进普查工作。鸡西市民政局局长顾悦同志上任不久，就亲自到省地名普查办沟通情况，交换工作意见。其他地市也都对年度普查工作作出具体安排，纷纷表示，不拖全省后腿，按期完成工作任务。

二是加强综合谋划。让区划、地名、界线工作齐抓共管、齐头并进，是省普查办的努力方向。2016 年，黑龙江省与民政部确立了区划管理规范化建设部省合作关系，部领导专题听取了相关工作汇报，令黑龙江省地名普查人员深受鼓舞，干劲倍增。以此为契机，加强了对地名普查工作的研究谋划，将 2016 年确定为规范化建设年，落实领导责任，将此项工作列入重要议事日程，研究制订实施方案，深入推进工作开展，切实推动了不规范地名清理整治工作。

三是加强具体部署。明确每一工作阶段的工作重点，每年年初下发全省地名普查工作要点，对普查督查和质量监理、地名文化保护和历史地名挖掘、不规范地名清理整治、跨界自然地理实体地名普查、地名普查成果验收和图录典志编撰等工作进行安排部署。每年召开一次全省地名普查推进工作会议，对前期普查工作进行阶段性总结，对普查工作面临的形势进行具体分析，对下一步普查工作提出具体要求。2016 年，时任民政部副部长宫蒲光来黑龙江调研，高度评价黑龙江省地名普查工作“有制度、有措施、部署快，资料翔实、进展有序、扎实细致，成效十分明显”。

（二）抓制度建设，努力夯实地名普查工作基础

一是建立并落实质量控制制度。制订了《地名普查实施方案》《地名普查培训制度》《地名普查监理制度》等，明确了普查目标、任务范围、组织实施、职责分工、时间安排和方法步骤。按照国务院地名普查办制定的《第二

次全国地名普查质量管理规定》《第二次全国地名普查监理办法》，针对不同工作环节，形成了质量控制评分体系，设立了质量控制目标，实行全过程、全方位跟踪控制，做到关口前移、责任前移，确保普查成果的真实、准确、权威。

二是建立并落实经费管理制度。制定了《地名普查资金使用管理细则》，健全资金使用管理的决策、审批和监督规定，落实资金管理责任，规范资金使用行为，确定挤占、挪用普查资金的惩处原则，并组织专门人员对各市、地资金使用情况进行了现场抽检，确保经费使用合规、节俭、安全、高效。

三是建立并落实保密管理制度。制定了《黑龙江省第二次全国地名普查涉密数据保密管理办法》，明确了涉密数据范围与保密责任、涉密数据使用申请与审批、涉密环境安全管理、涉密人员与数据管理等规定，和各地市签订了地名普查保密协议，严格按照保密程序下发普查工作用图7000多幅。同时对各市地外包单位提出明确的保密资质要求。

（三）抓队伍建设，全面提高普查人员能力素质

一是编写培训教材。在国家培训教材的基础上，结合黑龙江省实际，依托省地名档案馆编写了《地名普查指导手册》《地名普查文件汇编》《地名普查规程解读》《地名志编写体例》《地名属性信息样表填写规范》等系列培训教材，提高了培训的针对性。

二是开展本省培训。抽调省地名档案馆的专家、基层富有经验的老地名工作者和技术服务公司人员组成专家组深入各地市分片分批次进行培训，为基层普查人员提供最直接、最实际的指导。每年都召开1—2次黑龙江省第二次全国地名普查培训暨推进大会，对各市（地）、县（市、区）地名普查领导小组办公室主任、主抓地名普查工作的负责同志和业务骨干进行集中培训，从地名普查政策解读、普查实施流程、数据库建设、软件操作流程、普查一体化作业模式、外业实施方法、普查成果转化、地名标志设置、行政区域界线档案管理办法等方面，进行集中讲座。

三是主动答疑解惑。以问题为导向，以解决问题为目的，2016年年初，省地名普查办专门下发了关于征集普查疑难问题的通知和调查问卷，并针对基层反映比较集中的重点、难点、疑点问题，编写了《黑龙江省地名普查疑难问题释义》，组织专家进行了集中答疑，受到基层普查人员的普遍欢迎。

（四）抓质量建设，打造高质量普查成果

一是会同地名专家联合巡回督查，强化质量意识。按照制订的督查方案，派出督查组，深入到全省各市（地）、县（市、区），查看文件资料、实地检查核实普查进展和资金使用情况，督促普查人员履行好质量管理职责。同时，地名专家对发现的问题现场进行政策解读，操作辅导。把工作过程和存在的疑难问题收集整理，避免共性问题反复出现，确保普查进度和质量。

二是集中采购大比例尺工作底图，高效作业方法。采取公开招标的方式，为全省 13 个市（地）128 个区县统一购买 1∶1 万大比例尺工作底图，既执行统一的普查基准，又提高了普查效率，为有效开展普查成果转化和城市地名地址库建设工作奠定基础。

三是加强流程管理，丰富工作和指导手段。充分利用互联网功能，开通普查 QQ 工作群、技术指导群，加强沟通交流，随时发现问题，随时有专业人员解答。同时开通了“黑龙江省第二次全国地名普查微信公众号”，借助知名报纸公众号开展地名知识竞猜、答题活动，普及地名普查知识、措施和技术手段，为保证地名普查工作质量奠定基础。

（五）抓文化建设，切实提升地名工作水平和层次

为扩大社会影响，省普查办主动作为，不只在公共服务领域，更力争在精神文化家园找到位置，积极作为。

一是进一步完善工作机制。出台了《关于加强黑龙江省地名文化建设的实施意见》，对全省地名文化建设提出了总的要求和目标，在政策层面予以指导和引领；制订下发了《加强地名文化保护清理整治不规范地名工作实施方案》，以问题为导向，在全省开展了不规范地名清理整治活动，清理整治“大、洋、怪、重”及随意更名现象，标准化处理地名 200 多条；部署安排了建立《黑龙江省地名文化遗产保护名录》工作，采取积极稳妥的措施对地名进行保护和利用。为加强地名管理，省普查办积极推动《黑龙江省地名规划》的研究编制工作，并在原有《黑龙江省建筑物、住宅小区名称管理实施细则》基础上，研究制定《黑龙江省建筑物、住宅小区名称标准》。同时，借普查之势积极扩充地名文化工作者和义务宣传员队伍，积极吸纳民间热爱和从事地名文化工作的学者参与地名普查，邀请专家、学者参与省地名文化建设工作，

研讨地名文化发展，与部分地名专家建立了长期合作关系。哈尔滨尚志市、佳木斯桦南县、大庆萨尔图区、大兴安岭塔河县等多地都返聘了曾参与过第一次普查的地名工作者，利用他们的经验，一方面整理地名普查资料，另一方面挖掘反映当地历史文化的优秀地名，为做好地名文化保护与弘扬工作奠定了基础。

二是进一步加强地名文化遗产保护和利用。从肃慎的先民到新中国长子，黑龙江地名承载了太多的故事。省普查办从千年古城、百年老镇、老村落的纵向认定到远古、民族、山水、文化、移民、国耻、抗战、工业、农业、时尚10大类地名的横向分类，对地名文化遗产进行全方位的保护和拯救，力求科学系统，全面不遗漏。挖掘整理出如渤海镇、横道河子镇、太平沟、阿城金上京、会宁公园等有历史文化价值的古城、古地名。黑河市爱辉区爱辉镇恢复“瑷珲”用名，使瑷珲这一具有400多年历史的称谓焕发出新的魅力，在社会上引起强烈反响，为发挥瑷珲古城历史文化和自然生态优势、推动经济社会发展创造了条件。

三是进一步加大地名文化宣传力度。努力开发地名文化产品，积极组织地名文化活动，通过全方位、立体化的宣传，全面提高地名文化的社会影响力。让地名文化融入全民健身，开展了“我与地名有约”万人徒步大赛，努力营造声势。活动当天，在防洪纪念塔举办了大型启动仪式，省民政厅副厅长魏峰致辞，副厅长吴小平下达出发指令，速滑奥运冠军张虹作为地名文化传播大使，向全社会发出了地名文化保护倡议书。现场彩旗飘扬，人头攒动，许多社会组织参加活动，万余名群众统一着装，徒步队伍浩浩荡荡，蔚为壮观，取得良好反响。让地名文化贴近百姓生活，在《生活报》开设地名文化巡礼专栏，让地名文化更接地气。以“传承地名文脉，留住历史印迹”为主题，基于地名是我们回家的路、地名是我们生命的镇纸这样的认识，从13个地市上报的100多篇地名故事中精选30余篇刊发出来，提升社会各界对地名的关注度，让地名文化渗透多重领域。广泛开展地名文化“进社区、进校园、进机关、进军营、进企业”活动，不断扩大影响。以展板、文艺节目、户外广告牌、LED屏等形式进行地名文化展览、征文、视频征集等文化宣传。以哈尔滨市为依托，组织社区开展“地名文化进社区”文艺演出，和部分高校联合组织“与家乡有约，讲地名故事”主题PPT展评和地名知识竞赛活动，在部分企业、军营设置布置地名文化宣传展板等，提高了全社会地名文化保护意识。让地名文化擎起红色旗帜，紧密契合大局，组织开展了抗战纪念日集中宣传活动，联合民政部档案馆拍摄了东北抗日地名专题片；在《黑龙江日报》整版刊发了报告文学《永不磨灭的丰碑》，从地名与抗战的视角纪念黑龙江14年抗战历程；在《中国社会报》刊发了同题材的《见证抗日烽火》，在《生活报》刊发了系列专题报道，弘扬了地名文化，激发了广泛的爱国热情。

二、严格地名普查验收

验收工作是地名普查的最后环节，也是重要环节。省普查办非常重视这一环节的工作，注意严把质量关，活化普查成果，努力使地名普查工作取得实实在在的效果。此次普查，全省共形成地名数据20万余条，普查成果图4312幅，地名标志14888条，多媒体数据44万多条。组织专家实地指导20余次，实现了对全省各市地、各区县督导检查全覆盖。

（一）切实加强验收组织领导工作

厅党组高度重视，把地名普查验收工作摆上重要议事日程，列入2018年贯彻落实省委十二次党代会精神5项重点民政工作当中，列为全省民政系统重点工作评估内容。省普查办严格按照普查验收程序和时间节点，下发了《关于做好黑龙江省第二次全国地名普查验收工作的通知》，制订了科学灵活的验收计划，对普查验收阶段工作作了部署。为确保顺利完成普查验收任务，组织召开了全省地名普查验收推进座谈会，省普查领导小组办公室主任、副厅长王国黎参加会议，逐一听取各地市普查进展情况和自检复检情况汇报，结合实际逐一明确验收要求，提高认识，强化责任，夯实任务，把座谈会开成了验收总动员大会，把各市地普查办主任激励成为战前指挥员和战斗员，纷纷表决心，亮态度，形成了上下联动、万众一心，确保顺利通过普查验收的良好氛围。

（二）有效落实验收责任和任务

坚持严谨细致、全面准确、客观规范的原则，提高验收标准化程度。一是严格把关。严格按照综合评估和审核流程开展督查工作，严格遵守普查验收和质量评价标准，开展监理工作，严格执行普查验收计划，推进自检自查及数据上报工作。二是明确责任。按照验收流程和时限要求，实行分级负责制。县级地名普查办负责本级政区地名普查自查工作，地级地名普查办负责本级政区地名普查自查和所属县区核查工作，明确各自权责和自下而上申请、逐级审核报验的流程，将责任层层落到实处。三是完善机制。采取工作指导、督查、通报、约谈、考评等形式，层层传导压力，召开了部分市县地名普查验收工作推进会，时任主管副厅长王国黎亲自约谈有关市县民政局一把手，重申按时完成任务的必要性和紧迫性，切实加快了全省验收步伐。

（三）积极探索验收工作方法

一是注重效率。为便于基层单位直接对照检查，快速得出自查分值，进一步细化了国家《第二次全国地名普查质量评价体系》，制定了《黑龙江省第二次全国地名普查质量评价标准》，全面推动自检复检工作。

二是突出重点。对地名普查成果表、成果图、数据库等成果内容进行全面、准确、规范的检查，对地名的来历含义和历史沿革等文化属性信息进行了重点审核。

三是反复查验。集合优势力量组建了专门验收队伍，抽检验收后，在2017 年 3 月 31 日将全省地名普查成果数据上报国务院地名普查办。之后，又对部分普查成果进行了再次抽检，责令各地针对问题进行整改完善，于 2017 年 4 月 24 日、6 月 27 日两次进行普查成果汇交工作。报验成果数据时，均以专人携带光盘形式报送，签署交接单，保证信息安全，使普查成果质量有了较大提升。

三、全力推动成果转化和应用

一是做好图录典志编纂工作。成立了组织机构。认真按照全国标准地名图录典志编纂工作视频会议上的部署要求，分别成立了《黑龙江省标准地名词典》《黑龙江省标准地名图录》《黑龙江省标准地名录》编委会、编辑部，各地也都成立了相应机构，研究标准地名图录典志编纂的各项工作，保证全省地名普查成果得到真正转化。召开了工作会议。会上，宣布了编委会、编辑部人员组成名单；在加强组织领导、明确职责分工、强化队伍建设、丰富工作手段、确保工作进度 5 个方面提出具体要求，把图录典志编纂作为当前和今后一个时期的重点工作任务来抓，力争使普查成果和利用效率达到最大化。开展了专项理论研究。召开了5次地名文化及图录典志工作研讨会，邀请民政部地名研究所、省史志办、省社会科学院、黑龙江大学、哈尔滨大学、满语研究会等地理信息及语言研究等方面的专家、学者参会，为进一步挖掘地名文化内涵、出版地名文化产品、提供地名公共服务做好调研论证工作。强化图录典志编纂培训工作，邀请商务印书馆和本省地名工作专家两次对全省所有市县图录典志编委会人员、编辑部人员进行了培训，提高了各级对编撰图录典志工作的认识，教授了编撰图录典志的方法，印发了标准地名词目样表和编写规范，有效推进了图录典志撰写工作。

二是集中展示普查成果。以哈尔滨为试点，开展普查成果转化试点工作，召开了由民政部地名研究所、省科顾委、省地名档案资料馆以及哈尔滨所属4区参加的成果转化研讨会，就哈尔滨较大城区建立地名文化博物馆以及地名普查成果信息化应用进行了研讨，为做好地名成果转化应用工作开拓了新思路。通过充分研讨，民政厅党组决定建设黑龙江省区划地名展示中心，对黑龙江流域演变、区划沿革、地名文化特色及相关优秀传统文化进行全景展示，将展示中心打造成有教育意义、有知名度和美誉度的全国民政系统首屈一指的有故事、有文化艺术氛围的爱国主义教育基地、科普教育基地及区划地名文化研究基地。展示中心建成后，将是全国首家区划地名文化方面的专业展览馆，意义重大。为此，省民政厅积极向民政部汇报，并得到民政部的认可，同意在普查资金中予以倾斜；同时主动向省政府主管省长汇报，得到主管省长的认可，并批示同意。经与省财政厅研究，安排普查资金570万元用于建设展示中心。成立展示中心领导小组，统筹规划，组织实施；成立专家小组，就布展方案、布展内容、布展大纲等进行研讨，共召开了25次专家论证会；与地市进行布展方案沟通、修改，共进行了7轮；成立布展大纲撰写小组，反复研究确定布展大纲；分组进行展品征集，查阅资料上千份；与设计公司研讨设计方案，召开了17次设计论证会。展示中心建筑面积860平方米，布展面积710平方米，展线长度约300延米。共征集到地名566条，实际展出地名321条，其中，重点展示地名约为150条；征集到电子图片近3000张，实际展出图片约400张；征集到实物959件（书籍180本、实物263件、老照片516张），其中实物原件100余件。2019年5月8日，在省民政信息服务中心召开了黑龙江省民政厅贯彻落实全国地名普查总结电视电话会议精神暨推进黑龙江省区划地名文化展示中心建设工作会。郭冀平厅长听取了情况的汇报，提出了具体要求，对展示中心建设工作给予肯定。

三是积极服务地方建设。把地名工作纳入优化营商环境、强化社会公共服务大局，以地名普查成果转化为重点，全力发挥地名工作在完善社会治理体系中的服务功能，制作了边境县（市、区）带状图。配合兴边富民工作，利用地名普查成果，依托黑龙江省区划地名数据库，制作了边境地区地图，在此基础上与省测绘和地理信息局及哈尔滨地图出版社合作，绘制了抵边村母图，为兴边富民工作领导决策，优化抵边村设置和开展摸底调研工作提供了直观的参考依据。补充完善区划地名网功能，逐步向社会宣传政策法规、地名普查成果和地名文化。

上海市第二次全国地名普查工作纪实

上海市地名普查办公室

上海市第二次全国地名普查工作在国家地名普查办的指导和市地名普查领导小组的领导下，以创新的理念和务实的精神，精心组织、周密部署、有序推进，以优异成绩全面完成本次普查的工作任务。

一、总体情况

自2010年以来，上海市浦东新区等5个沿江、濒海的区作为国家地名普查试点单位，参加了普查试点工作。2014年7月1日，上海市按照国家统一部署，全面开展第二次全国地名普查工作。根据国家地名普查办关于地名普查和试点地区补查的有关文件精神，市普查办统筹好两种不同类型的普查地区，统一标准，分类指导，同步督导，整体推进。

以2014年12月31日为普查标准时点，全市17个区、20个委办局、209个乡镇街道参与了地名普查工作，共有1600多名普查员参与了地名普查，累计6300人次参加了普查的业务培训。截至2017年7月，市区两级政府共投入2373万元专项经费用于普查工作，收到中央补助资金1908万元，合计4281万元。

根据《第二次全国地名普查工作规程》，上海市地名分为11大类48小类，按照前期资料汇总校核，本次普查核发地名调查目录共157378条，经过现场核查与审核甄别程序，最终上报国务院地普办地名条目数72204条；采编各类地名属性信息约9500万字，拍摄234345张地名照片，6150个视频文件。绘制1 ：10000成果图462幅，1 ：50000成果图73幅。测量登记各类地名标志19475条。建成全市行政区域界线界桩数据库，含界线41条，界桩169个，形成界线界桩电子文档902份。

开展不规范地名整治工作，发现同名居民点、建筑、道路等364条，登记造册后制订不规范地名整治方案，择机进行标准化处理；启动地名成果转化工作，制定了成果转化规划，《浦东老地名》《宝山区历史人文地名图》已经完成，《中华人民共和国标准地名词典（上海部分）》编撰工作已完成并提交国家编辑部；地名文化保护与宣传工作有序开展，地名信息化建设稳步推进，加强和改善地名管理工作的目标路径更加清晰。

二、基本做法

地名普查周期长、内容多、涉及面广，是系统性、综合性很强的工作，必须有良好的顶层设计，才能保证整体工作有条不紊，不偏不乱。

上海地普办从6个方面着手顶层设计，即以思想准备为引领，动员各级组织充分认识地名普查的重大意义，积极投身地名普查工作；以认知准备为前提，正确把握地名普查的基本内涵与具体要求，充分认识地名普查工作的艰巨性与复杂性；以组织准备为基础，组建各层次、各类别的普查队伍；以技术准备为牵引，落实创新理念，提高工作效率；以保障到位为支撑，确保地名普查工作资源不竭、动力不衰；以管理到位为关键，建章立制，协调推进，有章可循。在此基础上提出了“建设一支队伍，用好三种力量”的工作框架思路，即以建设好市、区、街镇地名普查队伍为主体，用好市测绘院、地名专家、相关单位三种力量，切实做到思路清、目标明、有重点、好操作。

（一）坚持政府主导协力推进，强化组织实施工作

一是健全机构落实责任。市政府高度重视，成立了由蒋卓庆副市长（现已调任市人大常委会主任）任组长、黄融副秘书长为常务副组长、20个相关委办局和17个区领导为成员的市地名普查领导小组，普查领导小组办公室设在上海市规划和自然资源局，以上海市测绘院作为地名普查技术支撑单位，以上海市测绘质检站作为普查监理单位；相关委办局成员单位根据普查任务要求，分别负责区划、水系、海岛海域及其他各类地名普查的组织工作；各级政府均成立了地名普查领导小组，各区规划资源局成立了普查领导小组办公室，街镇成立了相应的工作机构。健全的组织机构、明确的工作分工，确保了普查工作的正常运转、有序推进。

二是结合创新实际细化工作方案。根据国家有关规定，结合本市地名普查技术创新的成果，科学制订了《上海市第二次全国地名普查实施方案》《上海市第二次全国地名普查技术规程》和《上海市第二次全国地名普查工作实

施细则》，体现了技术创新带来的规程创新；制定了工程阶段的作业指导书（6份），细分目标任务，细化操作流程；各区普查办按照全市地名普查实施方案和细则，分解、细化了本地的普查工作要求，确保地名普查工作规范有序。

三是开展业务培训夯实工作基础。地名普查工作技术性强，涉及知识面广，不仅需要掌握相关的专业技术和标准规范，还需要广泛的知识储备。市和区普查办组织开展了多层次、分阶段、有针对性的普查业务培训，加强业务考核，推行普查员持证上岗制度，开展地名普查员采集调查技术比武、地名普查知识考核竞赛等活动，提高了地名普查员学习积极性，增强了学习效果；建立了对口联络员制度，及时到区、街镇了解和解决普查中出现的问题，动态掌握区普查进展情况，指导和督促全市地名普查工作。

四是积极宣传营造良好氛围。在传统报刊宣传、一般网络宣传基础上，积极研究新时代传播规律，探索特色宣传活动。举办了地名展览。借助一年一度的上海书展平台，本着“地图是地名的载体，地名是地图的灵魂”的理念，策划让地图和地名联姻，连续4年通过“地图文化之旅”宣传地名文化，2016年的主题是“上海地图中的地名沿革”主题展览，以“缘起与演变”“时代的印鉴”“传承与更新”3个板块，选取了时间跨度从1905年至2006年的52幅地图，来展现上海地名的沿革，2018年开展了“纵横经典——上海64条永不拓宽道路地图展”。组织地名学术讲座。邀请知名专家作地图与地名学术讲座，复旦教授作的《地名与上海城市空间之拓展》，向社会传递了历史上保存下来的地名，是地方文化发展的真实记录，是城市发展历程的珍贵印迹，是一种必须倍加珍惜的文化资源与历史遗产的信息。与群众进行热点互动。召开记者与听众见面会，针对民众关切，坦率回答地名管理与地名文化保护中的热点、难点问题；发放地名普查宣传手册与地名文化产品，普及地名知识，吸引更多民众关注地名普查、参与地名工作。

（二）坚持创新驱动引领地名普查工作

创新是提高地名普查水平的现实要求。从改革开放排头兵、创新发展先行者的定位出发，上海地名普查工作注重创新引领，注重技术集成，以思路创新带动技术创新，以技术创新带动机制创新和方法创新，全面提高普查工作的科技含量与整体能级。

一是创新工作思路。改革传统地名普查方式，着眼于将地理国情普查与地名普查相结合，与市测绘院天地图基础数据库相结合，与先进地理信息采集技术相结合，走出一条重科技、重集成的普查工作新路子，打赢一场现代化条件下的地名普查战争。

二是创新工作技术。将地理国情普查成果的工作模块、数据格式、表格分类进行技术转换，实现与地名普查的工作模块、数据格式、表式分类相对接；将测绘院天地图系统中的有关属性数据转化为地名普查的预备数据；开发平板采集系统，地名图像与空间定位同时采集、同步完成。

三是创新工作规程实现 3 个转变。按照新技术要求改造工作规程，优化工作环节，避免重复劳动，实现 3 个转变：技术上由手工作业为主转变为以现代技术集成为主；形态上由外业为主转变为内外业并重；内容上由以采集数据为主转变为更加注重信息数据考证核实，极大提高了工作效率与工作质量。

四是创新工作机制和管理方式。在传统的技术组、专家组、协调组基础上创建核心工作团队，目的在发挥核心团队精干高效的特点，起到承上启下、掌控全情、谋划指导、统筹推进的作用，成为组织的运转中枢；核心工作团队成立项目党支部，充分发挥党组织凝聚力强、战斗力强的优势，保障核心团队作风好、协作好、能打硬仗；建立了普查相关部门联动和例会机制，及时了解普查工作动态情况，研究普查中出现的新情况、新问题，部署阶段性工作任务，确保沟通充分，政令畅通。

（三）坚持严把成果数据质量关

质量是普查的生命线，市、区两级地普办始终坚持严控质量。

一是细化作业流程落实管控责任。按照《第二次全国地名普查质量管理规定和质量评价体系》，细化工作流程，在资料收集、实地调查、内业汇总、成果数据审核、数据入库等环节，做到要求明确，责任到人；充分发挥地名专家和相关委办局专业把关作用，严格执行三级审校制度，街道、区普查办分管领导签字后成果数据才能上报，确保普查数据完整、准确。

二是采用先进技术提高数据质量。开发测绘平板采集系统，将以往人工草图标注、数据公司标绘落图、测绘院内业标绘 3 道工序合而为一，实现地名图像与现场定位的实时采集一次定位，杜绝了多环节产生的人为失误；开发入库监测程序对数据质量进行机器预检，提高了数据的标准化和规范性。

三是日常监理与验收把关相结合。委托专业单位——上海市测绘质量监督检验站进行质量监理，定期现场检查组织实施情况，抽查成果数据质量，及时向市、区各级地名普查通报反馈问题。在2016年至2017年期间，全市9个区还接受了国家督查组和监理组的督查、指导和质量检查，获得了高度评价。

四是按照国家普查验收的要求，制订上海市第二次地名普查验收细则和验收工作方案，组织了由地名管理部门、地名专家、测绘部门及质检部门等组成的专业验收组，明确验收程序、标准及量化指标，设置测绘院入库检查、区验收检查、质检站后台检查、市级验收核查4道关，确保普查成果数据高质量。全市地名普查市级验收工作于2017年6月前全面顺利完成。

五是进入国家审核环节以来，面对国家3轮审核意见克服了人员紧张、时间周期紧张等不利因素，不折不扣按期保质地完成了3轮全部意见修改，特别是2018年2月份正值春节期间，市地名普查办积极协调区普查办及作业队伍，主动放弃春节休息，于3月5日第一时间将成果光盘送抵普查业务指导处。对全市界线界桩、跨界自然地理实体、地名文化保护等专项，市普查办都能统一协调各普查成员单位及各区普查办圆满地完成了国家普查办的各项要求。

（四）采用综合督导管控全市普查工作

认真贯彻落实国务院地名普查办关于开展督查与监理的工作要求，结合上海实际，将督导、监理、指导融为一体，合并为综合督导，既突出各自特点，又注重融会贯通，提升整体效能。

一是统筹综合督导内容。以督查进度、质量、队伍、保障为切入点，以国务院地名普查办颁发的监理文件、质检文件、档案管理文件、数据入库标准为依据，内容上融合归整，一体检查，避免多头重复。

二是统筹综合督导方法。将业务监理、技术指导、行政督导有机结合，同时到场，监理中发现技术问题，当场由技术组指导解决，发现的组织实施问题，当即行政督导，责成改进，有效地提高工作能效；全面督查与重点抽查相结合，实地督查与电话督查相结合，加大督查频率，增加督查实效，确保市普查办能够完整、实时掌握各区普查工作开展情况。

三是用好综合督导成果。通过现场点评，对暴露的问题进行及时反馈，责成立即改进；建立“各区地名普查工作进展表”，一区一表，详细、实时反映各区普查管理、保障、进度、质量等各项指标；建立“上海市地名普查形势图”，横坐标为各区名称，纵坐标为各区普查工作进度，实时反映全市普查工作进度和各区工作排名；定期发布监理报告和各类专项检查报告，提示相关区领导重视，从而督促工作开展。此外还建立简报、通报、约谈、问责等制度，表扬先进，督促落后，形成压力倒逼格局，营造奋勇争先氛围。

三、主要成果

按照国务院地名普查办总体要求，结合上海实际，确立了以成果数据为主线，以建设地名数据库、促进普查成果转化、改革完善地名工作为主要目标的工作方针，经过两年努力，取得了重大收获。

（一）建成了面向未来的地名数据管理系统

完成地名调查任务，整理地名成果数据，建成市区两级地名数据库。

一是成果数据质量高。每条地名平均包含30个属性，多媒体数据、属性数据、空间定位数据统一于地名条目之下，一名一码，数据实现有机关联。

二是成果数据内容全。以地名普查为契机，将“一普”成果、地名档案基本数字化，有效汇总了历年地名数据。

三是数据库面向未来。市区两级数据库布局上条块分布，统分结合，有机连接。各区承担本地数据更新维护任务，与日常地名审批管理工作无缝对接；市地名办统筹全市地名数据库管理发展，可以方便调用各区地名数据，实现综合利用；数据库预留与地名审批、地名公共服务相结合的设置，利于可持续发展。在全市鼓励推广基于移动互联技术的地名发布系统，以手机等移动终端为载体，以微信公众号为媒介，基于本次普查成果向广大群众发布地名文化，提供地名位置服务，同时也向社会各界征集地名故事、典故，深挖地名文化，形成具有地域特色地名文化产品。

（二）地名档案进入数字时代

以本次地名普查成果档案为契机，在国家地名档案管理制度的基础上，制定本市地名档案管理细则，建立健全上海市、区两级地名档案，明确档案内容、形式、归档要求、责任人，以及档案使用方式与机制。同时在档案全面数字化的基础上，建设地名档案管理系统，对接地名数据管理系统，实现地名自申报开始直至更改、撤销的全生命周期管理系统，推进地名档案从管好到用好；从整理到服务；从库房到共享的工作机制，满足习总书记提出的推行电子政务、建设智慧城市的要求。

（三）普查成果转化利用初见成效

地名普查成果转化是体现普查最终成效的关键环节，意义深远，任务繁重。上海市制定了普查成果转化利用规划，重点聚焦3项任务，已初见成效。

一是积极开展地名文化产品开发工作。地名普查试点以来，市和区已编制、编纂完成《上海市行政区划与地名地图》（挂图）、《浦东新区行政区划和地名图》（挂图）、《南汇老地名》《奉贤区地图》《崇明地名录》；按照围绕中心、服务大局要求，《上海市主要石库门地名地图集》等特色地名文化工程已经立项；地名图录典志编撰工作积极推进，地名图录编辑整理基本就绪，《上海地名辞典》完成词目选定工作，部分区已经确立地名志编撰工作。

二是稳步推进地名标准化工作。按照“管好增量、整治存量”的方针，严格规范命名与更名行为，慎重对待更名需求，严格杜绝随意更名之风；利用普查数据，建立同名道路名录，建立重要地名更名专家咨询与公示制度，依法、有序推进整改工作，一些同名道路的整治工作被纳入议事日程。

三是地名信息化工作取得实质性进展。开发了基于大数据平台的地名审批系统，市地名审批已经通过试用阶段，正在全市推开；开展《上海市地名信息化研究》，提出了适应地名普查、行政审批、地名管理、地名服务、地名文化建设需要的地名信息化工程目标与实现路径。

四是推动了地名管理工作新发展。借地名普查之机，加强了与民政局、交通委、水务局的业务联系，协力开展一些需要深度合作才能解决的地名管理新问题。与民政局合作开展区划勘界普查，实现地名数据共享；与水务局共同制定颁发了《关于加强本市河道命名管理的实施意见》《上海市河道命名管理办法》；与交通委等单位研究制定《上海市轨道交通线路与车站命名规则》，开展郊野公园、北横通道等新生事物命名研究，地名综合管理出现了新的前景。

（四）地名工作改革发展迈出新步子

习近平总书记、李克强总理指示要规范和加强地名管理，民政部也提出要以地名普查为契机，进一步加强和改善地名管理，加快推进地名公共服务，不断提升地名工作水平。上海结合地名普查工作，领会中央要求，把握发展趋势，认真探索上海地名工作转型升级之路。

一是明确了新时期地名工作发展目标。针对传统地名工作重审批、轻管理，对于地名公共服务、地名文化建设重视不够的问题，经过广泛调研及地名专家座谈会，提出了“以地名审批为基础，以地名管理和服务为重点，以地名信息化为驱动，以地名文化为提升”的上海市地名工作发展目标，回答了新时期对地名工作的更高的要求。

二是确立了信息化倒逼地名工作改革的路径。保持普查成果数据的现势有效是地名普查工作的必然要求，按照地名数据产生、维护、更新与利用规律，探索建立与之相适应的体制机制，以信息化倒逼改革，从而逐步实现上海地名工作的转型升级。

三是明确了地名工作转型升级的重点任务。一要加强地名信息化工程建设，统筹地名审批、地名档案、地名管理等各项工作产生的地名数据，理顺保障维护机制，逐步实现地名工作现代化；二要以问题为导向，完善地名法律法规，完善体制机制与队伍建设，规范市区两级地名管理行为，逐步实现地名管理规范化；三要按照中央对地名工作新要求，建立大地名概念，着眼于整体把握上海地名工作大格局，统筹服务好各领域地名管理工作，探索建立联席会议制度，完善工作沟通，形成地名工作合力；四要加强地名智库建设，开展地名学会活动，建设一支与上海国际化大都市地位相称的地名专家与地名工作者队伍。

四、工作体会

（一）必须积极争取各级领导的大力支持

地名普查工作是一项复杂的系统工程，必须积极争取各级领导的理解与支持。2014 年蒋卓庆副市长、黄融副秘书长对做好本市地名普查工作作出重要指示；2015 年 12 月，国家地名普查办李伟副主任一行到上海检查指导普查工作；市规划资源局局长徐毅松多次听取专题汇报，关心指导普查工作。市地普办把各区普查工作动员会作为准备阶段关键环节，积极向区领导宣传地名普查的重要意义、主要任务，讲解本市开展普查工作的创新思路与总体安排，争取各级领导的高度重视大力支持，使地名普查工作有了政治保证、组织保障、经济支撑和各方配合，为地名普查工作的顺利开展奠定了良好基础。

（二）必须积极争取相关委办局与区街镇的支持协作

部门联动与区街镇配合是提高地名普查工作效率和质量的关键。这次地名普查包括 11 大类 48 小类，工作涉及 20 个委办局，17 个区 209 个街镇，不仅要普查地名的由来、含义和沿革，还需采集地理实体的专业属性信息。市地普办跨前一步，主动作为，充分发挥市地名普查办指导督促全市地名普查工作的职能优势，恢复并加强了与民政、交通委、水务、财政、方志办等相关部门的联系与协作，紧紧依托区街镇的大力支持，充分发挥地方乡贤情况明、文史熟的优势，相互配合、各展所长，增强了地名属性信息的专业性、可靠性，极大提高了普查的效率和质量。

（三）必须将抓普查业务与抓队伍建设紧密结合起来

一流的工作业绩离不开过硬的工作团队。地名普查工作头绪众多、任务繁重，是对地名办工作基础、工作能力和工作作风的全面考验，在地名普查核心工作团队建设中，市地名普查办将党支部建设与业务工作紧密融合，注重抓思想建设、作风建设、能力建设，提出“新水桶理论”，将工作态度与团结协作精神作为衡量党员干部的根本要求；提出建设学习型团队，倡导学习工作化、工作学习化，推行带着问题学习、奔着目标学习、团队交流学习，注重将学习的成果转化为业务能力与工作的绩效，着力打造地名普查队伍的领头羊；在区地名办主任队伍建设中，市普查办强调大局意识、学习意识、责任意识，提出地名办主任要当政治上的清醒人、业务上的明白人，提出以“平时看得出、关键时刻站得出、危难时刻豁得出”作为评价特殊时期地名干部的重要标准，着力打造一支召之能来、来之能战、战之能胜的区地名办主任队伍。正是因为有了高度的责任感、使命感，有了团结一致、奋力拼搏的精神，有了不断学习、力争上游的干劲，上海的地名普查工作才能奋起直追、后来居上。

江苏省第二次全国地名普查工作纪实

江苏省地名普查办公室

自2014年7月至2017年年底，根据国务院的统一部署，在国务院第二次全国地名普查领导小组办公室的领导指导下，通过全省各级普查机构、普查人员的共同努力，江苏较为圆满地完成了第二次地名普查的各项任务。在近4年的过程中，江苏省、市、县、乡四级政府高度重视、加强领导，三级民政部门每年都把地名普查工作列为年度中心工作，纳入督查范围。参与普查的各级各部门认真组织、按时保质加以推进。地名普查成果转化加速推进、地名管理不断规范、地名服务“强富美高”新江苏的能力进一步增强。

一、加强组织领导，全面有序推进普查工作

地名是基本的社会公共信息，也是重要的社会文化形态和载体，在国家治理、社会生活、经济发展、文化传承、国防建设和国际交往等方面广泛发挥着重要作用，人民群众对地名管理与服务需求的日益提高，开展第二次全国地名普查是国务院在新时期作出的一项重大决策，对全面摸清地名底数、进一步加强和改善地名管理、提升地名公共服务能力有着十分重要的意义，非常及时、十分必要。2014年4月在国务院第二次全国地名普查暨加强和改善地名管理电视电话会议后，江苏省迅速落实。

（一）全面动员部署，健全工作网络

全国会议后不久，江苏省成立了以分管省长任组长，由省发改委、经信委、省民委、教育厅、公安厅等20个部门组成的第二次全国地名普查领导小组，抽调专人成立了办公室，明确相关职责，各项工作全面有序展开。于2014年7月召开全省第二次全国地名普查工作会议，对地名普查工作动员部署，先后下发了《关于做好第二次全国地名普查有关工作的通知》《关于进一步推进第二次全国地名普查工作的通知》《关于进一步加快推进第二次全国地

名普查的通知》等系列文件通知，对做好江苏省“二普”工作进行细致安排。13个设区市、96个县市区成立了领导小组，成立了“二普”专门机构，并聘请当地的文史专家、退休教师等充实普查机构，做到了组织、人员、经费、办公场所、设备、资料6个方面落实。许多乡镇（街道）还专辟地名普查工作场所，安排办公用房，购置电脑、复印机、办公桌椅和文件柜等设备。据不完全统计，江苏省各级普查人员、联络员达20000余人，从而保证了普查的工作力量。省厅组织开展了全省地名普查专项业务培训班，培训了全省业务骨干200多人次。全部13个设区市相应开展了普查培训，累计培训各类普查骨干人员3000多人次。

（二）精心谋划方案，认真开展试点

在认真评估前期地名普查试点成果和开展分析研究的基础上，制订《江苏省第二次全国地名普查实施方案》，细化提出了8项目标任务，明确了16项方法步骤，统一规范了地名普查的技术路线。13个设区市制订了细化方案。同时，江苏省确定了“试点先行、研究先行、标准统一后再推行”的工作思路，每个阶段、每个环节，在安排重点工作之前，都要先进行试点，先把规律摸清，把需要研究的事项研究透，在统一标准的基础上行动，较好地把握了工作的主动权。

（三）强化普查宣传，提升参与热情

下发了《关于做好第二次全国地名普查和〈江苏省地名管理条例〉宣传工作的通知》，组织全省广泛宣传第二次全国地名普查、《江苏省地名管理条例》、地名管理服务和地名文化建设等工作。及时向社会公布了《第二次全国地名普查宣传口号》，在《新华日报》上刊登分管省长署名文章、开辟地名宣传专版，在省政府网站开展了在线访谈活动，在江苏民政网开设了专版和地名普查频道，利用“江苏民政”政务微博发布信息，开通了“江苏地名”微信公众号和江苏省区划地名管理与地名普查QQ群，实时宣传发布地名普查信息，指导讲解地名管理和地名普查的政策技术难题。各地也充分发挥贴近群众优势，积极利用社区公示栏、宣传横幅、区县广播电视、报刊、网络、微信公众号等，大力宣传全省许多县（市、区）开展地名故事和寻找“最美地名”等活动，激发了社会关注地名普查的热情。

（四）落实经费保障，确保专款专用

为保障各地地名普查工作顺利推进，省地名普查办联合省财政厅下发了关于下达第二次全国地名普查补助资金的通知等系列通知，将国家地名普查补助经费及时全额发放到省内各市、县（市、区），同时，指导各级地方积极争取地名普查专项资金。据统计，2015—2017 年，江苏省全部下拨了中央补助资金 5082 万元，地方配套 3500 余万元。同时，省地名普查办在资金下拨通知中明确，补助资金应统筹用于地名普查外业调查、内业整理、普查验收整改、地名普查成果转化等，确保资金拨付到位、使用规范。

二、强化工作规范，有序开展地名普查

全省普遍采取了六步工作法，使普查工作得到较好规范。

第一步，开展地名资料的搜集。一是搜集历年地名命名更名文件和资料、20 世纪 80 年代第一次全国地名普查、20 世纪 90 年代地名补查与资料更新和 2010 年全省普查试点的成果数据资料、历年出版的地名志、地名录、地名词典、地图等。二是搜集了各级地方志书、文史资料及有关古籍等。三是搜集了普查领导小组各成员单位所掌握的专业地名和相关业务普查的资料与数据。

第二步，合理编制普查目录。省地名普查办按照“突出重点、控制数量”目录的编制要求，突出重点，就是要重点开展具有历史、文化价值的地名的普查，同时做到普查类别齐全；控制数量，就是对具有地名意义的类别的普查数量要有所控制。如单位类地名的普查，事业单位重点普查科、教、文、卫、体等；企业重点普查在全国、全省内有一定知名度的上市公司，独立建设的具有地名意义的高新技术或高端产业企业等；银行类可普查至支行一级；公交站点的普查，重点选择公交首末站、具有历史意义的以及运行线路较多的公交站点。又如通信基站，在请当地经信委提供相关数据的基础上，按照发射频率的情况进行筛选；桥梁的普查重点可在已经命名的、城镇主要道路上的、历史古桥等方面。据统计，全省收入地名调查目录共 11 大类 49 万余条地名。

第三步，预填普查登记表格。普查人员根据地名调查目录，整理、查阅和考证相关资料，充分挖掘地名文化内涵，预填地名登记表。对每一个地名的文字书写、读音、名称来历和含义、历史沿革及地理实体概况等相关属性

信息进行整理、甄别、编撰、论证和审定，确保数据的准确性、完整性。

第四步，开展外业实地调查。在各级普查机构的内业数据资料基础上组织实施外业实地调查和普查成果制作工作，采用专业技术手段完成普查地名及其地名标志的实地调查和地名坐标、多媒体资料的采集、制作等工作。

第五步，完善数据整理入库。根据外业普查数据，对地名普查信息资料进行核对、考证、完善，细致核对地名现状，反复考证历史信息，切实达到普查成果的完整、准确、正确，然后整理后录入地名普查软件系统。

第六步，组织成果检查验收。对“组织实施”和“普查成果”两个方面的地名普查成果组织开展县级自查、市级核查工作、省级督查，针对存在的普查成果质量问题，采取集中办公的形式，统一整改完善。先后召开了3次省级验收现场会，较好地保证了上报质量。

通过实施规范的六步普查法，较好地实现了工作的有序推进。

三、注重指导检查，确保地名普查成果质量

地名普查工作专业性强，要求高，江苏省各级都注重指导检查，较好保证了普查成果质量。

（一）加强普查业务指导

一是请知名专家指导。2017年3月，省厅在镇江市举办全省区划地名业务培训班，邀请国家地名普查办业务指导处和商务印书馆的有关领导与专家，对全省150余名业务骨干进行专题授课，为加快全省地名普查工作进度、提高普查质量奠定了基础。二是关键节点加强把关性指导。如各地在编制地名调查目录环节，都采取了三级审核制，即要求各地首先集中力量完成编制地名调查目录，经本级审核后报设区市审核，再报省专家审核，确保普查地名及其数量符合要求；再比如，在预填普查地名登记表时，要求各地按照各个类别初填1—2张表，及时上报县、市两级审核后再行推开，确保一开始不走、少走弯路。三是针对普遍性问题集中指导，各地针对普查成果存在的问题，组织各县（市、区）地名专家、地名工作人员、技术服务单位和监理单位人员，集中力量、集中时间进行整改攻关，部分有条件的地区采取集中办公的方式，将各县（市、区）相关工作人员集中至市局封闭办公，大幅度提高了工作效率。苏州市还以工作问答的形式，编了5篇53条2万多字，以工

作简报的形式下发供各地参考。

（二）开展定期工作督查

建立了全省地名普查督查制度，转发了《第二次全国地名普查质量评价体系》，并结合江苏实际，提出 4 点要求。省地名普查办公室采取了电话约谈和实地督查相结合的方式督查，分管厅领导与进度滞后地区的民政局分管领导进行了电话约谈，敦促加快地名普查工作进度。省办组织专家和各地市办公室骨干力量，分组对各市地名普查工作进行 3 轮实地督查，就分析各地在普查工作进度和质量管理方面存在的问题，提出下一步的普查工作重点要求，并将督查的结果纳入年度绩效考核的范畴。通过自我检查、巡回检查、专项督查等定期活动，加强对各地各普查环节的检查、总结和评估，将质量控制贯穿于普查工作的全方位、全过程，保证高质量、高标准完成普查任务。各市、县普遍组织了 2—3 轮督查，通过听汇报、看资料、问答交流的办法，掌握本市普查工作的总体情况，研究解决存在的一些难点问题，对发现的普查工作流程不规范、方法不科学、内容不全面等主要问题，提出相关指导意见和整改要求。

（三）强化成果质量管控

结合《第二次全国地名普查质量评价体系》，省地名普查办编制下发了地名普查质量管理目录，进一步细化了评估目标和质量管理责任。同时，下发了《关于实施第二次全国地名普查监理工作的通知》，组织实施普查监理，要求各市、县（市、区）积极配合做好监理工作，认真落实整改，确保普查成果质量。监理机构针对地名普查工作进展情况、相关工作流程和要求，制定监理规划，对各级普查机构及技术服务单位的普查质量、进度、资金、安全、验收、档案、成果、合同、信息等普查全过程情况进行跟踪监理。各级地名普查机构及技术服务单位积极配合，按照监理机构提出的监理结果，认真分析研究，采取整合现有资源、完善计划方案、调整方法步骤、规范档案成果等有效措施整改到位，保证地名普查有计划有步骤地向前推进。

（四）严保涉密数据安全

为规范江苏省第二次全国地名普查涉密数据（以下简称涉密数据）的管

理和使用，保障涉密数据安全，将保密工作贯穿普查工作始终，切实履行对地名普查中涉密数据的保管、保密职责，安装防盗门、报警器、密码柜，加强地名普查环境安全管理；涉密单位、个人均签订责任书，加强涉密普查人员管理；资料数据使用转移均办理申请、交接手续，加强涉密数据使用转移管理等。同时，组织开展普查人员保密工作培训，定期开展数据保密管理自查工作，及时发现和处理安全隐患，确保不发生失泄密事件。

四、落实规划要求，开展普查成果转化利用

为科学安排、有序推进全省地名普查成果转化工作，充分发挥普查成果在国民经济和社会发展中的积极作用，江苏召开了市、县两级民政局分管局长、区划地名处（科）室业务负责人及业务骨干共 144 人参加的全省第二次全国地名普查成果转化推进会，制定了《江苏省第二次全国地名普查成果转化规划（2015—2020）》。2017 年 11 月 20 日至 21 日，根据“到 2020 年，全省基本建成‘1 +2 +3’的地名普查成果转化管理服务体系（建立一套全省地名法规政策体系、建成地名管理和地名信息服务两个平台、建立省市县三级区划地名数据支撑体系和‘X’——开发一批地名服务产品及其衍生产品，重点加强地名文化遗产保护，努力把江苏文化大省建成文化强省），地名管理服务水平明显提升”的目标任务，各地积极抢抓“二普”领导重视契机，大力推进成果转化工作。

（一）开展行政区划调整后的界线勘定

根据行政区划管理要求，为满足地名普查和普查软件开发的需要，及时完成设区市开展普查时点（2014 年 12 月 31 日）前的跨县（市、区）行政区划调整后的县际界线勘定工作。

（二）做好不规范地名整治力度

把不规范地名清理整治作为“普查”的重要内容，按照“管好增量、整治存量”要求，依法有序整治地名中不符合现行法律法规规定的“刻意夸大、崇洋媚外、怪异难懂、重名重音”（简称“大、洋、怪、重”）等不规范现象，加强地名审批管理，严防新增不规范地名。一是整顿不规范地名，全省共排查不规范地名 3817 个。其中，从不规范地名地理实体数量看，居民区

1294个，大型建筑物17个，道路1262个，街巷184个，桥梁1012个，其他类型48个；从不规范地名类型看，刻意夸大56个，崇洋媚外40个，怪异难懂53个，重名同音1541个，其他类2127个。目前，全省不规范地名已标准化处理3043个，标准化率达80%。二是完善地名标志。根据《地名标志》（GB17733—2008）国家标准，对城乡各类地名标志进行了一次全面梳理检查和整改完善，共增设、补设、更新地名标志11491块，使地名管理更加规范有序。三是推动地名管理的立法创制工作。江苏省于2014年出台了《江苏省地名管理条例》，从法律层面较好地规范了“大、洋、怪、重”的问题，一方面，将宣传《条例》贯穿普查工作始终，积极宣传、大力实施，各地地名工作人员严格依法行政，较好地解决了不规范地名的增量问题；另一方面，推动设区市加强地方性地名管理立法，支持鼓励引导设区市积极抢占立法先机，加强地名管理的地方立法，在立法权下放至设区市后，扬州市出台了《扬州市地名管理办法》，完善了地名的各项审核、审批手续，新增了标准地名使用、历史地名保护和地名法律责任等内容，印发了《扬州市地名命名更名施行专家论证暂行办法》，进一步增强了地名命名、更名管理的文化内涵。

（三）加大地名文化保护力度

地名承载着人类文明的历史，是一个地方发展的历史见证、文化记忆和情感寄托，是“记住乡愁”的宝贵财富。一是深入开展地名文化资源调查。既丰富完善前期普查试点地名成果的来历、渊源、沿革等文化信息，又深入调查新生地名的含义、位置、实体概况等属性信息；既调查现今存续的地名，又调查虽已消失不用、但在历史上具有较大影响和文化价值的地名。无锡市以“历史地名名录”和“历史地名保护名录”为基础，结合地名普查，深入挖掘地名历史文化内涵，普查历史地名300多条，为历史地名建档留存，恢复使用了一批历史地名，为部分重点地名进行立碑保护。二是有力推进地名文化成果转化。一方面，推动制定出台《江苏省第二次全国地名普查成果转化规划（2015—2020）》，全省13个设区市均已制发本市的地名普查成果转化规划；另一方面，加强图、录、典、志的编纂工作。《中华人民共和国标准地名词典（第一部分）》（江苏卷）完成词条释文撰写和审稿工作，共收录地名4254条，约150万字。全面开始《中华人民共和国标准地名志》（江苏卷）编纂工作，计划于12月底前完成第一部分词条采集和释文撰写。全省13个设区市均出台或正在出台《地名目录》《行政区域图》《行政区划手册》等成果。三是不断加强历史地名保护目录制度建设。省民政厅将全面建立历史地名保护名录制度纳入《现代民政示范县（市、区）建设指标体系》，采取第三方评估的方式进行考核评估，全省 13 个设区市和所有县（市）均建立了历史地名保护名录制度，编制了《历史地名保护名录》。同时，积极参与国家开展的千年古县、千年古镇、千年古村落等地名文化遗产的遴选、申报和保护工作。四是大力推进优秀地名文化传承和宣传。在地名管理过程中，各地注重挖掘人文历史资源，优先使用反映当地历史、文化、地理、环境的地名，将优秀传统文化融入新地名中，确保各类新生地名合法、规范，更好体现地域特色，延续地名文脉。为较好、较全面地反映南京市地名文化的丰富内涵，南京市连续拍摄了 5 集《南京地名文化》系列纪录片：第一集《印记·南京》为序篇、第二集古都篇《印记·南京》之《历史的承诺》、第三集怀乡篇《印记·南京》之《家国的守望》、第四集博雅篇《印记·南京》之《底蕴的传承》、第五集融合篇《印记·南京》之《包容的气量》；开展南京老地名申遗 10 周年系列活动，其中选择 6 个具有较高历史文化价值和较大影响力的老地名进行石刻立碑；苏州市出版发行《苏州吴文化地名保护名录（市区卷）》；淮安市组织文史专家编辑出版《淮安地名史话》，由全国人大常委会原副委员长许嘉璐作序，常州市制作了大型地名宣传片——《地名常州》；镇江市出版发行了《镇江历史文化地图》《寻常巷陌——镇江古街巷名掌故》《扬中地名故事》等地名产品。

（四）推动地名信息化建设

江苏省各地按照《江苏省第二次全国地名普查成果转化规划（2015—2020）》要求，积极稳妥推进地名信息化建设。苏南地区已初见成效，苏中地区在加紧实施，苏北地区正努力缩小差距。南京、苏州、无锡、常州等设区市，一是市、县（市、区）两级基本建成了区划地名数据库以及地名专用生僻字、历史地名专题数据库，设区市一级的区划地名数据库进一步健全完善，地名地址数据库建设进一步加快推进。二是地名信息政务管理平台建成运行，实现地名命名、更名等申报审批政务的全流程网络化管理。建立了区划地名数据库更新长效机制和地名信息共享机制，实现地名与基层政权、救灾等其他民政业务之间数据共享，推动与其他政府部门之间地名数据共享，充分发挥地名信息在服务经济社会发展中的积极作用。三是率先推进地名信息社会服务平台建设，创新应用电子地图、遥感影像等技术手段，向社会提供权威、及时、准确的地名信息服务。地名网上申报系统包括用户注册登录、地名预先登记申报、地名命名申报、地名更名申报、地名标志上传服务，申请用户通过网上注册用户信息，经身份核实确认后可进行地名业务申报。内部地名管理包括地名管理、行政区划管理、界桩界线管理、批文管理、短信平台、网站后台管理、统计报表和系统菜单管理，可实现审批全过程信息化流转与案卷归档。基本实现了区划、地名、界线信息一站式管理，提供各类地名信息的快速查询、统计分析、数据录入、数据更新等功能，解决地名日常管理维护问题，从而及时为政府管理部门和社会各界提供准确、标准的地名信息。该系统实现区划、界线、界桩信息一站式管理，提供信息的快速查询、统计分析、数据录入、数据更新等功能，解决区划信息日常管理维护问题。

五、经验做法

江苏省第二次全国地名普查从试点到正式实施，前后共经历了近 7 年的时间，在此过程中，有许多经验做法值得今后借鉴。

一是试点成果完善与新增地名调查相结合。虽然江苏自 2010 年以来，按照《国务院办公厅关于开展第二次全国地名普查试点的通知》（国办发〔2009〕58 号）的要求，在全省范围内全面开展了第二次全国地名普查试点工作，取得了先期成果，但在全省特别是基层对普查试点成果资料梳理、评估中，却发现存在不少问题，主要是：地名信息深度不足、内容缺失；地名历史含义不清、考证缺失；地名现实信息不足、更新缺失；数据文字表述存在差错、校对缺失；专业地名普查不全、类别缺失等。因此，既要对已有的成果按新的要求进行丰富完善，又要对试点以来的新增地名进行补充。

二是自然地理实体地名普查与文化主题相结合。江苏地名文化浩如烟海，内涵丰富，底蕴深厚，是5000 多年中华文明的重要组成部分。在地名普查过程中，各地既注重自然地理实体信息的准确性，又注重地名文化的解读。高邮市还实施了地名文化工程，制作了《盂城驿》等一批地名文化宣传片，对全市 19 处历史地名以碑或牌等形式进行了解读，使地名文化成为促进地方经济发展的重要亮点。

三是内业整理与外业调查相结合。内业重点做好地名调查目录、文字属性信息的收集、整理、编写工作，内业主要以各级普查人员为主；外业是指对各种已定的地名进行地理信息采集，由于“普查”的最终信息要进行标准化入库，专业性强、工作量大，一般需要有专业的技术人员进行，最好采取招标的方式，外包给技术服务单位，以确保内容不重、不漏、不缺，符合普查规范。江苏省96个县（市、区），内业绝大多数都是由普查办的“编内人员”承担，外业基本上是外包给了工程技术公司。

四是统筹考虑信息化建设任务和软件系统开发相结合。为了做好新时期的地名工作，从2002年起，针对江苏省勘界任务基本结束、新型城镇化加快、社会经济生活对地名管理服务需求不断提升的实际，省地名普查办迅速将区划地名工作的重点转到地名工作上来。同时，瞄准信息技术的前沿，不断提升地名工作信息化水平。开展第二次全国地名普查，为本省加速推进信息化建设提供了强大的动力。各地积极争取主动，一方面，努力争取列入项目，纳入财政预算；另一方面，科学谋划，将区划地名的信息化建设与地名普查软件系统开发相衔接，下好全省“一级（省级）开发、三级（省、市、县）使用”的一盘棋，不仅用于地名普查数据管理，还将作为今后日常管理服务的工具平台。

五是加强督查与加强监理相结合。由于地名普查时间长，中途容易产生懈怠情绪。而地名普查结果，又将是很长一段时期公共地名的权威性基础数据，需要高质量。为了确保普查效果，江苏省探索实施了加强督查与加强监理相结合的办法。省地名普查办采取了电话约谈、实地督查、组织交叉检查、集中整改、召开省级检查验收现场会等多种方式的督查。同时，加强监理工作，2015年12月，下发《江苏省第二次全国地名普查监理办法》，省级成立由第三方人员组成的技术监理组，全面监理地名普查工作，做到了动态跟踪和交叉监理双加强，取得了良好的效果。

六是推进地名成果转化与应用相结合。省地名普查办坚持“边普查、边应用”的原则，充分利用公共服务网络和现代信息科技手段，积极开展地名普查成果的及时转化和高效利用。省本级开发了《江苏省区划地名管理信息系统》，用于日常区划、地名和界线管理及行政审批；在江苏民政网站开辟了地名普查与区划界线频道，及时向社会普及业务知识、公开工作动态。

浙江省第二次全国地名普查工作纪实

浙江省地名普查办公室

自2014年国务院部署开展第二次全国地名普查工作以来，在国务院地名普查办统一领导下，浙江省高度重视，统筹部署，严控质量，协调推进，按时保质完成了第二次全国地名普查任务。全省90个县（市、区）共调查地名目录473205条，完成入库地名属性信息470160条，采集地名标志93817条，采集多媒体信息461098条。为开展第二次全国地名普查，除中央财政补助资金以外，全省各级财政投入普查资金7000余万元。

一、结合实际，统筹部署全国地名普查

浙江省坚持以习近平新时代中国特色社会主义思想为指导，把推进第二次全国地名普查当作完善省情调查、提升政府公共服务能力和服务转型升级的重要抓手，夯实基础，创新提高，为全社会提供全面准确的地名信息。

一是统筹谋划。浙江处于沿海发达地区，随着经济社会转型升级步伐的不断加快，群众公共服务诉求的不断增强，地名公共服务建设中存在的信息现实性不强、信息化水平较弱等问题日益显现。因此，坚持把第二次全国地名普查作为一次摸清省情，夯实地名基础，谋划地名长远发展的良好机遇。坚持统筹谋划、着眼长远的原则，力求在完成地名普查任务的同时着力解决一些制约地名服务公共服务体系发展的突出问题，巩固和深化地名公共服务基础，不断满足人民群众的地名公共服务需求，更好地服务于全省经济社会转型升级。

二是拓宽范围。2009年，第二次全国地名普查试点启动后，浙江省自加压力，拓展范围，把地名普查试点范围从国家确定的30个试点县（市、区）扩展到全省所有县（市、区）。2014年第二次全国地名普查正式启动后，坚持先点后面、分层推进的原则，做精先期试点地名普查，再选择有地域代表性特征的省级试点单位（如浙北平原、浙西山区、浙东南沿海等）推动全省

90 个县（市、区）4 年内全面完成并初步建立全省地名信息系统，夯实地名公共服务基础，有序开展普查成果转化利用工作。

三是提高效率。2009 年第二次全国地名普查试点时，在完成国家地名数据库及数据采集和数据库系统建设的基础上，要求全省各县市统一使用 1∶10000 比例尺地图采集地名数据，并建立相应的数据库。条件具备的地方按照 1∶500 比例尺地图采集地名数据，并建立地名管理数据库，为提高成果转化利用率和建立高质量的全省地名信息系统打下基础。2014 年，第二次全国地名普查正式启动，省普查办根据国务院地名普查办的新标准、新要求，认真研究，重新部署，对包括试点在内的所有县（市、区）的地名普查成果，重新普查，确保按时保质完成第二次全国地名普查目标任务。

同时，明确浙江省地名普查工作的重点和思路，即以地名普查为主线，在充实完善地名信息、确保普查质量的基础上，统筹推进地名文化和地名信息化建设、不规范地名清理整治等各项任务。

二、加强领导，扎实推进全国地名普查

第二次全国地名普查是一项基础性、综合性和系统性的公共服务工程。只有切实加强领导，才能形成上下贯通、左右协同的领导协调机制。

一是领导有力。以省政府名义统一发文、组织和实施地名普查工作，成立全省地名普查工作领导小组，分管副省长任组长，省政府办公厅等 26 个职能部门为成员，由省普查办统一协调地名普查工作。省级专门成立了第二次全国地名普查专家咨询委员会以便更专业、更科学地指导全省普查工作。省地名普查办充分发挥省区划地名学会力量，成立省地名普查监理工作组。各市、县（市、区）成立相应组织领导机构，主要领导亲自过问，分管领导亲自部署，职能部门和专业部门条块结合、以块为主。杭州市、嘉兴市、台州市等地还积极发挥地名专家智库力量，成立地名普查专家小组指导开展普查。衢州市成立了第二次全国地名普查暨古地名保护工作领导小组，分管副市长任组长，市级 26 个部门为成员单位，各县（市、区）也成立了相应的组织。强有力的领导机构和顺畅有序的工作机制确保了普查工作的顺利开展。一些县（市、区）为了顺利推进地名普查工作，分管县（市、区）领导亲自任地名普查领导小组组长，乡镇、街道一级也成立了地名普查领导机构，民政、国土、建设等职能部门分工协作，形成了上下左右贯通的普查组织网络。

二是保障得力。重点强化地名普查的财力、人力和机制保障。普查经费列入全省各级政府预算，按时拨付，确保到位。据统计，2014 年第二次全国地名普查正式启动后，2015 年省级配套资金 506 万元，2016 年配套 478 万元，2017 年和 2018 年连续两年省级每年配套资金 450 万元。杭州市、县两级共投入经费 2874.5 万元，主要用于地名普查人员、外包费用、设备、村牌、路牌、巷弄牌等地名标志的新设、补设或更换。温州市、县两级落实地名普查补查经费 2163 万元。各地因地制宜，切实加强地名普查保障工作。舟山市普陀区在国家、省补助资金的基础上，配套 150 万元，杭州市萧山区采取以奖代补方式投入财政资金 823 万元用于地名普查，并对旧损、不规范路牌路标进行了全面更新完善。遂昌等欠发达县市积极争取，统筹安排，及时足额落实普查经费。省政府以量化考核方式确保普查按时保质完成，将全省地名普查工作任务分解为 25 项类，分解到省普查领导小组、省普查办、成员单位等逐一落实并量化后纳入民政工作考核。全省各级民政部门采取抽调、借用、招聘等形式，落实地名普查专职人员 900 余人，动员组织 13000 余名普查员参与地名普查工作。

三是协调有序。省普查办发挥中枢作用，精心组织，强化督查，统一全省普查政策、实施方案、操作规程、方法步骤，及时协调解决地名普查工作问题，加强各级普查办督促检查，保证了全省普查工作制度化、规范化。各市、县（市、区）结合实际制订本地普查实施方案。各成员单位各司其职，分工协作，如测绘、规划、建设、工商等部门实时信息资源共享，提高了普查工作效率。省地名普查办多次召开全省地名普查推进会视频会部署和推进地名普查工作，部署开展不规范地名清理整治和加强地名文化保护工作。结合第二次全国地名普查成果转化工作，指导各地部署开展国家和省级标准地名图录典志的编纂工作。省地名普查办建立了例会制度，通过电话、微信和 QQ 群等形式认真收集、整理各地在地名普查工作中遇到的难点问题，及时召开由省普查办、地名普查专家和相关县（市、区）参加的工作例会，认真分析、研究和解决工作难点，提出下步工作思路，并以简报、通报等形式发给各地以便学习参考。省地名普查办还不定期开展工作督查、抽查和调研工作，通过指导培训各区市、县地名普查办工作人员，进行面对面的交流、手把手的指导，建立一支专业素质高、责任心强的地名普查中坚力量。

三、加强监管，切实提高全国地名普查质量

坚持质量是地名普查生命线的理念，强化指导，规范操作，层层把关，切实提高地名普查质量。2014 年，省政府召开会议，成立浙江省第二次全国地名普查领导小组及其办公室。全省各级成立了相应地名普查机构。充分发挥省地名普查办指导协调全省地名普查的中枢作用，统一了全省地名普查政策规范，制定了浙江省《第二次全国地名普查质量管理规定》《质量评价指标体系》等政策文件，并对地名普查属性信息采集录入进行了量化、细化要求。省普查办成立了地名普查专家咨询委员会，充分发挥地名专家学者的人才智力优势。建立了每月 2 次的地名普查办会议制度，及时分析、研究和解决地名普查工作遇到的困难和问题。加强对基层普查员的业务培训，省地名普查办组织开展了集中培训、分片辅导、点对点指导等形式多样的培训 40 余次。加强地名普查工作督查，赴全省各地开展实地督查，确保地名普查工作按时保质推进。各地也结合实际，因地制宜，大胆创新，采取了一系列行之有效的措施，切实提高了普查质量。如嘉兴等地采取“七步走”普查办法，规范采集、汇总、登记，导入数据库、地图标注等地名普查工作流程。宁波等地编制了翔实、实用的操作手册，下发《地名普查问题答复》《小巷街道地名普查 6 步法》等工作资料。慈溪市建立了“四审”制度，调查登记初核，镇（街道）分类审核，专业部门复核、普查办再核录入，详细记录存档备查。各地通过政府督查、普查座谈会、论证会，确保地名普查信息资料的完整性和准确度。杭州等地建立了市、县、乡地名普查三级联络员制度，成员单位指定 1 名以上中层干部作为联络员，及时沟通、解决普查工作中遇到的问题。宁波市发放《地名普查操作手册》《地名普查有关问题答复汇总》《关于地名普查登记表初稿修改中发现的问题处理意见》等资料，减少普查的差错，提高普查效率和质量。台州市在全国创新开展“无人机采集地名多媒体”和“流失地名收集整理”，得到国家地名普查办的高度认可，在国家普查简报上刊发推广。全省各市、县（市、区）制定普查数据安全保密管理制度，专人负责涉密数据的安全与保密管理工作，并与涉密数据使用单位签订保密协议，切实履行对相关涉密工作的指导、监督和检查职责，普查过程中没有发生人员安全事故和失密事件。

四、整体推进，充分发挥全国地名普查效益

坚持“边普查边保护，边保护边整治”的工作思路，以地名普查为主线，地名普查成果转化、地名文化保护、地名规范管理，三措并举，协调推进，充分发挥地名普查的综合效益。一是结合普查，有序开展地名文化保护和不规范地名清理整治工作。省政府召开地名普查工作领导小组会议，部署地名文化保护和清理整治不规范地名工作。省地名普查办制订了实施方案，建立了一季一报制度，据首个季度统计，全省初步排查出“大、洋、怪、重”等不规范地名1244处。杭州市以召开G20峰会为契机，大范围集中开展了不规范地名的清理整治，对251处非标准地名进行了依法妥善处置，美化了地名环境，获得了广泛好评。二是结合普查，积极开展地名普查成果转化。省地名普查办研究制定了地名普查成果转化规划，明确到2020年，要基本建成数据准确、内容丰富、形式多样、结构完善的地名普查成果转化管理服务体系，地名管理服务水平明显提升。目前，浙江省11个地市均已建立了涵盖地名审批、门楼牌管理等管理服务事项的信息系统，杭州、宁波、嘉兴、台州4个地市列入了全国地名地址库试点示范创建单位，进一步完善省、市、县三级地名管理服务信息平台。全省广泛开展地名网站、地名触摸屏、地名热线等地名信息化服务，积极探索“互联网+地名”建设。杭州等地在城区道路试点“集合式”门楼牌标志，获得了市民好评。目前，全省74个市、县、区编纂出版了各类地名图或地名图集，26个市、县、区编纂出版了新一轮地名志、地名录或地名词典。省级层面成立了标准地名图录典志编纂委员会及编辑部，在协助完成国家编纂任务的同时，分年开展省级标准地名图录典志的编纂工作。

五、积极转化，探索创新浙江地名文化建设

在地名普查中，省地名普查办着眼于地名工作长远发展，着力于政策创新，以建设“全国地名文化建设创新示范区”为契机，积极探索，努力创新，讲好浙江地名故事。

一是完善地名文化法规政策。结合地名普查工作，开展《浙江省地名管理办法》等地名管理政策法规执行贯彻宣传活动。坚持在地名普查中保护和传承优秀地名文化，落实具体保护措施，确立了地名文化建设的法律地位。

省地名普查办先后制发了加强地名文化遗产保护和宣传、加强地名文化属性信息采集工作等若干政策文件，一些地方成立了地名文化保护领导小组，制定了地名文化保护实施办法，形成了地名普查和地名文化保护齐头并进的政策体系。

二是挖掘保护地名文化资源。以普查为契机，广泛深入开展地名文化遗产调查摸底工作，初步摸查出符合国家标准的地名文化遗产727处。在此基础上，省地名普查办联合省级有关部门开展了“千年古镇（古村落）地名文化遗产”认定工作，制定了较为科学系统的评价标准，通过实地考察和组织专家论证，初步认定了30个千年古镇、40个千年古村落地名文化遗产。在此基础上，逐步建立全省分级分类地名文化遗产保护名录，目前第一批名录已陆续对外公布。

三是创新地名文化宣传。积极拓展地名文化新领域，谋划新方法，激活古地名，推动地名文化建设创新发展。进一步拓展地名文化宣传平台，报纸、广播、网络、微博、微信等媒体全面立体式宣传，让地名文化和地名故事跃然公众面前。继2015年组织了两次“寻梦乡愁——浙江地名文化之旅”活动后，2016年8月，结合“护航G20”，组织了一次地名文化记者采风活动，走进古镇，讲好浙江地名故事。进一步创新地名文化宣传载体，把地名文化与民政文化进行有机结合，创作拍摄了微电影《云在树上》和《德清若水》，彰显中华优秀传统文化的大型地名文化纪录片《大地有名》进入后期制作。筹建地名文化记忆博物馆。《温州都市报》专版报道地名普查工作，在民政网上开辟地名普查专栏，瑞安市建立地名普查微信公众号，充分利用报刊、微博、灯箱、路牌、地名网等平台及时、准确报道地名普查的动态信息，使广大社会公众进一步加强对地名和地名普查的了解，并设立地名普查热线、网站回复等互动平台，及时回应社会关切，增强与群众互动，对普查过程中遇到的问题做好解释释疑惑工作。嘉兴市大力弘扬红色地名文化宣传并在全国大会上作典型发言，开展《嘉兴地名故事》征文活动，出版《平湖地名故事》。丽水市开展地名文化进社区、进军营主题活动，以猜地名谜语、讲地名故事、发地名资料等方式，积极宣传地名普查工作和地名法规，展示地名文化建设成果。

安徽省第二次全国地名普查工作纪实

安徽省地名普查办公室

第二次全国地名普查工作开展以来，安徽省认真贯彻落实国务院的决策部署，在省政府的正确领导下，在民政部的有力指导下，科学谋划，精心组织，规范施工，扎实推进，通过严格标准、规范制度、细化任务、落实保障、抓好保密等具体措施，狠抓地名普查各项工作落实。第二次全国地名普查实施阶段工作全部顺利完成。105 个县（市、区）全部通过了县级自查、市级核查、省级验收及通过国家数据入库工作。全省共收录各类地名 524874 条，修改完善 2015—2019 年度地名信息 20941 条，成果转化工作正按规定与要求有序推进。

一、普查开展情况及主要做法

（一）加强领导，规范制度，夯实地名普查工作基础

国务院部署开展第二次全国地名普查工作后，安徽省各级政府和民政部门高度重视。一是组织领导到位。2014 年，省政府成立以分管省长为组长的地名普查工作领导小组，下设办公室。各市、县（市、区）也成立了地名普查领导小组及办公室，建立起纵向省、市、县三级，横向 20 余个部门组成的地名普查领导机构。同年 4 月，省政府召开全省第二次全国地名普查工作电视电话会议，对抓好地名普查工作的组织领导、统一协调、经费保障等方面提出明确要求。各级民政部门能够积极制订和审核地名普查实施方案，加强工作指导和绩效督查。领导小组成员单位按照职责分工，密切配合，及时提供相关信息资料，合力推进地名普查实施阶段工作任务。二是制度建设到位。按照《第二次全国地名普查实施方案》和《第二次全国地名普查工作规程》要求，结合实际，省普查办制订印发了《安徽省第二次全国地名普查实施方案》和《安徽省第二次全国地名普查工作规程实施细则》，明确了地名普查阶

段性任务、普查原则、普查时间、普查的方法步骤和各成员单位的相关职责，为普查顺利开展提供了制度保障。2014 年以来，先后出台了《安徽省第二次全国地名普查涉密数据保密管理办法》《安徽省第二次全国地名普查专项资金使用管理实施细则》《安徽省第二次全国地名普查成果转化规划（2015—2020）》《安徽省第二次全国地名普查归档文件整理规则》等10 余项规范性文件。各项地名普查制度的建立，规范了普查流程、明确了标准要求、降低了安全风险、促进了普查进度、确保了普查质量。三是经费保障到位。各级普查机构积极争取地名普查预算经费。2014 年以来，省、市、县（市、区）政府对第二次全国地名普查工作高度重视，在财力上积极给予大力支持，全省各级共落实普查配套资金 22715. 96 万元。2015—2018 年中央补助经费在第一时间拨付到各市、县（市、区）。

（二）加大宣传力度，营造持续推进的普查氛围

各级高度重视地名普查宣传工作，把普查宣传作为推动地名普查工作开展的重要手段，努力打造全方位、多层次的宣传格局。对内凝心聚力，营造积极向上的氛围；对外展示风采，提升地名普查的社会影响力。一是在空间上上下联动。省、市、县三级联动开展了地名普查宣传月活动，通过多种形式宣传地名普查。2016 年，省普查办为加强第二次全国地名普查宣传工作，通过人民网安徽频道网页及微信公众号征集摄影作品，启动了主题为“地名随手拍”的安徽省第二次全国地名普查摄影大赛，时间历时一年，吸引了群众广泛参与。市、县（市、区）主要通过设置路牌公益广告、开辟媒体专版、专题等形式开展宣传；乡镇一级通过悬挂横幅标语、使用电子显示屏、张贴宣传画和农村庙会集市等方式宣传。二是在形式上贴近群众。重视微信、微博、QQ 群等新媒体的宣传作用，开通地名微信号，升级地名网站，设立地名普查专栏。省、市、县三级积极制作“微电影”“微视频”宣传地名普查。在国家普查办组织的“微电影”“微视频”比赛中，省普查办制作的第二次全国地名普查宣传片“微视频”荣获二等奖。2016 年，国家普查办与光明网合作，开展“寻找最美地名故事”网络征集活动，各地积极响应，共报送地名 618 条，占全国报送量的 18%，5 条入选全国 100 个最美地名故事，省普查办获组织奖。2017 年，省普查办与人民网安徽频道合作，每天刊登一篇“安徽最美地名故事”，在人民网安徽频道和民政厅的主网站、微博、微信同步推

出，增强地名文化的传播度与亲和力。三是时间上长期持久。各级普查办设置路牌公益广告长期宣传，地名网站作为长期宣传阵地也纷纷开设地名普查专栏。如合肥市还在《合肥晚报》民政专版中开设了“地名普查知识专栏”，以知识问答的形式，向市民宣传普及地名普查的相关知识。各地通过多种形式的宣传，引起社会广泛关注和参与，为地名普查工作营造了良好的工作氛围。

（三）采取三项措施，提升普查人员的业务水平

为提高地名普查骨干的业务水平和普查工作效率，省普查办着重从 3 项措施入手。一是学习外地经验。先后组织各级普查业务骨干赴福建厦门、泉州、浙江舟山、江苏大丰等沿海普查试点地区学习普查经验。邀请试点单位作业人员讲解地名登记表填写、地名普查组织实施程序等业务。二是集中学习培训。省级层面共举办了 10 期业务培训班，召开 11 次推进和座谈交流会。省、市、县、乡 4 级共举办 1569 次业务培训班暨推进会，培训普查业务人员 52603 人次，国家普查办业务指导处、成果转化处负责同志亲临授课指导。通过培训，各级各类地名普查工作人员进一步明确了地名普查的政策要求、基本流程、技术标准，掌握了作业的方法步骤和质量要求。三是组织作业单位进行技术指导交流。全省第二次全国地名普查共有 7 家技术公司中标，3 家有地名普查试点经验，其余 4 家均为测绘事业单位。省普查办定期请软件提供单位解放军西安测绘信息总站给作业单位进行技术指导，解决他们在工作中遇到的疑难问题，通过讲解、交流、讨论，提高了作业单位业务人员的水平，规范了普查操作流程和技术标准。

（四）调动社会力量，确保地名普查质量

一是规范技术支持单位。为规范地名普查业务技术外包工作，省普查办要求各地以省辖市为单位进行技术外包招标，防止和避免最低价中标，排除低价恶意竞争，效果良好。从全省普查情况来看，各市推进的进度迅速、数据采集的规范性强、数据入库及县（区）接边等工作开展有序，达到了预期目的。二是充分发挥监理作用。遵照国家地名普查监理质检相关规范，结合实际，省普查办提出以设区市为单位进行监理招标，使监理单位能够便于介入过程监理，现场检查，提高了普查质量。如合肥市普查办 2015 年 8 月在全

国率先完成监理招投标工作，随后监理单位开展工作（过程监理）。监理单位在实施全程监理基础上，跟踪抽查了132个乡镇、街道，共计6万多个地名点的数据采集作业过程，检查了约3万张地名普查登记表。提交监理报告20余份，提出整改意见上千条，较好地发挥监理作用，提高了普查成果的质量。2016年，国务院普查办领导多次对合肥、芜湖、黄山、安庆等市地名普查工作实地检查督导，深入县（区）、乡（镇）一线，认真查看地名普查资料，详细了解地名普查进展情况，并与地名普查人员进行座谈交流。国务院普查办领导的亲临指导，给普查一线工作人员鼓舞了士气，指导了业务，给下一步做好地名普查工作指明了方向。三是严把数据审核关。2016年12月，经请示民政部并征求了省保密局意见，省普查办通过公开招标的形式确定合肥市测绘设计研究院为全省地名普查数据审核合作单位。从2017年2月开始，合肥市测绘设计研究院依据《第二次全国地名普查质量评价体系》《第二次全国地名普查验收办法》《第二次全国地名普查成果数据检查要点》，对全省105个县（市、区）普查数据进行全面审核，前后共进行了3轮检查，重点对组织实施类材料、空间数据、成果表等方面进行重点检查，共查出常见的10大类错误，5万多条错误信息，省普查办坚持有错必纠，举一反三，组织开展纠错攻坚。各单位进行了艰苦细致的整改，个别单位几次推倒重来。合肥市测绘技术研究院10多名同志连续5个多月没休过节假日，翻录县志，深入实地逐条审核，使普查成果数据都达到了90分以上。严格的数据审核为地名普查成果顺利入库打下了坚实基础。四是选用“明白人”。省、市、县三级均成立了地名专家咨询委员会，吸收地方志办、教育、文化、国土、住建和水利等部门的专业人员参加，在普查过程中，对地名普查登记表、成果表格内容进行审核推敲，确保内容准确性。五是用好“热心人”。聘请退休老教师、老文书，在基层一线普查过程中提供咨询，形成普查表格后帮助审核，从而在源头上把住了地名属性关。

（五）狠抓普查调度管理，确保普查整体有序推进

为加速推进普查进度，确保按时间节点完成普查任务，重点抓好3项工作。一是召开地名普查推进会。省普查办召开了11次全省地名普查推进会（培训会），就完成年度地名普查任务要求和时间节点进行明确，要求大家统一思想，进一步深化对地名普查重要意义的认识，以高度的责任感和紧迫感，

准确把握完成普查任务的时间节点、任务要求，落实责任制，倒排工期，确保按照时间节点完成普查任务。二是组织各省辖市之间互查。2016 年 10 月，省普查办组织全省 16 个市及广德、宿松两个省直管县以互查的形式进行督查。全省共分 6 个组，各组之间循环检查。主要依据《国务院第二次全国地名普查质量评价体系》进行考察评分，以相互学习、取长补短、共同提高为目的，进一步加快推进全省第二次全国地名普查工作。互查内容：了解各地普查经费的投入数量、来源渠道、使用范围和实际到账情况；查阅各地出台的文件、方案、培训资料、踏勘记录、初步成果等；检查各地普查整体时间安排和阶段性工作进展及地名标准化处理情况；交流分析普查推进工作中遇到的热点难点问题；梳理分析加快推进普查工作的工作思路和建议；检查普查成果质量，重点是地名文化挖掘。三是开展地名普查专项督查。2016—2017 年，省普查办依据《安徽省第二次全国地名普查督查工作实施方案》（皖地名普查办发〔2016〕2 号）文件精神，两次成立专项督查组，对整体进度迟缓、影响全省整体进度的市、县（市、区）进行实地督查，重点对购买社会服务落实情况、阶段性的工作进度、普查质量管理、数据库入库和检查验收等进行检查，分析普查推进和实施过程中存在的困难与问题，指导制订整改方案和厘清下一步工作思路。四是启动约谈机制。2017 年，省普查办启动第二轮约谈，对进度迟缓、与省普查办要求有差距的两个省辖市进行了约谈。省普查办领导强调，地名普查是国务院布置的重大基础国情调查，是民政部重点工作，各级普查办一定要从讲政治、讲大局，向中央、省委看齐的高度，切实抓好地名普查工作。省民政厅继续将第二次全国地名普查工作纳入年度重点民政工作综合评估，对个别工作不力、行动迟滞的地方和人员，省普查办将依规进行问责。

（六）狠抓制度落实，做好保密工作

2015 年，省普查办专门下发通知，要求全省各级在普查过程中要确保普查人员、资金、数据的安全。涉及的普查资金要严格按照《安徽省第二次全国地名普查专项资金使用管理实施细则》（皖地名普查办发〔2015〕6 号）文件精神执行。涉及的纸质、移动存储等涉及国家秘密信息的重要数据要妥善保管，在收发、传递、使用、保存、销毁涉密数据及其载体时要严格按照《安徽省第二次全国地名普查涉密数据保密管理办法实施细则》执行。涉密数

据管理要主动防范、分级负责、责任到人。各地采取人防、物防和技防相结合的防范措施，提高了防范、发现和处置能力，做到业务工作谁主管，保密工作谁负责，确保了涉密数据安全。

（七）努力做到查用结合，突出应用

一是编制成果转化规划。2015 年 11 月，省普查办编制印发了《安徽省第二次全国地名普查成果转化规划（2015—2020 年）》。二是研发构建安徽省行政区划和地名数据库平台。为了能够更好地利用地名普查成果数据，为社会提供地名和行政区划公共服务，及时更新地名普查和行政区划变更数据，研发建设省、市、县（市、区）互联的三级行政区划数据库平台，提高信息化水平和公共服务能力。三是注重边普查边挖掘。2015—2019 年，在地名普查过程中，挖掘出一批地名历史悠久、文化内涵丰富且具有安徽特色的千年古镇、千年古村落。省民政厅会同省住房和城乡建设厅、省旅游局、省文物局、省地方志办公室对 89 个千年古镇和 63 个千年古村落地名文化遗产进行认定，《安徽日报》、安徽电视台和新媒体集团等专门对认定为安徽省地名文化遗产的镇、村，开辟专栏，以群众喜闻乐见的形式，宣传地名文化，让老地名唤起人们对历史变迁的记忆，提高知名度、美誉度和影响力，推动了当地经济发展。

二、取得的成效

5 年来，在国家普查办的指导下，安徽省认真贯彻落实国务院工作部署，全省共采集 11 类共 52 万余条地名，修测标准地名图 800 多幅，形成验收审核报告 260 余份、入库检查意见 600 余份，完成 33 条市级界线数据接边任务，第二次全国地名普查组织实施阶段工作全面完成。一是多措并举，推进地名普查成果转化。为进一步弘扬传统地名文化，保护和利用地名文化遗产，与安徽大学合作，编制《安徽省历史地名文化遗产保护名录》。按照民政部的要求和《安徽省地名普查成果转化规划》，下发了《关于进一步加快地名普查成果转化的通知》，圆满完成了《中华人民共和国标准地名词典（安徽卷）》词目表编制和词条编写任务，档案整理归档工作全面完成。积极推动《安徽省地名志》《安徽省地名录》《安徽标准地名图》编纂，出版了《安徽省最美地名故事》等一批地名文化系列丛书。二是不规范地名得到有效整治。结合第二次全国地名普查工作，各级以群众反映强烈的不规范地名问题为重点，积极开展地名清理整顿工作。全省共清理整治非标准地名和不规范地名29248条（自然村重名约97%；大、洋、怪约3%），擅自命名更名的问题得到有效遏制，营造了规范有序的地名环境，进一步提升了地名法治化、科学化、标准化水平。三是地名标志标准化基本覆盖。根据第二次全国地名普查要求，按照《地名标志》（GB17733—2008）国家标准，对全省绝大部分行政村地名标志进行了增设，实现了全省绝大部分乡镇村地名标志的全覆盖，为加强社会治理软环境奠定了坚实基础。四是创新驱动，推动地名文化遗产保护。指导寿县、全椒县、歙县和黟县申报世界千年古县工作。2019年8月，指导推荐当涂县、颍上县和萧县申报世界“千年古县”。2014年以来，在全国率先组织开展了千年古镇、千年古村落认定工作以来，全省共认定七批千年古镇89个、千年古村落63个。

三、下一步工作思路

一是加强组织领导。进一步加强对地名工作的组织领导，积极开展不规范地名清理整治工作，通过明确职责分工，确保各项工作责任到位、任务落实。同时，积极开展对地名普查工作的专项督查和工作指导，切实有效推进地名普查后续工作有序推进。二是积极宣传引导。充分利用新闻、网络媒体等各种形式和渠道，广泛宣传地名法规、标准和政策，大力宣传不规范地名清理整治的意义、内容和要求，发挥舆论引导和监督作用，不断增强社会各界自觉遵守地名法规、规范使用标准地名和地名文化保护意识，营造良好的社会氛围。三是注重长效管理。健全地名法规和规范标准，理顺地名命名、更名审批权限，建立健全地名命名、更名和使用管理的长效监督机制，遏制不规范地名产生，实行地名管理的法治化、科学化、标准化。同时，积极开展地名规划编制工作。通过编制地名规划，增强地名管理的全局观念，彻底从源头上控制地名命名、更名的随意性。

福建省第二次全国地名普查工作纪实

福建省地名普查办公室

福建省第二次全国地名普查工作，严格按照国务院普查工作领导小组的要求，始终在省委、省政府的领导和国务院普查办的指导下，坚持“四个到位”“五个强化”“六个把关”要求，较好地完成了普查工作任务。

一、加强组织领导，形成有效的工作格局

福建省坚持把“二普”工作列入省、市、县三级民政部门重点工作，列入年度绩效考评和重点督查内容。层层健全机构，省、市、县三级均成立了第二次全国地名普查工作领导小组和领导小组办公室，县级以上成员单位和各乡镇（街道）、村居至少指定1名联络员，省、市两级还成立了地名普查专家咨询委员会，并建立健全成员单位联络制度，形成了各司其职、各尽其职、密切配合的工作体系。层层制订方案，省政府办公厅下发了《关于开展福建省第二次全国地名普查的通知》和《福建省第二次全国地名普查实施方案》，对全省“二普”工作进行总体部署安排；市、县两级结合本地实际，制订专项实施方案，明确路线图、时间表，做到依案实施、分步推进。层层动员部署，省、市、县三级共召开了800多场动员部署会、工作推进会，明确目的意义、目标任务、时间安排、保障措施等，做到主要领导亲自抓，分管领导具体抓，确保各项任务落地生效。

二、制订相关政策，构建有效制度体系

2014年5月28日，省人民政府第23次常务会议通过《福建省地名管理办法》，并以省政府令形式发布。制订了福建省《人文地理实体地名通名使用规范》（DB35/T1644—2017）和《标准地址编制规范》。出台了福建省第二次全国地名普查《工作规程》《质量监控、监理实施办法》《成果验收规范》《验收标准》《成果数据入库验收方案》《地名普查自（核）查报告表》《县

（市、区）第二次全国地名普查工程（委托）合同》《档案检查验收规范》等10多份规范性文件，对购买社会服务、资料收集、外业采集、内业处理、数据入库、成果制作、成果验收等重点工作环节进行了明确规定，构建了地名普查质量制度体系。

三、加强基础保障，创造良好工作条件

一是经费保障。省、市、县三级均将地名普查工作经费列入本级财政预算，全省共落实普查资金11618.2万元，其中国家补助资金6462万元，省本级申请专项经费1950万元，县级配套资金3206.2万元。为确保普查经费使用安全，省地名普查办制定了福建省第二次全国地名普查《经费分配办法》和《经费使用管理办法》。各地做到专款专用，重点保障好地名普查、地名标志设置、地名成果转化等工作。在历次督查中，普查资金使用情况都作为一项重要督查内容，严格审核把关，尚未发现使用不当问题。

二是场所保障。各级地名普查办均按要求配置独立办公场所，配备电脑、相机、打印机等专用设备。根据保密要求，配备“三铁一器”及其专用硬盘，确保普查资料保密安全。

三是人员保障。全省抽调200多名专职人员组建普查队伍，各县（市、区）专门聘请地名专家参加普查工作，为地名普查质量审核提供有力保障。各县（市、区）采取政府购买服务形式，与省制图院、省测绘院、福州市勘测院等6家技术公司签订了购买服务合同，有效解决了基层普查队伍技术空白的问题。

四、广泛宣传发动，营造普查氛围

在省级层面，省普查办下发了《福建省第二次全国地名普查宣传活动方案》，利用“福建区划地名网”“福建区划地名研究会”“福建地名”微信平台，先后发布了1000多篇有关地名普查、地名文化、地名概况、闽台地缘文化的精品原创文章，营造了良好的普查工作氛围。重点抓好“四个一”：一是组织撰写一批文稿，分别在福建省人民政府门户网、新华网、人民网等网站上发表；二是在省民政厅一楼大厅设置一处LED屏，滚动播出地名普查标志和100条宣传标语；三是在机关大院门口及周围悬挂一批宣传条幅；四是在福建民政网建立一个专题栏目，由省地名普查办负责人不定期对“二普”工

作进行政策解读、答疑。在福建区划地名网开设“地名情·中国梦”地名普查微视频（微电影）征集活动，号召全省积极参与地名普查微视频（微电影）的拍摄、制作活动。

在设区市层面，开展形式多样的宣传活动。福州市利用社区户外宣传栏开设地名普查专栏，邀请了当地报纸、电台、电视台等媒体进行了专题报道。拍摄了《帝师之乡螺洲》《闽安巡检司衙门》微视频；厦门市制作了宣传横幅和海报，将1500多个广告式路名牌和150多个小区导向牌的版面全部换成地名普查有关内容，通过政务公开LED电子显示屏对地名普查工作进行宣传，发放宣传手册近5000册，向社会各界发送短信6000余条。南平市制作地名标志广告牌宣传标语150幅，利用街头广场悬挂横幅130条，开辟社区宣传栏150个。宁德市通过街头横幅、地名标志牌、LED屏等方式开展地名普查宣传活动。漳州市利用街道的LED显示屏滚动播放地名宣传标语，举办地名知识讲座。三明市利用电视台、广播电台播放宣传信息26条，横幅宣传680条、LED屏幕宣传180条、张贴宣传标语8000多张、印发宣传单15000多份、制作宣传专栏75个、手机短信发布宣传信息8万多条，市民政局还与三明移动公司签订协议，从2015年1月份开始至地名普查基本结束，每月发布地名普查宣传信息2万条。莆田市充分利用民政信息网等进行地名普查宣传专题报道，悬挂宣传横幅85条，发送宣传短信4600多条。

在县乡村层面，切实做到每个中心街区、村部等区域都张贴国家地名普查办印制的“二普”宣传标语，实现了省、市、县、乡、村五级联动。清流县组织县夕阳红乐队开展了彩街宣传活动，泰宁县开展了“地名宣传周活动”。宁化县拍摄了题为《宁化石壁》的微电影。莆田市部分乡镇工作人员利用农村赶集的时间点，在集市上摆摊设点，发放宣传单，解答村民疑问，宣传地名普查知识。各地还结合实际开展特色宣传活动。仙游县拍摄了题为《神仙畅游的地方》的微电影。

五、持续抓好培训，提高能力素质

通过以会代训、专项培训等方法，层层开展普查工作业务培训，确保普查人员全覆盖。全省共举办业务培训班1184期，培训业务人员29286人次。一是对地名普查业务负责人进行培训。重点抓好方案计划制订、检查督导、各项保障、地名普查成果转化等内容的培训。二是对地名普查技术人员进行培训。突出抓好普查工作规程、数据库安装、资料采集、地图标绘、登记表规范填写方法等内容培训。三是对镇、乡、村普查人员进行培训。由各县级普查办组织专家对镇、村普查人员进行指导授课。同时，省、市、县三级普查办工作组还深入基层一线进行面对面业务指导。福州市各级地名普查办专门设立了由各成员单位、乡镇、社区、外业单位共同组成的地名普查QQ群、微信群，加强相互交流联络，有效发挥协调指导作用。

六、抓好外业调查，精细内业整理

各地普查人员分组、分片深入一线，走村入户，以“一普”档案资料和地名普查工作图为基础，组织专人收集相关信息，编写地名预登记表，为外业调查工作提供基础资料和标准依据。在具体工作中，各地采取“三步”法开展外业调查：一是下发普查资料至村，由各村落实人员填报《地名普查登记表》，再由乡（镇）审核、汇总；二是乡（镇）抽调力量组成工作班子，按要求填写地名普查登记表，并深入村（居），由熟悉当地情况的人员现场进行核对、补充；三是乡（镇）负责跨村道路、河流、镇级层面的地名调查；村负责本区域内其他地名的调查。普查人员做到“一查二看三问”（查找资料，实地察看，访问座谈），有效提升了地名普查的数量和质量。据统计，全省共实地踏勘311231人次，采集11大类100余小类519881条地名信息，其中福州59674条，厦门25536条，漳州48423条，泉州52674条，三明58221条，莆田28196条，南平46537条，龙岩54989条，宁德48489条，平潭4268条。

在外业工作的基础上，地名普查办和技术合作单位共同做好内业整理录入工作。形成地名普查成果427007条，其中，跨省界地名351条，跨市界地名268条，跨县界地名1041条。厦门市内业整理除了上述11大类100余小类地名外，还增加了古地名、跨界地名、特殊读音等分类地名，对推进厦门市地名文化遗产保护进程，具有重要意义。

七、开展调研督查，抓好质量监理

厅党组将“二普”工作列入年度绩效管理考核并作为民政重点督查项目，对普查进度缓慢的设区市进行约谈。省地名普查办领导不定期组织人员调研检查，每到一地都约谈合作单位项目负责人，查阅相关资料，帮助解决具体困难和问题。同时，组织设区市地名普查办工作人员进行交叉检查。为确保普查质量，福建省首创“县级地名普查工作五级审核流程”。一是对照审核。将外业采集数据与电子地图、纸质地形图和遥感影像图以及相关资料进行对照审核，查看相关资料数据的匹配度，对新增、消失、变更的地名信息进行备注说明和分类，列出条目。二是乡（镇、街）村（居）审核。由当地熟悉地名的同志及普查员集中审核，经确认后，签字盖章。三是职能部门专业审查。涉及各成员单位的普查信息，发回相关成员单位审查，经确认后，签字盖章。四是地名专家审核。邀请当地地名专家参与质量检查，协助检查有关问题，及时纠错、修正，经确认后，签字。五是地名普查办组织复查。县级地名普查办组织专业技术人员对前期审核修改后的相关资料进行复查，并形成复查反馈表，最大限度保障了普查资料的真实性和有效性。2017 年 5 月，国务院地名普查办监理工作组到福建省开展监理工作，对全省的地名普查总体工作作出较好评价。2017 年 9 月，国务院地名普查办督导组来闽开展地名普查抽验和实地督查工作，对全省普查工作表示肯定，并提出具体整改完善要求。

八、严格检查验收，抓紧问题整改

2017 年 3 月，省普查办组织 10 位省内高校、院所测绘方面专家和相关技术人员，组成 5 个工作组，对 26 个县（市、区）地名普查成果进行首次现场检查验收，对地名普查组织管理、地名调查、地名标准化、地名标志、数据库建设、成果表、检查验收、普查档案 8 个方面进行检查验收。2017 年 5 月，省普查办召开验收工作汇报会，通报各验收组发现的问题，下发了《关于切实解决好地名普查中存在问题的通知》，提出了相应的整改措施。此后又多次组织专家对全省县（市、区）的普查成果进行检查验收。

国务院地名普查办《关于修改完善第二次全国地名普查成果数据的通知》下发后，省普查办第一时间转发各地，并要求各单位抓紧对照《福建省第二次全国地名普查成果数据全面审核数据情况一览表问题清单》，逐一修改完善。各县（市、区）及时组织技术合作单位，进一步挖掘地名文化，充分利用各成员单位提供的资料进行补充、完善；对各类表格重新进行校对、审核；对有缺失的要素及时进行补充完善；对不规范地名进行标准化处理。经过整改，使各种过程资料保存完好、分类清楚，各项成果符合《第二次全国地名普查工作规程》和《第二次全国地名普查质量评价体系》质量验收标准。2018 年 11 月，福建省报送的第二次全国地名普查成果通过了国务院第二次全国地名普查领导小组办公室的全面审核和入库验收。

九、规范档案管理，提升服务水平

地名普查资料归档是“二普”工作的重要关键环节，关系“二普”成果推广应用，关系到地名信息管理服务水平。2016 年 7 月，福建省民政厅和省档案局联合转发了《第二次全国地名普查档案管理办法》，并用简报形式印发了《第二次全国地名普查档案管理办法解读》，并根据该《管理办法》及有关档案管理要求，2017 年 8 月，省民政厅、省档案局在组织人员调研的基础上制订了《福建省第二次全国地名普查档案验收规范》，进一步明确了地名档案验收操作规范。目前，各地正按照《第二次全国地名普查档案管理办法》和《福建省第二次全国地名普查档案检查验收规范》的要求，进行整理归档。厦门、漳州等地利用地名普查平台，建立市级及各县（市、区）区划地名数据库系统，地名信息普查数据全部录入电脑，使之更好地为社会各界提供地名信息服务。

十、下大力气，清理整治不规范地名

省地名普查领导小组及时召开专项工作会议进行部署，明确清理整治不规范地名的工作目标、工作流程。出台了《福建省加强地名文化保护清理整治不规范地名工作实施方案》，民政部以参阅文件（民阅〔2016〕51 号）的形式印发全国。为清理整治不规范地名提供有力依据，省民政厅、省质监局及时出台了省级地方标准《人文地理实体地名通名使用规范》（DB35/T1644—2017）。厦门市协调规划部门，建立了多规平台，在市多规平台从源头把关全市道路、建筑物、单位、居住区等项目名称，2017 年通过多规平台把关各类项目名 794 个；2014 年以来通过施工图地名审核，清理并标准化处理了大量不规范地名。在各地共同努力下，全省共对 1239 条不规范地名进行了标准化处理，占摸底出的不规范地名总数的 89%，初步解决了全省一些地名管理中存在的乱象问题。

十一、加快成果转化，提升地名公共服务水平

省普查办坚持“边普查，边应用”的原则，扎实有序抓好地名成果应用。

一是制定了《福建省第二次全国地名普查成果转化规划（2015—2020)》及成果转化实施方案。二是成立了《中华人民共和国标准地名志》（福建卷)、《中华人民共和国标准地名词典》（福建卷）编委会、编写组，举办了专题培训班。目前，《标准地名词典》福建卷第一部分、《中华人民共和国标准地名志》（福建卷）已完成编纂报送工作，《标准地名词典》福建卷第二至八部分正在紧张编纂中。三是编印了《福建省政区图》等一批地名图册。出版了《厦门市地名志》和《厦门老街巷故事》《厦门老街新影》《风土沧海》《沧浪》《福建省长汀县保护地名录》等地名文化书籍。通过编撰图、录、典、志，使最新的地名普查成果得到较好的应用。

省民政厅联合省公安厅在全省实施标准地址二维码管理，为厦门金砖会晤安保工作圆满完成作出了贡献。据统计，全省共清理核实标准地址 2073 万条，新增地址 1428 万条，注销、修改地址 2837 万条，基本解决了错、重、漏等历史遗漏问题，为建立全社会一体化的标准地址应用体系打下良好基础。此项工作作为省地名管理的创新项目，在全国尚属首例，得到中央政法委领导的高度肯定。

十二、保护地名遗产，弘扬地名文化

省民政厅建立了《福建省第一批古地名文化遗产保护名录》，并与省发改委、省住建厅、省文化厅等 5 家单位联合开展“福建省地名文化遗产千年古镇（古村落)”认定工作，永泰县嵩口镇等 8 个镇、闽侯县上街镇侯官村等 9 个村被评为第一批“千年古镇（古村落)”。各地以申报“千年古县”为契机，积极开展地名文化遗产论证活动。目前尤溪、宁化、沙县、德化、建阳 5 个县（市、区）已被中国地名文化遗产保护促进会确认为“中国地名文化遗产千年古县”，浦城县、武平县也已向民政部提交了申报材料。各地着力抓好古政区地名、古城（都)、古县、古镇、古村等重点区域地名的保护工作。厦门将闽南语发音地名、客家话发音地名、涉台地名、涉侨（外）地名、古军事地名、特殊用字地名等类地名文化遗产列为保护重点。福州市公布了第一批地名文化遗产保护名录。积极参与“地名情・中国梦”全国地名普查微视频征集活动。三明作品《宁化石壁》获得地名故事类微电影优秀奖；组织各地积极参加全国地名理论征文活动，共有 6 篇征文获奖。其中泉州市选送的《原乡血脉：海峡两岸同名村镇文化现象初探》获全国地名理论征文一等奖；

厦门市选送的《历史影像下的地名辨真》获全国地名理论征文三等奖，入选《保护与发展——2017年全国地名理论征文文集》；在“最美地名”评选中，漳州选送的《平和——“天底下最美的地方”》获全国征文三等奖、泉州选送的《福建省泉州八景之关锁塔》、南平选送的《南平武夷山大王峰和玉女峰的传说》获优秀奖，并入选《中国100个地名故事》。

十三、工作体会

（一）领导重视，加强督导是搞好普查工作的关键

厅党组将“二普”工作列入年度绩效管理考核并作为民政重点督查项目。每年由厅领导带队两次分赴各设区市开展督查，并由厅领导对普查进度缓慢的设区市普查办主要领导进行约谈，督导落实。仅2017年第三、四季度，省地名普查办就深入5个设区市、16个县（市、区）开展专题调研。其间，还成立了福建省地名普查专家咨询委员会，多次组织专家巡查开展专项督查。

（二）加强培训，提升普查人员素质是搞好普查工作的基础

通过以会代训、专项培训等方法，层层开展普查工作业务培训，做到普查人员培训全覆盖，做到工作流程、工作职责、工作目标、成果制作“四个明确”，普查队伍的专业知识和业务技能不断得到提高，对发现的问题有能力解决。

（三）突出重点，严格把关是搞好普查工作的根本

省普查办严把质量关，全面推广“五级审核”，通过五级审核，轮番对普查资料进行论证、补充、修改、完善，最大限度地保障普查资料的真实性和有效性；各县（市、区）也成立了监理组、督导组，对普查质量进行全程监控、督查，有效提高了普查质量。一些县（市、区）在实际工作中出点子、想办法解决问题，如政和县为解决图片质量不高的问题，聘请当地摄影协会协助拍摄，提供所需资料图片，有效地解决了传媒资料图片效果差的问题。

江西省第二次全国地名普查工作纪实

江西省地名普查办公室

一、基本情况

自2014年江西省第二次全国地名普查工作启动以来，全省各级普查机构坚持目标导向和效果导向，倒排工期、压实责任，强化统筹协调、密切配合，精心组织、周密部署、攻坚克难、加班加点，顺利完成了地名普查实施阶段工作任务，共采集11大类地名信息55万余条，整饰地名图1000余幅，先后进行了6轮全省地名普查成果数据整改、上报工作；如期完成了6条省界、1200多条跨省界自然地理实体地名和1100余条跨县界自然地理实体地名名录核实、普查成果数据的上报工作；清理整治不规范地名1684条，有序开展了地名普查档案归档、标准地名图录典志和地名故事书籍编撰，地名文化视频制作展播、地名信息化建设等成果应用工作，全省启动实施了地名普查成果转化项目300余项，已拍摄地名视频169部，已编制出版地名各类图书130余册。

二、主要工作

（一）加强领导，高起点筑牢地名普查基础

各地党委政府高度重视地名普查工作，高位动员部署，夯实普查保障，为地名普查实施奠定坚实基础。江西省地名普查准备阶段工作在2014年第二次全国地名普查工作推进视频会上作典型发言。

1. 强化组织领导

省、市、县三级都成立了以政府分管领导为组长、相关单位为成员的地名普查机构，及时明确和调整普查领导小组成员，各级成员单位、村（居）委会都确定了地名普查联络员，形成纵向到底、横向到边的地名普查组织体

系。分管副省长两次出席全省地名普查视频会议，亲自动员部署，并大力宣传和推动成果转化工作。各设区市、县（市、区）根据不同阶段任务层层召开地名普查工作会议，有些地方党政一把手亲自动员部署，使普查工作得到迅速高位推动；有些县将地名普查列入政府综合考评督查内容，建立由县政府及部门领导分片包干的工作机制。全省上下形成了一级抓一级、层层抓落实的责任体系，为地名普查顺利开展筑牢了组织基础。

2. 完善制度体系

省本级制定印发了地名普查涉密数据使用管理办法、专项资金使用管理办法、质量管理规定等规范性文件10余份，此外，联合省档案局制定印发了《江西省第二次全国地名普查档案验收办法》，制定了《地名普查外包服务合同样本》《保密协议样本》《地名普查部分表格填写说明》供各地参考使用；建立健全了地名普查信息报送、督导、约谈、保密和周报等一系列制度。各地都因地制宜印发一系列相关制度文件，为规范普查作业提供了遵循。

3. 夯实物资保障

省本级累计下拨中央财政地名普查补助资金9323万元，各级财政配套地名普查资金9000余万元，其中南昌市新建区、南昌县、赣州市南康区、赣县区、信丰县、大余县、龙南县、宁都县、于都县、南丰县、婺源县本级配套资金超过200万元。省本级为各地统一配发了地名普查数据建库与管理软件、地名普查保密软件及设备，设区市、县（市、区）都购置了专用计算机、扫描仪、打印机、保密柜等设备，设置保密操作室，为完成普查任务提供了必要条件。

（二）精心组织，高效率完成地名普查任务

各级普查机构坚持目标导向，按照各阶段任务时间节点，强化责任落实，注重科学统筹，抓好调度督促，推动地名普查工作换挡提速。

1. 层层压实责任

地名普查启动以来，省普查办召开动员会、推进会、座谈会、调度会等专题会议20余次，对普查工作分阶段部署推进，严格明确目标任务和时间节点，明确地名普查外业调查、内业整理、数据入库等工作的重点与难点。省与各设区市地名普查办之间、设区市与县（市、区）之间层层签订了《地名普查目标责任承诺书》，共同承诺按时间节点完成普查任务。赣州市、抚州市

制定“地名普查60天工作法”，责任到人到岗，有力推动普查取得迅速进展。

2. 引进专业力量

鉴于民政部门人力不足而普查时间紧、任务重、技术性强的现实矛盾，全省各县（市、区）通过招标，引入具有外业采集作业经验的单位配合开展普查工作。全省各县（市、区）共有15家技术服务公司1000余名专业技术人员参与普查。省、市、县三级都成立了地名普查专家咨询委员会，邀请文史专家、老地名工作者全程参与地名普查审核验收工作，为地名普查提供智力支持。在后期普查整改过程中，针对国务院普查办验收反馈的问题，专门聘请部门和行业专家参与整改验收工作，提高整改质量及效率。

3. 强化业务督导

省普查办组织督导组，多次召开现场督查会，对普查进展较慢的县（市、区）予以现场督促指导。每周调度各地普查进展情况，下发普查工作简报10余期；联合省测绘地理信息局，深入52个县（市、区）开展地名普查调研督导，指导各地优化地名普查流程，推广了“三同步”工作法，将外业采集、地名信息审核、内业处理入库“三步走”改为“三同步”，有效节约了普查时间。各设区市普查办深入开展了多轮次地名普查督导工作，及时帮助基层解决实际困难，涉及项目合作、资金、技术等一批重点、难点问题得以推动解决。

4. 适时通报约谈

针对部分县（市、区）普查推进较慢、普查质量不高等问题，分管副厅长亲自赴吉安、赣州等地召集普查进度相对滞后的县（市、区）分管副县长，督促加快普查进度。省地名普查办及时下发地名普查通报6期，并召开约谈会，集体约谈了参与地名普查的15家技术单位负责人。鹰潭、赣州、吉安、宜春等市约谈了部分作业单位负责人。南昌市每周对所辖县（区）普查进展进行排名，分管副市长亲自督导进展较慢的县（区），有力推动了普查工作取得进展。

（三）严格管控，高标准完善地名普查成果

省地名普查办要求全省各级普查机构牢固树立“质量第一”的理念，紧紧围绕成果质量这个核心，以对历史负责、对人民负责的态度，强化普查全过程质量管控，严把普查填表关、审核关和整改关，普查成果不断完善。

1. 开展全方位培训

省普查办分专题举办了地名普查示范培训、管理软件与手持终端设备操作、质量控制与内业处理、地名普查验收、地名普查成果数据入库等10余期培训班，培训各设区市、县（市、区）业务骨干1800人次。各设区市、县（市、区）在普查准备阶段即实现了成员单位联络员、村（居）普查员培训全覆盖，全省共培训地名普查分管领导及工作人员约6000人次，一线普查人员业务水平得到显著提升。

2. 明确规范标准

为使工作程序化、流程规范化、操作便捷化，提高普查工作的标准化、规范化水平，省普查办想方设法，结合基层反映的困难和问题，多次发文明确技术标准，细化工作要求，并精心制作了《地名普查部分表格的填写说明及样例》，规范11大类地名成果表填写，并进行3次专题培训，4次解读成果表存在的易错问题，进行现场展示，力求成果的准确性、完整性和规范性。南昌、上饶等市就11大类112小类地名普查成果表填写进行了细化，对统一标准、规范质量起到了关键作用。

3. 实施全过程监理

省地名普查办委托具有甲级监理资质的第三方公司对11个设区市、100个县（市、区）开展地名普查监理，对各地普查工作组织实施、基础保障、保密安全、普查成果制作进行全过程监理，对普查质量进行评定，并对各县（市、区）地名普查数据整改情况进行了3轮抽验。南昌等地在省监理的基础上再次进行了深入监理，全过程监理的介入为全省地名普查工作进度及质量起到了保驾护航作用。

4. 强化审核把关

为促进普查质量持续改建，建立了县级自查、市级核查和省级验收三级审核，外包公司核查、乡镇（村）核查和成员单位三方核查的全方位审核体系。组织省社科院专家对各地上报的普查成果（整改成果）进行了6轮审核把关，反馈修改意见600余份。省普查办带领专家组对11个设区市的21个县（市、区）普查成果进行现场抽查复验，及时反馈意见。各地通过验收外包、召开验收会、聘请专家等方式进行多层次审核把关，反复修改，经过数易其稿，各县（市、区）地名成果数据质量不断提升，不少地方地名文化挖掘充分、深入，许多“一普”后的新生地名被详细记载，消失的历史地名被完整记录和保存下来，为地名信息建立了宝贵数据资料。

5. 持续更新完善

一方面，强化普查数据更新完善。下发了《关于开展国家地名信息库更新完善工作的通知》，明确数据更新完善的内容、方法路径、时限要求等，督促各地及时通过国家地名信息政务平台核实完善民政部反馈的问题与意见，及时更新完善2015年以来变更地名信息，并及时将图、录、典、志编纂过程中补充的地名内容充实到相应词条中，不断提升地名信息的现势性、准确性。另一方面，强化信息共享协同完善。及时将地名普查成果共享给自然资源、市场监管等部门，通过信息数据比对、融合吸收，持续更新完善数据，不断扩展地名信息的内涵和外延。

（四）注重实效，高位推动成果转化

全省各级普查机构按照“多出成果、快出成果、出好成果”的工作原则，坚持边普查边转化，着力抓好规划引领，以示范项目带动，大力推动普查开花结果。

1. 坚持科学谋划部署

一是制定规划文件。出台了《江西省第二次全国地名普查成果转化规划(2016—2020年)》，省本级制定出台了《江西省地名普查成果转化规划2016—2020年》，列出了省、市、县三级成果转化必选和自选项目37项，明确完成任务要求与时限；2018年根据各地实际，又制定下发了《关于进一步做好地名普查成果转化工作的通知》，进一步细化职责，明确省、市、县三级任务分工，为成果转化提供了遵循。各设区市也相应出台了本级成果转化规划或实施方案。二是会议部署推动。2017年8月召开了全省第二次全国地名普查推进视频会议，省政府吴晓军副省长和厅党组书记、厅长刘金接全面部署成果转化阶段各项工作任务。三是组织集中培训。举办了全省第二次全国地名普查成果转化推进会暨标准地名词典编纂培训班、成果应用培训班、地名志编纂培训班、红色地名故事编纂培训班等，明确普查成果转化项目、要求，培训各设区市、县（市、区）业务骨干1000余人。此外，针对标准地名词典编纂工作分片举办了多期培训班。四是外出学习取经。带领部分县、市业务骨干组成考察组赴苏州、常州、厦门、泉州等地学习考察成果转化、地名文化保护与信息化建设的先进经验和做法，为成果转化全面推进奠定基础。

2. 坚持项目带动示范

省本级编纂出版了《和的旋律》画册，《江西政区地名的古往今来》《战地黄花——江西红色地名故事集》，委托省教育电视台拍摄《江南西道》地名文化系列宣传片，与湖北、湖南两省民政厅联合编制了长江中游城市群标准地名图，启动了地名普查与地名文化展播、江西标准地名词典编纂、江西省地名志编纂、江西省行政区划图编制等项目，积极谋划江西区划地名信息化建设项目。全省启动实施了地名普查成果转化项目300余项，已拍摄地名视频169部，编制出版地名各类图书130余册，11个设区市和90多个县（市、区）完成了本级政区图（城区）标准地名图的编制工作，南昌、萍乡、抚州完成了地名图集编制项目招标，萍乡市基本完成《萍乡市地名志》编纂工作，赣州市出版了《赣南地名文化大观》系列丛书，南昌市东湖区、吉安市吉州区、安福县等20多个县（市、区）已完成本级地名志、地名故事集初稿编纂工作，南昌市启动了《南昌市历史地名文化遗产保护名录》编制工作，地名普查成果应用成果不断丰富。

3. 坚持抓好长效管理

一是出台规范文件。继《江西省地名管理办法》出台后，南昌、景德镇、萍乡、鹰潭、吉安、抚州6市和南昌县、万年县相继出台了地名管理办法。目前，全省各地出台地名管理规范性文件16份。二是规范地名命名程序。南昌、景德镇市通过网络、报纸广泛征集地名，举办地名命名听证会，上饶市中心城区建设项目和重大项目命名审批听取民政部门意见，南昌、景德镇、萍乡、赣州、吉安、宜春、抚州市和高安市将新建小区命名前置，明确未经民政部门审核不予发预售许可证或编制门牌号，进一步规范地名命名更名。三是积极开展地名理论研究。确定每年3月为全省区划地名集中调研月，结合年度重点工作确定调研主题，印发调研方案，开展形式多样、针对性强的调研活动，充分调动专家、学者、地名工作者的积极性，形成了一批理论成果。2017年在民政部举办的地名理论征文活动中江西省提交论文总数为全国第二，5篇论文分别获得二、三等奖。四是加强地名规划编制。指导各设区市对城区尤其是开发区、工业园区道路名称进行科学规划，从源头上把好关，使地名管理更加规范有序。南昌市、抚州市启动全市地名规划编制工作，鹰潭市编制了《鹰潭市中心城区地名规划（2015—2030年）》。五是加强地名信息化建设。省本级筹备建设了地名文化展示厅，正在筹划建立区划地名内部管理和对外信息服务系统，组织6家技术公司召开区划地名信息系统建设演示会，通过博采众长，科学谋划系统建设方案，通过采用“互联网+”技术，力争实现区划地名数据的高效管理、便捷服务和共享共用。新余市结合地名普查，示范开展地名地址库建设，目前已基本完成覆盖40平方千米第一期项目建设，入库地名地址数据50万余条。南昌市建立了基于网络平台的集信息发布、网上浏览、网上查询、网上办公等多功能于一体的地名管理系统，为全省区划地名信息化建设摸索了经验，打造了样板。

（五）统筹推进，高质量做好地名普查相关工作

在查清家底的基础上，各地利用地名普查契机做好汇报沟通，争取部门支持，深入推进地名标志设置和清理整治不规范地名工作，进一步加强和改善地名管理，扩大地名文化影响力，有效地拓展了普查成果，深化了普查实效。

1. 突出重点，分类清理整治不规范地名。普查期间，各地对不规范地名进行摸底，重点对居民区、道路街巷类地名，集中力量解决有地无名、重名等不规范地名。共新命名道路街巷108条，对1266条重名同音地名，18条刻意夸大的地名，2条崇洋媚外的地名，11条怪异难懂的地名进行了标准化处理。2019年，联合公安、自然资源、住房城乡建设、交通运输、市场监管等5部门联合印发了《关于印发江西省进一步清理整治不规范地名工作实施方案的通知》《关于积极稳妥推进清理整治不规范地名工作的通知》等文件，深入推进“大、洋、怪、重”等不规范地名清理整治工作，并将清理整治工作列入2019年全省民政重点工作综合评估内容，通过层层召开动员大会、部门联合部署会议、协调会，压实责任、细化任务；编制了《清理整治不规范地名流程图》，指导景德镇市联合公安局等部门开展联合执法，加强清理整治工作宣传引导与舆情监控，目前全省清理整治工作正在稳妥有序推进。

2. 借势发力，深入推进地名标志设置。各地以地名普查为契机，结合文明城市创建、市容整治等活动，大力推进地名标志设置。一是加强地名标志设置。各地以地名普查为契机，集中排查、更换了一批不规范及损毁的地名标志，并将地名标志设置工作延伸至农村，南昌、景德镇、萍乡、九江、鹰潭、赣州、吉安、抚州、上饶等市和九江县、广昌县等县（市、区）完成地名标志设置、更新，全省新设置地名标志36240块，投入经费3797万元，城

乡一体化地名标志服务体系不断完善。二是推进地名设标现代化。上饶市设置带有二维码的新型地名标志956块，市委书记专题调研地名标志设置工作，给予肯定。景德镇市在珠山区老巷弄设置了瓷板路牌，用中英文介绍巷弄地名文化，成为当地一处亮丽风景。三是加强地名标志管护。南昌市将地名路牌维护工作纳入《南昌市民政局“三令制”考核方案》，路牌维护工作按月进行考核打分，并结合“全民清洁家园”活动，对城区主次干道2258块路牌进行清洗、整治。

3. 精心组织，有序推进跨界自然地理实体普查。召开了全省跨省界自然地理实体核实完善会议，如期完成1200多条跨省界自然地理实体地名名录核实上报工作，以及第二轮、第三轮跨省界数据的核实与补充上报。下发了《关于报送跨设区市、县界自然地理实体地名普查数据的补充通知》，规范跨设区市、县界自然地理实体地名普查成果数据的报送要求，组织专业人员对跨设区市界自然地理实体普查成果接边。省本级和11个设区市完成辖区内地名普查成果数据接边、入库工作，建立了省、市、县三级地名数据库。

4. 创新形式，广泛开展地名普查宣传。省、市、县三级连续3年在每年1月开展地名普查宣传月活动，通过电视、广播、微信、微博、短信、电子屏、地名标志牌、社区宣传栏等媒介，综合采用悬挂横幅、标语，发放地名普查与地名管理资料，推送地名信息，展播地名普查与地名文化图片视频，举办地名猜谜和“地名普查进军营、进社区、进学校”活动等方式，深入宣传地名普查与地名文化。景德镇市举办微电影演员和“昌南地名故事会”小讲师海选活动，拍摄了地名专题电影《御窑景巷》，让社会各界深入参与和弘扬地名文化。精心组织参与特色宣传活动，在国务院地名普查办举办的“地名情·中国梦”微电影（微视频）征集活动中，江西省提交作品总数占全国11%，所获奖项数占全国18%。在“寻找最美地名故事”征集活动中江西省提交的多部作品获奖。

5. 以点带面，稳步推进地名普查档案管理。一是加强组织领导。省民政厅将地名普查档案归档工作作为设区市年终考核评估的重要指标，层层传导压力、压实责任，省市县三级均形成了普查办主导、档案管理部门业务指导、外包单位具体负责“三方联动”的有效工作机制。二是突出规范引领。省本级先后举办了3次地名普查档案工作培训，针对基层对档案归档工作标准把握不准的实际，联合省档案局专门制发了《江西省第二次全国地名普查档案验收办法》《关于地名普查档案归档应把握的几个问题》等文件，明确第二次全国地名普查档案的归档范围、归档要求，细化各级普查办职责任务，量化档案验收标准，规范验收操作，为全省地名普查档案归档及管理工作规范化提供了遵循。三是精心组织试点。2018 年初省普查办确定了南昌市青云谱区等 14 个县（市、区）为全省地名普查档案归档工作试点单位。经过试点探索，摸索了一套行之有效的地名档案归档工作规范化流程。还专门在南昌市青云谱区召开了全省地名普查档案归档试点推进会推广试点经验。四是加强督查指导。省民政厅联合省档案局多次开展督查、调研，对部分县（市、区）进行了实地督导，并就档案材料的完整性、归档编目、保密措施、档案管理利用等工作提出具体意见，积极总结推广各地的经验和特色做法。五是适时启动验收。2018 年下发文件明确省级验收申报程序、时间安排。2019 年 6、9 月，在县级自查、市级核查的基础上，通过听取汇报、实地查看等方式对南昌市青云谱区、湾里区、浮梁县、九江市濂溪区、瑞金市、修水县、武宁县、南城县、玉山县等县（市、区）地名普查档案归档工作开展了省级验收。

三、经验启示

（一）领导重视是地名普查工作顺利开展的关键前提

第二次全国地名普查工作开展以来，得到了国务院地名普查办的大力帮助和各级党委政府的重视支持。2016 年省地名普查工作被国务院地名普查办约谈后，省普查办提请省政府召开地名普查专题会议，对地名普查工作再动员再部署，省民政厅党组书记、厅长刘金接给各设区市政府分管领导写信，请各级政府关心支持普查工作，切实认识差距，加强领导，配足经费，狠抓落实。各设区市政府领导都批复将全力抓好落实，保质量保进度完成任务，决不拖全省的后腿，并与所辖县（市、区）分管领导签订了地名普查承诺书，市政府分管领导亲自调度普查进度。南昌市政府分管领导亲自给普查进度相对滞后的县（市、区）政府领导打电话调度，有效形成了“政府领导、民政牵头、部门协作、社会参与”的工作格局，从根本上保证了地名普查时间、普查人员、普查经费的落实。省民政厅领导多次召集设区市地名普查推进会，深入 50 多个县（市、区）调度地名普查工作，倒逼县（市、区）加快推进普查。

（二）保障到位是地名普查工作顺利开展的重要基础

一是组织领导到位。省、市、县、乡都成立了相应的地名普查机构，所有的成员单位、行政村、居民委员会确定了地名普查联系人，形成了上下联动，纵横协作的地名普查机构，有力保证了地名普查有序开展。

二是制度规范到位。省地名普查办先后制定印发了地名普查资金使用管理办法、涉密数据管理办法、质量管理规定、监理办法、验收办法、档案管理办法等规范性文件10余份，为基层开展普查各项工作提供了具体明确的依据，使地名普查工作有章可循，有效保障了地名普查工作实现规范化、标准化操作。

三是人员到位。地名普查专业化程度高，单靠民政部门一家完成这项工作难度很大。在具体操作中建立了3支队伍。第一支是由各级普查办和成员单位、乡镇村普查联络员组成，按照市、县地名普查办分别配备了2—3人的地名普查专业队伍，每个成员单位、乡（镇、街办）和村（居）不少于1人配备，负责地名资料的收集、初步审核。第二支队伍由技术服务公司技术人员组成，在普查办的指导下负责地名空间数据、多媒体数据的采集，各类数据的处理、标绘工作图、数据入库等工作。第三支队伍由当地文史专家、老地名工作者、语文教师等熟悉当地地名情况的人员组成，负责地名普查信息的审核工作。

四是资金到位。“兵马未动，粮草先行”，在下拨中央财政补助资金的同时，各级普查办都制定了普查工作和成果转化经费预算，争取政府领导的支持。目前全省共配套地名普查资金9000余万元，保障了普查工作的顺利开展。

（三）质量管控是地名普查工作的基本“生命线”

质量是地名普查的生命线，贯穿于地名普查的全过程。各地普查办在普查过程中突出重点，把握关键环节，确保普查质量。资料收集环节，在“全”和“细”上下功夫。充分利用第一次全国地名普查和地名补查与资料更新的成果，以及国土、水利、林业、测绘等地理国情普查现有数据，重点收集了历年地名命名（更名）文件和资料、地名志、地名录、地名词典、地图、地方志、文史资料和有关古籍，以及基础地理数据与遥感影像数据等，确保全面细致、不留死角。外业调查环节，在“多”和“准”上下功夫。各级普查办采取多种形式开展外业调查，如部门协作分类调取资料、发放调查表、分片调查收集、召集当地群众座谈、走访知情人、现场踏勘等方式，对除海域类以外的陆地水系、交通运输设施、行政区域等11大类地名进行调查。在调查过程中，根据地名调查目录、地名登记表、工作图到实地对照、核实、采集地名信息，标注工作草图，确保信息准确无误。对暂不能到实地调查的地名，进行室内资料收集整理，进一步核实、充实地名登记表。在普查工作用图上能准确判定位置的，采用图解法确定坐标，但要在实地踏勘时核实；对在普查工作用图上不能准确判定位置的，到实地测量，提高地名信息的准确度。内业整理环节，在标准化上下功夫。在对外业调查成果进行初步审核后，严格按照操作规程要求导入更新、更全的地名信息，在计算机上对实地采集的文字、照片、录像、录音等进行检查、整理、编撰，确保所有地名数据100%导入国家地名和区划数据库并标绘在矢量图上。成果运用环节，在规范化上下功夫。各地坚持“边普查、边应用”的原则，建立和完善地名数据库，编制出版标准地名图集和地名志等出版物，推广规范的电子地图、地名网站、地名触摸屏等多种形式的服务平台，出版一批地名文化图书，摄制地名文化专题片，广泛传播优秀赣鄱地名文化，不断提高地名管理规范化、法治化水平。普查验收与成果上报环节，在严格审核上下功夫。各级普查机构严格按照县级自查、市级核查、省级验收程序，每一轮国务院地名普查办反馈修改意见后，各县（市、区）在指导作业单位按照修改意见整改后，都要组织专家进行100%的自查后再逐级上报。

（四）部门合力是地名普查顺利实施的基础支撑

地名普查工作面广而量大，涉及部门多，技术要求高，需要多部门的合力参与才能顺利完成。2014年地名普查启动，江西省就印发了《江西省第二次全国地名普查实施方案》，明确了各个成员的工作职责和任务分工，建立了政府主导、民政牵头、部门配合的工作机制。各成员单位认真履行各自的工作职责，提供本部分主管地名资料，配合地名普查外业调查，参与地名普查信息的审核等工作。甚至部分县（市、区）成员单位主动联系普查办，领取普查工作任务。各级普查领导小组成员单位的通力协助、密切配合、资源共享，提高了普查的效率。

(五) 担当实干是地名普查顺利开展的根本保证

全省各级普查人员把地名普查作为一项传承地名历史、惠及后人的德政工程，以强烈的责任感、使命感，极大的工作热忱和敬业精神投入到普查工作中。抚州金溪、广昌县的地名普查专家，放弃中秋、春节与家人团聚，加班加点逐条审核，逐字逐句把关，有的地名登记表批注得密密麻麻，比作业人员填写得更详细、准确。南昌市进贤县地名普查办陈俊伟，全程指导服务公司技术人员开展普查，白天跑外业，晚上整理数据，连续在办公室住了两个月。上饶市地名普查办工作人员黄沁为不耽误普查进度，将婚期推迟了整整半年。万载县地名普查作业人员为了按时上报数据，在岳父的葬礼上都在抽空修改数据。由于公车改革，很多县（市、区）地名普查办工作人员“私车公用”，深入偏远山村搞普查。至于“5 +2”“白加黑”更是家常便饭。正是有这样一群敬业、奉献的普查人员，推动了普查工作任务圆满完成并取得预期成效。

山东省第二次全国地名普查工作纪实

山东省地名普查办公室

621356条。

这是山东省第二次全国地名普查入库的地名条数。

这是在党和政府有力领导下，广大人民群众积极配合、共同努力的辛勤结晶。

这是山东省各级普查人员以大山为伴、与田野为伍，通过内外作业、专家认证、座谈探讨，逐个走访，逐一校验，逐级审核，用心血和汗水换来的宝贵“家底”。

1460天，从2014年6月1日吹响号角，齐鲁大地进行了一次地名大点名。全省17个市、137个县（市、区）全部完成建库工作，累计调查地名67万余条，审核入库526981条，其中：行政区域类地名2202条，群众自治组织类地名8.1万条，居民点类地名11.9万条，非行政区域2083条，交通运输类地名4.4万条，水利、电力、通信类地名3.2万条，纪念地与旅游景点类地名8035条，建筑物类地名5209条，单位类地名22.1万条，陆地水系类地名3536条，陆地地形类地名8916条，修测标绘成果图956幅，拍摄、收集地名多媒体200余万幅，完成了地名普查数据的图库匹配。

历时4年，3个阶段，全省上下科学求实、拼搏奉献，以精益求精的匠心精神，一个一个难点突破，一个一个困难克服，取得了一个又一个胜利。地名普查和地名管理工作连续3年在民政部年度综合评估致省政府函中得到表扬，国务院地名普查办多次监理和质量评价均给予充分肯定。省普查办先后23次在全国各类会议、座谈会、培训班上作经验介绍，在第二次全国地名普查总结电视电话会议典型发言，在全国最美地名故事、视频和论文征集活动中获多个奖项。全国多省市来该省学习考察。

沉甸甸的数字和荣誉背后，是一幅壮美恢宏的动人画卷，是一段值得记忆的光辉路程。

2014年，自第二次全国地名普查工作启动以来，山东省委、省政府高度重视，认真贯彻落实国务院和民政部部署要求，精心组织，周密安排，以高度的责任感和使命感，切实加强组织领导，强化经费保障，出台政策规范，明确工作标准，严格工作要求，确保工作质量，深化开发应用，圆满完成任务，努力把地名普查打造成为精品工程，向国家和人民交上了一份合格的答卷。

一、高度重视，强化三个保障，科学谋划推进

（一）强化组织保障

一是层层成立地名普查工作领导机构。第二次全国地名普查与第一次普查相隔30年，随着经济社会和新型城镇化快速发展，城乡地名发生了巨大变化。普查范围大、涉及面广、情况复杂、技术要求高，为加强领导、确保工作顺利开展，省成立了由分管省长任组长，编办、发改、经信、教育、公安、财政、国土、省军区等32个部门为成员的山东省第二次全国地名普查领导小组。领导小组在省民政厅设立办公室，负责统筹协调和服务工作，建立部门联动机制，协作推进普查工作。全省各级均成立了地名普查领导小组及办公室，并及时进行调整充实，各级普查办共配备工作人员1658人，成立地名普查专家委员会64个，形成了“政府主导、民政牵头、部门协作、社会参与”的工作格局，有效保证了地名普查工作上下协调一致，使各项地名普查任务得到了高效落实。

二是落实责任制，实行责任到人。按照“统一领导、分工协作、分级负责、共同参与”的原则，省普查办制定出台了《山东省第二次全国地名普查领导小组及成员单位职责分工》和普查工作方案，厘清了任务分工，明确了部门单位的工作职责。同时，省普查办按年度与各市签订《地名普查工作目标责任书》，明确要求主要领导负总责亲自抓，分管领导尽全力具体抓，协作单位各司其职合力抓。在此基础上，落实到各县（市、区），一级抓一级、层层抓落实，实现闭环式管理。

三是多次召开会议部署推进。省、市、县三级政府均多次召开地名普查动员部署会议、普查推进会议、普查现场会等，明确职责任务、工作安排。深入学习领会习近平总书记关于规范地名管理、保护传承弘扬优秀传统地名

文化的重要指示精神和李克强总理重要指示，及时学习领会国务院和省、市政府关于地名普查的部署要求，适时研究制定贯彻落实措施。

（二）强化制度保障

一是明确制度规范。普查伊始，省普查办就制作印发《山东省第二次全国地名普查工作制度》挂图，在各地上墙率达100%，市、县自行制定规章制度91个，对普查工作规程、普查工作制度、工作人员守则等一一作了规范要求，为开展地名普查提供了制度保障。二是明确技术要求。省普查办先后制定下发了普查工作实施细则、经费管理办法、验收实施办法等文件60余份，明确了操作规范，各地结合实际进行细化和分解。三是明确任务要求。普查办每年年初制订下发年度地名普查工作计划，适时下发普查进展通报，及时开展普查验收与整改，有效保障了普查有序、高效实施。

（三）强化基础保障

一是落实工作经费。按照财政分级负担的原则，全省各级把地名普查管理经费列入年度财政预算，按时拨付，确保到位。2014—2018年，省普查办落实省级以上专项补助经费10338万元（省级2560万元），各市县争取本级经费6333万元，各级普查办新购置一批高端PC机、扫描仪、摄像机等普查专用设备，为普查工作开展奠定了坚实的物质基础。

二是落实技术保障。省普查办完成地名普查和数据保密专用软件招标采购，建立了全省统一的工作平台，并将原国家地名数据库成果数据全部整合到新系统，较好发挥了已有建设成果的基础作用。省普查办还协调国土部门配发0.5米高分辨率影像数据，有力降低了外业工作强度，提高了普查工作效率和地理信息准确率。同时，以购买服务方式，委托省国土测绘院为普查监理单位，协助解决工作中的技术难点，监理普查工作成效。

三是建设普查队伍。全省各级地名普查办坚持“独立自主普查”为主，仅部分技术难点工作采取外包。对普查人员队伍进行了充实，搭好班子，拉起队伍，调配能兵强将充实普查员队伍，做到“人手充足”，业务骨干达200余人，打造了一支高水平地名工作队伍，为普查工作做好了人才储备。地名信息员达3万余人，建立起横向囊括40余个业务部门，纵向涵盖省、市、县、乡、村5级的普查信息员队伍。

二、规范实施，着力三个抓手，确保普查质量与进度

（一）抓人员培训，提高普查队伍素质

一是集中开展培训。为确保普查工作顺利推进，省普查办把做好普查工作人员培训、提升普查人员专业素质作为基础性工作来抓，在积极组织人员参加民政部专业培训的同时，制订培训计划和培训方案，分别编制了《山东省第二次全国地名普查地名调查指导手册》《山东省第二次全国地名普查数据建库与管理系统操作手册》《普查数据整改入库和档案建设资料汇编》《山东省〈中华人民共和国标准地名词典〉编写培训教材》等培训教材10余部，采取集中办班培训，请进来专家授课、走出去虚心请教等方式，加强对基层普查人员的培训。省普查办举办21期地名普查专项培训班，培训市、县普查骨干2000余人次。各地通过多种形式培训普查人员近3万人次，做到应训必训、全员无遗漏。二是加强日常沟通交流。省普查办还建立普查信息交流和学习平台，采用QQ群、微信号等方式，宣传普查政策，帮助基层解疑释惑，提高普查员的业务水平。三是加强实地指导。省普查办工作人员主动深入基层，到县（市、区）、到乡镇（街道），帮助填写样表，进行示范操作，手把手传授业务，确保表格填写内容详尽，准确无误，符合要求。通过实地培训指导，有效地提高了普查人员的业务能力，成为地名普查工作的明白人，确保了地名普查成果标准规范。四是加强廉政教育。在普查工作中，省普查办将廉政建设作为一个重要方面贯彻始终，在各级普查人员中扎实开展廉政教育。各级均建立健全资金使用管理决策、审批和监督制度，有效地做到了地名普查工作经费专款专用，不得以任何理由挪作他用，实现经费使用合规、节俭、安全、高效。同时也强化安全意识，落实安全措施，确保普查人员“零伤亡、零事故”。

（二）抓质量控制，提高普查成效

质量是普查工作的生命，是保证今后地名普查成果能惠及社会的前提。第二次全国地名普查工作是一项基础性的国情调查，是一项庞大的社会系统工程，普查时间跨度长，技术要求高，实施难度大。各级坚持层层审核，严格把关，基本形成了以条为主，以块为辅，上下贯通、左右衔接，目标明确、

职责清楚；不留死角、全面覆盖的工作网络和高效快捷的运行机制，有力保证了普查工作质量。

一是确保信息准确。省普查办先后印发普查质量管理规定、涉密数据管理办法、质量管理规定、质量评价体系等文件，形成完善的普查质量政策法规体系。各级严格执行标准规范和要求，普遍建立普查全过程质量控制体系。各市紧紧抓住数据信息采集这个重点和难点，采取集中采集、座谈考证、登门采集、电话询问等多种方法和手段，确保普查信息数据采集全员参与，与实情相符。各市还通过聘请专家、返聘老同志建立普查专家委员会，采取专家指导咨询等方式，参与地名普查资料的整理、甄别、论证、核实、审定，对普查数据前置监控。

二是确保过程质量。省普查办按照省级开发、三级应用的要求，统一研发全省地名普查平台、购置涉密管理软硬件，为普查提供技术保障。各市普遍采取联机录入、交替录入以及双人操作、流水作业等方式，边录入、边核对、边确认，确保每个步骤、每个环节、每个数据的采集工作，严之又严，细之又细，慎之又慎。省、市及区县三级普查机构严把数据导入、个别补填、数据录入、审核汇总等环节，力求地名信息一个不漏、属性要素一个不错、系统录入一次成功。全省上下全员签订《普查责任书》《保密责任书》，做到专人填写、专人审核、专人负责，确保普查信息的真实性、准确性和涉密信息的保密性。全方位筑牢普查质量和安全管理防线。

三是确保审查严格。按照“严、准、快、细、实”的要求，坚持边审边改，对于信息审核中发现的问题，做到刨根问底，以准求快，以细求准，确保所有信息数据真实可靠。滨州、威海等市还组织各区县业务骨干集中互检地名表格，既为对方找错误，又学习别人经验，更好地提升工作质量。

（三）抓督导检查，推动工作落实

为保证地名普查各项任务落到实处，加强了对各地普查工作的督查指导。

一是建立工作调度通报制度。省普查办每季度对市县普查工作进行调度并通报，定期召开工作分析推进会进行讲评，激励先进，鞭策后进，营造比学赶超的工作氛围。

二是建立约谈督导机制。对普查工作进展滞后、存在问题较多的市，省普查办及时约谈分管局长和科室负责人，帮助分析问题和原因，研究解决办法，督促其加大工作力度，保证按时间节点完成任务。

三是加强现场巡查指导。省普查办组织分片包干巡查，分别到县（市、区）、乡镇街道实地检查，针对存在问题实行一对一指导、零距离帮助，有效解决基层工作难题。

四是开展年度检查考核。将地名普查工作列入年度民政重点工作综合评估项目，省普查办制定专项考核办法并现场考核，有力促进了普查工作落实和年度任务完成。

三、突出重点，聚焦三个关键，依法依规推动任务落实

（一）全力攻坚外业调查，充分掌握地名普查第一手资料

数据采集是地名普查信息的源头，是地名普查的关键环节。为确保各类资料勘测收集准确无误，省普查办编印《地名调查指导手册》，制作了 12 类 75 个样表，明确调查内容，规范调查程序，指导基层科学开展地名调查。加强专业培训，规范操作要求。针对地名普查采集范围、工作方法、调查资料分类和各项地名整理信息填写等内容，以及地名普查具体工作中可能会遇到的重点难点问题进行专项培训。莱芜市还研究制定了“外业调查工作方案”和《关于外业采集有关注意事项的说明》，聊城市印制《地名普查百问解答》。各市在全面完成地名调查目录编制和《地名调查登记表》预填写的基础上，积极开展外业作业，组织实地踏勘。各级普查人员冒着严寒，奔波于乡间僻壤，走遍角角落落，通过实地测绘、拍照、摄像，现场采集地理坐标、地理地貌、生态环境等地名基本属性；按照“一查二看三问”的要求，通过查找资料，实地察看，访问座谈，不仅做好地名信息的调查、考证、审核、登记，还做好地名文化遗产的挖掘整理等工作，并针对原有档案资料中地名资料的缺项、漏项进行补充完善，及时修正完善，应查尽查、精益求精，不漏掉任何项目，不错填一个条目，按时间节点高标准完成了地名调查任务。同时，省直有关部门和单位按照任务分工，分类抓好地名信息的采集和上报。各级普查办将各区域各类别的调查任务制作成“任务分解表”和“工作进度表”，定期调度工作进度，督查各级各部门严格按照时间节点推进工作，枣庄、潍坊、威海、聊城、菏泽等市依托普查技术支持单位分别编印了供县市区、街道、乡镇专用的工作指导手册保证外业调查任务如期完成。

（二）高标准做好内业整理，建设精品普查数据库

地名普查内业整理，包括地名调查目录编制、填写地名登记表、地名文化挖掘考证、地名属性数据整理入库、工作图整饰、图形数据整合等，是建设地名普查数据库的关键部分，工作量大，细致烦琐，对工作人员素质要求高，全省各级普查办集中人力物力攻坚破难，按照省普查办的要求高标准完成了各项工作任务。一是明确任务，分工合作。地名普查登记表预填写和数据库录入等基础性的工作，工作量大、耗时长，属于人力密集性作业。各地按照分级实施的方法推进，在率先完成基础地名资料登记的同时，指导督促各职能部门和大型企业对本单位地名信息进行分类统计。并及时进行审核整理，对资料不全、填写不规范的及时补充和整改。二是集中办公，形成合力。在数据库建设阶段，对各类资料的整理和录入工作要求精度越来越高，由于基层工作人员业务熟练程度不一，有关标准掌握不够到位，济南、德州、莱芜、临沂等多市为统一标准，提高工作质量，进行集中办公，技术人员现场指导，边录入边整改边汇总，每一轮录入整改，各级普查办都对照问题清单，一条条数据分别筛查，按照标准进行逐一修改。各级普查工作人员发扬“五加二”“白加黑”精神，全力以赴，不达目的绝不收兵，确保了地名普查成果数据保质保量完成。

（三）严格整改验收，确保高质量通过国家标准

一是严格标准规范。省普查办先后下发《山东省第二次全国地名普查验收实施办法》《关于做好地名普查质量检查工作的通知》《关于全省地名普查验收工作有关问题的通报》《关于近期地名普查成果数据上报省级验收情况的通报》等多个文件，严格规范了普查质量检查基本依据、检查内容、检查标准、量化指标和方式方法，分别明确了县级自检、市级核查、省级验收实施办法、时间步骤和资料清单等，形成了完善的操作规范。先后召开省地名普查推进会议暨普查验收培训班、跨界地名数据整改座谈会、数据整改分片座谈会等，重点针对地名普查常见问题与对策、质量评价体系、验收程序标准及要求进行了业务培训，具有很强的针对性和操作性，为普查验收整改的顺利开展奠定了扎实基础。

二是开展监理抽查。为做好普查验收抽查，省普查办专门成立由普查办

工作人员、地名专家和监理单位人员组成的联合监理验收团队，形成了三个工作组分赴现场开展工作。各工作组通过听取汇报，查看资料，重点按照《第二次全国地名普查质量评价体系》对普查成果表、数据库建设、地名标志、地名标准化、地名调查、组织管理和检查验收等工作逐一进行检查打分，并实地验证地名信息。监理验收过程组织有序，内容逐项分解，现场抽查共覆盖青岛市黄岛区、淄博市张店区、博山区等32个县（市、区），查阅资料115200余份，核查比对数据10万余条。

三是做好集中验收。为做好全省地名普查省级成果验收，在验收工作部署伊始，省普查办即启动购买地名普查验收服务项目的相关程序，委托济南市测绘勘察研究院负责全省地名普查成果集中验收。研究院组成40余人的验收工作组，对各市上报的地名普查成果资料，依照质量评价体系和验收的相关标准与要求，逐县逐项进行集中验收，对存在问题的地方及时反馈意见，抓紧整改复报。同时，省普查办针对反馈的问题提出整改指导意见和具体办法措施，有效提高了整改的针对性和工作效率。普查后期，各市均将各区县普查骨干和专业技术人员集中到市普查办统一办公，对地名普查数据采取逐项审核与交叉互审的方式，进行集中核查，加班加点，攻坚克难，按期限完成上报和数据整改工作。

四、查用结合，着眼四个方面，推进成果开发利用

按照“边普查、边应用”的要求，将普查工作与成果转化同步推进，并注重与社会现实需求、地名信息化建设、民政信息化建设紧密结合。省普查办制定成果转化规划，对图书编纂、文化保护、信息化建设、公共服务等作出统筹规划。

（一）整治地名乱象

有序推进不规范地名清理整治工作。按照民政部部署，省两次部署开展清理整治不规范地名工作，全省各级高度重视，把清理整治不规范地名纳入地名工作大局，列为地名普查工作的重要内容。认真贯彻“依法行政、保护传承、因地制宜、稳妥推进、尊重民意”的原则，坚持与地名普查相结合，同步规划部署实施；坚持与地名管理相结合，着力管控好增量地名；坚持与地名公共服务建设相结合，推动地名文化创新发展。针对现实中存在的“大、

洋、怪、重”等不规范地名，各地严格依照有关法规和标准进行标准化处理。对不符合地名命名原则、群众反映强烈的不规范地名，依照规范程序或责成相关单位或产权人进行更名；对有地无名、新建尚未命名的，及时进行了命名；对一地多名或重名的，依照要求进行了标准化处理。通过此项工作的扎实开展，取得了阶段性成果，普查期间，共摸排登记不规范地名2006条，对其中明显违反地名法规政策的及时进行了标准化处理，基本达到不规范地名清理整治效果，有效推动了地名文化建设、遗产保护工作和地名标准化进程。同时，注重长效机制的建立，坚持标本兼治，把阶段性活动与长效机制建设相结合，把减少存量和遏制增量相结合，以清理整治不规范地名为契机，健全完善了地名管理服务的长效机制和制度规范，泰安市、日照市、聊城市等新制定地名管理规范性文件，部分市结合机构改革将地名命名更名纳入综合审批事项序列并通过流程再造方式列入审核环节。

（二）编纂图录典志

按照国务院地名普查办要求，全省积极有序开展图录典志编纂工作。省普查办成立了《中华人民共和国标准地名词典》编纂小组，制订印发标准地名词典编纂实施方案，先后召开全省地名图书编纂会议、词典编纂会议和培训班等，各级都确定了一批熟悉地名工作的专职人员负责组织协调、统稿审稿、汇总上报，山东省率先完成国家《标准地名词典》（第1部分）词目和释文编制上报，词典编纂质量一直为国家词典编辑部所称道，在国家公布词典的21条样条中，山东省样条有9条，积极部署2—8部分编纂任务，目前已进入省级审校释文阶段；制定下发《山东省地名志编辑出版纲要》，对全省地名志的编纂作出要求，列明规范，《山东省标准地名志》目前省编写组已完成初审；制发省级地名图集、标准地名录编制出版技术规范，《山东省标准地名图集》《山东省标准地名录》已出版。规范《山东省标准地名诠释》编写标准，目前各市已完成初稿。淄博市还对各区、县地名普查系列丛书的开本及装帧等进行规范，统一使用16开本精装，各种图、录、志、典封面左上侧统一设计“第二次全国地名普查成果系列丛书”字样，版心上部正中由上而下依次放置书名和“第二次全国地名普查标志”。目前省普查办已完成5部地名专题电视片的拍摄和播放、出版发行《古国古城》《古镇古村》《古街古巷》等多套地名文化丛书。各市扎实开展地名图、录、典、志编纂出版工作。青岛、东营、烟台、威海、日照市结合补查修订完善了第二轮县级地名志，多个县、市、区地名志完成初稿。《滨州地名研究》《新泰市革命遗址纵览》《东平地名故事》《千年古县水韵东平》《西碾疃村志》《泰安老街老巷》《高青地名研究》《淄博地名故事》《博山山水》《博兴县地名故事集》《黄河岸边的古城》等近百部地名丛书在普查期间完成编纂并出版。各地还积极做好地名专题视频的拍摄工作，博兴县制作播出 12 集《博兴地名故事》并在电视台不间断播放《千年古县博兴》纪录片，2018 年，参加国务院地名普查办组织的“美丽中国·地名寻梦”视频短片征集活动，全省制作上报地名视频 116 部。普查期间，各地拍摄地名影视片 680 余部。

（三）优化地名服务

一是抓好地名规划的修编实施工作。目前全省县级以上城市地名总体规划全部编制完成，对驻地城建规划区地名专名、通名和地名文化遗产保护进行了详细规划，结合地名普查地名标准化处理和不规范地名清理整治工作，日照市、聊城市、菏泽市等部分市完成了城市地名总体规划的修编工作，进入提交由市级人民政府公布实施程序。

二是扎实推进城乡地名标志设置工作。设置地名标志是地名普查的重要内容之一。地名普查过程中，全省各地加强巩固地名标志设置现有成果，依据城乡建设拓展情况，结合不规范地名清理整治和地名规划实施，进一步完善城乡地名标志设置，重点推进新建城区、乡镇驻地、新型农村社区等地域的标志设置，构建完善的地名标志服务体系和标牌长效管理机制。全省累计新设地名标志 34906 块（济南 1866 块，淄博 1492 块，枣庄 1831 块，东营 2700 块，烟台 1735 块，潍坊 2870 块，济宁 3974 块，泰安 2103 块，威海 4075 块，日照 2320 块，莱芜 400 块，临沂 4100 块，德州 915 块，聊城 1927 块，滨州 1500 块，菏泽 1098 块），有力提升了城乡地名标志覆盖率。同时，积极探索地名标志创新化建设，济南市历下区主城区地名标志目前全部设置二维码，省普查办先后拨付淄博、济宁、威海、临沂等市 660 万元用于完善和创新地名标志工作，探索设置具有“二维码”、智能芯片等反映更多地名文化信息的新型地名标志。

三是提升地名公共服务质量。结合地名普查获取的地名信息，有序推进和加强地名公共服务能力建设。完成山东地名网改版升级，开发运行“山东省民政区划地名公共服务系统”和“山东省行政区域界线界桩信息管理平台”，实现基础地名和界线界桩全覆盖、动态化、精细化管理。结合省政府大数据平台，指导烟台、潍坊圆满完成地名地址库创建示范试点。各市、县（市、区）基本完成了本级地名网站后台数据的更新，部分市还积极开发相关产品或开展信息化平台，设置安装地名查询触摸屏等，有力提高了管理服务能力。如：青岛编绘制作了“青岛民政二维码信息图册”“边界线影像管理工作图”“区划地名界线管理App软件”；日照市制作了“日照市敬老院分布图”“日照市福利机构分布图”“日照市流浪乞讨管理区域图”等一系列民政工作用图。

（四）挖掘地名文化

一是健全地名文化保护政策法规。2013年山东省下发《关于加强地名文化建设的意见》，对地名文化遗产保护提出专门要求；同年下发《地名文化遗产保护实施方案》，明确地名文化遗产保护工作的重要意义、总体目标、基本原则、管理机制、申报程序和工作要求；2016年出台《山东省地名文化遗产鉴定标准》，为全国首个地方性地名文化遗产认定规范，有力促进地名文化遗产鉴定、保护工作的标准化、规范化。

二是全面掌握地名文化遗产的家底。将地名文化遗产调查与第二次全国地名普查有机结合，一并部署安排，同步推进实施。采取实地调查、资料考证、座谈论证等多种工作方法查清各类地名的历史传承和专名的发展脉络，通过查考有关资料和有关史料，核定地名的含义由来和历史沿革，考订、补充地名承载的文化信息，进一步印证和丰富地名的文化内涵。通过地名普查彻底查清全省范围地名文化遗产资源的存量、分布、内涵和现状，经过调查挖掘，全省现有千年古县75个、千年古镇229个、千年古村落数千个，形成了山东省地名文化遗产资源数据库。烟台市和冠县还通过对比两次地名普查成果，整理出中心城区消失的地名名录，筛选了300余条历史地名进行抢救性普查，完整地保留了历史地名文化。

三是建立地名文化遗产名录。在地名文化遗产资源调查的基础上，按照价值优先、标准规范、公示审定的原则，通过组织专家调研筛选、论证评估，目前建立了首批地名文化遗产保护名录。各市也普遍建立了本级地名文化遗产保护名录。通过《名录》的建立，梳理了全省地名文化遗产情况，为下一步继续做好千年古县、千年古镇、千年古村落等申报保护工作提供了依据。

四是充分挖掘历史文化资源。按照民政部工作部署要求，积极组织申报“千年古县”和“千年古镇”，在全省各级政府的共同努力下，目前临清、广饶、蓬莱、章丘、文登等13县市已经成功申报千年古县，淄博源泉镇、微山南阳镇、菏泽伯乐集镇已申报“千年古镇”认定。多数县市举行了隆重的千年古县授牌仪式，通过挂牌，增强了保护意识，弘扬了地名文化，在社会上产生了积极的影响。同时拍摄《千年古县·莒县》《千年古县·博兴》等影视作品，编纂《千年古县·章丘》《五莲县地名文化探究》等地名文化丛书，通过多种方式宣传地名文化，不断扩大地名文化影响力。省地名研究所组织拍摄四集《守望地名》专题电视片登录“学习强国平台”之“山东频道”。

五是开展地名理论研究。省普查办大力推动地名理论研究，通过征集筛选，编辑出版了论文集。各市在地名文化遗产保护理论研究方面也作了积极探索。其中烟台市与烟台大学、鲁东大学、市史志办等单位的专家学者合作，多次召开研讨会，深入探索烟台地名文化内涵，形成有价值的地名考证文章，先后在胶东书院的《寻根问祖》、《烟台日报》的《寻踪》、《烟台晚报》的《地理》等栏目刊发了《明朝大移民与山东村落的重构》《奇山所城文化的灵魂——爱国精神》《仙境古街巷背后的故事》等大量理论文章。2017年在民政部“地名与发展”理论征文中，省厅和各市的多篇论文获奖。

五、广泛宣传，拓宽多个渠道，营造良好普查氛围

把宣传工作作为地名普查的重要环节，省普查办及时转发了国家地名普查办《地名普查宣传工作方案》和《关于开展地名普查集中宣传活动的通知》，下发《关于做好信息报送工作的通知》，并在年度工作计划中突出信息报送和宣传工作，努力打造全方位、多层次、宽领域的宣传格局，对内凝心聚力，营造了积极向上的普查氛围；对外展示风采，提升了地名普查的社会影响力。据不完全统计，各地建立地名普查专题网站108个，累计印发工作简报1721期，媒体报道3千余条（次），拍摄地名影视片680部。

（一）构筑平台，加强信息报送和宣传阵地建设

一是加强地名普查网建设。2014年7月山东省正式开通第二次全国地名普查专题网站，开设普查要闻、各地动态、媒体聚焦和经验建议等11个栏

目，各市也均开通了普查专题网站或专栏。近两年来，网站在宣传普查政策、发布普查信息、展示普查成果、交流普查经验，以及提供普查技术指导和答疑解惑等方面发挥了重要作用，成为地名普查的重要交流渠道和宣传平台。

二是开设地名普查专栏。省地名普查办在《当代社会》杂志开设了“地名普查之窗”专栏，每月定期发布地名普查进展及阶段性成果，成为广大读者了解地名普查知识和信息、展示优秀成果、宣传典型人物的重要平台。

三是建立普查简报制度。省和各市均建立地名普查简报，及时通报普查进展情况，宣传普查工作典型和经验做法，使普查人员能够在第一时间了解和掌握普查工作进展情况，也使存在的问题有效地加以解决，对普查工作开展起到了积极的促进作用。

（二）丰富形式，实现普查宣传百花齐放

一是强化媒体宣传。充分发挥新闻媒体时效性、灵活性和覆盖性优势，通过省、市、县三级主要媒体进行联动宣传；通过发送短信、网页宣传、微博推送等方式及时发布地名普查信息和各类地名小知识，在线解答普查疑难问题。

二是广泛开展社会宣传。在内容上因地制宜，在形式上因材施教。在城区，利用街头横幅、地名标志牌、LED 屏、灯箱、路旗、公交车身广告、平面广告等现代手段，适当融入流行元素，增强视听冲击力；在农村，利用路标、乡村公示栏等张贴标语和海报，利用农民赶集日，出动宣传车，设立地名普查宣传咨询点，发放地名普查宣传单等，增强广大干部群众的普查意识和参与意识。

三是制作普查宣传用品。省地名普查办制作了宣传封等宣传用品，内容包括地名普查的意义、目标任务、普查范围、组织实施等相关知识。连同国务院普查办印制的海报、宣传封、徽章等发至基层，为开展普查宣传工作奠定基础。济南市设计制作地名普查宣传手册、手提袋、信封，开展宣传海报上墙、进社区。

四是各地宣传方式丰富多彩。全省各市、县（市、区）普遍开展“地名普查宣传日”活动，省普查办组织开展“地名文化进社区、进校园”等活动；泰安市通过中国移动等通信平台大量发布地名普查公益信息，普及人群 400 余万人次；潍坊市在《潍坊新闻》定期展播普查动态，宣传普查工作；枣庄

市在枣庄广播新闻频道 FM99 每周播放一个 3 分钟的关于地名故事的专题；聊城市召开地名普查新闻发布会，利用元宵节开展普查灯谜活动；烟台市、聊城市、滨州市和诸城市等举办地名普查知识问答；滨州市在地名网站刊登全市地名故事近 500 条，在《鲁北晚报》开设《滨州地名故事》《寻找正在失去的乡愁之古村记忆》专栏；诸城市出版《诸城地名报》；博兴县电视频道播出《博兴地名故事》等，讲述老地名故事，有效扩大了地名普查的社会影响。

六、归卷入档，珍存一段历史，健全完善地名普查档案

地名普查档案是各级地名普查机构在地名普查业务工作过程中形成的具有保存价值的文字、图表、声像、电子及实物等不同形式和载体的记录，是全省地名普查成果的结晶，更是今后做好地名工作的重要基础性资料。为切实加强普查档案管理工作，省普查工作领导小组高度重视地名普查档案的归档建档管理等工作，制定下发文件提出明确要求，建立相关规章制度，确保地名普查档案整理管理工作分阶段与普查工作同步推进。

（一）强化制度建设，建立长效机制

为规范地名普查档案管理，保证档案的完整、系统、安全和有效利用，省普查办制定出台《山东省第二次全国地名普查档案验收实施细则（试行）》，建立健全地名档案工作岗位责任制、文件归档、保管、查阅、保密、档案利用等一系列工作制度，对普查档案整理建档的工作措施、时间安排、经费落实及各项档案管理情况进行了详细的规范。省普查办统一印制第二次全国地名普查档案盒，各市普查办根据有关要求抓好落实，积极探索改进地名档案管理的方式和手段，科学制订地名档案管理长远发展规划，加强档案整理完善，实行纸质档案和电子档案同时储存、并行管理和查阅，提高地名资料信息管理和公共服务水平。

（二）加大人力物力投入，做好后勤保障

地名普查档案资料体量巨大，分类烦琐，且立卷归档时间紧，工作量大，专业性强，各级普查办加大资金投入，保证人力物力的充足支持，切实做好后勤保障。地名普查每个阶段工作结束后，都组织专人将资料进行分类归档，为下一步建档做好准备。各市普查办目前对档案资料实行集中管理，归入档案

室，实行专柜存放，做好防火、防虫、防潮、防尘等保护工作，确保档案安全。

（三）立卷归档，扎实做好档案验收工作

全省各级地名普查办严格按照国家文件要求，抓好每个环节资料整理归档工作，倒排工期，扎实推进，按时完成每个工作环节。省普查办联合档案管理部门加强督导，多次对各市地名普查档案整理工作进行检查，调度地名普查档案整理工作进度，2019 年省普查办在前期组织部分省级验收的基础上，联合省档案馆、省地名研究所多名专家和部分地市业务骨干组成的 6 个验收组，对全省各市地名普查档案进行了集中省级抽检和验收，认真听取汇报、查验资料和实地查看，及时反馈存在的问题，扎实督导整改完善，目前全省地名普查档案全部通过省级验收。

地名普查是一项基础性国情调查，对于“提高国家和社会治理的能力，促进经济社会发展，弘扬优秀传统文化，巩固国防和军队的建设都有重大的意义”。其行业实践意义在于更好地掌控地名底数现状详情，为提升地名管理和服务提供基础支持。通过地名普查可以筛选出老地名的存量；不规范地名产生的历史背景和时代特征；梳理出 30 多年改革进程中地名命名主体的变化情况，管理服务实践中的矛盾和问题；深入了解社会对地名服务的需求，为进一步加强和改进地名管理提供有力的数据支撑和路线指引。下一步，山东省将充分利用普查成果经验和实践经验，进一步提高全省地名管理和服务水平，为推进经济社会发展作出新的贡献。

河南省第二次全国地名普查工作纪实

河南省地名普查办公室

第二次全国地名普查是国务院开展的一项重大的公益性、基础性的国情调查。近30年来，随着河南省经济社会快速发展，行政区划历经数次调整，城镇化进程不断加快，城乡变迁较大，与地名相关的新建居民点、交通设施、水利工程、旅游景点等不断增多，地名在数量和内容上都发生了巨大变化。开展地名普查，有利于维护国家主权和领土完整、巩固国防建设，有利于经济社会协调发展，有利于社会交流交往、方便人民群众生产生活，对提高政府管理水平和公共服务能力具有重要意义。为此，河南省按照国务院第二次全国地名普查领导小组办公室要求，提高认识站位，厘清工作思路，强化工作措施，规范普查规程，严把质量标准，按时、高效地完成了全省第二次全国地名普查任务，有效地提高了全省地名管理工作的规范化、法治化水平。截至2017年6月，全省158个县（市、区）全部完成地名普查任务。全省核查地名普查目录75.97万条，预填地名登记表68.36万份，实地调查核实地名信息66.77万条，形成地名普查成果表59.99万份，地名标志登记表41420份，采集多媒体信息128.38万条，标准化处理地名7353个，普查核实跨界自然地理实体地名1308条，调查考证历史地名14759条。

一、厘清地名普查思路，制订地名普查方案，稳步推进地名普查工作

（一）领导重视，明晰思路

一是厘清思路，稳步推进。地名普查工作从2014年开始，到2018年6月份结束，分为准备、实施、验收和成果转化4个阶段。时间紧，任务重，时间节点清晰明确，阶段任务各不相同，普查环节环环相扣。为此，省地名普查办结合实际，每年年初都要召开会议进行专题研究，确定工作思路。2014年7月，省政府第33次常务会议专题研究全省第二次全国地名普查工作，省

政府主要领导对开展第二次全国地名普查工作作出了批示、提出了明确要求，要求各级各部门科学筹划，精心组织；创新举措，提高质量；用好成果，服务大局。省政府成立以分管副省长为组长的河南省第二次全国地名普查领导小组及办公室，明确领导小组、办公室及领导小组成员单位职责，制定印发《河南省人民政府关于认真做好第二次全国地名普查工作的通知》《河南省第二次全国地名普查工作实施方案》等系列配套文件。连续两任分管副省长定期召开会议，听取全省地名普查工作的进度，研究协调解决工作中存在的问题，强力推进全省地名普查工作。

二是试点推进，典型引路。河南结合实际提出“试点先行、压茬跟进、重点督促、全面落实”的地名普查实施原则，以鹤壁市、济源市和10省直管县（市）、32个县（市、区）共48个单位为试点，在全省率先启动地名普查工作。2015年年底，全部完成外包服务的招标工作，为强力推进全省地名普查工作奠定了良好的基础。在试点推进过程中，省地名普查办深入省辖市、深入县（市、区），一个个进行指导，发现问题及时纠正，发现亮点及时推广。如在指导汤阴县地名普查工作中，发现汤阴县地名普查数据内容翔实、整理规范、质量相对较高。分析总结该县的做法，认为是形成了地名普查办为主导、技术服务公司为支撑、地名专家严格把关的三方联动机制，三方各负其责，相互协调配合，共同推进工作进度，提高了普查质量，其做法在2016年3月份全省地名普查工作推进会上进行了介绍，为全省地名普查工作提供了可借鉴的经验。在地名普查档案整理中，针对地名档案一名一卷的特点和难度，省地名普查办在临颍县启动试点，后又根据工作需要增加范县为试点，双试点推进，为地名普查成果的归档立卷树立了标杆。

三是明晰目标，强化责任。省地名普查办为推进各项工作任务的落实，每年都召开年初工作部署会、年中工作推进会、年度工作总结会等，在年初工作部署会上签订年度地名普查工作目标责任书，在年中工作推进会上通报工作进展情况，在年度工作总结会上指出问题找出差距，并作为年终奖惩的依据。每次全省的地名普查会上，省地名普查办主要领导都要针对各地工作进度情况即时点评，对进度慢的省辖市和县（市、区）指出努力方向、提出工作要求和完成任务时限。省地名普查办同各省辖市和省直管县（市）地名普查办主要负责人签订地名普查目标责任保证书，明确规定凡完不成年度普查工作任务的，在年度民政工作综合评估中，不得推荐为全省区划地名工作先进单位，普查补助经费不予奖励。

（二）依照方案，稳步推进

一是加大培训，提高技能。为尽快提高地名普查一线人员业务素质，省地名普查办采取“双轮驱动”。一方面鼓励市、县地名普查办组织人员赴外省试点或工作开展好的县、区学习，开展实地培训，积累实际工作经验，谋划本地地名普查工作规划，使地名普查工作开好头，起步稳。另一方面加强省地名普查办自主培训。普查开始后，省普查办先后举办了地名调查、目录编制、地名普查成果表填写、地名普查成果图标绘、地名普查质量提升等专题培训，有的培训直接到县级政区，培训人员达2025人次，市、县两级开展地名普查培训近3万人次。参加上级组织的地名普查专业培训、地名文化建设研讨26期122人次。

二是宏观指导，统一标准。地名普查比较关键的环节是地名普查表填写、地名普查软件使用，直接影响到地名成果表和地名数据库建设。为此，省地名普查办统一软件、统一标准。一方面做好本级招标，通过招标由技术服务公司承担全省地名普查软件的技术服务工作，另一方面指导省辖市招标，无论是技术合作单位、监理单位等，都将测绘资质、保密资质等硬性指标列入招标范围。

三是制定规范，步调一致。先后出台了《河南省第二次全国地名普查作业指导规范》《河南省第二次全国地名普查涉密数据管理规定》《河南省第二次全国地名普查专项资金使用管理规定》《关于规范做好地名普查过程中购买服务工作的通知》《关于第二次全国地名普查手持终端设备使用管理规定》等5个省级地名普查规范性文件。同时按照国务院地名普查办“到2020年基本建成数据准确、内容丰富、形式多样、结构完善的地名普查成果体系”的要求，在《河南省第二次全国地名普查成果转化规划（2015—2020年）》基础上，谋划了《河南省第二次全国地名普查成果省级转化工作方案》《河南省省级地名普查成果转化目录》，确立河南省地名普查成果转化由史料传承类和服务传播类两种类型，为全省地名普查工作提供了标准和需要转化的项目，做到了有条不紊、稳步推进、节俭高效。针对行政区域，非行政区域，群众自治组织，居民点，交通运输设施，水利、电力、通信设施，纪念地、旅游景点，建筑物，单位，陆地水系，陆地地形等11大类地名，设计制作地名普查表，统一格式，确保了后期数据统一录入和数据整理的顺利进行。

（三）落实经费，监管到位

一是加大投入，协调到位。按照国务院地名普查办要求，此次地名普查资金保障以地方财政资金保障为主，上级财政给予适当补助为辅的原则实施。中央财政补助河南地名普查资金 11168 万元，省本级地名普查资金 760 万元，全省各级地方财政落实地名普查专项资金 13097.76 万元。凡是中央财政补助的资金，省地名普查办及时、足额拨付到位。全省地名普查工作启动时，省地名普查办即要求各省辖市、省直管县（市）积极做好地名普查设备保障工作。一方面要求各级地名普查办对城区地名普查所需基础地理信息数据通过当地测绘、国土、规划等部门协调获取。另一方面，积极与国务院地名普查办协调，加快地名普查外业作业设备准备和督促军方加紧地名普查基础数据制作，并将设备和数据配发到位，保证基层地名普查外业作业设备需求，解决基层普查的实际工作需要。

二是强化监管，提高质量。为确保监理质量，省地名普查办将监理内容细化为 11 项服务，即：质量监理、进度监理、资金监理、安全监理、验收监理、档案监理、成果监理、合同监理、信息管理、项目干系人协调、形成监理报告。省级监理单位先后对省辖市、省直管县（市）进行了两轮的监理。监理单位分 4 个监理工作小组在全省范围内深入到各个普查单位进行监理，共召开各级监理工作会议 530 场次，撰写监理报告 165 份，下发监理通知单 550 余份，行程 9 万多千米，组织内部专家论证会、讨论会、培训学习等各种会议 17 场次。各县（市、区）对监理公司提出的意见及初验过程中发现的问题，结合地名专家意见，组织完成核查、修改，结合实际不断完善普查成果质量。

三是奖惩分明，推进进度。为体现奖优罚劣激励机制，3 年共投入奖励资金 1246 万元。2016 年，省地名普查办对先进的县（市、区）进行资金奖励，共有 39 个县（市、区）获得了奖励，共计 156 万元。2017 年，对第一批通过省级地名普查验收的 48 个县级行政区，每个给予 12 万元资金奖励；对第二批通过省级地名普查验收的 58 个县级行政区，每个给予 8 万元资金奖励；对第三批通过省级地名普查验收的前 8 名县级行政区，每个给予 2 万元资金奖励。共计 1056 万元。2018 年，对普查工作前 6 位省辖市各给予 2 万元奖励，对地名普查档案建设试点县各给予6万元奖励。

二、落实责任主体，狠抓督导跟踪，确保普查整体质量

（一）落实责任主体，形成地名普查办、技术服务单位、质量监理单位三方联动机制

为确保全省地名普查的整体进度和质量，省地名普查办实行地名普查办、技术服务单位、质量监理单位三方各负其责、相互支持、相互配合的联动机制，强力推进，有效地保证了普查进度和普查质量。

一是完善队伍，夯实基础。在地名普查启动前期，省地名普查办提出了“完成一项普查任务、留下一支普查队伍、形成多项普查成果”的工作理念，要求各省辖市在地名普查期间，在购买社会服务的同时，一定要加强地名队伍建设，凸显地名普查办作为第一责任主体的作用，切实担负起这项功在当代、利在千秋的历史责任。对地名普查专业技术强的信息集成、地名坐标点测绘等通过政府购买服务解决，多途径、多形式的联动，较好地解决了地名普查人员缺乏的问题。全省共投入地名普查工作人员达5.19万人次。在地名普查过程中锻炼了队伍，提高了素质，提升了水平。

二是购买服务，指导到位。时隔近30年，再次进行地名普查，地名的数量、采集方式等都发生了很大的变化。为保证招标工作的顺利进行，省地名普查办明确要求，各级政府在购买地名普查服务时，严格资格审查，严格地理信息资质、保密资质、测绘资质审查，保证数据安全，保证数据质量。同时，针对招标工作中可能存在的问题及时进行指导，确保招标不走弯路，购买服务不走过场，普查质量不掺水分，为普查成果转化和地名信息化服务打下坚实的基础。

三是选聘专家，跟踪质量。由于地名普查中涉及地名的来历、含义、历史沿革和地理实体概况描述，单靠地名普查办和技术服务单位的人员是难以完成任务的。因此，地名普查初期，全省各县（市、区）都聘请了2至3名熟悉当地地名文化的专家。地名普查进入实施阶段后，省地名普查办要求各技术合作单位成立自己的由当地地名、历史、中文等方面专家组成的地名普查质量管控组织，进一步将专家把关关口前置。专家全程跟踪地名普查，对地名普查质量全程进行把关，对每个地名所有要素信息，特别是含义、来历、

沿革，要从史料和实地考察中进行多方求证，并多次召开专家审核会，对地名数据反复修改完善，保证了地名信息的真实性、准确性、完整性，经得起时间的考验，经得起历史的检验。

（二）明确责任分工，分组、分区域进行督导，层层抓落实

一是划分区片，责任到人。根据工作进度，全省划分 3 个区片，由 3 个督查组“包区片、包进度、包质量、包任务”承包督查。实行督导联系人员分工制度、地名普查工作考评制度、县（市、区）重点督导制度，制订地名普查督查工作方案，形成责任细化到人、分区重点督导的管理机制，全面督导，重点督办。省地名普查办分组多次赴各省辖市、省直管县（市）进行业务指导，重点对落后地区进行督导，省地名普查办负责同志两次发函有关省辖市主要领导督办所在地区落后县（市、区）地名普查工作，确保了地名普查工作的进度和质量。

二是实地核查，定期通报。定期通报，明确各单位地名普查工作在全省的位次，层层传导工作责任压力。采取巡回督导、重点通报、个别约谈、年度评估等方式，确保地名普查按时间节点完成任务。督促各省辖市、直管县（市）制订可行性地名普查实施方案，指导各省辖市、直管县（市）完成招标，要求外包公司快速进场开展工作。通过各省辖市、直管县（市）定期上报工作进展情况、不定期现场督导等方式落实工作要求，对各省辖市、直管县（市）地名普查的工作进度和工作质量进行全方位把控。对督导中发现的问题限期整改，在保证质量的情况下，推动地名普查工作有序开展。

三是层层落实，严格把关。在整个地名普查过程中，一级抓一级，层层抓落实。县级地名普查办对本级的地名数据进行逐条把关，由当地地名专家组织审核验收后上报省辖市地名普查办。市地名普查办组织本级专家，采用一县（市、区）一方案、一评审一反馈、一整改一复查的方式，对县（市、区）地名数据进行逐一审核，对地名来历、含义及历史沿革进行详细考证，做到有史可考，有据可依，深入挖掘地名文化内涵。省地名普查办及早介入审核，在全面验收之前，对各地普查数据进行了两轮抽验审核。

（三）互助帮扶，互学互评，有效保证地名普查整体进度和质量

一是互助帮扶，引导带动。为整体推进全省的地名普查进度，不让一个

县（市、区）掉队，省地名普查办实施“一帮一，一带一”的工作方法，由进度快、地名普查成果质量相对较好的省辖市帮扶进度慢、地名普查成果质量相对较差的省辖市。由地名普查工作完成较快的省辖市区划地名科长带队，组织辖区内部分县区区划地名股长、聘请的地名普查专家，深入到帮扶省辖市，严格按照《第二次全国地名普查质量评价体系》《第二次全国地名普查成果数据入库检查要点》等地名普查成果验收标准，进行全面梳理，对指出的问题，立即整改。帮扶结束后，帮扶与被帮扶省辖市地名普查办分别向省地名普查办上报帮扶情况工作报告；省辖市内部帮扶工作结束后，也要向省地名普查办报送重点帮扶单位地名普查成果质量和普查工作进度情况报告，而且要求在工作报告中必须体现定性评价，保证了帮扶的质量，收到了良好效果。

二是互学互评，共同提高。为有效推进全省第二次全国地名普查工作开展，促进各省辖市地名普查办之间相互交流学习，省地名普查办组织部分省辖市地名普查办人员进行巡回观摩学习活动，用百分制进行考评，收到了良好效果。观摩学习活动紧紧围绕地名普查全面启动准备、方案制订及推进、人员培训、宣传活动、地名标志完善、地名普查制度建设和安全保密措施、资金的使用、普查表的填写、普查资料立卷归档等10项内容，主要采取听取汇报、座谈交流、查看资料、现场互动等方式，由参加巡回观摩学习的人员结合被观摩单位的实际，对照《河南省第二次全国地名普查工作百分制考评表》逐项进行打分。参加巡回观摩学习的人员每到一处都认真听取了所观摩单位的地名普查情况汇报，仔细查看地名普查的相关资料，就工作中遇到的困难和问题进行咨询、解答、切磋，使疑惑问题逐步清晰，难点问题有了突破的途径。通过观摩交流和讨论，全面了解了工作进展情况，看到了自己的不足，找出了与兄弟单位的差距，清楚自己在全省处在一个什么样的位次，前面有多少“标杆”，后面有多少“追兵”，真正感受到学有标杆、赶有目标、超有方向。通过查看资料、普查表格的填写、资料的立卷归档等，对人员进行了现场学习培训，使他们明确了普查什么、要求是啥、内容怎么填、标准是什么等，对普查流程具体操作有了一个更为直观的认识。

（四）实行约谈，奖惩分明，强力推进地名普查整体进度

省地名普查办定期通报各省辖市和省直管县（市）地名普查进度，让各

地及时掌握本地地名普查工作在全省的位次。对进度缓慢的省辖市和县（市、区）实行约谈制度，省地名普查办主要负责同志先后约谈4个省辖市、5个省直管县（市）民政局长。同时约谈技术支持单位，省地名普查办数次约谈外包公司高层人员和地区项目负责人，要求其加强技术培训、加大人员投入，如约按期完成地名普查任务。在约谈的同时，对地名普查进度、质量较好的单位及时通报表彰，并在经费分配时予以重点倾斜。

三、广泛宣传，深入挖掘，全面推进地名文化建设

省地名普查办下发了《关于做好河南省第二次全国地名普查宣传工作的通知》，对地名普查宣传的阶段、内容、形式等予以明确，并按照国务院地名普查办部署，集中开展了两次全省大规模的地名普查宣传。还开展最美地名评选活动、最美地名普查员风采展示、“地名情·中国梦”微视频、“美丽中国·地名寻梦”参选等活动，全面宣传地名普查的重要意义。

（一）广泛宣传，营造地名普查和地名文化建设的良好氛围

一是多种途径，广泛宣传。注重社会宣传，充分发挥地名普查宣传网站、专页的主宣传作用；社区宣传栏、广告栏、单位电子屏小平台作用；张贴海报、散发宣传页、展板固定宣传、宣传车城乡游动的辐射作用；建立微信公众号等社交平台的吸引作用，引起社会对地名普查的广泛认识。注重体制内宣传，使民政部门、民政工作者，尤其是从事地名专职工作人员，高站位关注地名普查，高起点重视地名普查，高质量专注地名普查，形成体制内对地名普查的远见卓识，营造地名普查的深厚氛围，真正使地名普查在政府层面动起来，在民政部门热起来，在广大人民群众和社会层面响起来。

二是巧借媒体，引导宣传。为加强地名文化遗产保护工作的宣传，先后在《东方今报》和《大河报》进行报道，并与《大河报》联合策划，在《厚重河南》栏目以“豫地密码·千年古县”为主题进行了一系列报道，宣传了地名知识，弘扬了优秀地名文化，取得了良好的社会效果。

三是丰富载体，创新宣传。及时开展“最美地名普查员”“淡淡的记忆浓浓的乡愁——老家河南最美地名故事”申报与征集宣传活动，收到稿件300件。为了让地名文化深入人心，通过“地名文化进社区”“地名普查微视频征集”“寻找最美地名”“新路新名称系列报道”“地名谜语竞猜”等多种活动、

多种形式进行广泛宣传。在“地名情·中国梦”全国地名普查微电影（微视频）征集活动中，永城市上报的《永城地名普查微视频》获得了普查工作类微视频三等奖；安阳市报送的《洹水安阳名不虚传》和文峰区报送的《安阳市文峰区地名普查工作组掠影》获得优秀奖。积极参加民政部联合光明网举办的“全国最美地名故事评选”和“美丽中国·地名寻梦”全国地名文化短视频征集与展播活动，共上报地名故事45篇，制作短视频40多个。宣传报道工作受到国务院地名普查办通报表扬。

（二）深入挖掘，保护传承，弘扬优秀地名文化

一是建立制度，规范程序。通过将近两年的摸索，在全省初步建立起千年古县（镇）申报省内审核制度，明确了市、县政府及相关部门的职责，确定了每个环节的工作重点，使地名文化遗产申报在省内的程序更加规范、严谨。积极开展千年古县申报工作，长葛市、项城市、淮阳县、永城市被认定为千年古县，全省千年古县达到10个。

二是多种方式，传承保护。2016年出台《河南省民政厅关于加强老地名保护工作的通知》（豫民文〔2016〕160号），从盘存保护老地名资源，发掘弘扬老地名文化，重要地名文化遗产实行挂牌立碑标示制度等方面明确老地名保护方向；从消失地名、注销地名建立专有数据库，储备地名命名更名词源等明确老地名保护，明确保护条件；从已经或面临消失的富有文化底蕴、内涵丰富的老地名中，通过多种形式重新启用或派生、移植使用，明确老地名保护路径；从建立健全专家论证、群众意见征询、社会听证等规章制度，严把地名更名关口，从严控制老地名的更名与注销建立老地名保护程序，推动老地名保护宣传、建立健全老地名保护机制，营造良好的老地名保护工作氛围。人民网、新华网、中国青年网、新浪网、凤凰网、大河网、中原网、《中国社会报》《河南日报》《大河报》《郑州晚报》、河南广播电台等媒体进行了报道、转载、评论，在社会上引起较大反响。对此做法民政部给予充分肯定，并以民阅〔2016〕76号文形式在全国民政系统宣传推广。

（三）专家参与，深入挖掘地名文化资源

地名普查工作开展之始，要求每个县（市、区）聘请地名专家，负责对地名普查相关内容进行审核把关，形成了以地名普查办为主导、技术服务单

位为主体、地名专家为核心的三方联动机制，对地名种类、数量、分布、内涵等重要信息进行深入的挖掘、考证。深入挖掘地名文化属性信息，丰富居民点聚落形态、内部古建筑物、周围地形地貌、出现的历史人物、发生的历史事件等，加大了地名文化保护力度。

四、加强地名管理，助推地名普查，取得普查与管理双赢

（一）科学编制地名规划，清理整治不规范地名

一是精心指导，科学规划。指导省辖市、直管县先后编制了《郑州二七新区道路名称规划》《郑州航空港经济综合实验区地名总体规划》《金水科教园区道路名称规划》《郑东新区龙湖区域道路名称规划》《漯河市城市地名规划方案》《安阳市城区道路规划方案》《温县县城文化旅游区道路名称规划》《郏县城区道路名称规划》《襄城城区北部道路名称规划》等多个地名规划，从源头上规范了地名的命名。

二是综合评估，重点推进。紧紧围绕《全国地名公共服务示范测评体系》，重点开展与地名普查紧密相关的地名标志设置、地名规划编制进行评估，有力地推进了地名标志的设置和地名规划工作的开展。《郑州二七新区道路名称规划》在全国地名规划展评中获得殊荣，被编入民政部《全国优秀地名规划选编》，列为全国地名规划编制范本，并在民政部于广东中山市举办的地名普查与地名规划培训工作会上作了经验介绍；《郑州航空港经济综合试验区地名总体规划》获得业内好评；漯河市的《漯河市城市地名规划方案》被河南省选为优秀地名规划。

三是加大力度，清理整治。《河南省地名管理办法》修订颁布实施后，全省绝大多数市、县地名管理体制得到理顺，与其他使用地名相关部门建立起了联动工作机制，民政地名管理职能得到加强。通过检查发现，存在地名乱象较大的城市小区命名乱象问题从源头得到了有效遏制。郑州市、安阳市先后制定了《关于住宅小区和建筑物名称的管理规定》。以省政府领导批示为动力，以《河南省关于加强地名文化保护清理整治不规范地名工作实施方案》（豫地名普查组〔2016〕1 号）为依据，狠抓不规范地名清理整治，全省共清理出“大、洋、怪”等不规范地名 318 处。

（二）标准化处理，提高地名普查成果质量

全省共标准化处理地名 7353 个，各级政府发布地名标准化处理规范性文件 65 份，较好地解决了地名普查标准地名重名和地名不规范问题。

一是审音定字，严格程序。全省 15 个省辖市、5 个省直管县有地名普查审音定字任务。在审音定字的过程中，严格程序，首先由县（市、区）地名普查办确定字数形成意见，组织当地专家进行论证，向市地名普查办写出书面报告。市地名普查办根据县（市、区）的上报情况进行汇总后，组织市本级专家进行论证后上报省地名普查办，最后上报国务院地名普查办。

二是地名标志，设置规范。以第二次全国地名普查为契机，积极推动标准地名标志设置工作。地名普查五大成果表中地名标志登记表是其中重要一项，地名标志的设置直接影响到地名标志登记表的完整和质量。为此，省地名普查办将地名标志作为地名普查的一项重要工作，加大推进力度，完善标志设置，截至 2018 年 5 月，全省范围内新设街路巷牌 45225 个，村标 35682 个，楼门牌 3236924 块。地名标志在服务全省经济社会发展、方便人民群众生活方面发挥了积极的作用。

三是地名地址库建设，正常推进。试点单位焦作市在深入调研基础上形成的《焦作市地名地址管理细则》已经市政府常务会议研究通过，并按照民政部的创建标准和要求，率先在全省推出了二维码道路标志牌，积极协同公安部门开展了地名地址二维码建设与管理工作。

五、规范建立普查档案，创新谋划成果转化

（一）建立健全地名普查档案

省地名普查办按照“标准规范，材料齐全，质量过硬”的要求，夯实档案整理责任，健全各项规章制度，提高档案利用水平，逐步建立了比较完善的档案管理体系。省地名普查档案得到国务院地名普查办的肯定，并在全国地名普查培训会议上作了经验介绍和成果展示。

一是加强组织建设，积极探索地名普查档案建设路径。充分发挥省地名档案室作用，成立了由地名档案室编审、副研究馆员等档案专业人员为主的第二次全国地名普查档案业务指导组。多次赴各地对普查档案的资料收集、

建档标准、归档要素、装订方式等进行指导。摸清地名普查过程中在预填资料收集、过程性档案留存、参考文献整理及档案分类编目等环节存在的问题，积极探索地名普查档案规范化管理的途径。着手解决了案卷目录的代码、卷内目录的标准名称、档案盒封面粘贴等一系列问题。

二是加强制度建设，确保地名普查档案标准统一。组织人员认真学习国务院地名普查办《第二次全国地名普查档案管理办法》，对县级政区地名普查资料归档进一步细化，积极与省档案局进行沟通，征求省档案局意见，并联合下发了《河南省第二次全国地名普查档案管理办法实施细则》，对地名普查档案的分类、整理与归档、保管及利用、验收和移交、卷内文件格式等内容进行了规定。印发了《河南省第二次全国地名普查档案验收标准》，针对地名普查档案机构、制度建设，普查档案的完整性、系统性、规范性、安全性，档案的保管、利用和移交等内容，明确所占分值、评分标准及依据。

三是加强质量管理，确保地名普查档案完整、准确、系统、安全和有效利用。省地名普查办按照试点先行、蹚出路子、总结经验、全省推广的方法，确定漯河市临颍县、濮阳市范县为地名普查档案试点单位，先后多次派档案专业人员到试点单位摸清地名普查现状，对照《第二次全国地名普查档案管理办法》《河南省第二次全国地名普查档案管理办法实施细则》，对各类档案资料进行规范整理与归档，将归档过程中发现的问题带回省普查办统一研究，并报请国普办征求意见，共整理各类普查档案 150 余盒，2000 多卷，最终形成统一模式和普查档案“蓝本”。按照“分类准确、编排有序、目录清楚、装订规范”的要求，使每盒档案做到“齐全、准确、美观”。通过试点，对全省地名普查档案总量进行预估，对全省地名普查档案管理进行总体规划。

（二）创新谋划地名普查成果转化

围绕“多出成果、快出成果、出好成果”这条主线，以提升地名管理服务水平为目标，以规范地名管理、拓展地名服务、加强地名文化保护为重点，着力推动地名普查成果社会化应用，着力构建层次丰富、形式多样的普查成果转化产品体系，实现地名工作创新发展。

一是按照“边普查边应用”的原则，编制了《河南省第二次全国地名普查成果转化规划（2015—2020 年）》《河南省第二次全国地名普查成果省级转化工作方案》《河南省省级地名普查成果转化目录》。确立河南省地名普查成果转化必须坚持四项原则，即立足当前、兼顾长远，民政主导、广泛参与，整体推进、体现特色，创新驱动、确保质量。要实现三大目标，即建立省级区划地名数据支撑体系；建成省级地名信息管理服务平台并发挥作用；编印出版一批省级标准地名工具图书。具体项目有史料传承类和服务传播类两种类型。史料传承类包括河南省标准地名图、标准地名图集、历史地名图集，河南省标准地名录、地名文化遗产重点保护名录，河南省标准地名词典、河南省标准地名志、古今地名大词典。服务传播类包括河南省地名故事丛书、河南省地名释义、河南省地名考释、河南省地名专用字、地名异读音、地名文化遗产认定与保护地方标准，古镇、古村落地名微视频等。

二是做好标准地名图录典志的编纂工作。相继成立了《河南省标准地名词典》《河南省标准地名图集》《河南省标准地名志》编纂委员会。抽调6名骨干人员组成了省级编写组。为提高编写组人员的素质，省地名普查办拨出经费，购买了《中国大百科全书》、中国县级以上政区地名史考、辞源、辞海、中国历史地图集、《古今地名大辞典》等各类书籍。按照“国典先行，省典、市典参照跟进”的方式，统一思想，充分认识国家标准地名词典、国家标准地名志等在成果转化中的重要地位，把国典、国家地名志的编写放在首位，严把稿件质量关，向编辑部提供资料翔实、内容准确的稿件。积极做好本省图录典志的编纂工作。成立了《河南省标准地名词典》《河南省标准地名志》编辑部，制订了本省典志编纂实施方案，完成了典志的公开招标工作，并及时做好各省辖市图录典志的编纂指导工作。

三是充分挖掘地名普查成果，促进地名优秀文化的传承、保护和弘扬。开展地名文化研究，编制省、市、县三级地名文化遗产保护名录，申报国家地名文化遗产保护名录和“千年古城（都）”“千年古县”。制定“千年古镇”“千年古村落”认定标准。编纂地名文化丛书、地名文化图集等图书。充分利用传统媒体和新媒体开展形式多样的地名文化宣传活动，不断扩大地名文化影响。自2017年8月开始，开展了“优秀地名文化进校园”活动，目前已经在23所高等院校展播了河南优秀地名文化。结合郑州市图书馆的读书月活动，进行了“你心目中的最美地名”征集。制作了“两京古道、灵谷圣地”函谷关、九朝古都洛阳、千年古县修武等20多部优秀地名文化微视频。多地相继出版了地名故事、地名研究文集等反映地名文化的图书。

湖北省第二次全国地名普查工作纪实

湖北省地名普查办公室

地名是望得见山的故土心，看得见水的思乡情，记得住乡愁的回家路。1979 年至 1986 年，我国开展了第一次全国地名普查。30 多年来，我国地名情况发生了巨大变化，为全面掌握地名信息，提高地名管理和服务水平，国务院决定开展第二次全国地名普查。开展第二次全国地名普查，是在新的历史时期，党中央、国务院作出的重大战略决策，对于提升国家和社会治理能力、促进经济社会发展、弘扬优秀传统文化、巩固国防和军队建设具有重要意义。

国务院要求各省、市、自治区用 4 年时间（2014 年 7 月至 2018 年 6 月），分 3 个阶段，遵循“统一领导、分工协作、分级负责、共同参与”的工作原则，完成此次重大的基础性、公益性、战略性国情调查。湖北省始终把第二次全国地名普查定位为“国家任务、政府工程、重点工作”，全面落实国家的各项工作部署，强化各级政府主体责任，充分发挥民政部门牵头作用，创新探索普查工作方式方法，着力营造各方参与普查氛围，全省一盘棋、上下齐努力，坚持抓紧抓实抓出成效，为全国创造经验和借鉴。

一、组织领导

湖北省第二次全国地名普查工作始终在抓职责转换、促任务落实上下功夫。2014 年 6 月 11 日，省人民政府办公厅印发了《关于开展第二次全国地名普查的通知》（鄂政办发〔2014〕32 号），省、市（州）、县（市、区）三级都组建了第二次全国地名普查领导小组及办公室。围绕把国家任务转换成政府职责，把普查目标转化成工作计划，各级地名普查机构紧紧抓住各级领导小组不放、紧紧抓住各级政府领导不放，在“做争取、搞转换”上下功夫，着力实施普查项目目标责任制，促成分管省长与市州长，市州长与县（市、区）长层层签订《普查工作目标责任状》，116 份签字盖章的责任状，像“钉子”一样，把普查的责任、任务、要求牢牢地钉进各级政府的工作目标，促成了地名普查从民政工作目标到政府工作目标的转变。省政府召开2次省、市、县、乡四级地名普查电视电话会议和1次全省地名普查领导小组负责人会议，深刻分析形势，研究突出问题，压实普查责任。许多地方党政一把手亲自过问普查，分管领导亲自带队督促检查，在政策、资金、人员上给予了大力支持，免去了后顾之忧，工作开展不再瞻前顾后、捉襟见肘、步履维艰，成为湖北省第二次全国地名普查成功的根本。

二、政策制定

湖北省第二次全国地名普查工作始终在抓标准引领，促操作规范上下功夫。省地名普查办联合省文史馆、省方志办促成省政府下发了《关于开展湖北省千年古县调研暨地名文化遗产保护工作的通知》，将地名文化遗产保护工作列入“文化湖北建设工程”，30个千年古县列入调研名单，要求全省各市（州）、县（市、区）都要成立地名文化保护专班。制定下发了湖北省第二次全国地名普查《实施方案》《操作规程实施细则》《作业规范》《外包规定》《保密办法》《监理办法》《质量评价体系》《登记表样板模板》《自然地理实体地名普查实施方案》《加强地名文化保护暨清理整治不规范地名工作实施方案》《考核制度》《包保督导制度》《督查通报约谈制度》《痕迹管理办法》《软件安装规定》《属性信息采集质量检查规程》《图录典志编纂规定》《检查验收工作规定》《成果接边工作规定》等20项湖北普查标准，印发了160多份文件像“连环扣”一样把全省普查准备、实施、数据入库等各个关键环节牢牢扣在规范推进的轨道上。各市（州）、县（市、区）也着力强化普查政策支撑，深化普查政策执行，各级政府共印发342份文件、各级普查领导小组共印发了750份文件、各级普查办共印发了2281份文件，确保了普查工作令行禁止、法治彰明。

三、保障落实

湖北省第二次全国地名普查工作始终在抓分级负担、促保障到位上下功夫。省地名普查办本着“公平、公开、公正”的原则，按照“资格准入、培训考试、专家论证、优胜劣汰”的程序，确认了34家能够参加湖北省第二次全国地名普查的业务合作单位，为各县（市、区）地名普查提供了技术支撑。

组建了以龚健雅院士为主任委员的 9 人专家咨询委员会，采用借调、购买服务等方式组建了综合能力、专业技术都很出色的自身班底。积极争取、及时下拨了中央财政补助资金 8541 万元、省级财政补助资金 4852 万元。各市（州）、县（市、区）普查机构发挥职能、不等不靠，共争取市、县两级配套经费 17983.47 万元，平均每个县（市、区）普查经费近 175 万元。积极作为、履职尽责，采取抽调、返聘、购买服务等方式，在全省组建了一支拥有 21279 人的地名普查大军，平均每个县（市、区）地名普查工作人员近 207 人，其中特别组建了 6118 人的老党员、老干部、老教师、老乡贤、老方志“五老”地名文化挖掘队伍，平均每个县（市、区）近 60 人，为普查工作提供了充足的经费保障和人员保障。

四、宣传动员

湖北省第二次全国地名普查工作始终在抓媒体宣传、促有声有色上下功夫。省地名普查办联合省文史馆、省方志办开展了全省最美地名评选和最美地名故事征集活动，共初采地名 1236 个，征集地名故事 683 篇，形成网上候选地名 186 个，超 100 万网民参加投票，最终评选出湖北首届 100 个最美地名，并在《湖北日报》和荆楚网上向全社会公布，受到了社会各界的广泛关注和专家学者的普遍好评。湖北电视台主动联合省地名普查办开展了全省 4 个市州、57 个县（市、区）“地名故事”优秀宣传片展播。省地名普查办还通过国家地名普查网、“第二次全国地名普查”微信公众号、《中国地名》杂志、湖北卫视、荆楚网、“长江云”政务客户端、湖北民政网、“寻根湖北”微信公众号等媒体平台对全省地名普查重大活动、主要事件进行了富有成效的宣传报道，向民政部报送并被采纳发布的普查宣传信息连续 3 年位居全国第一。各市（州）、县（市、区）利用传统媒体、网络媒介和群众活动相结合的方式，开展了“地名普查宣传月”、地名普查知识竞赛、地名普查主题公益演出、地名普查书法大赛、地名普查问卷调查和现场解答等系列宣传活动，发送了 355742 条宣传短信微信，张贴了 37331 条宣传标语，制作了 1570 个宣传灯箱，发表了 1176 篇普查撰文，播送了 918 篇电视广播报道，开通了 275 个 QQ 群，为普查工作营造了良好的氛围。

五、学习培训

湖北省第二次全国地名普查工作始终在抓培训提升、促知识学习上下功夫。省地名普查办发挥表率带头作用，先后3次组队去河南、安徽等兄弟省市学习地名普查工作经验，参加国务院地名普查办举办的各类学习、培训、会议，并多次作经验交流发言。采取“请进来、走出去”的方式，培训自身人员180人次，先后举办13个市州、103个县（市、区）和全省中标的23家外业单位参加的专业培训15场次4500人次，邀请民政部中国地名研究所、中国地名文化遗产保护促进会、武汉大学、华中师范大学、湖北大学、湖北省档案馆、湖北省基础地理信息中心、湖北省国土测绘院和普查软件开发企业等单位的相关专家到场授课。在全省地名普查会议和培训上，有的放矢地推行“通城经验”，促成全省以对来历、含义、历史沿革、地理实体“四大核心”为重点描述地名内容，从历史脉络、文化传承、社会发展、民风民俗、典故传说、宗教信仰等方面入手，认真进行由点到面、由浅入深、一脉相承的文化挖掘。推广“宜都经验”，在全省实施了“互联网 + 地名普查”地名文化挖掘工程，利用移动互联网发动老百姓对居民点文化属性信息进行核对纠错，使“信息核对、文化挖掘、普查宣传”互促互进、相得益彰，这一做法被民政部《民政信息参考》（第59期）推介到全国。各市（州）、县（市、区）采取说案例、讲专题等方式，共开展了2450场次101642人次形式多样的培训，不仅夯实了地名普查工作基础，同时也有效提升了地名工作队伍的能力水平。

六、外业调查

湖北省第二次全国地名普查工作始终在抓外业踏勘、促实地调查上下功夫。省地名普查办与技术公司合作开发了全省普查软件，并按照“办理安装申请、签订保密协议、电脑安全和安装环境检测、配置管控软件、安装普查软件、捆绑涉密数据”的程序，向103个县（市、区）部署安装了普查软件，分发了以1∶5万影像图和矢量图为核心的各类普查基础性数据。各市（州）、县（市、区）地名普查工作人员以高度的责任感和使命感，放弃节假日和休息时间，认真学习普查知识和技能，深入实地开展普查。日夜兼程、吃睡在办公室者有之，举家动员、翁媳合作者有之，生死度外、癌症病患奋战一线者有之，刨根问底、上山找墓下水捞碑者有之，攻克难题、千里奔赴公司本部不成不走者有之，勇当尖兵、跪求岳母推迟婚期者有之，舍家敬业、不顾妻儿老小者有之，冥思苦想、用尽平生脑汁者有之，茶饭不思、魂牵梦绕夜不能寐者有之，在这样的精神状态下，全省各级普查机构共同努力，共采集入库64.4万条地名，调查了2.9万条历史地名，审定了1822条跨界自然地理实体地名，采集了85.4万条地名多媒体数据，形成了2000G规模的综合地名数据和1812幅普查成果图。

七、内业整理

湖北省第二次全国地名普查工作始终在抓内业整理、促文化挖掘上下功夫。省地名普查办积极争取省保密局支持，将地名普查纳入保密项目，制定出台了《地名普查保密管理办法》，切实做好人防、物防、技防，实行省、市、县三级普查办，县级普查办对业务合作公司全链条、全覆盖签订《保密责任书》，将保密责任落实到单位、到人头，确保地名普查内业整理干成事、不出事。为提高全省地名普查规范化、标准化、精细化管理水平，制定出台了《地名普查痕迹管理办法》，全省地名普查内业坚持做到有缜密的工作记录，可有效回溯整个普查流程，确保地名普查工作条理清楚、责任明确、有据可查，为地名普查的包保督导、监督考核、督查约谈、执纪问责提供原始依据，并促使各级普查工作人员自觉运用法律法规和制度规范约束工作行为。面对全省地名普查的地名文化挖掘过程中逐渐产生的“面上有历史、点上无文化”悖论的局面，省地名普查办查阅历史典籍和文史资料，发现自古“皇权不下县、鄙民不入史”导致历朝历代对居民点的记载多为只言片语、一笔带过，无历史脉络、无系统研究、无文化挖掘成为常态，通过仔细分析、深入研究，在全省总结并推广了“村买、乡切、县炒”的地名文化挖掘“厨艺法”。各市（州）、县（市、区）、乡镇（街道）普查机构秉承地名文化“来自人民、服务于人民、普惠于人民”的普查初心及时融会贯通，较好地解决了地名文化挖掘“难考证、难甄别、难审核”的问题，开历史之先河、领时代之先声，拓荒地名文化盲区，对全省包括居民点类地名在内的204362条地名进行了深奥精微的文化挖掘，占入库地名总数的近三分之一。

八、调研督查

湖北省第二次全国地名普查工作始终在抓调研督查、促平衡推进上下功夫。省地名普查办把调研督查作为地名普查谋事之基、成事之道，严格按照国务院普查办的工作部署，坚持问题导向、目标导向、实践导向，在全省开展了6轮调研，聚焦“三有三无”矛盾（有招标速度、无普查速度，有普查进度、无普查质量，有文化挖掘、无文化精品）、“四重四轻”倾向（重测绘、轻地名，重数据、轻文化，重现状、轻历史，重外业、轻内业）、“五个不到位”问题（资料收集不到位、资料利用不到位、预填登记表不到位、实地调查不到位、四项关键信息编写不到位）进行科学研判，形成了针对性、指导性、操作性强的意见和建议，制订解决矛盾和问题的指导方案，各市（州）、县（市、区）及时贯彻落实，在全省形成了推动普查工作落实的强大合力。在普查督查建章立制上致力于“本土化”，制定了针对性、操作性很强的《地名普查督查通报约谈制度》，有效地强化了普查工作“真管真严、敢管敢严、长管长严”的制度性安排，这一做法被《民政部参阅文件》（民阅〔2016〕36号）转发全国。全力争取湖北省政府支持，连续两年将地名普查列为湖北省政府重点督查项目并开展全省全覆盖督查，多次召开技术合作、软件、监理公司工作通报、协调会议，并对多家不作为的外业单位进行约谈。组建了4个包保督导组，开展了6轮全省督导，对24个普查进度缓慢的县、市进行了“一对一”专业指导。各市（州）、县（市、区）有针对地强化检查督导，共开展了356次市州督查、1003次县级自查、1061次工作整改，对252个单位进行了函询，对108家单位和26人进行了通报，对44家单位和54人进行了约谈，高标准、严要求地完成了县级自查和市州核查任务，决不给普查推动留有慵懒散软的无为空间。

九、质量监理和评价

湖北省第二次全国地名普查工作始终在抓质量监理、促客观评价上下功夫。省地名普查办制定了《湖北省第二次全国地名普查监理办法》《湖北省第二次全国地名普查包保督导制度》和《湖北省第二次全国地名普查考核制度》，聘请技术公司和长江水利委员会长江科学院对全省地名普查工作质量进行监理，结合自身组建的4个省级工作组，对全省13个市（州）、103个县（市、区）实现全覆盖质量监理和无缝包保督导，对各地普查质量、普查资金、普查宣传、地名文化挖掘、成果转化利用等重点事项和难点问题进行质量监理和包保督导，分析普查推进过程中遇到的热点、难点问题和协调需要解决的有关事项，对发现的问题梳理分析思路和对策，及时制定相关整改措施。对普查工作成效实行季度考核与年底集中考核相结合、定性考核与定量考核相结合，分两个层次进行考核。对各市、州、直管市和神农架林区主要考核目标责任、普查监理实施、普查软件部署、地名标准化、普查宣传、地名成果转化等内容；对各县（市、区）主要考核普查实施进度、普查组织管理、地名调查、地名文化建设、普查软件使用、数据库建设、普查成果表、普查宣传、地名成果转化等内容，每个季度考核1次，年终实施总考核。考核分为优秀、良好、合格、不合格4个等次。严格实行“一考三挂”，即：考核结果与民政重点工作综合考评挂钩，作为评先评优的重要依据；考核结果与次年补助资金分配挂钩，作为倾斜支持或减少拨款的重要依据；考核结果与对市州和县（市、区）政府通报挂钩，作为表扬、批评的重要依据。各市（州）、县（市、区）按照省里相关要求，聘请了质量监理单位，组建质量监理和包保督导专班，对本区域内全部的县（市、区）、街办、乡镇实现质量监理和包保督导全覆盖，形成纵向到底、横向到边的质量监理和包保督导网络，将考核作为地名普查提质增效的重要举措，作为普查机构履职尽责的关键举措，确保地名普查工作高速、优质。

十、检查验收

湖北省第二次全国地名普查工作始终在抓检查验收、促成绩优秀上下功夫。省地名普查办认真学习贯彻国务院地名普查办制定的《第二次全国地名普查验收办法》，结合湖北地名普查工作实际制定下发了《全省地名普查检查和验收工作的通知》和《做好全省地名普查成果接边工作的通知》，按照“作业单位自检、县级自查、地级核查、省级验收、成果上报”的流程进行检查验收。各作业单位对承担的普查项目进行100%内外业自检，作业单位自检工作完成后，将普查成果和自检报告报送县级普查办，提请县级自查。县级普查办自查采用100%内外业全检方式，县级自查完成后，明确自查情况和检查结果，并附上相关自查记录表格，上报地级（或上一级）地名普查办进行核查。市州普查办对提请核查的县（市、区）开展100%内业全检，外业检查根据内业检查发现的问题进行有针对性的重点检查（实际外业检查比例不得低于10%），市州普查办明确核查比例、核查内容和核查结果精度，并附上相关核查记录表格，上报省级地名普查办进行验收。省地名普查办在省级检查验收阶段采用“政府 + 专业单位”验收模式，联合长江科学院、省国土测绘院组建了4个省级检查验收组，按照质量评价体系7个大项、48个中项、

121个小项的技术标准和文化挖掘A、B、C、D 4个等级，对103个县（市、区）的普查成效进行现场检查、实地复核、现场打分、现场汇总、现场确认、现场总结、现场公布，全省平均得分为98.19分，得分99分以上的有31个县（市、区），占全省30%，得分98—99分的有36个县（市、区），占全省34.9%；武汉、黄石、宜昌、襄阳、黄冈、鄂州、随州等7个市州平均得分超过全省平均分，为全面优秀完成地名普查国家验收奠定了坚实的基础。

十一、档案管理

湖北省第二次全国地名普查工作始终在抓档案建设、促建宗立卷上下功夫。省地名普查办认真学习贯彻民政部、国家档案局联合制定印发的《第二次全国地名普查档案管理办法》，联合省档案局在武汉市江汉区开展地名普查档案归档试点工作。江汉区按照《第二次全国地名普查档案管理办法》，从收集、整理、组卷、建档、保管和开发利用等方面入手，始终坚持“三个统一”，即明确统一的档案盒、统一的档案袋、统一编码和代码，做好建档立卷工作。参照《纸质档案数字化技术规范》（DA/T 31—2005）、《湖北省纸质档案数字化操作规程》，将全部地名普查档案电子化，建立文件级电子目录数据库，实现普查档案整理的科学化、规范化、精细化，确保普查档案的完整、准确、系统、安全和有效利用。省地名普查办举办全省地名普查标准地名图集编制、档案管理及地名文化遗产保护培训班，邀请省档案局专业人员就地名普查档案管理规范进行培训，总结推广江汉区地名普查档案管理试点工作经验。在此基础上，省地名普查办按照《中华人民共和国档案法》《第二次全国地名普查档案管理办法》等法规的相关规定，结合试点经验制定印发了《湖北省第二次全国地名普查档案管理实施方案》，从组织管理、工作制度、硬件建设、档案业务以及检查验收等5个方面对全省地名普查档案管理工作进行了全面而系统的安排。各市（州）、县（市、区）按照国务院地名普查办和省地名普查办的工作要求，全面开展了地名普查档案管理工作，为湖北地名管理发展和地名文化传承奠定了坚实的基础。

十二、成果转化

湖北省第二次全国地名普查工作始终在抓成果转化、促务实重行动上下功夫。省地名普查办按照《第二次全国地名普查成果转化规划（2015—2020

年）》相关要求，统筹推进地名基础研究、地名图书编纂、地名文化保护、地名信息化建设和地名公共服务等成果转化工作。

全省地名图书编纂有序推进。湖北省地名工作战线有力推进普查成果转化，共同完成了国家标准地名词典（湖北卷）第一部分（政区、居民点、城镇交通）3473 条词条的编写，指导市县完成国家词典第二至八类词目表编写并上交，完成《湖北省标准地名词典》第一部分编写并指导市县开展第二至八类词目表编写。《中华人民共和国标准地名志（湖北部分）》“政区、居民点类地名”词目编写、省地名志编纂正有序开展，全省 13 个市州、103 个县市区正有序开展地名志、地名图集编纂工作。《湖北地名故事》和《地名普查故事背后的故事》已公开出版。

全省地名文化保护不断夯实。按照《省政府办公厅关于开展湖北省千年古县调研暨地名文化遗产保护工作的通知》要求，大力推进地名文化遗产保护工作，将地名文化遗产保护列入了“荆楚优秀文化传承工程”。积极推动符合条件的 30 个县、市申报“中国地名文化遗产千年古县”，湖北省“千年古县”从无到有、从有到多。5 个市州、78 个县市区制作完成了地名文化专题片，开展了“地名故事”宣传片展播，全省清理整治不规范地名工作正在联合相关部门统筹推进有序展开。

“互联网 +”思维充分运用。通过积极探索公众参与的网络化社会管理服务新模式，充分利用互联网、移动互联网应用平台等，着力构建“互联网 + 地图 + 地名 + 服务 + 管理”的一张图、一张网，打通政务服务“最后一公里”，加快推动地名地理信息和空间地理信息跨层级、跨地区、跨系统、跨部门、跨业务的数据互联互通和协同共享，提升地名管理科学决策能力和社会治理水平。

创新成果逐步扩展。统一建设覆盖省、市、县的地名数据库和地名信息管理服务平台，最大限度开放普查数据。运用信息化手段实现地名信息更新常态化，设置二维码地名标志牌，进一步提升地名公共服务体验感和便捷度。将地名普查成果信息化应用向界线管理领域延伸，开展智慧区划地名试点和乡级勘界工作，扩展地名信息化应用范围，为推进“智慧民政”和“智慧城市”建设打好基础，积累经验。

湖北省第二次全国地名普查工作始终坚持解放思想，与时俱进，开拓创新，紧贴社会脉搏，不惧风险挑战，实现了 6 个“首次”。首次采用了“政

府 + 社会 + 企业”协作联通的工作模式。不仅实现了普查借力社会、借力市场、借力智囊的工作目标，也锻炼了一支善于运用社会力量、善于与市场打交道、善于借智借脑的民政队伍。首次推广了空间技术和历史、文化融通的普查方式。运用计算机、互联网、移动通信、航测遥感等现代化空间信息技术，在普查中实现了空间技术运用与历史、文化承续的良好融合，将湖北省第二次全国地名普查工作带入了新纪元。首次开展了全面系统和全方位贯通的地名文化挖掘。突出普查文化属性，攻克“面上有历史、点上无文化”的地名文化挖掘悖论，实现了以居民点文化挖掘为开创性引领，以地名来历、含义、历史沿革、地理实体描述为核心内容的文化挖掘目标。首次实施了多维立体和渠道畅通的地名文化宣传。以高度的文化自觉，传承最美地名，讲好地名故事，保护地名文化遗产，拓展地名文化宣传新渠道，谋划新方法，不断提升地名文化影响力和自信力。首次实现了政府部门之间信息互通的良性工作模式。民政部门充分发挥核心推动和牵头作用，主动作为、积极协调，建立了领导小组各成员单位沟通协作机制，为普查工作营造了良好的外部环境。首次形成了属性信息和空间信息共通的地名数据库。地名属性信息和空间信息实现匹配挂接，既是普查要求，也是时代需要，更是普查成果应用于经济社会发展的重要载体，普查工作中形成的比较完善的图属匹配地名数据库将为湖北省地名工作立下“百年之基”。

2019 年 8 月，为表扬先进、弘扬正气，进一步推进全省地名管理工作和地名文化建设，经各级地名普查机构认真组织推荐，省地名普查领导小组决定，通报表扬武汉市民政局区划地名处等 50 个全省第二次全国地名普查工作突出集体和刘群等 99 名全省第二次全国地名普查工作突出个人。

“求木之长者，必固其根本；欲流之远者，必浚其泉源。”湖北省第二次全国地名普查取得的成绩凝结了全省普查人员的辛勤和汗水，是一座矗立在普查征程中的巍峨丰碑。今天，全省地名工作者再一次站在新的历史时点，在党和政府的坚强领导下，将以更加饱满的热情、更加昂扬的斗志、更加顽强的作风，勇于担当，扎实工作，争取为湖北经济社会高质量发展再作贡献。

湖南省第二次全国地名普查工作纪实

湖南省地名普查办公室

地名普查是国务院部署的一项重要工作，也是事关湖南省战略发展的大事，湖南省人民政府高度重视，提出了“统一标准、共建共享、传承文化、边查边用”的指导方针。在国务院地名普查办和省人民政府的正确领导下，该省以一天不拖的要求抓进度，以一丝不苟的要求抓质量，以一项不漏的要求抓整改，以一点不放的要求抓督查，以一个不落的要求抓验收，着力打造普查精品。全省共普查地名 198 万条，入库 176 万条，上交国家数据库 170.5 万条，是省“一普”体量的 13 倍。现将有关情况纪实如下：

一、精心准备，创新谋划准备阶段工作

1. 工作机制高效运转。省地名普查办将地名普查作为一项基础性、公益性、战略性的省情调查，作为服务转型升级、建设“五个强省”和“五化民政”的重要抓手。2014 年，省政府第一时间召开了全省地名普查工作会议，全面部署普查工作，确定了由常务副省长任组长，23 个省直部门为成员单位的湖南省第二次全国地名普查领导小组。建立了地名信息共建共享、互惠互利的工作机制，明确了各成员单位的任务分工和相关信息供需清单。成立了由地名文化、历史地理、测绘及计算机专家组成的专家咨询委员会，确定了技术支撑单位。全省各级普查办均相应成立了高规格的领导机构，制定了高效率的协调机制，近半数的市、县领导小组组长由政府常务副职担任。

2. 普查保障措施到位。一是落实经费。省地名普查办每年都按各县市区的面积、人口、地形、工作激励等因素，及时转拨地名普查中央财政补助资金；省财政落实经费 2800 万元，市、县两级地方财政落实经费 2.24 亿元。二是落实人员。省委编办给省地名普查办批复增加了 4 个编制，安排专职人员 7 名，其中聘请测绘及计算机专业人员 4 人。全省市、县两级普查办共安排专职人员 1638 余人。三是落实软硬件。全省共投入手持 GPS 仪器 459 台，

平板电脑368台，电脑1353台，工程车辆271辆，无人机14架。底图制作创新——省地名普查办从23个省直单位，免费获取了大量的地名数据，通过统一坐标系统和地名属性数据格式，把这些地名矢量信息进行汇总、拼接，形成了地名普查现势性较强的大比例尺作业底图，按县市区分割、下发，图载地名信息超过145万条，大大减轻了县级普查作业量。软件定制创新——省地名普查办的软件平台是在试点的基础上，经3轮的专家论证、10多轮的座谈沟通，综合了底图一键导入、文化属性选择归类、地理位置自动导入、数据智能化建库、泄密失密防范、成果一键导出等多方面需求，进行了个性化定制，设置了许多契合湖南实际需要的功能模块。

3. 业务培训及时高效。省本级共组织27次培训，总计培训7185人次，参训人员不仅有省、市、县三级普查办工作人员，而且包括所有外包服务单位的有关技术人员。培训内容含政策文件、技术标准、软件操作、保密措施、文化挖掘、清理整治不规范地名、监理办法、新媒体宣传、核查验收、成果转化等多个方面。此外，各市、县召开工作会、培训会、座谈会、研讨会等共10450余次。全省地名普查参训人员超过24万人次。

4. 普查宣传效果明显。全省高度重视，强力推进地名普查宣传工作。在上下联动、深入发动基础上，注重户外宣传和现场宣传有效结合，媒体宣传和日常宣传相得益彰。在户外宣传方面，充分利用机关政务信息LED屏集中滚动宣传相关工作内容及知识。在城区繁华地段、主要街道、居民社区的显著位置，悬挂宣传横幅和标语、设立专题宣传栏，图、文、声并茂地进行宣传。在媒体宣传方面，充分利用电视、网络媒体视觉冲击力强的特点，在省级主要电视媒体组织有较大影响的电视采访和报道20余次。在湖南卫视、经视等频道的黄金时段滚动播出地名普查公益宣传片，在市、县电视台的热播节目中发布地名普查游走字幕，增强宣传工作的针对性、时效性。在《湖南日报》《潇湘晨报》《三湘都市报》等多家省级纸媒和红网、新湖南等新媒体开设专栏专版。在日常宣传方面，举办了信息报送和新闻宣传工作培训，建立了信息报送系统。省地名普查办联系腾讯公司集体开通地名普查微信公众号110个，其中省办微信公众号推送了100余期信息，其中15期介绍了先进经验做法和典型人物事例。2016年，全省在《全国地名普查简报》和“三网站一微信”采用的信息数量分别位居全国第4和第8。省地名普查办在全省开展了“地名普查新媒体宣传月”“镜书家乡地名——地名图片征集”“寻找回家的路——最美家乡地名故事征集评选”等3个全省性的活动，既大力宣传了普查意义和地名文化，又引领三湘百姓挖掘湖湘地名文化、收集地名信息和地名历史，获得一大批高质量的地名图片和地名故事。全省共收集稿件1500余篇近100万字，收集优质地名图片3200余幅。2017年，省地名普查办联合湖南红网在永兴县板梁古村召开现场新闻发布会，让基层群众更进一步了解地名文化，提高了社会各界的地名文化保护意识。

二、统一步调，整体推进实施阶段工作

2015—2016年，全省开展了乡镇区划调整改革，撤并了25.4%的乡镇、42%的建制村。在区划改革任务重叠、非常压头的情况下，省地名普查办迎难而上，加班加点做好了地名普查省级顶层设计，体现了湖南地方特色、助力境域旅游文化建设和“五化民政”创建，扎实推进全省地名普查。

1. 抓标准引领，促操作有序。在无经验可借鉴的情况下，湖南省地名普查办从“严”上着手、在“精”上下功夫、在“准”上用力气、在“细”上做文章，充分利用外包服务单位和测绘、信息、历史地理等学术界资源，陆续创制性出台了《湖南省第二次全国地名普查技术规范与数据标准》《湖南省第二次全国地名普查数据库标准》（获得全省测绘与信息大奖）。此外，还出台了工作规程实施细则、涉密数据管理办法实施细则、保密室管理规定、涉密数据管理办法实施细则、监理办法、监理工作方案、监理技术方案、监理实施细则、成果检查验收与质量评定规定、档案验收办法等37个文件制度。这些文件制度确保了各地普查流程、技术和成果的规范化、标准化。2016—2017年，国务院地名普查监理及质量评定小组两次到湖南省，都对该省的省级地名普查顶层设计给予了肯定。

2. 抓服务外包，促规范高效。省地名普查办结合湖南的实际需求，明确了外包服务单位的资质要求，招标确定了30家服务单位，由各市、县通过政府采购从中选择。省地名普查办举行了为期一周的外包服务单位技术员培训，500余名技术人员报名参训。创新性地分3套试卷，举办了考试，确保每个学员独立完成试卷。成绩优良的，由省地名普查办制发项目经理证书，共发放140本。为确保每个普查单位始终有一名以上领军技术骨干，省地名普查办规定：持证者方可带队承担县、市地名普查外包服务项目，且一个项目经理不能同时承担两个以上普查单位的外包工作、每月必须在现场作业20天以上，

充分体现了湖南抓服务外包的特色。据统计，全省各外包服务单位共投入技术人员2300余名，最多的是永顺县，投入46名。

3. 抓深度调查，促文化挖掘。地名普查质量的高低在一定程度上取决于地名文化挖掘的深浅。省地名普查办主要从4个方面着力：一是组织专门队伍。全省共投入文化属性挖掘人员800余人（平均每个县市区超过6人），采用了形式多样的挖掘方式。如浏阳市组织文化、史志专家和老龄协会，成立专门的班子，挖掘地名故事；新晃侗族自治县、通道侗族自治县组织侗语协会对侗语地名进行深入细致的考证；平江县委托党史地方志学会考证和审定地名；绥宁县组织熟悉县史、地方风俗的老专家集中审定地名资料；资兴、桂东、永兴等县（市）委宣传部、县（市）政府专门发文，组织各乡镇深挖地名文化属性。二是开展少数民族语地名挖掘保护专项活动。在民政部区划地名司和地名研究所的支持下，省地名普查办分土家、苗、侗、瑶4个语种，各选一个县，开展少数民族语地名和方言地名的审音定字活动，先试点，再编制译写规则，然后在全省铺开。三是主动服务“五化民政”标准化建设。申报的《湖南省地名数据元建库标准》《少数民族语地名译写规范》等4个湖南特色项目均通过专家评审，被湖南省质量技术监督局列入2016、2017、2018年度地方标准制修订项目计划。2017年正式出台《湖南省地名数据元建库标准》，是全国第一个地名数据元地方性标准。《少数民族语地名译写规范》《地址数据元规范》《地名地址数据库建设技术规范》等地方标准于2018年、2019年陆续出台。四是开展地名文化遗产资源调查。全省通过实地调查、资料考证、座谈论证等多种方法，全面查清地名文化遗产情况，广泛收集地名的拼写、读音、位置以及历史沿革、来历、含义等文化属性信息，系统掌握地名文化遗产资源的数量、分布和现状。

4. 抓保密工作，促普查安全。一是领导高度重视。全省高度重视地名普查保密工作，省地名普查办负责人在每一次的地名普查工作会议和业务培训上，都要专门强调保密工作的重要性，在日常的工作交流、检查和巡视中，都会对普查工作人员进行保密教育。二是研讨培训先行。地名普查是个复杂的系统工程，无现成的保密工作经验可以借鉴。为此，省地名普查办在普查伊始，便邀请省保密局、国安厅、公安厅以及测绘、计算机等方面的专家，根据普查规程、内容、技术、设备和参与普查人员结构，进行了细致的研究和讨论，形成了一系列的保密制度。为将制度落到实处，省地名普查办开展了8次专门的保密培训，邀请省保密局专家授课。为确保培训效果，省地名普查办使用省保密局的保密试卷进行测评，给成绩合格的参训人员发放保密证800余本。各市州、县市区参照省里的做法，主动邀请当地保密局专家培训普查工作人员、督查普查保密工作。三是强化日常管理。省地名普查办从加强保密人员管理、要害部门管理和完善制度入手，切实加强保密管理工作。出台了《保密室管理规定》《湖南省地名普查涉密数据管理办法实施细则》《关于妥善管理地名普查外业平板电脑的意见》《关于进一步加强地名普查保密工作的通知》《关于加强地名普查涉密设备采购管理的通知》等文件，并委托保密设备中标商对全省各级保密室建设进行了专项核查，为省、市、县三级普查办统一安装了保密防护软硬件。同时加强保密督查，进一步明确保密管理的重点和要求，明确失密、泄密等情况的处理办法。

5. 抓湖南特色，促信息化建设。湖南省新增了以下类别：村民小组、居民小组、垸、遗址、国家等级旅游景区、工业旅游示范点、红色旅游景区、乡村旅游示范点、集贸市场、专业市场、酒店、民政事务网点、民政事业单位等13类。湖南数据包中，新增村（居）民小组数据46.21万条，民政事业单位（含救助站、军休所、婚登中心、福利院、敬老院、殡仪馆）5344条，民政服务网点（福利彩票发行点、社区服务中心、雷锋超市）7425条，文化遗址地名2590条，各类旅游地名1852条。通过这些条目，既为民政“信息化”建设和实现民政云数据、“互联网+民政”提供了源数据，又为传承湖湘文化、促进全域旅游起到积极作用。

6. 抓督查约谈，促平衡推进。为促进工作的落实，省地名普查办在普查实施阶段对各县、市、区普查办和外包服务单位普查进度实行半月通报制，同时开展了全覆盖的专项督查。在综合衡量各地进展情况的基础上，对于进度居于全省末两位的县、市、区以及外包服务单位，省地名普查办启动了两次约谈。通过督查和约谈，达到了监控实况、推动平衡、发现问题、传播典型的效果。

三、严控质量，有序开展省级验收工作

验收不是目的，而是手段。省地名普查办以“传导压力、提升质量、做好服务”为原则开展省级验收，确保地名普查工作责任到人，服务到心，落实到位。

1. 规范验收标准。湖南省结合普查工作规程和国普办的验收办法，先后出台了《湖南省〈第二次全国地名普查验收办法〉实施细则》《关于规范地名普查验收工作的通知》《地名普查成果省级验收分工和检查要点》等5个有关验收的文件，严格规范了普查质量检查的基本依据、检查内容、检查标准、量化指标和方式方法，分别明确了县级自检、市级核查、省级验收实施办法、时间步骤和资料清单等，形成了比较完善的操作规范。为客观、直观地判断各县、市、区的普查工作强度、地名密度，提高验收效率，省地名普查办按照每平方千米、每万人编制了分面积和人口的地名比对系统，通过该系统确认每个县市区普查的广度和深度，分析地名丰富程度。

2. 抓好验收培训。在督促指导县级自查、市级核查的同时，省地名普查办通过招标，确定湖南省第二测绘院为省级外包服务单位。并集中开展了验收培训，内容主要是：普查常见问题与对策、质量评价体系、验收原则、流程、标准及要求等。省地名普查办还根据提请验收单位的具体情况，如少数民族成分、地域文化、外包服务单位特长与不足、合同定价方式等进行了差异化培训。各验收组人员在奔赴验收现场前，按照湖南省的验收原则，事先做足了“功课”：针对县级工作上报情况，做好验收工作预案；根据全省反馈的共性问题有目的、有针对性地重点核查；根据当地实际需求和经济社会发展方向寻找普查契合点。

3. 全面开展验收。一是合理配置省级验收组成员。省地名普查办专门聘请保密、文化、测绘、信息等方面专家，建立了《湖南省地名普查专家库名录》。省级验收组一般为5—6人，由省地名普查办领导带队，除了省地名普查办和省第二测绘院的技术人员外，还从专家库中随机抽取专家2名。二是全部实行现场验收方式。省级验收组对全省122个县市区进行现场检查，通过听取汇报，查看资料，重点对普查成果表、数据库建设、地名标志、地名标准化、外业调查、组织管理和保密监理等工作逐一进行打分。整个验收过程组织有序、科学规范，除了尽可能地找出成果质量问题外，更主要的是找出问题出现的关键原因，寻找解决问题的方法，千方百计指导和帮助县级普查办提高成果质量，全力做好服务工作。比如，在验收中，省地名普查办帮助吉首市分析解决了地名点位存在偏差的外业工作方法失当的问题；协调省普查领导小组成员单位解决了凤凰县、龙山县和溆浦县影像底图缺失、现势性不强、资料不全等问题。

4. 强化督导通报。为及时传导压力、增强紧迫感，2017 年 4 月起，省地名普查办通过制作了普查“作战图”，实行“一日一晾晒”“一周一通报”的工作机制。“作战图”以县级行政区划为单元，用红黄绿三色旗帜标示进展：红旗代表已通过省级验收，黄旗代表已通过市级核查，绿旗代表已通过县级自查。有了这张图，既呈现全省验收进展情况，又方便省地名普查办科学调配力量。省地名普查办每天更新一次，每天在全省地名普查微信群、QQ 群进行及时“晾晒”，每周向全省各级地名普查领导小组及其办公室通报一次进度。通报文件直发各市州、县市区普查办一把手，强化了工作责任，严格了时间节点，加快了工作进度，确保全省普查验收于 2017 年 6 月上旬全面完成。

5. 抓好整改落实。针对国务院地名普查办的三轮审核意见，省地名普查办召集市州地名普查办骨干，召开讨论分析会议，形成会议纪要和具体的修改意见。指导各市州、县市区地名普查办和成员单位将地名文化和地理实体概况审核作为重点内容来整改，由市州地名普查办审核把关，对修改情况进行严格检查，形成检查记录，确保意见所提问题改彻底。

6. 建成地名成果数据库。全省严格按照《第二次全国地名普查成果数据入库验收办法》，组织省、市、县三级外包服务单位做好成果数据的入库工作，特别是注重做好空间数据检查和相邻政区普查数据的接边工作。首先由县级外包服务单位做好跨乡镇的接边工作，其次由市级外包服务单位做好跨县的接边工作，最后由省级外包服务单位做好跨市州的接边工作，并配合国务院地名普查办做好跨省界自然地理实体地名接边工作，建成省、市、县三级地名数据库。

7. 部署档案验收。全省各级地名普查办严格按照国家地名普查质量评价体系和国务院地名普查办监理及质量评定小组两次来湘时的要求，做好了普查资料的及时收集、整理、归档工作，确保普查档案齐全、完整、真实。为进一步加强地名普查档案管理、规范地名普查档案验收流程、确保地名普查档案规范、完整、安全和有效利用，省地名普查办下发了《关于做好湖南省第二次全国地名普查档案验收的通知》，按照“以省为主、自下而上、逐级检查”的原则，先由市州对其所辖各县市区进行验收，然后由省按 20% 的比例抽查县市区并对各市州进行验收。

四、突出应用，统筹实施成果转化工作

湖南省高度重视地名普查成果转化工作，在做好图、录、典、志编纂等成果转化规定动作的同时，精心谋划、周密安排、扎实推进，积极探索创新转化内容和形式，为社会提供更加全面系统、丰富多样的转化成果。

1. 领导重视，切实提高组织保障。一是充实力量。专门成立了省地名普查办主任任主编的标准地名词典编纂委员会和编辑部，聘请了省内热爱地名事业、熟悉地名工作的老同志、老专家、老学者，抽调富有钻研精神、熟悉地名业务、文字功底强的精干人员充实力量，扎实开展标准地名词典编纂工作。二是上下联动。专门下发了《关于认真做好标准地名词典编纂工作的通知》，把标准地名词典编纂工作纳入到对各级地名普查督查、年度工作考核范畴。各级普查办克服人员少、工作繁重等困难，把此项工作摆在重要位置，成立了相应的编委会、编辑部，强化队伍建设，安排专项经费，为扎实开展编纂工作提供保障。三是健全机制。建立了湖南省标准地名词典编写组 QQ 工作群和微信工作群，成员达 300 余人，平均各市县有 2 名以上业务骨干。

2. 加强指导，严格落实规定动作。一是加强指导。省地名普查办根据各地工作实际，采取电话沟通、网上指导、实地督导等多种形式，因地制宜，分类指导，创造性地开展工作。二是明确要求。湖南省在广泛调研、充分论证的基础上，编制发布了 4 个图录典志编纂文件，即《湖南省标准地名录编纂规范》《湖南省地名图（集）编制技术大纲》《湖南省地名词典编纂规范》《湖南省地名志编纂规范》。明确了省、市、县三级图录典志编纂要求。三是强化能力。根据编纂工作进度，针对各地编纂人员水平参差不齐的状况，省地名普查办注重强化各级编纂人员的业务能力，先后举办了 4 次地名图（集）、地名词典、地名志、标准地名录等专题业务能力提升班，并将国家编辑部授课的 PPT 及录音上传到工作群中供大家学习。尤其是针对既涉及数据安全，又需要制图专业技能的地名图（集）编制工作，省地名普查办联合湖南省地图出版社和湖南省国土厅第二测绘院、第三测绘院及干部教育培训中心举办了全省地名图集编制技术培训班，13 家符合制图资质的地名普查外包服务单位的 120 余名技术人员参加了培训，提高了作业水平。培训的主要内容有地图设计，水系、道路、境界与居民地制图综合，地图审校等。为确保制图水平，省地名普查办组织了理论考试和机上绘图考试，考试成绩优秀的

学员，将获得地名图集编制资格。全省各地地名图集编制工作实行持证上岗。为规范地名图（集）的编制、出版流程，出台了《关于规范地名图集编制工作的通知》。2019 年，编纂出版省级《标准地名录》《地名图集》及相关地名文化丛书。

3. 科学安排，有序推进“自选动作”。为贯彻落实国普办关于加大普查成果宣传力度的文件精神，湖南省下发了《第二次全国地名普查成果转化规划（2016—2020 年）》，筹建了湖南省第二次全国地名普查成果网络展馆。该馆以三维虚拟现实技术，结合 360° 全景体验，在互联网环境下构建网上虚拟现实展览系统，向国内外公众提供 24 小时不间断的“一站式”展示服务，全方位展示地名普查成果，宣传、弘扬湖湘地名文化。展馆分为序言厅、省级成果厅和 14 个市州成果厅，各展厅内容丰富，形式美观多样，生动活泼，如临实景实地，集科普性、实用性和创新性为一体。省地名普查办协调省直相关单位共商地名信息更新比对的技术路径与共享机制，编制了《湖南省地名云服务平台建设方案》，建成了“地名地址云服务平台”，打通了“数据孤岛”并共享多个省直部门专业地名地址数据。省地名普查办从资金调配、考评打分等方面，激励各级地名普查办多做“自选动作”，全省仅 2018 年列入中央和省级财政经费扶持项目有 52 个，其中视频等新媒体项目 15 个，理论专著 13 个，地名文化挖掘项目 24 个。各市州也积极部署地名普查成果转化“自选动作”，形成了《南方地名研究》《湖湘炎帝地名考释》《湖湘地名纪事》《长沙地名掌故》《地名文化丛书》等一批成果，其中，《湖湘地名纪事》入藏斯坦福大学东亚图书馆。

广东省第二次全国地名普查工作纪实

广东省地名普查办公室

广东省地处我国最南部，位于北纬20°09′—25°31′和东经109°45′—117°20′，陆地面积17.98万平方千米，东邻福建，北接江西、湖南，西连广西，南临南海，珠江口东西两侧分别与香港、澳门特别行政区接壤，西南部雷州半岛隔琼州海峡与海南省相望。至2019年年底，全省共辖21个地级市、122个县（市、区）。

根据《国务院关于开展第二次全国地名普查的通知》要求和国务院地名普查领导小组部署，从2014年4月起，广东省在地名普查试点工作的基础上，按照“统一领导、分工协作、分级负责、共同参与”的原则全面组织实施地名普（补）查工作。4年多来，广东省各级第二次全国地名普查领导小组加强领导，各成员单位密切配合，社会各界大力支持，经过全省普查工作者的共同努力，至2018年6月，全省顺利完成第二次全国地名普查任务，各级地名普查成果转化利用有序推进，地名普查成果在国民经济和社会发展中的积极作用逐步显现。

一、顺利完成任务，达到预期目标

2010年至2013年间，2个地级市、41个沿海县（市、区）被列入第二次全国地名普查试点范围，并完成了试点普查工作任务。2014年7月1日起，全面开展地名普（补）查，全省统一使用1∶1万地形图作为地名普查基础工作用图，部分城市化水平高的地区采用更大比例尺图开展普查。截至2018年6月，全省共投入地名普查资金3.0277亿元（其中中央和省9577万元，市县两级2.07亿元），共有5万多人参加普查工作，购买技术服务公司组成的团队27支。社会各方齐心合力，基本查清地名基本情况，并对有地无名的有地名作用的地理实体进行命名，对不规范地名进行标准化处理，设置标准规范的地名标志，取得显著成效，达到预期目标。

（一）调查地名基本情况

共普查地名约 79.82 万条，标绘工作图 9530 张，制作地名成果图 9180 张，采集多媒体信息 142.24 万条，3494 个地名申报了审音定字。其中普查地名中，行政区域类 1871 条，非行政区域类 74503 条，群众自治组织类 26400 条，居民点类 262190 条，交通运输设施类 125430 条，水利、电力、通信设施类 29420 条，纪念地、旅游景点类 20335 条，建筑物类 24058 条，单位类 82878 条，陆地水系类 6806 条，陆地地形类 144072 条，海域类 289 条。

（二）规范地理实体名称情况

根据国家地名管理的有关法规，大力推进规范地理实体名称，重点开展整治不规范地名工作，截至 2018 年 8 月，全省需清理不规范地名共 116929 个，已整治处理 113124 个，有待协商处理的 3805 个，切实解决地名上存在的一地多名、地名重名，地名命名罔顾传统、刻意崇洋、虚张声势、名不副实，地名译写不准确、用字不规范、含义不健康等问题。

（三）设置地名标志情况

根据实际需要，依据国家有关标准新设置地名标志，至 2018 年 8 月全省已新设置地名标志 21.82 万多个，各地根据普查结果核实需要新设置地名标志工作仍在持续开展。

（四）开发、应用普查成果情况

2018 年 4 月，省、市、县成立《广东省标准地名图》《广东省标准地名录》和《广东省标准地名志》编委会、编辑部，并对之前已成立的《广东省标准地名词典》编委会、编辑部组成人员进行调整。各市、县（市、区）标准地名图、录、典、志编纂工作全面铺开。其中，标准地名图（册）正进行出版前校对，词典已完成初稿撰写，志、录正有序开展编纂，部分地方已完成地名工具书的编纂工作。

广东省第二次全国地名普查成果转化平台建设基本完成，逐步完善各级地名和区划数据库。《南粤地名》公众号成功上线。开展地名信息化服务、开发研制地名信息化服务产品在各地陆续开展，其中，广州、深圳、佛山等市地名信息管理系统不断完善；省试点在东莞市研发地名地址库及信息管理系统建设获得成功；中山市地名服务 App 已成功上线。

东莞、增城、龙川、四会、始兴、潮阳被确认为“千年古县”。省级和各地编辑出版了《千年古村落》《名在花城》《鹏城街话》等多种地名文化书籍。拍摄广东地名故事系列视频片 220 多集，大型商贸地名文化纪录片《海上丝绸之珠——南海商道》6 集，部分影片在央视、广东地方卫视播出；各地开展了地名文化进社区入校园、地名文化主题演讲、征文比赛、晒晒家乡地名照片等丰富多彩的活动。地名故事成为各地媒体宣传讲好地方故事、打造名片、塑造品牌的好内容。

（五）建立地名普查档案情况

2016 年 9 月，根据民政部、国家档案局的部署，广东省民政厅、省档案局对全省地名普查档案工作作出具体安排。2018 年 1 月，广东省民政厅、省档案局向各地级以上市民政局、档案局发出通知，规范地名普查档案检查验收组织、验收内容、验收标准、验收程序、整改与复验。2018 年 4 月各地完成自查、核查工作。地名普查档案的立卷归档和数字化管理工作全面铺开。

总体来说，广东省第二次全国地名普查工作工作扎实、操作规范、成果显著，地名数据库得到建立和逐步完善，地名信息化服务建设在各级已被提上重要日程，地名在促进经济社会协调发展、方便人民群众生产生活、加强国防建设和维护国家主权与领土完整等方面的基础作用得到了进一步的发挥。

2017 年 9 月，国务院第二次全国地名普查领导小组办公室副主任、民政部区划地名司司长柳拯带领工作组到广东督查复验，充分肯定广东省第二次地名普查工作，认为工作扎实、操作规范、成果显著。

二、主要做法

（一）成立机构，强化领导

1. 成立机构。为加强对全省第二次全国地名普查工作的组织领导，经省人民政府同意，2014 年 5 月，成立了广东省第二次全国地名普查领导小组，由分管副省长担任组长，省政府分管副秘书长、省民政厅厅长、省军区副参谋长、省民政厅分管副厅长担任副组长，省民政厅、省海洋与渔业局、省财政厅、省国土资源厅等20个省直部门负责人为成员。领导小组办公室设在省民政厅，承担领导小组日常工作。各市、县（市、区）均成立了由政府分管领导担任组长的领导小组，领导小组办公室设在民政局。各镇（乡、街道）成立了分管乡镇长（街道办主任）为组长的领导小组及其办公室，形成了一级抓一级，层层抓落实的领导机制，为地名普查工作开展提供组织保障。

2. 周密部署。2014年4月，组织省、市、县三级地名普查领导小组成员、普查骨干共904人收看了全国第二次地名普查暨加强和改善地名管理电视电话会议。及时召开广东省第二次全国地名普查工作动员大会，全面部署工作。2016年3月，召开第二次全国地名普查试点地区地名补查工作会议，进一步推进地名普查试点地区开展地名补查工作。2016年3月，省、市、县三级地名普查领导小组成员收看全国加强地名文化保护暨清理整治不规范地名工作视频会议。同年8月，举办全省加强地名文化保护清理整治不规范地名和普查数据库培训班。按照省的统一部署和要求，各级地名普查办及时召开当地普查工作相关会议，贯彻落实全国和全省会议精神，安排部署地名普查和加强地名文化保护以及清理整治不规范地名工作。

3. 制订方案。《国务院办公厅关于开展第二次全国地名普查的通知》《关于做好第二次全国地名普查试点地区地名补查工作的通知》下发后，省地名普查办先后制订了《广东省第二次全国地名普查实施方案》和《广东省第二次全国地名补查实施方案》，明确了普（补）查组织领导、范围和内容、方法步骤、经费保障等。各市、县（区）结合实际，制订本地地名普（补）查实施方案，强化落实措施。2016年7月，经省人民政府同意，印发《广东省加强地名文化保护清理整治不规范地名工作实施方案》，将此项工作与地名普查同部署、同推进。各级普查办也制订相应工作方案，召开相关培训会议，合力推进。

（二）精心组织，有序推进

1. 领导高度重视。省政府高度重视普查工作，副省长多次听取省民政厅的工作汇报，强调抓好进度，保障质量。省民政厅把地名普查工作列入年度重点工作和重点督查项目部署。2017年4月，在2月全省民政工作会议作出部署的基础上，召开地名普查专题督办会，定任务，保质量，限时间，落实主体责任，进一步督促各市加快地名普查工作进程。省地名普查领导小组领导多次出席普查工作培训班、推进会，具体抓，促落实。厅领导带领工作组到工作进度慢的市（县、区）开展地名普查督查工作，协助落实配套资金，协调解决重点难点问题。各市开展常抓不懈的自查、核查工作，促进普查按时保量保质顺利推进。

2. 部门积极配合。全省地名普查工作离不开各个成员单位的配合和大力支持，特别是在收集地名数据资料的过程中，省发展改革委、省军区司令部等19个成员单位及时整理，并向省地名普查办提供了244万多条地名普查所需的国土、水利、林场、自然保护区、旅游风景区、学校、医院、企业等专题资料以及各种统计数据，其中省教育厅提供了2.7万条全省各级各类学校的详细信息；省国土资源厅提供了地质公园、矿区基本情况及大量地理国情信息；省水利厅提供了广东省第一次全国水利普查成果丛书一套；省文化厅提供了近4万条文化场馆、文物保护单位及“三普”数据的信息；省工商局提供了230多万条全省各类企业单位登记信息；省地方志办提供2014年和2015年两套年鉴。一些成员单位还积极转发了省地名普查办《关于协助提供专项数据及相关资料的函》，并要求全省各级部门大力配合同级地名普查办做好数据的提供工作。此外，省财政厅对地名普查经费给予了保障，省国土资源厅还免费提供了覆盖全省的1∶10000政务版矢量数据。

3. 以应用为导向。为适应经济社会快速发展需要，解决地名管理和服务中的突出问题，提升社会治理能力，省地名普查办经过深入调查研究，制定了《广东省第二次全国地名普查地名调查范围的指导意见》，并在省国土部门的大力支持下，省地名普查办下发了1∶10000地形图作为普查基础工作用图，并组织力量加强指导，确保既执行好国家标准，又适应加强社会治理需要。广州、深圳、汕头、佛山、东莞、中山等市，根据当地党委政府的部署，结合社区网格化管理、健全大数据等决策需要，还采用了1∶2000、1∶1000、1∶500等大比例尺地形图或卫星影像图作为基础工作图进行普查，提供了更精细、精准的地名信息数据，为构建共建共治共享的社会治理格局提供了基础地理信息数据支撑。

4. 保障资金投入。加大投入，倾斜山区，保障地名普查顺利完成和成果转化全面开展。截至2018年6月底，全省共投入地名普查资金3.0277亿元，其中中央和省9577万元，市、县两级2.07亿元。在中央和省财政资金的分配使用中，省本级安排使用2319万元；拨付欠发达山区市、县（市、区）安排使用7258万元，占中央和省财政总额的76%；省、市、县（市、区）三级财政总投入约2.4亿元，占全省地名普查总资金79.3%；平均每个普查政区普查经费达250.22万元。广州市花都区、越秀区、白云区、从化区、增城区、佛山市南海区等政区超过400万元以上；广州、汕头、佛山、河源、梅州、惠州、清远等7个地级市全市投入均超1000万元。随着地名普查成果转化利用的深入开展，各级各地资金投入还进一步增加，确保地名公共服务需要。

5. 组建普查队伍。省民政分管厅领导、区划地名处人员和借调、聘请6名专业人员共12人，组成省地名普查办领导机构及办公室；各市、县（区）、乡镇（街道）相应组成地名普查办领导机构及办公室，一般市县级配备3至8人、镇级配备3至10人，并指定1名工作联络员；各村（居）指定专人负责或协助地名普查工作。县级、镇级普查领导小组成员单位按职能分工负责或配合本辖区地名普查相关工作。全省121个普查政区地区通过购买服务方式委托专业机构承担野外测绘、工作图标绘、数据库图匹配等技术性较强的工作。各地还采取多种方式吸收地名研究专家学者和老干部、老教师、老村民等社会力量参与普查，形成了省、市、县（市、区）、镇（乡、街道）、村（居）五级联动，部门配合，社会参与的普查工作队伍。据统计，全省普查业务人员和参与实地调查人员共5万多人。

6. 加强业务培训。全省各级举办了多批次、多层次、有针对性的地名普查业务培训。省地名普查办派业务骨干和组织全省各地业务骨干参加国家普查办举办的培训班，将地名普查相关文件汇编成册印发给镇级以上普查工作机构，组织全省县级以上业务骨干进行基础培训、系统培训、专题培训。各普查单位邀请专家，并发挥地名普查骨干的作用，对镇（乡、街道）、村（居）委会普查员进行形式多样、有针对性的培训。据统计，全省市级以上普查机构共举办230多场次的集中培训，累计培训6500多人次，县级以上普查机构举办集中培训1600多场次，累计培训42000多人次。通过培训，使普查人员了解了普查的意义，明确了普查的对象，掌握了普查的方法和技能，提升了工作能力和水平。

7. 广泛宣传发动。2014年起，省地名普查办统一印制宣传海报和宣传册15000多份，分发到全省各地，全省各级各地同时利用挂横幅、出板报、贴海报，以及在传统媒体新媒体开展地名普查工作宣传；各地还广泛开展地名文化宣传进校园、进社区等活动，利用流动宣传车、街道灯箱路牌、环保手袋、雨伞媒介普及地名普查知识，开展形式多样、声势浩大的宣传攻势。随着宣传工作和地名普查的全面铺开，各地党政领导从战略高度充分认识到地名普查的重要性，切实加强组织领导；各级政府及有关部门充分认识地名普查对提高公共管理与服务水平的重要作用，履行好职责分工；广大地名工作者和普查人员深入城乡、村庄边宣传边普查，责任意识不断增强；社会公众大力支持、配合，充分营造了社会各界和人民群众关心、重视、支持地名普查工作的良好氛围。为做好地名文化成果转化宣传工作，省地名普查办在江门市试点开展“大地恩情”地名文化宣传主题活动，大力推动地名文化宣传弘扬，促进地名文化遗产开发利用，探索宣传地名文化新途径。

8. 强化技术指导。为保证普查质量，高起点、高标准、高水平推进地名普查工作，2015 年 1 月，成立地名普查专家组，主要由中山大学、华南师范大学、北京大学数字中国研究院华南分院、省地图院、广东省行政区划与地名建设促进会等单位的教授、专家组成，定期研究和解决地名普查工作遇到的疑难问题。全省建立了统一的地名普查业务 QQ 群和普查软件 QQ 群两个平台，各地充分利用该平台开展在线培训、技术指导、疑难解答和日常工作的互动交流。省普查办一方面派技术员和专家到各地进行巡回指导、专题辅导，另一方面对各地普遍存在的问题进行梳理，在两个 QQ 平台上发布，及时有效地指导了全省的普查工作。各地为解决普查中的技术问题，一方面争取上级普查机构和专家的支持，另一方面组织当地技术人员，通过电话跟踪、网络沟通、巡回及驻点指导等方式，对普查工作情况进行全程掌控，答疑解惑。

9. 加强督促检查。2015、2016、2017 年，省、市地名普查办先后结合实际和存在的问题制订地名普查督查工作方案，派员到各地调研，对落后地区采取指定专人跟踪、驻点的办法进行重点督导督查。其中，2016 年 8 月，组织各地级市开展了地名普查交叉检查，检查组通过集中座谈、查阅资料、实地调研、交流研讨等方式，全面了解掌握被检查地区的工作情况，同时，加强各地的交流和学习，互相促进；2017 年 3 月至 5 月，针对进度慢、按期完成任务压力大的局面，加大督查力度，省地名普查办先后派出 16 个督查工作组共 55 人次，全面督查、重点抽查与集体约谈相结合，范围覆盖 21 个地市，65 个县（市、区）。省地名普查领导小组、省民政厅领导带领工作组到进度慢的汕头、汕尾、江门、湛江、茂名、潮州等市重点抽查、集中约谈，压实责任。在督查中，对认识不到位、措施不得力、过分依赖外包服务、进度慢、保密工作不扎实的江门、清远市部分县（市、区），发出责令限期整改通知书，并通过简报通报全省，收到了很好的警示作用，有力促进了全省普查工作均衡发展。

（三）多措并举，严控质量

1. 制定作业规范。参照国家相关规定，省普查办先后制定了广东省的《第二次全国地名普查地名调查范围的指导意见》《第二次全国地名普查地名登记表解读与参考范例》《第二次全国地名普查地名用字读音审定申报范例》《第二次全国地名普查监理（事项）手册》《第二次全国地名普查成果转化规划（2015—2020 年)》《关于进一步规范地名普查验收工作的通知》等一系列地名普查文件范本，使普查的主要工作有章可循，有效地指导了各级各地地名普查工作。

2. 严守工作流程。推动全省各级各地严格依照《第二次全国地名普查工作规程》《第二次全国地名普查监理（事项）手册质量评价体系》等规范开展普查，在会议、培训、检查等场合强调严守地名普查基本工作流程的重要性，按资料搜集、编写地名调查目录、预填地名登记表、实地调查、采集地名信息、标注工作图、整理地名登记表、内业处理、地名数据的顺序作业。发现违反上述程序的，及时指导纠正，坚持从程序上、从普查中确保普查成果的质量。

3. 试点先行推动。选择具有典型意义的地区进行试点，加强指导，探索不同类型地区地名普查工作模式。省地名普查办在总结 43 个县（市、区）试点经验的基础上，选择清远市、佛山市南海区作为购买技术单位服务的试点。各县（市、区）也选择 1 个镇（乡、街道）或 1 个村（居）试点先行，取得经验后再在其他乡（镇、街)、村（居）推广。“试点先行、培育典型、以点带面”的工作思路和做法，为全面铺开、稳步推进全省地名普查工作提供了经验。

4. 全面搜集资料。发动参与普查的有关各方，共同搜集与地名普查相关的历史和现实资料，如第一次地名普查资料、日常地名管理资料、勘界成果、地方志、专业志、地图、族谱等，有的地方还通过资源共享，取得了当地国土部门的支持，由国土部门提供相关数据接口，通过政府内网获取相关测绘数据。在此基础上，对搜集的资料进行甄别、整理，为普查工作准备翔实、准确的参考资料。同时，要求普查员采集每一地名信息务必做到“一查二看三问”，即查找资料，实地察看，访问座谈。对地形图上无法准确定位的地名，各地运用现代技术手段测量其坐标，有的地方为了提高地名位置的精确度，利用 GPS 技术实测坐标的地名数量占普查地名总数的一半。

5. 深挖地名文化。各地在收集历史资料的基础上，与熟悉当地文化、历史的社会组织和专家学者开展合作，发挥社会各界在挖掘、传承和保护地名文化中的作用。有的地名普查办成立地名文化挖掘项目组，专项开展地名文化挖掘考证调研工作，依靠当地“三老（老教师、老干部、老村民）”，对当地的古镇、古村落、著名山川、古街巷、古建筑、古坊店及历史地名、近现代重要地名等地名文化进行挖掘。有的市举办古越语地名研讨会，研讨当地古越语地名的名称、含义、演变、读音、分布、特征及规律等，开展“追溯先祖足迹　记录家乡风情”村史征集活动，挖掘村落起源和村落名称来历等资料。全省经专家梳理审核需保护的地名文化遗产共 5018 个，其中，古城（都市）21 个，名县 28 个，名镇 85 个，名街名巷 196 个，名村 608 个，名山 195 个，名川 58 个，名桥 200 个，红色地名 509 个，著名建筑物 3118 个，其他 1367 个；其中，建议列为省级保护 882 个，市级保护 1589 个，县级保护 2547 个。

6. 加强技术单位管理。制定了《广东省第二次全国地名普查社会购买服务的参考意见》，设置技术服务单位准入门槛，共有 26 家符合资质的技术单位通过招投标取得地名普查项目。省普查办与各技术单位分别签订了“责任书”，对技术单位的进场时间、项目组人员及设备、工作计划、信息报送、质量管理、保密制度等提出具体要求。同时，加强技术单位的培训和技术交流，提高专业队伍地名普查知识和技能水平。各级普查办密切跟踪各技术单位工作情况，对进展缓慢、存在质量问题较多的技术单位进行约谈，增强责任感。针对外包服务公司合约到期大量工作还未完成等问题，省地名普查办下发《关于切实采取措施加快地名普查工作进度确保成果质量的通知》，要求各地评估外包合同执行情况，限期服务公司进行整改，不允许因外包服务公司承包了项目却因投入不足而影响普查进度和质量。

7. 实施监理制度。出台了《广东省第二次全国地名普查监理办法》和《广东省第二次全国地名普查监理（事项）手册》，规范全省普查监理工作。

除接受国家监理外，省内实行三级监理制，聘请广东省行政区划与地名促进会承担省级地名普查监理工作。省级监理组认真研究地名普查工作标准和要求，总结经验，以问题为导向，派出工作组对全省121个政区的地名普查进行过程监理和技术指导，针对普查的重点难点进行有效的指导，尤其是对后进单位进行有的放矢、针对性强的问题讲解和小组培训，提高普查人员操作能力和水平。地级以上市普查办普遍通过购买服务委托第三方实施监理服务；各县级普查办结合当地实际，聘请当地有关专家组成监理机构或监理专家组承担监理本级工作。

8. 严格资料审核。对普查登记表信息，各地普遍实行登记人自查，上报层层审核制。有的地方采取调查登记人自查，镇（街道）组织当地熟悉情况的工作人员进行审核，市相关职能部门对职能范围内的登记资料进行核实和确认，市普查办组织专业人员进行终审。有的地方通过5个层面对普查信息和数据进行把关：普查登记人自查互查，镇（街道）普查办对上报材料审核，技术服务单位核对和规范化，聘请专业老师进行文字把关，市普查办专业人员在信息录入期间对相关信息和数据进一步确认和修正。有的地方聘请相近专业的毕业实习生、研究生对采集填写的地名属性信息进行审查修改。有的地方各镇召集各村（居委会）的老党员、老支书、老教师和普查员一起进行交叉检查，互查修改相关内容。严格的审核，大大提高了地名登记表信息的质量。

9. 严把验收关。一是通过抽查验收试点摸索经验。全省各市、县、区地名普查成果验收工作量大、技术要求高，缺乏实操经验，从5月初起，省地名普查办组织队伍对广州、佛山、清远等市开展试点抽查验收练兵，并把发现的问题和整改意见编辑成6期简报发送全省各地，供各地参考借鉴，举一反三进行修改完善。同时，摸索总结出一系列开展验收必须把握的方式方法、基本流程和原则要求。二是切实落实普查验收主体责任。下发《关于进一步规范地名普查验收工作的通知》，统一验收资料格式、标准，细化验收工作流程，明确质量评价和自检、自查、核查要求，督促各级落实普查验收主体责任，层层把关，特别对技术服务单位提出严格要求，需提交具有法律效力的质量承诺书，作为问题追溯文书，倒逼责任落实，确保成果质量。三是委托第三方组织实施公平公正的普查验收。省地名普查办公开招标委托第三方组织实施验收，共招录39名专家和技术人员，集中培训后分期分批分组对每个按程序申报、手续齐备的普查政区进行普查验收，严格执行《第二次全国地名普查验收办法》，全面落实地名普查质量评价指标体系要求，确保各普查政区普查成果质量符合国家要求。经统计，省普查办派出 48 个第三方专家验收组 347 人次，全部完成 121 个普查政区的实地验收工作。四是深入开展普查成果整改。根据民政部工作组实地督查和现场抽查复验的《反馈意见》，以及对上报三轮光盘数据的反馈问题清单，结合各地实际，下发了《关于第二次全国地名普查验收工作情况的通报》和《关于进一步做好第二次全国地名普查整改及复验有关工作的通知》，要求全省各级地名普查办强化责任意识，督促落实整改措施，在全面、准确、深入上下功夫，举一反三进行复查、修改、完善。同时，复查验收加强现场指导，帮助各地提高成果质量，复验仍不合格的退回继续整改，直至合格，严格把好成果质量关。

（四）切实做好地名普查保密和档案归档工作

根据国务院地名普查办《第二次全国地名普查涉密数据保密管理办法》，省、市、县各级均制定第二次全国地名普查保密制度，并按要求与技术服务单位签订《保密协议》《项目责任保密书》，配置专用涉密电脑、保密文件柜等设备，组织岗前保密学习，落实涉密数据登记制度，严格履行交接手续，对涉密数据进行严格保管，确保信息安全。

2016 年 9 月，广东省民政厅、省档案局向各地级以上市民政局、档案局转发《民政部　国家档案局关于印发第二次全国地名普查档案管理办法的通知》。2018 年 1 月，广东省民政厅、广东省档案局向各地级以上市民政局、档案局发出《关于做好第二次全国地名普查档案检查验收工作的通知》，要求各级切实做好全省第二次全国地名普查档案检查验收工作，并具体明确检查验收组织、检查验收内容、检查验收标准、验收程序、整改与复验及有关要求，确保地名普查档案的完整、准确、系统、规范、安全和有效利用。各级民政、档案部门高度重视，密切配合，共同做好地名普查档案检查验收工作。2018 年 4 月，各地完成自查、核查工作。鉴于档案资料组成复杂、工作量大，各地普遍反映遇到难点、疑点较多等问题，为加强对第二次全国地名普查档案工作的指导，省地名普查办联合档案部门，组成工作组深入广州、东莞、中山等地调研，并以中山市为试点摸索经验，专题研究解决难点疑点问题，作出全部地名普查资料归档管理示范，供全省培训学习。2018 年 6 月，广东省民政厅、广东省档案局向各地级以上市民政局、档案局发出《关于进一步做好第二次全国地名普查档案工作的通知》，形成指导意见通报各地，统一基本做法，扎扎实实推进地名普查档案归档工作。地名普查档案的数字化管理全面铺开。

各级地名普查办指定专门机构或人员负责档案收集、整理与归档，确保档案的完整、准确、系统、安全和有效利用；增强保密意识，涉密数据、资料保密管理严格遵守主动防范、分级负责、责任到人的原则，做好隐患排查，严格日常管理，严防保密安全事故发生。

（五）边普查、边转化

1. 编纂地名工具书。根据《第二次全国地名普查成果转化规划》要求，启动了省市县三级标准地名图录典志等地名工具书的编纂工作。由省第二次全国地名普查领导小组副组长、省民政厅厅长担任省级工具书的主编，各市地名普查办负责人、各编纂承办单位负责人和有关专家任成员。各地各级参照组建相应的领导机构，高度重视，切实把编纂工作列入重要议事日程，进一步加强组织领导，健全工作机制，明确任务分工，搞好资金保障，按时按质推进编纂出版任务。标准地名图（册）正进行出版前校对，词典已完成初稿撰写，志、录正有序开展编纂，部分地方已完成地名工具书的编纂工作。

2. 推进地名管理服务信息化建设。依托地名普查资料，广东省地名普查成果转化平台建设基本完成，逐步完善各级国家地名和区划数据库；开展地名信息化服务、开发研制地名信息化服务产品在各地陆续开展。其中，广州、深圳、佛山等市地名信息管理系统不断完善；东莞市民政局联合公安部门研发地名地址库信息化建设获得成功，为构建共建、共治、共享社会治理格局提供有力支撑，为全省提供示范；中山市地名服务 App 已成功上线，具有地名查询、搜索、精准定位、标识地名文化信息等功能，并运用全息影像技术对中山市 60 个具有重要历史价值的地名进行数据收集，将地名概况、文化特点、标志实体等数字化储存，为保护、传承和发展优秀地名文化提供经验。

3. 将地名文化搬上荧屏。已累计拍摄广东地名故事系列视频 220 多集，《海上丝绸之珠——南海商道》大型地名文化纪录片 6 集，部分影片在央视、地方卫视播出，地方地名故事视频成为新媒体宣传讲好故事、打造名牌的好内容。2017—2018 年，省民政厅以地名普查资料为基础，实施深度挖掘地名文化与传播计划，编纂《南粤地名文化丛书》；拍摄《南粤地名寻踪》纪录片，并以大众喜闻乐见的形式大力宣传弘扬地名文化。

4. 试点打造“大地恩情”为地名文化品牌。为贯彻落实中办国办《关于实施中华优秀传统文化传承发展工程的意见》，按照《民政部关于进一步加强地名文化遗产保护工作的通知》“积极开发特色地名文化产品，打造地名文化品牌，促进地名文化遗产开发利用”的要求，摸索宣传弘扬地名文化的方式和路径，省地名普查办与江门市地名普查办共同策划，开展地名文化宣传活动，试点打造“大地恩情”地名文化品牌，促进地名文化遗产挖掘保护和开发利用。江门市印发《江门市“大地恩情”主题地名文化宣传活动方案》，推动深入开展地名文化宣传活动。2018 年 4 月 20 日，“大地恩情”主题地名文化宣传活动正式启动。江门市政府、省地名普查办有关负责人、江门市有关单位、地名文化专家学者和多个文化类社团负责人、新闻媒体代表等近百人参加了活动。以“大地恩情”为主题的出版“寻古访今”丛书、“记住乡愁”征文比赛、“书情画意”书画比赛、“乡缘讲堂”进社区入校园、“美名分享”侨乡最美 100 个地名知识连载、“主题缤纷”公园、餐馆、广场等公共场所主题设计等系列活动均制订了具体实施方案，各项活动在各区（市）深入开展。

5. 打造潮阳“千年古县”地名文化宣传弘扬新标杆。通过总结分析以往已评定“千年古县”未能发挥应有作用的现状，省地名普查办联合汕头市加强做好地名文化宣传弘扬工作，以潮阳古县地名文化挖掘保护为重点，把地名普查与“千年古县”调查相结合，地名普查成果转化与塑造“千年古县”品牌相结合，地名文化挖掘保护与潮阳城市文化再造相结合，推动地名普查和地名文化保护工作深入开展，于 2017 年 12 月被确定为“千年古县”。2018 年 6 月 7 日，举行潮阳“千年古县”揭牌仪式，社会各界、海外同胞踊跃参加，募集建设资金 1 亿多元，并启动“千年古县 · 潮阳”主题宣传活动、潮阳“千年古县”地名标识设计方案公开征集、公开评选活动、编制《潮阳地名历史文化遗产保护与利用规划》、东山西山“千年古县”核心景区规划建设、国道 324 线潮阳段北闸路口改造建设等 6 个建设项目，为打造“千年古县旅游文化经济圈”激活了地名文化的巨大生命力，在做好地名文化遗产保护、助推经济社会振兴发展的同时，为挖掘保护和宣传弘扬地名文化树立了新标杆。

6. 建立自己的宣传渠道。开通建设“南粤地名”微信公众号（订阅号），宣传地名法规，发布地名信息，并从各地普查资料中收集整理1300多条地名文化成果资料，陆续推送地名文化信息，讲好广东地名故事。

7. 加强地名理论研究。以广州、汕头两市为试点，推进地名法治化工作，组织专家学者参与研究，分析总结全国各地地名法律法规和执行情况，结合地名普查发现的问题与不足，将研究成果转化应用于完善本地法规。《汕头经济特区地名管理条例》于2016年11月25日经当地市人大常委会审议通过，自2017年1月1日起正式实施。《条例》共分7章56条，涵盖地名命名、更名与销名，标准地名使用，地名标志设置与管理，潮汕历史地名保护及法律责任等内容，结合新形势以法制形式全面规范地名管理，并以问题导向，对地名文化保护、地名管理违规违法行为进行处罚等方面作出新的、更具体的规定。同时，先后制定了一系列配套制度，如《汕头市门楼牌管理规定》《汕头市地名管理咨询专家管理规定》《汕头市地名委员会及其成员单位主要工作职责》等，辅助条例的贯彻执行。汕头还组织实施《汕头市中心城区地名专项规划》和区（县）地名分区规划编制，全面推进汕头市地名专项规划编制工作。《广州市地名管理条例》已修订第三稿，即将进入立法程序。同时，积极响应民政部开展的全国地名理论征文活动，通过网络发布、发函向科研单位、高校约稿等多种途径发动专家学者参与，其中，2017年以“保护与发展”为主题征文活动，全省共收集30多篇论文并上报。经专家评审，广东获二等奖1名，三等奖1名，优秀奖2名，广东省民政厅获得组织奖。

8. 建立地名研究专家库和地名文化服务志愿者队伍。在第二次全国地名普查过程中，各地邀请了一些与地名管理相关的专家学者参与普查工作，涌现了一批有水平、有激情，热心研究地名管理、地名文化的专家学者，以及热心地名文化的爱好者，为更好地发挥他们的特长，保护他们的兴趣爱好，以及为加强地名管理，进一步做好全省地名成果转化应用和地名文化挖掘保护、传承，加强地名管理部门与社会良性互动，省地名普查办、省民政厅决定组建地名文化研究专家和地名文化服务志愿者队伍。经各地推荐上报，已有213名地名研究专家，其中6名列入省民政厅智库专家组成员；已有地名文化服务志愿者372名，成立广东省行政区划与地名建设促进会地名文化服务专业委员会，召开全省地名文化服务志愿者大会，定期开展地名理论研究和文化服务活动，促进地名管理科学决策和地名文化繁荣发展。

综上所述，领导重视和支持是搞好地名普查工作的关键，有关部门配合是搞好普查工作的重要环节，落实经费是有效实施地名普查工作的重要保障，建设一支思想作风、政策水平和业务素质过硬的普查队伍是搞好普查工作的决定因素。在深入开展地名普查工作中，得到了社会各界的大力支持，涌现了一批先进事迹和先进人物，为顺利推进地名普查工作，保障普查成果质量发挥了重要作用。

广西壮族自治区第二次全国地名普查工作纪实

广西壮族自治区地名普查办公室

在国务院第二次全国地名普查领导小组的统一部署和领导下，在国务院地名普查办的精心指导下，广西壮族自治区严格遵照《国务院关于开展第二次全国地名普查的通知》和《第二次全国地名普查实施方案》《第二次全国地名普查工作规程》等要求，上下齐心、狠抓落实、积极探索、注重创新、扎实工作，圆满完成全区地名普查各项工作任务。

一、地名普查总体情况

（一）广西壮族自治区概况

广西壮族自治区位于祖国南部，东与广东省相邻，南濒北部湾，与海南省隔海相望，西南与越南社会主义共和国交界，西与云南省接壤，西北与贵州省相连，东北邻湖南省，海岸线长 1595 千米，边境线长 1020 千米，是全国唯一同时具有沿海、沿边、沿江区位优势的省区。截至 2020 年 3 月，全区辖 49 个县、12 个自治县、41 个市辖区、9 个县级市，806 个镇、253 个乡、59 个民族乡，132 个街道；按照第二次全国地名普查时间节点为 2014 年 12 月 31 日的要求，全区共有县级普查单位 110 个。

（二）地名普查主要成果和成绩

2018 年 11 月 5 日，国务院第二次全国地名普查领导小组办公室向广西壮族自治区出具第二次全国地名普查成果验收意见（国地名普查办发〔2018〕52 号），广西壮族自治区报送的 110 个县（市、区）第二次全国地名普查成果全部顺利通过国家全面审核和入库验收。

1. 地名调查工作成果。共普查 11 大类地名合计 546893 条，其中：陆地水系类 5555 条，陆地地形类 113842 条，非行政区域类 48135 条，行政区域类

3239 条，群众自治组织类 23954 条，居民点类 217464 条，交通运输类 33581 条，水利电力通信设施类 23264 条，纪念地旅游胜地类 4411 条，建筑物类 5465 条，单位类 67983 条；收集历史地名 17184 条；共普查跨省界自然地理实体地名 1344 条，省级界线标识地名 631 条。共普查跨设区市界地理实体地名 23194 条，其中：自然地理实体 10715 条，人文地理实体 12479 条；累计采集多媒体信息（照片、录音、视频等）数量 154 万件，其中：照片 114 万张，录音 40 多万个，录像 1500 多个；累计修测标绘国家下发 1∶50000 及自治区配发 1∶10000 工作图共 5284 幅，形成 1∶50000 地名普查成果图 1294 幅；共新设或更新地名标志 33070 块。

2. 规范地理实体地名工作成果。全区累计命名更名地名 4.8 万余条；调查各类不规范地名共 5726 个，其中属于居民区类 5300 个、大型建筑物类 138 个、道路类 15 个、街巷类 32 个、桥梁类 2 个、其他类 239 个，目前已标准化处理地名 5500 余条。

3. 地名信息化和数据库建设工作成果。建设完成 1 个省级、14 个市级、110 个县级第二次全国地名普查数据管理系统，同步建成相应各级区划地名数据库及地名标志、地名语音、历史地名专题数据库；完成跨设区市和跨县地名普查数据接边合库，基本形成广西一个库一张图；会同自治区测绘地理信息局基础地理信息中心利用天地图平台发布全区标准地名；南宁和防城港完成国家地名地址库试点建设任务，建设完成南宁市和防城港市地名地址库及其管理系统。自治区和南宁市联合发布了广西团体标准《广西地理信息兴趣点分类与编码》（T/GXAS 018—2019），南宁市提出并起草了《地名地址数据建库技术规范》标准化建议；柳州市开发完成了柳州市地名查询系统；桂林市建设完成了桂林市地名信息管理系统。

4. 地名普查成果转化工作成果。编纂完成《中华人民共和国标准地名词典（广西部分）》（政区、居民点、城镇交通），推进《中华人民共和国标准地名志（广西部分）》（政区·居民点类地名）编纂；全面实施《广西壮族自治区标准地名图集》（共 14 卷）和 14 卷《广西地名词典》（已经出版 12 卷），编制出版了《广西通志·行政区划志》《广西壮族自治区政区地名图集》《广西壮族自治区行政区划图》《广西城镇乡村名录》《广西壮族自治区行政区划简册》等。各地累计完成或正在组织开展 100 多份各级行政区划图、标准地名图、主城区图等各类图件，200 多种各级地名志、地名词典、地名故事、地名录等各类地名图书的编纂工作。

5. 地名普查档案管理建设工作成果。出台《广西壮族自治区实施〈第二次全国地名普查档案管理办法〉细则》和《广西壮族自治区第二次全国地名普查档案验收测评方案》，贯彻执行“一名一档”原则，归纳总结“五个有”程序，逐步接收各地上交的各类第二次全国地名普查成果类档案，初步建立普查档案管理信息系统，基本实现数字化和精细化管理。柳州市建设完成地名档案管理系统。

二、开展情况和主要做法

（一）健全组织领导

国务院部署开展第二次全国地名普查工作以来，全区各级党委、政府高度重视，及时部署落实普查工作。

1. 自治区政府部署落实地名普查工作。2014 年 4 月 15 日，自治区副主席高雄在第二次全国地名普查暨加强和改善地名管理电视电话会议上总结介绍了广西第二次全国地名普查试点工作经验；5 月 21 日，自治区召开了全区第二次全国地名普查暨加强和改善地名管理工作电视电话会议，对全区开展第二次全国地名普查工作进行动员部署，自治区副主席黄日波出席会议并讲话，韩元利厅长对全区第二次地名普查工作总体安排作了说明；6 月 17 日，自治区人民政府下发《关于开展全区第二次全国地名普查的通知》（桂政发〔2014〕38 号），成立了由自治区政府副主席任组长，自治区政府副秘书长、自治区民政厅厅长、广西军区副参谋长任副组长，自治区发展改革委、教育厅、工业和信息化委、民委、公安厅、财政厅、国土资源厅、住房城乡建设厅、交通运输厅、水利厅、文化厅、旅游发展委、卫生计生委、林业厅、工商局、统计局、宗教事务局、能源局、通信管理局、测绘地信局、南宁铁路局、铁路建设办、地方志办、广西机场管理集团分管领导为成员的领导小组，在自治区民政厅设办公室具体负责地名普查的日常工作，民政厅副厅长兼任办公室主任；通知还明确了全区地名普查工作内容、时间安排、方法步骤、工作要求。

2. 自治区健全地名普查工作机构和完善工作机制。民政厅区划地名处和自治区地名档案馆全体干部职工兼顾自治区地名普查办全部工作任务，由区划地名处处长及副处长、自治区地名档案馆馆长及其副调研员 4 名领导兼任自治区地名普查办副主任，分片区包干指导推进全区地名普查工作，健全了自治区地名普查办公室领导工作机构；申请落实了自治区地名普查办专门的办公场所，招聘了 2 名大学应届毕业生和返聘了 1 名退休干部充实人员配备，刻制了自治区地名普查领导小组及其办公室公章，购置完善了办公桌椅、自动化办公设备及地名普查专用服务器、磁盘阵列、高精度 GPS、大幅面绘图仪和扫描仪等普查专用设备，确保自治区普查工作机构运转正常高效。同时，以自治区地名普查领导小组名义，下文明确了自治区地名普查办主要职责、组成人员及下设机构、普查领导小组成员单位职责和相应联络员机制；2014 年 11 月，下发了《关于做好全区第二次全国地名普查试点地区地名补查工作的通知》，要求全区已完成地名普查试点任务的 14 个县（市、区）继续开展地名补查工作，其任务与全区地名普查同部署、同安排、同推进，自治区层面全面部署落实了地名普查各项工作。

3. 各地逐步落实各级地名普查工作机构。各设区市、县（市、区）参照自治区做法，成立了市、县两级地名普查领导小组及其办公室，组建完善各级地名普查工作机构和机制；各乡镇和街道办也相应成立工作小组，由分管民政的领导担任组长，领导和协调基层村屯具体工作。由于领导重视，各级各部门认真配合、相互支持，形成强有力的组织保障，保证了全区地名普查工作全面部署落实和有计划、有步骤地顺利开展。

4 年来全区参与第二次全国地名普查工作的各级业务骨干累计 5 万余人，形成了全民普查的良好工作格局。

（二）建立政策规范

自治区地名普查办在吃透国普办系列文件要求和相关会议培训精神的基础上，结合该区实际，通过转发国普办系列普查文件、研究出台本级普查文件政策等方式不断健全和强化全区地名普查工作机制。

1. 及时转发国务院地名普查办系列普查文件和相关政策要求。先后转发了《第二次全国地名普查宣传工作方案》《第二次全国地名普查培训工作方案》《第二次全国地名普查涉密数据保密管理办法》《第二次全国地名普查专项资金使用管理方法》《第二次全国地名普查质量管理规定》《第二次全国地名普查监理办法》《第二次全国地名普查质量评价体系》《第二次全国地名普查成果数据入库验收办法》《第二次全国地名普查多媒体信息采集规范》《第二次全国地名普查验收办法》《第二次全国地名普查档案管理办法》等指导性文件，全面贯彻落实国家普查相关技术要求。

2. 结合自治区普查工作实际出台了与国家要求相配套的普查系列文件政策。自治区地名普查办结合全区地名普查工作实际，先后以自治区地名普查领导小组名义印发了《关于印发黄日波副主席在全区第二次全国地名普查暨加强和改善地名管理工作电视电话会议上讲话的通知》《关于明确成员单位职责的通知》《关于转发〈第二次全国地名普查工作规程〉的通知》《关于地名普查机构设置等有关事项的通知》《关于加快推进全区第二次全国地名普查工作的通知》《关于做好全区第二次全国地名普查试点地区地名补查工作的通知》《关于印发〈广西壮族自治区加强地名文化保护清理整治不规范地名工作实施方案〉的通知》《关于做好全区第二次全国地名普查验收工作的通知》，以自治区地名普查办名义印发了《关于印发韩元利同志在全区第二次全国地名普查暨加强和改善地名管理工作电视电话会议上讲话的通知》《关于成立广西壮族自治区第二次全国地名普查专家咨询委员会的通知》《关于做好第二次全国地名普查实施阶段有关工作的通知》《关于开展全区第二次全国地名普查督查工作的通知》《关于规范做好全区第二次全国地名普查政府购买服务有关工作的通知》《关于做好跨界地理实体地名普查工作的通知》《关于做好全区第二次全国地名普查多媒体信息采集工作的通知》《关于印发〈广西壮族自治区第二次全国地名普查成果转化规划（2016—2020年）〉的通知》《关于开展全区2016年度第二次全国地名普查督查工作的通知》《关于开展全区第二次全国地名普查监理工作的通知》《关于开展“寻找八桂最美地名”活动的通知》《关于印发〈中华人民共和国标准地名词典〉（广西部分）编纂工作方案的通知》《关于印发〈广西壮族自治区实施第二次全国地名普查档案管理办法细则〉的通知》《关于开展第二次全国地名普查成果集中审核的通知》《关于收集第二次全国地名普查成果的通知》《关于做好现阶段地名普查有关工作的通知》《关于认真做好〈中华人民共和国标准地名词典〉（广西部分）撰稿工作的通知》《关于做好地名普查成果补充完善数据接边合库和地名文化保护清理整治不规范地名工作的通知》《关于尽快做好地名普查成果数据整改完善工作的通知》《关于加快推进地名普查工作进一步完善地名普查成果的通知》《关于做好第二次全国地名普查成果数据清洗和审核上报工作的通知》《关于做好第二次全国地名普查成果数据第二轮修改完善和审核上报工作的通知》《关于做好第三轮地名普查成果数据整改完善和上报工作的通知》《关于开展粤桂两省区地名普查实地督查横向互查相关工作的通知》《关于开展地名地址库试点评估工作的通知》《关于认真做好〈中华人民共和国标准地名志〉（广西部分）编纂工作的通知》《关于做好地名普查成果整改完善和转化应用相关工作的通知》《关于推荐评选第二次全国地名普查先进集体和先进个人的通知》《关于印发〈广西壮族自治区第二次全国地名普查档案验收方案〉的通知》《关于做好中国国家地名信息库地名信息核实完善工作的通知》等，内容涉及领导讲话、组织实施、政府购买服务、多媒体信息采集、督查监理、跨界地名普查和接边合库、成果转化、地名文化保护和清理整治不规范地名、普查档案管理和验收、国家地名地址库试点、国家地名信息库更新完善、国家地名普查评比表彰等方面内容，全面规范了各级地名普查工作，确保各项工作有据可依。

3. 组织编写下发了《广西壮族自治区第二次全国地名普查调查表示范样条手册》《广西壮族自治区第二次全国地名普查知识汇编》，普及地名和地图及地理信息基础知识，规范了各大类及各子类地名填写标准内容和格式，确保普查成果的规范统一。

（三）加强保障落实

地名普查是一项复杂的系统工程，自治区地名普查办努力落实技术支持和经费保障工作，确保各级普查工作顺利推进。

1. 做好地名普查各项技术保障工作。通过公开招投标的方式完成了广西第二次全国地名普查数据建库与管理系统的研发任务并做好普查软件的更新和使用指导，通过涉密渠道统一向自治区测绘部门购买了覆盖全区城镇建成区、县城驻地镇和规模较大的镇的 1959 幅 1：10000 比例尺正射影像图（0. 5 米精度 DOM）基础地理信息数据和相应的 2306 张纸质图，通过专人赴北京领取了国家统一配发的覆盖全区全境的 594 幅 1：50000 比例尺矢量地形数据及遥感影像数据和 2978 张纸质地形图，并将以上国家配发的 594 幅 1：50000 比例尺矢量地形数据和 1959 幅 1：10000 比例尺正射影像图基础地理信息数据全部导入普查软件中作为底图数据供各地在普查内业工作使用；将全部纸质地形图分发至各县级地名普查办供外业调查使用，基本满足各地地名普查的工作需要。

2. 指导督促各地做好各级地名普查资金的拨付和配套落实工作。2014 年以来，中央累计补助全区地名普查资金共 11259 万元：2015 年补助 3544 万元，2016 年补助 3220 万元，2017 年补助 2787 万元，2018 年补助 1708 万元；自治区财政累计配套地名普查补助市、县资金共 8002 万元：2014 年追加普查资金 260 万元，2015 年至 2017 年每年配套地名普查资金 2049 万元，2018 年配套资金 1595 万元。以上中央和自治区的补助资金除自治区本级使用部分外其余全部足额拨付全区 110 个县级普查单位，中央资金于每年的 5 月底前全部拨付，自治区资金于前一年 12 月底前全部拨付；全区各地市县两级也根据当地财力和普查工作实际相应配套本级地名普查资金共 10186 万元，其中：2015 年 2595 万元，2016 年 3344 万元，2017 年 2579 万元，2018 年 1668 万元。通过中央、自治区、市和县四级财政的支持，有力地保障全区地名普查工作顺利推进。目前，自治区地名普查办没有发现各地在使用各级地名普查资金方面出现违反规定、超标使用经费、挪用专款、腐败和作风等问题。

（四）注重会议培训

地名普查采用地理信息、计算机制图等现代地理科学技术，又涉及地理学、历史学、社会学等多学科知识，对各级普查干部来说是一项全新的工作，因此，自治区地名普查办十分注重对各级普查业务骨干的学习培训和交流。

1. 加强地名基础理论和地名普查实操培训。2014 年普查全面推开之际，自治区组织本级和各市县部分普查骨干分 4 批次参加国普办在延边、重庆、长沙、北京举办的第二次全国地名普查示范培训班；随后自治区举办了 5 期地名普查业务培训班，对全区各级地名普查骨干约 600 人开展了轮训，使用国普办下发的三本普查业务教材和自编的《广西壮族自治区第二次全国地名普查调查表示范样条手册》《广西壮族自治区第二次全国地名普查知识汇编》进行培训，对普查工作规程、数据库建设、信息采集、地图修测、地名标绘、位置测量、地名甄别、标准化处理、地名标志设置等方面进行了系统教学，使全区各级普查业务骨干基本掌握普查工作流程要求和地名、地理基础知识。

2. 不断深化地名普查业务和成果转化等各专项培训。一是组织各地积极参加国普办举办的地名普查数据采集和地形图修测、成果转化、信息报送和宣传工作、地名文化保护、档案管理、标准地名图录典志编纂等 10 余个专项培训。二是也先后举办了自治区级的全区地名普查数据采集与建库、地名普查成果检查验收和国家标准地名词典编纂、地名普查验收操作实务、全区地名普查成果整理制作、全区地名普查成果检查评估和整改、全区地名普查档案管理、全区《中华人民共和国标准地名词典》编辑助理、全区清理整治不规范地名和地名普查成果转化、全区国家地名信息库操作使用等 10 余个专项培训班。三是通过以会代训的方式，不断通过各级地名普查工作会、推进会、视频会等方式加强各级各项普查业务培训，对地名普查中后期阶段涉及的成果制作、数据入库、地图修测更新、成果验收、清理整治不规范地名、地名用字读音审定和标准化处理、各级标准地名图录典志编纂、国家地名信息库更新完善等内容进行了讲解，同时注重穿插相关实务操作。4 年来自治区累计培训各级普查业务骨干 6000 余人次；市、县两级累计举办各种普查培训班 550 多期次，共培训 4.6 万余人，较好地提升了全区地名普查工作人员的业务水平，为科学实施地名普查工作奠定了基础。

（五）深化宣传动员

自治区地名普查办采取边普查边宣传的方式，认真推进普查过程中各阶段的宣传动员工作。

1. 组织完成国家各类地名普查宣传工作。一是组织完成普查时点宣传任务。2014 年 12 月 31 日第二次全国地名普查时点前后，集中组织各地开展了形式多样、内容丰富的街头宣传活动，全区共设置宣传点 200 余个、设立展板 400 多块、悬挂横幅 700 多幅、发放各类普查宣传资料约 7 万套、接受群众咨询约 4 万人（次）、使用 80 多块街头 LED 屏幕全天滚动播放普查宣传片，取得较好的宣传效果。二是组织各地积极参加国普办先后举办的“全国省界地名文化图片征集”“第二次全国地名普查新媒体宣传月活动”“地名情·中国梦”“寻找最美地名故事”“全国地名理论征文”“美丽中国·地名寻梦全国地名文化短视频征集与展播”“美丽中国·诗意地名中国地名诗词创作征集”和《中国地名大会》等各类地名普查宣传和地名文化活动。其中：在“地名情·中国梦”活动中，《桂林市第二次全国地名普查工作宣传》获三等奖，《桂林市第二次全国地名普查工作纪录片》《广西桂林市东西巷》《广西桂林市临桂区》获优秀奖；在“寻找最美地名故事”活动中，《象鼻山的传说》获得“中国 100 个最美地名故事”一等奖；在“全国地名理论征文”活动中，

《浅谈灵渠地名的保护与发展》获二等奖，《对壮族地区地名文化特色的思考》获三等奖，《桂林市地名文化挖掘和保护工作探析》获优秀奖，广西壮族自治区民政厅获组织奖；在“美丽中国·地名寻梦”活动中，《寻梦柳侯》获得优秀奖；在《中国地名大会》活动中，组织报送 330 题涉及广西的节目试题，发动 4 人报名参与后续地名大会相关活动，其中 1 人还晋级到决赛阶段。

2. 组织各级完成地名普查和地名文化专题宣传活动。一是开展“寻找八桂最美地名活动”。自治区于 2016 年组织开展了宣传地名普查和地名文化的寻找八桂最美地名活动，共收到社会各界报送的涉及自然和人文地理实体地名相关的民间传说、历史典故、名人逸事等稿件 440 余件，经市县地名普查办推荐筛选、公众网络投票、地名专家评审、组委会综合审议等环节后形成最终获奖名单向社会公布，并将获奖结果和部分优秀稿件刊登在《广西民政》上向全区各行各业宣传地名文化，圆满完成活动各项任务。二是组织各地开展形式丰富的地名文化宣传活动，积极宣传地名文化，营造了关注地名文化、参与地名文化建设的良好氛围。如梧州市万秀区举办了“走进梧州地名历史”主题活动，组织当地群众实地探访了东正路、中山路、大同路等老道路和骑楼城、大东路邮电局、旧大同旅馆等历史建筑，讲解梧州地名背后的历史故事。象州县地名普查办联合史志办、文联和《象州新闻》编辑部于 2015 年 8 月至 2016 年 3 月举办了“寻找象州最美地名”征文活动。

3. 组织做好各级地名普查宣传和信息报送工作。一是自治区率先在本级区划地名网站上增开地名普查专栏，组织各地在各级民政官网上增开地名普查专栏，开通微信或微博公众号，充分利用电视、互联网、网络自媒体等多种方式发布各类地名普查信息，开展互动答疑，畅通公众沟通交流渠道。桂林市还成立了以市委宣传部、专业传媒公司为成员的桂林市地名普查宣传工作组，建立了“桂林市第二次全国地名普查办公室”微官网，策划了知识竞答、微官网扫码等活动增加互动性，使普查工作深入人心，获得社会关注。二是组织各地结合法定节假日、民族民俗节日、旅游文化节庆等契机，参照普查时点宣传模式，摆摊设点，积极宣传地名普查和地名文化。据统计，4 年来各地各级地名普查办累计发放普查海报、宣传单、宣传册等资料约 15 万份，现场接受群众政策或知识咨询 2 万余人次，悬挂、粘贴或在 LED 屏显示横幅、标语等 5000 余条，制作摆放宣传板报 1000 余块，基本形成自上而下健全的普查宣传体系。三是组织各地严格执行地名普查月报和季报工作制度。每年均按时完成半年和全年工作总结报送任务；通过国家地名普查信息报送系统，组织各地累计报送普查信息300余条，同时在各级地名普查网站（地名普查专栏）、民政网站等累计发布普查信息240余条；自治区地名普查办累计编发了13期工作简报和3期全区地名普查工作进展通报，搭建了微信、QQ等普查信息交流平台，及时通报各地进度和好的做法，表彰先进、鞭策后进，营造了普查工作你追我赶的良好氛围。

（六）规范普查工作

第二次全国地名普查工作量大、涉及面广、技术性强、质量要求高，在外业调查方面需要花费大量时间进行实地考察、个别走访、召开座谈会、查阅有关资料、实地勘测、拍摄录像以及论证考证等工作；在内业整理方面又需要完成成果数据建库、属性信息的入库与转换、地图修测等技术难度较大的任务。因此，自治区结合实际，从以下两个方面尽职完成普查任务。

1. 抓住重点，突出特色，确保地名核心内容普查到位。自治区是壮族聚居区，很多原生地名属于壮语地名或是汉字记壮音而演变出来的地名，为做好各类地名特别是壮语地名的来历含义沿革及读音译写等核心内容的普查，重点做好以下工作：

（1）完成地名原生读音的采集试点并推广使用。自治区地名普查办于2014年委托广西大学文学院在崇左市龙州县完成地名普查中地名原生读音采集试点。根据试点经验，结合该区实际，自治区统一规范了地名原声读音特别是壮语地名读音采集的收集、整理、录入工作流程和相关技术要求；同时要求各地规范壮语地名录音采集工作，加强遴选世居当地，熟悉当地语言和地名且身体健康、吐字清晰的同志作为壮语地名的录音员，选定噪声影响小的环境作为录音场所，录音时，聘请懂壮文的老师在旁边辅助指导进行录音采集，最大限度保留了壮语地名发音的原始状态，最后根据录音修改壮语地名的壮文译写，确保壮文译写准确。

（2）完成广西壮语地名译写用字规范研究。按照第二次全国地名普查关于地名标准化的要求，为从根本上理顺全区壮语地名用字不统一、不规范的问题，自治区地名普查办于2015年委托广西大学研究制定《广西壮语地名译写用字规则》，对壮语地名译写用字进行标准化。2016年，经过1年多的田野调查和论证研究，课题组基于2万多条壮语地名数据，对壮语地名中出现的一些高频词的对音汉字进行了规范，对每个壮语地名提出了1—3个对音汉字的使用建议，基本形成了完整的壮语地名译写用字科研成果和相应文字资料，并顺利通过专家评审验收。其研究成果将对全区各级地名管理部门和相关研究领域有较好的借鉴作用，将有利于进一步推动全区壮语地名走上标准化、规范化的发展轨道。

（3）各地组织壮语专家力量，攻克地名文化普查难点。为保证地名普查登记表记载的属性信息准确，各地地名普查办通过聘请退休老地名专家、老师等，重点对登记表的地名含义、来历、历史沿革、地理概况等内容进行严格审核，对壮语地名含义和来历解释，尽可能与当地群众的解读一致，避免望文生义、牵强附会，南宁市为最大限度还原壮语地名的含义，编写了《壮语地名常用字含义表》《壮语地名命名的一般方法》指导开展壮语地名的调查。崇左市基于壮语地名占总量80%的现状，狠抓壮语地名考证质量，聘请当地熟悉地方壮语的专业人员对照壮语专业书籍、地方志或20世纪80年代地名集进行考证，深入基层走访原住民寻找最古老的壮语地名读音，了解最原始的壮语地名含义，力求体现壮语地名的真实意义。贺州市通过22块记载地名信息的碑刻的判读，整理出地名故事78个，地名传说103条；此外还深挖地名与民俗文化的关系，如樟木林镇新华村客家围屋的地理特点、民间传说、风景名胜及与之相关的风土人情，分门别类真实记载樟木林镇客家围屋地名的来源及其承载的历史掌故和民间传统。

2. 依靠各方、形成合力，充分调动社会力量参与普查。县一级技术力量比较薄弱，设备条件差，因此，重点通过以下方式加强县级普查力量：

（1）发挥基层干部和专业部门的作用。各级地名普查办按照“谁的孩子谁取名”的地名特性，紧紧抓住地名核心内容（音、形、意）不放松，充分依靠普查领导小组成员单位和乡镇党委政府或街道办领导的支持，指导各地建立完善部门协调联动的普查工作机制，如部分市县从国土、地信、林业、水利、语委等专业部门抽调专业人员充实普查办力量，或共同建立地名普查专家组、技术组等方式，集结专业人员、壮大普查队伍。同时，充分利用各专业部门掌握的资料数据，如外事部门提供中越国界的勘界议定书及其附图，民族宗教部门指派民族语言专家协助做好壮语地名壮文译写和含义解释；国土测绘部门提供高精度卫星影像用于内外作业，提供第一次地理国情数据及其掌握的各行政村、各居民点、山峰等地名的面积、坐标等信息资料；水利部门提供水利普查资料，公安部门提供人口普查及抽查资料，建设部门提供市政建设信息，交通公路铁路部门提供道路交通资料，统计部门提供相关统计数据，地方志办提供地方志等参考佐证资料，铁路部门提供铁路路网资料，机场集团提供机场航线资料，大大提高了地名信息可靠性。南宁市普查办还与本级测绘部门签订了《南宁市地名普查技术合作框架协议》，由测绘部门负责地名普查空间信息技术指导，规范了地名普查基础地理信息的采集方法，减少差错。

（2）发动群众全民参与地名调查。通过“一查、二看、三问”的方式：“一查”即联合当地干部一起查看地名志或地图等资料核实地名信息；“二看”即地名办工作人员会同乡镇、村、组联络员到实地察看；“三问”即联合各乡镇政府组织村委会（居委会）、村民小组（居民小组）的干部和一些老干部、老教师召开座谈会了解实际情况，必要时还深入每个村屯对辖区内的所有人文地理实体和自然地理实体地名进行普查，收集上报翔实的地名属性信息及地名照片，为地名普查提供一手材料和信息。

（3）通过各种方式解决普查技术难题。一是在确保自身独立完成地名资料的收集和地名来历含义沿革等调查论证等地名核心工作基础上，通过政府公开招投标的方式，引进一批具备测绘和地理信息资质的单位，承担地名坐标采集、工作图标绘、数据库建设和地图修测更新等工作，有效地解决了民政技术力量不足问题；二是充分利用国普办下发的第二次全国地名普查成果数据入库预检查软件和第二次全国地名普查成果数据清洗软件，反过来对各级技术单位制作的地名普查成果进行完整性、规范性、逻辑性检查，有效提高了地名普查工作和成果质量。

（4）统一组织完成设区市级以上（含设区市）地名普查数据接边合库和跨县界以上自然和人文地理实体地名普查工作。根据普查的特点，自治区对县级成果的接边合库和跨界地名普查进行合理的分工，规定设区市地名普查办组织技术力量对所辖县（市、区）地名普查成果进行第一轮接边合库及跨县界地名的普查，特别是国家要求的跨县界自然地理实体地名普查，形成设区市统一的地名普查成果数据；自治区地名普查办负责对全部设区市地名普查成果数据进行接边合库及跨设区市界地名的普查，形成自治区统一的地名普查成果数据，同时还配合国普办做好跨省界自然地理实体地名普查工作。

2017 年自治区地名普查办委托广西壮族自治区基础地理信息中心完成广西第二次全国地名普查数据接边合库及跨界地名普查任务，其工作成果已于当年 12 月通过了专家组的评审验收。

（七）强化督查质控

为确保全区地名普查工作和成果质量，自治区在普查中全程开展专项督导检查和监理，重点从以下几个方面开展工作：

1. 配合国务院地名普查办做好地名普查相关调研督查和督导工作。2015 年至 2017 年，国务院地名普查办工作组先后到广西就跨界自然地理实体名称普查和标准化工作、地名法规地名文化建设、地名普查督查、地名普查档案管理、地名普查抽验和实地督查等工作开展调研。对督查调研中反馈的意见建议，各级普查机构都照单全收，及时总结整改，全力提升普查成果质量。

2. 着力推进各级普查督促指导工作。一是在 2015 年至 2016 年普查攻坚期连续印发年度地名普查督查工作通知，将自治区地名普查办 4 名副主任分成 4 个督查组分片包干对各市县（区）及部分乡镇开展自治区级督查和实地检查指导，不断强化对乡镇（街道）、村（社区）普查人员的面对面沟通交流，督查指导中有具体方案、调研报告、督查通报、整改要求，切实解决基层遇到的各类普查问题和困难。二是注重行政推动作为普查督查工作抓手，每年将地名普查工作列入各级政府年度绩效考评体系和各级民政系统综合督查项目，一年两次的高规格民政综合业务督查将普查工作摆上当地政府日常工作日程，让普查工作与基层干部绩效工资挂钩，使得基层普查业务骨干感受到普查工作与切身利益密切关联，进一步激发他们主动推进普查工作的内生动力。三是联合广东省于 2018 年 6 月完成粤桂两省区地名普查实地督查横向互查工作，广东省地名普查办于 6 月 25 日至 27 日派出督查组到桂林市秀峰区、贺州市八步区、钟山县开展实地督查，于 6 月 27 日至 29 日派出督查组到广州市南沙区、白云区和佛山市南海区开展实地督查，双方以地名普查成果为检查重点，互相查验交流了地名普查质量管理、成果验收、成果转化等工作情况，取得了互相学习、互相促进共同推进地名普查工作的预期效果。

3. 创新开展全区地名普查监理工作。自治区地名普查办委托自治区地名档案馆承担全区 14 个设区市本级、110 个县级普查单元的地名普查监理任务，取得了一定的经验：一是积极探索、总结模式，形成了制定一套监理操作方法、梳理一份监理问题清单、总结一份监理报告模式、召开一场监理反馈会的“四个一”的工作方法；二是以点带面、推动普查，以设区市为单位抽取2—3个县（市、区）来进行监理，从组织管理、地名调查、地名标准化、地名标志、地名数据库建设、地名成果表、检查验收、普查档案等8个方面逐项监理，指明下一步工作方向和要求；三是规范行为、提高质量，通过有侧重的监理，及时发现并纠正部分地名普查办和技术外包单位在实际工作中的问题，督促监理对象及时进行整改；四是降低成本、减轻负担，自治区地名档案馆的监理经费由自治区地名普查办直接划拨，监理过程不收取各地费用，降低了工作成本，减轻了经费负担。目前，全区已全部完成14个设区市、110个县级地名普查监理工作任务，召开了100多场监理反馈会，出具了110份地名普查监理报告，为顺利完成地名普查任务打下坚实的基础。

4. 各地在地名普查成果质量控制方面独辟蹊径。南宁市从以下三方面做好成果质量管控：一是为贯彻应查尽查原则，自行购买下发了1∶10000和1∶5000地形图及0.6米精度正射影像数据作为南宁市地名普查的基础工作图，采取“地毯式”方式，引入“网格化”理念，搜索收集地名，做到地名普查条目“不重不漏”；二是采取“互联网+地名普查”工作思路研发了基于天地图的南宁市第二次全国地名普查数据审核系统，按既定的工作流程对地名普查流程进行重组梳理，以流水线的方式开展市县两级普查任务分工，录入、质检、审核，做到全市地名普查各层级、各环节质量水平的一体化，减少层级差异，还能实现作业进度、质量的实时统计，有效保障了地名普查进度与质量；三是制定《南宁市第二次全国地名普查质量管理办法》，对地名普查质量管理目标、前期准备、内业数据采集、外业数据采集、多媒体数据采集、地名标准化、检查、审核及成果汇交、检查验收质量管理、奖励与处罚提出了具体标准和要求。桂林市通过4点要求加强监管力度，努力攻克技术难点：要求技术服务单位提供测量基础数据，包括CORS账号、控制点坐标、测量仪器参数等；要求实地核查界桩、地名标志、桥梁、道路等重要地物的坐标精度，确保精度合格；要求技术服务单位采用专业照相机拍摄地名照片，采用无人机航拍的方式采集行政区域类地名照片；要求县（区）建立本级区划和地名数据库，制作标准规范的成果图。北海市铁山港区针对“十里不同音、百里不同俗”的情况，分区域进行录音，并将录音工作安排在铁山港区广播电视台进行，灵活运用广播电视台录音室的空闲时间，严格按照录音流程操作。

（八）严格检查验收

地名普查以县级为普查基本单位，各县级普查成果需要逐级审核和整改完善后方能报送国家申请入库验收，同时根据国家反馈要求不断地修改完善，这些过程都需要逐级审核、层层把关。为确保上报成果质量，自治区遵照分级负责的原则，认真严格地组织开展地名普查检查验收工作：

1. 全面部署地名普查检查验收工作。自治区地名普查办以自治区第二次全国地名普查领导小组名义于 2017 年初印发了《关于做好全区第二次全国地名普查验收工作的通知》（桂地名普查组发〔2017〕1 号），向各市、县（市、区）第二次全国地名普查领导小组明确地名普查检查验收工作的重要性和紧迫性，全面部署落实全区普查自查、核查、验收及上报审核工作内容、要求及具体时间节点，并要求各地各级地名普查办全面、规范、准确、客观地做好普查成果自检、核查和整改完善工作，认真逐级把好质量关。

2. 严格部署落实地名普查检查验收并开展示范性验收工作。自治区于 2017 年初以领导小组名义印发通知，向各市、县（市、区）领导小组明确地名普查检查验收工作的重要性和紧迫性，层层传导质量审核把关和整改完善工作压力，全面部署落实普查自查、核查、验收及上报审核工作内容、要求及具体时间节点；同时，要求各地各级地名普查办全面、规范、准确、客观地做好普查成果自检、核查和整改完善工作，认真逐级把好质量关。2016 年 12 月底至 2017 年初，自治区邀请地名专家、学者及本级普查办相关人员对柳州市鱼峰区，桂林市秀峰区、资源县，田阳县，合山市，大新县等 6 个县（市、区）先行开展了地名普查成果示范性验收。验收过程中，严格按照《第二次全国地名普查质量评价体系》等要求逐项审核地名普查资料、成果材料、数据库建库情况等内容并打分，形成了相应的验收整改报告，并建立健全了适合该区实际的检查验收流程和工作机制。

3. 认真组织完成多轮普查成果整改验收和审核上报。一是自治区地名普查办于 2017 年 3 月组织了地名学者、地理信息技术人员、高校教授、省级普查办骨干等 25 名专业人员，对全区各地的地名普查成果进行检查评估，逐县提出整改意见，限时完成整改；自 2017 年 4 月至 2018 年 10 月，全区已完成 6 轮地名普查整改完善任务，且均在国普办要求的时间节点内完成了各轮县级普查成果数据上报任务。二是通过策划整改方案、强化整改督查指导、厘清普查工作责任、紧盯问题县区、把好最后一道关等五道程序和具体措施科学完成普查整改工作，确保上报成果质量。

4. 组织完成两轮地名普查成果筛查和复核确认工作。按照国务院地名普查办部署，2018 年底至 2019 年初，自治区地名普查办先后下发《关于进一步做好地名普查成果筛查工作的通知》（桂地名普查办发〔2018〕16 号）和《关于组织做好拟公开地名普查成果数据复核确认工作的通知》（桂地名普查办发〔2019〕2 号），进一步组织各地做好地名普查筛查工作，形成并报送了《全区不宜公开地名和不规范地名目录》，共 1722 个地名，确保地名普查成果按期保质向社会公开，向社会提供标准规范的地名信息。

（九）推动成果转化

按照国家《第二次全国地名普查成果转化规划》要求，结合本地实际，自治区地名普查办于 2015 年印发了《广西壮族自治区第二次全国地名普查成果转化规划（2016—2020 年）》作为全区各级地名普查成果转化工作的总纲领，明确要求各地按照边普查边转化的方式，组织制作形式多样、内容丰富的地名普查转化工作成果。

1. 创新开展地名普查档案管理。一是制定出台了《广西壮族自治区实施〈第二次全国地名普查档案管理办法〉细则》和《广西壮族自治区第二次全国地名普查档案验收测评方案》，为地名普查档案工作的指导、检查、验收提供了政策依据和规范。二是为贯彻落实好《第二次全国地名普查档案管理办法》和自治区实施细则，按照“一名一档”的要求，在各设区市都选择所辖 1 个县（市、区）作为档案收集整理的试点，遵循“五个有”程序（有普查原始登记表、有村镇初审登记表、有组织专家论证最终登记表、有地名相片、有佐证材料），由专家深入现场指导或亲手制作实操示范样板，印发当地档案管理人员，丰富档案业务骨干的感性认识，确保归档质量，为日后顺利开展普查成果转化工作打下坚实的资料基础。目前，全区已完成 14 个设区市、110 个县（市、区）的地名普查档案整理归档和验收工作。

2. 全面推进国家标准地名图录典志编纂工作。自治区于 2016 年全面启动并推进国家标准地名图录典志编纂工作，加入国家成立的图录典志编委会和编辑部，设立自治区和市县三级编写组，建成自上而下的编纂工作体制和编纂队伍，配套了相应的专项经费。先后全面完成《中华人民共和国标准地名词典（广西部分）》（政区、居民点、城镇交通）和《中华人民共和国标准地名志（广西部分）》（政区·居民点）撰稿任务：2017 年《词典》（广西部分）的词目表已通过国家编辑部审核确认，2018 年，全部 14 个设区市词条释文已完成撰写任务并上报国家词典编辑部审查；2019 年 7 月，完成《地名志》（广西部分）地名释文撰写任务（共有条目 555 条），并及时上报国家地名志编辑部审查。国家典志的整体撰稿工作进度和质量得到上级的肯定和认可。

3. 推动完成自治区级部分图录典志的编纂工作。

（1）基本完成《广西壮族自治区标准地名图集》编纂工作。自治区于 2017 年至 2019 年通过公开招投标的方式，组织开展了《广西壮族自治区标准地名图集》（百色、河池、柳州、桂林、梧州、北海、防城港、钦州、贵港、贺州、来宾、崇左市共 12 卷）的编纂工作，目前已全部完成图集编纂审核和市县征求意见工作，正在组织最后清样和印刷出版工作。

（2）编纂出版 11 卷《广西地名词典》，正在组织推进剩余 3 卷（每个设区市一卷）的编纂工作，目前《广西地名词典》完成编审词目 18000 多条，计 1000 多万字；在 2014—2017 年广西地方志成果质量评审中，被评为广西地情资料书、部门志书类三等奖。

（3）完成《广西通志·行政区划志》编纂出版工作，该志书对研究广西壮族自治区乡镇街道以上行政区划、政区地名、勘界历史和界线管理等发展演变具有重要意义和参考价值；在 2014—2017 年广西地方志成果质量评审中，被评为地方志书类三等奖。

（4）完成《广西壮族自治区行政区划图》编制出版工作，该图以自治区民政厅和自治区测绘地理信息局名义联合发布，尺寸为 1600mm × 1200mm，比例尺为 1∶60 万，采用铜版纸和仿真丝两种材质印刷，是最近一个时期以来广西行政区划、地名、行政区域界线管理及测绘地理信息工作成果的集中体现。

（5）完成《广西壮族自治区政区地名图集》《广西城镇乡村名录》《广西壮族自治区行政区划简册》等编纂出版工作，该图集、地名录和简册是地名普查前期的重要阶段性工作成果，对全区后续地名普查及成果转化工作具有重要的借鉴和参考意义。

4. 推动完成全国地名地址库试点建设工作。按照《全国地名地址管理试点工作实施方案》《全国地名地址信息化管理工作导则（试行）》要求，目前南宁市建设完成的“南宁市地名地址库及其管理系统”项目实用性和创新性较强，该系统分为两部分：一是电子政务部分，制定南宁市地名地址信息化规范体系、数据建库规定和地名服务流程，开展基于天地图·广西提供的 API 及数据服务接口，开发信息采集移动终端、地名地址数据管理系统、便民信息平台；二是数据采集部分，实现对南宁市主城区 180 平方千米地名地址数据和 POI 数据进行采集、整理并建库，掌握全面、翔实、准确的地名地址数据。南宁市还基于地名地址库试点建设，提出并起草了《地名地址数据建库技术规范》《兴趣点分类与编码技术规范》的标准化建议。其试点工作经验将为下一步研究理顺自治区地名地址管理机制提供示范范例。

5. 组织建设广西区划地名信息政务管理平台。按照《国务院第二次全国地名普查领导小组办公室关于充分利用“互联网 +”技术进一步完善地名普查成果的通知》《国务院第二次全国地名普查领导小组办公室关于进一步做好地名普查成果转化工作的通知》《民政部关于印发〈“互联网 + 区划地名”行动方案〉的通知》等具体要求和工作部署，自治区地名普查办通过公开招投标的方式，通过 2 年时间，组织建成自治区本级广西区划地名信息政务管理平台，实现与国家地名信息库的数据对接和共享交换，实现自治区、市、县三级区划地名信息数据处理、实时更新和政务管理，实现与相关部门数据共建共享和向社会提供地名公共服务等，全力推进区级区划地名信息化建设进程。目前，项目已完成公开招投标程序，正在开展项目技术书、建设方案等技术文档起草和确定任务，2019 年年底前完成平台初步框架搭建工作。

6. 各地也积极推进各类普查成果转化工作。南宁市编纂出版了《南宁市标准地名图集》《南宁市地名录》《南宁市行政区划图》。桂林市从系统建设、地图编制、地名图书编纂三方面推进普查成果转化应用：一是利用“数字桂林”地理信息框架，搭建了“桂林市地名信息管理系统”，实现全市地名数字化管理；二是编制完成《桂林市行政区划图集》，启动桂林市行政区划图、桂林市主城区地名图、桂林市六城区行政区划图等地名编制项目；三是组织编纂《桂林市地名故事集》《桂林市城镇乡村名录》《桂林市城镇乡村史略》《荔浦县最美地名故事集》《荔浦县地名志》《阳朔县地名志》。梧州市组织编制了《梧州地名故事》《万秀区行政区划图》《长洲区地名词典》《龙圩区城区图》《苍梧县镇村组行政区划地名志》《藤县地名志》《岑溪市地名词典》

等。防城港市组织编制了《防城港市行政区划图》《防城港市城区图》《防城港市方言分布图》《防城港市地名录》《防城港市地名图册》等，还组织制作了地名视频（微视频）129 条。钦州市编制完成了《钦州市行政区划图》《钦州市城区图》。玉林市正在组织编制《玉林市地名志》。贺州市编制了《贺州市行政区划地名图》《八步地名词典》，完成了《贺州市城市总体规划（2016—2035 年）路名部分》的修编。河池市编制出版了《河池市最美地名图册》，正在组织编制《河池市行政区划图》《宜州中心城区数字正射影像地名图》《金城江城区数字正射影像地名图》《宜州区地名词典》《宜州地名故事》《南丹地名词典》《环江毛南族自治县地名志》。

（十）全面总结表彰

地名普查开展以来，全区各级民政部门、地名普查机构和广大普查人员切实加强领导，精心组织实施，规范操作程序，狠抓工作落实，圆满完成了该区第二次全国地名普查各项工作任务，也涌现出了一大批先进集体和先进个人。自治区地名普查办参照国家做法，组织做好全面总结表彰工作。

1. 完成第二次全国地名普查先进集体和先进个人推荐工作。按照《国务院第二次全国地名普查领导小组办公室关于推荐评选第二次全国地名普查先进集体和先进个人的通知》（国地名普查办发〔2018〕25 号）要求，自治区地名普查办印发《关于推荐评选第二次全国地名普查先进集体和先进个人的通知》（桂地名普查办发〔2018〕14 号），严格按照规定的评选范围、条件、程序和要求，组织完成了全部推荐评选工作。2019 年 4 月 23 日，根据《国务院第二次全国地名普查领导小组关于表彰第二次全国地名普查先进集体和先进个人的决定》（国地名普查组发〔2019〕1 号），广西壮族自治区民政厅区划地名处、桂林市民政局、河池市宜州区民政局被授予“第二次全国地名普查先进集体”称号，方丁、韦雪玲、蒙尉兴被授予“第二次全国地名普查先进个人”称号。

2. 完成全区第二次全国地名普查总结表彰工作。根据《广西壮族自治区评比达标表彰工作协调小组关于自治区民政厅 2019 年申报表彰项目的复函》（桂评组函〔2019〕20 号）精神，同意设立部门评比表彰项目“全区第二次全国地名普查先进集体和先进个人”。为做好自治区第二次全国地名普查评比表彰工作，经自治区人民政府同意，自治区民政厅先后印发《自治区民政厅关于开展全区第二次全国地名普查先进集体和先进个人评选表彰工作的通知》（桂民发〔2019〕38号）和《广西壮族自治区民政厅关于表彰全区第二次全国地名普查先进集体和先进个人的通报》（桂民发〔2019〕65号），经过各级民政部门和各有关单位认真评选、层层推荐和逐级公示，评定南宁市民政局等30个单位为“全区第二次全国地名普查先进集体”，胡小民等80名同志为“全区第二次全国地名普查先进个人”，并予以通报表彰。2019年12月5日，自治区人民政府召开全区第二次全国地名普查总结电视电话会议，自治区副主席李彬出席会议并讲话；他要求全区各地各有关部门：一要加快推进地名普查成果转化运用，二要依法依规加强和规范地名管理，三要坚持需求为导向不断提升地名公共服务水平，四要坚定文化自信不断加强地名文化建设和宣传，五要持续强化地名管理服务工作基础和支撑保障。会上，还向获得国务院第二次全国地名普查领导小组表彰的先进集体和先进个人转授了奖牌、奖章和证书，向全区第二次全国地名普查先进集体和先进个人代表颁发了奖牌、奖章和证书；桂林、南宁、崇左三市有关负责同志和先进个人代表介绍了工作经验。

（十一）以地名普查为契机，加强和改善地名管理

地名普查的目的就是查清地名基本情况，掌握地名基础数据，提高地名标准化水平，为社会提供全面、准确的地名信息。因此，自治区努力以地名普查为契机，不断加强和改善地名管理，提升地名公共服务水平。

1. 制定出台加强地名管理相关政策文件。一是以自治区政府名义下发了《广西壮族自治区地名命名更名方案编制和上报审批工作规程（暂行）》（桂民发〔2015〕65号），对地名普查和地名管理中的命名更名工作进行了规范，努力加强和改善地名管理。二是印发了《广西壮族自治区民政厅关于做好地名用字读音规范的指导意见》（桂民发〔2015〕60号），明确了地名普查及地名日常管理对地名读音审定等标准化处理的原则和要求。三是联合自治区测绘地理信息局共同出台《关于做好区划地名图编制工作的意见》（桂民发〔2017〕1号），进一步规范各地编制区划地名图工作，强化民政部门审核标准地名和行政区域界线的作用。四是联合自治区公安厅印发《广西壮族自治区门牌地址编制规范（试行）》和《广西壮族自治区智慧门牌制作指导意见》（桂公通〔2018〕297号），全面规范地名地址管理。五是推动出台《广西壮

族自治区民政厅关于加强地名标志设置和管理的实施意见》，充分利用第二次全国地名普查成果，进一步加快推进地名标志设置工作，加强地名标志规范化管理，提高全区地名标志覆盖率和地名公共服务水平。

2. 加强地名文化保护清理整治不规范地名工作。根据《加强地名文化保护清理整治不规范地名工作实施方案》要求，以自治区地名普查领导小组名义于2016年5月印发《广西壮族自治区加强地名文化保护清理整治不规范地名工作实施方案》（桂地名普查组发〔2016〕2号），将加强地名文化保护和不规范地名的清理整治工作与地名普查工作“同部署、同落实”，明确了全区地名文化保护和清理整治不规范地名的工作范畴和“管好增量、整治存量，结合普查、依法实施，因地制宜、区别对待”的工作原则，并具体部署了各个阶段实施步骤。经过2016年和2018年初两次不规范地名清理整治的摸底核实，结合2019年清理整治不规范地名工作实际，基本核实更新了全区不规范地名规模、数量和类型等，掌握了不规范地名现状及清理整治困难与问题。下一步，全区将本着立足历史、着眼长远的原则，围绕“文化传承、杜绝随意”理念，努力避免“静态化”“商业化”“同质化”“任性化”等地名乱象，进一步规范全区地名命名更名和标准地名的发布使用，加强地名管理法规宣传力度，推动社会各界使用标准地名，营造规范有序的标准地名使用氛围，更好地保护和传承优秀地名文化。

3. 继续加强和改善地名日常管理。一是推进各地各级地名规划编制工作，编制时要注重保护原有地名，充分挖掘地域文化和历史文化，力求新地名与所在地文化一脉相承，突出壮族文化元素，体现东盟地域特色；已经出台地名规划的市、县，不定期督查贯彻落实情况，并明确提出各地要严格按照经政府批复同意的地名规划来开展新增街路的地名命名、更名的要求，确立地名规划的权威性。如南宁市新命名的城市道路以当地地名为专名的占90%以上，有效保护了原有地名，得到了社会的认同。二是指导各地严格按照地名标志国家标准，转发《民政部关于加强地名标志设置和管理的指导意见》（桂民办函〔2018〕16号），统筹推进全区范围内重要自然地理和人文地理实体、城镇新增街路巷等地名标志的规范化设置工作。

4. 加大传承优秀地名文化力度推进地名文化遗产保护。一是加大对各地申报地名文化遗产工作的指导力度，如宾阳县、兴安县等正在筹备申报“千年古县”，宾阳县宾州镇、鹿寨中渡镇、融安县长安镇、三江县丹洲镇、宁明县明江镇等正在筹备申报“千年古镇”，柳江区儒栈屯等正在筹备申报“千年古村落”，友谊关、小连城、德天瀑布、左江斜塔等正在筹备申报“著名山川”和“近现代重要地名”。各地在地名普查过程中基本建立了各级地名文化保护名录，为下一步深入开展地名文化遗产认定和保护工作打好基础。二是利用旅游窗口宣传地名文化，联合旅游部门挖掘“古镇、古街、古宅”的来历、含义及演变，规范导游各类介绍，通过实地游览参观老街区、故址，讲解其地名的来历、含义及发展历程，以寓教于乐的方式让大众了解地名文化历史、学习地名相关知识，培育地名文化保护意识。如柳州市策划拍摄《石上人家》作为“美丽中国·地名寻梦”微视频上报组委会；鱼峰区《寻梦鱼峰》、鹿寨县《古镇中渡·和居之美》已收录《广西故事》第45集进行展播。梧州市万秀区举办了“走进梧州地名历史”主题活动，邀请梧州历史文化研究会副会长彭志创向当地普查业务骨干、干部群众等讲解梧州地名背后的历史故事。百色市平果县专门聘请两位专家负责收集地名故事、神话传说、风俗文化、革命纪事等，在《广西民族报》出版天灵泉、美女照镜子、雷泉、脚印石的传说、马头镇龙来村各屯地名由来等5部地名故事和神话传说；在当地门户网“新平果论坛”开辟专栏，宣传和收集地名文化故事、风情风俗，录制风梧师公文化馆、嘹歌博物馆宣传片、弄良明墓（岑氏墓）、兴宁山壁题词、果化督都庙等《地名文化保护名册》地名宣传片。

回顾4年的第二次全国地名普查工作，在国务院地名普查办的统一部署和精心指导下，在自治区各级党委、政府正确领导下，全区各级民政部门、地名普查机构和广大普查人员全面贯彻党的十九大和十九届二中、三中、四中全会精神，深入学习贯彻习近平新时代中国特色社会主义思想、习近平总书记关于民政工作和加强地名管理的重要指示批示精神，继承了区划地名工作者在第一次全国地名普查和行政区域界线勘定工作中形成的优良作风，发扬了艰苦奋斗、吃苦耐劳、开拓创新的精神，圆满完成了第二次全国地名普查各项工作任务，全区110个县级普查单位均取得了翔实、丰富的地名普查成果资料和数据信息，培养锻炼了一批基层区划地名工作者，为进一步推进地名规范化、法治化管理打下了坚实的基础。

海南省第二次全国地名普查工作纪实

海南省地名普查办公室

根据《国务院关于开展第二次全国地名普查的通知》《第二次全国地名普查实施方案》要求，自2014年第二次全国地名普查工作全面启动以来，海南认真按照国务院地名普查统一部署，结合2010年开展地名普查试点工作基础上的实际，精心组织，周密安排，狠抓落实，圆满完成了第二次全国地名普查各项工作任务，取得较好的成效。

一、加强组织领导，强化责任担当，夯实顺利圆满完成普查任务的基础

根据国务院决策部署，2010年5月海南开展了地名普查试点工作，试点范围包括沿海15个市县（区）。为保证普查数据的完整性，海南将非试点6个内陆市、县也一并进行了地名普查。

2014年地名普查工作启动后，海南按照国务院第二次全国地名普查领导小组的工作部署，结合实际，统筹推进地名普查工作。

各市、县相应成立了地名普查领导小组，组长由分管民政的副市县长担任，副组长由市县民政局局长担任。地名普查领导小组下设办公室，办公室设在市县民政局，办公室主任由市县民政局分管副局长担任。市、县地名普查办注重加强与财政、国土、建设、交通、水利、农业、工商等部门沟通协调，部门间密切配合，为普查工作提供支持和服务，并指定联络员，负责相关行业地名信息资料的提供。

2014年省政府办公厅印发了《海南省第二次全国地名普查实施方案》，对普查目标任务、普查范围、时间要求、方法步骤等作出了具体安排。各市县也相应印发了地名普查实施方案，确保了普查工作上下步调一致。

为认真贯彻国务院地名普查系列会议精神，2014年8月召开了全省会议，传达国务院普查会议精神，安排部署普查工作。各市、县也相应召开专题会

议，及时传达贯彻落实会议精神，研究制定切合实际的有效措施。

2015 年，国务院地名普查办先后印发了《第二次全国地名普查工作规程》《第二次全国地名普查质量评价体系》等规章制度。

对照地名普查相关规章制度，针对海南地名普查工作中存在的突出问题，2016 年 3 月 8 日，省政府召开了全省加快推进第二次全国地名普查暨加强和改进地名管理工作会议。会议要求全省地名普查的主要任务是全面深入开展地名普查查遗补漏工作，对新增或遗漏的地名信息及时录入，对不符合普查工作标准要求的，重新调查修正，以及开展地名普查成果转化工作。

根据普查工作各个环节不同特点，市、县地名普查办进行合理分工，分别成立了普查编审组、业务组和技术组。编审组以熟知当地的历史变迁，掌握文化传承脉络，了解当地风俗人情的人员为主，主要负责审核地名调查表，修订完善地名信息，挖掘整理地名文化题材；技术组以普查技术支撑单位技术人员为主，主要负责外业方面地名点位实地测绘和内业方面地名信息及数据入库工作；业务组以地名普查办工作人员为主，主要负责与各部门、各街镇、各村（社区）的沟通协调，督促做好地名信息资料的收集、完善、上报工作。

二、注重业务培训，加强宣传引导，营造全民参与普查的良好氛围

为确保普查人员扎实掌握普查本领，全面营造普查浓厚氛围，大力推进普查工作，海南着力练好“内功”和“外功”。

通过赴外省市观摩学习、市县专业知识培训、乡镇（街道）分阶段业务培训“三步走”的形式，打造了高素质的普查队伍。全省各市、县普查机构采取普查登记“一查二看三问”（认真查找资料、深入实地查看、组织访问座谈）的工作方法和信息资料“四审”（普查登记初审、乡镇审核汇总、部门核实确认、专家校核审定）工作制度。在培训上，着重抓好 3 个层面的培训。一是加强省级普查人员培训。邀请普查技术支撑单位对省级普查人员进行普查工作规程、数据库安装、资料采集、地图标绘等内容培训。二是举办全省地名普查业务培训。对市、县（区）普查业务负责人和业务骨干集中培训。三是市、县组织对乡镇（村）普查人员进行培训。省里邀请普查技术支撑单位派员指导授课，以“简单、直白、易懂”表达形式阐述普查工作各环节的具体规定，使普查人员掌握普查工作总体要求，明确工作总体任务，详细掌

握普查工作流程和工作方法，最直接掌握工作的相关要求，在实际工作中妥善处理“该做什么，该怎样做”。通过切实可行的针对性培训，有效提升了各级普查人员实际工作能力和业务水平。据统计，全省共举办地名普查培训46期，参训人数达1963人次，真正做到全省普查人员参训全覆盖。

根据地名普查和管理需要，海南按照“围绕普查搞宣传，搞好宣传促普查”的总体要求，采取街头宣传、悬挂广告，或采取媒体宣传、网络推广等形式，向社会广泛宣传地名普查工作。通过海南电视台播放地名普查宣传专题片，电信、移动、联通等通信公司向广大手机用户发送普查短信，努力使普查宣传全方位、全区域、全覆盖，使地名普查深入人心，为地名普查顺利开展营造了良好社会氛围，使地名普查更接地气、聚人气。

三、采取双管齐下，落实经费投入，提供普查顺利实施强有力的保障

在自身财力普遍困难的情况下，海南加大普查工作的支持力度，认真管好、用好普查经费。一方面及时将中央财政补助资金足额拨付到各市、县，有力保障了普查工作顺利开展；另一方面省、市县两级财政积极安排配套资金支持普查工作，将普查工作经费纳入财政预算。据统计，2014年至2018年全省累计投入普查经费1.18亿元，为地名普查工作顺利开展提供了经费保障。同时，省、市县分别购置了一批电脑、打印机、照相机、办公桌椅、文件柜等设备，实现了“组织、人员、经费、办公场所、设备、资料”六落实。

四、规范操作流程，严格监督管控，筑牢普查质量的“生命线”

质量是普查的生命线。海南严格按照普查实施方案和工作规程等要求，细化落实质量评价体系，开展全过程全方位监理，不断提高普查成果数据的全面性、准确性和现势性，切实加强质量控制，全力打造地名普查精品优质工程。为高效、高质完成数据采集任务，海南在资料采集上主要采取3种方式：一是部门联动，横向到边。由市、县地名普查成员单位，按条块归属，填报表格，进行普查登记。二是上下联审，纵向到底。自下而上，由村（居）委会填报普查资料，镇（街）审核并汇总上报；或自上而下，由乡镇组成普查班子，填写普查表，拍摄地理实体照片，村（居）委会进行核对和补充。三是数据联网，信息共享。将所有采集的有效数据即时录入地名普查云平台，便于市县随时调阅、督促进度和数据共享。

为确保普查数据真实可靠，海南紧盯4个环节对普查获得的资料进行审核把关。一是根据登记环节抓源头，确保信息全面。认真搜集地名基础资料，填写地名普查表格，并录成电子文件后汇总到各市、县民政局和普查实施机构，确保每一条地名信息都标注登记人和资料来源出处，以便追溯查实。二是对复核环节抓核对，确保数据准确。由乡镇组织熟悉当地情况的同志对本辖区填报的地名普查资料进行预审核。严格落实逐级验收工作制度和标准，切实加强对地名普查质量的控制和管理。各成员单位加强沟通，积极协调，对普查实施机构提供的地名信息资料和数据认真审核，确认无误后盖章验收，市县民政局在此基础上，对照地名普查成果验收评分标准进行检查，确保地名普查数据的真实有效、准确可靠。三是根据勘查环节抓规范，确保质量合格。对各部门提交的普查资料，由普查员实地勘查后，再次进行复核。同时，各市县聘请5名左右的本地地名专家进行审核修改完善，保障普查成果质量。四是运用技术力量优势，对普查成果进行预检。通过本级自查后，将普查成果导入第二次全国地名普查质量入库软件，保障顺利通过市级、省级、国家地名普查验收。经过4个环节的重重把关，有效地执行了普查工作规程、质量管理规定和质量评价等标准规范。

在普查数据采录上，海南层层审核，考证录入，尽力保证地名普查数据质量。主要分4个层面对地名信息资料进行审核把关：第一层面，在调查登记时，每一个地名信息资料都有登记人、审核人。第二层面，由乡镇组织熟悉当地情况的同志对本辖区普查人员填报的地名调查登记资料进行审核并且分类汇总。第三层面，由市县相关职能部门对本部门职能范围内的地名调查登记资料进行核实和确认。第四层面，由市、县普查办组织专业人员对全市、县地名调查登记资料进行核对，确认合格后录入数据库。根据国务院地名普查办通知要求，海南省地名普查办先后印发了《关于加紧推进第二次全国地名普查补查、核查自验以及普查数据上报工作的紧急通知》《关于抓紧修改完善第二次全国地名普查成果数据的通知》《关于切实加快推进地名普查工作的通知》，要求各市、县切实认真履行职责，严格按照问题清单逐项进行整改，并约见地名普查技术服务公司切实履行合同义务，主动配合整改完善普查成果数据。设立了普查工作咨询电话，开设了普查QQ交流群、微信群；分别在海口市、三亚市和儋州市召开了地名普查推进片区会，对地名普查阶段性工作进行了具体安排和部署；成立了省级技术指导组，确定了技术支撑单位，深入普查一线开展指导和督查，注重加强质量管控。各市、县针对地名普查督查和成果数据审核中发现的问题，采取有效措施，抓紧整改完善，有效确保了普查成果质量。据统计，全省共采集地名条目 53323 条，其中：陆地水系 296 条，陆地地形 1523 条，行政区域 249 条，群众自治组织 3089 条，非行政区域 240 条，居民点 23889 条，交通运输设施 6149 条，水利、电力、通信设施 1641 条，纪念地、旅游景点 771 条，建筑物 774 条，具有地名意义的单位 13042 条；跨界自然地理实体 136 条，历史地名 1524 条，修编 1∶50000 矢量地形图 204 幅。

五、强化督查指导，加快推进实施，确保顺利圆满完成普查任务

为切实落实责任，层层传导压力，海南高度重视地名普查督促检查，省政府分管副省长苻彩香经常过问地名普查工作进展情况，多次听取专题汇报。2015 年至 2017 年连续 3 年，省民政厅将普查工作纳入市、县民政工作年度考核内容之一，列入省民政厅领导下市县督查民政工作事项之一。在开展地名普查工作过程中，海南十分注重加强地名普查督查，不定期派出督查组开展督查，采取全面督查与重点抽查、书面督查与实地督查相结合的方式进行。实地督查方式主要包括：一是集中座谈。组织市县地名普查办、普查一线工作人员和相关服务机构进行集中座谈，听取工作情况汇报，掌握工作推进情况，了解存在的问题与困难，研究分析解决办法与措施。二是查阅资料。查阅各地出台的普查实施方案、培训材料、踏勘记录、转化成果等。三是实地督查。通过实地走访，实地了解普查实施、地名标志设置、清理整治不规范地名等情况，深入掌握普查工作成效及存在问题。并委托普查监理公司紧盯外包服务，发现问题立即指出并要求限期纠正，及时掌握普查动态，适时通报市县普查进展情况，强化普查责任意识和紧迫意识，有力推进普查工作顺利开展。

2016 年 12 月 5 日至 16 日，省民政厅派出督查组，检查了解全省 2016 年开展地名普查、加强地名文化保护及清理整治不规范地名工作进展情况。通过检查了解，大部分市、县按照国家、省里工作部署，出台了加强地名文化保护及清理整治不规范地名工作实施方案，积极开展地名补查工作。东方、澄迈积极转变观念，以政府购买服务的方式引入社会专业力量为地名普查提供技术支持和服务，提前完成了新增或遗漏的地名信息外业调查任务，积极

进行补查数据内业处理以及普查成果转化。三亚、琼海等市、县落实地名普查外包服务，大力推进地名普查外业调查及补查数据内业处理。在省级层面，按照国家要求，省民政厅研发了地名普查软件，并及时发放投入使用。

2017年全省民政工作会议刚刚结束，海南就召集文昌、屯昌、临高、昌江、乐东、白沙、保亭、琼中8市县民政局主要负责人进行约谈。这是海南开展地名普查工作以来，第一次启动约谈，主要目的是督促8市县认真贯彻国务院地名普查办有关工作要求，加快推进地名普查工作，确保全面圆满完成地名普查任务。

六、严把验收入库，加强档案管理，有效保障普查任务完美收官

为规范第二次全国地名普查验收工作，保证普查成果质量，根据《第二次全国地名普查工作规程》和《第二次全国地名普查质量评价体系》等文件要求，海南制定了验收办法。普查验收实行分级负责，验收主体为市、县地名普查办。省地名普查办负责组织实施全省地名普查验收工作，市、县地名普查办负责本级行政区域地名普查自查自验工作。普查验收始终坚持全面、规范、准确、客观原则。以地名普查工作规程为依据，以地名普查质量评价体系为基准，以分值表得分情况为主要验收指标。为规范地名普查档案管理，确保档案的完整、准确、系统、安全和有效利用，根据《中华人民共和国档案法》《第二次全国地名普查工作规程》，海南严格对第二次地名普查的档案进行管理。各市、县建立健全地名普查档案工作制度，认真履行档案工作职责，对档案进行集中统一管理。普查过程中形成的文件材料应当指定专门部门或人员负责收集、整理与归档，任何机构和个人不得据为己有或者拒绝归档。海南各市县对于第二次全国地名普查工作中形成的地名成果、地名目录按照分别组卷，卷内文件材料按地名代码顺序排列；地名普查的工作图单独组卷，按照图幅接合表在前，各单幅工作图在后的顺序排列；搜集的地名相关史料、考证材料、实地调查的记录按照分别组卷，地名调查目录卷内文件材料按地名代码顺序排列，其他材料可以按问题进行组卷。本级国家区划地名数据库数据等相关资料应当以只读光盘形式单独保管，并进行备份，存储电子数据的载体或装具上贴有标签，标签上应注明光盘包含的内容和档案编号等，都严格按照要求进行了档案管理，对普查结束后的档案归档做好了充分的准备。

七、加快地名标志设置，建立完善地名标志导向体系

针对海南地方财力有限，部分市、县城乡地名标志设置历史欠账较多的情况，为加快推进城乡地名标志规范建设，2012 年 12 月，省政府办公厅印发了《海南省地名标志设置工作方案》，提出 2013 年至 2015 年，用 3 年时间，按照“试点先行，经验推广；先城镇，后乡村”的原则，有计划、分步骤地完成城乡地名标志设置工作，实现地名标志设置工作标准化、规范化。

2013 年，海口、三亚开展了试点工作，投入 429 万元设置了街（路、巷）牌 664 块、楼（门）牌 43630 块，取得了明显的成效。

2014 年 8 月，海南召开全省地名标志设置工作现场会。近 6 年来，海南不断加大工作力度，多方筹措资金，积极开展城乡地名标志规范设置工作。城乡地名标志设置逐步由城镇向农村扩展，地名标志设置数量逐渐增多，设置位置更趋合理，地名标志牌拼写更加规范，地名标志设置、管理、维护的常态机制初步建立，地名标志设置导向框架基本形成，地名公共服务水平逐步提高。特别是海口、三亚、儋州、屯昌等地抓住举办“海南欢乐节”的有利契机，加大地方财政投入，新设或修复一大批地名标志牌，地名标志规范化和标准化设置水平明显提高。据不完全统计，近 6 年来，全省共投入地名标志设置经费 5000 多万元，其中省财政自 2013 年起连续 3 年共安排专项经费 550 万元。

八、清理整治不规范地名，积极挖掘地名文化，保护弘扬传统优秀文化

2014 年以来，海南积极清理整治不规范地名，加强和改进地名管理，修订地名管理办法，完善地名管理法规制度，为国际旅游岛建设创造更加便捷的地名公共服务环境。在清理整治期间，全省共清理整治不规范地名 71 个，清理地名使用乱象的公共标志 380 个，地名使用乱象得到有效遏制。

近 6 年来，海南注重加强地名文化保护宣传，不断创新和丰富地名文化教育宣传方式，提高地名文化影响力和知名度，增强社会保护意识。

2015 年 9 月，省民政厅组织开展了地名故事有奖征集活动，共收到作品 226 件，取得了较好的效果。

2017 年 3 月初，省民政厅举办了“家在海南·铭记乡愁”首届海南地名

文化系列征集评选活动，引起了社会各界和广大网友的高度关注。据不完全统计，“海南地名文化系列活动”一词在百度、360 等搜索结果合计高达近百万条。网络投票单日最高投票数达 4 万余票，总投票数则高达 67 万余票。共收到省内外各地投稿作品 256 件，投稿内容丰富多彩，涵盖海南各市、县具有代表性的地名和地名故事。

2017 年 10 月 26 日，省民政厅联合省文联举办了“家在海南 · 铭记乡愁”地名文化系列征集评选活动颁奖仪式，评选出海南十大古街老巷、十大名人故里、十大红色圣地、十大黎苗乡（镇）村。

九、突出地方特色，深化成果转化，提升地名管理公共服务能力

近 6 年来，海南坚持因地制宜、突出特色，积极挖掘、发挥地方资源优势，凸显地域文化，深化地名文化内涵，共投入 1000 多万元组织制作地名文化纪录片，开展地名文化遗产认定，开展最美地名评选等宣传活动，极大充实了普查内容。重新绘制出版《海南省行政区划图》，编纂出版《海南古村镇图集》《海南省政区标准地名图集》及《海南省志 · 地名志》。组织开展了有奖征集地名故事活动，整理编纂出版《海南地名故事》。开展海南地名文化资源调查，编纂出版《海南地名文化纪事》。研发了《海南省政区标准地名图集》电子地图，投放在省民政厅网站上，为广大群众及中外游客提供浏览、图集名称检索以及图集下载服务，在更大程度上满足了社会需求。策划拍摄制作了《这里是海南》《命名祖宗海》《拥抱海之蓝》《寻根五指山》和《名存大自然》5 集以《山海有名》为主题的海南地名文化系列纪录片，并在海南电视台播出，社会反响良好。研发了海南省地名公众查询服务系统及海南地名微信公众号，方便社会各界查询了解地名基本信息，进一步提升海南地名文化的宣传效果。

2019 年，省民政厅组织开展了地名文化遗产保护名录申报评选活动，将演丰镇、文山村等 119 个有文化遗产价值的现存老地名列入《海南省第一批地名文化遗产保护名录》并编纂出版。编制了《海南地名 300 问》，制作《地名手绘地图 · 海口老街篇》。继续拍制以《山海有名》为主题的海南地名文化系列第二季纪录片，第二季摄制完成了第六集《大山有灵》、第七集《风起山林》、第八集《大河有声》、第九集《大湖生涛》、第十集《大海有情》，进一步挖掘和解读海南地名背后所蕴藏的文化，传播和保护海南独特的地名文化，

扩大海南地名文化影响力。文昌、东方、白沙、琼中等市县加快推进地名普查成果转化，绘制出版行政区划图，编纂村庄和村委会的地名志，组织开展有奖征集地名故事活动等，不断扩大地名文化影响力，进一步提高普查综合效益。

在开展地名普查工作过程中，海南充分发挥统一领导与部门协作相结合、政府组织实施与技术支撑相结合的特点，顺利圆满完成了地名普查各项任务，进一步提高地名的公共服务水平，更好地服务于经济社会发展，有力推动地名管理服务跨上一个崭新的台阶。

重庆市第二次全国地名普查工作纪实

重庆市地名普查办公室

重庆是一座有着悠久历史文化的名城。有文字记载的历史达3000多年，是巴渝文化的发祥地。因嘉陵江古称“渝水”，故简称“渝”。1929年，正式建市。1997年，经批准设立直辖市。历史悠久、文化内涵丰富的地名，构成了重庆的“根”与“魂”。

自2014年1月第二次全国地名普查工作启动以来，按照国务院的总体部署和要求，在民政部和国务院地名普查办的有力指导和帮助下，重庆市坚持以习近平新时代中国特色社会主义思想为指导，全面贯彻党的十八大、十九大和十九届二中、三中、四中全会精神，以及习近平总书记对重庆提出的“两点”定位、“两地”“两高”目标、发挥“三个作用”和营造良好政治生态的重要指示要求，深入贯彻习近平总书记对民政工作、地名管理重要指示精神，紧紧围绕打造“山水之城·美丽之地”，将地名普查作为基础性、公益性、战略性国情调查工作高位推进，查清地名45.5万余条，全面优质、高效完成第二次全国地名普查任务。

普查期间，重庆市10余次在全国地名普查工作会上作经验交流发言，“外业调查、内业处理、普查软件落实、外包服务购买以及普查监理、检查验收、成果转化”等工作多次被国务院地名普查办通报表扬。

一、多方联动，打牢基础

一是强化组织保障。2014年5月13日，市政府分管副市长专题动员、及时部署，成立以分管副市长为组长，市民政局、发改委等36个市级部门负责人为成员的领导小组，并明确各部门、单位职责。各地相应成立组织机构，切实加强领导，科学统筹。通过落实一批专家委员会，落实一支专业普查队伍，落实一项专项普查资金，落实一批专用设备，落实一批办公场所，形成抓好地名普查工作的有效合力。召集联席会议1000余次，成立地名专家委员会41个，调剂、借用、公开招录、招聘高素质普查人员1.2万余名，配备专业技术人员120余名，落实专项普查资金近9700余元，购置GPS、电脑、相机、保密管理系统、扫描复印机、多媒体采集等专用设备1000余套，协调办公室、保密室90余间。二是强化素质保障。市、区县、镇街三级召开培训会、现场会1400余场，印发《地名普查登记样表》《普查软件使用手册》《加强地名文化保护清理整治不规范地名培训教材》及各类PPT培训资料5万余套，专题讲解外业采集、内业规范、数据录入、普查软件及网站使用等，指导各地采集信息、实地测量、标注地图、录入数据、制作成果、自查自检等技术实操，区县、乡镇、村居普查人员共计1.2万余人次受训。三是强化硬件保障。按照《第二次全国地名普查数据建库与管理软件设计规范》《第二次全国地名普查数据建库与管理软件设计规范解读》要求，市普查办结合实际，采购研发普查软件平台和工作用图，2015年9月迅速在全市配发使用，实现了优势互补，图、形、地三者有机结合，发挥了基础性作用，为地名普查提供了根本保证。四是强化制度保障。结合实际，制定《重庆市地名普查实施方案》《重庆市地名普查培训工作方案》《重庆市地名普查专项资金使用管理实施细则》《重庆市加强地名文化保护清理整治不规范地名工作实施方案》《重庆市地名普查督查实施方案》《重庆市地名普查成果转化规划（2015—2020）》《关于进一步加强地名文化属性信息采集工作的通知》《重庆市地名普查验收实施细则》《重庆市地名普查验收工作方案》《关于做好重庆市第二次全国地名普查档案管理有关事项的通知》等10余项本地指导性文件，详细部署、推进地名普查各项工作。建立动态月报制和联络员制度，编印工作简报，坚持每月统计通报普查进展情况，将普查质量、进度等纳入年度民政工作考核，并作为各地补助资金安排的重要因素。

二、多策并用，宣传动员

重庆市注重创新宣传理念、创新宣传方式、创新媒体融合、创新载体传播，营造做实地名普查工作的良好氛围。在宣传理念上，区地名普查办坚持立足群众需要，把握社会脉搏，用群众喜闻乐见的方式，宣传地名蕴含的文化意蕴和深厚历史文化积淀，切实把地名这枚“活化石”用活用好。一是发挥主流媒体优势。与《重庆晨报》《重庆晚报》联合开展“寻找美丽地名”活动，充分利用报纸、广播、电视和互联网等新闻主流媒体覆盖面广、速度快、效果好的宣传优势，开辟专栏，宣传地名普查内容、意义及工作动态；对地名普查进行现场报道、对普查开展情况跟踪报道，采取固定时段、固定频道、固定波段、固定栏目和流动字幕、公益广告等措施，不断增强地名普查宣传力度，形成持续强大的舆论氛围。二是户外宣传扩大影响。在主城9区的繁华地段、人流量较大的车站设立地名普查户外广告牌，利用大型电子显示屏滚动播放普查标语，图文并茂地宣传普查工作。在区县主要街道、居民社区的显著位置悬挂地名普查标语横幅，在街镇张贴栏、小区宣传栏张贴宣传画和标语，扩大地名普查工作知晓面和影响力。三是现场宣传营造声势。在各大中心广场和步行街发放普查手册、宣传海报、宣传画、宣传拉页等资料，设立现场咨询台宣讲地名普查政策，同时在乡镇赶集日向群众发放地名普查宣传年画，出动宣传车巡回播放普查知识等，吸引广大群众参与。四是突出特色集中宣传。市、区地名普查办联合举办“重庆市地名普查宣传与地名文化展览会”。城口县利用非物质文化遗产“钱棍舞”表演吸引群众进行地名普查知识宣讲。巴南区深入校园开展“我为地名文化代言教育系统主题宣传活动”，发掘具有巴渝文化特色和传统风俗特色的地名，推选出地名文化“代言人”。渝中区向居民群众发放印有地名普查标语的环保袋。五是引导社会积极参与。聘请专业公司制作地名普查宣传片、微电影等，提高宣传吸引力；开通微博、短信平台、公众微信号等，通过有奖问答、开办地名知识讲座等方式，引导广大群众积极参与地名普查工作。开展“重庆最美地名”“巴渝最美地名故事”等评选活动，探寻、挖掘巴渝地名记忆。统计显示，全市开展集中宣传活动1000余场次，印制宣传海报5万余张，宣传手册和宣传单25万余份，咨询群众达50余万人，让地名故事、地名知识、地名政策“飞入寻常百姓家”，为普查全面开展奠定良好的舆论基础，营造了浓厚的社会氛围。

三、多管齐下，全面推进

一是调查采集地名。各成员单位相互配合协作，分类调取居民点、交通运输设施、水利电力、通信设施、纪念地旅游景点、建筑物、单位等各类资料。村（社区）干部、技术人员实地踏勘和调绘所有调查目录中的地名，根据遥感影像数据、军标图和基础地形图、修补测等矢量数据纸质图进行对照、核实、采集和整理。截至目前，全市共普查地名455004条，其中，陆地水系

3753条，陆地地形21214条，行政区域1711条，群众自治组织17934条，非行政区域51513条，居民点237545条，交通运输设施39010条，水利、电力、通信设施21102条，纪念地旅游景点5104条，建筑物5193条，具有地名意义的单位50925条。二是创新采集手段。针对山峰、山体、河流、高速路大型桥梁和隧洞等实地测量采集的重点区域，采用机载测量系统、地面车载移动测量系统、便携式移动测量系统等先进的科技手段作业，克服地形地貌困难。据统计，共出动无人机800余架次，移动测量采集车5000余车次，采集地名6000余条，全景影像12000余条。三是深入挖掘地名文化。各地组织地名专家，聘请熟悉本地历史文化、风土人情的老专家、老同志，根据“一普”地名录、图、典、志，结合演变历史，对地名来历、含义、历史沿革再查阅、再挖掘、再斟酌，让“生”地名变“熟”地名，做到以史为证、有据可查。四是审定跨界地名。结合实际，制发《关于做好跨界自然地理实体地名普查工作的通知》，及时编制、分解地名调查名录。各地整合资源，充分利用现代科技手段，有效解决实体范围边界定位、地名嵌套等技术难点，采集跨省界自然地理实体283条，跨区、县界自然地理实体435条。同时，撰写详细的调查分析报告，进一步分析本市跨界自然地理实体现状，并组织专家考证论证，对名称不一致的提出审定标准地名的解决方案。五是审定地名读音。针对一地多名、一名多写、多地一名的情况，各地普查办组织专家和本地熟悉风土人情和风俗习惯的老同志一道，开展充分论证、实地考察。按规定程序办理审批，确定标准地名，清除此类现象。对区域性或特殊文化含义的地名专用字和专用读音，查清来历含义，填写65份《地名用字读音审定申报表》，及时上报审定。

四、多措并举，突出质量

重庆市地名普查工作坚持质量问题导向，实行责任倒逼机制，把问题处理作为普查的一个重要环节。建立质量管理体系，健全质量管理制度，实施横向联检、纵向评估模式，质量管理贯穿普查全过程。一是盯安全抓保密。制定保密管理制度并上墙公示，按照“技防 + 物防 + 人防”要求，设立专用保密室，配备相应设施。统一安装涉密计算机、涉密移动硬盘和保密技术防护专用系统。指派专人负责涉密数据的领取、上报、使用和保管，并签订保密协议。建立涉密数据使用登记制度，工作人员进出保密室、使用涉密数据、登录涉密计算机、处理成果数据等均履行签字登记手续。同时，定期开展涉密工作指导、监督和检查。二是盯技术抓规范。出台系列质量管理规范性文件，指派驻场技术人员，指导各地数据库建库、地名普查各阶段工作。各地分别制定《质量把控体系》《第二次全国地名普查地名信息填报质量控制和检查方案》《质检记录表》《地名登记表填写问题整理》等质量检查文件及操作手册，规范地名信息质量控制和检查流程要求。三是盯质量抓督导。聘请监理公司，对全市普查质量、数据安全、评审验收等工作进行全方位监督管理。每周召开市级监理例会，每月一次全市监理例会，解决疑难。组建督查组，分10批次深入38个区县、206个乡镇（街）、432个村组（社），采取“一查、二看、三审核”的方式，实地督促进度，把控质量。“一查”即查阅资料，全面审查地名标志设置、成果表填写、数据库导入与备份、文化属性审验及质量问题记录等过程性资料，查找问题，并提出整改建议，务求实效。“二看”即现场查看，实地勘察保密室是否安装“三铁一器”、保密制度是否上墙、使用涉密数据和出入保密室是否记录等，确保保密工作落到实处。“三审核”即实地踏勘，采用便携式移动测量系统手段对易漏采的居民点，交通运输设施及水利、电力、通信设施等，进行实地测查，通过数据库比对，检验地名名称与实地是否一致、经纬度是否准确。四是盯责任抓落实。各地建立地名普查工作质量管理责任制，做到分级负责。实行地名普查质量到岗到人，专人分片包干，分别落实普查办公室、专家、技术服务公司、部门、街镇、社区职责，制定工作责任落实表，确保普查质量。市、区、县普查办领导、工作人员和技术人员多次深入村（社区）了解情况，现场指导解决普查中存在的问题，与基层普查员一起开展走访，查勘标志标牌，登记地名。

五、多路并进，锻造精品

一是细化方案求实效。制定“1+4+2”验收总体思路，统筹推进验收评审工作。“1”即制定统领全市的《验收工作总方案》；“4”即分项制定技术审验、数据核对、文化属性、资料检验4个子方案，细化普查过程和成果审验；“2”即制定《验收实施细则》和《验收复审方案》2个操作规范，明确操作程序和要求。验收思路互为表里、互为校核，实现了内容全面、程序完善、规范明确、品质保证。二是“三查四审”出实招。“三查”由技术公司完成。“一查”即外业人员自行审查、核对成果数据，达到100%无误后签字确认；“二查”即内业整理负责人抽查、审核外业人员提交的普查成果，发现问题，及时整改；“三查”即独立于技术公司项目组之外的质量保障组，在前面两重检查均通过的基础上，再次全面核查，确保普查质量。“四审”由各级地名普查办完成。“一审”即村社基层单位动员当地党员干部、老同志，根据“一普”地名录、图、典、志，结合演变历史，查阅、挖掘地名来历、含义及历史沿革，评审、修改技术公司提交的普查登记草表；“二审”即镇街及成员单位相互配合，再次查看内容是否完整、数量有无遗漏、书写有无错误、罗马字母拼写是否准确，地名来历、含义及沿革概况是否真实、完整、丰富，无误后打印、装订成册；“三审”即各地普查办组建由民俗、语言、历史、地理等专业人士组成的专家委员会，现场审查、核实镇街及成员单位二审修改后的成果表，出具专家评审意见书，并及时将问题反馈给镇街、村社整改完善，经核实准确无误的成果资料将及时归档，并移交专人管理；“四审”即各地普查办成立质量抽查组，制定抽查细则，分赴各镇街、村社，采用便携式移动测量仪对易漏采的居民点、交通运输设施及水利、电力、通信设施等，进行实地测查，通过数据库比对，检验地名名称与实地是否一致、经纬度是否准确。截至 2018 年 4 月，全市 38 个区、县（自治县）已先后开展“三查四审”自查工作 800 余次，累计查出少统、漏统、错统地名 8 万余条，整改经纬度与实际不符、成果表填写不全、文化属性描述有误地名 6 万余条，补采地名 14 万余条，补录界线界桩、跨界地名数据 600 余条，品质和数量得到明显提升。三是“六道关口”用真功。“一关”即资料检验，按照《第二次全国地名普查验收办法》《第二次全国地名普查质量评价体系》要求，逐一审验各区、县（自治县）18 项组织实施过程资料内容是否全面、组织机构是否健全、政策指导是否完善、材料是否齐备、整理是否规范。“二关”即技术审验，按照《第二次全国地名普查工作规程》《第二次全国地名普查软件设计规范》要求，采用人工检查与预检查软件检测相结合的方式，查验 9 项普查成果数据是否全面、格式是否规范、分类是否准确、多媒体数据类型是否齐全、项目是否完整、1∶50000 军标图载地名、界线界桩数据及跨界地名采集是否遗漏。“三关”即实地查验，成立实地抽验小组，深入各地，采取实地踏勘、现场查看、军标比对等方式，实地抽查核验资料整理、地图标注、保密建设、质量控制、文化属性审验、地名标准化处理、普查组织实施及成果数据等，提升质量。“四关”即文化属性信息评审，委托重庆交通大学采取全面审核与抽核相结合的方式，逐一查验地名文化属性信息填写是否翔实、真实、准确。组织西南大学文学教授、博导担纲，率领汉语言专业硕士、博士等近300人的团队，逐条逐句审核地名罗马字母拼写、来历、含义、历史沿革、地理实体概况等内容，对拼写、别、漏、错字和标点符号、语句、语法、逻辑性错误进行修改，做到文从字顺、表述准确、脉络清楚、文字精练。“五关”即数据核对，委托市地理信息中心采取智能与人工审核相结合方法，分图层核对地名普查数据和地理信息数据，核查地名覆盖率，检查地名特别是1：50000军标图载地名是否遗漏。“六关”即综合审验，由市技术人员和市普查办人员联动、交替审查，在各地全面完成整改和完善的基础上，再次查验普查成果数据、军标数据采集、成果图整饰、地名分类等。截至目前，市地名普查办集中审查普查数据10次，累计检查地名信息500余万条次；查验组织实施过程资料3次，累计反馈问题5000余条；委托市地理信息中心对比、核查地名覆盖率2次，发现少采、漏采地名3万余条；委托重庆交通大学专家审核成果表2次，抽查成果表6万余张；组织技术人员抽查区县数据2次，反馈意见6000余条；集中组织西南大学地名专家审核修改地名来历、地名含义、历史沿革、地理实体概况等文化属性信息45万余条，组织抽查、核对军标图载地名4000条；组织技术服务和监理单位，科学验收地名普查成果45.5万余条。

六、多面齐抓，清理整治

一是充实地名专家库。各地组建由民政、规划、建委、交通、城管委等部门、高校教授、地名专家组成的地名审查专家组，负责本地地名规划编制及社会意见征集等，确保地名规划科学、合理、权威。二是科学编制地名规划。修改完善《重庆市地名专名与通名使用规范》，启动《主城区地名总体规划》《地名规划编制导则》编制，指导编制沙坪坝区西部现代物流园、九龙坡区道路地名、巴南区龙洲湾组团、北碚区蔡家组团、大渡口建桥园区、万州区经开区高峰园、五桥园、青凤工业园、水土工业园地名规划等，并邀请重庆大学、西南大学、市规划自然资源局等单位教授、专家专题评审，着力提升城市品位。三是推进地名信息化建设。建立地名管理预审系统，规范审核全市新增地名，提高地名信息服务效率。建成省级地名政务服务信息化平台、普查网站群、区划地名网、官方微信及微博等系列平台，及时公布已审批的标准地名，拓展服务的深度和广度，实现服务手段的信息化。四是强化部门联动管理。建立地名管理部门联席会议制度，共建共治共享地名管理。积极推进发展改革、规划等部门使用标准地名对项目进行审批。实现公安部门依据标准地名进行房屋门楼牌设置。五是完善地名标志设置。各地在原有设置地名标志工作的基础上，对有标准地名的重要地理实体无地名标志的，按照政府采购要求，实行公开招投标，与承建方签订合同，严格执行行业标准设置地名标志，同时，对原设区域进行查漏补缺，更新已损坏的地名标志。据统计，2014—2017 年全市新设、更新地名标志 3200 余块。六是提升新生地名文化内涵。以市政府办公厅名义下发《重庆市地名文化遗产保护工作实施方案》，加强对全市新生地名的命名指导和管理。开展历史地名保护，建立市、县两级历史地名保护名录，优先使用反映当地历史、文化、地理、环境的地名，体现时代性和重庆地域文化特点，树立文化自觉、增强文化自信。七是加快地名法治化建设步伐。修订《重庆市地名管理条例》，联合出台《重庆市城市绿地命名管理办法（试行）》。优化审批服务，积极探索地名审批权限下放至区政府。截至 2018 年 4 月，全市 38 个区、县（自治县）采取街镇搜集、实地摸排、比对核实、开设媒体热线等方式，拉网式摸底不规范地名 2825 条，其中居民区 2181 条，大型建筑物 80 条，道路 372 条，街巷 112 条，桥梁 7 条，其他 73 条。整治不规范地名 1818 条，标准化率为 64.4%。其中居民区 1375 条，标准化率为 63%，大型建筑物 14 条，标准化率为 18%，道路 252 条，标准化率为 68%，街巷 109 条，标准化率为 97%，桥梁 3 条，标准化率为 43%，其他 65 条，标准化率为 89%，地名法治化、科学化、标准化水平明显提升。

七、多位一体，服务民生

重庆市积极推进“地名文化”行动计划，坚持把地名普查成果转化作为第二次全国地名普查的一项重点工作，作为体现普查最终成效的关键环节，作为服务经济社会发展的重要途径，与普查工作“同规划、同部署、同推进”。通过统筹谋划、科学安排、有序推进地名普查成果转化利用，基本建立了以地名标志、数字地名为主体的地名公共服务体系。一是挖掘地名文化遗产。重庆市注重开展地名基础研究，完成《国家标准地名词典》（重庆卷）3700 余条、71 万余字词条、释文编撰。编制《重庆市区划地名图录》，采用数字化工艺，编绘序图组、区县地图组两部分，以分层设色叠加地貌晕渲的形式充分展示重庆政区、地势、交通、旅游等。编印《重庆历史地图集》，展现该市3000多年政区、城市地名发展变迁轨迹，保护地名文化遗产。开展《黔江酉阳（正阳）山地名文化》《大型建筑物名称标准化及管理》等课题研究，启动编写《标准地名志》《标准地名录》，《巴山溯源·图说城口地名》《酉州地名探究》等地名文化丛书编撰出版发行。二是延续地名历史文脉。开展15集地名文化片摄制，每集20—25分钟，涵盖重庆地名的产生、历史变迁、功能、特点、发展趋势、文化传承等内容，以精妙的创意和不同的视角，充分展示重庆优美的地名，挖掘厚重的历史文化底蕴，触动人们内心的思想共鸣。联合《上游新闻》《重庆晨报》开辟红色地名故事专栏讲好重庆地名故事，编撰《重庆地名杂谈》《荣昌地名故事》《手绘老万州》《巫山地名传承》《九开八闭重庆十七门》《忠州地名》等地名故事丛书，拍摄“美丽中国·地名寻梦”视频33个，创作《千年磁器口》《七桥烟雨话板桥》等微电影，其中《白帝城》等获评“全国100个最美地名故事”一等奖。三是实施“数字地名”工程。启动建设地名地址和全市地名大数据公共服务平台，建成省级地名政务服务信息化平台、区划地名数据库、普查网站群、区划地名网、地名管理预审系统、官方微信及微博等系列平台，通过技术手段实现地名信息由静态服务向动态、由平面到立体、由单向到互动的转化，提高地名信息服务的效率，拓展服务的深度和广度，实现服务手段的信息化。编制《地名普查数据脱密技术方案》，经市国家保密局、市规划局评审通过，委托市地理信息中心具体实施，逐条检查脱密确保涉密数据“零”泄露，并投放到全市智慧大数据中心，无偿供社会公众和法人单位使用，为成果应用奠定基础。四是推动地名便民服务。坚持地名为经济社会服务，构筑地名服务大格局，结合普查积极成果转化。编制《重庆市区划地名图册》《重庆市行政区划图》等，在万州、渝北、永川、大足、潼南、荣昌、云阳、城口等区县与相邻省交界处设置大型边界地名标志物15座，在丰都与石柱、忠县、武隆交界处建设边界地名文化墙（碑、雕塑）和镇、村界碑30块，图文并茂展示地名文化，促进边界地区文化交流和民族融合。在渝中区试点建设地名文化标志物，该标志物附有地名汉语拼音、故事简介、地图、核心精神诗词、历史题材绘画、历史文化信息二维码等内容，让人们记住回家的路。

四川省第二次全国地名普查工作纪实

四川省地名普查办公室

四川省第二次全国地名普查领导小组在四川省委、省政府领导下，在民政部的指导下，抢抓开展第二次全国地名普查工作机遇，积极克服四川省地域辽阔，人口众多，多民族聚居，经济欠发达以及县级行政区域数量居全国之首等因素，上下齐心，真抓实干，统筹谋划，协调推进，如期完成第二次全国地名普查成果数据上报等各项地名普查工作，全面提升了全省地名公共服务质量和水平。

一、统一思想，进一步增强做好地名普查工作的责任感

第二次全国地名普查是党中央、国务院在新时期开展的一次基础性、公益性、战略性的国情调查。地名普查工作开展以来，四川省认真贯彻落实国务院第二次全国地名普查领导小组办公室的部署和要求，精心组织，扎实推进，普查工作取得明显成效。

（一）强化普查组织领导，普查工作有序开展

2014 年 3 月 3 日，四川省政府成立了以分管副省长任组长，省政府办公厅、民政厅和省军区领导任副组长，省发改委、经信委、教育厅等 23 个部门有关领导为成员的地名普查领导小组，设立了地名普查领导小组办公室。各市（州）和县（市、区）均成立了地名普查领导小组及其办公室，明确了普查领导小组、普查办和各成员单位的职责，制定了工作规则，形成了日常管理、督查督办和信息交流通报等制度。各地普查机构采取有效措施，明确任务、统筹安排、分工协作、协同推进，形成了日常管理制度。全省 21 个市（州）、183 个县（市、区）均组建了地名普查队伍，并成立了地名普查专家组，加强了普查技术支持。据不完全统计，全省共配备专兼职普查人员 15400 余人，保证了普查工作顺利进行。

（二）制定普查工作规范，普查工作有规可循

按照国务院《第二次全国地名普查实施方案》的要求，结合全省实际，及时拟制下发了《四川省第二次全国地名普查实施方案》，明确了普查目标、任务范围、组织实施、职责分工、时间安排和方法步骤；印发了《第二次全国地名普查工作规程》，明确了工作流程和技术要求，为普查工作顺利开展提供了规范依据和技术指导；出台和转发了《四川省第二次全国地名普查质量管理办法》《四川省第二次全国地名普查专项资金使用管理实施细则》《四川省第二次全国地名普查成果转化规划（2015—2020 年）》和《第二次全国地名普查监理办法》《第二次全国地名普查涉密数据保密管理办法》《第二次全国地名普查验收办法》《四川省第二次全国地名普查档案检查验收标准》等文件，对全省地名普查进行了全面系统的安排和部署，规范了地名普查管理。各市（州）和县（市、区）也相应出台了地名普查有关工作方案、实施细则等，进一步细化了地名普查工作职责和要求。

（三）落实普查保障措施，普查工作扎实推进

在普查资金方面，一是科学编制了预算。提前筹划、充分论证、科学设计本地区数据入库、转化利用和地名文化遗产保护等相关工作，将所需经费纳入整个地名普查全局通盘考虑，列入年度财政预算，积极争取本级财政支持，进一步加大投入力度，为完成地名普查各项工作创造有利条件。及时分配下拨了 2015 年（4785 万元）、2016 年（4131 万元）和 2017 年（3714 万元）3 个年度中央普查补助经费；编制了 2015—2018 年地名普查工作经费预算，与财政部门反复协调和沟通后，配套省级普查资金 2180 万元。各市（州）和县（市、区）积极争取当地财政支持，较好地落实了普查专项资金。截至 2018 年年底，全省共落实地名普查专项经费 2. 546 亿元（不含中央普查补助经费 1. 263 亿元）。成都、泸州、乐山和宜宾落实普查资金均超过 1000 万元（含县、市、区）。二是规范了资金使用。严格落实《第二次全国地名普查专项资金使用管理办法》要求，进一步加强资金使用管理，科学确定资金拨付比例，控制好资金拨付进度，确保每一笔资金花在明处，用在实处。制定并印发《四川省第二次全国地名普查专项资金使用管理实施细则》，实现了资金使用的规范、安全、高效，确保不出问题。三是强化了执行监督。特别

是对于那些通过公开招标、定向委托、邀标等方式向社会购买服务的项目，严格按照合同要求，抓好过程监管，确保项目保质保量按时完成，达到预期目标，确保资金使用、项目管理安全，不出现违纪违规事件。

在人员培训方面，制定下发了《四川省第二次全国地名普查培训工作方案》，要求各市（州）地名普查办根据实际工作需要，适时组织地名普查业务骨干赴第二次全国地名普查试点地区实地考察学习。省地名普查办先后6次举办全省性地名普查业务培训班，培训各市（州）和县（市、区）业务骨干1800余人次。各市（州）和县（市、区）也根据工作需要对地名普查业务人员进行了相应培训，共培训普查人员3万余人次；同时组织普查业务骨干700余人次赴全国普查试点地区考察学习。

在普查软件、物资保障方面，委托省政府采购中心组织采购了“第二次全国地名普查数据建库与管理软件”，并及时将普查软件下发各市（州）和县（市、区），统一组织了普查软件安装和操作使用培训；及时申领发放了1∶50000普查工作用图、遥感影像数据、四川省天绘正射影像数据和手持终端设备；各级地名普查办均配备了普查办公用房（含专用保密室、柜）、电脑、GPS等普查设备。

在保密工作方面，一是按照国务院地名普查办《第二次全国地名普查涉密数据保密管理办法》的要求，全面提升保密意识。紧扣地名普查工作实际，多角度、多途径、全方位开展保密专题教育，不断筑牢安全保密思想防线，确保从源头上杜绝失泄密事件的发生。二是严格数据管理，对涉及国家秘密的地名普查基础工作图数据、地名普查成果数据，严格按照《第二次全国地名普查涉密数据保密管理办法》和国家相关保密法规要求，进行保管和使用。同时加强了普查过程及涉密人员和涉密数据的管理，严禁由外包单位代存代管普查成果数据，切实有序地做好普查成果脱密工作，在脱密工作未完成前，禁止向外界提供成果数据。三是搞好隐患排查，坚持预防为主，利用巡查、监理、验收等工作手段加大对存储介质、电子资料、涉密载体管控力度，抓好薄弱环节、重点环节、风险点目标治理，及时查找保密问题隐患，防止出现保密安全事故。

（四）加大普查宣传力度，普查工作影响深远

及时印发《第二次全国地名普查宣传工作方案》，下发普查宣传册、海报

及徽章等宣传用品，编发地名普查简报，并在四川区划地名网开辟地名普查专栏，大力宣传地名普查。各地运用多种形式积极开展地名普查宣传，营造良好普查氛围。广元、遂宁、甘孜、凉山等地利用当地报纸、电视等新闻媒体，攀枝花市利用全市出租车LED移动显示屏和汽车电台等移动媒体，持续不断地进行普查宣传；绵阳、眉山等地深入乡镇、街道和社区，发放普查资料、张贴普查海报、现场回答普查有关问题；阿坝州在地方召开两会时在人大代表和政协委员中进行普查宣传；泸州市编印、发放了10万余份《地名普查宣传手册》；德阳市与《德阳晚报》联合举行了“德阳地名·最美故事”征集活动；攀枝花、雅安、凉山等地编辑出版了《地名故事》并利用微信平台讲述地名故事；开江县拍摄的地名普查微视频获得中国地名文化遗产保护促进会组织的“地名情·中国梦”全国地名普查微视频征集活动优秀奖；乐山、广元分获由国务院地名普查办主办、光明网承办的“寻找最美地名故事”网络征集活动二等奖和优秀奖。

二、狠抓落实，努力推动地名普查工作再上新台阶

（一）开展地名普查质量监理，普查工作监督有力

2017年7月省普查办组织完成省级普查监理购买服务招标。依据国务院《第二次全国地名普查验收办法》《质量评价体系》《监理办法》和《四川省第二次全国地名普查实施方案》，结合工作实际，制定并实施四川省地名普查监理工作方案，委托第三方监理单位自2017年8月15日开始，用时25天，随机对全省21个市（州）42个县（市、区）地名普查组织管理、地名调查、地名标准化、地名标志、成果表、数据库建设、检查验收、普查档案、实地踏勘9个方面进行了全省地名普查监理检查，形成了《四川省地名普查监理工作报告》，对全省地名普查质量、进度、安全、保密等方面工作作了专业评估，并分析了各地普查推进和实施中存在的困难和问题，研究提出解决对策和思路，同时全省各县（市、区）针对监理检查发现的问题，及时制定整改措施，并认真组织整改完善，有力地促进了地名普查工作。

（二）加大协调督办力度，普查工作有序推进

省地名普查领导小组及地名普查办不断加强地名普查督查指导，先后下

发了《关于加快推进第二次全国地名普查工作的通知》《关于进一步加快推进第二次全国地名普查的通知》和《关于进一步做好第二次全国地名普查监理工作的通知》等文件，多次召开全省地名普查工作推进视频会、地名普查工作交流促进现场会、地名普查工作推进会，与各市（州）地名普查领导小组签订了地名普查工作目标责任状，将地名普查列入全省民政重点工作。四川省民政厅还专门下发了《四川省民政厅办公室关于开展全省性重点工作督查的通知》，由民政厅11名厅级领导分别带领11个督查组，深入全省21个市、州，对全省性重点工作特别是地名普查工作进行了督查，并及时召开厅长办公会听取督查情况报告，分析存在问题，研究对策措施。同时，还建立了地名普查进展情况通报制度并及时对全省地名普查进展情况进行通报。对普查进度一度滞后的部分市（州）地名普查办主要负责人进行电话约谈。通过普查督查，各地均采取得力措施，加快推进普查工作，加强普查质量管理，并探索出一些好的经验做法。比如，泸州市采取“3+”模式全面准确采集地名信息；巴中市采取各县、区交叉检查等形式开展督查；绵阳市北川县采取“三级联审”方式严把质量关等。

（三）推行人机双检制度，普查验收精益求精

普查验收是检验普查质量的重要举措。普查验收工作作为地名普查的有机组成部分和重要内容，在地名普查全局中有着举足轻重的地位。科学谋划、有序推进地名普查检查验收，对圆满完成普查任务，巩固成果，总结经验，督促整改，解决突出问题，促进成果转化有着重要的现实意义。省普查办严格按照国务院地名普查办统一部署和要求，结合本地实际，依照《第二次全国地名普查实施方案》《第二次全国地名普查工作规程》《第二次全国地名普查数据建库与管理软件设计规范》《第二次全国地名普查质量评价体系》《第二次全国地名普查验收办法》等有关规定，细化任务安排，明确时间表、路线图，采用自动化和人工交叉检查方式，自下而上逐级进行验收，切实把握普查验收的关键环节。一是严把数量“关”。认真核查普查成果，对普查数据做到应采尽采，严格按照普查分类，对辖区数据进行查漏补缺，确保普查数据真实、完整。二是严把质量“关”。对照普查任务和验收的各项指标体系，认真自查完善，把验收的过程当作普查完善提高的过程，挖掘亮点，提炼特色，形成成果，凸显成效。在检查过程中，除了逐一上机检测外，还组织抽

调了各地普查专家（骨干）42 人进行交叉互检，重点核查文化地名采集、地名文化挖掘、跨界自然地理实体审查、地名用字读音审定、地名标准化、罗马字母拼写、多媒体信息等内容。在验收过程中，发现不合格的普查成果，及时反馈进行修正，并履行监督和指导职责，直至合格，确保了组织实施类等 13 项验收材料完整、齐全。

三、强化责任，全面完成地名普查各项任务

（一）整改完善地名普查成果，普查工作成效显著

根据国务院地名普查办验收意见，省普查办紧紧抓住普查成果数据完整性欠缺、准确性不高的主要问题，以成果表、成果图为重点，在普查成果的全面、准确、深入上下功夫，在加强地名历史文化内涵的挖掘和考证上抓深入，在来历含义沿革规范表述、地名标准化、跨界自然地理实体普查、成果图制作更新、数据库建设等方面求精准。在查清地名的属性信息和地理实体的相关信息，对有地无名、有地名作用的地理实体进行命名，对不规范地名进行标准化处理，设置标准规范的地名标志，建立完善地名数据库，加强地名信息化服务建设，建立地名普查档案等 7 大任务，进行查漏补缺，制定切实可行的整改措施，切实做好普查成果修改完善工作。国务院地名普查办于 2017 年 9 月中旬对新津县、大英县、射洪县地名普查工作进行的抽查复验中，一致认为四川省组织方案健全、质量把控到位、工作措施扎实、相关材料齐全、普查成效明显。

（二）推动普查档案先行先试，加强普查基础性工作建设

地名档案是地名管理的专业档案，是国家档案的重要组成部分，是进行地名管理、推行地名标准化、开展地名研究的基础。省普查办根据国务院地名普查办下发的《第二次全国地名普查档案管理办法》，制定了《四川省第二次全国地名普查档案检查验收标准》。同时，采取先行先试的工作做法，选择成都市金牛区作为全省普查档案试点先行区。成都市金牛区一是成立了区第二次全国地名普查档案工作小组，吸纳区档案局专家参与其中。二是指导探索健全档案归档流程。地名普查档案归档要求高、制作时间短，且没有经验可以借鉴，只有边整理边探索归档标准和规范。在工作中，他们一方面坚持

收集齐全、整理规范、利用有效的原则，在吃透国标和省标，结合省情、市情、区情实际情况的基础上，进一步细化普查档案、文书档案、声像档案收集、分类、整理、排列、装订等整理规范。在整理归档的同时，注重与同级档案局加强沟通联系，对以后地名普查档案移交进馆所涉及的相关问题进行了提前谋划。另一方面还结合实际工作情况，与区档案局形成普查档案整理归档工作联动机制，不定期召开地名普查档案归档标准及规范研讨会，分析归档过程中遇到的实际困难和技术性难题。同时邀请民政部档案馆档案专家现场讲解，及时修正普查档案归档过程中存在的偏差，确保按时、高质完成档案制作任务。并在 2017 年 11 月 27 日全省第二次全国地名普查成果转化及地名文化保护培训会上作了展示，展示包括地名普查档案案卷文书类 21 卷、业务类 225 卷、成果类 27 卷、其他类 23 卷。民政部档案馆专家现场逐类检查，合格率达到 95%，并受到好评。

（三）推进入库成果转化利用，拓展地名普查服务功能

开展地名普查的主要目的有两个：一个是查清家底，是一个是开发利用。普查成果数据转化利用，是衡量地名普查成效的重要方面。全省按照“边普查、边应用”原则，积极做好入库成果数据开发应用，切实把地名普查成果转化规划各项任务要求落到实处，力求取得实实在在的进展和成效。一是积极抓好地名图、录、典、志编纂工作。成立省、市、县三级图录典志编委会、编辑部，完善各个层级的编写组，并向国典编辑部输送 4 名编辑人员（全国输送人数最多的省份），其中达州市退休教师范希江同志还入选国典编辑部专家组成员，承担国典审核工作。全省按照编纂实施方案要求，按省、市（州）、县（市、区）分层级创新开展集中培训、集中编纂、集中审核的“三集中”做法，倒排时间，细化任务，全力加快推进，确保优先完成国家级图录典志编纂工作。2018 年 4 月 2 日，完成《中华人民共和国标准地名词典》第一部分词条以及释义稿的上报工作，共收集、报送标准地名词典第一部分词目 10152 条，释义稿字数 1985053 字，词目数量居全国之首。10 月 22 日，国务院第二次全国地名普查领导小组办公室向四川地名普查领导小组办公室下发了地名普查成果验收意见，标志着四川省报送的第二次全国地名普查成果通过了国务院地名普查办的全面审核和入库验收，这也是全国第一批通过审核验收的省级普查成果。此外，积极从省财政争取经费 1400 万元，编制出

版《四川省县级行政区域界线详图集》，现已完成项目公开招标。泸州市、凉山州、安岳县、邻水县、万源市、达县、渠县等地陆续编辑出版了本地地名故事，宣传当地历史文化。成都市、达州市、巴中市、南充市、宜宾市、绵阳市、遂宁市等地以及30个县（市、区）陆续开通了地名网站，大力宣传地名文化，普及地名文化知识，促进了地名文化建设的发展。成都市部分中心城区还创新开发了地名二维码系统和地名数字化管理系统，将地名公共服务的功能延伸至街道、社区及政务（便民）服务中心，同时还设置了142个地名二维码标牌，在区域内方便单位、群众查询地名及公共服务事宜，目前已经进入试运行阶段。

（四）加强地名文化遗产保护，挖掘传承优秀地名文化

一是严格规范管理，稳步推进地名标准化。依照地名工作的有关法规和政策规定，严格地名命名更名管理，科学编制地名规划，健全地名标志设置和维护管理机制，不断完善地名公共服务体系，基本杜绝了乱命名、乱更名和重名、无名、一地多名等现象。

二是按照国家统一安排，全省先后对政区名称用字和读音进行了全面清理、审定，对一些含有贬义和生僻字的地名进行了规范。2016年以来，结合第二次全国地名普查，以清理整治不规范地名为契机，扎实推进地名标准化和地名文化遗产保护工作，对居民区、大型建筑物、街巷、道路、桥梁等地名中存在的“大、洋、怪、重”等不规范地名进行了重点清理整治，对使用不规范地名、使用不规范汉字书写地名、使用外文拼写地名等违反法规标准的问题进行了整改纠正。截至2018年年底，全省共清理确定不规范地名3931条，其中居民区2214条、大型建筑物39条、道路400条、街巷684条、桥梁191条、其他403条。其中刻意夸大占3.5%、崇洋媚外占4.1%、怪异难懂占5.3%、重名同音占38.9%、其他占48.1%。完成标准化处理地名3204条，标准化率81.5%（其中重名同音1340条，怪异难懂124条），其余工作已纳入整治范围逐步推进。其中，成都市按照“立足保护，传承文化，严格标准，稳妥推进，管好增量，整治存量”的原则，确定了需要保护的地名和不规范地名的界定标准，分类、分级、分阶段依法有序推进整治不规范地名。通过设立专人分管，聘请地名专家研究，联系涉及各个区、市、县和各政府部门，开展地名文化保护研讨会及清理整治不规范地名专家论证会，切实有

效、稳妥有力地推进了此项工作。地名普查工作开展以来，成都市在省地名普查办的指导和督促下，积极争取党委政府重视，着手实施整治长期以来困扰该市的中心城区街道路名设置不规范、不标准、以英文或英文缩写代替汉语拼音通名的问题。目前，成都市在市政府主要领导统筹下，正积极协调公安等部门不断完善工作机制，理顺工作关系，按计划有序整改城区街道路名设置不规范现象，该项整改方案的实施将有力推进中心城市地名标准化工作。德阳市联合规划、城管执法等部门共同协商城市道路路牌、路标设置工作。按照标准化、简洁化和整齐划一的要求，编制完成一批街、路、巷牌和指示牌优化设置方案，拆除不规范路名牌 30 余块，新设置路名牌 40 余块、大型交通指示牌 70 余块。此次清理整治，全市共清理出不规范地名 97 个，主要是居民点和道路街巷两大类，其中居民点类 89 个，道路交通类 8 个。同时还对地名标志设置、地名书写、拼写情况进行了检查和清理。绵阳市加强风险评估，确定清理整治清单，引入合法性审查机制严格甄别清理对象。组织县级地名专家咨询委员会和专家组对列入不规范地名的初步清单进行合法性审查，形成不规范地名初审清单和初步处置意见。县级地名普查办邀请相关专家、基层组织和群众代表，对不规范地名初审清单和初步处置意见进行风险评估，重点评估在法律、经济（社会成本投入）、社会舆论（群众接受度）等方面的社会风险，根据风险评估结果和社会意见，提出拟清理整治不规范地名的建议清单，并按照国家《地名管理条例》及本地《地名管理办法》等相关法律法规，按程序进行地名命名、更名，及时向社会公示。此外，达州市建立健全了地名管理长效机制，以第二次全国地名普查和本次活动为契机，通过前期引导、中期整治、后期巩固、全程宣传的方式，持续用力，使规范后的标准地名尽快融入广大群众的日常生活中；眉山市建立了第二次全国地名普查不规范地名台账，要求各县区做好地名文化保护工作；泸州、雅安、资阳等地也以形式多样、切实可行的措施开展不规范地名清理整治工作，成效显著。

三是积极探索创新，加强地名文化遗产保护。全省在第二次全国地名普查中，全面收集整理各类地名的由来、含义、历史沿革以及相关属性信息资料，为地名文化遗产分类、分级和分层次保护提供基础依据。同时对千年古城（都）、千年古县、千年古镇、千年古村落、甲骨文和金文地名、少数民族语地名、著名山川地名、近现代重要地名等 8 类地名文化遗产进行了初步调查，共统计地名文化遗产500余个。同时，还开展申报认定地名文化遗产相关工作，阆中市、泸县、富顺县、合江县、蒲江县、盐亭县先后被确认为“千年古县”，梓潼县、犍为县、荣县和遂宁市船山区龙凤古镇、成都市龙泉驿区洛带镇及攀枝花仁和区迤撒拉村已向民政部申报“千年古县”“千年古镇”和“少数民族语”地名文化遗产，一批古地名正按程序申报确认为地名文化遗产。2019年3月，民政部区划地名司相关负责同志、中国地名文化遗产保护促进会专家组分赴凉山州、成都市调研千年古县成果转化暨千年古镇古村三级名录体系建设和逐级申报工作，并初步确认四川省为千年古镇古村三级名录体系建设和逐级申报工作首家示范省，这是继率先完成全国第二次地名普查成果数据入库后，成为千年古县成果转化暨千年古镇古村三级名录体系建设和逐级申报工作示范省份。

贵州省第二次全国地名普查工作纪实

贵州省地名普查办公室

自2014年党中央、国务院部署开展第二次全国地名普查以来，在贵州省委、省政府的正确领导下，各级党委政府和相关部门单位，深入学习贯彻落实习近平总书记关于“规范地名管理，保护、传承和弘扬传统优秀地名文化”的指示精神和李克强总理、张高丽副总理、王勇国务委员等领导同志关于做好第二次全国地名普查工作的指示精神，按照国务院地名普查办的部署安排，强化组织领导，完善工作机制，严格标准条件，狠抓工作落实，全省第二次全国地名普查工作取得了新成效。

一、加强组织领导，为普查工作提供有力保障

（一）加强组织领导

2014年8月，经省人民政府批准成立了贵州省第二次全国地名普查领导小组及办公室，并以省政府名义下发《关于开展全省第二次全国地名普查的通知》，为有力有序有效推进全省地名普查工作提供了组织保障。发改、财政、住建、国土、交通、统计等23个领导小组成员单位密切配合，为普查工作提供力量支撑。按照“政府统筹、民政牵头、部门配合、社会参与”的原则，各市（州）、县（市、区）也相继建立了普查领导机构和工作机构，指派联络员负责提供核对相关行业地名信息资料。聘请当地历史、文化、地理专家学者及热爱地名文化的老同志等组成专家组，镇（乡）和村（居）明确专人负责配合实施，形成了上下联动、合力攻坚的工作格局，为顺利实施地名普查工作提供了强有力的组织和人员保障。

（二）强化安排部署

省地名普查领导小组于2014年9月召开了各成员单位参加的普查工作会

议，分管省领导亲自出席会议并讲话，并主持审议《贵州省第二次全国地名普查实施方案》《贵州省第二次全国地名普查领导小组及办公室职责》，研究地名普查相关事宜。结合普查各阶段任务要求，第二次全国地名普查工作实施以来，省地名普查办普查期间先后组织召开工作会、协调会和推进会共20余次，安排布置工作任务，研究解决普查过程中遇到的困难问题，交流各地普查工作中形成的好经验、好做法，通报全省地名普查工作推进情况。各地也结合工作进展情况，适时召开会议，安排布置工作，调度落实每个时间节点的目标任务。

（三）落实普查经费

为确保全省普查工作顺利实施，省地名普查办积极争取地名普查经费，得到了国务院地名普查办的大力支持，2015 年至 2018 年，共补助普查资金 10788 万元，下拨各地开展地名普查工作。省财政核拨省级普查工作经费和成果转化经费 862 万元。市、县两级也积极向当地政府汇报，争取财政支持，落实普查经费 11682 万元。各地大力落实了普查办公场所，并按需配置电脑、打印机、照相机、扫描仪等专用普查设备和办公桌椅、保密柜等办公设施。黔东南州下发《地名普查办办公室建设标准》对县（市）地名普查办办公场所安全、工作氛围营造等方面提出统一的要求。

（四）压实工作责任

省地名普查办与各市（州）签订地名普查工作目标责任书和保密协议，将地名普查纳入各年度目标考核重要内容与其他民政工作同安排、同部署、同推进。各市（州）地名普查办也与所辖县级政区签订目标责任书，并延伸落实到乡（镇）、街道，切实做到了层层落实工作目标，层层压实工作责任，为地名普查工作的开展奠定了坚实的基础。

二、完善工作机制，提高普查工作能力水平

（一）健全工作机制

按照政府主导、部门协作、技术外包、分级负责、规范操作的工作思路，报请国务院地名普查办批复同意印发了《贵州省第二次全国地名普查实施方

案》，各地相继出台了工作实施方案。省地名普查办先后转发国务院地名普查领导小组及办公室下发的工作规程、质量管理规定、质量评价体系、涉密数据保密管理办法、专项资金使用管理办法等指导性文件，结合全省实际进一步细化、完善普查制度规范，制发了全省地名普查操作规范、成果数据入库验收办法、档案管理办法、成果转化规划等10余项制度规定，形成了较为完备的普查工作制度体系。

（二）严格保密安全

为确保地名普查涉密设备、信息和资料的安全、合法、有效采集和利用，防止失密、泄密等事件发生，全省各级均制定了详细的普查工作保密制度，层层签订保密责任书，明确安全保密的工作内容、职责分工和责任追究。要求必须做到保密制度上墙，技术防范措施到位，设置保密室及保险柜存放涉密资料，有专人保管保密柜钥匙，编印《保密工作手册》分发到参加普查人员手中，增强普查人员的保密意识。在普查工作期间，各级定期不定期地开展保密工作自查，普查工作督查中将落实保密事项情况列为重点检查的内容，常抓不懈，时刻绷紧保守国家秘密这根弦，确保了地名普查工作的安全实施。

（三）加强配合协作

省地名普查办结合各成员单位的职责分工，多次组织成员单位召开地名普查调度会，通报工作进展情况，协调解决普查工作中存在的问题。各县（市、区）地名普查办认真履行牵头部门职责，充分发挥普查成员单位部门协作机制，收集利用全国地理国情普查、水利普查、文物普查等地名普查所需的各种文献资料和相关数据，实现已有信息的充分利用，节约工作成本，提高工作效率。同时明确成员单位专人参与、专业协助，全程负责对本部门单位行业数据信息的审核把关，确保部门分类别地名属性信息的专业性、完整性和准确性，有力支撑了普查数据的成果质量。

（四）统筹技术规范

根据地名普查涉及地理信息、测绘、软件数据等方面相关技术要求，省地名普查办通过公开招标方式采购普查软件，并录入国务院普查办下发的地形图矢量数据、正射影像数据和各县及各乡镇政区界线数据，统一下发各地使用。成立了贵州省第二次全国地名普查专家咨询委员会，明确普查专家咨询委员会的职责，确定4个单位作为省级第二次全国地名普查技术支持单位。下发了《关于做好地名普查业务外包有关工作的通知》，要求各县（市、区）按照“政府组织实施与社会购买服务相结合”的模式，全部实行普查业务公开招标，择优确定技术服务单位协助开展普查工作。各级普查办积极与技术单位合作、与专家团队配合，按照省级制定的工作流程（资料收集整理—编写地名目录—普查成员单位审核—预填登记表—外业调查—当地专家审核—整理修改、查缺补漏—地名专家审核—再次整理修改—数据汇交入库—成果输出—检查验收）规范推进普查工作。贵阳市由市级统筹组织，10个县（市、区）按照“五个统一”的方式，即：统一人员、统一流程、统一标准、统一时限、统一验收，同步开展普查工作。

（五）做实外业调查

全省各县（市、区）根据普查规程，以乡镇（街道）为基本调查单元进行实地调查，每个普查地点基本做到由普查联络员、乡土专家、技术员联合开展现场踏勘。技术人员对每一条地名信息采取实地勘查、走访座谈等方式进行了仔细调查核实和地名实体拍摄，重点对更改地名、新增地名进行整理、甄别、论证和审定，做好辅助证明记录、录音、录像以备复查，确保每一条信息的准确性；乡土专家调查员严格按照《关于进一步加强地名文化属性信息采集工作的通知》要求，充分挖掘整理地名用字、读音、语义、演变的文化特点。对红色地名、民族语地名、地域特色地名和传统村落名的文化属性作重点的收集，考证地名的含义，丰富地名文化。

（六）规范内业整理

在外业调查的基础上，各普查单位按照《第二次全国地名普查工作规程》整理完善地名调查目录、核对充实地名调查表属性信息、整理命名多媒体信息、修改完善数据库矢量数据、完成数据入库。在内业整理上重点抓地名文化属性信息完善和跨界地名的接边和属性信息整合。地名文化属性信息完善主要通过充分挖掘整理地名用字、读音、语义、演变的文化特点，采取电话、去信函和组织文史专家根据前期实地调查、寻找资料、采访知情人、召开座谈会等方式收集到的资料以及采集到散落在民间的地名故事，对地名信息进行集体讨论分析，充分挖掘相关地名的由来、发展以及文化、旅游等信息，进行完善并作文字编写加工。

（七）加强业务培训

省地名普查办先后组织 100 余人次参加国务院地名普查办安排的业务培训。按照分级培训的要求，采取以会代训、专题培训等方式，对全省 9 个市（州）、88 个县（市、区）、贵安新区分管领导、地名普查办负责人及业务骨干进行培训，累计培训 2000 余人次。各地普查办也逐级组织开展培训，县级普查办负责培训到乡（镇）和村（居）的普查参与人员，全省各级累计培训达 30000 人次。省地名普查办还协调部分市（州）普查办组织有关人员前往省外开展普查工作考察学习，进一步厘清工作思路，开阔眼界，为扎实推进普查工作奠定良好基础。

（八）开展专项督查

省普查办下发了《贵州省地名普查督查实施方案》，每年采取实地走访、召开座谈会、听取工作汇报、查阅相关资料等方式，多批次组织督查组前往全省 9 个市（州）88 个县（市、区）开展督查指导工作。并将地名普查纳入省厅对市（州）年度目标考核内容，列入厅领导每季度分片督查事项，定期分析普查工作完成情况。各市（州）普查办负责对所辖各县（市、区）地名普查进行督查。

（九）实施跟踪监理

2016 年 9 月起实施至 2017 年 4 月，全面完成委托“第三方机构”组织实施全省地名普查监理工作，在全省市县两级开展了全覆盖、多轮次的监理检查，对部分县区先后进行了 3 次现场监理检查。监理组严格按照程序和标准开展监理工作，针对当地普查实施过程中存在的问题，提出整改意见建议和时限，并及时将情况反馈省普查办后续督查，有效提升了普查质量。建立约谈机制，对普查工作进度滞后县区的政府分管领导进行了工作约谈并通报全省，有力促进了普查工作的顺利推进。

（十）严格验收工作

制定下发《贵州省第二次全国地名普查验收实施方案》，明确全省各级普查成果数据验收的依据、内容、量化指标和标准、验收程序、方式方法和验收组织等事项。2017 年 3 月，召开了全省普查验收工作会议，布置安排各级开展自查、核查和省级验收等工作，采取公开招标确定协助普查成果验收技术单位。各市（州）地名普查办均确定了技术支持单位协助本级核查工作，及时组织对所辖县级政区普查成果进行检查、核查。省级验收工作采取集中验收与现场抽查验收相结合的方式开展，利用质量管理和验收系统通过自动化检测辅之以人工筛查判定，对全省 88 个县级政区普查成果数据进行全面审核，检查出的问题反馈各地进行整改完善，并按不低于全省县级政区总数 20% 的比例，赴 20 个县（市、区）现场开展了抽查验收。全省普查成果数据上报国家后，根据国务院地名普查办审核反馈的意见，省地名普查办组织 88 个县（市、区）地名普查办携带普查成果数据，到指定地点进行现场修改、完善。

三、严格规范实施，确保普查工作取得实效

（一）省级地名信息数据库进一步健全完善

充分利用第一次全国地名普查的相关资料和县（市、区）志、地籍调查、水利普查、国土普查、经济普查、文化产业调查等普查成果及部门志书、当地的年鉴、县（市）旅游地图、交通图、河流水库发电站信息、交通运输设施类信息、企业单位信息、中小学信息资料等重要信息资料配合地名普查工作。按照“应普尽普”的工作要求，实地踏勘采集数据信息。深入开展地名属性和地理实体信息的挖掘整理，采集地名的标准名称及其别名、简称、曾用名，规范地名的罗马字母拼写，录制地名的读音及其地方或民族语原读音，划分地名指代地理实体的类别，测定地名的地理坐标和相对位置。整理地名目录、地名成果表、地名普查成果图、地名标志登记表、地名用字读音审定申报表、地名标准化处理统计表、跨界自然地理实体地名录、图、表以及包含逐渐消失不再使用的历史地名成果表等方面的成果，结合普查工作形成的文件、资料进行数据处理，全面准确收录全省 52.1 万条地名的相关信息，摸清了所有地名在 11 个大类、43 个小类和 89 个子类中的分属情况。按照地名的类别划分，普查入库陆地水系类地名 6431 条、陆地地形类地名 63932 条、行政区域类地名 2108 条、非行政区域类地名 17992 条、群众自治组织类地名

22709 条、居民点类地名 260327 条、交通运输设施类地名 36236 条、水利电力通信设施类地名 24241 条、纪念地旅游景点类地名 8345 条、建筑物类地名 6114 条、单位类地名 72996 条。对每条地名的标准名称、坐标、来历、含义、沿革、历史文化和地理概况等属性信息开展调查，基本查清全省地名总体情况。并将调查全省已设置地名标志的标准名称、坐标、设置时间、材质、生产厂家及所处方位的照片等地名信息 19495 条录入地名标志信息数据库。通过历时 4 年的不懈努力，省地名信息数据库数据得到了进一步完善。

（二）行政区域界线界桩数据调查成效显著

为确保全省普查地名成果数据的准确录入和接边合库，对 17750 千米长度的 226 条省、县级界线和 568 个界桩，467 幅 1∶50000 图纸和 231 幅界线接图表，按照 2000 国家大地坐标系标定的数字化数据进行矢量化处理，以及对所有界线相关纸质资料进行彩色扫描和影像纠正，建立完成了贵州省行政区域界线界桩数据库。该项成果已通过国务院地名普查办验收，成果数据并入国家库。普查跨省界自然地理实体地名 1008 条、跨市（州）和跨县（市、区）界自然地理实体地名 756 条，其中跨省界自然地理实体地名通过国家验收，已录入国家数据库，跨市（州）和跨县（市、区）界自然地理实体地名已上报国务院地名普查办审验。

（三）不规范地名清理得到有效整治

按照“依法实施、立足保护，传承发展、为民便民，节约资源、因地制宜，协调一致”的原则，一手抓“清理与保护”、一手抓“整治与传承”，重点对居民区、大型建筑物、街巷、道路、桥梁等名称中存在的“大、洋、怪、重”等不规范地名同步开展清理整治工作。全省各级采取初步审核、评估论证、依法实施和规范使用的工作步骤，整治了一批罔顾传统、刻意崇洋的外来语地名和用英文译写通名的地名，命名了一批有地无名且有地名作用的地理实体和新修建的道路，保存了一批未在现今使用但有历史文化内涵和地域特色的地名，规范了一批在公共场所使用的地名标志、交通标志、广告等标识，得到了社会公众的认可和支持。同时，各地探索建立民政牵头，公安、规划、住建、国土、交通等多部门共同参与，所有市（州）和 50% 的县（市、区）建立地名管理联席会议制度，结合各部门工作实际，明确工作职责，协同做好本区域地名管理工作，在逐步消化不规范地名存量的同时，从源头上控制不规范地名增量。自 2016 年 5 月起，开展针对“大、洋、怪、重”等不规范地名的清理整治工作。全省清理不规范地名 7579 条、整治 6746 条，整治率达到 89%；已整治的不规范地名中，刻意夸大类的有 93 条，崇洋媚外类的有 12 条，怪异难懂类的有 133 条，重名同音类的有 2278 条，其他类的有 4230 条。

（四）地名普查工作宣传成果丰硕

充分利用微信、微博、QQ 工作群、网站、电视和广播等媒体平台广泛开展地名普查宣传，悬挂宣传标语 8770 条，张贴发放宣传海报资料 19.7 万份，开展普查宣传活动 280 余次。省地名普查办与省委宣传部协调，在贵州电视台卫视频道滚动播放地名普查宣传专题片，同时由省通信管理局配合编发地名普查宣传短信发送移动、电信、联通手机用户，扩大全省地名普查工作的宣传面和公众知晓率。积极参与国务院地名普查办组织的宣传活动，在“地名情·中国梦”全国地名普查微视频（微电影）征集活动中，仁怀市选送的《中国酒都·魅力仁怀·地名普查进行时》及麻江县选送的《蓝莓之约·古韵苗寨》分别获“普查工作类微视频”一等奖和“地名故事类微电影”优秀奖，省地名普查办荣获“最佳组织奖”。在“寻找最美地名故事”网络征集活动中，盘县选送的“贵州省盘州”获三等奖，凯里市选送的“贵州省蛇嘴岭”获优秀奖，松桃县选送的《蓼皋的由来》入选《中国 100 个地名故事》。在全国地名理论征文活动中，遵义市选送的“遵义地名论稿”获得优秀奖。组织各地积极参加“美丽中国·地名寻梦”地名文化短视频征集活动，全省报送 39 个短视频。同时，积极向国务院地名普查办报送工作信息，每年均有多篇工作动态信息、典型做法和地名成果故事被国务院第二次全国地名普查工作简报、微信平台等采用并刊发。

四、注重成果运用，扎实推进地名普查成果转化

（一）配合国家编纂“图录典志”相关工作有序推进

制定了贵州省的地名普查成果转化 5 年规划和地名普查档案管理实施细则，指导各地制订成果转化的实施计划和方案。2016 年 7 月国务院地名普查

办启动了中华人民共和国标准地名“图录典志”的编纂工作后，要求各省、区配合完成好国家级成果的编撰任务，及时上报先行开展的《中华人民共和国标准地名词典》第一部分词目并经国家审核通过。省地名普查办已按要求完成4472条地名释文的撰写工作，同时聘请专家进行修改、审核，并报国典编辑部。完成《中华人民共和国标准地名志》相关词目采集和释文撰写工作，释文按程序上报国志编辑部。《中华人民共和国标准地名词典》（第2—8部分）已经完成词目采集，进入释文撰写阶段。

（二）省级“图录典志”编纂工作扎实推进

省级标准地名“图录典志”编纂项目是普查成果转化的“规定动作”，省地名普查办2017年即申报财政立项评审，获批538万元专项经费，2018年5月完成了项目公开招标，现正制定4套图书的编撰体例、规范和细则。各市州也结合普查实际，统筹安排实施市县两级的“图录典志”编纂工作，明确了两级的编写机构和队伍。

（三）全省地名补录补更工作有效推进

根据民政部《关于加强地名标志设置和管理的指导意见》，各地结合地名普查，不断加大地名标志设置力度，按照国家标准及时更新、补设地名标志，实现城市和乡（镇）地名标志全覆盖，今年建制村设标率将达到50%以上。指导贵阳市白云区推进地名地址库试点示范创建，探索进一步加强地名地址管理经验。组织各地绘制出版行政区划图，编纂出版地名故事、地名文化等地名系列读本，从多角度、多层次反映全省各个历史时期与地名相关的历史文化、人文风貌、民风民俗。

（四）保护弘扬地名文化工作深入推进

全省在地名普查中既调查现有地名，也调查已消失不用的地名，查清地名的拼写、读音、位置等基本信息，详细收集地名的渊源、沿革、含义等文化信息。深入挖掘、系统整理、综合利用普查形成的地名文化资料，聘请熟悉地名文化的学者、教师、老专家对有历史文化意义的条目进行挖掘和考证，分级拟制地名文化保护名录，建立起今后可“就近移用、优先启用”的地名文化资源库。2017年，黔东南州人民政府发布《黔东片区一体化规划》将古地名和少数民族语地名列入“非物质文化遗产保护”范围，与传统节日、表演艺术等非物质文化一同予以保护和传承，为地名文化保护工作形成社会共识找到了突破口。与此同时，各地借助地名普查深入开展地名文化保护，遵循地名命名和演化规律，本着“尊重历史、保护为主、方便群众”的原则，处理好地名文化保护与地名命名更名的关系，在编制地名规划和开展地名命名更名时，充分挖掘人文历史资源，优先使用反映当地历史、文化、地理、环境的地名，将优秀传统文化融入新地名中，更好地体现地域特色，延续地名文脉，打造富有地方特色和人文气息的地名文化遗产保护景观，传承地名文化。各地将整理挖掘出的一批独具贵州民族文化、民俗文化、红色文化、土司文化、屯堡文化和酒文化特色的地名文化成果，精心制作成地名故事、地名历史文化微电影、微视频，利用各种媒体进行广泛宣传，传承弘扬优秀地名文化。

云南省第二次全国地名普查工作纪实

云南省地名普查办公室

云南地处西南边疆，少数民族众多，经济欠发达，山区、半山区面积占全省面积的94%左右。全省东西最大横距864.9千米，南北最大横距990千米，总面积39.4万平方千米，居全国第8位。全省辖16个州市，其中8个省辖市，8个民族自治州，共有129个县市区，其中16个市辖区，15个县级市，69个县，29个民族自治县，1396个乡（镇、街道）。全省有25个县（市）与老挝、缅甸、越南3国毗邻，国境线长达4060千米。在25个世居少数民族中，有15个为独有民族，有16个民族跨境而居，是全国民族种类最多的省份。

自2014年启动全省第二次全国地名普查以来，在国务院地名普查领导小组和民政部的指导帮助下，云南省各级地名普查办积极履职，精心组织，克服了地理环境、气候条件复杂、基层力量薄弱、扶贫攻坚任务重导致经费保障有限等困难，先后组织完成了地名调查目录编审、外业调查、内业整理、成果入库，扎实推进普查成果技术单位自检、县市区普查办自查、州市普查办核查、省普查办审核验收和成果上报等各阶段任务，并充分结合云南边境线长、少数民族众多、民族文化多元的地域特点和实际，把边境地名、少数民族语地名和地名文化挖掘保护等内容纳入普查成果省级验收范围。云南省第二次全国地名普查共收集11大类地名431980条，其中，陆地地形类14439条、陆地水系类41259条、行政区域类1574条、群众自治组织类14332条、非行政区域类15726条、居民点类175098条、交通运输设施类49496条、水利电力通信设施类31583条、纪念地旅游景点类12165条、建筑物类5378条、单位类70930条；共译写、录音少数民族语地名85554条（译写39934条、录音45620条）。

一、强化组织领导，落实工作职责

省、16个州市和129个县、市、区均成立了由政府分管领导任组长、民政部门主要负责人为副组长、相关职能单位负责同志为成员的第二次全国地名普查领导小组，在民政厅设立办公室，组建了由大学教授、地名专家、学者等组成的地名普查专家咨询委员会。省、州、县三级政府及时印发了本级第二次全国地名普查实施方案，明确了普查目标任务、范围、组织实施、职责分工、时间安排、方法步骤等内容。省、州、县三级地名普查领导小组办公室努力协调争取相关部门支持配合，先后组织召开了工作启动、业务培训宣传、工作推进等相关会议，省州两级民政部门连续3年把地名普查列入民政重点工作进行督查，切实把普查工作落到实处，真正形成“政府领导、民政牵头、部门协作、群众参与、上下联动”的工作运行机制。

二、强化工作保障，务实高效推进

2014年在中央财政尚未落实分配普查经费的情况下，为保证第一阶段普查工作的有序开展，省普查办积极向财政厅协调了50万元前期追加工作经费，2015、2016、2017、2018年省普办分别争取省级财政预算地名普查经费1500万元、1200万元、600万元和400万元。全省16个州（市）、129个县（市、区）在脱贫攻坚任务繁重、自身财力十分有限的情况下，均把地名普查经费纳入本级财政预算，共争取配套资金5503万元，为普查工作顺利开展奠定了坚实基础。省普查办本着“统一标准、统一进度、统一质量”的原则，按照国务院普查办软件设计规范要求，统一采购了普查软件并下发至129个县、市、区；以购买服务的方式，通过省级统一公开招标，确定了7家资质优良、实力雄厚、经验丰富的供应商作为全省地名普查技术服务单位；统一招标确定了质量控制单位和监理单位对普查全过程实施全方位监理。省普查办及时发放了国务院地名普查办下发的普查用图、数据和手持终端设备，并根据工作需要向省测绘局协调争取了0.5米分辨率正射影像图，为普查工作开展提供了必要的服务保障。自2016年11月进入普查成果验收阶段后，按照县级自查重“点”、州级核查重“面”、省级验收要“系统”的原则，省、州、县三级普查办均增加或抽调人员全力参与普查验收工作；省普办、省专委会和监理、质控单位抽选精干人员组成的资料检验、属性信息核验、技术查验和实地复验4个工作小组全面开展检查验收和实地核查工作；各级普查办充分发挥领导小组成员单位资源优势，发挥专家委员会作用，发挥技术服务单位技术保障支持，形成合力推进工作的良好局面。按照要求云南省100%向国务院普查办报送了全省地名普查成果数据，完成了全省标准地名词典词目表编撰、界线界桩和跨省界自然地理实体普查数据、地名文化保护与不规范地名清理整治情况总结上报等工作。

三、注重政策创制，健全制度规范

自全省地名普查工作启动以来，省地名普查办积极推进政策创制，先后制定下发了《云南省第二次全国地名普查工作规程实施细则》《云南省第二次全国地名普查县级普查技术流程指导方案》《云南省第二次全国地名普查成果转化规划》《云南省加强地名文化保护和清理整治不规范地名工作实施方案及操作指引》《云南省第二次全国地名普查专项资金使用管理办法》《云南省第二次全国地名普查成果图编制指导书》《云南省第二次全国地名普查成果数据入库验收办法》等79个工作指导性文件，其中结合云南自然地理实体较多、地名属性信息填写困难、外业采集工作量大、跨界接边任务重等实际，专门制定下发了《关于进一步做好全省自然地理实体类地名普查工作的通知》《关于进一步做好地名属性信息采集工作的通知》《云南省第二次全国地名普查外业采集工作标准》《关于做好图载地名完整性检查和跨界地理实体接边工作的通知》。16个州、市地名普查办积极根据当地实际，研究制定本级地名普查规范指导文件，进一步明确了标准规范，强化了工作指导，确保全省普查工作有序有力推进。

四、加强宣传引导，营造良好氛围

省普查办建立了云南省地名普查网，充分发挥云南省地名普查网政策解读、工作交流和地名文化宣传等作用；连续2年通过短信向全省手机用户发布普查宣传信息、2015年10月和2016年3月在昆广网络数字电视机顶盒开机画面分别作了为期1个月的宣传，把地名普查带进寻常百姓家；在《云南日报》对地名普查作了题为《云南省积极做好第二次全国地名普查工作　留住美丽乡愁服务国计民生》的专题报道；制作发布了“七彩云南·从地名说起”“红军从我家乡过·云南地名背后的红军印记”“云南最美地名”3期地名普查微刊，宣传地名普查政策、弘扬优秀地名文化；编制工作简报 35 期，80 多条信息被国务院地名普查办采用。各州市、县市区突出宣传重点，创新宣传方式，充分利用、广播、电视等多种媒介，运用宣传栏、标语横幅，制作发放普查海报、宣传单（画）、宣传册，开展了形式多样、内容丰富的系列宣传活动，积极引导公众关注、参与、支持普查工作，为地名普查深入开展营造良好的环境和氛围。联合云南省电视台《街头巷尾》栏目对省地名普查办开展清理整治不规范地名活动进行了宣传报道，通过云南广播电台《有话就说》栏目开展在线访谈、与听众进行互动，听取“大、洋、怪、重”不规范地名清理整治意见建议，充分发挥舆论引导作用，进一步了强化社会各界自觉使用标准地名自觉意识。

五、多措并举，强力提升成果质量

一是建立定期普查技术座谈会制度，定期听取工作情况汇报，适时了解掌握监理、质控和外包的 7 家技术服务单位工作推进情况，分析存在的技术问题，讨论研究解决措施，为普查工作提供技术支撑和保障。进入验收阶段后，省普查办根据工作实际，调整技术座谈会召开频率，把每月一次改为每周一次，进一步加强与技术单位协作配合，及早发现和解决存在的技术问题，提升工作成效和成果质量。

二是监理和质控单位采取一竿子插到底，到普查工作一线，通过随机普查、质量抽查、现场监理“三管齐下”的方式，对普查质量、进度、安全、保密等进行全方位现场监理和质量评定，确保成果质量符合国家要求、确保各阶段任务按时推进、确保项目开展过程中无失泄密事件发生。

三是积极搭建平台，注重加强和促进各级普查办、各技术单位之间的交流学习。通过经验交流发言、样板示范和优秀成果展示等方式，直观展现好经验、好做法、好成果，举一反三，取长补短，进一步促进了普查经办机构之间和技术单位之间的相互交流和学习借鉴，切实提升普查成果质量。

四是重视发挥专家委员会专家作用，要求各级经办机构充分利用专家资源优势，层层审核把关，确保成果质量。针对普查工作中存在的一些专业性、系统性较强的问题，省普查办不定期组织技术培训讲座，邀请省级专家、高校教授给经办人员、技术业务骨干讲解专业知识、答疑解惑，提升业务人员能力水平，提高普查工作成效。

五是2015—2017年，省普查办共组织3次培训范围到县级以及2次范围到州（市）级的地名普查培训，共计1600余人参加了培训。全省各州（市）、县（市、区）、乡（镇）三级通过多种形式培训普查人员2万余人次，各级地名普查人员业务素质和工作水平进一步得到了提高。根据全省普查工作推进情况，省普查办每年召开1次普查工作推进会，及时解决工作中发现的问题，研究解决方案，确保普查质量。

六是做到质量管控全覆盖，不留死角。全省普查成果经历技术服务单位初检、县级自查、州级核查和省级验收四道防线；经过省、州、县三级专家层层审核把关；通过省级监理和质量控制单位的现场监理和质量评定；州市核查要按照不低于60%的县级政区比例进行现场抽查，省级验收要按照不低于全省30%的县级政区比例进行现场抽查复验。省普查办还采取主动上门服务、一对一现场查验、分类指导修改的工作方式，认真对照《验收办法》《地名普查工作规程实施细则》等规范要求，对7家技术单位入库成果表数据进行逐一查验，并针对存在的问题进行面对面指导，提出切实的修改意见建议，确保成果表信息完整、准确，属性数据和空间数据连接关系完整，成果数据关联性、联通性正确，做到质量管控不留死角。

七是省州县三级普查办层层签订保密责任书，各级普查办与技术服务单位签订保密协议，技术服务单位与技术人员一一签订保密承诺，并将保密管理作为普查培训、监理和督查的重要内容，不断强化保密安全检查管理，层层压实保密责任。

六、因地制宜，成果凸显云南特色

在地名普查中，一是注重地名文化信息调查，全面、系统普查各类地名及其属性信息，广泛搜集历史典籍、志书文献、行业资料、民间故事文集等资料，丰富地名普查成果资料，切实提升普查成果质量；注重调查现有地名、历史地名，又兼顾查清地名的拼写、读音、位置等基本信息，详细收集地名的渊源、沿革、含义等文化信息。对一些深藏于民间的地名文化故事，通过普查实地走访、座谈、查阅文史档案资料等形式，挖掘地名背后蕴藏的深厚文化。结合本地经济、文化发展脉络和地名命名特点规律，实事求是、严谨考证，充分挖掘整理地名用字、读音、语义、演变的文化特点，对地名标准化、地名审音定字、地名文化挖掘等地名普查中的问题进行论证，力求形成文化内涵丰富的地名普查成果，保护传承优秀地名文化，突出地方文化特色。据统计，全省共收集地名文化保护初始目录9378条，16个州市均列出了地名遗产保护名录，昆明、玉溪等地名普查办还组织开展了地名文化挖掘专题调研，并形成调研报告。二是充分结合云南边境线长、少数民族众多、民族文化多元的地域特点和实际，专门把边境地名、少数民族语地名和地名文化挖掘保护等内容纳入普查工作范围，要求州、县两级普查办主动协同外事部门全面调查、审定边境5千米范围内的标准地名，进一步补充完善了边境一线标准地名名录。省普查办积极协调省民语委提供现有的少数民族语言文字译写软件并下发州、县普查办；基层普查经办机构专门聘请当地少数民族语专家审核把关少数民族语地名属性信息和文字译写、录音工作，共译写少数民族语地名39934条、录音45620条，充分反映和展现云南少数民族语地名的特色和丰富内涵。

七、加大督查督导，确保工作落实到位

一是多管齐下，实地督查。采取把地名普查列入全省民政工作年度季度重点督查内容、省普查办联合成员单位开展专项督查、省普查办开展书面督查或组织监理和质量控制单位进行随机抽查等方式，对各地地名普查政策措施贯彻落实、资金管理使用、安全管理、工作推进和质量提升等进行督查，并针对存在的问题列出清单，研究提出解决措施，要求各地及时整改落实，确保了普查工作顺利、深入推进。

二是切合实际，勤指导。省普查办针对各地、各技术单位工作实际，积极上门开展一对一帮助、面对面指导，现场督促对成果数据进行修改完善，确保存在的问题得到真改、实改。

三是大胆开展“真通报、双约谈、严考评”。对贯彻落实省普查办工作要求不及时、整体工作推进相对缓慢的州市和技术服务单位按月或季度进行全省通报；对普查工作履职不足，整改工作落实不到位的，向当地地名普查领导小组组长（政府分管领导）进行书面通报。强化问题导向，经对成果数据严格审核，列出问题清单后，由省普查办主任对普查成果数据存在问题多、整改落实有差距的州市普查办和技术服务单位两方面的负责同志进行约谈、提出要求。省民政厅把地名普查列入年度全省民政工作综合考评范围进行考核。省普查办下拨中央普查补助资金按各地工作成效进行分配，并发文明确，

对工作推进不力、普查成果质量不高、整改落实不到位的，将计入年度民政工作综合考评绩效。

四是保密工作严要求。省、州、县三级普查办层层签订保密责任书，各级普查办与技术服务单位签订保密协议，技术服务单位与技术人员一一签订保密承诺，并将保密管理作为普查培训、监理和督查的重要内容，不断强化保密安全检查管理，层层压实保密责任。

八、统筹兼顾，同步做好成果转化

制定下发了《云南省第二次全国地名普查成果转化规划》，按照“立足当前、兼顾长远，民政主导、广泛参与，整体推进、体现特色，创新驱动、确保质量”的原则，明确了地名基础专题研究、地名图书编撰、地名文化保护、地名信息化建设、地名公共服务等具体工作任务。

一是积极推进标准地名图录典志编纂工作。省普查办组织全省地名普查成果转化工作培训班，邀请了《标准地名词典》总编辑部、地名普查全国专家组的专家就地名词典编纂、地名文化保护等内容进行了现场培训；制定印发了《关于做好标准地名词典词目表编制工作的通知》《〈标准地名词典〉编撰指导说明》，召开了全省《标准地名词典·云南卷》编纂工作视频会，安排部署词典编纂工作，进行编写辅导培训。目前，《中华人民共和国标准地名词典》（云南部分）第一部分释文已提交总编辑部审核；省普查办邀请上海辞书出版社和中国地图出版社的专家对《中华人民共和国标准地名志》《中华人民共和国标准地名图》《中华人民共和国标准地名录》编纂进行培训，地名志第一阶段词条采集已完成并上报总编辑部；《云南省标准地名词典》采词工作也正在进行；省普查办从地名普查省级财政资金中统筹156.6万元专门用于数据库建设。数据库建设充分结合云南实际，借鉴外省经验做法，科学设计技术规范要求，合理优化硬件配置，现已建成投入使用；《云南省少数民族语地名故事》即将出版，地名档案管理系统和地名区划界线管理服务平台建设已通过验收。

二是深入挖掘特色地名文化。针对云南少数民族众多，地名文化多元，少数民族语地名特色鲜明的实际，深入挖掘研究，形成丰富多彩的少数民族语地名文化故事，进一步保护和传承优秀地名文化，凸显地方民族文化特色。全省共收集地名文化保护初始目录9378条，16个州、市均列出了地名遗产保护名录，昆明、玉溪等地名普查办组织开展地名文化挖掘专题调研，并形成调研报告；《云南省少数民族语地名故事》《瑞丽——有一个美丽的地方》《云南省大理州漾濞县漾濞古城》《“阿着底”：“鱼虾满湖的好地方”》3部作品获得“中国最美地名故事”称号；积极组织全省参加“美丽中国·地名寻梦”全国地名文化短视频征集活动，其中《古镇蒙姑》《昆明老井——吴井》《杨柳历史深处的地名文化》《千年古渡——官渡》等4件作品分获二等奖和优秀奖；省普查办积极指导各地开展名村古镇、少数民族聚居村落地名文化资源调查，甄选建立地名文化遗产保护名录，建立健全地名文化遗产信息资料，全面掌握地名文化遗产现状。

三是积极推进成果转化工作。州、县两级普查办努力协调争取当地财政支持，落实地名普查成果转化经费444万元，积极建设地名网站、地名档案管理系统、地名文化App应用系统，录制地名故事专题片，编制地名志、行政区划图，加强地名标志设置等。红河州编制了《红河州地名图册》，玉溪市编纂了《玉溪市标准地名大全》《玉溪市标准地名志》《玉溪市标准地名图》，楚雄州编制了《楚雄彝族自治州行政区划图》《楚雄彝族自治州地名志》（内配《地名图》），临沧市本级和辖区8个县、区完成了行政区划图招标采购工作，德宏州陇川县已出版《陇川县行政区划图》和《地名图》，丽江市各县（区）相继出版《行政区划图》《乡镇行政区划图》《城区地名图》《丽江地名故事》等；83个县（市、区）开展了《地名志》编撰、93个县（市、区）开展了行政区划图编印、58个县（市、区）完成行政地名图编印、45个县（市、区）完成地名普查档案归档工作；部分州、县开展了地名网站、地名查询、档案管理、地名文化App等信息化建设，录制地名专题片，编印地名故事、地名保护名录、地图集，增设地名标志等工作；昆明、保山、西双版纳等地以普查为契机，研究出台了《昆明街路巷地名标志牌设置规范》《保山市城市道路命名方案》《西双版纳傣族自治州地名管理办法》。昆明市各级政府投入资金5135万元，将主城区原来设置的5191块广告式地名标志牌全部拆除，更换标准单立柱式地名标志牌4639块，形成主城区地名标志牌全域覆盖。临沧市通过向社会公开征集，确定了具有民族特色的地名标牌样式，全市更换地名标志牌及安装新命名街路巷地名标志牌775块。

九、切实做好地名普查档案整理归档工作

一是省普查办多次通知，要求各地高度重视地名普查档案的收集、整理

与归档工作，各地普查办及技术服务单位要坚持收集齐全、整理规范、利用有效的原则，组织专人负责，认真按照档案管理的规范程序和验收标准组织相关工作，严防泄密，于 2018 年 7 月之前完成普查档案入库。

二是省地名普查办完成了地名档案管理系统的招标采购工作。

三是省民政厅与省档案局联合下发了《云南省第二次全国地名普查档案规范》，从普查档案整理、编号、归档范围、保管期限、排列、编目、修整、装订、编页、装盒、排架、归档电子文件的整理、保密、移交与上报、查阅利用等方面作了详细的规定。

十、表彰

根据《国务院第二次全国地名普查领导小组办公室关于推荐评选第二次全国地名普查先进集体和先进个人的通知》要求，省民政厅严格按照评选范围、条件及要求，按程序组织上报了本省地名普查先进集体和先进个人推荐名单。经国务院地名普查办初评、复审，云南省民政厅区划地名处、西双版纳州民政局、古城区民政局、巧家县民政局分别荣获第二次全国地名普查先进集体称号，峨山县民政局区划地名股股长李永富、南华县民政局区划地名股股长李朝位、安宁市地名普查办主任叶志勇分别获得第二次全国地名普查先进个人称号。

西藏自治区第二次全国地名普查工作纪实

西藏自治区地名普查办公室

地名普查是全面掌握地名信息的根本途径，是地名管理的一项重要内容，是国务院决定开展的一项基础性、公益性、战略性的重大国情调查。开展第二次全国地名普查，为加强和改善地名管理提供了重要机遇，自治区各级地名管理部门以此为契机，切实加强和改善地名管理，加快推进地名公共服务，进一步提高了地名服务水平。

一、基本情况

根据《国务院办公厅关于开展第二次全国地名普查试点的通知》（国办发〔2009〕58 号）和《国务院关于开展第二次全国地名普查的通知》（国发〔2014〕3 号）以及国务院第二次全国地名普查工作动员会议精神，西藏自治区紧密结合实际，精心组织、周密部署，在完成第二次全国地名普查试点工作的基础上，历经 7 年多的时间，全力推进第二次全国地名普查工作，按时圆满完成了地名普查各阶段的工作任务。2017 年 5 月随着最后一批地名普查成果资料通过自治区地名普查办公室的初验，标志着全区 74 个县（区）的第二次全国地名普查工作任务全面完成，将全区地名普查成果资料提交国务院地名普查办公室检查验收。

据统计，全区第二次全国地名普查区域面积达 120. 22 万平方千米，标绘地图 3114 幅，收集并录入数据库地名 222718 条。

二、主要做法

第二次全国地名普查工作开展以来，为做好普查各项工作，西藏紧密结合实际，在全区各级地名普查领导机构和地名普查工作者的精心组织、不懈努力下，重点把握各个阶段的任务要求，狠抓各项措施的落实，圆满完成了普查任务。

（一）提高思想认识

党中央、国务院高度重视地名工作，习近平总书记在中央城镇化工作会议上特别强调，要规范地名管理，传承、保护和弘扬优秀传统地名文化。李克强总理明确要求切实搞好第二次全国地名普查工作。西藏自治区处于反分裂、反蚕食斗争的前沿阵地，掌握翔实而准确的地名信息，对于稳定边疆、巩固国防意义特殊而重大。各级民政部门及时召开普查动员会，统一各类人员的思想认识，认真贯彻国务院地名普查办公室的决策部署，将地名普查工作摆在重要位置，加强组织领导，积极主动作为，提高思想认识，增强参与第二次全国地名普查的积极性和责任感，按时间节点和标准要求认真开展工作并按时完成任务。

（二）健全组织机构

自治区成立了由分管副主席任组长，29 个军地相关部门负责同志为成员的普查领导小组，领导小组办公室设在区民政厅，负责全区普查工作的业务指导宣传和督促检查验收。区民政厅与相关技术合作单位签订了地名普查合作合同，充实普查办公室技术力量，负责对全区地名普查工作进行技术指导和质量监理。各市（地）、县（区）人民政府也相应成立地名普查领导机构，设立地名普查办公室，组建普查工作队伍，负责地名普查基础资料的收集整理工作。在全区上下形成了横向到边、纵向到底的地名普查工作组织领导机制。

（三）强化责任落实

普查工作中，按照有关保密工作要求，强化保密管理，严守各项技术规范，为确保全区普查保密责任落实到位，防止失泄密事件的发生，自治区地名普查办公室与各市（地）签订了《第二次全国地名普查目标责任书》《普查工作保密责任书》，同时逐级层层签订保密及目标责任书，确保工作有人抓，责任落实到人头。区普查办公室还创新工作方法，在发放给普查县的工作底图正反面加盖了专门刻制的图纸标绘示例及保密章，既方便工作又确定了图纸的唯一保密号，明确保密内容和保密重点，更加有效保管好普查成果数据。印发《西藏自治区第二次全国地名普查实施方案》，明确地名普查的总体要求、任务目标、普查原则、时间步骤、职责分工、实施方法，特别强调各成员单位的职责分工，确保普查工作沿着制度化、规范化的轨道运行。

（四）工作保障有力

一是普查设备到位。通过政府采购方式，向各市（地）、县（区）基层普查一线人员配置必要的普查设备，为普查提供强有力的保障。各县根据实际需要，配置了必要的普查设备。二是普查经费到位。严格按照相关要求，自治区地名普查办公室向各市（地）、各普查县（区）拨付了地名普查专项经费。为科学合理安排预算支出，提高资金使用效益，下发资金使用通知，确保各地规范合理使用资金。三是普查人员到位。全区共5000余人参与第二次全国地名普查，其中女性占80%以上，少数民族干部占98%以上，培养了一批少数民族地名普查干部、女性干部和基层干部。四是强调安全工作责任。西藏气候环境恶劣、交通不便，为确保普查工作安全顺利开展，根据国务院地名普查办公室要求，强调各县普查员在外业工作中，必须把安全生产牢记于心、放在首位，要制定安全应急预案，确保普查零事故。

（五）严格标准规范

一是完善质量控制制度。根据国务院地名普查办公室下发的《工作规程》《质量管理规定》《监理办法》，结合西藏实际，自治区地名普查办公室编制《工作规程实施细则》，完善地名普查质量控制体系，统一普查标准和规范；制定《成果验收标准》，由专业人员负责普查技术指导，并开展数据库录入整理工作。按照《成果验收标准》，从表格、图纸、多媒体信息、数据库等方面细化普查成果质量控制。二是编制操作资料。西藏自治区地名主要为少数民族语，自治区地名普查办汲取普查试点的经验，编写符合西藏实际的《普查辅助资料》《普查培训教材》《西藏地名用字规范》《工作底图标绘方法》《表格填写说明》等资料，细化各类表格的填写，加入藏汉文常用词汇对照，有效解决了常用地名译写混乱现象，提高普查的针对性和可操作性。该套教材得到了国务院普查办业务指导处的肯定，并在邻近少数民族省区地名普查中参考。三是突出西藏特色。积极争取国务院地名普查办公室支持，联系普查技术单位，建立可兼容藏语文字和罗马字母录入的管理平台数据库。针对地名普查使用的管理平台数据库中没有设计少数民族文字录入功能，而西藏自治区90%以上的地名为藏语地名，如果脱离西藏的实际，脱离民族语言和文字，地名就没有实际意义的问题。自治区地名普查办公室积极联系普查技术支持单位，改善管理平台数据库，增添可兼容藏语文字和罗马字母的录入的功能，使普查成果更具特色。四是开展标准化处理。根据自治区多为藏语地名的实际，重点突出清理整治“一地多名、一名多地”的地名重名，以及使用多音字、含义不好的字、有歧义的字等用字不规范的问题。按照地名规范要求，在充分征求当地干部群众意见的基础上，对藏文地名译写不规范、拼写不准、含义不清等不符合西藏实际的不规范地名，分别进行了正字、正音和更名处理，同时在图纸、矢量库中进行变更注记。经统计，全区地名标准化处理占地名普查总地名条数的30%。五是完成档案归档。自治区地名普查办公室制定出台《西藏自治区第二次全国地名普查档案检查验收标准》，按照标准完成地名普查档案归档工作，归档普查图纸187卷、档案876册。

（六）培训宣传到位

一是开展培训，打好普查工作基础。积极组织人员参加国务院地名普查办公室举办的各类培训班，参训人员认真听课并结合实际总结培训经验，返回后及时组织人员开展培训，以便掌握更新的普查技术标准。集中培训时，自治区地名普查办公室发现集中培训面窄、培训实际效果不佳等问题，在征求各地（市）、县（区）意见的基础上，及时调整培训方式，由原来的集中培训改为赴实地培训，扩大培训面，分步骤现场进行操作演示，进一步增强了培训效果。自治区地名普查办公室共举办全区普查员集中培训9次，培训普查员2500余人次。二是加强信息沟通，积极开展宣传。各市（地）地名普查办公室也采取了以会带训的方式邀请技术员对基层普查员进行专业的普查技术培训，使一线普查员掌握了普查流程和技术规范。上报国务院地名普查办公室普查动态信息100余条。加强信息交流沟通，开通全区普查网络交流平台和QQ、微信交流群，公布普查咨询电话。建立西藏区划地名暨地名普查网，网站设计了区划查询、地名普查等11个功能板块，向社会提供西藏区划查询、区划变更、工作动态、地名文化等信息，可通过留言板块获得更多关于西藏地名的文化信息。同时通过发放宣传材料、设置宣传展板、悬挂宣传横幅等方式，开展地名普查宣传活动，进一步提高了全民参与和支持地名普查工作的浓厚氛围，为全区地名普查工作顺利开展创造了良好的环境。

（七）工作流程科学

因西藏地处高原，年外业工作时间短，在总结普查试点经验的基础上，采取了外业采集和内业录入分离的方式。首先，按照人文和自然实体两大类，以工作图图载地名信息为基础，参照参考《西藏地名》《西藏自治区地名志》《西藏地名资料简编》《西藏自治区地名录》《藏汉地名》《西藏自治区行政区划简册》《行政区划与地名汇编》、各县县志等相关资料考证地名历史沿革，对已有地名进行有效梳理后录入表格。对能够确定正确藏文拼写及含义的地名进行先审定，并转写罗马字母，对无法确定的地名则在开展外业核调时一并处理。其次，用手持GPS终端进行外业采集，并开展地名核调。在外业核调方面，克服了交通不便、环境恶劣等困难，通过积极组织各乡镇村老人召开座谈会，利用网络、影像地图辨识地点、确定地名等多种方式，将已录入的地名资料与各乡镇提供的地名资料进行反复核对。再次，对填写的《地名普查成果表》进行全面审核，审核藏语地名的汉字译写及含义，进行标准化处理，规范更名地名和新增地名的书写。增修和录入地名属性信息，对底图和矢量图进行修改和标绘。最后，按照“资料入库（数据库）、图纸矢量、图库匹配”的要求，由技术合作单位将普查成果资料以及县级以上行政区域界线、界桩数据录入数据库中，并做好数据库的技术处理工作。

（八）加强督查指导

国务院地名普查办高度重视对西藏自治区地名普查工作的监查指导。2016年9月，民政部宫蒲光副部长、区划地名司柳拯司长等一行在参加全国援藏工作会议期间，专程对西藏自治区地名普查工作开展情况和初步成果进行了检查指导，对自治区积极组织实施地名普查、结合西藏实际创新工作方法给予了充分肯定，同时对地名标准化处理形成的初步成果提出了表扬。2017年9月，区划地名司副巡视员陈克相带队的检查组对地名普查成果进行抽查，提出加强地名标志设置和数据库建设的要求。针对检查督导组对自治区地名普查工作提出的问题，自治区地名普查办公室采取有针对性的措施逐一进行对照整改、修改完善。2016年10月、2017年5月，国务院地名普查办公室委托第三方先后两次赴藏对普查开展情况和任务完成情况进行监理和质量评定，对地名属性信息描述、地名释义描述方案提出完善建议，区地名普查办公室随即组织各普查县，统一规范属性信息和释义描述。在国务院地名普查办公室抽检的10个省（自治区、直辖市）中西藏自治区地名普查综合评定分值位列第二。

自治区地名普查办公室加强对全区地名普查工作督查指导，为切实推进全区普查工作，加强督促检查工作。一是下发通知，明确完成时限。针对部分市（地）、县（区）工作进展缓慢及普查工作中存在的问题，下发各地《关于抓紧做好第二次全国地名普查工作的紧急通知》（藏地名普查办发〔2016〕2号），对普查工作提出了要求，明确全区普查任务完成时限。二是制订方案，明确督查办法。为督促各地按时完成普查任务，按照国务院地名普查办公室下发的《关于认真贯彻落实王勇国务委员重要批示精神　扎实推进2016年第二次全国地名普查工作的通知》（国地名普查办发〔2016〕6号）精神，制定下发《西藏自治区第二次全国地名普查督查工作实施方案》（藏地名普查办发〔2016〕3号），明确督查任务、目标、时间、办法、范围以及要求，并严格执行普查进度月报制度、定期或不定期通报制度和领导约谈机制。三是组织力量，开展督导检查。自治区地名普查办公室组织人员，从普查试点开始至普查工作全面完成，相继对全区7市（地）、74个普查县（区）开展了地名普查督查和业务指导工作全覆盖。通过查阅资料、实地检查、听取汇报等形式，及时指导和纠正工作中存在的问题和不足，同时针对普查人员工作调整大，工作断档、进度迟缓等问题，2016年底又在山南、那曲、昌都开展现场业务指导，并实地培训了一批一线普查员。四是通报地名普查进展情况。自治区地名普查办公室根据实地督查情况，及时向各市（地）通报全区地名普查进展情况、存在的问题和不足，并就下一步工作提出具体要求，为提高普查质量，加快普查进度，按时完成普查任务奠定了坚实的基础。

墨脱、错那两县由于地理环境特殊，普查工作底图多为手绘图，地形失真，不易识别，自治区地名普查办公室派技术组进驻两县，指导图纸识别和地名标注，协同普查员到实地收集地名信息资料，填写表格、标绘底图，帮助两县顺利完成普查试点任务。

（九）逐级开展验收

一是各地开展两级检查。严格按照《西藏自治区第二次全国地名普查工作规程实施细则》“普查验收与成果上报”的相关程序，分期分批开展区、市两级检查验收工作，确保普查工作质量。由各市（地）对普查工作进行总体评估，包括各县组织实施情况、各县所形成的地名普查工作文件、各县是否按期完成地名普查工作任务，各项普查成果内容完整度，不错不漏。重点检查工作图标绘、地名标准化和属性信息，并在此基础上对照普查工作的组织管理、普查成果（图、表）、地名标准化、地名标志设置、地名普查档案 5 个方面的内容逐一进行检查验收，通过验收的普查县将成果资料交自治区地名普查办公室。二是自治区地名普查办公室开展检查。自治区地名普查办公室严格按照验收内容，分别采取听、查、议的方法逐项检查验收。验收合格的，由双方负责人在《西藏自治区第二次地名普查成果验收登记表》上共同签字，并由自治区地名普查办公室出具验收意见。普查成果经自治区地名普查办公室审核通过并组织汇总后，上报国务院地名普查办公室。三是提交国务院地名普查办公室检查验收。2017 年 5 月底，自治区向国务院地名普查办公室提交了全区的地名普查成果。国务院地名普查办公室按不同区域分 3 个批次对西藏自治区提交的普查成果进行了检查，对成果的分类、描述、空间位置、多媒体等分别提出修改意见，自治区地名普查办公室严格按修改意见，逐项落实。对于成果分类不准的，严格按照国务院普查办公室下发的《工作规程》，对实体属性、功能进行核查，确定其正确的类别，并附具体说明；对于文本描述不准确的，按照规范对各项属性信息的描述要求，做到简洁、准确、统一；对空间数据有疑问的，利用各种资料重新核对，对个别空间数据连接不充分的，重新获取再填入；对于媒体数据不足的，尽量补充媒体数据等，对确实无法到达实地获取的，截取影像图片补充完善成果。修改后的成果按照申报程序和要求及时向国务院地名普查办公室再次申报。

同时，在国务院地名普查办公室的安排部署下，自治区对省、市、县三级跨界自然实体进行了梳理、归纳并填写跨界自然实体普查登记表，形成矢量数据，完善普查成果。组织各县普查办公室对相邻县、区的跨界地名用字、含义、位置等重新进行核实，着重对不同用字的地名和同字不同位的地名进行深度核实。

（十）做好成果转化

成果转化工作是普查的一项重要工作任务，自治区在国务院地名普查办公室的指导下，高度重视成果转化，认真做好各项工作。一是稳步推进图录典志编纂工作。2018 年 8 月启动地名普查成果转化。在做好前期工作的基础上，根据 2019 年 5 月 7 日国务院第二次全国地名普查领导小组召开的第二次全国地名普查总结电视电话会议精神，加快推进地名普查成果转化。一方面完成行政区划图和地名图（集）的编制。2019 年 5 月完成编制任务，将各类图发给各市（地），请各地对图纸进行再核校，以确保图纸质量。经过三审三校，并经专业部门核校，2019 年年底进入印刷阶段，2020 年上半年全面完成。另一方面稳妥推进录典志的编制。按照工作计划，《西藏自治区地名志》审核编辑 2019 年 6 月已完成，并通过三审三校，年底前全面完成编制工作。同步开展录典志的编制，计划 2020 年年底前全部完成。二是按期完成国家图录典志编纂工作。按照国务院地名普查办公室要求以及标准地名图录典志编纂暨地名普查成果数据入库培训会议精神，2019 年，自治区已提交《中华人民共和国标准地名词典》的第一部分，按照商务印书馆的要求积极配合第一部分的修改和完善。同时根据全国标准地名图录典志编纂暨地名普查成果数据入库培训班有关精神，在地名图集、地名录方面，重点做好收录标准地名位置的核实、比对，以及相关地名文化素材的搜集整理工作；地名词典方面，要重点做好第一部分释文的修改和完善，同时做好第二至八部分词目表编制工作；地名志方面，抓紧完成政区・居民点类地名的词目收录，积极推进稿件编写。《国家标准地名志・西藏卷》已完成第一部分词目表的编辑并提交，编辑部尚未反馈词目表审核意见，按照工作要求已开展第一部分词目表的释义工作，2019 年 3 月已完成初稿。《国家标准地名词典・西藏卷》的编辑，按照国典编辑部要求启动第二至八部分词目表的编辑工作，2019 年 4 月，提交国典编辑部审核。三是严格编纂质量。坚持质量第一的原则，按照词典编纂细则及有关规定、要求等，参考样条写法，严格做好编撰工作。加强沟通汇报，定期向国务院地名普查办公室图录典志编辑部报告工作进展情况，及时反映自治区编纂工作中遇到的技术困难和问题，并按照编辑部提出的意见进行修改完善，严把编纂质量关。四是开展地名文化资源调查，深化地名文化资源的挖掘保护，继续加强地名文化建设和清理整治不规范地名工作。结合第二次全国地名普查工作，自治区严格按照国务院地名普查办公室的要求，及时下发《关于转发〈加强地名文化保护和清理整治不规范地名工作实施方案〉的通知》（藏地名普查组发〔2016〕1 号），从工作重要意义、实施方法和步骤、工作要求等方面提出了具体贯彻实施意见。全区地名文化保护和清理整治不规范地名工作从2016年4月始至2017年4月结束。具体工作中按照动员部署、普查摸底、清理整改、健全制度、总结验收5个实施步骤落实工作，以拉萨、日喀则、林芝为重点，在全区范围内实地清理整治“大、洋、怪、重”的不规范地名。同时明确了已完成普查任务的县（区）在做好地名补查时，把地名文化保护和清理整治不规范地名工作列入地名管理日常工作中，抓住保护和整治这一重点，同推进同落实，不断完善成果资料。未完成地名普查任务的县（区），结合正在开展的地名普查工作，进一步规范地名译写，注重地名文化的挖掘，传承和保护具有民族特色、地域特点的历史文化地名，为各族人民提供形式多样，内容丰富的地名文化产品。2019年1月，根据民政部、公安部、自然资源部、住房城乡建设部、交通运输部、国家市场监管总局下发的《关于进一步清理整治不规范地名的通知》精神，结合自治区实际，民政厅与5家部门联合下发了通知，按照属地管理的原则，再次开展清理不规范地名，要求各市（地）按照自治区实际稳妥做好相关工作。同时，根据民政部工作部署，及时反馈自治区开展清理整治不规范地名工作情况，并按照部重点工作评估要求，结合“不忘初心，牢记使命”主题教育，由分管厅领导带队赴日喀则、那曲、阿里3地开展调研，指导各地开展工作，为下一步按照统一部署，持续做好地名命名更名工作，适时依法开展清理整治不规范地名打下良好的基础，并及时上报开展清理整治不规范地名工作评估报告。

2019年5月7日，国务院第二次全国地名普查领导小组召开第二次全国地名普查总结电视电话会议。自治区民政厅以及7地（市）民政局分别设立了分会场，区党委常委、自治区常务副主席罗布顿珠出席西藏分会场会议，自治区各级地名普查领导机构共200余人参加了分会场会议。主会场会议结束后，罗布顿珠常委在自治区分会场发表讲话。自治区4名普查员以及厅区划地名处、日喀则、林芝、山南市民政局分别被评为第二次全国地名普查先进个人和先进集体。

陕西省第二次全国地名普查工作纪实

陕西省地名普查办公室

陕西省简称“陕”或“秦”，地处中国内陆腹地，黄河中游，位于东经105°29′—111°15′，北纬31°42′—39°35′。东邻山西、河南，西连宁夏、甘肃，南抵四川、重庆、湖北，北接内蒙古，居于连接中国东、中部地区和西北、西南的重要位置。陕西省土地面积20.56万平方千米，2017年底常住人口3835.44万人。全省辖10个地级市，5个县级市、72个县和30个市辖区，982个镇、23个乡、303个街道办事处。陕西是中华民族及华夏文化的重要发祥地之一，有秦、汉、唐等13个政权或朝代在陕西建都，时间长达1000余年，历史悠久，地名文化丰富。西安、咸阳、秦岭、华山等地名文化悠久、内涵丰富、影响深远。

第二次全国地名普查是党中央、国务院在新时期作出的重大工作部署，自2014年7月1日开始以来，陕西省各级第二次全国地名普查机构认真落实国务院地名普查办的部署要求，科学谋划，严密组织，全力推进地名普查工作。全省普查地名数据42万余条，核对确认跨省、市、县界自然地理实体2856条，共设置城镇道路、居民点等地名标志42.9万个（含新增、更换），其中城镇道路（街、路、巷）17437个，居民点（小区、自然村）35814个，楼、门（户）牌375932个，全面完成了地名普查各项任务。通过开展第二次全国地名普查，加强了地名文化的保护，弘扬了优秀地名文化。

一、建立健全机构机制，多措并举积极保障

（一）组织机构健全，领导保障有力

一是健全组织机构。第二次全国地名普查是国务院决定开展的重要国情调查，省委、省政府高度重视。2014年4月15日，省政府召开了全省地名普查第一次工作会议，副省长祝列克进行了动员部署。7月1日，省政府下发

《关于做好第二次全国地名普查工作的通知》（陕政发〔2014〕23号），同时成立了以省政府分管副省长祝列克为组长，省政府办公厅、省民政厅等24个省级有关部门为成员单位的地名普查领导小组及其办公室，办公室设在省民政厅。8月12日，省地名普查领导小组下发了《陕西省第二次全国地名普查实施方案》（陕地名普查组发〔2014〕1号），就全省地名普查目标任务、时间安排、方法步骤、组织实施、工作要求等进行了具体部署，同时明确了省地名普查领导小组各成员单位职责。全省市、县都成立了地名普查领导机构，制订了本级地名普查实施方案。各级地名普查机构积极协调配合，认真履职，推进全省地名普查工作有序开展。特别是2016年7月以后，全省民政系统将地名普查工作作为民政工作的重中之重，层层传导压力、逐级落实责任，加强工作力量，全力推进，确保按时完成地名普查工作任务。

二是加强协调配合。省地名普查办加强与地名普查领导小组成员单位协调，各相关部门按照任务分工及职责权限全力配合开展工作。省公安厅、交通厅、文化厅、林业厅、统计局、西安铁路局等部门，按时间要求完成了省本级部门普查信息资料收集整理，其中省交通厅、西安铁路局按照规范和要求，以县域为单位将普查数据逐项入库并报送省地名普查办；省林业厅完成了国家自然保护区地名普查登记表的填写；省教育厅与省地名普查办联合发文，部署省内高等院校普查登记工作。

三是落实工作经费。坚持专款专用，用好中央资金，积极争取地方配套资金。第二次全国地名普查以来，省财政列支500万元用于普查和成果转化项目，市县财政列支6070万元，有力保障了全省地名普查工作顺利开展。

（二）宣传发动广泛深入，普查工作氛围浓厚

一是面向社会广泛宣传。2014年12月18日，省地名普查办下发了《陕西省第二次全国地名普查宣传工作方案》（陕地名普查办发〔2014〕6号），就全省地名普查宣传工作提出具体部署和工作要求。各级地名普查机构积极创新开展工作，通过图书、电视、互联网等多种载体，开辟网站专栏和电视专题节目，开通地名普查微信公众号，张贴标语横幅，印制各类宣传品，积极搭建地名普查宣传和地名文化活动平台，营造社会各界和人民群众关心、重视、支持地名普查工作的氛围。省、市、县通过各类平台循环播放地名普查宣传内容，使地名普查家喻户晓、人人皆知，营造了地名普查工作的浓厚氛围。

二是提高认识统一思想。地名普查是摸清地名基本情况的重要手段，是一项基础性、公益性、战略性的国情调查，对于解决地名管理和服务中的突出问题，提高政府管理水平和服务能力，促进经济社会发展，服务人民群众生活和社会交往，传承、保护和弘扬优秀传统文化，都具有十分重要的意义。做好地名普查和地名管理工作，就要充分认识地名普查的现实意义和历史意义。自普查工作开展以来，全省各级地名普查机构利用工作会、协调会、培训会等时机，组织学习上级文件、领导讲话精神等，引导普查机构和人员充分认识地名普查工作的重要意义，提高思想认识、调动参与积极性，确保全省 3600 余名地名普查工作人员思想认识统一，目标任务明确，奠定了良好的思想基础。

三是大力开展地名文化宣传。组织全省、市、县区参加国务院地名普查办开展的地名故事征集评选活动，《韩城鲤鱼跃龙门》等 5 个地名故事入选《中国 100 个地名故事》，在“美丽中国·地名寻梦”网络征集评选活动中 3 件作品获奖。2018 年省民政厅利用网络媒体专题开展“提起家来家有名”地名文化宣传活动，征集地名文化素材，开辟地名文化专栏，大力宣传陕西地名文化，活动收到各类稿件 1000 余份，通过启动仪式、网络宣传、总结表彰，引起社会公众广泛关注，宣传了第二次全国地名普查工作、普及了地名文化知识。市县举办形式多样的地名文化宣传活动，渭南市、汉中市制作地名故事片在当地电视台播放，宝鸡市在广播电台上设立地名文化专题节目，宣讲地名故事，渭南市华州区举办地名故事连环画，地名文化多途径进入社会公众生活，丰富了人民群众的文化生活，普及了地名文化。

（三）专项培训精准高效，能力建设效果明显

地名普查工作是一项专业性和系统性较强的工作，在积极组织人员参加国务院地名普查办培训的同时，省地名普查办先后举办 8 次省级地名普查业务培训班，就地名普查方法、工作规程、质量与涉密管理、数据建库及软件应用、成果输出、普查验收、地名词典编纂、档案管理、成果转化等方面对各级业务干部、技术人员进行了培训，共培训 1800 多人次。各级普遍建立 QQ 群、微信群沟通交流平台，在线及时解答各级人员提出的疑惑和技术盲点，传输共享信息资料，进行经常性帮带互学。在高陵区进行地名普查试点工作，用成果经验指导全省地名普查工作。通过地名普查工作和业务培训，

使全省地名普查工作人员在普查知识、工作方法等方面得到了进一步提高和巩固，确保了地名普查第二阶段工作顺利进行。在做好省级培训工作的同时，省地名普查办派员专程赴西安、宝鸡、渭南、咸阳、延安、汉中等6个市及榆林部分区、县开展业务培训指导工作，答疑解惑、实施精准培训，有力地促进了基层地名普查工作的开展。通过组织培训，全省培养业务骨干386名，提高了各级的地名普查工作能力。

（四）督导检查有效深入，普查工作扎实推进

省地名普查办把督导检查作为确保工作进度和质量的重要手段，加大督促检查力度，尤其是2016年下半年至2017年上半年，针对地名普查工作滞后的地市、县区分片定点进行督查指导，对进度处于全省或全市末位的县、区和民政部门定期通报，追究相关人员责任，有力地促进了后进地区的工作。2016年下半年，省地名普查办累计派出督导组40余批次、110多人次，定期分组到市督促检查，指导基层开展工作。2017年4月底到5月初，历时10天在全省组织开展了市级地名普查验收工作互查活动，这次互查覆盖全省50%的县级政区，进一步推动普查验收和整改工作，提高普查成果质量。同时，省地名普查办建立定期通报和责任追究制度，实行分片包干责任制，落实领导责任，印发地名普查《督办通报》15期，有效促进了普查任务的顺利完成。市县民政局领导分片包抓，参与普查联系工作人员节假日不休息，加班加点，保证了按时完成全省地名普查各阶段工作任务。

二、严控质量标准，高标准组织验收

（一）及时编制下发普查工作规程规范

第二次全国地名普查工作开始后，省地名普查办及时组织力量编制印发了《陕西省第二次全国地名普查工作规程实施细则》，进一步明确了全省地名普查方法，严格普查质量要求。其中新增了“部门普查内容和调查范围”，明确了对地名具有管理职能部门的职责和分工，细化了部门开展地名普查的基本内容和调查范围。

根据工作推进，持续建立完善工作规程规范，2015年至2016年间，省地名普查办先后制定下发了《陕西省第二次全国地名普查涉密数据保密管理规

定》《陕西省2016年地名普查督查实施方案》《陕西省关于加强地名普查技术外包中标企业备案管理工作的通知》《陕西省第二次全国地名普查成果数据入库验收规定》等政策性规范文件，指导全省各地开展地名普查工作，确保地名普查有章可循，有据可依。2018年联合省档案局制定下发《陕西省第二次全国地名普查档案管理办法实施细则》《陕西省第二次全国地名普查档案验收标准》，规范地名普查档案整理工作。

（二）严密组织普查工作监理和成果质量评定

为确保全省地名普查工作进度和成果质量，省地名普查办通过招标委托第三方开展了省级普查监理工作，对全省43个县（市、区）的普查工作进行了监理，占全省县级政区的40%。2017年6月11日至17日，国务院地名普查办监理组，对陕西横山、靖边、延长、富县、洛川等5县区地名普查成果进行监理与质量评定，充分肯定了普查工作成绩，提出了需要整改的意见和建议。

省地名普查办在全面指导地市、县区开展地名普查过程中，结合举办培训、实地检查，指导地市、县区成立地名普查专家组、地名普查监理机构，推动地市、县区加强质量管控工作。为规范地名普查技术外包在陕中标企业单位的作业管理和经营行为，做好在陕中标企业单位的普查业务指导和软件技术服务，省地名普查办2016年3月30日下发了《关于加强第二次全国地名普查技术外包在陕中标企业备案管理工作的通知》，要求在陕中标企业单位向省地名普查办进行统一备案。同时在普查实施过程中，加强与外包服务单位的沟通协调，签订《地名普查成果数据质量承诺书》，严格按照地名普查质量管理规定、质量评价体系和相关技术规范开展工作，做好地名普查信息安全工作，加强涉密信息管理，保证了地名普查成果的质量，在规定的时间内完成了普查任务。

（三）严格普查成果验收工作

全省普查验收实行分级负责制，各级地名普查机构认真履行验收主体责任，在普查验收工作进度、质量管控、外包管理等方面加强督查指导，坚持定期督查、定期通报制度。省地名普查办坚持组织人员每两周巡回督查一次，每月或周通报一次市、县、区普查工作进度。

省地名普查办制定下发了《陕西省第二次全国地名普查验收方案》，同时成立了以曾明副厅长为组长的省级地名普查验收组，负责全省地名普查验收工作。市县普查机构积极争取政府的支持，抽调、聘请富有工作经验的专业人员、离退休同志参与验收工作，为全面完成县级自查、市级核查、省级验收工作奠定了坚实的基础。

各地结合普查进展情况，严格按照普查验收方案，采取有效措施，集中技术力量，重点推进，合理安排自查、核查、验收及报审工作的时间、流程，加快内业整理和成果输出进度，按照“完成一个，验收一个”的原则开展工作，在国家和省级要求的时间节点前全部完成地市级验收和上报审核工作。2017 年，全省全面完成省级地名普查验收任务，分 3 批次向国务院地名普查办提报了县级成果数据，提报县（市、区）比例占全省县级政区 100%。其中省级现场抽查验收 47 个县（市、区），占全省县级政区 43.9%；省级集中内业验收 60 个县（市、区），占全省县级行政区 56.1%。2018 年省普查办在地名普查成果数据复验中逐个区县检查数据修改完善情况，指出问题、通过审查确保了数据修改完善质量。

在各级普查机构和人员的共同努力下，2018 年 10 月，陕西省第二次全国地名普查成果数据通过国务院地名普查办验收。

（四）扎实组织不规范地名清理整治

围绕地名文化资源调查、地名文化遗产保护、优秀地名文化传承、地名文化宣传等方面开展工作，详细调查不规范地名情况，特别是在实施地名普查过程中，对部分居民区、大型建筑物、街巷、道路、桥梁等地名中存在的“大、洋、怪、重”等不规范地名进行集中清理整治和标准化处理，全省共标准化处理不规范地名 1182 条。进一步规范地名命名、更名发布和使用，大力宣传和推进地名标准化，营造规范有序的地名环境，为广大群众提供标准规范的地名信息，为社会交流交往创造便利条件，在一定程度上取得了良好的社会效益。

安康市依法规范了市辖区地名命名、更名审批流程，制定了道路、住宅区和建筑物（群）命名更名规则，引入论证听证制度，建立和完善重大地名命名、更名社会参与机制。汉中、延安等市组织各县区地名相关专家通过对普查的地名进行充分的考证与研讨，依照有关法规和标准进行标准化处理，强化地名的长效管理，定期检查监督地名的使用情况。榆林市采取有效措施对不符合地名命名原则、群众反映强烈的不规范地名，督促落实相关县区和单位按照有关程序进行更名。韩城市制定了《韩城市建筑物名称管理规定》，加大对具有地名意义的建筑物名称的管理力度，同时对地名用字中的不规范现象特别是街路名称、自然村名称用字进行了标准化处理。

在第二次全国地名普查中全省涌现出了一大批先进集体和先进个人，为完成第二次全国地名普查作出了突出贡献，渭南市第二次全国地名普查领导小组办公室、榆林市靖边县区划地名办公室和汉中市民政局被评为全国第二次地名普查先进单位，铜川市民政局区划地名科科长刘媛、延安市志丹县勘界办主任王育科和商洛市民政局社会组织科秦龙被评为全国第二次地名普查先进个人。

三、成果转化扎实推进，取得显著成效

在开展地名普查的同时根据国务院地名普查办统一安排，坚持以服务政府、服务社会、服务民生为目标，全省各级积极推进地名普查成果转化工作，取得良好成效。

（一）地名文化保护成效明显

为传承地名文化，充分发掘保护历史地名文化，普查工作筹备阶段就地名普查中做好地名文化题材收集整理上报进行部署，要求在普查工作中高度重视地名文化题材的收集整理工作，为保护传承地名文化奠定了良好的基础。在地名普查培训中，都对地名文化的收集整理保护传承进行了专题讲解，将地名文化素材的收集整理定位于对当地历史文化的抢救性挖掘，要求采取面对面的采访等形式，尽量挖掘整理流传于民间的地名历史文化。各地采取多种形式强化群众地名文化保护意识，西安市民政局网站开辟地名普查专题栏目，宣传各类历史地名的来历、沿革、演化。让地名文化进入百姓日常生活，成为永久记忆。全省获批的千年古县有 4 个，通过地名文化题材的挖掘，提高了地名普查成果质量，使地名文化得到了充分的保护、传承。

（二）地名图书编纂、信息化建设持续推进

《中华人民共和国标准地名词典》（陕西部分）和《中华人民共和国标准

地名志》（陕西部分）按照时间要求推进，均完成第一部分初稿编纂，全省79个县（市、区）编纂了地名故事、地名志等地名书籍，35个县完成并出版了本级地名志，各级编写地名故事6000余篇。省级成立了地名词典、地名志、地名图集和地名录的编写委员会，制订了推进方案，持续推进省级地名图录典志编纂。各级地名普查办积极探索“互联网+”技术在普查成果转化中的应用，省地名信息系统基本建成，全省县级政区均已建立本级地名信息库，铜川地名地址库建设试点成效明显，西安市碑林区将普查成果与智慧社区数据进行整合，向社会提供地名服务。

（三）地名管理工作更加规范

一是巩固了地名工作发展基础。通过历时四年的全国第二次地名普查工作，既提升了各级政府对区划地名工作的认知和重视程度，丰富了各级领导干部对区划地名工作的政策知识和工作视野，又在市、县（区）层面逐步建立完善了地名工作系列制度和规章，充实锻炼了民政工作干部队伍，对于民政工作长远建设，特别是区划地名后续工作提升发展奠定了坚实的制度基础、理论基础和队伍基础。二是区划地名工作得到全面检验。根据《第二次全国地名普查工作规程》，按照地名分类11大类开展地名信息调查工作，从编制《普查工作图》开始，市县对辖区内居民点、建筑物、道路等地理实体进行全面摸底清查，并结合地名实际情况整理成册，制成第二次全国地名普查预调查目录，查清了地名的拼写、读音、位置等基本信息；采取多种形式，详细收集、考证地名的来历、含义、沿革等文化信息；通过各镇街、各部门填写的地名普查登记表，地名专家组查阅有关资料，召开居民座谈、老人询问等，详细了解了地名的渊源、沿革、含义等文化信息。通过各级地名普查办互动交流，完成了任务，干部队伍也得到了实践和锻炼。三是建立了一整套地名工作信息资料和档案。按照《陕西省政区名称用字读音审定汇总表》，对地理实体命名、更名和地名用字读音等材料进行审定，对道路命名、宗教场所更名形成了完备的资料。完成了第二次全国地名普查地名标志登记表和地名标准化处理统计表填写和第二次全国地名普查成果图和跨界自然地理实体接边整理。

甘肃省第二次全国地名普查工作纪实

甘肃省地名普查办公室

自第二次全国地名普查工作开展以来，在国务院地名普查办的精心指导下，在各级党政领导的高度重视和有关部门的大力支持配合下，甘肃省严格按照“总量控制，分段量化”的原则，科学制订工作计划和措施，严格按照时间节点，稳妥有效、扎实有序地推进地名普查工作，取得了阶段性成果。

一、以健全有力的组织领导为保证

第二次全国地名普查工作开展以来，甘肃省高度重视，为将地名普查工作任务层层落实，2014 年 6 月 11 日，省政府向各市、自治州人民政府，兰州新区管理委员会，省政府各部门，中央在甘各单位制定、印发了《甘肃省人民政府关于开展第二次全国地名普查的通知》，并召开了甘肃省第二次全国地名普查电视电话会议。成立了甘肃省第二次全国地名普查领导小组和办公室，领导小组负责制订统一的实施方案、工作规程和普查的组织实施，协调解决工作中的重大问题。领导小组办公室（以下简称省地名普查办）设在省民政厅，承担领导小组日常工作，负责全省地名普查中的业务指导和督促检查。省政府主要领导和领导小组组长先后 5 次作出重要批示，强调要加强指导、强化责任、完善办法、按时间节点抓好落实。省民政厅多次召集省普查办及各成员单位有关人员，及时召开会议研究部署地名普查工作，先后 18 次召开厅长办公会议研究地名普查培训、普查宣传、软硬件招标、资金分配、推进措施等重点工作，提出了加强领导、周密组织、统筹安排、扎实推进的具体要求。各地党政领导高度重视，把地名普查工作作为当地政府的一件大事，亲自安排部署，亲自解决普查中遇到的困难和问题。

省地名普查办成立了甘肃省第二次全国地名普查专家咨询委员会，邀请了历史学、文学、语言学、地理学等多个方面的专家教授为成员。专家咨询委员会按照国务院普查办统一部署和省地名普查办工作计划，精心组织，周密安排，详细分解普查任务，落实工作责任制，加强对普查业务指导和督促检查，及时了解和掌握普查进展情况，积极推进普查工作。

为加强部门之间的统筹合作，综合利用各个部门现有信息，甘肃省确定并公布了地名普查成员单位联络员名单。

甘肃省各级成立了第二次全国地名普查领导小组及其办公室，精心组织了专家委员会和各单位联络人员，使“二普”工作始终有领导安排部署、有具体人员负责落实、疑难问题有专家解决，有成员单位共同参与并明确了普查任务，时间节点、阶段目标和工作标准。通过层层落实责任和协调统一，推进提高了普查的科学性、针对性和可操作性，有力推动了地名普查工作的顺利开展。

二、以科学合理的规章制度为依据

甘肃省地名普查办制定了多项规章制度，为第二次全国地名普查工作提供了准确可靠的依据，要求各地在普查工作中认真贯彻落实。

这些政策的制定规范了各级普查工作程序，明确了部门职责，提高了工作效率，进一步确保甘肃省第二次全国地名普查有序推进。

表1　地名普查规章制度清单

序号	规章制度名称
1	《甘肃省第二次全国地名普查实施方案》
2	《甘肃省第二次全国地名普查领导小组办公室工作制度》
3	《甘肃省第二次全国地名普查成员单位联络员工作职责》
4	《甘肃省第二次全国地名普查经费管理使用制度》
5	《甘肃省第二次全国地名普查涉密资料管理制度》
6	《甘肃省第二次全国地名普查宣传工作方案》
7	《甘肃省第二次全国地名普查2015—2017年工作任务年度分解表》
8	《甘肃省第二次全国地名普查成果转化规划（2015—2020年）》
9	《甘肃省第二次全国地名普查督查工作实施方案》
10	《甘肃省加强地名文化保护暨清理整治不规范地名工作实施方案》
11	《甘肃省第二次全国地名普查督查成果数据入库验收办法》
12	《甘肃省第二次全国地名普查督查验收方案》
13	《甘肃省第二次全国地名普查成果转化利用实施方案（2015—2020年）》
14	《甘肃省第二次全国地名普查成果转化指导意见》

三、以落到实处的补助资金为保障

“兵马未动、粮草先行”，资金是做好地名普查工作的重要保障。在国务院地名普查办的关心支持下，4 年来共给甘肃省下拨中央补助资金 1.1619 亿元。为科学合理下拨中央补助资金，省普查办紧密结合县（市、区）经济、人口、区域面积等实际，以“统筹兼顾、突出重点、激励先进、示范引导”为原则，研究制定了 2015 年、2016 年、2017 年和 2018 年《甘肃省第二次全国地名普查补助资金分配方案》，并按国务院地名普查办的要求，报请省财政厅按资金分配方案及时下拨。为保证普查资金安全和发挥资金最大使用效益，省地名普查办专门下发《关于对第二次全国地名普查专项资金进行督查的通知》，各级地名普查办把地名普查资金使用情况作为督查的重要内容，对各地资金使用情况进行了有效监督，确保专款专用，廉洁高效，保障了普查工作的正常运转。

四、以灵活多样的宣传动员为号角

甘肃省高度重视地名普查宣传工作，2014 年 9 月，向各地印发了《关于发布甘肃省第二次全国地名普查标志和推荐使用宣传口号的通知》《第二次全国地名普查工作规程》，在多地开展了地名普查现场宣传活动。结合实际制订了《甘肃省关于开展地名普查宣传活动实施方案》，规定了宣传的内容、宣传方式，组织实施、具体安排等内容。集中组织参加地名普查工作推进视频会，以街头现场、政府官网、微信、微博、电视台、广播电台、报刊等为主要阵地，以拉横幅、散发宣传彩页、设置流动宣传车、滚动播出 LED 屏标语、在宣传栏张贴公示、制作公交广告等为主要手段，加强宣传报道。

2014 年 12 月 31 日，省地名普查办联合兰州市地名普查办相关人员在兰州市东方红广场开展了第二次全国地名普查集中宣传活动，邀请专家咨询委员会 3 名专家为群众答疑解惑，并发放了《地名普查政策解读》《地名普查知识解答》等上万份宣传材料，从地名的分类、地名管理、地名的性质、开展地名普查的目的和意义等多方面进行了全面宣传咨询。开展了以报刊、网络媒体等为载体的多种形式普查宣传活动，广泛宣传地名普查和地名工作，掀起了地名普查宣传新高潮。根据地名普查不同阶段宣传工作要求，组织地名普查稿件，联系省内专家和学者撰稿，积极与《甘肃日报》、甘肃电视台联系，从不同角度、不同侧面进行地名普查宣传报道，在《甘肃日报》、甘肃电视台制作了地名普查专家访谈节目，在电视台播放滚动宣传标语。同时，还利用移动、联通等通信网络、微信公众号和地名普查 QQ 群等方式方法，播放地名普查宣传公益短信，达到了见效快、影响传播广的良好效果，有效反映普查进展情况，提高了地名普查的影响力。各市（州）、县（市、区）都按照省上的宣传活动方案，在当地电视广播、网络等新闻媒体及活动现场进行了形式多样的集中宣传活动。通过灵活多样的普查宣传，在全省营造了开展第二次全国地名普查的浓厚氛围，扩大和提高了广大干部群众的知晓率、参与率和积极性，为全面开展地名普查工作创造了有利的社会环境，提高了地名工作的社会知名度。

五、以多元高效的学习培训为基石

甘肃省地名普查办先后组织召开普查培训会、推进会、现场会、视频会和成果转化动员会 9 次，累计培训业务骨干 1500 余人次。

编写并印发了《地名普查政策解读》《地名普查工作规程讲解》《地名文化保护与挖掘》等培训讲义，下发了《第二次全国地名普查工作指导手册》《第二次全国地名普查案例汇编》《第二次全国地名普查百问解答》等培训教材，分门别类将工作中的潜在问题一一标注清楚，为各地工作人员提供了准确、可靠的参照依据。印发了《关于做好第二次全国地名普查软件培训使用工作的通知》，以全省各市（州）巡回培训的方式，组织普查软件使用培训工作，进一步提高了基层普查人员业务工作水平。同时，让技术服务单位、第三方监理机构和各级业务骨干共同座谈，针对存在的困难和问题，提出相应整改措施。各级地名普查办及时组织县（市、区）、乡镇（街道）、各成员单位等普查人员，通过邀请专家授课、进行政策解读、外地学习考察等方式，开展了不同层次的普查业务培训，省、市（州）、县（市、区）培训人数达 15000 人次。通过各类学习培训，全省各级统一了思想认识，明确了工作重点，形成了上下协同，共同推进的良好局面。

六、以简洁有序的内外业整理为方式

根据国务院地名普查办有关规定要求，甘肃省按照“公正、公开、公平”的原则和省政府物资采购程序，于 2015 年 4 月完成了第二次全国地名普查数据建库与管理软件招标工作，同年11月，各市（州）完成了与技术服务公司的招标。省地名普查办自筹资金20万元购买了1∶10000地形图，并协调省测绘局提供地理国情普查成果数据，供各地在地名普查中使用，为提高地名普查成果的准确性奠定了良好基础。为保证普查进度和质量，全省按照“边普查、边整理”的思路进行普查，在省级监理的基础上，要求市、县也要聘请第三方进行监理，确保了内外业工作的高效、高质、专业和有序。

七、以严格认真的督查为手段

省地名普查办将地名普查工作作为政府重点工作督查内容，先后6次对全省14个市（州）、86个县（市、区）地名普查工作开展情况进行了全面督查。督查主要涉及普查开展情况、成果数据核查、涉密资料安全保密、成果转化进展等方面，并以省政府办公厅的名义下发通报，鼓励先进，鞭策后进，对个别进展缓慢、质量较差、问题较多的地方指名道姓地进行了通报。各地在自查的基础上，制定了整改落实措施，加快了普查进度，全面提高了普查质量。国务院地名普查办先后4次对全省地名普查工作进行督查和监理，均给予了充分肯定。

八、以严密细致的质量监理和评价为准绳

甘肃省地名研究中心依据《地名管理条例》（国发〔1986〕11号）、《第二次全国地名普查工作规程》（国地名普查组发〔2014〕3号）、《中华人民共和国行政区划代码》（GB/T 2260）等17项监理依据对全省第二次全国地名普查成果验收工作进行了监理。监理组根据监理要求和甘肃省全国第二次地名普查验收情况初步制订了普查验收监理工作计划。于2017年3月上旬向甘肃省第二次全国地名普查领导小组办公室发函，告知监理组人员名单、监理时间、监理内容和需要准备的相关材料。

监理工作从质量监理、进度监理、安全监理、验收监理和成果监理等5个方面对甘肃省第二次全国地名普查工作进行了监理。根据监理内容及监理计划，监理组分阶段对甘肃省第二次全国地名普查成果的组织实施材料、普查成果数据库、安全、保密等方面进行检查。

通过监理工作，甘肃省第二次全国地名普查成果质量基本符合《第二次全国地名普查工作规程》要求，进度基本符合国家要求，数据无泄密事故，

验收工作基本完成。

表 2　地名普查监理计划

阶段	时间起止	监理内容
第一阶段	2016 年 10 月—2017 年 2 月	调研、修正监理计划阶段
第二阶段	2017 年 3 月—2017 年 3 月	普查验收启动培训阶段
第三阶段	2017 年 4 月—2017 年 5 月	第一批次集中监理阶段
第四阶段	2017 年 6 月—2017 年 6 月	现场监理阶段
第五阶段	2017 年 7 月—2017 年 8 月	第二批次集中监理及实地抽验阶段
第六阶段	2017 年 8 月—2018 年 5 月	验收完成出具监理报告阶段

九、以严格的质量检查验收为原则

地名普查验收工作是保证地名普查质量的关键环节，省地名普查办制定了《甘肃省第二次全国地名普查验收方案》，规范了验收标准和程序，又在天水市召开全省第二次全国地名普查验收现场会，对验收工作提出了具体要求，进一步统一了思想认识。为加强地名普查验收的技术力量，验收采用“政府＋社会组织”模式，由省地名普查办和西北师大甘肃省地名研究中心共同组成验收小组，按照三查（初查、复查、实地自查）、三核（初核、复核、实地核查）、三验（初验、复验、实地验收）的方式方法进行验收，验收工作组严格按照质量评价体系对组织实施、数据成果、外业调查、地名文化挖掘和数据入库逐项进行审核，通过现场打分、现场确认、现场总结、现场公布的方式确保实地验收不走过场，对存在的错误与相关市、县进行沟通，反复进行核实，确保省级验收的质量。

十、以不规范地名清理整治为载体

省地名普查办在开展第二次全国地名普查的同时，以清理整治“大、洋、怪、重”地名作为推进全省地名普查工作的有效载体，统一部署，全面推进，按照属地化管理原则，层层制订方案、落实责任，加强督查检查，建立完善整治办法，消除存量，遏制增量，切实推进不规范地名整治工作。坚持依法行政、保护传承、因地制宜、尊重民意的原则，按照“扼制增量，整治存量”的方针，严格遵循地名命名和地名演化规律，以保护为主，坚决防止乱改地名，始终把不规范地名清理整治工作作为提升全省地名公共服务水平的一项重要工作来抓，制定下发了《加强地名文化保护暨清理整治不规范地名工作实施方案》。为推进这项工作深入开展，2016 年 6 月，在天水市召开了全省加强地名文化保护和清理整治不规范地名工作现场推进会。按照尊重规律、尊重法律、尊重民意的要求，摸底调查出全省不规范地名 1619 条，已标准化处理不规范地名 1476 条、标准化率 91. 17%，其余 143 条正在有步骤地进行整改，对于部分还存在地名重名、地名用字错误和同音换字等问题，已分门别类正在按照规定处理。

十一、以科学规范的档案管理为重点

甘肃省民政厅和省档案局共同制定出台了《甘肃省第二次全国地名普查档案管理办法》，并下发全省民政、档案部门共同执行。该《办法》全文共分为十章三十三条，详细规定了地名普查档案管理机构职责、范围、保管期限、整理要求、验收和利用等。地名普查档案管理制度的建立，进一步规范和加强了全省第二次全国地名普查档案资料管理，建立健全了地名档案体系，丰富了地名档案内容，提高了地名档案的社会价值和利用价值，实现了全省地名普查档案管理的制度化、科学化。

十二、以内容丰富的成果转化为目的

甘肃省深入贯彻国务院地名普查办成果转化工作要求，精心组织，扎实推进。为全面完成《中华人民共和国标准地名词典》编纂工作任务，2016 年 8 月上旬，在兰州举办了全省《标准地名词典》编纂工作培训班，对全省完成标准地名词典编纂工作任务进行了安排部署，并提出“高度认识重要性，认真把握专业性，切实传承历史性，充分彰显文化性，确保地名准确性，服从服务实用性”的要求，进一步统一了认识，明确了思路，为编纂工作奠定了基础。培训结束后，又对培训内容进行了现场闭卷考试，所有培训人员考试分数通报公布，进一步强化了培训效果。截至目前，全省标准地名词典词目表第一部分共收录 3439 条，全部完成省级审核，并于 2017 年 4 月份通过国家词典编辑部复核，正在按照国务院地名普查办和国家词典编辑部的总体部署和要求积极修改词条释文。为进一步推动全省成果转化，省地名普查办制定了《甘肃省第二次全国地名普查成果转化利用实施方案（2015—2020 年）》

和《甘肃省第二次地名普查成果转化指导意见》。并确定了《甘肃省标准地名图集》《甘肃省标准地名录》《甘肃省标准地名词典》《甘肃省标准地名志》《甘肃省标准地名二维码图集》《甘肃省区划地名溯源》等九项“二普”成果转化项目。各市（州）大力开展成果转化工作，重点从图、录、典、志书籍及其他方面入手，根据各地特色文化，以服务当地群众为根本目的，以内容丰富充实、具有地方辨识度为基本要求，精心策划拟定了多项成果转化项目。同时各地逐步建设地名地址库、地名网站、地名查询触摸屏等地名信息化服务产品，推出一批有特色、有亮点、有实效的成果，确保普查成果真正给老百姓日常生活带来实惠和方便。

总体来看，甘肃省高度重视地名普查，普查工作行动迅速，重点突出，组织严密，工作扎实，主要积累了以下三个方面的经验。

一是“严”字当头，层层传导压力。地名普查工作开展以来，省地名普查办对全省地名普查工作始终坚持“高标准、严要求”，一直以年度考核为牵引，把地名普查列入民政重点工作综合评估考核，特别是树立了“全省上下一盘棋”的思想，层层传导压力、层层靠实责任。坚持共性指标与个性指标、定量评分和定性分析、定期检查和随机抽查相结合的方式，力求客观公正评价各地普查工作，切实引起了各级普查办的高度重视，各地又层层分解，落实责任，传递压力，激发动力，全省上下形成了比学赶超的良好氛围。

二是“准”字当头，确保普查质量。“质量是普查的生命”，精准严密的地名普查数据关系到地名普查的验收和成果转化。为此，甘肃省地名普查办始终把质量作为衡量普查成败的首要标准，正确处理地名普查质量、数量与进度的关系，坚持质量优先，要求不能因为赶进度而影响普查质量。严格按照国务院地名普查办下发的问题整改清单进行梳理和解读，突出要点、难点，明确整改技术规范、操作流程、时间节点和注意事项，强化对各地数据整改方向、进度、质量的动态把控，及时解决各地遇到的疑难问题，消除数据整改的困难障碍。针对个别问题较多、技术力量薄弱的县市区，组织人员蹲点指导帮扶，发扬“钉钉子”精神，手把手传授整改技术要领，保证普查数据准确可靠。

三是“精”字当头，锻造成果转化精品。省地名普查办精心组织，着力打造，以深入贯彻国家“一带一路”倡议，宣传地名文化正能量，弘扬丝路精神，传承丝路文明，增强文化自信为内容，力争“多出成果、快出成果和出好成果”。省地名普查办以成果转化为契机，深入挖掘全省地名传统文化，广泛宣传甘肃省第二次全国地名普查成果，投入 240 万元拍摄丝绸之路甘肃段地名文化故事纪录片。纪录片共拍摄 6 集，通过对丝绸之路地名的文化寻根，用影视记录的方式反映隐藏在地名背后的民族兴衰、社会变迁、经济生产、军事活动等纷繁的文化景观信息，以构建和谐社会为主旨，弘扬丝绸之路历史文化，传播甘肃形象。投入 260 万元建设“地名管理、区划调整和界线管理信息公共服务平台”，并加入了“智慧民政”大数据平台，通过平台实现省、市、县三级区划地名数据库联动，形成全省区划地名数据支撑体系，实现地名命名、更名等申报审批政务的全流程网络化管理。形成了一批普查转化利用成果，全省基本建成数据准确、内容丰富、形式多样、结构完善的地名普查成果转化管理服务体系，地名管理公共服务水平得到明显提升。

青海省第二次全国地名普查工作纪实

青海省地名普查办公室

2014年，国家启动了第二次全国地名普查工作，这是自1980年第一次全国地名普查之后时隔30多年国家开展的第二次大规模地名普查工作。由于第二次全国地名普查是一项全新的工作，且量大、难度高，没有成功的经验可以借鉴，青海省在工作启动之初局面一度难以打开，但是“图难于其易；为大于其细。天下难事，必作于易，天下大事，必作于细”。按照国务院地名普查办的统一部署，青海省加强领导，统筹规划，采取“全面铺开，重点推进，经验共享，社会参与”的方式，多措并举，上下齐心，圆满完成了地名普查的各项工作。

一、多措并举，抓好普查

在省地名普查领导小组的直接领导下，省地名普查办围绕国务院地名普查办阶段目标任务，紧紧抓住普查验收重点，牢牢把握普查质量关键，积极拓宽成果转化渠道，科学布局周密安排，扎扎实实推进地名普查各项工作，多措并举，查清了全省地名基本情况，如期保质完成了地名普查各项目标任务，取得了显著成果。

（一）工作扎实，普查成效显著

全省共完成11大类地名普查成果目录115743条，比第一次全国地名普查新增地名61292条。其中陆地水系10653条、陆地地形43995条、水利水电通信设施7119条、交通运输设施6980条、行政区域486条、非行政区域946条、群众自治组织4585条、居民点15969条、纪念地旅游景点3734条、建筑物929条、具有地名意义的单位20347条，预填写登记表81596条、成果图2463张、成果输出多媒体照片184587张、工作过程照片29953张、新增地名标志2060个，跨省界自然地理实体634条、跨市州界自然地理实体716条、跨县界自然地理实体1016条，清理整治不规范地名979条、刻制成果数据光盘500余张。

（二）夯实基础，保障措施有力

一是在组织建设上。普查工作开展以来，全省各地按照要求层层建立了地名普查领导小组，并设立了普查工作机构，设立了402个乡镇级地名普查联络员，在全省各社区、村民委员会指定了地名普查联络点，全省各级专职普查人员达320余人，构建了强有力的工作机制；二是在制度建设上。各级普查办依据国家规定，结合全省各级实际，制定出台了各类制度、规程、规划、细则、办法、标准等一系列规章制度，规范和保证了普查工作的有序开展；三是在普查经费上。省普查办及时协调省财政厅全额下拨中央财政补助资金，目前已全额下拨中央财政补助资金9496万元，各级普查机构也积极作为，协调地方政府，争取资金落实，共落实普查专项配套资金2351万元；四是在队伍建设上。普查以来，全省各级开展各类地名普查培训班86期，培训采取以会代训，专题培训会、座谈会、现场观摩演示会等方式，突出直观实用，增强提高运用操作技能，培训各类各层次普查人员5000余人次，夯实了普查工作基础，锻炼提高了普查队伍的综合能力和工作水平；五是在安全保密上。省普查办和各级普查办认真开展安全保密教育、保密培训、采取签订《保密责任书》的方式，将安全保密责任落实到部门、落实到个人，并通过安全保密检查、督导检查等措施，强化安全保密管控机制，使安全保密工作落到实处；六是在督导工作上。省普查办和市（州）级普查办采取全面督查、专项督查和重点督查等方式，先后多次对全省8个市（州）、46个县（市、区、行委）和6家技术支持合作单位进行实地检查和督导，为加快普查进度，严肃工作纪律起到了重要的推动作用。特别是启动约谈机制，匡湧副省长亲自主持召开约谈会，对全省工作滞后的13个县级政区主管副县长和普查工作负责人进行集体约谈的做法得到了国务院地名普查办的高度重视和评价。

（三）健全制度，保证普查不走样

为规范地名普查工作，加强对各级地名普查办的工作指导，防止在地名普查工作中出现不细不实，流于形式的现象，省普查办依据国务院普查办的相关工作要求，结合全省实际情况先后制定并出台了《青海省第二次全国地名普查工作方案》《工作规程》《质量管理规定》《年度目标任务分解方案》《地名普查推进情况的报告及通报制度》；为规范地名普查业务外包工作，出台了《关于规范业务合作单位参与青海省第二次全国地名普查工作的通知》；为进一步规范地名管理，加强地名的保护与传承，出台了《清理整治不规范地名工作实施方案》；为加强地名普查监理工作，出台了《监理办法》；为做好地名普查数据验收和成果转化工作，出台了《验收细则》《档案管理办法》《成果数据入库验收办法》《成果转化规划》等，以及各年度、各阶段工作实施方案等多项制度规定，各地区结合实际进一步细化、完善了各级普查制度规范，形成了一套较为完整的、具有青海省特点的普查管理制度体系，为全省地名普查工作顺利推进起到了“保驾护航”的作用。

（四）规范动作，推进普查验收“齐步走”

省地名普查办为确保顺利通过国家验收，多措并举，在做好国家规定动作的同时，创新自选动作，强力推进验收规定动作与自选动作“齐步走”。一是创新自选动作，建立验收工作运行机制。采取省普查办组织领导全面部署，技术支持单位具体实施的工作运行机制，以不留死角拉网式监理审核整改、驻场督导式审核整改、大规模集中式审核整改对全省 11.5 万多条成果数据进行审核整改，梳理整改问题近 25 万余条；二是做好规定动作，完成国家验收标准。进行了省级验收，成立了两个验收组，根据国家规定省级验收不少于 20% 的规定，对全省 12 个县级政区进行验收，占全省 46 个县级政区的 26.1%，达到国家规定要求，省级验收通过率达 100%；三是完善规定动作，全力完成国家审核反馈问题整改。根据上报国家成果数据反馈问题，全省各级普查机构抓重点、补短板、举一反三及时整改完善。国家第一轮反馈问题为 153112 条，第二轮反馈问题为 11247 条，整改通过对比率达 92.7%。

（五）强化督导，督促普查落后地区“跑步走”

青海省普查工作受省域面积广、地理实体多、户外工期短、专业人员少、技术力量弱等客观因素制约，地名普查任务重、难度高，工作进度不均衡。部分地区在工作中存在一些问题和不足，突出表现在：一是领导重视关心不够，责任落实缺位。普查工作未列入重要议事日程，经费配套不到位，未能及时解决工作中遇到的困难，对承包单位督促指导不力；二是过分倚重业务外包，缺乏有效监管。招标之后“一包了之”，与外包单位协调不及时，质量管理体系不健全，缺少对外包工作进度和质量监管，造成外业普查不深不细，地名属性信息采集不全；三是外包单位工作不及时不到位，影响工作进度。与当地普查办衔接沟通不积极，未及时科学安排工作计划，合理调整人员分工，未按合约期限倒排工作时间表，影响工作整体推进。针对这些问题，为推动工作滞后地区迎头赶上，省普查办多次派出工作组赴全省各地开展督查检查，提出：一要加快工作进度；二要加强与外包技术服务单位的协作；三要严格执行“质量评价体系”；四要抓好成果转化。根据督导情况，青海省第二次全国地名普查领导小组组长、省政府副省长匡湧主持召开了约谈会议，对工作严重滞后、影响大局的 13 个县（市、区）分管地名普查工作副县长、民政局局长和业务服务外包单位进行了约谈，要求各地认清形势，增强工作责任感和紧迫感，加强管理，确保质量，全面完成普查任务，提高各项地名管理工作水平。提出了全省各地按时保质完成年度 40%、总量 80% 的目标任务，部分县（市、区）政府和承包服务单位负责人作了明确表态。为进一步跟进工作，省地名普查领导小组办公室又制定了一套“组合拳”，通过建立季度通报制度和将地名普查工作纳入年度考核评估制度等，加强普查绩效管理。经过约谈和督导，各地普查工作取得了显著效果，各地政府在第一时间落实了项目补助资金，加强了机构建设，强化与社会力量的合作，协调其他优势地区给予指导，并通过层层传导压力，普查落后的地区“跑步”实现了与全国同步完成普查任务的目标。

（六）严把质量，筑牢普查成果生命线

根据国务院普查办的要求，结合地名普查实际进展情况，省地名普查办多次组织召开全省地名普查业务培训会、观摩会、专题会等形式多样的会议，部署实施了地名文化保护和清理整治不规范地名、跨界自然地理实体地名普查等重点工作。各级普查机构在推进工作中不断强化质量意识、过程意识和问题意识，逐步完善了普查程序、流程和标准，组织制定了普查采集、质量管理、普查验收、建立地名数据库等一系列统一的普查质量标准体系。在普查实施过程中，省普查办采取省、市（州）督查、政府、民政系统督办，第三方技术单位实施监理，各级普查机构通过政府购买服务、专家授课、成立专家组等方式进行质量管控，建立了一套有效的普查进度、质量、管理体系

和通报制度。在普查验收过程中，省普查办按照“精、细、准、严”要求，落实县级审核制度，通过自我检查、市（州）核查、监理复查、省级专项督查，将质量控制贯穿于普查工作全方位、全过程，有效提升了普查质量。在国家验收过程中，省普查办两次就国务院地名普查办的问题反馈意见，进行了全省集中整改，针对存在的问题开展查漏补缺，按时保质完成了普查成果数据修改完善任务，并取得了很好的成效。

（七）建好档案，提升地名管理规范化建设

为进一步规范地名档案的管理工作，省普查办在及时转发民政部和国家档案局《关于印发〈第二次全国地名普查档案管理办法〉的通知》（民发〔2016〕104号）的基础上，加强与省档案局的合作，联合制定了《地名普查档案管理办法》，明确要求各地在档案建设方面遵循文件形成规律，保持文件之间的有机联系进行保存，便于保管和利用，并通过举办培训班、观摩会等形式多样的活动，邀请省档案局专家亲临授课，手把手指导各地做好地名档案建设；各级普查机构结合自身特点分别与本地档案管理部门达成互助协议，有力促进了各地地名档案的建设。同时，在各类地名普查工作会议和培训班上多次强调，正确认识地名档案建设的重大意义，将地名档案建设作为规范全省地名管理的抓手，通过建好地名档案，实现建好管好“齐步走”。

（八）盯紧转化，普查成果应用初见成效

省普查办科学制定了成果转化规划、具体分类、分年度部署，围绕“查清家底、开发利用”的地名普查目标，将成果转化贯穿在地名普查各阶段工作中，不断推进成果转化利用取得实实在在的进展和成效。完成了互助县、青海湖、三江源自然保护区、塔尔寺等16个地名普查优秀成果的编辑、撰写和上报国家参展工作；组成专家队伍编写并完成上报了《中华人民共和国标准地名词典·青海卷》第一部分与《中华人民共和国标准地名志·青海卷》政区·居名点部分；《青海省地名志》正在全力编纂中；全省8个地名标志建设示范县已全部完成地名标牌的设置；“青海省精准地名地址数据库管理服务系统”于2019年11月建设完成；出版发行了《青海地名文化故事》《青海省地名录》、玉树州治多县地名普查系列丛书《神秘的可可西里》；西宁市大通县选送的《毛伯胜与毛伯寺》地名故事已被国家举办的“寻找全国最美的

100个地名故事”收录；全省各市（州）组织所辖县（区）完成地名普查5分钟纪实短片的拍摄工作。在成果转化中省普查办坚持以项目作为支撑，强化政府购买服务，委托专业技术公司开展青海省第二次全国地名普查数据汇交及成果转化项目，项目内容涉及数据汇交、地名数据管理系统、《地名文化故事》及地名行政区划图，汉文、蒙汉、藏汉版行政区划图已出版发行。

（九）抓好宣传，营造良好氛围

全省各级地名普查机构按照“围绕普查搞宣传、搞好宣传促普查”的总体要求，采用传统媒体，网络媒介和群众活动相结合的方式，通过专题会议、电视专栏、宣传画报、宣传手册、宣传广播等形式进行深入发动和广泛宣传，及时反映了全省各级普查机构工作进展情况。为普查工作的深入推进营造了良好氛围，引起了社会关注，奠定了良好的群众基础。省普查办共编发53期普查工作简报，在省民政厅网站等媒体发布普查信息83条，被国家地名普查网站普查新闻采用27条、工作简报采用21条、成果转化采用3条、经验交流7篇、图片报道8条。

二、齐心协力，攻坚克难

由于地名普查工作量大、技术难度高，在推动地名普查工作中，虽然遇到了许多困难，但是经过全省各级普查机构和工作人员的通力配合、勠力同心，勤奋努力，攻克了一道道难关，圆满完成了各项工作，其中很多经验值得总结。

（一）典型助力，带动全局

地名普查工作是一项全新的工作，面临着许多新的挑战和很多棘手的问题，开始时大家都觉得无从下手。为尽快打开局面，推动工作开展，经过普查小组领导认真研究，提出“远学思路，近学方法，培育典型，带动全局”的决定，此后省普查办积极赴外地参加各类培训，并将每次培训所学内容通过吸收、消化，及时通过全省集中培训等形式传达下去。同时，为培育典型，做到以点带面，推动工作向前进，经过对全省46个县级普查单位的逐一甄选，最终确定了“北祁连、南贵德”的思路。选择祁连县和贵德县主要考虑到：一是这两个地区分别是蒙古族和藏族地区的人口大县；二是两县都是省旅游和历史文化大县，地名文化底蕴深厚；三是两县工作力量相对充实，工作人员稳定；四是两县采取的普查模式具有代表性，祁连县主要发挥了老干部优势，而贵德县则依靠外包服务形式。从后面的普查效果来看，两县确实发挥了各自的优势，通过不断摸索、试错、反思、总结，从不同角度探索出了一条普查“捷径”，为全省地名普查工作打开僵局，起到了“排头兵”的效果。

（二）借力用力，提升质量

为提高全省地名普查工作质量，及时解决推进中存在的问题，通过借用专家学者、第三方质量监理等外力，不断提升普查质量。一是借力专家学者，提升自身水平。邀请第二次全国地名普查专家咨询委员会专家到青海实地调研指导地名普查工作。在调研中专家们通过实地查看，召开座谈会，与普查人员探讨交流等形式，对普查工作业务和技术上存在的共性与个性疑难问题现场解惑释疑，通过讲解工作方法、工作程序、工作重点，举办专题讲座，不仅从理论上提高了普查人员的再认识，而且在实际操作上增强了普查人员的运用能力，对全省地名普查工作起到了积极的指导作用。同时，省地名普查办也充分利用这次调研机会，对各县在普查购买服务、外业数据采集、数据入库、验收资料整理、成果转化等方面工作开展专项督导检查，针对存在的问题，提出了具体的目标要求；二是借力第三方，促进地名普查工作。通过政府购买服务的方式与技术公司签订地名普查质量监理和预验收服务项目，建立了由省普查办总体部署把关定向，监理单位组织专家技术人员具体实施的加快验收的工作运行机制，并在全省统一推行：首先过筛子，整体推进，重在找问题，查漏补缺。全面对各市（州）、县（市、区、行委）验收自查进行质量监理和预验；其次抓整改，重点推进。对市（州）核查验收进行监理预验，县级政区整改情况“回头看”进行复查；最后严格审定，省普查办验收组确定对不低于20%的县级行政区进行现场抽查验收，完成审定后进行报验。首轮监理预验，梳理反馈问题1000余项，取得了显著的收效。首先进度明显加快。委托单位采取分地区、分时段推进的监理预验方式，严格按照验收标准、工作流程对全省8个市（州），46个县（市、区、行委）进行整体全面监理预验，确保不留死角，并助推各级普查办积极行动，加快梳理自查和补齐短板工作进度；其次质量明显提高。委托单位根据国务院普查办及省普查办的统一要求，从进度、档案资料、成果、安全、质量5个方面开展工作，梳理存在问题，列出验收后补充资料清单，现场反馈，提出解决问题的方式方法和监理意见表，问题一目了然，监理意见指导操作性强，保证了验收工作质量；最后整改明显见效。通过监理预验，各级对存在的问题高度重视，严肃对待，立即进行整改。如：西宁市地名普查办认真归纳梳理所辖4区3县存在的问题，及时下发督办整改通知，门源县普查办及时向其上级普查办逐条上报整改完成情况等。

（三）集中给力，推动落实

为确保全省地名普查成果质量、顺利通过国家验收，省普查办采取有效举措，在前期对全省8个市（州）、46个县级行政区进行拉网式监理审核和集中驻场督查取得明显成效的基础上，根据全省验收整改情况和国务院地名普查工作组对全省抽查复验反馈的意见，举一反三，以点带面，再次集中组织全省8个市（州）、46个县级普查办和技术支持单位近200余人，进行大规模集团式作战，在省普查办集中开展复核预验工作。复核预验工作采取省级专家会诊、标准把关，技术人员逐条审核入库数据，市（州）及县级主管普查工作的民政局长亲自带队、现场督导，各县普查人员现场整改的方式，逐县进行、逐条梳理、逐条整改，逐项完善，直至达到审核预验标准要求。经过全省各级普查机构和普查人员的积极努力、攻坚克难、通力合作、保质保量完成了全省11万余条成果入库数据和国务院地名普查验收标准的审核预验，为确保全省普查成果顺利通过国家验收奠定了坚实基础。

（四）政府发力，助推工作

在地名普查工作推进乏力之时，各级政府及时发力，调整工作部署，加强保障，有力推动了工作落实。省地名普查领导小组组长、副省长匡湧在召开约谈会议后，参加约谈会议的乐都区、循化县、化隆县、共和县、玉树市、称多县、囊谦县、玛沁县、甘德县、河南县、泽库县分别召开相关工作会议，学习传达约谈会议和匡湧副省长指示精神。乐都区及时组织召开由成员单位和19个乡镇主要负责人和主管领导参加的乐都区地名普查工作推进会，总结反思本区地名普查工作滞后原因和工作推进情况，并采取了3项整改措施，一是从各单位抽调75名人员充实和加强地名普查工作；二是对普查工作严重滞后的单位联合区委、区政府督查室在全区进行通报，并严肃追责；三是成立了由14人组成的地名普查专家组指导研究、评审地名普查成果。循化县指定一名民政局副局长跟踪协调信息采集工作，抽调4名干部，加强地名普查工作，组建了全县154个行政村党支部书记、村长为协查员的普查队伍。共和县政府下拨普查工作经费18万元，抽调专人充实地名普查工作，地名普查办公室工作人员充实至7人。甘德县地名普查办公室成立了3个工作组分赴6乡1镇全面开展地名普查外业调查和督查指导工作。称多县对5镇2乡地名调查目录召开专门审核会。各约谈县（市、区）都以地名普查工作约谈会议和匡湧副省长指示精神为工作压力和动力，结合本地区实际分别采取不同的整改措施，加快推进地名普查工作，并取得了明显的成效，为全省地名普查工作如期完成目标任务打下了坚实的基础。

此外，玉树州政府督查室针对所属市、县地名普查工作进度不一，个别地区存在领导重视不够，行动迟缓，对外包公司监管力度不够，严重影响全州地名普查工作整体推进等问题，下发了督办通知。要求所属市、县：一是要进一步加快地名普查工作进度，确保年底全州地名普查工作完成年度40%、总量80%的目标任务；二是各市、县人民政府要深刻理解地名普查的重要意义，加强组织领导和统筹协调，确保在规定时间节点内高质量、高标准、高效率地完成任务；三是对因工作不力导致州地名普查工作进展缓慢不能按期完成任务的，将严肃追究相关市（县）政府领导和民政部门主要负责人的责任，并在全州范围内予以通报。

（五）措施得力，推进有力

为强化全省地名普查组织领导和推进力度，省普查办在总结全省各地普查工作推进情况的基础上，建立了“三制度一清单”工作制度，着力推进全省地名普查工作。一是强化组织领导，落实工作责任制度。要求全省各地高度重视地名普查工作，建立自上而下、层层抓落实的目标责任体系，强化工作管理，明晰目标任务，严格按时间节点推进并完成年度普查目标任务；二是建立地名普查工作推进情况报告制度。要求全省各地结合工作实际，将阶段性工作进展、质量监控、成果转化用文字加表格形式，逐级实行季报制度，明确每季度最后一个月的20日前报上一级普查办；三是建立地名普查工作推进情况通报制度。省普查办采取定期和点对点督查方式，对全省各地地名普查推进情况进行督导，将督导情况分季度通报全省，表彰先进，激励后进；四是紧扣质量和进度，细化督查工作清单。省普查办根据《年度全省第二次地名普查集中督查工作表》内容，通过定期督查，针对后进地区存在的问题，进一步细化督查工作清单，明确时限，加强点对点跟踪督导，把年度目标任务落到实处。

三、立足当前，做好成果转化

深入贯彻第二次全国地名普查验收暨成果转化视频会议精神以及国务院普查办在广西南宁地名普查成果转化工作会议要求，省普查办高度重视地名普查的成果转化工作，立足普查数据，狠抓成果转化工作。

（一）科学制定规划，做好谋篇布局

根据国务院第二次全国地名普查领导小组办公室的工作部署和要求，通过深入研究国务院地名普查办有关成果转化等方面的规定，结合实际编制了《青海省第二次全国地名普查成果转化规划（2015—2020年）》，对地名基础研究、图书编纂、文化保护、信息化建设、公共服务等作出统筹规划，并启动了全省图、录、典、志的编纂工作。同时，为了将成果转化工作落到实处，省普查办积极作为，通过举办培训班、观摩会等形式，邀请有关专家、学者做客讲解，进一步明确成果转化内容和要求，为地名普查成果转化做好谋篇布局。

（二）引导社会参与，抓好成果转化

深化成果转化政府购买服务项目，平衡社会力量与民政部门对地名文化的挖掘与管理方面的利益与责任，在工作中进一步转变思路，通过简政放权、放管结合、优化服务，积极引导社会力量参与到地名文化和地名相关产业的深度挖掘。与本地院校合作编写《中华人民共和国标准地名词典·青海卷》；根据民政部“互联网+区划地名”行动方案要求，紧跟互联网发展的时代步伐，积极探索应用“互联网+”“大数据”“二维码”等新科技，努力克服财政困难、专业人员匮乏等瓶颈，提前行动，早安排早部署，启动“青海省精准地名地址数据库管理服务系统”研发建设，在系统建设期间，先后召开了动员大会、专家评审会、研讨会、系统实操培训会等多次会议，夯实了地名

地址数据库建设的基础。经多次专家评审论证，反复演练，查漏补缺，2019年底完成并投入使用，使地名地址数据平台的开发应用走在全国前列。

（三）挖掘地名文化，讲好地名故事

在地名普查成果转化工作中始终坚持立足现有普查成果，深入挖掘中国优秀传统地名，积极开展优秀成果的编辑、撰写和上报国家参展工作，讲好地名昨天的故事；坚持发展与保护并举，通过开展地名文化保护与清理整治不规范地名工作，讲好地名今天的故事；研究地名的规范化和科学化管理，强化民政在地名管理中的职责，讲好地名明天的故事。

青海省地名普查工作在民政部的有力指导下，在各级民政部门工作人员的不懈努力下，已圆满完成地名普查工作。以第二次地名普查为契机，青海省将不断拓展地名管理和服务外延，通过清理整治不规范地名，落实地名管理主体，推进地名规范化建设；通过“两微一端”等形式，形成一批具有地域特色的地名标牌；建立地名信息的数字化管理，实现地名管理“一站式服务”，促进地名管理的科学化、规范化、制度化，实现地名普查成果让大众共享，为社会提供更加准确、丰富、便捷和可持续的地名导向和信息服务。

宁夏回族自治区第二次全国地名普查工作纪实

宁夏回族自治区地名普查办公室

宁夏回族自治区成立于1958年，是中国5个自治区之一。地处中国西部的黄河上游地区，在北纬35°14′—39°23′，东经104°17′—107°39′。东邻陕西省，西部、北部接内蒙古自治区，南部与甘肃省相连。地势南高北低，海拔1100—3000米，南北相距约456千米，东西相距约250千米，总面积为6.6万多平方千米。在地形上分为三部分：一是北部引黄灌区。地势平坦，土壤肥沃，素有“塞上江南”的美誉。二是中部干旱带。干旱少雨，风大沙多，土地贫瘠，生存条件较差。三是南部山区。丘陵沟壑林立，部分地域阴湿高寒，是国家级贫困地区之一。2017年底总人口681.79万，其中回族人口占36%，自治区首府银川，辖5个地级市，22个县、市（区）。

第二次全国地名普查期间，宁夏各级地名普查领导小组及办公室和普查人员深入学习贯彻习近平新时代中国特色社会主义思想，认真落实习近平总书记关于加强和规范地名管理、保护传承弘扬中华优秀地名文化的重要指示，按照国务院和自治区人民政府统一部署，精心组织，狠抓落实，扎实推进各项地名普查工作。

一、加强组织，稳步推进

一是普查制度更加健全。2014年1月国务院印发《关于开展第二次全国地名普查的通知》以来，自治区政府高度重视，下发了《关于宁夏回族自治区开展第二次全国地名普查工作实施方案的通知》，并成立了由自治区政府李锐副主席任宁夏回族自治区第二次全国地名普查领导小组组长，督导全区各市、县（区）开展第二次全国地名普查工作。自治区地名普查办先后出台了地名普查实施方案、工作规程实施细则、质量管理规定、验收办法实施细则、监理办法实施细则、加强地名文化保护清理整治不规范地名实施方案、档案管理办法等15项制度规定，各地结合实际进一步细化、完善了普查制度规范，形成了较为完备的普查制度体系。自治区地名普查办先后召开了20余次专题会议，统筹推进全区地名普查工作。全区各级普查机构切实加强工作指导，加快普查进度，确保了地名普查稳妥有序进行。

二是专项工作成效明显。全区形成13.5万多条地名普查成果数据，组织专家逐县进行排查筛选，列入了地名文化保护名录392条，清理整治不规范地名清单790条，其中已标准化处理的不规范地名229条。及时增设地名标志2万余块。加强对地名使用情况的监督检查，及时纠正在公共标志、公共媒体、公开出版物、文书票证等方面使用不规范地名382条、不规范汉字书写地名27条、外文拼写地名52条等违反法规标准的行为。整理跨界自然地理实体172条。制定了《宁夏回族自治区标准地名地址编制规范（试行）》《宁夏回族自治区二维码标准地名标志制作规范（试行）》《宁夏回族自治区倾斜摄影数据采集制作规范（试行）》，已印发。

三是督导检查确保质量。2016年3月、6月，自治区第二次全国地名普查办分别在5地、市组织了督导检查工作。2017年1月，组织地名普查专家和成员单位开展了各市、县（区）地名普查第三阶段督导检查及验收，查清地名普查内、外业形成的资料和数据，及时督导检查地名的普查质量。3月，组织有关单位和人员分别在5地、市22县区开展了地名普查全面验收工作。8月，国务院地名普查办来宁开展地名普查现场抽查复验工作，抽取贺兰县和永宁县作为抽查复验县区。9月，在5地、市22县区组织开展了图录典志的督导工作。2018年6月，国务院地名普查办来宁开展地名普查督查工作，抽取石嘴山市大武口区、平罗县和中卫市沙坡头区、中宁县作为督查县区。2018年12月以来，宁夏清理整治不规范地名工作在自治区人民政府领导下，自治区民政厅积极牵头协调，狠抓任务落实，持续精准施策，有效推动清理整治不规范地名工作深入开展。经过前期的动员部署、业务培训、摸底排查、会商认证、督促调研，目前全区各地已初步梳理出待确定的不规范地名清单共计1100余条，待进一步审核认定并逐级报政府同意后将及时进行标准化处理。

二、严格管理，强化保障

一是根据《第二次全国地名普查工作规程》要求，自治区地名普查办编制了《宁夏回族自治区第二次全国地名普查工作规程实施细则》，成立了自治区地名普查监理机构及普查专家组，对全区第二次全国地名普查过程中的质量、进度、安全、验收、档案以及技术服务购买、成果转化、资金使用等工作内容开展定期和不定期的实地监理活动。同时，成立了自治区地名普查专家咨询委员会，对全区地名普查工作中遇到的疑难问题、重大事项进行研讨和审定。按照国务院《第二次全国地名普查质量评价体系》《第二次全国地名普查验收办法》《宁夏回族自治区第二次全国地名普查验收办法实施细则》的要求，通过政府采购形式，委托中国地名学会对全区 22 个县区地名普查开展全面验收工作。验收内容包括组织管理、地名调查、地名标准化、地名标志、数据库建设、成果表、检查验收、普查档案、地名规划、图录典志编绘编纂、城市全景全息图、标准地名地址库建设等。为了保证区图录典志编绘、编撰和出版质量，通过政府采购单一来源形式，委托中国地名研究所作为第三方参与图录典志编绘编纂的评审、评定工作。评审、评定的内容主要包括图录典志编绘编纂与出版进度、编绘编纂规则制定、软件开发、出版物出版前的条目与内容等。

二是及时下拨第二次全国地名普查国家和自治区补助资金，2015 年配套中央补助资金 1604 万元和自治区配套补助资金 1600 万元。2016 年配套中央补助资金 1577 万元和自治区配套补助资金 1600 万元。2017 年配套中央补助资金 1326 万元和自治区配套补助资金 1577 万元。2018 年配套中央补助资金 826 万元和自治区配套补助资金 1300 万元。2015 年至 2018 年期间，各地地名普查办也相应协调到了配套资金约 500 余万元。2019 年根据自治区财政厅下达的第二次全国地名普查补助资金 1000 万元的指标，自治区地名普查办结合自治区本年度地名普查的工作任务和要求，编制了 2019 年度地名普查补助资金分配计划表，并经自治区民政厅 2019 年第 4 次厅长办公会议研究确定后，4 月报送至自治区财政厅并拨付到相关各市、县（区）民政局，主要用于清理整治不规范地名、二维码地名标志设置、地名文化保护、地名普查资料整理归档、图录典志编纂等工作。

三是在普查物资装备方面，根据区地名普查需要，分别给全区 27 个市、县（区）配发了地名普查专用一体机电脑、多功能一体打印机和手持 GPS 定位仪，满足了基层普查员日常工作的需要。采购了保密安全档案柜、涉密计算机移动存储介质，加装“三合一”保密管理系统和安全保密存储卡，以便在普查过程中符合涉密保密的有关规定。根据民政部印发的《第二次全国地名普查档案管理办法》与自治区档案局联合下发了《宁夏回族自治区第二次全国地名普查材料归档规则》，配备了符合保密规定的A4成册扫描仪。统一采购性能稳定的机架式服务器27台和配套的电磁屏蔽服务器专用机柜27套，部署在市、县区民政局。给各市、县（区）配置地名普查专用档案盒10000个。自治区地名普查办本级还采购104个档案密集柜，为存放移交的地名普查档案做好准备。

三、强化宣传，扩大影响

按照《第二次全国地名普查宣传工作方案》和国务院地名普查办要求，自治区第二次全国地名普查领导小组办公室结合自治区特点，制定了《宁夏回族自治区第二次全国地名普查宣传工作方案》，同时自治区民政厅筹措资金40多万元，专门用于普查宣传工作，为普查宣传工作奠定了良好的基础。

一是开展了街头地名普查宣传。每年利用重大节假日举行地名普查宣传日咨询活动，深入宣传地名的基础功能和作用，深入宣传地名普查对加强和改善地名管理、服务经济社会发展和人民生活需要、保护和弘扬优秀传统文化等方面的重要意义，展示普查成果，使广大社会公众进一步加强对地名普查的了解，提高对地名普查的重要性和必要性的认识，自觉遵守地名管理法规政策，提高支持、配合普查的主动性、自觉性。

二是举办了地名普查培训班和座谈会。每年组织召开由地名专家、大学教授、地名普查工作人员和地名爱好者参加的地名普查培训班和座谈会，深入宣传地名普查的目标任务、主要原则、安排部署和工作要求，针对地名普查过程中的有关问题征询他们的意见建议，及时总结推广地名普查中的好经验、好做法，充分发挥引导示范作用。

三是借助广播电视等媒体进行全方位普查宣传。邀请《宁夏日报》和宁夏电视台作了跟踪报道，使得地名普查宣传活动更加深入人心，更加扎实有力，取得良好的社会效果。为做好宁夏地名文化及宣传工作，在宁夏22频道（精彩宁夏）播放了宁夏地名动漫片；与技术服务公司合作，在银川河东国际机场旅客行李岛的信息显示屏上播放一年的地名普查知识。同时，联系自治区党委宣传部和宁夏广电集团制订了宁夏回族自治区第二次全国地名普查宣传方案。区地名普查办与《宁夏新消息报》合作，刊登了以“大观地名”为主题的反映宁夏5市厚重而生动的地名文化的系列报道专版8期，共计45版。

邀请中国社会出版社参与编纂一期《2017 年方舆 · 宁夏》专刊。与中国社会出版社出版《宁夏地名故事》5 卷本 10000 册和精装版 1000 册，已出版发行。为进一步加强第二次全国地名普查宣传工作，扩大地名文化的社会影响力，积极联系自治区党委宣传部、文化旅游、广电，组织开展了最美地名故事和摄影征集、评选、出版活动。宁夏地名文化宣传——“记住乡愁”地名微电影（微视频）作品征集展播活动摄制了宁夏回族自治区第二次地名普查工作纪实片，并在宁夏卫视公共频道进行了播放。

四、成果转化，造福后代

编纂出版自治区标准地名图录典志是积极开展第二次全国地名普查成果转化的重要事项。目前，已完成图录典志招标与合同审签工作，形成的自治区、市、县三级标准地名图录典志编纂（绘）规则已下发到各市、县，并组织了编纂培训工作。目前，市级标准地名图录典志编纂工作，石嘴山市、固原市组织了二审，银川市、吴忠市、中卫市组织了一审；县级标准地名图录典志编纂工作，有 9 个县、区完成了三审，12 个县、区编纂完成了二审，1 个县、区正在进行一审。开展制作的具有宁夏特色的 26 集地名动漫系列片、30 集微电影（微动漫）系列片，以宁夏地名为主题，结合地名文化遗产保护、大运黄河、红色地名、丝绸之路、慈善民政、风景名胜等内容，从地名角度集中反映宁夏所辖 5 地市 22 县的风土人情。出版宁夏贺兰山东麓葡萄产业及文化长廊地名规划。编制完成了平罗县、贺兰县、盐池县、红寺堡区、泾源县地名规划。组织完成了联合国地名组织对灵武市千年古县的认定工作，隆德县力争 2019 年下半年完成认定工作。在 2018 年制定出台《县域地名规划编制》等 4 个地方标准基础上，2019 年组织制定《标准地名图集编绘规范》《标准地名录编纂规范》《标准地名词典编纂规范》《标准地名志编纂规范》《标准地名影像图编制标准》《城区地名图编制标准》《地名属性信息采集规范》7 个地方标准。指导永宁县、隆德县编制县域地名规划，指导隆德县、盐池县编制地名文化遗产保护规划，分别联系中国科学院地理科学与资源研究所、宁夏地名学会进行前期调研论证。为宣传弘扬宁夏优秀地名文化，根据《民政部办公厅关于征集〈中国地名大会〉节目试题的通知》，组织相关专家精心设计、报送了 200 道地名文化试题，全面细致地呈现了宁夏丰富多彩的地名文化景观。根据民政部有关“互联网 + 民政服务”活动要求，努力推动地名工作与互联网深度融合。开展了地名文化资源信息库及平台开发建设。组织开发了新型智能地名标志设置和管理系统。对地名普查档案资料进行数字化处理，完成有关文本、图片、多媒体资料的数字化工作。

新疆维吾尔自治区第二次全国地名普查工作纪实

新疆维吾尔自治区地名普查办公室

在党中央、国务院以及自治区党委、政府的领导下，新疆维吾尔自治区第二次全国地名普查工作以习近平新时代中国特色社会主义思想为指导，认真贯彻落实国务院第二次全国地名普查工作部署要求，紧紧围绕新疆社会稳定和长治久安总目标，提高政治站位，厘清工作思路，强化工作措施，规范普查规程，严把质量标准，圆满完成全区地名普查工作任务，有效地提升了全区地名普查工作规范化、法治化水平。

一、基本情况

根据《国务院关于开展第二次地名普查的通知》（国发〔2014〕3 号）、《第二次全国地名普查实施方案》（国地名普查组发〔2014〕1 号）、《第二次全国地名普查验收办法》（国地名普查办发〔2016〕24 号）精神，新疆维吾尔自治区党委、政府高度重视，周密部署，全力推进。自 2014 年启动以来，全区 96 个县、市、区地名普查工作已全面完成，其中普查县、市、区 64 个，普查试点县、市 32 个。收录地名 20 余万条，比“一普”时增加 10 余万条，增加率达 150%。组织开展地名普查资料立卷归档工作，部分县、市已顺利完成立卷归档。组织拍摄 20 集的电视系列片《走丝绸之路·讲新疆地名故事》，先后在央视 7 套《乡土》栏目、新疆电视台 4 套组织播放。组织编辑编纂了《新疆最美地名画册》《新疆古地名录》《中华人民共和国标准地名词典》（新疆部分）。结合地名普查，指导各地开展地名规划的编制、不规范地名清理整治、地名标志设置以及地名地址库建设等工作。

二、主要做法

面对新疆地域面积大、区情特殊复杂、维稳任务繁重的实际，全区各级地名普查干部认真贯彻落实以习近平同志为核心的党中央治疆方略特别是社会稳定和长治久安总目标，全员聚焦总目标、服务总目标、落实总目标，克服地名普查专业性强、时间紧、标准高、任务重的困难，圆满完成了地名普查任务，达到了预期目标。

（一）顶层设计，高位推动

自治区党委、政府高度重视，将第二次全国地名普查工作作为全区重点工作任务进行安排部署、整体推进。成立以分管副主席为组长，政府副秘书长、民政厅厅长为副组长，发改、国土、交通等30多个单位领导为成员的领导小组，设立了地名普查办公室，及时印发文件，明确指导思想、普查任务、具体范围、实施步骤、工作职责和工作要求。建立健全区级成员单位协调联动机制，实行联络制度。以自治区政府名义召开了3次动员推进会，自治区地名普查领导小组组长、自治区人民政府分管领导多次召开会议听取工作进展情况，研究部署国务院普查办40%、40%、20%县级政区分阶段普查任务，就有关问题提出明确指示，对难点问题现场办公及时解决，使普查工作得到了强力推进。民政厅作为地名普查牵头单位，厅党组成员多次组成调研组下沉到基层一线，通过召开座谈会、实地走访等方式听取各地意见建议，对普查任务、时间节点、责任和奖惩措施等予以明确，有力推动了自治区决策部署在基层一线的贯彻落实。

（二）总体部署，分类实施

自治区普查办印发了《自治区第二次全国地名普查工作计划》《关于认真做好第二次全国地名普查工作的通知》《第二次全国地名普查工作实施方案》《2015年完成任务县市区普查明细方案》《2016年地名普查（补查）明细方案》等系列配套政策制度文件，对完成任务、时间节点、内容、标准作了精心安排，使普查内容更加清晰，时间节点更加具体，推进速度明显加快。为做到地名普查快捷高效，着力在示范引领上下功夫，先后印发了《普查质量验收细则》《自治区第二次全国地名普查作业指导规范》《自治区第二次全国地名普查涉密数据管理规定》《关于规范自治区地名普查工作若干问题的通知》《关于加快推进地名普查资料归档立卷工作的通知》等指导性政策文件，规范普查人员工作规程，明确普查任务职责和方法。有效利用《新疆地名志》《新疆地名大词典》、少数民族语（维吾尔语）译写规则地方标准等成果资料，既提高了工作效率，也保证了普查质量。在软件技术支撑上，采取分包和部分外包，既解决了数据库建设的技术缺陷，又节约了经费，提高了进度和质量。分别在福海县和克拉玛依市召开普查工作现场观摩会及普查验收示范推进会，指导 32 个试点县、市按时完成普查任务，起到了示范引领作用，有效推进了全区规范化普查工作进程。

（三）完善措施，加强保障

一是加强工作力量。采取“硬抽人，抽硬人”的方式，确保普查人员落实。自治区普查办组成 5 个技术服务组，巡回指导各地，解决业务技术问题，统一了普查技术标准。自治区配备地名普查办工作人员 8 名，各地（州、市）地名普查办 3—5 名，县（市、区）7—11 名，三级地名普查办人员约 1100 人。二是充实专家力量。为保证普查质量，成立了由自治区科学院、社会科学院、新疆师范大学等高等院校及科研院所多名专家、教授组成的自治区第二次全国地名普查专家咨询委员会，各地均聘请了熟悉当地历史、地名文化的专家。三是加大培训力度。为尽快提高全区地名普查一线人员业务素质，举办自治区、地（州、市）、县（市、区）三级地名普查专题培训、研讨班 36 期次，培训人数 3 万余人次，培训内容包含地名普查示范、地名调查、目录编制、地名普查成果表填写、地名普查成果图标绘、地名普查质量提升、地名普查资料归档立卷、标准地名词典释文编写、地名标准化处理等范畴，培养了一支专业普查队伍。四是强化督导落实。自治区建立“每月一通报、每季度一督导”机制，每月按照总体计划的时间节点，通报一次各地工作进展速度、质量及进展情况；每季度对地州市总体进度进行一次实地督导，实行全疆排名，对完成任务好的县、市、区进行资金奖励，对未按时完成普查任务的县、市、区政府分管领导进行约谈，增强了各地荣誉感，促进了全区普查均衡推进。4 年来，自治区普查办先后督查 56 次，通报 30 次，约谈 12 个县、市，5 次自治区地名普查复验。

（四）加大宣传，营造氛围

全区共制作展板、张贴海报 8 万余块（张），播放宣传视频 3870 余次，发放宣传资料及问卷调查表 15 万余份。自治区普查办向各级报刊、网站及国务院地名普查网报送信息稿件 130 余篇，编写地名普查简报 49 期，上报地名故事56篇，制作“美丽中国·地名寻梦”地名文化短视频80多个。建立了地名普查微信平台，开通了地名普查微信群、QQ群，多地开设了报纸及广播电视宣传专栏。通过大力宣传，营造了深厚的地名普查工作氛围。

（五）加强沟通，密切配合

按照国务院地名普查办的统一部署和要求，自治区和新疆生产建设兵团第二次全国地名普查办公室针对地名普查数据合库工作，召开了自治区和兵团数据库合库工作会议，明确了合库工作方案、范围、时间、人员。通过50天的共同努力，圆满完成了自治区和新疆生产建设兵团地名普查数据库合库工作，按时上报国务院地名普查办。

三、基本经验

（一）领导重视高位推动是普查工作顺利开展的有效保证

自治区地名普查工作开展之初就及时成立了领导小组，组建了办公室。各地也相继成立了以主要领导或分管领导为组长的领导小组，组建了普查办事机构，选派组织协调能力强的同志担任具体业务负责人，配备了必要的技术业务人员，召开了专题动员大会，政府分管领导亲自动员、亲自部署，明确工作任务和职责。在各级党委、政府的高度重视下，按照政府领导、民政牵头、部门协作的工作思路，加强部门配合，强化责任意识，全区地名普查工作得以扎实推进。

（二）建章立制强化责任是普查工作稳步推进的有效手段

为科学、有效地组织开展第二次全国地名普查工作，自治区地名普查办根据国务院地名普查办的相关要求，在地名普查工作之初，建立了联络员制度、重大事项报告制度、普查工作信息月报制度、普查保密工作制度、质量监督检查制度、普查工作人员守则等制度，并根据工作进展情况适时增加了进度周报制度、地名普查质量管理责任分包制度，为顺利完成地名普查工作任务提供了制度保障。同时，自治区地名普查办与各地（州、市）普查办单位签订了《目标责任书》，明确了完成本级地名普查工作任务的时限和质量要求，进一步强化了各级普查单位做好第二次全国地名普查工作的责任心。

（三）加强培训规范标准是提升普查工作质量的有效保障

地名普查工作是一项专业性和系统性较强的工作，自治区普查办大力加强对全区地名工作者和地名普查员的专业技能培训，使参训人员通过培训了解地名、认识地名、熟悉地名，准确把握地名普查的基本工作方法和各项技术指标，严格按操作规程操作，使普查数据达到规范要求的标准。通过培训有效提高了全区地名普查员工作素质，统一规范了普查工作标准，为普查工作顺利实施提供了保障。

（四）加强督查及时指导是普查工作协调推进的有效措施

为及时了解地名普查工作的进度，确保全区地名普查工作按时完成，根据实际工作情况，建立了 4 个质量监理机制，分别对普查整个过程和重点环节实施监控。一是成立业务指导组，对全区 14 个地、州、市 96 个县、市、区的地名普查工作检查指导，及时发现和解决地名普查工作中存在的问题。二是成立专家组，对有争议的地名进行论证，进行标准化处理；三是成立验收组，按照《自治区第二次全国地名普查质量验收细则》进行具体实施验收；四是成立监理组，分为日常监理和验收监理，聘请兵团测绘院全程监控自治区验收的全过程，并对验收写出书面意见。这些措施的建立，保证了普查的整体质量水平，有效推动了地名普查工作正常开展。

（五）做好成果转化是传承、保护和弘扬优秀地名文化的有效途径

重视地名成果转化，不断创新和丰富地名文化遗产教育宣传方式，利用传统媒体和新媒体，通过编制地名图书、拍摄影视作品、开展地名评选活动等多种形式，提高地名文化遗产影响力和知名度，营造良好社会氛围。吐鲁番市依托第二次全国地名普查基础数据，全面考证了地名形成的脉络，对地名文化进行深入的挖掘，编撰了《吐鲁番地名故事集》和《吐鲁番古地名录》，切实做到保护和传承地名文化；乌鲁木齐市针对地名管理不到位、地名乱象等问题，开展了“加强地名管理、整治不规范地名”工作，取得了良好效果；泽普县开展了“依照法定程序、认真落实地名命名”工作，对全县 1000 余条地名进行了论证和正式命名活动，提高了社会各界对地名重要性的认识。

（六）积极做好地名普查成果转化工作

完成了《新疆古地名录》释文的编纂工作，共收录先秦两汉时期至清代3000余条古地名；完成了《新疆最美地名画册》编辑出版工作，共收录图片570幅；拍摄了《走丝绸之路　讲新疆地名故事》20集系列片，其中2016年在中央电视台第七套《乡土》栏目播出5集，其他15集在新疆电视台播出；开展了《新疆维吾尔自治区标准地名图集》和《新疆维吾尔自治区区划地名图（挂图)》的编制工作；制定下发了《自治区加强地名文化保护清理整治不规范地名工作实施方案》，召开了全疆地名标准化暨地名文化宣传和保护工作会议；根据国务院地名普查办要求，组织开展了《中华人民共和国标准地名词典》《中华人民共和国标准地名志》（新疆部分）编纂工作，主要收录自治区、地、县三级行政区划地名，县级人民政府驻地镇（街道)，全国重点镇，国家级历史文化名镇，名村以及中国传统村落等地名，重点突出自治区地名的文化内涵。

新疆生产建设兵团第二次全国地名普查工作纪实

新疆生产建设兵团地名普查办公室

按照国务院第二次全国地名普查办总体部署，在新疆生产建设兵团第二次全国地名普查领导小组领导下，由牵头单位兵团民政局周密安排、精心组织，成员单位密切配合，兵团、师、团各级普查单位以及实施单位的共同努力下，兵团地名普查工作各项任务顺利开展、圆满完成。

一、加强组织领导

一是成立以兵团党委副书记、副政委孔星隆为组长，兵团党委常委、副政委、统战部部长穆坦里甫·买提托合提任副组长，公安局、自然资源局、民政局等21个相关职能部门为成员单位的兵团第二次地名普查领导小组，领导小组办公室设在民政局。各师也相继成立由师主要领导挂帅的第二次地名普查领导小组。

二是召开兵团第二次全国地名普查工作会议，对地名普查工作进行全面部署，健全工作机制，明确普查职责分工，制订普查方案和工作计划；建立督查督办制度，加强工作督促指导；建立信息交流通报制度，定期编发普查新闻和上报普查工作进展情况。强化部门配合，形成工作合力。这次地名普查采取自下而上、以块为主、条块配合、逐级审核上报的方法进行，工作涉及面广、信息量大，仅靠民政部门难以完成。兵团普查办按照“政府领导、民政牵头、部门协作”的工作思路，加强部门配合，强化责任意识，根据职能划分，明确宣传、财政、水利、住建、交通等24个部门的职责分工。民政部门作为牵头单位，认真做好组织、指导、协调工作。各职能部门密切配合，主动与民政部门对接沟通，按照职责分工细化和分解目标任务，努力形成了全兵团地名普查一盘棋的工作氛围。

三是成立专家组。为做好做实本次普查工作，宏观上指导和检查，兵团成立地名普查工作专家组，其主要任务是讨论制订兵团地名普查实施方案；

及时解决普查过程中出现的技术问题；指导地名标准化处理工作；审核属性及图形数据，确保按国家要求高质量完成兵团地名普查工作。

四是组建普查专业队伍。由于这次地名普查工作任务重，技术要求高，根据兵团特殊体制的现状，采用了兵团民政局与兵团设计院及各师、团民政机构相结合的方式展开普查工作，尽可能将兵团有限的技术力量组合起来。组织结构图如下：

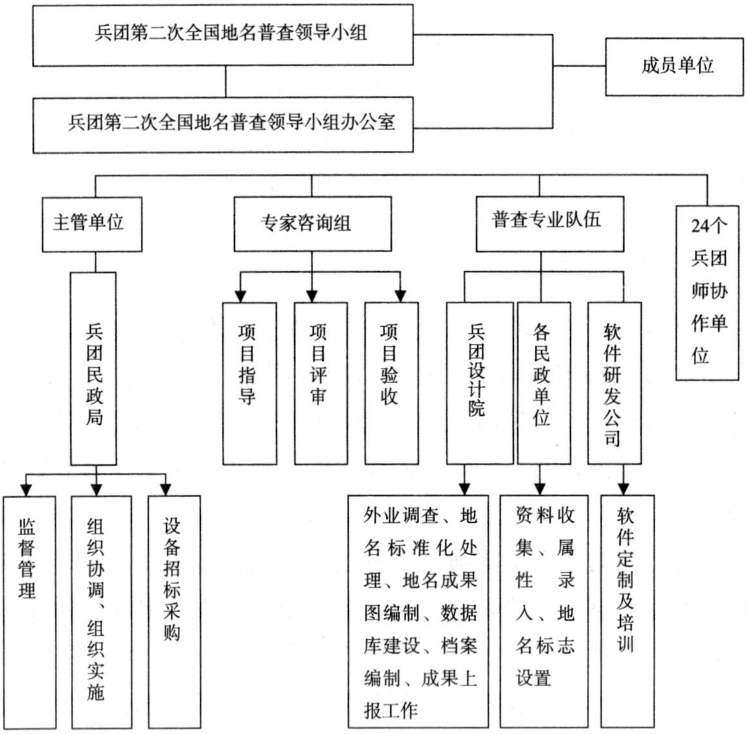

二、制定政策规范

（一）制订实施方案，统一管理

兵团普查办组织编制了《兵团第二次全国地名普查实施方案》《兵团第二次全国地名普查培训教材》《兵团第二次全国地名普查技术设计书》和《预填地名登记表预审办法》《兵团地名普查 2014—2018 年工作计划》和每年的工作计划等文件，对普查工作的任务、内容、范围提出具体要求；明确了普查前期准备、外业调查、内业处理、成果检查上报 4 个阶段的技术路线、技术方法和检查标准；对人力资源、硬软件设备、数据安全保密，生产安全及职业环境安全等制定具体的保障措施；对整个普查进度明确了具体的时间安排和进度要求，普查在各项措施上得到保障，在普查标准、质量管理上得到统一。

（二）重视普查宣传工作

编制《兵团第二次全国地名普查宣传工作方案》，围绕普查搞宣传，搞好宣传促普查，为开展兵团第二次全国地名普查创造良好的氛围和环境。

（三）严抓保密管理

制定《兵团第二次全国地名普查数据资料保密管理规定》，并与实施单位、14 个师签订了保密协议，师与下辖团场签订保密责任书，落实保密管理责任，确保数据安全。

（四）实行全过程监理

制定《兵团第二次全国地名普查项目监理实施方案》，对普查工作过程及成果实行全过程监理，提升了普查的工作进度与成果质量。

（五）稳把检查验收关

制定《兵团第二次全国地名普查验收工作方案》，明确规定验收的内容、质量评分标准。在接收到国务院普查办全面审核意见后，专门制定了《兵团第二次全国地名普查全面审核意见整改方案》，对存在的问题进行归类汇总，制定详细的整改措施，并分析出现问题的原因，举一反三，做到应改尽改。

三、落实保障措施

（一）设备保障

在中央资金尚未到位的情况下，积极向兵团申请配套资金 150 万元，统一购置打印机 158 台、移动硬盘 268 块、手持 GPS 设备 16 台，并及时下发到各师团。在兵团设计院光明大厦安排专门场所，作为兵团地名普查工作办公室，办公室内配套专用台式机 20 台、笔记本电脑 16 台、大幅面绘图仪 1 台、专用打印机 8 台、档案柜等，从而在硬件设备上保证了普查工作需求。

（二）软件购置

兵团积极与总参测绘信息技术总站等软件研发单位进行沟通交流，了解软件研发进度、软件功能、合作方式及后续软件维护服务等情况。与自治区地名普查办多次会议讨论交流普查软件购置问题，并协助自治区完成地名普查软件的招投标工作。

（三）人员保障

共投入师（市）、团场和设计单位的普查工作人员400余人，专业技术人员50余人。各师（市）均成立了第二次全国地名普查领导小组办公室，由师（市）主要领导任组长，狠抓落实，要求各师、团民政科配置专职地名工作人员2人，协助普查工作人员4人，确保普查工作顺利实施。

（四）资金保障

一是兵团先行配套资金150万元，统一购置普查工作设备，及时下发到各师市，保证兵团普查工作按照国家统一时点启动。二是在国家资金补助到位后，及时下拨资金，确保普查工作顺利开展。三是严格按照专项资金管理办法，专款专用，规范使用。每年的专项资金都按时下拨到各单位。

（五）数据安全保障

兵团普查办建立普查数据安全保密责任制度，兵团与设计单位和14个师、师与下辖团场分别签订保密协议和保密责任书。在实施过程中，对团场的地名专用机进行清理和保密检查，安装了地名数据库软件。为了保密安全，设置了专门普查工作场所，办公室的网络进行物理隔绝，房内四角加设信号干扰设备，制作专用资料保密箱8个，安装了视频监视、指纹防盗系统，安全级别定为机密，确保不发生任何失密事件。

四、广泛宣传动员

按照国务院印发的《第二次全国地名普查宣传工作方案》的精神，兵团于2014年6月10日制定了《兵团第二次全国地名普查宣传工作方案》。兵团地名普查宣传工作在兵团第二次全国地名普查领导小组领导下，按照方案的要求较好完成了地名宣传、网站、微信公众平台、地名宣传片播放及新闻报道等工作任务。

（一）为营造兵团地名普查的工作氛围，让人民群众和社会各界了解、关心和重视兵团地名工作，按照“围绕普查搞宣传，搞好宣传促普查”的总体要求，在普查过程中，14 个师、176 个团场、7 个市、6 个镇均积极开展了宣传工作，在社区、市场等人流密集区域制作并展示电子宣传屏 200 余幕，悬挂横幅 200 余处，张贴宣传海报和宣传画 350 余幅，与当地民政部门开展地名文化研讨，并在普查组织、动员、实施过程中由当地新闻媒体现场采访和新闻报道。

（二）开设兵团第二次全国地名普查微信公众号、QQ 工作群，直接受教育人员 300 余人，完成了兵团地名普查网站建设工作。宣传地名普查的意义、内容和要求，宣传普查人员的责任和义务，并及时回应社会关心的地名普查问题。

（三）兵团民政局按照要求向国家地名普查网报送地名普查新闻共 72 篇，积极宣传各级领导支持、部门间协作、普查人员的辛勤工作及普查中涌现出的先进人物和事迹。

（四）为了宣传兵团军垦文化，弘扬兵团精神，以兵团城市地名为题材制作了 1 部兵团地名纪录片《屯垦丰碑——兵团城市地名故事》和 14 部关于 14 个师的地名宣传片，并于 2016 年 10 月在兵团电视台、五家渠电视台播出，社会反响良好。

（五）为了加大兵团地名普查宣传力度，制作兵团地名普查大展板 12 块，包括地名知识、工作部署、完成情况、工作剪影及兵团地名典故 5 个方面内容，2016 年在乌鲁木齐市、第十师北屯市展览。

五、搞好学习培训

（一）举办内部培训班

2014 年 11 月分四批举办兵团第二次全国地名普查培训班，兵团 14 个师共计 200 余人参加培训。培训讲解了兵团第二次全国地名普查实施方案、第二次全国地名普查工作规程，对地名登记表填写专项业务进行了培训，总结推广了地名普查试点的工作经验，按照最新普查标准对存在的问题进行了答疑。各师、团地名工作人员认真学习，答疑时能积极提出问题探讨，学习效果良好。

培训安排了兵团第二次全国地名普查的第一阶段工作：收集地名普查基础资料并填写地名登记表。对工作的具体内容、技术标准、工作范围、工作流程、工作要求等都作了详细的说明，并将地名登记表、资料收集清单、地名调查目录等表格下发至各个团场，正式开始了兵团地名普查的第一阶段工作。

培训明确了地名普查有关技术规范和标准，提高了各级地名普查人员的业务水平，建立了兵团地名普查 QQ 群，对普查工作中遇到的具体问题进行实时解答，为兵团第二次全国地名普查下一步工作的顺利开展打下了良好的基础。

（二）积极参加地名专项培训班

2014—2018 年，先后派主要领导及业务骨干参加国务院第二次全国地名普查办公室举办的数据采集和地形图修测、外业作业技术、地名普查与地名规划、成果转化示范、地理实体图形修测、地名信息录入和数据入库处理、验收工作、成果数据入库及转化应用、普查成果质量完善、标准图录典志编纂等专项培训班，学习最新的规范要求以及其他省、自治区、直辖市的先进经验，在作业过程中不断对普查工作人员进行培训和技术指导，确保兵团普查工作稳步、高效推进。

六、外业调查

（一）工作概况

这次地名普查在全国是第二次，但对兵团实际是第一次，尤其是兵团各民政基层单位没有专职的地名机构和管理人员。60 多年来，兵团地名变化较大，基础资料匮乏，许多地名需要调查组奔赴实地，对地名坐标及多媒体信息进行现场采集，而兵团团场又跨地州、县市，纵横几百千米，往往为了采集一两个地名长途跋涉 100 多千米才能完成。这就使得兵团地名调查工作难度较大，花费的人力、物力、财力就多。按照国家总体进度安排，兵团第二次全国地名普查的外业调查工作分两个时段完成。

第一时段：2015 年 9 月至 2016 年 1 月，历时 5 个月，对北疆片区的兵团第六、七、八、十二师31个团场和南疆片区的兵团第一、二、三师40个团场开展外业调查工作。为保证完成普查工作和考虑到南北疆的气候条件，采取先北疆后南疆工作部署，分别组织8个项目组，组织技术人员共30余人、参加单位人员150余人，用车20辆，购置专用计算机及辅助设备20套。调查工作人员不畏艰难，顶严寒、冒大雪圆满完成了2015年度的外业调查工作任务。共完成7个师71个团场的外业调查工作，实地调查11大类112小类地名的属性信息，共收录地名23050个，其中，行政区域类71个、非行政区域类335个、居民点类2708个、群众自治组织类374个、单位类8467个、建筑物类1262个、交通运输设施类5056个、水利、电力、通信设施类3781个、纪念地与旅游景点类344个、陆地水系类198个、陆地地形类454个。共填报地名登记表23050张、地名标志登记表3416张、标准化处理地名3968个、历史地名615个、多媒体照片29608张。

第二时段：从2016年5月至2016年9月，历时5个月，参与普查工作人员共460余人，普查全程用车10辆。本次外业调查涵盖了14个师部、39个团场、26个团级单位、66个补查团场和7个市6个镇的调查，大多为边境团场，距离远且分散。作业组东到哈密，西至伊犁，南到喀什、和田，北至阿勒泰西北第一连，足迹遍布全疆各地，实地调查了兵团的每一个团部城区，每一个连队，每一座水库，每一条建成的公路、街巷、渠道等社会人文地名，调查了所有的山区草场、矿点、山脉、河流等自然地名。截至2016年9月26日圆满完成了全兵团地名普查的外业调查工作。

通过外业调查，全兵团共收录地名43491个，其中行政区域类229个、非行政区域类975个、居民点类5113个、群众自治组织类683个、单位类15989个、建筑物类2529个、交通运输设施类8648个、水利电力通信设施类6894个、纪念地与旅游景点类705个、陆地水系类534个、陆地地形类1192个。

（二）经验做法

主要采取内外业相结合的调查方式，内业前期准备、地名预收录、外业对照工作图实地采集，在采集过程中如发现内业有未收录的地名，及时补录到地名数据库，并实地填写地名登记表，如发现地名名称与实地不一致，及时修改数据库中初步收录的地名名称，并通知内业人员修改地名登记表名称。

主要的几类地名外业调查要点如下：

1. 单位调查：按照数据库中收录的单位进行实地采集，主要包含本行政区域内的党政机关、事业单位、民间组织、企业、军事单位等。

2. 居民点调查：对中心连队、一般连队和已撤销连队的居民点采用实地调查，对山区牧点、自然村采用图解方式调查，对工作图上没有的并且未能准确判定方位的居民点采取实地调查的方法。

3. 水利、电力、通信调查：主要的水利设施以水利普查数据为依据实测或图解调查。主要电力塔、通信塔和所有的水厂、水库、堤坝、电站、饮用水井进行 GPS 实地采集。

4. 交通运输调查：通过公路管理部门收集最新公路普查数据，对工作图上没有或者不准确的必须进行 GPS 采集，采集的道路有省道、县道、乡道、专用道路、通连道路及其他重要道路。

5. 街路巷调查：通过 GPS 实地采集带有标牌标志的街路巷，记录坐标，没有标志的但属于主要街路巷也进行采集并上图。

6. 自然地名的调查：自然地名以工作图上的地名为主，召集当地知情人，对自然地名进行核实确认，并填报地名登记表。

7. 其他类别调查：工作图上能判定位置的以图解调查为主，工作图上不能判定位置的必须实地调查。

通过本次普查工作，兵团普查办发现地名普查工作中数据与信息采集的方法、已有资料的收集非常重要。兵团由于没有开展过第一次地名普查工作，地名工作相对滞后，地名资料缺乏。因此，兵团地名普查中的数据与信息采集采取的是全野外方式，即由专业队伍根据收集到的资料邀请知情人去实地采集坐标信息、拍摄照片、核实地名含义等。虽然工作量大，但可以保证兵团地名信息的准确、完整。

七、内业整理

（一）统一标准，集中作业

依据《兵团第二次全国地名普查实施方案》要求，按照兵团“统一管理、统一标准”的原则，由兵团普查办组织编制了《兵团第二次全国地名普查技术设计书》，确定了技术路线，统一了技术方法和技术标准，稳定了作业人员，配置了普查专用的涉密办公室，由20余名普查工作人员集中进行内业整理，管理方便，发现问题能及时沟通，作业效率高。

（二）开展新技术推广应用，提高了普查工作效率

一是采用计算机辅助制图技术。在第二次全国地名普查中，按照常规先要进行工作草图编制，再手工清绘工作图，最终制作成果图这一工序。其中，人工清绘图工艺落后，工作效率低，质量因清绘者的水平而异。为此，在这次普查中兵团采用新的工艺，只要涉及图的清绘和编辑采用计算机辅助制图技术。这种做法打破了传统的人工清绘作业方法，便于检查和修改，提高了工效，节约了成本。通过计算机制图，图幅内容字体的大小、线形、颜色清晰、美观和规范，保证了成果质量。尤其是所形成的电子版图便于今后地名的变更、修改，还可将电子版工作图上的矢量数据上报国家并可直接利用。

二是编制地名普查属性库检查软件。随着兵团地名普查工作的推进，兵团第二次全国地名普查领导小组办公室通过对国家地名数据库管理系统软件的理解和学习，编制了符合兵团自身特点的数据库检查软件。检查软件检查的内容包括：代码的一致性和重复性检查、地名标准化是否漏填或误填检查、时间逻辑性检查、坐标填写是否合理检查、图库连接是否完整、必填项是否填写完整等，并且增加了一些符合兵团的批量填报功能。这使得工作人员属性录入及图库关联的质量和效率提高，检查人员减少了漏查的概率、节省了检查时间。

（三）加强内业整理，成效十分显著

完成兵团14个师、7个市的内业整理工作，录入地名43491条，字数达1600万字以上。其中行政区域类229个、非行政区域类975个、居民点类5113个、群众自治组织类683个、单位类15989个、建筑物类2529个、交通运输设施类8648个、水利电力通信设施类6894个、纪念地与旅游景点705个、陆地水系类534个、陆地地形类1192个。共填报地名登记表45522张、地名标志登记表8050张，标准化处理地名4431个、添加多媒体照片62743张。完成矢量图的整理及普查成果图的标绘工作，图库匹配率达100%。

完成兵团1280幅1∶50000电子工作图的标绘工作，此项工作兵团采用了计算机辅助制图技术，需将国家1∶50000纸质图扫描为电子图，并转换为

MAPGIS 平台下专用格式，进行投影变换，标注兵团工作界线，再对图上地名进行电子标绘。此项方法样式规范统一，便于修改，是兵团地名普查工作的一个亮点。

八、加强调研督查

为进一步贯彻落实文件精神，加大督导督查工作力度，兵团普查办按照国务院普查办要求编制了《兵团督导督查工作实施方案》，通过督导督查，提高了成果质量，在督查中对存在的问题，提出整改意见，为提高普查工作质量起到了积极作用。通过这项举措取得较好的效果，得到部领导认可。

在 4 年多的普查中，兵团民政局先后组织专家对 14 个师 178 个团场进行了督导督查实地检查，内业检查率 100%，外业实地检查 60 个团场，检查率达到 30% 以上。深入工作一线，对各师（市）地名普查的组织管理、地名调查、地名标准化、数据库建设、检查验收、普查档案、普查成果转化等工作进行现场督导检查，督查采取集中听取汇报、召开座谈会、外业检查，量化评分等方式进行。通过督导检查，确保各师（市）地名普查的政策、人员、资金落到实处，普查各阶段工作按照兵团总体部署时间节点有条不紊地推进。督导组专家对检查过程中各师（市）提出的问题进行现场解答，并归类汇总，形成兵团地名普查问题汇编，提高了兵团地名普查成果质量。

兵团地名普查办统一组织，先后根据普查工作进行督导、检查，并在北疆和南疆片区外业调查工作结束时，进行实地外业检查，共检查团场 22 个，外业实地检查率达到 30%，出具外业检查报告 2 份，不合格报告 1 份。

2016 年 10 月，兵团党委常委、副司令员阿布力孜·尼牙孜和民政局局长黄斌一行前往兵团设计院进行现场调研和检查指导工作，在座谈会上听取汇报，观摩普查成果。兵团领导对普查工作给予高度重视并作出重要指示，对兵团普查工作取得的成效给予充分肯定。

九、抓好质量监理评价

（一）建立兵地相互监理的工作机制

为做好普查监理工作，兵团普查办与自治区地名标准化中心多次召开工作协调会，就兵地双方在普查中存在的问题和解决办法，达成统一意见。自治区普查监理工作由兵团负责，兵团普查监理工作由自治区负责。此种监理模式主要是考虑这两家单位都承担过各自地名普查试点工作，具有一定的工作经验和水平。在双方签订的《地名普查监理工作协议》中明确了普查监理范围、监理的内容、服务的期限。通过相互监理建立了良好工作机制，使得兵地关系更为融合，共同推进普查工作。

（二）有序组织实施监理工作

兵团地名普查监理工作于2015年7月正式开展。首先签订监理合同协议书，成立监理机构，9月完成监理实施方案编制和审批工作。在实施方案中，监理机构明确分工和职责，划分监理范围，对监理质量、进度、安全、验收、档案、成果、其他等内容制订了切实可行的监理工作计划。2014年7月至2015年3月完成了资料收集及地名培训工作审核，2015年6月至8月完成了预填地名登记表监理工作，2016年8月至10月主要是对地名普查的外业调查工作进行监理，2016年10月至2017年2月完成了内业数据整理及建库的监理工作，2017年2月至3月完成了师自检及兵团验收的监理工作。

（三）取长补短，共同提高

通过与新疆维吾尔自治区的相互监理，发掘出了各自普查工作中的优缺点，相互学习，共同提高。自治区地名标准化中心在地名标准化处理、少数民族语译写、罗马字母拼写、档案管理等方面积累了很多宝贵的经验。兵团在地图制图上的专业技术也共享给了自治区普查办，兵团普查办自主研发的地名普查属性库检查软件也提供给新疆维吾尔自治区，在全疆范围内推广使用，提高了属性录入及图库关联的质量和工作效率，减少了漏查的概率、节省了检查时间。

十、严格检查验收

（一）建立检查制度

为确保兵团第二次全国地名普查成果的质量，建立普查成果团场自查、师复查及兵团级检查验收制度。团场及调查承担单位负责对本团第二次地名普查各道工序的检查和成果的全面自查，师第二次全国地名普查领导小组办公室负责本师各团第二次地名普查成果的检查和监督，兵团第二次全国地名普查领导小组办公室负责全兵团第二次全国地名普查成果的检查和验收工作。

按国家统一安排部署，2017 年 2 月 20—28 日完成团级自检工作，2018 年 3 月 1—15 日完成师级核查工作，2017 年 3 月 22—24 日完成兵团地名普查成果验收工作。兵团地名普查检查验收共填写校审卡 200 余张，出具检查报告 39 份，质量评分表 39 份，反馈检查修改意见 3756 条。

（二）规范验收程序

1. 自查。自查工作由承担单位和团民政机构共同完成，具体做法：（1）自查以团为单位进行成果资料检查，要求达到 100% 检查，外业成果的资料检查比例 100%，并做好检查记录。（2）对自查提出的问题，普查人员应逐一修改，修改后在检查记录上签字。（3）自查的检查记录随质量控制文件一并归档。（4）经自查不合格或达不到质量指标要求的，普查成果资料全部退回处理。（5）退回处理后的普查成果资料重新实施自查，直至合格。（6）填写《质量校审卡》400 余张。

2. 核查。核查工作由师普查领导小组办公室完成，具体做法：（1）核查是对以团为单位进行内业成果资料检查，检查要求达到 100%，外业成果资料检查比例不得低于 30%，并做好检查记录。（2）核查应审核自查过程检查记录。（3）核查提出的问题，普查单位认真组织修改，修改人员在检查记录上签字。（4）经核查不合格或达不到质量指标要求的，普查成果资料全部退回处理。处理后的普查成果资料重新履行自查，直至合格方可提交核查。（5）核查完成后，进行师成果质量评定并打分，并编写核查报告、《第二次全国地名普查质量评价体系分值表》，核查记录、核查报告及分值表一并提交兵团地名普查办验收。

3. 验收。由兵团地名普查办和专家组组织验收，具体做法：（1）验收一般采用随机抽样检查方式，首先对成果进行总体概查，总体概查通过后再以师为单位抽查，各师抽查的团场单位不得低于 30%。（2）对检查出的问题和处理意见，做好检查记录。（3）验收审核核查记录及报告。（4）验收不合格的成果退回处理，并重新提交验收。重新验收时，重新抽样。（5）验收合格的成果，对检查出的错误进行修改，并通过复查核实。（6）验收工作完成后，编写验收报告。

（三）开展质量评价

对兵团第二次全国地名普查工作的组织管理、地名调查、地名标准化、地名标志、数据库建设、成果表等方面进行量化检查，其中，兵团各师地名普查工作组织机构文件及印章资料齐全；制订了切实有效的工作计划及实施方案；搜集的各种地名相关史料全面；地名目录、地名登记表、地名标志登记表、地名标准化处理统计表填写齐全；调查的项目、记录、录音、照片和表格填写等内容完备无缺；普查数据均已录入地名数据库，属性库和图形库实现了逐一匹配；多媒体数据类型齐全、项目完整，能准确记载和反映地名信息及普查工作重要过程；开展了多种形式的地名普查宣传工作，普查过程中无保密安全事故发生，相关资金设备有保障，成果质量满足国家验收要求。

十一、加强档案管理

兵团第二次全国地名普查档案整理归档工作于 2017 年 3 月开展，档案制作依据《第二次全国地名普查档案管理办法》和《自治区第二次全国地名普查档案管理文件资料汇编》各项办法、制度落实。以《中华人民共和国档案法》《第二次全国地名普查工作规程》认真界定文档归档范围，确保档案整理完整、准确、安全和有效利用。

（一）统一思想，科学部署

档案制作工作按照部的统一部署和要求，由兵团第二次全国地名普查领导小组办公室负责协调工作和安排，由承担普查工作单位负责制作档案，确保档案工作有序开展。

（二）精心配置，确保落实

一是配备工作能力强、业务精通、责任心强的工作人员 16 名。二是配备地名档案整理专用电脑 16 台、打印机 12 台。三是合理安排办公场所及相关所需经费的落实。

（三）注重培训，强化学习

一是积极参加由国务院地名普查办和自治区地名普查办举办的地名档案

培训班。二是在开展整理兵团第二次全国地名普查档案前期，组织工作人员对民政部、国家档案局关于印发《第二次全国地名普查档案管理办法》《地名管理办法》《第二次全国地名普查涉密数据保密管理制度》《第二次全国地名普查工作安全管理保密制度》《地名档案保密制度》等相关文件进行认真学习。三是在归档整理档案中，严禁非工作人员进入办公场所，保证一切档案资料的安全性。

（四）严格规划，遵行规则

一是文书档案严格按照《中华人民共和国档案法》《中华人民共和国档案法实施办法》相关规定正确界定文件材料归档范围，准确划分档案保管期限。二是严格落实《第二次全国地名普查档案管理办法》要求，对业务工作过程中形成的具有保存价值的文字、图表、声像、电子及实物等不同形式和载体进行精确划分和整理，按业务类、成果类、其他类 3 个方面整理归档。三是对除以上 3 类无法归档的文字档案、电子档案进行了清理保存，以便将来所需时备用。

（五）仔细认真，科学规整

一是为保证档案整理经得起历史检验，采取“四看法”即：归档整理看一次、目录打印看一次、装订成册看一次、全部归档再看一次的做法。二是归档纸质文件材料做到字迹工整、图样清晰、签字手续完备，盖章、日期等标识完整。三是严格按照国家有关保密工作要求和地名普查有关保密规定确定密级，并在案卷封面上作出明显标识。

兵团第二次全国地名普查档案制作 43491 条地名，现已完成业务类档案 22000 册、成果类档案 8260 册，工作图 1667 幅、成果图 1667 幅。

十二、推进成果转化

（一）明确基本思路

以兵团第二次全国地名普查成果为基础，抓住“一带一路”建设契机，以打造兵团民政“一个平台、一本书、一张图”的新思路，全面、深度推进兵团地名成果转化工作，打造兵团地名文化软实力，提高兵团知名度与影响力。

一个平台：就是应用地名普查成果，依托当前兵团地名成果数据库，建立兵团地名信息化服务平台，通过计算机网络、信息化手段将兵团地名普查成果统一展现和应用，填补新疆天地图、各类公众地图上兵团地名的空白，实现为政府服务、社会服务的地名管理信息化平台。一本书：出版一本兵团及 14 个师（市）的地名图志，将兵团地名以图文并茂形式展现出来，反映兵团地名状况，使兵团的地名标准化、权威化、法律化，弥补兵团成立 60 多年以来地名文化空白。一张图：结合兵团地名普查成果制作地名成果图，以专题图的形式展现兵团、师（市）、团场（镇）地名现状和规划，为兵团“一带一路”核心区建设保驾护航。

（二）边普查边实施成果转化

1.《新疆生产建设兵团地名故事集》。兵团第二次全国地名普查领导小组办公室、兵团民政局于 2016 年 3 月启动《新疆生产建设兵团地名故事集》项目。该项目通过社会征稿和各师投稿的形式，编辑出版《新疆生产建设兵团地名故事集》，通过挖掘兵团地名故事，宣传兵团军垦文化、地域特有文化和促进兵团先进文化建设。该项目组建了编辑委员会、编辑部，共收集各方稿件 320 余篇。本书为内部刊物，不公开出版发行。

2.《中华人民共和国标准地名词典》。根据《中华人民共和国标准地名词典》编纂委员会要求，新疆生产建设兵团已完成第一部分（政区、居民点、城镇交通）地名词条代号、词条目录及释文上报工作，正在进行第二至第八部分词目释文编写的准备工作。

3.《新疆生产建设兵团地名图志》。依托第二次全国地名普查资料，按照分类、分级、分批的原则，以师为单位，编纂出版兵团、各师地名图志，力争突出兵团特色，充分表现兵团地名特点及发展变化情况，为兵团地名标准化、规范化提供典籍依据。《兵团地名图志》定位为地名志与综合性地图集，包括 1 部兵团总卷、14 部分卷。兵团总卷全名为《新疆生产建设兵团地名图志》，每部分卷按照各师建制序列命名，如《新疆生产建设兵团第一师地名图志》。本项目组建编辑委员会、编辑部，总体设计方案、专题技术设计书编制工作，完成了《兵团地名图志》的释文编撰工作，共编撰地名词条 12680 条，约 240 万字，编制地名专题插图 411 幅。

4.《新疆生产建设兵团分布图》2017 版修编。兵团第二次全国地名普查领导小组办公室、兵团民政局于 2017 年 6 月启动《新疆生产建设兵团分布图》修编项目，以展示地名普查后兵团最新的地名分布情况，印制绸图 1000 份。

5. 兵团地名公共服务 App 平台。平台充分利用地名普查成果数据，通过移动互联网、GIS、大数据等信息化手段，进一步挖掘分析，开发出兵团地名概况、兵团旅游、兵团地名故事、地名全景、地名文化宣传等功能模块，并开通了用户意见反馈及地名更新纠错功能，增强了与公众的互动且保持平台数据不断更新。

跨界自然地理实体地名普查工作纪实

为加强对全国范围内跨界自然地理实体地名的普查，补充完善国家区划地名数据库，实现第二次全国地名普查全覆盖，国务院地名普查办组织开展了跨界自然地理实体地名普查。通过普查，完成了12052个跨省界自然地理实体地名名录、调查表、属性数据库；形成了全国68条省级行政区域界线的地名图和地名录；制作了476个地名的边界库、专题图库和数字三维库，共计7万余幅；编写了2291个地名的词条，基本摸清了我国跨界自然地理实体地名的底数详情，填补了我国跨界自然地理实体地名管理的空白，为国情教育、区域发展、文化传承等提供了丰富翔实的地名信息。

一、深入调研、科学研究论证

我国自然地理条件复杂多样，各类自然地理实体分布众多，其中流域面积在1000平方千米以上的河流就有1500余条，绝大多数属于跨界自然地理实体。这些自然地理实体构成了国家地理地形的基本轮廓，其地名也成为国家地名中的“骨架”。中华人民共和国成立以来，我国尚未针对跨界自然地理实体地名进行过全面系统的梳理规范，山脉水系一地多名、名称指位不清等问题普遍存在。由于跨多个行政区域，跨界自然地理实体地名往往成为地名普查中的“盲点”。为此，国务院地名普查办把跨界自然地理实体地名普查提上重要日程，作为第二次全国地名普查的补充和延伸。

（一）开展实地调研

2015年2月至4月，就开展跨界自然地理实体地名普查工作，国务院地名普查办先后赴吉林省和广西壮族自治区进行了实地调研，与基层地名工作者进行了深入的交流研讨，较为全面地了解了沿边、民族地区跨界自然地理实体地名管理现状和存在问题，收集整理了跨界自然地理实体地名普查面临的主要困难和意见建议。明确了开展跨界自然地理实体地名普查意义重大，有利于实现全国地名普查的全覆盖、有利于解决不规范地名的问题，提出了“分级负责、分类实施、上下联动、专业支撑”的工作思路。

（二）组织专家学者论证

为了加强跨界自然地理实体地名普查的科学论证，国务院地名普查办于2015年4月，多次组织高等院校、科研院所、行业协会等单位的专家学者，就跨界自然地理实体地名普查工作广泛听取专家意见，并就跨省界自然地理实体地名的基本概念、实施普查的技术路线、热点难点问题及其解决途径等进行了深入研究讨论。专家普遍认为就全国范围内的跨界自然地理实体分布情况进行系统梳理，摸清实体底数，汇总实体种类、分布、范围、现有名称等基本属性信息，同时，对各类型实体及其名称进行系统分析，明确相应的普查和标准化工作重点、工作方式和目标要求。

（三）深入开展座谈研讨

2015年5月8日，国务院地名普查办组织召开了跨界自然地理实体地名普查工作座谈会。第二次全国地名普查专家咨询委员会部分成员、省（自治区、直辖市）有关专家以及河北、山东等10省（自治区、直辖市）区划地名处负责人和有关同志30余人参加了座谈，座谈会围绕跨界自然地理实体地名普查的目标范围、普查内容、步骤流程、任务安排等问题进行了广泛研讨。国务院地名普查办副主任、民政部区划地名司副司长李伟出席会议并讲话，明确了普查意义，提出了普查的方法步骤，要求紧密结合全国普查，充分利用现有成果，切实尊重现实和传统。

（四）印发通知方案

通过调查研究和座谈研讨，对跨界自然地理实体地名特点特性的把握不断深化，认识逐步到位，路线方法逐渐清晰。国务院地名普查办于2015年7月制定并印发了《关于做好跨界自然地理实体地名普查工作的通知》，同时印发了《跨界自然地理实体地名普查工作实施方案》。根据通知精神和方案要求，各地相继开展了跨界地名普查。同步开展跨省界自然地理实体地名摸底普查。明确了普查的目标任务是摸清全国跨界自然地理实体地名底数，审定发布跨界自然地理实体标准地名，补充完善国家区划地名数据库，推进成果转化，优化地名服务，促进区域经济社会发展。在前期工作基础上，基于跨界自然地理实体地名的特点特性和普查目标要求，结合全国地名普查实际，经反复论证修改，形成了跨界自然地理实体地名普查实施方案。

二、项目运作、精心组织实施

跨界自然地理实体是指跨两个或两个以上行政区域的自然地理实体，包括跨省级、地级、县级等行政区域界线的自然地理实体，开展此类实体名称的普查和标准化工作，必须依靠相关政区的有效沟通和密切配合才能实现。国务院地名普查办按照跨界自然地理实体地名普查分级负责的原则，统筹推进。

（一）明确任务分工

国务院地名普查办负责跨省自然地理实体地名普查工作的组织实施。各省、自治区、直辖市地名普查办负责本行政区域内跨界自然地理实体地名普查工作的组织实施。国务院普查办负责对各省、自治区、直辖市普查工作的督促指导和普查成果的审核验收。跨界普查在组织实施中总结出如下特点：

1. 在全国地名普查中统筹部署。各地把跨界自然地理实体地名普查作为第二次全国地名普查的重要内容，与其他地名普查工作同部署安排、同推进落实、同检查验收。已系统梳理过跨界自然地理实体地名的地方积极做好“接边”汇总等工作，尚未进行过跨界自然地理实体地名标准化处理的地方积极部署实施，拾遗补阙，实现地名的普查全覆盖。

2. 注重现有资料的收集利用。注重收集利用土地调查、水利普查、地理国情普查相关成果，避免重复劳动。加强对各类图集、典籍等资料的广泛收集和整理甄别，提高普查效率，保证成果质量。

3. 加强政区之间的协调配合。建立有效的协调机制，加强跨界自然地理实体地名相关政区之间的沟通配合，搞好资料共享，加强协同考证与协商审定等工作。

（二）确定跨省界普查项目团队

实施跨省界自然地理实体地名普查，在数据库编码、地名标准规范、资料整理甄别、标准地名审定考证等各个环节、各个方面都需要以深入扎实的研究为支撑。跨省界自然地理实体地名普查的过程，是一个研究考证的过程，需要有专业的、专门的团队把研究考证贯穿到普查的全过程，在实施中研究，在研究中实施。为此，国务院地名普查办根据专家建议决定以项目委托的方式，招投标确定跨省界自然地理实体地名普查的专业团队并于2015年11月、2016年6月和12月在社会上公开招投标，经过专家对标书的评审认定，确定由中国科学院地理科学与资源研究所和中国地名文化遗产保护促进会等单位联合承担跨省界自然地理实体地名普查工作。承接该项目后，为保障普查顺利实施，普查承接单位组建了工作团队、专家团队、志愿者队伍确保按时完成普查任务。建立了一支有担当的工作团队，为保证地名普查成果的科学性与完整性，组建了210余人的工作团队，成立了6个执行工作组，主要包括：理论分析组、收据收集与采集组、数据集成组、特征分析和标准化研究组、词条编研组和图库（GIS）组。建立了一支专业强的专家团队，邀请了来自地理学、地名学、地貌学、地图学、生态学、社会学、经济学以及文化学等领域的68名专家，成立了普查专家咨询委员会，定期召开专家咨询会对普查成果进行评估与指导，充分发挥专家在地名普查工作中的智囊团作用，提高了普查成果的科学性，形成了以专家引领，团队配合，高起点、高标准、高水平的文化氛围。建立了一支负责任的志愿者团队，与全国各大高校、专业院所建立联系，以参与实践调研的方式展开合作，征集了150名左右的志愿者，专业涵盖地理、空间、自然、水文水资源、历史、经济、社会、文化、测绘、民族宗教、人口、政治等。他们参与基础资料的搜集、整理，词条粗编等工作。由中国地名文化遗产保护促进会配置80平方米的办公场地作为保密工作环境，配置120平方米为常用办公环境，并配置专用保密服务器、防静电设备、防控和保密管理系统，并由专职人员负责保密工作，承担保密数据的管理和使用，对所有项目人员进行了保密培训并一律签订保密责任书。

（三）确定普查技术手段和路线

1. 普查技术手段先进。针对跨界自然地理实体地名普查涉及数据量多、工作量大、多媒体采集难等特点，普查采用了GPS、GIS、RS技术和无人机、互联网等现代科技手段采集属性信息。借助先进的软件应用技术，基于MapGis软件平台、ArcGis数据分析和挖掘技术，并经过数据的整合、标准化、规范化、统一化等技术处理后，构建出标准的制图成图规范，并构建了资源丰富、标准规范的数据；制作跨界自然地理实体地名采集审核系统，为各省上报跨省界地名名录提供了高效、快捷、简洁、明确的方式方法，从而大大缩短了地方上报的时间，促进了普查工作的顺利开展。湖南省衡阳市利用成熟的无人机航拍技术，对市辖区内20个边远地区的山、山峰、山体等跨界自然地理实体，利用无人机进行了实地照片采集。

2. 有序推进普查工作。跨界自然地理实体地名普查缺乏现成的、成熟的理论体系和技术方法做支撑；实施团队需要覆盖地名、地理、历史、经济、社会、文化、语言、民族、测绘等多个学科领域，且分属不同组织机构，思维方式和工作风格各异；相关的机构类型多样、数量众多，包括各级地名普查办、各大河管理委员会、水利部、统计局、各科研院所等，组织协调能力要求高。综合考虑不同类型特征地名工作任务的侧重点、第二次全国地名普查整体进度以及国务院地名普查办支撑能力等因素，跨地市、跨县界自然地理实体地名普查工作，由各省（自治区、直辖市）地名普查办结合本地区普查整体进度具体安排，跨省界普查分布推进实施。

2015年6—9月，收集资料编制跨省界自然地理实体地名名录。组织人员收集相关科研院所现有历史档案资料，汇总地方上报摸底数据，查漏补缺，分析整理，初步形成包含11702个地名的跨省界自然地理实体地名普查名录。

2015年7—10月，设计制作跨省界自然地理实体地名普查调查表。组织专业力量设计制作46类跨省界自然地理实体地名普查调查表，研究确定了各类跨省界实体地名属性信息的采集数据项，明确了数据采集的方法和质量标准，包括填报审核主体、采集渠道方式、数据质量标准等内容。调查表设计着眼于服务国家区域发展战略和跨省界自然地理实体地名权威信息的社会需求，设计属性数据采集项。此套调查表在《第二次全国地名普查工作规程》的要求基础上，把地名信息分为名称、空间、自然、经济、社会、文化6个方面。

2015年8—12月，研发跨省界自然地理实体地名普查采集审核系统。委托技术力量建设基于网络的跨省界自然地理实体地名数据采集审核系统，为普查单位实施数据填报、审核、分析搭建工作平台。此系统由5个子系统组成，分别是地名名录采集审核系统、地名属性采集审核系统、跨县地名名录采集审核系统、个人中心和后台管理系统。

2016年1—12月，开展陆地地形类跨省界自然地理实体地名普查。对1166个陆地地形类跨省界自然地理实体地名进行普查，准确、翔实地采集其名称、空间、自然、经济、社会、文化等属性信息；编制地名词条；建立地名边界图、专题图、数字三维图；总结陆地地形类跨省界自然地理实体地名特征，并形成地名特征分析报告；对陆地地形类跨省界自然地理实体地名突出的问题提出标准化处理意见、建议及相关依据；对空间范围十分广阔、具有显著经济等价值的有地无名的陆地地形类跨省界自然地理实体地名提出命名依据和命名规则建议。

2016 年 6—8 月，开展陆地水系和其他类跨省界自然地理实体地名普查。对 1078 个陆地水系和其他类跨省界自然地理实体地名进行普查，准确、翔实地采集其名称、空间、自然、经济、社会、文化等属性信息；编制地名词条；建立地名边界图、专题图、数字三维图；形成全国五级水系标准地名图；总结陆地水系和其他类跨省界自然地理实体地名特征，并形成地名特征分析报告；对陆地水系和其他类跨省界自然地理实体地名突出的问题提出标准化处理意见、建议及相关依据；对空间范围十分广阔、具有显著经济军事等价值的有地无名的陆地水系和其他类跨省界自然地理实体地名提出命名依据和命名规则建议。

于 2017 年 1—12 月，部署开展跨省界自然地理实体地名普查。在摸底阶段名录编制成果基础上查漏补缺，摸清底数；系统梳理各省上报数据不一致以及跨省界自然地理实体地名存在有地无名、一地多名、通名混乱等非标准化问题，分类形成问题列表；组织各省（自治区、直辖市）对数据不一致等问题进行复核，组织有关省（自治区、直辖市）地名管理人员和有关专家对非标准化问题进行分析论证，分类逐一提出标准化处理意见建议；依据《第二次全国地名普查工作规程》研究制定跨省界自然地理实体地名地图标注与“接边”处理规范；以第二次全国地名普查工作底图为基底，进行跨省界自然地理实体地名的地图标绘“接边”和属性数据“接边”工作；配合国务院地名普查办审定跨省界自然地理实体标准地名，形成跨省界自然地理实体标准地名录；结合陆地地形类、陆地水系和其他类跨省界自然地理实体地名普查成果，以省界为单位构建省级行政区域界线标准地名图录。

各省召开会议组织部署跨界普查，明确普查对象、目标任务、普查内容，切实做好跨界自然地理实体地名普查工作。2017 年 5 月，湖北省襄阳市分别与随州市、神农架林区联合召开跨界地名联合论证会。2017 年 5 月 10 日，广西壮族自治区河池市七县召开“二普”跨界地理实体暨地名标志设置工作交流会，来自金城江、南丹、天峨等 7 个县区的代表参加了会议。2017 年 7 月

11 日，广东省江门市召开县级跨界地名论证审定会。会上，市普查办听取了各市、区跨界地名前期普查工作情况，各跨界双方专家对跨界地名名录及登记表进行严格审查，对有争议的地名条目进行深度考证。2018 年 3 月 27 日，江苏省苏州和无锡两市民政局区划地名处负责人和相城区民政局、新吴区民政局、相城区望亭镇政府、新安街道办事处有关人员在望亭镇召开了平安边界建设联席会议暨跨界道路地名命名方案协商会议，并沿着界线实地勘察了拟命名的跨界道路的走向、起止。经过充分论证，会议通过了“吴门口路”地名命名方案。

（四）严格监理、确保质量

1. 制定质量要求

为实践和检验普查顶层设计中技术路线的可行性、调查方法的科学性、建库方法的可操作性、数据资料的可获取性以及数据质量的权威性，完善普查顶层设计成果。

（1）试调研工作内容。试调研工作的主要内容包括确定试调研的普查对象以及外业调研的路线安排、试调研工作方式设计、试调研的成果要求、具体的试调研工作、完成试调研的普查成果、对普查顶层设计中存在的不合理设计进行调整、完善和提升，指导全面普查工作的推进。

（2）数据采集与调查表填制。地名属性数据采集与属性调查表填制涉及的工作有：地名边界提取、地名属性数据的采集以及地名属性调查表填制。

（3）地图图库建设。包括边界库、专题图库、三维图库、全国五级水系标准地名图，图库采用统一的数据源，通过 GIS 软件工作平台相互关联，共同承载地名图库建设的全部内容，充分展示和挖掘跨省界广域性地名所蕴含的自然、空间、经济、社会、文化等内涵属性，为地名公共服务做准备。

（4）地名特征分析报告。地名特征分析工作主要从属性数据和空间数据两个维度开展，借助统计分析方法和 GIS 分析方法以及多维空间信息可视化相关的理论和技术，特别是地名图谱的理论和方法等，面向国情教育、面向区域发展、面向文化传承等地名服务的角度，针对单个地名的不同属性、某一类型的不同地名之间、不同类型地名之间以及地名群开展特征分析和对比，发现和总结各方面属性之间的联系与相互作用，特别是自然、空间因素和地名社会、经济、文化内涵之间的互相影响关系。

（5）地名标准化研究。跨省界自然地理实体空间尺度大、历史文化内涵丰富、地名关系复杂，地名的非标准化问题更加典型。跨省界自然地理实体地名非标准化问题的研究工作属于科研工作，主要包括梳理跨省界自然地理实体地名名录中存在的非标准化问题、增加研究对象的数量、针对跨省界自然地理实体地名中存在的非标准化问题制定地名命名标准、提出地名命名建议等。

（6）地名词条编研。词条基于地名的名称、空间、自然、社会、经济、文化 6 大类属性信息以及多媒体信息，整合地名图库成果，揭示地名特征，阐释地名内涵，是地名普查最凝练、最高级的成果。对空间范围广阔或具有典型历史文化内涵的地名，要求形成科学、丰富、标准化的词条，字数在 5000 字左右。

（7）普查总结报告。跨省界自然地理实体地名普查总结分析报告全面系统总结普查工作和成果，包括普查的数据采集规范、参考规范、技术标准、建库规范、业务流程、技术方法体系和实施管理等方面的总结。阐述普查目标任务完成情况，总结普查经验、成果，分析普查过程中面临的困难问题与解决措施，梳理普查创新点与工作模式，提出地名管理等方面的建议。

2. 健全制度规范

（1）建立普查工作制度。根据普查任务要求，结合实际工作需要，进一步加强了制度保障。通过制定与细化制度保障，确保顺利实施。主要是建立了实施方案、倒计时、保密管理、专家管理、志愿者管理、信息资源库管理、财务管理、档案管理、会议管理、办公室管理、成果管理等制度。

（2）完善普查规范。跨省界自然地理实体地名普查采用标准先行、规范指导的原则。跨省界自然地理实体地名普查是一项系统工程，主要由陆地地形、陆地水系和小地名普查组成，每个普查既独立又相互联系。因此，制定标准和规范是完成一项工程的前提，并且可以指导普查进行标准化建设。共制定了 13 个规范，信息采集规范保证了地名属性数据调查过程中技术方法的科学性、合理性和高效性。参考资料规范保证了信息采集过程中的规范性。图库建设规范保证了图库数据的时效性、全面性。词条编写规范保证词条构成的规范性和词条内容的全面性、准确性。资料来源规范保证了普查数据来源的权威性和可用性以及数据生产年代等规格要求。特征分析报告规范保证编写的严谨性、科学性。多媒体采集规范保证了多媒体采集的规范性。编码规范保证了地名代码的唯一性和可扩充性。全国五级以上水系图集编制规范保证了图集编制的数据来源与编制方法，保证了图集的准确性与规范性。图示图例规范是在一系列地形图图式标准、数字地图产品标准、地理信息分类标准和符号标准的基础上，结合第二次地名普查数据库建库规范中的符号的具体特点制定的。标准地名图制图规范从跨省界地名符号的设计与建库、地图注记的配置、不同自然地理实体类型表达范式与未命名表达范式、图廓整饰等四方面进行了规定。地名数据建库规范的制定是从跨省界自然地理实体地名普查数据库设计、软件使用、数据要求、安全要求4个方面进行了规定。调查表整编规范是对各省份报的调查表进行归一化处理，明确填写的属性规范要求，针对每一个属性项进行规定。

3. 加强技术指导

为加快推进跨界自然地理实体地名普查工作，做好跨省界自然地理实体地名名录和调查表的核实确认和接边审议工作，2017年10月10日至12日，国务院第二次全国地名普查领导小组办公室在北京召开跨省界自然地理实体地名普查“接边”审议会。民政部区划地名司陈德彧副司长出席会议并讲话。各省（自治区、直辖市）地名普查办业务骨干，跨省界地名普查实施单位有关同志和部分专家学者共40余人参加了会议。国务院地名普查办和普查组做了大量工作和充分准备，对各地上报的数据、勘界详图数据等进行了系统的整合梳理和分类比对，对各地跨省界自然地理实体地名普查“接边”处理工作进行了全面的总结分析，对会议方案、培训内容、会务工作进行了反复的研究协调和精心准备，各地方也给予了积极配合。参会人员还按照省界线分布，分组对68条跨省界自然地理实体地名名录和调查表进行了现场核查确认和问题研讨，根据各组反映的问题特点，普查组现场进行汇总分析和吸收处理并提出了相应的对策。

4. 开展质量监理

委托中国地图出版社作为质检方对跨省界自然地理实体地名普查成果进行质量检查与评估，普查单位对质检方提出的问题和修改意见进行了修改完善，并提交修改成果。质检单位针对地名属性数据库、地名标准词条库、地名图库、地名特征分析报告、地名命名依据和命名规则建议、地名非标准化问题列表、标准化处理建议与相关依据、地名普查总结分析报告、地名普查成果表、地名普查名录、全国五级水系标准地名图、跨省级行政区域界线地名详图等内容进行了40%的抽检，形成了46项成果质量问题，包括各地名数据库之间的逻辑一致性问题、属性数据库内容填写不完整、词条中现势性的问题、规范问题、专题图库问题、词条的体例结构问题等。普查单位依据成果质量问题进行修改，并对其他未抽检到的成果中的同类质量问题进行修改，并提交质检方进行二次质量检查，复检反馈意见为已全部修改。

三、成果显著、填补普查空白

（一）建立了跨界自然地理实体地名名录库

通过采集挖掘省级行政区域界线详图中的跨省界地名，整理汇总各省份上报的跨省界地名，整合陆地地形、陆地水系普查中的跨省界地名，进行语义分析得出的跨省界地名，最终形成跨省界自然地理实体地名名录库，共计12052个地名。名录中每个地名所包含的信息有地名名称、经纬度坐标、所跨行政单元（省、市、县）、地名类别、编码、所在图幅。通过对名录中的所有地名进行全面分析，形成68条线，30个省地名类型数量结构、类别、几何特征三方面进行解析，初步形成地名以省界分类与按省分类特征。

（二）开发了跨界自然地理实体地名数据库

本次对跨界自然地理实体地名普查主要采用多比例尺、多数据类型，对于空间尺度大的跨界自然地理实体地名采用1∶100万、1∶400万，空间尺度小的跨省界自然地理实体地名采用1∶1万、1∶5万、1∶10万，形成68条省界线的接边地名空间矢量数据，数据格式严格按照第二次全国地名普查工作规程要求，与第二次全国地名普查数据进行衔接。以现有数据资料为基础，基于MapGis软件平台对地方上报的跨省界自然地理实体地名普查成果数据入库，建立Geodatabase数据库，按照要求对数据进行转换入库。

（三）制作了跨界自然地理实体地名图库

1. 对于空间尺度大的跨省界自然地理实体地名，充分挖掘地名所蕴含的自然、空间、经济、社会、文化等内涵属性，分类型、分属性将相关内容以地图形式展示，形成跨省界自然地理实体地名边界库、专题地图库和数字三维库，3个子库相对独立又相互衔接，共同承载图库的全部内容。

（1）地名边界库主要存储地名自然地理空间范围和全国省级行政区划，

明确清晰地展示跨省界不同类型地名的全国分布、同省中不同类型地名的数量和所在位置等信息，并且确定了地名属性信息提取的边界范围，是图库建设的基础数据库。

（2）专题地图库中主要体现两方面内容：一是能够体现地名所在区域在自然、经济、社会和文化领域的特征及分布，是图库内容展示的数据基础和来源；二是通过图形形式展示地名在各个领域中的内涵信息，是图库建设的重要组成部分。

（3）数字三维库是直观了解和诠释地名所在空间位置的最好数据产品形式，通过库中的DEM数据、遥感影像数据和数字三维模型，将地名范围以三维立体的形式展示，再通过相关属性信息的链接查询表达，提高地名的空间认知和信息获取的方便性和直观性。

2. 对于空间尺度小的跨省界自然地理实体地名，以1∶1万、1∶5万、1∶10万省界DLG地形数据（《中国省级行政区界线详图》）作为工作底图和基础数据源，依据《跨省界标准地名图制作规范》对每条省界线自然地理实体要素进行逐一编绘，形成68条省界线2260幅以JPG格式存储的1∶1万、1∶5万、1∶10万跨省界自然地理实体标准地名图电子地图。

（四）建设了跨界自然地理实体地名属性库

普查组利用多种数据源以及先进的数据采集手段，在综合集成第二次全国地名普查属性项的基础上，将跨省界自然地理实体地名属性库建设内容的丰富程度分为两类。一类是对于空间尺度大、自然环境复杂、类型多样、经济社会发展水平差异较大、历史文化内涵丰富的跨省界自然地理实体地名，从名称属性、空间属性、自然属性、经济属性、社会属性和文化属性6大方面来丰富地名；另一类基于“二普”成果表整理各省份上报地名调查表，对相邻两省份上报的地名调查表进行归一化处理，形成68条省界线地名普查成果表。

（五）编写了跨界自然地理实体地名词条库

跨界自然地理实体地名词条编研工作需要对地名的各类属性信息、图库以及地名特征进行高度的总结和凝练，以科学化的语言严谨地加以阐释和说明，能够把握住地名的内涵，切中跨省界自然地理实体地名的本质特征。只有对跨省界自然地理实体地名特征进行科学分析，才能保障对跨省界自然地理实体地名各属性之间的内在关系（特别是自然、空间属性与社会、经济、文化属性之间的关系）以及地名之间的关系（特别是空间关系）的揭示，从而挖掘跨省界自然地理实体地名的内涵，支撑跨省界自然地理实体地名词条的编研工作，最终实现从地名审视国情、政情、社情、民情，以地名阐述经济社会发展规律，用地名服务国家整体发展战略的目标。

跨省界自然地理实体地名词条从地名名称、自然、空间、社会、经济、文化等角度，使用高度概括的科学语言阐释地名的丰富内涵，以跨省界自然地理实体地名的标准名称和释文一一对应的形式存在，包括地名的名称、含义、空间区位、跨省界信息、几何特征、自然环境、自然资源、自然灾害、生态环境、实体形成机理和演变说明、人口、民族、教育、产业、能源、历史、宗教、风俗、非物质文化遗产等方面关键特征的科学、准确、简洁的阐释。

（六）形成了跨界自然地理实体地名普查规范类成果

在普查实施过程中，不断完善相关规范，为跨界自然地理实体地名普查后续工作提供参考，保证整个跨界普查的顺利开展。按照本普查工作内容制定相关规范，主要包括：地名边界提取规范、数据收集资料规范、地名信息采集规范、词条编研规范、地名普查图库建库规范、地名普查编码规范、地名接边与标注规范、图示图例规范、标准地名图制图规范、地名数据建库规范等，普查的成果与形成的技术体系以及规范流程将可能推广到以后跨界地名普查成果的服务等工作，以及对后续普查工作具有指导意义。

（七）完成了跨省界自然地理实体地名特征分析报告

1. 开展跨省界地名特征分析。地名特征分析工作主要从类型和实体地名个体两个维度开展，借助分类、聚类、相关分析、回归分析等属性数据挖掘方法和叠置分析、缓冲区分析等 GIS 分析方法以及多维空间信息可视化相关的理论和技术，特别是地学信息图谱的理论等，针对单个地名的不同属性、某一类型的不同地名、不同类型的地名之间以及地名群开展特征分析和对比，发现和总结各方面属性之间的联系与相互作用、自然、空间因素和地名社会、经济、文化内涵之间的互相影响关系、同一类型不同地名与不同类型的地名之间的特征对比以及相互影响关系，可以反馈并进一步指导跨省界自然地理实体地名图库的设计和编制工作，厘清跨省界自然地理实体地名的内涵、特征、内在规律。地名特征分析报告从地名的角度分析空间、自然、社会、经济特征和历史文化脉络，力求实现通过地名看国情、政情、社情、民情，从地名阐释经济社会发展规律，进而用地名服务国家整体发展战略，为国家的战略决策提供数据和知识支持。

2. 进行未命名情况与分析。基于2004年勘界详图，对照已有地名产生与演变规律，结合遥感影像和已有数据库等文献资料，查找、定位并分类了19428个跨省界未命名自然地理实体。其结构特征如下：从类型上看，未命名自然地理实体可分为陆地地形、水系、重要人工自然地理实体三大类。其中，陆地地形类最多，高达17029个；重要人工自然地理实体类最少，仅有156个。陆地地形类所包括的地名小类类型最多，有11种之多，各类型数量差异显著。其中，山峰类最多，有13042个，其次是山类，有1634个，草原类的最少，仅有1个。按照省界线对未命名跨省界自然地理实体名录进行梳理，闽赣线未命名自然地理实体最多，达1240个。在对未命名自然地理实体进行命名时，普查组通过分析已命名的自然地理实体的命名方法，由已知推未知，发现对未命名的自然地理实体命名时，从实体之间的空间尺度构成关系和语义关联规则考虑，由已命名地名关联并分析出未命名自然地理实体的名称。

3. 提出不规范地名问题列表与处理建议。通过分析整理、分析名录，形成4类不规范问题，包括有地无名、多地重名、一地多名、通名混乱，其中有地无名问题最多，针对有地无名（未命名自然地理实体）问题进行了解析。基于《中华人民共和国省级行政区域界线详图集》与地方上报名录，对8164个地名的通名问题进行分析，分为陆地地形和陆地水系两大类，共计26个小类：其中陆地地形类有15个小类，包括：草原、洞穴、戈壁、丘陵、森林、沙漠、山、山峰、山谷、山口和关隘、山坡、山体、湿地、台地；陆地水系类有11个小类，包括：河堤、河谷、河口、河流、河湾、河源、湖泊、瀑布、泉、人工河道、水库。

通过对现有跨省界自然地理实体地名名录的解析，经过分析、梳理后，发现存在不规范问题的地名约2721个，其中，存在“一地多名”问题的地名约有649个，存在“多地重名”问题的地名约有1089个，存在“通名混乱”问题的地名约有983个。为了解决这个问题，需要对当前地名进行基本的认识，并对于不规范问题进行详细的分类和辨析，也需要从地名的角度分析现有的地名同自然地理实体之间的关联，然后从地名命名的原则、要求和相关规则入手，提出适合于不同问题类型的研究方案，从而科学合理地解决问题。

四、工作创新、具有重要影响

（一）首次建立了跨界自然地理实体地名数据库

第二次全国地名普查主要以县级行政区为普查单元，普查成果仅反映了跨界自然地理实体地名中的部分信息，导致大尺度跨省界自然地理实体地名信息的全面性和系统性有待完善。该普查是全国首次以跨省界自然地理实体地名为研究对象，采用自上而下整编与自下而上普查相结合、室内作业与室外调研相结合的工作方式，对陆地地形类（平原、山脉等）、陆地水系类（河流、湖泊等）和其他类别 3 大类 46 个小类的跨省界自然地理地名按照地名名称、空间、自然、经济、社会、文化等 6 大属性，进行普查、登记与建库。该普查首次构建了全国跨省界自然地理实体地名名录库、基础数据库、边界库和图库；填写了跨省界自然地理实体地名调查表，编研了地名词条、地名特征分析报告和未命名自然地理实体命名规范等，对跨省界自然地理实体地名的属性信息和各方面的内涵进行了全面系统的分析，填补了我国跨行政区地名普查工作的空白。

（二）创新基于地名服务的跨省界自然地理实体区域治理方法

经普查发现地名与区域自然环境、社会环境、经济发展和文化背景之间存在诸多耦合关系。以地名与贫困之间的关系为例，除平原、盆地和高原等部分社会经济发达地区外，大多数跨省界自然地理实体地名分布区域具有地形条件复杂，对外交往不便，开发程度较低，经济和社会发展落后等特征。在国务院 2011 年确定的 14 个集中连片特困地区中，有 13 个为跨省界自然地理实体或有国界段落的区域，跨省界自然地理实体地区已经成为我国精准扶贫工作的主战场。另一方面，经普查发现我国众多世界遗产地、国家风景名胜区、国家地质公园、国家森林公园、国家自然保护区、国家水利风景区、4A 和 5A 级景区等多位于跨省界自然地理实体地名分布区域，是发展生态旅游和文化旅游的绝佳场所。通过跨省界自然地理实体地名普查及建库将有助于探讨自然地理实体与我国贫困区的关系，在精细尺度上认知资源优势、识别致贫因子，为我国精准扶贫工作提供数据和知识支撑，为区域治理提供了新方法。

（三）探索跨界自然地理实体地名管理的新模式

跨界自然地理实体地名具有多尺度、多时态、多套叠与镶嵌性等特征，以及内部社会经济发展水平差异显著等特点，使得跨界自然地理实体地名管理的复杂程度高、协调难度大。现有基于行政区的管理模式不利于跨界自然地理实体分布地区的区域整体开发与协调发展，地名管理难以为区域可持续发展服务。为此，普查组分析了跨界自然地理实体地名与自然、社会与经济条件之间的耦合关系，探讨了跨界自然地理实体的命名规则和基于系统科学的地名科学管理方法体系以及未来跨界地区开发所带来的地名动态管理模式，有助于提升地名管理水平，推动区域可持续发展。

（四）对后续地名普查工作有较强的借鉴意义

本次跨界自然地理实体地名普查成果具有较强的创新性，一是建立了跨省界自然地理实体地名边界提取规范，充分探讨了各类自然地理实体地名边界的划定依据和提取方法；二是编研了未命名自然地理实体命名规范，提出了各类自然地理实体的命名依据与建议；三是综合分析了跨界自然地理实体地名类型与区域社会经济之间的关联关系，特别是跨界自然地理实体地名与精准扶贫、资源开发利用、旅游发展、传统文化保护和生物多样性保护之间的关系，有助于地名服务的转型升级；四是建立了内容丰富的地名属性数据库、专题地图库和基础数据库，可为区域综合治理和统筹决策提供数据支撑。同时这些也为后续地名普查提供了有益的借鉴。

加强地名文化保护

清理整治不规范地名工作纪实

地名是基本的社会公共信息，也是重要的社会文化形态和载体，在国家治理、社会生活、经济发展、文化传承、国防建设和国际交往等方面广泛发挥着重要作用。为了落实张高丽、杨洁篪、王勇等领导同志的批示精神，进一步规范地名管理，加强地名文化建设，以第二次全国地名普查为契机，国务院地名普查办于2016年2月至2017年6月开展了为期一年的“加强地名文化保护和清理整治不规范地名”专项工作。在国务院地名普查办和各地的地名普查办共同努力下不规范地名的清理整治取得阶段性成果，各地基本摸清了不规范地名现状，并根据相关地名法规对不规范地名进行命名、更名处理。不规范地名得到了有效控制，进一步促进了我国地名文化资源的保护，地名文脉的传承和弘扬，促进了地名管理规范化、标准化水平的提高。

一、科学决策，打好主动仗

我国地名文化资源浩如烟海，内涵丰富，底蕴深厚。千百年来各族人民共同创造、代代相传的地名，不仅是5000多年中华文明的重要组成部分，也是中华民族宝贵的文化遗产。近年来，随着城镇化快速发展，老地名快速消失，新地名大量涌现，一些地方对地名文化理念理解不够正确，保护措施不够得力，轻易乱改地名，导致许多具有深厚文化内涵的地名快速消失，大量地名文化遗产遭到破坏，严重损害了中华优秀传统文化传承；一些地方在地名命名时盲目贪大、媚洋、求怪，导致“大、洋、怪、重”等地名乱象大量滋生，丢了传统、断了文脉、失了特色；一些地方地名不准确、不规范，有地无名、一地多名、地名重名等现象还不同程度存在，由地名引发的争议屡见不鲜；一些地方地名标志设置跟不上城市建设步伐，地名标志缺失、毁损、拼写不标准等现象严重，给群众生活带来了诸多不便。地名命名更名不规范问题不仅给规范地名管理带来巨大挑战，也影响了国家治理体系建设和治理能力的提高，引发了社会广泛关注和不满。

2015年11月29日央视《焦点访谈》播出了主题为《地名要让人记住乡愁》的一期节目，引发社会广泛关注。节目中提到“地名不仅承载了大量的个体记忆与情感，也承载着传统文化和城市的历史密码，呼吁珍惜那些有文化积淀的老地名，精心设计有文化内涵的新地名，接续和发展地名文化，传统文化才能有血脉传承，城市才能有厚度和温度”。

党中央、国务院高度重视地名管理工作。习近平总书记多次强调，要规范地名管理，传承、保护和弘扬优秀传统地名文化。党中央、国务院下发的有关文件指出，健全地名管理相关法规制度，推进地名文化遗产保护，传承发展中华优秀传统文化。这些指示和文件精神，为不规范地名清理整治、加强和规范地名管理指明了工作方向。国务院地名普查办认真贯彻落实党中央、国务院领导同志重要批示精神，抓住机遇，主动作为，在充分调研各地各部门实际情况，深入分析当前地名管理面临的形势和存在问题的基础上，紧密结合正在进行的第二次全国地名普查工作，研究起草了《加强地名文化保护清理整治不规范地名工作实施方案》（以下简称《方案》）。为确保《方案》科学可行，多次组织专家学者进行研究论证，并征求了国务院第二次全国地名普查领导小组成员单位和各省、自治区、直辖市地名工作主管部门意见。2016 年 2 月 24 日，经王勇国务委员批准，国务院第二次全国地名普查领导小组印发了《加强地名文化保护清理整治不规范地名工作实施方案》（国地名普查组发〔2016〕1 号）。

《方案》以地名文化保护为主题，以清理整治不规范地名为重点，明确了第二次全国地名普查中地名文化保护和不规范地名清理整治工作的指导思想、目标任务、工作原则、主要任务、实施步骤和工作要求。指出加强地名文化保护清理整治不规范地名工作要以党的十八大和十八届三中、四中、五中全会精神为指导，深入贯彻落实习近平总书记和李克强总理关于规范地名管理、保护中华优秀传统文化的重要指示精神，紧密结合第二次全国地名普查和各地各部门实际，积极加强地名文化保护，切实清理整治不规范地名，完善地名管理法规制度，提升地名文化品质和公共服务水平，更好地发挥地名在提升社会治理能力、促进经济发展、服务百姓生活、维护国家主权和权益、弘扬优秀传统文化等方面的积极作用。按照结合普查、依法实施，立足保护、传承发展，严格标准、稳妥推进，为民便民，节约资源，因地制宜、协调一致的工作原则，重点做好加强地名文化保护，清理整治不规范地名的各项工作任务，努力实现充分调查、挖掘、整理地名文化资源，保护地名文化遗产，传承和弘扬地名文化，清理整治地名中存在的“刻意夸大、崇洋媚外、怪异难懂、重名同音”（以下简称“大、洋、怪、重”）以及随意更名等不规范现象，进一步规范地名命名、更名、发布和使用，提升地名法治化、科学化、标准化水平的工作目标。

为了落实方案要求，推进地名文化保护和清理整治工作，2016 年 3 月 22 日国务院第二次全国地名普查领导小组办公室在北京召开加强地名文化保护暨清理整治不规范地名工作视频会议，对地名文化保护和清理整治不规范地名工作进行动员部署。会议强调，在我国进入全面建成小康社会决胜阶段的新形势下，地名管理工作面临新的要求，加强地名文化保护、清理整治不规范地名工作的重要性和紧迫性更加凸显。加强地名文化保护、清理整治不规范地名，有利于传承弘扬中华优秀传统文化，彰显社会主义核心价值观；有利于加强和改善地名管理，促进国家治理体系和治理能力现代化；有利于为社会提供标准规范的地名信息，更好地服务经济社会发展和人民群众生活。要求要深入贯彻落实习近平总书记和其他中央领导同志的指示精神，按照国务院地名普查领导小组《方案》部署，准确把握任务要求，抓紧组织实施。要明确目标任务。在做好地名文化保护工作的同时，重点清理整治居民区、大型建筑物、街巷、道路、桥梁等地名中存在的“大、洋、怪、重”等不规范地名要着重把握严格依法行政、立足传承保护、坚持因地制宜、充分尊重民意等工作原则，统筹部署推进，将地名文化保护和清理整治不规范地名工作与地名普查其他各项任务一并安排部署、互相结合推进，抓好关键环节，稳妥有序推进。要健全长效机制。坚持标本兼治，进一步完善制度规范，优化管理体制，厚植地名文化，形成地名规范管理长效机制。同时强调，要切实加强地名文化保护和清理整治不规范地名工作的组织领导。落实领导责任，提高思想认识，列入重要议事日程，抓紧研究制订实施方案，搞好宣传引导，强化督促检查，加快能力建设，深入推进工作开展，保障工作进度和质量。

国务院地名普查领导小组办公室召开加强地名文化保护暨清理整治不规范地名工作视频会议后，地名文化保护和清理整治不规范地名工作受到国内外媒体、人民群众和专家学者的广泛关注和社会各界的普遍肯定和支持。中央电视台、《人民日报》《光明日报》和新华网、中国网等 50 多家国内重要媒体先后刊发 110 多篇报道和评论，《人民日报》、人民网、《中国日报》等官方微博发布的内容，累计获得 2600 多次转发、2300 多次点赞和 2500 多次评论。《参考消息》、新北方等微信公众号发布的原创文章，累计获得 8 万多次点击阅读量、1000 多次点赞和评论。英国《泰晤士报》、美国《华尔街日报》等国外媒体刊发专题评论文章。

二、强化保障，下好先手棋

地名文化保护清理整治不规范地名专项工作涉及面广，情况复杂，社会关注度高，对社会和人民生活影响大。为了抓好加强地名文化保护清理整治不规范地名专项工作，国务院地名普查办按照实施方案和视频会议的安排部署，加大组织，从能力培训、舆论宣传、业务指导等多方面为推进工作落实提供强有力的工作保障。

（一）强化地名文化保护和清理整治不规范地名的培训

针对地名文化保护和清理整治不规范地名工作政策性、技术性、综合性强的特点，国务院地名普查办于2016年4月，组织有关专家编写了《地名文化保护清理整治不规范地名培训教材》。教材涵盖了地名、地名文化、地名标准化的基本概念，地名文化保护和地名文化遗产保护的概念、原则、主要任务、保护机制与保护规划，地名标准化的内涵、原则、程序，清理整治不规范地名的范围对象、方法步骤等。

同时，于2016年4月18日至20日，5月23日至25日，分别在贵州省贵阳市和宁夏回族自治区银川市举办了两期地名文化保护暨清理整治不规范地名工作培训班。国务院地名普查办公室副主任、民政部区划地名司司长柳拯先后出席了两期培训班的开班式并讲话。指出加强地名文化保护、清理整治不规范地名，是贯彻落实习近平总书记和其他中央领导关于地名工作批示的重要举措，是关系地名普查成效和地名管理长远发展的一项基础工作。要深刻认识地名文化保护和清理整治不规范地名工作的重要意义，切实增强工作责任感和紧迫感。要把握工作重点，科学组织实施，加强工作保障，搞好宣传引导，统筹安排部署，稳妥有序推进，确保地名文化保护和清理整治不规范地名工作顺利进行。培训班上，中国地名研究所、南京大学等单位的专家进行了授课，区划地名司地名管理处同志介绍了相关工作情况，贵州省、浙江省、山东省和苏州市民政厅（局）有关负责同志介绍了工作经验。通过培训，进一步增强了各地抓好地名文化保护和清理整治不规范地名工作的责任感和使命感，加深了对地名文化保护和清理整治不规范地名工作指导思想、工作原则、主要内容的认识理解。

各地也认真组织开展培训工作，西藏自治区结合地区实际，组织地名研究专家、藏语语言学专家等编写了符合西藏实际的《普查辅助资料》《普查培训教材》《西藏地名用字规范》《工作底图标绘方法》《表格填写说明》等资料，同时细化了各类表格的填写，加入了藏汉文常用词汇对照，有效解决了常用地名译写混乱现象，提高了普查的针对性和可操作性。

（二）强化地名文化保护和清理整治不规范地名舆论引导

由于不规范地名与社会群众生活息息相关，影响广泛等特点。因此，搞好社会宣传、舆论引导，为地名文化保护和清理整治创造良好的社会舆论环境至关重要。国务院地名普查办从正面宣传引导入手，打好地名文化保护和清理整治不规范地名工作宣传的主动仗。

国务院地名普查办利用各种媒体资源和渠道，大力宣传地名文化保护和清理整治不规范地名工作的必要性和重要意义，深入解读地名文化保护和清理整治不规范地名的政策措施，争取最广泛的社会理解和认同，切实提高正面舆论的传播力和引导力。先后协调《人民日报》、人民网、《中国社会报》《中国民政》等媒体刊发了系列专题文章，协调中央电视台《焦点访谈》栏目播出 2 期反映不规范地名问题的专题节目，深入解读地名文化保护和清理整治不规范地名的政策措施，强化地名的公益价值、文化价值和历史价值，宣传地名文化保护和清理整治不规范地名工作的意义。发挥信息网络平台的优势，积极引导群众在微博、微信等网络上进行意见表达，主动参与、及时发声、积极引导、扩大影响，促进了主流意识形态与网络舆论的交流交融，提高正面舆论的传播力和引导力。各地普查办也充分运用互联网、广播、电视、报纸、宣传手册等渠道，发挥舆论引导和监督作用，广泛宣传地名法规、标准和政策，大力宣传和弘扬地名文化，不断增强了社会各界使用标准地名、保护地名文化的意识。

同时，国务院普查办主动关注社会舆论动态，充分掌握社会各界对地名文化保护和清理整治不规范地名工作的意见建议，及时了解社会各界的呼声要求，就加强地名文化保护暨清理整治不规范地名工作开展后各界的反映，组织开展了专题舆情分析。舆情分析显示，通过积极正面的舆论导向，地名文化保护和清理整治不规范地名工作得到了大多数民众的支持，普遍表示，拥护国务院决定，希望能够让国人重拾和弘扬民族传统和文化。据统计 95%

以上的网民对加强地名文化保护和清理整治不规范地名工作持支持态度。强有力的宣传为地名文化保护和清理整治不规范地名工作的开展，营造了良好社会氛围。

（三）强化地名文化保护清理整治不规范地名的督查指导

不规范地名的产生是一个长期的过程，清理整治工作难度比较大，不可能一蹴而就、一步到位，需要对各地工作强化全过程管理，加强指导检查，确保各项工作任务能够按照预期目标落实。国务院普查办以严格标准程序，落实目标任务为重点，有计划分阶段地加强工作指导和监督。

加强地名文化保护暨清理整治不规范地名工作视频会议后，国务院地名普查办以信息简报的形式加强对各地落实视频会议的情况进行指导，推进各地积极贯彻会议精神，落实工作要求。据统计，各省、市、自治区普遍结合普查实际制订印发了加强地名文化保护清理整治不规范地名工作实施方案，进一步细化了标准程序和任务要求。吉林、浙江、江西、湖南、重庆等省（自治区、直辖市）召开了工作动员部署会议，明确提出要把地名文化保护和清理整治不规范地名工作摆上重要议事日程，进一步完善工作机制，统筹推进工作落实。

为了使地名文化保护与清理整治不规范地名工作和第二次地名普查工作有机结合，国务院地名普查办连续两年将加强地名文化保护与清理整治不规范地名工作列入第二次全国地名普查督查范围，先后派出多个督察组进行实地督查。积极指导和督促各地严格按照《方案》明确的工作原则和标准程序，紧紧围绕实施方案确定的工作任务，开展专项督查，加大工作的推进指导力度，使第二次全国地名普查和清理整治工作相互促进、规范有序。2016 年国务院普查办组织对河北、黑龙江、贵州等 19 个省（自治区、直辖市）进行了实地督查；2017 年，对全国 31 个省（自治区、直辖市）和新疆生产建设兵团开展了全覆盖督查。特别是在地名普查抽查复验中，对各省（自治区、直辖市）不符合地名文化保护与清理整治不规范地名工作要求或工作开展不到位的情况，进行面对面问题通报，形成书面反馈问题清单，明确提出整改要求。各地地名普查办也采用座谈、交叉检查、现场督导等方式加强了对所属地区工作进展情况的督查检查，并将督导情况纳入年度考评，对推进不力的单位进行通报，保证了专项工作的推进实效。

为了形成地名文化保护与清理整治不规范地名的常态工作机制，持续做好地名管理工作，国务院地名普查办要求各地认真总结工作情况，并在各地对专项工作总结的基础上，于2018年3月，组织开展了全国范围的不规范地名清理整治工作情况的专项调查研究。通过调查问卷、咨询专家、数据分析等，全面调查了各地清理整治不规范地名工作情况，客观评估了工作成效，进一步分析了存在的困难与问题，提出了今后持续推进清理整治不规范地名工作的思考，指出，清理整治不规范地名是一项长期的任务，要聚焦于城镇化进程中的建筑物、道路等不规范地名问题，聚焦于当前的地名管理体制机制不健全问题，聚焦于地名管理服务能力不强问题等重点问题持续发力，要着眼于地名管理的全链条、全过程，着眼于地名管理的薄弱环节和关键部位，逐步制定完善相应配套法规标准体系，切实解决地名管理范围、管理方式不适应新时代新要求的问题，大力提高地名管理法治化、规范化、科学化水平。

三、统一标准，促规范有序

不规范地名涉及面广、类型多样，清理整治不规范地名是一项政策性、法律性很强的行政行为。国务院地名普查办严格按照《方案》明确的工作原则，指导各地尊重地名命名更名规律，遵照有关法律法规，严格履行命名更名程序，充分进行评估论证和征求意见，积极与有关方面协商一致，及时向社会公开信息，确保地名文化保护和清理整治不规范地名工作标准严格、依法实施、规范有序。

（一）明确标准规范

国务院地名普查办以《中华人民共和国国家通用语言文字法》《地名管理条例》《地名管理条例实施细则》《地名　标志》国家标准（GB 17733—2008）和《国务院关于开展第二次全国地名普查的通知》《第二次全国地名普查实施方案》等法律法规和文件规定为依据，严格按照《方案》确定的范围，充分考虑地方差异，重点明确了“刻意夸大、崇洋媚外、怪异难懂、重名同音”（即“大、洋、怪、重”）等不规范地名的具体界定标准，指出，不规范地名中的“大”，是指违反《地名管理条例实施细则》关于地名要“反映当地人文或自然地理特征”的规定，在含义、类型和规模方面刻意夸大，地名的专名或者通名超出其指代地理实体实际的现象；不规范地名中的“洋”，是指违反《地名管理条例》关于“凡有损我国领土主权和民族尊严的，带有民族歧视性质和妨碍民族团结的，带有侮辱劳动人民性质和极端庸俗的，以及其他违背国家方针政策的地名”；不规范地名中的“怪”，是指违反《地名管理条例》及其实施细则中地名要“反映当地人文或自然地理特征”“使用规范的汉字或少数民族语文字”“避免使用生僻字”等规定，盲目追求怪诞离奇，地名含义不清、逻辑混乱、低级庸俗、繁简混搭、中西混用或带有浓重封建色彩等现象；不规范地名中的“重”，是指违反《地名管理条例》及其实施细则关于“一个县（市、区）内的乡、镇、街道办事处名称，一个乡镇内的自然村名称，一个城镇内的街、巷、居民区名称，不应重名”等规定，一定区域范围内存在多个地名重名或同音等现象。

按照《方案》确定的范围，各地结合实际，依据《地名管理条例》《地名管理条例实施细则》等地方法规，充分考虑地方差异，重点明确了“刻意夸大、崇洋媚外、怪异难懂、重名同音”（即“大、洋、怪、重”）等不规范地名的具体界定标准，提高了标准的针对性和可操作性。

（二）深入进行摸底调查

为进一步突出问题导向、聚焦工作范围，着力解决地名管理过程中的关键问题，各地结合地名普查，加大对地名文化资源和不规范地名情况调查力度，通过实地调查、资料考证、专家座谈等方式对本地区地名文化资源的数量、分布、现状和不规范地名问题进行全面调查，为有针对性地开展保护与清理提供了基础资料。

北京市针对当前城市建设中遗留的突出问题，召开了清理不规范道路名称专项工作布置会，以摸清辖区内有路无名和道路名称不规范的情况为重点，对历史遗留的较大问题，全面梳理、汇总，建立台账。遵循“尊重历史”的原则，对台账上的无名路和名称不规范道路逐一进行实地踏勘，遇到情况复杂的无名路，工作人员及时询问地名专家和当地居民，掌握实情，在清理整治中查清无名路和名称不规范道路 4259 条。其中有 1006 条无名路、2664 条有名无牌道路、589 条一路多名道路。

湖南省在因地制宜、制定标准、稳妥推进的基础上，有针对性开展摸底调查，最大限度减少不必要的社会矛盾和行政成本。经过摸底调查系统梳理，共查清不规范地名 4732 条。不规范地名的类型主要包括多地重名、未按规定履行审批手续擅自命名更名、用字读音不规范、指代不明等。

广东省创新摸底调研方法，运用信息技术，推行试点先行，实行抽查监管，有序推进不规范地名摸底调研工作。利用省级、市级、镇级、村（社区）道路台账成果，构建与之一一对应的电子地图数据，科学做好地名现状摸查梳理；采取“以点带面”的方式，将汕头市金平区列作试点，开展“双随机一公开”监管工作，对全省2012—2016年的地名进行标准地名使用情况抽查，查清存在的不规范地名情况，确保摸底调研工作不留死角，保证调研质量。

（三）充分开展论证评估

国务院地名普查办严格按照《方案》明确的工作原则，积极指导和督促各地尊重地名命名更名规律，遵照有关法律法规，严格履行命名更名程序，充分进行评估论证和征求意见。各地普遍在摸清底数详情的基数上，组织专家力量，依靠专业理论，对不规范地名进行论证评估，充分考虑社会意见与百姓需求，分类推进保护与清理。对属于地名文化遗产的，由地名工作主管部门按程序予以确认纳入本级保护名录；对经论证评估属于不规范地名的，由相应行政管理部门按照法定程序进行命名更名。确保不规范地名标准化处理科学、合理、权威，既保证了决策的民主性，又保证了决策的科学性。确保地名文化保护和清理整治不规范地名工作得到当地群众的广泛支持认可。

天津市地名普查办组织专家组和相关管理部门通过资料搜集、文献检索、民间走访、调查问卷等方法开展拓展调查，丰富论证依据，结合社情民意，充分论证“塞纳公馆”“王相大厦”等不规范地名名单，得出了权威、翔实的论证结论，最终确认不规范地名共计52处。

安徽省地名普查办成立了以历史、地理、文化、社会、法律等方面专家为主的地名文化保护暨清理整治不规范地名工作专家组，按照“依法有据、分类处理、便民利民”的原则，重点对自然村重名、道路重名、街路巷怪名、住宅小区洋名、擅自命名等现象进行标准化处理，进行专门的论证评估。

贵州省在开展认证不规范地名工作中，充分尊重当地群众传统文化和风俗习惯，依据地名管理相关法规，广泛征求当地群众意见，不搞“一刀切”“一边倒”。对于可改可不改的、老百姓已经习惯的地名适当地予以保留，对于有碍民族团结的地名、重名、人民群众反映强烈的洋名、怪名坚决整治。

广西壮族自治区在地名普查过程中，认真组织本级地名专家对本地清查出来的不规范地名或不规范读音，特别是对壮语地名的审音定字进行严格的科学论证，并委托广西大学开展了《广西壮语地名译写用字规范》研究，采用语言学与地名学、民族学等学科交叉的方法，系统分析了广西地区少数民族语地名规范化的历史，并针对广西壮语地名规范化的现状提出了壮语地名译写用字标准化处理方法，为广西壮族自治区各级普查办开展不规范地名清理整治提供了理论支撑与参考依据。

（四）推进地名标准化处理

对不规范地名，进行标准化规范处理，既是提升社会管理水平的重要内容，又是保护和传承中华传统文化的重要举措。国务院地名普查办按照《方案》规定的工作程序和步骤方法，在严格履行专家论证、法律评估、审核审批、社会公布等工作程序的基础上，进行标准化处理。据统计全国不规范地名标准化率达到83.18%。

浙江省、安徽省、河南省高度重视清理整治工作，在清理整治中，浙江省结合G20峰会，重点清理整治公共标志、公共媒体、公开出版物、文书票证中存在的使用非标准地名，其中杭州市对251处非标准地名进行了依法妥善处置，美化了城市形象，获得了广泛好评。安徽省以对农村居民点“重名同音”地名进行标准规范为重点，整治不规范地名数量在全国位居前列，达到29248条。河南省清理整治“崇洋媚外”类不规范地名位居全国之首，达69条，其中郑州市对“威尼斯水城”“维也纳森林”“好莱坞公寓”等13条洋地名进行了标准化处理。

湖北省针对实际问题，科学施策，分类规定了不规范地名的清理整治标准，对城区不规范小区和建筑物、单位等地名，进行规范性清理整治；对使用频率高的景区不规范地名，进行专门论证、定名；对部分桥梁命名混乱问题，在专家论证的基础上，统一标准，进行清理整治；对使用不规范汉字、英文等外文拼写的非标准地名、公共场所使用的地名标志，以及公共媒体发布的信息、地图等出现的不规范地名进行有效整改；特别是恩施土家族苗族自治州对部分土家语地名进行了译写，提高了地名标准化处理的准确性、针对性与规范性。

（五）加强地名管理法制化建设

加强地名法制化建设，建立健全制度体系是从源头上遏制不规范地名产生的关键。国务院地名普查办以加强地名文化保护，清理整治不规范地名专项工作为契机，大力推进地名法制建设，专题研究修订《地名管理条例》，形成条例送审稿。制定印发《民政部关于加强地名标志设置和管理的指导意见》，进一步规范地名标志设置与管理。

各省（自治区、直辖市）地名普查办也不断加大法制建设力度。河南省、江苏省、内蒙古自治区、福建省、江西省等地严把制度关，相继修订了地方地名管理条例。《河南省地名管理办法》明确禁止使用外国人名和外国地名作地名。福建省出台了《福建省地名管理办法》，明确规定对历史悠久、文化内涵深，具有纪念意义或者属于非物质遗产的地名严格予以保护，禁止任何单位或个人擅自命名、更名等。江西省继《江西省地名管理办法》出台后，南昌、景德镇、萍乡、鹰潭、吉安、抚州 6 市和南昌县相继出台了地名管理办法，全省共出台地名管理规范性文件 15 份。新余市、赣州市、宜春市、上饶市启动了本级地名管理办法修订工作。云南省、重庆市、江西省等地积极推进地名管理条例修订工作，解决法规建设滞后于地名管理问题。

江苏省、北京市、福建省、江西省、辽宁省等地建立健全地名管理机制。通过制定《北京市地名规划编制标准》《江苏省地名命名更名管理办法》《江西省地名命名更名及使用标准化建设规范》《广东省建筑物住宅区名称管理规定》《福建省人文地理实体地名通名使用规范》等地名命名规范、导则、程序，进一步规范建筑物、道路等地理实体的名称，防止出现“大、洋、怪、重”等不规范地名。辽宁省系统健全地名管理机制，大连市制定出台了《大连市建筑楼门牌管理暂行办法》《大连市地名标志管理暂行办法》《大连市城镇道路建筑公共设施名称管理暂行办法》。丹东市建立和完善了地名命名更名听证制度、专家论证制度、公示制度，有效提高了新生地名的文化品位。江西省南昌市将地名标志管理纳入“智慧城市”管理系统，实现地名标志的实时监控、限时维护。萍乡市、吉安市建立地名标志有偿管护制度，明确专人负责，形成了地名标志动态管护机制。

四、弘扬文化，传地名文脉

地名是重要的社会文化形态和载体，地名文化是中华文化不可或缺的一部分。加强地名文化保护，推进地名文化建设，对于弘扬社会主义核心价值观、传承弘扬中华优秀传统文化、增强文化自信和中华民族凝聚力、实现中华民族伟大复兴的中国梦具有重要意义。国务院普查办把加强地名文化保护作为专项工作的重要内容，以地名文化遗产保护工作为重点，大力推进地名文化建设。

（一）深入挖掘地名文化

国务院地名普查办把普查摸底作为地名文化遗产保护的基础工作，高度重视地名文化资源的挖掘和信息采集。于2016年5月19日专门印发了《关于进一步加强地名文化属性信息采集工作的通知》。强调系统采集整理地名文化属性信息是地名普查的核心任务，要深刻认识地名文化属性信息采集的重要性紧迫性，高度重视地名文化属性信息采集工作。进一步明确地名文化属性信息采集的内容、要求和方法，丰富采集信息，明确采集范围，突出采集重点，综合运用文献分析、实地走访、专家论证等多种方法，科学采集信息。各省结合第二次全国地名普查开展地名文化遗产资源调查，通过实地调查、资料考证、座谈论证等多种方法，全面查清本地区地名文化遗产情况，详细收集地名的拼写、读音、位置以及历史沿革、来历含义等文化属性信息，系统掌握地名文化遗产资源数量、分布、现状和存在问题。

福建省地名普查办充分发挥组织协调作用，加强与相关部门的联系，并聘请地名和文史方面的专家，参与地名普查工作的全过程，加强对地名文化信息资源方面的调查和指导；以高校资源为依托，建立地名专家组，组建了高水平的地名文化研究团队；提高了新生地名的规范性和文化品位。各地地名普查办采取实地调查、座谈、查阅资料、函调等方式，对具有较高历史价值的老地名进行多方印证；成果资料填写完成后，在自查审核阶段，注重丰富完善地名成果的来历、沿革等文化信息，既注重调查现今存续的地名，也注重调查地理实体虽已消失、对在历史上具有较大影响和文化价值的地名，确保地名文化的传承。

浙江省深入开展地名文化资源调查摸底。以挖掘和保护地名文化资源为重点，结合地名普查有关古地名信息采集的工作要求，依据民政部地名文化遗产鉴定行业标准和《省第一批地名文化遗产评价指标体系》，初步排查出符合国家鉴定标准的地名文化遗产共有727处。同时指导各地对其中的千年古地名类的信息搞好采集、登记、考证和录入工作，采用图文、视音频等多媒体形式，记录古地名信息资源，并逐步建立地名文化遗产分级分类保护名录。绍兴市在普查挖掘的基础上，保护和公布了首批富有地名文化内涵的珍贵稀有古越方言地名用字40个。台州市开展了流失地名收集整理工作，共收集整理山湖水、乡镇村、自然村居民点、街巷坊、亭楼台、古遗迹等6大类、近3000条富有地名文化内涵的流失地名。

山东省高度注重地名文化信息调查，对普查收录的现今地名和历史地名进行深入挖掘，系统、全面地查清地名的拼写、读音、位置等基本信息，详细收集地名的渊源、含义、沿革等文化信息。尤其对于历史悠久、内涵丰富、影响显著的地名文化属性进行深入挖掘、系统整理，整理出丰富的地名文化资料，形成了地名文化数据库，并在省级区划地名公共服务平台予以发布和查询。同时，深化地名文化理论研究，注重充分发挥科研机构、行业协会和地名工作者的优势，结合地名普查和现实工作实践，组织编撰出版了《山东省地名研究文集》，出版地名文化研究专著，并在2017年度地名理论研究征文活动中累计上报论文70余篇。

各地还注重运用现代信息技术手段，在调查现有地名的同时，注重调查已消失不用的地名，保护珍贵的历史地名，运用文字、图片、录音、录像和数字化多媒体等多种方式全面记录地名信息，综合利用地名文化遗产调查资料，建立地名文化遗产信息系统，推进地名文化遗产保护信息化。

（二）创新保护手段

全面推进地名文化遗产保护，弘扬和利用地名文化遗产是一项综合性工程，需要坚持创新发展的理念，通过多种形式大力创新保护手段，不断扩大地名文化的社会影响力，使地名文化在经济社会发展中发挥作用。

国务院地名普查办将地名文化遗产保护作为地名文化建设的核心，边清理整治不规范地名，边推进地名文化保护工作。召开了全国地名文化保护工作座谈会，指导各地加强地名文化保护。依托千年古县地名文化遗产评审认定工作，重点加强“千年古县、千年古镇、千年古村落”等地名文化遗产保护工作，下发《关于做好千年古县、千年古镇地名文化遗产申报工作的通知》，组织开展了地名理论征文及“地名文化大直播”“地名文化进校园”等公益性地名系列活动，拍摄了《神州地名》纪录片。

各地积极创新保护方式，江苏省通过探索在现存或者新建地理实体的命名、更名中就近使用的方式，对已消失的历史地名进行保护。镇江市启用复活了“宝塔路”“王龙桥”“千秋桥”等道路、桥梁名称，淮安市将“板闸”“御马头”“东岳庙”等一批历史地名作为有轨电车站名，苏州市将拆除的“南潭子里”“财神里”等街巷名称就近移用命名新建的住宅小区，使一批具有丰富文化内涵的地名得到恢复、获得新生。河南省2016年出台了《河南省民政厅关于加强老地名保护工作的通知》，从盘存保护老地名资源，发掘弘扬老地名文化，重要地名文化遗产实行挂牌立碑标示制度等方面明确老地名保护方向；从对消失地名、注销地名建立专有数据库，储备地名命名更名词源等明确老地名保护条件；从对已经或面临消失的富有文化底蕴、内涵丰富的老地名重新启用或派生、移植使用明确老地名保护路径；从建立健全专家论证、群众意见征询、社会听证等规章制度，严把地名更名关口，从严控制老地名的更名与注销建立老地名保护程序，推动老地名保护宣传、建立健全老地名保护机制，营造良好的老地名保护工作氛围。

各地还多举措宣传弘扬地名文化。重庆市以市政府名义出台《地名文化遗产保护工作实施方案》，深入挖掘与考证红岩地名、抗战地名文化。湖北挖掘“文化大省”历史资源，会同相关部门对全省65个千年古镇和34个千年古村落地名文化遗产进行认定和保护，通过征集活动公布首届10大类100个“最美地名”。安徽省黄山市采集地名文化词目近2000条，歙县编写约7万字《歙县地名故事》。江西省组织制作《县级政区风采》《江南西道》等地名文化作品。湖南省开展“寻找回家的路——最美家乡地名故事”征集活动，共征集作品1320篇，评选出全省“十佳最美家乡故事”。海南省举办“家在海南·铭记乡愁”地名文化系列征集活动，评选出海南省“十大古街老巷”“十大名人故里”“十大红色圣地”“十大黎苗乡（镇）村”。

（三）建立保护机制

建立健全地名文化遗产的保护机制，是推动地名文化遗产保护的根本保障。

为了建立健全地名文化遗产保护工作机制，民政部于2016年12月30日印发了《关于进一步加强地名文化遗产保护工作的通知》，结合第二次全国地名普查工作，进一步明确了地名文化遗产保护工作的重点，强调各地高度重视地名文化遗产保护工作，深入开展地名文化遗产资源调查，编制实施地名文化遗产保护规划，建立地名文化遗产名录体系，加强地名文化遗产传承与管理，深化地名文化遗产研究、利用和弘扬，建立健全地名文化遗产保护工作机制。

各地认真落实，积极行动，立足于地名文化遗产保护的工作长远发展。北京市印发了《关于推进地名文化遗产分级保护工作的通知》，提出认真开展地名文化遗产保护分级研究工作；制定分级保护目录体系，选取历史资源丰富、有一定文化积淀的街区、村落积极开展地名文化遗产保护试点工作；北京市有关部门积极配合，提供本行业地名文化保护的相关资料，配合推进实施；充分发挥专家作用，研究解决实际工作中与地名文化保护相关的疑难问题，切实推进本辖区内地名文化遗产保护相关工作。

江苏省、重庆市、山西省制定了《关于加强地名管理服务和地名文化建设的实施意见》，从健全地名法规政策体系、规范地名管理、完善地名公共服务体系、加强地名文化建设等方面提出具体措施，包括提出完善地名法规规章、健全地名政策制度体系、发挥地名规划引领作用等举措健全地名规范政策体系；提出严格地名审批，开展不规范地名清理整治，推进地名标志标准化，强化地名执法监督等举措规范地名管理；提出开展地名普查成果转化利用，加强地名信息化建设，有效发挥社会和市场作用等举措完善地名服务体系；提出深化地名文化研究，推动地名文化产品开发，强化历史地名保护等举措加强地名文化建设。

天津市、广东省等地制定了《地名文化保护规划》，梳理了各地区地名文化特色，制定了地名文化保护评价指标体系和评价标准，形成了包括名录、导则、图集在内的一系列方案成果，并召开专家评审会对成果展开深入论证，形成指导地名日常管理工作的重要参考依据，进一步提升了地名文化保护的能力和水平。

五、实现目标，显阶段性成果

经过一年多专项工作，加强地名文化保护清理整治不规范地名工作取得了初步成效，摸清了“大、洋、怪、重”等不规范地名的底数详情，大量不规范地名得到清理整改，一批具有深厚历史文化内涵的地名文化遗产得到有效保护。

（一）摸清了全国不规范地名底数详情

全国共排查不规范地名约 9.5 万条，清理整治约 7.9 万条。按地理实体类型分类，共清理整治居民区 53155 个，大型建筑物 291 个，道路 8783 个，街巷 3507 个，桥梁 1779 个，其他类地理实体地名 11291 个。按不规范地名类型分类，清理“刻意夸大”地名 851 个，“崇洋媚外”地名 240 个，“怪异难懂”地名 1534 个，“重名同音”地名 53884 个，其他类不规范地名 22298 个。

（二）清理整治了一批地名乱象

本次共清理整治了 94739 个不规范地名中的 78806 个地名，标准化率达 83.18%。按地理实体类型来划分，居民区标准化率为 83.89%，大型建筑物标准化率为 34.51%，道路标准化率为 84.04%，街巷标准化率为 77.07%、桥梁标准化率为 75.54%。按不规范地名类型来划分，“刻意夸大”地名标准化率 34.25%，“崇洋媚外”地名标准化率 19.06%，“怪异难懂”地名标准化率 57.13%，“重名同意”地名标准化率 86.37%。综合两方面分析，反映出城镇地区的居民区和建筑物不规范地名，尤其是“刻意夸大”和“崇洋媚外”两类不规范名称的清理整治效果仍不够显著。

（三）梳理了全国地名文化遗产底数

经调查梳理，全国范围内的地名文化遗产约 2.7 万余个。北京市分级分类梳理千年古县、古镇、古村等地名文化遗产 2609 个；浙江省建立分级分类地名文化遗产保护名录 3663 条，初步排查出符合国家标准的地名文化遗产 727 处；上海市梳理历史文化街区 44 个、中心城风貌保护道路 127 条；湖南省统计千年古城 8 个、千年古县 43 个、千年古镇 180 个、千年古村落 188 个、甲骨文和金文地名 3 个、少数民族语地名 136 个、著名山川 224 个、近现代重要地名 408 个；贵州省整理州、县两级拟列入保护名录的地名 5172 条，其中少数民族语地名 4466 条。

（四）形成了一批地名文化保护成果

全国各级地名普查机构积极开展加强地名文化保护工作，形成了一批地名文化保护成果。国务院地名普查办全力抓好《中华人民共和国标准地名词典》编撰工作，成立了编委会、编写组，多次专题召开培训会，邀请专家对词目表的采词与排序、词条编撰等进行详细讲解，多次对各地上报的词目表进行认真细致校稿，并委托专家按照《词典编撰要求》进行审稿，通过编撰图录典志，全方位地反映了全国各地的地名历史文化。

各省份积极配合，推动形成了一批地名文化保护成果。浙江省、江西省分类、分级、分层整治不规范地名，建立健全地名文化保护和地名管理体制机制；开展千年古镇（古村落）地名文化遗产认定工作，已申报项目上百个，将距今800年以上的古县、距今600年以上的古镇、距今500年以上的古村列为全省重点保护的地名文化遗产。

江苏省、四川省、重庆市注重地名文化丛书等文化产品编撰工作，出版《南京地名大全》《江阴地名掌故》《四川历史文化地图》《手绘渝中》《手绘老万州》等图书，拍摄《镇江地名古今谈》等文化宣传片，编撰《中心城区历史地名保护名录》收录地名1067处。

湖南省、云南省创新保护方式，大力保护少数民族语地名文化遗产。湖南省组织侗语、苗语、土家语等少数民族语地名拯救的专家，及地名翻译专家、湖湘地名文化的传唱者等，整理、入库少数民族语地名183.21万条；云南省西双版纳州大力保护民族文化加强民族语地名通译，完成7529条地名傣文标注工作，在城市主要道路设立地方特色道路标志牌（碑）112座，全州2450个村寨、807座寺塔和所有街道路牌（碑）和乡村地名标志均实现傣汉两种文字书写。

大事记

【2014年】

1月23日，国务院印发《关于开展第二次全国地名普查的通知》，决定开展第二次全国地名普查，明确第二次全国地名普查的目的和意义、范围和内容、时间安排、组织实施和工作要求以及领导小组组成人员名单。

3月12日，国务院第二次全国地名普查领导小组召开第一次会议，审议通过《第二次全国地名普查实施方案》，研究部署全面开展第二次全国地名普查工作。国务院第二次全国地名普查领导小组组长、国务委员王勇主持会议并讲话。国务院地名普查领导小组副组长、民政部部长李立国就第二次全国地名普查工作安排作说明。领导小组副组长、成员单位有关负责同志、领导小组办公室全体成员共70余人出席会议。

4月11日，国务院第二次全国地名普查领导小组印发《第二次全国地名普查实施方案》，明确了普查的目标任务、普查范围、组织实施、职责分工、时间安排、方法步骤等内容。

4月15日，国务院第二次全国地名普查领导小组召开第二次全国地名普查暨加强和改善地名管理电视电话会议，对全国地名普查工作进行动员部署，明确进一步加强和改善地名管理的措施。王勇出席会议并讲话，李立国作地名普查工作总体安排情况说明，山东、福建、广西三省（自治区）政府负责同志介绍地名普查试点经验。

4月18日，国务院地名普查领导小组印发《第二次全国地名普查工作规程》，明确地名普查的具体流程方法、技术标准等要求。

4月18日，国务院地名普查领导小组办公室印发《关于征集第二次全国地名普查宣传口号的通知》。

4月30日，国务院地名普查办印发《关于地名普查机构设置等有关事项的通知》，明确国务院地名普查办的主要职责、组成人员及内设机构等事项。

5月9日，国务院地名普查办印发《关于加快推进第二次全国地名普查工作的通知》，要求各地高度重视地名普查工作，抓紧组建普查机构，尽快制订实施方案，切实做好第二次全国地名普查工作。

5月14日，国务院地名普查办印发《关于成立第二次全国地名普查专家咨询委员会的通知》，成立由24名专家组成的地名普查专家咨询委员会。

5月22日，第二次全国地名普查新闻发布会在北京召开。国务院地名普查领导小组副组长兼办公室主任、民政部副部长宫蒲光介绍有关情况并回答记者提问。国务院地名普查办公室成员，《人民日报》、中央电视台、中央人民广播电台等36家媒体记者共70余人参加会议。

5月23日，国务院地名普查办印发《第二次全国地名普查宣传工作方案》，明确地名普查宣传的指导思想、主要目标、宣传内容、宣传方式、组织实施、具体安排等内容。

同日，国务院地名普查办印发《关于发布第二次全国地名普查标志和推荐使用宣传口号的通知》。

5月26—28日，全国地名文化培训班在福建省泉州市举办，宫蒲光副部长出席开班式并讲话。

6月10日，国务院地名普查办印发《第二次全国地名普查培训工作方案》，明确培训目的、基本要求、培训内容、培训方式、授课人员、组织实施、时间安排以及培训经费保障。

7月9日，第二次全国地名普查示范培训班在吉林延吉举办，宫蒲光副部长出席开班式并讲话。截至8月，先后在重庆、湖南长沙、河北昌黎共举办四期示范培训班。

7月9日，国务院地名普查办正式开通第二次全国地名普查网站和微信公众平台。9月15日，《关于充分发挥国家地名普查网作用推进地名普查工作的通知》印发。

7月17日，国务院地名普查领导小组副组长兼办公室主任、民政部副部长宫蒲光赴总参测绘导航局调研。

9月16日，国务院地名普查领导小组印发《关于做好第二次全国地名普查试点地区地名补查工作的通知》。

9月23日，国务院地名普查办制定印发《第二次全国地名普查数据建库与管理软件设计规范》及其解读。

11月26—28日，全国地名管理和服务培训班在湖南湘潭举办，国务院地名普查办副主任、民政部区划地名司司长柳拯出席开班式并讲话。

12 月 9 日，国务院地名普查办印发《关于开展地名普查集中宣传活动的通知》。

12 月 30 日，第二次全国地名普查工作推进视频会议在北京召开，通报前期普查准备工作进展情况，对全面普查阶段工作进行动员部署。

12 月 30 日，国务院地名普查领导小组副组长兼办公室主任、民政部副部长宫蒲光赴北京王府井步行街出席第二次全国地名普查街头宣传活动，与北京市地名普查领导小组组长、北京市副市长戴均良一同为活动仪式揭幕，参观展板并散发宣传材料。

【2015 年】

1 月 1 日，“第二次全国地名普查新媒体宣传月”活动上线启动。

2 月 3—6 日，国务院地名普查办副主任、民政部区划地名司副司长陈德彧带队赴江苏、浙江调研地名地址管理工作。

2 月 4—6 日，国务院地名普查办副主任、民政部区划地名司副司长李伟带队赴吉林调研跨界自然地理实体地名普查工作。

3 月，民政部联合光明日报社开展“地名的故事 · 那些历史那些乡愁”系列报道和“寻找最美地名”活动。

3 月 30 日，地名普查与地名标志培训班在福建厦门举办，国务院地名普查办副主任、民政部区划地名司司长柳拯出席开班式并讲话。

3 月 31 日至 4 月 3 日，柳拯司长赴福建、江西调研地名普查工作推进情况。

4 月 9 日，国务院地名普查办印发《关于报送第二次全国地名普查所需地形图图号的通知》。

4 月 10 日，国务院地名普查办印发《第二次全国地名普查成果转化规划（2015—2020 年）》。

4 月 14—17 日，第二次全国地名普查数据采集和地形图修测培训班在云南昆明举办，国务院地名普查办副主任、民政部区划地名司司长柳拯出席开班式并讲话。

4 月 16 日，财政部印发《关于下达 2015 年第二次全国地名普查补助资金的通知》，共拨付中央财政补助资金 8. 2724 亿元。5 月 18 日，国务院地名普查办印发《关于尽快下拨第二次全国地名普查中央补助资金的通知》。

4月27日，地名地址管理座谈会在浙江绍兴召开，国务院地名普查办副主任、民政部区划地名司副司长陈德彧出席会议并讲话。

5月4日，国务院地名普查办印发《第二次全国地名普查涉密数据保密管理办法》。

5月7日，第二次全国地名普查宣传工作座谈会在北京召开，国务院地名普查办副主任、民政部区划地名司司长柳拯出席会议并讲话。

5月8日，跨界自然地理实体名称普查工作座谈会在京召开，国务院地名普查办副主任、民政部区划地名司副司长李伟出席会议并讲话。

5月18—20日，第二次全国地名普查成果转化示范培训班（第一期）在江苏南京举办，国务院地名普查办副主任、民政部区划地名司司长柳拯出席开班式并讲话。

5月20日，地名普查信息化建设座谈会在江苏南京召开，国务院地名普查办副主任、民政部区划地名司巡视员孙秀东出席会议并讲话。21—22日，孙秀东赴江苏南京、苏州等地调研地名普查成果转化和信息化建设工作。

5月21日，国务院地名普查办印发《第二次全国地名普查专项资金使用管理办法》，从预算编报、使用范围、风险防控、绩效考核等方面加强和规范第二次全国地名普查专项资金使用管理。

5月25日，国务院地名普查办印发《第二次全国地名普查质量管理规定》，明确了地名普查质量管理的主体、范围、内容和责任，提出了地名普查准备、实施、验收的质量管理要求。

5月25—27日，地名普查与地名文化研讨班在北京举办，国务院地名普查办副主任、民政部区划地名司副司长陈德彧主持研讨班。

5月27日，国务院地名普查办印发《关于开展第二次全国地名普查督查工作的通知》。

6月1—3日，第二次全国地名普查成果转化示范培训班（第二期）在黑龙江哈尔滨举办，国务院地名普查办副主任、民政部区划地名司巡视员孙秀东出席开班式并作讲话。4—6日，孙秀东调研黑龙江图录典志编撰工作。

6月19日，国务院地名普查办印发《第二次全国地名普查监理办法》。

6月19日，国务院地名普查办印发《关于发放第二次全国地名普查手持终端设备及有关事项的通知》，随即向全国各地免费发放3100套地名普查手持终端设备。

7月6日，国务院地名普查办印发《关于做好跨界自然地理实体地名普查工作的通知》。

7月8—10日，国务院地名普查办副主任、民政部区划地名司巡视员孙秀东带队赴河北省督查第二次全国地名普查工作。

7月8—12日，国务院地名普查办副主任、民政部区划地名司副司长陈德彧带队赴广西调研地名法规和地名文化建设，督查第二次全国地名普查工作。

7月13日，国务院地名普查办印发《关于进一步加快推进第二次全国地名普查的通知》。

7月13—16日，第二次全国地名普查外业作业技术培训班在四川内江举办，国务院地名普查办副主任、民政部区划地名司司长柳拯出席开班式并讲话。14—17日，柳拯对四川、云南两省地名普查工作进行督查。

7月27—30日，国务院地名普查领导小组副组长兼办公室主任、民政部副部长宫蒲光对新疆和新疆生产建设兵团地名普查工作进行督查。

8月27日，民政部印发《关于开展全国地名地址库试点示范创建活动的通知》。

8月27日，国务院地名普查办印发《关于建立第二次全国地名普查进展情况通报制度的通知》。

9月16日，第二次全国地名普查工作交流促进视频会议在北京召开。国务院地名普查领导小组副组长兼办公室主任、民政部副部长宫蒲光出席并讲话，柳拯司长通报地名普查进展情况。

9月23日，地名普查与地名规划编制培训班在广东中山举办，民政部区划地名司副司长熊梅出席并讲话。

10月27—30日，第二次全国地名普查数据处理培训班在河南洛阳举办，柳拯司长出席开班式并讲话。

10月30日，第二次全国地名普查数据机房建设项目完成初验，12月11日，地名普查数据库管理系统建设及基础数据处理入库项目进入试运行。

11月3日，《中华人民共和国标准地名图集》编制座谈会在京召开。

11月3日，民政部印发《关于确定全国地名地址库试点示范创建地区的通知》。

11月9—13日，国务院地名普查办副主任、民政部区划地名司副司长李伟赴青海督查地名普查工作。

11 月 11 日，《中华人民共和国标准地名图集》《标准地名录》编制出版项目签约仪式在京举行。

11 月 23 日，国务院地名普查办印发《第二次全国地名普查质量评价体系》。

12 月 8—10 日，第二次全国地名普查工作座谈会、地名普查质量控制监理分析会在北京召开。

12 月 29—30 日，国务院地名普查办副主任、民政部区划地名司司长柳拯督查湖北省第二次全国地名普查工作。

【2016 年】

1 月 1 日，“第二次全国地名普查新媒体宣传月”活动在新浪微博上线。

1 月 11 日，国务院地名普查领导小组副组长兼办公室主任、民政部副部长宫蒲光调研北京市地名普查工作并看望慰问普查一线工作人员。

1 月 14—17 日，国务院地名普查办副主任、民政部区划地名司司长柳拯对江西省地名普查工作进行督查。

1 月 22 日，国务院地名普查办印发《关于进一步加强第二次全国地名普查信息报送工作的通知》。

2 月 19 日，国务院地名普查办印发《第二次全国地名普查成果数据入库验收办法》。

2 月 24 日，经王勇国务委员批准，国务院第二次全国地名普查领导小组印发《加强地名文化保护清理整治不规范地名工作实施方案》。

3 月 22 日，国务院地名普查领导小组召开加强地名文化保护暨清理整治不规范地名工作视频会议，国务院地名普查领导小组副组长、民政部部长李立国出席会议并讲话。

3 月 29—4 月 1 日，第二次全国地名普查地理实体图形修测培训班在湖北武汉举办，国务院地名普查办副主任、民政部区划地名司副司长李伟出席开班式并讲话。

4 月 15 日，财政部印发《关于下达 2016 年第二次全国地名普查补助资金的通知》，拨付 2016 年度全国地名普查中央补助资金 7.47 亿元。8 月 18 日，国务院地名普查办印发《关于尽快足额下拨地名普查中央补助资金和落实配套资金的通知》。

4 月 18—22 日，国务院地名普查领导小组副组长兼办公室主任、民政部宫蒲光副部长对贵州地名普查工作进行督查。5 月 10—13 日，宫蒲光调研新疆地名普查工作。

4 月 18—20 日，地名文化保护和清理整治不规范地名工作培训班（第一期）在贵州贵阳举办，国务院地名普查办副主任、民政部区划地名司司长柳拯出席开班式并讲话。

5 月 5 日，国务院地名普查办印发《关于下发第二次全国地名普查成果数据入库预检查软件的通知》。

5 月 19 日，国务院地名普查办印发《关于成立〈中华人民共和国标准地名词典〉和〈中华人民共和国标准地名图集〉〈中华人民共和国标准地名录〉编委会、编辑部的通知》。

5 月 19 日，国务院地名普查办印发《关于进一步加强地名文化属性信息采集工作的通知》。

5 月 23 日，国务院地名普查办印发《关于尽快下拨 2016 年度第二次全国地名普查中央补助资金的通知》。

5 月 23—25 日，地名文化保护和清理整治不规范地名工作培训班（第二期）在宁夏银川举办，国务院地名普查办副主任、民政部区划地名司副司长陈德彧出席开班式并讲话。

6 月 3 日，标准地名图录典志编纂工作视频会议在北京召开，部署启动图录典志编纂工作。李立国部长出席会议并讲话。

6 月 24 日，民政部、国家档案局联合印发《关于印发〈第二次全国地名普查档案管理办法〉的通知》。

7 月 4 日，国务院地名普查办印发《关于报送行政区域界线及界桩数据的通知》。

7 月 12—13 日，《中华人民共和国标准地名词典》编纂培训班在陕西西安举办。

7 月 15 日，国务院地名普查领导小组副组长兼办公室主任、民政部副部长宫蒲光约谈山西、江西、陕西三省地名普查办主管负责人。20 日，国务院地名普查办印发《关于约谈山西、江西、陕西三省有关情况通报》。

7 月 18 日，国务院地名普查办印发《关于第二次全国地名普查进展情况通报》。

7 月 21 日，国务院地名普查办副主任、民政部区划地名司司长柳拯对西藏地名普查工作进行督查。

8 月 23—24 日，《地名管理条例》修订暨第二次全国地名普查工作推进会议和全国地名地址库试点示范培训班在辽宁大连召开。国务院地名普查领导小组副组长兼办公室主任、民政部副部长宫蒲光出席会议并讲话。

8 月 30 日，国务院地名普查办印发《关于开展第二次全国地名普查督查工作的通知》。

8 月 31 日—9 月 2 日，第二次全国地名普查档案管理培训班（第一期）在新疆乌鲁木齐举办。国务院地名普查办副主任、民政部区划地名司司长柳拯出席开班式并讲话。河北、广西、新疆 3 省（自治区）代表交流经验做法。

8 月 31 日—9 月 3 日，第二次全国地名普查信息录入和数据入库处理培训班在新疆乌鲁木齐举办，国务院地名普查办副主任、民政部区划地名司司长柳拯出席开班式并讲话。

9 月，国务院地名普查办组成 4 个督查组，分别由国务院地名普查办副主任、民政部区划地名司司长柳拯，李伟副司长，陈德彧副司长，孙秀东巡视员带队，对新疆、河北、广东、海南、浙江，陕西、安徽、湖南，黑龙江、吉林、江西，山西、青海、宁夏等 14 个省（自治区）、27 个市（州）、56 个县（市、区）开展地名普查实地督查。

9 月 12—14 日，第二次全国地名普查档案管理培训班（第二期）在广西南宁举办。国务院地名普查办副主任、民政部区划地名司巡视员孙秀东出席开班式并讲话。河北、广西、新疆 3 省（自治区）代表交流经验做法。

10 月 20 日，国务院地名普查办印发《关于开展“寻找最美地名故事”网络征集活动有关事宜的通知》。此次活动共征集来自全国各地的 3600 余篇参选作品。

11 月 16 日，《第二次全国地名普查纪实》编撰专家研讨会在北京召开，国务院地名普查办副主任、民政部区划地名司副司长李伟出席会议并讲话。

11 月 17 日，国务院地名普查办印发《第二次全国地名普查多媒体信息采集规范》。

12 月 7—9 日，第二次全国地名普查数据核定会和数据分析会在北京召开，国务院地名普查办副主任、民政部区划地名司副巡视员陈克相出席会议并讲话。

12 月 22 日，国务院地名普查办印发《关于规范地名普查外包服务的通知》，明确外包服务任务要求，进一步强化对技术服务单位的监管。

12 月 23 日，国务院地名普查办印发《第二次全国地名普查验收办法》，明确了普查验收的程序、内容、要求等规定。

12 月 24 日，跨界自然地理实体地名普查工作座谈会在北京召开。

12 月 29 日，国务院地名普查办副主任、民政部区划地名司副巡视员陈克相带队赴河南调研地名普查数据存储情况。

【2017 年】

1 月 3 日，国务院地名普查领导小组印发《关于调整部分组成人员的通知》，民政部部长黄树贤担任国务院地名普查领导小组副组长，同时调整其他部门 17 名小组成员。

1 月 11 日，国务院地名普查办印发《关于配合做好地名普查质量评定和监理工作的通知》，要求各地配合质量评定和监理工作。

2 月 13—16 日，国务院地名普查办在广州举办全国地名普查验收工作培训班，解读普查验收办法、验收程序，介绍地名普查质量管理及验收系统，部署全年验收工作。国务院地名普查办副主任、民政部区划地名司司长柳拯出席培训班并讲话。

2 月 28 日，第二次全国地名普查验收暨成果转化视频会在北京召开，国务院地名普查领导小组副组长、民政部部长黄树贤出席会议并讲话。国务院地名普查领导小组副组长兼办公室主任、民政部副部长宫蒲光主持会议。

3 月 7 日，国务院地名普查办印发《关于切实做好第二次全国地名普查验收工作的通知》。

3 月 25 日，国务院地名普查办印发《关于注意解决好地名普查中存在问题的通知》，要求各地对照检查，妥善解决普查中存在的问题。

4 月 25 日，国务院地名普查办印发《关于普查成果报送情况的通报》，对各地已上报成果的县级政区数量及报送比例情况进行通报。5 月 9 日，再次印发通报，要求各地加快完成普查成果验收报送工作，切实提高成果质量。

5 月 17 日，部分省份第二次全国地名普查工作座谈会在河南省三门峡市召开。国务院地名普查领导小组副组长兼办公室主任、民政部副部长宫蒲光出席会议并讲话。国务院地名普查办副主任、民政部区划地名司副司长李伟主持座谈会，国务院地名普查办副主任、民政部区划地名司副巡视员陈克相通报全国地名普查成果报送情况。

6 月 5—7 日，全国地名地址管理培训班在江苏苏州举办，介绍地名地址库管理系统，邀请专家进行授课，各省份相互交流了经验。

6 月 15 日，国务院第二次全国地名普查领导小组办公室在民政部门户网站公开发布《“公益性地名”项目申报指南》，正式启动“公益性地名活动”项目。

7 月 3 日—9 月 29 日，国务院地名普查办组成 5 个工作组，分别由国务院地名普查办副主任、民政部区划地名司司长柳拯，副司长李伟、陈德彧、陈桥，副巡视员陈克相带队，对全国 31 个省（自治区、直辖市）和新疆生产建设兵团、38 个市（州）、75 个县（市、区）进行现场抽查复验和实地督查。督查结束后，逐一向各省份发出《抽查复验反馈意见》及各县（市、区）主要问题清单。

7 月 4—6 日，全国地名文化遗产保护培训班在吉林长春举办，邀请专家进行授课，各省份相互交流了经验。

7 月 17—19 日，第二次全国地名普查成果数据入库及转化应用培训班在河北张家口举办。国务院地名普查办副主任、民政部区划地名司陈克相副巡视员出席开班式并讲话。

7 月 20 日，地名文化保护与传承座谈会在北京召开，公布了“寻找最美地名故事”网络征集活动获奖名单。国务院地名普查办副主任、民政部区划地名司副司长李伟出席座谈会并讲话。

7 月 24 日，国务院地名普查领导小组副组长兼办公室主任、民政部副部长宫蒲光主持召开国务院地名普查办公室会议并讲话。国务院地名普查办副主任、民政部区划地名司司长柳拯报告 2017 年上半年地名普查进展情况。

8 月 1 日，国务院地名普查办向领导小组报送《2017 年上半年第二次全国地名普查工作进展情况报告》。

8 月 2—3 日，国务院地名普查办副主任、民政部区划地名司副巡视员陈克相率领督查组对宁夏地名普查工作开展督查和抽验复验。

8 月 28 日—9 月 1 日，国务院地名普查办副主任、民政部区划地名司副司长李伟率领督查组对安徽、江苏地名普查工作开展督查和抽验复验。

8 月 31 日—9 月 1 日，民政部区划地名司副司长陈桥率领督查组对山东地名普查工作开展督查和抽验复验。

9 月 1—3 日，国务院地名普查办副主任、民政部区划地名司司长柳拯率领督查组对内蒙古地名普查工作开展督查和抽验复验。

9 月 2—11 日，区划地名司副司长陈桥率领督查组对河南、新疆、新疆生产建设兵团地名普查工作开展督查和抽验复验。

9 月 6—8 日，国务院地名普查办副主任、区划地名司副司长李伟率领督查组对浙江省地名普查工作进行了督查和抽验复验。

9 月 11—17 日，国务院地名普查办副主任、民政部区划地名司副巡视员陈克相率领督查组对西藏地名普查工作开展督查和抽验复验。

9 月 18—22 日，国务院地名普查办副主任、民政部区划地名司副司长李伟率领督查组对重庆、湖北地名普查工作开展督查和抽验复验。

9 月 20 日，国务院地名普查办副主任、民政部区划地名司副巡视员陈克相率领督查组对天津地名普查工作开展督查和抽验复验。

9 月 26—27 日，民政部区划地名司副司长陈桥率领督查组对云南省地名普查工作开展督查和抽验复验。

9 月 28—29 日，民政部区划地名司副司长陈桥率领督查组对贵州省地名普查工作开展督查和抽验复验。

10 月 12—13 日，全国地名普查数据复核结果审验现场会在湖北武汉召开，国务院地名普查办副主任、民政部区划地名司副巡视员陈克相参加会议并讲话。

11 月 3 日，国务院地名普查办印发《关于加快推进地名普查工作的通知》，要求各地加强工作领导，确保普查成果质量和各项普查任务按时顺利完成。

11 月 7 日，国务院地名普查办印发《关于修改完善第二次全国地名普查成果数据的通知》，要求各地修改完善并重新提交成果数据。

11 月 8 日，国务院地名普查办向国务院地名普查领导小组呈报《关于第二次全国地名普查督察及抽查复验情况的报告》，报告在督察复验工作中掌握的普查基本情况、主要做法和工作建议。

11 月 13—15 日，第二次全国地名普查成果数据复核工作会议在河北石家庄召开。国务院地名普查办副主任、民政部区划地名司副巡视员陈克相出席并讲话。

11月22—24日，地名文化建设与地名文化遗产保护工作研讨会在浙江嘉兴召开，研讨地名文化建设与地名文化遗产保护工作现状和问题，研究加强地名文化建设的路径、方法与措施。

12月13日，国务院地名普查办印发《关于第二轮普查成果和界线界桩数据报送情况的通报》，对各地普查成果修改完善及第二轮上报情况、界线界桩数据报送情况进行通报。

12月18日，国务院地名普查办印发《关于加快推进〈中华人民共和国标准地名词典〉编纂工作的通知》。

【2018年】

1月5日，国务院地名普查办印发《关于开展“美丽中国·地名寻梦”全国地名文化短视频征集与展播活动的通知》。

1月10日，国务院地名普查办在北京召开会议，通报普查进展情况，研究部署2018年工作。国务院地名普查领导小组副组长兼办公室主任、民政部副部长宫蒲光出席会议并讲话。国务院地名普查领导小组成员单位联络员和办公室成员共30余人参加会议。

1月26日，国务院地名普查办印发《关于修改完善第二次全国地名普查成果数据（第二轮）的通知》。

2月上旬，全国31个省（自治区、直辖市）的市、县三级行政区域界线、界桩数据入库工作圆满完成。

3月2日，国务院地名普查办印发《2017年第二次全国地名普查工作进展情况和2018年工作安排》。

3月22日，国务院地名普查办印发《关于开展不规范地名清理整治工作调查研究的通知》。

3月27—29日，第二次全国地名普查成果数据质量完善培训班在贵州贵阳举办。国务院地名普查办副主任、民政部区划地名司司长柳拯出席开班式并讲话。

4月16日，国务院地名普查办印发《关于完善和上报地名普查成果数据的通知》。

4 月 27 日，国务院地名普查办印发《关于提供第二次全国地名普查纪实材料的通知》。

4 月 24—27 日，标准地名图录典志编纂暨地名普查成果数据入库培训班（第一期）在河南漯河举办。

5 月 7 日至 10 日，标准地名图录典志编纂暨地名普查成果数据入库培训班（第二期）在广西南宁举办。

5 月 15 日，民政部副部长唐承沛视察第二次全国地名普查数据机房，看望慰问工作人员，对地名普查成果数据入库及转化应用工作提出要求。

5 月 28 日，国务院地名普查办印发《关于开展第二次全国地名普查督查工作的通知》。

5 月 29—31 日，第二次全国地名普查成果数据分析工作会议在湖南株洲召开。

6 月 20 日，国务院地名普查办印发《关于充分利用“互联网 +”技术进一步完善地名普查成果的通知》。

6 月 26 日—7 月 4 日，国务院地名普查办副主任、民政部区划地名司副巡视员陈克相对青海、陕西地名普查工作进行督查。

6 月 27—29 日，国务院地名普查办副主任、民政部区划地名司副司长李伟对宁夏地名普查工作进行督查。

7 月 4—9 日，民政部区划地名司副司长陈桥率领督查组对福建、海南地名普查工作进行督查。

7 月 15—21 日，民政部区划地名司副司长陈桥对辽宁、黑龙江地名普查工作进行督查。

7 月 23—27 日，国务院地名普查办副主任、区划地名司副司长李伟对新疆、新疆生产建设兵团地名普查工作进行督查。

7 月 24 日，国务院地名普查办印发《关于进一步做好地名普查成果转化工作的通知》。

8 月，国务院地名普查办编辑出版“中国地名系列丛书”，包括《地名管理概论》《地名文化概论》《地名服务概论》《地名规划研究》《地名标志研究》《地名拼写译写研究》《地名信息化研究》等 7 部专著。

8 月下旬，国务院地名普查办先后对青海、陕西、新疆、新疆生产建设兵团、辽宁、黑龙江、贵州、云南反馈地名普查督查工作意见。

8月22日，国务院地名普查办印发《关于做好〈中华人民共和国标准地名志〉编纂工作的通知》。

8月22日，国务院地名普查办印发《关于提供第二次全国地名普查总结材料的通知》。

9月4日，国务院地名普查办向各地印发《关于推荐评选第二次全国地名普查先进集体和先进个人的通知》。

9月7日，国务院地名普查办印发《关于请严格按照普查标准时点做好地名普查成果数据修改工作的通知》。

9月11日，国务院地名普查办印发《关于第二次全国地名普查成果数据入库检查及修改上报情况的通报》。

9月26日，国务院地名普查办印发《关于第二次全国地名普查成果数据入库检查第二轮上报情况的通报》。

9月27日，国务院地名普查办印发《关于进一步做好地名普查成果筛查工作的紧急通知》。

10月15日，国务院地名普查办印发《关于第二次全国地名普查成果数据入库检查情况的通报》。

10月19日，“美丽中国·地名寻梦”全国地名文化短视频征集与展播活动组委会在福建厦门召开保护弘扬中华优秀地名文化座谈会，公布了获奖名单。国务院地名普查办副主任、民政部区划地名司副司长李伟出席座谈会并讲话。

10月22日，向国务院地名普查领导小组各成员单位印发《关于推荐第二次全国地名普查先进集体和先进个人的通知》。

10月22日—11月30日，国务院地名普查办先后出具四川省、青海省、天津市等全国31个省、自治区、直辖市和新疆生产建设兵团地名普查成果验收意见。

11月15日，国务院地名普查办印发《关于反馈第二次全国地名普查先进集体和先进个人初审结果的函》。

【2019年】

1月3日，国务院地名普查办召开主任办公会，研究部署2019年地名普查工作，民政部副部长唐承沛主持会议并讲话。

1月29日，国务院地名普查办印发《关于做好拟公开地名普查成果数据复核确认工作的通知》。

2月22日，国务院地名普查办印发《国务院第二次全国地名普查领导小组办公室关于进一步加快〈中华人民共和国标准地名词典〉编纂工作进度的通知》。

3月11日，国务院地名普查办印发《关于补充完善县级以上政区地名信息的紧急通知》。

3月20日，国务院地名普查办发出《关于商请做好地名普查宣传有关工作的函》，请民政部地名研究所、中国地名学会、中国地名文化遗产保护促进会、山东省地名研究所等单位组织专家学者撰写发布一批反映地名普查成绩、地名和地名管理地位作用的文章。在《中国社会报》《中国民政》等媒体上设置专栏，刊登《第二次全国地名普查的14个知识点》《地名助力梦想　逐浪扬帆远航——专家学者眼中的第二次全国地名普查》等文章。

3月28日，国务院地名普查办印发《关于做好〈中华人民共和国标准地名志〉编纂工作的通知》。

3月29日，国务院地名普查办印发《关于报送第二次全国地名普查专项资金有关情况的通知》。

4月23日，国务院地名普查领导小组印发《关于表彰第二次全国地名普查先进集体和先进个人的决定》。

4月29日，国务院地名普查办印发《关于请协助审核拟公开地名信息的函》。

5月7日，国务院第二次全国地名普查领导小组召开第二次全国地名普查总结电视电话会议，全面总结第二次全国地名普查成绩和经验，表彰先进集体和先进个人，研究部署加强新时代地名工作。国务委员、国务院第二次全国地名普查领导小组组长王勇出席会议并讲话。民政部部长、国务院第二次全国地名普查领导小组副组长黄树贤主持会议。国务院副秘书长孟扬、民政部副部长唐承沛、中央军委联合参谋部参谋长助理姜国平出席会议。会上，向先进集体和先进个人代表颁奖，山东、湖北、重庆三省（直辖市）地名普查领导小组负责同志介绍了经验，开通了中国·国家地名信息库。

DIERCI
QUANGUO DIMING
PUCHA JISHI

第二次
全国地名普查纪实（下）

国务院第二次全国地名普查领导小组办公室 编

中国社会出版社
国家一级出版社·全国百佳图书出版单位

目　录

第二次全国地名普查政策文件（2014年）

第二次全国地名普查政策文件（2015 年）

第二次全国地名普查政策文件（2016 年）

第二次全国地名普查政策文件（2017年）

第二次全国地名普查政策文件（2018年）

第二次全国地名普查政策文件（2019 年）

第二次全国地名普查政策文件（2014年）

国务院关于开展第二次全国地名普查的通知

国发〔2014〕3号

各省、自治区、直辖市人民政府，国务院各部委、各直属机构：

为全面掌握地名基本信息，提高我国地名管理和服务水平，定于2014年7月至2018年6月开展第二次全国地名普查。现就有关问题通知如下：

一、目的和意义

地名普查的目的是查清地名基本情况，掌握地名基础数据，提高地名标准化水平，加强地名信息化服务建设，为社会提供全面准确的地名信息。

地名是基础地理信息，地名普查是一项公益性、基础性的国情调查。开展地名普查，有利于维护国家主权和领土完整、巩固国防建设，有利于经济社会协调发展，有利于社会交流交往、方便人民群众生产生活，对提高政府管理水平和公共服务能力具有重要意义。

二、范围和内容

普查范围：第二次全国地名普查试点区域以外的全国所有陆地国土（不含香港特别行政区、澳门特别行政区、台湾省）。

普查内容：查清地名及相关属性信息，对有地无名的有地名作用的地理实体进行命名，对不规范地名进行标准化处理，设置标准规范的地名标志，建立、完善各级国家地名和区划数据库，加强地名信息化服务建设，建立地名普查档案。

三、时间安排

此次地名普查从2014年7月1日开始，到2018年6月30日结束，分三个阶段实施。普查标准时点为2014年12月31日。

第一阶段，2014年7月至12月，所有普查地区完成组织动员、成立机构、搜集资料、制定方案、人员培训等各项准备工作。

第二阶段，2015 年 1 月至 2017 年 6 月，完成所有地区的普查和各级检查验收工作。各省、自治区、直辖市可结合实际统筹安排所辖相关县（市、区、旗）的普查和检查验收，既可同时开展，也可分期分批进行。具体计划由各省、自治区、直辖市第二次全国地名普查领导小组报国务院第二次全国地名普查领导小组批准后实施。

第三阶段，2017 年 7 月至 2018 年 6 月，完成成果完善、上报、汇总工作，建立档案，开展普查成果转化利用。

四、组织实施

此次地名普查范围大、涉及面广、情况复杂、技术要求高，为加强领导、确保工作顺利开展，成立国务院第二次全国地名普查领导小组，负责制定统一的实施方案、工作规程和普查的组织实施，协调解决工作中的重大问题。领导小组办公室设在民政部，承担领导小组日常工作，负责全国地名普查工作的业务指导和督促检查。领导小组属于阶段性工作机制，不属于新设立的议事协调机构，任务完成后即撤销。

普查工作要按照“统一领导、分工协作、分级负责、共同参与”的原则组织实施。领导小组各成员单位要密切配合、通力协作，各司其职、各负其责，共同做好普查工作。普查涉及的县级以上地方各级人民政府要相应成立地名普查领导小组及其办公室，按照国务院第二次全国地名普查领导小组的规定和要求，负责组织本行政区域地名普查工作。

五、工作要求

各地区、各有关部门要充分认识、广泛宣传第二次全国地名普查的重要意义，加强组织领导，周密部署，统筹协调，确保普查任务顺利完成。普查工作人员要严守工作纪律，按照有关政策规定、工作规程和技术标准认真做好普查工作，确保普查数据真实可靠。

国务院

2014 年 1 月 23 日

附件：

国务院第二次全国地名普查领导小组组成人员名单

组　长：王　勇　国务委员
副组长：李立国　民政部部长
　　　　阎京华　国务院机关党组纪检组组长
　　　　宫蒲光　民政部副部长
　　　　乙晓光　总参谋长助理
成　员：杜　鹰　发展改革委副主任
　　　　鲁　昕　教育部副部长
　　　　尚　冰　工业和信息化部副部长
　　　　陈改户　国家民委副主任
　　　　黄　明　公安部副部长
　　　　王保安　财政部副部长
　　　　胡存智　国土资源部副部长
　　　　唐　凯　住房城乡建设部总规划师
　　　　翁孟勇　交通运输部副部长
　　　　矫　勇　水利部副部长
　　　　杨志今　文化部副部长
　　　　孙志刚　卫生计生委副主任
　　　　刘玉亭　工商总局副局长
　　　　李　强　统计局副局长
　　　　印　红　林业局副局长
　　　　王志发　旅游局副局长
　　　　蒋坚永　宗教局副局长
　　　　刘　琦　能源局副局长
　　　　闵宜仁　测绘地信局副局长
　　　　傅选义　铁路局副局长
　　　　周来振　民航局副局长

顾玉才　文物局副局长

田　嘉　中国地方志指导小组办公室党组书记

领导小组办公室主任由民政部副部长宫蒲光兼任。

国务院第二次全国地名普查领导小组关于印发《第二次全国地名普查实施方案》的通知

国地名普查组发〔2014〕1号

各省、自治区、直辖市第二次全国地名普查领导小组，新疆生产建设兵团第二次全国地名普查领导小组，国务院第二次全国地名普查领导小组成员单位：

现将《第二次全国地名普查实施方案》印发你们，请认真遵照执行。

国务院第二次全国地名普查领导小组办公室

2014年4月11日

第二次全国地名普查实施方案

为做好第二次全国地名普查工作，根据《国务院关于开展第二次全国地名普查的通知》(国发〔2014〕3号)精神，制定本方案。

一、目标任务

查清地名基本情况，对有地无名的有地名作用的地理实体进行命名，对不规范地名进行标准化处理，设置标准规范的地名标志，建立、完善各级国家地名和区划数据库（即国家地名数据库），加强地名信息化服务建设，发挥地名在促进经济社会协调发展、方便人民群众生产生活、加强国防建设和维护国家主权与领土完整等方面的基础作用。

（一）调查地名基本情况。包括行政区域，非行政区域，群众自治组织，居民点，交通运输设施，水利、电力、通信设施，纪念地、旅游景点，建筑物，单位，陆地水系，陆地地形等11大类地名的名称、位置及相关属性信息。

（二）规范地理实体名称。根据国家地名管理的有关法规，对有地无名的有地名作用的地理实体进行命名；对不规范地名进行标准化处理，切实解决地名上存在的一地多名、地名重名，地名命名罔顾传统、刻意崇洋、虚张声势、名不副实，地名译写不准确、用字不规范、含义不健康等问题。

（三）设置地名标志。根据实际需要，依据国家有关标准设置地名标志。

（四）开发、应用普查成果。利用地名普查成果，编纂出版地名图、录、典、志等出版物，建立、完善各级国家地名和区划数据库，开展地名信息化服务，开发研制地名信息化服务产品。

（五）建立地名普查档案，实现地名普查档案的数字化管理。

二、普查范围

第二次全国地名普查试点区域以外的全国所有陆地国土（不含香港特别行政区、澳门特别行政区、台湾省）。

三、组织实施

第二次全国地名普查工作由国务院第二次全国地名普查领导小组（简称国务院地名普查领导小组）组织实施。领导小组办公室（简称国务院地名普查办）设在民政部，承担领导小组日常工作，负责全国地名普查工作的业务指导宣传和督促检查验收。

此次地名普查以县级政区为单位进行。普查涉及的县级以上地方各级人民政府相应成立普查领导小组及其办公室，标准名称为××省（自治区、市、县、区）第二次全国地名普查领导小组（简称××省、自治区、市、县、区地名普查领导小组）及办公室（简称××省、自治区、市、县、区地名普查办），办公室设在地名主管部门，按照国务院地名普查领导小组的统一部署，负责组织实施本行政区域内的地名普查工作。

四、职责分工

国务院地名普查领导小组职责：

（一）制定第二次全国地名普查的有关方针、政策和保障措施。

（二）组织部署第二次全国地名普查工作。

（三）协调解决普查中的重大问题。

（四）审议重要地名命名更名事项。

（五）审定第二次全国地名普查成果。

（六）承办国务院交办的有关工作。

国务院地名普查办职责：

（一）拟定第二次全国地名普查实施方案。

（二）制定第二次全国地名普查技术规范。

（三）负责组织第二次全国地名普查宣传。

（四）负责领导小组成员单位的联系协调。

（五）负责地名普查的会议组织、业务培训、检查指导验收。

（六）负责组织地名普查成果上报和建档工作。

（七）负责指导建立、完善各级地名普查数据库。

（八）负责组织编纂普查地区标准地名图、录、典、志等。

（九）负责组织地名普查信息综合应用服务。

（十）承担领导小组交办的其他工作。

国务院地名普查领导小组成员单位职责：

领导小组各成员单位要做好地名普查的协助和配合工作，指导和督促地方各级人民政府相关部门做好地名普查所需专题资料的整理及提供工作，并确保信息和数据的有效性和现势性（国务院第二次全国地名普查领导小组成员单位职责详见附件）。

五、时间安排

此次地名普查从2014年7月1日开始，到2018年6月30日结束，分三个阶段实施。普查标准时点为2014年12月31日。

第一阶段，2014年7月至12月，所有普查地区完成组织动员、成立机构、搜集资料、制定方案、人员培训等各项准备工作。

第二阶段，2015年1月至2017年6月，完成所有地区的普查和各级检查验收工作。各省（自治区、直辖市）可结合实际统筹安排所辖相关县（市、区）的普查和检查验收，既可同时开展，也可分期分批进行。具体计划由各省（自治区、直辖市）地名普查领导小组报国务院地名普查领导小组批准后实施。

第三阶段，2017年7月至2018年6月，完成成果完善、上报、汇总工作，建立档案，开展普查成果开发应用和总结表彰。

六、方法步骤

（一）制定方案。地方各级地名普查领导小组要根据国务院地名普查领导小组的统一部署，结合本地实际，科学制定地名普查实施方案，报上级地名普查领导小组审批。

（二）培训人员。民政部负责省（自治区、直辖市）地名普查领导小组办公室（简称省级地名普查办）成员的培训工作。省（自治区、直辖市）地名主管部门负责地（市、州、盟）及县（市、区）地名普查人员的培训工作。

（三）收集资料。全面搜集与地名相关的历史沿革、名称由来以及相关属性信息资料，包括图、录、典、志等，对资料进行整理、甄别、论证和审定。

（四）实地踏勘。实地调查地名现状，查清地名的名称、位置及相关属性信息。

（五）标准化处理地名。根据国家地名管理的有关法规，按照地名命名、更名的审批权限和程序，对有地无名的有地名作用的地理实体进行命名，对普查的地名进行审定和标准化处理。

（六）设置地名标志。依据国家有关标准，设置地名标志。

（七）建立数据库。将地名文字和图形信息及多媒体数据录入国家地名和区划数据库。根据普查成果和工作图，修改矢量地图上的地名注记和变化的地物。

（八）制作成果。

1. 填写各类普查成果表。

2. 标绘地名普查成果图。

3. 对普查成果和文件资料进行数字化处理。

4. 起草地名普查工作总结。

5. 起草地名普查成果上报审批报告。

（九）验收。地名普查验收由国务院地名普查办负责组织，各省级地名普查办负责本行政区域验收工作的具体实施。验收内容包括组织实施和普查成果两个方面。县（市、区）第二次全国地名普查领导小组办公室（简称县级地名普查办）先行自查，根据自查情况改进后报地（市、州、盟）第二次全国地名普查领导小组办公室（简称地级地名普查办）进行核查；地级地名普查办根据核查情况进一步完善后报省级地名普查办验收；省级地名普查办验收后，报国务院地名普查办抽查复验及全面审核；国务院地名普查办审核合格后，结合工作总体情况，出具关于各省（自治区、直辖市）第二次全国地名普查的意见。为确保地名普查质量，国务院地名普查办设立由有关地名专家和技术人员组成的监理组，对普查工作进行监理。各省（自治区、直辖市）是否设立监理组，可视情而定。

（十）成果审定。第二次全国地名普查成果由国务院地名普查办组织审核后报领导小组审定。

（十一）上报归档。普查成果验收合格后，逐级上报。完成普查文件、资料、成果等的立卷归档工作。

（十二）编纂出版地名出版物。民政部负责组织编纂出版全国性地名图、录、典、志等出版物。地方各级地名主管部门负责组织编纂出版本行政区域的地名图、录、典、志等出版物。

（十三）开展地名信息化服务建设。利用地名普查成果，建立完善地名网站，开发研制地名信息化服务产品。

七、工作要求

（一）各地要加强组织领导，统筹协调，严格按照《第二次全国地名普查工作规程》和有关政策规定、技术标准等开展工作。

（二）要做好有关资料、数据和信息的分类管理工作。涉密资料、数据和信息须严格保密。

（三）跨省级行政区域界线地理实体名称，相关省（自治区、直辖市）表述不一致时，要充分协商确定。协商不一致的，报国务院地名普查领导小组确定。

（四）在军事管理区等敏感地区开展地名普查时，要事先与驻军单位沟通。

（五）要积极稳妥地做好涉及民族地区以及有争议地区的地名命名更名工作。

（六）各地应当通过报刊、广播电视和互联网等新闻媒体以及宣传栏、街路牌广告栏等多种宣传工具，广泛宣传第二次全国地名普查工作。

附件

国务院第二次全国地名普查领导小组成员单位职责

民政部履行领导小组办公室职责，承担领导小组日常工作，负责全国地名普查工作的业务指导宣传和督促检查验收，负责地名普查日常工作，负责地名普查成果转化工作。

发展改革委负责协调地名普查方案与国民经济社会发展总体规划、区域规划及其他有关专项规划的衔接工作，以及相关资料的协调保障工作。

教育部负责地名普查所需各级各类学校等相关资料的协调保障工作。

工业和信息化部负责地名普查所需通信设施、通信线路、通信基站等相关资料的协调保障工作。

国家民委负责地名普查所需民族事务相关资料的协调保障工作。

公安部负责地名普查所需人口信息等相关资料的协调保障工作。

财政部负责中央负担的地名普查经费的保障落实和资金使用的监督管理，协调督促各地财政部门落实地方经费。

国土资源部负责地名普查所需第二次全国土地调查成果、地质公园等相关资料的协调保障工作。

住房和城乡建设部负责地名普查所需城市市政公用设施、全国风景名胜区、世界自然遗产等相关资料的协调保障工作。

交通运输部负责地名普查所需第二次全国公路普查、第三次全国港口普查成果以及公路、水路和铁路等交通运输设施基础资料的协调保障工作。

水利部负责地名普查所需第一次全国水利普查成果等基础资料的协调保障工作。

文化部负责地名普查所需文化场馆等相关资料的协调保障工作。

卫生计生委负责地名普查所需各级各类医院以及基层医疗机构、公共卫生机构、急救机构等相关资料的协调保障工作。

工商总局负责地名普查所需各类企业、从事经营活动的单位等相关资料的协调保障工作。

统计局负责地名普查所需社会、经济、人口等相关统计资料的协调保障工作。

林业局负责地名普查所需林业经营管理单位等相关资料的协调保障工作。

旅游局负责地名普查所需旅游资源基础资料的协调保障工作。

宗教局负责地名普查所需宗教团体、宗教院校、宗教活动场所等基础资料的协调保障工作。

能源局负责地名普查所需能源（包括电力）设施等相关资料的协调保障工作。

测绘地信局负责地名普查所需第一次全国地理国情普查资料、基础地理信息等相关资料的协调保障工作。

铁路局负责地名普查所需铁路运输设施等相关资料的协调保障工作。

民航局负责地名普查所需航空运输设施等相关资料的协调保障工作。

文物局负责地名普查所需第三次全国文物普查成果以及世界文化遗产、全国重点文物保护单位等相关资料的协调保障工作。

中国地方志指导小组办公室负责地名普查所需地方志等基础资料的协调保障工作。

总参谋部负责军事管理区和军事禁区内地名普查的协调保障工作。

关于召开全国第二次地名普查暨加强和改善地名管理电视电话会议的通知

国地名普查组电〔2014〕1 号

各省、自治区、直辖市第二次全国地名普查领导小组，新疆生产建设兵团第二次全国地名普查领导小组，国务院第二次全国地名普查领导小组各成员单位：

经国务院批准，国务院第二次全国地名普查领导小组定于 2014 年 4 月 15 日下午 3 时，召开全国第二次地名普查暨加强和改善地名管理电视电话会议。届时，国务院领导同志将出席会议并作重要讲话。现将有关事项通知如下：

一、会议主题

深入贯彻落实《国务院关于开展第二次全国地名普查的通知》（国发〔2014〕3 号），全面动员和部署第二次全国地名普查工作，明确下一步加强和改善地名管理的目标任务。

二、会议地点

在国务院小礼堂设主会场，各省（自治区、直辖市）、新疆生产建设兵团以及有条件召开电视电话会议的市、县设分会场。

三、参会人员

（一）主会场。

国务院第二次全国地名普查领导小组成员、联络员及办公室成员。

与会部门、单位名单见附件 1。

（二）分会场。

1. 省（自治区、直辖市）、新疆生产建设兵团分会场：各省（自治区、直辖市）、新疆生产建设兵团第二次全国地名普查领导小组成员、联络员及办公室成员，各省（自治区、直辖市）、新疆生产建设兵团民政厅（局）主要负责人、分管此项工作的负责人、区划地名处处长，北京、天津、上海地名主管部门主要负责人、地名管理工作负责人。与会人员范围比照主会场确定。

2. 市、县分会场：市、县第二次全国地名普查领导小组成员、联络员及办公室成员，各市、县地名主管部门主要负责人、分管负责人、地名管理工作人员。与会人员范围比照省（自治区、直辖市）分会场确定。

四、会议报名

请将在主会场参加会议的人员名单和在分会场参加会议的各省（自治区、直辖市）、新疆生产建设兵团负责同志名单（包括姓名、单位、职务和会务联系人、联系电话）、参会人数，于 2014 年 4 月 14 日中午 12 时前传真至国务院第二次地名普查领导小组办公室。

联 系 人：胡小勇　李　实
联系电话：010–58123208　58123210
传　　真：010–58123207

附件：1. 主会场与会部门、单位名单
　　　2. 参会人员回执
　　　3. 分会场布置及相关要求

国务院第二次全国地名普查领导小组办公室
2014 年 4 月 13 日

附件 1

主会场与会部门、单位名单

发展改革委、教育部、工业和信息化部、国家民委、公安部、民政部、财政部、国土资源部、住房城乡建设部、交通运输部、水利部、文化部、卫生计生委、工商总局、统计局、林业局、旅游局、宗教局、能源局、测绘地信局、铁路局、民航局、文物局、中国地方志指导小组办公室、总参谋部

附件 2

参会人员回执

（一）主会场参会人员回执

	姓　名	单位及职务	联系电话
成　员			
联络员			
司　机			
司　机			

（二）分会场参会情况回执

分会场名称：　　　　　　　　　　　　参会人数：　　人

	姓　名	单位及职务	联系电话
参会负责同志			
会　务联系人			

附件 3

分会场布置及相关要求

一、分会场不设主席台。请与会人员在会场集中、整齐就座，主要领导同志在前排中间就座。与会人员请于 4 月 15 日 14 时 45 分前就座完毕。

二、分会场不悬挂会标。

三、分会场摆放座签，尺寸适中，红底黑字。桌面上不摆放矿泉水，桌面和地面上不摆放花草绿植，不摆放本省（区、市）的名牌。会场背景简洁、庄重，不悬挂、张贴、喷涂、书写、投影广告性及其他图案标识、文字。

四、会议期间，请与会人员关闭手机，勿随意走动，注意保持会场秩序。

五、请有关单位和人员做好电视电话会议系统维护保障工作，加强调试和隐患排查，加强对操作人员的教育培训，确保万无一失。

六、各分会场请于 4 月 15 日下午 13 时前布置完毕。

国务院第二次全国地名普查领导小组关于印发《第二次全国地名普查工作规程》的通知

国地名普查组发〔2014〕3号

各省、自治区、直辖市第二次全国地名普查领导小组，新疆生产建设兵团第二次全国地名普查领导小组：

现将《第二次全国地名普查工作规程》印发你们，请认真遵照执行。

国务院第二次全国地名普查领导小组办公室

2014年4月18日

第二次全国地名普查工作规程

第一章　总　则

第一条　目的

为搞好第二次全国地名普查，确保各项工作顺利实施，根据《国务院关于开展第二次全国地名普查的通知》（国发〔2014〕3号）、《第二次全国地名普查实施方案》（国地名普查组发〔2014〕1号）、《第二次全国地名普查试点工作规程》（修订版）和《地名管理条例》等有关规定，制定本规程。

第二条　普查任务

第二次全国地名普查的任务是查清地名的属性信息和地理实体的相关信息，对有地无名的有地名作用的地理实体进行命名，对不规范地名进行标准化处理，设置标准规范的地名标志，建立、完善四级国家地名和区划数据库（即国家地名数据库），加强地名信息化服务建设，建立地名普查档案。

第三条　普查工作用图

第二次全国地名普查工作用图及地图数据，以2000国家大地坐标系1 ∶ 5

万地形图和地形图矢量数据为基础工作用图。有条件的地区可使用大比例尺地图和遥感影像数据，成果数据必须导入国家地名和区划数据库。

第四条 地名代码编制

地名代码依据《国家地名数据库代码编制规则》（民地办发〔2010〕1号）编制。

第五条 资料数据信息管理

普查中涉及的资料、数据和信息应分类管理，涉密资料、数据和信息的管理须按相关保密制度执行。

第二章 地名普查内容

第六条 地名分类

地名分类以《地名分类与类别代码编制规则》（GB/T18521—2001）为基本依据，结合工作实际和现实需求，确定为海域，陆地水系，陆地地形，行政区域，群众自治组织，非行政区域，居民点，交通运输设施，水利、电力、通信设施，纪念地、旅游景点，建筑物，单位等12大类地名。海域类地名在试点工作中已普查，不再涉及，本次普查仅包括除海域类以外的11大类地名。

第七条 地名的属性信息

地名的属性信息包括：地名的标准名称及其别名、简称、曾用名；地名的书写形式，即地名的汉字书写和少数民族文字书写的形式；地名的读音，包括其原读音，以及其标准名称的汉语普通话读音并用罗马字母（汉语拼音字母）拼写表示；地名的语种，指标准名称所属的民族语言种类；地名的类别，指地名所指代的地理实体的类别；地理位置，指地名所指代的地理实体的地理坐标和相对位置；地名的来历、含义及历史沿革，指地名形成的历史背景，标准名称及别名、简称、曾用名的命名理据（文化内涵）及演变的历史过程；地名的密级，指地名所指代的地理实体的地理坐标等信息的保密级别。

第八条 地理实体的相关信息（地理实体概况）

地理实体的相关信息，是指地名所指代的地理实体的性质、特征及文化内涵等。

12.陆地水系类。

121.河流：长度（千米）、流域面积（平方千米）、主要支流、河流级别、河流类别（内流河/外流河，地上河/地下河，常年河/季节河）、主要水文站、径流量、所在（跨）行政区、其他信息（如揭示河流历史文脉和特色文化内涵的信息等）。

1211. 河源：所在（跨）行政区、其他信息。

1212. 峡谷：长度（千米）、宽度（千米）、走向、所属山系、起点名、止点名、河流名、所在（跨）行政区、其他信息。

1213. 河滩：面积（平方千米）、所在（跨）行政区、其他信息。

1214. 阶地：高度（米）、阶地级数、陡坎角度、所属河流、所在（跨）行政区、其他信息。

1215. 河湾：所在河流、所在（跨）行政区、其他信息。

1216. 河口：类型（滨海 / 滨湖 / 滨河）、所在（跨）行政区、其他信息。

1217. 三角洲：类型（滨海 / 滨湖 / 滨河）、面积（平方千米）、海拔（米）、所在（跨）行政区、其他信息。

122. 湖泊：类型（常年湖 / 时令湖，淡水湖 / 咸水湖）、面积（平方千米）、最大长度（千米）、最大宽度（千米）、平均水深（米）、最大水深（米）、主要水源、所在（跨）行政区、其他信息（如沿湖重要自然和人文地理实体及有独具特色的文化内涵等）。

123. 陆地岛屿。

1231--1232–1233. 洲、河岛，湖岛，矶：类型（基岩 / 冲洪积）、面积（平方千米）、近陆距离（千米）、相对高程（米）、植被覆盖率、所在（跨）行政区、其他信息〔如人口（人）、自然聚落、建筑物等〕。

124. 冰川：面积（平方千米）、长度（千米）、宽度（千米）、冰层厚度（米）、海拔（米）、所属山系、所在（跨）行政区、其他信息。

125. 瀑布：最大落差（米）、最大宽度（米）、流量（立方米 / 秒）、上游水源、所在（跨）行政区、其他信息（如景观特征、故事传说等）。

126. 泉：类型（冷泉 / 热泉）、最高水位（米）、最低水位（米）、最大输出量（立方米）、日出水量（立方米）、涌水高度（米）、年均水温、所在（跨）行政区、其他信息（如景观特征、故事传说等）。

13. 陆地地形类。

131–132. 平原、盆地：面积（平方千米）、平均海拔（米）、四至、最大长度（千米）、最大宽度（千米）、气候类型、年均温度（摄氏度）、年降水量（毫米）、年无霜期（天）、所在（跨）行政区、其他信息（如土壤类型、区域经济特征等）。

133. 高原：面积（平方千米）、最大长度（千米）、最大宽度（千米）、平均海拔（米）、四至、所属山脉、气候类型、年均温度（摄氏度）、年降水量（毫米）、年无霜期（天）、所在（跨）行政区、其他信息（如土壤类型、区域经济特征等）。

134. 丘陵山地：面积（平方千米）、长度（米）、宽度（米）、平均海拔（米）、走向、所属山系、主峰名称、主峰海拔（米）、所在（跨）行政区、其他信息（如地质、地貌特征等）。

1341. 山口、关隘：长度（米）、宽度（米）、海拔（米）、所属山脉、所在（跨）山峰、所在（跨）行政区、其他信息（如自然与人文景观，重要历史人物、事件及传说等文化内涵）。

1342. 山谷、谷地：长度（米）、平均宽度（米）、相对高差（米）、走向、所在山脉、所在（跨）行政区、其他信息（如自然与人文景观，重要历史人物、事件及传说等文化内涵）。

1343. 山坡：走向、所在山脉、所在（跨）行政区、其他信息（如自然与人文景观，重要历史人物、事件及传说等文化内涵）。

1344. 山峰：海拔（米）、所在山脉、所在（跨）行政区、其他信息（如地质地貌，主要生物，自然与人文景观，重要历史人物、事件及传说等文化内涵）。

1345. 山：长度（千米）、宽度（千米）、海拔（米）、所在（跨）行政区、其他信息（如地质地貌，主要生物，自然与人文景观，重要历史人物、事件及传说等文化内涵）。

1346. 山体：长度（千米）、宽度（千米）、主峰海拔（米）、平均海拔（米）、走向、主峰名称、所在（跨）行政区、其他信息（如地质地貌，主要生物，自然与人文景观，重要历史人物、事件及传说等文化内涵）。

135. 重要陆地景观。

1351. 湿地（沼泽）：面积（平方千米）、长度（千米）、宽度（千米）、深度（米）、水源、气候类型、动植物种类、年均温度（摄氏度）、年均温差（摄氏度）、年降水量（毫米）、年无霜期（天）、所在（跨）行政区、其他信息。

1352. 苔原：面积（平方千米）、长度（千米）、宽度（千米）、气候类型、植被种类、年均温度（摄氏度）、年均温差（摄氏度）、年降水量（毫米）、年无霜期（天）、所在（跨）行政区、其他信息。

1353. 草原：面积（平方千米）、长度（千米）、宽度（千米）、主要植被类型、年均温度（摄氏度）、年均温差（摄氏度）、年降水量（毫米）、年无霜期（天）、所在（跨）行政区、其他信息。

1354. 森林：面积（平方千米）、长度（千米）、宽度（千米）、植被类型、气候类型、年均温度（摄氏度）、年均温差（摄氏度）、年降水量（毫米）、年无霜期（天）、所在（跨）行政区、其他信息（如水源、建筑物等）。

1355. 沙漠：面积（平方千米）、长度（千米）、宽度（千米）、气候类型、植被类型、年均温度（摄氏度）、年均温差（摄氏度）、年降水量（毫米）、年无霜期（天）、所在（跨）行政区、其他信息。

1356. 戈壁：面积（平方千米）、长度（千米）、宽度（千米）、气候类型、年均温度（摄氏度）、年均温差（摄氏度）、年降水量（毫米）、年无霜期（天）、所在（跨）行政区、其他信息。

1357. 绿洲：面积（平方千米）、长度（千米）、宽度（千米）、上游水源、气候类型、植被类型、年均温度（摄氏度）、年均温差（摄氏度）、年降水量（毫米）、年无霜期（天）、所在（跨）行政区、其他信息。

139. 其他。

1391. 洞穴：面积（平方米）、长度（米）、宽度（米）、高度（米）、海拔（米）、容量（立方米）、土岩类型、所在山峰、所在（跨）行政区、其他信息。

1392. 天生桥：长度（米）、宽度（米）、高度（米）、海拔（米）、所在（跨）行政区、其他信息。

1393. 台地：面积（平方千米）、最大长度（千米）、最大宽度（千米）、海拔（米）、四周山脉、四至、气候类型、年降水量（毫米）、年无霜期（天）、所在（跨）行政区、其他信息。

21. 行政区域及其他区域类。

212–213–214–215. 行政区域类（省级、地级、县级、乡级行政区）：行政区划单位（如，省级可选省或自治区或直辖市）、行政级别（选择省级、地级、县级、乡级）、行政区划代码、政府驻地、政府网址、上一级行政区、下一级行政区、总面积（平方千米）、总人口（万人）、政区的历史沿革（始置时间和置、废、分、合及驻地迁徙、辖属变更等情况）、其他信息（如四至、毗邻的相关行政区，政府驻地人口、民族构成，气候类型，地貌特征、主要山峰、主要河流，主要工业、主要农业、主要矿产、主要土特产，主要交通干道，主要文教科体卫事业单位，名胜古迹和著名旅游景点，著名历史人物、主要历史事件等历史文化和民间传统文化内涵）。

对于历史悠久的政区实体应深入调查、考证、梳理其承载的地域文化内涵。

216. 群众自治组织类。

2161–2162. 村委会、社区居委会（居委会）：下级组织、辖区范围、长途电话区号、联系电话、邮政编码、面积（平方千米）、人口（人）、所在（跨）行政区、其他信息（如工业、农业、商业、主要驻区单位、名胜古迹等）。

217. 非行政区域类。

2171. 矿区：矿产类型、范围、驻地、设立时间、面积（平方千米）、人口（人）、所在（跨）行政区、产值（万元）、其他信息。

2172. 农、林、牧、渔区：类型（农业区 / 林区 / 牧区 / 渔区）、范围、面积（平方千米）、人口（人）、年均气温（摄氏度）、年均降水量（毫米）、年无霜期（天）、主要产业、所在（跨）行政区、其他信息（如与之相连的主要道路和交通线等）。

2173. 工业区、开发区：类型（工业区 / 开发区）、范围、面积（平方千米）、人口（万人）、主要产业、所在（跨）行政区、其他信息（如与之相连的主要道路和交通线等）。

2174. 边贸区、口岸：类型（边贸区 / 口岸）、范围、面积（平方千米）、人口（万人）、主要商品、主要产业、所在（跨）行政区、其他信息（如与之相连的主要道路和交通线等）。

2175. 军事区：对社会公开的名称及信息。

2176. 地片：范围、所在（跨）行政区、其他信息。

2177. 区片：范围、所在（跨）行政区、其他信息。

22. 居民点类。

221–222–223–224. 城镇居民点，农村居民点，工矿点，农、林、牧场点：类型（城镇 / 农村 / 工矿点 / 农、林、牧场）、长途电话区号、邮政编码、面积（平方千米）、人口（人）、所在（跨）行政区；民宅聚集区、居民小区等城镇居民点所临街巷与门牌号、邮编等组合地址信息，村落等农村居民点的聚落形态、传统民居及民俗等文化内涵；其他信息。

23. 交通运输设施类。

231. 水上运输。

2311. 锚地：面积（平方米）、锚位（个）、所在水域、平均水深（米）、最大水深（米）、始建时间、建成时间、所在（跨）行政区、其他信息。

2313. 河港：类型（河港 / 湖港）、泊位（个）、年客运量（万人）、年货运量（万吨）、岸线长（米）、所在水域、平均水深（米）、最大水深（米）、始建时间、建成时间、所在（跨）行政区、其他信息（如与之相连的主要道路和交通线等）。

2314. 船闸、升船机站：类型（单级 / 多级）、所在水域、平均水深（米）、最大水深（米）、始建时间、建成时间、所在（跨）行政区、其他信息。

2315. 渡口：年客运量（万人）、渡程长度（米）、平均水深（米）、最大水深（米）、所在（跨）行政区、其他信息（如与之相连的主要道路和交通线等）。

232. 公路运输。

2321. 公路：类型（国道 / 省道 / 县道 / 乡道 / 专用）、等级（高速 / 一级 / 二级 / 三级 / 四级以下）、起点、止点、长度（千米）、宽度（米）、路面性质、沿途重要地理实体、始建时间、建成时间、途经行政区、其他信息。

2322. 长途汽车站：年客运量（万人）、年货运量（万吨）、占地面积（平方米）、始建时间、建成时间、所在（跨）行政区、其他信息（如与之相连的主要道路和交通线等）。

2323. 收费站：所在道路、始建时间、建成时间、所在（跨）行政区、其他信息。

233. 铁路运输。

2331. 铁路：类型（单线 / 复线，普通线路 / 客运专线）、起点、止点、主要车站、长度（千米）、始建时间、建成时间、途经行政区、其他信息。

2332. 火车站：类型（客运 / 货运 / 客货混合运）、年客运量（万人）、年货运量（万吨）、占地面积（平方米）、始建时间、建成时间、所在（跨）行政区、其他信息（如与之相连的主要道路和交通线等）。

2333. 道口：所在线路、始建时间、建成时间、所在（跨）行政区、其他信息（如与所在铁路相交叉的道路等）。

234. 航空与管道运输。

2341. 航空港：类型（国际 / 国内）、年客运量（万人）、年货运量（万吨）、占地面积（平方千米）、停机坪面积（平方千米）、始建时间、建成时间、所在（跨）行政区、其他信息（如与之相连的主要道路和交通线等）。

2342. 管道：运输物质、起点、止点、长度（千米）、年运输量（万吨 / 万立方米）、始建时间、建成时间、所在（跨）行政区、其他信息。

2343. 管站：所在管道、始建时间、建成时间、所在（跨）行政区、其他信息。

235. 城镇交通运输。

2351. 道路、街巷：起点、止点、长度（米）、宽度（米）、路面性质、道路等级（快速路 / 主干道 / 次干道 / 支路）、门牌号范围、沿途重要地理实体、始建时间、建成时间、所在（跨）行政区、其他信息（如一些古老街巷的传统文化内涵等）。

2352. 有轨交通线路：起点、止点、长度（千米）、始建时间、建成时间、所在（跨）行政区、其他信息。

2353. 公共交通车站：建筑面积（平方米）、主要运营线（条）、始建时间、建成时间、所在（跨）行政区、其他信息（如与之相连的主要道路和交通线等）。

2354. 停车场：占地面积（平方米）、泊位数（个）、始建时间、建成时间、所在（跨）行政区、其他信息（如与之相连的主要道路和交通线等）。

236. 交通运输附属设施。

2361. 桥梁：类型（铁路 / 公路 / 人行 / 其他）、所在线路、所跨河流（道路等）、最大载重量（吨）、长度（米）、宽度（米）、高度（米）、最大跨度（米）、始建时间、建成时间、所在（跨）行政区、其他信息。

2362. 隧道：类型（铁路 / 公路 / 地下通道 / 其他）、长度（米）、宽度（米）、高度（米）、所在山峰（河流、湖泊等）、始建时间、建成时间、所在（跨）行政区、其他信息。

2363. 道班：所在线路、始建时间、建成时间、所在（跨）行政区、其他信息。

2364. 检查站：所在线路、占地面积（平方米）、始建时间、建成时间、所在（跨）行政区、其他信息。

2365. 环岛、路口：类型（环岛 / 路口）、所在线路、占地面积（平方米）、始建时间、建成时间、所在（跨）行政区、其他信息。

2366. 加油站：所在线路、占地面积（平方米）、始建时间、建成时间、所在（跨）行政区、其他信息。

2367. 灯塔、导航台：所在航道、高度（米）、占地面积（平方米）、始建时间、建成时间、所在（跨）行政区、其他信息。

239. 其他。

2391. 索道、扶梯：起点、止点、长度（米）、始建时间、建成时间、所在（跨）行政区、其他信息。

24. 水利、电力、通信设施类。

241. 井：深度（米）、水质、所在（跨）行政区、其他信息〔如最高水位（米）、最低水位（米）、最大输出量（米 / 秒）、日出水量（立方米）、涌水高度（米）、年均水温（摄氏度）等〕。

242. 蓄水区。

2421–2422. 池塘、海塘：面积（平方千米）、长度（米）、宽度（米）、水深（米）、所在（跨）行政区、其他信息。

2423. 水库：面积（平方千米）、长度（千米）、宽度（千米）、平均水深（米）、总库容（万立方米）、主要水源、始建时间、建成时间、所在（跨）行政区、其他信息。

2424–2425. 蓄洪区、泻洪区：面积（平方千米）、蓄（泻）洪量（万立方米）、蓄洪水位（米）、主要水源、所在（跨）行政区、其他信息。

2426. 灌区：面积（平方千米）、所在（跨）行政区、其他信息。

243. 排灌设施。

2431. 灌溉渠：起点、止点、平均流量（立方米 / 秒）、最大水深（米）、始建时间、建成时间、途经行政区、其他信息。

2432. 排水沟：起点、止点、最大水深（米）、始建时间、建成时间、途经行政区、其他信息。

2433. 渡槽：长度（米）、宽度（米）、始建时间、建成时间、所在（跨）行政区、其他信息。

2434. 泵站：所在线路、始建时间、建成时间、所在（跨）行政区、其他信息。

2435. 涵洞：宽度（米）、高度（米）、所在位置、始建时间、建成时间、所在（跨）行政区、其他信息。

244. 堤堰。

2442–2443–2444–2445. 河堤、湖堤、闸坝、拦河坝：所在位置、长度（米）、顶宽（米）、高度（米）、始建时间、建成时间、所在（跨）行政区、其他信息。

245. 运河：长度（千米）、起点、止点、始建时间、建成时间、所在（跨）行政区、其他信息（如沿途自然与人文景观，历史人物、事件及传说等文化内涵）。

246. 电力设施。

2462. 发电站：类型（火力 / 水力 / 风力 / 核 / 太阳能）、总装机容量（千瓦）、日发电量（万度）、年发电量（万度）、始建时间、建成时间、所在（跨）行政区、其他信息。

2463. 输变电站：输入容量（千瓦）、输出容量（千瓦）、始建时间、建成时间、所在（跨）行政区、其他信息。

247. 通信设施。

2472. 通信基站：发射功率（瓦）、基站天线高度、始建时间、建成时间、所在（跨）行政区、其他信息。

25. 纪念地、旅游景点类。

251. 纪念地、遗址。

2511–2512. 人物纪念地、事件纪念地：占地面积（平方米）、管理单位、联系地址、联系电话、人物或事件、保护级别、所在（跨）行政区、其他信息（如主要建筑物、主要景点、与之相连的主要道路和交通线等）。

2513. 宗教纪念地：占地面积（平方米）、管理单位、联系地址、联系电话、宗教文化内涵、保护级别、所在（跨）行政区、其他信息（如重要人物、事件、传说等）。

252–253. 公园、风景区：占地面积（平方千米）、管理单位、联系地址、联系电话、主要景点、所在（跨）行政区、其他信息（如景观特色及相关文化内涵）。

254. 自然保护区：级别、保护对象、占地面积（平方千米）、管理单位、联系地址、联系电话、主要景点、建立时间、所在（跨）行政区、其他信息

（如与之相连的主要道路和交通线等）。

26. 建筑物类。

261. 房屋：地址、占地面积（平方米）、建筑面积（平方米）、主体层数（层）、主体高度（米）、联系电话、邮政编码、建成时间、其他信息（如产权单位、管理单位、使用单位、特殊意义等）。

262. 亭、台、碑、塔。

2621–2622–2623–2624. 亭、台、碑、塔：所在位置（地址）、建成时间、主体层数（层）、主体高度（米）、建筑结构、其他信息（如建筑特征、特殊意义等）。

263. 场。

2631–2632. 广场、体育场：所在位置（地址）、占地面积（平方米）、建成时间、其他信息（如产权单位、管理单位、特殊意义、与之相连的主要道路或交通线等）。

264. 城堡、墙。

2641–2642. 城堡、墙：所在位置（地址）、占地面积（平方米）、建筑面积（平方米）、主体高度（米）、建成时间、其他信息（如管理单位、建筑风貌、历史文化内涵等）。

27. 单位类。

271–272–273–274–275. 党政机关、民间组织、事业单位、企业、军事单位：地址、所属行业、联系电话、邮政编码、业务范围、单位网址、其他信息。

第三章　地名普查基本流程

第九条　收集资料

搜集整理地名及相关资料。包括历年地名命名更名文件和资料、地名志、地名录、地名词典、地图、地方志、文史资料及有关古籍等；党政机关和各专业部门相关普查资料与数据；基础地理数据与遥感影像数据等；特别是要充分利用第一次全国地名普查以及地名补查与资料更新的成果。

第十条　编写地名调查目录

以工作图图载地名信息为基础，结合收集到的相关地图、资料，编写地名调查目录，标注所收集信息资料的来源和出处，并造册登记。

第十一条 预填地名登记表

根据地名调查目录，整理、查阅和考证相关资料，预填地名登记表。地名登记表可在国家地名和区划数据库中按地名分类打印或按普查内容印制。

第十二条 地名调查方式

根据地区情况，采取政府部门协作分类调取资料，发放调查表，分片调查收集，召集当地群众座谈，走访知情人，现场踏勘等方式进行调查。

第十三条 实地核实采集地名信息，标注工作草图

根据地名调查目录、地名登记表、工作图到实地对照、核实、采集地名信息，标注工作草图。

第十四条 整理地名登记表

根据外业调查核实采集的信息，进行资料的梳理、考证、核定等内业工作，并对地名登记表进行整理、修改和完善。

对暂不能到实地调查的地名，应进行室内资料收集整理，进一步核实、充实地名登记表。

第十五条 地理实体及地名标志位置测量

地理实体、地名标志的地理坐标，在普查工作用图上能准确判定位置的，可采用图解法确定坐标。在普查工作用图上不能准确判定位置的，应到实地测量。

图解法测量，首先在普查工作用图上确定地理实体或地名标志的点位，然后量取该点位的地理坐标，图解坐标精度表示到秒。

实地测量，首先在实地确定点位，再采用适合的卫星导航系统确定地理坐标，在保证位置相对准确的前提下，测量误差小于 20 米。

地理坐标的测量要求见附件 1。

第十六条 地名语音采集

标准地名的发音，应制作语音文件存入国家地名和区划数据库。语音文件可采用合成音或人工发音两种形式。合成音可由国家地名和区划数据库自动报读，报读与实际发音不一致的（如多音字、生僻字等），应录制人工发音文件。

少数民族语地名的原生读音、地方的地名专用字和方言读音，应在实地录制，确保清晰准确，制作语音文件存入国家地名和区划数据库。

第十七条 数据整理与入库

在计算机上对实地采集的文字、照片、录像、录音等进行检查、整理、编撰，并导入国家地名和区划数据库。

第十八条 历史地名普查

对第一次全国地名普查之后产生的历史地名要进行普查，并填写地名登记表，录入国家地名和区划数据库。

第四章 地名在地图上的标注

第十九条 地名所指代的地理实体在地图上的定位及符号类型

地名所指代的地理实体在地图上的定位点分为几何中心、中心线、最高点和驻地位置等，符号类型包括点状和线状。

各类地理实体在地图上的定位点及符号类型见附件 1。

第二十条 工作图地名标注

普查工作图上所有地名都要使用 0.3mm 以下红、蓝两色中性碳素笔进行标注，地名注记的修改、增删一律使用红笔标注，其他用蓝笔标注。文字注记要字体正规、字迹清晰、用字规范、位置准确、图面整洁。

第二十一条 工作图地名位置符号的标绘

工作图上用直径 3mm 的“⊙”符号表示地名所指代的地理实体在图上的位置，圆圈内的中心点为定位点。红色符号代表实测坐标点位，符号位置在工作图上为示意性表示，在国家地名和区划数据库矢量图上根据实测坐标准确表示点位。蓝色符号代表图解坐标点位，符号位置在工作图上表示为准确点位，在国家地名和区划数据库矢量图上根据工作图标绘的点位量取坐标。

第二十二条 工作图标绘整饰

工作图上地理实体名称及其位置没有变化的，用蓝色笔在地名注记文字下画横线。

实地有名而工作图上没有标注的，用红色笔将地名标注在工作图定位点适当位置，如图上标注不开，可采用编号代替，并在图外采用相应编号注明。

工作图上有地名而实地没有的，用红色笔圈上此地名，并在圈内画 45 度斜线。

工作图上的地名与实地地名不符的，用红色笔圈上图中的地名，圈旁标注确定的标准地名。

第二十三条 地理实体的修测

对新增或变化的与地名有关的重要地理实体，要在国家地名和区划数据库矢量图上进行修测，可通过大比例尺遥感影像、地形图进行图解或实地测量，确定地理实体的起止点和拐点并在工作图上用红色直线示意性表示，同时标注地名名称，再根据相应图式符号和标准地名注记标绘到矢量图上。

在保证位置相对准确的前提下，测量与标注误差小于 20 米。

第二十四条 矢量图及成果图上表示的地名

（一）将录入国家地名和区划数据库的 11 大类地名的标准名称，标绘在矢量图上。

（二）根据图面承载情况，将 11 大类地名每类中的重要地名标注在普查成果图上，其他的地名尽量标注。未在普查成果图上标注的地名，也要填写地名成果表。

第二十五条 地名在矢量图上文字注记的位置

地名在矢量图上注记的位置，点状地理实体的地名按定位点的右、上、左、下顺序选位注记，线状地理实体的地名按地理实体走向散列式注记，面状地理实体的地名在范围内或中心处注记。注记不能压盖地名位置图式符号。

地名注记的字体、位置、颜色、样式见附件 2。

第二十六条 绘制地名普查成果图

根据地名普查工作图和地理实体坐标，利用国家地名和区划数据库中的标注工具，将现今地名和相应的图式符号标绘在数据库矢量图上，对矢量图进行图外整饰，制作成地名普查成果图，签字、盖章。

图外整饰内容包括：图例、成果图名称、标绘者、检查者、验收者、时间、密级、编号、单位、单位负责人等。

第二次全国地名普查成果图绘制格式见附件 2。

第五章 地名标准化处理

第二十七条 地名审定

对普查入库的地名，要结合历史资料、现势资料，核对、分析、论证外业调查成果，依照地名管理有关法规、规定，进行审定。

第二十八条 跨省地名审定

跨省级行政区域界线地理实体名称，相关省（自治区、直辖市）表述不一致时，要充分协商确定。协商不一致的，报国务院地名普查领导小组核定标准名称，并按国家地名管理有关法规中规定的审批权限和程序办理。

第二十九条 地名的命名、更名

对有地无名且有地名作用的地理实体进行命名，对一地多名、一名多写或在一定范围内重名的地理实体须确定一个标准名称。对罔顾传统、刻意崇洋的外来语地名和用英文译写通名的地名等不规范的地名，要予以更名和纠正。地名命名、更名的原则、审批权限和程序，根据国家地名管理有关法规办理。

第三十条 地名罗马字母拼写

中国地名的罗马字母拼写，以国家公布的《汉语拼音方案》作为统一规范。汉语地名按 1984 年中国地名委员会、中国文字改革委员会、国家测绘局联合颁布的《中国地名汉语拼音字母拼写规则（汉语地名部分）》拼写；蒙、维、藏语地名以及惯用蒙、维、藏语书写的少数民族语地名，按国家测绘总局、中国文字改革委员会联合修订的《少数民族语地名汉语拼音字母音译转写法》拼写；其他少数民族语地名，原则上以汉译名称按《中国地名汉语拼音字母拼写规则（汉语地名部分）》拼写。

第三十一条 少数民族语地名译写

少数民族语地名，在各自民族语言、文字的基础上，按其标准（通用）语音，依据汉语普通话读音进行汉字译写，对约定俗成的汉字译名，一般不更改；多民族聚居区的地名，如不同民族有不同的称谓并无惯用汉语名称时，经当地地名管理部门征得有关少数民族的意见后，选择当地适用范围较广的某一种语种称谓进行汉字译写；少数民族语地名的汉字译写，应尽可能采用常用字，避免使用多音、贬义和容易产生歧义的字词。

第三十二条 地名审音定字

对带有区域性或有特殊文化含义的地名专用字和地名专读音，说明来历、含义及读音缘由，按照现行的有关规定，进行审音定字。

第六章 地名标志设置

第三十三条 地名标志标准

地名标志按照 GB17733—2008《地名标志》国家标准和《地名标志管理试行办法》（民地标〔2006〕1 号）设置。

第三十四条 设置更新地名标志

根据实际需要，对重要地理实体增设地名标志。对原设地名标志区域进行查漏补缺，更新已损坏的地名标志。

第三十五条 地名标志普查登记

新设置的地名标志以及此次地名普查前独立设置的、目前仍使用的地名标志均要测量标志位置，实地拍摄标志照片，填写地名标志登记表，将数据录入国家地名和区划数据库。

地名标志登记表主要内容：标志代码、标准名称、罗马字母拼写、民族文字、所在（跨）行政区、标志位置、设置单位、设置时间、生产厂家、材质、规格、标志照片文件名和标志照片等。标志代码指地名标志在国家地名和区划数据库中的代码，由地名代码加 2 位数字组成，2 位数字表示同一个地名设置的标志的个数，从 01 至 99 顺序排列。标志照片文件名指设置的地名标志实地照片的文件名称，文件格式为 JPG，文件名由该标志的标准地名加 2 位数字组成，2 位数字表示标志照片的顺序，如灵山 01。

第二次全国地名普查地名标志登记表样式见附件 3。

第七章 地名普查表格填写

第三十六条 地名普查表格

普查的地名，包括地图上增加的地名、删去的地名和更改的地名，县级地名普查办应按照本规程要求，填写第二次全国地名普查地名目录、第二次全国地名普查地名成果表、第二次全国地名普查地名标志登记表、第二次全国地名普查地名用字读音审定申报表、第二次全国地名普查地名标准化处理统计表等表格。

第三十七条 地名成果表

第二次全国地名普查地名成果表在国家地名和区划数据库系统中自动生成，以县级政区为单位，按地名分类（11 大类）分别打印，装订成册，签字、盖章。

第二次全国地名普查地名成果表样式见附件 4。

（一）地名代码，是地名的唯一识别码，根据《国家地名数据库代码编制规则》编制。

（二）类别名称，按照地名所指代的地理实体的地理属性分类，为《地名分类与类别代码编制规则》（GB/T18521—2001）中“地名地理属性类别代码”

中的类别名称。

（三）标准地名，指使用规范的语言文字书写，并经过官方认可的地名全称。

（四）罗马字母拼写，指地名的汉语拼音字母书写。

（五）民族文字，指少数民族语地名的民族文字书写。

（六）所在（跨）行政区，指地名所指代的地理实体所位于（跨）的行政区。

（七）简称，指经过官方认可或约定俗成的地名的简单称谓。

（八）别名，指某一地理实体标准地名及其简称以外的其他现行名称。

（九）地理位置，指地理实体的地理坐标（经纬度）。

地理坐标填写要求见附件 1。

（十）语种，指地名的语言种类，如汉语、藏语、蒙古语等，表中只填少数民族语种。

（十一）地理实体概况，概述地理实体的相关信息。

（十二）地名的来历、含义及历史沿革，包括标准名称及其别名、曾用名、简称等名称的来历、含义及历史沿革。地名的历史沿革要追根溯源，详细考证。

（十三）资料来源，指地名的来历、含义及历史沿革和地理实体概况等信息资料的来源和出处。

（十四）多媒体信息，指普查期间采集的照片、图片、录音、录像等资料。

（十五）备注，指对一些在上述栏目中无法填注又必须加以说明的问题，在备注一栏中填注。

第三十八条　地名目录

汇总资料时应填写第二次全国地名普查地名目录，内容包括：序号、地名代码、标准地名、类别名称等。

地名目录在国家地名和区划数据库系统中自动生成，以县级政区为单位，按地名分类（11 大类）分别打印，装订成册，签字、盖章。

第二次全国地名普查地名目录样式见附件 5。

第三十九条　地名标志登记表

地名标志登记表在国家地名和区划数据库系统中自动生成，以县级政区为单位，按地名分类（11 大类）分别打印，装订成册，签字、盖章。

第二次全国地名普查地名标志登记表样式见附件 3。

第四十条　地名用字读音审定申报表

通过地名外业调查和查考有关资料，对存在的未经国家审定的地名专用字和地名专读音，应进一步理清其形成的来源及缘由，确需沿用的，填写第二次全国地名普查地名用字读音审定申报表，按现行有关规定办理。

第二次全国地名普查地名用字读音审定申报表样式见附件 6。

第四十一条　地名标准化处理统计表

汇总资料时应填写第二次全国地名普查地名标准化处理统计表，内容包括：序号、地名代码、类别名称、标准地名、罗马字母拼写、所在（跨）行政区、原用名称、原罗马字母拼写、批准时间、备注等。以县级政区为单位，按地名分类（11 大类）分别打印，装订成册，签字、盖章。

第二次全国地名普查地名标准化处理统计表样式见附件 7。

第八章　数据库建设

第四十二条　建立数据库

国家、省、市、县统一使用国家地名和区划数据库管理系统，建立本级国家地名和区划数据库。

第四十三条　行政区域界线标绘

县级行政区域界线和已勘定的乡级行政区域界线，标绘到国家地名和区划数据库 1 ∶ 5 万矢量图上。

第四十四条　地名信息录入

依据地名登记表等资料及时将地名信息录入国家地名和区划数据库，并进行编辑。

第四十五条　地名的修改、整饰

对照工作图，对有变化的地名，在国家地名和区划数据库图形数据中进行标绘和修改。

（一）删除不存在的地名。

（二）对变化的地名进行位置、名称、属性的修改。

（三）通过“地名信息”中图库匹配的功能，逐个检索标准地名，添加新增地名。利用图上标注或输入地名经纬度对其具体位置进行标注。

（四）对相互叠加的注记进行方位或显示级别的调整。

第四十六条 图形数据与属性数据匹配

（一）通过“地名信息”中图库匹配的功能逐项、逐个检查地名是否建立连接关系。

（二）对于没有建立连接关系的地名逐个进行匹配，具体如下：

1. 通过自动匹配使图上名称与属性名称完全相同的地理实体自动建立连接关系。

2. 通过地名的关键字检索、定位查询进行地理实体的半自动匹配。

3. 通过遥感影像、大比例尺地图等其他方式进行匹配。

第四十七条 多媒体数据的处理和存储

将普查工作形成的有关文件、资料等进行数据处理，形成扫描数据，导入国家地名和区划数据库。将地名标志照片、普查中产生的音像等数据按标准处理后，导入国家地名和区划数据库。

第九章 普查验收与成果上报

第四十八条 验收的组织

地名普查验收由国务院地名普查办负责组织，各省级地名普查办负责本行政区域验收工作的具体实施。

第四十九条 验收内容

验收内容包括组织实施和普查成果两个方面。

（一）组织实施。

1. 地名普查领导小组组成人员名单，地名普查领导小组办公室成员名单。

2. 地名普查工作计划和具体实施方案。

3. 会议文件、领导讲话、纪要、座谈会记录等文字材料。

4. 培训方案、教材、课件等文字或电子材料。

5. 经费使用详细情况。

6. 保密制度与保密措施。

7. 搜集的各种地名相关史料。

8. 普查工作图。

9. 设置地名标志时形成的各种资料。

10. 地理实体命名、更名和地名用字读音审定等材料。

11. 地名普查过程中形成的各种音像资料。

12. 地名普查检查验收报告。

13. 其他有关资料。

（二）普查成果。

1. 国家地名和区划数据库数据。

2. 第二次全国地名普查地名目录。

3. 第二次全国地名普查地名成果表。

4. 第二次全国地名普查成果图。

5. 第二次全国地名普查地名标志登记表。

6. 第二次全国地名普查地名用字读音审定申报表。

7. 第二次全国地名普查地名标准化处理统计表。

8. 地名普查工作总结。

第五十条 普查成果质量要求

（一）各项普查成果内容完整准确。

（二）图、表、数据库上的名称、位置与实地一致。

（三）地名目录、地名成果表、地名标志登记表、地名用字读音审定申报表、地名标准化处理统计表填写齐全、准确，文字简练、精准。

（四）地名标准化处理合乎规范，没有遗漏。

（五）地名成果图，用字规范、标注清晰，位置和图式符号准确，标注内容准确完整。

（六）地名标志设置位置正确，书写规范、内容符合国家标准要求。

（七）地名来历、含义及历史沿革考证翔实、准确，资料来源明晰、可靠。

（八）地名的专用字、专读音的来源及缘由考证详实、准确。

（九）地名命名、更名程序规范，手续完备。

（十）调查的项目、记录、录音、照片和表格填写等内容完备无缺。

（十一）普查成果数据录入国家地名和区划数据库，其中属性库和图形库实现逐一匹配，建立了本级国家地名和区划数据库。

上述各项不合格的，要重新调查补充、修订。合格后，由调查人和审核人共同签字、盖章。

第五十一条 验收程序

县级地名普查办先行自查，根据自查情况改进后报地级地名普查办进行核查；地级地名普查办根据核查情况进一步完善后报省级地名普查办验收；

省级地名普查办验收后，报国务院地名普查办抽查复验及全面审核；国务院地名普查办审核合格后，结合工作总体情况，出具关于各省（自治区、直辖市）第二次全国地名普查的意见。

第五十二条 成果上报

普查成果经国务院地名普查办审核通过后，由省级地名普查办组织汇总，上报国务院地名普查办。上报资料包括：

（一）国家地名和区划数据库数据。

（二）第二次全国地名普查地名目录。

（三）第二次全国地名普查地名成果表。

（四）第二次全国地名普查成果图。

（五）第二次全国地名普查地名标志登记表（数据库中的电子文档）。

（六）第二次全国地名普查地名用字读音审定申报表。

（七）第二次全国地名普查地名标准化处理统计表。

（八）地名普查工作总结。

第五十三条 普查文件资料及成果的立卷归档

普查成果经国务院地名普查办审核通过后，按民政部和国家档案局联合印发的《地名档案管理办法》、第二次全国地名普查档案管理的有关规定等文件要求，做好地名普查的立卷归档工作。

立卷归档的主要内容：

（一）地名普查领导小组组成人员名单，地名普查领导小组办公室成员名单。

（二）地名普查工作计划和具体实施方案。

（三）搜集的各种地名相关史料。

（四）地名普查工作图。

（五）领导讲话、会议材料、会议文件、纪要、座谈会记录等文字材料。

（六）培训方案、教材、课件等文字或电子材料。

（七）经费使用详细情况。

（八）保密制度与保密措施。

（九）设置地名标志时形成的各种资料。

（十）地理实体命名、更名和地名用字读音审定等材料。

（十一）国家地名和区划数据库数据。

（十二）第二次全国地名普查地名目录。
（十三）第二次全国地名普查地名成果表。
（十四）第二次全国地名普查成果图。
（十五）第二次全国地名普查地名标志登记表（电子文档）。
（十六）第二次全国地名普查地名用字读音审定申报表。
（十七）第二次全国地名普查地名标准化处理统计表。
（十八）地名普查检查验收报告。
（十九）地名普查过程中形成的各种音像资料。
（二十）地名普查工作总结。
（二十一）其他资料。

第十章　附　则

第五十四条

各省（自治区、直辖市）可依据本规程制定本省（自治区、直辖市）第二次全国地名普查工作规程实施细则，并报国务院地名普查办备案。

第五十五条

本规程由国务院地名普查办负责解释。

附件 1

地理实体在地图上的定位点、符号类型及地理坐标

类别		定位点	符号类型	地理坐标测量（填写）要求
行政区域	各级各类行政区	驻地位置	点状	经纬度四至
群众自治组织	村委会、社区居委会（居委会）	村委会、社区居委会（居委会）所在位置	点状	经纬度
非行政区域	矿区，农、林、牧、渔区，工业区、开发区，边贸区、口岸，地片，区片	驻地位置或几何中心	点状	经纬度四至
居民点	城镇居民点，农村居民点，工矿点，农、林、牧场点	几何中心	点状	经纬度

续表

类别		定位点	符号类型	地理坐标测量（填写）要求
交通运输设施	锚地、船闸（升船机站）、渡口、长途汽车站、收费站、火车站、道口、公共交通车站、停车场、道班、检查站、环岛（路口）、加油站、灯塔（导航台）	几何中心	点状	经纬度
	公路、铁路、管道、道路（街巷）、有轨交通线路、大型桥梁、大型隧道	中心线	线状	经纬度四至
	大型河港、大型航空港	几何中心	点状	经纬度四至
水利、电力、通信设施	井、泵站、涵洞、发电站、输变电站、通信基站	几何中心	点状	经纬度
	水库、蓄洪区（泻洪区）、灌区	几何中心	点状	经纬度四至
	灌溉渠、排水沟、渡槽、河堤（湖堤）、大型闸坝、大型拦河坝、运河	中心线	线状	经纬度四至
纪念地、旅游景点	人物、事件、宗教纪念地	几何中心	点状	经纬度
	大型公园、风景区、自然保护区	几何中心	点状	经纬度四至
建筑物	房屋、亭、台、碑、塔、广场、体育场、城堡、墙	几何中心	点状	经纬度
单位	党政机关、民间组织、事业单位、企业、军事单位	几何中心	点状	经纬度
陆地水系	河流	中心线	线状	经纬度四至
	湖泊，面积较大的洲、岛	几何中心	点状	经纬度四至
	瀑布、泉、矶	几何中心	点状	经纬度
陆地地形	平原、盆地、高原、丘陵、山脉、湿地（沼泽）、苔原、草原、森林、沙漠、戈壁、绿洲、台地	几何中心	点状	经纬度四至
	山峰、山口	最高点或几何中心	点状	经纬度

第二次全国地名普查成果图整饰格式

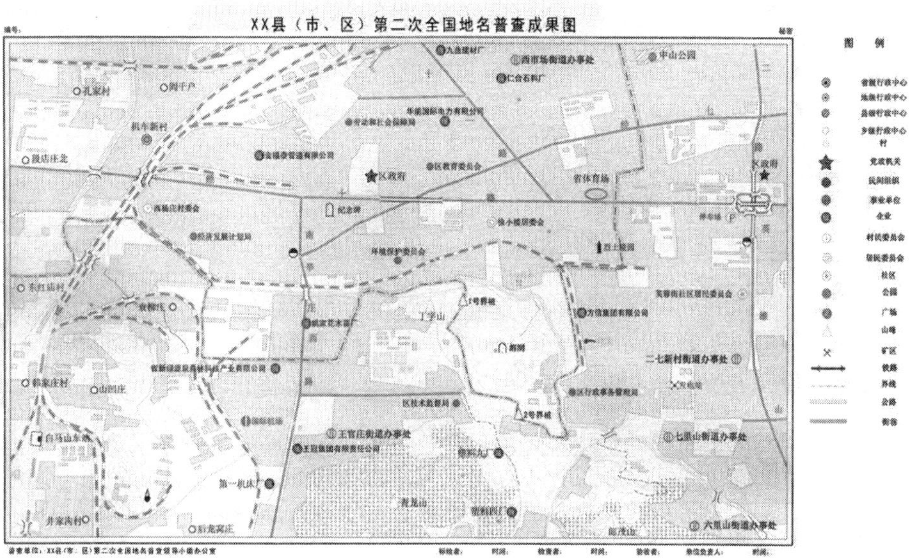

附件 3

第二次全国地名普查地名标志登记表

编制单位：　　　　　　　　　　　　　　　　（公章）编号：

标志代码		标准地名			
罗马字母拼写		民族文字			
所在（跨）行政区					
标志位置	东经：		北纬：		
设置单位					
设置时间					
生产厂家		材质		规格	
标志照片文件名：					
地名标志实地照片数据					
制表人		审核人		制表时间	年　月　日

附件 4

第二次全国地名普查地名成果表

编制单位：　　　　　　　　　　　　　　　　（公章）编号：

<table>
<tr><td>地名代码</td><td colspan="3"></td><td>类别名称</td><td colspan="2"></td></tr>
<tr><td rowspan="4">标准地名</td><td>汉字</td><td colspan="5"></td></tr>
<tr><td>民族文字</td><td colspan="3"></td><td>语种</td><td></td></tr>
<tr><td>罗马字母拼写</td><td colspan="5"></td></tr>
<tr><td>使用时间</td><td colspan="5"></td></tr>
<tr><td>简称</td><td></td><td>别名</td><td></td><td>曾用名</td><td colspan="2"></td></tr>
<tr><td rowspan="2">地理位置</td><td>东经（自）</td><td colspan="2"></td><td>东经（至）</td><td colspan="2"></td></tr>
<tr><td>北纬（自）</td><td colspan="2"></td><td>北纬（至）</td><td colspan="2"></td></tr>
<tr><td>原图名称</td><td></td><td>比例尺</td><td></td><td>图号（年版）</td><td colspan="2"></td></tr>
<tr><td>所在（跨）行政区</td><td colspan="6"></td></tr>
<tr><td>地名的来历、含义及历史沿革</td><td colspan="6"></td></tr>
<tr><td>地理实体概况</td><td colspan="6"></td></tr>
<tr><td>资料来源</td><td colspan="6"></td></tr>
<tr><td>多媒体信息</td><td colspan="6"></td></tr>
<tr><td>备注</td><td colspan="6"></td></tr>
<tr><td>制表人</td><td></td><td>审核人</td><td></td><td>制表时间</td><td colspan="2">年　月　日</td></tr>
</table>

附件 5

第二次全国地名普查地名目录

编制单位：　　　　　　　　　　　　　　　　（公章）编号：

序号	地名代码	标准地名	类别名称

续表

序号	地名代码	标准地名	类别名称

制表人：　　　　审核人：　　　　制表时间：　年　月　日

附件 6

第二次全国地名普查地名用字读音审定申报表

省（区、市）：　　　类别（地名专用字 / 地名专读音）：　　　编号：

<table>
<tr><td colspan="2">地名全称</td><td colspan="2"></td><td>类别名称</td><td></td></tr>
<tr><td rowspan="2">地名专用字</td><td>字形</td><td colspan="2"></td><td rowspan="2">分布区域</td><td rowspan="2"></td></tr>
<tr><td>读音</td><td colspan="2">（用汉语拼音拼写）</td></tr>
<tr><td>地名专读音</td><td colspan="3">（用汉语拼音拼写）</td><td>分布区域</td><td></td></tr>
<tr><td>地名专用字、专读音的来源及缘由</td><td colspan="5"></td></tr>
<tr><td>地方申报意见</td><td colspan="2">县级主管部门：
（公章）
年　月　日</td><td colspan="2">地级主管部门：
（公章）
年　月　日</td><td>省级主管部门：
（公章）
年　月　日</td></tr>
<tr><td>国家审定意见</td><td colspan="5">审定部门
（公章）　年　月　日</td></tr>
<tr><td>备注</td><td colspan="5"></td></tr>
</table>

附件 7

第二次全国地名普查地名标准化处理统计表

编制单位：（公章） 编号：

<table>
<tr><td rowspan="2">序号</td><td rowspan="2">地名
代码</td><td rowspan="2">类别
名称</td><td>标准地名</td><td>罗马字母拼写</td><td>所在（跨）行政区</td><td rowspan="2">备注</td><td></td></tr>
<tr><td>原用名称</td><td>原罗马字母拼写</td><td>批准时间</td><td></td></tr>
<tr><td rowspan="2"></td><td rowspan="2"></td><td rowspan="2"></td><td></td><td></td><td></td><td rowspan="2"></td><td></td></tr>
<tr><td></td><td></td><td></td><td></td></tr>
<tr><td rowspan="2"></td><td rowspan="2"></td><td rowspan="2"></td><td></td><td></td><td></td><td rowspan="2"></td><td></td></tr>
<tr><td></td><td></td><td></td><td></td></tr>
<tr><td rowspan="2"></td><td rowspan="2"></td><td rowspan="2"></td><td></td><td></td><td></td><td rowspan="2"></td><td></td></tr>
<tr><td></td><td></td><td></td><td></td></tr>
</table>

制表人： 审核人： 制表时间： 年 月 日

国务院第二次全国地名普查领导小组办公室关于征集第二次全国地名普查宣传口号的通知

国地名普查办发〔2014〕1 号

各省、自治区、直辖市第二次全国地名普查领导小组办公室，新疆生产建设兵团第二次全国地名普查领导小组办公室：

为切实搞好第二次全国地名普查宣传，引导全社会更加关注、理解、支持地名普查工作，创造良好的地名普查氛围和环境，根据《国务院关于开展第二次全国地名普查的通知》，国务院第二次全国地名普查领导小组办公室（以下简称“国务院地名普查办”）决定公开征集第二次全国地名普查宣传口号。现就有关事宜通知如下：

一、征集时间

2014 年 4 月 20 日—5 月 10 日。

二、作品要求

（一）口号要紧密结合第二次全国地名普查工作的内容和要求，主题鲜明，富有新意，简洁明快，通俗易懂，易于识别、记忆和宣传推广。

（二）参加征集的作品应为原创作品，无版权或著作权纠纷。

（三）每位作者参加征集的作品数量不限。

三、作品选用

国务院地名普查办将组织专家对应征作品进行评选，择优录用，并给予适当奖励。被录用作品及作者名单将在民政部网站和有关媒体上公布。

四、征集方式

请将应征作品于 2014 年 5 月 10 日前发送电子邮件或传真至国务院地名

普查办，并附作者姓名、单位、地址和联系电话。提交的作品一律不予退还，请作者自留底稿。

请各省（区、市）第二次全国地名普查领导小组办公室迅速将本通知转发至各市、县，并广泛发动各部门、单位和社会公众积极参与。

联系人：张伟　李实

电　话：010–58123209、58123210

传　真：010–58123207

邮　箱：mzbqhdms@163.com

国务院第二次全国地名普查领导小组办公室

2014 年 4 月 18 日

国务院第二次全国地名普查领导小组办公室关于地名普查机构设置等有关事项的通知

国地名普查办发〔2014〕2 号

各省、自治区、直辖市第二次全国地名普查领导小组办公室，新疆生产建设兵团第二次全国地名普查领导小组办公室：

根据《国务院关于开展第二次全国地名普查的通知》（国发〔2014〕3 号），国务院第二次全国地名普查领导小组办公室（以下简称“国务院地名普查办”）设在民政部。现将国务院地名普查办主要职责、组成人员及内设机构等有关事项通知如下：

一、主要职责

（一）拟定第二次全国地名普查实施方案；
（二）制定第二次全国地名普查技术规范；
（三）负责组织第二次全国地名普查宣传；
（四）负责领导小组成员单位的联系协调；
（五）负责地名普查的会议组织、业务培训、检查指导验收；
（六）负责组织地名普查成果上报和建档工作；
（七）负责指导建立、完善各级地名普查数据库；
（八）负责组织编纂普查地区标准地名图、录、典、志等；
（九）负责组织地名信息综合应用服务；
（十）承担领导小组交办的其他工作。

二、组成人员

主　任：宫蒲光　民政部副部长
副主任：柳　拯　民政部区划地名司司长
　　　　薛贵江　总参谋部测绘导航局局长

黄　茹　民政部区划地名司副司长
孙秀东　民政部区划地名司巡视员
许启大　民政部地名研究所所长

三、内设机构和职责

（一）秘书处

1. 负责拟定地名普查综合性方针政策、规划计划与标准规范；

2. 负责地名普查研究及宣传工作；

3. 负责编制地名普查经费预算，拟定经费下拨计划；

4. 负责国务院地名普查办文电处理、会议组织、信息综合、档案管理、有关文稿起草等工作；

5. 负责国务院地名普查办日常工作。

（二）业务指导处

1. 拟定全国地名普查实施方案、工作规程；

2. 拟定地名普查质量控制标准，负责地名普查质量控制与审核验收工作；

3. 指导监督各地普查工作、协调普查进度；

4. 协调解决地名普查中的技术问题；

5. 承担地名普查培训工作。

（三）成果转化处

1. 拟定区划地名与界线管理信息化建设方针政策、规划计划与标准规范；

2. 拟定地名普查数据管理和成果转化政策、规划计划与标准规范；

3. 指导地名普查数据处理与区划地名数据库建设；

4. 拟定地名普查成果验收标准规范，组织普查成果验收；

5. 负责组织地名普查成果上报和归档立卷工作；

6. 指导普查成果开发应用，负责区划地名服务信息系统建设；

7. 组织指导编纂普查地区标准地名图、录、典、志等。

请各地按照国务院要求，抓紧成立地名普查领导小组及其办公室，明确职责，确定人员，落实经费，并于 2014 年 5 月 15 日前将省级第二次全国地名普查领导小组及其办公室成立情况报国务院地名普查办。

国务院第二次全国地名普查领导小组办公室

2014 年 4 月 30 日

国务院第二次全国地名普查领导小组办公室关于加快推进第二次全国地名普查工作的通知

国地名普查办发〔2014〕4 号

各省、自治区、直辖市第二次全国地名普查领导小组，新疆生产建设兵团第二次全国地名普查领导小组：

2014 年 1 月 23 日，国务院印发《关于开展第二次全国地名普查的通知》（国发〔2014〕3 号），决定于 2014 年 7 月至 2018 年 6 月开展第二次全国地名普查。4 月 15 日，国务院召开全国第二次地名普查暨加强和改善地名管理电视电话会议，对全国地名普查进行了全面动员部署。为深入贯彻落实国发〔2014〕3 号文件和全国地名普查电视电话会议精神，切实做好第二次全国地名普查工作，现就有关事项通知如下：

一、高度重视普查工作。地名普查是摸清地名底数详情的重要途径，是一项基础性、公益性、战略性的国情调查。开展全国地名普查，对于解决地名管理和服务中的突出问题，提升国家和社会治理能力，促进经济社会发展，服务人民群众生活，传承弘扬优秀传统文化，更好地维护国家主权和巩固国防，具有十分重要的现实和历史意义。各地要充分认识开展地名普查的重要意义，把思想和行动统一到国务院的重大决策部署上来，按照“统一领导、分工协作、分级负责、共同参与”的原则，明确目标任务，加强组织领导，采取有力措施，扎实推进地名普查工作。

二、抓紧组建普查机构。普查涉及的县级以上地方各级人民政府要尽快成立地名普查领导小组及其办公室，负责组织本行政区域内的地名普查工作。领导小组要及时研究、协调解决普查中的重大问题；普查办要配备专职人员，组建普查队伍，制定工作规则，健全组织管理体系，完善日常管理制度，落实工作责任制，切实履行好业务指导和督促检查职能。

三、尽快制定实施方案。各省（自治区、直辖市）要按照国务院总体部署，根据《第二次全国地名普查实施方案》（国地名普查组发〔2014〕1 号），因地制宜制定本级地名普查实施方案，并于6月底前报国务院地名普查领导小组批准后实施。同时，要督促各市、县尽快制定地级和县级普查实施方案。

四、科学部署普查工作。各省（自治区、直辖市）要深入贯彻落实全国电视电话会议精神，尽早召开地名普查领导小组会议和全省（自治区、直辖市）地名普查工作会议，对地名普查进行全面动员部署。要按照《第二次全国地名普查工作规程》和国家统一的标准，细化完善本地区地名普查的标准和规范，建立健全质量控制体系，确保普查数据质量。要坚持“边普查、边应用”的原则，尽早研究制定普查成果转化规划。要按照全国统一的实施方案和进度要求，细化任务目标，拟定工作计划，落实保障措施，搞好部门协调，有序、有力、有效推进地名普查，确保在统一步调、统一标准、统一时点的要求下圆满完成普查任务。

五、及时落实普查经费。各级普查机构要按照财政分级负担的原则，抓紧编制普查经费预算，把普查经费列入年度财政预算，按时拨付，确保到位。要积极争取追加，尽快落实今年的普查经费。各级普查机构要厉行节约，加强监管，确保普查经费合规、节俭、安全高效使用。

六、认真搞好普查培训。搞好培训是完成好普查任务的重要保障。国务院地名普查办负责省级普查机构人员的培训，将于6月组织开展第一轮全国培训工作。各省（自治区、直辖市）地名普查办负责本省（自治区、直辖市）的市、县普查机构人员培训。各地要按照分级负责、分期分批进行的原则，切实抓好普查培训，尽快完成人员遴选、教材编写及相关准备工作，确保今年年底前所有普查人员都能接受一次系统培训。

七、积极开展普查宣传。各地要把宣传动员作为地名普查的重要环节，统筹制定宣传方案，进行全面系统安排。要充分发挥地名与百姓生活联系紧密的特点，突出宣传重点，创新宣传形式，充分利用报刊、广播、电视、互联网等多种媒体，综合运用网站、宣传片、宣传栏、海报、标语横幅等群众喜闻乐见的方式，开展广泛深入、生动活泼、形式多样的宣传工作，为第二次全国地名普查营造良好的环境和氛围。

国务院地名普查办将建立督查督办制度和信息交流通报制度，定期督查和通报各地普查进展情况。各地要及时向国务院地名普查办报送地名普查信息。

国务院第二次全国地名普查领导小组办公室

2014年5月9日

国务院第二次全国地名普查领导小组办公室关于成立第二次全国地名普查专家咨询委员会的通知

国地名普查办发〔2014〕5 号

各省、自治区、直辖市第二次全国地名普查领导小组办公室，新疆生产建设兵团第二次全国地名普查领导小组办公室：

为保证普查质量，高起点、高标准、高水平推进地名普查工作，国务院第二次全国地名普查领导小组办公室决定成立第二次全国地名普查专家咨询委员会（下称“专家委员会”）。现将专家委员会有关事项通知如下：

一、主要职责

负责研究、协调和解决地名普查中遇到的重大技术问题；提供地名普查工作规程、标准规范、成果应用的咨询、论证和评估意见；提出地名普查政策制度、工作计划、重大决策和技术指导的建议；参与开展地名普查理论研究和宣传引导；承担国务院第二次全国地名普查领导小组办公室委托的其他事项。

二、组成人员

主　任：刘保全　中国地名文化遗产保护促进会研究员

专　家：郭华东　中国科学院遥感与数字地球研究所中国科学院院士

杨元喜　总参测绘研究所中国工程院院士

王英杰　中科院地理科学与资源研究所研究员

厉　兵　教育部语言文字应用研究所研究员

孙　群　解放军测绘工程大学教授

孙冬虎　北京社会科学院研究员

华林甫　中国人民大学清史研究所教授

李　蓝　中国社会科学院语言研究所研究员

尚寿山　黑龙江省区划地名协会高级经济师

姬　炜　总参测绘信息技术总站高级工程师

商伟凡　民政部地名研究所研究员

黄　行　中国社会科学院民族研究所研究员

薛本新　总参测绘信息中心高级工程师

顾　问：陈俊勇　国家测绘地理信息局中国科学院院士

孙九林　中国科学院地理与资源研究所中国科学院院士

史为乐　中国社会科学院历史研究所研究员

李　莉　国家基础地理信息中心教授级高工

李炳尧　河北省地名委员会研究员

杨光浴　吉林省地名学会研究员

杨　槐　厦门精图信息技术股份有限公司高级工程师

曾　澜　国家发展改革委宏观经济研究院高级工程师

谢凝高　北京大学世界遗产研究中心教授

谢前明　浙江省行政区划地名档案馆研究员

同时，为加强地名普查技术支持，帮助地方解决地名普查技术问题，经研究，确定民政部地名研究所、总参测绘信息技术总站、厦门精图信息技术股份有限公司为第二次全国地名普查技术支持单位。

国务院第二次全国地名普查领导小组办公室

2014 年 5 月 14 日

国务院第二次全国地名普查领导小组办公室关于印发《第二次全国地名普查宣传工作方案》的通知

国地名普查办发〔2014〕6号

各省、自治区、直辖市第二次全国地名普查领导小组办公室，新疆生产建设兵团第二次全国地名普查领导小组办公室：

现将《第二次全国地名普查宣传工作方案》印发你们，请结合实际贯彻落实，切实搞好地名普查宣传工作。

附件：《第二次全国地名普查宣传工作方案》

国务院第二次地名普查领导小组办公室

2014年5月23日

第二次全国地名普查宣传工作方案

为搞好第二次全国地名普查宣传动员，确保地名普查工作顺利开展，根据《国务院关于开展第二次全国地名普查的通知》（国发〔2014〕3号）和《第二次全国地名普查实施方案》（国地名普查组发〔2014〕1号），制定本方案。

一、指导思想

地名普查宣传工作要以邓小平理论、三个代表重要思想和科学发展观为指导，深入贯彻习总书记在中央城镇化会议上的讲话精神，按照“围绕普查搞宣传，搞好宣传促普查”的总体要求，以普查政策、普查成果、普查经验与先进事迹宣传为重点，以保障和提升宣传效果为核心，进一步丰富宣传内容，创新宣传方式，为开展第二次全国地名普查创造良好的氛围和环境。

二、主要目标

地名普查宣传工作的总体目标是，营造社会各界和人民群众关心、重视、支持地名普查工作的氛围，确保普查顺利进行，确保普查数据真实可靠。具体目标是：

（一）通过宣传，使地方各级党政领导从战略高度充分认识地名普查的重要性，切实加强对普查工作的组织领导。

（二）通过宣传，使各级政府及有关部门充分认识地名普查对提高公共管理与服务水平的重要作用，履行好职责分工，共同做好普查工作。

（三）通过宣传，使广大地名工作者和普查人员进一步增强责任意识，严守职业纪律，坚持普查原则，确保普查数据全面准确。

（四）通过宣传，使广大社会公众进一步加强对地名和地名普查的了解，自觉遵守地名管理法规政策，提高支持、配合普查的主动性、自觉性。

三、宣传内容

要依据《地名管理条例》《国务院关于开展第二次全国地名普查的通知》（国发〔2014〕3号）、《第二次全国地名普查实施方案》（国地名普查组发〔2014〕1号）、《第二次全国地名普查工作规程》（国地名普查组发〔2014〕3号）等法规和文件，重点围绕六方面有针对性地开展地名普查宣传工作：

（一）地名普查的重要意义。深入宣传地名的基础功能和作用，深入宣传地名普查对加强和改善地名管理、服务经济社会发展和人民生活需要、维护我国主权和领土完整、保护和弘扬优秀传统文化等方面的重要意义。

（二）地名普查的内容和要求。根据地名普查实施方案和工作规程，深入宣传普查的目标任务、主要原则、安排部署、程序步骤、工作要求等内容。

（三）地名普查中的先进经验和典型事迹。总结普查中的好经验和好做法，挖掘典型人物和生动事迹，及时宣传推广，充分发挥引导示范作用。

（四）地名普查成果的转化利用。及时发布普查数据，广泛宣传推广各种地名普查成果转化产品。

（五）地名管理的法治化和规范化。宣传地名管理法规政策和标准规范，宣传地名命名更名的原则、程序和要求，及时公布和推广标准地名，提高全社会使用标准地名的意识。

（六）地名文化的传播和弘扬。宣传普查中挖掘整理的各类地名文化遗产和地名文化产品，广泛传播地名文化知识，传承、保护和弘扬中华优秀的传统地名文化。

四、宣传方式

要充分发挥地名与百姓生活联系紧密的特点，充分利用报刊、广播、电视、互联网等多种媒体，通过多种形式广泛深入宣传地名普查工作。主要宣传方式有：

（一）建立地名普查网站和微博。

（二）播放地名普查宣传片。

（三）开展街头地名普查宣传日活动。

（四）举办地名文化研讨会、讲座等。

（五）设立报纸报刊地名普查专栏。

（六）开设地名标志广告栏和社区宣传栏。

（七）张贴宣传海报和宣传画，悬挂标语条幅，制作电子宣传字幕。

（八）开展地名征集和评选、地名知识竞赛等活动。

（九）展示地名普查成果。

五、组织实施

第二次全国地名普查的宣传工作，由国务院第二次全国地名普查领导小组统一领导，国务院第二次全国地名普查领导小组办公室（下称国务院地名普查办）具体负责组织实施。各地、各有关部门要按照“统一领导、分工协作、分级负责、共同参与”原则，密切配合，认真做好地名普查宣传工作。

各级地名普查领导小组及其办公室要加强对宣传工作的组织和指导，系统制定宣传工作计划，根据不同阶段工作重点和特点，组织策划开展多种形式的宣传活动，加强督促落实，确保各阶段宣传工作落到实处。

国务院地名普查办可联合民政部办公厅新闻办、有关传媒公司、媒体单位和事业单位，切实做好普查宣传推广工作。要积极争取报刊、广播、电视、微博、微信、客户端等各级各类媒体的大力支持。地名普查宣传活动的策划、实施、评估等工作，可委托专业传媒公司承担。

六、具体安排

普查宣传工作贯穿地名普查的全过程，要根据地名普查工作时间安排，紧密结合各个阶段任务，及时启动，有计划、有重点、有针对性地开展。普查宣传分三个阶段进行，各阶段主要任务如下：

（一）第一阶段（2014年底前）。

要结合地名普查准备工作，重点宣传开展地名普查的目的意义、内容和要求；及时报道普查的重大会议和有关党政领导的重要指示精神；宣传各级普查机构的作用、普查人员的责任等。具体宣传活动包括：

1. 征集发布第二次全国地名普查视觉识别标志、标语口号（4—5月）。

2. 报道重大会议活动。协调主流媒体对全国电视电话会议、培训等重大普查活动和全国性工作进展情况进行宣传报道（4—6月）。

3. 举行第二次全国地名普查工作新闻发布会。请国务院地名普查领导小组及办公室负责人接受媒体采访，向社会介绍普查工作相关情况（4—5月）。

4. 建立地名普查简报制度（6月）。从今年6月至12月每月出1—2期简报，明年1月起每月出2—3期简报。

5. 设计建立第二次全国地名普查网。建立地名普查网站与民政部网站、区划地名司网站之间的专栏链接。督促各地建立普查专网，做到全国专网联通（5—6月）。

6. 起草印发《国务院地名普查领导小组办公室关于第二次全国地名普查宣传工作方案的通知》。部署全国地名普查宣传工作（5月）。

7. 编辑印发《第二次全国地名普查宣传手册》（6—7月）。

8. 开辟部属媒体专栏。在《中国社会报》《中国地名》杂志等报刊开辟地名普查专栏，策划专题报道，解读地名普查目的、意义、方式，介绍相关法律法规、地名知识等，报道普查进展及阶段性成果（5—12月）。

9. 举办网络互动活动。在部微博、部网站移动客户端等平台，开设或建立“地名普查小知识”专栏专题，及时发布地名普查信息和各类地名小知识，并收集社情民意；适时举办网络微访谈活动，增强与网友之间互动，解答社会关注问题（5—12月）。

10. 制作下发第二次全国地名普查宣传片、公益广告片等视频、音频资料（6—12月）。

11. 制作下发全国地名普查宣传海报、横幅和其他宣传品（6—12月）。

12. 开展地名普查宣传月活动。在普查标准时点到来时掀起一个宣传高潮（12月）。

（二）第二阶段（2015年1月至2017年6月）。

结合地名普查的组织实施和验收，重点做好四方面工作：

1. 继续宣传普查的意义、内容和要求，宣传普查人员的责任和义务。

2. 积极宣传各级政府的支持、部门间的协作、普查人员的辛勤工作，宣传普查中涌现出的先进人物和事迹。

3. 请有关领导亲临普查现场慰问一线普查人员，指导外业调查和内业整理工作，协调媒体进行报道，提高公众的关注度和配合度。

4. 启动开展“地名普查万里行”活动，组织协调中央主流媒体实地采访、报道地名普查过程中的事迹、成果和亮点等。

5. 及时回应社会关切，对普查组织实施中遇到的问题做好解疑释惑工作。

（三）第三阶段（2017年7月至2018年6月）。

结合普查成果汇总建档、成果转化应用等工作，着重做好三方面工作：

1. 公布数据成果。做好普查数据公报发布准备工作；召开新闻发布会发布地名普查数据结果；配合数据公报发布，组织有关专家学者解读普查数据，请新华社、人民日报、中央电视台等媒体发布消息和评论。

2. 展示地名普查成果。抓住普查数据发布和普查成果开发应用的时机，通过专题宣传、成果展示等方式，宣传我国地名普查和地名管理服务工作取得的重要成就。在中央电视台等主流媒体开辟“美丽中国地名”“中国地名故事”“地名文化遗产”等专题地名栏目，在历史、地理、人文等专业媒体呈现地名普查成果。

3. 表彰先进人物和事迹。深入总结和挖掘普查中涌现出的先进集体、人物和事迹，分层次、分主题进行宣传报道。

七、宣传品制作与发放

（一）第二次全国地名普查标志和口号。5月底前完成设计、制作、下发工作。

（二）第二次全国地名普查宣传海报和横幅。根据普查工作进展分期分批制作、下发。6月底投放第一批以普查启动为主题的海报和横幅。

（三）《第二次全国地名普查宣传手册》。6月底前完成编辑、印发工作。

（四）地名普查视频、音频宣传材料。设计、制作和下发地名普查宣传片、公益广告片等。根据普查工作进展分期分批进行，今年6月底前投放第一批，12月投放第二批。

其他宣传品和纪念品。根据工作需要，设计制作地名普查小册子、标志服饰、纪念品等宣传用品。

国务院第二次全国地名普查领导小组办公室

2014年5月23日

国务院第二次全国地名普查领导小组办公室关于发布第二次全国地名普查标志和推荐使用宣传口号的通知

国地名普查办发〔2014〕7 号

各省、自治区、直辖市第二次全国地名普查领导小组办公室，新疆生产建设兵团第二次全国地名普查领导小组办公室：

为切实搞好第二次全国地名普查宣传，根据《国务院关于开展第二次全国地名普查的通知》（国发〔2014〕3 号）和全国第二次地名普查暨加强和改善地名管理电视电话会议精神，国务院第二次全国地名普查领导小组办公室组织设计了第二次全国地名普查标志，向社会公开征集了 2200 多条宣传口号，经征求各方面意见，从中筛选出 100 条作为第二次全国地名普查宣传推荐使用口号。现将第二次全国地名普查标志和推荐使用的宣传口号公开发布。请各级地名普查办公室结合实际使用，搞好普查宣传。

一、标志图案

二、标志含义

地名普查标志整体形状为传统圆形徽标样式，以蓝色为主色调，以中国地图为主体，上面书写“第二次全国地名普查”文字和地名普查的拼音首字母。主要含义包括四方面：

（一）蓝色象征地名普查庄重严谨，也体现地名普查数字化、信息化的特点。

（二）中国地图表示这次地名普查的范围为全国，代表着普查工作的全国性和公益性。

（三）中国地图底部纹案为地球纬度的立体化、艺术化处理，象征地名具有指位定位功能，具有服务全球交流交往的作用。

（四）外围装饰纹样为飘带形成的阿拉伯数字 2 的变体，代表这是我国历史上第二次全国地名普查。

三、推荐宣传口号

（一）普查意义类

1. 习近平总书记强调："要规范地名管理，传承、保护和弘扬优秀的传统地名文化"

2. 李克强总理要求："搞好地名普查，加强地名管理"

3. 开展地名普查，建设人文中国

4. 做好地名普查，方便百姓生活

5. 搞好地名普查，助力中国梦想

6. 地名普查是一项基础性、公益性、战略性的国情调查

7. 地名普查是搞好地名文化建设的基础性工作

8. 地名普查是利国利民的大事

9. 地名普查是一项民生调查

10. 深入开展地名普查，服务经济社会发展

11. 把握地名基础数据，巩固国防信息建设

12. 摸清地名家底，规范地名服务，造福人民群众

13. 做好地名普查，了解中国地名，惠及国计民生

（二）普查动员类

14. 地名普查，人人有责

15. 地名普查，利国利民

16. 地名普查，造福桑梓

17. 地名普查，惠泽民众

18. 地名普查，服务万家

19. 普查时有你，普查后为你

20. 开展地名普查，强化地名保护

21. 开展地名普查，搞好公共服务
22. 开展地名普查，掌握地名现状
23. 准确规范地名，普查十分关键
24. 支持地名普查，规范全国地名
25. 完善地名信息，优化城市环境
26. 规范地名管理，创建文明城市
27. 搞好地名普查，服务地方发展
28. 地名普查功在当代，利及千秋
29. 搞好地名普查，方便万户千家
30. 参与地名普查，履行公民义务
31. 全民动员搞好第二次地名普查
32. 地名关系你我他，普查准确靠大家
33. 地名普查走万家，掌握详情靠大家
34. 家事国事天下事，地名普查全民事
35. 地名普查还记忆，乡愁就在地名中
36. 地名普查，再小的力量也是正能量
37. 掌握地名基本信息，加强地名服务管理
38. 地名普查为民靠民，普查成果便民益民
39. 地名反映社会变迁，普查记录文明中国
40. 积极响应国家号召，认真搞好地名普查
41. 参与地名普查是每个公民的权利和义务
42. 如实汇总地名资料，真实反映基本国情
43. 地名普查人人参与，规范地名人人使用
44. 地名涉及千家万户，普查关系百姓生活
45. 地名普查人人助力，服务社会个个受益
46. 人人支持地名普查，家家共享便利生活
47. 凝聚地名普查正能量，实现伟大复兴中国梦
48. 手牵手搞好地名普查，心连心推进地名文化
49. 地名普查，历史所需，社会所期，民众所盼
50. 全民动员，军地合作，查清地名，服务社会
51. 第二次全国地名普查，需要您的理解和支持

52. 用微笑支持地名普查，用行动参与地名普查

53. 保护弘扬地名文化，是每个公民义不容辞的责任

54. 全社会动员起来，认真做好第二次地名普查工作

55. 齐心协力做好地名普查，同心同德弘扬中华文明

56. 全面掌握地名基本信息，提高地名管理服务水平

57. 如实填报地名普查资料，是每个公民应尽的义务

58. 依靠大家开展地名普查，普查成果惠及百姓万家

59. 普查好少数民族的地名，传承好少数民族的文化

60. 今天您为地名普查提供资料，明天普查成果为您更好服务

61. 您为国家提供翔实地名资料，国家为您营造无限便利渠道

62. 全面开展少数民族语地名普查

63. 第二次全国地名普查的标准时点是 2014 年 12 月 31 日

（三）普查原则类

64. 地名普查，从细节做起

65. 质量是地名普查成败的关键

66. 坚持依法普查，保障普查质量

67. 地名普查，重在参与，贵在真实

68. 珍惜地名始于心，认真普查践于行

69. 弘扬求真务实精神，全力搞好地名普查

70. 准确报送普查资料，真实反映地名现状

71. 认认真真搞地名普查，踏踏实实走群众路线

72. 遵守地名法规，搞好地名普查，弘扬地名文化

73. 创新工作方法，掌握先进技术，全面抓好地名普查工作

74. 有章、有条、有序、有时，认真完成第二次全国地名普查工作

75. 明确普查任务，把握关键环节，规范操作流程，保证普查质量

76. 严谨作风，端正态度，加强协作，高质量做好第二次全国地名普查工作

77. 认真贯彻落实国务院《地名管理条例》，依法开展地名普查工作

78. 开展地名普查，健全数据档案，加强信息服务，促进社会发展

79. 全面普查、科学普查、依法普查、文明普查，确保第二次全国地名普查圆满成功

（四）地名文化类

80. 关注地名普查，了解地名文化
81. 保护地名遗产，讲好中国故事
82. 珍惜地名遗产，传承地名文化
83. 保护传统地名，弘扬传统文化
84. 爱护地名标志，建设文明社会
85. 留住历史记忆，传承地名文脉
86. 搞好地名普查，弘扬地名文化
87. 地名普查求真实，挖掘文化促发展
88. 搞好全国地名普查，保护地名历史文化
89. 全面开展地名普查，用心感悟地名文化
90. 规范地名标志设置，亮化美化城市风景
91. 地名彰显中国文化，普查促进科学发展
92. 认真做好地名普查，推动地名文化建设
93. 地名是历史名片，记载着人类文明的脚步
94. 地名是民族文化的记忆，是人类文明的载体
95. 地名普查，全民参与，尊重历史，保护文化
96. 开展地名普查，传承地域文化，促进地方发展
97. 搞好地名普查，掌握地名资源，保护地名文化
98. 弘扬优秀传统地名文化，推动地名文化创新发展
99. 开展地名普查，记录地名故事，传承地名文化，添彩美丽中国
100. 全面开展地名普查，掌握地名发展脉络，保护地名文化遗产

国务院第二次全国地名普查领导小组办公室

2014 年 5 月 23 日

国务院第二次全国地名普查领导小组办公室关于报送地名普查进展情况的通知

国地名普查办函〔2014〕5号

各省、自治区、直辖市第二次全国地名普查领导小组办公室，新疆生产建设兵团第二次全国地名普查领导小组办公室：

为准确掌握各地第二次全国地名普查工作进展情况，更好地研究推进地名普查各项工作开展，请你们认真总结前期工作，将本省（区、市）地名普查进展情况（包括召开会议、组建机构、印发文件、部署工作、宣传培训等）于6月6日前报送国务院地名普查办。材料要求文字简洁，不超过1500字。

各地要按照《关于加快推进第二次全国地名普查工作的通知》（国地名普查办发〔2014〕4号）要求，及时向国务院地名普查办报送地名普查信息。

国务院第二次全国地名普查领导小组办公室

2014年6月3日

联 系 人：张　伟

电　　话：010-58123209

传　　真：010-58123207

邮　　箱：mzbqhdms@163.com

国务院第二次全国地名普查领导小组办公室关于印发《第二次全国地名普查培训工作方案》的通知

国地名普查办发〔2014〕8 号

各省、自治区、直辖市第二次全国地名普查领导小组办公室，新疆生产建设兵团第二次全国地名普查领导小组办公室：

现将《第二次全国地名普查培训工作方案》印发你们，请认真遵照执行。

国务院第二次全国地名普查领导小组办公室

2014 年 6 月 10 日

第二次全国地名普查培训工作方案

为搞好第二次全国地名普查培训，确保地名普查工作顺利开展，根据《国务院关于开展第二次全国地名普查的通知》（国发〔2014〕3 号）和《第二次全国地名普查实施方案》（国地名普查组发〔2014〕1 号），制定本方案。

一、培训目的

贯彻落实国务院关于开展第二次全国地名普查的有关精神，切实提高地名普查工作人员业务水平和实际工作能力，使各级地名普查工作人员尽快熟悉地名普查业务，掌握有关技术规范和操作要求，确保按时保质完成第二次全国地名普查任务。

二、基本要求

坚持宏观把握与具体操作相结合，业务理论与技术规范相结合，基本地名信息普查与地名文化挖掘相结合，开展普查工作与提高地名管理能力相结合，力求取得实效。

三、培训内容

（1）第二次全国地名普查有关政策文件；

（2）第二次全国地名普查工作规程；

（3）第二次全国地名普查技术标准；

（4）地名普查相关知识等。

四、培训方式

采用集中授课、现场答疑、软件系统操作、成果观摩等多种形式开展培训。

五、授课人员

主要包括国务院地名普查办有关领导；地名普查业务、技术专家；其他人员。

六、组织实施

第二次全国地名普查培训按照“统筹规划、分级负责、逐步实施”的原则进行。国务院地名普查办负责省级地名普查办工作人员培训；省级地名普查办负责地（市、州、盟）及县（市、区）地名普查人员培训。

七、时间安排

——2014 年年底前，完成综合性培训。国务院地名普查办拟于 8 月底前，完成对省级地名普查办工作人员（含少量地级地名普查办工作人员）的示范培训；省级地名普查办要结合全国进度和本地实际，开展本行政区域地名普查综合性培训。

——2015 年至普查工作结束前，开展专项业务培训。结合外业调查、内业整理和成果转化等工作需要，有针对性地开展专项业务培训。

——要及时形成综合性培训与专项业务培训总结报告。

八、培训经费

培训经费分级负责。国务院地名普查培训所需经费从民政部地名普查专项经费中列支；省级地名普查培训所需经费由各地承担。

培训是搞好地名普查工作的前提和保障。各地要高度重视，加强领导，科学安排，周密组织，严格按照国家有关规定开展，确保培训质量和效果。受训人员要强化责任意识，认真参加培训，学懂弄通用活各项政策要求和技术操作规范，为推进地名普查工作打下基础。

国务院第二次全国地名普查领导小组办公室关于举办第二次全国地名普查示范培训班的通知

国地名普查办发〔2014〕9号

各省、自治区、直辖市第二次全国地名普查领导小组办公室，新疆生产建设兵团第二次全国地名普查领导小组办公室：

为贯彻落实国务院关于开展第二次全国地名普查的有关精神，推动第二次全国地名普查顺利开展，根据《第二次全国地名普查培训工作方案》（国地名普查办发〔2014〕8号），国务院第二次全国地名普查领导小组办公室决定举办第二次全国地名普查示范培训班。现将有关事项通知如下：

一、培训时间

培训分四批进行，各批具体时间如下：第一批：7月9日至11日，7月8日报到；第二批：7月30日至8月1日，7月29日报到；第三批：8月13日至15日，8月12日报到；第四批：8月27日至29日，8月26日报到。

二、培训地点

第一批：延边国际饭店；第二批：重庆城市管理职业学院；第三批：长沙民政职业技术学院培训中心；第四批：民政部黄金海岸老年康复中心（金海苑）。

三、参训人员

各省（自治区、直辖市）民政厅（局）主管地名工作的副厅（局）长，北京、天津、上海三市地名主管部门负责同志，各省级地名普查办4名业务骨干；

各省（自治区）的各地级地名普查办1名业务骨干（所辖县级政区全部被列为普查试点区域的地级普查办除外）。

四、分批方案

副厅（局）长及地名主管部门负责同志参加第一批培训；省级地名普查办人员分四批参加培训；地级地名普查办人员，平均分四批参加培训（个别余出人员安排在第四批）。

具体人员分批方案由各省（自治区、直辖市）拟定。

五、培训内容

（1）第二次全国地名普查有关政策文件；

（2）第二次全国地名普查工作规程；

（3）第二次全国地名普查技术标准；

（4）地名普查相关知识等。

六、有关要求

（一）请各省级地名普查办于6月25日前将本省（自治区、直辖市）所有参训人员名单报国务院地名普查办业务指导处。

联 系 人：贺延伟　刘　静　周　毅

电　　话：010-58123238、58123239、58123236

传　　真：010-58123237

电子邮件：dimingpucha@163.com

（二）请将第一、二、三、四批参训人员的航班（车次）等信息，以省为单位，分别于7月1日、7月22日、8月5日、8月19日前，分报延边朝鲜族自治州民政局、重庆城市管理职业学院、长沙民政职业技术学院培训中心、民政部黄金海岸老年康复中心。

（三）第四批培训，安排有车辆集体前往黄金海岸老年康复中心。乘车地点：民政部机关（北京市东城区北河沿大街147号），发车时间：8月26日13：30。如需乘车，请于8月19日前一并告知。自行前往的，不再安排接站。

国务院第二次全国地名普查领导小组办公室

2014年6月16日

国务院第二次全国地名普查领导小组办公室关于同意《山东省第二次全国地名普查实施方案》的批复

国地名普查办发〔2014〕10号

山东省第二次全国地名普查领导小组：

报来的《山东省第二次全国地名普查实施方案》（鲁地名普查组发〔2014〕1号）收悉。经审核研究，同意你省第二次全国地名普查领导小组拟制的《山东省第二次全国地名普查实施方案》。望你省认真贯彻国务院有关精神，按照国务院第二次全国地名普查领导小组的统一部署和要求，加强领导，科学组织，周密部署，狠抓方案的落实与推进，确保按时保质完成全省第二次全国地名普查任务。

此复。

国务院第二次全国地名普查领导小组办公室

2014年7月1日

关于第二次全国地名普查进展情况的报告

国地名普查办发〔2014〕11号

国务院第二次全国地名普查领导小组：

2014年1月《国务院关于开展第二次全国地名普查的通知》（国发〔2014〕3号）印发以来，尤其是“国务院第二次全国地名普查领导小组会议”“全国第二次地名普查暨加强和改善地名管理电视电话会议”以来，民政部认真履行国务院第二次全国地名普查领导小组办公室（以下简称“国务院地名普查办”）职责，深入贯彻落实国务院决策部署，扎实推进地名普查准备工作。现将近期全国第二次地名普查进展情况及下一步工作安排汇报如下：

一、进展情况

（一）组建机构，建立组织管理体系。一是组建普查机构。为了有力高效地保证国务院普查领导小组的正常工作，民政部及时组建了普查办公室内设机构，充实调整工作人员。根据国务院要求，目前，天津、河北、山西、内蒙古、辽宁、吉林、浙江、安徽、山东、四川、重庆、西藏、青海等14个省（区、市）成立了地名普查领导小组，领导小组组长由分管副省长（副主席、副市长）担任，其他省（区、市）正按照国务院要求报批成立地名普查领导小组及其办公室。二是建立工作机制。国务院地名普查办明确了内部职责分工，制定了工作规则，形成了日常管理制度；建立了督查督办制度，加强工作督促和指导，推进各地工作落实；建立了信息交流通报制度，编发了普查工作简报，加强各地情况通报。三是加强技术支持。成立了由地名、地理、语言文字、信息化等方面24名专家组成的全国地名普查专家咨询委员会，确定了由民政部地名研究所等单位组成的地名普查技术支持单位，初步建立了地名普查技术支持体系。

（二）顶层设计，搭建制度规范体系。一是制定普查实施方案。4月11日，国务院第二次全国地名普查领导小组印发《第二次全国地名普查实施方案》，明确了普查的目标任务、普查范围、组织实施、职责分工、时间安排、方法步骤等内容。各省（区、市）抓紧制定本级地名普查实施方案。目前，多数省份已形成普查实施方案草稿，内蒙古、山东、重庆、甘肃、新疆生产建设兵团已将实施方案报请国务院第二次全国地名普查领导小组审批。二是制定普查工作规程。4 月 18 日，国务院第二次全国地名普查领导小组印发《第二次全国地名普查工作规程》，明确了地名普查的具体流程方法、技术标准等要求，为实施地名普查奠定了标准基础。三是研制普查软件标准。在总结试点期间普查软件研发和使用经验基础上，正在积极组织研究制定全国地名普查软件设计规范，以更好地指导和规范各地普查软件开发工作。

（三）抓好落实，加快推进普查工作。一是迅速贯彻国务院部署。各地高度重视地名普查工作。目前，河北、内蒙古、山东、四川、重庆、甘肃等省（市）印发了开展地名普查工作的通知，天津、河北、山西、上海、江苏、浙江、安徽、福建、广西、重庆、贵州、青海等省（区、市）召开了地名普查专题会议，对本省（区、市）的地名普查工作作了全面动员和部署。二是印发通知具体安排。5 月 9 日，国务院地名普查办印发《关于加快推进第二次全国地名普查工作的通知》，对搞好地名普查工作进行了全面部署，要求各地抓紧组建普查机构，尽快制定实施方案，及时落实普查经费，切实加强培训和宣传，加快推进地名普查。三是积极落实普查经费。按照国务院明确的地名普查经费保障原则，编制了地名普查经费预算，与财政部门进行了沟通并上报了经费预算方案。各省（区、市）对地名普查经费进行了测算，目前正在编制经费预算，积极争取经费落实。

（四）强化培训，扎实做好培训准备。一是制定培训方案。6 月 10 日，国务院地名普查办印发《第二次全国地名普查培训工作方案》，对地名普查培训的目的、内容、方式、组织实施和时间安排等作了系统安排。二是编制培训教材。组织编写了《地名普查指导手册》《地名普查百问解答》和《地名普查案例汇编》系列培训教材，目前已形成初稿，待组织专家进一步修改完善后印发使用。三是筹备开展培训。6 月 16 日，国务院地名普查办印发《关于举办第二次全国地名普查示范培训班的通知》，定于 7—8 月举办四期培训班，对省级普查机构和部分地级普查机构业务骨干进行培训。

（五）积极宣传，营造良好普查氛围。一是制定宣传工作方案。5 月 23 日，国务院地名普查办印发《第二次全国地名普查宣传工作方案》，明确了地名普查宣传的指导思想、主要目标、宣传内容、宣传方式、组织实施、具体安排和宣传品的制作与发放等内容，对地名普查宣传工作作了全面系统安排。二是召开新闻发布会。5 月 22 日，国务院地名普查办在北京召开第二次全国地名普查新闻发布会。领导小组副组长兼办公室主任、民政部副部长宫蒲光等同志向四十多家新闻单位介绍有关情况并回答记者提问。三是发布普查标志和口号。组织设计了第二次全国地名普查标志，向社会公开征集了 2200 多条宣传口号，并从中筛选出 100 条作为第二次全国地名普查宣传推荐使用口号。5 月 23 日，国务院地名普查办印发了《关于发布第二次全国地名普查标志和推荐使用宣传口号的通知》。

二、下一步工作安排

今年年底前是第二次全国地名普查的第一阶段。这一阶段的主要任务是全面完成普查准备工作。目前，个别地方还存在认识不到位、启动不及时、工作推进慢、经费落实难等问题。按照国务院统一要求，下一步拟重点做好六方面工作：

一是健全工作制度，加强组织领导。进一步健全普查领导机构和办事机构，完善普查工作机制和管理制度，强化组织管理，加强部门配合，建立健全地名普查信息共建共享机制，确保全国地名普查工作协调统一。

二是完善制度规范，确保普查质量。按照全国地名普查实施方案和工作规程，进一步健全地名普查行业与地方标准规范，完善普查质量管理体系，编制普查成果转化利用规划，确保每项工作有章可循，提高地名普查科学化、规范化水平。

三是保障经费投入，管好用好资金。积极协商财政部门尽快落实普查资金，确保资金按时到位。制定普查专项经费管理办法，规范普查经费使用，严格经费开支，加强经费监管，确保资金使用合规、节俭、安全、高效。

四是统筹规划管理，确保工作进度。科学制定年度工作计划，明确目标任务、时间节点、阶段成果等内容和要求。采用先进的项目管理理念和手段，加强普查计划管理，确保普查进度。做好业务指导和协调工作，加强普查工作督促检查，确保 2014 年年底前全面完成各项准备工作，为明年全面开展普查奠定基础。

五是加强人员培训，提高队伍素质。按照分级负责、分期分批进行的原则切实抓好普查培训。国务院地名普查办今年将着力办好四期地名普查示范培训班，同时指导地方开展好培训工作，确保所有普查人员都能接受系统培训，提高普查队伍素质能力。

六是加大宣传力度，扩大社会影响。把宣传动员作为地名普查的重要环节，突出宣传重点，创新宣传形式，深入广泛开展宣传工作，形成全社会关心、理解和支持的良好舆论环境。今年下半年主要搞好印发地名普查宣传手册、建立地名普查网站、制发普查宣传用品、开展普查宣传月活动等宣传工作。

国务院第二次全国地名普查领导小组办公室

2014 年 7 月 4 日

国务院第二次全国地名普查领导小组办公室关于同意《重庆市第二次全国地名普查实施方案》的批复

国地名普查办发〔2014〕12 号

重庆市第二次全国地名普查领导小组：

报来的《重庆市第二次全国地名普查实施方案》（渝地名普查组文〔2014〕2 号）收悉。经审核研究，同意你们拟制的《重庆市第二次全国地名普查实施方案》。望你们认真贯彻国务院有关精神，按照国务院第二次全国地名普查领导小组的统一部署和要求，加强领导，科学组织，周密部署，狠抓方案的落实与推进，确保按时保质完成全市第二次全国地名普查任务。

此复。

国务院第二次全国地名普查领导小组办公室

2014 年 7 月 17 日

国务院第二次全国地名普查领导小组办公室关于同意《新疆生产建设兵团第二次全国地名普查实施方案》的批复

国地名普查办发〔2014〕13号

新疆生产建设兵团第二次全国地名普查领导小组：

报来的《新疆生产建设兵团第二次全国地名普查实施方案》（兵民请〔2014〕5号）收悉。经审核研究，同意你们拟制的《新疆生产建设兵团第二次全国地名普查实施方案》。望你们认真贯彻国务院有关精神，按照国务院第二次全国地名普查领导小组的统一部署和要求，加强领导，科学组织，周密部署，狠抓方案的落实与推进，确保按时保质完成全兵团第二次全国地名普查任务。

此复。

国务院第二次全国地名普查领导小组办公室

2014年7月17日

国务院第二次全国地名普查领导小组办公室关于同意《内蒙古自治区第二次全国地名普查实施方案》的批复

国地名普查办发〔2014〕14 号

内蒙古自治区第二次全国地名普查领导小组：

报来的《内蒙古自治区第二次全国地名普查实施方案》（内地名普查组发〔2014〕1 号）收悉。经审核研究，同意你们拟制的《内蒙古自治区第二次全国地名普查实施方案》。望你们认真贯彻国务院有关精神，按照国务院第二次全国地名普查领导小组的统一部署和要求，加强领导，科学组织，周密部署，狠抓方案的落实与推进，确保按时保质完成全自治区第二次全国地名普查任务。

此复。

国务院第二次全国地名普查领导小组办公室

2014 年 7 月 17 日

国务院第二次全国地名普查领导小组办公室关于同意《湖北省第二次全国地名普查实施方案》的批复

国地名普查办发〔2014〕15号

湖北省第二次全国地名普查领导小组：

报来的《湖北省第二次全国地名普查实施方案》（鄂地名普查组文〔2014〕1号）收悉。经审核研究，同意你省第二次全国地名普查领导小组拟制的《湖北省第二次全国地名普查实施方案》。望你省认真贯彻国务院有关精神，按照国务院第二次全国地名普查领导小组的统一部署和要求，加强领导，科学组织，周密部署，狠抓方案的落实与推进，确保按时保质完成全省第二次全国地名普查任务。

此复。

国务院第二次全国地名普查领导小组办公室

2014年7月17日

国务院第二次全国地名普查领导小组办公室关于同意《青海省第二次全国地名普查工作方案》的批复

国地名普查办发〔2014〕16 号

青海省第二次全国地名普查领导小组：

报来的《青海省第二次全国地名普查工作方案》（青地名普查组发〔2014〕2 号）收悉。经审核研究，同意你省第二次全国地名普查领导小组拟制的《青海省第二次全国地名普查工作方案》。望你省认真贯彻国务院有关精神，按照国务院第二次全国地名普查领导小组的统一部署和要求，加强领导，科学组织，周密部署，狠抓方案的落实与推进，确保按时保质完成全省第二次全国地名普查任务。

此复。

国务院第二次全国地名普查领导小组办公室

2014 年 7 月 17 日

国务院第二次全国地名普查领导小组办公室关于同意《江西省第二次全国地名普查实施方案》的批复

国地名普查办发〔2014〕18号

江西省第二次全国地名普查领导小组：

报来的《江西省第二次全国地名普查实施方案》（赣地名普查组文〔2014〕1号）收悉。经审核研究，同意你省第二次全国地名普查领导小组拟制的《江西省第二次全国地名普查实施方案》。望你省认真贯彻国务院有关精神，按照国务院第二次全国地名普查领导小组的统一部署和要求，加强领导，科学组织，周密部署，狠抓方案的落实与推进，确保按时保质完成全省第二次全国地名普查任务。

此复。

国务院第二次全国地名普查领导小组办公室

2014年8月19日

国务院第二次全国地名普查领导小组办公室关于同意《甘肃省第二次全国地名普查实施方案》的批复

国地名普查办发〔2014〕19 号

甘肃省第二次全国地名普查领导小组：

报来的《甘肃省第二次全国地名普查实施方案》（甘地普办发〔2014〕2 号）收悉。经审核研究，同意你省第二次全国地名普查领导小组拟制的《甘肃省第二次全国地名普查实施方案》。望你省认真贯彻国务院有关精神，按照国务院第二次全国地名普查领导小组的统一部署和要求，加强领导，科学组织，周密部署，狠抓方案的落实与推进，确保按时保质完成全省第二次全国地名普查任务。

此复。

国务院第二次全国地名普查领导小组办公室

2014 年 8 月 19 日

国务院第二次全国地名普查领导小组办公室关于同意《浙江省第二次全国地名普查实施方案》的批复

国地名普查办发〔2014〕20号

浙江省第二次全国地名普查领导小组：

报来的《浙江省第二次全国地名普查实施方案》收悉。经审核研究，同意你省第二次全国地名普查领导小组拟制的《浙江省第二次全国地名普查实施方案》。望你省认真贯彻国务院有关精神，按照国务院第二次全国地名普查领导小组的统一部署和要求，加强领导，科学组织，周密部署，狠抓方案的落实与推进，确保按时保质完成全省第二次全国地名普查任务。

此复。

国务院第二次全国地名普查领导小组办公室

2014年8月19日

国务院第二次全国地名普查领导小组办公室关于同意《吉林省第二次全国地名普查实施方案》的批复

国地名普查办发〔2014〕21号

吉林省第二次全国地名普查领导小组：

报来的《吉林省第二次全国地名普查实施方案》（吉林地名普查组请〔2014〕1号）收悉。经审核研究，同意你省第二次全国地名普查领导小组拟制的《吉林省第二次全国地名普查实施方案》。望你省认真贯彻国务院有关精神，按照国务院第二次全国地名普查领导小组的统一部署和要求，加强领导，科学组织，周密部署，狠抓方案的落实与推进，确保按时保质完成全省第二次全国地名普查任务。

此复。

国务院第二次全国地名普查领导小组办公室

2014年8月19日

国务院第二次全国地名普查领导小组办公室关于同意《河北省第二次全国地名普查实施方案》的批复

国地名普查办发〔2014〕22号

河北省第二次全国地名普查领导小组：

报来的《河北省第二次全国地名普查实施方案》（冀地名普查组发〔2014〕1号）收悉。经审核研究，同意你省第二次全国地名普查领导小组拟制的《河北省第二次全国地名普查实施方案》。望你省认真贯彻国务院有关精神，按照国务院第二次全国地名普查领导小组的统一部署和要求，加强领导，科学组织，周密部署，狠抓方案的落实与推进，确保按时保质完成全省第二次全国地名普查任务。

此复。

国务院第二次全国地名普查领导小组办公室

2014年8月19日

国务院第二次全国地名普查领导小组办公室关于同意《安徽省第二次全国地名普查实施方案》的批复

国地名普查办发〔2014〕23 号

安徽省第二次全国地名普查领导小组：

报来的《安徽省第二次全国地名普查实施方案》（皖地名普查组发〔2014〕2 号）收悉。经审核研究，同意你省第二次全国地名普查领导小组拟制的《安徽省第二次全国地名普查实施方案》。望你省认真贯彻国务院有关精神，按照国务院第二次全国地名普查领导小组的统一部署和要求，加强领导，科学组织，周密部署，狠抓方案的落实与推进，确保按时保质完成全省第二次全国地名普查任务。

此复。

国务院第二次全国地名普查领导小组办公室

2014 年 8 月 19 日

国务院第二次全国地名普查领导小组办公室关于同意《广东省第二次全国地名普查实施方案》的批复

国地名普查办发〔2014〕24号

广东省第二次全国地名普查领导小组：

报来的《广东省第二次全国地名普查实施方案》（粤地名普查组发〔2014〕1号）收悉。经审核研究，同意你省第二次全国地名普查领导小组拟制的《广东省第二次全国地名普查实施方案》。望你省认真贯彻国务院有关精神，按照国务院第二次全国地名普查领导小组的统一部署和要求，加强领导，科学组织，周密部署，狠抓方案的落实与推进，确保按时保质完成全省第二次全国地名普查任务。

此复。

国务院第二次全国地名普查领导小组办公室

2014年8月19日

国务院第二次全国地名普查领导小组办公室关于同意《四川省第二次全国地名普查实施方案》的批复

国地名普查办发〔2014〕25 号

四川省第二次全国地名普查领导小组：

报来的《四川省第二次全国地名普查实施方案》（川地名普查组发〔2014〕2 号）收悉。经审核研究，同意你省第二次全国地名普查领导小组拟制的《四川省第二次全国地名普查实施方案》。望你省认真贯彻国务院有关精神，按照国务院第二次全国地名普查领导小组的统一部署和要求，加强领导，科学组织，周密部署，狠抓方案的落实与推进，确保按时保质完成全省第二次全国地名普查任务。

此复。

国务院第二次全国地名普查领导小组办公室

2014 年 8 月 19 日

国务院第二次全国地名普查领导小组办公室关于同意《贵州省第二次全国地名普查实施方案》的批复

国地名普查办发〔2014〕26号

贵州省第二次全国地名普查领导小组：

报来的《贵州省第二次全国地名普查实施方案》（黔地名普查组呈〔2014〕1号）收悉。经审核研究，同意你省第二次全国地名普查领导小组拟制的《贵州省第二次全国地名普查实施方案》。望你省认真贯彻国务院有关精神，按照国务院第二次全国地名普查领导小组的统一部署和要求，加强领导，科学组织，周密部署，狠抓方案的落实与推进，确保按时保质完成全省第二次全国地名普查任务。

此复。

国务院第二次全国地名普查领导小组办公室

2014年8月19日

国务院第二次全国地名普查领导小组办公室关于同意《河南省第二次全国地名普查实施方案》的批复

国地名普查办发〔2014〕27 号

河南省第二次全国地名普查领导小组：

报来的《河南省第二次全国地名普查实施方案》（豫地名普查组〔2014〕2 号）收悉。经审核研究，同意你省第二次全国地名普查领导小组拟制的《河南省第二次全国地名普查实施方案》。望你省认真贯彻国务院有关精神，按照国务院第二次全国地名普查领导小组的统一部署和要求，加强领导，科学组织，周密部署，狠抓方案的落实与推进，确保按时保质完成全省第二次全国地名普查任务。

此复。

国务院第二次全国地名普查领导小组办公室

2014 年 8 月 19 日

国务院第二次全国地名普查领导小组办公室关于同意《陕西省第二次全国地名普查实施方案》的批复

国地名普查办发〔2014〕28号

陕西省第二次全国地名普查领导小组：

报来的《陕西省第二次全国地名普查实施方案》（陕地名普查办字〔2014〕1号）收悉。经审核研究，同意你省第二次全国地名普查领导小组拟制的《陕西省第二次全国地名普查实施方案》。望你省认真贯彻国务院有关精神，按照国务院第二次全国地名普查领导小组的统一部署和要求，加强领导，科学组织，周密部署，狠抓方案的落实与推进，确保按时保质完成全省第二次全国地名普查任务。

此复。

国务院第二次全国地名普查领导小组办公室

2014年9月3日

关于充分发挥国家地名普查网作用推进地名普查工作的通知

国地名普查办发〔2014〕29 号

各省、自治区、直辖市第二次全国地名普查领导小组办公室，新疆生产建设兵团第二次全国地名普查领导小组办公室：

2014 年 7 月 6 日国家地名普查网正式开通并投入运行。两个月来，网站累计发布地名普查信息近 600 条，在加强全国地名普查工作指导，推动地名普查信息宣传等方面发挥了十分积极的作用。为进一步发挥网站作用，提升网站质量，扩大网站影响，现就有关事项通知如下：

一、充分认识国家地名普查网作用

国家地名普查网作为全国地名普查宣传的首要门户，是社会各界了解、认识地名普查工作的重要窗口，也是指导各地扎实推进工作、宣传典型做法经验的重要渠道，对于进一步加大普查社会宣传力度、指导推动各地做好普查工作有着十分重要的意义。各地要高度重视，充分利用国家地名普查网这一宣传平台，进一步提高全社会对地名普查和地名工作的认识，让地名普查、地名规范、地名文化的先进理念深入人心，吸引广大群众主动参与配合地名普查，形成全社会共同推进地名规范发展的新局面。

二、积极参与国家地名普查网建设

国家地名普查网是地名普查重要的工作平台。各地要积极参与、出谋献策、群策群力，配合完善网站的各项功能，充分发挥网站普查工作指导和服务平台作用，及时解答普查过程中发现的问题。国务院第二次全国地名普查领导小组办公室（以下简称“国务院地名普查办”）为各省级、地级第二次全国地名普查领导小组办公室统一设置了用户账号和密码（具体账号、密码附后）。各地普查工作人员可凭账号、密码登录下载专区进行工作交流、专家咨询、资料下载等。

三、着力做好普查信息报送工作

信息是国家地名普查网的生命之源。只有及时、不断更新内容，才能保证网站的有效运行。各地要在现有区划地名信息报送机制基础上，抓紧建立和完善地名普查信息报送机制，及时将本地地名普查工作进展情况、成功做法和经验材料报送国务院地名普查办。国务院地名普查办将进一步加快国家地名普查网信息发布与更新速度，及时发布各地报送信息，宣传工作进展，加强工作交流，推广经验做法，指导、推动全国地名普查工作。

四、抓紧开通各级地名普查网站

各级地名普查网站是全国地名普查网站体系建设的重要组成部分。第二次全国地名普查工作启动以来，有些地方已经开通了本级地名普查网站，有些地方正在推进本级地名普查网站建设。当前尚未启动地名普查网站建设的地方要抓紧启动网站建设工作。网站建设要结合本地实际，充分利用现有资源，采取单独建站、设立子网站、新增专栏等多种方式进行。通过建设和开通地名普查网站为本级地名普查工作提供指导和帮助，形成全国地名普查网站的整体合力。

国务院第二次全国地名普查领导小组办公室

2014 年 9 月 15 日

关于做好第二次全国地名普查试点地区地名补查工作的通知

国地名普查组发〔2014〕4 号

天津、河北、内蒙古、辽宁、吉林、黑龙江、上海、江苏、浙江、福建、山东、广东、广西、海南、云南、西藏、甘肃、新疆等省、自治区、直辖市第二次全国地名普查领导小组，新疆生产建设兵团第二次全国地名普查领导小组：

根据国务院办公厅《关于开展第二次全国地名普查试点的通知》（国办发〔2009〕58 号）要求，全国沿边沿海 359 个县（市、区）于 2009—2012 年完成了地名普查试点任务。今年 1 月，国务院决定试点地区以外的所有县（市、区）开展第二次全国地名普查。试点工作结束以来，试点地区地名情况发生了一些变化；同时第二次全国地名普查在普查内容、标准规范、成果应用等方面也提出了更高要求。为确保全国地名普查成果的时效性、规范性和完整性，各试点地区要在前期试点普查成果基础上开展地名补查和资料更新整理工作。现就有关事项通知如下：

一、高度重视试点地区地名补查工作。开展试点地区地名补查，对于完善第二次全国地名普查成果、更好发挥地名服务作用具有重要意义。各有关省（自治区、直辖市）要高度重视，切实加强组织领导，科学统筹试点补查和全面普查的关系，将试点地区地名补查与全面普查同部署、同安排、同推进。补查标准时点也定为 2014 年 12 月 31 日，地名调查、成果验收、成果应用等阶段工作相应要比全国地名普查提前半年完成，以更好发挥试点的示范引领作用。要制定专门补查方案，安排专项补查经费，明确具体补查要求，确保按时完成补查任务。

二、认真搞好地名补查和资料更新整理。试点地区要按照第二次全国地名普查统一时间节点要求，及时组织开展地名补查。要按照此次普查工作规程和技术标准，对试点成果重新审核、调查和考证，补充新增、变更和遗漏的地名，增加、更新和完善相关信息资料，更正错误内容，确保地名普查资料完整准确。

要搞好试点成果和全面普查成果之间的有机衔接与有效融合，形成覆盖全部行政区域范围的统一、规范、标准化的普查成果。

三、率先开展地名普查成果转化利用。试点地区要及时总结普查试点成果转化利用的好经验好做法，加大研究开发力度，充分利用已有普查成果，通过编辑地名图集资料、开展地名信息化服务、挖掘保护地名文化遗产等多种方式，加快推进普查成果转化，创新成果利用方式，丰富地名服务内容，为社会提供更多更好更优的地名服务，为搞好全面普查成果转化积累经验、探索机制、打牢基础。

四、建立地名信息更新维护长效机制。地名信息更新维护是地名普查成果发挥长效作用的重要保障。试点地区要以开展地名补查为契机，进一步建立健全地名信息更新维护机制，实现地名信息动态及时更新。要坚持和完善地名数据库管理、运行和维护制度，切实做好数据采集、更新、报送工作，确保数据库信息的现势性。要将普查成果转化利用与信息更新维护相结合，创新地名调查机制，健全地名信息动态监测、更新体系，提高地名管理服务效率与水平。

国务院第二次全国地名普查领导小组办公室

2014 年 9 月 16 日

国务院第二次全国地名普查领导小组办公室关于同意《福建省第二次全国地名普查实施方案》的批复

国地名普查办发〔2014〕30 号

福建省第二次全国地名普查领导小组：

报来的《福建省第二次全国地名普查实施方案》（闽地名普查办发〔2014〕1 号）收悉。经审核研究，同意你省第二次全国地名普查领导小组拟制的《福建省第二次全国地名普查实施方案》。望你省认真贯彻国务院有关精神，按照国务院第二次全国地名普查领导小组的统一部署和要求，加强领导，科学组织，周密部署，狠抓方案的落实与推进，确保按时保质完成全省第二次全国地名普查任务。

此复。

国务院第二次全国地名普查领导小组办公室

2014 年 9 月 17 日

国务院第二次全国地名普查领导小组办公室关于印发《第二次全国地名普查数据建库与管理软件设计规范》的通知

国地名普查办发〔2014〕32号

各省、自治区、直辖市第二次全国地名普查领导小组办公室，新疆生产建设兵团第二次全国地名普查领导小组办公室：

为指导各地做好地名普查软件研发，国务院第二次全国地名普查领导小组办公室制定了《第二次全国地名普查数据库与管理软件设计规范》。现印发给你们，请遵照执行。

国务院第二次全国地名普查领导小组办公室

2014年9月23日

第二次全国地名普查数据建库与管理软件设计规范

1 目的

本规范的制定是为了指导各省（自治区、直辖市）及新疆生产建设兵团地名普查数据建库与管理软件研发工作，建立和完善国家、省、市、县四级国家地名和区划数据库，实现地名普查成果数据处理入库和汇交标准化，保障普查成果数据安全，确保普查工作顺利开展。

2 范围

本规范从第二次全国地名普查数据建库与管理软件的软件设计、国家地名和区划数据库设计、数据要求、安全要求四个方面进行了规定。

本规范适用于第二次全国地名普查数据建库与管理软件建设。各省（自治区、直辖市）和新疆生产建设兵团地名普查领导小组应根据本规范要求，统一组织本省（自治区、直辖市）和兵团软件研发，并下发使用。

3 规范性引用文件

下列文件中的条款通过本规范的引用而成为本规范的条款。凡是注日期的引用文件，其随后所有的修改单（不包括勘误的内容）或修订版均不适用于本规范。鼓励根据本规范达成协议的各方研究是否可使用这些文件的最新版本。凡是不注日期的引用文件，其最新版本适用于本规范。

·《地名管理条例》（国发〔1986〕11 号）

·《地名标志管理试行办法》（民地标〔2006〕1 号）

·《中国地名汉语拼音字母拼写规则（汉语地名部分）》（（84）中地字第 17 号）

· GB/T 18521—2001《地名分类与类别代码编制规则》

· GB/T 2260—2007《中华人民共和国行政区划代码》

· GB/T 10114—2003《县级以下行政区划代码编制规则》

· GB 18030—2005《信息技术中文编码字符集》

· GB 17733—2008《地名标志》

·《国务院关于开展第二次全国地名普查的通知》（国发〔2014〕3 号）

·《第二次全国地名普查实施方案》（国地名普查组发〔2014〕1 号）

·《第二次全国地名普查工作规程》（国地名普查组发〔2014〕3 号）

·《国家地名数据库代码编制规则》（民地办发〔2010〕1 号）

· GJB 1839A—2003《军用基础地理信息要素分类与代码》

· GJB 5068—2004《军用数字地图矢量数据模型及格式》

· GJB 414A-2004《1：25000　1：50000　1：100000 军用地形图图式》

· GB/T 13923—2006《基础地理信息要素分类与代码》

· GB/T 20258.2—2006《基础地理信息要素数据字典第 2 部分：1：5000 1：10000 基础地理信息要素数据字典》

· GB/T 20258.3—2006《基础地理信息要素数据字典第 3 部分：1：25000 1：50000 1：100000 基础地理信息要素数据字典》

· GB/T 20257.2—2006《国家基本比例尺地形图图式第 2 部分：1：5000 1：10000 地形图图式》

· GB/T 20257.3—2006《国家基本比例尺地形图图式第 3 部分：1∶25000 1∶50000 1∶100000 地形图图式》
· GB/T 14394—2008《计算机软件可靠性和可维护性管理》
· GB/T 9385—2008《计算机软件需求规格说明规范》
· GB/T 9386—2008《计算机软件测试文件编制规范》
· GB/T 12504—90《计算机软件质量保证计划规范》
· GB/T 12505—90《计算机软件配置管理计划规范》
· GB/T 22239—2008《信息安全技术信息系统安全保护基本要求》
· GB/T 22240—2008《信息安全技术信息系统安全等级保护定级指南》
· GB/T 20269—2006《信息安全技术信息系统安全管理要求》
· GB/T 20271—2006《信息安全技术信息系统安全通用技术要求》
· GB/T 20282—2006《信息安全技术信息系统安全工程管理要求》
· BMB 17—2006《涉及国家秘密的信息系统分级保护技术要求》
· BMB 20—2007《涉及国家秘密的信息系统分级保护管理规范》
· BMB 22—2007《涉及国家秘密的信息系统分级保护测评指南》
· BMB 23—2008《涉及国家秘密的信息系统分级保护方案设计指南》

4 术语和定义

下列术语和定义适用于本规范。

4.1 地理实体 geographicalentity

现实世界中独立存在、可以唯一性标识的自然或人工地物。

4.2 地名 geographicalnames

人们对各个地理实体赋予的专有名称。[GB 17733—2008，3.1]

4.3 地名标志 signsofgeographicalnames

标示地理实体专有名称及相关信息的设施。

[GB 17733—2008，3.2]

4.4 界桩 boundarymarker

本规范中特指行政区域界线界桩，即由行政区域毗邻的各方人民政府共同埋设的用于指示行政区域界线实地位置的标志物。

4.5 地名信息 informationofgeographicalnames

反映地名及其属性的文字、数字、图像、声音等的总称。[GB/T 18521—

2001，3.2］

4.6　地理空间信息 geospatial information

描述地理事物的空间几何特性和空间要素特性的数据。

4.7　遥感影像 remote sensing image

以可见光、红外或微波等电磁波波谱段作为载体，由航空或航天遥感平台上的传感器对地观测获取的数据，是地面目标电磁波波谱特性、空间位置与分布的记录，能用来确定目标物的空间位置并推断其属性。

4.8　数字正射影像图 digital orthophoto map（DOM）经过正射投影改正的影像数据集。［GB/T 16820—1997，7.81］

4.9　方位关系与方位角信息 position relation and azimuth information

方位关系表示在一定的参考框架下，以一个空间目标到另一个空间目标的指向。本规范中指地名信息在矢量图上注记的位置关系。方位角信息指描述方位关系的信息。

5　软件设计要求

5.1　软件总体要求

5.1.1　软件设计原则

（1）标准性原则　系统开发应遵循软件系统开发规律，严格执行现有的标准和技术规程，实现普查成果数据入库、汇交的标准化、规范化。

（2）实用性原则　系统开发应围绕地名普查业务特点，采用和集成稳定、成熟的技术及组件，结构合理、运转流畅，有利于提高普查工作的效率。

（3）安全性原则　系统开发应遵循国家对涉密信息系统建设的相关规定，形成相对独立的安全机制，具备容错、数据备份和恢复能力。

（4）延续性原则

系统开发应加强顶层设计，充分利用地名普查试点成果，在确保满足当前工作需要的同时，充分考虑功能扩展需求。

（5）易操作性原则　系统开发应加强用户界面设计，做到界面友好、操作简单、易于使用。

5.1.2　软件体系要求

系统应采用单机版或局域网 C/S 体系结构，具体如下图。

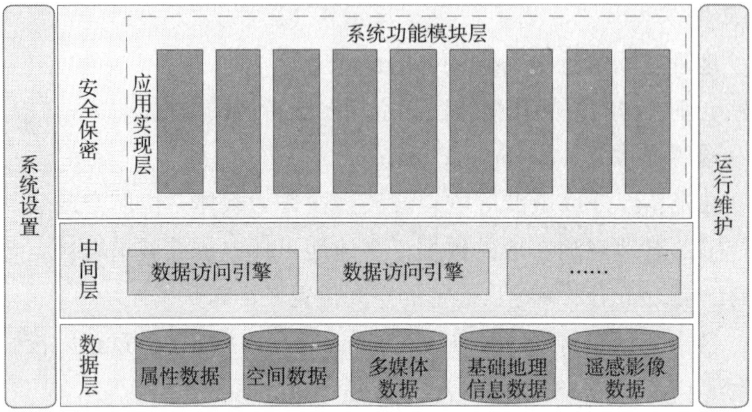

图 1　系统体系结构图

5.1.3　软件环境要求

在国内 GIS 平台、数据库软件能够满足要求的情况下，应优先选择在国产软件基础上进行开发，并保证系统能够在一般硬件环境下正常安装部署。

各地可根据实际情况选择国产数据库软件（博阳、达梦、金仓等）、国外数据库软件（Oracle、SQLServer、DB2、SQLite、PostgreSQL、MySQL、Access 等）。

5.1.4　软件安全要求系统应满足地名普查数据安全管理的需要，符合《涉及国家秘密的信息系统分级保护技术要求》（BMB17—2006）和《涉及国家秘密的信息系统分级保护管理规范》（BMB20—2007）中关于用户权限设置、密码设置、备份与恢复、出错处理、日志管理等方面的要求。

5.2　软件基本功能要求系统应具备海量、异构数据的综合管理、处理和转换能力，具备数据导入、采集编辑、多媒体管理、质量检查、地图编绘、浏览查询、统计分析、成果输出、系统设置等功能。

系统应具备但不限于以下功能：

5.2.1　数据导入系统应支持国务院第二次全国地名普查领导小组办公室下发的工作图矢量数据、遥感影像数据的导入，支持地名普查属性数据、空间数据、多媒体数据的导入。导入方式应包括手动和自动批量两种形式。

5.2.1.1　属性数据导入

支持 TXT 格式的地名（含地名调查目录）、地名标志、界线、界桩属性数据按照数据库属性数据结构要求导入。属性数据结构参见附录 2 属性数据结构。

5.2.1.2　矢量数据导入

支持军标交换格式、Shapefile 格式的基础地理信息数据以及 Shapefile 格式的地名采集数据、地名标志采集数据、界线、界桩数据导入，坐标系必须为 2000 国家大地坐标系（CGCS2000）。其中：基础地理信息数据主要指 2000 国家大地坐标系的 1∶50000 地形图；地名采集数据指已采集汇总的含空间位置信息的地名空间数据；地名标志采集数据指已采集汇总的含空间位置信息的地名标志空间数据；界线、界桩数据指已勘定汇总的界线、界桩空间数据。

5.2.1.3　遥感影像数据导入

支持 JPG（含 JGW 配准文件）格式的遥感影像数据导入。

5.2.1.4　多媒体数据导入

支持将符合汇交成果格式要求的照片、录音、录像、文本等多媒体数据导入至规定的路径中。

5.2.2　数据采集与编辑系统应提供数据采集与编辑功能，支持用户进行数据采集、编辑与修改。

5.2.2.1　属性数据编辑支持列表式地名调查目录的快速录入与编辑（增加、修改、删除）；支持列表式和卡片式的地名、地名标志以及界线、界桩的属性信息快速录入与编辑（增加、修改、删除），并进行校验和逻辑错误检查，对必填信息实现提示，若有明确可选项不允许手工录入；支持属性数据的导出、打印；系统可根据录入的地名自动生成罗马字母拼写并支持手动修改，生成的罗马字母拼写应符合《中国地名汉语拼音字母拼写规则（汉语地名部分）》（（84）中地字第 17 号）的要求；支持少数民族语言书写和录入；支持地名代码维护；地名名称中文字符编码应遵循《信息技术中文编码字符集》（GB18030—2005）规定，涉及生僻字的，在按照《第二次全国地名普查工作规程》（国地名普查组发〔2014〕3 号）（以下简称《规程》）规定填写第二次全国地名普查用字读音审定申报表，按程序申报审定后，由国务院第二次全国地名普查领导小组办公室视情编制字符文件下发使用。系统支持自动匹配、半自动匹配和手动匹配的方式建立属性数据与空间数据连接关系。根据地名空间数据与地名属性数据的对应关系填写地名连接关系表；将地名标志、界线、界桩空间数据的标识码（全局唯一标识符 GUID）赋值给对应属性数据中空间数据标识码字段。可以通过提取空间数据坐标自动填写属性表中对应数据项。

（1）自动匹配

当属性数据中的标准名称与空间数据的图上名称唯一完全相同时，通过自动匹配建立连接关系。

（2）半自动匹配

通过关键字检索、定位查询进行属性数据与空间数据的半自动匹配。

（3）手动匹配

借助遥感影像、大比例尺地图进行人工判图，建立属性数据与空间数据的连接关系。

5.2.2.2 空间数据采集支持图形数据的矢量化采集，可通过点、线标注方式实现地名数据采集；支持通过手工输入坐标采集；支持导入卫星导航测量仪器的电子数据。

5.2.2.3 空间数据编辑主要包括点、线、面的增、删、改等；支持编辑对象的多种捕捉；支持相邻图幅及相邻区域的接边；支持图层增删、图层名称修改、图层状态编辑等。

5.2.3 多媒体管理

5.2.3.1 照片管理

可对采集的照片进行查询、查看和删除，实现照片命名规范化处理。

5.2.3.2 录音管理

可对采集的录音进行查询、查看和删除，实现录音文件命名规范化处理。

5.2.3.3 录像管理

可对采集的录像进行查询、查看和删除，实现录像文件命名规范化处理。

5.2.3.4 文本管理

可对文本进行查询、查看和删除，实现文本文件命名规范化处理。

5.2.4 质量检查支持自动和半自动数据检查，可单个或批量执行质量检查。

5.2.4.1 完整性检查

检查地名类别覆盖率；属性数据和空间数据是否完整、是否遗漏；检查属性数据和空间数据是否全部连接。

5.2.4.2 规范性检查

检查数据有效性、图层名称规范性、属性数据结构一致性、属性赋值一致性、地名信息规范性、数值范围符合性、编号唯一性、字段必填性。

5.2.4.3　空间数据检查

检查在相对位置准确的情况下，实地测量误差应小于 20 米；检查同一线状地理实体是否连通；检查线状地理实体相交位置的准确性。

5.2.4.4　逻辑性检查

检查空间数据是否超出行政区域范围；检查地名或地名标志是否重复采集。

5.2.5　地图编绘

5.2.5.1　制图管理具备地图编绘、整饰所需的基本功能，包括但不限于图层顺序调整，图层可见性设置，图层显示视野控制，图层符号化显示，注记的增加、删除、移动、修改、恢复、显示调整及显示视野控制，注记样式设置等。

5.2.5.2　成果图输出及打印支持按照附录 5 第二次全国地名普查成果相关图表中第二次全国地名普查成果图整饰格式的要求制作成果图并输出打印。

5.2.6　数据浏览查询支持属性和空间数据的快速浏览、查询。

5.2.6.1　地图浏览支持视图管理，包括不同行政级别的浏览，分层显示，按图幅范围显示，放大、缩小、平移、拉框、漫游、全图显示、上一视图、下一视图以及影像数据的浏览。

支持距离量算、面积量算、累计长度量算、经纬度测量。支持图层显示管理，包括加载和移除图层、图层次序调整、控制图层是否显示。

5.2.6.2　属性浏览支持列表式、卡片式属性信息显示，两种方式可灵活切换。

5.2.6.3　数据查询

数据查询包括属性查询和空间查询。

（1）属性查询支持任意属性字段查询，包括关键字分词查询、分类查询、条件查询、自定义查询。支持查询结果空间定位、保存和输出。

（2）空间查询

支持多种空间查询方式，包括点查询、拉框查询、多边形查询、区域查询。

支持查询结果属性信息浏览、保存和输出。

5.2.7　统计分析支持行政区划统计、地名分类统计、界线界桩统计、重名统计等。统计汇总结果可生成统计图、表并可输出。

行政区划统计指按行政区进行地名数量统计；地名分类统计指按地名的大类、中类、小类进行地名数量统计；界线界桩统计指对界线或者界桩分别进行数量统计；重名统计指对重名的地名数量进行统计。

5.2.8 成果输出

5.2.8.1 单项成果输出

（1）属性数据输出支持按行政区、地名分类输出属性数据。

（2）空间数据输出支持分层输出空间数据。

（3）多媒体数据输出支持按多媒体类型、行政区、地名分类输出多媒体数据。

（4）基础地理信息数据输出支持分层输出基础地理信息数据。

（5）遥感影像数据输出支持分层、分幅输出遥感影像数据。

（6）成果表输出

支持按《规程》要求输出第二次全国地名普查地名标志登记表、第二次全国地名普查地名成果表、第二次全国地名普查地名目录、第二次全国地名普查地名用字读音审定申报表、第二次全国地名普查地名标准化处理统计表。

5.2.8.2 成果包输出

支持按照 7.2 汇交数据要求输出成果包。

5.2.9 系统设置

5.2.9.1 符号管理

按照附录 1 地名数据分类与图式要求，提供标准的图式图例符号，提供符号库管理功能，用户可查看、查询符号。

5.2.9.2 字典管理

支持通过数据字典对属性值代码、行政区划代码、地名分类与类别代码等进行统一管理。支持对数据字典进行添加、修改、删除。

5.2.9.3 用户及权限管理

支持定义不同的用户、角色，对数据读写、操作功能等进行区分，使不同的用户对系统具有不同的使用权限。

5.2.9.4 日志管理支持自动生成日志，可以根据需求查询、导出日志。

5.2.9.5 数据备份

支持数据的自动和手动备份。

6 国家地名和区划数据库设计

6.1 数据分类和数据模型

6.1.1 坐标系与高程基准

采用2000国家大地坐标系，1985国家高程基准。

6.1.2 数据分类

国家地名和区划数据库内容包括地名数据、地名标志数据、基础地理信息数据、多媒体数据、遥感影像数据以及界线、界桩数据等。

6.1.2.1 地名数据分类与编码

地名数据分类以《地名分类与类别代码编制规则》（GB/T18521—2001）为基本依据，结合工作实际和现实需求，确定为海域，陆地水系，陆地地形，行政区域，群众自治组织，非行政区域，居民点，交通运输设施，水利、电力、通信设施，纪念地、旅游景点，建筑物，单位等12大类地名。

地名代码依据《国家地名数据库代码编制规则》（民地办发〔2010〕1号）编制，共20位。

第一段由6位数字组成，表示县级以上行政区划代码。

第二段由3位代码组成，表示县级以下行政区划代码，其中第一位数字为类别标识，以“0”表示街道，“1”表示镇，“2”和“3”表示乡，“4”和“5”表示政企合一的单位；第二位、第三位数字为该代码段中各行政区划的顺序号。

第三段由5位数字组成，表示地名属性类别代码，具体地名数据分类参见：附录1地名数据分类与图式。代码不足5位末尾用“0”补齐。

第四段由6位数字组成，表示附加码，具体代码段为000000—999999，用以区分同一类别并且是同一行政区的地名并进行排序，如果前14位编码可以确定此地名的唯一性，则第四段代码用000000表示。

6.1.2.2 多媒体数据分类

多媒体数据包括照片、录音、录像、文本4类。

多媒体数据文件的命名规则为地名标准名称加2位数字组成，2位数字表示顺序，如灵山01。对于同类其他重名地名，后续地名可用地名标准名称加1位英文字母加2位数字表示，如灵山A01、灵山B01，以此类推。

6.1.2.3　基础地理信息数据分类与代码

军标交换格式基础地理信息数据分类与代码按照《军用基础地理信息要素分类与代码》(GJB 1839A—2003)执行。国标基础地理信息数据分类与代码按照《基础地理信息要素分类与代码》(GB/T13923—2006)执行。

6.1.3　数据模型

各类数据之间的相关关系参见图 2 数据库数据模型。

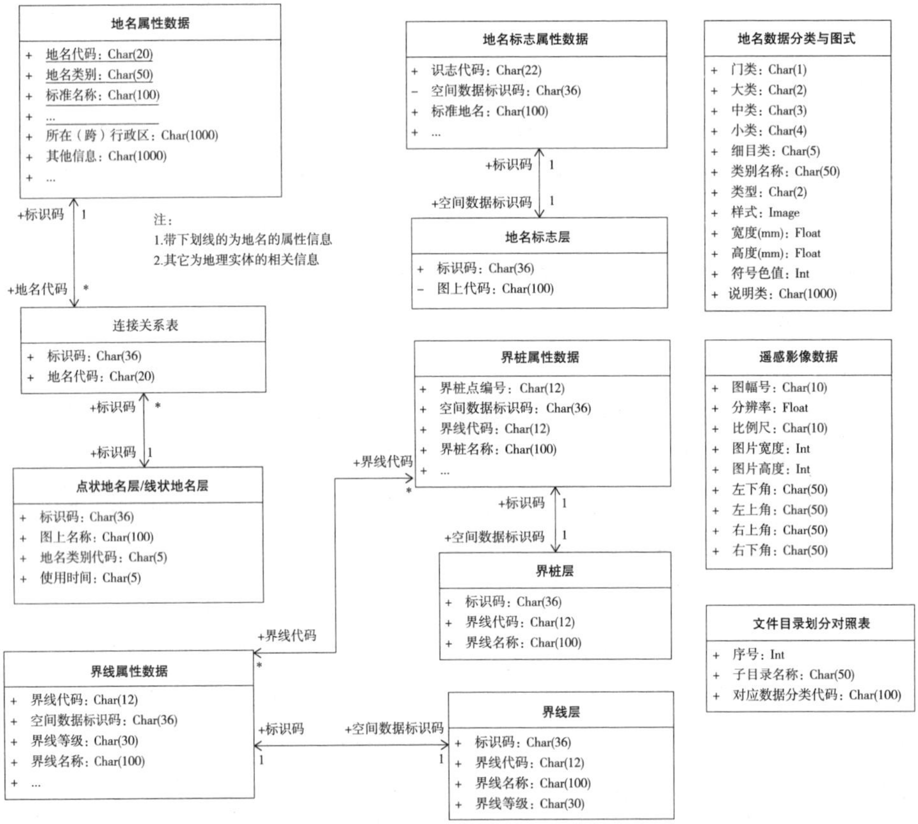

图 2　数据库数据模型

6.2　数据结构

6.2.1 属性数据结构

地名属性数据包括《规程》中所指的地名的属性信息和地理实体的相关信息(地理实体概况)两部分内容。

地名的属性信息包括地名的标准名称及其别名、简称、曾用名，地名的书写形式，地名的原读音以及其标准名称的汉语普通话读音，地名的语种，地名的类别，地理位置，地名的来历、含义及历史沿革，地名的密级等。数据结构参见附录 2 属性数据结构中表 3。地理实体的相关信息（地理实体概况）是指地名所指代的地理实体的性质、特征及文化内涵等。数据结构参见附录 2 属性数据结构中表 4—表 101。地名标志属性信息包括标志代码、标准地名、罗马字母拼写、民族文字、所在（跨）行政区、标志位置、设置单位、设置时间、生产厂家、材质、规格和标志照片文件名等。数据结构参见附录 2 属性数据结构中表 102。

界线属性信息包括界线代码、界线名称、界线等级等，数据结构参见附录 2 属性数据结构中表 103。界桩属性信息包括界桩编号、界线代码、界桩名称、界桩等级、界桩类型等，数据结构参见附录 2 属性数据结构中表 104。

6.2.2　空间数据结构

地名空间数据分为点状、线状 2 个图层。其中：点状地名空间数据图层存储符号类型为点状的地名空间数据；线状地名空间数据图层存储符号类型为线状的地名空间数据。具体符号类型划分参见《规程》附件 1 地理实体在地图上的定位点、符号类型及地理坐标，数据结构参见附录 3 空间数据结构表 106、表 107。

地名标志空间数据为点状图层。数据结构参见附录 3 空间数据结构表 108。界线空间数据为线状图层，数据结构参见附录 3 空间数据结构表 109。界桩空间数据为点状图层，数据结构参见附录 3 空间数据结构表 110。

6.2.3　多媒体数据存储结构

多媒体数据存储结构按三级目录存储。第一级目录名称为多媒体数据；第二级目录按照多媒体分类，包括照片、录音、录像、文本 4 个文件夹；第三级目录按照地名分类，参见附录 4 文件目录划分对照表。

6.2.4　基础地理信息数据结构

军标交换格式基础地理信息数据包括工农业社会文化设施、居民地及附属设施、陆地交通、管线、水域 / 陆地、陆地地貌及土质、境界与政区、植被、航空要素。基础地理信息数据结构参见《军用数字地图矢量数据模型及格式》（GJB 5068—2004）。国标基础地理信息数据包括水系、居民地与设施、交通、管线、境界与政区、地貌、植被与土质。基础地理信息属性数据结构参见《基础地理信息要素数据字典第 3 部分：1∶25000　1∶50000　1∶100000

基础地理信息要素数据字典》(GB/T 20258.3—2006)。

6.2.5 遥感影像数据结构

遥感影像数据主要根据遥感影像数据分辨率进行分层，通常包括 2 米、1 米和 0.5 米等。遥感影像数据结构参见附录 2 属性数据结构中表 105。

6.2.6 地名连接关系表

地名属性数据与地名空间数据的连接关系表结构如下：

表 1 地名连接关系表

序号	字段名称	字段类型	字段长度	约束条件	备注
1	标识码	Char	36	M	地名空间数据结构中的标识码
2	地名代码	Char	20	M	地名属性数据结构中的地名代码

注：表中字段长度单位为字节，约束条件 M 为必填项。

7 数据要求

7.1 下发数据说明

国务院第二次全国地名普查领导小组办公室按照《规程》规定统一下发地名普查工作图矢量数据，并视情配发 2 米分辨率数字正射影像图数据。

7.1.1 工作图矢量数据

(1) 坐标系：2000 国家大地坐标系。

(2) 高程基准：1985 国家高程基准。

(3) 比例尺：1∶50000。

(4) 文件格式：军标交换格式或 Shapefile。

(5) 工作图矢量数据内容及分类编码参见 6.1.2.3，数据结构参见 6.2.4。

7.1.2 遥感影像数据

(1) 坐标系：2000 国家大地坐标系。

(2) 高程基准：1985 国家高程基准。

(3) 影像分辨率：2 米。

(4) 影像类型：数字正射影像。

(5) 比例尺：1∶50000。

(6) 文件格式：JPG (含 JGW 配准文件)。

7.2 汇交数据要求

以县为单位逐级进行县级地名普查办自查、地级地名普查办核查，省级地名普查办验收通过并对各县数据进行接边检查后，以县为单位汇交国务院地名普查办。

7.2.1　汇交数据内容

汇交数据的内容包括：

（1）国家地名和区划数据库数据（包括属性数据、空间数据、多媒体数据、基础地理信息数据、遥感影像数据、地名连接关系数据）。

（2）第二次全国地名普查成果图。

（3）第二次全国地名普查地名标志登记表。

（4）第二次全国地名普查地名成果表。

（5）第二次全国地名普查地名目录。

（6）第二次全国地名普查地名用字读音审定申报表。

（7）第二次全国地名普查地名标准化处理统计表。

（8）第二次全国地名普查县级、地级、省级检查验收报告。注：基础地理信息数据是指非下发的大比例尺（如 1∶10000、1∶5000 比例尺等）基础地理信息数据。遥感影像数据指非下发高分辨率（如 1 米、0.5 米分辨率等）遥感影像数据。

7.2.2　汇交数据格式

（1）属性数据文件格式：TXT。

（2）空间数据文件格式：Shapefile。

（3）多媒体数据文件格式：

照片：JPG，尺寸介于 1280×960 像素至 4096×3072 像素。录音：MP3。录像：MP4。文本：TXT、PDF。

（4）基础地理信息数据文件格式：Shapefile。

（5）遥感影像数据文件格式：JPG（含 JGW 配准文件）。

（6）地名连接关系数据文件格式：TXT。

（7）第二次全国地名普查成果图文件格式：PDF。

（8）第二次全国地名普查地名标志登记表文件格式：PDF。

（9）第二次全国地名普查地名成果表文件格式：PDF。

（10）第二次全国地名普查地名目录文件格式：PDF。

（11）第二次全国地名普查地名用字读音审定申报表文件格式：PDF。

（12）第二次全国地名普查地名标准化处理统计表文件格式：PDF。

（13）第二次全国地名普查县级、地级、省级检查验收报告文件格式：PDF。其中，（7）—（12）样式见附录 5 第二次全国地名普查成果相关图表。

7.2.3　汇交数据结构

汇交的电子成果数据以文件夹的形式组织，不同的数据存储在相应的文件夹下。

7.2.4　汇交数据文件命名

（1）属性数据文件名按照“分类名称 .txt”的格式命名。分类名称参见附录 4 文件目录划分对照表中子目录名称。具体内容和排序参见附录 2 属性数据结构。

（2）空间数据文件名按照“图层名 . 扩展名”的格式命名。图层名参见附录 3 空间数据结构。

（3）多媒体数据

多媒体数据文件名由地名标准名称加 2 位数字组成，2 位数字表示顺序，如灵山 01。对于同类其他重名地名，后续地名可用地名标准名称加 1 位英文字母加 2 位数字表示，如灵山 A01、灵山 B01，以此类推。

（4）基础地理信息数据文件名按照“图层名称 . 扩展名”的格式命名。具体内容和排序参见《基础地理信息要素数据字典第 2 部分：1∶5000　1∶10000 基础地理信息要素数据字典》（GB/T 20258.2—2006）、《基础地理信息要素数据字典第 3 部分：1∶25000　1∶50000　1∶100000 基础地理信息要素数据字典》（GB/T 20258.3—2006）。

（5）遥感影像数据文件名按照“影像数据分幅名称 .jpg”的格式命名。具体内容和排序参见附录 2 属性数据结构中表 105。

（6）地名连接关系数据文件名按照“地名连接关系表 .txt”的格式命名。

（7）普查成果图文件名按照“第二次全国地名普查成果图 + 图幅号 + 序号 .pdf”的格式命名。

图幅号为 1∶50000 比例尺地形图图幅号。序号为 2 位数字，从 01 开始，按照从左至右、从上至下依次递增。

（8）普查成果表

第二次全国地名普查地名标志登记表文件名按照“×××（县级行政区名称）第二次全国地名普查地名标志登记表 .pdf”格式命名。第二次全国地名普查地名成果表文件名按照“顺序号 + 大类名称 + 第二次全国地名普查地名

成果表 .pdf”格式命名。以居民点为例，“06 居民点第二次全国地名普查地名成果表 .pdf”包含所有居民点地名普查成果表。

第二次全国地名普查地名目录文件名按照“×××（县级行政区名称）第二次全国地名普查地名目录 .pdf”格式命名。

第二次全国地名普查地名用字读音审定申报表文件名按照“×××（县级行政区名称）第二次全国地名普查地名用字读音审定申报表 .pdf”格式命名。

第二次全国地名普查地名标准化处理统计表文件名按照“×××（县级行政区名称）第二次全国地名普查地名标准化处理统计表 .pdf”格式命名。

7.2.5　其他要求

（1）各级行政区域界线要以民政部门勘界成果为依据。

（2）提交成果数据包要以光盘或移动硬盘为存储介质，不允许对文件进行压缩处理。

8　安全要求

各级民政部门应制定相应的安全保密管理制度，明确专人负责地名普查相关资料的安全保密工作。

在软件建设过程中，承建方应严格遵守以下保密要求：

（1）承建方应具有测绘、保密相关资质，并与民政部门签订保密协议。

（2）承建方不得复制、丢失或涂改民政部门提供的原始数据，在软件开发完毕后，应及时归还并予以删除。

9　附录

附录 1

表 2　地名数据分类与图式

本表中线状符号的宽度指线宽，点状符号的宽度和高度指符号本身的宽度和高度。点状符号线宽默认为 0.15mm。

门类	大类	中类	小类	细目类	类别名称	类型	样式	宽度（mm）	高度（mm）	RGB	说明
1					自然地理实体						

续表

门类	大类	中类	小类	细目类	类别名称	类型	样式	宽度（mm）	高度（mm）	RGB	说明
	11				海域						
		111			海洋	点		3.00	3.00	（0，147，221）	包括洋、海
		113			海湾	点		3.00	3.00	（0，147，221）	包括港湾
		114			海峡	点		3.00	3.00	（0，147，221）	实心圆半径 0.8mm
		115			岛屿	点		3.00	3.00	（0，147，221）	包括岛、低潮高地、暗礁
			1155		群礁	点		3.00	3.00	（0，147，221）	实心圆半径 0.8mm，中间圆半径 1.0mm
			1156		群岛	点		3.00	3.00	（0，147，221）	包括列岛，实心圆半径 0.8mm，中间圆半径 1.0mm
		116			海岸带						
			1162		岬角	点		3.00	3.00	（0，147，221）	包括沙嘴
			1164		海岸	线		0.15	0.00	（78，0，255）	
			1165		半岛	点		3.00	3.00	（0，147，221）	
	12				陆地水系						
		121			河流	线		0.15	0.00	（201，233，254）	包括江、河、川、溪、沟、水等
			1211		河源	点		3.60	3.60	（0，147，221）	
			1212		峡谷	点		3.60	3.60	（0，0，0）	
			1213		河滩	点		3.60	3.60	（0，0，0）	包括边滩

续表

门类	大类	中类	小类	细目类	类别名称	类型	样式	宽度（mm）	高度（mm）	RGB	说明
			1214		阶地	点		5.40	5.40	（0，0，0）	
			1215		河湾	点		6.00	2.70	（255，255，0）	
			1216		河口	点		3.00	3.00	（127，200，238）	
			1217		三角洲	点		2.34	2.34	（196，191，102）	
		122			湖泊	点		3.24	3.24	（127，200，238）	
		123			陆地岛屿						
			1231		洲、河岛	点		2.50	2.50	（156，211，180）	包括沙洲、江心洲等
			1232		湖岛	点		2.50	2.50	（156，211，180）	
			1233		矶	点		2.50	2.50	（156，211，180）	
		124			冰川	点		2.50	2.50	（151，148，107）	
		125			瀑布	点		3.60	3.60	（26，138，204）	
		126			泉	点		8.64	3.60	（0，147，221）	包括地热
	13				陆地地形						
		131			平原	点		2.50	2.50	（0，146，63）	
		132			盆地	点		2.50	2.50	（182，221，199）	
		133			高原	点		2.50	2.50	（151，148，107）	
		134			丘陵山地						
			1341		山口、关隘	点		5.00	3.00	（0，0，0）	包括垭口

续表

门类	大类	中类	小类	细目类	类别名称	类型	样式	宽度（mm）	高度（mm）	RGB	说明
			1342		山谷、谷地	点		2.50	3.60	（0，0，0）	包括谷地
			1343		山坡	点		3.60	3.60	（0，0，0）	包括山麓、山崖
			1344		山峰	点		1.00	2.00	（0，0，0）（229，206，217）	包括山顶、山梁
			1345		山	点		2.50	3.60	（0，0，0）	包括火山
			1346		山体	点		2.70	2.70	（0，0，0）（229，206，217）	包括山系、山脉
		135			重要陆地景观						
			1351		湿地（沼泽）	点		3.60	3.60	（123，196，160）	
			1352		苔原	点		3.60	3.60	（132，194，37）	
			1353		草原	点		3.60	3.60	（132，194，37）	
			1354		森林	点		3.60	3.60	（132，194，37）	
			1355		沙漠	点		3.60	3.60	（196，191，102）	
			1356		戈壁	点		3.60	3.60	（196，191，102）	
			1357		绿洲	点		3.60	3.60	（132，194，37）	
		139			其他陆地地形						
			1391		洞穴	点		2.16	2.16	（0，0，0）	
			1392		天生桥	点		4.50	4.50	（0，0，0）	
			1393		台地	点		3.60	3.60	（196，191，102）	

续表

门类	大类	中类	小类	细目类	类别名称	类型	样式	宽度（mm）	高度（mm）	RGB	说明
2					人文地理实体						
	21				行政区域及其他区域						
		212			省级行政区	点		3.60	3.60	(0，0，0)	实心点圆半径 0.2mm，内空心圆半径 1.0mm
		213			地级行政区	点		3.24	3.24	(0，0，0)	实心点圆半径0.2mm
		214			县级行政区	点		2.52	2.52	(0，0，0)	
		215			乡级行政区	点		2.00	2.00	(0，0，0)	
		216			群众自治组织						
			2161		村民委员会	点		1.80	1.80	(0，0，0)	
			2162		社区居委会（居委会）	点		1.80	1.80	(0，0，0)	
		217			非行政区域						
			2171		矿区	点		3.24	3.24	(0，0，0)	
			2172		农、林、牧、渔区						
				21721	农区	点		3.06	3.06	(0，0，0)	内圆半径0.6mm
				21722	林区	点		3.06	3.06	(0，0，0)	内圆半径0.6mm
				21723	牧区	点		3.06	3.06	(0，0，0)	内圆半径0.6mm
				21724	渔区	点		3.06	3.06	(0，0，0)	内圆半径0.6mm

续表

门类	大类	中类	小类	细目类	类别名称	类型	样式	宽度（mm）	高度（mm）	RGB	说明
			2173		工业区、开发区						
				21731	工业区	点		5.40	5.40	（0，0，0）	
				21732	开发区	点		5.40	5.40	（0，0，0）	
			2174		边贸区、口岸						
				21741	边贸区	点		3.06	3.06	（0，0，0）	又称贸易区
				21742	口岸	点		3.06	3.06	（0，0，0）	
			2175		军事区	点		3.06	3.06	（255，0，0）	
			2176		地片	点		3.06	3.06	（109，96，158）	
			2177		区片	点		3.00	3.00	（231，120，23）	指城镇居民点内部的区片，包括居民小区
	22				居民点						
		221			城镇居民点	点		3.00	3.00	（0，147，221）	
		222			农村居民点	点		1.80	1.80	（0，0，0）	包括自然村、片村、庄、厝、里等
		223			工矿点	点		3.24	3.24	（0，0，0）	指工矿区中的居民点
		224			农、林、牧场点	点		3.06	3.06	（0，0，0）	指农、林、牧场中的居民点，内圆半径0.6mm
	23				交通运输设施						

续表

门类	大类	中类	小类	细目类	类别名称	类型	样式	宽度（mm）	高度（mm）	RGB	说明
		231			水上运输						
			2311		锚地	点		3.60	3.60	（0，147，221）	包括泊地
			2312		海港	点		5.40	5.40	（0，147，221）	
			2313		河港	点		6.00	6.00	（0，147，221）	实心圆半径 0.8mm
			2314		船闸、升船机站	点		4.60	3.60	（0，147，221）	
			2315		渡口	点		4.50	4.50	（0，147，221）	
		232			公路运输						
			2321		公路						
				23211	国道	线		1.50	0.00	（0，0，0）（255，0，0）	外框线宽 0.15mm
				23212	省道	线		1.20	0.00	（0，0，0）（255，127，63）	外框线宽 0.15mm
				23213	县道	线		1.00	0.00	（0，0，0）（191，159，95）	外框线宽 0.15mm
				23214	乡道	线		0.50	0.00	（191，159，127）	
				23216	专用	线		0.80	0.00	（255，0，0）	
			2322		长途汽车站	点		5.40	5.40	（0，147，221）	
			2323		收费站	点		5.40	5.40	（0，147，221）	
		233			铁路运输						
			2331		铁路	线		1.30	2.60	（0，0，0）	线宽度 1.3mm，符号整体宽 2.6mm

续表

门类	大类	中类	小类	细目类	类别名称	类型	样式	宽度（mm）	高度（mm）	RGB	说明
			2332		火车站	点		4.50	4.50	（0，0，0）	
			2333		道口	点		3.60	3.60	（255，0，0）	
		234			航空与管道运输						
			2341		航空港	点		5.40	5.40	（255，0，0）	中间条状带宽1.0mm
			2342		管道	线		0.15	1.00	（0，0，0）	符号总宽1.0mm，线宽0.15mm
			2343		管站	点		3.06	3.06	（255，0，0）	
		235			城镇交通运输						
			2351		道路、街巷						
				23511	快速路	线		1.50	0.00	（255，0，0）（255，255，0）	外框线宽0.15mm
				23512	主干路	线		1.20	0.00	（0，0，0）（255，255，0）	外框线宽0.15mm
				23513	次干路	线		1.00	0.00	（255，0，0）（0，255，0）	外框线宽0.15mm
				23514	支路	线		0.80	0.00	（0，0，0）	外框线宽0.15mm
			2352		有轨交通线路	线		2.00	0.00	（0，0，0）	包括地铁、轻轨等各类轨道交通线路
			2353		公共交通车站	点		4.50	4.50	（255，0，0）	
			2354		停车场	点		5.00	5.00	（255，0，0）	

续表

门类	大类	中类	小类	细目类	类别名称	类型	样式	宽度（mm）	高度（mm）	RGB	说明
		236			交通运输附属设施						
			2361		桥梁	线		4.00	0.00	（0，0，0）	包括公路桥梁、铁路桥梁，也包括城镇内部的立交桥、过街桥等各类桥梁
			2362		隧道	线		2.00	0	（128，128，128）	包括交通用涵洞，也包括城镇内部的地下通道等
			2363		道班	点		2.70	2.70	（0，0，0）	
			2364		检查站	点		2.70	2.70	（255，0，0）	包括边境检查站
			2365		环岛、路口	点		2.70	2.70	（255，0，0）	圆半径1.2mm
			2366		加油站	点		2.70	5.00	（0，0，0）	圆半径1.35mm
			2367		灯塔、导航台	点		3.00	5.00	（255，0，0）	底矩形长2.6mm，高1.0mm，中间竖线高2.5mm
		239			其他交通运输设施						
			2391		索道、扶梯	线	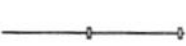	0.15	1.00	（0，0，0）	符号总宽1.0mm，线宽0.15mm
	24				水利、电力、通信设施						

续表

门类	大类	中类	小类	细目类	类别名称	类型	样式	宽度（mm）	高度（mm）	RGB	说明
		241			井	点		2.16	2.16	（0，147，221）	线交叉点位于线段的1/4、3/4
		242			蓄水区						
			2421		池塘	点		2.16	2.16	（0，147，221）	
			2422		海塘	点		3.60	3.60	（182，221，199）	
			2423		水库	点		2.70	2.70	（123，196，160）	包括人工湖
			2424		蓄洪区	点		2.70	2.70	（0，147，221）	
			2425		泄洪区	点		2.70	2.70	（0，147，221）	
			2426		灌区	点		2.70	2.70	（0，147，221）	
		243			排灌设施						
			2431		灌溉渠	线		0.15	0.00	（167，202，241）	
			2432		排水沟	线		0.15	0.00	（63，191，192）	包括排水管道、排污管道
			2433		渡槽	线		0.15	0.00	（167，202，241）	
			2434		泵站	点		3.00	2.70	（0，0，0）	包括排灌站、扬水工程等
			2435		涵洞	线		1.00	0.00	（0，0，0）	指输水用涵洞
		244			堤堰						
			2441		海堤	线		0.15	1.50	（0，0，0）	符号总宽1.5mm，线宽0.15mm
			2442		河堤	线		0.15	1.50	（0，0，0）	符号总宽1.5mm，线宽0.15mm

续表

门类	大类	中类	小类	细目类	类别名称	类型	样式	宽度（mm）	高度（mm）	RGB	说明
			2443		湖堤	线		0.15	1.50	（0，0，0）	符号总宽1.5mm，线宽0.15mm
			2444		闸坝	点		1.00	3.00	（0，0，0）	
			2445		拦河坝	线		1.00	2.70	（0，0，0）	
		245			运河	线		0.20	0.00	（63，191，192）	
		246			电力设施						
			2462		发电站						
				24621	火力发电站	点		3.88	3.88	（0，0，0）	
				24622	水力发电站	点		3.88	3.88	（0，0，0）	
				24623	风力发电站	点		3.88	3.88	（0，0，0）	
				24624	核发电站	点		3.88	3.88	（0，0，0）	
				24625	太阳能发电站	点		3.88	3.88	（0，0，0）	
			2463		输变电站	点		2.00	5.00	（0，0，0）	
		247			通信设施						
			2472		通信基站	点		3.20	4.00	（0，0，0）	包括卫星地面接收站
	25				纪念地、旅游景点						
		251			纪念地、遗址						
			2511		人物纪念地	点		3.60	3.60	（0，0，0）	
			2512		事件纪念地	点		3.60	3.60	（0，0，0）	包括古战场
			2513		宗教纪念地	点		3.60	3.60	（0，0，0）	包括寺、庙、教堂等

续表

门类	大类	中类	小类	细目类	类别名称	类型	样式	宽度（mm）	高度（mm）	RGB	说明
				25131	寺	点		3.60	3.60	（0，0，0）	
				25132	庙	点		3.60	3.60	（0，0，0）	
				25133	教堂	点		3.60	3.60	（0，0，0）	
		252			公园	点		3.00	3.00	（184，219，124）	
		253			风景区	点		2.70	2.70	（0，146，63）	
		254			自然保护区	点		3.60	3.60	（196，191，102）	
	26				建筑物						包括所有不能归入上述类别的具有地名意义的建筑物
		261			房屋	点		3.60	2.70	（0，0，0）	
		262			亭、台、碑、塔						
			2621		亭	点		3.00	3.60	（0，0，0）	
			2622		台	点		3.00	3.60	（0，0，0）	
			2623		碑	点		3.00	4.50	（0，0，0）	
			2624		塔	点		3.00	4.50	（0，0，0）	
		263			场						
			2631		广场	点		3.60	3.60	（0，0，0）（182，221，199）	内圆半径1.2mm
			2632		体育场	点		5.40	5.40	（0，0，0）（182，221，199）	内圆半径1.2mm
		264			城堡、墙						
			2641		城堡	线		0.15	2.00	（0，0，0）	符号总宽2.0mm，线宽0.15mm

续表

门类	大类	中类	小类	细目类	类别名称	类型	样式	宽度（mm）	高度（mm）	RGB	说明
			2642		墙	线		0.15	2.00	（0，0，0）	符号总宽 2.0mm，线宽 0.15mm
	27				具有地名意义的单位						
		271			党政机关	点		4.00	4.00	（255，0，0）（248，196，0）	
		272			民间组织	点		3.00	3.00	（0，147，221）	
		273			事业单位	点		2.70	2.70	（255，0，0）	
		274			企业	点		2.70	2.70	（151，69，120）	
		275			军事单位	点		2.50	3.00	（255，0，0）	
	28				地名标志	点		3.00	3.00	（255，0，0）	实心圆半径 0.8mm
	29				界线						
		291			省界	线		3.00	0.00	（255，191，191）（0，0，0）	符号总宽 3.0mm，线宽 0.5mm
		292			州市界	线		2.20	0.00	（255，191，191）（0，0，0）	符号总宽 2.2mm，线宽 0.5mm
		293			县界	线		1.50	0.00	（255，191，191）（0，0，0）	符号总宽 1.5mm，线宽 0.3mm
		294			乡镇界	线		1.00	0.00	（255，191，191）（0，0，0）	符号总宽 1.0mm，线宽 0.3mm
		295			界桩	点		3.00	4.00	（255，0，0）	

附录 2　属性数据结构

1　地名属性信息数据结构

注：以下各表中字段长度单位均为字节，约束条件 M 为必填项，O 为可选项。

表 3　地名属性信息数据结构

序号	字段名称	字段类型	字段长度	小数位数	计量单位	约束条件	样例	备注
1	地名代码	Char	20			M	35020000021320000000	地名代码编制规则符合民地办发〔2010〕1 号，格式为 9 位行政区划代码 +5 位地名属性类别代码 +6 位附加码，其中行政区划代码符合 GB/T2260 和 GB/T10114—2003，附加码代码段为 000000—999999，用以区分同一类别并且是同一行政区的地名并进行排序
2	标准名称	Char	100			M	厦门市	
3	别名	Char	200			O		
4	简称	Char	50			O		
5	曾用名	Char	50			O		
6	汉字书写	Char	200			O		
7	少数民族语书写	Char	200			O		
8	地名原读音	Char	200			O		填写录音文件的文件名
9	汉语普通话读音	Char	200			O		填写录音文件的文件名
10	罗马字母拼写	Char	200			M	XiàménShì	
11	地名语种	Char	50			O		指标准名称所属的民族语言种类
12	地名类别	Char	50			M		指地名所指代的地理实体的类别
13	东经	Char	16			M	118°03′24.03″	格式：_°_′_″第三段“秒”预留两位小数
14	至东经	Char	16			O	118°12′20.22″	线、面状地名地理实体必填。格式：_°_′_″第三段“秒”预留两位小数

续表

序号	字段名称	字段类型	字段长度	小数位数	计量单位	约束条件	样例	备注
15	北纬	Char	16			M	24°33′1.5″	格式：_°_′_″第三段“秒”预留两位小数
16	至北纬	Char	16			O	24°25′31.04″	线、面状地名地理实体必填。格式：_°_′_″第三段“秒”预留两位小数
17	地名普查状态	Char	50			M		可选项：不变 / 增加 / 删除 / 修改
18	原图名称	Char	100			O		填写该地名在图上的名称
19	图号（年版）	Char	50			M		所在图幅的图名、图号
20	比例尺	Char	20			M		可选项：1：50000/1：10000，各地可根据实地情况维护相应数据字典
21	使用时间	Char	10			M		可选项：现今地名 / 历史地名
22	地名的来历	Text				M		
23	地名的含义	Text				M		
24	地名的历史沿革	Text				M		
25	密级	Char	6			M		均为秘密
26	坐标系	Char	20			M		均为 2000 国家大地坐标系
27	测量方法	Char	10			M		可选项：实地测量、图解测量
28	地理实体概况	Char	1000			M		应包含相对位置等地理实体信息
29	多媒体信息	Char	1000			O		存储多媒体文件名称，多个文件名称之间用“|”分割
30	资料来源	Char	200			O		
31	备注	Char	300			O		
32	登记时间	Date	8			M		格式：YYYY-MM-DD 符合 GB/T7408—2005
33	登记人	Char	50			M		
34	登记单位	Char	100			M		
35	通名罗马字母拼写	Char	50			O		

续表

序号	字段名称	字段类型	字段长度	小数位数	计量单位	约束条件	样例	备注
36	设立年份	Char	20			O		描述地名产生的年份
37	废止年份	Char	20			O		描述地名废止的年份

2 地理实体相关属性信息数据结构

（1）陆地水系

表 4 河流属性结构描述表

序号	字段名称	字段类型	字段长度	小数位数	计量单位	约束条件	样例	备注
1	长度	Float	8	2	千米	M	12345.12	格式：保留小数点后两位
2	流域面积	Float	8	4	平方千米	O	12345.1234	格式：保留小数点后四位
3	主要支流	Char	50			O		
4	河流级别	Char	20			M		
5	河流类别 1	Char	20			M		可选项：内流河 / 外流河
6	河流类别 2	Char	20			M		可选项：地上河 / 地下河
7	河流类别 3	Char	20			M		可选项：常年河 / 季节河
8	主要水文站	Char	200			O		
9	径流量	Float	8	2	立方米 / 秒	O	12345.12	格式：保留小数点后两位
10	所在（跨）行政区	Char	200			M		
11	其他信息	Char	1000			O		如揭示河流历史文脉和特色文化内涵的信息等

表 5 河源属性结构描述表

序号	字段名称	字段类型	字段长度	小数位数	计量单位	约束条件	样例	备注
1	所在（跨）行政区	Char	200			M		
2	其他信息	Char	1000			O		

表 6 峡谷属性结构描述表

序号	字段名称	字段类型	字段长度	小数位数	计量单位	约束条件	样例	备注
1	长度	Float	8	2	千米	O	12345.12	格式：保留小数点后两位

续表

序号	字段名称	字段类型	字段长度	小数位数	计量单位	约束条件	样例	备注
2	宽度	Float	8	2	千米	O	12345.12	格式：保留小数点后两位
3	走向	Char	50			O		
4	所属山系	Char	50			O		
5	起点名	Char	50			O		
6	止点名	Char	50			O		
7	河流名	Char	50			O		
8	所在（跨）行政区	Char	200			M		
9	其他信息	Char	1000			O		

表 7　河滩属性结构描述表

序号	字段名称	字段类型	字段长度	小数位数	计量单位	约束条件	样例	备注
1	面积	Float	8	6	平方千米	O	12345.123456	格式：保留小数点后六位
2	所在（跨）行政区	Char	200			M		
3	其他信息	Char	1000			O		

表 8　河口属性结构描述表

序号	字段名称	字段类型	字段长度	小数位数	计量单位	约束条件	样例	备注
1	高度	Float	8	2	米	O	12345.12	格式：保留小数点后两位
2	阶地级数	Char	50			O		
3	陡坎角度	Char	50			O		
4	所属河流	Char	50			O		
5	所在（跨）行政区	Char	200			M		
6	其他信息	Char	1000			O		

表 9　河湾属性结构描述表

序号	字段名称	字段类型	字段长度	小数位数	计量单位	约束条件	样例	备注
1	所在河流	Char	50			O		
2	所在（跨）行政区	Char	200			M		
3	其他信息	Char	1000			O		

表 10　河口属性结构描述表

序号	字段名称	字段类型	字段长度	小数位数	计量单位	约束条件	样例	备注
1	类型	Char	10			M		可选项：滨海 / 滨湖 / 滨河
2	所在（跨）行政区	Char	200			M		
3	其他信息	Char	1000			O		

表 11　三角洲属性结构描述表

序号	字段名称	字段类型	字段长度	小数位数	计量单位	约束条件	样例	备注
1	类型	Char	10			M		可选项：滨海 / 滨湖 / 滨河
2	面积	Float	8	6	平方千米	M	12345.123456	格式：保留小数点后六位
3	海拔	Float	8	2	米	O	1234.12	格式：保留小数点后两位
4	所在（跨）行政区	Char	200			M		
5	其他信息	Char	1000			O		

表 12　湖泊属性结构描述表

序号	字段名称	字段类型	字段长度	小数位数	计量单位	约束条件	样例	备注
1	类型 1	Char	10			M		可选项：常年湖 / 时令湖
2	类型 2	Char	10			M		可选项：淡水湖 / 咸水湖
3	面积	Float	8	6	平方千米	M	12345.123456	格式：保留小数点后六位
4	最大长度	Float	8	2	千米	O	12345.12	格式：保留小数点后两位
5	最大宽度	Float	8	2	千米	O	12345.12	格式：保留小数点后两位
6	平均水深	Float	8	2	米	O	123.12	格式：保留小数点后两位
7	最大水深	Float	8	2	米	O	123.12	格式：保留小数点后两位
8	主要水源	Char	100			O		
9	所在（跨）行政区	Char	200			M		
10	其他信息	Char	1000			O		如沿湖重要自然和人文地理实体及独具特色的文化内涵等

表 13　洲、河岛、湖岛、矶属性结构描述表

序号	字段名称	字段类型	字段长度	小数位数	计量单位	约束条件	样例	备注
1	类型	Char	10			M		可选项：基岩 / 冲洪积
2	面积	Float	8	6	平方千米	M	12345.123456	格式：保留小数点后六位
3	近陆距离	Float	8	2	千米	O	12345.12	格式：保留小数点后两位
4	相对高程	Float	8	2	米	O	123.12	格式：保留小数点后两位
5	植被覆盖率	Float	8	2	%	O	10.78	格式：保留小数点后两位
6	所在（跨）行政区	Char	200			M		
7	其他信息	Char	1000			O		如人口（人）、自然聚落、建筑物等

表 14　冰川属性结构描述表

序号	字段名称	字段类型	字段长度	小数位数	计量单位	约束条件	样例	备注
1	面积	Float	8	4	平方千米	O	12345.1234	格式：保留小数点后四位
2	长度	Float	8	2	千米	O	12345.12	格式：保留小数点后两位
3	宽度	Float	8	2	千米	O	12345.12	格式：保留小数点后两位
4	冰层厚度	Float	8	2	米	O	12.12	格式：保留小数点后两位
5	海拔	Float	8	2	米	O	1234.12	格式：保留小数点后两位
6	所属山系	Char	50			O		
7	所在（跨）行政区	Char	200			M		
8	其他信息	Char	1000			O		

表 15　瀑布属性结构描述表

序号	字段名称	字段类型	字段长度	小数位数	计量单位	约束条件	样例	备注
1	最大落差	Float	8	2	米	M	12345.12	格式：保留小数点后两位
2	最大宽度	Float	8	2	米	M	12345.12	格式：保留小数点后两位
3	流量	Float	8	2	立方米 / 秒	O	12345.12	格式：保留小数点后两位

续表

序号	字段名称	字段类型	字段长度	小数位数	计量单位	约束条件	样例	备注
4	上游水源	Char	50			O		
5	所在（跨）行政区	Char	200			M		
6	其他信息	Char	1000			O		如景观特征、故事传说等

表 16　泉属性结构描述表

序号	字段名称	字段类型	字段长度	小数位数	计量单位	约束条件	样例	备注
1	类型	Char	10			M		可选项：冷泉 / 热泉
2	最高水位	Float	8	2	米	O	12345.12	格式：保留小数点后两位
3	最低水位	Float	8	2	米	O	12345.12	格式：保留小数点后两位
4	最大输出量	Float	8	2	立方米	O	12345.12	格式：保留小数点后两位
5	日出水量	Float	8	2	立方米	O	12345.12	格式：保留小数点后两位
6	涌水高度	Float	8	2	米	O	12345.12	格式：保留小数点后两位
7	年均水温	Float	8	1	摄氏度	O	+（–）12.1	格式：保留小数点后一位
8	所在（跨）行政区	Char	200			M		
9	其他信息	Char	1000			O		如景观特征、故事传说等

（2）陆地地形

表 17　平原、盆地属性结构描述表

序号	字段名称	字段类型	字段长度	小数位数	计量单位	约束条件	样例	备注
1	面积	Float	8	4	平方千米	O	12345.1234	格式：保留小数点后四位
2	平均海拔	Float	8	2	米	O	1234.12	格式：保留小数点后两位
3	四至	Char	200			O		
4	最大长度	Float	8	2	千米	O	12345.12	格式：保留小数点后两位
5	最大宽度	Float	8	2	千米	O	12345.12	格式：保留小数点后两位
6	气候类型	Char	50			O		
7	年均温度	Float	8	1	摄氏度	O	+（–）12.1	格式：保留小数点后一位

续表

序号	字段名称	字段类型	字段长度	小数位数	计量单位	约束条件	样例	备注
8	年降水量	Int	4		毫米	O	1234	格式：整数
9	年无霜期	Int	4		天	O	34	格式：整数
10	所在（跨）行政区	Char	200			M		
11	其他信息	Char	1000			O		如土壤类型、区域经济特征等

表 18　高原属性结构描述表

序号	字段名称	字段类型	字段长度	小数位数	计量单位	约束条件	样例	备注
1	面积	Float	8	4	平方千米	O	12345.1234	格式：保留小数点后四位
2	最大长度	Float	8	2	千米	O	12345.12	格式：保留小数点后两位
3	最大宽度	Float	8	2	千米	O	12345.12	格式：保留小数点后两位
4	平均海拔	Float	8	2	米	O	1234.12	格式：保留小数点后两位
5	四至	Char	200			O		
6	所属山脉	Char	50			O		
7	气候类型	Char	50			O		
8	年均温度	Float	8	1	摄氏度	O	+（-）12.1	格式：保留小数点后一位
9	年降水量	Int	4		毫米	O	1234	格式：整数
10	年无霜期	Int	4		天	O	34	格式：整数
11	所在（跨）行政区	Char	200			M		
12	其他信息	Char	1000			O		如土壤类型、区域经济特征等

表 19　丘陵山地属性结构描述表

序号	字段名称	字段类型	字段长度	小数位数	计量单位	约束条件	样例	备注
1	面积	Float	8	4	平方千米	O	12345.1234	格式：保留小数点后四位
2	长度	Float	8	2	米	O	12345.12	格式：保留小数点后两位

续表

序号	字段名称	字段类型	字段长度	小数位数	计量单位	约束条件	样例	备注
3	宽度	Float	8	2	米	O	12345.12	格式：保留小数点后两位
4	平均海拔	Float	8	2	米	O	1234.12	格式：保留小数点后两位
5	走向	Char	50			O		
6	所属山系	Char	50			O		
7	主峰名称	Char	50			O		
8	主峰海拔	Float	8	2	米	O	1234.12	格式：保留小数点后两位
9	所在（跨）行政区	Char	200			M		
10	其他信息	Char	1000			O		如地质、地貌特征等

表 20　山口、关隘属性结构描述表

序号	字段名称	字段类型	字段长度	小数位数	计量单位	约束条件	样例	备注
1	长度	Float	8	2	米	O	12345.12	格式：保留小数点后两位
2	宽度	Float	8	2	米	O	12345.12	格式：保留小数点后两位
3	海拔	Float	8	2	米	O	1234.12	格式：保留小数点后两位
4	所属山脉	Char	50			O		
5	所在（跨）山峰	Char	50			O		
6	所在（跨）行政区	Char	200			M		
7	其他信息	Char	1000			O		如自然与人文景观，重要历史人物、事件及传说等文化内涵

表 21　山谷、谷地属性结构描述表

序号	字段名称	字段类型	字段长度	小数位数	计量单位	约束条件	样例	备注
1	长度	Float	8	2	米	O	12345.12	格式：保留小数点后两位
2	平均宽度	Float	8	2	米	O	12345.12	格式：保留小数点后两位
3	相对高差	Float	8	2	米	O	12345.12	格式：保留小数点后两位
4	走向	Char	50			O		

续表

序号	字段名称	字段类型	字段长度	小数位数	计量单位	约束条件	样例	备注
5	所在山脉	Char	50			O		
6	所在（跨）行政区	Char	200			M		
7	其他信息	Char	1000			O		如自然与人文景观，重要历史人物、事件及传说等文化内涵

表 22　山坡属性结构描述表

序号	字段名称	字段类型	字段长度	小数位数	计量单位	约束条件	样例	备注
1	走向	Char	50			O		
2	所在山脉	Char	50			O		
3	所在（跨）行政区	Char	200			M		
4	其他信息	Char	1000			O		如自然与人文景观，重要历史人物、事件及传说等文化内涵

表 23　山峰属性结构描述表

序号	字段名称	字段类型	字段长度	小数位数	计量单位	约束条件	样例	备注
1	海拔	Float	8	2	米	M	1234.12	格式：保留小数点后两位
2	所在山脉	Char	50			O		
3	所在（跨）行政区	Char	200			M		
4	其他信息	Char	1000			O		如地质地貌，主要生物，自然与人文景观，重要历史人物、事件及传说等文化内涵

表 24　山属性结构描述表

序号	字段名称	字段类型	字段长度	小数位数	计量单位	约束条件	样例	备注
1	长度	Float	8	2	千米	O	12345.12	格式：保留小数点后两位
2	宽度	Float	8	2	千米	O	12345.12	格式：保留小数点后两位

续表

序号	字段名称	字段类型	字段长度	小数位数	计量单位	约束条件	样例	备注
3	海拔	Float	8	2	米	M	1234.12	格式：保留小数点后两位
4	所在（跨）行政区	Char	200			M		
5	其他信息	Char	1000			O		如地质地貌，主要生物，自然与人文景观，重要历史人物、事件及传说等文化内涵

表 25　山体属性结构描述表

序号	字段名称	字段类型	字段长度	小数位数	计量单位	约束条件	样例	备注
1	长度	Float	8	2	千米	O	12345.12	格式：保留小数点后两位
2	宽度	Float	8	2	千米	O	12345.12	格式：保留小数点后两位
3	主峰海拔	Float	8	2	米	O	1234.12	格式：保留小数点后两位
4	平均海拔	Float	8	2	米	O	1234.12	格式：保留小数点后两位
5	走向	Char	50			O		
6	主峰名称	Char	50			O		
7	所在（跨）行政区	Char	200			M		
8	其他信息	Char	1000			O		如地质地貌，主要生物，自然与人文景观，重要历史人物、事件及传说等文化内涵

表 26　湿地（沼泽）属性结构描述表

序号	字段名称	字段类型	字段长度	小数位数	计量单位	约束条件	样例	备注
1	面积	Float	8	6	平方千米	M	12345.123456	格式：保留小数点后六位
2	长度	Float	8	2	千米	O	12345.12	格式：保留小数点后两位
3	宽度	Float	8	2	千米	O	12345.12	格式：保留小数点后两位
4	深度	Float	8	2	米	O	12345.12	格式：保留小数点后两位
5	水源	Char	50			O		
6	气候类型	Char	50			O		
7	动植物种类	Char	200			O		

续表

序号	字段名称	字段类型	字段长度	小数位数	计量单位	约束条件	样例	备注
8	年均温度	Float	8	1	摄氏度	O	+（－）12.1	格式：保留小数点后一位
9	年均温差	Float	8	1	摄氏度	O	12.1	格式：保留小数点后一位
10	年降水量	Int	4		毫米	O	1234	格式：整数
11	年无霜期	Int	4		天	O	34	格式：整数
12	所在（跨）行政区	Char	200			M		
13	其他信息	Char	1000			O		

表 27　苔原属性结构描述表

序号	字段名称	字段类型	字段长度	小数位数	计量单位	约束条件	样例	备注
1	面积	Float	8	4	平方千米	M	12345.1234	格式：保留小数点后四位
2	长度	Float	8	2	千米	O	12345.12	格式：保留小数点后两位
3	宽度	Float	8	2	千米	O	12345.12	格式：保留小数点后两位
4	气候类型	Char	50			O		
5	植被种类	Char	200			O		
6	年均温度	Float	8	1	摄氏度	O	+（－）12.1	格式：保留小数点后一位
7	年均温差	Float	8	1	摄氏度	O	12.1	格式：保留小数点后一位
8	年降水量	Int	4		毫米	O	1234	格式：整数
9	年无霜期	Int	4		天	O	34	格式：整数
10	所在（跨）行政区	Char	200			M		
11	其他信息	Char	1000			O		

表 28　草原属性结构描述表

序号	字段名称	字段类型	字段长度	小数位数	计量单位	约束条件	样例	备注
1	面积	Float	8	4	平方千米	M	12345.1234	格式：保留小数点后四位
2	长度	Float	8	2	千米	O	12345.12	格式：保留小数点后两位
3	宽度	Float	8	2	千米	O	12345.12	格式：保留小数点后两位

续表

序号	字段名称	字段类型	字段长度	小数位数	计量单位	约束条件	样例	备注
4	主要植被类型	Char	200			O		
5	年均温度	Float	8	1	摄氏度	O	+（-）12.1	格式：保留小数点后一位
6	年均温差	Float	8	1	摄氏度	O	12.1	格式：保留小数点后一位
7	年降水量	Int	4		毫米	O	1234	格式：整数
8	年无霜期	Int	4		天	O	34	格式：整数
9	所在（跨）行政区	Char	200			M		
10	其他信息	Char	1000			O		

表 29　森林属性结构描述表

序号	字段名称	字段类型	字段长度	小数位数	计量单位	约束条件	样例	备注
1	面积	Float	8	4	平方千米	M	12345.1234	格式：保留小数点后四位
2	长度	Float	8	2	千米	O	12345.12	格式：保留小数点后两位
3	宽度	Float	8	2	千米	O	12345.12	格式：保留小数点后两位
4	植被类型	Char	200			O		
5	气候类型	Char	50			O		
6	年均温度	Float	8	1	摄氏度	O	+（-）12.1	格式：保留小数点后一位
7	年均温差	Float	8	1	摄氏度	O	12.1	格式：保留小数点后一位
8	年降水量	Int	4		毫米	O	1234	格式：整数
9	年无霜期	Int	4		天	O	34	格式：整数
10	所在（跨）行政区	Char	200			M		
11	其他信息	Char	1000			O		如水源、建筑物等

表 30　沙漠属性结构描述表

序号	字段名称	字段类型	字段长度	小数位数	计量单位	约束条件	样例	备注
1	面积	Float	8	4	平方千米	M	12345.1234	格式：保留小数点后四位

续表

序号	字段名称	字段类型	字段长度	小数位数	计量单位	约束条件	样例	备注
2	长度	Float	8	2	千米	O	12345.12	格式：保留小数点后两位
3	宽度	Float	8	2	千米	O	12345.12	格式：保留小数点后两位
4	气候类型	Char	50			O		
5	植被类型	Char	200			O		
6	年均温度	Float	8	1	摄氏度	O	+（−）12.1	格式：保留小数点后一位
7	年均温差	Float	8	1	摄氏度	O	12.1	格式：保留小数点后一位
8	年降水量	Int	4		毫米	O	1234	格式：整数
9	年无霜期	Int	4		天	O	34	格式：整数
10	所在（跨）行政区	Char	200			M		
11	其他信息	Char	1000			O		

表 31　戈壁属性结构描述表

序号	字段名称	字段类型	字段长度	小数位数	计量单位	约束条件	样例	备注
1	面积	Float	8	4	平方千米	M	12345.1234	格式：保留小数点后四位
2	长度	Float	8	2	千米	O	12345.12	格式：保留小数点后两位
3	宽度	Float	8	2	千米	O	12345.12	格式：保留小数点后两位
4	气候类型	Char	50			O		
5	年均温度	Float	8	1	摄氏度	O	+（−）12.1	格式：保留小数点后一位
6	年均温差	Float	8	1	摄氏度	O	12.1	格式：保留小数点后一位
7	年降水量	Int	4		毫米	O	1234	格式：整数
8	年无霜期	Int	4		天	O	34	格式：整数
9	所在（跨）行政区	Char	200			M		
10	其他信息	Char	1000			O		

表 32　绿洲属性结构描述表

序号	字段名称	字段类型	字段长度	小数位数	计量单位	约束条件	样例	备注
1	面积	Float	8	6	平方千米	M	12345.123456	格式：保留小数点后六位
2	长度	Float	8	2	千米	O	12345.12	格式：保留小数点后两位
3	宽度	Float	8	2	千米	O	12345.12	格式：保留小数点后两位
4	上游水源	Char	50			O		
5	气候类型	Char	50			O		
6	植被类型	Char	200			O		
7	年均温度	Float	8	1	摄氏度	O	+（-）12.1	格式：保留小数点后一位
8	年均温差	Float	8	1	摄氏度	O	12.1	格式：保留小数点后一位
9	年降水量	Int	4		毫米	O	1234	格式：整数
10	年无霜期	Int	4		天	O	34	格式：整数
11	所在（跨）行政区	Char	200			M		
12	其他信息	Char	1000			O		

表 33　洞穴属性结构描述表

序号	字段名称	字段类型	字段长度	小数位数	计量单位	约束条件	样例	备注
1	面积	Float	8	2	平方米	M	12345.12	格式：保留小数点后两位
2	长度	Float	8	2	米	O	12345.12	格式：保留小数点后两位
3	宽度	Float	8	2	米	O	12345.12	格式：保留小数点后两位
4	高度	Float	8	2	米	O	12345.12	格式：保留小数点后两位
5	海拔	Float	8	2	米	O	1234.12	格式：保留小数点后两位
6	容量	Float	8	2	立方米	O	12345.12	格式：保留小数点后两位
7	土岩类型	Char	50			O		
8	所在山峰	Char	50			O		
9	所在（跨）行政区	Char	200			M		
10	其他信息	Char	1000			O		

表 34　天生桥属性结构描述表

序号	字段名称	字段类型	字段长度	小数位数	计量单位	约束条件	样例	备注
1	长度	Float	8	2	米	O	123.12	格式：保留小数点后两位
2	宽度	Float	8	2	米	O	123.12	格式：保留小数点后两位
3	高度	Float	8	2	米	O	123.12	格式：保留小数点后两位
4	海拔	Float	8	2	米	O	1234.12	格式：保留小数点后两位
5	所在（跨）行政区	Char	200			M		
6	其他信息	Char	1000			O		

表 35　台地属性结构描述表

序号	字段名称	字段类型	字段长度	小数位数	计量单位	约束条件	样例	备注
1	面积	Float	8	6	平方千米	M	12345.123456	格式：保留小数点后六位
2	最大长度	Float	8	2	千米	O	12345.12	格式：保留小数点后两位
3	最大宽度	Float	8	2	千米	O	12345.12	格式：保留小数点后两位
4	海拔	Float	8	2	米	O	1234.12	格式：保留小数点后两位
5	四周山脉	Char	50			O		
6	四至	Char	200			O		
7	气候类型	Char	50			O		
8	年降水量	Int	4		毫米	O	1234	格式：整数
9	年无霜期	Int	4		天	O	34	格式：整数
10	所在（跨）行政区	Char	200			M		
11	其他信息	Char	1000			O		

（3）行政区域

表 36　行政区域（包括省级、地级、县级、乡级政区）属性结构描述表

序号	字段名称	字段类型	字段长度	小数位数	计量单位	约束条件	样例	备注
1	行政区划单位	Char	20			M		可选项：省/自治区/直辖市/特别行政区/其他省级政区/地级市/自治州/地区/盟/其他地级政区/县级市/市辖区/县/自治县/旗/自治旗/特区/林区/其他县级政区/乡/民族乡/镇/苏木/民族苏木/街道办事处/区公所/其他乡级政区
2	行政级别	Char	20			M		可选项：省级/地级/县级/乡级
3	行政区划代码	Char	9			M		
4	政府驻地	Char	100			M		
5	政府网址	Char	50			O		
6	上一级政区	Char	100			O		
7	下一级政区	Char	1000			O		
8	总面积	Float	8	4	平方千米	O	12345.1234	格式：保留小数点后四位
9	总人口	Float	8	2	万人	O	12345.12	格式：保留小数点后两位
10	政区的历史沿革	Char	1000			O		始置时间和置、废、分、合及驻地迁徙、辖属变更等情况
11	其他信息	Char	2000			O		如毗邻的相关行政区，政府驻地人口、民族构成，气候类型，地貌特征、主要山峰、主要河流，主要工业、主要农业、主要矿产、主要土特产，主要交通干道，主要文教科体卫事业单位，名胜古迹和著名旅游景点，著名历史人物、主要历史事件等历史文化和民间传统文化内涵

（4）群众自治组织

表 37 群众自治组织［包括村民委员会、社区居委会（居委会）］属性结构描述表

序号	字段名称	字段类型	字段长度	小数位数	计量单位	约束条件	样例	备注
1	下级组织	Char	50			O		
2	辖区范围	Char	500			O		
3	长途电话区号	Char	6			O	0592	
4	联系电话	Char	50			O		
5	邮政编码	Char	6			M	361008	
6	面积	Float	8	4	平方千米	O	12345.1234	格式：保留小数点后四位
7	人口	Int	4		人	O	12345	格式：整数
8	所在（跨）行政区	Char	200			M		
9	其他信息	Char	1000			O		如工业、农业、商业、主要驻区单位、名胜古迹等

（5）非行政区域类

表 38 矿区属性结构描述表

序号	字段名称	字段类型	字段长度	小数位数	计量单位	约束条件	样例	备注
1	矿产类型	Char	50			O		
2	范围	Char	500			O		
3	驻地	Char	30			M		
4	设立时间	Char	30			O		
5	面积	Float	8	4	平方千米	M	12345.1234	格式：保留小数点后四位
6	人口	Int	4		人	O	12345	格式：整数
7	所在（跨）行政区	Char	200			M		
8	产值	Float	8	2	万元	O	12345.12	格式：保留小数点后两位
9	其他信息	Char	1000			O		

表 39　农、林、牧、渔区属性结构描述表

序号	字段名称	字段类型	字段长度	小数位数	计量单位	约束条件	样例	备注
1	类型	Char	20			M		可选项：农业区 / 林区 / 牧区 / 渔区
2	范围	Char	500			O		
3	面积	Float	8	6	平方千米	M	12345.123456	格式：保留小数点后六位
4	人口	Int	4		人	O	12345	格式：整数
5	年均气温	Float	8	1	摄氏度	O	+（-）12.1	格式：保留小数点后一位
6	年均降水量	Float	8	2	毫米	O	12345.12	格式：保留小数点后两位
7	年无霜期	Int	4		天	O	34	格式：整数
8	主要产业	Char	200			O		
9	所在（跨）行政区	Char	200			M		
10	其他信息	Char	1000			O		如与之相连的主要道路和交通线等

表 40　工业区、开发区属性结构描述表

序号	字段名称	字段类型	字段长度	小数位数	计量单位	约束条件	样例	备注
1	类型	Char	20			M		可选项：工业区 / 开发区
2	范围	Char	500			O		
3	面积	Float	8	4	平方千米	M	12345.1234	格式：保留小数点后四位
4	人口	Float	8	2	万人	O	12345.12	格式：保留小数点后两位
5	主要产业	Char	200			O		
6	所在（跨）行政区	Char	200			M		
7	其他信息	Char	1000			O		如与之相连的主要道路和交通线等

表 41　边贸区、口岸属性结构描述表

序号	字段名称	字段类型	字段长度	小数位数	计量单位	约束条件	样例	备注
1	类型	Char	20			M		可选项：边贸区 / 口岸
2	范围	Char	500			O		
3	面积	Float	8	4	平方千米	M	12345.1234	格式：保留小数点后四位
4	人口	Float	8	2	万人	O	12345.12	格式：保留小数点后两位
5	主要商品	Char	200			O		
6	主要产业	Char	200			O		
7	所在（跨）行政区	Char	200			M		
8	其他信息	Char	1000			O		如与之相连的主要道路和交通线等

表 42　军事区属性结构描述表

序号	字段名称	字段类型	字段长度	小数位数	计量单位	约束条件	样例	备注
1	所在（跨）行政区	Char	200			M		
2	其他信息	Char	1000			O		对社会公开的名称及信息

表 43　地片属性结构描述表

序号	字段名称	字段类型	字段长度	小数位数	计量单位	约束条件	样例	备注
1	范围	Char	500			O		
2	所在（跨）行政区	Char	200			M		
3	其他信息	Char	1000			O		

表 44　区片属性结构描述表

序号	字段名称	字段类型	字段长度	小数位数	计量单位	约束条件	样例	备注
1	范围	Char	500			O		
2	所在（跨）行政区	Char	200			M		
3	其他信息	Char	1000			O		

（6）居民点

表 45　城镇居民点，农村居民点，工矿点，农、林、牧场属性结构描述表

序号	字段名称	字段类型	字段长度	小数位数	计量单位	约束条件	样例	备注
1	类型	Char	20			M		可选项：城镇 / 农村 / 工矿点 / 农、林、牧场
2	长途电话区号	Char	6			O	0592	
3	邮政编码	Char	6			M	361008	
4	面积	Float	8	6	平方千米	O	12345.123456	格式：保留小数点后六位
5	人口	Int	4		人	O	12345	格式：整数
6	所在（跨）行政区	Char	200			M		
7	其他信息	Char	1000			O		民宅聚集区、居民小区等城镇居民点所临街巷与门牌号、邮编等组合地址信息，村落等农村居民点的聚落形态、传统民居及民俗等文化内涵等

（7）交通运输设施

表 46　锚地属性结构描述表

序号	字段名称	字段类型	字段长度	小数位数	计量单位	约束条件	样例	备注
1	面积	Float	8	2	平方米	O	12345.12	格式：保留小数点后两位
2	锚位	Int	4		个	O	12345	格式：整数
3	所在水域	Char	50			O		
4	平均水深	Float	8	2	米	O	123.12	格式：保留小数点后两位
5	最大水深	Float	8	2	米	O	123.12	格式：保留小数点后两位
6	始建时间	Char	50			O		
7	建成时间	Char	50			O		
8	所在（跨）行政区	Char	200			M		
9	其他信息	Char	1000			O		

表 47 海港、河港属性结构描述表

序号	字段名称	字段类型	字段长度	小数位数	计量单位	约束条件	样例	备注
1	类型	Char	20			M		可选项：海港 / 河港 / 湖港
2	泊位	Int	4		个	O	12345	格式：整数
3	年客运量	Float	8	2	万人	O	12345.12	格式：保留小数点后两位
4	年货运量	Float	8	2	万吨	O	12345.12	格式：保留小数点后两位
5	岸线长	Float	8	2	米	O	12345.12	格式：保留小数点后两位
6	所在水域	Char	50			O		
7	平均水深	Float	8	2	米	O	123.12	格式：保留小数点后两位
8	最大水深	Float	8	2	米	O	123.12	格式：保留小数点后两位
9	始建时间	Char	50			O		
10	建成时间	Char	50			O		
11	所在（跨）行政区	Char	200			M		
12	其他信息	Char	1000			O		如与之相连的主要道路和交通线等

表 48 船闸、升船机站属性结构描述表

序号	字段名称	字段类型	字段长度	小数位数	计量单位	约束条件	样例	备注
1	类型	Char	20			M		可选项：单级 / 多级
2	所在水域	Char	50			O		
3	平均水深	Float	8	2	米	O	123.12	格式：保留小数点后两位
4	最大水深	Float	8	2	米	O	123.12	格式：保留小数点后两位
5	始建时间	Char	50			O		
6	建成时间	Char	50			O		
7	所在（跨）行政区	Char	200			M		
8	其他信息	Char	1000			O		

表 49　渡口属性结构描述表

序号	字段名称	字段类型	字段长度	小数位数	计量单位	约束条件	样例	备注
1	年客运量	Float	8	2	万人	O	12345.12	格式：保留小数点后两位
2	渡程长度	Float	8	2	米	O	12345.12	格式：保留小数点后两位
3	平均水深	Float	8	2	米	O	123.12	格式：保留小数点后两位
4	最大水深	Float	8	2	米	O	123.12	格式：保留小数点后两位
5	所在（跨）行政区	Char	200			M		
6	其他信息	Char	1000			O		如与之相连的主要道路和交通线等

表 50　公路属性结构描述表

序号	字段名称	字段类型	字段长度	小数位数	计量单位	约束条件	样例	备注
1	类型	Char	20			M		可选项：国道/省道/县道/乡道/专用
2	等级	Char	20			M		可选项：高速/一级/二级/三级/四级以下
3	起点	Char	50			O		
4	止点	Char	50			O		
5	长度	Float	8	2	千米	O	12345.12	格式：保留小数点后两位
6	宽度	Float	8	2	米	O	12345.12	格式：保留小数点后两位
7	路面性质	Char	50			O		
8	沿途重要地理实体	Char	300			O		
9	始建时间	Char	50			O		
10	建成时间	Char	50			O		
11	途经行政区	Char	500			M		
12	其他信息	Char	1000			O		

表 51 长途汽车站属性结构描述表

序号	字段名称	字段类型	字段长度	小数位数	计量单位	约束条件	样例	备注
1	年客运量	Float	8	2	万人	O	12345.12	格式：保留小数点后两位
2	年货运量	Float	8	2	万吨	O	12345.12	格式：保留小数点后两位
3	占地面积	Float	8	2	平方米	O	12345.12	格式：保留小数点后两位
4	始建时间	Char	50			O		
5	建成时间	Char	50			O		
6	所在（跨）行政区	Char	200			M		
7	其他信息	Char	1000			O		如与之相连的主要道路和交通线等

表 52 收费站属性结构描述表

序号	字段名称	字段类型	字段长度	小数位数	计量单位	约束条件	样例	备注
1	所在道路	Char	50			O		
2	始建时间	Char	50			O		
3	建成时间	Char	50			O		
4	所在（跨）行政区	Char	200			M		
5	其他信息	Char	1000			O		

表 53 铁路属性结构描述表

序号	字段名称	字段类型	字段长度	小数位数	计量单位	约束条件	样例	备注
1	类型 1	Char	10			M		可选项：单线 / 复线
2	类型 2	Char	10			M		可选项：普通线路 / 客运专线
3	起点	Char	50			O		
4	止点	Char	50			O		
5	主要车站	Char	200			M		
6	长度	Float	8	2	千米	O	12345.12	格式：保留小数点后两位
7	始建时间	Char	50			O		

续表

序号	字段名称	字段类型	字段长度	小数位数	计量单位	约束条件	样例	备注
8	建成时间	Char	50			O		
9	途经行政区	Char	200			M		
10	其他信息	Char	1000			O		

表 54　火车站属性结构描述表

序号	字段名称	字段类型	字段长度	小数位数	计量单位	约束条件	样例	备注
1	类型	Char	20			M		可选项：客运 / 货运 / 客货混合运
2	年客运量	Float	8	2	万人	O	12345.12	格式：保留小数点后两位
3	年货运量	Float	8	2	万吨	O	12345.12	格式：保留小数点后两位
4	占地面积	Float	8	2	平方米	O	12345.12	格式：保留小数点后两位
5	始建时间	Char	50			O		
6	建成时间	Char	50			O		
7	所在（跨）行政区	Char	200			M		
8	其他信息	Char	1000			O		如与之相连的主要道路和交通线等

表 55　道口属性结构描述表

序号	字段名称	字段类型	字段长度	小数位数	计量单位	约束条件	样例	备注
1	所在线路	Char	50			O		
2	始建时间	Char	50			O		
3	建成时间	Char	50			O		
4	所在（跨）行政区	Char	200			M		
5	其他信息	Char	1000			O		如与所在铁路相交叉的道路等

表 56　航空港属性结构描述表

序号	字段名称	字段类型	字段长度	小数位数	计量单位	约束条件	样例	备注
1	类型	Char	20			M		可选项：国际 / 国内
2	年客运量	Float	8	2	万人	O	12345.12	格式：保留小数点后两位
3	年货运量	Float	8	2	万吨	O	12345.12	格式：保留小数点后两位
4	占地面积	Float	8	6	平方千米	O	12345.123456	格式：保留小数点后六位
5	停机坪面积	Float	8	6	平方千米	O	12345.123456	格式：保留小数点后六位
6	始建时间	Char	50			O		
7	建成时间	Char	50			O		
8	所在（跨）行政区	Char	200			M		
9	其他信息	Char	1000			O		如与之相连的主要道路和交通线等

表 57　管道属性结构描述表

序号	字段名称	字段类型	字段长度	小数位数	计量单位	约束条件	样例	备注
1	运输物质	Char	50			O		
2	起点	Char	50			O		
3	止点	Char	50			O		
4	长度	Float	8	2	千米	O	12345.12	格式：保留小数点后两位
5	年运输量	Float	8	2	万吨 / 万立方米	O	12345.12	格式：保留小数点后两位
6	始建时间	Char	50			O		
7	建成时间	Char	50			O		
8	所在（跨）行政区	Char	200			M		
9	其他信息	Char	1000			O		

表 58　管站属性结构描述表

序号	字段名称	字段类型	字段长度	小数位数	计量单位	约束条件	样例	备注
1	所在管道	Char	50			O		
2	始建时间	Char	50			O		
3	建成时间	Char	50			O		
4	所在（跨）行政区	Char	200			M		
5	其他信息	Char	1000			O		

表 59　道路、街巷属性结构描述表

序号	字段名称	字段类型	字段长度	小数位数	计量单位	约束条件	样例	备注
1	起点	Char	50			O		
2	止点	Char	50			O		
3	长度	Float	8	2	米	O	12345.12	格式：保留小数点后两位
4	宽度	Float	8	2	米	O	12345.12	格式：保留小数点后两位
5	路面性质	Char	50			O		
6	道路等级	Char	20			M		可选项：快速路 / 主干道 / 次干道 / 支路
7	门牌号范围	Char	50			O		
8	沿途重要地理实体	Char	300			O		
9	始建时间	Char	50			O		
10	建成时间	Char	50			O		
11	所在（跨）行政区	Char	200			M		
12	其他信息	Char	1000			O		如一些古老街巷的传统文化内涵等

表 60　有轨交通线路属性结构描述表

序号	字段名称	字段类型	字段长度	小数位数	计量单位	约束条件	样例	备注
1	起点	Char	50			O		
2	止点	Char	50			O		

续表

序号	字段名称	字段类型	字段长度	小数位数	计量单位	约束条件	样例	备注
3	长度	Float	8	2	千米	O	12345.12	格式：保留小数点后两位
4	始建时间	Char	50			O		
5	建成时间	Char	50			O		
6	所在（跨）行政区	Char	200			M		
7	其他信息	Char	1000			O		

表 61　公共交通车站属性结构描述表

序号	字段名称	字段类型	字段长度	小数位数	计量单位	约束条件	样例	备注
1	建筑面积	Float	8	2	平方米	O	12345.12	格式：保留小数点后两位
2	主要运营线	Int	4		条	O	12345	格式：整数
3	始建时间	Char	50			O		
4	建成时间	Char	50			O		
5	所在（跨）行政区	Char	200			M		
6	其他信息	Char	1000			O		如与之相连的主要道路和交通线等

表 62　停车场属性结构描述表

序号	字段名称	字段类型	字段长度	小数位数	计量单位	约束条件	样例	备注
1	占地面积	Float	8	2	平方米	O	12345.12	格式：保留小数点后两位
2	泊位数	Int	4		个	O	12345	格式：整数
3	始建时间	Char	50			O		
4	建成时间	Char	50			O		
5	所在（跨）行政区	Char	200			M		
6	其他信息	Char	1000			O		如与之相连的主要道路和交通线等

表 63　桥梁属性结构描述表

序号	字段名称	字段类型	字段长度	小数位数	计量单位	约束条件	样例	备注
1	类型	Char	20			M		可选项：铁路 / 公路 / 人行 / 其他
2	所在线路	Char	50			O		
3	所跨河流（道路等）	Char	50			O		
4	最大载重量	Float	8	2	吨	M	12345.12	格式：保留小数点后两位
5	长度	Float	8	2	米	M	12345.12	格式：保留小数点后两位
6	宽度	Float	8	2	米	O	12345.12	格式：保留小数点后两位
7	高度	Float	8	2	米	O	12345.12	格式：保留小数点后两位
8	最大跨度	Float	8	2	米	O	12345.12	格式：保留小数点后两位
9	始建时间	Char	50			O		
10	建成时间	Char	50			O		
11	所在（跨）行政区	Char	200			M		
12	其他信息	Char	1000			O		

表 64　隧道属性结构描述表

序号	字段名称	字段类型	字段长度	小数位数	计量单位	约束条件	样例	备注
1	类型	Char	20			M		可选项：铁路 / 公路 / 地下通道 / 其他
2	长度	Float	8	2	米	M	12345.12	格式：保留小数点后两位
3	宽度	Float	8	2	米	O	12345.12	格式：保留小数点后两位
4	高度	Float	8	2	米	O	12345.12	格式：保留小数点后两位
5	所在山峰（河流、湖泊等）	Char	50			O		
6	始建时间	Char	50			O		
7	建成时间	Char	50			O		
8	所在（跨）行政区	Char	200			M		
9	其他信息	Char	1000			O		

表 65　道班属性结构描述表

序号	字段名称	字段类型	字段长度	小数位数	计量单位	约束条件	样例	备注
1	所在线路	Char	50			O		
2	始建时间	Char	50			O		
3	建成时间	Char	50			O		
4	所在（跨）行政区	Char	200			M		
5	其他信息	Char	1000			O		

表 66　检查站属性结构描述表

序号	字段名称	字段类型	字段长度	小数位数	计量单位	约束条件	样例	备注
1	所在线路	Char	50			O		
2	占地面积	Float	8	2	平方米	O	12345.12	格式：保留小数点后两位
3	始建时间	Char	50			O		
4	建成时间	Char	50			O		
5	所在（跨）行政区	Char	200			M		
6	其他信息	Char	1000			O		

表 67　环岛、路口属性结构描述表

序号	字段名称	字段类型	字段长度	小数位数	计量单位	约束条件	样例	备注
1	类型	Char	20			M		可选项：环岛 / 路口
2	所在线路	Char	50			O		
3	占地面积	Float	8	2	平方米	O	12345.12	格式：保留小数点后两位
4	始建时间	Char	50			O		
5	建成时间	Char	50			O		
6	所在（跨）行政区	Char	200			M		
7	其他信息	Char	1000			O		

表 68　加油站属性结构描述表

序号	字段名称	字段类型	字段长度	小数位数	计量单位	约束条件	样例	备注
1	所在线路	Char	50			O		
2	占地面积	Float	8	2	平方米	O	12345.12	格式：保留小数点后两位
3	始建时间	Char	50			O		
4	建成时间	Char	50			O		
5	所在(跨)行政区	Char	200			M		
6	其他信息	Char	1000			O		

表 69　灯塔、导航台属性结构描述表

序号	字段名称	字段类型	字段长度	小数位数	计量单位	约束条件	样例	备注
1	所在航道	Char	50			O		
2	高度	Float	8	2	米	O	12345.12	格式：保留小数点后两位
3	占地面积	Float	8	2	平方米	O	12345.12	格式：保留小数点后两位
4	始建时间	Char	50			O		
5	建成时间	Char	50			O		
6	所在(跨)行政区	Char	200			M		
7	其他信息	Char	1000			O		

表 70　索道、扶梯属性结构描述表

序号	字段名称	字段类型	字段长度	小数位数	计量单位	约束条件	样例	备注
1	起点	Char	50			O		
2	止点	Char	50			O		
3	长度	Float	8	2	米	O	12345.12	格式：保留小数点后两位
4	始建时间	Char	50			O		
5	建成时间	Char	50			O		
6	所在(跨)行政区	Char	200			M		
7	其他信息	Char	1000			O		

（8）水利、电力、通信设施

表 71　井属性结构描述表

序号	字段名称	字段类型	字段长度	小数位数	计量单位	约束条件	样例	备注
1	深度	Float	8	2	米	O	12345.12	格式：保留小数点后两位
2	水质	Char	50			O		
3	所在（跨）行政区	Char	200			M		
4	其他信息	Char	1000			O		如最高水位（米）、最低水位（米）、最大输出量（米 / 秒）、日出水量（立方米）、涌水高度（米）、年均水温（摄氏度）等

表 72　池塘、海塘属性结构描述表

序号	字段名称	字段类型	字段长度	小数位数	计量单位	约束条件	样例	备注
1	面积	Float	8	6	平方千米	M	12345.123456	格式：保留小数点后六位
2	长度	Float	8	2	米	O	12345.12	格式：保留小数点后两位
3	宽度	Float	8	2	米	O	12345.12	格式：保留小数点后两位
4	水深	Float	8	2	米	O	123.12	格式：保留小数点后两位
5	所在（跨）行政区	Char	200			M		
6	其他信息	Char	1000			O		

表 73　水库属性结构描述表

序号	字段名称	字段类型	字段长度	小数位数	计量单位	约束条件	样例	备注
1	面积	Float	8	6	平方千米	M	12345.123456	格式：保留小数点后六位
2	长度	Float	8	2	千米	O	12345.12	格式：保留小数点后两位
3	宽度	Float	8	2	千米	O	12345.12	格式：保留小数点后两位
4	平均水深	Float	8	2	米	O	123.12	格式：保留小数点后两位
5	总库容	Float	8	2	万立方米	M	12345.12	格式：保留小数点后两位

续表

序号	字段名称	字段类型	字段长度	小数位数	计量单位	约束条件	样例	备注
6	主要水源	Char	100			O		
7	始建时间	Char	50			O		
8	建成时间	Char	50			O		
9	所在（跨）行政区	Char	200			M		
10	其他信息	Char	1000			O		

表 74　蓄洪区、泻洪区属性结构描述表

序号	字段名称	字段类型	字段长度	小数位数	计量单位	约束条件	样例	备注
1	面积	Float	8	4	平方千米	M	12345.1234	格式：保留小数点后四位
2	蓄（泻）洪量	Float	8	2	万立方米	M	12345.12	格式：保留小数点后两位
3	蓄洪水位	Float	8	2	米	O	12345.12	格式：保留小数点后两位
4	主要水源	Char	100			O		
5	所在（跨）行政区	Char	200			M		
6	其他信息	Char	1000			O		

表 75　灌区属性结构描述表

序号	字段名称	字段类型	字段长度	小数位数	计量单位	约束条件	样例	备注
1	面积	Float	8	4	平方千米	O	12345.1234	格式：保留小数点后四位
2	所在（跨）行政区	Char	200			M		
3	其他信息	Char	1000			O		

表 76　灌溉渠属性结构描述表

序号	字段名称	字段类型	字段长度	小数位数	计量单位	约束条件	样例	备注
1	起点	Char	50			O		

续表

序号	字段名称	字段类型	字段长度	小数位数	计量单位	约束条件	样例	备注
2	止点	Char	50			O		
3	平均流量	Float	8	2	立方米 / 秒	M	12345.12	格式：保留小数点后两位
4	最大水深	Float	8	2	米	O	123.12	格式：保留小数点后两位
5	始建时间	Char	50			O		
6	建成时间	Char	50			O		
7	途经行政区	Char	200			M		
8	其他信息	Char	1000			O		

表 77　排水沟属性结构描述表

序号	字段名称	字段类型	字段长度	小数位数	计量单位	约束条件	样例	备注
1	起点	Char	50			O		
2	止点	Char	50			O		
3	最大水深	Float	8	2	米	O	123.12	格式：保留小数点后两位
4	始建时间	Char	50			O		
5	建成时间	Char	50			O		
6	途经行政区	Char	200			M		
7	其他信息	Char	1000			O		

表 78　渡槽属性结构描述表

序号	字段名称	字段类型	字段长度	小数位数	计量单位	约束条件	样例	备注
1	长度	Float	8	2	米	O	12345.12	格式：保留小数点后两位
2	宽度	Float	8	2	米	O	12345.12	格式：保留小数点后两位
3	始建时间	Char	50			O		
4	建成时间	Char	50			O		
5	所在（跨）行政区	Char	200			M		
6	其他信息	Char	1000			O		

表 79　泵站属性结构描述表

序号	字段名称	字段类型	字段长度	小数位数	计量单位	约束条件	样例	备注
1	所在线路	Char	50			O		
2	始建时间	Char	50			O		
3	建成时间	Char	50			O		
4	所在(跨)行政区	Char	200			M		
5	其他信息	Char	1000			O		

表 80　涵洞属性结构描述表

序号	字段名称	字段类型	字段长度	小数位数	计量单位	约束条件	样例	备注
1	宽度	Float	8	2	米	O	12345.12	格式：保留小数点后两位
2	高度	Float	8	2	米	O	12345.12	格式：保留小数点后两位
3	所在位置	Char	200			O		
4	始建时间	Char	50			O		
5	建成时间	Char	50			O		
6	所在(跨)行政区	Char	200			M		
7	其他信息	Char	1000			O		

表 81　河堤、湖堤、闸坝、拦河坝属性结构描述表

序号	字段名称	字段类型	字段长度	小数位数	计量单位	约束条件	样例	备注
1	所在位置	Char	200			M		
2	长度	Float	8	2	米	O	12345.12	格式：保留小数点后两位
3	顶宽	Float	8	2	米	O	12345.12	格式：保留小数点后两位
4	高度	Float	8	2	米	O	12345.12	格式：保留小数点后两位
5	始建时间	Char	50			O		
6	建成时间	Char	50			O		
7	所在(跨)行政区	Char	200			M		
8	其他信息	Char	1000			O		

表 82 运河属性结构描述表

序号	字段名称	字段类型	字段长度	小数位数	计量单位	约束条件	样例	备注
1	长度	Float	8	2	千米	O	12345.12	格式：保留小数点后两位
2	起点	Char	50			O		
3	止点	Char	50			O		
4	始建时间	Char	50			O		
5	建成时间	Char	50			O		
6	所在（跨）行政区	Char	200			M		
7	其他信息	Char	1000			O		如沿途自然与人文景观，历史人物、事件及传说等文化内涵

表 83 发电站属性结构描述表

序号	字段名称	字段类型	字段长度	小数位数	计量单位	约束条件	样例	备注
1	类型	Char	20			M		可选项：火力/水力/风力/核/太阳能
2	总装机容量	Float	8	2	千瓦	M	12345.12	格式：保留小数点后两位
3	日发电量	Float	8	2	万度	O	12345.12	格式：保留小数点后两位
4	年发电量	Float	8	2	万度	M	12345.12	格式：保留小数点后两位
5	始建时间	Char	50			O		
6	建成时间	Char	50			O		
7	所在（跨）行政区	Char	200			M		
8	其他信息	Char	1000			O		

表 84 输变电站属性结构描述表

序号	字段名称	字段类型	字段长度	小数位数	计量单位	约束条件	样例	备注
1	输入容量	Float	8	2	千瓦	M	12345.12	格式：保留小数点后两位
2	输出容量	Float	8	2	千瓦	M	12345.12	格式：保留小数点后两位
3	始建时间	Char	50			O		
4	建成时间	Char	50			O		

续表

序号	字段名称	字段类型	字段长度	小数位数	计量单位	约束条件	样例	备注
5	所在（跨）行政区	Char	200			M		
6	其他信息	Char	1000			O		

表 85　通信基站属性结构描述表

序号	字段名称	字段类型	字段长度	小数位数	计量单位	约束条件	样例	备注
1	发射功率	Float	8	2	瓦	M	12345.12	格式：保留小数点后两位
2	基站天线高度	Float	8	2	米	O	12345.12	格式：保留小数点后两位
3	始建时间	Char	50			O		
4	建成时间	Char	50			O		
5	所在（跨）行政区	Char	200			M		
6	其他信息	Char	1000			O		

（9）纪念地、旅游景点

表 86　人物纪念地、事件纪念地属性结构描述表

序号	字段名称	字段类型	字段长度	小数位数	计量单位	约束条件	样例	备注
1	占地面积	Float	8	2	平方米	O	12345.12	格式：保留小数点后两位
2	管理单位	Char	50			M		
3	联系地址	Char	200			O		
4	联系电话	Char	50			O		
5	人物或事件	Char	200			M		
6	保护级别	Char	50			O		
7	所在（跨）行政区	Char	200			M		
8	其他信息	Char	1000			O		如主要建筑物、主要景点、与之相连的主要道路和交通线等

表 87　宗教纪念地属性结构描述表

序号	字段名称	字段类型	字段长度	小数位数	计量单位	约束条件	样例	备注
1	占地面积	Float	8	2	平方米	O	12345.12	格式：保留小数点后两位
2	管理单位	Char	50			M		
3	联系地址	Char	200			O		
4	联系电话	Char	50			O		
5	宗教文化内涵	Char	500			O		
6	保护级别	Char	50			O		
7	所在（跨）行政区	Char	200			M		
8	其他信息	Char	1000			O		如重要人物、事件、传说等

表 88　公园、风景区属性结构描述表

序号	字段名称	字段类型	字段长度	小数位数	计量单位	约束条件	样例	备注
1	占地面积	Float	8	6	平方千米	M	12345.123456	格式：保留小数点后六位
2	管理单位	Char	50			M		
3	联系地址	Char	200			O		
4	联系电话	Char	50			O		
5	主要景点	Char	200			O		
6	所在（跨）行政区	Char	200			M		
7	其他信息	Char	1000			O		如景观特色及相关文化内涵

表 89　自然保护区属性结构描述表

序号	字段名称	字段类型	字段长度	小数位数	计量单位	约束条件	样例	备注
1	级别	Char	50			O		
2	保护对象	Char	200			O		
3	占地面积	Float	8	6	平方千米	O	12345.123456	格式：保留小数点后六位

续表

序号	字段名称	字段类型	字段长度	小数位数	计量单位	约束条件	样例	备注
4	管理单位	Char	50			M		
5	联系地址	Char	200			O		
6	联系电话	Char	50			O		
7	主要景点	Char	200			O		
8	建立时间	Char	50			O		
9	所在（跨）行政区	Char	200			M		
10	其他信息	Char	1000			O		如与之相连的主要道路和交通线等

（10）建筑物

表 90　房屋属性结构描述表

序号	字段名称	字段类型	字段长度	小数位数	计量单位	约束条件	样例	备注
1	地址	Char	200			M		
2	占地面积	Float	8	2	平方米	O	12345.12	格式：保留小数点后两位
3	建筑面积	Float	8	2	平方米	O	12345.12	格式：保留小数点后两位
4	主体层数	Int	4		层	O	12	格式：整数
5	主体高度	Float	8	2	米	O	12.12	格式：保留小数点后两位
6	联系电话	Char	50			O		
7	邮政编码	Char	50			M		
8	建成时间	Char	50			O		
9	其他信息	Char	1000			O		如产权单位、管理单位、使用单位、特殊意义等

表 91　亭、台、碑、塔属性结构描述表

序号	字段名称	字段类型	字段长度	小数位数	计量单位	约束条件	样例	备注
1	所在位置（地址）	Char	200			M		
2	建成时间	Char	50			O		
3	主体层数	Int	4		层	O	12	格式：整数

续表

序号	字段名称	字段类型	字段长度	小数位数	计量单位	约束条件	样例	备注
4	主体高度	Float	8	2	米	O	12.12	格式：保留小数点后两位
5	建筑结构	Char	50			O		
6	其他信息	Char	1000			O		如建筑特征、特殊意义等

表 92　广场、体育场属性结构描述表

序号	字段名称	字段类型	字段长度	小数位数	计量单位	约束条件	样例	备注
1	所在位置（地址）	Char	200			M		
2	占地面积	Float	8	2	平方米	M	12345.12	格式：保留小数点后两位
3	建成时间	Char	50			O		
4	其他信息	Char	1000			O		如产权单位、管理单位、特殊意义、与之相连的主要道路或交通线等

表 93　城堡、墙属性结构描述表

序号	字段名称	字段类型	字段长度	小数位数	计量单位	约束条件	样例	备注
1	所在位置（地址）	Char	200			M		
2	占地面积	Float	8	2	平方米	O	12345.12	格式：保留小数点后两位
3	建筑面积	Float	8	2	平方米	O	12345.12	格式：保留小数点后两位
4	主体高度	Float	8	2	米	O	12.12	格式：保留小数点后两位
5	建成时间	Char	50			O		
6	其他信息	Char	1000			O		如管理单位、建筑风貌、历史文化内涵等

（11）单位

表 94　党政机关、民间组织、事业单位、企业、军事单位属性结构描述表

序号	字段名称	字段类型	字段长度	小数位数	计量单位	约束条件	样例	备注
1	地址	Char	200			M		
2	所属行业	Char	50			O		

续表

序号	字段名称	字段类型	字段长度	小数位数	计量单位	约束条件	样例	备注
3	联系电话	Char	50			O		
4	邮政编码	Char	6			M		
5	业务范围	Char	200			O		
6	单位网址	Char	200			O		
7	其他信息	Char	1000			O		

（12）海域

表 95　海洋属性结构描述表

序号	字段名称	字段类型	字段长度	小数位数	计量单位	约束条件	样例	备注
1	气候类型	Char	50			O		
2	潮汐类型	Char	20			M		可选项：半日潮 / 全日潮 / 混合潮
3	面积	Float	8	4	平方千米	O	12345.1234	格式：保留小数点后四位
4	平均深度	Float	8	2	米	O	123.12	格式：保留小数点后两位
5	最大深度	Float	8	2	米	O	123.12	格式：保留小数点后两位
6	最大长度	Float	8	2	米	O	12345.12	格式：保留小数点后两位
7	最大宽度	Float	8	2	米	O	12345.12	格式：保留小数点后两位
8	最大浪高	Float	8	2	米	O	12.12	格式：保留小数点后两位
9	海洋产业种类	Char	200			O		
10	年降水量	Int	4		毫米	O	1234	格式：整数
11	平均风速	Float	8	1	米 / 秒	O	5.1	格式：保留小数点后一位
12	其他信息	Char	1000			O		如境内海岸线长度等

表 96　海湾属性结构描述表

序号	字段名称	字段类型	字段长度	小数位数	计量单位	约束条件	样例	备注
1	面积	Float	8	4	平方千米	O	12345.1234	格式：保留小数点后四位
2	平均深度	Float	8	2	米	O	123.12	格式：保留小数点后两位

续表

序号	字段名称	字段类型	字段长度	小数位数	计量单位	约束条件	样例	备注
3	最大深度	Float	8	2	米	O	123.12	格式：保留小数点后两位
4	最大潮差	Float	8	1	米	O	5.1	格式：保留小数点后一位
5	夏季平均水温	Float	8	1	摄氏度	O	+（–）12.1	格式：保留小数点后一位
6	冬季平均水温	Float	8	1	摄氏度	O	+（–）12.1	格式：保留小数点后一位
7	最大浪高	Float	8	2	米	O	12.12	格式：保留小数点后两位
8	底质	Char	50			O		指海底何种堆积物
9	长度	Float	8	2	米	O	12345.12	格式：保留小数点后两位
10	宽度	Float	8	2	米	O	12345.12	格式：保留小数点后两位
11	最窄宽度	Float	8	2	米	O	12345.12	格式：保留小数点后两位
12	所在海洋	Char	50			M		
13	所在（跨）行政区	Char	200			M		
14	其他信息	Char	1000			O		如境内海岸线长度等

表 97　海峡属性结构描述表

序号	字段名称	字段类型	字段长度	小数位数	计量单位	约束条件	样例	备注
1	连通海域	Char	50			O		
2	起点	Char	50			O		
3	止点	Char	50			O		
4	平均深度	Float	8	2	米	O	123.12	格式：保留小数点后两位
5	最大深度	Float	8	2	米	O	123.12	格式：保留小数点后两位
6	流速	Float	8	2	米 / 秒	O	5.12	格式：保留小数点后两位
7	潮流	Char	100			O		指潮水流向
8	最大潮差	Float	8	1	米	O	5.1	格式：保留小数点后一位
9	最大浪高	Float	8	2	米	O	12.12	格式：保留小数点后两位
10	底质	Char	50			O		指海底何种堆积物
11	长度	Float	8	2	米	O	12345.12	格式：保留小数点后两位
12	宽度	Float	8	2	米	O	12345.12	格式：保留小数点后两位

续表

序号	字段名称	字段类型	字段长度	小数位数	计量单位	约束条件	样例	备注
13	最窄宽度	Float	8	2	米	O	12345.12	格式：保留小数点后两位
14	所在（跨）行政区	Char	200			M		
15	其他信息	Char	1000			O		

表 98　岛屿属性结构描述表

序号	字段名称	字段类型	字段长度	小数位数	计量单位	约束条件	样例	备注
1	类型	Char	20			M		可选项：岛 / 低潮高地 / 暗礁
2	最大长度	Float	8	2	米	O	12345.12	格式：保留小数点后两位
3	最大宽度	Float	8	2	米	O	12345.12	格式：保留小数点后两位
4	面积	Float	8	6	平方千米	M	12345.123456	格式：保留小数点后六位
5	近陆距离	Float	8	2	千米	O	12345.12	格式：保留小数点后两位
6	土岩类型	Char	50			O		
7	所在海洋	Char	50			M		
8	所在（跨）行政区	Char	200			M		
9	其他信息	Char	1000			O		如人口（万人或人）、年降水量（毫米）

表 99　群礁、群岛属性结构描述表

序号	字段名称	字段类型	字段长度	小数位数	计量单位	约束条件	样例	备注
1	类型	Char	20			M		可选项：群礁 / 群岛
2	岛屿数量	Int	4		个	O	12	格式：整数
3	最大岛屿	Char	50			O		含最大礁石
4	面积	Float	8	4	平方千米	O	12345.1234	格式：保留小数点后四位
5	潮汐类型	Char	20			M		可选项：半日潮 / 全日潮 / 混合潮
6	最大潮差	Float	8	1	米	O	5.1	格式：保留小数点后一位

续表

序号	字段名称	字段类型	字段长度	小数位数	计量单位	约束条件	样例	备注
7	底质类型	Char	20			M		可选项：基岩 / 水泥 / 珊瑚礁
8	所在海洋	Char	50			M		
9	所在（跨）行政区	Char	200			M		
10	其他信息	Char	1000			O		

表 100　海岸属性结构描述表

序号	字段名称	字段类型	字段长度	小数位数	计量单位	约束条件	样例	备注
1	岸线长	Float	8	2	千米	O	12345.12	格式：保留小数点后两位
2	面积	Float	8	2	平方米	O	12345.12	格式：保留小数点后两位
3	结冰期	Char	50			O		
4	海洋产业种类	Char	200			O		
5	年均水温	Float	8	1	摄氏度	O	+（-）12.1	格式：保留小数点后一位
6	底质类型	Char	20			M		可选项：基岩 / 水泥 / 珊瑚礁
7	所在海洋	Char	50			M		
8	所在（跨）行政区	Char	200			M		
9	其他信息	Char	1000			O		

表 101　岬角、半岛属性结构描述表

序号	字段名称	字段类型	字段长度	小数位数	计量单位	约束条件	样例	备注
1	标志代码	Char	22			M		地名标志代码由 22 位数字组成，前 20 位为关联地名的地名代码，后两位为附加码，附加码代码段为 01—99，用以区分同一地名的地名标志并进行排序

续表

序号	字段名称	字段类型	字段长度	小数位数	计量单位	约束条件	样例	备注
2	空间数据标识码	Char	36			M	21EC2020-3AEA-1069-A2DD-08002B30309D	全局唯一标识符GUID，用于和地名标志空间数据关联
3	标准地名	Char	100			M		
4	罗马字母拼写	Char	200			M		
5	民族文字	Char	200			O		
6	所在（跨）行政区	Char	200			M		
7	东经	Char	16			M	118°03′24.03″	格式：_°_′_″，第三段“秒”预留两位小数
8	北纬	Char	16			M	24°33′1.5″	格式：_°_′_″，第三段“秒”预留两位小数
9	设置单位	Char	200			O		
10	设置时间	Char	20			O		
11	生产厂家	Char	100			O		
12	材质	Char	50			O		
13	规格	Char	50			O		
14	标志照片文件名	Char	500			M		
15	登记时间	Date	8			M		格式：YYYY-MM-DD 符合GB/T7408-2005
16	登记人	Char	50			M		
17	登记单位	Char	100			M		

3 地名标志属性数据结构

表 102 地名标志属性结构描述表

序号	字段名称	字段类型	字段长度	小数位数	计量单位	约束条件	样例	备注
1	类型	Char	20			M		可选项：岬角 / 半岛
2	面积	Float	8	2	平方米	M	12345.12	格式：保留小数点后两位
3	走向	Char	50			O		

续表

序号	字段名称	字段类型	字段长度	小数位数	计量单位	约束条件	样例	备注
4	所在海洋	Char	50			M		
5	所在（跨）行政区	Char	200			M		
6	其他信息	Char	1000			O		

4　界线界桩属性数据结构

表 103　界线属性结构描述表

序号	字段名称	字段类型	字段长度	小数位数	计量单位	约束条件	样例	备注
1	界线代码	Char	12			M		关键字
2	空间数据标识码	Char	36			M	21EC2020-3AEA-1069-A2DD-08002B30309D	全局唯一标识符 GUID，用于和界线空间数据关联
3	界线等级	Char	30			M		可选项：省界 / 州市界 / 县界 / 乡镇界
4	界线名称	Char	100			M		关键字
5	界线长度	Float	8	3	千米	M	123.123	格式：保留小数点后三位
6	界线起点	Char	50			M		
7	界线止点	Char	50			M		
8	上级对勘界方案批复	Char	500			O		
9	上报联合勘界方案请示	Char	500			O		
10	联合勘界方案	Char	500			O		
11	历次协商会议纪要	Char	500			O		
12	历次协商会议协议	Char	500			O		
13	历次协商会议附图	Char	500			O		
14	历次会议多媒体	Char	500			O		

续表

序号	字段名称	字段类型	字段长度	小数位数	计量单位	约束条件	样例	备注
15	勘界工作总结	Char	500			O		
16	上级对协议书批复	Char	500			O		
17	双方报批协议书请示	Char	500			O		
18	边界线协议书	Char	500			O		
19	报送协议书请示	Char	500			O		
20	起草协议书说明	Char	500			O		
21	边界协议书附图	Char	500			O		
22	界桩颗数	Int	4		颗	M	12	格式：整数
23	单立桩颗数	Int	4		颗	M	12	格式：整数
24	双立桩颗数	Int	4		颗	M	12	格式：整数
25	三立桩颗数	Int	4		颗	M	12	格式：整数
26	界线变更历史记录	Char	500			O		
27	界线多媒体	Char	500			O		
28	年度联检方案	Char	500			O		
29	年度联检报告	Char	500			O		
30	年度联检问题处理结果	Char	500			O		
31	年度联检成果	Char	500			O		
32	其他信息	Char	500			O		
33	是否争议	Char	2			M		可选项：是 / 否

表 104　界桩属性结构描述表

序号	字段名称	字段类型	字段长度	小数位数	计量单位	约束条件	样例	备注
1	界桩编号	Char	20			M		关键字
2	空间数据标识码	Char	36			M	21EC2020-3AEA-1069-A2DD-08002B30309D	全局唯一标识符 GUID，用于和界桩空间数据关联
3	界线代码	Char	12			M		
4	界桩名称	Char	100			M		
5	纵坐标	Float	8	2		O		
6	横坐标	Float	8	2		O		
7	经度	Float	8	6	度	M	118.106675	格式：保留小数点后六位
8	纬度	Float	8	6	度	M	24.550417	格式：保留小数点后六位
9	界桩等级	Char	20			M		可选项：省级 / 州市级 / 县级
10	界桩类型	Char	20			M		可选项：三面型 / 双面型
11	界桩材质	Char	30			M		
12	界桩位置	Char	500			M		
13	一号方位物名称	Char	50			O		
14	一号方位物磁方位角	Float	8	4	度	O	123.1234	格式：保留小数点后四位
15	一号方位物距离	Float	8	2	米	O	123.12	格式：保留小数点后两位
16	二号方位物名称	Char	50			O		
17	二号方位物磁方位角	Float	8	4	度	O	123.1234	格式：保留小数点后四位
18	二号方位物距离	Float	8	2	米	O	123.12	格式：保留小数点后两位
19	三号方位物名称	Char	50			O		
20	三号方位物磁方位角	Float	8	4	度	O	123.1234	格式：保留小数点后四位

续表

序号	字段名称	字段类型	字段长度	小数位数	计量单位	约束条件	样例	备注
21	三号方位物距离	Float	8	2	米	O	123.12	格式：保留小数点后两位
22	界桩位置略图	Char	500			O		
23	界桩变更历史记录	Char	500			O		
24	界桩成果表	Char	500			O		
25	界桩登记表	Char	500			O		
26	界桩照片	Char	500			O		
27	界桩音像	Char	500			O		
28	三交点协议	Char	500			O		
29	三交点附图	Char	500			O		
30	三交点纪要	Char	500			O		
31	a 方技术人员签字	Char	100			O		
32	a 方勘界办人员签字	Char	100			O		
33	a 方签字时间	Date	8			O		格 式：YYYY-MM-DD 符合 GB/T7408-2005
34	b 方技术人员签字	Char	100			O		
35	b 方勘界办人员签字	Char	100			O		
36	b 方签字时间	Date	8			O		格 式：YYYY-MM-DD 符合 GB/T7408-2005
37	c 方技术人员签字	Char	100			O		
38	c 方勘界办人员签字	Char	100			O		
39	c 方签字时间	Date	8			O		格 式：YYYY-MM-DD 符合 GB/T7408-2005
40	其他信息	Char	500			O		

5 遥感影像属性数据结构

表 105 遥感影像数据属性结构表

序号	字段名称	字段类型	字段长度	小数位数	计量单位	约束条件	样例	备注
1	图幅号	Char	50			M		
2	分辨率	Float	8	1	米	M	0.5	格式：保留小数点后一位
3	比例尺	Char	10			M	1：50000	
4	图片宽度	Int	4		像素	M	1300	格式：整数
5	图片高度	Int	4		像素	M	1300	格式：整数
6	左下角	Char	50			M	117.960205078125000,39.901308585747365	
7	左上角	Char	50			M		
8	右上角	Char	50			M		
9	右下角	Char	50			M		

附录 3 空间数据结构

1 地名空间数据结构

表 106 点状地名空间数据结构描述表（图层名：点状地名）

序号	字段名称	字段类型	字段长度	小数位数	计量单位	约束条件	样例	备注
1	标识码	Char	36			M	21EC2020-3AEA-1069-A2DD-08002B30309D	全局唯一标识符 GUID，通过地名连接关系和地名属性数据关联
2	图上名称	Char	100			M		
3	地名类别代码	Char	5			M		参见附录 1 地名数据分类与图式
4	使用时间	Char	10			M		可选项：现今地名 / 历史地名

表 107　线状地名空间数据结构描述表（图层名：线状地名）

序号	字段名称	字段类型	字段长度	小数位数	计量单位	约束条件	样例	备注
1	标识码	Char	36			M	21EC2020-3AEA-1069-A2DD-08002B30309D	全局唯一标识符 GUID，通过地名连接关系和地名属性数据关联
2	图上名称	Char	100			M		
3	地名类别代码	Char	5			M		参见附录 1 地名数据分类与图式
4	使用时间	Char	10			M		可选项：现今地名 / 历史地名

2　地名标志空间数据结构

表 108　地名标志空间数据结构描述表（图层名：地名标志）

序号	字段名称	字段类型	字段长度	小数位数	计量单位	约束条件	样例	备注
1	标识码	Char	36			M	21EC2020-3AEA-1069-A2DD-08002B30309D	全局唯一标识符 GUID，用于和地名标志属性数据关联
2	图上名称	Char	100			M		

3　界线界桩空间数据结构

表 109　界线空间数据结构描述表（图层名：界线）

序号	字段名称	字段类型	字段长度	小数位数	计量单位	约束条件	样例	备注
1	标识码	Char	36			M	21EC2020-3AEA-1069-A2DD-08002B30309D	全局唯一标识符 GUID，用于和界线属性数据关联
2	界线代码	Char	12			M		关键字
3	界线名称	Char	100			M		
4	界线等级	Char	30			M		可选项：省界 / 州市界 / 县界 / 乡镇界

表 110　界桩空间数据结构描述表（图层名：界桩）

序号	字段名称	字段类型	字段长度	小数位数	计量单位	约束条件	样例	备注
1	标识码	Char	36			M	21EC2020-3AEA-1069-A2DD-08002B30309D	全局唯一标识符 GUID，用于和界桩属性数据关联
2	界线代码	Char	12			M		
3	界桩名称	Char	100			M		

国务院第二次全国地名普查领导小组办公室关于同意《新疆维吾尔自治区第二次全国地名普查实施方案》的批复

国地名普查办发〔2014〕33号

新疆维吾尔自治区第二次全国地名普查领导小组：

报来的《新疆维吾尔自治区第二次全国地名普查实施方案》（新地名普查组发〔2014〕1号）收悉。经审核研究，同意你区第二次全国地名普查领导小组拟制的《新疆维吾尔自治区第二次全国地名普查实施方案》。望你区认真贯彻国务院有关精神，按照国务院第二次全国地名普查领导小组的统一部署和要求，加强领导，科学组织，周密部署，狠抓方案的落实与推进，确保按时保质完成全区第二次全国地名普查任务。

此复。

国务院第二次全国地名普查领导小组办公室

2014年9月30日

国务院第二次全国地名普查领导小组办公室关于《广西壮族自治区第二次全国地名普查实施方案》的批复

国地名普查办发〔2014〕34 号

广西壮族自治区第二次全国地名普查领导小组：

报来的《广西壮族自治区第二次全国地名普查实施方案》（桂地名普查办报〔2014〕1 号）收悉。经审核研究，同意你区第二次全国地名普查领导小组办公室拟制的《广西壮族自治区第二次全国地名普查实施方案》。望你区认真贯彻国务院有关精神，按照国务院第二次全国地名普查领导小组的统一部署和要求，加强领导，科学组织，周密部署，狠抓方案的落实与推进，确保按时保质完成全区第二次全国地名普查任务。

此复。

国务院第二次全国地名普查领导小组办公室

2014 年 10 月 16 日

第二次全国地名普查示范培训总结

国地名普查办发〔2014〕35号

国务院第二次全国地名普查领导小组：

为贯彻落实国务院关于开展第二次全国地名普查有关精神，国务院第二次全国地名普查领导小组办公室于7—8月集中举办了四批地名普查示范培训班。现将有关情况总结如下：

一、基本情况

四批培训班分别在吉林延吉市、重庆市、长沙市和河北昌黎县举办。主要任务是贯彻中央领导同志关于加强地名管理、做好地名普查工作的指示，按照国务院通知总体要求，进一步明确工作目标和任务，安排部署有关工作，解读有关技术规范和操作标准，切实提高各级地名普查人员业务水平，为顺利开展普查工作打好坚实基础。国务院地名普查办负责同志和有关人员、相关专家分别就普查政策、实施方案、工作规程、数据建库与管理、软件设计规范等内容进行了全面系统解读和专题讲解。全国各省级、地级地名普查办有关领导及业务骨干近600人参加了培训。

二、经验做法

（一）各级领导高度重视。地名普查开展以来，王勇国务委员、李立国部长等领导多次强调要编写好培训教材，搞好培训工作。各地普查机构领导高度重视、积极支持培训工作，精心选派业务骨干参加培训，保障了培训工作顺利开展。

（二）前期准备充分全面。

——扎实做好顶层设计。制定下发普查实施方案，明确了普查目标任务、普查范围、组织实施、职责分工、时间安排、方法步骤等内容；制定出台普查工作规程，明确了地名普查具体流程和技术要求；研究制定地名普查软件设计规范，奠定了普查技术基础。

——科学制定培训方案。制定下发地名普查培训工作方案和示范培训方案，明确了培训目的、基本要求、内容、授课人员、组织实施、时间安排、经费负担等内容。

——精心编写培训教材。组织编写、出版了《第二次全国地名普查指导手册》《第二次全国地名普查百问解答》和《第二次全国地名普查案例汇编》等培训教材。

——科学设计主干课程。认真分析普查示范培训目的、需求，确定政策文件解读、地名标准化、地名文化保护、地名用字读音审定、地名普查地名图形数据采集与标注等主干课程。

——开展多种形式教学。除课堂讲授教学外，还组织了政策咨询、技术演示、答疑交流等多种形式的教学活动。

（三）组织工作周密细致。提前谋划，科学部署，周密组织，扎实做好每项具体工作，确保了培训班的成功举办，得到了参训学员的一致好评。

三、培训特点

（一）内容多维，覆盖面广。一是课程设计全面，教学中既有政策解读，又有专题讲座和技术操作等课程；二是参训人员范围广，参训学员来自全国 31 个省（自治区、直辖市）和新疆生产建设兵团，各地各部门地名普查工作者齐聚一堂，换位思考，共同交流；三是培训人员角色多样，既有部门负责人，又有基层一线工作者和技术人员。

（二）重视实效，贴近实际。紧紧围绕普查工作实际和工作特点设计课程，系统解读地名普查工作程序。培训涵盖了各项地名普查重点工作，具有很强的现实指导作用。

（三）重点突出，针对性强。一是突出增强责任意识。通过培训，进一步树立使命意识和责任观念。二是突出疑点难点。对实施方案、工作规程等进行细化说明，对普查试点过程中反映出的疑点、难点和问题，做出权威解答。三是突出普查实务。重视具体普查业务，注重政策引导和业务指导。

四、培训效果

（一）提高了工作认识。地名普查涉及面广、技术性强、实施难度大，各级政府、普查机构、相关部门通过培训，进一步提高了对开展地名普查重大意义的认识，切实增强了做好普查工作的自觉性和责任感。

（二）指引了工作思路。培训重申了地名普查的任务，明确了总体进度安排，明晰了工作程序，指明了工作重点和方向，对各地尤其是非普查试点地区的普查工作形成了有力指导。

（三）营造了工作氛围。培训结束后，各地迅速传达国务院普查办精神，组织安排后续培训，推动本地普查工作，民政系统上下对普查工作的热情高涨。

（四）了解了基层需求。通过培训，中央和地方之间、不同区域之间、试点和非试点地区之间进行了一次及时、系统、全面的交流，进一步增进了对普查工作的理解和了解。

（五）锻炼了工作队伍。学员普遍反映课程安排合理、内容贴近实际、培训收获很大。通过近两个月的培训，普查业务知识和业务能力得到了一次有效的提升，为各地正式开展地名普查，打下了牢固基础。

国家级示范培训结束后，各地正陆续开展对基层普查人员的培训。普查办将密切关注各地工作进度和动态，对普查中遇到的有关政策及技术问题，予以及时解答和指导。

国务院第二次全国地名普查领导小组办公室

2014 年 10 月 17 日

国务院第二次全国地名普查领导小组办公室关于《宁夏回族自治区第二次全国地名普查实施方案》的批复

国地名普查办发〔2014〕36 号

宁夏回族自治区民政厅：

报来的《宁夏回族自治区开展第二次全国地名普查工作实施方案》（宁民办函〔2014〕125 号）收悉。经审核研究，同意你区拟制的《宁夏回族自治区开展第二次全国地名普查工作实施方案》。望你区认真贯彻国务院有关精神，按照国务院第二次全国地名普查领导小组的统一部署和要求，加强领导，科学组织，周密部署，狠抓方案的落实与推进，确保按时保质完成全区第二次全国地名普查任务。

此复。

国务院第二次全国地名普查领导小组办公室

2014 年 10 月 27 日

国务院第二次全国地名普查领导小组办公室关于《云南省第二次全国地名普查实施方案》的批复

国地名普查办发〔2014〕37号

云南省第二次全国地名普查领导小组：

报来的《云南省第二次全国地名普查实施方案》（云地名普查组发〔2014〕1号）收悉。经审核研究，同意你省第二次全国地名普查领导小组拟制的《云南省第二次全国地名普查实施方案》。望你省认真贯彻国务院有关精神，按照国务院第二次全国地名普查领导小组的统一部署和要求，加强领导，科学组织，周密部署，狠抓方案的落实与推进，确保按时保质完成全省第二次全国地名普查任务。

此复。

国务院第二次全国地名普查领导小组办公室

2014年10月27日

国务院第二次全国地名普查领导小组办公室关于《上海市第二次全国地名普查实施方案》的批复

国地名普查办发〔2014〕39 号

上海市第二次全国地名普查领导小组：

报来的《上海市第二次全国地名普查实施方案》（沪地名普查办〔2014〕1 号）收悉。经审核研究，同意你市第二次全国地名普查领导小组办公室拟制的《上海市第二次全国地名普查实施方案》。望你市认真贯彻国务院有关精神，按照国务院第二次全国地名普查领导小组的统一部署和要求，加强领导，科学组织，周密部署，狠抓方案的落实与推进，确保按时保质完成全市第二次全国地名普查任务。

此复。

国务院第二次全国地名普查领导小组办公室

2014 年 11 月 19 日

国务院第二次全国地名普查领导小组办公室关于《西藏自治区第二次全国地名普查实施方案》的批复

国地名普查办发〔2014〕40号

西藏自治区第二次全国地名普查领导小组：

报来的《西藏自治区第二次全国地名普查实施方案》（藏地名普查组发〔2014〕1号）收悉。经审核研究，同意你区第二次全国地名普查领导小组拟制的《西藏自治区第二次全国地名普查实施方案》。望你区认真贯彻国务院有关精神，按照国务院第二次全国地名普查领导小组的统一部署和要求，加强领导，科学组织，周密部署，狠抓方案的落实与推进，确保按时保质完成全区第二次全国地名普查任务。

此复。

国务院第二次全国地名普查领导小组办公室

2014年11月26日

国务院第二次全国地名普查领导小组办公室关于《北京市第二次全国地名普查实施方案》的批复

国地名普查办发〔2014〕41 号

北京市规划委员会：

报来的《北京市第二次全国地名普查实施方案》（市规文〔2014〕1742 号）收悉。经审核研究，同意你市拟制的《北京市第二次全国地名普查实施方案》。望你市认真贯彻国务院有关精神，按照国务院第二次全国地名普查领导小组的统一部署和要求，加强领导，科学组织，周密部署，狠抓方案的落实与推进，确保按时保质完成全市第二次全国地名普查任务。

此复。

国务院第二次全国地名普查领导小组办公室

2014 年 12 月 1 日

国务院第二次全国地名普查领导小组办公室关于《海南省第二次全国地名普查实施方案》的批复

国地名普查办发〔2014〕42号

海南省民政厅：

报来的海南省民政厅关于《海南省第二次全国地名普查实施方案》的函（琼民函〔2014〕645号）收悉。经审核研究，同意你省拟制的《海南省第二次全国地名普查实施方案》。望你省认真贯彻国务院有关精神，按照国务院第二次全国地名普查领导小组的统一部署和要求，加强领导，科学组织，周密部署，狠抓方案的落实与推进，确保按时保质完成全省第二次全国地名普查任务。

此复。

国务院第二次全国地名普查领导小组办公室

2014年12月8日

国务院第二次全国地名普查领导小组办公室关于《黑龙江省第二次全国地名普查实施方案》的批复

国地名普查办发〔2014〕43 号

黑龙江省第二次全国地名普查领导小组：

报来的《黑龙江省第二次全国地名普查实施方案》收悉。经审核研究，同意你省第二次全国地名普查领导小组办公室拟制的《黑龙江省第二次全国地名普查实施方案》。望你省认真贯彻国务院有关精神，按照国务院第二次全国地名普查领导小组的统一部署和要求，加强领导，科学组织，周密部署，狠抓方案的落实与推进，确保按时保质完成全省第二次全国地名普查任务。

此复。

国务院第二次全国地名普查领导小组办公室

2014 年 12 月 8 日

国务院第二次全国地名普查领导小组办公室关于同意《江苏省第二次全国地名普查实施方案》的批复

国地名普查办发〔2014〕44号

江苏省第二次全国地名普查领导小组：

报来的《江苏省第二次全国地名普查实施方案》（苏地名普查办〔2014〕2号）收悉。经审核研究，同意你省第二次全国地名普查领导小组办公室拟制的《江苏省第二次全国地名普查实施方案》。望你省认真贯彻国务院有关精神，按照国务院第二次全国地名普查领导小组的统一部署和要求，加强领导，科学组织，周密部署，狠抓方案的落实与推进，确保按时保质完成全省第二次全国地名普查任务。

此复。

国务院第二次全国地名普查领导小组办公室

2014年12月8日

国务院第二次全国地名普查领导小组办公室关于《湖南省第二次全国地名普查实施方案》的批复

国地名普查办发〔2014〕45 号

湖南省第二次全国地名普查领导小组：

报来的关于请予审核《湖南省第二次全国地名普查实施方案》的报告（湘地名普查办发〔2014〕4 号）收悉。经审核研究，同意你省第二次全国地名普查领导小组拟制的《湖南省第二次全国地名普查实施方案》。望你省认真贯彻国务院有关精神，按照国务院第二次全国地名普查领导小组的统一部署和要求，加强领导，科学组织，周密部署，狠抓方案的落实与推进，确保按时保质完成全省第二次全国地名普查任务。

此复。

国务院第二次全国地名普查领导小组办公室

2014 年 12 月 8 日

国务院第二次全国地名普查领导小组办公室关于开展地名普查集中宣传活动的通知

国地名普查办发〔2014〕46号

各省、自治区、直辖市第二次全国地名普查领导小组办公室，新疆生产建设兵团第二次全国地名普查领导小组办公室：

2014年12月31日为第二次全国地名普查标准时点，地名普查工作将由准备阶段进入全面实施阶段。为更好宣传地名普查，推进普查顺利进行，各地要充分利用地名普查标准时点的关键时段，集中开展地名普查宣传活动。现将有关事项通知如下：

一、总体要求

以全面贯彻落实国务院关于地名普查的部署和要求为指导，按照“统一领导、分级负责、上下联动、共同参与”的原则，坚持点上与面上相结合、虚拟与实体相结合、系统内与系统外相结合、地名普查与地名管理相结合，集中开展多种形式的宣传活动，广泛宣传地名普查和地名工作，掀起地名普查宣传新高潮。

二、活动时间

2014年12月30—31日。

三、活动主题

开展地名普查，弘扬地名文化。

四、活动内容

（一）召开地名普查工作推进视频会。国务院地名普查办将于12月30日召开第二次全国地名普查工作推进视频会，在普查全面启动之际做战前动员和具体部署。

（二）举办街头宣传活动。地方各级地名普查办要组织开展地名普查街头宣传活动，通过制作展板海报、播放宣传视频、发放宣传资料、进行问卷调查、现场咨询解答等方式，面对面地向社会公众宣传地名普查，提高普查宣传的针对性。

（三）加强媒体宣传报道。各地要借助电视台、广播电台、报纸刊物、网络、微信微博等媒体，密集进行地名普查片播放、专题专栏介绍、普查动态报道、群众互动交流等宣传活动，提高地名普查宣传影响力。

（四）张挂各类宣传广告。充分利用街头横幅、地名标志牌、户外广告牌、LED 屏、宣传栏、地铁和公交广告等方式，利用街道、居委会、社区等资源，制作并使用好普查标志、口号、广告、海报、宣传册等宣传品，开展贴近百姓的地名普查宣传，提高群众支持、配合、参与地名普查的积极性。

五、具体要求

（一）加强领导，精心组织。各地要高度重视这次地名普查集中宣传活动，迅速行动，围绕活动主题制定计划和方案，落实人员和经费，保障活动顺利开展。

（二）统筹协调，扩大影响。各地要加强统筹协调，做到上下联动、口号一致、步调一致；要丰富宣传内容和形式，集中时间、集中人员、集中地点进行宣传，利用各种新闻媒体进行全方位、多角度报道，让地名普查工作家喻户晓、深入人心。

（三）贴近实际，注重实效。要根据当地实际和中央八项规定要求，坚持面向基层和社会，贴近实际、贴近群众、贴近生活，注重实际效果，不做表面文章，增强宣传的感染力和吸引力。

（四）及时总结，加强交流。为及时通报各地地名普查进展情况，方便各地相互交流经验，各地要及时总结并向国务院地名普查办报送本地地名普查宣传工作情况。

国务院第二次全国地名普查领导小组办公室

2014 年 12 月 9 日

国务院第二次全国地名普查领导小组办公室关于《辽宁省第二次全国地名普查实施方案》的批复

国地名普查办发〔2014〕47号

辽宁省第二次全国地名普查领导小组：

报来的《辽宁省第二次全国地名普查实施方案》（辽地名普查组发〔2014〕1号）收悉。经审核研究，同意你省第二次全国地名普查领导小组拟制的《辽宁省第二次全国地名普查实施方案》。望你省认真贯彻国务院有关精神，按照国务院第二次全国地名普查领导小组的统一部署和要求，加强领导，科学组织，周密部署，狠抓方案的落实与推进，确保按时保质完成全省第二次全国地名普查任务。

此复。

国务院第二次全国地名普查领导小组办公室

2014年12月12日

国务院第二次全国地名普查领导小组办公室关于召开第二次全国地名普查工作推进视频会议的通知

国地名普查办电〔2014〕1 号

各省、自治区、直辖市第二次全国地名普查领导小组办公室，新疆生产建设兵团第二次全国地名普查领导小组办公室：

为总结交流第二次全国地名普查准备阶段工作经验，部署推进全面实施阶段地名普查工作，经研究，决定召开第二次全国地名普查工作推进视频会议。现将有关事项通知如下：

一、时间地点

会议时间：2014 年 12 月 30 日（星期二）上午 10：00。

会议地点：会议设主会场和分会场。其中：主会场设在民政部 3 号楼新闻发布厅（3417 会议室）；分会场设在各省、自治区、直辖市（不含北京市）民政厅（局），新疆生产建设兵团民政局和开通视频系统的地（市、州、盟）、县（市、区、旗）民政局视频会议室。

二、主要内容

通报第二次全国地名普查准备阶段工作进展情况，明确全面普查阶段工作任务和要求。

三、参会人员

主会场：国务院第二次全国地名普查领导小组成员单位联络员及办公室成员，北京市第二次全国地名普查领导小组成员。

分会场：各省、自治区、直辖市第二次全国地名普查领导小组成员单位联络员及办公室成员，新疆生产建设兵团第二次全国地名普查领导小组成员单位联络员及办公室成员，地（市、州、盟）、县（市、区、旗）第二次全国地名普查领导小组成员单位联络员及办公室成员。

四、会议议程

（一）浙江省、江西省、西藏自治区第二次全国地名普查领导小组办公室主要负责同志介绍地名普查工作经验。

（二）国务院第二次全国地名普查领导小组副组长、民政部部长李立国同志讲话。

五、技术保障

本次视频会议采用视频终端（Polycom）网络回传省级民政厅（局）信号，省级民政厅（局）通过视频终端或卫星广播收看会议视频转播。请各地安排技术人员，积极配合民政部信息中心的调试工作。12 月 29 日下午 2：00—4：30 进行系统调试。12 月 30 日上午 9：00，各分会场准时开通视频设备，技术人员做好会议技术保障工作。

民政部区划地名司联系人：贺延伟、刘静，联系电话：010–58123238/3239，传真：010–58123237。

民政部信息中心技术保障联系人：范万利、崔新强，联系电话：010–58123970/3777。

国务院第二次全国地名普查领导小组办公室

2014 年 12 月 18 日

第二次全国地名普查政策文件
（2015 年）

关于第二次全国地名普查进展情况的报告

国地名普查办发〔2015〕1号

国务院第二次全国地名普查领导小组：

2014年1月《国务院关于开展第二次全国地名普查的通知》(国发〔2014〕3号)印发以来，民政部认真履行职责，深入贯彻国务院决策部署，扎实推进地名普查准备工作。现将一年来全国地名普查进展情况和2015年工作思路汇报如下：

一、进展情况

2014年，各级地名普查机构按照国务院统一安排，周密部署，扎实推进，圆满完成各项普查准备工作，为下一阶段全面实施普查奠定了坚实基础。

（一）组建机构，建立组织管理体系。一是组建普查机构。为有力有序、有效推进地名普查工作，民政部及时组建普查办公室内设机构，充实调整工作人员；各省(区、市)和新疆生产建设兵团按照国务院要求也普遍成立地名普查领导小组，领导小组组长由分管副省长(副主席、副市长)担任。二是建立工作机制。国务院地名普查办制定了工作规则，形成了日常管理制度，建立了督查督办制度和信息交流通报制度。编发了5期普查简报。江西、山东、贵州制定了本省普查工作规章制度，重庆编印了8期普查简报，西藏和7地(市)、12县签订了保密责任书。三是加强技术支持。成立了由地名、地理、语言文字、信息化等方面24名专家组成的全国地名普查专家咨询委员会，确定了民政部地名研究所等地名普查技术支持单位，初步建立了地名普查技术支持体系。

（二）顶层设计，搭建制度规范体系。一是制定普查实施方案。4月11日，国务院第二次全国地名普查领导小组印发《第二次全国地名普查实施方案》，明确了普查目标任务、普查范围、组织实施、职责分工、时间安排、方法步骤等内容。各地细化制定了本级地名普查实施方案，30个省（区、市）

和新疆生产建设兵团完成了省级地名普查实施方案报批工作。二是制定普查工作规程。4 月 18 日，国务院第二次全国地名普查领导小组印发《第二次全国地名普查工作规程》，明确了地名普查具体流程方法、技术标准等要求，为实施地名普查奠定了标准基础。31 个省（区、市）和新疆生产建设兵团制定了省级普查工作规程，河北、辽宁、湖北等省份还制定了普查工作规程实施细则。三是研制普查软件标准。9 月 23 日，国务院地名普查办印发《第二次全国地名普查数据建库与管理软件设计规范》，明确了地名普查软件设计原则、基本功能、数据结构和安全要求。山东、重庆制定了相关普查技术规范。

（三）狠抓落实，加快普查工作步伐。一是贯彻落实国务院决策部署。5 月 9 日，国务院地名普查办印发《关于加快推进第二次全国地名普查工作的通知》，对搞好地名普查工作进行了全面部署。9 月 19 日，国务院地名普查办印发《关于做好第二次全国地名普查试点地区地名补查工作的通知》，对试点地区地名补查和资料更新作了具体安排。12 月 30 日，国务院地名普查办组织召开第二次全国地名普查工作推进视频会，李立国部长讲话，总结了准备阶段进展情况，提出了全面普查阶段任务和要求。各地陆续印发开展地名普查工作的通知，召开地名普查专题会议，对普查工作进行全面动员和部署。二是争取普查经费。经与财政部积极沟通，初步确定 2014 年和 2015 年部本级普查经费以及 2015 年中央补助地方经费预算。各地积极争取落实普查经费，山东下拨了 300 万元普查启动资金，辽宁、广东、重庆落实了普查专项工作经费，西藏调剂落实了 12 个先期开展县的普查工作经费。三是推进软件研发。各地按照软件设计规范要求，积极推进普查软件研发工作。内蒙古、浙江、西藏等省份确定了本省（区）普查软件，黑龙江、湖南、广东、广西、新疆等省份正在进行普查软件招标与研发。

（四）强化培训，提高普查工作能力。一是制定培训方案。6 月 10 日，国务院地名普查办印发《第二次全国地名普查培训工作方案》，对地名普查培训的目的、内容、方式、组织实施和时间安排等作了系统安排。二是编制培训教材。国务院地名普查办组织编写了《地名普查指导手册》《地名普查百问解答》和《地名普查案例汇编》培训教材，已出版供各地使用。三是开展普查培训。7—8 月，国务院地名普查办集中举办四批全国地名普查示范培训，培训省级普查机构和部分地级普查机构业务骨干 600 多人。25 个省（区、市）和新疆生产建设兵团举办了本省（区、市）培训班。

（五）积极宣传，营造良好普查氛围。一是制定宣传工作方案。5月23日，国务院地名普查办印发《第二次全国地名普查宣传工作方案》，明确了地名普查宣传的指导思想、主要目标、宣传内容、宣传方式、组织实施、具体安排和宣传品的制作与发放等内容，对地名普查宣传工作作了全面系统安排。二是召开新闻发布会。5月22日，国务院地名普查办在北京召开第二次全国地名普查新闻发布会。领导小组副组长兼办公室主任、民政部副部长宫蒲光等同志向四十多家新闻单位介绍有关情况并回答记者提问。三是打造宣传平台。国务院地名普查办开通了国家地名普查网和官方微信平台。山东、新疆等省份建立了省级地名普查网站，天津、上海、福建等省份开设了地名普查网站专栏，江西、浙江开通了地名普查微信平台。四是开展宣传活动。组织设计了普查标志，发布了宣传口号，制作了宣传片、公益广告、宣传手册和普查徽章。12月9日，国务院地名普查办印发了《关于开展地名普查集中宣传活动的通知》。12月30日，国务院地名普查办组织开展了地名普查街头宣传活动。在中央电视台播放了地名普查公益广告。各地通过多种方式加强普查宣传，山东制作了普查宣传封、普查规章制度挂图，创作了地名普查员之歌，山西开展了普查宣传月活动。

二、存在问题

由于部分领导思想重视不够，措施不到位，当前普查工作中还存在一些问题。一是部分地区经费落实困难。目前，大部分省份的普查经费预算还没有最终批复。二是普查用图落实滞后。地名普查即将全面展开，地名普查用图还没完全落实到位，需要协调有关部门抓紧制作提供。三是部分地区普查进度缓慢。个别地区进度相对滞后，普查技术准备不足，难以按照普查标准时点全面启动普查工作。四是普查专职人员不足。地名普查技术难度高，质量要求高。目前基层民政部门普遍缺乏专职地名干部，现有人员在知识水平和结构上存在欠缺，不适应新时期普查工作要求。

三、2015年工作思路

2015年是地名普查全面铺开的关键之年。要紧紧抓住普查经费、普查进度、普查质量和成果转化四个关键环节，全面推进各项普查工作。重点做好九方面工作：

（一）健全工作制度，强化组织领导。进一步健全普查领导机构和办事机构，完善普查工作机制和管理制度，强化组织管理，加强部门配合，建立健全地名普查信息共享机制，确保全国地名普查工作协调统一。

（二）加强质量管理，确保普查质量。按照全国地名普查实施方案和工作规程，进一步健全地名普查行业与地方标准规范，完善地名普查质量管理体系，制定出台《第二次全国地名普查质量管理规定》《第二次全国地名普查监理办法》和《地名普查质量评定指标体系》，研发普查汇交数据检查软件，加强普查技术指导和质量控制、监理，提高地名普查科学化、规范化水平。

（三）统筹规划管理，确保工作进度。按照“总量控制，分段量化”的原则，科学制定 2015 年度工作计划，明确目标任务、时间节点、阶段成果等内容和要求。进一步强化普查计划管理和进度督促，加快普查进度，确保从 2015 年起至 2017 年 6 月每年完成普查县级政区总数的 40%、40%和 20%。

（四）整治地名乱象，规范地名管理。根据《地名管理条例》《地名管理条例实施细则》《地名　标志》国家标准（GB17733—2008）等法规标准，开展地名乱象专项整治活动，对不规范地名进行标准化处理，切实解决地名中存在的“大、洋、古、怪、重”等突出问题。加快修订《地名管理条例》，健全地名管理法规标准体系，进一步强化地名命名更名管理，提高地名管理法治化、规范化、标准化水平。

（五）保障经费投入，管好用好资金。协商财政部门尽快落实普查资金，确保资金按时到位。制定《第二次全国地名普查经费使用管理办法》，规范普查经费使用，严格经费开支，加强经费监管，确保资金使用合规、节俭、安全、高效。

（六）加强人员培训，提高队伍素质。按照分级负责、分期分批进行的原则，切实抓好普查培训。2015 年国务院地名普查办重点开展普查专项技术和成果转化培训，同时加强培训指导，确保所有普查人员接受一次系统培训。

（七）深化数据应用，推进成果转化。加强成果转化顶层设计，编制《第二次全国地名普查成果转化规划》。开展地名信息社会服务和政务管理平台建设前期设计和论证。利用普查最新数据，进一步充实完善各级国家地名数据库。探索创新普查成果转化方式，启动《中华人民共和国地名词典》等图录典志编纂工作，及早展示普查成果，使社会各界感受到实实在在的普查成效。

（八）加强安全管理，做好保密工作。要强化安全普查理念，完善普查安全管理制度，加强普查后勤保障和安全检查，确保普查作业安全。建立健全普查保密制度，制定《第二次全国地名普查涉密数据保密管理办法》，加强技术防范措施，及时做好数据备份、病毒防护、运行监控等安全管理工作，防止发生失泄密事件。

（九）加大宣传力度，扩大社会影响。突出宣传重点，创新宣传形式，深入开展地名普查宣传工作，以“地名普查万里行”活动为抓手，广泛宣传普查先进人物、事迹和亮点，形成全社会关心、理解和支持的良好舆论环境。

国务院第二次全国地名普查领导小组办公室

2015 年 1 月 12 日

国务院第二次全国地名普查领导小组办公室关于印发《第二次全国地名普查成果转化规划（2015—2020 年）》的通知

国地名普查办发〔2015〕6 号

各省、自治区、直辖市第二次全国地名普查领导小组办公室，新疆生产建设兵团第二次全国地名普查领导小组办公室：

为科学安排、有序推进地名普查成果转化工作，充分发挥普查成果在国民经济和社会发展中的积极作用，国务院第二次全国地名普查领导小组办公室组织制定了《第二次全国地名普查成果转化规划（2015—2020 年）》。现印发给你们，请认真贯彻执行。

国务院第二次全国地名普查领导小组办公室

2015 年 4 月 10 日

第二次全国地名普查成果转化规划（2015—2020 年）

开展第二次全国地名普查是党中央、国务院在新时期作出的一项重大决策，对全面摸清我国地名底数详情、进一步加强和改善地名管理、提升地名公共服务能力有着十分重要的意义。为统筹谋划、科学安排、有序推进地名普查成果转化利用，充分发挥普查成果在国民经济和社会发展中的积极作用，根据《国务院关于开展第二次全国地名普查的通知》（国发〔2014〕3 号）、《第二次全国地名普查实施方案》（国地名普查组发〔2014〕1 号），制定本规划。

一、规划背景

地名作为基础地理信息，在社会生产生活中发挥着重要作用。改革开放以来，我国先后组织开展了第一次全国地名普查、地名补查和资料更新、地名标志设置、地名公共服务工程、沿边沿海地名普查等一批重大项目，地名工作进入了加速发展、不断拓展的新阶段，管理方式日益规范、服务内容更加丰富、开发利用不断深入。经过近 40 年的努力，初步形成了多层次、广覆盖、较规范的地名管理服务体系。

——地名学术研究成果丰硕。编纂出版了《地名学概论》《实用地名学》《地名管理学概论》《地名史源学概论》《地名调查学概论》《地名信息化概论》《地名标准编制概论》《外国地名译名手册》《外语地名汉字译名互查手册》《国际海底地名研究资料汇编》等一批地名学术专著，地名理论研究不断深入，研究领域不断拓展，内涵不断丰富。

——地名标准体系不断完善。地名标准化建设加快推进，初步形成了面向国家、行业和地方等不同层次，覆盖地名标志、地名信息化、国际公有领域地名、地名译写、地名文化遗产保护等不同领域的全国地名标准体系。

——地名工具图书日益丰富。依托第一次全国地名普查成果，先后编纂了《中华人民共和国地名大词典》《中华人民共和国政区标准地名图集》《中国海域地名志》《中国海域地名图集》《中国古今地名大辞典》等地名专业工具书，各地先后出版了一批地方性地名图录典志，为开展地名管理服务奠定了坚实基础。

——地名公共服务逐步深入。先后在全国开展了国道、省道、县道设标以及城乡地名设标工作，探索提供了网站、触摸屏、问路热线等多种形式地名信息服务，地名公共服务范围不断拓展，服务手段不断创新，基本建立了以地名规范、地名标志、地名规划、数字地名为主体的地名公共服务体系。

——地名文化保护成效显著。开展了以千年古城（都）、千年古县、千年古镇、千年古村落、著名山川及近现代重要地名等为重点的地名文化遗产保护工作，拍摄了《千年古县》系列电视片，编纂出版了《千年古县概览》《中国千年古县地名考略》《中国少数民族语地名概说》等地名文化书籍，地名文化保护理念不断深化、力度不断加大、社会影响不断扩大。

二、规划意义

地名普查成果转化是第二次全国地名普查的一项重点工作，是推动普查成果应用、服务经济社会发展的重要途径，是体现普查最终成效的关键环节。按照全面建成小康社会、全面深化改革总体要求，顺应城镇化和经济社会发展客观规律，科学规划、有序推进普查成果转化工作，对规范地名管理、满足社会需求、推动文化传承有着重大的现实意义和深远的历史意义。

（一）普查成果转化是服务社会民生的客观需要。随着我国经济社会快速发展，人流、物流、信息流加速流动，对地名信息提出了更多、更高的需求。目前，国家正在推进人口、法人单位、自然资源和空间地理、宏观经济信息四大基础数据库建设，标准地名是实现数据库间有机联系的重要纽带。加强普查成果转化，建立完善各级国家区划地名数据库，有利于协同推进国家信息化建设，为经济社会发展和人民群众生活提供更多更好服务。

（二）普查成果转化是规范地名管理的重要手段。改革开放以来，我国城乡面貌发生了巨大变化，每年新产生的地名数以万计。地名命名不规范，“大、洋、古、怪、重”现象十分突出，热衷于改老地名，喜欢起洋地名，以及有地无名、一地多名、地名重名等问题在各地均不同程度地存在，给地名管理带来了严峻挑战。加强普查成果转化，推动地名标准化，有利于规范地名管理，治理地名乱象，为城镇化发展营造良好的地名环境。

（三）普查成果转化是保护地名文化的有效途径。我国是一个文明古国，有着大量历史悠久、文化内涵丰富的地名。当前，我们对地名文化遗产的底数情况尚未完全摸清，对地名文化的挖掘、保护和利用还不够深入，特别是对那些面临消亡的古镇、古村落、城市老地名等地名文化遗产保护相对薄弱。加强普查成果转化，加大地名文化遗产宣传保护力度，有利于更好地传承和弘扬优秀地名文化，进一步提升国家文化软实力。

（四）普查成果转化是体现普查成效的关键环节。第二次全国地名普查将查清地名及相关属性信息，对有地无名且有地名作用的地理实体进行命名，对不规范地名进行标准化处理，设置标准规范的地名标志。加强普查成果转化，做好地名普查数据综合分析研究，推进地名信息共享，提供地名数据服务，有利于最大限度地发挥普查成果作用，对提升社会治理水平、服务经济发展、巩固国防和军队建设具有重要意义。

三、指导思想、基本原则和总体目标

地名普查成果转化涉及领域广，工作环节多，时效要求高，社会广泛关注，影响十分深远，是一项复杂的系统工程，需要立足地名工作实际，坚持需求导向，充分发挥各方力量，稳妥有序推进。

（一）指导思想

以邓小平理论、“三个代表”重要思想、科学发展观为指导，深入贯彻党的十八大和十八届三中、四中全会精神，围绕“多出成果、快出成果、出好成果”这条主线，以提升地名管理服务水平为目标，以规范地名管理、拓展地名服务、加强地名文化保护为重点，着力推动地名普查成果社会化应用，着力构建层次丰富、形式多样的普查成果转化产品体系，实现地名工作创新发展。

（二）基本原则

——立足当前、兼顾长远。准确把握地名工作现状、问题与诉求，围绕社会需求，设定符合实际、切实可行的规划目标。深入分析国家发展形势，尤其是城镇化发展对地名工作提出的新任务、新要求，精心描绘普查成果转化蓝图。

——民政主导、广泛参与。充分发挥民政部门主导作用，加强统筹协调，完善配套政策，夯实转化基础。充分调动社会各方面积极性，吸收借鉴相关行业、领域，乃至其他国家和地区先进经验，利用市场力量，优势互补，共同参与，形成合力。

——整体推进、体现特色。协调推进成果转化各项工作，既要形成图（集）、录、典、志等看得见、摸得着的直接成果，也要形成可解决长远问题、保障长远发展的标准体系、机制体制等间接成果。突出地名文化内涵，着力加强地名文化建设，实现地名文化传承保护。

——创新驱动、确保质量。不断创新工作方式方法，运用现代信息技术手段，实现地名普查信息的挖掘、开发和利用。通过客观细致的需求分析，制定科学合理的实施计划，确保成果转化高标准、高质量，符合科学规律，经得起历史检验。

（三）总体目标

到 2020 年，基本建成数据准确、内容丰富、形式多样、结构完善的地名普查成果转化管理服务体系，地名管理服务水平明显提升。

——全国区划地名数据支撑体系全面建立。建立健全覆盖国家、省、市、县四级的区划地名数据体系，建立全国区划地名数据库更新长效机制。

——地名信息管理服务平台建成并发挥作用。建成覆盖全国的地名信息政务管理平台和地名信息社会服务平台，建立地名日常管理审批、地名信息共享和地名信息社会服务电子政务机制。

——地名衍生产品体系不断丰富。出版一批标准地名工具图书，开发一批新型地名服务产品，形成一批地名基础研究成果，扶持一批地名文化产业项目。

四、具体任务

从开展普查成果转化关键环节入手，围绕事关地名发展基础性、战略性、全局性、长远性需求，推进五个方面工作。

（一）地名基础研究。充分利用地名普查成果，积极推动地名学理论研究和应用实践，为地名工作提供理论指导和方法支持，推动完善地名管理相关法规。组织和引导高等院校、科研院所、企事业单位围绕地名标准化、地名信息化、地名管理、地名规划、地名文化等领域开展研究，形成一批有深度、有影响，能够带动地名学创新发展的专业论著。积极推动完善地名标准体系，充分利用地名用字读音审定、跨界自然地理实体命名更名审定工作成果，以审音定字、信息服务、地名标志、地名文化遗产保护等领域为重点，制定地名专用字、地名异读音、地名信息服务、新型地名标志、地名文化遗产认定与保护等一批国家、行业标准，鼓励各地从本地实际出发制定居民小区、建筑物、城市道路、乡村道路命名地方标准。形成以国家标准、行业标准为主体，地方标准为补充，结构合理、重点突出、适应社会发展要求的现代地名标准体系。

（二）地名图书编纂。依托第二次全国地名普查资料，按照分类、分级、分批的原则，编纂出版一批标准地名图（集）、标准地名录、标准地名词典和标准地名志等权威地名工具图书，充分满足社会对地名信息的需求。编纂出版《中华人民共和国标准地名图》《中华人民共和国标准地名图集》《中华人民共和国标准地名录》《中华人民共和国标准地名词典》《中华人民共和国标准地名志》、各省（区、市）、州（地、市）、县（市、区）标准地名图录典志以及相应电子工具图书。积极吸收社会力量参与地名工具图书编纂，鼓励并推动高等院校、科研院所以及专家学者编纂地名释义、地名考释等专题性、区域性、学术性地名工具图书。

（三）地名文化保护。充分挖掘地名普查成果，促进地名优秀文化的传承、保护和弘扬。建设优秀地名文化研究、考证和发布平台，开通一批地名文化专题网站，编制发布《中国地名文化遗产保护名录》和地方地名文化遗产保护名录，利用碑、牌、展示厅、博物馆等多种方式宣传地名文化。在《千年古县》基础上，进一步筹划拍摄《千年古城（都）》《千年古镇》《千年古村落》《地名中国》等地名影视作品，推动编纂地名文化丛书、地名文化图集等图书，积极扶持社会力量开发动漫、游戏等系列地名文化产品。依托报刊、广播、电视等传统媒体和网络、手机、数字电视等新媒体，策划举办地名文化主题展览、地名文化微电影、地名知识竞赛、地名摄影比赛等一系列宣传活动，不断扩大地名文化影响力。

（四）地名信息化建设。建设国家、省、市、县四级区划地名数据库以及地名标志、地名专用生僻字、地名语音、历史地名专题数据库，形成全国区划地名数据支撑体系，推进地名地址数据库建设。建设地名信息政务管理平台，实现地名命名、更名等申报审批政务的全流程网络化管理。建立区划地名数据库更新长效机制和地名信息共享机制，实现地名与基层政权、救灾等其他民政业务之间数据共享，推动与其他政府部门以及军队之间地名数据共享，充分发挥地名信息在服务经济社会发展、保障国防军队建设中的积极作用。建设地名信息社会服务平台，创新应用电子地图、遥感影像、三维仿真等技术手段，拓展利用云平台、大数据、物联网等技术方式，向社会提供权威、及时、准确的地名信息服务。鼓励社会力量基于地名信息社会服务平台，开发面向行业的应用服务产品。

（五）地名公共服务。以区划地名数据库为基础，进一步深化地名公共服务。应用电子信息新技术开发具有电子定位和物联网功能的新型地名标志，探索新的地名标志运营模式，为社会提供更加准确、便捷的地名导向和信息服务。指导各地结合普查成果和城市发展规划，编制城市和建制镇地名规划，尤其是新区地名规划，推动有条件的地方编制乡村地名规划。鼓励地名主管部门会同行业主管部门依据国家地名法规编制机场、港口、车站、海域等行业地名规划。

五、规划实施

本规划由国务院第二次全国地名普查领导小组办公室（以下简称“国务院地名普查办”）与民政部区划地名司组织实施。各地要高度重视、积极参与、求真务实、开拓创新、注重实效，确保规划目标和任务如期完成。

（一）加强组织领导。国务院地名普查办与民政部区划地名司要加强对全国地名普查成果转化工作指导，推进规划实施和相关政策落实，协调解决成果转化工作中的重大问题。各地地名普查领导小组办公室、民政部门要切实履行职责，建立健全工作机制，根据本规划提出的各项任务，研究制定本地区成果转化规划，因地制宜地提出符合本地实际的政策措施。要加强与其他规划，特别是民政“十三五”规划的衔接，抓好规划任务分解、细化落实，确保规划实施取得预期效果。

（二）发挥人才优势。充分发挥各级地名普查专家咨询委员会和地名普查技术支持单位在规划实施中的咨询参谋作用。进一步加强地名普查技术骨干队伍培养，对在普查成果转化过程中表现突出、成绩显著的优秀人才，通过资助工作创新、组织成果评奖等多种方式，及时给予奖励和鼓励，充分发挥优秀人才在成果转化工作中的主力作用，逐步建立一支水平高、作风好、懂技术、会管理的人才队伍。

（三）保障经费投入。建立多元化的资金投入机制，充分利用财政资金、社会投入等多种方式，加大经费投入力度。充分发挥政府主导作用，对具有社会公益性质的成果转化项目，要列入财政预算，给予资金支持。充分发挥市场配置决定性作用，对适宜市场化运作的成果转化项目，要依托市场机制，广泛调动社会资源。要鼓励社会资本投入，将社会需求迫切、能够实现自身滚动发展的成果转化项目作为重点扶持对象，努力培育可持续发展的地名产业链。

（四）强化监督管理。国务院地名普查办与民政部区划地名司要加强对规划实施情况的跟踪分析和监督检查，适时开展评估工作，推动规划顺利实施。

关于召开地名普查宣传工作座谈会和跨界自然地理实体名称普查与标准化工作审议会的通知

国地名普查办发〔2015〕7号

各省、自治区、直辖市第二次全国地名普查领导小组办公室，新疆生产建设兵团第二次全国地名普查领导小组办公室：

为搞好第二次全国地名普查宣传和跨界自然地理实体名称普查工作，定于2015年5月7日和8日在北京召开第二次全国地名普查宣传工作座谈会和跨界自然地理实体名称普查与标准化工作审议会。现将有关事项通知如下：

一、会议内容

宣传工作座谈会：总结交流前一阶段地名普查宣传工作成效和经验，研究部署2015年地名普查宣传工作。

跨界地名审议会：审议跨界自然地理实体名称普查与标准化处理实施方案，研讨有关问题。

二、会议时间

5月7日召开宣传工作座谈会，5月8日召开跨界地名审议会。

三、会议地点

北京市中国职工之家。

地址：北京市西城区真武庙路1号，电话　010–68576699）。

四、会议议程

宣传工作座谈会：（一）国务院地名普查办副主任、区划地名司司长柳拯讲话。（二）山西、山东、江西、重庆四省（市）及部分市县代表发言，介绍地名普查宣传工作经验。（三）与会代表座谈交流，研讨2015年地名普查工作形势和内容。

跨界地名审议会：（一）国务院地名普查办副主任、区划地名司司长柳拯讲话。（二）区划地名司综合处（地名普查办秘书处）处长胡小勇介绍跨界自然地理实体名称普查与标准化处理实施方案。（三）与会代表研讨审议。

会议由国务院地名普查办副主任、区划地名司副司长李伟主持。

五、参会人员

参加宣传工作座谈会的人员：每省（自治区、直辖市）、新疆生产建设兵团第二次全国地名普查领导小组办公室负责宣传工作的同志 1 人。

参加跨界地名审议会人员：国务院第二次全国地名普查专家咨询委员会部分专家，内蒙古、吉林、山东、浙江、广西、陕西、新疆等省、自治区民政厅区划地名处负责人和有关专家（具体人员通知到个人）。

请参会人员于 5 月 4 日前将姓名、性别、民族、职务和联系电话报民政部区划地名司综合处。

联 系 人：曹瑞昌

联系电话：010–58123211、18701079707

传　　真：010–58123207

国务院第二次全国地名普查领导小组办公室

2015 年 4 月 28 日

国务院第二次全国地名普查领导小组办公室关于印发《第二次全国地名普查涉密数据保密管理办法》的通知

国地名普查办发〔2015〕8号

各省、自治区、直辖市第二次全国地名普查领导小组办公室，新疆生产建设兵团第二次全国地名普查领导小组办公室：

为规范第二次全国地名普查涉密数据的管理和使用，保障涉密数据安全，国务院第二次全国地名普查领导小组办公室组织制定了《第二次全国地名普查涉密数据保密管理办法》。现印发给你们，请认真贯彻执行。

附件 1. 第二次全国地名普查涉密数据保密管理办法

2. 第二次全国地名普查涉密数据申领证明函

3. 第二次全国地名普查涉密数据使用申请表

4. 第二次全国地名普查涉密数据保密责任书

国务院第二次全国地名普查领导小组办公室

2015年5月4日

附件1

第二次全国地名普查涉密数据保密管理办法

第一章 总 则

第一条 为规范第二次全国地名普查涉密数据（以下简称“涉密数据”）的管理和使用，保障涉密数据安全，根据《中华人民共和国保守国家秘密法》《中华人民共和国测绘法》《中华人民共和国保守国家秘密法实施条例》《民政工作中国家秘密及其密级具体范围的规定》，制定本办法。

第二条 本办法所称涉密数据，是指在第二次全国地名普查过程中，以纸质、移动存储等介质形式存在的涉及国家秘密信息的数据。

第三条 本办法适用于负责制作、收发、传递、使用、保存、销毁涉密数据及其载体的单位和部门（以下统称“涉密单位”）。数据分发管理单位为国务院第二次全国地名普查领导小组办公室（以下简称“国务院地名普查办”）和省级第二次全国地名普查领导小组办公室（以下简称“省级地名普查办”）；数据提供单位（即普查工作图及相关数据提供、加工处理单位）为总参测绘导航局；

数据使用单位为国家级区划地名数据库及相关系统建设承担单位、省级地名普查软件及相关系统建设承担单位和参与地名普查作业单位。

第四条 涉密数据保密管理应遵循主动防范、分级负责、责任到人的工作原则。坚持预防为主，采取人防、物防和技防相结合的防范措施，提高防范、发现和处置能力，做到业务工作谁主管，保密工作谁负责。各级第二次全国地名普查领导小组办公室（以下简称“各级地名普查办”）要切实履行好对下级地名普查办和本级涉密单位涉密数据管理的指导、监督和检查职责。

第五条 涉密单位必须制定相应的保密管理制度。制定的保密管理制度应符合国家相关规定。

第六条 涉密单位和相关工作人员必须遵守相关法律法规。任何单位、部门和个人不得以任何形式泄露涉密数据。

第二章 涉密数据范围与保密责任

第七条 第二次全国地名普查工作中涉及的涉密数据主要包括：

（一）采用 2000 国家大地坐标系、1985 国家高程基准的 1∶50000 比例尺纸质军用地形图和地形图矢量数据，密级为机密级；

（二）分辨率不低于 2 米的正射遥感影像数据，密级为秘密级；

（三）第二次全国地名普查汇交的成果数据，密级为秘密级；

（四）《民政工作中国家秘密及其密级具体范围的规定》中界定的地名数据，密级为秘密级；

（五）国家相关法律规定的其他涉密数据。

第八条 数据分发管理单位负责制定涉密数据申请、审批程序，并对使用申请进行审核和批复；数据提供单位负责涉密数据准备、加工、分发环节的保密工作，并做好相关记录；数据使用单位负责涉密数据使用过程中的保密管理，包括环境安全管理、人员管理、数据使用管理等。

第三章 涉密数据使用申请和审批

第九条 省级地名普查办按下列程序向国务院地名普查办申请使用涉密数据。

（一）提交申请材料。

1.《第二次全国地名普查涉密数据申领证明函》。

2.《第二次全国地名普查涉密数据使用申请表》。

3.《第二次全国地名普查涉密数据保密责任书》。

（二）审核与批复。

1. 国务院地名普查办对申请材料进行审核。

2. 国务院地名普查办将审核结果批复申请使用单位。

（三）涉密数据申领。

1. 省级地名普查办持国务院地名普查办审核批准的《第二次全国地名普查涉密数据使用申请表》以及《第二次全国地名普查涉密数据保密责任书》向数据提供单位申领涉密数据。

2. 省级地名普查办按照数据提供单位数据移交相关规定办理涉密数据交接登记。

（四）涉密数据移交。

1. 数据提供单位准备涉密数据及其清单。

2. 数据提供单位审验涉密数据领取人员身份。

3. 数据提供单位向省级地名普查办移交涉密数据，双方现场填写涉密数据移交单。

第十条 纸质军用地形图按各省辖区范围加盖“第二次全国地名普查专用图”专用章。省级地名普查办需在纸质军用地形图上加盖流水号，并建立相关数据管理和移交档案。

第十一条 涉密数据及其介质的移送应遵守国家关于涉密数据移送的相关规定，由专人执行，并按交接清单进行查验复核。

第十二条 省级地名普查办应参照本办法制定本级涉密数据申请、审批和移交程序。

第四章 涉密环境安全管理

第十三条 涉密数据应在符合防盗、防泄密等有关安全保密防范要求的环境下使用。

第十四条 涉密计算机应采取以下安全保密技术手段：

（一）身份鉴别与访问控制。能够实现身份鉴别，并可对不同角色授予不同的权限。同时，应设置开机密码，长度不少于 10 位数，并根据人员使用情况定期更换。

（二）违规外联管理。能够及时发现、记录、警告并阻断违规外联行为。

（三）计算机病毒与恶意代码防护。安装计算机病毒与恶意代码防护产品，定期进行升级，并及时更新系统补丁。

（四）终端安全审计。能够对系统配置、账号配置、当前进程、文件操作以及输入输出设备和接口使用进行审计和控制。

（五）移动存储介质管理。能够防止非授权移动存储介质在涉密计算机使用。

第十五条 使用涉密计算机等设备应遵循以下规定：

（一）不得随意安装或连接未经保密部门同意、与工作无关的软件和硬件装置，禁止配用无线鼠标、无线键盘等无线外围设备。

（二）禁止与互联网及其他公共信息网络连接。

（三）打印、扫描设备（包括各种打印机、扫描仪和兼有打印、扫描、复印、电话、传真的多功能一体机等），应当与涉密计算机配套使用，不得连接其他非涉密计算机或电话传真网络。

（四）处理涉密数据的设备（包括涉密计算机和打印、扫描设备等）发生故障确需外出维修的，应当拆除存储部件。

（五）涉密设备应粘贴明显标识，标明涉密设备身份。涉密计算机在机箱开启处应粘贴一次性标签。

第十六条 涉密数据使用单位要制定运行管理制度，加强系统监控、管理维护，并制定应急响应预案。

第五章　涉密人员管理

第十七条　各级地名普查办应指定专人负责安全与保密管理工作，并与涉密数据使用单位签订保密协议。

第十八条　要加强地名普查相关人员管理，进行岗前保密培训，定期开展保密教育和监督检查，并按照有关规定签订保密承诺书。涉密数据的系统管理人员要严格审查，定期考核，并保持相对稳定。

第十九条　涉密人员调离工作岗位，应当及时移交所保管和使用的全部涉密介质，同时取消其涉密计算机访问授权。

第六章　涉密数据管理

第二十条　涉密数据不得在互联网或其他公共信息网络上存储、处理和传输。

第二十一条　存储涉密数据的纸质、移动存储等介质应当按所存储涉密数据的最高密级标识密级、登记在册，并按相应密级进行管理。

第二十二条　要加强存储涉密数据介质的登记、传递管理，防止介质被盗、被毁和被擅自复制。未经批准，严禁将介质带离工作场所。

第二十三条　纸质军用地形图不得擅自复制、损毁或转借。工作中破损、无法使用的，由省级地名普查办统一到数据提供单位换领。

第二十四条　要加强涉密数据的导出、打印管理，由专人负责，并做好审批、登记等相关管理工作。

第二十五条　存储涉密数据介质的销毁，应当符合国家保密规定。纸质军用地形图应送交保密行政管理部门设立的销毁工作机构或指定的单位销毁，或者送到所属省级地名普查办，由省级地名普查办统一送交保密行政管理部门设立的销毁工作机构或指定的单位销毁。

第七章　法律责任

第二十六条　对违反本规定，情节轻微的，给予批评教育；情节严重泄露国家秘密的，依照有关规定进行处理；构成犯罪的，依法追究刑事责任。

第八章　附　则

第二十七条　本办法由国务院地名普查办负责解释。

第二十八条　本办法自发布之日起施行。

附件 2

第二次全国地名普查涉密数据申领证明函

国务院第二次全国地名普查领导小组办公室：兹介绍 ** 单位 ** 同志（身份证号：**），前往贵单位办理第二次全国地名普查涉密数据申领审批手续，所填写的《第二次全国地名普查涉密数据使用申请表》内容属实。特此证明。

** 省（区、市）第二次全国地名普查领导小组办公室

（盖章）　　年　月

附件 3

第二次全国地名普查涉密数据使用申请表

申请使用单位	单位名称（盖章）： ** 省（区、市）第二次全国地名普查领导小组办公室
	地址： 邮编：　　　　　　　联系电话：
经办人	姓名：　　　　　　　身份证号： 联系电话：
申请使用 数据名称	采用 2000 国家大地坐标系、1985 国家高程基准的 1：50000 比例尺纸质军用地形图、地形图矢量数据、正射遥感影像数据。
数据内容 覆盖范围	数据图号（范围见接图表，图号详见附表。）
申请数据用途	用于 ** 省（区、市）第二次全国地名普查工作。
数据密级	涉及国家秘密（密级：）。
国务院地名普 查办审批意见	（盖章）

本表存档编号：20　年第　号（由国务院第二次全国地名普查领导小组办公室负责填写）

注：

1.申请使用单位须签署《第二次全国地名普查涉密数据保密责任书》，责任书存档编号与本表存档编号相同。

2.本申请表一式叁份，分别由国务院第二次全国地名普查领导小组办公室、数据提供单位、申请使用单位存档备查。

附件 4

第二次全国地名普查涉密数据保密责任书

存档编号：20　年第　号

为贯彻落实《中华人民共和国保守国家秘密法》《中华人民共和国保守国家秘密法实施条例》等有关法律法规，加强第二次全国地名普查涉密数据的管理，确保涉密数据安全，防止发生失泄密事件，请地名普查涉密数据申请使用单位认真阅读本责任书并签章确认。

一、本责任书保密责任单位为 ** 省（区、市）第二次全国地名普查领导小组办公室；保密的内容为第二次全国地名普查过程中，以纸质、移动存储等介质形式存在的，涉及国家秘密信息的数据。提供单位为总参测绘导航局。

二、保密责任单位已被告知并承诺按照《中华人民共和国保守国家秘密法》《中华人民共和国保守国家秘密法实施条例》等有关法律法规的规定，对总参测绘导航局提供的地名普查涉密数据有责任进行有效管理，切实做好安全保密工作。

三、保密责任单位所申请使用数据的秘密等级为　级。保密责任单位声明已具备获取相应密级资料的条件，并对本单位所提供信息的真实性负全部责任。

四、申请的地名普查涉密数据仅限于在第二次全国地名普查工作中使用，不得擅自复制、转让或者转借。

五、地名普查涉密数据存放设施与条件应符合国家保密的有关规定和要求，并建立完善的保密管理制度。

六、保密责任单位向地名普查任务承担单位提供涉密数据，应比照本保密责任书与地名普查任务承担单位另行签订保密责任书。

七、保密责任单位有责任和义务进行经常性的保密教育和检查，落实各项保密措施，使有关人员知悉与其工作有关的保密范围和各项保密制度；支持、配合做好地名普查涉密数据的保密检查工作。

八、本责任书自签订之日起生效。

九、本责任书一式叁份，分别由国务院第二次全国地名普查领导小组办公室、数据提供单位和保密责任单位存档备查。

申请使用单位（盖章）
经办人（签字）：
负责人（签字）：
20　年　月　日

国务院第二次全国地名普查领导小组办公室关于尽快下拨第二次全国地名普查中央补助资金的通知

国地名普查办发〔2015〕9号

各省、自治区、直辖市第二次全国地名普查领导小组办公室，新疆生产建设兵团第二次全国地名普查领导小组办公室：

4月14日，财政部印发《财政部关于下达2015年第二次全国地名普查补助资金的通知》（财社〔2015〕29号），第二次全国地名普查中央补助地方资金已下拨到各省（区、市）和新疆生产建设兵团。为加强中央补助资金的使用管理，确保地名普查工作顺利开展，现将有关事项通知如下：

1. 及时下拨资金。省级地名普查办要主动作为，与财政部门尽快沟通，尽快将中央补助资金拨付各地。

2. 做好预算编报。地名普查资金主要由地方各级财政负担。各地要结合中央补助情况，积极争取财政支持，做好2015年度地方普查预算资金追加和后续年度的预算编制申报工作。

3. 加强资金管理。省级地名普查办要结合本地实际，建立风险防控机制，规范使用管理，加快预算执行。要跟踪检查资金列支项目、开支范围、执行进度等情况，确保专款专用、廉洁高效。

4. 按时上报材料。各省、自治区、直辖市和新疆生产建设兵团地名普查办于6月15日前将中央补助资金分配方案和本地资金预算落实情况报送国务院地名普查办。

国务院第二次全国地名普查领导小组办公室

2015年5月18日

国务院第二次全国地名普查领导小组办公室关于印发《第二次全国地名普查专项资金使用管理办法》的通知

国地名普查办发〔2015〕10 号

各省、自治区、直辖市第二次全国地名普查领导小组办公室，新疆生产建设兵团第二次全国地名普查领导小组办公室，各计划单列市第二次全国地名普查领导小组办公室：

现将《第二次全国地名普查专项资金使用管理办法》印发你们，请认真遵照执行。

国务院第二次全国地名普查领导小组办公室

2015 年 5 月 21 日

第二次全国地名普查专项资金使用管理办法

第一条　为加强和规范第二次全国地名普查专项资金（以下简称普查资金）使用管理，提高资金使用效益，保障普查工作顺利实施，根据《中华人民共和国预算法》等法律法规和《国务院关于开展第二次全国地名普查的通知》（国发〔2014〕3 号）等文件要求，制定本办法。

第二条　本办法所称的普查资金，是指中央和地方各级财政安排的专项用于第二次全国地名普查（含试点地区地名补查）的资金。

第三条　第二次全国地名普查所需资金由地方各级财政负担，列入各级财政预算，中央财政给予适当补助。

第四条　各级第二次全国地名普查领导小组办公室要根据《第二次全国地名普查实施方案》，编制地名普查资金预算，积极争取财政支持，确保第二次全国地名普查工作顺利开展。

第五条　国务院第二次全国地名普查领导小组办公室负责编制第二次全

国地名普查中央补助地方资金预算，制定资金分配方案。

第六条 省级第二次全国地名普查领导小组办公室要结合地名普查工作实际，制定本地中央补助资金分配方案，按时限拨付各地。分配方案要抄送国务院第二次全国地名普查领导小组办公室。

第七条 普查资金使用范围主要包括：

（一）普查准备工作，包括地名普查政策、规范和标准制定，软件开发，宣传培训，普查设备购置，购买或加工处理普查工作用图及相关数据等；

（二）普查实施工作，包括资料收集，外业作业，地名标准化处理，普查质量控制，地名文化挖掘，普查指导及成果检查验收等；

（三）数据处理工作，包括地名普查数据库建设，普查成果数据处理，档案整理等；

（四）成果转化工作，包括地名普查成果转化，地名标志设置，标准地名图、录、典、志编辑出版等；

（五）地名补查工作，包括试点地区地名补查实施，成果数据处理与转化等。

第八条 普查资金专款专用，任何单位和个人不得截留、挤占或挪用，不得用于楼堂馆所建设、车辆购置等项目，不得用于缴纳罚款、违约金、滞纳金、归还贷款本息、捐赠、赞助、对外投资等方面。

第九条 普查资金使用单位要严格按照所承担任务或合同约定组织项目实施，按照开支范围使用资金，严格执行财政纪律及政府采购等相关制度规定，自觉接受财政、审计及主管部门的监督检查和审计。

第十条 各级第二次全国地名普查领导小组办公室要做好列支项目论证审核，科学合理安排预算支出，提高资金使用效益。

第十一条 各级第二次全国地名普查领导小组办公室要结合本地实际，加强监督检查，强化风险防控，确保专款专用、廉洁高效。对发现的问题要及时处理和纠正，对挤占挪用、贪污浪费等违纪违法行为要依照有关法律、法规严肃处理。

第十二条 国务院第二次全国地名普查领导小组办公室负责各省、自治区、直辖市和新疆生产建设兵团年度地名普查工作绩效评估，评估结果作为下年度中央补助资金分配的重要因素。对上年预算执行较慢、存量资金规模较大的，适当压缩下年度中央补助资金分配数额。

第十三条 各省、自治区、直辖市和新疆生产建设兵团第二次全国地名普查领导小组办公室依据本办法制定本地地名普查资金使用管理实施细则。

第十四条 本办法由国务院第二次全国地名普查领导小组办公室负责解释。

第十五条 本办法自发布之日起施行。

关于印发《第二次全国地名普查质量管理规定》的通知

国地名普查办发〔2015〕11号

各省、自治区、直辖市第二次全国地名普查领导小组办公室，新疆生产建设兵团第二次全国地名普查领导小组办公室：

现将《第二次全国地名普查质量管理规定》印发你们，请认真遵照执行。

国务院第二次全国地名普查领导小组办公室

2015年5月25日

第一章 总 则

第一条 为加强第二次全国地名普查质量管理，确保普查质量，根据国务院第二次全国地名普查有关规定及相关政策法规，制定本规定。

第二条 地名普查质量管理，按照国务院第二次全国地名普查领导小组办公室统一组织、各级普查机构分级分部门负责的原则实施。地方各级普查机构负责本行政区域地名普查质量管理。各级普查领导小组成员单位按照职责分工，负责本部门提供资料的质量管理。

第三条 普查地区应建立质量管理体系，健全质量管理制度，建立横向联检、纵向评估机制，实现质量管理全过程、全覆盖。要实行质量管理责任制，责任到岗到人，确保普查质量。

第四条 国务院地名普查办每年组织开展普查质量检查验收工作。

第二章 质量管理范围和内容

第五条 地名普查质量管理包括前期准备、数据采集与处理、地名标准化、地名标志设置、检查验收、成果汇交、资料归档等。

第六条 前期准备。包括成立组织机构、制定普查方案、培训普查人员、研发普查软件、确定普查作业方式等。

第七条 数据采集与处理。

（一）内业部分，包括地名调查目录编制、预填地名登记表、地名文化挖掘考证、地名属性数据整理录入、工作图整饰、图形数据整合等。

（二）外业部分，包括地名实地调查、标绘工作底图、地理实体及地名标志坐标采集、地物修测、多媒体数据采集等。

第八条 地名标准化。包括一地多名、一名多写、多地一名的标准化处理；有地无名的命名；不规范地名的更名；罗马字母拼写、少数民族语地名译写；地名审音定字等。

第九条 地名标志设置。包括新命名地名标志设置，重要自然地理实体地名标志设置，原设标区域查漏补缺、已损坏地名标志的更新等。

第十条 检查验收和成果汇交。对县级行政区域界线和已勘定的乡级行政区域界线、属性数据、空间数据、多媒体数据、基础地理信息数据、遥感影像数据、地名连接关系数据、普查成果图、地名标志登记表、普查成果表、地名目录、地名用字读音审定申报表、地名标准化处理统计表等检查验收，完成成果上报。

第十一条 资料归档。包括普查过程中产生的各种资料、数据、多媒体信息等。

第三章 准备阶段质量管理

第十二条 地方各级普查机构，应按照国务院地名普查领导小组的统一部署、时间安排及工作要求，开展普查工作。

第十三条 各级普查机构应有计划、分层次组织开展分类业务培训，强化质量意识，提高普查人员业务水平。

第十四条 地方各级普查机构应按照普查任务要求，科学制定实施计划。要结合当地实际选择正确的技术路线、科学的实施程序和高效的作业方法。不得擅自删减类别，简化程序。

第十五条 各地研发的普查软件功能和使用的软硬件设备性能，应符合普查任务以及《第二次全国地名普查数据建库与管理软件设计规范》的要求。

第十六条 承担地名普查任务的单位或专业技术部门应当具备普查要求

相关资质，不得转包或者分包所承担的普查任务。

第四章　实施过程质量管理

第十七条　第二次全国地名普查应执行统一的普查基准、技术规程和标准，搞好过程质量检查和记录。

第十八条　各级普查机构和成员单位应监督检查普查质量，通过查看文件资料、实地检查核实和其他措施履行好质量管理职责。

第十九条　要制定科学、完整的作业工作流程，加强流程管理和技术指导。要组织开展技术交流和质量讲评，提高普查效率和成果质量。

第二十条　在普查作业过程中发现质量问题，应及时采取纠正措施并对修正结果进行复查、复检，对不合格成果予以返工。要如实记录返工原因及修正过程。

第五章　检查验收质量管理

第二十一条　检查验收质量管理实行两级全检、两级抽检质量检查制度。

第二十二条　县级和地级普查办应对全部普查内容进行检查，达到100%合格后报省级普查办。

第二十三条　省级普查办要根据本省情况开展质量检查，按不少于普查地区总量30%的比例抽检，不合格成果退回县级或地级普查办进行修正，达到100%合格后报国务院地名普查办。

第二十四条　国务院地名普查办根据各地普查进度，对各地普查质量进行检查，按不少于普查、补查地区总量5%的比例抽检，不合格成果退回地方普查办改正。

第二十五条　质量检查人员对检查质量负责，对每一环节质量检查结果，应出具质量报告并签字。质量检查人员发现问题应及时反馈被检部门或机构，必要时可越级反映质量问题。

第二十六条　检查验收过程中出现质量问题的，承担地名普查任务的单位或专业技术部门应及时与委托方协商，制定相应处理方案。普查成果必须真实准确，相关机构法人应在相关技术文件上签字。

第二十七条　各地上报的地名普查成果数据，应符合《第二次全国地名普查工作规程》《第二次全国地名普查数据建库与管理软件设计规范》《第二次全国地名普查成果转化规划》及其他有关要求。

第二十八条　各级普查机构在上报普查成果时，应出具质量评估报告并加盖公章。

第二十九条　各级普查机构应及时上报质量检查验收报告，国务院地名普查办定期通报各地普查质量情况。

第三十条　成果质量检查验收工作应组织严密，程序规范，方法科学，结论客观公正。

第三十一条　各级普查机构应严格按照国家有关档案管理规定，及时收集、整理各普查环节档案资料，建立完整、系统、规范、安全的地名普查档案。要建立专用普查档案室，配备专业档案设备，由专人保管。

第六章　奖励与处罚

第三十二条　对在地名普查质量管理工作中做出显著成绩和突出贡献的单位和个人，予以通报表扬。

第三十三条　对普查过程中出现质量问题的，各级普查领导小组视情节轻重，或终止承担普查任务单位的合同，或罚减任务经费。

有下列情形之一的，由县级以上普查领导小组责令改正，触犯相关法律法规的，依法追究责任：

（一）不负责任、玩忽职守，出现重大质量事故的；

（二）粗制滥造、伪造普查数据，导致普查返工或成果报废的；

（三）质量检验中严重漏检、错检，弄虚作假，徇私舞弊的。

第三十四条　各级普查机构或成员单位不得干预普查数据正常报送，不得任意篡改、伪报、瞒报、错报、漏报普查数据。

第三十五条　违反国家有关保密规定的，按照相关规定处理。

第七章　附　则

第三十六条　本规定由国务院第二次全国地名普查领导小组办公室负责解释。

第三十七条　本规定自发布之日起施行。

关于开展第二次全国地名普查督查工作的通知

国地名普查办发〔2015〕12号

各省、自治区、直辖市第二次全国地名普查领导小组办公室，新疆生产建设兵团第二次全国地名普查领导小组办公室：

为推动全国地名普查扎实开展，根据《民政部办公厅关于印发2015年民政部督查工作计划的通知》（民办发〔2015〕4号）要求，国务院地名普查办拟对各省（自治区、直辖市）和新疆生产建设兵团第二次全国地名普查工作进展情况进行督查。现就有关事项通知如下：

一、督查任务及内容

地名普查督查的主要任务是：督促检查各地普查政策落实、资金安排、宣传培训、工作进度、普查质量、成果转化等情况，发掘各地好的做法和经验，分析普查推进和实施中存在的困难和问题，研究提出解决对策和下一步工作思路。具体内容包括：

（一）督查第二次全国地名普查准备情况。一是检查地方制定普查政策、工作方案和配套措施情况。二是掌握地方普查经费的投入数量、来源渠道、使用范围和拨付落实情况。三是掌握地方开展组织动员、成立机构、收集资料和人员培训等情况。

（二）督查第二次全国地名普查推进情况。一是检查各地普查整体时间安排和阶段性实施进度。二是检查各地普查管理软件研发、使用情况。三是检查普查地名标准化处理工作情况。四是交流分析普查推进过程中遇到的热点难点问题和需要协调解决的有关事项。五是梳理分析加快推进普查实施的工作思路和对策建议。

（三）督查第二次全国地名普查宣传工作。一是检查各地普查宣传工作方案制定和组织实施情况。二是总结交流特色宣传方法和典型经验。三是分析评估普查宣传工作效果。

（四）督查第二次全国地名普查质量。一是检查各地贯彻落实《第二次全国地名普查质量管理规定》情况。二是检查普查成果质量管理措施和阶段验收实施情况。

（五）督查第二次全国地名普查成果转化情况。一是检查各地普查成果转化规划制定及成果转化利用开展情况。二是检查普查成果数据入库和档案整理工作情况。三是总结交流普查成果转化利用的典型经验和有效做法。

（六）督查试点地区补查工作情况。一是检查试点地区地名补查部署安排及工作进展。二是检查各地补查经费安排落实情况。三是检查各地试点成果与全面普查成果之间的衔接与融合情况。四是检查试点地区建立健全地名信息更新维护机制，实现地名信息动态及时更新工作情况。

二、督查范围及方式

地名普查督查采取全面督查与重点抽查相结合、书面督查与实地督查相结合的方式进行。全面督查覆盖全国 31 个省（自治区、直辖市）和新疆生产建设兵团，主要以书面督查的形式报告工作情况。重点抽查选取部分省（自治区、直辖市），由国务院地名普查办督查组进行实地督查。实地督查方式主要包括：一是集中座谈。组织地方民政部门、普查一线工作人员和相关服务机构进行集中座谈，听取地方普查工作情况汇报，掌握普查开展及推进情况，了解存在问题与困难，研究分析解决办法与措施。二是查阅资料。查阅地方出台的普查政策文件、实施方案、培训材料、踏勘记录、成果档案等。三是实地调研。通过实地走访，实地了解普查宣传效果、地名标志设置以及基层普查实施情况，深入掌握普查工作成效及存在问题。四是交流研讨。通过组织片区内督查情况交流研讨，交流地方工作经验，分析普遍性热点难点问题，研究对策措施。

三、时间安排

此次督查工作拟于 6 月至 10 月进行。各省（自治区、直辖市）要于 9 月 30 日前将书面报告报送国务院地名普查办。

四、有关要求

（一）高度重视，加强领导。国务院地名普查办负责对各省（自治区、直辖市）地名普查进行督查。各省（自治区、直辖市）地名普查办负责对各市、县地名普查进行督查。各级地名普查办要高度重视督查工作，摆上重要议事日程，周密组织部署，圆满完成督查任务。

（二）明确要求，严格标准。督查工作要按照《国务院关于开展第二次全国地名普查的通知》（国发［2014］3号）、《第二次全国地名普查实施方案》《第二次全国地名普查工作规程》《第二次全国地名普查数据建库与管理软件设计规范》《第二次全国地名普查质量管理规定》《第二次全国地名普查宣传工作方案》《第二次全国地名普查经费管理办法》《第二次全国地名普查成果转化规划（2015—2020年）》和《第二次全国地名普查涉密数据保密管理办法》等文件要求，严格检查标准，认真开展督查，确保地名普查质量。

（三）突出重点，推进工作。地名普查督查要突出普查推进、资金安排、普查质量、成果转化、普查宣传等重点问题，着力解决工作难题，推动地名普查稳步开展。

（四）着眼长远，务求实效。此次督查既是对各地落实国家要求开展地名普查情况的督促检查，也是对全国地名普查工作的系统调研，各地要以督查工作为契机，结合业务调研、民政重点工作综合评估等工作，及时总结经验、分析问题、研究对策，提出促进地名工作长远发展的建议。

国务院第二次全国地名普查领导小组办公室

2015年5月27日

附件：

地名普查督查工作地方提供材料清单

1. 开展普查工作情况报告。
2. 成立普查机构的批复文件。
3. 普查实施方案。
4. 制定的普查政策、配套措施相关文件材料。
5. 普查经费预算文本和使用分配方案。
6. 组织动员、培训工作的有关材料。
7. 普查宣传工作方案和组织实施情况。

8. 普查管理软件研发、使用情况。
9. 制定的普查成果转化规划。
10. 普查成果质量管理措施和阶段验收情况。
11. 入库成果数据和档案。
12. 试点地区地名补查部署安排。
13. 补查经费安排落实情况。
14. 地名信息更新维护机制相关文件。
15. 试点成果与补查数据的一致性分析报告。

关于印发《第二次全国地名普查监理办法》的通知

国地名普查办发〔2015〕13号

各省、自治区、直辖市第二次全国地名普查领导小组办公室，新疆生产建设兵团第二次全国地名普查领导小组办公室：

现将《第二次全国地名普查监理办法》印发你们，请遵照执行。

国务院第二次全国地名普查领导小组办公室

2015年6月19日

第二次全国地名普查监理办法

第一章　总　则

第一条　为规范地名普查行为，保证地名普查质量，健全地名普查管理制度，根据《第二次全国地名普查实施方案》《第二次全国地名普查工作规程》等有关规定，结合地名普查工作实际，制定本办法。

第二条　本办法所称监理是指第三方机构根据相关法律法规以及普查标准、规范、方案和监理合同等，对地名普查质量、进度、安全、保密等进行监督的活动。

监理机构可由地名专家、相关技术人员组成，或委托行业协会等社会组织承担。其人员要具备所涉领域的专业知识与专业实践。

第三条　国务院第二次全国地名普查领导小组办公室（下称“国务院地名普查办”）统一领导、组织开展全国地名普查监理工作。

地方各级地名普查办依据本办法组织开展本地地名普查监理工作。

第四条　各级地名普查办应将地名普查监理纳入重要议事日程，纳入年度地名普查综合评估范围，建立健全监理机制。各级地名普查办要将监理经费纳入年度预算。

第五条 普查监理应遵循独立、公平、公正、科学的原则。

第六条 鼓励采用先进的科学技术和管理方法，提高地名普查监理水平。

第七条 地方各级地名普查办及被监理的普查地区或单位应为监理工作提供必要的支持和配合，并保证提供真实有效的普查资料。

第二章 监理范围和内容

第八条 地名普查监理范围涵盖全国（港、澳、台地区除外）地名普查（补查）地区。

第九条 监理内容：

（一）质量监理。依据第二次全国地名普查工作规程、数据建库与管理软件设计规范和相关技术标准，对地名普查外业采集、内业处理、数据汇交上报等作业过程质量进行监理。

（二）进度监理。依据普查工作部署和计划，对进度情况、合同执行情况等进行监理。

（三）安全监理。依据《第二次全国地名普查涉密数据保密管理办法》及有关保密规定，对数据保密、涉密载体管理、涉密设备运转、保密纪律执行等情况进行监理。

（四）验收监理。依据相关验收标准及有关规定，对普查成果形成过程的方法、流程、手段等进行监理。

（五）档案监理。依据国家及地名档案管理有关规定，对地名普查档案归档、资料、数据、安全、保管等进行监理。

（六）成果监理。依据工作规程、成果转化规划及有关规定，对普查成果质量、成果转化等进行监理。

（七）其他。

第十条 监理中发现问题，监理机构应及时形成监理报告，提出整改建议，跟踪检查落实，并将结果报委托方。

第十一条 国务院地名普查办每年对各地普查监理工作进行督查、督导，通报监理情况。地方各级地名普查办应真实、准确反馈监理有关情况。

第三章 监理方式和权限

第十二条 各级地名普查办与受委托的监理机构要签订监理书面合同。合同要明确监理范围、监理内容、服务期限、监理费用及双方权责等条款。

第十三条 受委托的监理机构要根据被监理地区实际情况，制定监理计划。监理计划应结合当地普查特点、规模、技术复杂程度、环境等因素，确定监理工作方案、内容、程序、方法和措施，明确工作目标，报委托方审定后实施。

第十四条 监理机构应严格按照监理计划开展工作。监理前应将监理计划、组织形式、人员构成等信息书面通知被监理地区或单位。

第十五条 监理方式：

（一）监理机构应按照监理计划，结合被监理地区实际情况，对实施方案、工作规程、软件设计规范及成果转化规划实施情况进行监理。

（二）监理机构实施监理前应充分搜集各种现势性资料、文档，熟悉并掌握监理依据。

（三）监理机构要定期或不定期对地名普查各个环节、关键点等进行实地查验。

（四）监理机构应结合普查内容，选派相关专业人员，对各类地名普查成果进行抽检、验证并形成监理报告。

（五）监理机构应建立监理会商制度，汇总分析各地监理情况，总结交流监理经验，解决相关问题。对复杂技术问题，监理机构可邀请有关专家研究讨论，根据专家意见和合同条款提出建议方案。

（六）监理机构对发现问题较多地方，应及时协调相关各方，厘清问题，会商解决方法和措施，限期整改。

第十六条 监理职责：

（一）监理机构要遵守国家有关安全保密规定，确保普查安全，保守技术秘密和商业秘密。

（二）监理机构不得承担普查任务，不得与被监理地区或单位存在隶属关系和利益关系。

（三）监理机构要合理配备监理人员，明确监理人员权责和任务，规定任务时限。

（四）监理机构要检查普查实施单位投入普查人力、主要设备和使用及运行状况。

（五）监理机构要检查地名普查工作用图、数据是否满足普查需要及相关技术标准和要求。

（六）监理机构要参与并配合普查质量事故调查与处理，对发现的问题与安全事故，进行跟踪监督，督查问题解决与落实整改情况。

（七）监理机构要整理监理文件、资料、档案，编写监理记录，撰写监理报告。

（八）监理机构要及时向委托方报告监理工作情况。

第十七条 监理机构应建立地名普查监理档案管理制度。及时、准确、完整地收集、整理、编制监理档案。监理工作完成后，及时向委托方移交监理档案。

第十八条 监理机构在每次监理结束后 10 个工作日之内，向委托方提交监理报告。内容包括：

（一）监理概况；

（二）监理方案；

（三）监理合同履行情况；

（四）监理中发现的问题及其整改情况；

（五）结论及建议等；

（六）其他有关事项。

第四章 监督和责任

第十九条 各级地名普查办定期或不定期对监理机构实施监督检查。督查内容包括：经费使用、工作进展、质量管理、信息安全管理等。

第二十条 各级地名普查办应加强对监理机构、监理人员、监理行为及监理经费使用管理，发现违规情况，按有关规定处理或解除合同。

第二十一条 各级地名普查办不得以任何形式干预监理工作。如有类似情况出现，监理机构或监理人员可向上级地名普查办反映。

第二十二条 建立监理责任追究制度。对纵容普查数据粗制滥造、伪造成果等行为的，按有关规定追究相关责任人的责任，触犯法律的按有关规定处理。

第二十三条 监理机构未履行相关职责或存在故意刁难、营私舞弊的，人为造成质量事故以及存在隐瞒质量问题的，被监理的普查地区或单位应及时向委托方反映，情节严重的，扣减监理费用，停止其监理工作。

第二十四条 监理人员未履行相关职责，造成不良后果的，地名普查办视情节轻重对涉及人员给予通报批评或取消其监理资格。

第五章 附 则

第二十五条 本办法由国务院第二次全国地名普查领导小组办公室负责解释。

第二十六条 本办法自发布之日起执行。

关于发放第二次全国地名普查手持终端设备及有关事项的通知

国地名普查办发〔2015〕14 号

各省、自治区、直辖市第二次全国地名普查领导小组办公室，新疆生产建设兵团第二次全国地名普查领导小组办公室：

近期，国务院第二次全国地名普查办将采购并发放一批地名普查手持终端设备，现就有关事宜通知如下：

一、此次发放的地名普查手持终端设备包括 GPS 和 PDA 两种，由国务院地名普查办统一发放给各省（区、市）地名普查办管理和使用。请各省（区、市）地名普查办派专人到国务院地名普查办领取并办理交接手续，具体时间另行电话通知。

二、国务院地名普查办按照每个省级地名普查办、每个县级地名普查办（含兵团团场）各 1 套（GPS 和 PDA 各 1 台）的数量分配。省级地名普查办可根据本省（区、市）地名普查实施计划，统筹安排给开展普查工作的市县循环使用，以提高设备利用效率。

三、此次发放的设备由县级以上（含县级）地名普查办集中统一管理，有关工作人员根据需要登记领用，不得以任何名义发归个人。地名普查数据采集工作结束后，供日常地名管理工作使用。

四、各地要根据地名普查实际需要，尽快落实地名普查设备及有关软件。此次国家发放的设备数量不足以满足普查需要的，要抓紧普查设备和软件采购或者研发工作，配齐普查物资装备，保证普查顺利进行。

五、各地要进一步规范地名普查设备、软件和技术服务招标采购工作，严格审核承担单位资质和能力，确保普查质量。目前，国务院地名普查办没有委托或授权任何第三方开展国家区划地名数据库软件技术服务和地名普查数据处理、检查与汇交工作。除《国务院第二次全国地名普查领导小组办公室关于成立第二次全国地名普查专家咨询委员会的通知》（国地名普查办发

〔2014〕5号）确定的三家技术支持单位（民政部地名研究所、总参测绘信息技术总站、厦门精图信息技术股份有限公司）外，国务院地名普查办没有增加新的全国地名普查技术支持单位。近期一些单位或企业假冒国务院地名普查办委托或全国地名普查技术支持单位的名义推销普查设备和软件，争取普查项目，请各地注意鉴别与抵制。

国务院第二次全国地名普查领导小组办公室

2015年6月19日

关于做好跨界自然地理实体地名普查工作的通知

国地名普查办发〔2015〕15号

各省、自治区、直辖市第二次全国地名普查领导小组办公室，新疆生产建设兵团第二次全国地名普查领导小组办公室：

为做好跨界自然地理实体地名普查工作，根据《国务院关于开展第二次全国地名普查的通知》（国发〔2014〕3号）和《国务院第二次全国地名普查领导小组关于印发〈第二次全国地名普查实施方案〉的通知》（国地名普查组发〔2014〕1号）要求，现将有关问题通知如下：

一、目的意义

跨界自然地理实体地名是第二次全国地名普查的重要内容。新中国成立以来，我国尚未针对跨界自然地理实体地名进行过全面系统的梳理规范，山脉水系一地多名、名称指位不清等问题普遍存在。由于跨多个行政区域，跨界自然地理实体地名往往成为地名普查中的“盲点”。做好跨界自然地理实体地名普查，对全面完成第二次全国地名普查任务，加强地名管理服务具有重要意义。

二、主要任务

跨界自然地理实体地名普查以跨省级、地级和县级行政区域界线的自然地理实体地名为对象，主要任务是：

（一）摸清底数。摸清跨界自然地理实体地名底数，全面掌握其名称属性、空间属性、文化属性、自然属性、经济属性和社会属性等信息，补充完善国家区划地名数据库。

（二）审定地名。系统梳理跨界自然地理实体地名存在的“有地无名”“一地多名”“多地重名”“通名混乱”“译写不规范”等问题，开展论证研究，审定标准地名。

（三）转化成果。按照《第二次全国地名普查成果转化规划（2015—2020年）》，结合本地区实际，统筹开展跨界自然地理实体地名普查成果转化与服务，发布标准地名，弘扬地名文化，发掘地名价值，促进区域经济社会发展。

三、组织实施

跨省界自然地理实体地名普查由国务院地名普查办组织实施，跨地级、县级政区自然地理实体地名普查由各省、自治区、直辖市地名普查办组织实施。各级地名普查办要按照《跨界自然地理实体地名普查工作实施方案》（附件1），结合第二次全国地名普查实际，严密组织，扎实推进。

一是要在全国地名普查中统筹部署。各地要把跨界自然地理实体地名普查作为第二次全国地名普查的重要内容，与其他地名普查工作同部署安排、同推进落实、同检查验收。已系统梳理过跨界自然地理实体地名的地方要做好“接边”汇总等工作，尚未进行过跨界自然地理实体地名标准化处理的地方要抓紧部署实施，拾遗补缺，实现地名普查全覆盖。

二是要注重现有资料的收集利用。要注重收集利用土地调查、水利普查、地理国情普查相关成果，避免重复劳动。要加强对各类图集、典籍等资料的广泛收集和整理甄别，提高普查效率，保证成果质量。

三是要加强政区之间的协调配合。要建立有效的协调机制，加强跨界自然地理实体地名相关政区之间的沟通配合，搞好资料共享，加强协同考证与协商审定等工作。

四、工作要求

（一）要高度重视。各级地名普查办要深刻认识做好跨界自然地理实体地名普查的重要意义，加强组织领导，准确把握定位，防止引发争议，避免大范围命名更名，维护自然地理实体名称的相对稳定性。

（二）要保证质量。各级地名普查办要把握特点规律，强化质量意识，充分依靠专家力量，提高普查成果的专业化水平。要把跨界自然地理实体地名普查情况纳入地名普查督查和质量管理范围，加强督促检查和质量控制，保证成果质量。

（三）要强化保障。各省、自治区、直辖市地名普查办要强化资金和人员保障，确保跨界自然地理实体地名普查顺利推进。

各省、自治区、直辖市地名普查办于 2015 年 9 月 15 日前将本地区《跨省界自然地理实体地名摸底情况表》（附件 2）报国务院地名普查办，电子版发至 caoruichang@mca.gov.cn。

附件 1：跨界自然地理实体地名普查工作实施方案

附件 2：跨省界自然地理实体地名摸底情况表

联 系 人：曹瑞昌

联系电话：010–58123211，18701079707

国务院第二次全国地名普查领导小组办公室

2015 年 7 月 3 日

附件 1

跨界自然地理实体地名普查工作实施方案

跨界自然地理实体地名普查是第二次全国地名普查的重要内容。现根据《第二次全国地名普查实施方案》和《第二次全国地名普查工作规程》，制定如下方案：

一、普查对象

跨界自然地理实体是指跨两个或两个以上行政区域的自然地理实体，包括跨省级、地级、县级等行政区域界线的自然地理实体。

跨界自然地理实体地名普查对象是跨两个或两个以上行政区域的自然地理实体的地名。普查对象类别执行《地名分类与类别代码编制规则》（GB/T18521—2001）。同一自然地理实体位于不同级别行政区域内时，按跨最高级别行政单位对待。

二、目标任务

摸清全国跨界自然地理实体地名底数，审定发布跨界自然地理实体标准地名，补充完善国家区划地名数据库，推进成果转化，优化地名服务，促进区域经济社会发展。

三、基本原则

（一）立足普查，摸清底数。查清跨界自然地理实体地名底数，分类梳理考证，审定标准名录。审慎实施命名更名，维护地理实体名称的相对稳定性。

（二）整合资源，保证质量。强化对相关部门和科研机构现有数据资料的收集整理，逐级补充完善、审核确认，保证普查成果质量。

（三）深入挖掘，弘扬文化。深入挖掘考证跨界自然地理实体地名文化内涵，弘扬中华传统文化，传承地名文脉。

（四）创新成果，优化服务。注重跨界自然地理实体地名的经济和社会属性信息采集，深化成果数据开发，发掘地名经济社会价值，服务国家战略和区域发展。

（五）技术支撑，提高效益。充分利用现代科技手段，有效解决实体范围边界定位、地名嵌套等技术难点，实现数据采集、上报、审核等在线运行，切实提高工作效率。

四、普查内容

（一）普查范围

全国陆地跨界自然地理实体地名（香港、澳门特别行政区和台湾省除外）。

（二）实体种类

主要包括：水系（含河流、湖泊、陆地岛屿、冰川、瀑布等）、陆地地形（含平原、盆地、高原、丘陵山地、重要陆地景观等）和其他（含典型自然遗存）3 大类 40 余个小类。

（三）地名信息

主要包括 6 类属性信息：

1. 名称属性，即地名标准名称及其别名、简称、曾用名、书写形式、读音、语种等；

2. 空间属性，即跨界自然地理实体的空间特征，包括地理坐标、位置范围、政区分布等；

3. 文化属性，即地名来历、含义及历史沿革，包括地名形成的历史背景，标准名称及别名、简称、曾用名的命名理据（文化内涵）及演变的历史过程等；

4. 自然属性，即跨界自然地理实体的自然特征，包括环境、矿产、资源等；

5. 经济属性，即跨界自然地理实体范围内经济发展情况，包括主要产业、经济发展概况等；

6. 社会属性，即跨界自然地理实体范围内社会发展情况，包括民族、人口、教育等。

（四）多媒体资料

包括照片、图片（地图）和音像等多媒体信息资料。

五、工作流程

（一）设计建库。国务院地名普查办按类别设计制作地名调查表，确定属性信息项及填报审核层级，建设跨界自然地理实体地名数据库和数据采集审核系统。

（二）收集资料。搜集现有资料并整理入库，标注来源出处。现有资料包括历年地名命名更名文件和资料、地名志、地名录、地名词典、地图、地方志、文史资料及有关古籍等；党政机关和各专业部门相关普查资料与数据；基础地理数据与遥感影像数据等。

（三）编制名录。梳理现有资料，编制跨界自然地理实体地名调查名录。

（四）名录分解。将地名调查名录及现有数据按政区分解，按数据项的填报审核层级逐级分解下发。

（五）县级普查。县级普查单位进行实地调查，补充完善、核实确认调查名录及相关属性信息，在线填写地名调查表，标绘地理位置，增补多媒体资料。

（六）逐级审核。通过数据采集审核系统对采集数据进行综合拼接，从下至上逐级补充完善、审核上报，形成跨界自然地理实体地名普查数据库。

（七）名称审定。组织专家考证论证，协调相关部门和地区协商讨论，审定标准地名。

（八）地名发布。编制跨界自然地理实体标准地名录，按程序报批，向社会发布。

（九）成果服务。完善跨界自然地理实体地名数据，编制专题图录，开展成果转化和服务。

六、普查成果

1. 跨界自然地理实体标准地名录。

2. 跨界自然地理实体调查表汇编。

3. 跨界自然地理实体调查分析报告。

七、任务分工

国务院地名普查办负责跨省自然地理实体地名普查工作的组织实施。各省、自治区、直辖市地名普查办负责本行政区域内跨界自然地理实体地名普查工作的组织实施。

国务院地名普查办负责对各省、自治区、直辖市普查工作的督促指导和普查成果的审核验收。

八、时间安排

跨省界自然地理实体地名普查的设计建库、资料收集、名录编制工作于2015年11月底前完成，名录分解、普查和审核工作于2016年5月底前完成，地名审定工作于2017年6月前完成，成果服务工作按照“边建设、边服务”的原则适时开展。

跨地市、跨县界自然地理实体地名普查工作，由各省（区、市）地名普查办结合本地区普查整体进度具体安排。

九、经费保障

跨界自然地理实体地名普查经费从第二次全国地名普查专项资金中列支。

2015年上半年第二次全国地名普查进展情况报告

国地名普查办发〔2015〕16号

国务院第二次全国地名普查领导小组：

2014年，各级地名普查机构按照《国务院关于开展第二次全国地名普查的通知》（国发〔2014〕3号）要求，圆满完成了地名普查准备工作。今年是地名普查全面铺开的关键之年，国务院地名普查办根据国务院统一安排，按照去年底全国地名普查工作推进视频会部署和年度工作计划，扎实推进各项地名普查工作。现将上半年地名普查进展情况和下一步工作思路汇报如下：

一、上半年进展情况

上半年，国务院地名普查办周密部署，扎实推进，主要完成了五方面工作：

（一）健全普查制度规范。根据普查工作需要，完成了五项政策创制任务：一是为加强第二次全国地名普查质量管理，制定了《第二次全国地名普查质量管理规定》，明确了地名普查质量管理的范围内容和实施细则；二是为规范地名普查监理，制定了《第二次全国地名普查监理办法》，明确了地名普查监理的机构和原则、范围和内容、方式和权限、监督和责任等要求；三是为科学推进地名普查成果转化，制定了《第二次全国地名普查成果转化规划（2015—2020年）》，明确了地名普查成果转化的原则、目标、任务和实施等内容；四是为保障地名普查涉密数据安全，制定了《第二次全国地名普查涉密数据保密管理办法》，规定了地名普查涉密数据范围和保密责任、涉密数据使用和审批、涉密环境安全管理、涉密人员管理、涉密数据管理等内容；五是为确保地名普查资金安全规范使用，制定了《第二次全国地名普查专项资金使用管理办法》，对地名普查专项资金的预算编制、分配方案、使用范围、监督检查、绩效评估等提出了明确要求。

（二）落实普查经费和保障。一是落实普查经费。经与财政部沟通协调，

4月23日下拨2015年度第二次全国地名普查中央财政补助资金8.2724亿元。二是发放普查用图。联合总参测绘导航局，完成全国地名普查1∶5万地形图纸质图和矢量数据发放工作，共发放普查地图2.4万幅、12万张。卫星遥感影像数据已完成准备工作，正在组织发放。三是采购普查手持设备。6月完成地名普查手持GPS设备和平板终端设备（各3100台）招标工作，并印发了《关于发放第二次全国地名普查手持终端设备及有关事项的通知》，对地名普查设备、软件和技术服务招标采购等工作提出要求。四是开展普查机房建设。研究制定了机房建设方案，正在进行公开招标。

（三）加强普查培训和宣传。一是扎实搞好普查培训。分别在厦门、昆明、南京、哈尔滨和北京举办5期培训班，就地名标志、地名文化、地名普查数据采集和地形图修测、地名普查成果转化进行专题培训，共培训地方地名普查机构业务骨干600多人。浙江、江苏、广东、吉林等省（区、市）举办了本省（区、市）培训班。二是积极开展普查宣传。召开了第二次全国地名普查宣传工作会议，总结交流了各地普查宣传经验，明确了2015年普查宣传工作要点，研究部署了下一阶段普查宣传工作。联合《光明日报》开展了"寻找最美地名"作品征集活动，其他各项宣传活动也正在积极推进。

（四）深化普查专项和理论研究。一是开展跨界地名专项普查。对跨界自然地理实体地名普查工作进行专题调研，召开专家研讨会，研究制定了《跨界自然地理实体地名普查工作实施方案》，印发了《关于做好跨界自然地理实体地名普查工作的通知》。二是开展地名普查课题研究。结合2015年度区划地名课题研究，委托专家开展跨界地名普查与标准化研究、基于大数据和物联网的地名信息服务、地名普查质量控制管理等地名普查课题研究。三是组织地名普查图书编纂。为深化地名普查理论研究，加强普查成果应用，正组织编纂《中国地名系列图书》和地名普查图、录、典、志两套地名普查图书。

（五）加快普查工作推进步伐。一是加强工作督查。年初普查办制定了《第二次全国地名普查督查工作方案》，明确了督查的范围内容、时间安排和工作要求。同时，印发了《关于开展第二次全国地名普查督查工作的通知》，对全国地名普查督查工作做出安排部署。二是加强工作指导。结合参加地名普查培训班，赴福建、云南、江苏、黑龙江等省实地检查指导普查工作。编发了四期地名普查简报，及时交流各地普查进展情况和做法经验。三是督促资金拨付。印发了《关于尽快下拨第二次全国地名普查中央补助资金的通知》，要求各省（区、市）及时下拨中央资金，积极争取本地资金，做好预算编报，加强资金管理。四是推进软件研发。要求各地按照软件设计规范，加快普查软件研发。目前，天津、河北、辽宁等 15 个省份确定了本省（区）普查软件，山东、河南等省份正在进行普查软件招标与研发。

总体看，全国地名普查工作进展顺利，但各地在普查工作中仍存在一些问题，主要有三方面：一是部分地区经费落实困难。一些地方过度依赖中央补助经费，地方负担的普查经费迟迟落实不到位。二是部分地区普查进展缓慢。个别地区普查工作启动不及时，技术准备不足，进度相对滞后，按时完成普查任务难度大。三是普查专职人员不足。基层民政部门普遍缺乏专职地名干部，现有人员在知识水平和结构上存在欠缺，不适应新时期普查工作要求。

二、下半年工作思路

下半年，我们将牢牢抓住“进度”和“质量”两个关键环节，全面推进各项普查工作，确保圆满完成年度任务。重点抓好七方面工作：

（一）加强组织领导。进一步健全普查工作机制和管理制度，强化组织管理，加强部门配合，建立健全地名普查信息共享机制，确保全国地名普查工作协调统一、有序推进。

（二）抓好重点工作。为落实《国务院关于开展第二次全国地名普查的通知》（国发〔2014〕3 号）“对不规范地名进行标准化处理”的要求，根据《地名管理条例》及实施细则、《地名标志》国家标准等法规标准，抓紧启动不规范地名清理整治，切实解决地名中存在的“大、洋、怪、重”等突出问题。组织开展跨界自然地理实体地名普查，摸清跨界自然地理实体地名底数。进一步加强地名地址管理，推进地名地址库建设步伐。

（三）强化质量管理。落实地名普查质量管理规定和监理办法，出台《地名普查质量评定指标体系》，实施第二次全国地名普查监理，研发普查汇交数据检查软件，加强普查技术指导和质量控制、监理，确保普查质量。

（四）搞好督查指导。按照年度普查工作计划和督查工作方案，进一步强化地名普查计划管理和进度督促，加强业务指导，加快普查进度，确保年底前完成全国 40% 县级政区普查任务。

（五）加强人员培训。增强地名普查培训针对性，重点开展普查专项技术培训。同时，指导地方广泛开展业务培训，确保所有普查人员接受一次系统培训，切实掌握普查知识技能。

（六）加快成果转化。落实普查成果转化规划，探索创新普查成果转化方式，开展地名信息社会服务和政务管理平台建设前期设计和论证，推进地名普查图、录、典、志编纂工作，及早形成普查成果，使社会各界感受到实实在在的普查成效。

（七）加大宣传力度。深入开展地名普查宣传工作，以“地名普查万里行”活动为抓手，重点组织好地名普查微视频（微电影）征集、纪录片拍摄和地名普查进社区活动。制作发放一批普查宣传用品，结合督查工作开展基层普查员慰问活动，广泛宣传普查先进人物、事迹和亮点，形成社会广泛关心、理解和支持地名普查的良好环境。

国务院第二次全国地名普查领导小组办公室

2015 年 7 月 9 日

关于进一步加快推进第二次全国地名普查的通知

国地名普查办发〔2015〕17 号

各省、自治区、直辖市第二次全国地名普查领导小组办公室，新疆生产建设兵团第二次全国地名普查领导小组办公室：

2014 年 1 月国务院印发《关于开展第二次全国地名普查的通知》（国发〔2014〕3 号）以来，各级地名普查机构按照国务院统一安排，认真部署，积极实施，全国地名普查工作正在按计划稳步推进，总体进展顺利。但部分地区工作滞后，影响了全国总体进度。为进一步加快工作推进步伐，确保全国同步完成普查任务目标，现就有关事项通知如下：

一、要进一步增强责任感和紧迫感。2015 年是地名普查全面铺开的第一年，也是关键之年，按计划各省（区、市）要完成 40% 政区的地名普查任务。目前，各地普查进展不均衡，部分省份普查进展缓慢，个别地方甚至尚未完成普查准备工作。各地要进一步深化对地名普查重要意义的认识，以高度的责任感和时不我待的紧迫感，准确把握地名普查目标任务和具体要求，落实责任制，倒排计划表，确保按统一时点、统一标准、统一步调完成普查任务。已经全面开展普查的地区，要抓紧实施，争取提前完成任务；外业普查已启动但个别专项任务暂时滞后的地区，要力争迎头赶上、补齐短板；准备工作还不充分、外业普查尚未启动的地区，务必于 8 月底前完成相关准备，全面实施普查。国务院地名普查办将按照《关于开展第二次全国地名普查督查工作的通知》（国地名普查办发〔2015〕12 号），对各省（区、市）地名普查进展情况进行督查并在全国范围通报。

二、要切实加强质量管理。各地要贯彻落实国务院地名普查办印发的《第二次全国地名普查质量管理规定》（国地名普查办发〔2015〕11 号）和《第二次全国地名普查监理办法》（国地名普查办发〔2015〕13 号），按照国家统一规范和标准，建立完善普查技术支持机制和质量管理制度，加强普查技术指导和质量管理，通过自我检查、巡回检查、专项督查、抽样调查、定期报告、普查监理等多种形式，加强对各普查环节的检查、总结和评估，强化对本行政区域内下级普查机构和普查承担单位的监督，把质量控制贯穿于普查工作的全方位、全过程，保证高质量、高标准完成普查任务。

三、要突出抓好普查重点。普查实施阶段要抓住“进度”和“质量”两个关键环节，统筹推进各项普查工作。要按照《第二次全国地名普查成果转化规划（2015—2020年）》要求，提前谋划好成果转化，研究制定本级地名普查成果转化规划。要科学安排下半年普查实施工作，在按时保质完成面上普查任务的同时，要按照国务院通知和普查实施方案关于“对不规范地名进行标准化处理”的要求，抓紧开展不规范地名清理整治，解决地名中存在的“大、洋、怪、重”等突出问题；要按照《关于开展跨界自然地理实体地名普查工作的通知》（国地名普查办发〔2015〕15号）要求，抓紧推进跨界自然地理实体地名普查，处理好普查中的跨界自然地理实体地名问题；要进一步加强地名地址管理，切实推进地名地址库建设步伐。

四、要着力强化保障措施。各省（区、市）地名普查办要按照《关于尽快下拨第二次全国地名普查中央补助资金的通知》（国地名普查办发〔2015〕9号）要求，及时下拨中央资金，积极争取、尽快落实本级地名普查配套资金。各省（区、市）配套资金情况请于今年10月底前上报我办。要按照《第二次全国地名普查专项资金使用管理办法》要求，加强资金使用管理，确保合规合法用好普查资金。要根据普查实际需要，抓紧普查设备和软件采购或者研发工作，配齐普查物资装备。要进一步加强地名普查队伍建设，优选普查承担单位，充实普查专兼职人员，扎实开展各类业务培训，确保普查人员得到系统培训、合格上岗。

五、要进一步深化宣传交流。各地要按照《第二次全国地名普查宣传工作方案》（国地名普查办发〔2014〕6号）和国务院地名普查办要求，结合普查实施阶段特点，突出宣传重点，创新宣传形式，广泛开展普查宣传。要结合当地实际建立各级技术服务和信息交流平台，不定期组织开展业务交流，讨论普查问题，推广先进经验，促进普查创新，营造良好普查氛围。

六、要深入开展督查指导。各省（区、市）地名普查领导小组要按照国务院地名普查办要求，进一步加大督促检查和现场指导力度。督查组要深入市、县、区、街道、乡、镇、村第一线，检查指导普查工作，特别要加大对少数进展缓慢地区的督导，推动地名普查扎实深入开展。

各省（区、市）地名普查办要分别于 7 月 25 日和 11 月 30 日前将上半年和全年地名普查进展情况报送国务院地名普查办。

国务院第二次全国地名普查领导小组办公室

2015 年 7 月 13 日

关于建立第二次全国地名普查进展情况通报制度的通知

国地名普查办发〔2015〕19号

各省、自治区、直辖市第二次全国地名普查领导小组，新疆生产建设兵团第二次全国地名普查领导小组：

为及时反映各省（区、市）地名普查进展情况，扎实推进全国地名普查工作，国务院第二次全国地名普查领导小组办公室决定建立第二次全国地名普查情况通报制度。现就有关事宜通知如下：

一、通报内容

通报围绕贯彻落实《国务院关于开展第二次全国地名普查的通知》（国发〔2014〕3号）、《第二次全国地名普查实施方案》等文件要求和全国统一安排部署，内容主要包括：

（一）组织领导情况。各地对地名普查作出的安排部署、工作要求和具体措施。

（二）阶段进展情况。地名普查政策创制、资金安排、培训宣传、软件研发等情况，试点地区地名补查和跨界自然地理实体地名普查工作情况，地名普查工作动态、特色亮点和阶段成效，普查中存在的困难和问题。

（三）质量管理情况。各地贯彻落实《第二次全国地名普查质量管理规定》《第二次全国地名普查质量监理办法》等文件要求，开展地名普查质量管理、监理和检查验收等情况。

（四）成果转化情况。各地制定成果转化规划、开展成果转化利用、推进地名公共服务等情况。

（五）典型经验做法。各地在地名普查中总结的典型经验和做法，涌现的先进人物和事迹。

二、通报形式

通报采取定期通报和不定期通报相结合的方式进行。

（一）定期工作情况通报。对各省（区、市）地名普查工作总体进展情况，每季度通报一次。各省（区、市）地名普查办要将本省（区、市）地名普查进展情况于每季度末月 25 日前报送国务院地名普查办。

（二）不定期专项通报。对督查督导、典型经验、工作亮点、突出问题等情况，按照“一事一通报”的原则，根据工作开展情况不定期进行专项通报。

三、工作要求

（一）明确专人负责。各省（区、市）地名普查办要高度重视地名普查信息报送和情况通报工作，确定一名信息员专人负责，并于 9 月 8 日前将信息员名单和联系方式报国务院地名普查办。

（二）及时报送信息。各地要认真统计、梳理和总结本省（区、市）地名普查进展情况和经验做法，按时报送国务院地名普查办。

（三）纳入绩效考评。国务院地名普查办将信息报送和通报情况纳入第二次全国地名普查督查和民政工作综合评估范畴，对成绩突出的予以表扬。

（四）推进普查工作。地方各级地名普查办要将通报制度作为推进地名普查的重要措施，建立本级地名普查进展情况通报制度，通过实施通报工作反映普查情况、发现存在问题、督促责任落实，进一步加快地名普查进程，提高普查质量。

国务院第二次全国地名普查领导小组办公室

2015 年 8 月 27 日

民政部关于开展全国地名地址库试点示范创建活动的通知

民函〔2015〕265 号

各省、自治区、直辖市民政厅（局），新疆生产建设兵团民政局，北京、天津、上海市地名主管部门：

为深入贯彻落实中央关于加强社会公共服务能力建设的要求，根据《国务院关于开展第二次全国地名普查的通知》（国发〔2014〕3 号）、《国务院第二次全国地名普查领导小组关于印发〈第二次全国地名普查实施方案〉的通知》（国地名普查组发〔2014〕1 号）、《国务院第二次全国地名普查领导小组关于印发〈第二次全国地名普查工作规程〉的通知》（国地名普查组发〔2014〕3 号）精神，经研究，决定开展全国地名地址库试点示范创建活动。现就有关事项通知如下：

一、指导思想

以邓小平理论、“三个代表”重要思想、科学发展观为指导，深入贯彻落实习近平总书记系列重要讲话精神，紧密结合第二次全国地名普查和各地“智慧城市”建设实际，积极推进地名地址库建设，加强地名地址管理，充分发挥标准地名地址在经济发展和社会治理中的重要作用，进一步提升社会公共服务能力和水平。

二、目标任务

通过试点示范创建活动，理顺地名地址管理体制，创新管理方式，逐步建立健全目标明确、标准规范、覆盖全面、实用有效的地名地址库，更好地发挥地名地址服务政府、服务社会、服务民生的作用。

三、主要内容

（一）全面收集地名地址信息，建立全面、规范、实用的地名地址信息库。

以地名公共服务工程为基础，结合“智慧城市”建设成果，全面收集地名地址信息，进一步补充完善地名数据库，建立内容齐全、覆盖全域、动态更新、现势性强的地名地址信息库。

（二）依托地名地址信息库，建立在线地名地址管理库。以地名地址信息库和政务版天地图等地理底图为基础，建立内容完备、功能齐全、界面良好、操作简便的地名地址管理库。其主要功能包括：地名属性管理，标准地名地址属性管理，地图图形管理，地名查询、命名、变更、注销，标准地名地址查询、登记、变更、注销，地名命名批准书管理，标准地名地址数据脱密、提取和报送管理，行政区划管理，界线管理等。

（三）完善网络协同机制，建立上下畅通的传输机制。建立统一工作平台，统一谋划，做好顶层设计。建立实时更新、在线管理、服务全面的网络管理与服务协同机制。建立畅通各级政务外网和民政政务网的传输机制。建立以地名地址信息库和地名地址管理库为基础，数据标准统一，符合大数据、大融合要求的资源共享体系。

（四）建立健全地名地址标准管理服务体系。注重工作评估和经验总结，认真研究试点示范中的重点和难点，通过试点示范进一步探索地名地址管理路径。制定符合国家地理信息空间框架平台和“政务云”建设需要的地名地址地方标准、行业标准。待条件成熟后，逐步将地方标准和行业标准转化提升为地名地址国家标准，逐步建立健全地名地址编码体系，全面推进地名地址管理服务规范化建设。

（五）完善地名法规，理顺地名地址管理体制。进一步完善以行政区划名称、街路巷名称和楼门牌名称管理为主要内容的地名地址法规体系，以地名法规、地方规章和规范性文件为依据，以第二次全国地名普查为契机，理顺地名地址管理体制，逐步建立健全地名主管部门统一管理行政区划名称、街路巷名称和楼门牌名称的制度体系，逐步形成统一发布地名地址信息、统一开展地名地址应用和服务的工作机制。

四、方法步骤

试点示范创建活动坚持“积极指导、统一部署、上下联动、各司其职”的原则，择优选择当地政府重视、参与积极性较高的地市级政区进行为期 3 年的全国地名地址库试点示范创建活动。

（一）试点示范申报（2015 年 8 月至 2015 年 9 月）。以省（自治区、直辖市）地名主管部门为申报主体，以地市级政区为试点示范单元，在充分论证的基础上，分类、分层次遴选试点示范地区，在东中西部地区，根据经济社会发展情况和地名管理实际情况，东部每个省份申报不少于 2 个试点示范地区，中西部每个省份申报不少于 1 个试点示范地区，此次活动上报截止时间为 2015 年 9 月底。

（二）试点示范创建（2015 年 10 月至 2017 年 10 月）。紧密结合第二次全国地名普查，将该项工作与地名普查工作同部署、同落实、同保障，相关保障经费从各地普查经费中列支，或积极争取当地财政支持。试点示范地区要按照试点示范工作总体要求，结合实际制定试点示范创建具体实施方案，按照地名普查成果“边普查边利用”的原则，狠抓各项措施的落实，确保试点示范创建活动顺利开展。

（三）试点示范评估（2017 年 11 月至 2018 年 6 月）。各省级地名主管部门和试点示范地区要高度重视试点示范成效评估。试点示范结束后要成立试点示范评估领导小组，制定评估实施方案，着重从试点示范组织领导、系统建设和试点示范服务效果等三方面总结评估，形成自评报告，及时上报民政部。民政部在各省份自评基础上，采取引入第三方、抽查等方式进行综合评估，并从中确定一批地名地址库试点示范地区。

五、相关要求

（一）提高认识。开展全国地名地址库试点示范创建活动，是积累地名地址管理经验的过程，是推进我国地名地址管理的重要基础，是提升社会公共服务能力的重要举措。建立地名地址库，加强地名地址管理，既是第二次全国地名普查的重要内容，也是当前和今后地名管理的重点工作。各地要高度重视，充分认识试点示范创建活动的重要性、必要性和紧迫性，加强协调，狠抓落实，确保试点示范创建活动顺利开展。

（二）积极组织。试点示范创建地区要加强领导，配备精干力量，统筹规划，周密部署，采取有力措施，确保试点示范创建活动顺利实施。要在试点示范过程中，积极争取公安、财政、规划、测绘、信息化等相关部门的支持，加强合作，形成合力，及时解决试点示范过程中遇到的困难和问题，共同推进试点示范创建活动。

（三）务求实效。试点示范地区要结合实际，深入开展调查研究，科学论证实施方案，扎实推进各项工作，及时总结试点示范经验，确保方向正确、思路清晰、保障有力、成果明显。民政部将采取督促指导和总结评估相结合的方式，加强对试点示范创建活动的指导、检查和验收，确保试点示范创建活动取得实效。

附件：全国地名地址库试点示范创建活动申报表

民政部

2015 年 8 月 27 日

联 系 人：民政部区划地名司　王腾
联系电话：010–58123229
传　　真：010–58123231
邮　　箱：wangteng@mca.gov.cn

附件

全国地名地址库试点示范创建活动申报表

<table>
<tr><td rowspan="5">试点地区</td><td>政区名称</td><td colspan="5"></td></tr>
<tr><td>地名主管单位</td><td colspan="5"></td></tr>
<tr><td>分管领导</td><td></td><td>职　务</td><td></td><td>联系电话</td><td></td></tr>
<tr><td>联系人</td><td></td><td>职　务</td><td></td><td>联系电话</td><td></td></tr>
<tr><td>电子信箱</td><td colspan="3"></td><td>传　　真</td><td></td></tr>
<tr><td>地名
地址库
现有
基础</td><td colspan="6">填写提示：1. 地名法规和管理体制基础。2. 地名地址信息化及“数字城市”建设基础。3. 资金保障基础。4. 地市级政区与县级政区的协同性基础。</td></tr>
</table>

续表

具体 实施 方案	
试点地区 地名主管 单位意见	负责人（签字）：　　年　月　日 （公章）
省（自治 区、直辖 市）地名 主管部门 意见	负责人（签字）：　　年　月　日 （公章）
民政部 审批 意见	

关于开展“地名情 中国梦”全国地名普查微视频（微电影）征集活动的通知

国地名普查办发〔2015〕20 号

各省、自治区、直辖市第二次全国地名普查领导小组办公室，新疆生产建设兵团第二次全国地名普查领导小组办公室：

为进一步加强第二次全国地名普查宣传，营造良好地名普查氛围，国务院第二次全国地名普查领导小组办公室于 2015 年 9 月—11 月组织开展“地名情 中国梦”全国地名普查微视频（微电影）征集活动。现将《“地名情 中国梦”全国地名普查微视频（微电影）征集启事》发给你们。请按照有关活动要求，广泛发动本省（区、市）地名普查机构、地名普查人员和广大微视频（微视频）爱好者，积极拍摄、制作、提交反映本省（区、市）地名普查和地名文化故事的微视频、微电影。各级地名普查网站要开设专栏链接征集活动网址，扩大活动影响力和吸引力，更好宣传展示地名普查成果和地名文化。

附件：“地名情 中国梦”全国地名普查微视频（微电影）征集启事

国务院第二次全国地名普查领导小组办公室

2015 年 8 月 28 日

“地名情 中国梦”全国地名普查微视频（微电影）征集启事

一个地名，就是一段历史。

一个地名，就是一种文化。

一个地名，就是一个流传千年的故事。

为更好促进地名普查、弘扬地名文化，国务院第二次全国地名普查领导小组办公室组织开展“地名情 中国梦”全国地名普查微视频（微电影）征集活动，现面向社会广泛征集有关地名微视频（微电影）作品。

一、征集对象

本次活动面向全国微视频拍摄爱好者、微电影创作者和地名普查工作者，以个人或团队方式参赛均可。

本次活动设微电影组（专业组）和微视频组（业余组）。参与者不限国籍、地域、年龄、职业和专业。

二、征集内容

1. 地名普查工作类

——最美地名普查员：记录、展示地名普查员开展地名普查工作的形象、风采和事迹。

——地名普查进行时：记录、展示普查相关部门和工作队伍调查地名情况，规范化处理地名、设置地名标志、建立地名普查档案、开展地名普查宣传工作的先进经验和典型事迹。

——地名普查成果展：记录、展示地名普查成果转化工作。包括编纂地名图、录、典、志等出版物，建立、完善各级区划地名数据库，开展地名信息化服务等。

2. 地名文化故事类

——家乡地名情：以家乡的风土人情、山川之美、著名建筑等为拍摄对象，挖掘地名历史典故，叙述古今变迁历程，透视民风民俗，畅谈里巷地名文化，宣传当地独特的地域文化。

——红色地名情：以弘扬红色地名文化为主题，挖掘、展示革命、建设、改革时期的英雄地名、人物和事迹。

——丝路地名情：以“一带一路”沿线著名关隘、重镇、驿站、城市作为拍摄对象，通过寻找遗迹、探寻起源、解读地名、剖析地理、挖掘典故、叙述变迁、展示风光、趣谈今昔、展望未来宣传地名文化，促进区域合作与发展。

——地名遗产情：挖掘千年古县（古都、古镇、古村落）地名遗产，少数民族语、甲骨文、金文地名的历史典故，探寻历史建筑遗迹，叙述古今变迁历程。

三、征集要求

1. 作品要求

形式：微视频（微电影）成品。

内容：参赛作品须为原创，导向正确、主题积极健康向上、遵守国家法律法规。

格式：视频格式可为 MPEG、AVI、MOV、WMV、MP4、3GP、RMVB 格式，格式大小控制在 1G 以内。

时长：微视频作品限定在 5 分钟以内，微电影作品限定在 10 分钟以内。

2. 提交方式

（1）登陆国家地名普查网（http：//dmpc.mca.gov.cn/）、民政部网站（http：//www.mca.gov.cn/）或中国行政区划网（http：//www.xzqh.org.cn/）在“地名情 中国梦——全国地名普查微视频（微电影）征集活动”栏目上传作品。

（2）将作品电子版发送至活动邮箱：dimingqing@163.com。

（3）将作品刻录光盘，邮寄至活动办公室。（地址：北京市东城区北河沿大街 147 号民政部区划地名司，邮编：100721）

3. 有关事项

作品报送截止时间为 2015 年 10 月 31 日。

所有报送的作品著作权归作者所有，国务院地名普查办、民政部区划地名司、中国地名文化遗产保护促进会有使用权和传播权。

四、奖项设置

地名普查工作类微视频奖项：一等奖 1 名（3000 元）、二等奖 2 名（1500 元）、三等奖 3 名（1000 元），优秀作品奖 10 名（500 元）；

地名文化故事类微视频奖项：一等奖 1 名（3000 元）、二等奖 2 名（1500 元）、三等奖 3 名（1000 元），优秀作品奖 10 名（500 元）；

地名普查工作类微电影奖项：一等奖 1 名（5000 元）、二等奖 2 名（2000 元）、三等奖 3 名（1500 元），优秀作品奖 10 名（600 元）；

地名文化故事类微电影奖项：一等奖 1 名（5000 元）、二等奖 2 名（2000 元）、三等奖 3 名（1500 元），优秀作品奖 10 名（600 元）。

五、组织机构

本活动由国务院第二次全国地名普查领导小组办公室主办，中国地名文化遗产保护促进会承办。

六、时间安排

2015 年 9 月至 10 月下旬，征集作品将通过官方平台放映；放映期间，公众可通过登录官方网站评选优秀影片。

2015 年 11 月初，网络投票截止，届时将综合专家评审和网友投票，评选出获奖作品。

2015 年 11 月下旬，将组织举办全国地名普查微视频（微电影）展示活动及地名文化研讨会。

七、联系方式

联 系 人：皮志维、鹿鸣

联系电话：010–58123210

邮　　箱：dimingqing@163.com

地　　址：北京市东城区北河沿大街 147 号 100721

国务院第二次全国地名普查领导小组办公室关于印发宫蒲光副部长在第二次全国地名普查工作交流促进视频会议上的讲话的通知

国地名普查办发〔2015〕23 号

各省、自治区、直辖市第二次全国地名普查领导小组办公室，新疆生产建设兵团第二次全国地名普查领导小组办公室：

2015 年 9 月 16 日，国务院第二次全国地名普查领导小组办公室在北京召开第二次全国地名普查工作交流促进视频会议。国务院第二次全国地名普查领导小组副组长兼办公室主任、民政部副部长宫蒲光出席会议并讲话。现将讲话印发你们。请认真学习，深刻领会，深入贯彻落实，采取有力措施，进一步加大地名普查工作力度，按时保质完成地名普查任务。

国务院第二次全国地名普查领导小组办公室

2015 年 9 月 17 日

宫蒲光副部长在第二次全国地名普查工作交流促进视频会议上的讲话

（2015 年 9 月 16 日）

同志们：

2014 年 1 月，国务院决定开展第二次全国地名普查。去年，各地完成了普查准备阶段任务。今年 1 月，普查进入全面实施阶段。目前，各级地名普查机构正按照全国统一安排部署，紧张有序地推进各项普查工作。今天召开会议，主要目的是通报各地普查进展情况，总结经验，分析形势，查找不足，研究对策，进一步加快推进全国地名普查工作。刚才，山东、湖北、重庆三省（市）介绍了地名普查工作经验，讲的都很好。柳拯同志通报了各省（区、市）地名普查进展情况，指出了存在的问题。下面，我讲三点意见。

一、切实加快地名普查推进步伐

第二次全国地名普查是国务院决定开展的重要国情调查，意义重大，影响深远。当前，地名普查已进入全面实施阶段。这一阶段是普查的主体阶段，工作任务多、政策性强、技术要求高，其成效决定整个地名普查的成败。各地要从战略高度和长远角度，进一步提高对地名普查重要性的认识，以高度的责任感和使命感，加速推进地名普查工作。

（一）要清醒认识普查实施阶段的艰巨性和紧迫性。普查全面实施阶段要开展资料收集、实地踏勘、数据采集、地名标准化处理、地名标志设置、地名数据库建设、成果转化应用等多项工作，任务多，时间紧，对各级地方政府特别是地名主管部门的执政能力和办事效率都是一次严峻的考验。特别是一些地区自然环境复杂、交通通信不便、普查条件较差，加上目前各级地名主管部门存在人员相对不足、能力相对薄弱、技术手段相对落后等不利因素，完成普查的任务非常艰巨。各级地名普查机构要充分认识全面实施地名普查的复杂性、艰巨性和紧迫性，从战略高度认识第二次地名普查工作的重要意义，从不折不扣贯彻落实国务院决策部署的高度看待这项工作，把地名普查作为当前民政工作、地名工作的重中之重，采取有力措施，抓紧抓好，抓出实效。

（二）要认真总结前期地名普查成效和经验。普查启动以来，各级地名普查机构高度重视，周密部署，积极推进各项普查工作。国家层面印发了普查实施方案和工作规程，落实了中央补助资金，免费发放了普查用图和手持设备，出台了地名普查质量管理、监理、软件设计、成果转化、资金使用管理、保密管理等文件，部署了试点地区地名补查、跨界自然地理实体地名普查等任务，对全国地名普查进行了全面系统安排。地方层面，各地成立了普查机构，建立了普查队伍，基本落实了普查经费和各项保障措施；出台了有关工作方案、细则和技术规范，进一步细化了普查标准和要求；广泛开展了资料搜集整理，推进了外业调查，部分地区已完成外业工作，取得了初步成效。回顾总结普查试点和前期工作，主要积累了五个方面经验：一是在组织实施上，坚持科学安排、层层落实，通过实行阶段目标管理，层层分解任务，定期检查落实，确保了普查的有序开展；二是在技术指导上，注重多措并举、讲求实效，通过综合利用编发辅导资料、现场指导、网络答疑等多种形式，及时帮助基层一线解决实际问题；三是在质量管理上，强调细化制度、严格审核，通过建立质量控制体系，建立多级审核机制，严格监控每个环节质量，确保各环节数据准确规范；四是在工作方式上，突出综合协调、科技创新，通过借助社会力量，运用市场机制，使用GPS、数码影音等现代设备，探索创新了不少有效的普查办法和手段。五是在内容安排上，坚持因地制宜、突出特色，充分挖掘、发挥地方资源优势，突显地域文化，涌现了许多工作亮点。这些经验和做法，为全面实施普查奠定了良好基础，今后要继续坚持和发扬。这里还要强调一点，这段工作取得的成效，离不开国务院第二次全国地名普查领导小组坚强有力的领导，离不开领导小组各成员单位的鼎力支持、相互配合和共同努力。借此机会，我代表领导小组办公室向各地参与地名普查工作的领导和同志们，向领导小组成员单位的同志们表示衷心的感谢和崇高的敬意！

（三）要及时解决地名普查面临的困难和问题。从各地情况看，当前普查工作中还存在一些困难和问题，主要表现在四个方面：一是在进度方面，各地进度不均衡，海南、贵州、四川、青海等地区进度严重滞后，有的市县尚未开展外业调查。二是在保障方面，一些地方经费落实尚未到位，吉林、贵州、西藏、新疆等省区今年省级财政普查资金没有安排。一些地方基础准备工作尚未就绪，北京、山西、内蒙古、辽宁、江苏、福建、江西、山东、湖北、海南、四川、青海、宁夏等省份普查软件研发尚未完成。三是在管理方面，一些省份组织实施制度还不完善，质量管理体系还不健全，普查管理和监督还不够严格，个别环节存在质量隐患。四是在队伍方面，许多省份普查专职人员不足，现有人员在实施水平和知识结构上存在欠缺，不适应新时期普查工作需要。存在这些问题的原因，主要是一些地方从政府到民政部门对普查不够重视，存在刚才湖北省同志在交流中讲的“上热下冷、内热外冷”的问题，存在“等靠要”的依赖思想，对工作困难预判不足，工作部署和提前准备不够。对于这些问题，各地政府和地名主管部门要根据通报的情况，对号入座，找出差距，高度重视，立即整改，尽快解决。

二、扎实完成2015年度地名普查任务

今年是地名普查全面铺开的第一年，按计划各省（区、市）要完成40%

政区的地名普查任务，这是李立国部长代表领导小组提出的明确要求。今年的时间已过大半，各地一定要按照全国统一部署和要求，进一步加大工作力度，加快工作进度，确保圆满完成今年工作任务。

（一）要加强组织管理，加快普查进度。地名普查是全国“一盘棋”的系统工程。各地要切实加强组织领导和进度管理，确保按照全国统一时点、统一要求和统一步调完成普查任务。一是要立即行动。工作开展滞后的省市区，要针对目前工作滞后的现状，立即安排部署本省市区普查工作，采取特殊有效措施，尽快在短期内迎头赶上，补齐短板，缩小差距，切实完成国务院领导小组既定的进度安排，决不能因为个别地方工作延误而影响全局工作进展。二是要科学安排。要根据地名普查实施方案和年度计划，及时调整工作安排，分类采取措施，有效破解制约普查进展的困难和问题。已经全面开展普查的地区，要抓紧实施，争取提前完成任务。三是要落实责任。各级地名普查办要切实承担起组织实施责任，进一步健全工作机制和管理制度，落实工作责任制，建立自上而下、层层抓落实的目标责任体系，明确每项任务、每个环节的执行单位和责任人，确保每项措施得到不折不扣的落实。四是要加强督导。民政部已将地名普查列为重点督查项目，国务院地名普查办印发了《关于开展第二次全国地名普查督查工作的通知》，正在陆续派出督查组进行督查。对普查严重滞后的省份，国务院地名普查办领导将约谈省地名普查办负责同志。地方各级普查办也要组成工作组，深入县、市、区、乡镇、街道、村庄普查第一线，加强督促检查和指导。特别要加大对进展缓慢地区的督导，推进地名普查扎实开展。五是要考评绩效。民政部已把地名普查作为重点工作列入《2015年民政工作综合评估方案》，年终将进行重点考核评估。国务院地名普查办建立了通报制度，每季度通报一次各地普查进展情况。各地要进一步加强普查绩效管理，形成考核奖励机制，根据普查进度、成效进行奖惩，充分发挥考评的引导和激励作用。

（二）要强化质量管控，确保普查质量。质量是普查的生命。各地要切实加强质量控制，全力打造地名普查精品优质工程。一是要进一步提高质量意识。要强化质量第一的观念，认真开展地名调查、搜集和考证，细致准确实施外业调查，如实记录和填报每一个地名信息。该到实地采集的数据，一定要到实地进行全面、细致的调查，切实保证普查数据的真实性、准确性、全面性和现势性。二是要健全制度规范。各地要按照国务院地名普查办出台的地名普查质量管理规定、监理办法等文件要求，进一步完善普查质量管理制度，筑牢质量管理“防线”。三是要严格过程管理。要强化普查过程管理和监理，前移质量关口，严格审核把关，加强检查验收，通过自我检查、专项督查、抽样调查、定期报告等多种形式，加强对各个普查环节的监督检查，将质量控制贯穿于普查工作的全方位、全过程。

（三）要落实保障措施，强化普查保障。保障到位是开展普查工作的基本前提。尽管普查准备工作阶段已结束，但一些地方仍存在保障措施不到位、不充分的问题。各地要进一步加大保障力度，为开展普查提供有力支撑。在资金方面，要按照《关于尽快下拨第二次全国地名普查中央补助资金的通知》要求，及时下拨中央补助资金。地方配套资金不到位或落实不好的省市区要积极争取、尽快落实本级普查经费。要按照《第二次全国地名普查专项资金使用管理办法》要求，加强资金使用管理，确保依法依规合理高效用好普查资金。在物资方面，国家下发的资料、设备不能满足普查需要的地方，要抓紧采购普查设备，研发普查软件，尽快配齐普查所需技术设备，确保普查顺利进行。

（四）要加强队伍建设，提升普查能力。持续建设一支高素质的普查队伍，是完成地名普查的基础保证。各地要继续加强普查队伍建设，千方百计提高普查人员素质能力。一是要充实普查人员。各地要通过抽调、借调或政府购买服务等多种形式保证足够的普查工作人员。根据不同岗位和业务需要，坚持专业队伍和社会力量相结合、专职人员和兼职人员相结合，广开渠道，广纳人才，充分吸收各方力量参与地名普查，形成普查合力。二是要扎实搞好培训。去年以来，国家和省级层面相继举办了多期培训班，基本完成了对各级地名普查业务骨干的培训。各地要将培训工作重心逐步下移，重点针对一线普查员进行技术培训，按时、按需、高效组织好普查培训。同时，要建立各级信息交流和学习平台，及时总结推广创新经验，提高普查人员的政策水平和业务素质。三是要加强队伍管理。要建立完善业务学习制度、工作情况报告制度、工作目标管理制度和考核奖励等制度，规范普查人员工作行为。要关心普查人员工作和生活，认真研究解决基层普查队伍中的实际困难，对业绩突出人员适时给予表扬奖励，激励他们高质量、高效率地完成普查任务。

（五）要搞好普查宣传，营造良好氛围。要根据地名普查和管理需要，按照“围绕普查搞宣传，搞好宣传促普查”的总体要求，广泛深入开展普查宣传。一是要搞好宣传活动。组织开展“地名普查微视频（微电影）征集”“普查宣传进社区（公园）”等宣传活动，通过活动讲好地名故事，感知地名文化。二是要深化地名研究。要及时组织开展地名理论研究，编纂地名理论书籍、地名图录典志、地名普查纪实等图书，通过理论研究推进普查、深化普查。三是要丰富宣传方式。要结合各地实际，精心设计制作有地方特色的地名普查宣传海报、广告、图册等宣传品，利用好电视、广播、互联网、手机、报纸、杂志等媒体，通过多途径、多角度立体式宣传地名普查，形成全方位、多层次的宣传格局，使地名普查更接地气、聚人气。

三、全面推进各项地名管理工作

地名普查是一项综合性、系统性工作，除查清地名信息外，还包含地名标准化、地名标志设置、地名数据库建设、地名文化保护等多项内容。各地要处理好地名普查与地名管理、服务和文化建设的关系，利用普查契机全面促进各项地名工作。

（一）规范地名标准化处理，提高地名标准化水平。一是认真做好地名审定工作。对普查的地名，要在充分调查论证基础上，依据地名管理法规标准审定标准地名，明确标准地名书写和读音。二是开展不规范地名清理整治。对“大、洋、怪、重”等不规范地名进行清理整治，既是这次地名普查的重要内容，也是规范地名管理的必要手段。国务院地名普查办即将在全国范围内部署开展不规范地名清理整治工作。各地要紧密结合地名普查工作，认真清理整治不规范地名，切实解决群众反映强烈的地名乱象问题。三是搞好跨界地名普查。要按照国务院地名普查办印发的《跨界自然地理实体地名普查工作实施方案》，在推进地名普查过程中搞好跨界自然地理实体地名普查。对其他类跨界地名，也要分层分类做好相应普查和数据处理工作。

（二）加强地名标志设置，完善地名标志导向体系。一是要做好地名标志普查登记。对新设以及原有地名标志要进行位置测量并拍摄照片，填写地名标志登记表，录入地名数据库，为开展地名标志精细化管理奠定数据基础。二是要加大地名标志设置力度。要根据城乡发展规划和建设实际，周密制定地名标志设置方案，依照国家有关法规标准及时设置地名标志，形成城乡一体、衔接有序的地名标志导向体系。三是要建立长效管护机制。要进一步完善地名标志管理法规制度和标准规范，理顺管理体制，明确管护责任，形成动态机制，确保地名标志达标规范、常在常新、发挥作用。

（三）深化普查成果转化，提升地名管理服务能力。一是建好各级国家区划地名数据库。要利用普查获取的最新数据，完善区划地名数据库，开发建设地名管理政务平台和地名信息服务平台，加强信息资源整合利用，提高地名管理服务信息化水平。二是推进地名地址库试点。各地要按照《民政部关于开展地名地址库试点示范创建活动的通知》要求，积极申报，抓紧试点，将地名地址库建设与“建立、完善各级区划地名数据库”的地名普查任务一体推进，为加强地名地址管理积累经验，打好基础。三是完善地名公共服务体系。要进一步深化地名公共服务工程建设，推进地名公共服务示范创建，积极引入市场机制和社会力量，创新服务方式，拓展服务领域，利用普查成果开展多种形式的地名服务，使社会各界真正感受和使用到实实在在的地名普查成果。

（四）深入挖掘地名文化，促进地名文化繁荣发展。一是要坚持以文化引领普查。地名普查要强化文化理念，弘扬文化精神，深入挖掘和保护地名文化遗产。普查中要特别注意不能遗漏历史地名，使地名普查更好地体现文化特色。二是要坚持以普查推动地名文化。要充分利用地名普查资料，梳理、挖掘地名文化资源，编辑出版一批地名遗产、地名故事等图书，开发地名文化产品，为社会提供更加丰富多彩的地名文化服务。三是着力打造地名文化亮点。要结合“一带一路”建设等国家战略，根据地域文化特点，积极打造具有地方和民族特色的地名文化。

同志们，开展第二次全国地名普查是当前各级政府的一项重要任务，是地名工作的中心任务，更是广大地名工作者的光荣使命，时间紧迫，任务艰巨。我们要以对国家、对人民负责的态度，在已有工作基础上，全力以赴，扎实工作，按时保质完成各项普查任务，全面加强和改善地名管理，为全面建成小康社会做出我们应有的贡献。

国务院第二次全国地名普查领导小组办公室关于第二次全国地名普查进展情况通报

国地名普查办发〔2015〕24号

各省、自治区、直辖市第二次全国地名普查领导小组办公室，新疆生产建设兵团第二次全国地名普查领导小组办公室：

为及时反映各地普查进展情况，加快推进全国地名普查，根据国务院第二次全国地名普查领导小组办公室《关于建立第二次全国地名普查进展情况通报制度的通知》(国地名普查办发〔2015〕19号)要求，现将各省(区、市)地名普查进展情况通报如下：

一、建立组织体系。各地高度重视地名普查，积极加强组织领导。一是成立普查机构。除海南省外，各省(区、市)均成立了第二次全国地名普查领导小组及其办公室。二是形成工作机制。各级地名普查机构明确了内部职责分工，制定了工作规则，形成了日常管理制度。三是加强技术支持。北京、天津、河北、辽宁、黑龙江、浙江、安徽、江西、山东、河南、湖北、湖南、重庆、云南、甘肃、宁夏、新疆17个省份和新疆兵团建立了省级地名普查专家咨询委员会或专家组，河南、湖北、湖南等省份和新疆兵团明确了省级地名普查技术支持单位。

二、健全制度规范。各省(区、市)制定了省级《第二次全国地名普查实施方案》和《第二次全国地名普查工作规程》。辽宁、安徽、山东、河南、湖北、湖南、云南、西藏、陕西、宁夏10个省份和新疆兵团出台了地名普查实施细则或技术方案。吉林、安徽、福建、江西、山东、湖北、湖南、广东、重庆、云南10个省份出台了规范地名普查购买服务的文件。河南、湖北、海南、云南、新疆等省份制定了普查软件技术规范，湖南制定了普查成果检查验收与质量评定规定、数据库建设等技术标准，西藏制定了普查成果验收标准。

三、落实保障措施。在资金方面，2015年中央财政拨付地名普查中央补助资金 8.2724 亿元。各省（区、市）按照因素分配法制定了资金分配方案，除上海、北京外，各省（区、市）均已将中央补助资金拨付到市县。20 个省级财政落实了省级普查经费，河北、辽宁、福建、山东、广西、云南的省级财政安排资金超过 1000 万元。在人员方面，多数省（区、市）和县（市、区）组建了地名普查队伍，配备了专兼职人员，举办了普查培训班，提高了普查人员能力。在软件方面，各地按照国务院地名普查办软件设计规范要求，积极推进软件研发。其中，天津、河北、吉林、黑龙江、上海、浙江、安徽、河南、湖南、广东、广西、重庆、贵州、云南、西藏、陕西、甘肃、新疆 18 个省份和新疆兵团完成了软件研发，其中天津、吉林、上海、浙江、广西、云南、西藏、甘肃已将软件下发市县使用。在物资方面，国务院地名普查办免费发放了普查用图、数据和手持终端设备，地方各级普查办配备了办公用房、电脑、GPS 等普查设备，上海、江苏、湖南、广西、甘肃等省份根据普查需要发放了 1 : 1 万或更大比例尺地图，为开展普查提供了必要的物资保障。

四、营造良好环境。各省（区、市）积极开展地名普查宣传。北京、内蒙古、黑龙江、浙江、江苏、福建、山东、湖北、云南、甘肃、青海、宁夏、新疆 13 个省份和新疆兵团出台了省级地名普查宣传工作方案。各省（区、市）普遍建立了地名普查网站或专栏。大多数省份制作、发放了普查海报、宣传单、宣传册等资料，编发了普查简报，利用多种媒体开展了多种形式宣传。山西、江西、湖北、陕西等地开展了普查宣传月、宣传周活动。

五、推进普查实施。各省（区、市）普遍开展了资料搜集整理工作，北京、广东等省份印发了资料收集工作指导文件，北京、浙江、山东、湖南、广西、甘肃、陕西等省份完成了市级和区县层面资料收集工作。天津、内蒙古、浙江、福建、广西、重庆、西藏、甘肃等省份开展了外业调查工作。各级地名普查办不断加强督查指导，福建、山东、河南、湖北、重庆、四川、陕西、新疆等省份召开了普查工作推进会，天津、山东、广东、广西、湖北、湖南、西藏、陕西等省份编制了地名普查工作指导手册，内蒙古、浙江、安徽、福建、山东、河南、湖北、湖南、重庆、广西、甘肃、青海等省份成立督查组，对县（市、区）地名普查进行了现场指导。

六、加快成果转化。河南、重庆、西藏、新疆出台了本省（区、市）地名普查成果转化规划，海南完成了规划制定，山西、江苏、浙江、江西、新疆兵团正抓紧推进规划编制工作，湖北下发了《地名普查成果转化任务解析》。

山西、江西、新疆兵团启动了地名志编纂工作。

从督查和各地报送情况看，当前地名普查工作中主要存在四方面问题：一是普查进度不均衡。大多数省（区、市）开展了普查实施阶段工作，但仍有一些省份准备工作滞后，尚未进行外业调查，北京、山西、内蒙古、辽宁、江苏、福建、江西、山东、湖北、海南、四川、青海、宁夏13个省份尚未确定普查软件。二是经费落实不到位。黑龙江、上海、江苏、湖南、西藏、宁夏等省份中央补助资金拨付速度较慢。吉林、贵州、西藏、新疆等省份今年省级财政没有安排普查资金。内蒙古、江西、河南、宁夏等省份省级普查资金预算尚未落实。黑龙江、安徽、海南、陕西、青海等省份和新疆兵团的省级财政安排普查资金不足200万元。不少市县普查经费落实困难，严重依赖中央补助资金。三是普查专业力量不足。各级地名普查机构普遍缺乏专业人员，个别县级普查机构没有配备专业人员。四是长远谋划不够。对基础性、宏观性、长远性工作考虑不足，特别是对成果转化谋划不够，多数省份尚未出台《地名普查成果转化规划》。

下一步，各地要进一步增强责任感和紧迫感，认真总结前期工作，深入分析存在问题，进一步加大工作力度，加强普查质量管理，强化普查保障措施，确保今年完成40%政区的地名普查任务。

国务院第二次全国地名普查领导小组办公室

2015年9月17日

关于个别单位冒用国家或民政部名义违规承揽地名普查项目的情况通报

国地名普查办发〔2015〕25 号

各省、自治区、直辖市第二次全国地名普查领导小组办公室，新疆生产建设兵团第二次全国地名普查领导小组办公室：

近期，有地方反映，昆山频道网络服务有限公司打着“国家”或“民政部”的旗号，以“国家地名数据库软件技术服务中心”的名义承揽部分省份第二次全国地名普查项目，收费牟利。这种冒用国家或民政部名义承揽普查项目的行为，严重误导了地方地名普查工作，损害了民政部和国务院地名普查办形象。经查，2006—2010 年实施地名公共服务工程期间，昆山频道网络服务有限公司与民政部曾有合作关系，但随着地名公共服务工程各项任务的完成，该公司与民政部没有进一步的合作，民政部和国务院地名普查办也没有再委托其参与或承担包括第二次全国地名普查在内的其他相关工作。该公司于 2008 年 10 月登记成立民办非企业单位“国家地名数据库（昆山）软件技术服务中心”（苏昆民证字第 010125 号），其机构名称没有字号，含有可能对公众造成欺骗或误解的文字和内容，涉嫌违反民办非企业单位名称管理有关规定。2015 年 9 月 16 日，民政部办公厅向江苏省民政厅下发《民政部办公厅关于请依法处理“国家地名数据库（昆山）软件技术服务中心”名称登记等有关问题的函》（民办函〔2015〕343 号），要求督促昆山市民政局认真核查，依法处理。为切实消除影响、规范地名普查服务外包业务，我们重申：国务院地名普查办没有委托或授权任何第三方在地方开展地名普查数据处理、检查汇交和软件技术服务工作。除《国务院第二次全国地名普查领导小组办公室关于成立第二次全国地名普查专家咨询委员会的通知》（国地名普查办发〔2014〕5 号）确定的技术支持单位外，国务院地名普查办没有增加新的全国地名普查技术支持单位。各地地名普查办要切实履行职责，在软件研发、服务外包等工作中严格执行国家有关规定，强化服务提供商资质审核，防止被误导利用。

国务院第二次全国地名普查领导小组办公室

2015年9月18日

民政部关于确定全国地名地址库试点示范创建地区的通知

民函〔2015〕326号

各省、自治区、直辖市民政厅（局），新疆生产建设兵团民政局，北京、天津、上海市地名主管部门：

根据《民政部关于开展全国地名地址库试点示范创建活动的通知》（民函〔2015〕265号），在各省级地名主管部门组织申报和初审基础上，经审核，现确定天津市北辰区等39个市（区、县、自治州）为全国地名地址库试点示范创建地区（名单见附件）。为做好试点示范创建工作，现就有关事项通知如下：

一、明确目标任务。各地要按照《民政部关于开展地名地址库试点示范创建活动的通知》要求，紧密结合第二次全国地名普查和当地实际，全面推进地名地址库建设，理顺管理体制机制，进一步提高地名地址管理服务水平。

二、突出工作创新。各地要树立标准化、信息化、精细化管理理念，突出试点示范创建的前瞻性、先进性和科学性，加强技术研发和应用，积极采用大数据、云计算、物联网、GIS等技术，开发网络查询、移动应用等新服务，探索地名地址管理服务新模式，推进地名地址管理服务创新发展。

三、抓好组织实施。各地要精心谋划，周密部署，狠抓落实，积极创建精品项目。民政部将加强对试点示范创建活动督查指导，适时组织检查评估，总结推广好的经验做法，制定完善相关政策标准，推动地名地址库建设全面开展。各地要将试点示范创建工作方案、进展情况以及工作中形成的相关材料及时报送民政部区划地名司。

附件：全国地名地址库试点示范创建地区名单

民政部

2015年11月3日

附件：

全国地名地址库试点示范创建地区名单

天津市：北辰区、和平区
河北省：石家庄市
山西省：长治市
内蒙古自治区：包头市
辽宁省：大连市、朝阳市
吉林省：延边朝鲜族自治州
黑龙江省：哈尔滨市
上海市：崇明县
江苏省：苏州市、镇江市
浙江省：杭州市、宁波市、嘉兴市、台州市
福建省：厦门市、莆田市
江西省：新余市
山东省：烟台市、潍坊市
河南省：焦作市
湖北省：黄石市
湖南省：长沙市
广西壮族自治区：南宁市、防城港市
海南省：三亚市
重庆市：丰都县
四川省：遂宁市、南充市
贵州省：贵阳市
云南省：西双版纳傣族自治州
西藏自治区：噶尔县
陕西省：铜川市
甘肃省：兰州市
青海省：西宁市
宁夏回族自治区：银川市
新疆维吾尔自治区：克拉玛依市
新疆生产建设兵团：北屯市

国务院第二次全国地名普查领导小组办公室关于印发《第二次全国地名普查质量评价体系》的通知

国地名普查办发〔2015〕27号

各省、自治区、直辖市第二次全国地名普查领导小组办公室，新疆生产建设兵团第二次全国地名普查领导小组办公室：

为加强质量管理，规范第二次全国地名普查工作，国务院第二次全国地名普查领导小组办公室制定了《第二次全国地名普查质量评价体系》，现印发给你们，请遵照执行。

国务院第二次全国地名普查领导小组办公室

2015年11月23日

说　明

1. 根据第二次全国地名普查不同阶段工作内容和成果，将普查工作分为8类评价目标，分别为组织管理、地名调查、地名标准化、地名标志、数据库建设、成果表、检查验收、普查档案。通过计算每项评价目标的最终得分，对相应地名普查机构完成目标工作质量进行评价。

2. 采取三级权重加权计算方式，每一类和总评分均为100分。

3. 采取扣分方式。每类评价项目的基本分值为5分，扣至0分为止。

4. 评分项目基本得分乘所属权重百分比，计算出评分项目得分。如“组织管理”类中，“普查人员”评分项目，在没有任何扣分的情况下其基本得分为5分，该评价项目最终得分为20%×30%×5×20=6分，所有评价项目得分相加即为该类评价目标最终得分。根据每类评价目标的得分与所属权重，计算出整个普查工作质量评价体系的总得分。

5. 对检查正确率的项目采取抽查方式，抽查比率不少于25%。

6. “范围”项中的“各级”，是指该项目需对省、市、县三级地名普查工作都进行评价。

7. 在地名普查过程中发生严重失密及泄密事故的，或“成果表”“数据库建设”评价目标得分不合格的，则普查工作质量视为不合格，不得参与最终评价。

1. 组织管理（12%）

序号	评分项目		要求	评分依据	分值	范围
1	组织机构 10%	普查机构 50%	普查涉及的县级以上地方各级人民政府要成立地名普查领导小组及其办公室，明确职责，地名普查办公室有专用印章。	未成立机构扣 5 分，成立机构但无专用印章扣 1 分。		各级
		普查人员 30%	通过抽调、借调或政府购买服务等多种形式保证足够的普查工作人员。	未有足够的普查工作人员扣 5 分。		各级
		组织协调 20%	建立普查成员单位协同、联动共同开展普查工作的工作机制。	未开展此项工作扣 5 分。		各级
2	会议培训 10%	普查会议 40%	各级地名普查领导小组或其办公室应组织召开各类普查工作会议，包括启动会、协调会等，并形成会议纪要或相关工作简报。	未召开工作会议扣 5 分，召开会议但无会议纪要或相关工作简报扣 3 分。		各级
		人员培训 60%	所有参与普查工作的人员均应接受综合性培训和专项业务培训，及时形成培训总结报告。	培训率 <80% 扣 5 分，80% ≤ 培训率 <90% 扣 4 分，90% ≤ 培训率 < 100% 扣 2 分，培训率 = 100% 不扣分，培训但不能提供培训总结和相关材料扣 1 分。		各级
3	规范文件 10%	普查实施方案 50%	制定本级普查实施方案，并经上一级地名普查办批准后实施。	未制定本级普查实施方案扣 5 分，制定了但未经上一级地名普查办审批扣 3 分。		各级
		指导性文件 50%	省级地名普查办制定普查相关指导性文件和技术规范。	未制定此类文件扣 5 分。		省级
4	普查软件平台和工作图 10%	普查软件平台 50%	组织研发普查专用软件平台，使用的软件功能应符合《第二次全国地名普查数据建库与管理软件设计规范》的要求。	无专用软件平台扣 5 分，有平台但不符合规范要求扣 4 分。		省级
		工作图 50%	根据实际需要配备适合普查地区相应比例尺的工作图。	工作图不能满足普查实际工作要求扣 5 分。		各级

续表

序号	评分项目		要求	评分依据	分值	范围
5	工作计划10%	制定年度工作计划40%	制定切实可行的普查年度工作计划。	未制定年度工作计划扣5分。		各级
		普查工作任务完成情况60%	按年度工作计划完成普查任务。	未按年度工作计划完成普查任务扣5分。		各级
6	质量管理20%	管理体系20%	各级地名普查机构应建立质量管理体系，健全质量管理制度，建立横向联检、纵向评估机制，实现质量管理全过程、全覆盖。	未能提供质量管理相关材料的扣5分。		各级
		管理责任20%	实行质量管理责任制，责任到岗到人，履行好质量管理职责，确保普查质量。	提供相应岗位责任人名单，未实行责任到岗到人扣5分，责任人未履行好质量管理职责扣5分。		各级
		普查工作流程10%	按照制定的普查工作实施方案和工作计划开展工作，不得擅自删减类别，简化程序。	普查中擅自删减类别或简化程序扣5分。		各级
		技术服务10%	采取外包服务的各级地名普查办，应与服务单位签订协议书，要求承担普查任务的单位应具备普查相关专业水准，不得转包或分包所承担的普查任务。	没有签订委托协议书的扣5分；不具备相关专业水准的扣5分；转包或分包普查任务的扣5分。		各级
		问题处理20%	在普查过程中发现质量问题，应及时采取纠正措施并对修正结果进行复查，对不合格成果予以返工。要如实记录返工原因及修正过程。	发现问题未纠正扣5分，未对修正结果进行复查和返工扣3分，未记录返工原因和修正过程扣2分。		各级
		质量报告20%	各级地名普查机构在完成质量检查之后应形成《质量检查验收报告》并及时向上一级地名普查机构上报。	未上报《质量检查验收报告》扣5分。		各级
7	地名普查监理10%	组织监理25%	按照《第二次全国地名普查监理办法》开展地名普查监理工作。	出现没有被监理的普查地区，扣5分。		省级
		监理机构15%	监理组成员要具备所涉领域的专业知识与专业实践。监理组不得与被监理地区或服务单位存在隶属关系和利益关系。	监理组成员不符合要求扣2分，监理组不符合要求扣2分。出现与被监理地区有隶属关系的机构或人员参与监理的扣5分。		省级

续表

序号	评分项目		要求	评分依据	分值	范围
7	地名普查监理10%	监理计划20%	监理机构制定的监理计划应报委托方审定后实施。	监理计划未经审定就开展监理工作的扣5分。		省级
		监理合同10%	地名普查办与受委托的监理机构要签订监理书面合同，明确监理范围、监理内容、服务期限、监理费用及双方权责等条款。	未签订监理合同扣5分，合同内容不符合要求扣4分。		省级
		监理报告20%	监理完成后，监理机构应在10个工作日内提交监理报告。	未按时限要求提供监理报告的扣5分。		省级
		监理档案10%	监理完成后，监理机构应向委托方移交监理档案。	完成后未移交监理档案的扣5分。		省级
8	保密安全10%	制度建设25%	建立普查数据安全保密管理制度。	未建立安全保密制度扣5分。		各级
		管理责任35%	切实履行对相关涉密工作的指导、监督和检查职责，普查过程中杜绝发生人员安全事故和失密事件。	发生人员安全事故和失密事件扣5分，发生严重安全事故的一票否决。		各级
		计算机环境安全10%	涉密计算机应具有身份鉴别与访问控制、不得违规外联、具有计算机病毒与恶意代码防护、具有终端安全审计、能防止非授权移动存储介质在涉密计算机上使用。	五项要求中有一项不符合扣5分。		各级
		涉密数据与人员管理20%	涉密数据的存储、处理和传输等管理过程符合《第二次全国地名普查涉密数据保密管理办法》第六章要求。各级地名普查办指定专人负责涉密数据的安全与保密管理工作，并与涉密数据使用单位签订保密协议。	涉密数据管理有一项要求不符合扣5分。未有指定专人负责管理扣3分，未与涉密数据使用单位签订保密协议扣3分。		各级
		服务单位10%	地名普查机构若采取外包服务开展普查工作，涉及涉密数据，应与服务单位签订保密协议。	未签订保密协议扣5分。		各级

续表

序号	评分项目		要求	评分依据	分值	范围
9	普查资金管理与使用8%	中央补助资金下拨40%	省级、地级普查办应当在中央补助资金到位后及时下拨。	30 个工作日及以内下拨不扣分，30 到 60 个工作日下拨扣 4 分，超过 60 个工作日下拨扣 5 分，以地方财政部门发文时间为准。		省级、地级
		资金使用20%	按照开支范围使用资金，严格执行财政纪律及政府采购等相关制度规定，保证专款专用。	违反使用规定扣 5 分。		各级
		资金分配20%	合理制定普查经费分配方案，科学安排预算支出，提高资金使用效率。	出现资金分配不合理不得分。预算支出未完成或结余较多的扣 3 分。		各级
		监督检查20%	结合本地实际，加强监督检查，对于发现的问题要及时处理和纠正，并自觉接受财政、审计及主管部门的监督检查和审计。	未开展监督检查或对发现的问题未及时处理和纠正的扣 5 分；未自觉接受监督检查和审计扣 3 分。		各级
10	普查宣传2%	网站和新媒体50%	建立地名普查网站（含专栏）、微博或微信平台。	未开通普查网站（含专栏）扣 5 分。只开通普查网站（含专栏），未开通微博或微信平台扣 1 分。		各级
		广告栏和标语25%	利用地名标志广告栏和社区宣传栏宣传地名普查工作。张贴宣传海报和宣传画，悬挂标语条幅，制作电子宣传字幕。	未开展此类宣传工作扣 5 分。		各级
		媒体25%	通过播放地名普查宣传片，设立报纸刊物地名普查专栏宣传普查工作和普查成果。	未开展此项宣传工作扣 5 分。		各级

2. 地名调查（16%）

序号	评分项目		要求	评分依据	分值	范围
1	收集资料10%	地名类资料25%	收集历年地名命名更名文件和资料、地名志、地名录、地名词典、地图。	收集不足 4 项扣 5 分，收集 4 项及以上不足 6 项内容扣 2 分，收集 6 项以上内容不扣分。		县级
		地图影像资料25%	收集基础地理数据与遥感影像数据等。	未收集到适合普查地区的基础地理数据与遥感影像数据扣 5 分。		县级
		“一普”资料25%	收集第一次全国地名普查以及地名补查与资料更新的成果。	未收集到“一普”资料扣 5 分。		县级
		其他资料25%	收集党政机关及专业部门各类志书、文史资料及有关古籍等相关普查资料与数据。	未收集地名普查其他相关资料扣 5 分。		县级

续表

序号	评分项目		要求	评分依据	分值	范围
2	编写地名调查目录15%	编写依据30%	以普查工作图图载地名信息为基础，结合收集到的相关地图、资料编写地名调查目录。	未以工作图图载地名信息为基础编写地名调查目录扣5分。未结合收集到的相关地图、资料编写扣2分。		县级
		编写内容60%	地名调查目录内容至少包括序号、标准地名、类别名称、信息资料的来源和出处。	标准地名和类别名称，其中一项缺失扣5分。缺信息资料的来源和出处扣4分。缺序号扣2分。		县级
		造册登记10%	将地名调查目录按照地名类别造册登记。	未造册登记扣5分。		县级
3	预填地名登记表5%		根据地名调查目录，整理、查阅和考证相关资料，预填地名登记表。	未预填地名登记表扣5分。		县级
4	调查方式5%	部门协作25%	充分发挥成员单位作用，分类调取资料。	未获得成员单位资料的扣5分。		县级
		发放调查表20%	实地发放调查表，分片调查收集。	未发放调查表扣5分。		县级
		座谈访谈25%	对于地名属性信息资料不全，收集困难的，采取邀请专家座谈或召集当地群众座谈，走访知情人的方式。	需要开展座谈或访谈而未开展的扣5分。		县级
		现场踏勘30%	对调查表和工作图中的地名，需采用现场踏勘方式的，应实地调绘。	未开展实地调绘的扣5分。		县级
5	地名信息对照、核实和采集35%	地名调查目录30%	根据地名调查目录进行地名的对照、核实、采集和整理。	未开展此项工作，或未保留过程档案扣5分。		县级
		地名登记表20%	对地名登记表的填写内容进行对照、核实、采集和整理。	未开展此项工作，或未保留过程档案扣5分。		县级
		编制跨界地理实体名录并分解5%	编制跨界自然地理实体地名调查目录，并将调查名录及现有数据按政区分解，按数据项的填报审核层级逐级分解下发。	未编制跨界地理实体调查目录扣5分，未按层级逐级分解下发扣2分。		省级、地级
		工作图20%	对工作图上的地名进行对照、核实、采集和整理。	未开展此项工作，或未保留过程档案扣5分。		县级

续表

序号	评分项目		要求	评分依据	分值	范围
5	地名信息对照、核实和采集35%	地名读音10%	标准地名的发音，一般由区划地名数据库自动报读，报读与实际发音不一致的，应录制人工发音。少数民族语地名原生读音、地名专用字、生僻字和方言读音，要求必须进行语音采集，存入区划地名数据库。	检查采集率<80%扣5分，80%≤采集率<90%扣4分，90%≤采集率<100%扣2分，采集率=100%不扣分。		县级
		录音、影像采集5%	普查人员应对开展地名审音定字和疑难地名考证工作中重要信息采集过程进行录音、录像。	对地名录像采集率<80%扣5分，80%≤采集率<90%扣4分，90%≤采集率<100%扣2分，采集率=100%不扣分。		县级
		图片采集10%	普查人员应对地名所指代的地理实体拍摄清晰照片，如该地理实体设有地名标志，照片中应包含地名标志。	检查采集率<80%扣5分，80%≤采集率<90%扣4分，90%≤采集率<100%扣2分，采集率=100%不扣分。		县级
6	地名文化挖掘考证15%	地名语词文化70%	要对地名来历、含义、历史沿革不清楚或有异议的进行挖掘、考证和专家论证。	未提供挖掘考证工作的材料扣5分，未开展专家论证的扣3分。		县级
		地理实体文化30%	要对普查地名所指代的地理实体的相关文化内涵进行调查，保证调查内容的详实准确。	未提供调查工作的材料扣5分。		县级
7	位置调查5%	地理实体50%	地名所指代的地理实体位置坐标测量应符合《第二次全国地名普查工作规程》附件1《地理实体在地图上的定位点、符号类型及地理坐标》要求。	检查正确率<80%扣5分，80%≤正确率<90%扣4分，90%≤正确率<100%扣2分，正确率=100%不扣分。		县级
		地名标志50%	地名标志的坐标测量应符合《第二次全国地名普查工作规程》附件1《地理实体在地图上的定位点、符号类型及地理坐标》要求。	检查正确率<80%扣5分，80%≤正确率<90%扣4分，90%≤正确率<100%扣2分，正确率=100%不扣分。		县级
8	历史地名调查5%		对历史地名的各项属性信息进行调查，并填写地名登记表。	调查登记率<80%扣5分，80%≤调查登记率<90%扣4分，90%≤调查率登记率<100%扣2分，调查登记率=100%不扣分。		县级

续表

序号	评分项目		要求	评分依据	分值	范围
9	工作图标绘5%	标绘要求20%	普查工作图上所有地名标注用笔按照《第二次全国地名普查工作规程》要求使用0.3mm以下红、蓝两色中性碳素笔。文字注记字体正规、字迹清晰、用字规范、位置准确、图面整洁。	标绘用笔不符合要求扣5分。文字注记不符合要求扣5分。		县级
		地名位置标注40%	工作图地名位置定位点和符号类型符合《第二次全国地名普查工作规程》附件1要求。	检查正确率<80%扣5分，80%≤正确率<90%扣4分，90%≤正确率<100%扣2分，正确率=100%不扣分。		县级
		地名整饰40%	工作图上地理实体名称及其位置没有变化的，用蓝笔标注；实地有名而工作图上没有标注的，工作图上有地名而实地没有的，工作图上的地名与实地地名不符的用红笔标注。标注方式符合《第二次全国地名普查工作规程》要求。	检查正确率<80%扣5分，80%≤正确率<90%扣4分，90%≤正确率<100%扣2分，正确率=100%不扣分。		县级

3. 地名标准化（8%）

评价方式A（适用于包含少数民族语地名标准化工作的地区）

序号	评分项目		要求	评分依据	分值	范围
1	地名命名、更名和定名35%	地名命名30%	按照国家地名管理法规等有关规定组织专家开展论证，对有地无名且有地名作用的地理实体命名。	对有需要开展地名命名但未提供命名评估论证材料扣5分。		各级
		地名更名30%	按照地名管理有关规定，对罔顾传统、刻意崇洋的外来语地名和用英文译写通名的地名等不规范地名组织专家开展论证，予以更正和纠正。	对有需要开展地名更名但未提供更名评估论证材料扣5分。		各级
		地名定名40%	针对本级行政区域内的一地多名、一名多写、多地一名情况进行专家论证，按规定程序办理审批，确定一个标准地名清除此类现象。对区域性或特殊文化含义的地名专用字和地名专用读音，查清来历含义，按照相关规定，进行审音定字，并按规定填写《地名用字读音审定申报表》，上报审定。	对有需要开展地名定名或审音定字但不能提供定名评估论证报告扣5分。		各级

续表

序号	评分项目	要求	评分依据	分值	范围
2	跨界名称审定 10%	按照相关法律法规要求，对跨越各级行政区域界线且毗邻相关行政区域表述不一致的地理实体名称进行审定。	对有需要开展跨界地理实体名称审定而未开展的扣 5 分。		各级
3	地名罗马字母拼写 25%	汉语地名拼写，按照《中国地名汉语拼音字母拼写规则（汉语部分）》的规定对汉语地名进行罗马化。蒙、维、藏语地名拼写，按照《少数民族语地名汉语拼音字母音译转写法》和蒙、维、藏语译音表进行罗马化。其他少数民族语地名拼写，采用汉字注音法，将少数民族语地名进行汉字译写规范化处理，再将已规范的汉字按照汉语地名进行罗马化。	未开展地名的罗马化拼写标准化工作，或不能提供拼写标准化工作相应工作材料扣 5 分。		县级
4	少数民族语地名译写 15%	单一称谓少数民族语地名译写，依据少数民族语地名标准语言，用汉语普通话读音进行汉字译写。对于已有约定俗成的不进行更改。对多称谓民族语地名确定一种称谓后进行汉字译写。汉字译写采用常用字，避免使用多音字、不使用贬义和容易产生歧义的字。	未开展少数民族语地名的译写工作，或不能提供译写标准化工作相应工作材料扣 5 分。		县级
5	标准化处理统计 15%	进行标准化处理的地名，填写《第二次全国地名普查地名标准化处理统计表》。	需填写开展标准化处理的地名，检查填写率 <80% 扣 5 分，80% ≤填写率 < 90% 扣 4 分，90% ≤ 填写率 <100% 扣 2 分，填写率 =100% 不扣分。		县级

评价方式 B（适用于不含少数民族语地名标准化工作的地区）

序号	评分项目		要求	评分依据	分值	范围
1	地名命名、更名和定名 35%	地名命名 30%	按照国家地名管理法规等有关规定组织专家开展论证，对有地无名且有地名作用的地理实体命名。	对有需要开展地名命名但未提供命名评估论证材料扣 5 分。		各级

续表

序号	评分项目		要求	评分依据	分值	范围
1	地名命名、更名和定名 35%	地名更名 30%	按照地名管理有关规定，对罔顾传统、刻意崇洋的外来语地名和用英文译写通名的地名等不规范地名组织专家开展论证，予以更正和纠正。	对有需要开展地名更名但未提供更名评估论证材料扣 5 分。		各级
		地名定名 40%	针对本级行政区域内的一地多名、一名多写、多地一名情况进行专家论证，按规定程序办理审批，确定一个标准地名清除此类现象。对区域性或特殊文化含义的地名专用字和地名专用读音，查清来历含义，按照相关规定，进行审音定字，并按规定填写《地名用字读音审定申报表》，上报审定。	对有需要开展地名定名或审音定字但不能提供定名评估论证报告扣 5 分。		各级
2	跨界名称审定 15%		按照相关法律法规要求，对跨越各级行政区域界线且毗邻相关行政区域表述不一致的地理实体名称进行审定。	对有需要开展跨界地理实体名称审定而未开展的扣 5 分。		各级
3	地名罗马字母拼写 35%		汉语地名拼写，按照《中国地名汉语拼音字母拼写规则（汉语部分）》的规定对汉语地名进行罗马化。蒙、维、藏语地名拼写，按照《少数民族语地名汉语拼音字母音译转写法》和蒙、维、藏语译音表进行罗马化。其他少数民族语地名拼写，采用汉字注音法，将少数民族语地名进行汉字译写规范化处理，再将已规范的汉字按照汉语地名进行罗马化。	未开展地名的罗马化拼写标准化工作，或不能提供拼写标准化工作相应工作材料扣 5 分。		县级
4	标准化处理统计 15%		进行标准化处理的地名，填写《第二次全国地名普查地名标准化处理统计表》。	需填写开展标准化处理的地名，检查填写率 <80% 扣 5 分，80% ≤填写率 < 90% 扣 4 分，90% ≤ 填写率 <100% 扣 2 分，填写率 =100% 不扣分。		县级

4. 地名标志（5%）

序号	评分项目		要求	评分依据	分值	范围
1	地名标志覆盖率 20%		在原有设置地名标志工作的基础上，对有标准地名的重要地理实体，如无地名标志应按照相关规定要求设置地名标志，对原设地名标志区域进行查漏补缺，更新已损坏的地名标志。	全部增设更新完成后，地名标志覆盖率 <50% 扣 5 分，50% ≤覆盖率 <70% 扣 4 分，70% ≤覆盖率 <90% 扣 2 分，覆盖率≥ 90% 不扣分。		各级
2	地名标志登记表填写 80%	标志代码 3%	标准地名的地名代码加 2 位数字组成。	检查正确率 <80% 扣 5 分，80% ≤正确率 <90% 扣 4 分，90% ≤正确率 < 100% 扣 2 分，正确率 = 100% 不扣分。		县级
		标准地名 16%	填写地名标志所标示的标准地名。	检查正确率 <80% 扣 5 分，80% ≤正确率 <90% 扣 4 分，90% ≤正确率 < 100% 扣 2 分，正确率 = 100% 不扣分。		县级
		罗马字母拼写 16%	地名标志所标示的标准地名的罗马字母拼写。	检查正确率 <80% 扣 5 分，80% ≤正确率 <90% 扣 4 分，90% ≤正确率 < 100% 扣 2 分，正确率 = 100% 不扣分。		县级
		民族文字 10%	少数民族自治区地名标志应标示当地政府规定的一种少数民族语文字。	检查正确率 <80% 扣 5 分，80% ≤正确率 <90% 扣 4 分，90% ≤正确率 < 100% 扣 2 分，正确率 = 100% 不扣分。没有民族文字，此项权重计入标准地名评价项。		县级
		所在（跨）行政区 5%	明确该地名标志所在行政区，需要填至乡级政区。	检查正确率 <80% 扣 5 分，80% ≤正确率 <90% 扣 4 分，90% ≤正确率 < 100% 扣 2 分，正确率 = 100% 不扣分。		县级
		标志位置 5%	按照普查操作规程附件 1 的要求，实地测量后填写。	检查正确率 <80% 扣 5 分，80% ≤正确率 <90% 扣 4 分，90% ≤正确率 < 100% 扣 2 分，正确率 = 100% 不扣分。		县级
		设置单位 5%	填写地名标志设置单位。	检查正确率 <80% 扣 5 分，80% ≤正确率 <90% 扣 4 分，90% ≤正确率 < 100% 扣 2 分，正确率 = 100% 不扣分。		县级

续表

序号	评分项目		要求	评分依据	分值	范围
2	地名标志登记表填写80%	设置时间5%	填写地名标志设置时间。	检查正确率<80%扣5分，80%≤正确率<90%扣4分，90%≤正确率<100%扣2分，正确率=100%不扣分。		县级
		生产厂家5%	填写地名标志生产厂家。	检查正确率<80%扣5分，80%≤正确率<90%扣4分，90%≤正确率<100%扣2分，正确率=100%不扣分。		县级
		材质5%	填写地名标志基板材质。	检查正确率<80%扣5分，80%≤正确率<90%扣4分，90%≤正确率<100%扣2分，正确率=100%不扣分。		县级
		规格5%	对地名标志的版面尺寸，整体宽度、高度用文字进行描述。	检查正确率<80%扣5分，80%≤正确率<90%扣4分，90%≤正确率<100%扣2分，正确率=100%不扣分。		县级
		标志照片文件名5%	由标准地名加2位数字构成。	检查正确率<80%扣5分，80%≤正确率<90%扣4分，90%≤正确率<100%扣2分，正确率=100%不扣分。		县级
		地名标志实地照片10%	照片清晰，能够反映地名标志的样式和版面内容。	检查采集率<80%扣5分，80%≤采集率<90%扣4分，90%≤采集率<100%扣2分，采集率=100%不扣分。		县级
		制表人、审核人、制表时间5%	填写制表人、审核人姓名，制表时间。	检查填写率<80%扣5分，80%≤填写率<90%扣4分，90%≤填写率<100%扣2分，填写率=100%不扣分。		县级

5. 数据库建设（18%）

序号	评分项目		要求	评分依据	分值	范围
1	数据库建库 10%	统一性 50%	统一建立省、市、县各级数据库。	未建立国家区划地名数据库扣 5 分。		各级
		规范性 50%	区划地名数据库设计符合《第二次全国地名普查数据建库与管理软件设计规范》要求。	数据库设计方案不符合规范要求扣 5 分。		各级
2	基础地理数据入库 10%	地形图 50%	1∶5 万及以上大比例尺矢量地形图入库。	工作图入库率不足 100% 扣 5 分。		各级
		遥感影像图 50%	普查区采用的遥感影像图入库。	遥感影像图入库率 <80% 扣 5 分，80% ≤ 入库率 < 90% 扣 4 分，90% ≤ 入库率 <100% 扣 2 分，入库率 =100% 不扣分。		各级
3	行政区域界线标绘 10%	界线 70%	将普查标准时点的县级行政区域界线和已勘定的乡级行政区域界线标绘到国家区划地名数据库矢量图上，并将县级行政区域界线属性信息入库。	检查入库率 <80% 扣 5 分，80% ≤ 入库率 <90% 扣 4 分，90% ≤ 入库率 < 100% 扣 2 分，入库率 = 100% 不扣分。		县级
		界桩 30%	界桩信息及相关附件资料入库，并标绘到国家区划地名数据库矢量图上。	调查的界桩信息应入库，入库率 <80% 扣 5 分，80% ≤ 入库率 <90% 扣 4 分，90% ≤ 入库率 < 100% 扣 2 分，入库率 = 100% 不扣分。		县级
4	地名信息入库 25%	属性信息入库 25%	完成地名登记表所有内容属性信息入库。	普查的属性信息应入库，入库率 <80% 扣 5 分，80% ≤ 入库率 <90% 扣 4 分，90% ≤ 入库率 < 100% 扣 2 分，入库率 - 100% 不扣分。		县级
		空间信息入库 25%	完成地名所指代的地理实体的空间信息入库。	普查的空间信息应入库，入库率 <80% 扣 5 分，80% ≤ 入库率 <90% 扣 4 分，90% ≤ 入库率 < 100% 扣 2 分，入库率 = 100% 不扣分。		县级
		类别覆盖 15%	地名调查目录中应查类别地名数据分类覆盖均衡、不偏颇不缺漏。	通过计算地名调查目录中应查类别数据分类采集数据量及比重进行评价，存在明显类别缺失扣 5 分。		县级

续表

序号	评分项目		要求	评分依据	分值	范围
4	地名信息入库25%	行政区域覆盖15%	普查区范围内各乡、镇、街道数据采集覆盖均衡、疏密相当、不遗漏。	通过计算普查区范围内各乡、镇、街道地名普查数据量占本县域数据总量的比重，与所有乡、镇、街道比重的平均值进行比较判断，存在个别乡、镇、街道未采集造成的区域覆盖不均衡的扣5分。		县级
		属性四至坐标范围10%	属性数据中四至坐标中心点位置不超出普查区范围。	检查正确率<80%扣5分，80%≤正确率<90%扣4分，90%≤正确率<100%扣2分，正确率=100%不扣分。		县级
		空间定位点坐标10%	空间数据定位点坐标不得超出普查区范围。	检查正确率<80%扣5分，80%≤正确率<90%扣4分，90%≤正确率<100%扣2分，正确率=100%不扣分。		县级
5	地理实体修测与标注10%	开展修测10%	对新增或有变化的具有地名意义的重要地理实体全部标绘在国家区划地名数据库中，并填写“地名普查状态”。	对新增或有变化的与地名有关的重要地理实体的修测率<80%扣5分，80%≤修测率<90%扣4分，90%≤修测率<100%扣2分，修测率=100%不扣分。		县级
		定位精度20%	在保证相对位置准确的前提下，定位点位置位于地名所指代地理实体的几何中心、中心线、最高点和驻地位置，标注误差小于20米。	检查定位点位置位于地名所指代地理实体内的正确率<80%扣5分，80%≤正确率<90%扣4分，90%≤正确率<100%扣2分，正确率=100%不扣分。		县级
		地名标绘30%	地名调查目录中所有类别应全部标绘在矢量图上。	缺一类扣5分。		县级
		文字标注位置20%	矢量图上文字注记的位置，点状地名遵照右、上、左、下的顺序；线状地名遵照地理实体走向散列式注记；面状地名在范围内或中心处注记，不得压盖地名位置图式符号。	检查正确率<80%扣5分，80%≤正确率<90%扣4分，90%≤正确率<100%扣2分，正确率=100%不扣分。		县级

续表

序号	评分项目		要求	评分依据	分值	范围
5	地理实体测绘与标注 10%	地名图式 20%	地名注记的字体、位置、颜色、符号样式符合《第二次全国地名普查数据建库与管理软件设计规范》附录 1 地名数据分类与图式要求。	检查正确率 <80% 扣 5 分，80% ≤正确率 <90% 扣 4 分，90% ≤正确率 <100% 扣 2 分，正确率 = 100% 不扣分。		县级
6	属性与图形数据连接关系完整性 10%		确保属性数据与图形数据全部建立连接关系。	属性数据、空间数据的连接率 <95% 扣 5 分，95% ≤连接率 <100% 扣 2 分，连接率 =100% 不扣分。		县级
7	多媒体数据的处理和存储 10%	地名多媒体数据 45%	确保地名多媒体数据及相关附件资料完全挂接。	检查挂接率 <80% 扣 5 分，80% ≤挂接率 <90% 扣 4 分，90% ≤挂接率 <100% 扣 2 分，挂接率 = 100% 不扣分。		县级
		地名标志多媒体数据 30%	确保地名标志多媒体数据及相关附件资料完全挂接。	检查挂接率 <80% 扣 5 分，80% ≤挂接率 <90% 扣 4 分，90% ≤挂接率 <100% 扣 2 分，挂接率 = 100% 不扣分。		县级
		普查文件资料 25%	将普查工作形成的有关文件、资料等进行数据处理，形成扫描数据，导入国家区划和地名数据库。	检查当年应入库资料入库率，入库率 <80% 扣 5 分，80% ≤入库率 <90% 扣 4 分，90% ≤入库率 <100% 扣 2 分，入库率 = 100% 不扣分。		县级
8	地名普查成果图 15%	图载内容 50%	根据成果图面承载情况，将 11 大类中重要的现今地名表示在成果图上。	地名承载量不符合成果图要求，类别不齐全扣 5 分。		县级
		成果图要求 50%	成果图地名位置定位点和符号类型符合《第二次全国地名普查工作规程》附件 1 要求，符号样式符合《第二次全国地名普查数据建库与管理软件设计规范》附录 1 地名数据分类与图式要求。图面文字注记字体正规、位置准确、图面整洁，文字、符号不压盖。图外内容包括图例、成果图名称、时间、密级、编号、普查单位、签字（单位负责人、标绘者、检查者、验收者）等，成果图格式符合《第二次全国地名普查工作规程》附件 2 要求。	有一项内容不符合要求扣 5 分。		县级

6. 成果表（18%）

序号	评分项目		要求	评分依据	分值	范围
1	地名代码 1%		符合《国家地名数据库代码编制规则》的要求。	检查正确率<80% 扣 5 分，80% ≤正确率<90% 扣 4 分，90% ≤正确率<100% 扣 2 分，正确率=100% 不扣分。		县级
2	类别名称 2%		按照地名所指代的地理实体的地理属性分类，按照《地名分类与类别代码编制规则》（GB/T18521—2001）中“地名地理属性类别代码”中的类别名称填写。	检查正确率<80% 扣 5 分，80% ≤正确率<90% 扣 4 分，90% ≤正确率<100% 扣 2 分，正确率=100% 不扣分。		县级
3	标准地名 20%	汉字 40%	填写地名管理部门批准或普查后确定的地名，用规范汉字书写。汉语地名需确定唯一一个标准地名汉字书写形式。少数民族语地名，单一称谓少数民族语地名译写，依据少数民族语地名标准语言，用汉语普通话读音进行汉字译写。对于已有约定俗成的不进行更改；多称谓民族语地名确定一种称谓后进行汉字译写。汉字译写采用常用字，避免使用多音字、不使用贬义和容易产生歧义的字。	检查正确率<80% 扣 5 分，80% ≤正确率<90% 扣 4 分，90% ≤正确率<100% 扣 2 分，正确率=100% 不扣分。		县级
		民族文字 10%	由少数民族语地名译写而来的标准地名，要填写原少数民族语文字。	检查正确率<80% 扣 5 分，80% ≤正确率<90% 扣 4 分，90% ≤正确率<100% 扣 2 分，正确率=100% 不扣分。没有民族文字，此项权重计入上一项汉字评价。		县级
		语种 5%	填写标准地名（民族文字）所属的民族语言种类。	检查正确率<80% 扣 5 分，80% ≤正确率<90% 扣 4 分，90% ≤正确率<100% 扣 2 分，正确率=100% 不扣分。		县级

续表

序号	评分项目		要求	评分依据	分值	范围
3	标准地名 20%	罗马字母拼写 40%	汉语地名拼写，按照《中国地名汉语拼音字母拼写规则（汉语部分）》的规定对汉语地名进行罗马化。蒙、维、藏语地名拼写，按照《少数民族语地名汉语拼音字母音译转写法》和蒙、维、藏语译音表进行罗马化。其他少数民族语地名拼写，采用汉字注音法，将少数民族语地名进行汉字译写规范化处理，再将已规范的汉字按照汉语地名进行罗马化。	检查正确率 <80% 扣 5 分，80% ≤正确率 <90% 扣 4 分，90% ≤正确率 < 100% 扣 2 分，正确率 = 100% 不扣分。		县级
		使用时间 5%	地名使用状态。	检查正确率 <80% 扣 5 分，80% ≤正确率 <90% 扣 4 分，90% ≤正确率 < 100% 扣 2 分，正确率 = 100% 不扣分。		县级
4	简称、别名和曾用名 2%		填写官方认可或约定俗成的该地理实体的简称，地理实体除标准地名及其简称以外的其他现行名称，地理实体曾使用但现在放弃使用的历史地名。	检检查正确率 <80% 扣 5 分，80% ≤正确率 <90% 扣 4 分，90% ≤正确率 < 100% 扣 2 分，正确率 = 100% 不扣分。		县级
5	地理位置 5%		四至坐标，度分秒形式，CGCS2000 坐标系，填写符合普查规程附件 1 的要求。	检查正确率 <80% 扣 5 分，80% ≤正确率 <90% 扣 4 分，90% ≤正确率 < 100% 扣 2 分，正确率 = 100% 不扣分。		县级
6	原图名称、比例尺、图号 3%		按《第二次全国地名普查工作规程》要求填写。	检查正确率 <80% 扣 5 分，80% ≤正确率 <90% 扣 4 分，90% ≤正确率 < 100% 扣 2 分，正确率 = 100% 不扣分。		县级
7	所在（跨）行政区 3%		该地名所在（跨）行政区需要填至乡级政区。	检查正确率 <80% 扣 5 分，80% ≤正确率 <90% 扣 4 分，90% ≤正确率 < 100% 扣 2 分，正确率 = 100% 不扣分。		县级
8	地名来历、含义及历史沿革 40%	来历 15%	有标准名称、别名、曾用名和简称的来历。	检查填写率 <80% 扣 5 分，80% ≤填写率 <90% 扣 4 分，90% ≤填写率 < 100% 扣 2 分，填写率 = 100% 不扣分。		县级

续表

序号	评分项目		要求	评分依据	分值	范围
8	地名来历、含义及历史沿革 40%	含义 15%	有标准名称、别名、曾用名和简称的含义。	检查填写率<80% 扣 5 分，80% ≤填写率<90% 扣 4 分，90% ≤填写率<100% 扣 2 分，填写率=100% 不扣分。		县级
		历史沿革 15%	有标准名称、别名、曾用名和简称的历史沿革。	检查填写率<80% 扣 5 分，80% ≤填写率<90% 扣 4 分，90% ≤填写率<100% 扣 2 分，填写率=100% 不扣分。		县级
		填写规范 55%	内容填写详细准确。	检查正确率<80% 扣 5 分，80% ≤正确率<90% 扣 4 分，90% ≤正确率<100% 扣 2 分，正确率=100% 不扣分。		县级
9	地理实体概况 10%		描述地理实体除名称以外的相关信息。填写项目按照本条地名所属类别，需符合规程第八条项目，不宜缺项。不局限于这些项目，可以根据掌握的资料尽量全面地填写（比如历史、特征、内涵等内容）。	检查填写率<80% 扣 5 分，80% ≤填写率<90% 扣 4 分，90% ≤填写率<100% 扣 2 分，填写率=100% 不扣分。		县级
10	资料来源 5%		指明上述属性信息的来源和出处，描述应尽量详尽。	来源出处要求记录详细，检查填写率<80% 扣 5 分，80% ≤填写率<90% 扣 4 分，90% ≤填写率<100% 扣 2 分，填写率=100% 不扣分。		县级
11	多媒体信息 6%	图片资料 50%	地名所指代的地理实体相关照片、图片资料。	检查图片资料采集率<80% 扣 5 分，80% ≤采集率<90% 扣 4 分，90% ≤采集率<100% 扣 2 分，采集率=100% 不扣分。		县级
		录音、录像资料 50%	开展地名审音定字和疑难地名考证工作中重要信息采集过程的录音、录像资料。	检查录音、录像采集率<80% 扣 5 分，80% ≤采集率<90% 扣 4 分，90% ≤采集率<100% 扣 2 分，采集率=100% 不扣分。		县级

续表

序号	评分项目	要求	评分依据	分值	范围
12	制表人、审核人、日期3%	正确填写制表人、审核人姓名，制表日期。	检查填写率<80%扣5分，80%≤填写率<90%扣4分，90%≤填写率<100%扣2分，填写率=100%不扣分。		县级

7. 检查验收（13%）

序号	评分项目		要求	评分依据	分值	范围
1	验收程序30%	自查35%	县级地名普查办对全部普查内容先行开展自查，根据自查情况改进后，成果质量达到100%合格，报地级地名普查办进行核查。	县级地名普查办未开展全部自查扣5分，开展自查改进后成果质量仍不足100%合格便上报地级普查办扣2分。		县级
		核查30%	地级地名普查办对全部普查内容进行核查，根据核查情况进一步完善后，成果质量达到100%合格，报省级地名普查办验收。	地级地名普查办未开展全部核查扣5分，开展核查完善后成果质量仍不足100%合格便上报省级普查办扣2分。		地级
		验收35%	省级地名普查办按不少于普查地区总量30%的比例开展抽检，要求地级、县级普查办对抽检不合格内容进行修正，质量达到100%合格并验收完成后，报国务院地名普查办抽查复验及全面审核。	省级地名普查办未按最小30%比例抽检扣5分，抽检并修正不合格内容后成果质量仍不足100%合格便上报国务院普查办扣4分。		省级
2	验收内容20%	组织实施类50%	依据《第二次全国地名普查工作规程》要求对组织实施类13项内容开展验收，并出具《质量检查验收报告》，确保13项验收材料完整、齐全。	《质量检查验收报告》没有覆盖全部13项内容扣5分。		县级
		普查成果类50%	依据《第二次全国地名普查工作规程》要求对普查成果类8项内容开展验收，并出具《质量检查验收报告》，确保8项成果材料完整、齐全。	8项内容有一项验收不合格扣5分，《质量检查验收报告》没有全覆盖扣4分。		县级
3	跨界自然地理实体成果10%	地名录40%	按要求整理跨界自然地理实体标准地名录。	目录不完整或不齐全扣5分。		省级
		调查表30%	按要求编制跨界自然地理实体调查表汇编。	调查表填写率不足100%扣5分。		省级

续表

序号	评分项目		要求	评分依据	分值	范围
3	跨界自然地理实体成果10%	分析报告30%	撰写跨界自然地理实体调查分析报告。	没调查分析报告或分析报告不详实的扣5分。		省级
4	上报范围10%		2015年，省级普查区域内40%政区完成普查成果上报。2016年，省级普查区域内80%政区完成普查成果上报。2017年6月底前，省级普查区域内100%政区完成普查成果上报。	2015年底前，不足40%政区上报成果扣1分，40%及以上政区上报成果不扣分。2016年底前，不足80%政区上报成果扣4分，80%及以上政区上报成果不扣分。2017年6月底前，不足100%政区上报成果扣5分，100%政区上报成果不扣分。		省级
5	上报内容20%		将《第二次全国地名普查工作规程》要求提供的八项成果内容上报国务院普查办。	上报八项成果内容缺一项扣5分。		省级
6	质量评估报告10%		各级地名普查机构在上报普查成果时，应出具《质量评估报告》并加盖公章。	上报成果未出具《质量评估报告》扣5分，未加盖公章扣3分。		各级

8. 普查档案（10%）

序号	要求	评分依据	分值	范围
1	各级地名普查机构应根据国家档案法规和第二次全国地名普查档案管理相关规定，建立健全地名普查档案工作制度。	未建立本级档案工作制度扣5分。		各级
	各级地名普查办应负责本级地名普查文件资料的收集、整理和归档工作。	未履行地名普查文件资料的收集、整理和归档工作的扣5分。		各级
2	《第二次全国地名普查工作规程》要求立卷归档的21项内容。	归档内容缺项扣5分。		各级
	归档的纸质文件、电子文件、声像实物材料应符合第二次全国地名普查档案管理相关规定。	归档的纸质文件、电子文件、声像实物材料文件有一项不符合要求扣3分，两项以上不合要求扣5分。		各级
	按照《电子公文归档管理暂行办法》《电子文件归档与管理规范》（GB/T 18894—2002）和第二次全国地名普查档案管理相关规范的要求对普查归档文件分门别类整理，按序编号。	未对归档材料分门别类整理、按序编号，扣5分，整理分类不符合要求扣4分，没有编号扣3分。		各级
	归档文件分类整理、按序编号后，制作地名普查档案目录，目录完整齐全，签字、盖章、日期等标识完整齐备。	无地名普查档案目录扣5分，目录不齐全扣4分，签字盖章不齐备扣2分。		各级

续表

序号	要求	评分依据	分值	范围
2	按照国家有关保密工作的要求，确定地名普查档案的密级，并在档案封面或者装具上做出明显标识。	未确定档案密级扣 5 分，档案封面或者装具未做出明显密级标识扣 4 分。		各级
	归档文件字迹工整，书写材料符合档案保护的要求。地名普查档案除文书类材料按照《机关文件材料归档范围和文书档案保管期限规定》（国家档案局第 8 号令）确定保管期限外，其余材料的保管期限均为永久。	字迹不工整扣 3 分，材料不符合要求扣 5 分，档案保存期限划分错误扣 5 分。		各级
	地名普查档案应当有专门的存放地点，并配备相应的保管设施设备，做好防火、防盗、防潮、防污染、防虫害等保护工作，确保档案安全。	没有专门存放地点扣 5 分。		各级
3	各级地名普查办应负责本级地名普查档案归档的监督检查验收工作。	未开展档案检查验收扣 5 分。		各级
	检查验收工作应当吸收同级地名行政主管机关档案工作机构人员参加。	同级地名行政主管机关档案工作机构未参加扣 5 分。		各级
	省级地名普查办制定本辖区内普查档案检查验收标准。	未指定检查验收标准扣 5 分。		各级
	重点检查地名普查档案的完整性、系统性、规范性和安全性。	其中一项不符合要求扣 2 分。		各级
4	在普查工作完成时，各级地名普查机构及时向同级地名行政主管部门档案工作机构（地名档案馆）移交地名普查档案。	未移交档案扣 5 分，未按时移交扣 2 分。		各级

第二次全国地名普查政策文件

（2016 年）

关于进一步加强第二次全国地名普查信息报送工作的通知

国地名普查办发〔2016〕1号

各省、自治区、直辖市第二次全国地名普查领导小组办公室，新疆生产建设兵团第二次全国地名普查领导小组办公室：

2016年是地名普查关键一年。为全面掌握、及时反映各省（区、市）地名普查工作进展情况，扎实推进地名普查工作，我们拟自2016年2月，正式启用第二次全国地名普查信息报送系统，进一步加强信息报送工作。现就有关事宜通知如下：

一、报送平台与对象

为确保地名普查信息报送及时、高效，国务院地名普查办以购买服务方式委托中国地名文化遗产保护促进会开发第二次全国地名普查信息报送系统平台，并承担2016年全年第二次全国地名普查信息的采集、梳理和编辑工作。中国地名文化遗产保护促进会将在国务院地名普查办的指导下，积极与各地地名普查办对接，及时采集、处理各地地名普查工作动态、典型经验及需要解决的困难问题等信息，积极编发地名普查工作简报、专报和通报等材料，为推进地名普查工作提供信息参考。

二、报送内容与方式

（一）报送内容：各地普查办要积极按照《关于建立第二次全国地名普查进展情况通报制度的通知》（国地名普查办发〔2015〕19号）中明确的“组织领导、阶段进展、质量管理、成果转化、典型经验”等五方面内容，就地名普查进展情况相关信息进行编辑、报送。

（二）报送方式：登录方式为进入“国家地名普查网”（http://dmpc.mca.gov.cn），点击“信息报送”频道，具体使用方法见附件中的操作说明。

三、有关要求

（一）提高认识，加强组织。国务院地名普查办将把信息报送工作列为2016 年地名普查工作重要评估内容，定期不定期对各地信息报送量及采用情况进行统计和通报。各地要进一步提高对地名普查信息宣传工作认识，加强信息报送工作组织领导，切实保障信息报送工作。

（二）明确专人，落实责任。各地普查办要指定专门信息报送人员，严格落实工作责任，完善相关工作流程，熟练使用普查信息报送系统。每个省级普查办要重新明确信息员名单和联系方式，于 2 月 5 日前报中国地名文化遗产保护促进会。

（三）严格制度，狠抓落实。各地普查办要严格落实国务院地名普查进展情况通报制度，每月报送信息不得少于 5 条，鼓励多报，每季度不少于 1 条专题信息。要提高信息报送质量和水平，做到在工作中报信息，以信息促工作。

特此通知。

国务院第二次全国地名普查领导小组办公室

2016 年 1 月 22 日

关于 2015 年第二次全国地名普查工作开展情况的报告

国地名普查办发〔2016〕2 号

国务院第二次全国地名普查领导小组：

2015 年是第二次全国地名普查工作全面铺开的第一年。国务院地名普查办按照第二次全国地名普查“统一领导、分工协作、分级负责、共同参与”的原则和总体要求，紧密围绕年初确定的普查任务和目标，扎实推进各项工作，取得明显成效。现将有关情况报告如下。

一、2015 年工作情况

一年来，国务院地名普查办认真贯彻落实领导小组要求和全国第二次地名普查暨加强和改善地名管理电视电话会议的整体部署，在“制度建设、基础保障、业务指导、督促检查和成果转化”等方面下功夫、求实效，着力推进地名普查顺利开展。

（一）着力加强制度建设。一年来，国务院地名普查办紧密结合地名普查工作实际，着力加强制度规范建设。国家层面，先后制定出台第二次全国地名普查《专项资金使用管理办法》《质量管理规定》《监理办法》《涉密数据保密管理办法》《质量评价体系》《成果转化规划》《跨界自然地理实体地名普查实施方案》、进展情况通报制度、督查制度等一系列制度规定。各地纷纷结合自身实际，研究制定实施细则，吉林、山东、湖北等 11 个省份出台了普查购买服务等标准规范。通过上下联动，一整套系统严密、衔接有序、配套完备、运行有效的制度规范体系逐步形成，确保地名普查各方面、各环节有章可循、规范有序。

（二）着力加强基础建设。一是做好普查资金保障。国务院地名普查办积极协调财政部，落实 2015 年度中央补助资金 8.2724 亿元，并及时下发《关于尽快下拨第二次全国地名普查中央补助资金的通知》，督促各地中央补助资金拨付进度，做好本级普查预算编报，积极争取财政支持，保障一线普查顺利推进。各地按照国务院普查办要求，积极争取当地财政支持，20 多个省（市、自治区）落实了省级普查经费，其中北京、河北、辽宁、福建、山东、湖北、广西、云南等省级财政安排资金超过 1000 万元。二是配备普查物资装备。国务院普查办积极协调总参测绘导航局，免费提供并下发 1：5 万比例尺普查纸质用图、13.7 万幅矢量图和正射遥感影像图电子数据 10.1T，安排专项资金 1033.23 万元招标采购 3100 套地名普查手持终端设备，免费发放各地使用，为开展普查提供了必要物资保障。上海、江苏、浙江、湖南、广西、甘肃等省份在此基础上协调使用 1：1 万或更大比例尺地图。三是推进普查软件研发。研发地名普查数据预检查软件和成果数据入库检查软件，完成了国务院地名普查办普查数据机房建设，绝大部分省份完成了地名普查软件招标工作。四是营造良好舆论氛围。利用国家地名普查网、“第二次全国地名普查”微信平台、“国家地名”官方微博开展了持续广泛的普查宣传，组织了“地名情·中国梦”全国地名普查微视频微电影征集活动，为普查营造良好舆论环境。各省（区、市）普遍建立地名普查网站或专栏，通过组织普查宣传月、宣传周，制作宣传封、制度挂图等多样化形式开展宣传，有效提高了大众认知度和支持度。

（三）着力加强业务指导。一是加强技术培训。一年来，国务院地名普查办结合地名普查实际，先后举办 10 期培训班，累计培训普查业务骨干 1800 余人次，针对普查数据采集和地形图修测、外业作业、数据处理、成果转化、跨界自然地理实体地名普查、地名标志设置和地名文化建设等普查各环节的工作方法、技术要点和操作规范进行了全面深入讲解培训，极大提高了各地普查人员工作能力。各级地名普查办举办形式多样的普查培训班，层层传导、逐级培训，全年共培训普查业务人员 30 万人次。二是强化专业支撑。通过组织专项调研、普查督查，深入普查一线了解掌握基层普查实际和热点难点问题，先后召开 11 次会议，组织相关领域专家学者和地方普查办负责同志研究对策措施。部署开展了地名普查质量控制研究、基于大数据物联网的普查成果应用研究等多项研究课题。着重强调各地要建设一支技术过硬的地名专业人才队伍，积极鼓励吸引有关专家学者和专业人士参与普查，提高地名文化挖掘整理水平。三是突出专项工作。为提高普查工作的系统性、实效性，在做好整体部署的同时，将跨界自然地理实体地名普查、地名标志设置、不规范地名清理整治、地名文化遗产挖掘保护等工作列为专项任务，进一步专门强调部署。招标实施了陆地跨省界自然地理实体地名普查工作；研究论证了不规范地名清理整治实施方案；和光明日报、中央电视台等主流媒体合作，大力保护和弘扬优秀传统地名文化。积极引导各地在普查中因地制宜、突出特色，充分挖掘、发挥地方资源优势，突显地域文化。

（四）着力加强督查检查。为充分调动各地工作积极性主动性，层层传导压力，增加动力，切实加快普查进程，构建实施了“督促检查—情况反馈—定期通报—考核评价—资金激励”的督查推进机制。一是开展专项督查。采取全面督查与重点抽查相结合、实地督查与书面督查相结合的方式，国务院地名普查办对全部32个省级普查地区进行了全面检查。先后组成13个督查组对23个省份进行实地督查，检查各地普查政策落实、资金安排、宣传培训、工作进度、普查质量、成果转化等情况。二是及时通报反馈。制定下发《关于建立地名普查进展情况通报制度的通知》，9月和12月，先后2次组织召开情况通报会，通报各地普查进度和存在问题，表扬先进、督促后进。先后形成18篇专项督查报告，及时反馈督查省份，指出存在问题，明确改进措施，提出改进要求。三是强化考评激励。经与财政部沟通，将普查绩效作为重要因子引入中央补助资金分配，充分发挥资金的激励导向作用。开展质量管控，引入了第三方评估机制，对地名普查工作流程进行监督，对普查数据质量进行评定，确保普查数据真实、有效、权威。在年度民政重点工作综合评估中，加大地名普查工作权重，适度激励先进，鞭策后进。

（五）着力加强成果转化。根据《第二次全国地名普查实施方案》《第二次全国地名普查成果转化规划（2015—2020年）》以及“边普查、边利用”原则，国务院地名普查办未雨绸缪，组织启动了《地名管理学》《地名普查概论》《地名普查纪实》等地名系列丛书编撰工作，招标启动《中华人民共和国标准地名图集》《标准地名录》《标准地名词典》编撰工作，基本完成了国家级国家区划地名数据库研发。各地结合自身实际，提前部署地名普查成果利用工作，其中河北、江苏、安徽、河南、湖北、广西、海南、重庆、四川等9个省（市、区）出台了本省（市、区）地名普查成果转化规划，山西、山东、江西、新疆兵团启动了省级地名志编纂，浙江建立地名文化遗产保护名录，河北出版《河北政区聚落地名由来大典》等图书，一批地名普查成果已经形成或正在形成。

二、存在困难与问题

总体看，2015 年，在国务院地名普查领导小组的正确领导下，各成员单位密切配合、通力合作，各地积极行动、真抓实干，地名普查各项工作推进力度较大，成效明显。但对照地名普查任务要求，仍面临一些困难和不足，集中体现为三个“不均衡”：一是人员配备不均衡。由于此次地名普查时间紧、工作量大、专业性较强，各地在原本地名管理人员就少的情况下突增地名普查任务，地名普查人员普遍缺乏，一些人员缺乏单位选择业务外包。二是经费保障不均衡。尽管中央补助资金及时下拨，但各地普查资金安排额度不一，经济条件较好的省份落实快、力度大，而经济欠发达省份经费筹措难、落实少，有的仅依靠中央补助资金。三是普查进度不均衡。东部沿海和西部沿边具有试点经验的地区推进速度明显快于没有搞试点的中部地区，河北、浙江、新疆等 3 省（区）已完成了全部县（市、区）的外业调查，而中部仍有不少县市尚未开展外业采集工作。

三、2016 年工作安排

2016 年是第二次全国地名普查实施阶段的关键之年。国务院地名普查办将严格按照《第二次全国地名普查实施方案》和领导小组最新要求，牢牢扭住“进度”和“质量”牛鼻子，按照 4∶4∶2 的整体部署，狠抓落实，确保年度 40%、总量 80% 普查任务圆满完成。

一要进一步加强组织管理，确保普查进度。严格地名普查资金拨付与使用管理，按照“总量控制，分段量化”的原则，明确目标任务、时间节点、阶段成果等内容和要求，强化随机督查与情况反馈相结合、定期与不定期通报相结合、全面通报与点对点通报约谈相结合的检查督促机制，督促各地加快普查实施进度。

二要进一步强化质量管控，确保普查质量。进一步提高质量意识，加强质量控制，认真开展地名调查、搜集和考证，细致准确实施外业调查。研究制定第二次全国地名普查审核验收办法、档案管理办法、成果数据入库验收办法。深入推进跨界地理实体地名普查，开展好地名标准化处理、不规范地名清理整治等工作。建立质量管理控制平台，深入开展第三方质量评定，全面推进地名普查监理。

三要进一步推动成果转化，确保成果应用。积极推进《标准地名图集》《标准地名录》《标准地名词典》和《标准地名志》等权威地名工具图书编撰。结合地名普查，推动地名理论研究和应用实践。加快地名信息化建设，组织研发国家区划地名信息政务管理平台，建设国家、省、市、县四级区划地名数据库，推进地名地址数据库建设。

特此报告。

国务院第二次全国地名普查领导小组办公室

2016年2月2日

国务院第二次全国地名普查领导小组办公室关于印发《第二次全国地名普查成果数据入库验收办法》的通知

国地名普查办发〔2016〕3 号

各省、自治区、直辖市第二次全国地名普查领导小组办公室，新疆生产建设兵团第二次全国地名普查领导小组办公室：

为搞好地名普查成果数据入库验收工作，国务院第二次全国地名普查领导小组办公室组织制定了《第二次全国地名普查成果数据入库验收办法》。现印发给你们，请遵照执行。

国务院第二次全国地名普查领导小组办公室

2016 年 2 月 19 日

第二次全国地名普查成果数据入库验收办法

第一章　总　则

第一条　为搞好地名普查成果数据入库验收工作，根据《第二次全国地名普查工作规程》《第二次全国地名普查数据建库与管理软件设计规范》《第二次全国地名普查涉密数据保密管理办法》《第二次全国地名普查质量管理规定》《第二次全国地名普查监理办法》以及其他有关规定，制定本办法。

第二条　本办法适用于第二次全国地名普查成果数据的入库验收工作。各省级第二次全国地名普查领导小组办公室（以下简称“省级地名普查办”）可依据本办法制定本省份第二次全国地名普查成果数据入库验收相关办法。

第三条　本办法所称成果数据指由省级地名普查办组织汇总并报送到国

务院地名普查办、以县级政区为单位并进行过接边检查且经国务院第二次全国地名普查领导小组办公室（以下简称“国务院地名普查办”）审核、验收通过的第二次全国地名普查成果数据。

第二章　报送要求

第四条　省级地名普查办应按照国务院地名普查办要求，组织做好本行政区域成果数据的汇总和报送工作。

第五条　成果数据报送前，省级地名普查办应使用国务院地名普查办下发的第二次全国地名普查成果数据入库预检查软件对有关数据进行检查。

第六条　省级地名普查办报送成果数据时，应办理相关交接手续，填写《第二次全国地名普查成果数据交接单》（见附件 1），并附上国务院地名普查办委托的监理机构、质量评定机构出具的监理报告和质量评定报告。

第七条　省级地名普查办组织汇总、报送成果数据过程中，应严格遵守国家保密相关法律法规和《第二次全国地名普查涉密数据保密管理办法》要求，切实加强数据保密安全管理。

第三章　验收流程

第八条　第二次全国地名普查成果数据入库验收包括入库检查和接边检查。

第九条　国务院地名普查办组织相关社会组织、企事业单位组成检查组，按照任务分工承担具体检查工作。

第十条　入库检查遵循自动化检查与人工检查、属性数据检查与空间数据检查相结合的原则，综合运用电子底图查证、奇异值分析、统计分析等多种技术手段进行。

第十一条　入库检查过程中发现问题的，国务院地名普查办出具相应检查意见，并反馈至省级地名普查办。省级地名普查办应在 1 个月内组织完成核实、修改，填写《第二次全国地名普查成果数据入库检查意见核实修正表》（见附件 2），与修改后的成果数据一并报送国务院地名普查办。

第十二条　入库检查通过后，国务院地名普查办组织成果数据入库。成果数据入库后，国务院地名普查办出具初步入库确认单。

第十三条　国务院地名普查办根据成果数据入库情况，组织接边检查。

发现问题的，国务院地名普查办出具接边检查意见，并反馈至省级地名普查办。省级地名普查办应在 1 个月内组织完成核实、修改，填写《第二次全国地名普查成果数据接边检查意见核实修正表》（见附件 3），与修改后的成果数据一并报送国务院地名普查办。

第十四条　成果数据通过接边检查后，由国务院地名普查办出具入库验收确认单。

第四章　检查内容

第十五条　入库检查主要包括完整性检查、规范性检查、逻辑性检查和准确性检查。

第十六条　完整性检查主要从数据项填写完备性、图库匹配一致性等方面对成果数据的完整性进行检查，包括属性数据项完整性检查、连接关系完整性检查、多媒体完整性检查等。

第十七条　规范性检查主要从结构、格式等方面对成果数据的规范性进行检查，包括成果包目录结构规范性检查、文件名命名规范性检查、数据格式规范性检查、多媒体文件规范性检查、罗马字母拼写规范性检查以及各类代码（如行政区划代码、地名类别代码等）规范性检查等。

第十八条　逻辑性检查主要从因果关系、主次关系、整体与部分关系等方面对成果数据的逻辑性进行检查，包括时间描述合理性检查、数值数据依赖性检查、属性与空间数据一致性检查、地理实体符号一致性检查等。

第十九条　准确性检查主要从位置、范围等方面对数据的准确性进行检查，包括属性数据四至范围检查、属性数据四至坐标重复性检查、空间数据坐标范围检查、空间数据落图检查和线状数据连通性检查等。

第二十条　接边检查主要对入库后的相邻县级行政区域成果数据的关联性、连通性等方面进行检查。

第二十一条　国务院地名普查办可根据实际工作情况，对检查内容进行相应调整。

第五章　附　则

第二十二条　本办法由国务院地名普查办负责解释。

第二十三条　本办法自发布之日起实施。

附件 1

第二次全国地名普查成果数据交接单

201　年　月　日

报送单位	单位名称（盖章）： 省（区、市）第二次全国地名普查领导小组办公室 经办人： 身份证号： 联系电话：
接收单位	单位名称（盖章）： 国务院第二次全国地名普查领导小组 经办人： 身份证号： 联系电话：
交接数据覆盖范围	示例： 地名普查成果数据，共　个县（市、区）。具体如下： **石家庄市：** 长安区（光盘　张，文件　个，字节　KB） 辛集市（光盘　张，文件　个，字节　KB） 平山县（光盘　张，文件　个，字节　KB） ……

注：本表一式两份，报送单位与接收单位各持一份。

附件 2

第二次全国地名普查成果数据入库检查意见核实修正表

省（区、市）市（地、州）县（市、区）第　次报送

序号	待核实项	核实修正情况	是否修改（是 / 否）

续表

序号	待核实项	核实修正情况	是否修改（是 / 否）

第　页，共　页

省（区、市）第二次全国地名普查领导小组办公室

201 年　月　日

附件 3

第二次全国地名普查成果数据接边检查意见核实修正表

省（区、市）市（地、州）县（市、区）第　次报送

序号	待核实项	核实修正情况	是否修改（是 / 否）

第　页，共　页

省（区、市）第二次全国地名普查领导小组办公室

201　年　月　日

关于印发《加强地名文化保护清理整治不规范地名工作实施方案》的通知

国地名普查组发〔2016〕1号

各省、自治区、直辖市第二次全国地名普查领导小组，新疆生产建设兵团第二次全国地名普查领导小组，国务院第二次全国地名普查领导小组成员单位：

现将《加强地名文化保护清理整治不规范地名工作实施方案》印发给你们，请认真贯彻落实。

国务院第二次全国地名普查领导小组办公室

2016年2月24日

加强地名文化保护清理整治不规范地名工作实施方案

地名是国家和民族文化的重要载体。近年来，一些地方大量地名快速消失，不规范地名不断涌现，损害了地名文化，割断了历史文脉。为进一步规范地名管理，加强地名文化建设，现就做好第二次全国地名普查中地名文化保护和不规范地名清理整治工作制定如下方案。

一、总体要求

（一）指导思想

以党的十八大和十八届三中、四中、五中全会精神为指导，深入贯彻落实习近平总书记和李克强总理关于规范地名管理、保护中华优秀传统文化的重要指示精神，紧密结合第二次全国地名普查和各地各部门实际，积极加强地名文化保护，切实清理整治不规范地名，完善地名管理法规制度，提升地名文化品质和公共服务水平，更好地发挥地名在提升社会治理能力、促进经济发展、服务百姓生活、维护国家主权和权益、弘扬优秀传统文化等方面的积极作用。

（二）目标任务

以《中华人民共和国国家通用语言文字法》《地名管理条例》《地名管理条例实施细则》《地名标志》国家标准（GB 17733—2008）和《国务院关于开展第二次全国地名普查的通知》（国发〔2014〕3 号）、《第二次全国地名普查实施方案》（国地名普查组发〔2014〕1 号）等法律法规和文件规定为依据，充分调查、挖掘、整理地名文化资源，保护地名文化遗产，传承和弘扬地名文化，清理整治地名中存在的“刻意夸大、崇洋媚外、怪异难懂、重名同音”（以下简称“大、洋、怪、重”）以及随意更名等不规范现象，进一步规范地名命名、更名、发布和使用，提升地名法治化、科学化、标准化水平，营造规范有序的地名环境，使地名更好地体现和彰显社会主义核心价值观。

（三）工作原则

结合普查，依法实施。把地名文化保护和不规范地名清理整治作为第二次全国地名普查的重要内容，与地名普查工作一并部署推进。坚持依法行政，严格遵循有关法规制度，依法保护地名文化、解决不规范地名问题。

立足保护，传承发展。遵循地名命名和演化规律，坚决防止乱改地名，避免大量地名文化遗产快速消失。坚持社会主义文化前进方向，坚定文化自信，坚持文化自觉，继承和发展优秀传统地名文化。

严格标准，稳妥推进。科学确定需要保护的地名和不规范地名的界定标准，正确处理清理整治和保持地名稳定之间的关系。在保持地名相对稳定前提下，按照“管好增量、整治存量”要求，严防新增不规范地名，逐步整治已有不规范地名，分类、分级、分层实施，依法、稳慎、有序推进，避免形成地名更名之风。

为民便民，节约资源。按照为民服务、厉行节约的理念，对体现优秀传统文化和地方文化特色的地名要做好保护、传承和发展，对老百姓已经习惯、可改可不改的地名不要更改，对已有不规范地名标志要结合实际进行更正修补或逐步更换，不搞“一刀切”，做到既方便群众又节约公共资源。

因地制宜，协调一致。坚持实事求是，尊重各地文化差异，重点整改有损国家主权和民族尊严、违背社会主义核心价值观、严重背离公序良俗的不规范地名。加强行政指导和宣传教育，尊重当地群众意见，与有关方面协商一致，避免引发不必要的社会矛盾。

二、主要任务

（一）加强地名文化保护。当前，重点做好以下工作：

——开展地名文化资源调查。地名普查中要注重地名文化信息调查，全面、系统地普查各类地名及其属性信息，既要调查现有地名，也要调查已消失不用的地名；查清地名的拼写、读音、位置等基本信息，详细收集地名的渊源、沿革、含义等文化信息。深入挖掘、系统整理、综合利用普查形成的地名文化资料，建立地名文化资源库和网络查询系统，编纂具有深厚文化内涵的地名图、录、典、志等普查成果。充分发挥科研机构、行业协会等有关单位的优势，结合地名普查实践深化地名文化理论研究，推出一批有价值的研究成果。

——深入推进地名文化遗产保护。按照《全国地名文化遗产保护工作实施方案》（民发〔2012〕117 号）要求，进一步健全地名文化遗产保护制度，完善地名文化遗产评价、鉴定、确认标准，制定保护规划，建立科学有效的保护机制。建立国家和省、市、县四级地名文化遗产保护名录体系，坚持科学认定、突出重点、逐步推进，分级分批开展千年古县、千年古镇、千年古村落、少数民族语地名等地名文化遗产认定和保护工作。对地名文化遗产保护名录中仍在使用的地名，除因行政区划调整等特殊原因确需更名的外，要禁止更名；已不使用的地名，要采取就近移用、优先启用等措施加强保护和利用。

——坚持优秀地名文化传承。处理好地名文化保护与地名命名更名的关系，在编制地名规划和开展地名命名更名时，充分挖掘人文历史资源，优先使用反映当地历史、文化、地理、环境的地名，将优秀传统文化融入到新地名中，更好地体现地域特色，延续地名文脉。

——加强地名文化宣传。积极支持引导地名文化产品和产业发展，通过图书、电视、互联网等多种载体，不断丰富地名文化产品和服务。积极搭建地名文化活动平台，广泛开展地名文化展览、征文、知识竞赛、视频征集等文化活动。加强地名文化国际交流，制作一批高质量中国地名文化外文读本和音像制品，结合“一带一路”战略促进地名文化海外传播，增强中华文化的影响力、认同感。

（二）清理整治地名中存在的不规范现象。主要包括居民区、大型建筑物、街巷、道路、桥梁等地名中存在的“大、洋、怪、重”等不规范地名，其具体内涵和标准如下：

——不规范地名中的“大”，指违反《地名管理条例实施细则》关于地名要“反映当地人文或自然地理特征”的规定，在含义、类型和规模方面刻意夸大，地名的专名或者通名超出其指代地理实体实际的现象。专名刻意夸大的主要表现是过分夸大住宅区、建筑物等地理实体的使用功能；通名刻意夸大的主要表现是地名通名层级混乱、名实不符等现象。

——不规范地名中的“洋”，指违反《地名管理条例》关于“凡有损我国领土主权和民族尊严的，带有民族歧视性质和妨碍民族团结的，带有侮辱劳动人民性质和极端庸俗的，以及其他违背国家方针政策的地名，必须更名”“中国地名的罗马字母拼写，以国家公布的‘汉语拼音方案’作为统一规范”和《地名管理条例实施细则》关于“不以外国人名、地名命名我国地名”等规定，盲目使用外语词及其汉字音译形式命名我国地名，以及用外文拼写我国地名等现象。

——不规范地名中的“怪”，指违反《地名管理条例》及其实施细则中地名要“反映当地人文或自然地理特征”“使用规范的汉字或少数民族语文字”“避免使用生僻字”等规定，盲目追求怪诞离奇，地名含义不清、逻辑混乱、低级庸俗、繁简混搭、中西混用或带有浓重封建色彩等现象。

——不规范地名中的“重”，指违反《地名管理条例》及其实施细则关于“一个县（市、区）内的乡、镇、街道办事处名称，一个乡镇内的自然村名称，一个城镇内的街、巷、居民区名称，不应重名”等规定，一定区域范围内存在多个地名重名或同音等现象。

对上述“大、洋、怪、重”等不规范地名，要依照有关法规和标准进行标准化处理。对不符合地名命名原则、群众反映强烈的不规范地名，要督促相关单位或产权人进行更名；对有地无名的，要及时进行命名；对一地多名的，要确定一个标准地名；对多地重名的，要通过更名或添加区域限制词等手段解决重名问题。对未按规定履行审批手续擅自命名、更名的，要按规定程序和要求补办命名更名审批手续。要加强对地名使用情况的监督检查，及时纠正在公共场合使用不规范地名的行为，重点清理整治地名标志、交通标志等公共标志，新闻、广告、广播等公共媒体，地图、工具书等公开出版物，公文、证件、车船机票等各类文书票证中使用非标准地名、使用不规范汉字书写地名、使用外文拼写地名等违反法规标准的现象。

三、实施步骤

此次保护和整治工作从2016年2月开始，到2017年6月结束，分五个步骤实施。

（一）动员部署。各地要结合第二次全国地名普查和各自实际，于2016年3月底前制定印发加强地名文化保护和清理整治不规范地名工作实施方案。要加强宣传动员，做好各项准备工作，创造良好工作环境。

（二）普查摸底。各地地名普查办公室要结合本次地名普查，掌握本地地名文化资源以及不规范地名底数详情，分类梳理地名文化遗产和不规范地名情况，提出地名文化遗产保护和不规范地名初步名单，为开展保护和治理提供全面详实的资料。

（三）清理整改。县级以上地方地名普查办公室要组织邀请历史、地理、文化、社会、法律等方面专家成立地名文化保护暨清理整治不规范地名工作专家组，负责有关评审工作。由专家组对普查摸底提出的初步名单进行审核论证，提出地名文化遗产保护和拟清理整治不规范地名建议名单以及相应的处理意见。对专家组提出的建议名单和处理意见，由本级地名普查办公室邀请相关专家和群众代表进行法律评估和相关风险评估，必要时应举行社会听证。对经论证评估属于地名文化遗产的，由地名工作主管部门按程序予以确认后纳入本级保护名录，并筛选出具有代表性的地名文化遗产向上级部门推荐上报。对确实需要命名更名的不规范地名，根据管理权限由相应行政管理部门按照法定程序进行命名更名。地名文化遗产确认或地名命名更名后，要及时向社会公布。此项工作原则上应于2017年3月底前完成。

（四）健全制度。各地要以第二次全国地名普查和此次活动为契机，大力推进地名法治建设，进一步健全地名法规标准，理顺审批权限，细化工作程序，规范管理措施，建立地名命名、更名、注销和使用管理的长效机制，防止随意命名更名，从源头上遏制新的不规范地名产生，切实保护好地名文化。

（五）总结验收。以上工作完成后，各地要及时总结地名文化保护和清理整治成果经验，将工作情况报上级地名普查领导小组验收。各省、自治区、直辖市和新疆生产建设兵团要将工作总结报告于2017年6月底前报送国务院第二次全国地名普查领导小组办公室。

四、工作要求

（一）切实加强领导。各地要按照国务院第二次全国地名普查领导小组统一部署，加强组织领导，理顺管理体制，明确职责分工，确保责任到位、任务落实。国务院第二次全国地名普查领导小组成员单位要按照领导小组统一部署和各自分工，配合地方做好本部门、本系统地名文化保护和不规范地名清理整治工作。国务院第二次全国地名普查领导小组将适时开展专项督查。

（二）精心组织实施。各地要高度重视地名文化保护和不规范地名清理整治工作，及时向政府领导报告工作部署和推进情况，加强部门协调配合，明确目标，细化要求，统筹安排，狠抓落实，确保工作顺利进行。

（三）积极宣传引导。各地要充分利用各种形式和渠道，广泛宣传地名法规、标准和政策，大力宣传和弘扬地名文化，发挥舆论引导和监督作用，不断增强社会各界自觉使用标准地名和地名文化保护意识，营造良好社会氛围。

（四）注重长效管理。各地要坚持标本兼治，把阶段性活动和长期性制度建设相结合，在认真总结工作经验的基础上，加大制度建设和文化培育力度，建立健全地名管理法治化、科学化、标准化的长效机制。

关于认真贯彻落实王勇国务委员重要批示精神扎实推进2016年第二次全国地名普查工作的通知

国地名普查办发〔2016〕6号

各省、自治区、直辖市第二次全国地名普查领导小组办公室，新疆生产建设兵团第二次全国地名普查领导小组办公室：

2月14日，国务院第二次全国地名普查领导小组组长、国务委员王勇在《关于2015年第二次全国地名普查工作开展情况的报告》（国地名普查办发〔2016〕2号）上作出重要批示，充分肯定了普查工作成绩，对下一步工作作出部署要求。为认真贯彻落实国务院领导指示要求，进一步推进2016年第二次全国地名普查工作，现将有关事项通知如下：

一、深入学习贯彻批示精神，以更强的责任感使命感推进地名普查工作

2015年，全国各级地名普查工作人员认真贯彻落实国务院第二次全国地名普查领导小组要求，甘于奉献、埋头苦干，扎实推进各项工作，地名普查制度规范逐步健全，基础条件有效保障，业务培训逐级展开，内外业调查稳步推进，专项任务有序实施，普查宣传形式多样，各项普查工作取得明显成效。同时也要清醒认识到，当前地名普查工作仍面临一些困难和不足：中部地区推进速度明显滞后于东西部地区，不少市县尚未开展外业调查；部分地区普查力量不足，业务能力还不能完全适应普查工作需要；部分省份、市县经费筹措困难等。这些问题制约了普查工作的顺利推进，需要下大力气加紧研究解决。2016年是普查工作关键之年。今年的工作进展直接影响普查整体任务的完成，直接关系普查整体工作的成效。王勇国务委员的重要批示，既是对全国地名普查战线广大干部职工前期工作的充分肯定和极大鼓励，也为推进今年的普查工作指明了方向、明确了要求。各级地名普查办要组织全体普查工作人员认真学习贯彻王勇国务委员的重要批示精神，深刻认识肩负的

历史使命和重要责任，以“贯彻落实制度规范、全面推进普查实施”为主线，化鼓励为动力、以要求为目标、以问题为导向，以责无旁贷的使命感和时不我待的紧迫感，鼓足干劲、拼搏奋进，有序有力有效扎实推进第二次全国地名普查工作。

二、严格落实进度要求，按期完成普查任务

按照国务院地名普查办整体进度要求，2016 年要完成年度 40%、总量 80% 的普查任务。各地要紧密结合实际，统筹谋划，狠抓落实，确保普查任务按期完成。

（一）突出分类指导。要根据本地区各市县普查推进情况分门别类制定指导措施。对普查已全面展开、进展顺利的市县，要督促及早进行数据入库、检查验收和修改完善，并及时分析问题、总结经验，为其他地区学习借鉴提供样板；对外业普查已启动但个别专项任务暂时滞后的市县，要督促加快进程，补齐短板，迎头赶上；对准备工作尚不充分、外业普查进展缓慢的市县，要加大指导力度，提供必要帮扶，协助破解制约推进的困难与问题。

（二）注重统筹推进。在工作环节上要科学设计，注重内外业并行实施，采集、入库、检查同步推进。在工作内容上要科学安排，做好常规普查工作的同时，统筹部署实施跨界自然地理实体地名普查、不规范地名清理整治、地名标志设置、地名文化遗产保护等专项任务，实现各项工作齐头并进。在工作协调上要形成合力，充分调动测绘、国土、水利、方志等成员单位积极性，借鉴利用现有成果，提高工作效率。

（三）加强督查督导。国务院地名普查办将继续加大督查力度，对重视程度不够、普查进度迟缓的省份适时启动约谈机制。各地也要全面加强督查督导力度，制定年度督查实施方案，采取书面督查与实地督查相结合、计划督查与随机抽查相结合的方式，实现对市县普查工作督查全覆盖。对发现的问题要及时反馈、限期整改，提高督查督导效果。各省（区、市）和新疆生产建设兵团于 3 月 31 日前将本地区督查实施方案报国务院地名普查办。

（四）推进绩效考评。要建立健全本地区普查情况通报制度，采取定期与不定期通报相结合、全面通报与点对点通报相结合的方式，定期通报本地区各市县普查推进情况，并及时上报国务院地名普查办。同时，进一步加强普查绩效管理，落实考核奖励机制。国务院地名普查办将把绩效考评情况作为

年度民政重点工作综合评估重要依据，加大普查绩效因子在中央补助资金分配中的权重。

三、全面加强监督管理，确保普查成果质量

质量是地名普查的生命线。各地要把普查质量摆在重要位置，加强领导、强化管理，采取有力措施，确保普查质量。

（一）强化质量意识。要采取多样有效方式，在普查全系统全过程全方位开展质量教育，牢固树立质量第一的观念。要引导普查一线工作人员认真开展地名调查、搜集和考证，细致准确实施外业调查，如实记录和填报每一个地名信息，切实保证普查数据的真实性、准确性、全面性和现势性。

（二）强化过程管理。要严格按照工作规程和标准要求，做好内外业数据采集与处理、地名标准化、地名标志设置、检查验收和成果汇交、资料归档等各环节工作。对已形成的普查成果数据要及早开展检查验收，及早发现问题，及时修改完善。要进一步加强普查队伍专业化建设，提升地名渊源、沿革、含义等文化信息采集的专业化水平。

（三）强化质量控制。要严格落实质量管理规定，将普查质量管理责任落实到岗、落实到人。建立完善横向联检、纵向评估的质量管理机制，坚持两级全检、两级抽检，县级和地级普查办要对普查成果进行全面检查，省级普查办质量抽检比例不得低于30%。要积极开展第三方质量评定，全面推进地名普查监理，加强对普查各环节工作的监督检查，保障普查全过程质量合格、规范运行。

四、坚持边普查边转化，及早发挥普查效益

普查的意义在于应用。各地要结合实际，加紧做好普查成果转化基础性工作，积极推进普查成果开发利用，及早发挥普查成果服务作用。

（一）抓紧编制实施成果转化规划。要参照国务院地名普查办下发的成果转化规划，因地制宜、突出特色，加紧研究编制本级规划。已出台规划的地区，既要抓好规划实施，保证规划任务落到实处，又要发挥规划目标的引领作用，丰富完善普查内容和数据采集。2016年各省（区、市）和新疆生产建设兵团要完成本级地名普查成果转化规划编制工作。

（二）抓紧建设国家区划地名数据库。要严格按照地名普查数据建库设计

规范，加紧建设省、市、县三级国家区划地名数据库，为普查成果转化利用奠定基础。要按照地名普查成果数据入库验收办法，做好普查成果数据入库检查工作，确保入库数据完整规范。

（三）抓紧图录典志等辞书编纂。要积极参与配合中华人民共和国标准地名图集、标准地名录和标准地名词典编纂工作。要提前谋划、科学设计，分类分级分批编制出版本地区标准地名图录典志，为社会提供准确权威的标准地名工具书。

五、继续加强基础工作，确保普查顺利推进

保障到位是普查顺利推进的前提。各级地名普查办要高度重视基础条件保障，进一步加大工作力度，为地名普查提供有力支撑。

（一）加强资金保障。要继续加强沟通协调，做好地名普查资金预算编报，积极争取本级财政支持。要严格遵守地名普查专项资金使用管理规定，及时足额下拨中央补助资金，强化风险防控，确保专款专用、廉洁高效。

（二）加强软硬件保障。已完成普查软件研发的地区要抓紧下发使用；研发较慢甚至尚未启动招标程序地区，要加紧组织实施，必要时按规定采购成熟软件，避免影响普查进程；硬件配备不足的地区要及时购置，保障普查工作需要。

（三）加强技术培训。要继续加大培训工作力度，培训对象上要侧重于普查一线工作人员，培训内容上要侧重于普查实施过程中的具体技术问题和难点，培训方式上要注重将集中授课、现场模拟、实操测试等多种形式有机结合，提高培训效果。

（四）加强信息报送和宣传工作。要按照地名普查信息报送的有关要求，通过信息报送系统及时上报工作进展、典型做法和有关情况，客观实时反映工作动态。要充分利用国家地名普查网、“国家地名”微博、“地名普查”微信公众号等平台，创新宣传方式，提高宣传效果，为普查推进营造良好的社会氛围。

国务院第二次全国地名普查领导小组办公室

2016 年 3 月 14 日

关于推荐《中华人民共和国标准地名词典》和《中华人民共和国标准地名图集》《中华人民共和国标准地名录》编委会委员、编辑部成员的通知

国地名普查办发〔2016〕7 号

各省、自治区、直辖市第二次全国地名普查领导小组办公室，新疆生产建设兵团第二次全国地名普查领导小组办公室：

编纂出版《中华人民共和国标准地名词典》《中华人民共和国标准地名图集》《中华人民共和国标准地名录》是第二次全国地名普查成果转化的重要内容。此前，经公开招标，确定由商务印书馆和中国地图出版社分别承担编纂任务。根据编纂工作需要，拟成立《中华人民共和国标准地名词典》编委会及编辑部、《中华人民共和国标准地名图集》《中华人民共和国标准地名录》编委会及编辑部。请各省（区、市）和新疆生产建设兵团为上述编委会及编辑部分别推荐 2 名编委会委员、1—2 名编辑部成员。其中：编委会委员原则上推荐厅（局、委）主管地名工作领导和地名业务处室主要负责同志；编辑部成员具体负责本省份相关内容组织、编辑等工作，原则上推荐熟悉地名相关业务的地名业务处室业务骨干，如推荐外单位专家或离退休同志还应同时推荐一名地名业务处室同志作为联系人进入编辑部。请填写推荐表（见附件 1、附件 2）、加盖单位公章后，于 4 月 29 日前将推荐表报送我办。

附件：1.《中华人民共和国标准地名词典》编委会委员、编辑部成员推荐表

2.《中华人民共和国标准地名图集》《中华人民共和国标准地名录》编委会委员、编辑部成员推荐表

国务院第二次全国地名普查领导小组办公室

2016 年 4 月 12 日

联 系 人：杨刚、田铮

联系电话：010–58123220、58123223（传真）

附件 1

《中华人民共和国标准地名词典》编委会委员、编辑部成员推荐表

<table>
<tr><td></td><td>姓名</td><td>性别</td><td>职务 / 职称</td><td>工作单位</td><td>电子邮箱</td><td>移动电话</td></tr>
<tr><td rowspan="7">编委会</td><td rowspan="3"></td><td></td><td></td><td></td><td></td><td></td></tr>
<tr><td>年龄</td><td>民族</td><td>通信地址</td><td>办公电话</td><td>传真电话</td></tr>
<tr><td></td><td></td><td></td><td></td><td></td></tr>
<tr><td>姓名</td><td>性别</td><td>职务 / 职称</td><td>工作单位</td><td>电子邮箱</td><td>移动电话</td></tr>
<tr><td rowspan="3"></td><td></td><td></td><td></td><td></td><td></td></tr>
<tr><td>年龄</td><td>民族</td><td>通信地址</td><td>办公电话</td><td>传真电话</td></tr>
<tr><td></td><td></td><td></td><td></td><td></td></tr>
<tr><td rowspan="8">编辑部</td><td>姓名</td><td>性别</td><td>职务 / 职称</td><td>工作单位</td><td>电子邮箱</td><td>移动电话</td></tr>
<tr><td rowspan="3"></td><td></td><td></td><td></td><td></td><td></td></tr>
<tr><td>年龄</td><td>民族</td><td>通信地址</td><td>办公电话</td><td>传真电话</td></tr>
<tr><td></td><td></td><td></td><td></td><td></td></tr>
<tr><td>姓名</td><td>性别</td><td>职务 / 职称</td><td>工作单位</td><td>电子邮箱</td><td>移动电话</td></tr>
<tr><td rowspan="3"></td><td></td><td></td><td></td><td></td><td></td></tr>
<tr><td>年龄</td><td>民族</td><td>通信地址</td><td>办公电话</td><td>传真电话</td></tr>
<tr><td></td><td></td><td></td><td></td><td></td></tr>
</table>

附件 2

《中华人民共和国标准地名图集》《中华人民共和国标准地名录》

编委会委员、编辑部成员推荐表

<table>
<tr><td></td><td>姓名</td><td>性别</td><td>职务 / 职称</td><td>工作单位</td><td>电子邮箱</td><td>移动电话</td></tr>
<tr><td rowspan="7">编委会</td><td rowspan="3"></td><td></td><td></td><td></td><td></td><td></td></tr>
<tr><td>年龄</td><td>民族</td><td>通信地址</td><td>办公电话</td><td>传真电话</td></tr>
<tr><td></td><td></td><td></td><td></td><td></td></tr>
<tr><td>姓名</td><td>性别</td><td>职务 / 职称</td><td>工作单位</td><td>电子邮箱</td><td>移动电话</td></tr>
<tr><td rowspan="3"></td><td></td><td></td><td></td><td></td><td></td></tr>
<tr><td>年龄</td><td>民族</td><td>通信地址</td><td>办公电话</td><td>传真电话</td></tr>
<tr><td></td><td></td><td></td><td></td><td></td></tr>
</table>

续表

<table>
<tr><td rowspan="8">编辑部</td><td>姓名</td><td>性别</td><td>职务 / 职称</td><td>工作单位</td><td>电子邮箱</td><td>移动电话</td></tr>
<tr><td rowspan="3"></td><td></td><td></td><td></td><td></td><td></td></tr>
<tr><td>年龄</td><td>民族</td><td>通信地址</td><td>办公电话</td><td>传真电话</td></tr>
<tr><td></td><td></td><td></td><td></td><td></td></tr>
<tr><td>姓名</td><td>性别</td><td>职务 / 职称</td><td>工作单位</td><td>电子邮箱</td><td>移动电话</td></tr>
<tr><td rowspan="3"></td><td></td><td></td><td></td><td></td><td></td></tr>
<tr><td>年龄</td><td>民族</td><td>通信地址</td><td>办公电话</td><td>传真电话</td></tr>
<tr><td></td><td></td><td></td><td></td><td></td></tr>
</table>

国务院第二次全国地名普查领导小组办公室关于下发第二次全国地名普查成果数据入库预检查软件的通知

国地名普查办发〔2016〕8 号

各省、自治区、直辖市第二次全国地名普查领导小组办公室，新疆生产建设兵团第二次全国地名普查领导小组办公室：

为搞好第二次全国地名普查成果数据入库验收工作，国务院第二次全国地名普查领导小组办公室组织研发了第二次全国地名普查成果数据入库预检查软件。现发给你们，供你们在组织本省份地名普查成果数据汇总报送过程中使用。

国务院第二次全国地名普查领导小组办公室

2016 年 5 月 5 日

国务院第二次全国地名普查领导小组办公室关于成立《中华人民共和国标准地名词典》和《中华人民共和国标准地名图集》《中华人民共和国标准地名录》编委会、编辑部的通知

国地名普查办发〔2016〕9号

各省、自治区、直辖市第二次全国地名普查领导小组办公室，新疆生产建设兵团第二次全国地名普查领导小组办公室：

为加强《中华人民共和国标准地名词典》《中华人民共和国标准地名图集》《中华人民共和国标准地名录》编纂出版工作组织领导，国务院第二次全国地名普查领导小组办公室决定成立《中华人民共和国标准地名词典》和《中华人民共和国标准地名图集》《中华人民共和国标准地名录》编委会、编辑部。现通知如下：

一、成立《中华人民共和国标准地名词典》编委会

主　编：李立国

副主编：宫蒲光　秦大河　江蓝生　柳　拯　于殿利

委　员：（按姓氏音序排列）

阿　布　艾天福　曹莉莉　曹跃进　陈德彧　陈洪刚　陈克相
陈　武　邓　磊　范高净　冯建国　高　峰　高　冀　高建洲
龚建辉　郭　健　侯斌超　侯学钢　黄志江　黄智晖　李　波
李虎平　李　娟　李立新　李　平　李诗洋　李　伟　李　政
梁　军　刘家鹏　罗卫红　闵建华　倪　力　钮学兴　曲孝丽
饶边疆　饶美奕　饶添发　佘瑞东　沈林平　司新鲜　宋少华
孙邦平　孙　斌　孙秀东　谭　华　田文祝　佟再学　万顺福
汪勇飞　王加胜　王立松　王　伟　王晓虹　王晓江　王艳丽

魏　峰　吴　蓓　吴金勇　吴秋鸿　谢延智　许祯科　熊　梅
燕　翀　徐海康　杨成文　徐怀好　杨锦胜　徐毅松　杨亚军
杨再念　尹也刚　岳昆仑　张光廷　张洪波　张建明　张克强
张汝文　张　伟　张玉年　张占佳　张贞德　赵兰贵　周舜武

编委会下设编辑部，编辑部设在商务印书馆，组成人员如下：

主　任：孙秀东　李　平

常务副主任：周舜武

副主任：黄智晖　田文祝

成　员：（按姓氏音序排列）

艾玉河　包雪飞　陈嘉茵　陈　力　陈瑞光　陈苏宁　陈　伟
陈旭阳　达明恒　邓　刚　邓国良　邓全青　丁　锐　董　珂
杜　瑜　方耀明　高　虹　高　坚　高哲川　葛传庆　郭晓琳
贺　彬　黄宏溪　黄小谷　姜兆新　兰　田　李德润　李东洋
李　娟　李军林　李鸣骥　李文庆　李昕懋　梁劲羽　零振洪
刘荣华　刘　薇　刘致远　罗保平　罗　辉　洛　多　马益新
穆大鹏　沈健健　石　荣　石永峰　史　悦　宋景连　孙　平
孙玉国　田　铮　汪大虎　汪茂兴　王建富　王　可　王彦颖
吴忠礼　熊崧麟　项兆柱　杨　刚　杨辉川　杨　艳　姚涵淞
俞德鸣　张宏广　张加恭　张　杰　张亚杰　赵　林　赵　勇
周津锁　朱兴娟　左保革

二、成立《中华人民共和国标准地名图集》《中华人民共和国标准地名录》编委会

主　编：李立国

副主编：宫蒲光　王家耀　周成虎　郭仁忠　柳　拯　王宝民

委　员：（按姓氏音序排列）

阿　布　艾天福　曹莉莉　曹跃进　陈德彧　陈洪刚　陈克相
陈　武　邓　磊　范高净　冯建国　高　峰　高　冀　高建洲
龚建辉　郭　健　侯斌超　侯学钢　黄志江　黄智晖　李　波
李　平　李立新　李诗洋　李　伟　李　政　梁　军　刘家鹏
芦仲进　罗卫红　闵建华　倪　力　钮学兴　曲孝丽　饶边疆

饶美奕　饶添发　佘瑞东　沈林平　司新鲜　宋少华　孙邦平
孙　斌　孙秀东　谭　华　佟再学　万顺福　汪勇飞　王加胜
王立松　王　伟　王晓虹　王晓江　王艳丽　魏　峰　吴　蓓
吴金勇　吴秋鸿　谢延智　熊　梅　徐根才　徐海康　徐怀好
徐毅松　许祯科　燕　翀　杨成文　杨锦胜　杨亚军　杨再念
尹也刚　岳昆仑　张光廷　张洪波　张建明　张克强　张汝文
张　伟　张玉年　张占佳　张贞德　赵　丽

编委会下设编辑部，编辑部设在中国地图出版社，组成人员如下：

主　任：孙秀东　徐根才

副主任：黄智晖　芦仲进

成　员：（按姓氏音序排列）

包雪飞　陈　芳　陈　力　陈苏宁　陈　伟　陈效忠　陈旭阳
达明恒　邓　刚　邓国良　邓全清　丁　锐　杜　瑜　方耀明
高　虹　高　坚　葛传庆　黄宏溪　姜兆新　兰　田　李德润
李东洋　李军林　李　特　李文庆　李香娥　李昕懋　梁劲羽
林依泉　零振洪　刘荣华　刘　薇　鲁人勇　罗　辉　罗　源
洛　多　穆大鹏　聂丽红　彭艺来　沈健健　石　荣　石永峰
史俊国　宋景连　孙玉国　邰向荣　田　铮　汪大虎　汪茂兴
王宝成　王功斗　王建富　王　可　王小丹　王彦颖　项兆柱
杨　刚　杨辉川　杨　宁　杨　艳　姚涵淞　余承君　俞德鸣
张大周　张宏广　张宏年　赵兰贵　赵　林　赵　勇　周津锁
朱兴娟　庄茂军　左保革

《中华人民共和国标准地名词典》《中华人民共和国标准地名图集》《中华人民共和国标准地名录》编纂出版工作时间紧、任务重，要求高、标准严。各地务必高度重视，切实把编纂工作列入重要议事日程，抓紧成立编写组，加强组织领导，健全工作机制，明确任务分工，搞好资金保障，确保圆满完成编纂出版任务。

国务院第二次全国地名普查领导小组办公室

2016 年 5 月 18 日

国务院第二次全国地名普查领导小组办公室关于进一步加强地名文化属性信息采集工作的通知

国地名普查办发〔2016〕11号

各省、自治区、直辖市第二次全国地名普查领导小组办公室，新疆生产建设兵团第二次全国地名普查领导小组办公室：

地名是文化的载体，文化是地名的灵魂。我国地名文化资源丰富，内涵底蕴深厚，是中华文明的重要组成部分，系统采集整理地名文化属性信息是地名普查的核心任务。第二次全国地名普查开展以来，各地按照普查实施方案和工作规程要求有效推进普查工作。但在实施过程中，仍不同程度存在对地名文化属性信息采集认识不足、重视不够、挖掘不深入、采写不详实等问题；存在重技术轻文化、重资料整理轻实地考证等失衡现象，直接影响了普查成果质量。

为进一步规范和加强地名文化属性信息采集工作，现就有关事项通知如下。

一、深刻认识地名文化属性信息采集的重要性紧迫性

地名承载了丰富的地域文化内涵，随着经济社会发展和城镇化快速推进，大量新地名不断产生，老地名不断消亡，通过地名普查，充分挖掘、系统整理地名文化属性信息，抢救保护优秀传统地名文化，是地名普查的必然要求，是地名普查区别于地理国情普查的根本特征，也是保证地名普查成果质量、深化普查成果转化的重要基石。当前，全国地名普查处于实施阶段的关键时期，各项地名信息的采集整理工作正在紧张进行。加强对文化属性信息的采集完善，事关地名普查成败，时间紧迫，任务繁重。各级地名普查办要进一步提高认识，深刻领会地名文化属性信息采集在地名普查中的基础作用，高度重视地名文化属性信息采集工作，结合本地经济文化发展脉络和地名命名特点规律，实事求是、严谨考证，充分挖掘整理地名用字、读音、语义、演

变的文化特点，形成文化内涵丰富的地名普查成果，保护传承优秀地名文化，突出地方文化特色。

二、进一步明确地名文化属性信息采集的内容方法

地名文化属性信息涉及面广、采集难度大，各级地名普查办要认真研究本地地名和文化发展演变脉络，准确把握地名文化属性信息采集的内容要求和方法路径，高质量做好属性信息采集工作。

（一）要明晰采集内容。地名文化属性信息采集要全面准确、考证深入、完整覆盖各类别地名。一是要丰富采集信息。要围绕地名标准名称及其别名、曾用名和简称等，全面采集整理来历、含义、历史沿革、地理实体概况、相关资料的来源出处等内容。要综合搜集考证与地名文化相关的俗语、名言、传说、民俗、诗词、文献、历史事件、乡土物产、民间艺术等地域文化信息，深入挖掘考证地名蕴含的文化信息。二是要明确采集范围。对普查目录中的地名要全面考证，深度挖掘，区分自然地理实体地名、人文地理实体地名等不同类别地名，侧重采集其典型的地名文化信息。对于空间范围广阔、经济社会特征显著、历史文化内涵深厚的广域性地名，在描述名称来历、含义和历史沿革基础上，还要采集描述地名所指代实体范围内的经济、社会、文化特征信息。三是要突出采集重点。要以文化内涵丰富、有历史价值的地名为重点，做好对乡镇区划调整过程中已经撤销的乡村名称的采集工作，并结合地名文化遗产保护工作，对已经消失的重要历史地名和千年古都（城）、古县、古镇、古村落等地名进行重点采集，保护弥足珍贵的古老地名。

（二）要规范采集要求。地名文化属性信息采集编写，要做到调查考证严密，真实客观，文字表述得当，层次脉络清楚。对于地名来历含义，要结合本地自然景观、族群变迁、语言文字、历史事件、乡土物产等情况，认真分析提炼地名反映当地地理特征、时代特色和美好愿望等方面的喻义，体现出地名的命名理据和承载的自然人文发展变迁等背景内容；对于历史沿革信息，要追根溯源，理清地名的来龙去脉以及地名所指代地理实体的变化情况；对于地理实体概况应在规程要求内容基础上，拓展其文化内涵；资料来源出处标注要据实填写，注明援引资料的名称、作者、版次和页码等要素，便于查找原文。

（三）要优化采集方法。要综合运用文献分析、实地走访、专家论证等多

种有效方法，科学采集地名文化属性信息。一是要充分运用现有资料。要广泛搜集历史典籍、志书文献、行业资料、地图等，通过综合比对，找出不同资料记载的共性和关联，挖掘展示地名蕴含的深厚文化积淀。现有资料的选取要坚持广泛性和权威性相结合，对于网络资料要注意甄别核实，避免以讹传讹。二是要注重实地调查验证。对文化信息不全不清或存疑的地名，要通过走访座谈等形式进行调查验证，充分发挥当地群众和知情人士的力量，广泛采集散落民间口口相传的地名故事。三是要重视专家学者作用。对文化属性信息采集过程中出现的问题，要组织专家学者专题论证，研提解决方案。对于资料分析和实地调查后仍无法解决的文化属性信息问题，要列出清单，广泛征求有关部门和相关专家意见。四是要强化编写审核。采编人员要综合文献资料、调查结果和专家意见等情况，认真分析，仔细填写地名成果表。审核人员要逐条检查，保证数据填写完整准确、内容全面、脉络清晰。

三、采取有效措施切实加强地名文化属性信息采集工作

地名普查是一项复杂的系统工程，各级地名普查办要在同步推进各项任务的同时，把地名文化属性信息采集作为当前核心工作内容，强化组织实施、加强督促检查，切实提高普查成果质量。

（一）强化组织领导。各级地名普查办要高度重视文化属性信息采集工作，及时将其纳入普查议事日程、纳入具体工作安排与督促检查范围，切实抓好落实。在资料准备上，要积极协调有关部门和机构，协助搜集相关志书史料和行业资料，为文化属性信息采集提供数据保障。在队伍建设上，要充分借助高校和科研机构力量，吸引地名、历史、文化、地理、语言、考古、经济、政治等相关领域专业人士参与。对于承接普查任务的服务单位，若无法胜任地名文化属性信息采集任务的，必要时可依法依规取消承接资格。

（二）深化业务指导。国务院地名普查办将下发地名文化属性信息采集模板供各地参照。各级地名普查办要按照模板要求，从采集内容、采集规范、采集方法等方面对外业采集和内业整理工作队伍进行系统培训，提高一线工作人员采集地名文化属性信息的水平。要重点处理好外业采集和内业整理等工作环节之间的有效衔接，做到内外业互为补充、统一推进。外业工作要更加突出对民间地名故事、历史文物遗迹等文化信息的采集，为内业整理提供丰富的原始素材，内业整理要广泛综合各方资料进行深入加工。对于内外业

工作由不同队伍实施的，要建立沟通协调机制，实现数据采集、成果交接、修改完善等工作的无缝对接与互相配合。

（三）加强督促检查。地名文化属性信息是普查质量评定和成果验收的重要内容。各级地名普查办要充分发挥普查监理与质量评价第三方机构的协同监管作用，加强地名文化属性信息采集情况的自查抽查和督促指导，对于成果信息不全、质量不高、不符合标准要求的要及时纠正、责令整改，经整改仍无法达到验收标准的要依据有关规定追究当事人与承担单位的责任。

民政部　国家档案局办公室

2016 年 5 月 19 日

国务院第二次全国地名普查领导小组办公室关于尽快下拨 2016 年度第二次全国地名普查中央补助资金的通知

国地名普查办发〔2016〕13 号

各省、自治区、直辖市第二次全国地名普查领导小组办公室，新疆生产建设兵团第二次全国地名普查领导小组办公室：

4 月 15 日，财政部印发《财政部关于下达 2016 年第二次全国地名普查补助资金的通知》（财社〔2016〕15 号），第二次全国地名普查中央补助地方资金已下拨到各省（区、市）和新疆生产建设兵团。为加强中央补助资金的使用管理，确保地名普查工作顺利开展，现将有关事项通知如下：

一、及时下拨补助资金

省级地名普查办要主动作为，与财政部门积极沟通，尽快将中央补助资金拨付各地。同时积极做好 2016 年和后续年度本级财政地名普查预算资金编制申报工作，积极争取财政支持，为地名普查顺利推进提供资金保障。

二、加强资金使用管理

省级地名普查办要遵照《第二次全国地名普查专项资金使用管理办法》，结合本地实际，规范资金使用管理，确保专款专用。开展全国地名地址库试点示范创建活动的地区要视工作情况安排专门资金。要建立风险防控机制，跟踪检查资金列支项目、开支范围、执行进度等情况，确保资金安全、廉洁高效。

三、按时上报有关材料

6 月 15 日前，各省、自治区、直辖市和新疆生产建设兵团地名普查办将

2016 年度中央补助资金分配方案和本地区各级财政 2016 年度资金预算落实情况报送国务院地名普查办。

国务院第二次全国地名普查领导小组办公室

2016 年 5 月 20 日

关于印发《第二次全国地名普查档案管理办法》的通知

民发〔2016〕104 号

各省、自治区、直辖市民政厅（局）、档案局，新疆生产建设兵团民政局、档案局，北京市规划委员会，天津市规划局，上海市规划和国土资源管理局：

为规范第二次全国地名普查档案管理，确保档案完整、准确、系统、安全和有效利用，民政部、国家档案局组织制定了《第二次全国地名普查档案管理办法》。现印发给你们，请遵照执行。

附件：1. 卷内文件目录式样

2. 卷内备考表式样

3. 案卷封面式样

4. 案卷目录及其封面、备考表式样

5. 档案盒正面 / 档案袋封面、档案盒脊式样

国务院第二次全国地名普查领导小组办公室

2016 年 6 月 23 日

第二次全国地名普查档案管理办法

第一条 第二次全国地名普查档案（以下简称“地名普查档案”）是国家档案的重要组成部分。为规范地名普查档案管理，确保档案的完整、准确、系统、安全和有效利用，根据《中华人民共和国档案法》《第二次全国地名普查工作规程》，制定本办法。

第二条 地名普查档案是指各级第二次全国地名普查领导小组办公室（以下简称“地名普查办”）在第二次全国地名普查（以下简称“地名普查”）业务

工作过程中形成的具有保存价值的文字、图表、声像、电子及实物等不同形式和载体的记录。

第三条 地名普查档案工作由国务院地名普查办统一领导。各级地名普查办分级管理，同时接受上级地名行政主管部门和同级档案行政管理部门的监督和指导。

第四条 各级地名普查办应当根据国家档案法规和本办法要求，建立健全地名普查档案工作制度，认真履行档案工作职责，对档案进行集中统一管理。普查过程中形成的文件材料应当指定专门部门或人员负责收集、整理与归档，任何机构和个人不得据为己有或者拒绝归档。

第五条 各级地名普查档案工作所需经费列入本级地名普查经费预算，统筹解决。

第六条 地名普查文件材料归档范围：

（一）业务类（类别代码：2DPY）。

1. 地名登记表；

2. 同一地名的地名标志登记表；

3. 同一地名的地名用字读音审定申报表；

4. 地名标准化处理表；

5. 搜集的地名相关史料、考证材料、实地调查的记录；

6. 其他相关材料。

（二）成果类（类别代码：2DPC）。

1. 地名目录（子类别代码：2DPCA）；

2. 地名成果表（子类别代码：2DPCB）；

3. 地名标准化处理统计表（子类别代码：2DPCC）；

4. 地名普查成果图（子类别代码：2DPCD）；

5. 地名标志登记表（子类别代码：2DPCE）；

6. 地名用字读音审定申报表（子类别代码：2DPCF）；

7. 本级国家区划地名数据库数据（子类别代码：2DPCG）。

（三）其他类（类别代码：2DPQ）。

1. 地名调查目录（子类别代码：2DPQA）；

2. 地名普查工作图（子类别代码：2DPQB）；

3. 其他材料（子类别代码：2DPQC）。

第七条 国家和省级地名普查办应当在地名普查工作结束后6个月内，地级和县级地名普查办应当在地名普查工作结束后3个月内，完成归档工作。

第八条 地名普查文件材料归档应当符合以下要求：

（一）归档的文件材料原则上应当为原件，如以复制件归档必须备注；

（二）归档的纸质文件材料应当做到字迹工整、图样清晰，签字手续完备，盖章、日期等标识完整，书写和装订材料符合档案保护的要求；

（三）归档的电子文件材料应当符合《电子公文归档管理暂行办法》以及《电子文件归档与管理规范》（GB/T18894）的要求。

第九条 地名普查文件材料按照下列要求，以县（县级市、市辖区）为单位进行整理：

（一）业务类文件材料以地名为单位进行组卷，卷内文件材料按照第六条第一款顺序排列。各卷档案编号由类别代码—地名代码—卷号组成（卷号从1开始编制，以下相同，如：2DPY—110101001216200000011—1）。

（二）成果类文件材料。

1. 地名目录、地名成果表、地名标准化处理统计表、地名标志登记表和地名用字读音审定申报表分别组卷，卷内文件材料按地名代码顺序排列。各卷档案编号由子类别代码—县（县级市、市辖区）行政区划代码—卷号组成（如：2DPCA—110101—1）。

2. 地名普查成果图单独组卷，按照图幅接合表在前，各单幅成果图在后顺序排列。各卷档案编号由子类别代码—县（县级市、市辖区）行政区划代码—卷号组成（如：2DPCD—110101—1）。

3. 本级国家区划地名数据库数据应当以只读光盘形式单独保管，并进行备份。存储电子数据的载体或装具上应贴有标签，标签上应注明光盘包含的内容和档案编号。档案编号由子类别代码—县（县级市、市辖区）行政区划代码—盘号组成（盘号从1开始编制，如：2DPCG—110101—1）。

（三）其他类文件材料。

1. 地名调查目录、其他材料分别组卷，地名调查目录卷内文件材料按地名代码顺序排列，其他材料可以按问题进行组卷。档案编号由子类别代码—县（县级市、市辖区）行政区划代码—卷号组成（如：2DPQA—110101—1）。

2. 地名普查工作图单独组卷，按照图幅接合表在前，各单幅工作图在后顺序排列。各卷档案编号由子类别代码—县（县级市、市辖区）行政区划代码—卷号组成（如：2DPQB—110101—1）。

（四）填写卷内文件目录（式样及填写要求见附件 1，放置在卷内文件前，地名普查成果图、工作图卷内目录用图幅接合表代替）和卷内备考表（式样及填写要求见附件 2，放置在卷内文件后），填写案卷封面（式样及填写要求见附件 3，放置在卷内文件目录前），按照档案管理的要求对案卷进行装订。

（五）将案卷按一定的顺序进行排列和编号（以光盘为载体的档案单独编号）、编制案卷目录（案卷目录及其封面、备考表式样和填写要求见附件 4），装入档案盒或档案袋（档案盒正面 / 档案袋封面、档案盒脊式样及填写要求见附件 5）保存。

第十条 地名普查档案应当按照国家有关保密工作要求和地名普查有关保密规定确定密级，并在案卷封面或者装具上作出明显标识。

第十一条 地名普查档案保管期限为永久。

第十二条 地名普查档案应当有专门的存放地点，并配备相应的保管设施设备，做好防盗、防火、防虫、防鼠、防潮、防尘、防光、防高温等保护工作，做好档案的温湿度管理，确保档案安全。

第十三条 各级地名普查档案保管部门应当制定地名普查档案利用制度，包括利用范围、利用方式、利用审批程序等。涉密地名普查档案必须按照《中华人民共和国保守国家秘密法》的规定加强管理。其中涉及国家秘密、商业秘密和个人、家庭隐私的，未经普查对象同意，不得对外泄露。

第十四条 地名普查档案检查验收工作按照“以省为主、自下而上、逐级检查”的原则进行，重点检查地名普查档案的完整性、系统性、规范性和安全性。

第十五条 国务院地名普查办应当加强对省级地名普查办检查验收工作的监督和指导。省级地名普查办负责制定本行政区域内地名普查档案检查验收标准并组织检查验收工作。

第十六条 检查验收工作包括县级地名普查办自查、地级地名普查办核查和省级地名普查办验收。检查验收工作应当吸收同级地名行政主管部门档案工作机构和档案行政管理部门的相关人员参加。

第十七条 各级地名普查办应当在本级普查机构撤销前向同级地名行政主管部门档案工作机构移交地名普查档案。

第十八条 地名普查档案在地名行政主管部门档案工作机构保存一定年

限后，应当按规定向同级国家综合档案馆移交。

第十九条 档案移交时，双方应当对移交档案进行认真检查并办理移交手续。

第二十条 凡违反本办法造成地名普查档案丢失、损坏或泄密的，应当按照有关规定进行处理。

第二十一条 本办法由民政部、国家档案局负责解释。

第二十二条 本办法自发布之日起实施。

附件 1

卷内文件目录式样

填写要求：

1. 序号：应依次标注卷内文件的排列顺序。
2. 责任者：填写文件的发文机关名称。
3. 文号：填写文件的发文号。
4. 文件题名：填写文件标题，无标题的应拟写一个标题，并用括号圈起。
5. 日期：填写文件的发文日期。
6. 页数：填写每份文件的页数。
7. 备注：填写文件需要说明的问题，如本件为复印件或文件的密级等。

卷内文件目录

序号	责任者	文号	文件题名	日期	页数	备注

续表

序号	责任者	文号	文件题名	日期	页数	备注

附件 2

卷内备考表式样

填写要求：

1. 卷内情况说明：填写卷内档案整理及缺损、修改、移出、销毁等情况。

2. 案卷在保管中发生的问题或发现的问题由有关档案管理人员填写并签名标注时间。

备考表

卷内情况说明：
（例）
1. 本卷内第 2 号文件无正式印稿；
2. 本卷第 5 号文件第 27 页出现破损，经修裱后存档；
3. 本卷第 18 号文件缺少第 7 页。

整理人：
检查人：
立卷时间：

附件3

案卷封面式样

填写要求：

1. 档案编号：填写本卷的档案编号。

2. 案卷题名：编写能反映本案卷主要内容的标题，一般不超过20个字。

3. 卷内文件起止日期：填写卷内文件的起止时间。

4. 密级：填写卷内文件的最高密级。

5. 页数：填写卷内文件总页数。

6. 案卷号：填写该案卷的排列顺序号，用铅笔填写。

<table>
<tr><td colspan="6">第二次全国地名普查档案

档案编号：

（案卷题名）

</td></tr>
<tr><td colspan="2">卷内文件
起止日期</td><td colspan="2">自　年　月
至　年　月</td><td>保管期限</td><td>永久</td></tr>
<tr><td>密级</td><td></td><td>页数</td><td></td><td>案卷号</td><td></td></tr>
</table>

图3-1　案卷（不含工作图、成果图）封面式样

填写要求：

1. 案卷号、档案编号、密级按图 3–1 要求填写。

2. 普查机构名称：填写档案的形成单位全称，即 ×× 省（自治区、市、县、区）第二次全国地名普查领导小组办公室。

3. 日期：填写档案形成单位最后审校的日期。

案卷号：　　　　　　　密级：
档案编号：　　　　　　保管期限：永久

第二次全国地名普查工作图 / 成果图
×× 县（县级市、市辖区）

（比例尺）

（普查机构名称）

日期：年　月　日

图 3–2　工作图（成果图）案卷封面式样

附件 4　案卷目录及其封面、备考表式样

案卷目录

序号	档案编号	案卷题名	年度	页数	期限	备注

图 4–1　案卷目录式样

填写要求：

1. 序号：填写案卷号。

2. 档案编号：填写每卷的档案编号。

3. 案卷题名、页数：按图 3–1 要求填写。

4. 年度：填写每卷文件的起止年度，中间用“/”连接。

5. 期限：填写永久。

6. 备注：填写案卷需要说明的问题，如文件的密级或其他。

××省（自治区、市、县、区）第二次全国地名普查
档案案卷目录

编制单位：（公章）

年 月 日

图 4–2　案卷目录封面式样

填写要求：

编制单位：填写档案编制单位全称，即××省（自治区、市、县、区）第二次全国地名普查领导小组办公室。

备考表

案卷总数：　盒（袋）卷
光盘：　张

移交人：
接收人：
年 月 日

图 4–3　案卷目录备考表式样

附件 5

档案盒正面 / 档案袋封面、档案盒脊式样

第二次全国地名普查档案
类别名称： 子类别名称： 普查机构名称： 档案编号： 保管期限：永久 密级：

图 5-1　档案盒正面 / 档案袋封面式样

填写要求：

1. 类别名称：填写业务类、成果类或其他类。

2. 子类别名称：填写成果类、其他类相应子类别名称，业务类不填写。

3. 普查机构名称：按图 3-2 要求填写。

4. 档案编号：填写本盒（袋）内起止档案编号，中间用“/”连接。

5. 密级：填写本盒（袋）内档案的最高密级。

第二次全国地名普查档案	
××县（县级市、市辖区）	
（类别名称） （子类别名称）	
保管期限	
永久	
档案编号	

图 5-2　档案盒脊式样

填写要求：

类别名称、子类别名称、档案编号：按图 5-1 要求填写。

国务院第二次全国地名普查领导小组办公室关于报送行政区域界线及界桩数据的通知

国地名普查办发〔2016〕14 号

各省、自治区、直辖市第二次全国地名普查领导小组办公室，新疆生产建设兵团第二次全国地名普查领导小组办公室：

为做好第二次全国地名普查成果数据入库检查准备工作，请各地按照《第二次全国地名普查数据建库与管理软件设计规范》（以下简称《规范》）有关要求，于 2016 年 9 月 30 日前将本省份相关行政区域界线及界桩数据（含属性、空间、多媒体数据）以光盘形式报送至国务院第二次全国地名普查领导小组办公室。具体要求如下：

一、报送内容

本省份行政区域范围内的省、州市、县三级行政区域界线及界桩数据（已经勘定的乡镇界线数据应一并报送）数据标准时点为 2014 年 12 月 31 日。

二、数据要求

（一）属性数据

1. 文件格式：TXT；

2. 文件名称：界线 .txt、界桩 .txt；

3. 数据结构：参见《规范》表 103 和表 104（其中，表 103 序号 8 至 21、26 至 31 以及表 104 序号 22 至 30 的字段内填写该字段所对应的多媒体数据文件名称，表 103 序号 14、27 以及表 104 序号 27 的字段所对应的多媒体数据文件有多个时，每个文件名称之间用“|”进行分割）。

（二）空间数据

1. 坐标系：2000 国家大地坐标系；

2. 比例尺：1∶50000；

3. 文件格式：Shapefile；

4. 文件名称：界线 . 扩展名、界桩 . 扩展名；

5. 数据结构：参见《规范》表 109 和表 110。

（三）多媒体数据

1. 文件格式：

录音：MP3；

录像：MP4；文本：PDF。

2. 文件名称：

录音、录像文件按照界线名称（或界桩编号）加《规范》表 103、表 104 所对应的字段名称再加 2 位数字进行命名，分别从 01 开始依次编号（如“京津线界线多媒体 01.mp3”“京津线界线多媒体 01.mp4”“1112007 界桩音像 01.mp3”“1112007 界桩音像 01.mp4”）。文本文件按照界线名称（或界桩编号）加《规范》表 103、表 104 所对应的字段名称进行命名（如“京津线上级对勘界方案批复 .pdf”“京津线边界协议书附图 .pdf”“1112007 界桩照片 .pdf”）。

（四）存储目录结构（以北京市为例）

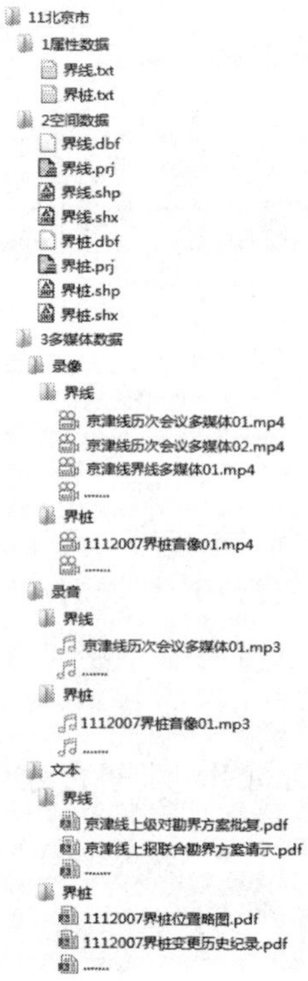

联 系 人：杨刚

联系电话：010-58123220，15010938153

国务院第二次全国地名普查领导小组办公室

2016 年 7 月 1 日

2016 年 1—6 月第二次全国地名普查信息采用情况通报

国地名普查办发〔2016〕15 号

各省、自治区、直辖市第二次全国地名普查领导小组办公室，新疆生产建设兵团第二次全国地名普查领导小组办公室：

2016 年上半年，各地认真贯彻 2 月上旬国务院地名普查办关于加强信息报送工作的《通知》（国地名普查办发〔2016〕1 号）要求，不断加强地名普查信息报送工作，取得了一定成绩。现将有关情况通报如下：

2016 年 1—6 月，各地共报送第二次全国地名普查政务信息 892 条，其中国务院地名普查办《工作简报》第 1 至 9 期采用 130 条，民政部门户网站“区划地名”栏目、国家地名普查网、中国行政区划网和“第二次全国地名普查”微信公众号（“三网站一微信”）采用 399 条。信息报送工作呈现三个方面较大变化：一是重视程度明显提高。各地进一步加强了信息报送的组织领导、审核把关和工作保障，报送程序更加规范，信息员配备更加齐全、业务能力有所提高。内蒙古、山东、湖北、湖南信息报送工作抓得紧、成效好。二是报送数量大幅增长。各地主动适应 4 月后《工作简报》调整为每月两期、信息发布频率加快的新特点，积极组稿撰稿。与去年 1—6 月《工作简报》采用 66 条信息相比，今年同比增长 97%，并且数量不断增加。

第一季度各地共报送 223 条，武汉培训班后，第二季度共报送 669 条，增长 200%。北京、福建、广东、重庆、新疆等地报送和采用数量较多。三是稿件质量不断提升。各地报送的信息紧紧围绕今年普查工作“进度”和“质量”重点，突出质量督查、成果转化、地名文化保护、清理整治不规范地名等工作内容、举措和典型经验，涉及范围更加广泛，反映工作更加全面，质量较以往有所提高。江苏、浙江、广西、云南、甘肃等地稿件把关严格，质量较高。尽管取得一定成效，但信息报送工作中仍存在一些问题：一是任务落实不够到位。部分省份未达到每月报送信息不得少于 5 条的任务要求，山西、辽宁报送数量少、质量不高，《工作简报》上采用数量为零。二是提炼总结不够到位。有的省级普查办在信息报送中当“二传手”，只是简单地将各地、市、县的情况收集上报，缺乏整理汇总和提炼加工，信息深度不够，亮点不突出，特色不明显。有的省份报送数量多，但采用率低。三是整体反映不够到位。从报送内容看，反映单项工作动态的居多，反映省区市整体工作情况、进度做法、典型经验的综合性信息不足，《工作简报》采用的 130 条信息中仅有 35 条典型经验。下一步，请各地认真贯彻国务院地名普查办的有关要求，进一步加强信息报送工作，提高报送数量和质量，不断扩大第二次全国地名普查工作的社会知名度和影响力，营造有利于普查工作推进的良好社会氛围。一要进一步增强信息报送的针对性。要密切关注国务院地名普查办的工作部署，围绕“进度”和“质量”两个关键环节、加强地名文化保护和清理整治不规范地名、质量督查、成果转化等工作重点，有针对性地做好信息报送工作。二要进一步增强信息报送的主动性。要积极报送本地区贯彻落实重大政策文件、领导重要批示等工作动态。对于本省份制定出台的重要政策法规、组织开展的督导督查、召开举办的重要会议和培训，应及时编报，以便了解掌握相关情况。从 7 月份开始，各地要每 2 个月整理汇总工作进展情况并按时上报。三要进一步增强信息报送的创新性。要善于总结普查工作中涌现出来的新做法、新经验及突出亮点，全面反映新举措、突出新实践、展示新亮点。要加强稿件内容审核把关，增强信息内容的分析性和前瞻性。

国务院第二次全国地名普查领导小组办公室

2016 年 7 月 12 日

附件：

1.《2016 年 1—6 月〈第二次全国地名普查工作简报〉采用各地信息情况》及《数量统计表》

2.《2016 年 1—6 月“三网站一微信”采用各地信息数量统计表》

附件 1:

2016 年 1—6 月《第二次全国地名普查工作简报》采用各地信息情况

北京(地方动态 4 条，典型做法 1 条，共 5 条)

1. 北京召开地名普查工作推进和业务培训会(第 3 期《地方动态》)

2. 北京积极贯彻加强地名文化保护暨清理整治不规范地名工作视频会议精神(第 4 期《地方动态》)

3. 北京认真落实国务院地名普查办标准地名图录典志编纂工作视频会议精神(第 8 期《地方动态》)

4. 北京加大地名普查督查工作力度(第 9 期《地方动态》)

5. 北京出台“两个规程”规范地名普查质量和成果验收工作(第 3 期《典型做法》)

天津(地方动态 1 条，共 1 条)

1. 天津启动地名普查成果验收(第 9 期《地方动态》)

河北(地方动态 2 条，典型做法 1 条，共 3 条)

1. 河北召开地名普查工作推进和业务培训会(第 3 期《地方动态》)

2. 河北“燕赵名片·河北地名印象摄影大赛”圆满结束(第 9 期《地方动态》)

3. 河北积极参与开展“新媒体宣传月”活动(第 1 期《典型做法》)

山西(0 条)

内蒙古(地方动态 3 条，典型做法 1 条，共 4 条)

1. 内蒙古启动地名普查督查验收工作(第 3 期《地方动态》)

2. 内蒙古召开加强地名文化保护暨清理整治不规范地名和地名普查工作培训会(第 7 期《地方动态》)

3. 内蒙古深入开展地名普查补查督查工作(第 8 期《地方动态》)

4. 内蒙古呼和浩特积极参与开展“新媒体宣传月”活动(第 1 期《典型做法》)

辽宁(0 条)

吉林(地方动态 3 条，共 3 条)

1. 吉林积极贯彻加强地名文化保护暨清理整治不规范地名工作视频会议精神(第 4 期《地方动态》)

2. 吉林制定出台年度督查实施方案(第 4 期《地方动态》)

3. 吉林出台地名普查省级验收办法（第 9 期《地方动态》）

黑龙江（地方动态 1 条，典型做法 1 条，共 2 条）

1. 黑龙江制定出台年度督查实施方案（第 4 期《地方动态》）

2. 黑龙江组织开展“我与地名有约”龙江徒步行活动（第 7 期《典型做法》）

上海（地方动态 2 条，共 2 条）

1. 上海加快推进地名普查工作（第 6 期《地方动态》）

2. 上海严把地名普查质量关（第 8 期《地方动态》）

江苏（地方动态 2 条，典型做法 2 条，共 4 条）

1. 江苏扎实推进地名普查工作（第 1 期《地方动态》）

2. 江苏积极开展加强地名文化保护和清理整治不规范地名工作（第 5 期《地方动态》）

3. 江苏《扬中地名故事》普查采风工作圆满完成（第 1 期《典型做法》）

4. 江苏各地 2015 年普遍采取“三个结合”方法有效推进地名普查工作（第 2 期《典型做法》）

浙江（地方动态 3 条，典型做法 4 条，共 7 条）

1. 浙江制订《第二次全国地名普查质量评价体系》（第 3 期《地方动态》）

2. 浙江积极贯彻加强地名文化保护暨清理整治不规范地名工作视频会议精神（第 4 期《地方动态》）

3. 浙江积极开展加强地名文化保护和清理整治不规范地名工作（第 5 期《地方动态》）

4. 浙江湖州地名文化建设成效明显（第 5 期《典型做法》）

5. 浙江平湖全程管控地名普查工作（第 6 期《典型做法》）

6. 浙江缙云县结合地名普查积极挖掘弘扬地名文化（第 7 期《典型做法》）

7. 浙江绍兴市着力加强地名文化保护（第 8 期《典型做法》）

安徽（地方动态 2 条，共 2 条）

1. 安徽及时下达 2016 年地名普查中央补助资金（第 7 期《地方动态》）

2. 安徽加大地名普查督查工作力度（第 9 期《地方动态》）

福建（地方动态 3 条，典型做法 2 条，共 5 条）

1. 福建积极贯彻加强地名文化保护暨清理整治不规范地名工作视频会议精神（第 4 期《地方动态》）

2. 福建印发《加强地名文化保护清理整治不规范地名工作实施方案》（第

6 期《地方动态》）

3. 福建细化地名普查时间进度任务指标（第 9 期《地方动态》）

4. 福建积极参与开展“新媒体宣传月”活动（第 1 期《典型做法》）

5. 福建明确县级采用“五级审核”确保普查质量（第 2 期《典型做法》）

江西（地方动态 3 条，典型做法 1 条，共 4 条）

1. 江西积极贯彻加强地名文化保护暨清理整治不规范地名工作视频会议精神（第 4 期《地方动态》）

2. 江西制定出台年度督查实施方案（第 4 期《地方动态》）

3. 江西积极开展加强地名文化保护和清理整治不规范地名工作（第 5 期《地方动态》）

4. 江西积极参与开展“新媒体宣传月”活动（第 1 期《典型做法》）

山东（地方动态 6 条，典型做法 2 条，共 8 条）

1. 山东开展地名普查数据建库技能培训（第 1 期《地方动态》）

2. 山东对 2016 年度地名普查工作进行部署（第 2 期《地方动态》）

3. 山东制定出台年度督查实施方案（第 4 期《地方动态》）

4. 山东召开加强地名文化保护清理整治不规范地名暨地名普查工作推进会议（第 6 期《地方动态》）

5. 山东深入开展地名普查补查督查工作（第 8 期《地方动态》）

6. 山东举办两期地名文化保护暨地名普查修图培训班（第 9 期《地方动态》）

7. 山东积极参与开展“新媒体宣传月”活动（第 1 期《典型做法》）

8. 山东聊城开展“地名普查知识有奖竞答”活动（第 1 期《典型做法》）

河南（地方动态 2 条，典型做法 2 条，共 4 条）

1. 河南积极贯彻加强地名文化保护暨清理整治不规范地名工作视频会议精神（第 4 期《地方动态》）

2. 河南印发《2016 年全省地名普查和不规范地名清理整顿工作整体进度安排》（第 5 期《地方动态》）

3. 河南地名普查工作抓好“六个到位”（第 3 期《典型做法》）

4. 河南六项举措推进地名普查工作（第 8 期《典型做法》）

湖北（地方动态 10 条，典型做法 4 条，共 14 条）

1. 湖北“六抓六促”全力推进地名普查工作（第 1 期《地方动态》）

2. 湖北积极参与开展“新媒体宣传月”活动（第 1 期《地方动态》）

3. 湖北全面启动第二轮省地名普查督查工作（第 2 期《地方动态》）

4. 湖北召开地名普查工作推进和业务培训会（第 3 期《地方动态》）

5. 湖北制定出台年度督查实施方案（第 4 期《地方动态》）

6. 湖北各地强化责任，严把普查质量（第 4 期《地方动态》）

7. 湖北通报第一季度地名普查督查工作情况（第 5 期《地方动态》）

8. 湖北召开加强地名文化保护清理整治不规范地名暨地名普查工作推进会议（第 6 期《地方动态》）

9. 湖北召开加强地名文化保护暨清理整治不规范地名和地名普查工作培训会（第 7 期《地方动态》）

10. 湖北加大地名普查督查工作力度（第 9 期《地方动态》）

11. 湖北建立地名普查包保督导制度和督查通报约谈制度（第 3 期《典型做法》）

12. 湖北远安县结合地名普查积极挖掘弘扬地名文化（第 7 期《典型做法》）

13. 湖北孝昌结合地名普查积极挖掘弘扬地名文化（第 7 期《典型做法》）

14. 湖北宜昌宜都市秉持“工匠”精神抓好地名普查工作（第 9 期《典型做法》）

湖南（地方动态 6 条，典型做法 1 条，共 7 条）

1. 湖南积极贯彻加强地名文化保护暨清理整治不规范地名工作视频会议精神（第 4 期《地方动态》）

2. 湖南积极开展加强地名文化保护和清理整治不规范地名工作（第 5 期《地方动态》）

3. 湖南召开少数民族语地名译写规则编制研讨会（第 7 期《地方动态》）

4. 湖南召开加强地名文化保护暨清理整治不规范地名和地名普查工作培训会（第 7 期《地方动态》）

5. 湖南认真落实国务院地名普查办标准地名图录典志编纂工作视频会议精神（第 8 期《地方动态》）

6. 湖南开展“寻找回家的路——最美家乡地名故事征集评选”活动（第 9 期《地方动态》）

7. 湖南利用报刊、网络大力宣传推进地名普查工作（第 1 期《典型做法》）

广东（地方动态 3 条，典型做法 1 条，共 4 条）

1. 广东召开地名普查工作推进和业务培训会（第 3 期《地方动态》）

2. 广东积极贯彻加强地名文化保护暨清理整治不规范地名工作视频会议精神（第 4 期《地方动态》）

3. 广东加大地名普查督查工作力度（第 9 期《地方动态》）

4. 广东广州市统筹“三项任务”促进成果转化（第 9 期《典型做法》）

广西（地方动态 5 条，典型做法 4 条，共 9 条）

1. 广西圆满完成 2015 年度地名普查工作任务（第 1 期《地方动态》）

2. 广西制定 2016 年地名普查工作计划（第 2 期《地方动态》）

3. 广西调研督导市区普查工作情况（第 3 期《地方动态》）

4. 广西召开加强地名文化保护清理整治不规范地名暨地名普查工作推进会议（第 6 期《地方动态》）

5. 广西开展地名普查监理试点工作（第 8 期《地方动态》）

6. 广西崇左市注重壮语地名考证工作（第 4 期《典型做法》）

7. 广西桂林采取“一查二看三问”深入挖掘地名文化（第 6 期《典型做法》）

8. 广西崇左采取具体举措清理整治不规范地名（第 7 期《典型做法》）

9. 广西河池南丹县地名普查工作抓好“八个到位”（第 8 期《典型做法》）

海南（地方动态 2 条，共 2 条）

1. 海南召开地名普查工作推进和业务培训会（第 3 期《地方动态》）

2. 海南加快推进省级地名普查成果转化（第 8 期《地方动态》）

重庆（地方动态 6 条，典型做法 1 条，共 7 条）

1. 重庆召开地名普查软件培训暨地名普查工作推进会（第 1 期《地方动态》）

2. 重庆召开地名普查工作推进和业务培训会（第 3 期《地方动态》）

3. 重庆积极开展加强地名文化保护和清理整治不规范地名工作（第 5 期《地方动态》）

4. 重庆召开地名普查暨区划地名界线工作推进会（第 5 期《地方动态》）

5. 重庆召开加强地名文化保护暨清理整治不规范地名和地名普查工作培训会（第 7 期《地方动态》）

6. 重庆认真落实国务院地名普查办标准地名图录典志编纂工作视频会议精神（第 8 期《地方动态》）

7. 重庆 2015 年四季度“三盯三抓”推进地名普查工作（第 2 期《典型做法》）

四川（地方动态 1 条，共 1 条）

1. 国务院地名普查办督查四川地名普查工作（第 4 期《地方动态》）

贵州（地方动态 2 条，共 2 条）

1. 贵州积极贯彻加强地名文化保护暨清理整治不规范地名工作视频会议精神（第 4 期《地方动态》）

2. 贵州召开加强地名文化保护清理整治不规范地名暨地名普查工作推进会议（第 6 期《地方动态》）

云南（地方动态 5 条，共 5 条）

1. 云南各地积极推进地名普查工作（第 1 期《地方动态》）

2. 云南召开地名普查工作推进和业务培训会（第 3 期《地方动态》）

3. 云南加大地名普查专项经费支持力度（第 3 期《地方动态》）

4. 云南积极贯彻加强地名文化保护暨清理整治不规范地名工作视频会议精神（第 4 期《地方动态》）

5. 云南制定出台年度督查实施方案（第 4 期《地方动态》）

西藏（地方动态 3 条，共 3 条）

1. 西藏地名普查工作顺利推进（第 3 期《地方动态》）

2. 西藏积极推进地名普查工作（第 7 期《地方动态》）

3. 西藏深入开展地名普查补查督查工作（第 8 期《地方动态》）

陕西（地方动态 2 条，典型做法 1 条，共 3 条）

1. 陕西召开地名普查工作推进和业务培训会（第 3 期《地方动态》）

2. 陕西制定出台年度督查实施方案（第 4 期《地方动态》）

3. 陕西商洛市深挖地名文化强化地名普查宣传（第 8 期《典型做法》）

甘肃（地方动态 2 条，典型做法 3 条，共 5 条）

1. 甘肃各地积极推进地名普查工作（第 2 期《地方动态》）

2. 甘肃制定出台年度督查实施方案（第 4 期《地方动态》）

3. 甘肃定西市安定区“五位一体”推进地名普查外业采集工作（第 7 期《典型做法》）

4. 甘肃庆阳市结合地名普查积极挖掘弘扬地名文化（第 7 期《典型做法》）

5. 甘肃庆阳市坚持“三早”清理整治不规范地名（第 9 期《典型做法》）

青海（地方动态 4 条，典型做法 1 条，共 5 条）

1. 青海制定出台年度督查实施方案（第 4 期《地方动态》）

2. 青海召开加强地名文化保护清理整治不规范地名暨地名普查工作推进

会议（第 6 期《地方动态》）

3. 青海认真落实国务院地名普查办标准地名图录典志编纂工作视频会议精神（第 8 期《地方动态》）

4. 青海加大地名普查督查工作力度（第 9 期《地方动态》）

5. 青海建立“三制度一清单”助力全省地名普查工作（第 3 期《典型做法》）

宁夏（地方动态 1 条，共 1 条）

1. 宁夏召开地名普查工作推进和业务培训会（第 3 期《地方动态》）

新疆（地方动态 4 条，典型做法 2 条，共 6 条）

1. 新疆对 2015 年完成地名普查任务的各县市区进行验收（第 1 期《地方动态》）

2. 新疆深入开展地名普查补查督查工作（第 8 期《地方动态》）

3. 新疆启动地名普查成果验收（第 9 期《地方动态》）

4. 新疆举办地名普查成果检查软件技术培训班（第 9 期《地方动态》）

5. 新疆强化“四个意识”抓好地名普查（第 4 期《典型做法》）

6. 新疆吐鲁番把地名文化挖掘融入普查工作各环节（第 6 期《典型做法》）

新疆生产建设兵团（地方动态 2 条，共 2 条）

1. 新疆生产建设兵团 6 个师外业调查工作圆满结束（第 2 期《地方动态》）

2. 新疆生产建设兵团制定出台年度督查实施方案（第 4 期《地方动态》）

2016 年 1—6 月《第二次全国地名普查工作简报》采用各地信息数量统计表

地区	采用数量	地区	采用数量	地区	采用数量	地区	采用数量
北京	5	上海	2	湖北	14	云南	5
天津	1	江苏	4	湖南	7	西藏	3
河北	3	浙江	7	广东	4	陕西	3
山西	0	安徽	2	广西	9	甘肃	5
内蒙古	4	福建	5	海南	2	青海	5
辽宁	0	江西	4	重庆	7	宁夏	1
吉林	3	山东	8	四川	1	新疆	6
黑龙江	2	河南	4	贵州	2	兵团	2
总计	130						

附件 2：

2016 年 1—6 月“三网站一微信”采用各地信息数量统计表

地区	采用数量	地区	采用数量	地区	采用数量	地区	采用数量
北京	6	上海	2	湖北	62	云南	15
天津	3	江苏	18	湖南	12	西藏	2
河北	14	浙江	6	广东	12	陕西	7
山西	1	安徽	4	广西	21	甘肃	15
内蒙古	16	福建	11	海南	5	青海	9
辽宁	4	江西	13	重庆	16	宁夏	2
吉林	1	山东	29	四川	4	新疆	54
黑龙江	2	河南	21	贵州	5	兵团	7
合计	399						

关于约谈山西、江西、陕西三省有关情况通报

国地名普查办发〔2016〕17号

各省、自治区、直辖市第二次全国地名普查领导小组办公室，新疆生产建设兵团第二次全国地名普查领导小组办公室：

7月15日下午，国务院第二次全国地名普查领导小组副组长兼办公室主任、民政部副部长宫蒲光，对山西、江西、陕西三省地名普查办主管负责人进行了约谈。现将有关情况通报如下：

此次约谈，是国务院第二次全国地名普查领导小组办公室根据2015年9月地名普查工作交流促进视频会议和2016年3月《关于认真贯彻落实王勇国务委员重要批示精神扎实推进2016年第二次全国地名普查工作的通知》（国地名普查办发〔2016〕6号）要求，综合衡量各地地名普查工作进展情况，经请示国务院第二次全国地名普查领导小组副组长、民政部李立国部长同意采取的一项重要举措。这是第二次全国地名普查工作开展以来，国务院地名普查办第一次启动的约谈，旨在督促省级地名普查办全面贯彻国务院普查办有关部署要求，严格落实2016年度完成普查任务40%、总量80%的进度指标和工作责任。

约谈中，国务院地名普查办副主任、民政部区划地名司司长柳拯通报了山西、江西、陕西三省地名普查工作中存在的主要问题。指出，根据第二次全国地名普查总体工作部署，从2015年1月开始到第二阶段即全面实施阶段，国务院地名普查办多次明确要求，各地要紧紧围绕“进度”和“质量”两个关键环节，严格按照时间节点，保质保量完成普查任务。目前，全国各省（区、市）正在积极推进普查工作，取得了阶段性成果。但从6月份各地上报普查进展情况的汇总分析结果看，仍有部分省（区、市）普查进度滞后，特别是山西、江西、陕西三省在外业调查、内业处理、外包服务、信息报送等方面，不仅与国务院要求差距较大，而且与兄弟省份相比、与全国平均水平相比，也存在很大差距。

宫蒲光副部长在约谈中，首先指出了三省工作严重滞后的主要原因：一是认识不到位。省普查办领导对地名普查工作重视不够，对地名普查复杂性、系统性认识不足，没有看到本省工作落后对全国地名普查“一盘棋”的严重影响。二是措施不力。对普查工作提前安排部署不到位，各项工作举措不得力，人员、资金、技术等方面保障不足。三是落实不好。没有做到按统一时间节点、统一工作步调、统一检查验收要求，推进落实各项普查工作任务。宫蒲光副部长要求，一要进一步提高对搞好地名普查工作的思想认识水平。地名普查是一项基础性、公益性、战略性的重大国情调查，事关提升国家治理能力、促进经济社会发展、弘扬优秀传统文化、巩固国防和军队建设，是国家依法实施有效行政管理的重要基础工作之一。开展第二次全国地名普查，是党中央、国务院在新的历史时期做出的重大决策。抓好地名普查，加强地名管理工作，是贯彻落实习近平总书记和其他中央领导同志重要批示精神的重要举措。一定要从讲政治、讲大局、向中央看齐的高度认真对待，切实搞好地名普查工作。今年，第二次全国地名普查工作将被纳入国务院综合督查内容，对工作不力、行动迟滞的地方和人员，将上升到执行落实党中央、国务院重大工作部署是否到位的高度来衡量。二要加强组织管理，确保完成任务。这次地名普查由国务院作出部署，具体责任在地方各级政府，民政部门作为政府主管地名工作的职能部门，又是此次地名普查的牵头和主导单位，对抓好地名普查工作负有直接责任。各省（区、市）民政厅（局）领导和地名普查工作部门的同志，要拿出对国家负责、对人民负责、对民政事业负责的态度，切实采取有力举措，加快推进地名普查工作步伐。要针对当前进度偏慢、内部发展不均衡的问题，加强组织领导和进度管理，狠抓进度，确保按照全国统一时点、统一要求和统一步调完成普查任务。三要抓好重点工作，尽快扭转局面。要抓紧完成外包服务，加强资金使用管理，全面落实各项普查保障。要抓紧展开外业调查，认真制定调查方案，详细搜集相关资料，实地踏勘地名情况，细致考证地名数据，确保地名信息详实准确。要加强地名文化属性信息的挖掘整理，处理好外业采集和内业整理等工作环节的衔接，及早发现和解决问题，形成高质量的普查成果。四要学习先进经验，提高普查效率。要积极主动地向其他省（区、市）学习先进的组织方式、技术手段和操作经验，学习他们在资金保障、培训宣传、购买服务、技术支持等方面好的做法，消化吸收，为我所用，做到少走弯路，科学普查。山西、江西、陕西三省地名普查办主管负责人对约谈通报的主要问题进行了简要说明，并表示这次约谈指出的问题客观存在，将诚恳接受，深刻检讨。回去以后，要认真传达国务院地名普查办约谈提出的各项要求，深入研究制定整改措施，抓好各项任务落实，尽快迎头赶上，确保按全国统一要求完成地名普查工作。

国务院地名普查办公室副主任、民政部区划地名司副司长李伟主持约谈。

山西、江西、陕西三省分管副厅长、区划地名处处长，国务院地名普查办公室副主任、民政部区划地名司巡视员孙秀东以及普查办秘书处、业务指导处、成果转化处负责同志共 14 人参加了约谈。

国务院第二次全国地名普查领导小组办公室

2016 年 7 月 20 日

关于尽快足额下拨地名普查中央补助资金和落实配套资金的通知

国地名普查办发〔2016〕18 号

各省、自治区、直辖市第二次全国地名普查领导小组办公室，新疆生产建设兵团第二次全国地名普查领导小组办公室：

2016 年是第二次全国地名普查工作实施阶段的关键一年，落实地名普查中央补助资金和各级配套资金是完成地名普查任务的基础保障。目前，一些省份在地名普查资金落实过程中，还存在统筹中央补助资金比例过高、下拨速度较慢、落实省级和市县级配套资金力度不够等问题。为进一步加强中央补助资金使用管理，加大地方配套资金落实力度，确保地名普查工作顺利开展，现将有关事项通知如下：

一、进一步提高思想认识。此次地名普查以县级政区为单位进行，地名普查专项资金能否按时足额拨付到县级政区，直接关系地名普查工作的顺利实施、各项工作任务的按期完成以及整个普查工作的质量效益。各省级地名普查办要从讲政治、讲大局、贯彻落实国务院决策部署的高度，认真抓好地名普查资金落实工作，严格按照《第二次全国地名普查专项资金使用管理办法》（国地名普查办发〔2015〕10 号）（以下简称《办法》）要求，将地名普查资金足额下拨各县（市、区）。8 月 25 日前，各省份要将 2014 年以来中央补助资金和省级、市县级配套资金落实，特别是下拨至各县级政区情况上报国务院地名普查办。

二、进一步加强沟通协调。《办法》明确规定，此次地名普查所需资金由地方各级财政负担，列入各级财政预算，中央财政给予适当补助。能否落实好各级资金按时足额拨付任务，与财政部门的沟通协调尤为重要。尚未将中央补助资金下拨到各地的省份，要加大与财政部门的协调力度，于 8 月底前将中央补助资金下拨到位。省级和市县级配套资金落实滞后的省份，要积极主动争取各级财政支持，为地名普查顺利推进提供资金保障。

三、进一步强化资金监管。各级普查机构要加强资金使用管理，厉行节约、加强监管，确保经费使用合规、节俭、安全、高效。各省级地名普查办要将地名普查资金使用管理情况作为民政工作督查的重要内容，加强监督检查，强化风险防控，重点跟踪检查资金列支项目、开支范围、执行进度等情况，对违反资金使用管理规定的，要依法追究相应责任，确保专款专用、廉洁高效。9月底前，国务院地名普查办对各地普查资金使用管理情况进行督查。请各级地名普查办提前做好资金使用情况自查，并形成自查报告。9月上旬前，以省级地名普查办名义报国务院地名普查办。

国务院第二次全国地名普查领导小组办公室

2016年8月18日

关于开展第二次全国地名普查督查工作的通知

国地名普查办发〔2016〕19号

各省、自治区、直辖市第二次全国地名普查领导小组办公室，新疆生产建设兵团第二次全国地名普查领导小组办公室：

为推动第二次全国地名普查工作扎实开展，根据《民政部办公厅关于印发2016年民政部督查工作计划的通知》（民办函〔2016〕60号）要求和民政部2016年重点工作督查有关安排，国务院地名普查办拟对各省（自治区、直辖市）和新疆生产建设兵团地名普查工作进展情况进行督查。现就有关事项通知如下：

一、督查任务及内容

地名普查督查的主要任务是督促检查各地普查政策落实、资金安排、工作进度、普查质量、成果转化、地名文化保护、不规范地名清理整治、跨界自然地理实体普查等情况，发掘各地好的做法和经验，分析普查推进和实施中存在的困难和问题，研究提出解决对策和下一步工作思路。具体内容包括：

（一）基础保障督查。一是检查各地制定普查政策、推动工作和采取配套措施情况。二是检查普查经费的投入数量、来源渠道、使用范围和拨付落实情况。三是检查收集资料和人员培训等情况。四是检查普查信息报送和新闻宣传工作开展情况。

（二）进度督查。一是检查各地普查阶段性实施进度。二是检查跨界自然地理实体地名普查实施情况。三是检查普查管理软件研发、使用情况。四是交流分析普查推进过程中遇到的热点难点问题和需要协调解决的有关事项。五是梳理分析加快推进普查实施的工作思路和对策建议。

（三）质量督查。一是检查各地贯彻落实《第二次全国地名普查质量管理规定》《第二次全国地名普查监理办法》《第二次全国地名普查质量评价体系》情况。二是检查阶段普查成果完成情况。三是检查地名文化属性信息采集情况。

（四）成果转化督查。一是检查各地普查成果转化规划制定及标准地名图录典志编纂工作开展情况。二是检查普查成果数据入库和档案整理工作情况。三是总结交流普查成果转化利用的典型经验和有效做法。

（五）地名管理督查。一是检查各地清理整治不规范地名情况。二是检查地名地址库建设试点情况。三是检查加强地名文化保护情况。四是检查城乡地名标志设置情况。

二、督查范围及方式

地名普查督查采取全面督查与重点抽查相结合、书面督查与实地督查相结合的方式进行。全面督查覆盖全国31个省（自治区、直辖市）和新疆生产建设兵团，主要以书面督查的形式报告工作情况。重点抽查选取东、中、西部部分省（自治区、直辖市），由国务院地名普查办督查组进行实地督查（具体安排另行通知）。

实地督查每个省（自治区、直辖市）过程中，同时督查1—2个地级市（州、盟），每个地级市（州、盟）督查1—2个县（市、区）。方式主要包括：一是集中座谈。听取地方普查工作情况汇报，掌握普查开展及推进情况，了解存在问题与困难，研究分析解决办法与措施。二是查阅资料。查阅地方出台的普查政策文件、实施方案、培训材料、踏勘记录、成果档案等。三是实地调研。实地了解清理整治不规范地名、地名地址库建设试点、地名文化保护、地名标志设置以及基层普查实施情况，深入掌握普查工作成效及存在问题。四是交流研讨。交流地方工作经验，分析普遍性热点难点问题，研究对策措施。

三、时间安排

此次督查工作集中在9月份进行。请各省（自治区、直辖市）于9月20日前将各地督查报告书面报送国务院地名普查办。

四、有关要求

（一）加强组织领导。各级地名普查办要将做好此次督查工作，作为贯彻落实大连会议精神、加快推进2016年地名普查工作的重要举措，提上重要议事日程。要认真组织，周密部署，全面如实反映工作情况，通过督查促进地名普查进度、质量指标和工作责任落实到位。

（二）严格工作标准。要按照《国务院关于开展第二次全国地名普查的通知》等文件要求，严格督查标准，认真开展督查。各级地名普查办要先期进行自查，全面细致提供督查工作所需材料（见附件），从严做好各环节工作。

（三）突出督查重点。地名普查督查要突出普查进度、普查质量、资金落实、成果转化、清理整治不规范地名等工作重点，聚焦各地普查办反映热点，着力破解普查难点，切实推动地名普查工作深入开展。

（四）强化督查实效。地名普查督查既是督促检查，也是系统调研。各地要以此为契机，结合民政重点工作综合评估，及时总结经验、分析问题、研究对策，确保督查取得实实在在成效。

附件:《督查工作地方提供材料清单》

国务院第二次全国地名普查领导小组办公室

2016年8月30日

附件：

督查工作地方提供材料清单

1. 开展普查工作情况报告。
2. 制定的普查政策、配套措施相关文件材料。
3. 普查经费预算文本和使用分配方案。
4. 组织动员、培训工作的有关材料。
5. 加强地名文化保护和清理整治不规范地名情况。
6. 地名地址库建设试点情况。
7. 城乡地名标志设置情况。
8. 跨界自然地理实体普查情况。
9. 地名文化属性信息采集情况。
10. 普查宣传工作组织实施情况。
11. 普查管理软件研发、使用情况。

12. 普查成果转化规划和图录典志编纂工作情况。

13. 普查成果质量评价情况。

14. 普查阶段成果完成情况。

15. 地名普查档案整理归档情况。

关于开展“寻找最美地名故事”网络征集活动有关事宜的通知

国地名普查办发〔2016〕20 号

各省、自治区、直辖市第二次全国地名普查领导小组办公室，新疆生产建设兵团第二次全国地名普查领导小组办公室：

为加强第二次全国地名普查宣传工作，贯彻落实好《关于进一步加强地名文化属性信息采集工作的通知》（国地名普查办发〔2016〕11 号）要求，国务院第二次全国地名普查领导小组办公室于 2016 年 10 月—2017 年 3 月，组织开展“寻找最美地名故事”网络征集活动。现就有关事宜通知如下：

一、活动目的

通过广泛征集和评选各地民间地名故事，进一步深化地名普查工作中地名文化采集整理，丰富地名普查文化内涵，提升普查成果质量；进一步传承弘扬优秀地名文化，更大范围传播当地地名故事，扩大地名普查社会影响力；进一步增强地名普查工作宣传效果，为加快推进普查工作创造良好氛围。

二、组织机构

本活动由国务院第二次全国地名普查领导小组办公室主办，光明网传媒有限公司承办。

三、征集时间

2016 年 10 月 14 日—11 月 22 日。

四、投稿方式

光明网开设 zmdm@gmw.cn 投稿邮箱。征集作品以电子邮件的形式发送至该邮箱。

五、活动要求

（一）认真组织参与。请通知各级地名普查办，按照活动征集评选启事要求（见光明网“寻找最美地名故事”专题页面，网址：http://topics.gmw.cn/node_97714.htm），深入发动广大地名普查工作者和社会群众广泛参与，营造浓厚氛围。各级地名普查网站要开设专栏链接征集活动网址，扩大活动影响力和吸引力，更好宣传展示地名普查成果和地名文化。

（二）开展相关活动。此次活动将最终评选出“100 个中国最美地名故事”并汇编出版，集中展示地名文化挖掘整理成果。要把组织此次活动与开展地名普查文化属性信息采集工作紧密结合起来，发挥各级普查机构职能作用，组织开展相关活动，进一步深化地名文化挖掘、地名故事整理工作，不断提高普查成果质量。

（三）积极报送稿件。要按照活动征集要求，在已形成普查成果基础上，安排专人进一步汇总梳理、加工提炼，形成文化内涵丰富的优秀地名故事。征集期间，每个省（区、市）报送数量不少于 30 个。

联 系 人：
国务院地名普查办秘书处王海粟　电话：010-58123210
光明网　周硕頔　电话：010-58926203

国务院第二次全国地名普查领导小组办公室
2016 年 10 月 20 日

第二次全国地名普查进展情况报告

国地名普查办发〔2016〕21号

国务院第二次全国地名普查领导小组：

2016年是第二次全国地名普查承上启下的关键之年。国务院地名普查办深入贯彻落实王勇国务委员2月14日重要批示精神，紧紧围绕年度目标任务，周密部署，精心实施，地名普查工作取得明显进展。现将有关情况报告如下。

一、进展情况

今年以来，各级地名普查机构扎实推进各项地名普查工作，主要完成了以下五方面工作：

（一）加快普查进度。一是科学谋划部署。年初印发《关于认真贯彻落实王勇国务委员重要批示精神扎实推进2016年第二次全国地名普查工作的通知》，合理安排年度任务，明确工作时限和质量要求。二是召开推进会议。8月下旬在大连召开全国地名普查工作推进会，分析全国地名普查面临的形势和问题，研究提出推进措施，要求各地精准发力，保质保量完成普查年度任务。三是加强工作督查。及时掌握并按季度通报各省（区、市）地名普查进展情况。印发《关于开展第二次全国地名普查督查工作的通知》，重点从保障、进度、质量、成果转化和地名管理五方面对各省（区、市）地名普查工作情况开展全面督查。组成五个督查组，对河北、黑龙江、贵州、宁夏、新疆等18个省（区、市）进行实地督查。四是开展工作约谈。针对部分地区普查进度滞后问题，启动约谈机制，7月中旬约谈山西、江西和陕西省地名普查办负责同志，面对面通报问题，分析原因，提出整改要求。河南、湖北、青海等省份也通过实施约谈推进普查工作。

（二）加强普查保障。一是健全制度规范。制定《第二次全国地名普查多媒体信息采集规范》和《第二次全国地名普查成果数据入库验收办法》，细化了普查信息采集和成果报送相关规定。与国家档案局联合印发《第二次全国地名普查档案管理办法》，明确了地名普查档案的管理、归档和利用等要求。北京、福建、湖北等省（区、市）结合本地实际细化了普查质量检查、监督管理等方面规范文件。二是落实普查资金。积极协调财政部，4月下拨2016年度全国地名普查中央补助资金7.46亿元。8月下发《关于尽快足额下拨地名普查中央补助资金和落实配套资金的通知》，督促各地落实配套资金，强化资金监管。今年各省级和市县级财政分别落实配套资金2.65亿元和13亿元。三是深化人员培训。先后在武汉、银川、乌鲁木齐等地举办9期培训班，就地形图修测、数据处理、地名文化保护、不规范地名清理整治、地名词典编纂、档案管理、新闻宣传等工作进行专题培训，共培训地名普查业务骨干1200余人次。地方各级地名普查办也积极开展业务培训，进一步提高了普查人员工作水平。四是加强普查宣传。建立信息报送系统，加强信息发布，编发了16期普查简报，组织开展了“地名普查新媒体宣传月”活动。内蒙古、黑龙江、浙江、湖北等地开展了地名普查知识竞答、摄影大赛、地名故事征集评选等形式多样的宣传活动，形成了浓厚的社会氛围。

（三）强化质量管控。一是开展质量评价和监理工作。按照地名普查质量管理规定、质量评价体系和监理办法，组织第三方机构对全国15个省的70余个县（市、区）进行了质量评价和监理。二是深化业务指导。印发《关于进一步加强地名文化属性信息采集工作的通知》，指导各地深入采集挖掘地名文化属性信息。及时研究答复各地普查中遇到的业务问题，编写了《第二次全国地名普查成果规范指导手册》。各地也出台了适应本地实际的具体指导手册和技术细则。三是加强技术支持。进一步规范技术标准和工作流程，督促各地完成普查软件研发并投入使用。指导各地通过技术外包、组建专业团队、聘请专家学者等方式充实技术力量。目前超过90%的县（市、区）完成了技术外包工作。

（四）抓好专项工作。一是启动实施地名文化保护和清理整治不规范地名工作。深入贯彻习近平总书记和其他中央领导同志有关批示精神，报请国务院地名普查领导小组印发了《加强地名文化保护清理整治不规范地名工作实施方案》，召开了全国视频会议，编写了专题教材，向党中央、国务院报送了《关于地名文化保护清理整治不规范地名工作进展情况的报告》。各省（区、市）均制定了具体实施方案，积极加强地名文化保护，稳步开展不规范地名清理整治，取得初步成效。二是开展跨界自然地理实体地名普查工作。分批分类对跨界自然地理实体地名进行全面普查和处理。第一批陆地地形类跨界地名普查已完成信息采集，正进行内业处理。9 月启动第二批陆地水系类跨界地名普查。三是推进地名地址库试点示范创建工作。组织开发全国地名地址数据库系统，召开经验交流座谈会，指导39个试点市县推进地名地址库建设。

（五）推进成果转化。一是推动地方编制普查成果转化规划。指导各地按照《第二次全国地名普查成果转化规划（2015—2020 年）》要求，抓紧编制地名普查成果转化规划，目前已有 26 个省份完成规划编制任务。二是全面启动图录典志编纂。6 月份召开全国视频会议，部署启动图录典志编纂工作。分别成立了中华人民共和国标准地名词典、地名图集、地名录编委会和编辑部，研究制定了地名志编纂方案。各省（区、市）均成立相关编写组，启动了本级图录典志编纂工作。三是抓好信息平台建设。完成国家级区划地名数据库软件研发，开展国家地名信息政务管理及社会服务平台建设论证。四是做好成果数据入库准备。编制地名普查成果数据入库检查手册，下发预检查软件，完成入库检查工作委托，组织各地上报行政区域界线和界桩数据，为成果数据汇总入库做好准备。

二、存在问题

总体上看，第二次全国地名普查工作有序推进，整体进展顺利，但部分地区在普查工作中还存在一些困难和问题，主要体现在三方面：

（一）个别地区工作进度滞后。全国地名普查工作进展不均衡，部分地区普查工作进度滞后于全国统一的普查时限要求。国务院地名普查办约谈和督查后，各地进一步加快了普查进程，但个别地区按时完成年度任务的压力依然较大。

（二）个别地区工作保障不到位。一些地区对地名普查重视不够，前期统筹谋划不足，组织协调不力，存在配套资金落实困难、人员配备不适应工作需要等问题，影响了普查实施进度和质量。

（三）个别地区成果质量不够高。部分地区存在地名调查不全面、信息填写不准确、文化信息挖掘不深入等问题，形成的普查成果达不到验收要求，需要进一步修改完善。

三、下一步打算

下一步，我们将按照国务院地名普查领导小组部署要求，进一步加快进度，加大力度，确保今年年底前完成总量 80% 普查任务，明年 6 月全面完成普查第二阶段任务。

（一）狠抓工作落实，保证普查进度。督促各地进一步提高思想认识，把地名普查工作摆到更加突出的位置，强化组织领导，落实工作责任制，层层传导压力。加强指导和督查，督促各地明确时限要求，有效破解制约普查进展的困难和问题，切实加快普查工作步伐。进一步加强部门沟通协调，拓宽思路，善用外力，共享资料，形成合力，提高普查效率。强化资金、人员、技术等保障措施落实，及时总结和宣传先进经验做法，发挥典型示范引领作用。

（二）强化指导监督，确保普查质量。进一步提高质量意识，严格普查标准，深入开展普查质量评价工作，充分发挥质量评价体系的指导作用。丰富工作手段，开发普查成果检查系统，不断完善地名普查质量管理体系。规范普查行为，加强普查监理，强化对技术服务单位的政策指导和日常监管。制定《第二次全国地名普查验收办法》，组织开展好地名普查审核验收工作和成果数据入库工作。

（三）加快成果转化，提高综合效益。继续推进成果转化规划编制，指导各地抓好规划实施，确保各项规划任务落到实处。稳步推进图录典志编纂，协调解决编纂工作的重点难点问题，保证编纂工作进度。启动国家地名信息政务管理及社会服务平台建设。

（四）统筹协调推进，加强地名管理。抓好《加强地名文化保护和清理整治不规范地名工作实施方案》落实，切实清理整治“大、洋、怪、重”等不规范地名，做好地名标准化处理工作。制定《进一步加强地名文化遗产保护的通知》，建立地名文化遗产保护名录，健全地名文化遗产保护制度，促进地名文化宣传弘扬。抓好跨界自然地理实体地名普查，推进地名地址库试点示范创建活动，及时补充设置城乡地名标志，进一步提高地名管理和服务水平。

国务院第二次全国地名普查领导小组办公室

2016 年 10 月 28 日

国务院第二次全国地名普查领导小组办公室关于印发《第二次全国地名普查多媒体信息采集规范》的通知

国地名普查办发〔2016〕22号

各省、自治区、直辖市第二次全国地名普查领导小组办公室，新疆生产建设兵团第二次全国地名普查领导小组办公室：

为做好地名普查多媒体信息采集工作，国务院第二次全国地名普查领导小组办公室制定了《第二次全国地名普查多媒体信息采集规范》。现印发你们，请遵照执行。

国务院第二次全国地名普查领导小组办公室

2016年11月17日

第二次全国地名普查多媒体信息采集规范

根据《第二次全国地名普查工作规程》《第二次全国地名普查实施方案》《第二次全国地名普查质量管理规定》《第二次全国地名普查数据建库与管理软件设计规范》相关要求，为做好普查过程中多媒体信息的采集工作，制定本规范。

1 目的

通过采集和制作多媒体文件来记录和保存地名相关信息，丰富普查内容，完善地名内涵，进一步加强地名文化保护和传播。

2 范围

第二次全国地名普查多媒体信息采集内容分为图片、录音、录像、文本四种类型。具体采集范围：图片包括地理实体照片、地名标志照片、地名普查工作照片和历史地名资料图片；录音和录像应包括地名读音、地名考证采访、地名审音定字和重要会议、重点工作等音像资料；文本包括命名和更名决议文件、审音和定字决议文件、勘界相关文件、普查过程中重要决议文件。

2.1　图片类

2.1.1　地理实体图片　地理实体图片是指普查过程中需要采集的地名所指代地理实体的全景或展现其特征的照片。

2.1.2　地名标志图片　地名标志图片是指《地名标志管理试行办法》（民地标〔2006〕1号）文件规定的六类地名标志照片，包括：（一）行政区域地名标志；（二）居民地、街（路、巷）名称标志；（三）门（楼）编码名称标志；（四）山、河、湖、岛等自然地理实体地名标志；（五）具有地名意义的台站港场名称标志；（六）其他起导向作用的辅助地名标志。

2.1.3　地名普查工作图片　地名普查工作图片是指在地名普查工作过程中，记录重要会议、重点工作、普查培训、普查宣传、外业调查、内业处理、检查验收、专家评审等过程的照片。

2.1.4　历史资料图片　历史资料图片是指蕴含丰富历史文化内涵的地名历史图片。

2.2　录音与录像类

2.2.1　地名读音　地名读音是指地名的汉语普通话读音、少数民族语地名读音、地名特殊读音、异读音和方言读音。

2.2.2　地名审音定字　审音定字是指对地名用字、读音进行论证、评审全过程的录音、录像。

2.2.3　地名考证　地名考证录音和录像是指在地名考证过程中，就地名的含义、来历和沿革等进行调查访谈的录音和录像，以及对反映地名历史的重要遗迹和证据的录像。例如采访当地居民录音，以及重要地理实体、碑刻铭文等的录像。

2.2.4　重要会议、重点工作　重要会议、重点工作是指普查过程中召开的领导小组会、协调会、督查督导活动等相关的录音、录像资料。

2.3　文本类

2.3.1　命名和更名决议文件　命名和更名决议文件是指普查地区有关地名命名、更名过程中的重要文件，包括专家论证最终意见、政府正式发布的命名或更名文件。

2.3.2　审音和定字决议文件　审音和定字决议文件是指普查地区有关地名审音、定字过程中的重要文件，包括专家论证最终意见、正式发布的审音或定字文件。

2.3.3　勘界相关文件　勘界相关文件是指涉及行政区域边界和界桩的重要文件，例如上级对勘界方案的批复、上级对勘界协议书的批复、联合勘界协议书及其附图等。

2.3.4　普查过程中重要决议文件　普查过程中重要决议文件是指普查过程中，对于重要问题形成的各类决议文件，例如重要会议纪要、普查工作方案、指导意见等。

3　采集要求

3.1　总体要求

根据《第二次全国地名普查工作规程》《第二次全国地名普查数据建库与管理软件设计规范》的要求，对地名相关多媒体信息进行采集。

3.1.1　基本要求

（1）采集的各类多媒体信息要求类型齐全、项目完整、地名主体突出，能准确、清晰地记载地名相关信息和普查工作重要过程。

（2）图片、录音和录像清晰、主体明确、内容精准、文件格式和名称规范，便于对应查看和操作。

（3）采集的多媒体信息要符合国家相关技术标准和保密规定。

3.1.2　技术标准

（1）文件格式

照片：JPG，照片尺寸介于1280*960像素至4096*3072像素。

录音：MP3，音频比特率不低于64Kbps，每段时长一般不超过10分钟。

录像：MP4，像素不低于720*480p，每段时长一般不超过10分钟。

文本：TXT、PDF。

（2）文件名称

地名相关多媒体文件名由地名标准名称加2位数字组成，2位数字表示顺序，如灵山01。其中，01—09为地名标志照片文件名顺序编号，11—19为地理实体照片文件顺序编号，21—29为录音文件名顺序编号，31—39为录像文件名顺序编号，41以后为相关多媒体文件名顺序编号。对于同类其他重名地名，后续地名可用地名标准名称加 1 位英文字母加 2 位数字表示，如灵山 A01、灵山 B01，依次类推。

界线、界桩相关多媒体文件名称按照《国务院第二次全国地名普查领导小组办公室关于报送行政区域界线及界桩数据的通知》（国地名普查办发〔2016〕14 号）要求进行命名。

3.2　图片采集要求

3.2.1　地理实体图片　地名成果表中的地名所对应的地理实体图片需 100% 采集。每一个地理实体至少要拍摄一张体现地理实体的整体面貌的照片；对于设有地名标志的地理实体还要拍摄一张体现其地名标志的照片（具体要求参见 3.2.2 中全景照片要求）；对于文化价值较高的地理实体，应从多个角度拍摄多张图片。

3.2.2　地名标志图片　六类地名标志中，居民地、街（路、巷）地名标志图片需 100% 采集，并填写地名标志登记表。原则要求至少采集两张，一张地名标志上特写照片，能清晰反映标志上的文字、标识和符号，以及标志整体造型和外观；一张全景照片，拍出地名标志所在的环境或所标识的地理实体。其他五类地名标志不单独填写地名标志登记表，采集的图片存入第二次全国地名普查成果表“多媒体信息”。

3.2.3　地名普查工作图片　普查过程中重要会议、重点工作和培训活动图片要展示活动主题、场景和人物；外业调查图片要展示外业测量、地名调查、外业数据采集等过程；内业处理图片要展示图上标绘、数据录入、保密环境等；检查验收和专家论证、评审要展示现场工作情况。

3.2.4　历史资料图片　收集的历史资料图片要展示地名或其对应地理实体的历史面貌和历史变迁。

3.3　录音与录像采集要求

3.3.1　地名读音

（1）地名特殊读音、异读音和方言读音对与普通话读音不一致的地名古音，应作为特殊读音予以采集。如广东番禺，秦代“番”读“pān”；山西洪洞县的“洞”读“tóng”。对地名用字相同，但本地区读音与其他地区读音不同，应作为异读音予以采集。例如，“埔”有两种读音，黄埔的“埔”读“pǔ”，大埔的“埔”读“bù”；“圩”字是“墟”的异写，闽粤地区称集市为圩，读“xū”，而在苏皖地区“圩”是指低洼地区的防水堤或村周围的堤坝，读作“wéi”。对方言中与普通话没有对应规律的特殊读音，应作为地名方言音予以采集。例如，广东地名“涌”（表示河汊、山旁垅间狭长地），用于地名时，方言读音“chōng”，而不读“yǒng”，这一类方言读音要纳入采集范畴。而南方地名中的“界”，一般读为“gài，对应普通话则读“jiè”，这一类则不列入方言读音采集范畴。

（2）少数民族语地名读音在少数民族地区，如果该地区有民族语标准读音，则采集该民族语音。如果没有标准读音，可以根据本区域实际情况，确定该区域的几种方言片区，每个民族语采集其片区民族语读音。

对于民族自治区域，以自治区规定的民族语标准音录音。对于小聚居区域，以该地常住少数民族居民方言音（小聚居区民族语方言）录音。除采集民族语标准读音外，还要采集该地常住散居区民族语方言音。

3.3.2　地名审音定字　地名审音定字过程中，有关专家的意见、建议以及论证、评审会议应进行录音，内容完整。

3.3.3　地名考证　地名考证要完整记录采访问题，受访人的完整回答，以及讲述人讲述关于地名来历、含义和沿革的原始情况，同时要反映受访人的年龄、职业和姓名及其讲述信息来源等基本情况。

3.3.4　重要会议、重点工作　对普查过程中的重要会议、重点工作，应进行录音和录像，并将其中的重点内容进行合理剪辑，形成音像文件。

3.4　文本采集要求　对有关文件进行扫描处理，形成PDF等电子文档。地名命名、更名、审音、定字等的电子文档作为地名的多媒信息存储；勘界相关文件、普查过程重要决议文件等的电子文档作为工作档案存储；勘界文件电子文档由省级地名普查部门统一采集与管理。

4　采集方法

4.1　图片采集方法　图片采集以实地拍摄为主，对于部分历史地名和具有丰富文化内涵的老地名等，可以从历史资料中采集，但需要在成果表的“资料来源”中注明版本和来源。

4.1.1　实地拍摄　地名标志和地理实体图片要结合普查外业工作，进行实地拍摄；图片要突出地名主体，近景和远景相辅助，图片清晰；地名标志类必须要有正面照；地理实体照片要选择合适角度，需要拍摄反映其全貌照片和体现其地名标志的局部照片。

4.1.2　资料照片搜集　对于具有丰富历史文化内涵的地名，应收集相应的历史图片资料进行辅助说明，展现地名文化；对于大尺度自然地理实体可以使用遥感影像等资料展示宏观景象；对于大型建筑物或建筑群等，可以收集相关图片资料进行辅助说明。

4.2　录音采集方法

4.2.1　核定语音

（1）汉语方言音。普查中地名的汉语方言音是指县域通行方言发音，即一个县级行政区域内所形成的全体居民用于共同交流的方言。

（2）少数民族语读音。少数民族语地名读音分为标准音和方言音两种。在录音过程中，语音的确定原则为：一是为了实现少数民族语地名标准化，对于已经确立了标准音的少数民族地区，要采集该地名的标准音录音；对于民族自治区域，可以当地电视台播音使用的少数民族语音为依据采集。二是对于没有确定标准音，且使用人数较多的、使用范围较广的少数民族语，则根据该语种的方言片区进行采集。三是对于使用人数比较少，使用范围较零散的少数民族语地名，则采集地区使用的方言读音。四是对于双语地名（双语地名是指一个地方有两种不同语言并行使用的地名，其不同于混合语地名，混合语地名是指一个地名由两种语言的词语构成）或多语地名，要分别采集各语种读音。

（3）地名异读音和地方读音。对于已经广泛使用或约定俗成的地名异读音和地方读音，按现有习惯采集；对于需要报经批准的地名专用字、专读音，应采集完读音后填报第二次全国地名普查地名用字读音审定申报表，按照有关规定逐级上报审批。

4.2.2　录音处理　少数民族语地名标准发音和方言读音可以选定 2—3 人的录音团队（1 人录音，1—2 人检查），发音人以当地土著居民或当地语言教师为宜。少数民族语原生读音在进行外业调查过程中，就地选择语音清晰的居民进行录音。录音中要采用较好的录音设备，避免使用手机等简易设备；选择安静的场所，避免噪音影响，并按照规定格式保存。

4.3　录像采集方法

对于具有重要价值的地名可以收集或专门拍摄相关视频资料、微视频，以体现地名内涵、展示地名文化等。在普查重要节点和环节，通过拍摄记录地名普查过程（培训、会议、外业测量、调查、访谈等）、地名审音定字工作

（专家咨询、研讨会议）等的视频资料，并通过剪辑，形成工作视频资料。

4.4　文本信息采集方法以原件扫描方式，制作成 PDF 电子文件。

5　检查提交

5.1　检查

5.1.1　检查流程　县级地名普查办采集的本级多媒体信息，应依据相关要求进行核实；市级地名普查办对所辖县级多媒体信息进行检查；省级地名普查办对辖区内汇交的多媒体数据进行验收；国务院地名普查办按照相关要求进行最终查验。

5.1.2　内容检查　多媒体信息主要从正确性和重复性两方面进行检查，包括：各类地名语言区划分是否准确，发音是否标准、准确等；图片资料是否与地名相符，图片有无重复、误用、造假；录像资料是否与该地名普查工作相关，内容有无重复等。

5.1.3　格式检查　按照要求格式、大小采集录音、图片和录像资料；正确命名文件名称和文件包名称，并能通过质量检查软件开展格式检查。

5.2　提交地名普查成果多媒体信息

根据《第二次全国地名普查数据建库与管理软件设计规范》要求，在地名属性表中填写相关文件名称。同时，提交数据包中包含“3 多媒体数据”，相应文件填入其包含的“录音”“录像”“照片”“文本”，并按照数据提交要求，制作数据包提交数据。地名普查工作类多媒体信息可根据各地系统需求进行存储，但不能缺项。

界线、界桩相关多媒体信息按照《国务院第二次全国地名普查领导小组办公室关于报送行政区域界线及界桩数据的通知》有关要求进行提交。

国务院第二次全国地名普查领导小组办公室关于规范地名普查外包服务的通知

国地名普查办发〔2016〕23号

各省、自治区、直辖市第二次全国地名普查领导小组办公室，新疆生产建设兵团第二次全国地名普查领导小组办公室：

第二次全国地名普查开展以来，很多地方以政府购买方式引入社会专业力量为地名普查提供技术支持和服务，有力助推了地名普查进展，取得了积极成效。但一些地方在普查外包服务工作中存在责任不明确、监管不到位、服务质量不高等问题。为进一步规范地名普查外包服务，现就有关事项通知如下。

一、高度重视普查外包服务管理工作。地名普查工作系统性、复杂性、技术性强。开展地名普查外包服务是对地名工作主管部门普查人员不足和专业技术欠缺的有益补充，对加快地名普查进度、提高地名普查质量具有重要意义。开展普查外包服务的地区，地名普查办公室要提高对加强和规范普查外包服务管理必要性的认识，切实加强对服务单位、服务过程、服务成果的管理，指导服务单位深化对地名普查政策和技术要求的理解，引导服务单位创新地名普查方式方法，提高地名普查效率和质量。

二、加强外包服务管理监督。各级地名普查办公室是组织实施地名普查的主体，要履行主体职责，发挥主体作用，不能一包了之。要明确外包范围，重点委托开展外业调查、地名标绘等技术性工作，对主管部门该履行的责任不能外包。要采取有力措施，加强对服务单位的日常监管，强化过程管理，监管到普查的每一个环节和部位。要加强与服务单位的沟通协调，及时掌握工作中遇到的问题，分析原因，限期整改；及时汇总分析服务单位工作进展情况，搞好工作衔接，统一工作标准，提高整体效能。

三、提高外包服务工作质量。要深化对服务单位的业务指导，明确地名普查外业调查、内业处理、数据汇交、成果上报等环节的具体指标和要求，督促服务单位严格按照地名普查质量管理规定、质量评价体系和相关技术规范开展工作。要落实外包服务质量管理责任制，明确工作程序、目标职责，责任到岗到人，建立健全质量会商与问题追溯处理机制。要加强对外包服务的绩效评估，充分发挥专家咨询委员会和第三方评估作用，开展质量考核测评，按合同约定和普查标准严格把关，对履行合同不力、质量不达标的要依法追责，确保外包服务质量。

四、按时完成外包服务任务。要加强工作时序管理，按照普查实施方案明确的时间节点有序推进外包服务工作，督促服务单位按照普查时限要求开展工作，定期向地名普查办公室报告项目实施进度。要抓好合同贯彻执行，适时检查和通报服务单位合同执行情况，督促服务单位按时完成相关普查任务。

五、确保地名普查信息安全。要按照地名普查保密相关规定，加强服务单位涉密信息管理。服务单位应具备相应保密资质。涉密设备的配置、使用、管理、维护，涉密数据的存储、传输、处理等要符合有关保密规定。要加强对涉密人员的保密教育，增强保密意识，杜绝失密、泄密等情况发生，确保按时、保质、安全完成各项地名普查工作。

国务院第二次全国地名普查领导小组办公室

2016 年 12 月 22 日

关于印发《第二次全国地名普查验收办法》的通知

国地名普查办发〔2016〕24号

各省、自治区、直辖市第二次全国地名普查领导小组办公室，新疆生产建设兵团第二次全国地名普查领导小组办公室：

现将《第二次全国地名普查验收办法》印发你们，请遵照执行。

国务院第二次全国地名普查领导小组办公室

2016年12月23日

第二次全国地名普查验收办法

第一条 为规范第二次全国地名普查验收工作（第二次全国地名普查验收工作，以下简称普查验收），保证普查成果质量，根据《国务院关于开展第二次全国地名普查的通知》《第二次全国地名普查实施方案》《第二次全国地名普查工作规程》和《第二次全国地名普查质量评价体系》等政策规定，制定本办法。

第二条 普查验收实行分级负责，验收主体为各级地名普查办。

国务院地名普查办负责组织全国地名普查验收工作，省级地名普查办负责具体实施本级行政区域地名普查验收工作，地级地名普查办负责本级行政区域地名普查核查工作，县级地名普查办负责本级行政区域地名普查自查工作。

第三条 普查验收坚持全面、规范、准确、客观原则。以地名普查工作规程为依据，以地名普查质量评价体系为基准，以分值表得分情况为主要验收指标。

第四条 全国各地各级普查验收自本办法印发之日开始，至2017年6月30日前完成。

各省级地名普查办应在 2017 年 3 月 31 日之前组织完成本省份普查自查、核查、验收及上报审核工作。

第五条 普查验收内容包括组织实施和普查成果两个方面。

（一）组织实施

1. 普查领导小组组成人员名单，普查领导小组办公室成员名单，领导小组成员单位职责。

2. 普查工作计划和实施方案。

3. 会议文件、领导讲话、纪要、座谈会记录等文字材料。

4. 培训方案、教材或课件等文字或电子材料。

5. 经费使用管理情况材料。

6. 保密制度与保密措施。

7. 搜集的各种地名相关史料。

8. 普查工作图。

9. 设置地名标志时形成的相关资料。

10. 地理实体命名、更名和地名用字读音审定等材料。

11. 普查过程中形成的各种音像资料。

12. 普查办自查（或者核查、验收）报告。

13. 质量评价报告、监理报告及相关材料。

14. 质量评价体系分值表。

15. 跨界自然地理实体普查报告及相关材料。

16. 地名文化保护和清理整治不规范地名相关材料。

17. 宣传工作相关材料。

18. 其他有关资料。

（二）普查成果

1. 国家区划地名数据库数据。

2. 第二次全国地名普查地名目录。

3. 第二次全国地名普查地名成果表。

4. 第二次全国地名普查成果图。

5. 第二次全国地名普查地名标志登记表。

6. 第二次全国地名普查地名用字读音审定申报表。

7. 第二次全国地名普查地名标准化处理统计表。

8. 跨界自然地理实体地名录、图、表。

9. 地名普查工作总结。

第六条 普查验收标准：各项工作开展规范，相关材料齐全完整，成果质量符合要求。

（一）各项普查成果内容完整准确。

（二）图、表、数据库上的名称、位置与实地一致。

（三）地名目录、地名成果表、地名标志登记表、地名用字读音审定申报表、地名标准化处理统计表填写齐全、准确，文字简练、精准。

（四）地名标准化处理合乎规范，没有遗漏。

（五）地名成果图用字规范、标注清晰，位置和图式符号准确，标注内容准确完整。

（六）地名标志设置位置正确，书写规范，内容符合国家标准要求。

（七）地名来历、含义及历史沿革考证详实、准确，资料来源明晰、可靠。

（八）地名的专用字、专读音的来源及缘由考证详实、准确。

（九）地名命名、更名程序规范，手续完备。

（十）调查的项目、记录、录音、照片和表格填写等内容完备无缺。

（十一）普查成果数据录入国家区划地名数据库，其中属性库和图形库实现逐一匹配，建立了本级国家区划地名数据库。

（十二）多媒体数据类型齐全、项目完整，能准确、清晰地记载和反映地名信息及普查工作重要过程。

（十三）开展了普查宣传、不规范地名清理整治、跨界自然地理实体地名普查工作。

（十四）制定了成果转化、档案管理等规章制度，普查过程中无保密安全事故发生，相关资金与设备设施有保障。

（十五）实施了质量管理、评价、监理工作，有完整的质量评价报告和监理工作报告。

（十六）建有完善的地名信息更新维护机制。

第七条 普查验收合格的量化指标为地名普查质量评价体系中的组织管理、地名调查、地名标准化、地名标志、数据库建设、成果表、检查验收等七项内容，普查档案项不计入此次验收指标。每项满分为 100 分，根据评分要求和依据，按照评分项目确定的百分比折算分值，各项验收合格标准如下：

（一）组织管理 90 分以上。

（二）地名调查 90 分以上。

（三）地名标准化 90 分以上。

（四）地名标志 90 分以上。

（五）数据库建设 95 分以上。

（六）成果表 100 分。

（七）检查验收 90 分以上。

县（市、区）由省级政区直接管辖的，地级分值视为满分。

第八条 普查验收自下而上申请报验，逐级审核，发现问题应及时反馈修正。

县级地名普查办按照验收内容和标准进行全面自查，对发现的问题进行整改后形成自查报告，上报地级（或上一级）地名普查办进行核查。

地级地名普查办进行全面核查，并按不低于 30% 的县级政区比例进行现场抽查（地级辖区内少于 5 个县级政区的，应全部进行现场抽查）。对发现的问题，责成县级地名普查办进行整改后，以县级政区为单位形成核查报告，上报省级地名普查办进行验收。

省级地名普查办进行全面验收，并按不低于 20% 的县级政区比例进行现场抽查。对发现的问题，责成地级及县级地名普查办进行整改后，以县级政区为单位形成验收报告，上报国务院地名普查办进行全面审核及抽查复验。

有条件的地方可通过政府购买服务委托第三方机构等方式开展普查验收工作，确保验收质量和效率，加快验收进度。

第九条 省级地名普查办原则上应整体向国务院地名普查办提报审核申请。确需分期分批提报的，每批次应不少于本省份县级政区总数 25%。审核申请材料包括成果数据、审核申请表（见附件 1）、报验单（见附件 2）、省级质量评价报告（含分值表）、监理报告和验收报告（验收报告应包含县级、地级地名普查办对检查出的问题的整改情况）。

第十条 国务院地名普查办对省级地名普查办上报验收的普查成果进行全面审核，并按不低于全国县级政区总数 10% 的比例进行现场抽查复验。对发现的问题，提出整改意见，退回省级地名普查办进行全面整改。省级地名普查办应在 30 个工作日内进行整改，整改后的成果依程序重新提报申请，并填写复验申请表（见附件 3）。

国务院地名普查办审核、抽查复验合格后，结合工作总体情况，向省级地名普查办出具本省地名普查的意见。

第十一条 国务院地名普查办全面审核及现场抽查复验采取以下方式进行。

（一）全面审核

国务院地名普查办利用质量管理和验收系统对省级地名普查办报送的县级政区普查成果数据进行全面审核。

普查成果由省级地名普查办按照有关要求处理后，分批次导入质量管理和验收系统。

（二）抽查复验

1. 听取省级地名普查办工作完成情况以及自检、核查、验收情况工作汇报。

2. 听取监理和质量评价代表意见。

3. 全面审核普查实施情况。

4. 分项审验普查成果，核验质量评价分值表。

5. 实地验证地名信息。

6. 综合评议，提出抽查复验意见。

第十二条 各省份地名普查工作经国务院地名普查办审核通过后，各省级地名普查办按照相关规定要求做好成果数据汇总上报和文件资料及成果的立卷归档工作。

第十三条 各级地名普查办要加强领导，严格管理，严明纪律，严格标准，确保验收扎实有序进行。对验收过程中弄虚作假、敷衍塞责的，要追究相关人员责任。

附件：1. 第二次全国地名普查成果审核申请表

2. 第二次全国地名普查成果报验单

3. 第二次全国地名普查成果复验申请表

附件 1：

省（区、市）第二次全国地名普查成果审核申请表

县级政区名称	地名总条数	质量评价总分	监理单位	外包服务单位	省级验收时间	备注
县级普查办自查意见	（主要负责人签字，加盖公章）					
地级普查办核查意见	（主要负责人签字，加盖公章）					
省级普查办验收意见	（主要负责人签字，加盖公章）					

附件 2：

省（区、市）第二次全国地名普查成果报验单

（盖章）

序号	县级政区名称	县级自查时间	地级核查时间	省级验收次数及时间
1				
2				
3				
4				
5				
6				
7				
8				
9				
10				
…				

附件 3：

省（区、市）第二次全国地名普查成果复验申请表

县级政区名称		原报验批次	
存在问题			
整改情况			
县级普查办复查意见	（主要负责人签字，加盖公章）		
地级普查办复核意见	（主要负责人签字，加盖公章）		
省级普查办复验意见	（主要负责人签字，加盖公章）		

第二次全国地名普查政策文件（2017年）

国务院第二次全国地名普查领导小组关于调整部分组成人员的通知

国地名普查组发〔2017〕1号

各省、自治区、直辖市人民政府，国务院第二次全国地名普查领导小组各成员单位：

根据第二次全国地名普查领导小组成员单位人员变动情况和工作需要，经国务院领导同意，决定对领导小组组成人员进行调整。现将调整后的名单通知如下：

组　长：王　勇　国务委员

副组长：黄树贤　民政部部长

孟　扬　国务院副秘书长

宫蒲光　民政部副部长

徐粉林　中央军委联合参谋部副参谋长

何立峰　发展改革委副主任

朱之文　教育部副部长

陈肇雄　工业和信息化部副部长

陈改户　国家民委副主任

黄　明　公安部副部长

余蔚平　财政部副部长

王广华　国土资源部副部长

黄　艳　住房城乡建设部副部长

戴东昌　交通运输部副部长

周学文　水利部副部长

杨志今　文化部副部长

金小桃　卫生计生委副主任

刘玉亭　工商总局副局长

鲜祖德　统计局总统计师
刘东生　林业局副局长
李世宏　旅游局副局长
陈宗荣　宗教局副局长
李仰哲　能源局副局长
闵宜仁　测绘地信局副局长
于春孝　铁路局副局长
董志毅　民航局副局长
刘曙光　文物局副局长
冀祥德　中国地方志指导小组办公室主任

领导小组办公室主任由民政部副部长宫蒲光兼任。

国务院第二次全国地名普查领导小组办公室
2017年1月3日

国务院第二次全国地名普查领导小组办公室关于配合做好地名普查质量评定和监理工作的通知

国地名普查办发〔2017〕1号

各省、自治区、直辖市第二次全国地名普查领导小组办公室，新疆生产建设兵团第二次全国地名普查领导小组办公室：

为推进地名普查工作，确保普查质量，国务院第二次全国地名普查领导小组办公室2017年继续对各省（自治区、直辖市）开展地名普查质量评定和监理工作，现已通过购买社会服务方式，经公开招标确定中国地名学会为中标单位。质量评定和监理工作内容，一是对地名普查的组织管理、地名调查、地名标准化、地名标志、成果表、数据库建设、检查验收、普查档案等方面的情况进行评定；二是检查普查各阶段工作落实情况，检查普查内容、基本流程的合理性、合规性等。

中国地名学会拟在全国范围内选取140多个县级行政区，以点带面，点面结合，组成工作组赴实地独立、公正、客观开展相关工作。请你们认真做好协调配合工作。

一、要高度重视地名普查质量评定和监理工作。把质量评定和监理当成促进普查工作的重要抓手，与普查验收工作紧密结合，务求实效。

二、要做好组织协调工作。收到中标单位工作函后及时通知有关普查地区，如实提供工作材料、阶段成果，客观真实反映实际工作情况，不得弄虚作假，不得干扰工作组的正常工作。

三、工作过程中要严格遵守中央八项规定精神等要求。

国务院第二次全国地名普查领导小组办公室

2017年1月11日

国务院第二次全国地名普查领导小组办公室关于开展第二次全国地名普查省级成果展示活动的通知

国地名普查办发〔2017〕2 号

各省、自治区、直辖市第二次全国地名普查领导小组办公室，新疆生产建设兵团第二次全国地名普查领导小组办公室：

根据《第二次全国地名普查实施方案》要求，全国省级地名普查工作将于今年 6 月全面完成。为及时展示普查成果，促进和服务普查成果转化，国务院第二次全国地名普查领导小组办公室将于下半年组织开展“第二次全国地名普查省级成果展示”活动。现将成果展示活动有关事项通知如下：

一、成果展示主题内容

（一）第二次全国地名普查优秀成果。主要反映各地地名普查工作成就，内容包括地名的标准名称、含义、来历、沿革，以及自然、文化、社会等相关属性信息。每条地名文字信息不少于 300 字，每个地名不少于 2 张图片或视频。

（二）地名文化遗产成果。主要展现地名文化遗产，弘扬和传承中华民族优秀文化，内容包括其形成背景与年代、文化内涵与特征等。每条地名文化遗产文字信息不少于 500 字，3—5 张图片或视频。地名文化遗产成果需符合《地名文化遗产鉴定》行业标准。

（三）地名普查试点成果。主要反映试点区域的工作成效，内容包括地名名称、含义、来历、沿革，以及自然、文化、社会等相关属性信息。每条地名文字信息不少于 300 字，3—5 张相应的地理实体图片。

二、素材要求

各省在已通过验收的普查成果基础上，组织力量对推荐的展示成果进行严格把关，加工提炼，要展出精品，展出效果。

（一）素材推荐。

1. 地名普查优秀成果。按照《第二次全国地名普查工作规程》列举的地名类别推荐，每一大类地名至少推荐一个，每省不少于 10 个。

2. 地名文化遗产成果。每省推荐 2 个地名文化遗产保护与利用的典型案例。

3. 地名普查试点成果。各试点省份至少推荐 2 个试点或补查成果。

（二）素材格式。

1. 照片：JPG，照片尺寸介于 1280*960 像素至 4096*3072 像素。

2. 影像：MP4，像素不低于 720*480p，每段时长一般不超过 10 分钟。

3. 文本：TXT、WORD 文档格式。

（三）报送方式。各省级地名普查办将推荐展示素材制成光盘（附省级验收文件扫描件），邮寄至中国地名文化遗产保护促进会（地址：北京市海淀区北小马厂 6 号华天大厦 24 层，邮编：100038）。

三、组织实施

（一）组织机构。本活动由国务院第二次全国地名普查领导小组办公室主办，中国地名文化遗产保护促进会承办。

（二）组织形式。对各省级地名普查办推荐的展示素材，组织专家评审筛选，以图文展板、主题视频等方式进行展示。

（三）展示时间。2017 年 9 月。

四、有关要求

1. 推荐素材邮寄截止时间为 2017 年 3 月 31 日。

2. 展示的所有素材著作权归作者所有，国务院地名普查办、民政部区划地名司、中国地名文化遗产保护促进会拥有使用权和传播权。

3. 请各省级地名普查办按照有关要求认真组织做好推荐工作，按时上报地名普查成果展示文字材料、图片、视频等素材。

国务院第二次全国地名普查领导小组办公室

2017 年 1 月 23 日

关于 2016 年第二次全国地名普查工作开展情况的报告

国地名普查办发〔2017〕3 号

国务院第二次全国地名普查领导小组：

2016 年，在党中央、国务院的坚强领导和第二次全国地名普查领导小组的直接指挥下，国务院地名普查办深入贯彻落实王勇国务委员 2 月 14 日重要批示精神，紧紧围绕年度目标任务，扎实推进各项工作，取得明显成效。现将一年来全国地名普查进展情况和 2017 年工作安排报告如下。

一、2016 年工作情况

一年来，各级地名普查机构按照全国统一部署，精心组织，狠抓落实，着力从“制度规范、普查保障、工作督导、普查质量、专项建设和成果转化”六方面下功夫、求实效，较好地完成了年度工作任务。

（一）健全制度规范。一是制定《第二次全国地名普查多媒体信息采集规范》，细化了采集内容和格式要求等规定。二是制定第二次全国地名普查《验收办法》和《成果数据入库验收办法》，明确了检查验收、成果汇交、数据入库等内容。三是与国家档案局联合印发《第二次全国地名普查档案管理办法》，明确了地名普查档案的管理、归档和利用等要求。北京、福建、山东、湖北、重庆、新疆等省（区、市）结合本地实际细化了普查质量检查、监督管理等方面规范文件。

（二）强化普查保障。一是落实普查资金。积极协调财政部，4 月下拨 2016 年度全国地名普查中央补助资金 7.46 亿元。8 月下发《关于尽快足额下拨地名普查中央补助资金和落实配套资金的通知》，督促各地落实配套资金，强化资金监管。全年各省级和市县级财政分别落实配套资金 2.65 亿元和 13 亿元。二是深化人员培训。先后在武汉、银川、乌鲁木齐等地举办 9 期培训班，就地形图修测、数据处理、地名文化保护、不规范地名清理整治、地名词典编纂、档案管理、新闻宣传等工作进行专题培训，共培训地名普查业务骨干

1200余人次。地方各级地名普查办也积极开展业务培训，进一步提高了普查人员工作水平。三是加强普查宣传。建立信息报送系统，加强信息发布，编发了22期普查简报，组织开展了“地名普查新媒体宣传月”“寻找最美地名故事”网络征集活动。内蒙古、黑龙江、浙江、湖北、湖南、广西等省（区、市）开展了地名普查知识竞答、摄影比赛、地名故事征集评选等形式多样的宣传活动，形成了浓厚的社会氛围。

（三）加强工作督导。一是科学安排部署。年初印发《关于认真贯彻落实王勇国务委员重要批示精神扎实推进2016年第二次全国地名普查工作的通知》，合理安排年度任务，明确工作时限和质量要求。8月下旬在大连召开全国地名普查工作推进会，分析全国地名普查面临的形势和问题，研究提出推进措施，要求各地精准发力，保质保量完成普查年度任务。二是开展工作约谈。及时掌握并按季度通报各省（区、市）地名普查进展情况。针对部分地区普查进度滞后问题，启动约谈机制，7月中旬约谈山西、江西和陕西省地名普查办负责同志，面对面严肃通报问题，分析原因，提出整改要求。三是加强督促检查。印发《关于开展第二次全国地名普查督查工作的通知》，重点从保障、进度、质量、成果转化和地名管理五方面对各省（区、市）地名普查工作情况开展全面督查。组成五个督查组，对河北、黑龙江、贵州、宁夏、新疆等19个省（区、市）进行实地督查。河南、湖北、青海等省份也通过督查、约谈等形式加快普查工作步伐。目前，全国80%县（市、区）完成外业调查和内业整理任务，共调查地名1400多万条。

（四）强化质量管理。一是细化工作要求。印发《关于进一步加强地名文化属性信息采集工作的通知》，指导各地深入采集挖掘地名文化属性信息。印发《关于规范地名普查技术外包服务的通知》，加强地名普查外包服务管理监督。各地进一步规范技术标准和工作流程，出台了适应本地实际的具体指导手册和技术细则。二是加强技术支持。及时研究答复各地普查中遇到的业务问题，组织研发质量管理和验收系统，督促各地完成普查软件研发并投入使用，指导各地通过委托专业工作、组建专业团队、聘请专家学者等方式充实技术力量。三是开展质量评价和监理工作。按照地名普查质量管理规定、质量评价体系和监理办法，组织第三方机构对全国31个省份的145个县（市、区）进行了质量评价和监理。

（五）搞好专项工作。一是启动实施地名文化保护和清理整治不规范地名工作。深入贯彻习近平总书记和其他中央领导同志有关批示精神，报请国务院地名普查领导小组印发了《加强地名文化保护清理整治不规范地名工作实施方案》，召开了全国视频会议，编写了专题教材，向党中央、国务院报送了《关于加强地名文化保护清理整治不规范地名工作情况的报告》。印发了《民政部关于进一步加强地名文化遗产保护工作的通知》。各省（区、市）均制定了具体实施方案，积极加强地名文化保护，稳步开展不规范地名清理整治，进一步规范了地名命名更名和使用。二是开展跨界自然地理实体地名普查工作。分批分类对跨界自然地理实体地名进行全面普查和处理。完成第一批陆地地形类跨省界地名普查，形成了 1000 多万字文字成果和 2 万多幅专题图。启动实施陆地水系类和其他类跨省界地名普查。三是推进地名地址库试点示范创建工作。组织开发全国地名地址数据库系统，召开经验交流座谈会，指导 39 个试点市县推进地名地址库建设。

（六）推进成果转化。一是推动地方编制普查成果转化规划。指导各地按照《第二次全国地名普查成果转化规划（2015—2020 年）》要求，抓紧编制地名普查成果转化规划，目前已有 27 个省份完成规划编制任务。二是全面启动图录典志编纂。6 月份召开全国视频会议，部署启动中华人民共和国标准地名图录典志编纂工作。分别成立了标准地名词典、地名图集、地名录编委会和编辑部，研究制定了地名志编纂方案，各省（区、市）均成立相关编写组。28 个省份启动了本级图录典志编纂工作。三是抓好信息平台建设。完成国家级区划地名数据库软件研发，启动国家地名信息政务管理及社会服务平台建设。四是做好成果数据入库准备。编制地名普查成果数据入库检查手册，下发预检查软件，完成入库检查工作委托，组织各地上报行政区域界线和界桩数据，为成果数据汇总入库做好准备。

总体上看，2016 年第二次全国地名普查工作有序推进，整体进展顺利，但部分地区在普查工作中还存在一些问题和困难，主要体现在四方面：一是各地进展不均衡。部分地区普查工作进度滞后于全国统一的普查时限要求，按期完成第二阶段任务压力较大。二是个别地区工作保障不到位。一些地区对地名普查重视不够，紧迫性不强，组织协调不力，存在配套资金落实困难、人员配备不适应工作需要、过分依赖技术外包等问题，影响了普查实施进度和质量。三是个别地区成果质量不够高。部分地区存在地名调查不全面、信息填写不准确、文化信息挖掘不深入等问题，形成的普查成果达不到验收要求，需要进一步修改完善。四是部分省份成果转化准备不充分。天津、福建、陕西 3 个省（市）尚未编制本省份地名普查成果转化规划，部分省份尚未启动本级地名图录典志编撰工作。

二、2017 年工作安排

2017 年是全面完成第二次全国地名普查任务的决战之年。我们将按照国务院地名普查领导小组部署和全国民政工作会议要求，进一步加快进度，加大力度，按时完成地名普查外业调查、内业整理和验收任务，加快推进成果转化工作，为2018年圆满完成普查任务奠定坚实基础。重点做好四方面工作：

（一）加强工作督导，保证普查进度。督促各地进一步提高思想认识，把地名普查工作摆到更加突出的位置，强化组织领导，落实工作责任制，层层传导压力。坚持定期统计通报制度，加强业务指导和工作督查，督促各地明确时限要求，有效破解制约普查进展的困难和问题，切实加快普查工作步伐。进一步加强部门沟通协调，拓宽思路，善用外力，共享资料，形成合力，提高普查效率。加强业务培训，争取、分配、管理、使用好地名普查资金，保障资金安全。加强地名普查宣传，创新宣传方式，展示地名普查成果，广泛宣传地名先进人物和典型事迹，提高宣传成效。

（二）严格验收标准，确保普查质量。进一步增强质量意识，充分发挥质量评价体系的指导作用，加强普查质量控制和评定，不断完善地名普查质量管理。规范普查作业流程，加强普查监理，强化对技术服务单位的政策指导和日常监管。指导各地完成自查、核查、验收及报审工作，开展抽查复验和全面审核，做好成果完善、上报、汇总及数据入库工作。

（三）加快成果转化，提高综合效益。指导各地抓好成果转化规划实施，确保各项规划任务落到实处。稳步推进图录典志编纂，协调解决编纂工作的重点难点问题，保证编纂工作进度。继续推进地名普查信息化建设，开展国家级区划地名数据库建库工作，建设地名信息政务管理及社会服务平台，研究制定地名信息化相关标准。指导各地做好地名普查档案工作。

（四）统筹协调推进，改善地名管理。深入推进地名文化保护和清理整治不规范地名专项工作，切实清理整治“大、洋、怪、重”等不规范地名。开展地名读音用字研究，做好地名标准化处理工作。深化地名文化资源挖掘整理，推动地名文化遗产保护规划编制实施，建立地名文化遗产保护名录，健全地名文化遗产保护制度，促进地名文化宣传弘扬和研究。推进地名地址库试点示范创建活动，制定地名标志管理办法，及时补充设置城乡地名标志，进一步提高地名管理和服务水平。

特此报告。

国务院第二次全国地名普查领导小组办公室

2017 年 1 月 26 日

关于报送跨省界自然地理实体地名普查数据的通知

国地名普查办发〔2017〕4号

各省、自治区、直辖市第二次全国地名普查领导小组办公室，新疆生产建设兵团第二次全国地名普查领导小组办公室：

跨界自然地理实体地名普查是第二次全国地名普查的重要内容。根据《关于做好跨界自然地理实体地名普查工作的通知》（国地名普查办发〔2015〕15号），国务院地名普查办部署实施了跨省界自然地理实体地名（以下简称“跨省界地名”）普查项目。项目主要任务是对各省（区、市）普查采集的跨省界地名数据进行接边整合和标准化处理，形成最终的跨省界地名普查成果表和成果图。

为切实做好跨省界地名的接边整合和标准化处理等普查任务，现就基础数据报送有关事项通知如下：

一、报送地名范围

以1∶5万地形图为基准的跨省界自然地理实体（含未命名需标准化处理的跨省界自然地理实体）地名。不属于上述地名但在省级行政区域界线勘定协议书中标识界线位置或走向的自然地理实体地名（以下简称“省级界线标识地名”）一并上报。

二、报送数据内容

第二次全国地名普查形成或输出的下列数据：

（一）跨省界地名目录；

（二）跨省界地名普查成果表；

（三）未命名跨省界自然地理实体目录；

（四）未命名跨省界自然地理实体调查表；

（五）省级界线标识地名目录；

（六）省级界线标识地名普查成果表；

（七）上述跨省界地名普查汇交数据。

三、数据格式要求

各省级地名普查办建立以省级政区名称命名的文件夹，内含以报送内容命名的 7 个子文件夹。

（一）跨省界地名目录：采用 Word 格式，样表见附表 1。

（二）跨省界地名普查成果表：按照《第二次全国地名普查数据建库与管理软件设计规范》要求输出 PDF 格式地名成果表，保持输出文件名称不变。

（三）未命名跨省界自然地理实体目录：采用 Word 格式编辑制作，其中实体编号采取“类别 + 顺序”的形式，如：河流 1、河流 2，样表见附表 2。

（四）未命名跨省界自然地理实体调查表：采用 Word 格式编辑制作，编号规则与目录一致，样表见附表 3。

（五）省级界线标识地名目录：采用 Word 格式编辑制作，样表见附表 4。

（六）省级界线标识地名普查成果表：按照《第二次全国地名普查数据建库与管理软件设计规范》要求输出 PDF 格式成果表，保持输出文件名称不变。

（七）上述地名普查汇交数据：按照《第二次全国地名普查数据建库与管理软件设计规范》要求，输出所报地名的属性数据、空间数据两部分，其中属性数据为 TXT 文本格式，空间数据为 Shapefile 格式。

四、其他有关事项

（一）跨省界地名相关省份所采集的数据是国务院地名普查办实施接边整合和标准化处理的基础。各省级地名普查办要高度重视跨省界地名普查数据报送工作，有效统筹本地区地名普查数据汇交、验收等工作进度安排，按时高效报送有关数据。

（二）各省级地名普查办要以普查成果表中“所在（跨）行政区”字段为索引，对本地区跨省界地名进行系统梳理汇总，形成跨省界地名目录，并提取输出相应地名的成果表。要对本地区市县采集的跨省界地名数据进行有效整合，形成本级地名普查成果，保证上报数据的整体性和规范性。上报地名数量应与实际相符，保证应报尽报、不重不漏。上报前应进行质量检查，确保数据质量符合地名普查工作规程和相关标准要求。

（三）上报数据中除“（七）上述跨省界地名普查汇交数据”只需报送电子版数据外，其他均为电子版和纸质材料各一份，纸质材料上应在适当位置签字盖章。

（四）各省级地名普查办要严格落实《第二次全国地名普查涉密数据管理办法》规定，采取机要渠道报送，确保数据安全。

（五）跨省界地名普查数据于 2017 年 3 月 31 日前报送国务院第二次全国地名普查领导小组办公室。附表：

1. 跨省界自然地理实体地名目录

2. 未命名跨省界自然地理实体目录

3. 未命名跨省界自然地理实体调查表

4. 省级界线标识地名目录

国务院第二次全国地名普查领导小组办公室

2017 年 2 月 3 日

附表 1：

×××省（区、市）跨省界自然地理实体地名目录

编制单位（盖章）：　　　　　　　　　　编号：

序号	标准地名	类别名称	所跨省	所跨市	所跨县	备注
1						
2						
3						
4						
5						
6						
…						

制表人：　　　　　　　审核人：　　　　　　　制表时间：　年　月　日

备注：1. 类别名称按照《地名分类与类别代码编制规则》填至“小类”。

2. 同一小类地名集中排列。

3. 多名、重名的请在备注栏内注明。

附表 2：

×××省（区、市）未命名跨省界自然地理实体目录

编制单位（盖章）：　　　　　　　　　　　　编号：

实体编号	实体类别	所跨行政区	
河流 1	河流	省 / 市 / 县	省 / 市 / 县
河流 2	河流		
…	…		
山 1	山		
山 2	山		

制表人：　　　　　　　　审核人：　　　　　　　　制表时间：　　年　月　日

附表 3：

×××省（区、市）未命名跨省界自然地理实体调查表

编制单位（盖章）：　　　　　　　　　　　　编号：

<table>
<tr><td>实体编号</td><td>河流 1</td><td>类别名称</td><td colspan="2">河流</td></tr>
<tr><td>所跨其他（省）</td><td></td><td>所跨其他（市 / 县）</td><td colspan="2"></td></tr>
<tr><td>东经</td><td></td><td>至东经</td><td colspan="2"></td></tr>
<tr><td>北纬</td><td></td><td>至北纬</td><td colspan="2"></td></tr>
<tr><td>最高海拔（米）</td><td></td><td>面积（平方米）</td><td colspan="2"></td></tr>
<tr><td>走向</td><td></td><td>长、宽（米）</td><td colspan="2"></td></tr>
<tr><td>登记时间</td><td></td><td>登记人</td><td></td><td>登记单位</td><td></td></tr>
<tr><td>备注</td><td colspan="5">（自然地理实体的详细信息）</td></tr>
</table>

制表人：　　　　　　　　审核人：　　　　　　　　制表时间：　　年　月　日

备注：实体编号应与未命名跨省界自然地理实体目录中的编号一致。

附表 4：

××× 省（区、市）省级界线标识地名目录

编制单位（盖章）：　　　　　　　　　　　　　　编号：

序号	标准地名	类别名称	省界线 / 国境线	备注
1				
2				
3				
4				
5				
6				
7				
8				
…				

制表人：　　　　　　　　　　审核人：　　　　　　　　　　制表时间：　　年　月　日

关于印发黄树贤部长在第二次全国地名普查验收暨成果转化视频会议上讲话的通知

国地名普查办发〔2017〕7 号

各省、自治区、直辖市第二次全国地名普查领导小组办公室，新疆生产建设兵团第二次全国地名普查领导小组办公室：

现将国务院第二次全国地名普查领导小组副组长、民政部部长黄树贤在第二次全国地名普查验收暨成果转化视频会议上的讲话印发你们，请结合实际，认真贯彻落实。

国务院第二次全国地名普查领导小组办公室

2017 年 3 月 6 日

在第二次全国地名普查验收暨成果转化视频会议上的讲话

黄树贤

（2017 年 2 月 28 日）

今天会议的主要任务是：分析当前地名普查面临的形势任务，研究部署普查验收和成果转化工作，推动全国地名普查工作顺利完成。刚才，山东、湖北、重庆地名普查领导小组有关负责同志介绍了经验，讲得都很好。下面，我讲几点意见。

一、正确认识第二次全国地名普查工作形势

第二次全国地名普查是国务院部署开展的一项基础性、公益性、战略性国情调查，对于全面摸清我国地名情况及其管理情况，进一步加强和规范地名管理，对于传承和弘扬优秀传统地名文化、服务经济社会发展、便利人民

群众生活，对于更好地宣示我国的领土和主权，支持国防建设等具有重要意义。党中央国务院高度重视地名工作，习近平总书记在中央城镇化工作会议和有关批示中强调，要规范地名管理，保护、传承和弘扬优秀传统地名文化。李克强总理、张高丽副总理、王勇国务委员等领导同志也多次要求做好第二次全国地名普查工作，切实加强地名文化保护，进一步改善地名管理。2017年1月，中办、国办印发《关于实施中华优秀传统文化传承发展工程的意见》，明确要求“推进地名文化遗产保护工作”。我们要从落实党中央国务院部署要求出发，进一步统一思想、提高认识、扎实搞好第二次全国地名普查工作。

2014年1月国务院决定开展第二次全国地名普查以来，各级地名普查机构按照国务院第二次全国地名普查领导小组统一部署，周密安排，精心组织，扎实推进各项地名普查工作。在制度建设方面，国务院地名普查办先后出台了地名普查实施方案、工作规程、质量管理规定、验收办法、档案管理办法等15项制度规定，各地结合实际进一步细化、完善了普查制度规范，形成了较为完备的普查制度体系。在工作保障方面，各级普查机构充实工作队伍，开展人员培训；积极协调落实普查资金，中央财政和各级地方财政分别投入地名普查资金约17亿元和25亿元；通过电视、网络、海报、街头活动等多种形式广泛开展地名普查宣传，为顺利开展普查提供了有力保障。在组织实施方面，国务院地名普查办先后召开了全国地名普查启动部署会、交流会、推进会等7次全国地名普查专题会议，专项部署实施了试点地区地名补查、加强地名文化保护和清理整治不规范地名、跨界自然地理实体地名普查等重点工作，统筹推进全国地名普查工作。各级普查机构切实加强工作指导，不断加快普查进度，确保地名普查稳妥有序进行。目前，各省（区、市）如期完成80%地名普查任务，共调查掌握地名1400余万条。在普查质量方面，各级普查机构强化质量意识，不断完善普查程序、流程和标准，组织研发了普查采集、质量管理、普查验收、国家区划地名数据库等软件系统，组织专业力量进行质量评价和监理，有效提升了普查质量。在成果转化方面，国家和各省级地名普查办分别编制了本级地名普查成果转化规划，全面启动了标准地名图、录、典、志编纂工作，组织制作了一批地名图书、纪录片等地名服务产品。总体上看，第二次全国地名普查工作有序推进，整体进展顺利，取得明显成效。这些成绩的取得，是党中央国务院和地方各级党委政府高度重视、加强领导的结果，是各级地名普查机构齐心协力、共同推进的结果，是各成员单位员不畏辛劳、努力工作的结果。广大地名普查人员深入城乡社区、村庄搞调查，亲赴沙漠、高山等偏远地区搞勘测，熬夜加班查阅资料、考证信息、标绘地图，付出了艰辛的努力和汗水。他们高度的责任感、使命感，强烈的工作激情和热情，无私的奉献和拼搏精神，值得我们大力学习、宣传和弘扬。同时也要看到，当前地名普查工作还面临一些差距和不足：一是各地进展不均衡。有的地区普查工作进度滞后于全国统一的普查时限要求，按期完成第二阶段任务的压力较大。二是个别地区工作保障不到位。一些地区对地名普查重视不够，紧迫性不强，组织协调不力，存在配套资金落实不到位、人员配备不适应工作需要、过分依赖技术外包等问题，影响了普查实施进度和质量。三是个别地区成果质量不够高。部分地区存在地名调查不全面、信息填写不准确、文化信息挖掘不深入等问题，形成的普查成果达不到验收要求。四是成果转化推进力度不足。有的省份尚未按照要求开展本级成果转化特别是图录典志编纂工作。这些问题固然有客观原因，但主要还是认识不到位、措施不得力等主观原因导致的。各地要对照全国统一要求，针对自身存在问题，采取切实有效措施加以解决。

2017 年是全面完成第二次全国地名普查工作的决战之年。上半年要全面完成普查第二阶段工作，下半年要重点推进普查成果转化。做好今年工作，事关第二次全国地名普查工作能否顺利完成，事关普查成果转化目标能否有效实现。各地要从贯彻落实党中央国务院决策部署的高度，充分认识当前地名普查工作的重要性和紧迫性，按照国务院地名普查领导小组统一部署，进一步加快进度，加大力度，按时保质完成地名普查外业调查、内业整理和验收任务，加快推进成果转化工作，为2018年圆满完成普查任务奠定坚实基础。

二、切实搞好第二次全国地名普查验收

验收是保证普查质量的关键环节和重要举措。各地要按照国务院第二次全国地名普查验收要求，认真组织开展普查验收工作。

一是要把握原则，务求实效。各地要坚持全面、规范、准确、客观的原则，以普查工作规程为依据，以普查质量评价体系为基准，对各地地名普查工作进行综合评估。要认真审核各项普查成果，及时发现问题并进行整改，真正达到通过验收提高普查质量和成效的目的。

二是要严格标准，保证质量。各地要紧密围绕普查质量这个核心，组建

专门验收队伍，开展验收工作专项培训，严格遵守普查验收和质量评价标准，提高检查验收标准化程度。要强化纪律意识，严守普查纪律规定，加强对外包服务单位的监管，确保验收工作客观、公正。对检查验收工作中弄虚作假、伪造分数、敷衍失责的，要严肃追究相关人员责任。

三是要规范程序，严守时限。各级地名普查办要严格按照验收流程和时限要求，合理制定验收计划，科学谋划、部署和实施本级验收工作。要强化责任意识，认真履行验收主体职责，自下而上逐级完成县级自查、地级核查、省级验收和国家验收工作。各省（区、市）要于3月底前完成省级验收和上报审核工作。国务院地名普查办将根据各省（区、市）上报情况，开展审核验收工作。

各地要根据国家验收意见及时完成普查成果修改完善工作。

三、扎实推进第二次全国地名普查成果转化

根据普查总体安排，下半年地名普查将转入以成果转化利用为主要任务的第三阶段。各地要按照第二次全国地名普查成果转化规划，抓好规划实施，尽早形成一批人民群众看得见、用得上的转化成果。

一是要夯实信息化基础。普查验收工作完成后，各地要抓紧完成成果数据的完善、汇总和上报工作。要积极应用“互联网+”“大数据”等信息技术，建立覆盖国家、省、市、县四级区划地名数据支撑体系，推进地名地址数据库和地名信息管理服务平台建设，建立区划地名数据更新维护长效机制。要遵循“公开是原则，不公开是例外”的原则，促进信息共享，在严格做好数据保密工作的同时，积极推进信息公开，及时向社会提供地名信息服务。

二是要抓好图录典志编纂工作。要按照去年6月全国标准地名图录典志编纂工作视频会议要求，做好国家级地名图录典志编纂工作。当前要重点抓好词典词目表和释文编写、图集样图制作以及地名志体例规范设计等工作。各省（区、市）在完成国家级图录典志编纂任务的同时，要抓紧启动、实施本省份省、市、县三级图录典志编纂工作。

三是要保护传承优秀地名文化。要坚持以社会主义先进文化为指引，推动地名文化建设，加强地名文化资源挖掘，开通一批地名文化专题网站，开发一批地名文化产品，开展一系列地名文化宣传活动，讲好中国地名故事，体现中华地名文脉，不断扩大地名文化社会影响力。要贯彻落实《民政部关

于进一步加强地名文化遗产保护工作的通知》要求，进一步加强地名文化遗产保护，编制实施地名文化遗产保护规划，逐步建立国家和省、市、县四级地名文化遗产保护名录体系，分级分类分批开展古城（都）、古县、古镇、古村落地名等重点地名文化遗产认定工作，健全地名文化遗产保护工作机制，推动地名文化遗产保护工作迈向新台阶。

四是要加强和改善管理。要以地名普查为契机，进一步加强和改善地名管理，加快推进地名公共服务，不断提升地名工作水平。要加强地名政策理论研究，健全完善地名管理法规标准，开展地名用字读音审定工作，清理整治“大、洋、怪、重”等不规范地名，推进地名标准化建设。要继续推进地名规划工作，对地名命名、更名、使用、保护进行总体部署和设计，培育区域特色地名文化。要进一步加强地名标志设置管理，探索应用“二维码”、智能芯片等新技术，研究推广使用具有电子定位和物联网功能的新型地名标志，创新地名标志运营模式，为社会提供更加准确、便捷的地名导向服务。

四、切实加强第二次全国地名普查组织领导

第二次全国地名普查是一项复杂的系统工程。各地区要高度重视，切实把思想和行动统一到国务院部署上来，把地名普查工作摆上重要议事日程，加强组织领导，采取有力措施，坚决打赢地名普查攻坚战。

一是要落实责任。部、省、市、县四级地名普查办要在党委政府的坚强领导下，严格按照普查工作要求，落实主体责任，抓好组织实施，确保各项普查任务落到实处。各级地名普查办主要领导同志要切实担负起职责，及时掌握普查进展情况，主动研究解决工作中遇到的困难和问题。各地要强化全国“一盘棋”思想，对照普查时序安排，加快工作进度，确保6月底前全面完成普查第二阶段任务。特别是进度落后地区，更要采取有效措施，尽快迎头赶上，决不能因为个别地方工作延误而影响全局工作进展。

二是要强化保障。要针对地名普查涉及面广、专业性强、技术要求高的特点，进一步充实工作力量，充分发挥地名普查领导小组成员单位、专家咨询委员会以及普查监理单位的专业优势，运用市场手段，采取公开招标、聘请聘任、社会招募等多种形式，广泛吸收专家学者、老地名工作者、企业技术人员和志愿者参与普查工作。对在普查过程中表现突出、成绩显著的优秀人才和工作人员，要及时给予表扬奖励，充分发挥示范激励作用。要加大经

费投入力度，加强资金使用管理，确保资金使用规范、安全、高效，不出问题。三是要加强督导。各级地名普查办要进一步加强业务指导和工作督查，层层传导压力，派出工作组深入基层普查一线，协助地方解决实际问题。要坚持通报和约谈机制，及时通报各地普查进展情况，继续约谈工作进度滞后、成果质量较差的地方。要健全绩效考评和考核奖惩机制，将地名普查工作列入年度重点考核评估范围，根据普查进度、成效适时进行奖惩，充分发挥考评的引导和激励作用。四是要搞好宣传。各级地名普查办要不断丰富宣传内容和手段，结合普查进展积极开展宣传活动，广泛宣传普查工作中的好经验、好做法，积极挖掘、大力宣传基层地名普查先进人物和典型事迹，通过专题宣传、成果展示等多种方式，进行多角度、深层次、全方位宣传报道，营造良好普查氛围。

同志们，开展第二次全国地名普查使命光荣，任务艰巨，责任重大。我们要紧密团结在以习近平同志为核心的党中央周围，坚决贯彻落实国务院的统一部署和要求，以“撸起袖子加油干”的精神，共同努力，圆满完成普查任务，为实现“两个一百年”奋斗目标和中华民族伟大复兴中国梦作出我们应有的贡献，以优异成绩迎接党的十九大胜利召开！

国务院第二次全国地名普查领导小组办公室关于切实做好第二次全国地名普查验收工作的通知

国地名普查办发〔2017〕8 号

各省、自治区、直辖市第二次全国地名普查领导小组办公室，新疆生产建设兵团第二次全国地名普查领导小组办公室：

根据《国务院关于开展第二次全国地名普查的通知》（国发〔2014〕3 号）、《第二次全国地名普查实施方案》（国地名普查组发〔2014〕1 号）、《第二次全国地名普查验收办法》（国地名普查办发〔2016〕24 号）和国务院第二次全国地名普查领导小组副组长、民政部部长黄树贤在第二次全国地名普查验收暨成果转化视频会议上的讲话要求，为切实做好第二次全国地名普查验收工作，现就有关事项通知如下：

一、提高认识，高度重视地名普查验收工作

验收是地名普查实施阶段的终审环节，是保证地名普查质量的关键举措。做好地名普查验收工作，事关普查第二阶段任务按时完成，事关普查成果转化顺利推进，事关全国地名普查总体目标实现。当前，第二次全国地名普查已进入检查验收的冲刺阶段。各地要从落实党中央国务院安排部署的高度，充分认识做好普查验收工作的重要性和紧迫性，把普查验收作为 2017 年上半年地名普查工作的核心和重点，摆上重要议事日程，切实加强组织领导，抓紧部署实施。

二、明确责任，抓好地名普查验收工作落实

地名普查验收实行分级负责制。县级地名普查办负责本级政区地名普查自查工作，地级地名普查办负责本级政区地名普查核查工作，省级地名普查办负责本级政区地名普查验收和地级、县级跨界自然地理实体地名普查自查工作，国家地名普查办负责全国地名普查验收工作。各级地名普查办要增强

责任意识，按照各自权责和自下而上申请、逐级审核报验的流程，履行好主体职责，科学谋划、部署和实施好本级验收工作。要强化责任落实，采取工作指导、督查、通报、约谈等形式，层层传导压力，加快验收工作步伐。要建立绩效考评和奖惩机制，将验收工作情况纳入普查资金分配因素，对工作突出的同志给予表扬奖励，发挥考评的引导和激励作用。国务院地名普查办将适时对验收工作滞后、成效差的省（区、市）进行现场督导、通报或约谈，对整改不力的地方将建议有关部门进行问责。

三、严格标准，提高地名普查验收工作质量

各地要按照《第二次全国地名普查工作规程》《第二次全国地名普查验收办法》《第二次全国地名普查质量评价体系》等制度规定，规范验收程序，严格验收标准，对地名普查工作进行综合检查验收。要全面检查，既要检查地名普查成果表、成果图、数据库、标准化处理统计表等普查成果，又要检查普查培训、宣传、保密等组织实施情况，还要检查清理整治不规范地名、跨界自然地理实体地名普查等专项工作完成情况。要突出重点，重点检查地名普查成果表、成果图、数据库等成果内容是否全面、准确、规范，特别要检查地名的来历含义和历史沿革等文化属性信息是否详实、深入、客观。要组建专门验收队伍，开展验收工作专项培训，严格遵照普查验收和质量评价标准，准确填写质量评价体系分值表，认真撰写质量评价报告和自查（核查、验收）报告等验收材料，提高验收工作规范化、标准化水平。各地向国务院地名普查办报验成果时，涉密类信息以光盘形式报送，非涉密信息通过质量管理和验收系统报送，搞好保密管理，保证信息安全。要严肃工作纪律，严格遵守相关制度规范，确保验收工作客观、公正。对检查验收过程中弄虚作假、伪造分数、敷衍失责的，要严肃追究相关人员责任。

四、加快进度，确保地名普查验收工作按时完成

各地要按照全国统一的时限要求，科学安排工作时间，倒排工期，加紧推进，按照规定的时间节点完成各项检查验收任务。尚未完成内业整理和外业调查的地区，要抓紧全面完成有关工作，尽快形成普查成果；已完成调查并形成普查成果的地区，要立即部署开展本级自检、核查及验收工作。各省级地名普查办要在 2017 年 3 月 31 日前完成本省（区、市）验收及上报审核工

作。国务院地名普查办将对各省（区、市）报验成果进行审核，并向报验单位反馈发现问题和修改意见。各省级地名普查办要根据反馈情况及时整改，并在规定时限内按程序重新报验，确保2017年6月30日前完成全国地名普查验收工作。

五、统筹实施，提升地名普查工作总体成效

2017年上半年，各地要以普查验收为核心，围绕验收统筹部署、高效推进各项普查工作。普查成果通过国家验收后，各省级地名普查办要按照《第二次全国地名普查成果数据入库验收办法》要求，使用预检查软件对成果数据进行检查，及时组织做好数据完善、上报工作。上报前，要完成本省份界线、界桩数据报送工作。要按照《第二次全国地名普查档案管理办法》要求，及时收集整理普查档案材料，做好立卷归档工作。要同步推进地名普查成果转化，尽早形成一批转化成果，及时向社会提供地名服务。

国务院第二次全国地名普查领导小组办公室

2017年3月7日

关于青海省海西州三个行政委员会使用临时代码的复函

国地名普查办函〔2017〕1号

青海省第二次全国地名普查领导小组办公室：

你办《关于请求协调解决青海省海西州三个行政委员会行政区划代码的函》收悉。经研究，现答复如下：

考虑到海西州大柴旦、茫崖、冷湖行政委员会特殊情况，为便于地名普查工作，上述3个行政委员会统一使用临时代码（632803）代替行政区划代码。行政委员会所辖乡镇使用相应临时代码代替行政区划代码，具体为：花土沟镇（632803100）、茫崖镇（632803101）、冷湖镇（632803102）、柴旦镇（632803103）、锡铁山镇（632803104）。

以上临时代码仅限于第二次全国地名普查工作中使用。

特此函复。

国务院第二次全国地名普查领导小组办公室

2017年4月13日

关于印发宫蒲光副部长在部分省份第二次全国地名普查工作座谈会上的讲话的通知

国地名普查办发〔2017〕12 号

各省、自治区、直辖市第二次全国地名普查领导小组办公室，新疆生产建设兵团第二次全国地名普查领导小组办公室：

现将国务院第二次全国地名领导小组副组长兼办公室主任、民政部副部长宫蒲光在部分省份第二次全国地名普查工作座谈会上的讲话印发你们，请结合实际，认真贯彻落实。

国务院第二次全国地名普查领导小组办公室

2017 年 5 月 19 日

在部分省份第二次全国地名普查工作座谈会上的讲话

宫蒲光

（2017 年 5 月 19 日）

同志们：

这次部分省份第二次全国地名普查工作座谈会是深入贯彻落实黄部长在年初全国地名普查验收暨成果转化视频会议上的讲话精神，分析当前面临的形势和问题，研究部署推进措施，确保今年普查任务顺利完成的一次重要会议，既是工作交流会，更是督促推进会。

刚才，陈克相同志通报了全国地名普查工作进展情况，10 省（区、市）的同志作了交流发言。大家既总结了工作中的好经验，又反映了面临的困难和问题，同时也反思了不足和原因，提出了下一步工作思路和措施。大家的发言有情况、有数据、有分析，很有针对性和可操作性，对进一步加快普查进程、按时完成普查任务具有重要意义。下面，就做好今年地名普查工作，我讲三点意见。

一、认清地名普查工作形势，进一步增强责任感紧迫感

第二次全国地名普查是国务院部署开展的一项基础性、公益性、战略性国情调查。当前，地名普查已进入全面完成第二阶段任务的关键时期。能否保质保量完成第二阶段任务，关系到下一步普查成果转化工作能否顺利推进，关系到全国地名普查总体目标能否实现。各级普查机构要从全局高度和长远角度，充分认识这一普查关键时期工作的重要性，切实增强责任感和紧迫感，以时不我待的精神全力以赴完成地名普查任务。

2014 年全国地名普查启动以来，各级地名普查机构按照国务院统一安排，周密部署，精心实施，扎实推进各项地名普查工作。特别是今年以来，各地按照年初黄部长在全国地名普查验收暨成果转化视频会上的讲话要求和年度工作计划，把地名普查作为民政重点工作来抓，进一步加大工作力度，加快进度，全国地名普查总体进展顺利，取得了阶段性成效。在推进普查过程中，各地积极探索，勇于创新，形成了许多好的经验做法。综合我们掌握的情况和刚才大家的介绍，主要有六方面经验：一是必须加强领导，科学组织实施。地名普查是一项重要的国情调查，是国家行为、各级政府的任务，只有深入贯彻党中央国务院部署要求，从政府层面真正重视起来，地名普查才能高位部署、强力推进。北京、河南、新疆等省（区、市）地名普查机构积极争取党委、政府的重视和支持，由政府出台普查文件，政府领导亲自讲话部署，各部门联合检查督导，科学安排各阶段任务，实行阶段目标管理，层层分解任务，定期检查落实，做到实施步骤清楚，目标任务明确，确保了普查的有序开展。二是必须规范操作，严格质量管控。质量是普查的生命线。各地严格按照普查实施方案和工作规程要求，细化落实质量评价体系，开展全过程全方位监理，不断提高普查成果数据的全面性、准确性和现势性。上海、湖南等省（区、市）组织普查员书面考试和实际操作考核，实行持证上岗，开展“综合督查”，提升普查质量。三是必须服务基层，强化技术支持。地名普查专业性、技术性强。针对基层普查力量薄弱的实际，各地采取编发辅导资料、举办培训班、组织观摩学习、实地业务指导等方式，及时帮助基层一线解决普查业务疑难问题。山东、广西等省（区、市）组成专业团队，逐县逐项开展验收，反馈问题、整改完善，有力提升了普查成效。四是必须拓宽思路，创

新普查方式。普查过程中，各地既积极落实民政部门（地名主管部门）主体责任，又广泛借助社会力量，科学运用市场机制，不断创新普查方式。重庆、湖北等省（区、市）运用“互联网 +”、移动测量系统等现代科技手段，开展信息采集和实地调绘，有力提高了普查效率。五是必须因地制宜，突出地方特色。各地坚持因地制宜、突出特色，充分挖掘、发挥地方资源优势，突显地域文化，深化地名文化内涵。浙江、广东、海南等省（区、市）组织制作地名文化纪录片，开展地名文化遗产认定，开展最美地名评选等宣传活动，极大充实了普查内容。六是必须履职担当，发挥主体作用。地名管理部门是地名普查的职责部门。各级地名普查机构及广大工作人员，切实履职尽责担当，充分发挥主体作用，工作不等不靠，积极主动推进，努力协调争取有关部门支持，大力调动各方面的积极性，坚决完成各项普查任务，这是普查工作能够顺利开展的决定因素。这些成绩和经验来之不易，在今后工作中要继续坚持和发扬。特别是后进地区要积极学习先进地区的经验，提升自身能力水平。各地要进一步总结提炼，互相交流学习，形成更多可复制、可借鉴的经验。国务院地名普查办要通过会议、普查简报、网站微信等方式给予介绍推广。

在肯定今年地名普查工作取得成绩的同时，还要清醒看到仍存在一些突出问题。刚才，大家都查找了本省份普查中存在的问题。归纳起来，主要体现在三个方面：一是普查进度滞后的问题。按照全国地名普查验收办法，各地应于 3 月底前向国务院地名普查办报送验收成果。目前，大多数省份已经上报了普查验收成果，但还有 12 个省份的 590 多个县（市、区）的成果没有上报，约占全国县级政区总数的 20%，其中有的地区还没有完成普查外业调查任务，个别县（市、区）甚至还处在落实人员和物资保障的准备阶段，工作进度严重滞后。对各省（区、市）进度情况，国务院地名普查办分别于 4 月和 5 月两次印发了情况通报。这次邀请来开会的，山西省在去年约谈后，省民政厅及时向省政府汇报，省长亲自批示，各项工作强力推进，许多方面已赶到了前列；其他进度相对滞后的省份，要对照全国统一要求和各地进度情况，自觉排排队，找找自己的位置，抓紧把进度赶上来。二是工作程序不规范的问题。有的地方片面追求工期，没有认真按相关程序和标准实施普查，外业调查不充分不细致；有的地方过度依赖技术外包，没有很好地履行普查办主体职责，将普查业务一包了之，对外包单位缺乏有效监管，外包服务质量没有保证，个别地方发生了外包人员编造、更改或损毁普查数据的现象；有的地方检查验收工作不规范不严格，流于形式，把关不严，没有按照验收办法全面开展自查核查，对检查出的问题没有进行全面整改。三是普查质量不够高的问题。目前，国务院地名普查办正在加紧组织对各地上报的普查成果进行检查验收。从初步检查情况看，上报的成果中存在项目不齐全、地名文化属性信息挖掘不深入、成果表信息填写不准确、成果图制作不规范等问题，一些普查成果达不到验收要求，需要继续修改完善。

这些问题的产生，各地可能有各自的特殊原因，有的是因地方自然条件、气候条件、其他部门配合不够等客观因素形成的，有的是因为前期工作基础薄弱、人员变动频繁、工作保障落实不到位、欠账较多等历史原因导致的。尽管有这些客观的、历史的原因，但最根本、最主要的原因还是主观方面的，主要在于领导认识不足、重视不够，紧迫性不强，组织协调不力，攻坚克难的决心不够。全国地名普查已经启动实施 3 年多时间，不是一天两天、一月两月了，为什么有的工作拖到现在还没干，为什么有的市县经费、人员、设备到现在还没落实？国务院地名普查办多次通过会议、通报、督查、约谈等方式进行了督导，但有的地方还是没有认识到普查工作的重要性、复杂性和特殊性，没有把地名普查列入重要议事日程，总是在“等靠要”，工作迟迟不动，一拖再拖，一直赶不上国家统一要求，造成目前的被动局面。这些问题的存在，与贯彻落实党中央国务院决策部署的要求不相符，与贯彻落实 2017 年全国民政工作会议精神的要求不相称，已经在一定程度上影响了国务院关于地名普查的总体进度安排。普查工作滞后地区务必高度重视，认真对照检查，深入剖析原因，立即采取针对性措施，尽快整改，尽快解决。

二、抓住关键环节，高质量完成今年地名普查任务

今年地名普查的核心和重点任务是完成普查验收。各地要围绕普查验收这一关键环节，保质保量完成各项地名普查工作。

（一）要加快进度，按时完成普查验收。各地要按照全国统一的时限要求，科学安排工作时间，倒排工期，加紧推进，按照规定的时间节点完成各项检查验收任务。个别尚未完成内业整理和外业调查的地区，要抓紧全面完成有关工作，尽快形成完整的、可供验收的普查成果。已完成调查并形成普查成果的地区，要抓紧开展本级自检、核查及验收工作。对各省（区、市）已经上报的成果，国务院地名普查办将加紧进行审核，并向报验单位反馈发现问题

和修改意见。各省级地名普查办要根据反馈情况及时整改，并在规定时限内按程序重新报验，确保按时完成全国地名普查验收工作。

（二）要严格标准，确保普查成果质量。各地要紧紧抓住普查质量这个关键，组建专门验收队伍，严肃工作程序，层层抓好落实，切实做好县级自查、地级核查和省级验收等工作。要强化纪律意识，严格遵守相关制度规范，确保验收工作客观、公正。验收时要严格按照规定比例进行现场抽查，对成果数据要认真全面核查，认真查找存在问题，及时反馈修正整改。上级普查办要加强对下级普查办的指导、支持、督促，确保成果修改及时、准确、规范。下级普查办要按反馈意见认真完善，直至形成合格的普查成果。各级普查办要将问题发现在源头、解决在本级，不能带着问题上报，不能有侥幸蒙混过关的心理。对检查验收工作中弄虚作假、伪造分数、敷衍失责的，要严肃追究相关人员责任。

（三）要立足服务，加快成果转化应用。根据普查总体安排，下半年地名普查将转入以成果转化利用为主要任务的第三阶段。各地要按照普查成果转化规划，提前设计好本地区成果转化项目，抓好规划实施，尽早形成一批人民群众看得见、摸得着、用得上的转化成果。当前要重点抓好两方面工作：一是抓好图录典志编纂工作。要按照国家统一要求，按时完成国家级图录典志编纂任务，尤其是词典第一部分词目表尚未通过编辑部验收的省份，要加快进度，迎头赶上。词目表已经通过验收的省份，要继续做好词条撰写工作。同时，各地还要抓紧启动、实施本省份省、市、县三级图录典志编纂工作。二是夯实数据基础。普查验收完成后，各地要抓紧将成果数据上报国务院地名普查办，并根据入库检查反馈意见及时做好核实修正。要积极应用“互联网 +”“大数据”等信息技术，建立覆盖国家、省、市、县四级区划地名数据支撑体系，推进地名地址数据库和地名信息管理服务平台建设，建立区划地名数据更新维护长效机制。

（四）要突出文化，大力规范地名管理。加强地名文化保护、清理整治不规范地名是第二次全国地名普查的一项重要内容。各地要贯彻落实中办国办《关于实施中华优秀传统文化传承发展工程的意见》精神，按照国务院地名普查领导小组印发的专项实施方案和民政部《关于进一步加强地名文化遗产保护工作的通知》要求，深入推进地名文化保护和清理整治不规范地名工作。一方面，要抓好地名标准化处理工作，切实清理“大、洋、怪、重”等不规范地名现象。另一方面，要进一步加强地名文化遗产保护，深入开展地名文化遗产资源调查，编制实施地名文化遗产保护规划，逐步建立国家和省、市、县四级地名文化遗产保护名录体系，分级分类分批开展古城（都）、古县、古镇、古村落地名等重点地名文化遗产认定工作，健全地名文化遗产保护工作机制，推动地名文化遗产保护工作迈向新台阶。

三、强化责任担当，切实抓好普查组织实施

目前已是5月中旬，按时完成地名普查第二阶段任务的形势已非常紧迫。各级地名普查机构必须强化责任意识，敢于担当，勇于作为，采取有力措施，坚决打赢地名普查攻坚战。

（一）要进一步提高思想认识。开展第二次全国地名普查，是党中央、国务院在新的历史时期做出的重要决策部署。搞好地名普查，加强地名管理工作，是习近平总书记的重要指示，李克强总理、张高丽副总理、王勇国务委员等党和国家领导也多次作出批示、提出具体要求。做好第二次全国地名普查的重要性，要从讲政治、讲大局、向以习近平同志为核心的党中央看齐的高度来认识，要从贯彻落实党中央国务院决策部署的高度来抓好实施。对地名普查的这个定位，国务院地名普查领导小组的领导已多次在会议上反复强调。现在看来，有些同志认识还不到位，还需要进一步提高对地名普查重要性的认识，以对国家、对人民、对民政事业负责的态度，切实增强搞好地名普查的责任感和使命感。要进一步树立全国“一盘棋”思想，充分认识到一个地区工作滞后对全国普查工作造成的巨大危害，对照全国统一部署，认真查找差距和问题，全力补足短板，跟上全国统一步伐，决不能因为个别地方延误而影响全国工作大局。

（二）要进一步强化责任担当。地名普查是国务院赋予各级地名普查机构的一项重要职责，履好职、尽好责是每一级普查机构、每一名普查人员的基本要求。各级地名普查机构要进一步强化责任意识，按照分级负责制要求，履行好应尽责任，做到一级抓一级，一级向一级负责。各地普查机构领导同志要敢于担当作为，工作靠前指挥，扑下身子、真抓实干，带领同志们迎难而上，切实解决普查难点问题。要加强工作督查和问责，整治不作为、乱作为、慢作为。部里已将地名普查列入今年民政重点工作督查项目和重点工作综合项目，下一步将组织开展地名普查专项督查，年底还将对各地普查工作

情况进行综合评估。对工作进展快、成效好的，将进行表扬奖励；对落实责任不到位、不担当，延误工作任务的，将通报批评，严肃问责，追责到人。

（三）要进一步抓好工作落实。一分部署，九分落实。各地要把抓落实放到更加突出位置，全力以赴抓好普查工作落实。首先，要落实好普查资金。今年的地名普查中央补助资金共 6.6 亿元已经下拨到各省（区、市）。各地要抓紧拨付到市县，同时积极争取省、地、县各级财政配套资金。有地方同志反映普查资金不足，这个问题一定要重视，不能让基层普查机构无钱办事。从另一个方面讲，从我们掌握的情况看，全国地名普查资金执行率偏低，一些地方还有大量的普查资金躺在账上没有支出，去年下拨的地名普查中央补助资金各省（区、市）执行率平均不到 70%，有 6 个省份还不到 50%。各地要抓紧制定今年资金使用方案，加快经费执行，提高资金使用效率。其次，要加强工作监管和指导。省级普查办要加大对基层的指导和支持力度，及时了解基层工作进展情况，帮助基层解决具体问题。要严格对外包服务单位管理，督促其严格履行合同要求，高质高效完成好成果修改完善及数据入库等后续工作。对不履行合同、工作质量不过关的，要坚决按照合同规定办理，该返工的要返工，该处罚的要处罚；对伪造、损毁普查成果资料的行为要按相关规定严肃追究责任。最后，要搞好统筹协调。各地普查办要积极发挥牵头作用，主动与有关部门联系沟通，推进分工协作、资料共享；要积极引导、依法规范社会和市场力量参与地名普查，促进政府与社会、政府与市场之间的良性互动，形成最大合力。

（四）要进一步抓实安全保密。安全保密是地名普查的底线，是做好各项普查工作的前提条件。特别是今年下半年将召开党的十九大，做好普查安全保密工作显得尤为重要。各地要充分认识普查安全和保密工作的极端重要性，以对党和国家负责、对单位负责、对工作人员负责的态度，落实好安全保密责任制，真正做到普查数据安全。报送普查成果时，涉密类信息要以光盘形式报送，严禁网络传输，防止发生失泄密事件，保证普查资料安全。要增强普查工作中各类安全意识，加强普查后勤保障和安全检查，做到零事故，保证普查人员人身安全。要按照普查经费管理要求，加强资金管理和监督，做到廉洁普查，保证资金安全。要规范普查资料利用程序，加强技术防范措施，及时做好数据备份、病毒防护、运行监控等安全管理工作。同时，要继续做好普查工作宣传和档案资料整理工作。

同志们，第二次全国地名普查工作任务艰巨，责任重大，形势紧迫。希望大家在现有基础上，再接再厉，乘势而上，撸起袖子加油干，高标准完成普查验收任务，积极推进普查成果转化，向党中央国务院交出一份合格的答案，以优异的普查成绩向党的十九大献礼！

国务院第二次全国地名普查领导小组办公室

2017 年 5 月 19 日

国务院第二次全国地名普查领导小组办公室关于推荐、调整中华人民共和国标准地名图录典志有关编委会委员、编辑部成员的通知

国地名普查办发〔2017〕13 号

各省、自治区、直辖市第二次全国地名普查领导小组办公室，新疆生产建设兵团第二次全国地名普查领导小组办公室：

编制出版中华人民共和国标准地名图录典志是第二次全国地名普查成果转化的重要内容。根据编纂工作需要，拟成立《中华人民共和国标准地名志》编委会及编辑部，并根据各地人员变动情况对《中华人民共和国标准地名词典》和《中华人民共和国标准地名图集》《中华人民共和国标准地名录》编委会委员、编辑部成员进行调整。请各地推荐并调整相关编委会委员和编辑部成员。编委会委员每省份 2 名，原则上推荐厅（局、委）主管地名工作领导和地名业务处室主要负责同志；编辑部成员每省份 1—2 名，具体负责本省份相关内容组织、编辑等工作，原则上推荐熟悉地名相关业务的地名业务处室业务骨干，如推荐外单位专家或离退休同志还应同时推荐一名地名业务处室同志作为联系人进入编辑部。请填写相关推荐表（见附件）并加盖公章，于 7 月 21 日前将推荐表报送我办。

附件：1.《中华人民共和国标准地名志》编委会委员、编辑部成员推荐表

2.《中华人民共和国标准地名词典》编委会委员、编辑部成员调整推荐表

3.《中华人民共和国标准地名图集》《中华人民共和国标准地名录》编委会委员、编辑部成员调整推荐表

国务院第二次全国地名普查领导小组办公室

2017 年 7 月 3 日

联 系 人：杨刚、田铮

联系电话：010–58123220、58123223（传真）

附件 1

《中华人民共和国标准地名志》编委会委员、编辑部成员推荐表

<table>
<tr><td></td><td>姓名</td><td>性别</td><td>职务 / 职称</td><td>工作单位</td><td>电子邮箱</td><td>移动电话</td></tr>
<tr><td rowspan="7">编委会</td><td rowspan="3"></td><td></td><td></td><td></td><td></td><td></td></tr>
<tr><td>年龄</td><td>民族</td><td>通信地址</td><td>办公电话</td><td>传真电话</td></tr>
<tr><td></td><td></td><td></td><td></td><td></td></tr>
<tr><td rowspan="4"></td><td>性别</td><td>职务 / 职称</td><td>工作单位</td><td>电子邮箱</td><td>移动电话</td></tr>
<tr><td></td><td></td><td></td><td></td><td></td></tr>
<tr><td>年龄</td><td>民族</td><td>通信地址</td><td>办公电话</td><td>传真电话</td></tr>
<tr><td></td><td></td><td></td><td></td><td></td></tr>
<tr><td rowspan="8">编辑部</td><td>姓名</td><td>性别</td><td>职务 / 职称</td><td>工作单位</td><td>电子邮箱</td><td>移动电话</td></tr>
<tr><td rowspan="3"></td><td></td><td></td><td></td><td></td><td></td></tr>
<tr><td>年龄</td><td>民族</td><td>通信地址</td><td>办公电话</td><td>传真电话</td></tr>
<tr><td></td><td></td><td></td><td></td><td></td></tr>
<tr><td rowspan="4"></td><td>性别</td><td>职务 / 职称</td><td>工作单位</td><td>电子邮箱</td><td>移动电话</td></tr>
<tr><td></td><td></td><td></td><td></td><td></td></tr>
<tr><td>年龄</td><td>民族</td><td>通信地址</td><td>办公电话</td><td>传真电话</td></tr>
<tr><td></td><td></td><td></td><td></td><td></td></tr>
</table>

附件 2

《中华人民共和国标准地名词典》编委会委员、编辑部成员调整推荐表

<table>
<tr><td></td><td>现委员姓名</td><td>拟调整推荐委员姓名</td><td>性别</td><td>职务 / 职称</td><td>工作单位</td><td>电子邮箱</td><td>移动电话</td></tr>
<tr><td rowspan="7">编委会</td><td rowspan="3"></td><td rowspan="3"></td><td></td><td></td><td></td><td></td><td></td></tr>
<tr><td>年龄</td><td>民族</td><td>通信地址</td><td>办公电话</td><td>传真电话</td></tr>
<tr><td></td><td></td><td></td><td></td><td></td></tr>
<tr><td rowspan="4"></td><td rowspan="4"></td><td>性别</td><td>职务 / 职称</td><td>工作单位</td><td>电子邮箱</td><td>移动电话</td></tr>
<tr><td></td><td></td><td></td><td></td><td></td></tr>
<tr><td>年龄</td><td>民族</td><td>通信地址</td><td>办公电话</td><td>传真电话</td></tr>
<tr><td></td><td></td><td></td><td></td><td></td></tr>
</table>

续表

<table>
<tr><td rowspan="8">编辑部</td><td>现成员姓名</td><td>拟调整推荐成员姓名</td><td>性别</td><td>职务 / 职称</td><td>工作单位</td><td>电子邮箱</td><td>移动电话</td></tr>
<tr><td rowspan="3"></td><td rowspan="3"></td><td></td><td></td><td></td><td></td><td></td></tr>
<tr><td>年龄</td><td>民族</td><td>通信地址</td><td>办公电话</td><td>传真电话</td></tr>
<tr><td></td><td></td><td></td><td></td><td></td></tr>
<tr><td rowspan="4"></td><td rowspan="4"></td><td>性别</td><td>职务 / 职称</td><td>工作单位</td><td>电子邮箱</td><td>移动电话</td></tr>
<tr><td></td><td></td><td></td><td></td><td></td></tr>
<tr><td>年龄</td><td>民族</td><td>通信地址</td><td>办公电话</td><td>传真电话</td></tr>
<tr><td></td><td></td><td></td><td></td><td></td></tr>
</table>

附件 3

《中华人民共和国标准地名图集》《中华人民共和国标准地名录》

编委会委员、编辑部成员调整推荐表

<table>
<tr><td></td><td>现委员姓名</td><td>拟调整推荐委员姓名</td><td>性别</td><td>职务 / 职称</td><td>工作单位</td><td>电子邮箱</td><td>移动电话</td></tr>
<tr><td rowspan="7">编委会</td><td rowspan="3"></td><td rowspan="3"></td><td></td><td></td><td></td><td></td><td></td></tr>
<tr><td>年龄</td><td>民族</td><td>通信地址</td><td>办公电话</td><td>传真电话</td></tr>
<tr><td></td><td></td><td></td><td></td><td></td></tr>
<tr><td rowspan="4"></td><td rowspan="4"></td><td>性别</td><td>职务 / 职称</td><td>工作单位</td><td>电子邮箱</td><td>移动电话</td></tr>
<tr><td></td><td></td><td></td><td></td><td></td></tr>
<tr><td>年龄</td><td>民族</td><td>通信地址</td><td>办公电话</td><td>传真电话</td></tr>
<tr><td></td><td></td><td></td><td></td><td></td></tr>
<tr><td rowspan="8">编辑部</td><td>现成员姓名</td><td>拟调整推荐成员姓名</td><td>性别</td><td>职务 / 职称</td><td>工作单位</td><td>电子邮箱</td><td>移动电话</td></tr>
<tr><td rowspan="3"></td><td rowspan="3"></td><td></td><td></td><td></td><td></td><td></td></tr>
<tr><td>年龄</td><td>民族</td><td>通信地址</td><td>办公电话</td><td>传真电话</td></tr>
<tr><td></td><td></td><td></td><td></td><td></td></tr>
<tr><td rowspan="4"></td><td rowspan="4"></td><td>性别</td><td>职务 / 职称</td><td>工作单位</td><td>电子邮箱</td><td>移动电话</td></tr>
<tr><td></td><td></td><td></td><td></td><td></td></tr>
<tr><td>年龄</td><td>民族</td><td>通信地址</td><td>办公电话</td><td>传真电话</td></tr>
<tr><td></td><td></td><td></td><td></td><td></td></tr>
</table>

国务院第二次全国地名普查领导小组办公室关于加快推进地名普查工作的通知

国地名普查办发〔2017〕16号

各省、自治区、直辖市第二次全国地名普查领导小组办公室，新疆生产建设兵团第二次全国地名普查领导小组办公室：

当前，第二次全国地名普查已经进入关键时期，处于普查成果验收与转化的交汇阶段。各地要针对地名普查督查和现场抽验中发现的重视不够高、进展不均衡、质量待提升等问题，抓紧采取有效措施，加快推进工作步伐。为确保普查成果质量，按时高质完成普查任务，现就有关事项通知如下：

一、要抓紧整改完善普查成果。整改完善普查成果是当务之急。各地普查办要根据国务院地名普查办下发的整改意见和整改清单要求，抓紧做好普查成果整改完善工作。各省级普查办要在收到修改完善书面通知20日内组织完成本省（区、市）各县级政区普查成果的整改完善工作，并填写复验申请表报送国务院地名普查办。整改时，县级政区普查成果附有整改清单的，按照整改清单进行整改；县级政区普查成果没有整改清单的，参照其他县级政区整改清单进行整改。

二、要加快做好普查成果数据入库衔接。各地普查办要按照《第二次全国地名普查成果数据入库验收办法》要求和国务院地名普查办全面审核通过的通知，尽快完成成果数据入库工作。各省级普查办要注意组织做好空间数据检查，特别是相邻政区普查数据的接边工作，力争数据位置精确、连通正确、接边吻合。在做好本地区跨地市、跨县界地名接边工作的同时，各省级普查办要积极配合国务院地名普查办做好跨省界自然地理实体地名接边处理工作。目前尚未完成行政区域界线界桩数据入库的省份要按照检查反馈意见抓紧修改完善，尽快实现入库。

三、要强化普查成果数据保密。普查工作涉及工作用图、数据采集等保密因素，各地普查办特别是普查试点地区普查办要按照有关保密工作要求，进一步强化普查保密管理，确保不发生失泄密事件。要严格遵守普查各项技术规范，加强普查过程及涉密人员和涉密数据的管理；要保管好普查成果数据，严禁由外包单位代存代管；要有序做好普查成果脱密工作。在脱密工作未完成前，禁止向外界提供成果数据。确因公务需要必须提供的，要严格履行相关保密规定与手续。

四、要切实搞好普查档案资料整理归档。普查档案资料记载普查全过程。各地普查办要本着对历史负责的精神，严格按照《第二次全国地名普查档案管理办法》要求，继续做好普查档案资料及时收集整理归档工作，确保普查档案资料齐全完整真实。凡是属于普查过程中形成的档案资料要根据相关规定应收尽收。严禁编造、伪造普查档案资料。

五、要大力推进普查成果转化。各地普查办要抓好成果转化规划实施，加快推进各级图录典志编纂工作，确保优先完成国家级图录典志编纂工作。已经通过《中华人民共和国标准地名词典》第一部分词目表审核的省份要抓紧启动、组织做好词条撰写等相关工作；尚未通过审核的个别省份要加大工作力度，抓紧修改完善、尽快上报，不拖全国工作后腿。各地在做好图录典志编纂等成果转化规定动作同时，要探索创新成果转化形式，为社会提供更加全面系统、丰富多样的转化成果。要将成果转化所需经费列入本级地名普查经费预算，确保资金足额、到位。

六、要继续推进普查相关工作。在加快推进地名普查与成果转化的同时，各地普查办要按照审批权限和程序推进标准化处理地名工作；要深入挖掘，强化研讨，确保地名含义、来历、沿革准确无误；要完善规划，依据国家有关标准设置地名标志，不断提高地名标志覆盖范围和密度；要建立、完善省、地、县三级区划地名数据库，探索建立区划地名数据更新维护长效机制；要管理使用好普查资金，确保专款专用，防范资金使用风险；要加强普查信息整理和报送，加大宣传力度，及时做好普查工作中先进经验做法总结提炼和典型人物事例挖掘收集工作。

地方各级地名普查办要履职尽责，进一步加强普查工作领导，维护普查队伍稳定，确保人心不乱、队伍不散，确保普查成果质量和各项普查任务的按时顺利完成。

国务院第二次全国地名普查领导小组办公室
2017年11月3日

关于第二次全国地名普查督查及抽查复验情况的报告

国地名普查办发〔2017〕17号

国务院第二次全国地名普查领导小组：

根据《第二次全国地名普查2017年督查工作方案》和《第二次全国地名普查现场抽查复验工作方案》要求，国务院地名普查办组成五个工作组，于7月底至9月下旬完成了全国31个省（区、市）和新疆生产建设兵团的督查抽验工作，对38个市（州）、75个县（市、区）进行了现场抽查复验和实地督查。工作组深入各省、市、县地名普查工作一线，听取各地工作情况汇报，查看普查成果资料，实地验证核实普查数据，组织开展座谈交流，重点对地名普查组织实施、检查验收、成果转化以及地名管理等方面情况进行了督促检查，基本掌握了各地普查进展情况及存在问题。现将督查抽验有关情况报告如下：

一、督查抽验掌握的基本情况

（一）各地普查工作推进情况

总体上看，各地都能认真落实国务院地名普查办要求，精心组织实施，扎实有力推进，取得了阶段性普查成果。

1.各项工作统筹推进。

地名普查工作方案规定了普查工作阶段安排和目标任务，各地围绕普查的各项任务，合理安排，周密计划，工作不断深入，取得了丰硕成果。一是地名普查第二阶段工作任务基本完成。通过本次现场督查和抽验，总体上看，各地地名普查组织实施、工作方案、地名调查、地名普查成果等相关材料较为齐全，基本完成了普查监理、县级自查、地级核查、省级验收以及质量评价等工作，建立了县（市、区）本级区划地名数据库，因地制宜设置了一批富有地方特色的地名标志，形成了地名普查目录、成果表、成果图、标志登记表以及成果包数据等普查成果。根据初步统计情况，全国共普查地名信息近 1400 万条。二是不规范地名清理整治工作取得进展。各地在普查的同时，按照普查一盘棋的思路，抓好不规范地名清理整治工作。浙江省共清理整治不规范地名 1104 条，杭州市以召开 G20 峰会为契机，对 251 处非标准地名进行依法妥善处置，温州市标准化处理 213 条道路、29 个建筑物名称，新设置地名标志 5 万余块，更新 2 万余块；重庆市沙坪坝区清理整治非标准地名 144 条，命名地名 62 条，新设地名标志牌 116 块；广东省调查整理跨省界地名 576 个、跨市界地名 1100 个，论证提出需清理整治不规范地名 5101 个，按有关规定和程序已经清理整治 2355 个。三是成果转化有序推进。各地按照边普查、边转化的原则开展成果转化，取得可喜进展，例如，新疆生产建设兵团开展了《兵团地名图志》、兵团地名故事集编制工作，制作了兵团第六师五家渠市、第八师石河子市北泉镇行政区划图和现状规划图，为政府总体规划、警务地理信息管理、税务信息管理等提供了普查数据支持；海南省绘制出版了《海南省行政区划图》，编辑出版了《海南古村镇图集》和《海南地名故事》；河北省编辑出版了《河北政区聚落地名由来大典》《河北省沿革图稿增补》等一批地名普查转化图书；京津冀三地联合编制了《京津冀行政区划图》等。

2. 因地制宜亮点凸显。

地名普查是一项综合性的工作，也是一项开创性的工作，各地在工作中积极谋划，因地施策，创新发展，涌现了一批好经验好做法。一是保障力度进一步加强。各地在普查中，从技术支持、工作组织、流程设计等角度，充分发挥当地优势，全力保障普查工作。广东等省统一协调了 1∶1 万大比例尺地图和遥感影像数据开展地名普查，汕头等地区还采用了 1∶2000、1∶1000、1∶500 等更大比例尺地形图进行普查，提高了普查的准确度；北京市严抓普查质量控制，完成了 12 轮监理工作；安徽省较好发挥乡村“五老”（老村干、老文书、老教师、在乡退休老干部、老村民）作用，指导省普查数据审核合作单位对全省普查数据进行了 3 轮审核检查；江苏省组织对 13 个市开展两轮交叉检查，并制定《地名普查成果存在问题及处理意见》等 5 个针对性强的指导性文件；山东省在省级层面制定了成果转化工作规划，开展了城乡地名总体规划编制工作。二是地名信息化建设步伐不断加快。浙江省将涉及企业和群众办事的变更核发门（楼）牌证、地名命名更名、地名证明、对具有地名意义的专业设施名称出具意见等 4 个事项列入全省区划地名管理系统改造升级内容，进一步提升地名公共服务水平，全省11个地市基本建立地名信息系统，广泛开展地名网站、地名触摸屏、地名热线等服务，积极探索“互联网+地名”；重庆市建成地名政务服务信息化平台，启动建设全国首个地名大数据公共服务平台，已完成地名管理预审系统、普查成果转化平台（一期）建设，其中沙坪坝区积极开发地名信息化产品，已完成549条重点地名三维影像数据采集。三是地名文化挖掘和保护效果显著。湖北省挖掘“文化大省”历史资源，会同相关部门对全省65个千年古镇和34个千年古村落地名文化遗产进行认定和保护；安徽省黄山市采集地名文化词目近2000条，歙县编写约7万字《歙县地名故事》；石家庄市长安区在北翟营、北宋、南石家庄3个历史自然村设立了村名历史碑，完成柳林铺等5个历史自然村的碑文撰写；山东省建立了地名文化遗产保护名录，印发了地名志编纂大纲，邹城市先后组织人员深入8个千年古镇和116个千年古村，对民间工艺、民俗习惯、信仰文化、居住文化、文物古迹等进行挖掘整理，编纂发行了新版《邹城市地名志》，曲阜市在城区主要街道，设立300多个附有《论语》名言的特色路牌。

3. 工作扎实组织严密。

地名普查的成功离不开科学的组织和严谨的态度，各地不断在优化工作流程、引入先进技术、吸收外脑介入等方面下功夫，夯实地名普查工作基础。一是工作手段丰富。福建省先后开展乡镇村审校、结合地形图和遥感影像图对照审核、职能部门专业审核、地名专家审核和地名普查办复查等五道审核程序，切实提高普查质量；重庆市在普查外业工作中共出动无人机800余架次，移动测量采集车5000余车次，保障外业调查的精确性；新疆昌吉州注重发挥基层工作积极性，制定实施“以奖代补”工作方案，每年都对上年度普查工作优秀的县市和普查员进行奖励；青海省在全省各社区、各村委会指定了普查联络员，构建了有力的信息搜集机制。二是审核规范严格。湖北省运用“互联网+”方式，开展群众性普查信息核对纠错活动，采取“政府+专业单位”验收模式，对103个县进行现场检查、现场打分、现场公布；甘肃省组织西北师范大学专家组建团队，多次进行会商调研，对全省普查成果进行了监理审核；重庆市组织由西南大学专家教授组成的300人团队，逐条逐句评审文化属性、比对普查数据6万余条。三是政策支撑有力。湖北省普查办先后制定印发《包保督导制度》《督查通报约谈制度》《痕迹管理办法》《图录典志编纂规定》《成果接边工作规定》等 20 项普查标准，印发文件 156 份；上海市建立“各区地名普查工作进展表”和“上海市地名普查形势图”，实时反映普查进度、质量和各区工作排名；湖南省狠抓标准引领，陆续出台《湖南省第二次全国地名普查技术规范与数据标准》《湖南省第二次全国地名普查数据库标准》以及普查工作规程实施细则、涉密数据管理办法实施细则、监理办法、成果检查验收与质量评定规定、档案验收办法等 23 个文件制度。

（二）各地普查过程中存在的问题

总体看，全国地名普查工作取得了较大成效，但各地在地名普查及验收工作中仍存在一些亟需解决的问题，主要可概括为以下三个方面：

1. 个别地区民政部门履职尽责不够。民政部门是各级政府普查工作的牵头部门和主要实施者，同时对技术支持单位负有重要的监管指导和政策解读职责，在实地检查中发现有的地方普查办存在一定认识或管理上的缺陷。一是对国家普查验收重要性认识不足。当前，各地按照《第二次全国地名普查验收办法》要求完成了县级自查、地级核查和省级验收工作程序，上报了普查成果。对于国普办正在进行的普查验收，一些地方同志认识存在一定的偏差。这其中，有盲目乐观的，认为此前经过几轮自查自纠，该改的已经都改到位了，普查成果不会存在质量问题；有消极对待的，认为普查成果已经反复修改过多遍，对于进一步做好成果完善工作不积极、不主动；有等待观望的，认为目前成果数据都已经报到国普办，当前地方层面已经不需要做什么工作了。上述情况的存在，一定程度上影响了后期普查成果整改、完善。二是购买外包服务过程中存在一包了之的现象。有的地区对第二次全国地名普查的重要性、紧迫性认识不够深刻，对民政部门的牵头责任和主导作用理解不深入，主导作用发挥不够。将普查主体业务交由外包公司，督促指导和监督管理跟不上，对工作进展、质量和存在问题掌握不充分，在协调沟通上也没有发挥应有的职能作用。三是管理上存在一定安全隐患。有的普查办将普查全部委托给一家外包单位承担，所有普查资料均存储在一家单位，客观上存在潜在安全隐患，若外包单位工作不尽责，将导致安全问题；有的地区数据存储环境、设备和人员管理上还存在不严格、不规范等问题。

2. 普查进展不均衡的问题仍然存在。由于基础条件、人员配置、政策理解等存在差异，各地普查工作水平和进展情况参差不齐。一是工作进度不均衡。总体上，各省按照国务院普查办时限要求上报了验收数据，但也有部分地区地名普查工作启动、进展滞后，过程草率，没有按照国务院统一部署和时间节点开展各项普查工作，导致工作处理仓促、数据质量不高。二是工作力度不均衡。多数市县按照国家统一部署和要求，认真、全面开展普查，但个别市县重视程度和工作力度不够，工作组织、时序安排不合理，普查工作开展不深入。有的工作推进统筹不够，存在工作盲区，例如一些地区对地名标准化的认识和理解不到位，没有将不规范地名标准化处理作为检查验收的必需内容，普查成果中缺少地名标准化材料，对重名等地名没有进行标准化处理，不规范地名清理整治力度需要加强。三是落实要求不均衡。通过抽查发现，核查验收不够细致的问题广泛存在。按照普查验收办法要求，省级成果上报前应进行实质性的地级核查和省级检查验收，实际工作中，很多地方在核查环节对问题未能应查尽查，对前期发现的一些问题未能及时全面地加以整改修正。

3. 部分普查成果质量还有待加强。从本次抽查情况看，绝大多数地区还普遍存在一些细节问题，主要表现在，一是地名信息采集不完备。如存在漏采地名条目、经纬度四至范围缺失、多媒体信息采集不全面、地名来历介绍不充分、地理实体概况参数不全等问题。二是地名信息填写不规范。如地名罗马字母拼写存在错误、部分地名的普查状态逻辑不恰当、地名归类不准确、简称曾用名填写错误、地名标志信息理解错误等问题。三是地名文化属性信息挖掘不够深入。如来历含义沿革采写缺少实质内容、考证不深入或错误、内容重复或冲突等。四是成果图标绘不准确。如图例内容与图面要素不对应、有注记无符号、图载地名选取不符合普查规范、图面不整洁、图例使用不规范等。

造成问题的原因是多方面的，既有普查机构缺乏地名文化挖掘的专业力量的客观原因，也有组织不力、重视不足、责任心不强等主观原因。有的地方普查机构过分依赖技术外包公司填写地名文化属性信息，历史、文化、方志等方面的专家参与地名普查的力度不够，导致地名来历、含义和历史沿革等内容填写简单、考证不够深入、文字表述不清，影响了普查质量。

二、督查抽验的主要做法

本次地名普查督查及抽查复验是当前地名普查进行到关键时期开展的一

项重点工作，时间紧，任务重，民政部区划司上下紧密配合，在较短时间内，集中力量圆满完成了督查和抽查复验任务。工作主要做法和效果如下：

（一）领导重视，组织有力

领导重视和缜密科学的组织是完成好本次督查和现场抽验工作的前提。一是制定了《第二次全国地名普查督查工作方案》和《第二次全国地名普查现场抽查复验工作方案》。明确了督查和现场抽查的任务、内容，细化了工作安排，指明了工作要求，并报经宫部长、黄部长审定，为本次督查和现场抽验奠定了政策基础。二是合理搭配，工作力度大。区划司所有司领导、涉地名业务的处室均参加了本次督查和现场抽验，形成了司领导带队、处级干部加外请技术专家的合理搭配，满足了工作需求，保障了工作效果。三是行动迅速，步调统一。五个工作组按照验收办法和工作规程，统一要求、统一标准开展工作。有的组在部分行程上星夜兼程，有的组数周连续出差，有的组放弃了周末的休息时间，通过全体工作人员的共同努力，全面、迅速、系统地完成了抽验督查工作。

（二）问题导向，务求实效

本次督查和现场抽验是检查各省验收质量、帮助各地顺利通过国普办的全面审核和入库验收、确保普查成果质量的重要举措。工作组把发现问题、解决问题作为本次督查和抽验工作的根本目的，并围绕这一目的开展了大量工作。一是完善了工作方法。抽验过程中，听取省、市、县三级地名普查及监理工作完成情况和自查、核查、验收情况工作汇报。根据普查实际情况对“验收办法”中规定的18项组织实施方面材料进行宏观审核，9项普查成果方面材料进行重点审核、逐一抽查。到现场验证地名位置采集是否准确，地名标志设置是否规范，地名信息描述是否与实地情况相吻合。二是沟通全面细致。工作组坚持问题导向，与地方地名普查办及一线工作人员进行了面对面沟通探讨，注重搜集一手情况，注重当场解决问题，提出解决办法和整改要求。抽验还带有答疑解惑的性质，抽查地区一致反映，到他们那里抽查，对他们而言是一种偏爱、偏得。三是及时准确反馈问题意见。对抽验中发现的问题，当场向有关县（市、区）地名普查办指出，提出解决办法，要求整改；在完成抽验工作后，工作组进行综合评议，形成地名普查抽查复验反馈意见及各县（市、区）主要问题清单，以国务院地名普查办名义逐一向各省普查办做了反馈。

（三）针对性强，效果明显

此次全国范围的集中抽验督查，对督促指导各地加快推进地名普查、提高普查成果数据质量、加强成果转化工作发挥了积极作用。国普办督查和现场抽验过后，各地迅速组织整改，部署抓好问题落实。天津市组织各区普查办、作业单位召开会议，逐条分析国普办反馈的意见，制定整改方案；河北省召开了成果验收整改会议，要求各地对普查成果再进行一次全面检查；重庆市召开地名普查工作推进会议，深刻剖析存在问题的原因；上海市迅速传达抽验督查意见，强调做好成果数据整改，加强地名文化挖掘；青海省采取大规模集中方式，再次组织各地州普查办和技术支持单位近200余人，开展复核工作；海南省下发了做好普查验收工作的紧急通知，将复核验收作为第四季度重点工作；新疆生产建设兵团召开抽验意见整改工作部署会，要求对抽查发现问题举一反三进行检查整改；云南省第一时间将国普办意见下发至各地州，组织技术服务单位集中学习反馈意见；四川省根据国普办所提问题，下发了专门通知，明确整改目标、责任单位和整改时间进度；浙江省针对抽验所提问题，组织普查办和专家进行了研究，对地名相关数据进行“回头看”，切实做好整改工作；山西省针对国普办意见，逐项研究具体整改措施，调整完善下半年工作计划，压实工作任务；西藏及时开展了数据库建设移址工作，全区数据库将移到自治区普查办，同时逐步完善市县地名数据库。

三、下步工作建议

根据普查时点设计和当前工作进展，第二次全国地名普查即将由全面普查的第二阶段转向成果完善、汇总、上报的第三阶段。为确保第三阶段普查工作顺利推进，应重点抓好以下工作：

（一）抓紧修改完善普查成果

综合现场抽查和全面审核情况，对照地名普查验收标准，各地地名普查成果还或多或少存在不完整、不规范、不细致、不深入的问题，部分成果还达不到验收标准，需要进一步补充完善。一是要加快整改进度。要求各地把修改完善普查成果作为当前普查工作的当务之急，加大力度，加快步伐，坚决杜绝不落实、拖延敷衍等现象。二是要加快全面核查。各地要根据抽查出的问题进行全面排查，举一反三，补足短板，全面核改普查成果，切实提高成果质量。三是要加快统筹推进。要把普查各项任务要求作为一个有机整体，统筹推进，尤其前期地名标准化处理存在短板的地区，要在修改完善数据的同时，对不规范地名进行标准化处理，进一步加快不规范地名清理整治等工作的统筹推进。

（二）切实加强普查成果管理

要进一步加强地名普查档案、数据、安全等方面管理，确保普查安全，提高普查成效。一是加强档案管理。要按照地名普查档案管理办法，在管好成果档案的同时，对普查工作文件、工作图、测绘基础数据等过程性资料，认真细致开展收集整理和立卷归档工作，配备专门保管设施，保证普查资料全面完整。二是加强数据管理。要严格遵守普查各项技术规范，结合地名管理服务需要，进一步完善地名数据库，充实和丰富地名数据信息，为开展地名管理、服务和文化建设提供坚实数据基础。三是要加强安全管理。要严格遵守地名普查保密规定和资金使用管理办法，进一步加强安全保密工作，健全保密制度，加强人员管理，规范涉密数据使用，切实将安全普查、廉洁普查的要求落实到普查第三阶段。

（三）加快推进普查成果转化

要根据《第二次全国地名普查成果转化规划》，按照“边普查边转化”的原则，加快开展普查成果转化工作。搞好普查成果转化，要突出四方面要求：一是突出紧迫性。图录典志是这次地名普查的直接成果，国务院地名普查办已经明确了编纂时限和要求。在抓好普查验收工作的基础上，要及时完成全国地名普查成果数据入库工作，抓紧推进图录典志编纂工作，确保按时完成编纂任务。二是突出基础性。地名普查形成的数据库是今后开展各项地名管理和服务工作的重要基础。要指导各地进一步加强地名普查数据库建设，依托数据库建立地名信息管理服务平台，建立区划地名数据更新维护长效机制，为做好地名管理、服务、文化建设提供数据和平台支撑。三是突出长期性。地名普查成果转化是一项长期性工作。各地要结合本地地名工作发展长远规划，统筹谋划，分步推进，深入挖掘，逐步形成全面系统、丰富多样的转化成果。四是突出文化性。要注重地名普查的文化特色，将普查成果转化与地名文化保护传承相结合，利用普查成果转化宣传弘扬地名文化，保护地名文化遗产。

（四）以普查为契机加强和改善地名管理

第二次地名普查是阶段性任务，地名管理是长期工作。要以地名普查为契机，进一步加强和改进地名管理工作。一是进一步健全地名法规政策。在推动修订《地名管理条例》的基础上，结合实际开展地名管理政策的立、改、废工作，引导各地针对地名管理服务、地名文化建设中的突出问题和重要环节，制定政策、完善制度，形成规范有序、衔接配套的地名法规政策体系，不断提高地名管理工作的法治化水平。二是进一步规范地名管理。要进一步规范地名的命名更名程序，充分发挥地名规划引领作用，严格地名审批，完善地名命名更名的民主决策机制；要指导地方深入开展不规范地名清理整治，重点对不规范的路街巷、住宅区、建筑物等名称进行清理规范；要推进地名标志标准化，加强地名标志设置工作，完善地名标志管理维护机制，确保地名标志形式规范、位置合理、数量适当，实现标准地名标志城乡全覆盖。三是进一步完善地名公共服务。要加强部门之间地名信息资源共建共享，完善地名信息动态更新机制，提升地名管理信息化水平，推进地名地址库建设；要支持社会力量和市场主体参与地名公共服务，鼓励社会组织和市场主体利用地名普查资源开发衍生产品，努力构建层次丰富、形式多样的地名服务产品，满足人民群众日益增长的地名公共服务需求。四是进一步加强地名文化建设。广泛开展地名文化资源的调查、挖掘、整理工作，有计划、有组织地开展地名文化专题研究，形成一批有价值的研究成果；积极推动地名文化产品开发，发展文化创意、移动媒体、电子读物、动漫游戏等新兴地名文化业态，推动地名文化产业发展；加强地名文化遗产保护，实施分级分类保护制度，引导各地制定地名文化遗产保护名录，科学制定保护规划，不断提升地名文化遗产保护水平；加强地名文化宣传，充分发挥地名的文化载体功能，综合利用传统媒体和新媒体，借助博物馆、文化广场等公共文化机构和场所，大力传播和弘扬优秀地名文化，不断增强人民群众的地名文化认知、地域认同和文化自信。

特此报告。

国务院第二次全国地名普查领导小组办公室

2017 年 11 月 8 日

国务院第二次全国地名普查领导小组办公室关于加快推进《中华人民共和国标准地名词典》编纂工作的通知

国地名普查办发〔2017〕19 号

各省、自治区、直辖市第二次全国地名普查领导小组办公室，新疆生产建设兵团第二次全国地名普查领导小组办公室：

去年 6 月，国务院地名普查办召开标准地名图录典志编纂工作视频会议，部署启动标准地名图录典志编纂工作。一年多来，各地地名普查办高度重视，省级编写组密切配合，参与编纂人员共同努力，《中华人民共和国标准地名词典》编纂工作取得了显著进展，完成了第一部分词目表编制，全面转入释文编写阶段。为进一步加快编纂进度，确保在 2018 年底前高标准高质量完成词典第一卷出版任务，现就有关要求通知如下：

一、要进一步加强编写力量。搞好编纂工作，编写队伍是关键。从目前来看，一些省份编写组的作用没有得到充分发挥。有的省份虽然成立了编写组，但力量薄弱，又缺少必要的经费保障。各地要加强编写队伍建设，充分发挥省级编写组的作用，进一步加大“人”“财”“物”支持力度，采取聘请、委托服务等多种方式，吸收地名、地理、地图、历史、语言、文化等领域专家、学者以及离退休地名干部参与编纂工作，确保有人干事、有能力干事、能干成事。

二、要进一步加快编写进度。截至目前，北京、河北、山西、内蒙古、辽宁、黑龙江、江苏、浙江、安徽、福建、江西、山东、河南、湖北、湖南、广东、广西、重庆、四川、云南、陕西 21 个省份已经按照要求向编辑部报送了 1—2 个地级市释文稿件。尚未上报稿件的省份应抓紧组织，加快编纂，尽快上报。已经上报稿件的省份，要按照编辑部审稿意见，抓紧做好修改完善，同步推进其他地级市释文编纂工作。各地应于 2018 年 2 月底前全部完成本省份释文稿件的报送工作，特别是华北、东北、华东地区各省份，更要加快进度，争取提前完成报送工作。

三、要进一步提升编写质量。质量是词典的生命线。各地必须始终坚持质量第一的原则，把创精品作为编纂工作的根本要求，严格按照词典编纂细则及有关规定、要求，参考样条写法，做好编撰工作。在释文编写上，要注意按照词典文体撰写并规范文字，做到抓住重点、突出特点，结构严谨、体例统一，基础资料齐全、内容翔实准确。各地在编纂过程中遇到的问题，可及时与编辑部进行沟通。

国务院第二次全国地名普查领导小组办公室

2017 年 12 月 18 日

国务院第二次全国地名普查领导小组办公室关于成立、调整中华人民共和国标准地名图录典志有关编委会、编辑部的通知

国地名普查办发〔2017〕20号

各省、自治区、直辖市第二次全国地名普查领导小组办公室，新疆生产建设兵团第二次全国地名普查领导小组办公室：

根据编纂工作需要和人员变动情况，决定成立《中华人民共和国标准地名志》编委会、编辑部，并对《中华人民共和国标准地名词典》和《中华人民共和国标准地名图集》《中华人民共和国标准地名录》编委会、编辑部组成人员进行调整。现将有关名单通知如下：

一、《中华人民共和国标准地名志》编委会

主　编： 黄树贤

副主编： 宫蒲光　江蓝生　陈高华　郑　度　柳　拯　秦志华

委　员：（按姓氏音序排列）

陈德彧　陈克相　陈　玲　陈　桥　从飞军
邓　磊　冯建国　龚建辉　郭华峰　郭小忠
韩永东　侯学钢　胡振全　黄　斌　黄智晖
计时华　匡　鹏　李　伟　刘家鹏　刘清民
戚锡生　邱　玮　饶美奕　佘瑞东　石清理
孙邦平　索耀乐　唐文忠　王国黎　王圣良
王　伟　谢俊奇　熊　梅　徐毅松　杨景云
杨亚军　曾　明　张光廷　张　敏　张　荣
张　瑞　赵　航　赵　丽　赵显富

编委会下设编辑部，编辑部设在上海辞书出版社，组成人员如下：

主　任：陈克相　张　敏
常务副主任：王圣良
副主任：黄智晖　赵　航
成　员：（按姓氏音序排列）

鲍　军　毕晓燕　陈洪刚　陈嘉茵　陈　杰
陈　力　陈苏宁　陈　武　陈旭阳　邓　刚
邓全清　董　珂　董　钊　高　峰　高　冀
高建洲　葛传庆　郭　健　何新宇　贺延伟
侯斌超　黄　伟　纪　元　贾丽芹　康苏芳
李德润　李立新　李　纳　李婉青　李一飞
林　辰　零振洪　刘大立　刘剑三　刘莉莉
刘　薇　刘致远　鲁人勇　陆琦杨　穆大鹏
裴　杰　邱智宽　邵　健　沈林平　时焕瑞
司新鲜　宋少华　谭　华　谭烈飞　田　铮
万顺福　汪勇飞　王海粟　王立松　王　林
王素青　王晓虹　吴　蓓　吴金勇　肖　蓉
谢池春　项兆柱　徐碧如　徐海康　徐晓曦
杨成文　杨　刚　杨锦胜　杨丽萍　杨　艳
杨再念　姚李维　俞德鸣　扎西罗布　张　峰
张洪波　张天顺　张　伟　张占佳　赵兰贵
赵　林　赵　鹏　赵　勇　周津锁　周　强
竺金琳

二、《中华人民共和国标准地名词典》编委会

主　编：黄树贤
副主编：宫蒲光　秦大河　江蓝生
柳　拯　于殿利
委　员：（按姓氏音序排列）

陈德彧　陈克相　陈　玲　陈　桥　从飞军
邓　磊　冯建国　龚建辉　郭华峰　郭小忠
韩永东　侯学钢　胡振全　黄　斌　黄智晖

计时华	匡　鹏	李　娟	李　平	李　伟
刘家鹏	刘清民	戚锡生	邱　玮	饶美奕
佘瑞东	石清理	孙邦平	索耀乐	唐文忠
田文祝	王国黎	王　伟	谢延智	熊　梅
徐毅松	杨景云	杨亚军	曾　明	张光廷
张　瑞	赵　丽	赵显富	周舜武	

编委会下设编辑部，编辑部设在商务印书馆，组成人员如下：

主　任：陈克相　李　平

常务副主任：周舜武

副主任：黄智晖　田文祝

成　员：（按姓氏音序排列）

包雪飞	陈洪刚	陈嘉茵	陈　杰	陈　力
陈苏宁	陈　武	陈旭阳	邓　刚	邓全清
董　珂	高　峰	高　冀	高建洲	高哲川
葛传庆	郭　健	贺延伟	侯斌超	胡耀辉
黄　伟	纪　元	贾丽芹	康苏芳	李德润
李　娟	李鸣骥	李昕懋	李一飞	林　辰
零振洪	刘剑三	刘莉莉	刘　薇	刘致远
洛　多	马淑华	马旺顺	马益新	邱智宽
邵　健	沈林平	石　荣	时焕瑞	宋少华
孙　平	孙述学	谭　华	谭烈飞	田　铮
万顺福	汪大虎	汪勇飞	王　斐	王海粟
王立松	王素青	王晓虹	吴　蓓	吴金勇
吴忠礼	谢池春	项兆柱	徐碧如	徐晓曦
杨成文	杨　刚	杨锦胜	杨　艳	杨再念
姚李维	俞德鸣	张　峰	张洪波	张　伟
张占佳	赵兰贵	赵　林	赵　鹏	赵　勇
周津锁	周　强			

三、《中华人民共和国标准地名图集》《中华人民共和国标准地名录》编委会

主　编：黄树贤

副主编：宫蒲光　王家耀　周成虎　郭仁忠

柳　拯　王宝民

委　员：（按姓氏音序排列）

陈德彧　陈克相　陈　桥　从飞军　邓　磊

冯建国　龚建辉　郭华峰　郭小忠　韩永东

侯学钢　胡振全　黄　斌　黄智晖　计时华

匡　鹏　李　伟　刘家鹏　刘清民　芦仲进

戚锡生　邱　玮　饶美奕　佘瑞东　石清理

孙邦平　索耀乐　唐文忠　王国黎　王　伟

谢俊奇　谢延智　熊　梅　徐根才　徐毅松

杨景云　杨亚军　曾　明　张光廷　张　瑞

赵　丽　赵显富

编委会下设编辑部，编辑部设在中国地图出版社，组成人员如下：

主　任：陈克相　徐根才

副主任：黄智晖　芦仲进

成　员：（按姓氏音序排列）

包雪飞　陈洪刚　陈　杰　陈　力　陈苏宁

陈　武　邓　刚　邓全清　高　峰　高　冀

高建洲　葛传庆　郭　健　贺延伟　侯斌超

纪　元　贾丽芹　康苏芳　邝云亮　李德润

李立新　李　特　李香娥　李一飞　李　云

林　辰　零振洪　刘剑三　刘莉莉　刘　薇

洛　多　马　旭　穆大鹏　邱智宽　邵　健

沈林平　时焕瑞　史俊国　史　悦　司新鲜

宋少华　郘向荣　谭　华　田　铮　万顺福

汪大虎　汪勇飞　王功斗　王海粟　王立松

王　林　王素青　王晓虹　吴金勇　谢池春

项兆柱　徐碧如　徐海康　徐晓曦　颜领章
杨成文　杨　刚　杨锦胜　杨　宁　杨再念
姚李维　俞德鸣　张大周　张　峰　张宏年
张洪波　张　伟　张占佳　赵兰贵　赵　林
赵　勇　郑济洧　周津锁　周　强　朱兴娟
庄茂军

编纂出版中华人民共和国标准地名图录典志是第二次全国地名普查成果转化的一项重要任务，时间紧、任务重，要求高、难度大。各地务必高度重视，切实把编纂工作列入重要议事日程，抓紧成立、强化相应编写组，进一步加强组织领导，健全工作机制，明确任务分工，搞好资金保障，确保圆满完成编纂出版任务。

国务院第二次全国地名普查领导小组办公室
2017 年 12 月 31 日

第二次全国地名普查政策文件

（2018年）

关于开展“美丽中国·地名寻梦”全国地名文化短视频征集与展播活动的通知

国地名普查办发〔2018〕1号

各省、自治区、直辖市第二次全国地名普查领导小组办公室，新疆生产建设兵团第二次全国地名普查领导小组办公室：

为进一步搞好第二次全国地名普查宣传，保护传承弘扬中华优秀地名文化，国务院第二次全国地名普查领导小组办公室委托光明网于2018年1—7月组织开展“美丽中国·地名寻梦”全国地名文化短视频征集与展播活动。现将《“美丽中国·地名寻梦”全国地名文化短视频征集与展播活动启事》印发你们。请按照活动有关要求，广泛发动本省（区、市）各级地名普查机构、地名普查人员、地名工作者、地名文化爱好者及广大社会公众积极拍摄制作地名文化视频。

各级地名普查机构要将此次活动作为地名普查宣传的重要内容和平台，认真总结、挖掘和梳理本地在推进地名普查、保护地名文化、开展普查成果转化利用等方面的鲜活做法、特色成果、先进人物和典型事迹，组织摄制一批高质量、文化内涵深刻的视频片，充分展示地名普查成绩、弘扬优秀地名文化。各级地名普查网站和微信、微博等公众号要开设专栏链接活动页面，扩大活动影响力和吸引力，深入搞好普查宣传，营造浓厚普查氛围。

联 系 人：光明网项目运营部袁丝语，电话：010-58926221

国务院地名普查办王海粟，电话：010-58123210

附件：

“美丽中国·地名寻梦”全国地名文化短视频征集与展播活动启事

由国务院第二次全国地名普查领导小组办公室主办、光明网承办的“美丽中国·地名寻梦”全国地名文化短视频征集与展播活动于2018年1月8日启动。

此次征集与展播活动旨在通过短视频方式，深入挖掘地名文化内涵，讲述中国地名故事，展现美丽中国风采；大力宣传第二次全国地名普查先进人物和典型事迹，展示地名普查成果，更好地保护传承弘扬中华优秀地名文化。征集具体事项如下：

一、征集内容

活动征集面向全国各级地名普查机构、普查工作者、地名工作者、地名文化爱好者，以及短视频、动画、微电影创作者等广大公众，以个人或团队方式申报作品均可。重点征集以下四方面作品：

（一）地名·故事。以讲述地名故事为核心，反映各地地名的山川之美、文化发展、风土人情、文化传承等，反映地名古今变迁历程与典故，反映千年古县、千年古镇、千年古村（落）等地名文化遗产故事等。

（二）地名·人物。以介绍与地名相关的人物为核心，反映各级地名工作者、地名普查人员开展地名工作的事迹，反映地名工作者、普查员的精神风貌与突出贡献，传递地名工作者、普查员克服困难、履职尽责的大地深情，反映关心、参与、支持地名文化建设的专家学者、地名爱好者等人物的故事。

（三）地名·普查。以宣传地名普查工作事迹和成果为核心，反映各级地名普查机构在组织领导、政策制定、外业采集、内业整理、质量管控、审核验收、成果转化利用等方面的典型做法和成功经验；展示各地地名普查的优秀成果和特色亮点。

（四）地名·动画。以地名动画片为载体，创新地名视频形式，增加特色创意及多元化素材。此类作品展示内容涵盖地名文化与地名普查人物、普查工作故事类征集的内容，也可展示地名人文景观和地名典故传说。

二、征集要求

（一）内容积极向上。参赛作品符合国家法律法规和主流宣传导向，主题健康积极，作品理念创新，须为原创。

（二）紧扣地名内涵。注重地名文化保护与传承，不仅具有厚重的历史文化底蕴，更展示当下文化保护传承和地名普查的具体做法、典型事迹，诠释文化自信和精神风貌。

（三）叙事客观严谨。作品历史典故须有据可查，民间传说需注明出处，不得捏造和抄袭；须包含讲述地名所属的市、县、乡镇（街道）、村（社区）等必要的地名信息。

（四）画质清晰美观。作品呈现形式为短视频或动画，画面像素为 HDTV（1920*1080），视频格式为 MP4、MOV、AVI 等，大小控制在 500M 以内，时长 5 分钟以内。同时提供一张视频高清截图用作标题图，图片像素为 600*400。

（五）版权所有。作品所用素材及音乐需保证版权所有，所有征集作品自投稿之日起，自动视为是署名作者独立完成的原创内容，并将有关法律规定的作品及音乐的著作权、出版权授权给光明网。著作权人享有法律规定的署名权和其他相关权益，并承担作品出版和宣传所引起的境内外版权、著作权、肖像权等方面附带的经济和法律责任。

三、活动时间

网络征集：2018 年 1 月 8 日—4 月 30 日

评选阶段：2018 年 5—6 月

结果公示：2018 年 7 月

四、参与方式

（一）登录光明网“美丽中国·地名寻梦”全国地名文化短视频征集与展播活动专题页面，浏览了解相关信息。

（网址：http：//topics.gmw.cn/node_116118.htm）

（二）投稿方式

方式一：发送邮件。将参选视频作品及报名表发送至活动专用邮箱 1828296418@qq.com。

方式二：上传百度网盘。将参选作品上传至百度网盘，生成链接及密码填至报名表中，并发至活动专用邮箱。

方式三：邮寄。将视频作品光盘及报名表邮寄至北京市东城区珠市口东大街 5 号光明网“地名寻梦”组委会（邮编：100062）。

（三）请按要求填写参选报名表（见附件）。报名表文件名命名格式为：“省 +《作品名称》”（如：河北省《承德避暑山庄》）。

（四）每个作品须明确一名相对固定的联系人，并保持联系方式畅通。

作品征集后，将择优陆续在光明网、民政部网站、各大媒体平台进行展播，并开展相关宣传推广活动。

五、评选方式

组委会将组建“美丽中国 · 地名寻梦”专家评委会，以专家评审与网络投票相结合的方式进行评选。获奖作品向社会公布，并印制画册光盘。

六、奖项介绍

为鼓励广大地名普查工作者和社会公众广泛参与，活动设置若干奖项，对作品作者进行奖励。获奖者将获得由组委会颁发的获奖证书及奖金。

四类作品共评选出一等奖 5 个、二等奖 10 个、三等奖 15 个、优秀奖 30 个，优秀组织奖 5 个。

七、咨询方式

咨询电话：010–58926221

咨询邮箱：1828296418@qq.com

咨询 QQ 号：1828296418

国务院第二次全国地名普查领导小组办公室

2018 年 1 月 5 日

附件：

“美丽中国·地名寻梦”全国地名文化短视频征集与展播活动参选报名表

<table>
<tr><td colspan="2">联系人</td><td></td><td>工作单位</td><td></td></tr>
<tr><td colspan="2">办公电话</td><td></td><td>手机号码</td><td></td></tr>
<tr><td colspan="2">邮箱</td><td colspan="3"></td></tr>
<tr><td colspan="2">省（区、市）</td><td></td><td>市（地、州）</td><td></td></tr>
<tr><td colspan="2">县（市、区）</td><td></td><td>地址</td><td></td></tr>
<tr><td colspan="2">作品名称</td><td></td><td>所报类别</td><td></td></tr>
<tr><td colspan="2">* 作品简介
（300 字以内）</td><td colspan="3"></td></tr>
<tr><td colspan="5">作者</td></tr>
<tr><td>序号</td><td>姓名</td><td>工作单位</td><td>联系方式
（手机）</td><td>邮箱</td></tr>
<tr><td>1</td><td></td><td></td><td></td><td></td></tr>
<tr><td>2</td><td></td><td></td><td></td><td></td></tr>
<tr><td>3</td><td></td><td></td><td></td><td></td></tr>
<tr><td>4</td><td></td><td></td><td></td><td></td></tr>
<tr><td>…</td><td></td><td></td><td></td><td></td></tr>
<tr><td rowspan="2">传送
方式</td><td>□邮箱</td><td></td><td colspan="2"></td></tr>
<tr><td>□百度网盘</td><td>链接地址及密码</td><td colspan="2"></td></tr>
</table>

关于印发宫蒲光副部长在国务院第二次全国地名普查领导小组办公室会议上的讲话的通知

国地名普查办发〔2018〕2 号

各省、自治区、直辖市第二次全国地名普查领导小组办公室，新疆生产建设兵团第二次全国地名普查领导小组办公室：

2018 年 1 月 10 日，国务院第二次全国地名普查领导办公室会议在北京召开。现将国务院第二次全国地名普查领导小组副组长兼办公室主任、民政部副部长宫蒲光同志在会议上的讲话印发你们。请认真学习领会，全面贯彻落实，按时高质量完成第二次全国地名普查任务，切实加强和改进新时代地名管理工作。

国务院第二次全国地名普查领导小组办公室

2018 年 1 月 11 日

宫蒲光副部长在国务院第二次全国地名普查领导小组办公室会议上的讲话

值此新年伊始之际，我们召开国务院第二次全国地名普查领导小组办公室会议，主要任务是贯彻习近平新时代中国特色社会主义思想和党的十九大精神，落实 2018 年全国民政工作会议要求，总结第二次全国地名普查进展情况，研究部署 2018 年工作，确保高质量按时完成第二次全国地名普查任务。国务院地名普查领导小组副组长、民政部黄树贤部长对这次会议非常重视，亲自审定了会议方案，提出了明确要求。刚才，柳拯同志代表领导小组办公室通报了 2017 年地名普查工作情况和 2018 年工作安排。下面，就高质量完成第二次全国地名普查任务，做好新时代地名管理工作，我讲几点意见。

一、认真总结第二次全国地名普查取得的成绩和经验

第二次全国地名普查是党中央、国务院作出的重要部署。2014年1月，国务院印发通知，决定于2014—2018年开展第二次全国地名普查。普查分三个阶段实施，2014年为第一阶段，主要任务是完成各项准备工作；2015—2017年6月为第二阶段，主要任务是开展全面普查；2017年6月—2018年6月为第三阶段，主要任务是完成普查成果上报和开展成果转化利用。四年来，在习近平总书记关于“规范地名管理、保护传承和弘扬传统优秀地名文化”的重要讲话精神指引下，国务院第二次全国地名普查领导小组组长王勇国务委员亲自部署，办公室在黄树贤部长的有力指导下，周密安排，精心组织，各成员单位通力合作，鼎力支持，各地普查机构扎实推进各项普查工作，现已基本完成了普查前两个阶段任务，共调查地名1400多万条，取得重要阶段性成果。主要体现在以下八个方面：一是普查制度更加健全。国务院地名普查办先后出台了地名普查实施方案、工作规程、质量管理规定、验收办法、档案管理办法等20多项制度规定，各地结合实际进一步细化完善了普查制度规范，形成了比较完备的普查制度体系。二是普查保障落实有力。各级财政共投入地名普查资金约55亿元，其中中央财政投入22亿元，地方财政投入33亿元。中央军委联合参谋部组织提供了普查所需1∶5万比例尺地图，各有关部门积极提供了资料、数据和人力支持。各级地名普查机构组建了庞大的地名普查队伍，深入开展教育和培训，广泛吸收专家学者、专业机构和人员参与地名普查，为普查提供了有力人员保障。三是普查实施规范有序。国务院地名普查办先后召开了全国地名普查启动部署会、交流会、推进会等9次全国地名普查专题会议，开展了20多次全国性专题培训，通过电话、网络、现场指导、督查、约谈、通报等多种形式加强指导督促，统筹谋划和推进各项普查任务。各级普查机构强化规范意识和质量意识，不断完善普查程序、流程和标准，组织研发了普查采集、质量管理、普查验收、入库检查等软件系统，委托专业力量进行监理和质量评价，有效提升了普查质量。四是专项工作成效明显。在推进普查的同时，同步部署开展试点地区地名补查工作，完成了沿边沿海359个县级政区地名补查更新；开展地名文化保护和清理整治不规范地名活动，全国共清理整治不规范地名7.5万多条，初步治理了“大、洋、怪、重”等地名乱象；开展跨界自然地理实体地名普查工作，普查

整理跨省界地名 1.09 万条，填补了各省（区、市）普查空白。五是成果转化快速推进。各级地名普查办按照“边普查边应用”原则，编制了本级地名普查成果转化规划，全面启动了标准地名图、录、典、志编纂工作，组织开发了一批地名图书、纪录片等地名服务产品，各地普遍建立了县（市、区）级区划地名数据库。六是地名管理有效加强。积极推进《地名管理条例》修订工作，制修订了地名文化遗产鉴定、外语地名译写导则等方面标准。规范地名命名更名，审定并公布了第一批藏南地区公开使用地名。指导各地推进地名规划工作，形成了一批高质量地名规划成果，进一步提高了地名命名更名科学化水平。七是地名服务快速提升。民政部出台了《关于加强地名标志设置和管理的指导意见》。各地结合地名普查，不断加大地名标志设置力度，按照国家标准及时更新、补设地名标志，基本实现城乡地名标志全覆盖。大力推进地名地址库试点示范创建活动，确定了 37 个示范市（县、区），研制了地名地址管理软件，积极探索开展了导航、电子地图、地名网站等多种形式的地名信息化服务。八是地名文化广泛弘扬。在地名普查中强调地名文化属性信息调查，深入挖掘、保护、利用地名文化资源。加强地名文化遗产保护，民政部印发了《关于进一步加强地名文化遗产保护工作的通知》，组织委托开展“千年古县”地名文化遗产认定工作，全国已认定“千年古县”地名文化遗产 82 个。组织开展了“寻找最美地名故事”、“一带一路”地名文化摄影展、“地名情 · 中国梦”微视频征集等活动，制作了《中国地名》《神州地名》等宣传片，广泛宣传弘扬了优秀地名文化。

上述地名普查成绩的取得，是党中央、国务院坚强领导的结果，是地名普查领导小组各成员单位积极配合、大力支持的结果，是各级普查机构齐心协力、共同推进的结果，是广大地名普查干部不辞辛劳、努力工作的结果。在这里，我代表国务院第二次全国地名普查领导小组办公室，向普查领导小组办公室成员单位和广大地名普查干部表示衷心的感谢！

总结四年来的地名普查工作，我们主要有以下六点体会：一是做好地名普查工作，必须以习近平新时代中国特色社会主义思想为根本指引。习近平新时代中国特色社会主义思想是指导新时代各项工作的行动指南。不断深化学习，以习近平新时代中国特色社会主义思想武装头脑，增强“四个意识”，坚定“四个自信”，提高政治站位，加强党的领导，这是做好地名普查工作的思想保证和精神动力。二是做好地名普查工作，必须坚持以人民为中心思想。

以人民为中心思想是习近平新时代中国特色社会主义思想的核心理念。必须坚定人民立场，强化为民宗旨，践行为民理念，始终把人民群众需要放在第一位，紧紧依靠人民群众开展普查、规范管理，紧紧围绕人民群众需求开展地名服务，不断提高地名管理服务水平。三是做好地名普查工作，必须强化组织领导。第二次全国地名普查是国务院部署的重大战略性、基础性、公益性国情调查。要深入贯彻落实党中央国务院要求，必须从党委和政府层面高度重视普查工作，高位部署，科学安排，强力推进，严格过程管理和质量管理，确保普查有序开展，保证普查质量。四是做好地名普查工作，必须坚持改革创新。创新是提高地名普查效率和水平的有效手段。必须吸收利用新理念、新技术、新手段，推进理论创新、方法创新、技术创新，运用遥感、地理信息系统、“互联网 +”等现代科技手段提高普查效率和科学化、标准化水平。五是做好地名普查工作，必须坚持因地制宜。中国各地情况千差万别，地名文化多姿多彩。必须在坚持全国统一标准的前提下，因地制宜，突出特色，充分发掘、发挥地方资源优势，突显地域文化，深化地名文化内涵。六是做好地名普查工作，必须坚持多方协同。地名普查工作涉及方方面面，离不开各有关部门和社会各界的支持配合。必须强化部门联系沟通，加强资源共享，广泛吸引社会力量参与，形成全社会共同支持地名普查的合力。

在充分肯定地名普查取得的成绩和经验的同时，我们也要清醒看到，当前地名普查工作仍存在一些突出问题。刚才柳拯同志在报告中分析了普查中的一些具体问题，归纳起来，主要是两个方面：一是不平衡的问题。各地在普查进度、质量、成果转化等方面进展还不均衡，个别地方地名普查进度缓慢，滞后于全国统一的时限要求；个别地方地名普查成果数据错漏率较高，各地普查质量参差不齐；个别地方地名普查成果转化才刚刚起步，没有提前进行谋划和部署。二是不充分的问题。一些地区存在地名调查不够全面、信息填写不够准确、文化挖掘不够深入、成果图标绘不够精准等问题，上报的普查成果达不到全国统一的验收要求，继续修改完善的工作量还比较大。这些问题需要引起我们高度重视，认真对照检查，深入剖析原因，采取针对性措施切实加以解决。

二、高质量全面完成第二次全国地名普查任务

2018 年是第二次全国地名普查收官之年，是全面完成各项普查任务的决

战之年。做好今年工作，直接关系着地名普查工作任务完成，决定着地名普查成果转化的成效。我们要进一步提高对地名普查工作重要性和紧迫性的认识，进一步加大工作力度，加快工作进度，确保按时保质完成第二次全国地名普查任务。

（一）要强化组织领导，加快普查进度。当前，全国地名普查已转入第三阶段，各地正按照国务院地名普查办全面审核意见，抓紧修改完善地名普查成果。今年要全面完成普查成果完善上报和成果转化工作，时间很紧、任务很重。各级地名普查机构要以高度的政治使命感，采取有力措施，切实加快地名普查工作步伐。一是要进一步提高思想认识。要从贯彻落实习近平新时代中国特色社会主义思想和十九大精神的高度来理解，从讲政治、讲大局、向以习近平同志为核心的党中央看齐的高度来认识，从落实党中央国务院决策部署的高度来抓好地名普查工作。二是要严格落实普查工作时限。要督促各地按照全国统一要求，对照普查时序安排，明确时间表和路线图，落实工作责任制，确保按时完成各项普查任务。三是要加强指导和督查。普查领导小组各成员单位要进一步加强指导，密切配合，协力推进。国务院地名普查办要根据各地审核验收情况，及时向地方反馈并帮助解决发现的问题，特别是对一些进度落后、问题较多的地方，要进行有针对性的指导和督查，确保全国“一盘棋”，决不能因个别地方工作延误影响全局工作进展。

（二）要突出重点任务，统筹推进实施。根据地名普查实施方案，今年要重点抓好四项工作：一是完成普查成果完善上报。要指导各省（区、市）按照国务院地名普查办检查意见，修改完善并上报地名普查成果。二是完成普查数据入库。要全面完成各地地名普查成果数据检查和入库工作，建成国家区划地名数据库，建立地名信息政务管理平台和社会服务平台，形成统一的全国地名普查成果。三是开展成果转化应用。要及时向社会发布一批地名普查成果，编制出版中华人民共和国标准地名图集、地名录，加快推进全国标准地名词典、地名志编纂工作，指导各地做好地名普查档案立卷归档工作。四是进行总结表彰。要对第二次全国地名普查进行全面总结，下半年报请国务院召开全国地名普查总结会议，对各部门、各地区地名普查先进集体和个人进行表彰奖励。

（三）严格普查标准，保证成果质量。质量是普查的生命线。各级地名普查办要把质量摆在首位，全面加强监督管理，确保普查成果质量。一是要提高质量意识。要牢固树立质量第一的意识，紧紧抓住普查质量这个关键，将问题发现在源头、解决在本级，决不能有投机取巧、蒙混过关的心理，决不能带着问题上报入库。二是要严格工作程序。要严格按照工作规程和标准要求，对照检查反馈意见，对成果数据进行全面核查，举一反三查找问题，及时修正整改，直至形成合格的普查成果。三是要严肃普查纪律。要进一步强化纪律意识，对检查验收工作中弄虚作假、伪造数据、敷衍失责的，要严肃追究相关人员责任。

（四）落实普查保障，夯实工作基础。各级地名普查办要进一步加大保障力度，为地名普查提供有力支撑。一是要落实好经费。今年地名普查任务主要集中在上半年，希望财政部大力支持，及早下拨今年补助地方普查经费。国务院地名普查办将联合财政部门，加强对各地地名普查资金使用的监管，确保经费使用合规、节俭、安全、高效，提高资金使用效益。二是搞好普查宣传。要结合普查进展，积极开展普查宣传活动，广泛宣传普查工作中的好经验、好做法，积极挖掘、大力宣传地名普查先进人物和典型事迹，充分利用报刊、广播、电视和互联网、微博、微信等新型媒体，通过专题宣传、成果展示等多种方式，进行多角度、深层次、全方位宣传报道，营造良好普查氛围。三是抓好安全保密。要按照有关保密工作要求，进一步强化普查保密管理，严格遵守各项普查技术规范，明确保密内容和保密重点，加强普查过程及涉密人员和涉密数据的管理，保管好普查成果数据，有序做好普查成果脱密工作，确保不发生泄密事件。

三、利用普查契机加强和改进新时代地名管理工作

地名普查是地名管理工作的一项重要内容。开展第二次全国地名普查，为进一步加强和改善地名管理提供了重要支撑和机遇。第二次全国地名普查领导小组的各成员单位，绝大多数也是国务院地名管理工作部际联席会议的成员，既承担地名普查任务，也履行有关地名管理和服务职责。我们要深入贯彻落实习近平新时代中国特色社会主义思想和十九大精神，按照习总书记关于地名工作的重要讲话和批示精神，以地名普查为契机，统筹推进地名管理、地名服务和地名文化建设，全面做好新时代地名管理工作。

（一）要以习近平新时代中国特色社会主义思想和十九大精神统领新时代地名工作。做好新时代地名工作，一是要深刻学习领会习近平新时代中国特

色社会主义思想和十九大精神。要深刻领会十九大的重要意义，准确把握习近平新时代中国特色社会主义思想和十九大的精神实质和核心要义，统一思想，提高认识，坚决同以习近平同志为核心的党中央保持高度一致，坚决以习近平新时代中国特色社会主义思想和十九大精神指导和推进新时代地名工作。二是要研究把握社会主要矛盾变化对新时代地名工作的机遇和挑战。我国社会主要矛盾已经转化为人民日益增长的美好生活需要同不平衡不充分的发展之间的矛盾。这一关系全局的历史性变化，为地名工作发展带来了重大机遇，也形成了不少挑战。机遇主要体现在党中央、国务院对地名工作更加重视，经济社会发展水平显著提高，全面深化改革和全面依法治国持续推进，人民群众对美好生活的向往对地名工作提出更多更高需求，为地名工作发展提供了更加有力的政治保证、物质条件、制度基础、法治保障和强大动力。同时也要看到，尽管近年来我们通过加强地名管理、实施地名公共服务工程、开展第二次全国地名普查，有效提高了地名管理水平，增加了地名公共服务供给，但地名管理服务不平衡不充分的问题仍然较为突出，地名公共服务总体水平偏低且城乡发展不平衡、区域发展不平衡，不适应人民群众对更精细、更便捷、更智能、更高效的地名服务需要；地名管理法规滞后，1986 年颁布的《地名管理条例》已 30 多年未修订，已不适应全面依法治国新要求；地名文化保护不足，许多地名文化遗产被破坏，不适应社会主义文化强国建设需要；地名管理体制不够顺畅，有些部门之间的权责关系还不够明确，不适应国家治理体系和治理能力现代化要求。这些不适应要求我们必须顺应经济社会发展和人民群众新期待，抓住历史机遇，切实加强地名工作，在促进解决新时代社会主要矛盾中发挥好地名的服务作用。三是研究把握新时代地名工作定位和发展目标。党的十九大作出中国特色社会主义进入新时代的重大判断，我们要充分认识到新时代人民群众对地名服务在准确性、便捷性、文化性、全面性、系统性等方面的新要求，深化“创新、协调、绿色、开放、共享”的发展理念，不断创新地名管理服务内容和方式，更好地发挥地名对经济社会发展、人民群众生活、国防军队建设等方面的服务作用。党的十九大确定了分三个阶段推进新时代中国特色社会主义发展的战略目标，我们要围绕这一战略部署，明确新时代地名工作发展方位，研究提出地名工作在三个阶段的发展目标：从现在起到 2020 年，要按照全面建成小康社会要求，高质量完成第二次全国地名普查，着力解决地名管理服务中的不平衡不充分问题，提升地名公共服务能力，积极发展地名文化；2020年到2035年，要基本完善地名管理制度，基本形成依法管理地名的工作体制和运行机制；2035年到本世纪中叶，要形成运行规范高效的地名管理体制机制和健全完善的地名公共服务体系。

（二）坚决贯彻落实十九大精神和党中央国务院决策部署，扎实推进新时代地名工作。今后一个时期，要在完成第二次全国地名普查任务基础上，全面做好新时代各项地名工作。一是要进一步加强地名管理。要贯彻落实十九大全面依法治国要求，深入推进地名管理法治化。要加大地名法规标准制订修订工作力度，加快修订《地名管理条例》，重点研制一批地名命名更名、地名信息化服务、地名文化遗产保护等方面标准，不断健全完善地名法规标准体系。要坚持依法行政，严格地名命名更名申报审批程序，完善申报流程、专家论证、社会听证和政务公开等制度，切实依法加强地名管理。要继续推进地名规划工作，持续清理整治“大、洋、怪、重”等不规范地名，进一步提高地名管理标准化水平。二是要不断深化地名公共服务。要依托地名普查成果数据，建立完善各级地名地址数据库，健全信息更新维护机制，确保地名地址数据信息及时更新、准确有效。要服务“一带一路”建设，开展“一带一路”沿线国家地名搜集整理和译写工作，联合有关部门推进全球地名数据库建设。要服务乡村振兴战略，重点加强农村地区地名标志设置，进一步完善城乡一体的地名标志导向体系。要积极应用“互联网+”“大数据”“二维码”“智能芯片”等新技术，建设地名信息服务系统，推广使用具有电子定位和物联网功能的新型地名标志，不断拓展地名公共服务内容，提升地名公共服务的效率和水平。三是要深入推进地名文化建设。要贯彻落实十九大关于“坚定文化自信，推动社会主义文化繁荣兴盛”的要求和习总书记关于地名文化不能割断地名文脉、要传承中华优秀传统文化的重要指示，切实搞好地名文化建设。要按照中办、国办《关于实施中华优秀传统文化传承发展工程的意见》中关于“推进地名文化遗产保护”要求，深入挖掘、综合利用地名普查形成的地名文化资料，制定地名文化遗产保护规划，分级分批开展“千年古县”“千年古镇”等地名文化遗产认定工作，形成科学有效的保护机制，切实加强地名文化遗产保护工作。要坚定文化自信，坚持优秀地名文化传承，在地名命名更名时，充分挖掘人文历史资源，体现地域特色和当地文脉，提高新生地名文化含量。要搞好地名文化宣传弘扬，支持引导地名文化产品和产业发展，广泛开展地名文化宣传活动，更好地弘扬中华优秀传统文化。

（三）切实强化统筹协调，形成地名工作最大合力。要按照“统一领导、分工协作、分级负责、共同参与”的原则，坚持合作共赢，形成齐抓共管的良好局面。一是要进一步加强部门协调配合。希望各成员单位从各自职责出发，各司其职，各负其责，紧密配合，积极做好协同保障工作。国务院地名普查办要发挥好协调作用，主动与各成员单位联系沟通，明确各部门任务分工，及时通报工作进展情况，积极做好统筹协调和服务工作。二是要进一步加强资源共建共享。地名普查形成的调查成果，凡是能公开的，都要及时向社会公布，方便社会公众使用。要建立健全地名信息资源共建共享机制，形成多部门协作、多层次共享的普查成果应用体系，充分发挥地名服务作用。三是要发挥社会力量和市场作用。社会和市场中蕴含着巨大的力量和丰厚的资源。我们要在履行好政府应当承担的地名管理服务责任基础上，积极引导社会力量参与，进一步发挥市场作用，为人民群众提供优质高效便捷的地名服务。

同志们，第二次全国地名普查已进入最后收官冲刺阶段，我们要发扬四年来形成的团结协作、合力攻坚的良好精神状态，继续同心协力，积极进取，扎实完成第二次全国地名普查任务，努力开创新时代地名工作新篇章，为实现人民对美好生活的向往作出应有贡献。

关于报送《2017 年第二次全国地名普查工作进展情况和 2018 年工作安排》的报告

国地名普查办发〔2018〕3 号

国务院第二次全国地名普查领导小组：

2017 年以来，在党中央国务院坚强领导、国务院地名普查领导小组直接指挥、各成员单位支持配合下，国务院地名普查办围绕年度目标任务，精心组织，周密部署，扎实推进地名普查各项工作，基本完成普查第二阶段任务，取得了重要阶段性成果。2018 年 1 月 10 日，国务院地名普查办召开会议，总结了 2017 年全国地名普查进展情况，研究部署了 2018 年普查工作。现将《2017 年第二次全国地名普查开展情况和 2018 年工作安排》报上。如无不妥，我们将按照 2018 年计划安排抓好各项普查工作实施，确保按时高质量完成第二次全国地名普查任务。

国务院第二次全国地名普查领导小组办公室

2018 年 1 月 12 日

2017 年第二次全国地名普查工作进展情况和 2018 年工作安排

2017 年是第二次全国地名普查承上启下的关键之年、攻坚之年。一年来，在党中央国务院坚强领导、国务院地名普查领导小组直接指挥、各成员单位支持配合下，国务院地名普查办围绕年度目标任务，紧紧抓住普查验收这个重点，牢牢把握成果质量这一关键，精心组织，周密部署，扎实推进地名普查各项工作。经过一年努力，全面采集各类地名 1400 多万条，初步查清全国地名基本情况，基本完成普查第二阶段任务，取得了重要阶段性成果。

一、2017年地名普查工作情况

（一）全面加强组织领导。一是完善领导机构。1月，根据工作需要，经报王勇国务委员同意，对国务院地名普查领导小组组成人员进行调整，民政部黄树贤部长担任领导小组副组长，同时调整了其他部门17名小组成员，进一步强化了普查工作领导。二是深化工作部署。2月，召开全国地名普查验收暨成果转化视频会议，国务院地名普查领导小组副组长、民政部部长黄树贤同志出席会议并讲话，对地名普查验收及成果转化工作作出部署，提出要求。2018年1月10日，国务院第二次全国地名普查领导小组副组长兼办公室主任、民政部副部长宫蒲光同志主持召开领导小组办公室会议，总结2017年普查进展情况，研究部署2018年普查工作。三是解决突出问题。领导小组和办公室负责同志多次赴实地督导，先后于5月、7月主持召开部分省份地名普查工作座谈会和国务院地名普查办公室会议，专题研究普查推进工作。11月印发《关于加快推进地名普查工作的通知》，针对普查存在的主要问题提出解决措施。四是开展专项督查。将地名普查督查列入年度民政部重点工作督查计划。7月底至9月下旬，国务院地名普查办组成5个工作组，对全国31个省（区、市）和新疆生产建设兵团进行了全面督查，督促各地抓好普查检查验收、成果转化、地名管理等各方面工作。

（二）强力推进普查验收。一是加强工作指导。3月，印发《关于切实做好第二次全国地名普查验收工作的通知》，进一步明确验收工作要求和时间安排。通过组建工作群、网上答疑、电话督导、问题交流、实地指导等多种方式，进一步加强对各地验收工作指导。二是抓好通报督促。根据工作节点推进验收工作，4月、5月两次通报各地普查验收进展情况，督促各地加快验收进度。6月底前，各地基本完成了县级自查、地级核查和省级验收工作。三是组织抽查复验。下半年，按照普查验收要求，国务院地名普查办派出工作组分赴全国31个省（区、市）和新疆生产建设兵团，选取38个市（州）、75个县（市、区）进行实地抽查复验，现场指出问题并督促抓紧整改，以国务院地名普查办名义出具了32份抽查复验反馈意见。

（三）扎实开展质量审核。一是完成监理和质量评定。通过招标委托第三方机构对31个省（区、市）和新疆生产建设兵团的150多个县、市进行地名普查监理和质量评定，形成问题反馈清单并要求相关省份对照整改。二是开展全面审核。通过招标研发了地名普查质量管理和验收系统，编写了普查复验及全面审核工作手册。招标委托第三方专业机构对各地上报复验的成果数据开展全面审核。11 月初完成了全国第一轮县级成果全面审核，目前正在进行第二轮审核。三是及时督导验收整改。印发《关于修改完善第二次全国地名普查成果数据的通知》，督促、指导各地进行普查整改工作。同时，国务院地名普查办分别在武汉、石家庄召开普查专家、工作人员参加的地名普查成果规范、数据复核工作会议，对数据报送、成果审核、质量完善、问题反馈等工作环节进行部署与督促。

（四）积极做好入库工作。一是开展基础数据处理。组织对全国地名普查工作用图进行分省切片和图载地名提取，共刻制光盘 800 张，提取图载地名 542 万条，数据量约 2.7T。二是完成机房扩容改造。地名普查数据机房的数据容量从 70T（存储、备份各 35T），扩展到 600T（存储、备份各 300T），充分满足了后期数据入库存储需求。三是明确入库技术规范。编制成果数据入库检查工作手册、检查要点和操作规范，明晰检查事项、检查内容和判定标准，形成了一整套入库作业流程规范。四是完善预检查软件。及时升级入库预检查软件，帮助各地更好地查找发现问题。软件被广泛应用在地名普查自查、核查和验收各个环节，对保障成果数据基本质量发挥了重要作用。五是组织实操演练。对 5 家招标入库检查单位、接边检查单位和监理单位业务骨干进行了 2 轮 40 人次培训及实操演练，确保熟练掌握检查技能。六是搞好界线界桩数据入库。组织检查各地报送的县级以上行政区域界线、界桩数据，指导做好核实修正工作。全国 28 个省份界线界桩数据通过检查、实现入库，入库界线 4951 条、界桩 26956 颗，数据量 256G。

（五）稳步实施成果转化。一是推动制度建设。指导各地落实《第二次全国地名普查成果转化规划（2015—2020 年）》和《第二次全国地名普查档案管理办法》要求，研究制定本地区成果转化规划和档案验收标准。31 个省（区、市）和新疆生产建设兵团制定出台了成果转化规划，26 个省份制定出台了档案验收标准。二是紧抓图录典志编纂。成立中华人民共和国标准地名志编委会、编辑部，对标准地名图集、地名录和地名词典有关编委会委员、编辑部成员进行调整，进一步健全编写机构和队伍。与项目承担单位密切沟通、协调，及时研究遇到问题及下步推进工作计划。印发《关于加快推进〈中华人民共和国标准地名词典〉编纂工作的通知》，组织完成了词典第一部分词目表编制，选收词条 12.6 万条，并对 23 个省份 48 个地级市的释文进行了审稿。推进图集样张制作，组织完成全国 13 个省份 159 个地级市样图编制，使用东中西 10 个区县地名普查成果数据进行样图校验。加快地名志编纂，制定了实施方案、编纂手册，明确了收词标准，形成了样条样稿。三是加快平台研发。组织开展地名信息政务管理及社会服务平台需求调研，形成项目需求分析报告，完成平台原型研发、硬件设备采购和设备集成，正在进行功能测试。

（六）认真抓好专项工作。一是有序推进跨界地名普查。完成跨省界自然地理实体地名普查，组织 31 个省（区、市）对全国 68 条省界的跨界地名进行“接边”复核，共核实跨省界地名 10922 条。研究制定跨界地名普查成果检查验收标准，指导各地做好跨市、县界自然地理实体地名普查。二是深入开展不规范地名清理整治。研究制定清理整治不规范地名专项工作验收标准，指导各地加大清理整治不规范地名力度，全国先后清理整治“大、洋、怪、重”不规范地名 7.5 万余条。三是进一步深化地名文化保护。召开地名文化保护工作座谈会，指导各地加强地名文化保护，在地名普查中深入挖掘地名文化遗产资源。进一步推进“千年古县”等地名文化遗产鉴定，组织开展了地名理论征文及“地名文化大直播”“地名文化进校园”等公益性地名系列活动，拍摄了《神州地名》纪录片。四是推进地名地址库试点示范创建。组织招标研发了地名地址库系统，指导 37 个试点县（市、区）做好示范创建工作，进一步加强地名地址管理。

（七）努力做好普查保障。一是落实普查经费。在财政部大力支持下，下拨年度地名普查中央补助地方经费 6.67 亿元。三年来，中央财政和地方财政共计投入资金 55 亿元。二是强化人员培训。针对普查工作进展情况，先后组织地名普查验收、成果数据入库及转化应用、地名地址管理、地名文化遗产保护等专题业务培训，培训人员 600 余人次。三是加大宣传力度。全年编发 12 期普查工作简报，在民政部网站、国家地名普查网、微信公众号、国家地名微博等媒体发布普查信息 964 条，及时反映各地工作开展情况，交流好经验好做法。广泛征集各地普查成果展示材料，组织开展“美丽中国 · 地名寻梦”地名普查短视频征集活动和“寻找最美地名故事”网络征集活动，编辑出版《中国 100 个地名故事》。

同时，我们也清醒地认识到，对照普查任务要求，当前普查工作还面临着一些困难和问题。主要表现在三个方面：一是一些地方普查进度相对滞后。

按照普查工作规程要求，2017 年 6 月底前应完成各级普查验收工作。但由于一些地方确定普查验收项目承担单位过迟，部分地区普查工作特别是验收工作推进过慢，不少地方地名普查验收工作滞后于全国统一的普查时限要求。二是普查成果质量有待提升。从全面审核和实地抽查情况看，各地普查成果还存在填写不规范、挖掘不深入、标绘不准确、跨界地名接边处理不完善等问题，需要下大力气督促整改，进一步提升成果质量。三是成果转化推进还不均衡。2015 年以来，国家层面陆续部署启动了标准地名图录典志、政务管理及社会服务平台等重点项目。多数地方能够按照要求及时开展相关工作，但一些地方由于对成果转化重视不够，专业人员和普查经费保障不足，一定程度影响了成果转化工作的推进。

二、2018 年工作安排

2018 年是地名普查工作的收官之年、决胜之年，我们要以习近平新时代中国特色社会主义思想为指导，深入学习贯彻党的十九大精神和习近平总书记关于地名工作的重要批示指示，按照国务院地名普查领导小组部署要求，进一步加大力度、加快进度，确保高质量、按时、圆满完成第二次全国地名普查任务。

（一）加强组织领导，进一步加快普查进度。一是压实责任。抓好年度任务分解，细化工作措施，明确时限要求，强化绩效考评，做到目标到人、责任到岗，“一级抓一级，层层抓落实”，确保各项任务落到实处。二是加强指导。全面分析普查工作形势，准确对照既定工作目标，进一步深化调查研究，搞好成果转化、地名标准化处理专项培训，及时研究解决工作推进中发现的问题。三是强化督促。充分利用普查简报、工作通报、重点督查等多种形式，加大督促力度，推进普查进度，对工作进度严重滞后且情况没有改善的地方进行约谈，确保全国步调一致。四是落实保障。及时拨付补助地方地名普查经费，加强对各地地名普查资金使用的监管，确保经费使用合规、节俭、安全、高效。

（二）严把质量关口，全面完成普查验收工作。一是严格全面审核管理。加强对项目承担方的指导和监管，严格执行验收办法规定，严格按照验收流程办事，严格遵守验收技术规范，确保全面审核工作流程规范、进展有序，高质量、高标准完成验收任务。二是搞好审核情况反馈完善。按照“检查一批、反馈一批、通过一批、确认一批”的原则，及时向地方反馈审核情况和修改意见，指导各地根据全面审核情况举一反三，及时修改、完善并上报普查成果。三是推进验收重点问题整改。全面梳理分析普查验收发现的问题，抓重点、补短板、强弱项，开展疑难地名标准化处理、地名普查用字读音审定、沿边沿海重要地名整理考证、完善标准地名标志设置等工作，切实提高普查成果质量。

（三）强化档案管理，提高地名普查档案使用效益。一是全面收集整理。严格按照《第二次全国地名普查档案管理办法》规定的归档范围、整理要求、工作流程，组织指导好各级地名普查档案收集、整理和归档工作，确保归档档案完整、准确、系统和全面。二是搞好档案验收。强化地名普查档案验收工作指导，督促各地落实“以省为主、自下而上、逐级检查”工作要求，细化制定地名普查档案验收标准，组织实施好本省份地名普查档案验收工作。三是提高档案使用效益。进一步加强地名普查档案日常维护和管理，加快地名普查档案利用，创新档案利用方式与手段，力求实现长期保管与高效利用的有机统一。四是抓好资料安全保密。进一步强化普查保密管理，严格遵守各项普查技术规范，明确保密内容和保密重点，保管好普查成果数据，有序做好普查成果脱秘工作，确保不发生泄密事件。

（四）加快转化应用，尽早形成一批转化成果。一是推进普查数据库建设。完成地名普查成果数据入库检查、接边处理和图形整饰，建成标准统一、内容全面、覆盖全国的国家、省、市、县四级区划地名数据库以及界线界桩、地名标志、地名多媒体等专题数据库。二是推进图录典志编纂。编制出版中华人民共和国标准地名图集、标准地名录、标准地名系列挂图，全面推进标准地名词典、标准地名志编纂工作，完成标准地名词典第一卷的编纂，推动各地做好省、市、县三级图录典志编纂工作。三是推进信息平台研发。开展地名信息政务管理及社会服务平台试运行，进一步优化平台设计，完善平台功能，做好普查成果数据的处理、转换和迁移工作，尽快实现平台开通运行。

（五）搞好宣传表彰，充分展示地名普查成效。一是加强普查宣传。广泛挖掘宣传地名普查工作中涌现出的先进人物和典型事迹，完成地名普查短视频征集及系列公益性地名活动，制作地名普查便携式地图和宣传图册等宣传用品。二是搞好成果展示。深入开展地名普查省级成果、跨界自然地理实体地名普查成果、清理整治不规范地名成果展示等各项活动。三是总结普查经验。全面回顾四年来地名普查工作，总结分析普查工作成绩、经验，组织编写《地名普查纪实》，适时召开第二次全国地名普查总结会，进行普查总结表彰，圆满完成第二次全国地名普查任务。

（六）以地名普查为契机，扎实做好新时代地名工作。一是进一步规范和改进地名管理。贯彻落实十九大全面依法治国要求，加快修订《地名管理条例》，重点研制地名命名更名、地名信息化服务、地名文化遗产保护等方面标准，健全完善地名法规标准体系。严格地名命名更名申报审批程序，完善申报流程、专家论证和政务公开等制度，切实依法加强地名管理。继续推进地名规划工作，持续清理整治“大、洋、怪、重”等不规范地名，进一步提高地名管理法治化、标准化水平。二是不断深化地名公共服务。依托地名普查成果数据，建立完善各级地名地址数据库，健全信息更新维护机制。服务“一带一路”建设，开展“一带一路”沿线国家地名搜集整理和译写工作，联合有关部门推进全球地名数据库建设。服务乡村振兴战略，重点加强农村地区地名标志设置，进一步完善城乡一体的地名标志导向体系。积极应用“互联网 +”“大数据”“二维码”等新技术，建设地名信息服务系统，不断提升地名公共服务的效率和水平。三是深入推进地名文化建设。深入挖掘和利用地名普查形成的地名文化资料，制定地名文化遗产保护规划，分级分批开展“千年古县”“千年古镇”等地名文化遗产认定工作，形成科学有效的保护机制，切实加强地名文化遗产保护。坚定文化自信，坚持优秀地名文化传承，在地名命名更名时，充分挖掘人文历史资源，体现地域特色和当地文脉，提高新生地名文化含量。搞好地名文化宣传弘扬，支持引导地名文化产品和产业发展，广泛开展地名文化宣传活动，更好地弘扬中华优秀传统文化。

加强地名文化保护清理整治不规范地名工作总结报告

国地名普查办发〔2018〕5 号

国务院第二次全国地名普查领导小组：

国务院第二次全国地名普查领导小组印发《加强地名文化保护清理整治不规范地名工作实施方案》（以下简称《方案》），在全国范围内部署开展了加强地名文化保护清理整治不规范地名工作。两年来，各级地名普查机构按照“结合普查、依法实施，立足保护、传承发展，严格标准、稳妥推进，为民便民、节约资源，因地制宜、协调一致”的原则，扎实推进加强地名文化保护清理整治不规范地名专项活动，取得了初步成效。现将有关情况总结报告如下：

一、工作情况

（一）积极动员部署。《方案》印发后，民政部及时向党中央国务院上报了《关于加强地名文化保护清理整治不规范地名工作情况的报告》（民发〔2016〕33 号），总结了前一阶段“科学制定实施方案、结合地名普查部署推进、加快健全地名法规制度、广泛开展宣传引导”四方面主要工作，从“全面动员部署、完善制度规范、加强业务培训、强化工作督查”等方面抓好《方案》实施的思路与举措。国务院第二次全国地名普查领导小组办公室（以下简称“国务院地名普查办”）组织召开了全国视频会议，对加强地名文化保护清理整治不规范地名工作进行专门动员部署。各地认真贯彻落实《方案》和视频会议精神，把该项工作摆上重要议事日程，结合当地实际，制定细化实施方案，进一步明确目标任务、职责分工和工作重点。

（二）科学规范实施。各级地名普查机构针对地名文化保护清理整治不规范地名涉及面广、情况复杂的特点，明确标准规范，深入调研论证，严格依法行政，稳妥有序推进各项工作。一是明晰标准规范。各地在民政部《地名文化遗产鉴定》行业标准基础上，积极制定地名文化遗产保护地方标准；同时，依据《地名管理条例》《地名管理条例实施细则》和地方法规，严格按照《方案》确定的范围，充分考虑地方差异，重点明确了“刻意夸大、崇洋媚外、怪异难懂、重名同音”（即“大、洋、怪、重”）等不规范地名的具体界定标准，为开展地名文化保护，解决地名重名、用字不规范、含义不健康等问题提供操作依据。二是深入开展调查。各地结合地名普查，加大对地名文化资源和不规范地名情况调查力度，通过实地调查、资料考证、专家座谈等方式对本地区地名文化资源的数量、分布、现状和不规范地名问题进行全面调查，为有针对性地开展保护与清理提供了基础资料。三是充分论证评估。各地充分发挥专家学者作用，加强地名审核论证，广泛听取社会各界意见，分类推进保护与清理。对属于地名文化遗产的，由地名工作主管部门按程序予以确认纳入本级保护名录；对经论证评估属于不规范地名的，由相应行政管理部门按照法定程序进行命名更名。天津、安徽、贵州等地组织地名、地理、文化、法律等方面专家，成立了专家指导小组；广西、西藏等少数民族地区，邀请专业院校的少数民族语言学专家，对少数民族语地名译写进行了标准化处理。四是依法清理整改。各地依照地名管理相关法律法规，采取多种有效手段，重点对居民点、大型建筑物、街巷、道路等存在的不规范地名进行清理整改。天津将确认的不规范地名移交执法监察部门进行处理，并向相关部门下达整改通知书；上海制定了注销、加前缀、更名三种整治方法，分门别类开展清理整治；江西开展联合执法，重点纠正交通指示牌地名不规范、罗马字母拼写错误等问题。

（三）狠抓工作落实。各级地名普查机构将该项工作作为地名普查和地名管理服务的重点任务，大力加强保障措施，保证各项任务落实。一是加强业务培训。国务院地名普查办编印了《加强地名文化保护清理整治不规范地名工作培训教材》，先后举办了三期全国专题培训班；各地积极组织开展多层次业务培训，有效提高了工作人员的业务水平和能力。二是搞好舆论引导。国务院地名普查办协调人民日报、人民网、中国社会报、中国民政等媒体刊发了系列专题文章，协调中央电视台《焦点访谈》栏目播出 2 期反映不规范地名问题的专题节目。各地充分运用互联网、广播、电视、报纸、宣传手册等渠道，大力宣传和弘扬地名文化，不断增强社会各界使用标准地名、保护地名文化的意识。三是落实资金保障。各地从第二次全国地名普查经费中列支专项资金开展地名文化保护与清理整治不规范地名工作，保证了工作的顺利开展。四是强化督导检查。国务院地名普查办连续两年将加强地名文化保护与清理整治不规范地名工作列入地名普查督查范围，先后派出多个督察组进行实地督查。2016年对河北、黑龙江、贵州等19个省（区、市）进行了实地督查；2017年，对全国31个省（区、市）和新疆生产建设兵团开展了全覆盖督查。特别是在地名普查抽查复验中，对各省（区、市）不符合地名文化保护与清理整治不规范地名工作要求或工作开展不到位的情况，进行面对面问题通报，形成书面反馈问题清单，明确提出整改要求。各地地名普查办也加强了对所属地区工作进展情况的督查检查，保证了工作实效。

（四）注重系统施策。国务院地名普查办在着力加强地名文化保护与清理整治不规范地名的同时，统筹推进地名法治建设、地名管理、地名公共服务和边境地区地名审定等工作，全面提升地名管理和服务水平。一是统筹推进地名法规制度建设。组织地名管理专业人员和法律专家组成专班，专题研究修订《地名管理条例》，形成条例送审稿。制定印发《民政部关于加强地名标志设置和管理的指导意见》（民发〔2017〕192号），进一步规范地名标志设置与管理。二是统筹地名命名更名管理。严格落实地名命名更名论证和风险评估工作制度，认真研究办理县级以上行政区划调整中36件政区命名更名事项。积极协调有关部门，做好国际公有领域海底地理实体命名工作，2016年审核报批西太平洋海域13处海底地名，2017年审核报批太平洋、印度洋和大西洋海域23处海底地名，有效维护了我国在国际海底区域海洋权益。三是统筹地名公共服务建设。结合地名普查成果转化工作，积极研发地名信息政务管理及社会服务平台，全面启动标准地名图、录、典、志编纂工作。开展全国地名地址库试点示范创建活动，遴选确定河北石家庄市等37个试点示范市（区、县、自治州），研制下发地名地址管理软件，支持指导试点示范区创新地名地址管理，加快推进覆盖国家、省、市、县四级的区划地名数据库建设步伐。指导各地结合地名普查，按照国家标准及时更新、补设地名标志，基本实现城乡地名标志全覆盖。四是统筹边境地区重大地名专项工作。按照《关于做好第二次全国地名普查试点地区地名补查工作的通知》要求，组织完成沿边沿海359个县级政区地名补查更新工作。会同外交部等部门审定并发布了第一批藏南地区公开使用地名。

二、取得成效

经过两年多努力，加强地名文化保护与清理整治不规范地名工作取得了阶段性成果。

——在地名文化保护方面。一是初步掌握了底数详情。经调查梳理，全国范围内的地名文化遗产约 2.7 万余个，基本做到了底数清、问题明，为推进地名文化遗产分级、分层、分类保护，建立健全地名文化遗产保护名录和资源库奠定了基础。北京分级分类梳理千年古县、古镇、古村等地名文化遗产 2609 个；浙江建立分级分类地名文化遗产保护名录 3663 条，初步排查出符合国家标准的地名文化遗产 727 处；上海梳理历史文化街区 44 个、中心城风貌保护道路 127 条；湖南统计千年古城 8 个、千年古县 43 个、千年古镇 180 个、千年古村落 188 个、甲骨文和金文地名 3 个、少数民族语地名 136 个、著名山川 224 个、近现代重要地名 408 个；贵州整理州、县两级拟列入保护名录的地名 5172 条，其中少数民族语地名 4466 条。二是深化了地名文化遗产保护。各级地名主管部门将地名文化遗产保护作为地名文化建设的核心，重点加强“千年古县、千年古镇、千年古村落”等地名文化遗产保护工作。国家层面继续推进“千年古县”地名文化遗产认定工作，2017 年先后认定山东省东平县、湖北省大冶市等 10 个县（市、区）为“千年古县”地名文化遗产，截至目前已先后评审认定“千年古县”地名文化遗产 82 个。安徽认定了“千年古镇”65 个、“千年古村落”34 个；浙江认定第一批“千年古镇”“千年古村落”地名文化遗产各 10 个；广东认定了“千年古村落”10 个；福建将 205 个古地名纳入第一批省级地名文化遗产保护名录。三是进一步完善了保护制度。各级地名主管部门制定了一批地名文化保护技术标准，编制了一批地名文化保护规划，进一步健全了地名文化保护标准规范和制度措施。国务院地名普查办印发了《关于进一步加强地名文化属性信息采集工作的通知》（国地名普查办发〔2016〕11 号），民政部印发了《关于进一步加强地名文化遗产保护工作的通知》（民函〔2016〕344 号）。北京印发了《关于推进地名文化遗产分级保护工作的通知》，天津制定了《地名文化保护规划》，江西印发了《关于做好千年古县、千年古镇地名文化遗产申报工作的通知》，广西印发了《地名命名更名方案编制和上报审批工作规程》，重庆印发了《地名文化遗产保护工作实施方案》。四是有效推进了传播利用。国务院地名普查办开展了

“地名情·中国梦”地名普查微视频（微电影）和“一带一路”国内地名文化摄影征集活动，组织拍摄了《神州地名》等地名文化宣传片。各地大力加强地名文化产品开发，积极搭建地名文化活动平台，广泛开展了地名文化展览、征文、知识竞赛、视频征集等地名文化宣传活动，不断增强社会各界地名文化保护和标准化意识，营造了良好社会氛围。天津编纂了《天津市历史地名名录》；上海举办了“上海地图中的地名沿革”主题展览；浙江开展了“寻梦乡愁——浙江地名文化之旅”采风活动，拍摄地名文化纪录片和微电影，筹建地名文化博物馆，提升了地名文化的影响力。

——在清理整治不规范地名方面。一是“整治存量”效果初显。专项工作开展以来，全国各地共清理整治不规范地名 7.5 万余条，其中“大”地名 3300 余条、“洋”地名 2700 余条、“怪”地名 1.3 万余条、“重”地名 5.5 万余条。湖北标准化处理不规范地名 2.29 万条；贵州查清不规范地名 5570 条，清理整治 5366 条；广东查清不规范地名 5101 条，清理整治 2355 条，不规范地名存量明显减少。二是“遏制增量”取得实效。在减少不规范地名存量的同时，各地坚决遏制新增不规范地名，在命名更名时强化地名文化保护意识和标准化意识，依法严格审批权限和工作程序，广泛征求各方面意见，“大、洋、怪、重”等不规范地名快速增长的势头得到有力遏制，不规范地名增量大幅下降。三是长效机制更加健全。各地坚持标本兼治，把阶段性工作和长期性制度建设相结合，进一步健全地名管理法规标准，推动形成地名管理长效机制，切实提高地名管理法治化、科学化、标准化水平。辽宁、江西、广西、重庆等地已探索建立了地名命名前置审批制度，江苏、内蒙古、湖北等地通过进一步完善地方规章，规范地名命名更名程序，从源头上遏制不规范地名问题产生。

三、存在问题

总体上看，加强地名文化保护清理整治不规范地名工作取得了初步成效，一批具有深厚历史文化内涵的地名文化遗产得到有效保护，大量“大、洋、怪、重”等不规范地名得到清理整改，但地名文化保护不深入、不规范地名清理整治不够彻底等问题仍然存在，面临的形势和任务依然艰巨复杂。一是不规范地名依然较多。“洋地名”等不规范地名屡禁不止，特别是在建筑物、居民区、道路等人民群众使用频率较高的地名中，以外国人名地名命名、使用外语词及汉字音译形式命名、使用外文拼写地名等乱象仍比较突出。二是清理整治难度很大。许多不规范地名涉及面广、管理主体多元，特别是一些建筑物、居民区、专业设施等名称已在一定范围内长期使用，更改成本高、难度大，处理不当会给人民群众生产生活造成不便，各地在清理整治过程中遇到不同程度的阻力。三是地名文化保护亟需深化。一些地方由于地名文化资源调查全面性、系统性不够，地名文化挖掘的深度不足、广度不够，一些具有历史价值和文化意义的老地名仍然面临消失的风险，加强地名文化保护的任务依然艰巨。

这些问题的存在主要有三方面原因：一是法治建设滞后。伴随着近年来我国经济社会发展和城镇化进程推进，地名管理的外部环境、目标要求、内容方式均已发生了巨大变化，而现行《地名管理条例》仍是 1986 年制定的，许多规定已难以适应当前管理需要，加强地名文化保护与清理整治不规范地名工作缺乏明确的法律依据和强有力的执法措施。二是体制机制不畅。地名管理是一项涉及多个部门的综合性行政管理工作。公路、铁路、机场等专业设施类地名管理涉及交通部门，企业单位类地名管理涉及工商、税务、金融等部门，居民区、建筑物等地名管理涉及城建、公安等部门，北京、天津、上海三个直辖市地名工作仍归口在规划和国土资源部门。管理体制不顺、协调机制不畅、部门合力不强等问题，制约了地名文化保护与清理整治不规范地名工作的实施成效。三是保护意识不强。一些地方地名文化保护意识不强、力度不够，特别是在快速城镇化进程中，由于合村并乡、撤乡并镇以及过分追求经济利益、盲目崇拜“洋地名”等错误倾向，许多具有深厚历史文化内涵的地名快速消失，滋生了许多“大地名、洋地名、怪地名”，破坏了中华优秀地名文化传承。此外，社会公众对地名管理法规标准的认知还不全面，自觉保护地名文化、抵制不规范地名的氛围尚不浓厚。

四、工作建议

根据《方案》安排，此次由国务院第二次全国地名普查领导小组部署的加强地名文化保护清理整治不规范地名专项工作已告一段落。为进一步深入贯彻落实习近平总书记关于加强和规范地名管理、保护传承弘扬中华优秀地名文化的重要指示精神，下一步，我们将在巩固此次专项工作成果基础上，坚持问题导向，着力从法规制度建设、管理体制机制、地名文化保护、社会宣传引导等方面采取有力措施，精准施策，综合治理，持续深入推进地名文化保护与不规范地名清理整治工作。

一是加紧完善地名管理法规。争取将《地名管理条例》纳入国务院立法计划，加快修订出台步伐。修订中要明确将建筑物名称等地名纳入地名管理范围和相关管理部门职责，增加关于地名文化保护、地名规划、违规问题处罚等方面内容，切实解决地名管理范围、管理方式不适应新时代新要求的问题。同时，积极指导各地加强地方法规标准建设，形成各级配套完善的地名管理法规标准体系。

二是强化部门协同配合。充分发挥地名管理工作部际联席会议等协调机构作用，加大协调沟通力度，研究制定更加有效的政策措施，由民政部会同住建、交通、工商等相关部门联合发文，形成多部门齐抓共管、紧密配合、协同推进地名文化保护与清理整治不规范地名的合力。

三是深化地名文化建设。在继续大力清理整治不规范地名的同时，结合地名普查成果开发利用，进一步深化地名文化资源挖掘整理，完善“千年古县”等系列地名文化遗产标准规范，丰富地名文化产品和服务，持续推进优秀地名文化的保护传承与弘扬。

四是加强舆论宣传引导。积极争取宣传部门支持，制作系列清理整治不规范地名、传承优秀地名文脉公益宣传片和广告，组织撰写一批专题文章，通过报刊、电视、网络等媒体广泛持续宣传，营造保护地名文化清理整治不规范地名的良好氛围。

国务院第二次全国地名普查领导小组办公室

2018 年 2 月 12 日

关于印发《2017 年第二次全国地名普查工作进展情况和 2018 年工作安排》的通知

国地名普查办发〔2018〕6 号

各省、自治区、直辖市第二次全国地名普查领导小组办公室，新疆生产建设兵团第二次全国地名普查领导小组办公室：

2018 年 1 月，国务院第二次全国地名普查领导小组办公室向国务院第二次全国地名普查领导小组上报了《2017 年第二次全国地名普查工作进展情况和 2018 年工作安排》。国务院地名普查领导小组组长、国务委员王勇同志审定并作出重要批示。现将国务院领导同志审定同意的《2017 年第二次全国地名普查工作进展情况和 2018 年工作安排》印发你们，请认真学习贯彻落实，进一步细化本地区地名普查工作安排，全力以赴抓好组织实施，确保按时高质量完成第二次全国地名普查工作。

国务院第二次全国地名普查领导小组办公室

2018 年 3 月 2 日

2017 年第二次全国地名普查工作进展情况和 2018 年工作安排

2017 年是第二次全国地名普查承上启下的关键之年、攻坚之年。一年来，在党中央国务院坚强领导、国务院地名普查领导小组直接指挥、各成员单位支持配合下，国务院地名普查办围绕年度目标任务，紧紧抓住普查验收这个重点，牢牢把握成果质量这一关键，精心组织，周密部署，扎实推进地名普查各项工作。经过一年努力，全面采集各类地名 1400 多万条，初步查清全国地名基本情况，基本完成普查第二阶段任务，取得了重要阶段性成果。

一、2017 年地名普查工作情况

（一）全面加强组织领导。一是完善领导机构。1 月，根据工作需要，经报王勇国务委员同意，对国务院地名普查领导小组组成人员进行调整，民政部黄树贤部长担任领导小组副组长，同时调整了其他部门 17 名小组成员，进一步强化了普查工作领导。二是深化工作部署。2 月，召开全国地名普查验收暨成果转化视频会议，国务院地名普查领导小组副组长、民政部部长黄树贤同志出席会议并讲话，对地名普查验收及成果转化工作作出部署，提出要求。2018 年 1 月 10 日，国务院第二次全国地名普查领导小组副组长兼办公室主任、民政部副部长宫蒲光同志主持召开领导小组办公室会议，总结 2017 年普查进展情况，研究部署 2018 年普查工作。三是解决突出问题。领导小组和办公室负责同志多次赴实地督导，先后于 5 月、7 月主持召开部分省份地名普查工作座谈会和国务院地名普查办公室会议，专题研究普查推进工作。11 月印发《关于加快推进地名普查工作的通知》，针对普查存在的主要问题提出解决措施。四是开展专项督查。将地名普查督查列入年度民政部重点工作督查计划。7 月底至 9 月下旬，国务院地名普查办组成 5 个工作组，对全国 31 个省（区、市）和新疆生产建设兵团进行了全面督查，督促各地抓好普查检查验收、成果转化、地名管理等各方面工作。

（二）强力推进普查验收。一是加强工作指导。3 月，印发《关于切实做好第二次全国地名普查验收工作的通知》，进一步明确验收工作要求和时间安排。通过组建工作群、网上答疑、电话督导、问题交流、实地指导等多种方式，进一步加强对各地验收工作指导。二是抓好通报督促。根据工作节点推进验收工作，4 月、5 月两次通报各地普查验收进展情况，督促各地加快验收进度。6 月底前，各地基本完成了县级自查、地级核查和省级验收工作。三是组织抽查复验。下半年，按照普查验收要求，国务院地名普查办派出工作组分赴全国 31 个省（区、市）和新疆生产建设兵团，选取 38 个市（州）、75 个县（市、区）进行实地抽查复验，现场指出问题并督促抓紧整改，以国务院地名普查办名义出具了 32 份抽查复验反馈意见。

（三）扎实开展质量审核。一是完成监理和质量评定。通过招标委托第三方机构对 31 个省（区、市）和新疆生产建设兵团的 150 多个县、市进行地名普查监理和质量评定，形成问题反馈清单并要求相关省份对照整改。二是开展全面审核。通过招标研发了地名普查质量管理和验收系统，编写了普查复验及全面审核工作手册。招标委托第三方专业机构对各地上报复验的成果数据开展全面审核。11 月初完成了全国第一轮县级成果全面审核，目前正在进行第二轮审核。三是及时督导验收整改。印发《关于修改完善第二次全国地名普查成果数据的通知》，督促、指导各地进行普查整改工作。同时，国务院地名普查办分别在武汉、石家庄召开普查专家、工作人员参加的地名普查成果规范、数据复核工作会议，对数据报送、成果审核、质量完善、问题反馈等工作环节进行部署与督促。

（四）积极做好入库工作。一是开展基础数据处理。组织对全国地名普查工作用图进行分省切片和图载地名提取，共刻制光盘 800 张，提取图载地名 542 万条，数据量约 2.7T。二是完成机房扩容改造。地名普查数据机房的数据容量从 70T（存储、备份各 35T），扩展到 600T（存储、备份各 300T），充分满足了后期数据入库存储需求。三是明确入库技术规范。编制成果数据入库检查工作手册、检查要点和操作规范，明晰检查事项、检查内容和判定标准，形成了一整套入库作业流程规范。四是完善预检查软件。及时升级入库预检查软件，帮助各地更好地查找发现问题。软件被广泛应用在地名普查自查、核查和验收各个环节，对保障成果数据基本质量发挥了重要作用。五是组织实操演练。对 5 家招标入库检查单位、接边检查单位和监理单位业务骨干进行了 2 轮 40 人次培训及实操演练，确保熟练掌握检查技能。六是搞好界线界桩数据入库。组织检查各地报送的县级以上行政区域界线、界桩数据，指导做好核实修正工作。全国 28 个省份界线界桩数据通过检查、实现入库，入库界线 4951 条、界桩 26956 颗，数据量 256G。

（五）稳步实施成果转化。一是推动制度建设。指导各地落实《第二次全国地名普查成果转化规划（2015—2020 年）》和《第二次全国地名普查档案管理办法》要求，研究制定本地区成果转化规划和档案验收标准。31 个省（区、市）和新疆生产建设兵团制定出台了成果转化规划，26 个省份制定出台了档案验收标准。二是紧抓图录典志编纂。成立中华人民共和国标准地名志编委会、编辑部，对标准地名图集、地名录和地名词典有关编委会委员、编辑部成员进行调整，进一步健全编写机构和队伍。与项目承担单位密切沟通、协调，及时研究遇到问题及下步推进工作计划。印发《关于加快推进〈中华人民共和国标准地名词典〉编纂工作的通知》，组织完成了词典第一部分词目表编制，选收词条 12.6 万条，并对 23 个省份 48 个地级市的释文进行了审稿。推进图集样张制作，组织完成全国 13 个省份 159 个地级市样图编制，使用东中西 10 个区县地名普查成果数据进行样图校验。加快地名志编纂，制定了实施方案、编纂手册，明确了收词标准，形成了样条样稿。三是加快平台研发。组织开展地名信息政务管理及社会服务平台需求调研，形成项目需求分析报告，完成平台原型研发、硬件设备采购和设备集成，正在进行功能测试。

（六）认真抓好专项工作。一是有序推进跨界地名普查。完成跨省界自然地理实体地名普查，组织 31 个省（区、市）对全国 68 条省界的跨界地名进行“接边”复核，共核实跨省界地名 10922 条。研究制定跨界地名普查成果检查验收标准，指导各地做好跨市、县界自然地理实体地名普查。二是深入开展不规范地名清理整治。研究制定清理整治不规范地名专项工作验收标准，指导各地加大清理整治不规范地名力度，全国先后清理整治“大、洋、怪、重”不规范地名 7.5 万余条。三是进一步深化地名文化保护。召开地名文化保护工作座谈会，指导各地加强地名文化保护，在地名普查中深入挖掘地名文化遗产资源。进一步推进“千年古县”等地名文化遗产鉴定，组织开展了地名理论征文及“地名文化大直播”“地名文化进校园”等公益性地名系列活动，拍摄了《神州地名》纪录片。四是推进地名地址库试点示范创建。组织招标研发了地名地址库系统，指导 37 个试点县（市、区）做好示范创建工作，进一步加强地名地址管理。

（七）努力做好普查保障。一是落实普查经费。在财政部大力支持下，下拨年度地名普查中央补助地方经费 6.67 亿元。三年来，中央财政和地方财政共计投入资金 55 亿元。二是强化人员培训。针对普查工作进展情况，先后组织地名普查验收、成果数据入库及转化应用、地名地址管理、地名文化遗产保护等专题业务培训，培训人员 600 余人次。三是加大宣传力度。全年编发 12 期普查工作简报，在民政部网站、国家地名普查网、微信公众号、国家地名微博等媒体发布普查信息 964 条，及时反映各地工作开展情况，交流好经验好做法。广泛征集各地普查成果展示材料，组织开展“美丽中国 · 地名寻梦”地名普查短视频征集活动和“寻找最美地名故事”网络征集活动，编辑出版《中国 100 个地名故事》。

同时，我们也清醒地认识到，对照普查任务要求，当前普查工作还面临着一些困难和问题。主要表现在三个方面：一是一些地方普查进度相对滞后。

按照普查工作规程要求，2017 年 6 月底前应完成各级普查验收工作。但由于一些地方确定普查验收项目承担单位过迟，部分地区普查工作特别是验收工作推进过慢，不少地方地名普查验收工作滞后于全国统一的普查时限要求。二是普查成果质量有待提升。从全面审核和实地抽查情况看，各地普查成果还存在填写不规范、挖掘不深入、标绘不准确、跨界地名接边处理不完善等问题，需要下大力气督促整改，进一步提升成果质量。三是成果转化推进还不均衡。2015 年以来，国家层面陆续部署启动了标准地名图录典志、政务管理及社会服务平台等重点项目。多数地方能够按照要求及时开展相关工作，但一些地方由于对成果转化重视不够，专业人员和普查经费保障不足，一定程度影响了成果转化工作的推进。

二、2018 年工作安排

2018 年是地名普查工作的收官之年、决胜之年，我们要以习近平新时代中国特色社会主义思想为指导，深入学习贯彻党的十九大精神和习近平总书记关于地名工作的重要批示指示，按照国务院地名普查领导小组部署要求，进一步加大力度、加快进度，确保高质量、按时、圆满完成第二次全国地名普查任务。

（一）加强组织领导，进一步加快普查进度。一是压实责任。抓好年度任务分解，细化工作措施，明确时限要求，强化绩效考评，做到目标到人、责任到岗，“一级抓一级，层层抓落实”，确保各项任务落到实处。二是加强指导。全面分析普查工作形势，准确对照既定工作目标，进一步深化调查研究，搞好成果转化、地名标准化处理专项培训，及时研究解决工作推进中发现的问题。三是强化督促。充分利用普查简报、工作通报、重点督查等多种形式，加大督促力度，推进普查进度，对工作进度严重滞后且情况没有改善的地方进行约谈，确保全国步调一致。四是落实保障。及时拨付补助地方地名普查经费，加强对各地地名普查资金使用的监管，确保经费使用合规、节俭、安全、高效。

（二）严把质量关口，全面完成普查验收工作。一是严格全面审核管理。加强对项目承担方的指导和监管，严格执行验收办法规定，严格按照验收流程办事，严格遵守验收技术规范，确保全面审核工作流程规范、进展有序，高质量、高标准完成验收任务。二是搞好审核情况反馈完善。按照“检查一批、反馈一批、通过一批、确认一批”的原则，及时向地方反馈审核情况和修改意见，指导各地根据全面审核情况举一反三，及时修改、完善并上报普查成果。三是推进验收重点问题整改。全面梳理分析普查验收发现的问题，抓重点、补短板、强弱项，开展疑难地名标准化处理、地名普查用字读音审定、沿边沿海重要地名整理考证、完善标准地名标志设置等工作，切实提高普查成果质量。

（三）强化档案管理，提高地名普查档案使用效益。一是全面收集整理。严格按照《第二次全国地名普查档案管理办法》规定的归档范围、整理要求、工作流程，组织指导好各级地名普查档案收集、整理和归档工作，确保归档档案完整、准确、系统和全面。二是搞好档案验收。强化地名普查档案验收工作指导，督促各地落实“以省为主、自下而上、逐级检查”工作要求，细化制定地名普查档案验收标准，组织实施好本省份地名普查档案验收工作。三是提高档案使用效益。进一步加强地名普查档案日常维护和管理，加快地名普查档案利用，创新档案利用方式与手段，力求实现长期保管与高效利用的有机统一。四是抓好资料安全保密。进一步强化普查保密管理，严格遵守各项普查技术规范，明确保密内容和保密重点，保管好普查成果数据，有序做好普查成果脱密工作，确保不发生泄密事件。

（四）加快转化应用，尽早形成一批转化成果。一是推进普查数据库建设。完成地名普查成果数据入库检查、接边处理和图形整饰，建成标准统一、内容全面、覆盖全国的国家、省、市、县四级区划地名数据库以及界线界桩、地名标志、地名多媒体等专题数据库。二是推进图录典志编纂。编制出版中华人民共和国标准地名图集、标准地名录、标准地名系列挂图，全面推进标准地名词典、标准地名志编纂工作，完成标准地名词典第一卷的编纂，推动各地做好省、市、县三级图录典志编纂工作。三是推进信息平台研发。开展地名信息政务管理及社会服务平台试运行，进一步优化平台设计，完善平台功能，做好普查成果数据的处理、转换和迁移工作，尽快实现平台开通运行。

（五）搞好宣传表彰，充分展示地名普查成效。一是加强普查宣传。广泛挖掘宣传地名普查工作中涌现出的先进人物和典型事迹，完成地名普查短视频征集及系列公益性地名活动，制作地名普查便携式地图和宣传图册等宣传用品。二是搞好成果展示。深入开展地名普查省级成果、跨界自然地理实体地名普查成果、清理整治不规范地名成果展示等各项活动。三是总结普查经验。全面回顾四年来地名普查工作，总结分析普查工作成绩、经验，组织编写《地名普查纪实》，适时召开第二次全国地名普查总结会，进行普查总结表彰，圆满完成第二次全国地名普查任务。

（六）以地名普查为契机，扎实做好新时代地名工作。一是进一步规范和改进地名管理。贯彻落实十九大全面依法治国要求，加快修订《地名管理条例》，重点研制地名命名更名、地名信息化服务、地名文化遗产保护等方面标准，健全完善地名法规标准体系。严格地名命名更名申报审批程序，完善申报流程、专家论证和政务公开等制度，切实依法加强地名管理。继续推进地名规划工作，持续清理整治“大、洋、怪、重”等不规范地名，进一步提高地名管理法治化、标准化水平。二是不断深化地名公共服务。依托地名普查成果数据，建立完善各级地名地址数据库，健全信息更新维护机制。服务“一带一路”建设，开展“一带一路”沿线国家地名搜集整理和译写工作，联合有关部门推进全球地名数据库建设。服务乡村振兴战略，重点加强农村地区地名标志设置，进一步完善城乡一体的地名标志导向体系。积极应用“互联网+”“大数据”“二维码”等新技术，建设地名信息服务系统，不断提升地名公共服务的效率和水平。三是深入推进地名文化建设。深入挖掘和利用地名普查形成的地名文化资料，制定地名文化遗产保护规划，分级分批开展“千年古县”“千年古镇”等地名文化遗产认定工作，形成科学有效的保护机制，切实加强地名文化遗产保护。坚定文化自信，坚持优秀地名文化传承，在地名命名更名时，充分挖掘人文历史资源，体现地域特色和当地文脉，提高新生地名文化含量。搞好地名文化宣传弘扬，支持引导地名文化产品和产业发展，广泛开展地名文化宣传活动，更好地弘扬中华优秀传统文化。

关于开展不规范地名清理整治工作调查研究的通知

国地名普查办发〔2018〕7 号

各省、自治区、直辖市第二次全国地名普查领导小组办公室，新疆生产建设兵团第二次全国地名普查领导小组办公室：

2016 年国务院第二次全国地名普查领导小组部署开展加强地名文化保护清理整治不规范地名专项活动以来，各级地名普查机构结合第二次全国地名普查工作扎实推进，取得了初步成效。但从全国范围看，不规范地名问题依然比较突出，尤其是社会各界对“洋地名”乱象反响比较强烈。为深入贯彻落实习近平总书记在中央城镇化工作会议上的重要讲话精神，摸清当前不规范地名清理整治现状、困难与问题，为下一步持续深入推进清理整治工作奠定基础，国务院地名普查办决定开展专题调查研究。现就有关事项通知如下：

一、调查内容

对 2016 年部署开展的加强地名文化保护清理整治不规范地名专项活动进行“回头看”，重点了解掌握不规范地名现状及清理整治困难与问题，有针对性地提出对策与建议，具体内容详见调查问卷、基本情况表和调查统计表（附件 1—3）。

二、调查形式

采取调查问卷与专题报告相结合的方式实施。请各省级地名普查办将调查问卷、《基本情况表 1—2》《调查统计表 1—4》发至县级政区进行调查摸底，在汇总分析基础上形成省级专题调研报告并填写完成本地区《基本情况表 1—2》和《调查统计表 1—5》。

三、有关要求

各地要坚持实事求是工作原则，不虚报数据、不回避矛盾、不流于形式，深入基层一线开展调查研究，客观真实反映实际状况。要坚持以问题为导向，对照《地名管理条例》《地名管理条例实施细则》等法规文件有关要求，深入剖析本地在地名命名、更名、发布、使用等环节中存在突出问题，重点说明制约不规范地名清理整治工作的体制机制障碍，有针对性地提出加强和改进地名管理、推进不规范地名清理整治的对策建议。专题调研报告有关要求见附件4。

请各省级地名普查办于4月13日前将省级专题调研报告、《基本情况表1—2》和《调查统计表1—5》报送国务院第二次全国地名普查领导小组办公室，电子版发送至qhsdmc@126.com。

联 系 人：高应波
联系电话：010-58123232
传　　真：010-58123228

附件：1. 不规范地名清理整治工作调查问卷
　　　2. 基本情况表1—2
　　　3. 调查统计表1—5
　　　4. 专题调研报告撰写要求

（备注：调查问卷和统计表格可从百度网盘下载，链接：https：//pan.baidu.com/s/1VkjDznZ0XD0wrjs53KxTHg 密码：n5n9

国务院第二次全国地名普查领导小组办公室
2018年3月22日

附件1

不规范地名清理整治工作调查问卷

填报单位（盖章）：________________
填报时间：______年____月____日
联系人及联系电话：________________

1. 清理整治不规范地名工作现状：

略，具体情况填写《基本情况表 1—2》和《调查统计表 1—4》

2. 本地区不规范地名摸底调查情况：

A. 底数详情清楚，台账资料健全

B. 底数详情基本清楚，台账资料不健全

C. 未完全掌握不规范地名底数详情

D. 对现状不了解

3. 本地区建立健全地名管理长效工作机制情况（可多选）：

A. 已建立地名管理协调议事机制

B. 有行之有效的地名管理相关法规、规范性文件

C. 已编制本地区地名规划

D. 已建立地名命名、更名审核把关工作机制

E. 已建立地名命名、更名专家论证评估工作机制

F. 已建立标准地名发布使用工作机制

G. 其他：______________________________

4. 对本地区清理整治不规范地名工作成效总体评价：

A. 成效非常显著，不规范地名存量明显减少，增量大幅下降

B. 成效较为显著，大部分不规范地名得到清理整治

C. 成效一般，仍然存在较多不规范地名

D. 成效较差，仍然存在大量不规范地名

（注：选择选项 A 和 B 的地区，请在第 11 题中回答本地区的好的经验做法，并在专题调研报告中介绍经验做法）

5. 清理整治不规范地名工作成效一般或较差的主要原因及情况说明（按重要性进行选择，不超过 3 项）：

A. 思想认识不到位（请简要说明情况）

B. 工作责任未有效压实（请简要说明情况）

C. 缺乏相关法律法规支撑（请简要说明需要建立完善哪项法规及其主要内容）

D. 多部门协同整治的工作机制不畅（请简要说明情况）

E. 经费保障不足（请简要说明清理整治所需经费数额及主要用途）

F. 清理整治涉及面广，关系到相关居民群众的户籍、地址、物产权证等

信息，本地居民群众不支持（请简要说明情况）

G. 其他：________________

情况说明：________________

____

6. 本地区采取何种方式管理新生地名：

A. 备案制　　B. 审批制　　C. 未建立有效的管理机制

D. 其他：________________

7. 通过开展清理整治不规范地名活动，是否从源头上遏制住新生不规范地名：

A. 是　　B. 否　　C. 不好判断

8. 本地区仍会产生不规范地名的类型有哪些：

A. 居民区　　B. 大型建筑物　　C. 道路

D. 街巷　　E. 桥梁　　F. 其他：________________

9. 本地区仍然会产生不规范地名的主要原因及情况说明（按重要性进行选择，不超过 3 项）：

A. 缺少规范地名评定的相关标准依据（请简要说明情况）

B. 新生地名审查把关不够严格（请简要说明情况）

C. 地名命名、更名的工作制度不健全（请简要说明情况）

D. 未形成各部门“齐抓共管”的地名管理工作格局（请简要说明情况）

E. 在地名使用环节缺乏有效的监管手段（请简要说明情况）

F. 其他：________________

情况说明：________________

____

10. 结合本地区不规范地名现状，持续推进清理整治工作需要哪些部门的支持与配合？

A. 交通　　B. 住建　　C. 公安　　D. 城管　　E. 规划　　F. 工商

G. 其他：________________

请说明上述支持配合部门的主要职责任务：

____

____

11. 在不规范地名清理整治方面有哪些好的经验做法？

12. 在不规范地名清理整治方面有哪些好的意见建议？

13. 对加强和改进地名管理工作的意见建议。

附件 2

基本情况表 1——已标准化处理的不规范地名一览表

填报单位（盖章）：　　　　　　　　　　　　　　日期：

序号	原不规范地名名称	标准化处理后名称	地理实体类型	不规范地名类型	备注

备注：1. 以上表格信息截至 2018 年 2 月。

2. 地理实体类型为居民区、大型建筑物、道路、街巷、桥梁及其他类，不规范地名类型为刻意夸大、崇洋媚外、怪异难懂、重名同音及其他类型。地理实体类型和不规范地名类型两栏信息请从下拉框列表中选择。若选择“其他”类型，请在备注栏填写其他类型具体情况。

基本情况表 2——尚未标准化处理的不规范地名一览表

填报单位（盖章）：　　　　　　　　　　　　　　日期：

序号	尚未标准化处理的不规范地名	所属行政区域	地理实体类型	不规范地名类型	存在年限	未标准化处理的原因	备　注

续表

序号	尚未标准化处理的不规范地名	所属行政区域	地理实体类型	不规范地名类型	存在年限	未标准化处理的原因	备　注

备注：1. 以上表格信息截至 2018 年 2 月。

2. 所属行政区域一栏请填写至县级以上行政区域（如 ××× 省 ×× 县，××× 市 ×× 区）。

3. 地理实体类型为居民区、大型建筑物、道路、街巷、桥梁及其他类；不规范地名类型为刻意夸大、崇洋媚外、怪异难懂、重名同音及其他类型；存在年限为“1—5 年、6—10 年、10 年以上”；未标准化处理的原因为“已纳入清理整治范围，逐步推进整改；当地居民群众不同意整改；资金投入不足，无法推进整改；部门之间沟通协调难度大，无法推进整改；其他原因”。地理实体类型、不规范地名类型、存在年限及未标准化处理的原因等四栏信息请从下拉框列表中选择。若选择“其他”，请在备注栏填写其他类型具体情况。

附件 3

调查统计表 1——清理整治不规范地名工作情况统计

填报单位（盖章）：　　　　　　　　　　　　日期：

填报单位（省 / 市 / 县）	地理实体类型	不规范地名调查摸底数量（个）						已标准化处理的不规范地名数量（个）						标准化率
××× 省（市、县）		总数	刻意夸大	崇洋媚外	怪异难懂	重名同音	其他类	总数	刻意夸大	崇洋媚外	怪异难懂	重名同音	其他类	
	居民区													
	大型建筑物													
	道路													
	街巷													
	桥梁													
	其他类													
	总数													

调查统计表 2——尚未标准化处理的不规范地名存在的年限统计

填报单位（盖章）：　　　　　　　　　　　　　　　日期：

填报单位（省 / 市 / 县）	地理实体类型	尚未标准化处理的不规范地名存在的年限（个） A：1—5 年　B：6—10 年　C：10 年以上														
×××省（市、县）		刻意夸大			崇洋媚外			怪异难懂			重名同音			其他类		
		A	B	C	A	B	C	A	B	C	A	B	C	A	B	C
	居民区															
	大型建筑物															
	道路															
	街巷															
	桥梁															
	其他类															
	总数															

调查统计表 3——尚未标准化处理的不规范地名原因统计

填报单位（盖章）：　　　　　　　　　　　　　　　日期：

填报单位（省 / 市 / 县）	地理实体类型	尚未标准化处理的不规范地名的原因（个） A. 已纳入清理整治范围，逐步推进整改　B. 当地居民群众不同意整改 C. 资金投入不足，无法推进整改　D. 部门之间沟通协调难度大，无法推进整改 E. 其他原因														
×××省（市、县）		刻意夸大			崇洋媚外			怪异难懂			重名同音			其他类		
		A	B	C	A	B	C	A	B	C	A	B	C	A	B	C
	居民区															
	大型建筑物															
	道路															
	街巷															
	桥梁															
	其他类															
	总数															

调查统计表 4——地名使用乱象清理整治情况统计

填报单位（盖章）：　　　　　　　　　　　　　　　　日期：

填报单位（省 / 市 / 县）	清理地名使用乱象数（个）				
	公共标志	公共媒体	公开出版物	文书票证	其　他
××× 省（市、县）					

注：以上所有调查数据截至 2018 年 2 月。

调查统计表 5——不规范地名清理整治工作调查问卷统计汇总表

填报单位（盖章）：　　　　　　　　　　　　　　　　日期：

本地县级行政区域数：____个

题　号	选项数量统计（个）及相关文字内容描述						
第 2 题	A	B	C	D			
第 3 题	A	B	C	D	E	F	G
	其他：						
第 4 题	A	B	C	D			
第 5 题	A	B	C	D	E	F	G
	其他：						
	情况说明：						
第 6 题	A	B	C	D			
	其他：						
第 7 题	A	B	C				

续表

<table>
<tr><td>题　号</td><td colspan="7">选项数量统计（个）及相关文字内容描述</td></tr>
<tr><td rowspan="3">第 8 题</td><td>A</td><td>B</td><td>C</td><td>D</td><td>E</td><td>F</td><td></td></tr>
<tr><td></td><td></td><td></td><td></td><td></td><td></td><td></td></tr>
<tr><td colspan="7">其他：</td></tr>
<tr><td rowspan="3">第 9 题</td><td>A</td><td>B</td><td>C</td><td>D</td><td>E</td><td>F</td><td></td></tr>
<tr><td></td><td></td><td></td><td></td><td></td><td></td><td></td></tr>
<tr><td colspan="7">其他：</td></tr>
<tr><td rowspan="4">第 10 题</td><td>A</td><td>B</td><td>C</td><td>D</td><td>E</td><td>F</td><td>G</td></tr>
<tr><td></td><td></td><td></td><td></td><td></td><td></td><td></td></tr>
<tr><td colspan="7">其他：</td></tr>
<tr><td colspan="7">请说明上述支持配合部门的主要职责任务：</td></tr>
<tr><td>第 11 题</td><td colspan="7"></td></tr>
<tr><td>第 12 题</td><td colspan="7"></td></tr>
<tr><td>第 13 题</td><td colspan="7"></td></tr>
</table>

附件 4

专题调研报告撰写要求

一、调研报告主要内容

（一）基本情况及不规范地名清理整治工作成效

主要介绍本地区不规范地名数量及特征，清理整治不规范地名专项工作开展情况及工作成效。

（二）主要经验做法

主要介绍本地区在不规范地名清理整治工作过程中，加强地名管理法规标准建设、地名规划、标准地名审定、地名监管执法等方面好的经验做法。

（三）存在问题及原因分析

主要包括本地区在不规范地名清理整治及地名管理方面存在的困难问题，重点说明制约不规范地名清理整治工作的体制机制障碍，分析问题产生原因。

（四）下一步工作措施及建议

主要包括对本地今后加强和改进地名管理、持续推进不规范地名清理整治的对策建议。

二、调研报告撰写要求

（一）尽量用数据、实例反映具体情况，必要时可附相关案例及支撑材料。

（二）要对搜集到的一手数据资料进行深入调查分析，讲清成绩与缺点，透过数据、现象看本质，开展去粗取精、去伪存真分析，提炼出有针对性、可操作的观点措施。

国务院第二次全国地名普查领导小组办公室关于完善和上报第二次全国地名普查成果数据的通知

国地名普查办发〔2018〕8 号

各省（区、市）第二次全国地名普查领导小组办公室：

对你办上报的地名普查成果数据抽查复验审核已经完成，现将发现问题清单反馈你们（通过第二次全国地名普查质量管理和验收系统账户下载）。请针对审核所反馈的问题进行修改完善，并参照问题清单对未抽查到的进行修改完善。

请你办于 2018 年 4 月 25 日前，以省为单位将修改后的全部原始数据以光盘形式提交国务院地名普查办。对于无正当理由逾期未报的，或者反馈问题应改未改的，国普办将正式出具不予通过审验意见。

报送时须将本省（自治区、直辖市）区域内整合后的跨界（市、县）自然地理实体地名普查成果原始数据单独刻盘提交。

联 系 人：纪　元
联系电话：010–58123239
传　　真：010 58123237

跨界普查联系人：曹瑞昌
联系电话：010–58123231
传　　真：010–58123228

国务院第二次全国地名普查领导小组办公室

2018 年 4 月 6 日

国务院第二次全国地名普查领导小组办公室关于提供第二次全国地名普查纪实材料的通知

国地名普查办发〔2018〕9号

各省、自治区、直辖市第二次全国地名普查领导小组办公室，新疆生产建设兵团第二次全国地名普查领导小组办公室：

为做好第二次全国地名普查总结工作，全面反映第二次全国地名普查工作过程，展示地名普查取得的成绩和经验，宣传地名普查先进人物和事迹，国务院第二次全国地名普查领导小组办公室拟组织编写《第二次全国地名普查纪实》。为高质量完成地名普查纪实编写工作，请各省（区、市）地名普查办公室报送本省份地名普查纪实有关材料。

一、报送内容

（一）普查综述。全面总结本省（区、市）地名普查开展过程和总体情况，主要包括地名普查组织领导、政策制定、保障落实、宣传动员、学习培训、外业调查、内业整理、调研督查、质量监理和评价、检查验收、档案管理、成果转化等方面的工作进展、成效和经验等内容，题目自拟，字数1万字左右。

（二）典型案例。重点介绍本省（区、市）或所辖县（市、区）在地名普查组织实施、检查验收、成果转化、清理整治不规范地名、加强地名文化保护等方面的创新做法，每省（区、市）提供3—4篇，每篇2000字左右。

（三）人物风采。重点介绍地名普查人员、地名工作者开展地名普查工作的事迹，反映地名普查人员、地名工作者的精神风貌与突出贡献，每省（区、市）3—4篇，每篇2000字左右，每篇配团队或个人工作照片2张。

（四）普查成果。

1. 地名基础研究成果材料。简要介绍本省（区、市）地名普查期间开展的关于地名普查、地名标准化、地名信息化、地名管理、地名规划、地名文化、普查方法、普查规范等领域的基础研究情况及成果，并提供理论研究报告或摘要。

2. 地名标准化处理成果材料。简要介绍本省（区、市）开展地名标准化处理工作情况及成效，包括对有地无名且有地名作用的地理实体进行命名的成果，对普查的地名进行审定和标准化处理的成果，清理整治不规范地名的成果，并提供地名标准化处理统计表。

3. 地名信息化建设成果材料。简要介绍本省（区、市）关于地名信息化建设情况及成果，包括区划地名数据库以及地名地址库、地名政务信息管理平台、地名信息社会服务平台、地名信息化服务产品等开发建设情况，介绍有关项目的内容设计、技术手段、功能用途和服务成效等方面情况，并提供有关数据库截图及说明。

4. 普查应用转化成果材料。简要介绍本省（区、市）普查应用转化情况及成果，包括编纂标准地名图录典志等地名工具书、编制地名规划、设置地名标志、开展地名公共服务等，提供有关成果图片及说明。

5. 地名文化保护成果材料。简要介绍本省（区、市）开展地名文化保护情况及取得的成果，包括地名文化遗产保护认定、地名文化影视作品、地名文化丛书、地名文化产品开发、地名文化宣传活动等，并提供相关图片及说明。

（五）影像素材。提供反映本省（区、市）地名普查工作过程和成果、地名普查人物风采和故事、地名文化保护和传承等方面的影像材料。

二、格式要求

（一）文字：文字简练，文风朴实，准确记录和反映地名普查工作情况。

（二）图片：JPG 格式，不低于 1280*960 像素，每张照片配 300 字以内文字说明。

（三）影像：MP4 格式，分辨率不低于 720*480，画质清晰、画面稳定。

（四）归类：以上材料按照普查综述、典型案例、人物风采、普查成果、影像素材五个主题单独建立文件夹，命名格式统一为“省份 + 主题”。

三、报送方式

请于 2018 年 5 月 15 日前将电子版材料压缩打包发送至 dmpczj@126.com，也可刻制成光盘，连同纸质材料一同邮寄至北京市海淀区北小马厂 6 号华天大厦24层中国地名文化遗产保护促进会，邮编100038。

四、工作要求

各省（区、市）地名普查办要高度重视地名普查纪实编写工作，认真总结提炼，严格质量标准，确保全面反映本省份第二次全国地名普查工作全貌和经验成果。

联 系 人：王海粟　010–58123210，15811523966

秦　伟　010–58891125，13401159342

国务院第二次全国地名普查领导小组办公室

2018年4月27日

关于开展第二次全国地名普查督查工作的通知

国地名普查办发〔2018〕12 号

各省、自治区、直辖市第二次全国地名普查领导小组办公室，新疆生产建设兵团第二次全国地名普查领导小组办公室：

为扎实搞好第二次全国地名普查收尾工作，全面完成普查工作任务，按照《民政部办公厅关于印发 2018 年民政部重点工作督查计划的通知》（民办发〔2018〕219 号）要求，国务院地名普查办拟对各省（自治区、直辖市）和新疆生产建设兵团地名普查工作情况进行督查。现就有关事项通知如下：

一、督查任务及内容

第二次全国地名普查督查的主要任务是督促检查各地全面完成地名普查成果验收和数据入库，推动地名普查成果转化，清理整治不规范地名等情况，分析困难问题，确保高质量完成地名普查任务，进一步推进不规范地名清理整治。具体督查内容包括：

（一）检查验收和数据上报情况。一是检查各地地名普查成果报验完成情况。二是检查各地普查成果数据入库情况。三是检查各地跨界自然地理实体地名普查成果报验和数据入库情况。

（二）成果转化和普查总结情况。一是检查标准地名图录典志编纂工作情况。二是检查普查档案管理、利用情况。三是检查普查纪实材料整理编纂等普查工作总结情况。四是梳理分析、总结交流推动普查成果转化等普查后续工作方面典型经验和有效做法。

（三）清理整治不规范地名工作情况。一是清理整治不规范地名工作成效及好的经验做法；二是建立健全地名长效管理机制情况；三是本地区仍然存在的不规范地名数量及其表现特征，清理整治不规范地名工作中遇到的困难问题及工作对策建议。

二、督查范围及方式

地名普查督查采取全面督查与重点抽查相结合、成果检查与实地督查相结合的方式进行。

全面督查覆盖全国31个省（自治区、直辖市）和新疆生产建设兵团，主要采取检查普查成果数据形式，依托地名普查成果报验及国普办审验入库意见相关材料，对全面完成地名普查任务情况进行检查。重点抽查主要依据全面督查情况，选取东、中、西部部分省（自治区、直辖市），由国务院地名普查办督查组进行实地督查。

实地督查不搞全覆盖，采取“一杆到底”的形式重点督查问题比较突出的地方。方式主要包括：一是集中座谈。听取地方普查工作情况汇报，分析普查进度滞后、质量未达标的主要原因，研究解决办法与措施。二是查看成果。查看地方地名普查成果数据、标准地名图录典志、普查档案资料、工作总结材料等，掌握普查成果第一手资料。三是实地调研。实地了解普查成果转化利用、清理整治不规范地名等情况，深入掌握普查和地名工作成效及存在问题。四是交流研讨。交流地方工作经验，分析普查工作结束后地名工作重点难点问题，研究对策措施。

三、人员组成及时间安排

督查工作集中在6月份进行。请各省（自治区、直辖市）于5月31日前将各地自查报告书面报送国务院地名普查办。

四、有关要求

（一）加强组织领导。搞好此次督查工作是确保按时完成国务院部署的第二次全国地名普查任务的重要举措。要认真组织，周密部署，全面如实反映工作情况，通过督查确保高质量完成地名普查任务，全面提升地名管理工作水平，保证各项工作责任落实到位。

（二）严格工作标准。要按照《国务院关于开展第二次全国地名普查的通知》《第二次全国地名普查实施方案》《第二次全国地名普查操作规程》《第二次全国地名普查成果转化规划（2015—2020年）》《第二次全国地名普查验收办法》《第二次全国地名普查档案管理办法》《加强地名文化保护清理整治不规范地名工作实施方案》等文件要求，严格督查标准，认真开展督查。督查前要组织各地先期进行自查，全面细致提供督查工作所需材料和自查报告，从严做好各环节工作。

（三）突出督查重点。全面依托前期普查成果报验数据资料开展督查，减轻地方负担。重点督查普查进度、成果质量方面问题比较突出的地方，着力破解重点难点问题，确保顺利完成普查任务。

（四）强化督查实效。地名普查督查既是督促检查，也是系统调研。要以督查为契机，及时总结经验、分析问题、研究对策，特别是要围绕新时代新要求，研究提出普查工作结束后地名管理工作思路对策，确保督查取得实实在在成效。

附件：督查工作地方提供材料清单

国务院第二次全国地名普查领导小组办公室

2018年5月28日

附件：

督查工作地方提供材料清单

1. 第二次全国地名普查总结报告。
2. 普查成果检查验收和数据上报情况。
3. 跨界自然地理实体地名普查成果修改完善情况。
4. 标准地名图录典志编纂工作情况。
5. 普查档案管理利用情况。
6. 检查普查纪实材料整理编纂等普查工作总结情况。
7. 清理整治不规范地名工作总结报告及相关资料台账。

国务院第二次全国地名普查领导小组办公室关于充分利用“互联网 +”技术进一步完善地名普查成果的通知

国地名普查办发〔2018〕14 号

各省、自治区、直辖市第二次全国地名普查领导小组办公室，新疆生产建设兵团第二次全国地名普查领导小组办公室：

当前，第二次全国地名普查工作已经进入收官阶段，各地普遍按照要求建立了县级区划地名数据库，形成了丰富的地名普查成果。与此同时，国务院地名普查办在审核、验收和入库过程中，也发现各地地名普查成果还存在“不全、不准、不深”（即：采集不够全面、填写不够准确、挖掘不够深入）等问题。为确保第二次全国地名普查成果质量，贯彻落实好中央关于清理整治“大、洋、怪、重”地名乱象精神，现就利用“互联网 +”技术进一步做好地名普查成果完善工作有关事宜通知如下：

一、充分认识利用“互联网 +”技术进一步完善地名普查成果的重要意义

第二次全国地名普查虽然是一项阶段性工作，但普查成果的完善需要一个长期、持续的过程。近年来，随着“互联网 +”技术在我国社会各个领域的广泛应用，形成了以互联网为基础设施和实现工具的发展新形态、创新新平台。顺应互联网发展趋势，推动“互联网 +”技术与地名普查深度融合，充分发挥互联网快速、便捷、创新、开放、共享的技术优势，做好地名信息核对、地名文化挖掘等工作，是解决地名普查成果“不全、不准、不深”等问题、更好地提升普查成果质量的迫切需要，是清理整治“大、洋、怪、重”等不规范地名、推动新时代地名事业创新发展的重要手段，更是落实党中央国务院关于“互联网 +”决策部署的具体举措，对于圆满完成地名普查工作任务，加快推进地名普查成果转化应用，更好地发挥普查成果在经济社会发展中的积

极作用，都具有十分重要的意义。各级地名普查办要进一步提高认识，深刻领会提升地名普查成果质量的重要性和紧迫性，充分运用“互联网 +”技术，深入、细致做好普查成果完善，确保成果经得起历史和人民的检验。

二、准确把握利用“互联网 +”技术进一步完善地名普查成果的工作要求

地名普查成果涉及地名类别多、信息量大。各地要从本地实际出发，切实把握工作的对象范围、主要内容、方法路径等，因地制宜、扎实有序地做好地名普查成果完善工作。

（一）对象范围。包括《第二次全国地名普查工作规程》规定的 11 大类地名，即：陆地水系，陆地地形，行政区域，群众自治组织，非行政区域，居民点，交通运输设施，水利、电力、通信设施，纪念地、旅游景点，建筑物，单位。

（二）主要内容。各地要根据本地地名普查实际，对普查成果进行全面梳理，发现问题并有针对性地进行提升完善。要抓住地名基本属性，突出地名文化内涵，进行再核实、再论证、再完善，力求解决普查成果存在的“不全、不准、不深”等问题。在全面性方面，要重点针对地名漏采、资料不全、多媒体缺失等问题进行查缺补漏，确保地名应普尽普、属性应填尽填、多媒体应采尽采，做到不缺项、不漏项；在准确性方面，要重点针对地名名称不标准、罗马字母拼写不正确、少数民族语地名译写不规范、地理实体属性信息不准确等方面进行查错纠错，确保地名拼写、译写符合规范要求，地理实体属性信息与实地情况相一致，特别是对群众反映强烈的“大、洋、怪、重”（即：刻意夸大、崇洋媚外、怪异难懂、重名同音）等不规范地名，要进一步予以标准化处理，净化地名环境；在深入挖掘地名文化内涵方面，要重点针对地名来历、含义和历史沿革考证不够深入、描述不够详尽等问题进行增补完善，确保内容丰富、表述得当、层次清晰。

（三）方法路径。一是依托日常管理促完善，利用信息化手段，推动普查成果完善与地名管理之间无缝衔接，对已命名地名信息进行采集，对已变更或消亡地名信息进行更新。二是依托数据共享促完善，利用电子政务服务平台、数据共享交换平台、信息资源管理平台等载体，实现地名信息共建共享，整合部门优势，打通信息孤岛，形成整体合力。三是依托网络资源促完善，创新数据采集方法，深入运用网络爬虫、大数据比对等技术，进行数据挖掘、信息比对，使地名普查成果更加全面、准确。四是依托社会力量促完善，充

分利用网站、微信、App 等各种网络渠道，采用公开征求意见、有奖找错纠错等多种形式，广泛动员社会公众参与地名普查成果完善工作，实现地名普查成果“从群众中来，到群众中去”。

（四）其他要求。一是在成果安全方面，要切实把握好公开和保密的关系。既要坚持“公开是原则，不公开是例外”，非涉密地名信息应公开尽公开，接受社会检验并提供社会使用；又要严格按照国家有关保密规定和普查保密管理有关要求，认真细致地做好涉密、敏感地名信息管理工作，防止出现失泄密情况。二是在工作载体方面，要充分发挥好各类网络平台作用。既要依托政府网站、政务平台、政务 App 等进行信息发布、意见征集，也要探索与微博、微信等社会平台之间的合作，发挥其专业技术优势，做到强强联合、优势互补。三是在资金管理方面，要确保资金使用依法合规。对于采用有奖找错纠错方式的，要进行科学测算，依程序审批，并加强过程监管，保证资金安全，充分发挥资金使用效益。

三、切实加强利用“互联网 +”技术进一步完善地名普查成果工作的组织领导

利用“互联网 +”技术进一步完善地名普查成果工作由各省级地名普查办负责组织，各市、县级地名普查办具体实施，以县级政区为基本单位进行。各地要高度重视这项工作，将其摆上重要议事日程，周密部署，精心安排，抓好组织实施。要加强网络管理，建立健全网络安全保障体系，完善数据发布、共享、利用等管理制度和技术措施，为充分利用“互联网 +”技术进一步完善地名普查成果构建安全可靠的网络环境。要加大宣传力度，充分利用报刊、广播、电视和互联网、微博、微信等大众媒体和新型媒介，吸引社会关注，发动公众参与，营造良好氛围。要创新工作手段，探索运用大数据分析、大数据比对等先进技术，采取智能分析与人工审核相结合的方式，进行地名信息审核、处理，及时吸收合理、有益的意见建议，做好相关地名普查成果修改完善工作。

各省级地名普查办要积极发现、总结本地区好的做法和经验，相关工作进展情况请及时报送国务院地名普查办。

国务院第二次全国地名普查领导小组办公室

2018 年 6 月 19 日

国务院第二次全国地名普查领导小组办公室关于进一步做好地名普查成果转化工作的通知

国地名普查办发〔2018〕15号

各省、自治区、直辖市第二次全国地名普查领导小组办公室，新疆生产建设兵团第二次全国地名普查领导小组办公室：

2015年4月，国务院第二次全国地名普查领导小组办公室印发《第二次全国地名普查成果转化规划（2015—2020年）》（以下简称《规划》），对地名普查成果转化工作进行了全面部署和安排。3年来，各地认真贯彻落实《规划》要求，按照“边普查、边应用”的原则，积极谋划、扎实推进地名普查成果转化，取得了一批重要成果。为进一步推进地名普查成果转化工作，现就有关事项通知如下：

一、抓紧完成普查数据库建设

各地要按照《第二次全国地名普查数据建库与管理软件设计规范》要求，依托第二次全国地名普查成果，建设好省级区划地名数据库，指导、督促市、县搞好本级区划地名数据库建设，尽快形成覆盖省、市、县三级的区划地名数据体系。要按照《关于充分利用“互联网+”技术进一步完善地名普查成果的通知》（国地名普查办发〔2018〕14号）要求，重点围绕“不全、不准、不深”和“大、洋、怪、重”等问题，做好入库数据核对、地名文化挖掘、地名标准化处理等工作，进一步提升普查成果质量。要探索建立数据更新长效机制，不断创新工作方式方法，通过地名日常管理、数据共建共享、网络资源采集等多种途径，推动实现数据库长期、持续更新，确保地名信息完整、准确和有效。

二、加快推进标准地名图录典志编纂

各地要把中华人民共和国标准地名图录典志编纂摆在优先、突出位置，进一步强化省级编写组力量，严格按照有关编纂质量和进度要求，精益求精，抓好落实，确保按时保质完成中华人民共和国标准地名图录典志编纂任务。要抓紧启动、加快推进、全面实施省级标准地名图录典志编纂工作，既要注意参考中华人民共和国标准地名图录典志有关体例规范，做到上下协同、一脉相承，又要坚持因地制宜，深入挖掘本地区地名文化内涵，做到特色鲜明、重点突出。要指导市、县从本地实际出发，按照“不盲目求全、在精不在多”的原则，有选择、有重点地做好本级标准地名图录典志编纂有关工作，确保形成一批富有地方特色的高质量编纂成果。

三、进一步加强和改善地名管理

各地要以第二次全国地名普查为契机，进一步加强和改善地名管理，不断提升地名工作水平。要建好普查档案，严格按照《第二次全国地名普查档案管理办法》规定的归档范围、整理要求、具体流程做好普查档案收集整理、立卷归档和验收利用，推动普查档案管理服务的数字化。要推进地名规划，对地名命名、更名、使用、保护进行深入研究、充分论证，编制好城市、区域和建制镇地名规划，建设好地名储备资源库，从源头上规范地名命名。要加快标准制定，从本地实际出发，以居民小区、建筑物、城市道路、乡村道路等地名为重点，探索制定一批地方标准。要持续推进不规范地名清理整治工作，进一步摸清不规范地名现状详情，采取针对性措施，切实减少不规范地名“存量”，有效遏制不规范地名“增量”，净化地名环境。

四、不断拓展地名信息服务

各地要坚持“应公开、尽公开”的原则，探索建立健全各项公开机制和制度，采取“成熟一批、发布一批”的方式，及时、主动向社会提供权威、详实、准确的地名信息，鼓励社会力量开发各类应用服务产品。要推动地名与其他民政业务、政府部门、社会之间的数据共享，做到线上线下同步、对内对外有别，充分发挥普查成果作用。要创新服务形式，探索新的地名标志运营模式，推广使用具有电子定位和物联网功能的新型地名标志，通过微信、网站、移动终端、触摸屏等多种媒介，向社会提供多层次、多样化地名信息服务。

五、深入开展地名文化保护

各地要坚持以社会主义先进文化为指引，推进地名文化建设，持续开展普查成果挖掘工作，通过开通一批地名文化专题网站，开发一批地名文化产品，展示地名文化特征，彰显地名文化内涵，普及地名文化知识，促进优秀地名文化保护、传承和弘扬。要贯彻落实《民政部关于进一步加强地名文化遗产保护工作的通知》（民函〔2016〕344号）要求，健全地名文化遗产保护工作机制，编制实施地名文化遗产保护规划，逐步建立国家、省、市、县四级地名文化遗产保护名录体系，分级分类分批开展古城（都）、古县、古镇、古村落地名等重点地名文化遗产认定工作。要依托报刊、广播、电视等传统媒体和网络、手机、数字电视等新媒体，组织开展地名文化主题展览、地名文化微电影、地名知识竞赛、地名摄影比赛等一系列地名文化宣传活动，不断扩大地名文化的社会影响力。

六、切实加强工作组织领导

各地要把地名普查成果转化作为当前和今后一个时期的一项重点工作，列入重要议事日程，对照规划要求，抓好组织落实，确保圆满完成各项规划任务。要积极争取各地名普查成员单位支持，引导高等院校、科研院所、企事业单位参与，发挥各方优势，形成工作合力，共同做好成果转化工作。要进一步加大投入力度，在用好地名普查中央补助地方资金的同时，按照《第二次全国地名普查专项资金使用管理办法》要求，将成果转化所需经费列入地方各级财政预算，切实搞好经费保障，确保工作顺利开展。

国务院第二次全国地名普查领导小组办公室

2018年7月24日

国务院第二次全国地名普查领导小组办公室关于推荐评选第二次全国地名普查先进集体和先进个人的通知

国地名普查办发〔2018〕25号

各省、自治区、直辖市第二次全国地名普查领导小组办公室，新疆生产建设兵团第二次全国地名普查领导小组办公室：

2014年1月国务院印发《关于开展第二次全国地名普查的通知》（国发〔2014〕3号）以来，各级地名普查机构和普查人员深入学习贯彻习近平新时代中国特色社会主义思想，深入贯彻落实习近平总书记关于加强和规范地名管理、保护传承弘扬中华优秀地名文化的重要指示，按照国务院统一部署，精心组织，狠抓落实，扎实推进各项地名普查工作。地名普查过程中，涌现出了许多先进集体和先进个人，为顺利完成普查任务、服务经济社会发展作出了突出贡献。为表彰先进、弘扬正气，进一步推进地名管理服务和地名文化建设，经全国评比达标表彰工作协调小组同意，国务院第二次全国地名普查领导小组决定评选表彰第二次全国地名普查先进集体和先进个人。现将有关事项通知如下：

一、表彰名额和评选范围

（一）表彰名额。

第二次全国地名普查先进集体100个、先进个人100名。

（二）评选范围。

第二次全国地名普查先进集体评选范围为参与第二次全国地名普查工作的处级及以下基层单位、内设机构及临时机构。

第二次全国地名普查先进个人评选范围为直接从事地名普查组织实施、一线作业、质量管理、工作保障、数据建库、成果转化等工作的个人。

各地根据分配的推荐名额进行推荐（附件1）。

二、评选条件

（一）第二次全国地名普查先进集体评选条件。

1. 深入学习贯彻习近平新时代中国特色社会主义思想，全面贯彻落实党的十九大和十九届二中、三中全会精神，认真贯彻执行党的路线方针政策，在思想上政治上行动上同以习近平同志为核心的党中央保持高度一致；

2. 认真贯彻落实国务院决策部署，高度重视第二次全国地名普查工作，在普查进度、质量控制、成果应用、安全保密等方面成绩突出；

3. 普查管理机构规章制度健全，管理规范，运转协调，纪律严明，措施得力，效果明显；

4. 领导班子团结协作，勇于进取，作风民主，廉政勤政，公道正派，执行力强；

5. 干部职工有良好的职业道德和行为规范，干部队伍素质好，单位风气正，凝聚力、战斗力和创造力较强，2014 年以来单位没有发生违法违纪事件。

（二）第二次全国地名普查先进个人评选条件。

1. 深入学习贯彻习近平新时代中国特色社会主义思想，全面贯彻落实党的十九大和十九届二中、三中全会精神，坚决贯彻执行党的路线方针政策，在思想上政治上行动上同以习近平同志为核心的党中央保持高度一致；

2. 有较强的事业心和责任感，爱岗敬业，恪尽职守，求实奉献，具有较强的职业技能和业务水平，出色完成地名普查工作任务，在本领域、本单位表现突出；

3. 勇于创新，敢于担当，在普查组织实施、一线作业、质量管理、工作保障、数据建库、成果转化等方面作出了突出贡献，取得优异成绩；

4. 模范遵守国家法律法规和地名普查各项规章制度，恪守职业道德规范，顾全大局，作风正派，没有违法违纪行为，在群众中有较高威信，能够发挥表率作用；

5. 截至 2018 年 6 月 30 日，从事地名普查工作两年以上。

三、评选程序和要求

评选表彰工作由国务院第二次全国地名普查领导小组负责组织实施，国务院第二次全国地名普查领导小组办公室承担具体工作。各省（自治区、直辖市）和新疆生产建设兵团第二次全国地名普查领导小组负责本地区的推荐评选工作。

评选表彰采取自下而上、逐级审核推荐、差额评选、民主择优的方式开展。严格执行“两审三公开”程序，即国务院地名普查办组织初审、复审两次审核程序；分别在所在单位、省级和全国范围内公示。

（一）提出推荐对象。符合推荐评选条件的对象，由所在单位履行民主推荐程序并在本单位公示无异议后，逐级推荐上报。各省级地名普查机构研究提出本地区推荐对象并进行考察（差额 1—2 名上报，按照优先顺序进行排序）。

（二）初审。国务院地名普查办按规定组织评审，提出初审意见，将初审结果反馈省级地名普查机构。

（三）确定推荐对象。省级地名普查机构在本地区范围内对推荐对象进行公示无异议后，将正式推荐材料报国务院地名普查办。

（四）复审。国务院地名普查办组织评审，对推荐对象逐一进行审核把关，提出拟表彰对象，报经国务院第二次全国地名普查领导小组同意，在全国范围内进行公示。

（五）决定。以国务院第二次全国地名普查领导小组名义印发表彰决定。

各省级地名普查机构应于 9 月 30 日前将初审推荐材料报国务院地名普查办（纸质版 1 式 1 份，同时报送电子版）。初审推荐材料包括：推荐报告（内容包括初审推荐审核工作组织情况、征求意见情况、考察情况、所在单位公示情况、推荐意见等）、先进集体初审推荐表（附件 2）、先进个人初审推荐表（附件 3）以及初审推荐对象 2000 字左右的主要事迹材料。收到国务院地名普查办反馈的初审意见后，应于 15 日内将正式推荐材料报国务院地名普查办（纸质版 1 式 4 份，同时报送电子版）。正式推荐材料包括：正式推荐报告、先进集体推荐审批表（附件 4）、先进个人推荐审批表（附件 5）、征求意见表（附件 6）、省级公示材料以及推荐对象 2000 字左右的主要事迹材料等。有关推荐表可从民政部网站下载。

四、工作要求

（一）坚持面向基层。表彰对象重点向基层、困难地区、工作一线倾斜。按照国家有关规定，副司局级或者相当于副司局级以上单位和干部、县级以上党委和政府不作为表彰对象，处级干部比例控制在先进个人总数的 20%以内。

（二）严格评选标准。评选表彰要严格遵守政治纪律和政治规矩，坚持以业绩贡献为主要衡量标准，坚持公开、公正、公平原则，切实把政治意识强、工作业绩好、表率作用突出的单位和个人评选推荐出来。各有关单位要加强组织领导，精心筹划部署，严密组织实施，严把政治关、实绩关、身份关、廉洁关、形象关，对推荐的先进个人，须按照干部管理权限征求干部管理、纪检监察等部门的意见。

（三）严肃工作纪律。对在评选表彰中有严重失职、渎职或者弄虚作假、借机谋取私利、收受贿赂等违法违纪行为人员，按照有关规定予以严肃处理。对未严格按照评选条件和规定程序推荐的，经查实后撤销其评选资格。对已受到表彰的单位和人员，如发现违法违纪行为的，撤销其所获荣誉，并收回奖牌、奖章和证书。要按照《党政机关厉行节约反对浪费条例》有关要求，严格遵守财经纪律和财务规定，不得以任何方式向参评单位和个人收取费用或者变相收费。

五、奖励办法

国务院第二次全国地名普查领导小组对评选出的先进集体授予“第二次全国地名普查先进集体”，颁发奖牌和证书；对评选出的先进个人授予“第二次全国地名普查先进个人”，颁发奖章和证书。

附件：1. 第二次全国地名普查先进集体、先进个人名额分配表
2. 第二次全国地名普查先进集体初审推荐表
3. 第二次全国地名普查先进个人初审推荐表
4. 第二次全国地名普查先进集体推荐审批表
5. 第二次全国地名普查先进个人推荐审批表
6. 第二次全国地名普查先进个人征求意见表

国务院第二次全国地名普查领导小组办公室

2018 年 9 月 4 日

联 系 人：张伟、李一飞
联系电话：010-58123208、58123209
传　　真：010-58123212
联系地址：北京市东城区北河沿大街147号民政部区划地名司
邮政编码：100721
电子邮箱：mzbqhs@163.com

附件1

第二次全国地名普查先进集体、先进个人名额分配表

序号	地区	先进集体（个）	先进个人（名）
1	北京市	1	1
2	天津市	1	1
3	河北省	3	3
4	山西省	3	3
5	内蒙古自治区	4	3
6	辽宁省	2	2
7	吉林省	2	2
8	黑龙江省	2	2
9	上海市	1	1
10	江苏省	4	3
11	浙江省	4	3
12	安徽省	4	4
13	福建省	4	4
14	江西省	4	4
15	山东省	4	4
16	河南省	4	4
17	湖北省	4	4
18	湖南省	4	4
19	广东省	4	3
20	广西壮族自治区	3	3
21	海南省	2	2

续表

序号	地区	先进集体（个）	先进个人（名）
22	重庆市	2	3
23	四川省	4	3
24	贵州省	4	3
25	云南省	4	3
26	西藏自治区	4	4
27	陕西省	3	3
28	甘肃省	3	3
29	青海省	3	4
30	宁夏回族自治区	2	2
31	新疆维吾尔自治区	4	4
32	新疆生产建设兵团	1	1
33	国务院地名普查领导小组成员单位	2	7

附件 2

第二次全国地名普查先进集体初审推荐表

集体名称			
集体级别		集体所属单位	
集体人数		负责人	
符合总体条件	□是　□否	是否征求意见	□是　□否
主要先进事迹			

续表

主要 先进 事迹	（可另附页）
荣誉基础	
该集体上述情况真实准确，同意推荐。 签字人： （推荐对象所在单位负责人）（盖章） 年　月　日	
情况属实，同意推荐。 签字人： （省级地名普查机构负责人）（盖章） 年　月　日	

双面打印　　　　国务院第二次全国地名普查领导小组办公室制

附件 3

第二次全国地名普查先进个人初审推荐表

<table>
<tr><td>姓名</td><td></td><td>性别</td><td></td><td>出生年月</td><td></td></tr>
<tr><td>民族</td><td></td><td>政治面貌</td><td></td><td>职称</td><td></td></tr>
<tr><td>单位及职务</td><td colspan="3"></td><td>行政级别</td><td></td></tr>
<tr><td>符合总
体条件</td><td colspan="2">□是　□否</td><td>是否征求
意见</td><td colspan="2">□是　□否</td></tr>
<tr><td>个人
简历</td><td colspan="5"></td></tr>
<tr><td>主要
先进
事迹</td><td colspan="5">（可另附页）</td></tr>
<tr><td>荣誉
基础</td><td colspan="5"></td></tr>
<tr><td>补充
说明</td><td colspan="5"></td></tr>
<tr><td colspan="6">该同志上述情况真实准确，同意推荐。

签字人：
（推荐对象所在单位负责人）（盖章）
年　月　日</td></tr>
<tr><td colspan="6">情况属实，同意推荐。

签字人：
（省级地名普查机构负责人）（盖章）
年　月　日</td></tr>
</table>

双面打印　　国务院第二次全国地名普查领导小组办公室制

附件 4

第二次全国地名普查先进集体推荐审批表

集体名称			
集体级别		集体所属单位	
集体人数		负责人	
联系电话		单位地址	
符合总体条件	□是　□否		
主要先进事迹	（可另附页）		
何时何地受过何种奖励			
何时何地受过何种处分			
集体所属单位意见	负责人签字： （盖章） 年　月　日		
县级第二次全国地名普查领导小组办公室意见	负责人签字： （盖章） 年　月　日		

续表

地级第二次全国地名普查领导小组办公室意见	负责人签字： （盖章） 年　月　日
省级第二次全国地名普查领导小组办公室意见	负责人签字： （盖章） 年　月　日
国务院第二次全国地名普查领导小组意见	（盖章） 年　月　日

双面打印　　　　国务院第二次全国地名普查领导小组办公室制

附件 5

第二次全国地名普查先进个人推荐审批表

姓名		性别		照片 （近期 2 寸正面半身免冠彩色）
民族		出生年月		
政治面貌		学历		
职务职称		行政级别		
证件类型		证件号码		
工作单位				
符合总体条件	□是　□否			
个人简历				

续表

主要 先进 事迹	（可另附页）
何时何地受过 何种奖励	
何时何地受过 何种处分	
所在单位 职工（代表）大 会意见	出席会议　　人， 其中同意　人，反对　人。 负责人签字： （盖章） 年　月　日
所在单位 意见	负责人签字： （盖章） 年　月　日
县级第二次全国 地名普查领导小 组办公室意见	负责人签字： （盖　章） 年　月　日

续表

地级第二次全国地名普查领导小组办公室意见	负责人签字： （盖　章） 年　月　日
省级第二次全国地名普查领导小组办公室意见	负责人签字： （盖　章） 年　月　日
国务院第二次全国地名普查领导小组意见	（盖章） 年　月　日
有效证件复印件粘贴处	

双面打印　　　　　　　　　　　　国务院第二次全国地名普查领导小组办公室制

附件 6

第二次全国地名普查先进个人征求意见表

姓名：　　　　　　　　单位：　　　　　　　　职务：

干部管理部门意见	签字人： （盖　章） 年月日
纪检监察部门意见	签字人： （盖　章） 年月日
卫生健康（计生）部门意见	签字人： （盖　章） 年月日

关于请严格按照普查标准时点做好地名普查成果数据修改工作的通知

国地名普查办发〔2018〕26号

湖南省第二次全国地名普查领导小组办公室：

今年7月，我办在组织地名普查成果数据入库检查时发现你省报送的数据存在大量乡级政区行政区划代码与《中华人民共和国乡镇行政区划简册2015》不一致的问题，并向你办反馈了检查意见。日前，你办报来部分县（市、区）修改后的成果数据，上述问题仍然存在，没有修改。为确保普查收尾工作顺利完成，现就有关要求通知如下：

一、2014年12月31日作为普查标准时点是《国务院关于开展第二次全国地名普查的通知》（国发〔2014〕3号）明确规定的，如不按普查标准时点修改数据，全国将无法形成统一的普查标准时点数据库，给后期数据汇总、统计、公布造成混乱。

二、目前，全国地名普查工作已进入收尾总结阶段，各地正在按照要求抓紧进行普查成果数据修改工作。如你省地名普查数据不按要求完成修改，将影响全国普查收尾进程。

三、请你办严格按照普查标准时点规定修改全省普查成果数据，并于9月21日前重新上报我办，具体技术细节问题可与我办成果转化处联系。联系人：田铮、杨刚、黄智晖，联系电话：01058123220、3223、3221。

特此通知。

国务院第二次全国地名普查领导小组办公室

2018年9月7日

关于第二次全国地名普查成果数据入库检查及修改上报情况的通报

国地名普查办发〔2018〕27 号

各省、自治区、直辖市第二次全国地名普查领导小组办公室，新疆生产建设兵团第二次全国地名普查领导小组办公室：

此前，我办已完成对各地报送的第二次全国地名普查成果数据第一轮入库检查，并反馈了检查意见。从前期检查情况来看，山西、上海、江苏、福建、重庆、贵州、云南、甘肃等省份报送数据质量较好。当前，各地正在按照反馈意见做好普查成果数据修改完善及上报工作（截至 2018 年 9 月 7 日，各地修改报送情况附后）。请尚未完成修改报送的省份严格对照检查意见，抓紧修改上报，于 9 月 21 日前完成报送工作。

第二次全国地名普查工作已经进入总结收尾阶段，普查成果数据入库时间很紧、任务很重，请各地在后续工作中务必严格按照时限要求，在收到反馈意见后 10 个自然日内完成修改上报。我办将视情对各地修改上报情况进行通报。

序号	省份	应上报成果包数量	已修改上报成果包数量
1	北京	16	16
2	天津	16	0
3	河北	171	13
4	山西	119	47
5	内蒙古	102	33
6	辽宁	100	44
7	吉林	60	31
8	黑龙江	128	109
9	上海	17	17

续表

序号	省份	应上报成果包数量	已修改上报成果包数量
10	江苏	99	66
11	浙江	90	60
12	安徽	105	94
13	福建	84	67
14	江西	100	44
15	山东	137	121
16	河南	158	79
17	湖北	103	29
18	湖南	122	86
19	广东	121	40
20	广西	110	99
21	海南	25	22
22	重庆	38	36
23	四川	183	121
24	贵州	88	88
25	云南	129	108
26	西藏	74	30
27	陕西	107	30
28	甘肃	87	87
29	青海	44	38
30	宁夏	22	0
31	新疆	96	15
32	兵团	20	18

国务院第二次全国地名普查领导小组办公室

2018 年 9 月 11 日

关于第二次全国地名普查成果数据入库检查第二轮上报情况的通报

国地名普查办发〔2018〕30 号

各省、自治区、直辖市第二次全国地名普查领导小组办公室，新疆生产建设兵团第二次全国地名普查领导小组办公室：

9 月 11 日国务院地名普查办《关于第二次全国地名普查成果数据入库检查及修改上报情况的通报》（国地名普查办发〔2018〕27 号）下发后，各地高度重视，认真对照检查意见做好修改完善，大部分省份按照时限要求完成了成果数据上报。

截至 9 月 25 日，我办共收到各地报送成果包 2762 个，占应报送成果包总数 2871 个的 96%。其中，北京、天津、山西、内蒙古、辽宁、吉林、黑龙江、上海、江苏、安徽、山东、河南、广东、广西、海南、重庆、四川、贵州、云南、西藏、甘肃、青海、兵团共计23个省份完成了本省份成果包上报。此外，在检查过程中发现少量地方上报成果包存在光盘损毁情况，需要补报（具体情况附后）。请尚未完成上报以及需要补报的省份对照名单尽快完成报送工作。

目前，我办正在分批反馈检查意见，各地务必严格对照反馈意见，特别是接边检查意见，做好普查成果数据修改完善，并在收到反馈意见后 10 个自然日内完成全省数据上报工作（节假日期间可正常报送）。

联 系 人：田铮、杨刚、黄智晖

联系电话：13520209678、15010938153、18811191195

序号	省份	应上报数量	已上报数量	未上报政区名单	需要补报政区名单
1	北京	16	16		
2	天津	16	16		
3	河北	171	153	开平区、丰润区、滦县、迁西县、成安县、满城县、唐县、涞源县、曲阳县、顺平县、涿州市、桥东区、宣化区、下花园区、尚义县、怀来县、盐山县、安次区	平山县、武安市
4	山西	119	119		
5	内蒙古	102	102		乌拉特中旗
6	辽宁	100	100		
7	吉林	60	60		
8	黑龙江	128	128		
9	上海	17	17		
10	江苏	99	99		江阴市、如东县、如皋市
11	浙江	90	64	滨江区、富阳区、桐庐县、鄞州区、余姚市、奉化市、海盐县、平湖市、德清县、越城区、柯桥区、上虞区、新昌县、诸暨市、嵊州市、柯城区、衢江区、路桥区、玉环县、温岭市、莲都区、青田县、云和县、庆元县、景宁畲族自治县、龙泉市	东阳市
12	安徽	105	105		杜集区、相山区、濉溪县、蒙城县
13	福建	84	67	台江区、仓山区、永泰县、城厢区、荔城区、大田县、南安市、漳浦县、建阳区、顺昌县、浦城县、建瓯市、新罗区、上杭县、连城县、漳平市、周宁县	
14	江西	100	58	青山湖区、昌江区、浮梁县、安源区、湘东区、莲花县、上栗县、芦溪县、浔阳区、德安县、星子县、都昌县、分宜县、月湖区、贵溪市、赣县、上犹县、安远县、于都县、兴国县、瑞金市、吉水县、峡江县、新干县、永丰县、遂川县、永新县、万载县、上高县、崇仁县、乐安县、宜黄县、金溪县、资溪县、东乡县、信州区、广丰县、玉山县、横峰县、弋阳县、余干县、鄱阳县	万年县
15	山东	137	137		

续表

序号	省份	应上报数量	已上报数量	未上报政区名单	需要补报政区名单
16	河南	158	158		
17	湖北	103	102	洪湖市	襄州区
18	湖南	122	121	醴陵市	岳塘区、零陵区
19	广东	121	121		顺德区、白云区、番禺区
20	广西	110	110		
21	海南	25	25		
22	重庆	38	38		
23	四川	183	183		江油市
24	贵州	88	88		平坝区
25	云南	129	129		
26	西藏	74	74		
27	陕西	107	105	汉阴县、镇安县	定边县、吴堡县
28	甘肃	87	87		
29	青海	44	44		
30	宁夏	22	21	彭阳县	西吉县
31	新疆	96	95	和硕县	奇台县、阿克陶县、天山区
32	兵团	20	20		

国务院第二次全国地名普查领导小组办公室

2018 年 9 月 26 日

关于进一步做好地名普查成果筛查工作的紧急通知

国地名普查办发〔2018〕31号

各省、自治区、直辖市第二次全国地名普查领导小组办公室，新疆生产建设兵团第二次全国地名普查领导小组办公室：

当前，第二次全国地名普查工作已经进入收尾阶段。经过各级地名普查机构和普查工作者的共同努力，普查取得了丰硕成果。地名普查工作结束后，普查成果需要向社会公布。为保证普查成果质量，向社会提供标准规范的地名信息，各地要进一步做好普查成果中“大、洋、怪、重”地名和存在涉密、敏感信息而不宜公开地名的筛查工作。现将有关事宜通知如下：

一、对“大、洋、怪、重”地名的筛查

各地要依据国务院第二次全国地名普查领导小组《加强地名文化保护清理整治不规范地名工作实施方案》（国地名普查组发〔2016〕1号）关于“清理整治地名中存在的不规范现象”中规定的具体内涵和标准，对普查成果中的“大、洋、怪、重”地名进行筛查，形成“大、洋、怪、重”地名名录。

《地名管理条例实施细则》实施前、历史上约定俗成且符合公序良俗的老地名原则上不纳入本次筛查范围。对筛查过程中难以确定、疑似为“大、洋、怪、重”的地名，应当纳入“大、洋、怪、重”地名名录。对筛查后纳入“大、洋、怪、重”地名名录的不规范地名，按照民政部会同相关部门即将印发的有关文件要求开展清理整治。

二、对不宜公开地名及地名信息的筛查

各地要依据国家保密规定和地名普查保密管理要求对存在涉密、敏感信息的地名进行筛查处理，形成不宜公开的地名名录，防止出现失泄密情况。对筛查过程中难以确定、处理、疑似存在涉密、敏感信息的地名，应当纳入不宜公开的地名名录。

各省级地名普查办务必于 2018 年 11 月底前将筛查出的“大、洋、怪、重”地名名录和不宜公开的地名名录以省为单位、书面（同时报送电子版）报国务院地名普查办。报送的地名名录需包含以下信息：地名类别名称、标准地名名称、地名代码。

此次筛查工作时间紧、任务重，各地要高度重视，及时安排部署，未经过筛查的地名普查成果不得向社会公布。

联系人：

曹瑞昌 010–58123231（负责“大、洋、怪、重”地名筛查事项）

杨刚 010–58123220（负责不宜公开地名及地名信息筛查事项）

国务院第二次全国地名普查领导小组办公室

2018 年 9 月 27 日

关于第二次全国地名普查成果数据入库检查情况的通报

国地名普查办发〔2018〕32号

各省、自治区、直辖市第二次全国地名普查领导小组办公室，新疆生产建设兵团第二次全国地名普查领导小组办公室：

9月26日国务院地名普查办《关于第二次全国地名普查成果数据入库检查第二轮上报情况的通报》(国地名普查办发〔2018〕30号)下发后，有关省份对照通报要求，抓紧组织完成了相关成果包报送、补报。国务院地名普查办组织人员加班加点对各地报送成果数据进行检查，并于9月26日至10月12日，向全国31个省(自治区、直辖市)和新疆生产建设兵团逐一反馈了检查意见。

各地收到反馈意见后高度重视，认真对照检查意见进行修改完善，有的省份国庆期间组织专班集中修改，有的省份派出骨干团队来京现场解决问题。截至10月15日，四川、青海、天津3个省份地名普查成果数据已经全部通过检查，达到入库标准。请尚未通过检查的省份再接再厉，严格按照规定时限要求，抓紧做好普查成果数据修改完善，力争早日达到入库标准。

国务院第二次全国地名普查领导小组办公室

2018年10月15日

四川省第二次全国地名普查成果验收意见

国地名普查办发〔2018〕34号

四川省第二次全国地名普查领导小组办公室：

按照《第二次全国地名普查验收办法》《第二次全国地名普查成果数据入库验收办法》有关要求，你省报送的第二次全国地名普查成果已通过我办全面审核和入库验收。希望你省继续做好普查成果完善和转化应用工作，更好地发挥地名普查成果在促进经济社会协调发展、方便人民群众生产生活等方面的基础作用。

国务院第二次全国地名普查领导小组办公室

2018年10月22日

青海省第二次全国地名普查成果验收意见

国地名普查办发〔2018〕35号

青海省第二次全国地名普查领导小组办公室：

按照《第二次全国地名普查验收办法》《第二次全国地名普查成果数据入库验收办法》有关要求，你省报送的第二次全国地名普查成果已通过我办全面审核和入库验收。希望你省继续做好普查成果完善和转化应用工作，更好地发挥地名普查成果在促进经济社会协调发展、方便人民群众生产生活等方面的基础作用。

国务院第二次全国地名普查领导小组办公室

2018年10月22日

天津市第二次全国地名普查成果验收意见

国地名普查办发〔2018〕36 号

天津市第二次全国地名普查领导小组办公室：

按照《第二次全国地名普查验收办法》《第二次全国地名普查成果数据入库验收办法》有关要求，你市报送的第二次全国地名普查成果已通过我办全面审核和入库验收。希望你市继续做好普查成果完善和转化应用工作，更好地发挥地名普查成果在促进经济社会协调发展、方便人民群众生产生活等方面的基础作用。

国务院第二次全国地名普查领导小组办公室

2018 年 10 月 22 日

内蒙古自治区第二次全国地名普查成果验收意见

国地名普查办发〔2018〕37号

内蒙古自治区第二次全国地名普查领导小组办公室：

按照《第二次全国地名普查验收办法》《第二次全国地名普查成果数据入库验收办法》有关要求，你区报送的第二次全国地名普查成果已通过我办全面审核和入库验收。希望你区继续做好普查成果完善和转化应用工作，更好地发挥地名普查成果在促进经济社会协调发展、方便人民群众生产生活等方面的基础作用。

国务院第二次全国地名普查领导小组办公室

2018年10月29日

上海市第二次全国地名普查成果验收意见

国地名普查办发〔2018〕38 号

上海市第二次全国地名普查领导小组办公室：

按照《第二次全国地名普查验收办法》《第二次全国地名普查成果数据入库验收办法》有关要求，你市报送的第二次全国地名普查成果已通过我办全面审核和入库验收。希望你市继续做好普查成果完善和转化应用工作，更好地发挥地名普查成果在促进经济社会协调发展、方便人民群众生产生活等方面的基础作用。

国务院第二次全国地名普查领导小组办公室

2018 年 10 月 29 日

甘肃省第二次全国地名普查成果验收意见

国地名普查办发〔2018〕39号

甘肃省第二次全国地名普查领导小组办公室：

按照《第二次全国地名普查验收办法》《第二次全国地名普查成果数据入库验收办法》有关要求，你省报送的第二次全国地名普查成果已通过我办全面审核和入库验收。希望你省继续做好普查成果完善和转化应用工作，更好地发挥地名普查成果在促进经济社会协调发展、方便人民群众生产生活等方面的基础作用。

国务院第二次全国地名普查领导小组办公室

2018年10月29日

江苏省第二次全国地名普查成果验收意见

国地名普查办发〔2018〕40 号

江苏省第二次全国地名普查领导小组办公室：

按照《第二次全国地名普查验收办法》《第二次全国地名普查成果数据入库验收办法》有关要求，你省报送的第二次全国地名普查成果已通过我办全面审核和入库验收。希望你省继续做好普查成果完善和转化应用工作，更好地发挥地名普查成果在促进经济社会协调发展、方便人民群众生产生活等方面的基础作用。

国务院第二次全国地名普查领导小组办公室

2018 年 10 月 29 日

重庆市第二次全国地名普查成果验收意见

国地名普查办发〔2018〕41号

重庆市第二次全国地名普查领导小组办公室：

按照《第二次全国地名普查验收办法》《第二次全国地名普查成果数据入库验收办法》有关要求，你市报送的第二次全国地名普查成果已通过我办全面审核和入库验收。希望你市继续做好普查成果完善和转化应用工作，更好地发挥地名普查成果在促进经济社会协调发展、方便人民群众生产生活等方面的基础作用。

国务院第二次全国地名普查领导小组办公室

2018年10月29日

西藏自治区第二次全国地名普查成果验收意见

国地名普查办发〔2018〕42 号

西藏自治区第二次全国地名普查领导小组办公室：

按照《第二次全国地名普查验收办法》《第二次全国地名普查成果数据入库验收办法》有关要求，你区报送的第二次全国地名普查成果已通过我办全面审核和入库验收。请你区在后续工作中做好图载地名、多媒体照片补采工作。希望你区继续做好普查成果完善和转化应用工作，更好地发挥地名普查成果在促进经济社会协调发展、方便人民群众生产生活等方面的基础作用。

国务院第二次全国地名普查领导小组办公室

2018 年 10 月 29 日

安徽省第二次全国地名普查成果验收意见

国地名普查办发〔2018〕43号

安徽省第二次全国地名普查领导小组办公室：

按照《第二次全国地名普查验收办法》《第二次全国地名普查成果数据入库验收办法》有关要求，你省报送的第二次全国地名普查成果已通过我办全面审核和入库验收。希望你省继续做好普查成果完善和转化应用工作，更好地发挥地名普查成果在促进经济社会协调发展、方便人民群众生产生活等方面的基础作用。

国务院第二次全国地名普查领导小组办公室

2018年10月29日

北京市第二次全国地名普查成果验收意见

国地名普查办发〔2018〕44 号

北京市第二次全国地名普查领导小组办公室：

按照《第二次全国地名普查验收办法》《第二次全国地名普查成果数据入库验收办法》有关要求，你市报送的第二次全国地名普查成果已通过我办全面审核和入库验收。希望你市继续做好普查成果完善和转化应用工作，更好地发挥地名普查成果在促进经济社会协调发展、方便人民群众生产生活等方面的基础作用。

国务院第二次全国地名普查领导小组办公室

2018 年 10 月 29 日

吉林省第二次全国地名普查成果验收意见

国地名普查办发〔2018〕45号

吉林省第二次全国地名普查领导小组办公室：

按照《第二次全国地名普查验收办法》《第二次全国地名普查成果数据入库验收办法》有关要求，你省报送的第二次全国地名普查成果已通过我办全面审核和入库验收。希望你省继续做好普查成果完善和转化应用工作，更好地发挥地名普查成果在促进经济社会协调发展、方便人民群众生产生活等方面的基础作用。

国务院第二次全国地名普查领导小组办公室

2018年10月29日

山西省第二次全国地名普查成果验收意见

国地名普查办发〔2018〕46 号

山西省第二次全国地名普查领导小组办公室：

按照《第二次全国地名普查验收办法》《第二次全国地名普查成果数据入库验收办法》有关要求，你省报送的第二次全国地名普查成果已通过我办全面审核和入库验收。希望你省继续做好普查成果完善和转化应用工作，更好地发挥地名普查成果在促进经济社会协调发展、方便人民群众生产生活等方面的基础作用。

国务院第二次全国地名普查领导小组办公室

2018 年 10 月 29 日

辽宁省第二次全国地名普查成果验收意见

国地名普查办发〔2018〕47号

辽宁省第二次全国地名普查领导小组办公室：

按照《第二次全国地名普查验收办法》《第二次全国地名普查成果数据入库验收办法》有关要求，你省报送的第二次全国地名普查成果已通过我办全面审核和入库验收。希望你省继续做好普查成果完善和转化应用工作，更好地发挥地名普查成果在促进经济社会协调发展、方便人民群众生产生活等方面的基础作用。

国务院第二次全国地名普查领导小组办公室

2018年10月29日

云南省第二次全国地名普查成果验收意见

国地名普查办发〔2018〕48 号

云南省第二次全国地名普查领导小组办公室：

按照《第二次全国地名普查验收办法》《第二次全国地名普查成果数据入库验收办法》有关要求，你省报送的第二次全国地名普查成果已通过我办全面审核和入库验收。希望你省继续做好普查成果完善和转化应用工作，更好地发挥地名普查成果在促进经济社会协调发展、方便人民群众生产生活等方面的基础作用。

国务院第二次全国地名普查领导小组办公室

2018 年 10 月 29 日

江西省第二次全国地名普查成果验收意见

国地名普查办发〔2018〕49 号

江西省第二次全国地名普查领导小组办公室：

按照《第二次全国地名普查验收办法》《第二次全国地名普查成果数据入库验收办法》有关要求，你省报送的第二次全国地名普查成果已通过我办全面审核和入库验收。希望你省继续做好普查成果完善和转化应用工作，更好地发挥地名普查成果在促进经济社会协调发展、方便人民群众生产生活等方面的基础作用。

国务院第二次全国地名普查领导小组办公室

2018 年 10 月 29 日

陕西省第二次全国地名普查成果验收意见

国地名普查办发〔2018〕50 号

陕西省第二次全国地名普查领导小组办公室：

按照《第二次全国地名普查验收办法》《第二次全国地名普查成果数据入库验收办法》有关要求，你省报送的第二次全国地名普查成果已通过我办全面审核和入库验收。希望你省继续做好普查成果完善和转化应用工作，更好地发挥地名普查成果在促进经济社会协调发展、方便人民群众生产生活等方面的基础作用。

国务院第二次全国地名普查领导小组办公室

2018 年 10 月 29 日

黑龙江省第二次全国地名普查成果验收意见

国地名普查办发〔2018〕51号

黑龙江省第二次全国地名普查领导小组办公室：

按照《第二次全国地名普查验收办法》《第二次全国地名普查成果数据入库验收办法》有关要求，你省报送的第二次全国地名普查成果已通过我办全面审核和入库验收。希望你省继续做好普查成果完善和转化应用工作，更好地发挥地名普查成果在促进经济社会协调发展、方便人民群众生产生活等方面的基础作用。

国务院第二次全国地名普查领导小组办公室

2018年10月29日

广西壮族自治区第二次全国地名普查成果验收意见

国地名普查办发〔2018〕52号

广西壮族自治区第二次全国地名普查领导小组办公室：

按照《第二次全国地名普查验收办法》《第二次全国地名普查成果数据入库验收办法》有关要求，你区报送的第二次全国地名普查成果已通过我办全面审核和入库验收。希望你区继续做好普查成果完善和转化应用工作，更好地发挥地名普查成果在促进经济社会协调发展、方便人民群众生产生活等方面的基础作用。

国务院第二次全国地名普查领导小组办公室

2018年11月5日

浙江省第二次全国地名普查成果验收意见

国地名普查办发〔2018〕53号

浙江省第二次全国地名普查领导小组办公室：

按照《第二次全国地名普查验收办法》《第二次全国地名普查成果数据入库验收办法》有关要求，你省报送的第二次全国地名普查成果已通过我办全面审核和入库验收。希望你省继续做好普查成果完善和转化应用工作，更好地发挥地名普查成果在促进经济社会协调发展、方便人民群众生产生活等方面的基础作用。

国务院第二次全国地名普查领导小组办公室

2018年11月5日

贵州省第二次全国地名普查成果验收意见

国地名普查办发〔2018〕54 号

贵州省第二次全国地名普查领导小组办公室：

按照《第二次全国地名普查验收办法》《第二次全国地名普查成果数据入库验收办法》有关要求，你省报送的第二次全国地名普查成果已通过我办全面审核和入库验收。希望你省继续做好普查成果完善和转化应用工作，更好地发挥地名普查成果在促进经济社会协调发展、方便人民群众生产生活等方面的基础作用。

国务院第二次全国地名普查领导小组办公室

2018 年 11 月 5 日

山东省第二次全国地名普查成果验收意见

国地名普查办发〔2018〕55号

山东省第二次全国地名普查领导小组办公室：

按照《第二次全国地名普查验收办法》《第二次全国地名普查成果数据入库验收办法》有关要求，你省报送的第二次全国地名普查成果已通过我办全面审核和入库验收。希望你省继续做好普查成果完善和转化应用工作，更好地发挥地名普查成果在促进经济社会协调发展、方便人民群众生产生活等方面的基础作用。

国务院第二次全国地名普查领导小组办公室

2018年11月5日

湖北省第二次全国地名普查成果验收意见

国地名普查办发〔2018〕56 号

湖北省第二次全国地名普查领导小组办公室：

按照《第二次全国地名普查验收办法》《第二次全国地名普查成果数据入库验收办法》有关要求，你省报送的第二次全国地名普查成果已通过我办全面审核和入库验收。希望你省继续做好普查成果完善和转化应用工作，更好地发挥地名普查成果在促进经济社会协调发展、方便人民群众生产生活等方面的基础作用。

国务院第二次全国地名普查领导小组办公室

2018 年 11 月 5 日

河南省第二次全国地名普查成果验收意见

国地名普查办发〔2018〕57号

河南省第二次全国地名普查领导小组办公室：

按照《第二次全国地名普查验收办法》《第二次全国地名普查成果数据入库验收办法》有关要求，你省报送的第二次全国地名普查成果已通过我办全面审核和入库验收。希望你省继续做好普查成果完善和转化应用工作，更好地发挥地名普查成果在促进经济社会协调发展、方便人民群众生产生活等方面的基础作用。

国务院第二次全国地名普查领导小组办公室

2018年11月5日

福建省第二次全国地名普查成果验收意见

国地名普查办发〔2018〕58号

福建省第二次全国地名普查领导小组办公室：

按照《第二次全国地名普查验收办法》《第二次全国地名普查成果数据入库验收办法》有关要求，你省报送的第二次全国地名普查成果已通过我办全面审核和入库验收。希望你省继续做好普查成果完善和转化应用工作，更好地发挥地名普查成果在促进经济社会协调发展、方便人民群众生产生活等方面的基础作用。

国务院第二次全国地名普查领导小组办公室

2018年11月5日

宁夏回族自治区第二次全国地名普查成果验收意见

国地名普查办发〔2018〕59号

宁夏回族自治区第二次全国地名普查领导小组办公室：

按照《第二次全国地名普查验收办法》《第二次全国地名普查成果数据入库验收办法》有关要求，你区报送的第二次全国地名普查成果已通过我办全面审核和入库验收。希望你区继续做好普查成果完善和转化应用工作，更好地发挥地名普查成果在促进经济社会协调发展、方便人民群众生产生活等方面的基础作用。

国务院第二次全国地名普查领导小组办公室

2018年11月5日

海南省第二次全国地名普查成果验收意见

国地名普查办发〔2018〕60号

海南省第二次全国地名普查领导小组办公室：

按照《第二次全国地名普查验收办法》《第二次全国地名普查成果数据入库验收办法》有关要求，你省报送的第二次全国地名普查成果已通过我办全面审核和入库验收。希望你省继续做好普查成果完善和转化应用工作，更好地发挥地名普查成果在促进经济社会协调发展、方便人民群众生产生活等方面的基础作用。

国务院第二次全国地名普查领导小组办公室

2018年11月5日

广东省第二次全国地名普查成果验收意见

国地名普查办发〔2018〕61号

广东省第二次全国地名普查领导小组办公室：

按照《第二次全国地名普查验收办法》《第二次全国地名普查成果数据入库验收办法》有关要求，你省报送的第二次全国地名普查成果已通过我办全面审核和入库验收。希望你省继续做好普查成果完善和转化应用工作，更好地发挥地名普查成果在促进经济社会协调发展、方便人民群众生产生活等方面的基础作用。

国务院第二次全国地名普查领导小组办公室

2018年11月8日

河北省第二次全国地名普查成果验收意见

国地名普查办发〔2018〕62号

河北省第二次全国地名普查领导小组办公室：

按照《第二次全国地名普查验收办法》《第二次全国地名普查成果数据入库验收办法》有关要求，你省报送的第二次全国地名普查成果已通过我办全面审核和入库验收。希望你省继续做好普查成果完善和转化应用工作，更好地发挥地名普查成果在促进经济社会协调发展、方便人民群众生产生活等方面的基础作用。

国务院第二次全国地名普查领导小组办公室

2018年11月8日

新疆维吾尔自治区第二次全国地名普查成果验收意见

国地名普查办发〔2018〕63号

新疆维吾尔自治区第二次全国地名普查领导小组办公室：

按照《第二次全国地名普查验收办法》《第二次全国地名普查成果数据入库验收办法》有关要求，你区报送的第二次全国地名普查成果已通过我办全面审核和入库验收。希望你区继续做好普查成果完善和转化应用工作，更好地发挥地名普查成果在促进经济社会协调发展、方便人民群众生产生活等方面的基础作用。

国务院第二次全国地名普查领导小组办公室

2018年11月8日

新疆生产建设兵团第二次全国地名普查成果验收意见

国地名普查办发〔2018〕64号

新疆生产建设兵团第二次全国地名普查领导小组办公室：

按照《第二次全国地名普查验收办法》《第二次全国地名普查成果数据入库验收办法》有关要求，你兵团报送的第二次全国地名普查成果已通过我办全面审核和入库验收。希望你兵团继续做好普查成果完善和转化应用工作，更好地发挥地名普查成果在促进经济社会协调发展、方便人民群众生产生活等方面的基础作用。

国务院第二次全国地名普查领导小组办公室

2018年11月8日

湖南省第二次全国地名普查成果验收意见

国地名普查办发〔2018〕67号

湖南省第二次全国地名普查领导小组办公室：

按照《第二次全国地名普查验收办法》《第二次全国地名普查成果数据入库验收办法》有关要求，你省报送的第二次全国地名普查成果已通过我办全面审核和入库验收。希望你省继续做好普查成果完善和转化应用工作，更好地发挥地名普查成果在促进经济社会协调发展、方便人民群众生产生活等方面的基础作用。

国务院第二次全国地名普查领导小组办公室

2018年11月30日

民政部关于第二次全国地名普查工作的总结报告

民函〔2018〕156 号

2014 年 1 月，国务院印发《关于开展第二次全国地名普查的通知》（国发〔2014〕3 号），决定 2014 年至 2018 年开展第二次全国地名普查。习近平总书记多次就地名工作作出重要指示批示，要求规范地名管理，保护传承中华优秀传统地名文化。李克强总理批示要求做好地名普查，加强地名管理。王勇国务委员担任国务院第二次全国地名普查领导小组组长，先后主持召开第二次全国地名普查领导小组会议、第二次全国地名普查暨加强和改善地名管理工作电视电话会议研究部署全国地名普查工作，多次就地名普查作出具体批示、提出明确要求。四年多来，全国各级地名普查机构和广大普查人员在党中央、国务院的坚强领导下，深入学习贯彻习近平新时代中国特色社会主义思想，认真贯彻落实习近平总书记重要指示批示精神和李克强总理、王勇国务委员批示要求，以高度的政治责任感和使命感，精心组织，扎实推进，全面完成了第二次全国地名普查任务。现将有关情况报告如下：

一、基本情况及成效

第二次全国地名普查是在中国特色社会主义进入新时代的关键时期开展的一次重要国情调查，时间跨度长，工作任务重，技术难度大。经过四年多共同努力，第二次全国地名普查取得丰硕成果：全国共采集地名 1320 多万条，修测标绘地名图 2.4 万多幅，基本查清了全国地名情况；对有地无名的地理实体进行了命名，对藏南地区地名进行集中审定并发布了一批公开使用地名，对 7.9 万多条“大、洋、怪、重”等不规范地名进行了标准化处理，进一步提高了地名标准化水平；新设、更新地名标志 68 万多块，进一步健全了城乡地名标志体系；建立了国家、省、市、县四级地名信息库，开发了地名信息政务管理平台和社会服务平台，地名信息化管理服务能力显著提升；建立了完整的地名普查档案，编纂出版了一批标准地名图、录、典、志等工具书和地名文化图书，为社会提供了更多更优的地名信息服务。地名普查取得的这些重要成果，是弥足珍贵的基础国情资料，是不可或缺的社会公共信息，对于服务人民群众生产生活、促进经济社会发展、维护国家主权和领土完整、推进国家治理体系和治理能力现代化等方面具有重要作用和影响。

（一）科学组织，地名普查进展有序高效。各级普查机构坚持科学谋划，统筹安排，高标准、高水平推进，确保地名普查有序、高效实施。一是加强组织领导。国务院成立了由 25 个部委为成员单位的全国地名普查领导小组，办公室设在民政部；省、市、县各级成立了地名普查领导小组及其办公室，为开展普查提供了强有力组织保障。二是健全制度规范。国务院地名普查办注重顶层设计，先后制定了全国地名普查实施方案、工作规程、资金管理、质量管理、督查、监理、保密管理、成果验收、档案管理等 20 项制度规范；各省（区、市）制定省级普查规范性文件 230 多个，形成了一整套系统严密、运行有效的普查制度规范体系。三是强化统筹部署。国务院地名普查办先后组织召开地名普查启动部署会、经验交流会、工作推进会等 12 次全国会议，专项部署实施了试点地区地名补查、跨界自然地理实体地名普查等重点工作，完成了沿边沿海 359 个县（市、区）地名补查更新，普查跨省界自然地理实体名称 1.2 万多条，系统推进全国地名普查工作。各地按照全国统一部署，因地制宜实施，确保全国地名普查任务如期完成。四是夯实普查保障。各级普查机构组建了 80 多万人的普查队伍，成立了专家咨询委员会。国务院地名普查办协调财政部落实中央补助地方普查资金 26.68 亿元，协调中央军委联合参谋部提供了 1：5 万比例尺普查用图。各地配套普查经费 35 亿元，配置 GPS、相机、服务器等专业设备 5 万余套，为顺利开展普查提供了物质和技术保障。五是广泛开展宣传。国务院地名普查办搭建了专题网站，发布了普查标志和宣传口号，举办了最美地名评选、“地名情・中国梦”短视频征集等 10 多项全国性宣传活动。各地结合实际，广泛宣传，累计举办宣传活动13万余场次，营造了良好普查氛围。

（二）规范实施，地名普查质量得到有力保障。各级普查机构始终坚持依法科学普查，强化普查质量管理。一是抓好业务培训。国务院地名普查办编印了培训教材，先后举办 30 期全国培训班，各地累计开展培训 3 万多场次，培训普查人员 350 多万人次，有效提升了普查队伍工作能力。二是加强指导督查。各级普查机构通过编写工作手册、编发简报通报、建立网络交流群、召开交流会、派员实地指导等多种方式，加强业务指导和督促检查。在全国民政系统首次建立业务约谈制度，通过部领导直接约谈，加快推进了进展落后地区普查工作步伐。国务院地名普查办每年对各省（区、市）进行全面督查，先后组成 23 个督查组对 105 个市、县、区开展实地督查，及时发现和督促整改问题。三是加强质量管控。国务院地名普查办组织研发了地名普查质量管理和验收、入库检查系统，组织专业机构对 300 多个市、县、区开展现场监理和质量评定，对各地上报的普查数据进行全面审核、抽查复验和入库检查，及时反馈各地修改完善。各地开展省、市、县三级督查、监理、检查、验收一万多轮次，有力保证了普查成果质量。四是强化廉洁普查。各级普查机构坚持厉行节约、勤俭普查，严格资金和项目管理，及时跟踪检查问效，确保普查安全、廉洁、高效。

（三）深化应用，普查成果转化取得显著成效。各级普查机构坚持“边普查边应用”原则，分别编制实施本级地名普查成果转化规划，积极推进普查成果转化利用。一是建立地名普查数据库。国务院地名普查办组织开发了全国地名普查数据库管理系统，采集入库 5509 条县级以上行政区域界线、2.8 万多颗界桩数据，完成普查成果数据入库和图形整饰，建成了标准统一、内容全面、覆盖全国的国家地名信息库以及界线界桩、地名标志、地名多媒体、历史地名等专题数据库。各地建成了省、市、县三级地名信息库。民政部在 37 个试点市、县、区开展了地名地址库示范创建活动。二是推进地名信息化管理服务。各级普查机构建成了一批地名信息政务管理平台，山东、湖北、重庆、新疆等省（区、市）开通了地名公共服务平台，广泛开展电子地图、导航等多种形式的地名服务。三是编纂地名图录典志。国务院地名普查办组织编纂全国标准地名图集、地名录、地名词典、地名志，目前已完成地名图集（华东卷）和地名词典（第一卷）编纂。各地依托普查资料，出版了《福建省政区图》《广西地名词典》等一批特色地名图书。四是加强地名理论研究。国务院地名普查办组织编写了《中国地名系列丛书》（共 7 册）和《第二次全国地名普查纪实》，形成了 100 多项关于地名普查、管理、服务和文化建设等方面的专题理论研究成果。各地广泛组织开展地名理论研究和征文活动，为地名普查提供了理论支持。

（四）加强管理，地名管理服务水平明显提升。各级地名主管部门以地名普查为契机，切实加强和改善地名管理。一是加强地名命名更名管理。民政部加紧修订《地名管理条例》，制定了波斯语、日语等外语地名译写导则，出台了地名命名更名、少数民族语地名音译转写等标准。国务院地名普查领导小组印发《加强地名文化保护清理整治不规范地名工作实施方案》（国地名普查组发〔2016〕1号），民政部、公安部等6部门联合印发《关于进一步清理整治不规范地名的通知》（民发〔2018〕146号），在全国开展了清理整治“大、洋、怪、重”等不规范地名活动。二是推进地名标志设置。民政部印发了《关于加强地名标志设置和管理的指导意见》（民发〔2017〕192号）。各地加大地名标志设置力度，创新设置带有“二维码、智能芯片”的新型地名标志，为社会提供更加便捷的地名标志导向服务。三是深化地名文化建设。各地按照民政部关于加强地名文化建设的部署要求，探索建立省、市、县地名文化遗产保护名录制度，分级分类分批开展古县、古镇、古村落等地名文化遗产认定，广泛开展地名文化展览、知识竞赛、图书编纂、影音作品制作等活动，有力加强了地名文化保护。

二、主要经验做法

地名普查过程中，各级普查机构和普查人员积极作为，勇于创新，形成了许多好的经验做法：

（一）加强组织领导是第二次全国地名普查成功的根本保证。为贯彻落实好习近平总书记等中央领导同志指示批示精神和党中央国务院决策部署，民政部切实履行牵头职责，部主要负责同志多次组织召开推进会、协调会抓重点工作落实和难点问题解决，分管负责同志认真抓组织实施、督促检查和任务落实。地方各级党委和政府高度重视地名普查工作，省、市、县、乡层层签订目标责任书。地方各级普查机构积极争取党委和政府的重视和支持，高位部署，强力推进，保证了普查顺利有序开展。

（二）坚定文化自信是第二次全国地名普查成功的力量源泉。各级普查机构始终坚定文化自信，坚持以地名文化为引领，突显地名普查文化内涵和特色：一方面，深入开展地名文化资源调查，大力保护传承弘扬优秀传统地名文化；另一方面，充分挖掘符合时代发展要求的文化内容，积极彰显和弘扬社会主义核心价值观，促进地名文化创新发展。

（三）强化协同配合是第二次全国地名普查成功的坚实基础。国务院地名普查领导小组各成员单位同心协力、紧密配合，共同推动普查实施和保障工作；地方各级普查机构强化联系沟通、加强资源共享，协同推进各项任务落实；社会公众广泛关注关心、支持参与地名普查，积极主动献策出力，全国形成了“政府主导、民政牵头、部门协作、社会参与”的良好氛围。

（四）坚持改革创新是第二次全国地名普查成功的关键因素。各级普查机构强化创新理念，积极应用现代信息技术提高普查成效。在外业调查中，广泛使用遥感、无人机等现代科技手段，大大提高了外业采集效率；在内业整理中，将空间技术与历史文化相融合，创新地名文化挖掘方式，有效提高了普查成果文化含量；在数据审核中，将计算机智能检测与人工审核相结合，运用“互联网 +”等方式更好地发挥社会公众作用，让地名普查更准确详实、更接地气；在普查宣传中，坚持传统媒体与新媒体相结合，极大提升了宣传效果。

（五）建强普查队伍是第二次全国地名普查成功的重要保证。四年来，广大地名普查人员深入城乡社区、村庄搞调查，亲赴沙漠、高山等偏远地区搞勘测，熬夜加班考证信息、标绘地图，不畏严寒烈日，不怕山高路远，用辛勤和汗水记录下每一个地名，用实际行动诠释了脚踏实地、任劳任怨、甘于奉献的地名普查精神，确保了普查任务的圆满完成。

三、下步工作打算

下一步，我们将以习近平新时代中国特色社会主义思想为指导，全面贯彻党的十九大和十九届二中、三中全会精神，深入学习贯彻习近平总书记关于地名工作重要指示批示精神，充分认识新时期地名工作的新任务新要求，进一步加强地名管理、服务和文化建设，全面提高地名工作科学化、法治化、规范化水平。

（一）搞好第二次全国地名普查总结表彰。在全面完成地名普查收尾工作基础上，拟于明年初召开第二次全国地名普查总结表彰会议，总结地名普查成绩和经验，表彰全国地名普查先进集体和先进个人，研究部署新时期地名工作。

（二）深化地名普查成果转化应用。深入实施《第二次全国地名普查成果转化规划（2015—2020 年）》，搞好地名普查信息对外公布工作，加快编纂出版标准地名图、录、典、志以及地名文化图书，加强信息共享，充分发挥地名普查效益。

（三）切实加强和规范地名管理。加快修订《地名管理条例》，进一步完善地名管理法规标准。推进地名规划编制与实施，规范地名命名更名，持之以恒清理整治“大、洋、怪、重”等不规范地名。进一步优化地名管理体制机制，充分发挥地名管理工作部际联席会议制度作用，强化部门协调配合，形成齐抓共管的良好局面。

（四）积极深化地名公共服务。依托地名普查成果，运用“云计算、大数据、互联网 +”等现代信息技术，建设完善国家地名信息库。服务乡村振兴战略，以农村地区为重点，加强城乡地名标志设置与管理。服务“一带一路”建设，开展国外地名整理、译写等工作。

（五）深入推进地名文化建设。充分挖掘普查形成的地名文化资料，建立中国地名文化资源库，分级分类分批建立地名文化遗产保护名录，形成科学有效的保护机制。进一步深化地名文化理论研究，加强地名文化宣传，促进中华地名文化繁荣兴盛。

民政部

2018 年 12 月 26 日

第二次全国地名普查政策文件

（2019 年）

关于做好拟公开地名普查成果数据复核确认工作的通知

国地名普查办发〔2019〕1号

各省、自治区、直辖市第二次全国地名普查领导小组办公室，新疆生产建设兵团第二次全国地名普查领导小组办公室：

为建设好中国国家地名信息库，向社会提供标准规范地名信息，2018年9月国务院地名普查办下发《关于进一步做好地名普查成果筛查工作的紧急通知》，要求各地进一步做好普查成果中“大、洋、怪、重”地名和存在涉密、敏感信息而不宜公开地名的筛查，并上报筛选结果。

根据各地报送的筛选结果和《基础地理信息公开表示内容的规定》《公开地图内容表示若干规定及补充规定》等有关文件要求，我办组织对地名普查成果数据进行了初步处理。现将处理后形成的拟公开地名普查成果数据转去（光盘附后），请就其中是否存在涉密、敏感等不宜公开内容以及是否存在“大、洋、怪、重”等不规范地名问题进行复核、确认，进一步做好拟公开数据的修改完善，于2月15日前将书面意见（附修改后的拟公开地名普查成果数据光盘）报送我办。

各省级地名普查办要切实发挥好主体作用，高度重视，抓紧组织，按期做好上线数据信息筛选、复核及反馈工作。逾期未反馈意见的，我办将视同无意见处理。

附件：拟公开地名普查成果数据光盘

国务院第二次全国地名普查领导小组办公室

2019年1月29日

联 系 人：杨刚

联系电话：010-58123220

国务院第二次全国地名普查领导小组办公室关于进一步加快《中华人民共和国标准地名词典》编纂工作进度的通知

国地名普查办发〔2019〕2 号

各省、自治区、直辖市第二次全国地名普查领导小组办公室，新疆生产建设兵团第二次全国地名普查领导小组办公室：

当前，《中华人民共和国标准地名词典》编纂工作正在有序进行。截至 1 月底，已完成第一卷（涉及华北、东北 8 省份）稿件审稿及绝大部分稿件退改；第二卷（涉及华东 7 省份）部分稿件审稿及退改；第三卷（涉及中南 6 省份）、第四卷（西南、西北 10 省份）稿件，除广东、海南、青海、宁夏、新疆外，其余省份已全部报来正式稿件。

从前期审稿、退改情况来看，一些省份没有按时完成稿件报送、退改；一些省份没有按照词典编辑部要求报送稿件，基本资料缺失严重，错误时有出现；一些省份对词典编辑部的退改意见不认真研究、仔细修改，重报稿件仍然存在明显错误和资料缺失。上述问题如不及时解决，必将影响词典编纂质量，延误工作进度，打乱整体编纂工作安排。为进一步加快编纂工作进度，现就有关要求明确如下：

一、第一卷涉及的山西、吉林、黑龙江 3 省，要在 2 月底前将本省亟待补充、修改的稿件报词典编辑部。

二、第二卷涉及各有关省份，要按照编辑部要求，在 3 月至 6 月底期间，及时完成稿件修改和补充资料工作。

三、第三卷、第四卷尚未报齐稿件的广东、海南、青海、宁夏、新疆 5 省份，要在 3 月底前完成全部正式稿件报送。

四、2—8 部分词目表，除已上报编辑部审查的四川、河北 2 省外，其余省份要在 4 月底前完成词目表上报工作。

各地务必高度重视、认真组织做好词典稿件的报送和退改工作，确保按时高质完成词典编纂国家任务。

国务院第二次全国地名普查领导小组办公室

2019年2月22日

关于补充完善县级以上政区地名信息的紧急通知

国地名普查办发〔2019〕3 号

各省、自治区、直辖市第二次全国地名普查领导小组办公室，新疆生产建设兵团第二次全国地名普查领导小组办公室：

今年 1 月底，我办下发了《关于做好拟公开地名普查成果数据复核确认工作的通知》，要求各地对拟公开的地名普查成果进行修改完善。近日，我办在组织对各地复核确认后的地名普查成果数据进行处理时发现，各地地名普查成果数据中普遍缺少省级、市级政区地名信息，一些地方还缺少县级政区地名信息，需要尽快补充完善。

为帮助各地做好补充完善工作，我办根据缺失情况，从各地提供的《中华人民共和国标准地名词典》稿件中提取了相关政区地名信息，形成《需补充完善政区地名信息表》（电子版）。现发给你们，请抓紧组织做好补充完善工作，并于 3 月 14 日前将补充完善后的政区地名信息以省为单位、书面报送我办成果转化处（同时报送电子版）。

联系人及联系电话：杨刚、010–58123220

邮箱：yanggang_2001@126.com

国务院第二次全国地名普查领导小组办公室

2019 年 3 月 11 日

关于做好《中华人民共和国标准地名志》编纂工作的通知

国地名普查办发〔2019〕4号

各省（自治区、直辖市）第二次全国地名普查领导小组办公室，新疆生产建设兵团第二次全国地名普查领导小组办公室：

《中华人民共和国标准地名志》（以下简称《地名志》）编纂启动以来，各地地名普查办高度重视，省级编写组密切配合，参与编纂人员共同努力，编纂工作取得了显著进展。目前，河北、山西、上海、江苏、浙江、安徽、江西、山东、湖北、广西、重庆、四川、贵州、云南、宁夏等15个省份已经完成政区·居民点类地名的释文初稿撰写工作，其中河北、广西、重庆、四川、贵州、云南6个省份释文已经通过省级编写组审定，报送至《地名志》编辑部。针对前期各地在政区·居民点类地名释文撰写过程中遇到的主要问题、共性问题，《地名志》编辑部制定了《关于〈中华人民共和国标准地名志〉编纂细则的若干补充说明》，现印发你们，请认真遵照执行。

各地要进一步提高认识，切实树立全国“一盘棋”的思想，充分发挥省级编写组作用，密切与《地名志》编辑部的联系，抓住编纂工作重点，借鉴先进地区经验，加快工作进度，确保编纂质量。尚未报送政区·居民点类地名释文的省份务必于6月30日前，将通过省级编写组审定的稿件电子版及纸质稿报送至《地名志》编辑部，已经报送的省份要按照《地名志》编辑部要求做好补充、修改和完善工作。

传真：021-62537365

邮箱：z020247@163.com

联系人及联系电话：贺延伟 13811616953

赵　航　13585511506

附件：关于《中华人民共和国标准地名志》编纂细则的若干补充说明

国务院第二次全国地名普查领导小组办公室

2019 年 3 月 28 日

附件

关于《中华人民共和国标准地名志》编纂细则的若干补充说明

为做好《中华人民共和国标准地名志》编纂工作，针对前一阶段各地在政区·居民点卷释文撰写过程中遇到的主要问题、共性问题，现就编纂细则的若干条款进行补充说明。

一、关于必收词目收录标准调整

编纂细则规定：乡级及以下地名中的地级、县级人民政府驻地镇（街道）全收；全国重点镇全收；中国历史文化名镇、名村全收；中国传统村落全收。

针对实际撰写过程中发现的部分全国重点镇条目没有文化内容可写、中国传统村落条目过多的情况，将乡级及以下词目调整列入选收词目之列，将收词权限适当下放，由各省编写组汇总后统一进行平衡把握，报经编辑部同意后确定最终词目。

二、关于释文重点、难点问题

（一）围绕地名基本信息（字形、读音、方位、含义、由来、沿革），切实弄清地名志与地名词典、国家地名志与地方地名志、地方志与地名志的区分。

（二）要把地名沿革同政区沿革区分开来。地名沿革强调地名在历史上的变化过程和情况，不必反映政区范围的变迁过程。

（三）要强调一个“古”字，着力点在地名源流的考证上，重在引经据典，有理有据，反映附着在地名上那些历久不变的稳定的文化内容。

（四）地名社会应用是项目的创新和亮点，建立在对地名文化价值深入挖掘和考证的基础上，要古今并重，不是简单的“地名 + 商标”组合，要从严把控。

三、关于图片的配图要求

编纂细则规定：各省级编写组在上报释文的同时，需按照如下要求提供若干彩色图片和黑白图片。

（一）彩色图。选取省内具有代表性的地标建筑、能反映地名源流的重要标志景观、城市概貌等图片15—20幅。要求图片清晰，分辨率在300dpi以上，准确标注图注，不存在版权争议。

（二）黑白图。选取省、市、县具有代表性的上述图片100—200幅。要求图片清晰，分辨率在300dpi以上，准确标注图注，不存在版权争议。

（三）为确保各省级编写组能够集中精力投入释文撰写及修订工作，同时确保地图规格标准统一，原需各地提供的地图由《地名志》编辑部统一解决。

四、释文撰写中应注意的其他问题

（一）关于地名罗马字母的标注和音译转写问题。民族聚居地区的民族语地名（蒙、维、藏语）要使用罗马字母音译转写的形式进行括注，其他地名均使用汉语拼音进行括注。

（二）关于面积及人口数据，统一保留至小数点后两位数字。

（三）关于历史纪年用法，中华民国成立前采用朝代年号加公元纪年的形式，如“隋大业六年（610年）”；中华民国成立后采用公元纪年。

（四）引用古籍资料，一定要核对原文，尽可能采用最早出处，不得使用二手资料。

（五）书名号、顿号等标点符号要根据最新标点符号用法，具体参看编纂体例“标点符号用法”有关内容。

五、其他问题

各省级编写组释文撰写中遇到的其他问题，请及时同《地名志》编辑部沟通。

国务院第二次全国地名普查领导小组关于表彰第二次全国地名普查先进集体和先进个人的决定

国地名普查组发〔2019〕1 号

各省、自治区、直辖市第二次全国地名普查领导小组，新疆生产建设兵团第二次全国地名普查领导小组；国务院第二次全国地名普查领导小组各成员单位：

第二次全国地名普查是国务院部署开展的一项重要国情调查。2014 年以来，在党中央、国务院的正确领导下，全国各级地名普查机构和广大地名普查人员深入学习贯彻习近平新时代中国特色社会主义思想，全面贯彻落实习近平总书记关于规范地名管理、保护传承弘扬中华优秀地名文化的重要指示批示精神，按照国务院统一部署，精心组织实施，强化统筹协调，积极开拓创新，狠抓工作落实，圆满完成了第二次全国地名普查任务，涌现出了一大批先进集体和先进个人。

为表彰先进、弘扬正气，进一步加强和改进新时代地名管理工作，经全国评比达标表彰工作协调小组批准，各级地名普查机构认真评选、层层推荐和逐级公示，国务院第二次全国地名普查领导小组决定，授予北京市规划和自然资源委员会地籍管理处（地名管理处）等 100 个单位“第二次全国地名普查先进集体”称号，授予史悦等 100 名同志“第二次全国地名普查先进个人”称号。

希望受到表彰的先进集体和先进个人，珍惜荣誉，谦虚谨慎，再接再厉，再立新功。全国各级民政部门、地名工作主管部门和广大干部职工要以先进典型为榜样，深入学习贯彻习近平新时代中国特色社会主义思想，增强“四个意识”，坚定“四个自信”，坚决做到“两个维护”，更加紧密地团结在以习近平同志为核心的党中央周围，立足本职岗位，争创优异成绩，推动新时代地名事业创新发展，为全面建成小康社会、全面建设社会主义现代化国家作出新的更大贡献！

国务院第二次全国地名普查领导小组办公室

2019 年 4 月 23 日

附件：1. 第二次全国地名普查先进集体名单
2. 第二次全国地名普查先进个人名单

附件 1

第二次全国地名普查先进集体名单（100 个）

北京市

北京市规划和自然资源委员会地籍管理处（地名管理处）

天津市

天津市滨海新区第二次全国地名普查领导小组办公室

河北省

元氏县民政局

邯郸市第二次全国地名普查领导小组办公室

承德市民政局

山西省

阳曲县民政局

阳泉市城区民政局

运城市民政局

内蒙古自治区

包头市第二次全国地名普查领导小组办公室

奈曼旗第二次全国地名普查领导小组办公室

伊金霍洛旗民政局

呼伦贝尔市民政局

辽宁省

沈阳市和平区民政局

大连市民政局区划地名处

吉林省

蛟河市民政局

梅河口市民政局

黑龙江省

黑龙江省地名档案资料馆

嫩江县第二次全国地名普查领导小组办公室

上海市

上海市测绘院第四分院

江苏省

无锡市惠山区民政局

睢宁县民政局

苏州市民政局

扬州市民政局区划地名处

浙江省

浙江省民政厅区划地名处

杭州市萧山区民政局

宁波市鄞州区民政局

衢州市地名委员会办公室

安徽省

安徽省第四测绘院

合肥市民政局

黄山市民政局

滁州市民政局

福建省

厦门市民政局区划地名处

沙县第二次全国地名普查领导小组办公室

南平市建阳区民政局

宁德市蕉城区民政局

江西省

南昌市民政局

武宁县民政局

安远县民政局

樟树市民政局

山东省

山东省民政厅区划地名处

济南市历下区第二次全国地名普查领导小组办公室

新泰市第二次全国地名普查领导小组办公室
滨州市第二次全国地名普查领导小组办公室

河南省

河南省民政厅区划地名处
鄢陵县民政局
商丘市民政局
周口市民政局区划地名科

湖北省

湖北省民政厅区划地名处
湖北省国土测绘院
武汉市江夏区民政局
咸宁市民政局

湖南省

湖南省民政厅区划地名处
长沙市民政局
湘潭市民政局
永州市地名委员会办公室

广东省

广州市花都区民政局
汕头市民政局
东莞市民政局
罗定市第二次全国地名普查领导小组办公室
广西壮族自治区
广西壮族自治区民政厅区划地名处
桂林市民政局
河池市宜州区民政局

海南省

海口市民政局
三亚市民政局

重庆市

重庆市民政局区划地名处

渝中区民政局

四川省

荣县民政局

绵阳市涪城区民政局

乐山市民政局

渠县民政局

贵州省

贵州省地名档案资料馆

贵阳市第二次全国地名普查领导小组办公室

正安县第二次全国地名普查领导小组办公室

印江土家族苗族自治县第二次全国地名普查领导小组办公室

云南省

云南省民政厅区划地名处

巧家县民政局

丽江市古城区民政局

西双版纳傣族自治州民政局

西藏自治区

西藏自治区民政厅区划地名处

日喀则市民政局

林芝市民政局

山南市民政局

陕西省

渭南市第二次全国地名普查领导小组办公室

汉中市民政局

靖边县区划地名办公室

甘肃省

民勤县民政局

庆阳市民政局

陇南市武都区民政局

青海省

祁连县民政局

治多县民政局
海西蒙古族藏族自治州民政局
宁夏回族自治区
宁夏回族自治区地名委员会标准化中心
石嘴山市民政局
新疆维吾尔自治区
新疆维吾尔自治区地名标准化中心
阿克苏地区民政局区划地名办　公室
精河县民政局
阿勒泰地区民政局区划地名办公室
新疆生产建设兵团
新疆生产建设兵团勘测设计院（集团）有限责任公司测绘地理信息分院
国务院第二次全国地名普查领导小组成员单位
国务院第二次全国地名普查领导小组办公室成果转化处
中国人民解放军 61363 部队七室

附件 2

第二次全国地名普查先进个人名单（100 名）

北京市
史　悦（女）　北京市城市建设档案馆馆员
天津市
王洪年　天津市规划局地名处主任科员
河北省
赵兰贵　河北省民政厅区划地名处调研员
尹佐策　石家庄市民政局区划地名处科员
李伟明　唐山市民政局地名办公室科员
山西省
穆大鹏　山西省民政厅区划地名处主任科员
刘　荣　灵丘县民政局副局长
贺　军　晋中市民政局区划地名科科长

内蒙古自治区

包雪飞（女，蒙古族） 内蒙古自治区民政厅区划地名处科员

白　洁（女） 呼和浩特市玉泉区民政局科员

王相田　林西县民政局区划地名办公室主任

辽宁省

刘振武　本溪市民政局区划地名科科长

赵　静（女） 义县民政局区划地名股股长

吉林省

王立松　吉林省民政厅区划地名处处长

狄雪晶（女） 白城市洮北区地名委员会办公室主任

黑龙江省

徐晓曦　黑龙江省民政厅区划地名处主任科员

许洪伟（女） 哈尔滨市道里区民政局区划地名科科员

上海市

俞德鸣　上海市规划和自然资源局风貌管理处（地名管理处）副处长

江苏省

戴亚君　常州市民政局区划地名处处长

曹　吉（女） 淮安市民政局区划地名处处长

殷金彤（女） 镇江市民政局区划地名处处长

浙江省

张　健　瑞安市民政局区划地名办公室主任

应建斌　平湖市民政局地名办公室副主任

王建富　舟山市区划地名管理办公室编审

安徽省

邓全清　安徽省民政厅区划地名处主任科员

史守标　合肥市民政局区划地名处处长

李荣林　宿州市民政局区划地名科副科长

陈龙坤　宣城市民政局区划地名科科长

福建省

吴云峰（女） 福州市民政局社会事务和区划地名处处长

刘英华（女　）莆田市民政局婚姻登记处办事员

徐碧如（女） 永安市民政局科员
翁春健 龙岩市新罗区民政局区划地名股股长

江西省

聂丽红（女） 江西省民政厅区划地名处主任科员
甘厚柏 萍乡市民政局区划地名科科长
刘梅春（女） 吉安市吉州区民政局科员
姬浚渭 上饶市民政局区划地名科科长

山东省

陈 芳（女） 山东省民政厅区划地名处主任科员
王成刚 龙口市民政局社会组织管理办公室主任
高洪祥 德州市民政局区划地名科科长
窦淑芬（女） 聊城市民政局党组成员

河南省

李 云 河南省民政厅区划地名处副调研员
马旺顺 河南省地名档案室档案科科长
刘亚娟（女） 邓州市民政局地名办公室主任
冯 贞（女） 驻马店市民政局区划地名管理科科长

湖北省

杜天柏 宜昌市民政局区划地名科科长
柳正明 谷城县民政局区划地名科科长
余乙昌 鄂州市民政局副局长
邓敬婷（女，土家族） 恩施市民政局党组成员、副局长

湖南省

尹晓洪 衡阳市民政局副局长
刘克荣 岳阳市民政局基政区划地名科科长
姚源淦（侗族） 新晃侗族自治县史志办公室退休返聘人员
罗满泉 双峰县民政局区划地名办主任

广东省

陈嘉茵（女） 广东省民政厅区划地名处副主任科员
张仕添 阳江市江城区民政局区划地名股股长
梁敬全 中山市民政局区划地名科科长

广西壮族自治区

方　丁（女）　广西壮族自治区地名档案馆科员

韦雪玲（女，壮族）　宾阳县民政局区划地名股股长

蒙尉兴（壮族）　崇左市民政局区划地名科科长

海南省

谢小兰（女）　琼海市民政局基层政权和区划地名股股长

黄思文　昌市民政局基层政权和区划地名室主任

重庆市

谭　华　重庆市民政局区划地名处处长

李长江　荣昌区民政局区划地名科科长

刘　强（土家族）　酉阳土家族苗族自治县民政局基层政权科科长

四川省

刘厚军　广安市民政局区划地名科办事员

杨德君　泸州市民政局区划地名科科长

扎西尼玛（藏族）　甘孜藏族自治州民政局区划地名科科长

贵州省

杨兆益　盘州市民政局区划地名科负责人

唐洪科　威宁彝族回族苗族自治县民政局区划地名股股长

李　漫（女，水族）黔东南苗族侗族自治州民政局区划地名科科长

云南省

叶志勇　安宁市民政局社区办副主任

李永富（彝族）　峨山彝族自治县民政局区划地名股股长

李朝位（彝族）　南华县民政局区划地名股办事员

西藏自治区

蔡朝晖　拉萨市堆龙德庆区民政局科员

李　杨　昌都市地震局监测科科员

尼　玛（女，藏族）　尼玛县民政局副局长

洛桑次培（藏族）　札达县民政局局长

陕西省

刘　媛（女）　铜川市民政局区划地名科科长

王育科　志丹县勘界工作领导小组办公室主任

秦龙商　洛市民政局社会组织科（区划地名科）办事员

甘肃省

武少英　甘肃省民政厅区划地名处主任科员

李沿元　白银市边界办公室主任

胡昌珊　天水市民政局区划地名科科长

青海省

高　冀　青海省民政厅区划地名处处长

宋志清　西宁市城西区民政局地名科科长

蒲　倩（女）　互助土族自治县民政局局长

切军措（女，藏族）　贵德县第二次全国地名普查办公室副主任

宁夏回族自治区

李　波　宁夏回族自治区地名委员会标准化中心主任

何　彤　中宁县民政局副局长

新疆维吾尔自治区

姜兆新　新疆维吾尔自治区民政厅区划地名处主任科员

买买提库力·吐尔地库力（塔吉克族）　塔什库尔干塔吉克自治县民政局地名区划办公室科员

王桂华（女）　民丰县民政局地名办公室科员

郭卫星（锡伯族）　巴音郭楞蒙古自治州民政局区划地名和民间组织管理科科长

新疆生产建设兵团

张　晶　新疆生产建设兵团勘测设计院（集团）有限责任公司副高级工程师

国务院第二次全国地名普查领导小组成员单位

王　晖　财政部社会保障司优抚救济处副处长

王艳茹（女）　自然资源部海域海岛管理司主任科员

周　毅　中国人民解放军 61618 部队三室高级工程师

张　伟　国务院第二次全国地名普查领导小组办公室秘书处、民政部区划地名司综合处处长

贺延伟　国务院第二次全国地名普查领导小组办公室业务指导处副处长

曹瑞昌　民政部区划地名司地名管理处调研员

张清华　民政部地名研究所研究员

第二次全国地名普查 DMPC

DIERCI
QUANGUO DIMING
PUCHA JISHI

第二次
全国地名普查纪实（中）

国务院第二次全国地名普查领导小组办公室 编

中国社会出版社
国家一级出版社 · 全国百佳图书出版单位

目 录

典型案例

第二次全国地名普查过程中，各地普查机构坚持从实际出发，突出地名普查工作重点和地域特色，从有利于地名普查工作推进、有利于地名成果转化、有利于加强地名文化建设等方面，积极探索创新地名普查工作模式和方法，创造形成了许多各具特色的典型做法。为突出宣传地名普查工作先进经验，提升地名管理服务水平，本书整理了各省（自治区、直辖市）地名普查办推荐的 89 篇地名普查工作案例，以兹相互学习，相互借鉴。

借力地理信息手段　丰富地名管理方式

北京市地名普查办

地名是重要的地理信息和社会公共信息，是地理信息的重要组成部分，地理信息通过地名，可以让人们方便地来定位和指向，地名通过地理信息的各种表现方式和信息化处理手段，可以进行可视化表达、大数据分析、数据挖掘、精细化管理。北京市地名普查办公室在地名普查和管理工作中，创新使用了地理信息手段，收到了良好效果。

地名普查从资料收集、实地采集、数据整理、入库，涉及内业及外业工作，环节众多。第一次全国地名普查时，采用的是人工为主的作业方式，以纸图为基础，通过手簿、地名卡片进行记录。本次地名普查，市地名普查办组织研发了基于地理信息技术的“北京市地名普查云平台”，该系统采用了高精度的地理信息数据作为普查工作底图，实现了数据采集、存储、分发、管理检验、输出全流程信息化，实现了管理人员、资料收集人员、外业采集人员、质量控制人员、成果验收人员在统一平台下分工协作。

借助这套地名采集系统，外业作业人员再也不用带着纸图和一大摞纸质的地名目录、地名登记表走街串巷，只需一台平板电脑在手，便可以完成地名查询、记录、修改，照片、视频拍摄，空间坐标定位，访谈录像等一系列操作，大大降低了一线普查人员的工作难度，提高了普查效率和质量。

普查中搜集的各委办局提供的地名资料，大量的是地名描述，没有空间位置，通过地理信息技术开发的地名地址匹配工具，将文字性的描述地址转化为空间的地理位置坐标，实现了地名数据的空间化，可直接定位到实地进行普查，更加高效地利用了地名资料。

地名以地理实体为基础产生，是人们认识和表达地理实体的指代，地理实体是地名的载体，二者具有天然的紧密联系。将地名与地理信息技术结合的探索，目前只是走了一小步，随着北京市智慧城市的建设，各类专业地理信息系统的建立，相信地理信息技术将为地名管理带来更多可能。

深化普查技术研究

北京市地名普查办

为保障地名普查数据汇交格式的统一，做好系统开发和数据库建设工作，北京市对各普查外业单位采购的信息采集软件进行了本地化研发拓展。明确要求普查外业单位按照国家和北京市的规定汇交普查数据，为普查队伍选择软、硬件提供了解决方案。

1. 运用高精度翔实的底图数据。由于北京城市发展程度高，国家下发的 1∶5 万比例尺数字地形图无法完全满足地名普查的要求，经国普办同意，北京市采用更大比例尺地形图作为数据源——平原区采用 1∶2000 比例尺，山区采用 1∶1 万比例尺地形图，以满足不同的应用需求。根据本次普查特点，市普查办专门定制编辑了富含信息量大、精度高、现势性强的 1∶2000 及 1∶1 万比例尺地形图 9000 余幅作为各作业单位的工作用图，为全市地名普查工作提供数据支持。

2. 基于试点编制技术文件。先后选取东城福祥社区、西城大栅栏街道、朝阳太阳宫社区、管庄乡等能够代表北京老城区、商业区、新城区、乡村的区域开展试点工作。经过试点实验，编制了《技术方案》以及《指导手册》（内业、外业）等技术文件，为地名普查相关工作的开展提供了有力技术依据。

3. 采用了内、外业一体化的全数字化生产流程。实现了“内—外—内”环节间的无缝衔接。市普查办技术组在地名普查外业采集工作中，采用了内、外业一体化的全数字化生产流程。该流程支持多个地区、多个普查外业单位同时工作，实现了地名普查管理人员、资料收集人员、外业采集人员、质量控制人员、成果验收人员等多环节能够在同一平台下分工协作。市、区普查办可通过作业平台及时掌握普查进展。通过地名采集内、外业一体化管理，避免了重复工作，有效提高了地名普查质量和效率。

4. 采用了地理编码技术。在本次地名普查的资料收集阶段，市、区地名普查成员单位提供了地名原始资料数据，数据格式为台账表格，数据规模约20万条。为使用、整合并处理好大量的原始资料数据，市普查办技术组基于百度 Geocoding API 专门研发了地名地址匹配工具，将原始资料文字性的描述地址转化为空间的地理位置坐标，通过数据转换、数据清洗、地址匹配等过程，在外业调查之前保证了地名地址数据的正确性。开发的该地名地址匹配工具，通过校验，匹配准确率达90%以上，节约了人力财力和时间成本，提高了地名普查整体的工作效率。

5. 开展“首件核查”工作。工作之初，为培养合格、稳定的外业作业队伍，市普查办通过“首件核查”方式，全面核查了地名普查12家外业单位提交的首件成果，统一通报了存在的普遍性问题。此外，还就个性化问题，逐个与12家外业中标单位进行“一对一”的当面沟通，提出具体整改意见。并于15日后，对整改后的首件成果再次进行核查。通过“首件核查”，进一步明确了地名普查的质量标准。

稳妥推进无名路清理整治工作

北京市地名普查办

为落实国务院普查办关于清理整治不规范地名工作要求，北京市组织开展了清理无名路和不规范道路名称的专项工作。

1. 健全工作机制

市政府向各区政府印发了《关于积极推进无名路和不规范道路名称清理工作的函》，印发了《关于加强城市道路名称管理的意见》，要求按照职责分工有序推进命名工作，并就相关工作开展集中培训。同时，将城市道路名称管理的相关要求，在正在编制的《北京街道治理城市设计导则》中予以明确。各区先后成立了工作专班，全面摸排本辖区的道路现状情况。相关部门主动对接，对较复杂的遗留问题进行一事一议专项解决，重点围绕群众集中反映的现状无名路开展工作。

2. 转变传统地名命名方式

为保障整治工作有序开展、执行到位，原市规划国土委制定了分类标准，统一了工作要求。在统一确定主动命名的时间节点和工作步骤后，各区严格按照命名原则和审批工作流程，分三批完成了共计 1006 条无名道路命名工作。为切实解决无名路的历史遗留问题，原市规划国土委已将无名路纳入地名日常管理工作中。从以前的依申请命名转为依申请命名和主动命名相结合，从仅命名规划道路转为命名规划道路和现状无名道路相结合。在编制区域控制性规划时，也将同时开展地名规划研究。

3. 建立公众反馈机制

结合工作进度，原市规划国土委已将累计 1006 条无名路的路名、位置等基本情况，分批公布在国家地理信息公共服务平台——天地图・北京专门开设的地图栏目上。同时，通过《北京日报》《北京晚报》《北京青年报》、微信公众号等媒体刊发文章，及时向社会公告无名路命名情况，宣传地名管理政策，市民可通过上述网站对道路命名情况在线浏览、查询。

为做好后续工作，市政府建立了无名路反馈机制。市民可通过便民电话反映无名路和名称不规范道路。对市民反映的无名路，市政府在核实后认为需要命名的，将列出工作计划进行命名。如果认为不需要命名的，也会进行解释说明。

在城市总体规划中积极推进地名文化保护工作

北京市地名普查办

根据国务院地名普查领导小组关于“加强地名文化保护工作”的部署，北京市要求各区在提交的普查成果中，形成地名文化遗产分级保护名录。同时，为深入挖掘地名文化资源开展了《北京市地名文化遗产保护制度研究》的专题研究工作。其中《北京市地名文化遗产分级保护目录技术要点》已发布试行，为各区研究制定地名文化遗产分级保护目录提供依据与指导。2018年，北京市初步完成了《北京市地名文化遗产保护实施规划研究》，进一步研究了地名文化遗产保护的步骤和具体措施。

2019 年，北京市启动了首都功能核心区地名文化保护专项规划编制工作。首都功能核心区的地名文化是北京历史文化的重要组成部分，首都功能核心区地名随着历史发展而变迁。为进一步贯彻落实北京城市总体规划中“保护1000 余条现存胡同及胡同名称”的要求，根据老城历史文化厚重、新建道路分散的特点，结合地名普查成果，在充分利用普查历史地名数据和老城历史文化研究的基础上，北京市开展分级保护研究。

该研究以胡同等街巷地名为主，提出首都功能核心区地名文化保护名录选取标准，首都制定了地名保护名录和保护利用措施，为建立首都功能核心区历史地名保护评价指标体系和地名管理工作提供支撑和指导。

按照选取标准，首都功能核心区共有 1140 条地名入选保护名录，其中，东城区 485 条，西城区 655 条。编制了核心区 32 个街道地名保护名录。研究成果已补充完善至《首都功能核心区控制性详细规划（街区层面）（2018—2035 年）》地名文化保护专项规划部分。

在完成首都功能核心区控规的相关工作内容后，北京市将按照《地名文化保护规划大纲》继续对地名文化分级保护指标体系进行深入研究，为老城区的历史地名管理提供支撑。

强化组织实施　提高普查成效

天津市东丽区地名普查办

一、普查基本概况

2010 年至 2017 年，天津市滨海新区和市内六区先后开展了地名普查工作。按照市规划局的统一要求，东丽区在滨海新区和市内六区地名普查工作基础上启动了东丽区第二次全国地名普查工作。

按照市规划局对环城四区的部署，东丽区在滨海新区和市内六区地名普查工作基础上率先启动了东丽区第二次全国地名普查工作。

2013 年 3 月 26 日，东丽区人民政府印发了关于天津市东丽区地名普查细则的通知，成立东丽区地名普查办公室和领导小组，王连成副区长任领导小组组长，李咸群局长担任副组长，成员单位涉及 21 个委办局及 11 个街道办事处。

1.1　作业范围

如图 1 所示，此次地名普查的作业范围覆盖东丽区行政区划。

东丽区下辖 11 个街道办事处，由于天津市和东丽区经济和社会发展需要，天津滨海国际机场、天津经济技术开发区西区（即泰达西区）、天津滨海高新技术产业开发区（即滨海高新区）、天津空港经济开发区（即空港经济区）也坐落于东丽区境内。以上各个功能区也在本次普查范围内。东丽区下辖各个街道办和各个功能区面积之和约 478.87 平方千米，即为本次普查范围面积。

1.2　普查内容

按照民政部《第二次全国地名普查试点规程》的要求，天津市第二次全国地名普查共涉及自然地理实体和人文地理实体两个大类，陆地地形、陆地

图 1　东丽区地名普查范围示意图

水系、行政区域、非行政区域、群众自治组织、居民点、交通运输设施、水利电力通信、纪念地与旅游景点、建筑物、单位等 11 个中类和 48 个小类。

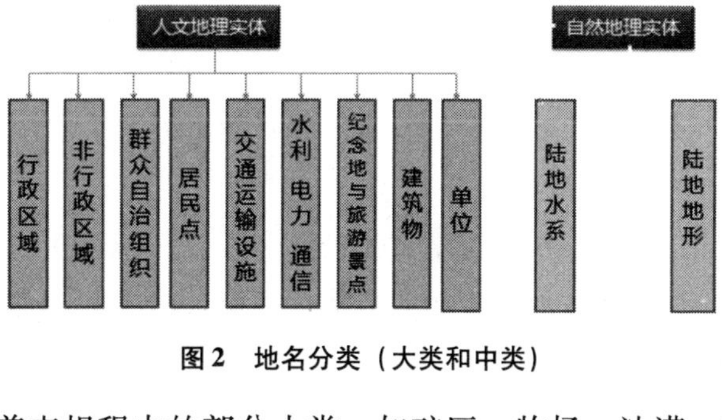

图 2　地名分类（大类和中类）

全国地名普查规程中的部分小类，如矿区、牧场、沙漠、草原等，因东丽区不涉及，本次普查中不包括这些小类。东丽区共涉及 31 个小类，主要包括：街道办事处、工业区开发区、区片、铁路、道路、公共交通车站、火车站、桥梁、隧道、加油站、泵站、变电站、纪念地、公园、房屋、广场、农林牧渔区、村委会居委会社区、党政机关、事业单位及企业等。

二、工作开展和实施

为了使普查有序开展，相关委局共同组成工作团队，构建形成上下联动、部门协作、内外统筹、高效运转的工作机制。如图 3 所示，东丽区地名普查领导小组办公室（区普查办公室）由东丽区政府、东丽区规划分局以及其他相关委办局等组成，作业单位为天津市测绘院。区普查办公室和作业单位均由市普查领导小组办公室领导。在此运行机制下，各部门深入研究，积极研究，认真完成了每一项工作。

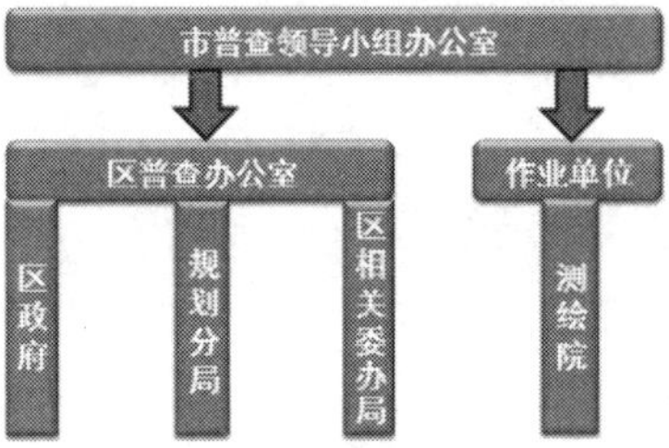

图 3　地名普查运行机制

2.1　区普查办组织开展的工作

区地名普查办公室自成立以来，始终认真对待每一项具体的工作，深入研究了市地名普查领导小组办公室制定的《天津市第二次全国地名普查技术方案》和《天津市第二次全国地名普查审核技术标准》，并组织各普查成员进行了培训。

2.1.1 研究《天津市第二次全国地名普查技术方案》和《天津市第二次全国地名普查审核技术标准》

图 4 为《天津市第二次全国地名普查技术方案》，该技术方案主要包括普查内容、普查方法、普查成果、验收方法等。此《方案》是东丽区开展普查工作的技术依据。

《天津市第二次全国地名普查审核技术标准》（见图 5）中主要包括：组织实施、审核内容、审核程序、审核标准等内容。

目　录

图 4　《天津市第二次全国地名普查技术方案》

天津市第二次全国地名普查成果
“地名成果表”审核技术标准

为了顺利完成天津市第二次全国地名普查工作成果的审核任务，根据《第二次全国地名普查试点工作规程》、《天津市第二次全国地名普查实施方案》的有关规定，结合天津市普查工作的实际情况，特制定本暂行办法。

一、适用范围

本暂行办法适用于天津市第二次全国地名普查项目过程成果中地名成果表的审核。

二、组织实施

本次地名普查成果审核工作由天津市第二次全国地名普查领导小组办公室进行总体的组织协调。各区的地名普查办自行成立由普查领导小组成员单位及有关地名专家组成审核小组，负责对各区的地名普查初步成果之一的地名成果表进行审核。在审核合格后报市地名普查办公室组织验收。

三、审核的主要内容

1、地名成果表是否与上报地名目录表中地名总数一致；
2、地名成果表格中信息是否填写完整、有无遗漏；
3、地名是否为标准地名，汉语拼音是否正确；
4、成果表中“地名含义”是否准确、“历史沿革”是否按年代顺序叙述。

图 5　《天津市第二次全国地名普查审核技术标准》

2.1.2 组织区级地名普查技术培训

东丽区自 1982 年开展地名普查以来，已有 30 多年没有进行此项工作，对参与人员来说是项全新的任务，没有经验可以借鉴。

为了尽快熟悉工作，提高效率，更好地掌握地名普查工作的流程，区普查办于 2013 年 7 月份组织了全区普查技术培训会。

根据成员单位的职能分工和提供资料的内容，区普查办分别量身定做了培训材料，使地名普查人员尽快掌握普查工作方法，熟悉普查具体内容，确保资料报送的质量。如图 6 所示。

图6 培训材料

2.2 各委办局协助完成的工作

外业调查范围涵盖整个作业区，共收集到地名外业兴趣点26471个，其中包括楼门楼址17997个。

按照地名地址外业采集分类标准，采集到的26471个兴趣点详见2.3地名登记表的收集整理。

东丽区地名普查工作共涉及10个街道办事处、21个委办局（含东丽开发区管委会和服务滨海委）。在区政府的大力支持下，由市地名普查办对东丽区各街道办和委办局的相关普查人员进行了地名普查相关地名登记表填写的培训。各街道办和委办局将其业务管辖范围内的地名相关信息、其单位信息以及分支单位信息等地名信息进行了整理，并填写地名登记表。经过区普查办不断地与各街道办、委办局相关人员保持密切沟通，各街道办和委办局的地名登记表已于7月31日之前返回。项目组对返回的地名登记表进行了检查，对检查出的问题及时进行反馈。截至2013年9月3日，各街道办、委办局共填报返回了4604份地名登记表。

各委办局（含东丽开发区管委会和服务滨海委）返回的地名登记表总计3933份，详细统计结果如表1所示。

表 1　委办局（东丽开发区管委会和服务滨海委）地名登记表统计

序号	委办局	份数	序号	委办局	份数
1	工业经委	10	12	财政局	1
2	农经委	19	13	体育局	3
3	商务委	49	14	教育局	72
4	建　委	12	15	公路局	55
5	市容园林委	3	16	房管局	3
6	编　办	1	17	水务局	70
7	规划局	1694	18	工商局	1632
8	卫生局	48	19	公安局	13
9	统计局	4	20	东丽开发区管委会	58
10	文广局	5	21	服务滨海委	21
11	民政局	160			
合计		3933			

按照市普查办的要求，区普查办和项目组对返回的地名登记表进行认真的检查和核对。区普查办分别对各街道办和委办局的问题进行整理，并分别形成修改意见反馈到各街道办和委办局。

针对 11 个街道办和 21 个委办局上交的地名登记表，项目组工作人员进行了认真筛选，将符合要求的地名登记表全部录入到地名数据库。针对其中存在的问题，项目组工作人员已经进行了记录，逐步与各街道办和委办局等进行沟通反馈和修改。

随着地名普查工作的深入开展，仍有部分重要地名信息未能覆盖。区地名普查办经过调查研究，并积极联系，得到了市规划局、区总工会、区交通运输局、区粮食办公室等 44 家单位的大力支持，他们先后提供 93 条地名信息，使得普查成果更加丰富完善。

综上，经过各街道办事处、委办局和其他协助单位的积极配合，地名普查办共收集地名登记表材料 4697 份，详细见表 2。

表 2 地名普查上报材料统计

	单位个数	份数
街道办事处	10	671
委办局	21	3933
协助上报单位	44	93
总计	75	4697

2.3 地名普查成果

截至 2017 年 3 月底，共录入地理实体地名信息 2441 条。如表 3 所示。

表 3 地名数据库各中类信息统计

序号	名称	计数
1	行政区域	11
2	群众自治组织	182
3	非行政区域	34
4	居民点	441
5	交通运输设施	441
6	水利、电力、通信设施	50
7	纪念地与旅游景点	23
8	建筑物	35
9	单位	1207
10	陆地水系	16
11	陆地地形	1
	总计	2441

东丽区地名信息数据共涉及 31 个小类，具体有行政区域、农林牧渔区、工业区开发区、村委会居委会社区、城镇居民点、农村居民点、道路、车站停车场、桥梁、隧道、发电站、其他水利电力通信设施、纪念地、公园风景区、房屋、广场体育场、其他建筑物、党政机关、事业单位、民间组织、企业、其他单位、河流、湖泊等。

为保证地名信息的可靠性，对普查信息录入过程中出现的问题及时与各委局、街道及居委会进行沟通，资料提供不全或有问题的及时反馈修改，保证成果质量。

2.4 专家评审

为了严格把握地名信息的准确性、控制地名成果质量，东丽区地名普查办于2014年9月至2017年3月期间组织了区级专家多次审核。本着严谨负责、科学认真的精神对东丽区2441条成果进行了逐条、逐句、逐字审核。专家们为东丽区地名普查工作提出了宝贵的意见，提出了修改以及将来应用方面的建议。

作业单位按照专家评审意见和批注进行了逐条核实、商议、修改，并与各委办局进行沟通，确认地名普查信息准确无误。

2017年3月，东丽区地名普查办组织了区级专家审核会。会上，东丽区地名普查办向专家们介绍了东丽区地名基本情况，作业单位按照地名审核意见进行修改的情况。专家抽看东丽区部分地名成果表，审议了地名审核意见修改情况，对东丽区地名普查工作给出了较高的评价，并建议通过。专家审查结论如下：

首先，准备工作充分。制订了科学的普查方案，组织了精干的普查队伍，动员了各方力量，听取了专家意见。

其次，普查工作扎实、深入。广泛查阅了文献资料，考察地名沿革和含义，运用先进的技术手段，进行了大量的文字处理和图片作业，工作严谨细致。

再次，普查成果全面、准确。一是内容全面，全面反映了地名的主客观变迁，有利于掌握东丽区的最新地名信息；二是内容系统，集行政区划、道路桥梁、里巷居民点、公园纪念地等于一体，体现了东丽地名建设和规划取得显著的成就；三是内容准确，通过文献资料与实际勘察的结合，作业普查与专家审查的结合，保证了普查内容的准确性、客观性。

最后，普查工作注重挖掘东丽区的悠久历史。注重老地名的历史文化遗存，体现了东丽特色，并对城市化建设中的新地名命名工作具有指导意义。

总之，经多次修订，东丽区地名普查成果规范，含义阐释准确，资料翔实丰富，具有重要应用价值，符合东丽区普查办所制定的各项标准，建议通过。

三、成果制作和应用探索

按照民政部要求，东丽区第二次全国地名普查应完成六种成果，即四表一图一库（地名目录表、地名成果表、地名标志表、地名标准化处理表、地名成果图、地名数据库）。

东丽区在普查过程中，没有发现重名、别名等现象，东丽区的地名普查成果没有地名标准化处理表。地名普查办和作业单位在工作中与东丽区规划分局深入沟通和了解后发现，随着东丽区经济发展和城市面貌变化，东丽区道路门牌号日益增多，管理工作越来越烦琐。综上所述，本次地名普查工作中结合外业调查工作和道路门牌号地名档案搜集工作，建立了东丽区门牌数据库。为东丽区现有道路门牌号档案进行了数字化和电子化，也为以后道路门牌号信息化办公奠定了基础。综上所述，东丽区第二次全国地名普查共完成六种成果，即三表一图两库（地名目录表、地名成果表、地名标志表、地名成果图、地名数据库、门牌数据库）。地名普查成果将与各委办局共享，结合各委办局具体业务需要，开拓其广阔的应用前景。

天津市蓟州区地名普查工作

天津市蓟州区地名普查办

按照市地名普查办的统一部署和要求，蓟州区（2016 年撤蓟县设天津市蓟州区）地名普查工作于 2015 年 11 月正式展开，在市普查领导小组的大力指导帮助下，蓟州区地名普查办，对区域范围内地名及相关属性信息进行了详细的调查，建立了地名数据库。现就有关情况报告如下：

一、地名普查工作概况

（一）普查基本情况

蓟州区地名普查工作于 2015 年 9 月开始筹划启动，11 月蓟县人民政府下发《蓟县第二次全国地名普查实施方案》。成立了由分管副县长为组长的普查领导小组，在县规划局设立了县普查办公室，由局长担任普查办公室主任。其普查成员单位涉及 26 个镇乡、31 个委办局。

（二）普查目的及重要意义

地名普查的目的是查清全区地名的基本情况，掌握地名基础数据，提高地名标准化水平，全面系统地收集地名现状资料，进一步提高地名管理和公共服务水平，方便人民生活，服务经济发展，促进社会和谐，为社会提供全面准确的地名信息。

（三）普查具体范围

地名普查的范围为蓟州区行政面积 1590 平方千米，主要内容是查清区域范围内的地名名称、位置及相关属性信息，对有地无名的重要地理实体进行命名，对不规范地名进行标准化处理，对重要地理实体设置地名标志，建立地名信息数据库，实现地名资源的信息化管理。

（四）普查主要内容

地名普查工作按照《第二次全国地名普查试点工作规程》的要求，根据地名分类标准，按自然地理实体和人文地理实体两个大类，陆地地形、陆地水系、单位、行政区域、非行政区域、纪念地与旅游景点、建筑物、交通运输、居民点、群众自治组织、水利电力通信11个中类以及道路、河流等43个小类，调查地名基本信息、属性信息。

二、建立组织、制定措施、动员与培训

（一）建立组织

1. 为做好普查工作，成立蓟县地名普查领导小组，县领导小组组长由县委常委、副县长秦川担任，副组长由县政府办公室、县规划局、财政局、民政局负责同志担任，成员由县规划局、财政局、民政局、农工委、商务委、工经委、建委、市容园林委、公安蓟县分局、交通局、国土蓟县分局、房管局、文广局、市场和质量监督管理局、水务局、林业局、编委办、统计局、卫生局、教育局、旅游局、地矿局、体育局、供电分公司、联通蓟县分公司、电信蓟县分公司、移动蓟县分公司、广成集团、专用汽车产业园管委会、上仓工业园管委会等30个部门和26个镇乡人民政府及文昌街道办组成。领导小组办公室设在县规划局，承担领导小组的日常工作，负责普查工作的推动指导和督促检查。

2. 委托作业单位。蓟州地名普查工作由天津市勘察院承担，成立了以院长为组长的工作组，下设外业调查组、内业数据处理组、技术支持组、检查组共四个小组，配备了约60人的工作团队，使普查工作有序进行，确保普查成果质量。

（二）制定措施

1. 规范工作程序。积极组织普查工作人员学习工作流程及技术方案，使大家更好地做好地名普查工作。

2. 确定责任单位。为确保普查信息规范准确，由勘察院负责提供作业地图，承担普查外业信息调查采集、内业整理资料和编制各项普查成果等任务；

县地名普查办公室负责地名普查的日常组织与协调工作，普查进度的跟踪管理，普查数据的汇总、检查、上报等工作；各成员单位配合普查办公室做好信息填报、核查等工作。

（三）动员、培训

1. 普查动员会。2015 年 11 月，召开了蓟县第二次地名普查工作动员会。副县长等领导出席会议并讲话，各普查成员单位主要领导参加会议，会议的召开标志着县地名普查工作正式启动。

2. 普查培训会。2015 年 12 月 2、3 日在县规划局召开了第二次地名普查工作人员培训会，全县 56 个成员单位的 130 名普查工作人员参加了培训。期间，区地名普查办深入镇乡再进行了一对一普查流程的系统解答，让普查工作人员尽快熟悉普查的填报要求。

三、推动普查工作、确保完成普查任务

（一）普查作业流程

为确保普查工作顺利开展，与作业单位共同研究形成了普查作业流程，见图 1。

图 1

（二）地名资料收集整理

1. 档案整理。对地名管理档案、地名志等相关地名书籍、资料，进行翻阅、扫描，并进行分类、整理，形成电子文档，共计扫描、整理各地名档案 3132 卷。

2. 成员单位上报资料。整理各委办局、街道等成员单位上报资料，将街道办事处、各委办局提供的资料与外业调查成果进行整合，语言描述上进行提炼，文字内容上进行反复推敲，并汇总、录入。

（三）地名信息外业采集

外业采集投入20多个作业小组，踏勘26个镇乡，以1∶2000地形图为调查底图，完成了外业基础调查和多媒体信息采集工作。采集信息点53376个；拍摄照片36450张。

（四）成果录入、整理与检查

作业单位在地名普查成果制作过程中严格把关，通过自检、互检、重要点抽检、成果审核与复验等程序，保证成果质量。主要检查方法：一是使用多种来源资料相互校核考证信息的准确性；二是对比地名图、表、库核实信息的一致性；三是实地抽查验证信息的现势性；四是与委办局及基层单位沟通确定信息的翔实性。

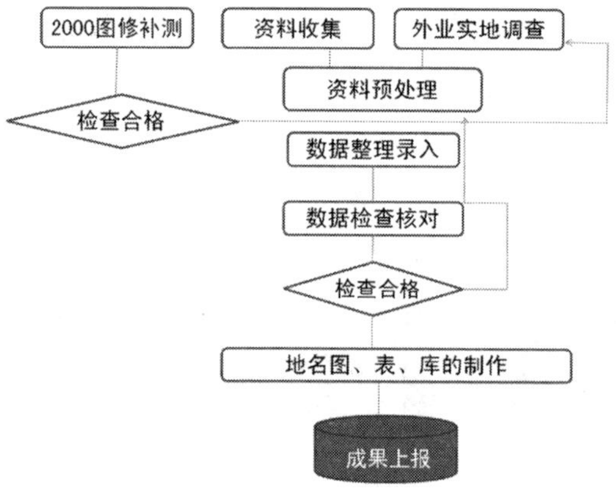

图2

四、地名普查成果汇总

该次地名普查共采集11大类43个子类的地名信息约53376条，其中陆地水系名称4条，行政区域名称39条，群众自治组织名称849条，居民点名称849条，交通运输设施名称183条，水利、电力设施名称51条，纪念地、旅游景点名称18条，具有地名意义的单位名称771条。

1. 地名成果表

地名成果表中记录了地名的标准名称、罗马拼音、坐标、代码、类别、地名含义、历史沿革、地理实体概述、多媒体信息、资料来源等基本属性及特有属性共约40多项。

2. 地名标志表

地名标志表主要记录地名的代码、名称、罗马拼音、坐标、设立单位、设立时间、材质、规格、文件名、照片等。

3. 地名成果图

形成1∶2000地名成果图共2000余幅：主要标注了本次普查的所有标准名称、楼址、门址及县域界线等信息。

4. 地名数据库

按照要求，将目录表、成果表、标志表、成果图导入到国家地名数据库，同时完成导入天津市地名普查应用平台数据。

5. 复查、审查成果

为做好地名普查成果核查评审工作，普查办分批将普查初步成果分送区普查领导小组成员单位进行复查。各单位认真审核并提出了审查意见。作业单位针对复查意见对普查成果进行修改完善并进行自检，达到合格标准后，将普查成果表报区普查办。2017年3月27日，普查办组织区级专家进行核查，由区政协副主席、文联副主席尹学芸，区巡察办主任金学钧、区史志办主任刘春等组成专家团队，从历史、人文、语言表述等方面，进行核查审议。专家对普查成果的规范化和标准化给予充分的肯定，普查信息资料收集全面、准确，注重历史地名的挖掘，并且信息照片与普查成果内容相对应，能够真实反映地名现状情况。

五、开展不规范地名整治工作

一是积极推进地名普查。结合地名普查工作，深入挖掘、系统整理、综合利用普查形成的地名资料，掌握地名文化资源以及不规范地名底数详情，分类梳理地名文化遗产和不规范地名情况，提出地名文化遗产保护和不规范地名初步名单，为开展保护和治理提供全面翔实的资料。

二是制订保护和整治方案。认真研究制订县地名文化保护暨清理整治不规范地名工作实施方案。在地名普查56个成员单位的基础上，增加县综合执法局和县行政审批局为第二次地名普查成员单位。协调地名普查成员单位按照方案的要求，扎实有序地做好保护和整治工作。

三是组织实施保护和整治工作。按照方案确定的工作步骤和实施程序，抓好动员部署、普查摸底、清理整改、健全制度和总结验收等环节工作。依照实施方案明确的不规范地名标准开展工作，切实整改不规范地名。做好地名文化遗产确认和地名命名更名，及时向社会公布。

六、积极开展地名普查宣传工作

按照国务院、市普查办下发的普查宣传方案，营造社会各界和群众关心支持地名普查的氛围，确保普查顺利进行。通过播放地名普查宣传片全面介绍普查工作，及时在区政务网发送普查工作进展，在社区、街道、农村等张贴地名宣传海报和宣传画102张，在《新蓟州》刊登普查工作信息，积极参加《寻找最美地名历史故事》活动，报送地名故事4篇。

七、合理规范使用普查经费

县政府2015年11月批复同意普查经费597.77万元，将此项经费纳入2016年县财政预算。2016年6月，县财政局将300万元地名普查预算资金拨付县规划局（县普查办设在县规划局）。2015年11月，县财政局将2015年度中央财政地名普查专项补助资金90万元拨付县规划局。2016年12月，区财政局将2016年度中央财政地名普查专项补助资金29万元拨付区规划局。

八、构建地名信息更新维护机制

蓟州区处在建设中等规模现代化旅游城市的进程中，新地名不断出现，在第二次全国地名普查成果基础上，同时开发地名管理信息系统，与规划、审批、民政建立定期联络机制，及时将新地名纳入其中，确保地名的现势性，使地名普查成果更好地服务社会、经济，更好地传承历史文化。

九、地名成果应用

在基础地理信息要素中，地名处于主导地位，是一切与空间相关信息的最基本载体，是以信息为核心的知识经济时代最基本的经济资源。地名信息可以在很多方面得到应用：

（一）可用于建设数字天津和数字蓟州

国家测绘地理信息局在2009年提出的数字城市地理空间框架，主要内容包括基础地理信息数据库和地理信息公共平台。基础地理信息数据库中的地貌、水系、植被、居民点、政区、边界、交通网、大型建筑物和构筑物等要素离开了地名都无法独立存在，没有名称的点、线、多边形和数字是不能反映地理信息的，地名信息是数字城市地理空间框架不可或缺的核心要素。地理信息公共平台中的空间定位功能是以地名数据为基础的，地名数据同时还是空间和非空间数据的桥梁，是通过地理空间框架整合人口、社会经济等数据的纽带。因此，要构建智能天津或者智能蓟州，地名信息数据是关键。

（二）可建立三维地名管理信息系统

三维地名管理信息系统，实现对地名实体的虚拟仿真，即利用计算机图形技术、地理信息技术、多媒体技术，在计算机中建立起地名实体所代表的地理实体的三维实景环境，推动地名模拟、仿真和规划。三维地名管理信息系统与市规划局二维地名管理信息系统能够无缝对接，实现地名和地名标志三维可视化、科学化、网络化、信息化管理。

（三）可建立地名网站

地名网站是面向公众开展地名公共服务的主要载体，也是提供地名服务的立足点。网站上可以设置“电子地图”“公共服务”“便民服务”等栏目，其中电子地图涵盖蓟州区，提供公共电子地图为底图，利用本次普查的行政区域、街路、单位、旅游景点、居民住宅区、建筑物及各类机构等信息，提供综合查询、地名查询、道路查询、公交查询、自驾查询等功能。

（四）可建立地名触摸屏查询系统

利用地名普查试点数据信息，建设蓟州的地名触摸屏查询系统。地名触摸屏为社会提供 7 × 24 小时的地名信息查询服务，只需手指轻轻一点，便可轻松获悉全区图、街镇图，道路、住宅区、建筑物、行政单位、企事业单位、学校医院、公交线路、宾馆饭店、商业网点和旅游景点等各类地名信息，满足人们出行、乘车、购物等日常生活对地名信息的需求。

（五）可用于修编蓟州地名录、地名志

采用地名普查数据信息，整理出版蓟州的地名录和地名志，让社会更好

了解蓟州区的地名来历、含义和历史，新修编的《蓟州地名志》将是一部详细记录区域内地名变迁的重要典籍。

（六）更新1∶2000地形图

地名普查成果数据，也为蓟州的规划设计、土地管理及其他工程建设提供了最现势的地理空间数据。

（七）可用于地名标志设置

运用普查结果，可以快速分析出需要新设立地名标志的地名实体，用于指导完善地名标志设置工作。

十、主要做法

（一）加强组织领导，建立责任机制

按照市普查办工作部署，迅速启动地名普查工作，2015年11月20日县政府常务会议听取了《关于开展第二次地名普查工作的情况汇报》，会议明确了全县普查工作的组织领导与经费保障，明确了第二次地名普查的根本目的、具体范围、组织实施、基本方法和相关要求。

（二）加强部门配合，形成工作合力

普查工作采取自下而上、以块为主、条块配合、逐级审核上报的方法进行。按照“政府领导、规划牵头、部门协作”的工作思路，加强部门配合，强化责任意识；根据职能划分，明确规划、民政、水务、建设、交通等30个部门和镇乡、街、居委会各自职责分工，认真做好组织、指导、协调工作。各职能部门密切配合、主动对接沟通，按照职责分工细化和分解目标任务。区普查办建立了联络员制度，要求地名普查工作各成员单位确定1名干部作为联络员。定期交流沟通，及时汇报普查情况确保普查循序渐进，稳步推进。

（三）组织业务培训，规范操作要求

普查工作是一项专业性和系统性较强的工作，第一次地名普查至今已间隔30年，地名发生很大的变化，而此次普查人员基本上没有接触过地名普查工作。其间多次组织普查工作人员专业技能培训，通过培训了解地名、认识地名、熟悉地名，准确把握地名普查的基本工作方法和各项技术指标，严格按操作规程进行，确保普查成果准确无误、符合规范。

（四）严格检查验收，确保成果质量

为确保地名普查质量，对普查信息采取验收合格上报制度。各成员单位按照规范要求进行填写上报，区普查办公室进行核对汇总，坚持内业与外业信息相对应的办法进行检查、修改。合格后，送返成员单位进行二次复核，无问题信息，由成员单位主管领导签字、确认盖章，最终形成文本资料和电子文档一并上报。普查成果形成后，聘请专家进行核查，合格后上报市普查办公室。

规范实施　确保地名普查高质量

天津市武清区地名普查办

按照《国务院关于开展第二次全国地名普查的通知》和《拟定的天津市第二次全国地名普查实施方案的通知》要求，武清区于 2016 年 10 月—2017 年 9 月开展了第二次全国地名普查工作。目前，普查成果已全部完成并通过了天津市验收，并于 2017 年 4 月报国务院第二次全国地名普查办公室。

一、精心准备

（一）成立武清区第二次全国地名普查领导小组

主管区长任组长，规划局、民政局、财政局等 37 个部门及 29 个镇街为成员单位。领导小组下设办公室，负责日常工作及普查工作的推动指导和督促检查，并从规划局、民政局、教育局抽调了 5 名工作人员集中办公。

（二）开展调研

（1）对原来的审批及更名档案、“一普”资料等进行梳理。
（2）到镇街了解现状及问题。
（3）到市普查办汇报并学习其他区的经验做法。

（三）确定普查范围

武清区地名普查的范围为武清区整个行政区范围，主要包含：5 个街道：杨村街道、下朱庄街道、东蒲洼街道、黄庄街道、徐官屯街道；24 个镇：大良镇、梅厂镇、大碱厂镇、崔黄口镇、下伍旗镇、南蔡村镇、大孟庄镇、泗村店镇、河西务镇、城关镇、东马圈镇、黄花店镇、石各庄镇、王庆坨镇、汊沽港镇、河北屯镇、上马台镇、大王古庄镇、陈咀镇、豆张庄镇、曹子里镇、大黄堡镇、高村镇、白古屯镇；7 个工业园区：武清开发区、武清商务区、京滨工业园、京津电子商务产业园、汽车产业园、京津科技谷、京津高村科技创新园。

（四）制订普查实施方案

按照国务院地名普查办规程要求及《天津市第二次地名普查技术方案》和《天津市第二次地名普查审核技术标准》，结合武清区的实际情况制订了《武清区第二次全国地名普查实施方案》，同时一并下发了《武清区第二次全国地名普查技术设计书》《武清区第二次全国地名普查工作实施细则》等文件，同时制订了严谨的工作计划，倒排工期，为普查工作顺利开展奠定了坚实的基础。

（五）确定普查的重点内容

1. 类别

共10个大类40个小类：

行政区域——县级行政区、乡级行政区

非行政区域——工业区、开发区

群众自治组织——社区居委会、村民委员会

居民点——城镇居民点、农村居民点

交通运输设施——公路、长途汽车站、道班、道路街巷、公共交通站、火车站、加油站、桥梁、铁路

水利电力通信——泵站、灌溉渠、井、输变电站、水库、通信基站、闸坝

纪念地与旅游景点——风景区、公园、人物纪念地、事件纪念地、自然保护区、宗教纪念地

建筑物——碑、房屋、广场、塔、体育场

单位——党政机关、事业单位、民间组织、企业

陆地水系——河流

2. 属性

基本属性：

数据项名称
代码
标准名称
图上名称
时间代码

扩展属性：

罗马字母拼写	密级	目录号
少数民族语书写	地名含义	案卷号
别名	历史沿革	类别名称
简称	其他信息	分类号
高程（m）	多媒体信息	类目名称
东经	全宗号	类目代码
至东经*	登记时间	设立年份（年）
北纬	登记人	废止年份（年）
至北纬*	登记单位	备注

特殊属性：

街巷	
起点	门牌号码范围
止点	沿途重要地物
长度（m）	始建时间
宽度（m）	建成时间
路面质地	途经行政区
道路等级	

房屋	
地址	管理单位
占地面积（m²）	电话区号
建筑面积（m²）	管理单位电话
使用面积（m²）	邮政编码
主体层数（层）	使用单位
主体高度（m）	建成时间
产权单位	

（六）整理基础数据

为了积累普查资料，普查办对武清区历年地名审批的地名档案资料进行扫描数字化，按照普查类别分项整理。同时查阅武清地名志、地名录、地名文化等书籍中有关地名典故文档信息 20000 多条。国情普查地名地址数据 8820 条，老地名信息系统中成果资料 1200 条，武清区行政区划图、交通图、区划界线及遥感影像图等。

二、搞好动员

（一）召开动员大会

为了顺利推进武清区第二次全国地名普查工作，武清区召开了第二次全国地名普查工作动员大会，各成员单位分管领导参加，副区长张俊宝作动员讲话，区普查办负责同志进行了工作部署。

（二）组织培训

1. 填表培训

为了尽快熟悉普查流程，提高工作效率，更好地掌握地名普查工作方法，区普查办针对66家成员单位及100余家填表单位分批组织了40余次普查技术培训会和20余次工作协调会。

2. 外业人员培训

在外业作业之前，借鉴其他区经验，普查办组织了多次外业操作培训，主要讲解外业地名调查采集的内容、类别、照片拍摄要求、工作图标绘以及地名信息点录入要求等。

（三）现场服务

为了尽快熟悉普查工作重点，提高工作效率，区普查办深入到区29个镇街，对填表人员进行“一对一”普查技术培训会。

三、狠抓关键

为高标准、高质量地完成普查工作，搞好以下几个方面的工作至关重要。

（一）审查登记表

区普查办量身定做了几十种不同形式的地名调查登记表，下发到各普查成员单位、填表单位。并对7000余张登记表中的地名信息与专业部门地名档案、国情数据、镇街上报数据分别进行初步审核、比对，确认同一个地名在不同资料中“地名含义、历史沿革以及地理实体概况”等方面的不同之处，仔细考证、精练内容，最后形成完善的地名登记表及目录，以备外业进一步实地核查。

（二）实地走访座谈

为了核实已有资料的内容，考证地名含义、历史沿革是否准确翔实，采取了全面调查、重点调查和专家座谈、入户走访等多种调查方式，深入采集挖掘地名历史信息。

（三）外业普查

滨海分院组织了9组共计45名专业技术人员进行外业普查。逐街逐巷全面调查采集，摸清地名现状情况，不分地名类别、地名地址如实采集记录。

（四）内业数据核查、比对、文字修改润色

使用权威部门台账数据与填表单位上报数据进行比对，针对登记表中标准名称等40多项数据类别，将上报数据与专业部门数据相互校核考证，同时结合“一普”数据，以达到信息的准确、现势。区普查办已对7081个登记点的23000多个数据进行了采集、考证、核查、比对、判定。对4500余个成果点的13000多条数据进行了四轮审查。对于数据多、渠道统计不一的情况，通过召开多次协调会、邀请专业人员来局判定、发函、电话回访、入户走访等形式进行论证确定。对10000余条文字段落进行润色、修改。

（五）开门搞普查

1. 听取群众意见

区普查办广泛听取群众意见。深入到镇街、社区听取群众对普查工作的想法和意见。

2. 征求专家意见

区普查办多次邀请专家、政协委员到普查办听取工作情况，对普查工作提出指导意见。

（六）数据质检、入库

将内、外业所有调查采集地名信息进行重新整合，逐个类别、逐条地名补充完善其属性信息，再次梳理地名小类中缺漏地名，经过软件及人工检查后将其导入数据库。

四、强化监督

（一）做好日常督查

对于各成员单位填表工作，通过定期召开片区会议督查上报成果质量及进度。

（二）加强重点督查

对普查工作中历史沿革挖掘不到位、地理实体描述不清的情况，定期去基层现场督查。

（三）加强中期推动

区普查办针对填表内容不真实、不规范、漏项，各单位推进工作进度、质量、人员配备不一等突出问题，召开中期推动会，随时研究和解决出现的情况和问题，通过地名普查每一环节的高标准、高质量，确保整个工作的高标准、高质量。

（四）主动接受市普查办督查

市普查办每一阶段深入武清区就总体进展、工作质量等重点问题进行督查，并在技术、人员等方面给予大力支持和帮助。

第二次全国地名普查原始文字资料收集整理工作的探索

山西省忻州市代县地名普查办

一、实施背景

代县于2016年10月召开地名普查工作启动会暨人员培训会后，在山西省要求2016年年底完成普查工作量的80%的工作目标下，工作时间非常紧迫。为了保质保量按时完成工作任务，代县第二次全国地名普查领导小组办公室会同技术服务公司技术人员认真分析了普查技术流程，认为普查原始文字资料的收集、整理、整合导入数据库是普查工作的重点和第一步关键节点。为了确保这项工作的质量，同时压缩其所占的时间，代县对此进行了有益的探索，取得了成功，获得了好的经验做法。

二、实施过程

代县地名普查原始文字资料的收集、整理、整合入库工作自2016年10月22日开始到2016年11月13日结束，其间分为3个阶段，实施过程如下。

第一阶段：组织领导，制订普查方案，分析技术要求，人员物资准备。按照国家、省、市的要求，代县成立了以主管副县长为组长的代县第二次全国地名普查领导小组，成员单位36个，领导小组办公室设在民政局，办公室主任由民政局主管局长担任。同时制订印发了《代县第二次全国地名普查实施方案》，以及各成员单位的责任分工和任务分解。根据地名普查工作要求，参考各类地名实体要求的属性信息，采用统一的Excel格式的地名调查表，每类地名实体一种地名调查表，并填写了至少1张样表供参考。采购专用U盘30个，提前将地名调查表和样表拷入U盘内。建立QQ群用于地名普查调查表填写的答疑。

第二阶段：于2016年10月27日召开了全县地名普查动员大会，会议上同时对各成员单位和各乡镇普查人员进行了培训。对地名普查政策进行了解读，对地名普查操作实施流程、方法进行了讲解。发放存有地名调查表和样表的U盘给各成员单位，对各单位应当填写的表格类型进行了详细说明。对涉及代县各乡镇、社区及责任单位进行了合理细致的分发，民政局分管领导，地名普查办人员对填表的细则、表格内容进行了详细的讲解，同时将水利局、交通局、国土局、住建局等重点单位列入了重点督查对象。全县动员，各乡镇、职能部门配合得力，金融办公室会议后第一天就提交了调查表；市场监督管理局组织了3名工作人员，连续工作3天提交了近1500条企事业单位资料。

在各社区、乡镇、成员单位填写地名调查表的工作时间，组织普查员到各单位进行走访，回答基层普查人员的疑问，了解调查表填写进度。同时，技术人员在用于地名普查调查表填写答疑的QQ群内全天在线。

层层审核，考证录入，尽力保证地名普查数据高质量。民政局严格把关，分层面对地名信息资料进行审核把关。第一层面在调查登记时每一地名信息资料都有登记人、审核人。第二层面由乡镇组织熟悉当地情况的同志对本辖区普查人员填报的地名调查登记资料进行审核并且分类汇总。第三层面由县相关职能部门对本部门职能范围内的地名调查登记资料进行核实和确认。

第三阶段：创新工作方法，提高数据提交整合效率。收回各乡镇、职能部门填写的标准格式的Excel调查表。要求同时提交纸质版（盖章）和电子版，既便于核查，也有利于快速整理数据，整合入库。核对纸质版和电子版调查表，尤其是涉及单位换算的部分（调查表要求单位为平方千米，实际填写为亩的），使用纸质版更新电子版数据表。根据地名调查专用软件的数据导入格式要求，编写小程序，将Excel调查表整理成规范的格式，并导入系统。在地名调查专用软件内调出数据，与纸质版调查表核对确认。

三、经验分析

（一）抓住有利时机，提高工作效率

代县第二次全国地名普查领导小组的成员单位有36个，领导小组办公室设在民政局，办公室主任由民政局主管局长担任。主要执事人员是民政局地名科的普通工作人员，在向各成员单位收集普查资料时，有的单位有各种拖延现象。为了解决这一问题，地名科的工作人员会同技术服务公司技术员，

抓住动员会后的有利时机，多次上门，确认具体填写调查表的工作人员，建立联系，提供答疑服务，回答技术问题。感动、触动他们的思想，提高工作积极性，配合完成工作。

（二）成果质量是普查的生命线

无论时间多么紧迫，必须按照技术规范操作，保证质量要求。代县地名普查办公室按照技术要求，组织技术服务公司进行地名调查表的填写培训，发放调查表的样表，进行三级核查和质量监控，目的就是达到质量要求。

（三）与技术服务公司深度合作，既严格要求又要支持服务

会同技术服务公司工作人员认真学习普查技术规范，要求按照技术规范做好普查原始数据收集。组织公司工作人员到重点单位进行走访，回答基层普查人员的疑问，属于重点指导；技术人员在 QQ 群内全天在线答疑，属于全面覆盖。

（四）合理的技术手段必不可少

统一的 Excel 格式调查表，是在认真分析了地名调查专用软件的数据导入格式，并编写程序、做完导入实验后采用的。如此一来地名调查表的录入工作就分散到各个成员单位、各乡镇同时并行进行，对按时完成调查争取了时间。

创新地名管理机制　提升地名公共服务水平

山西省晋中市地名普查办

晋中市紧紧抓住第二次全国地名普查这个多年难得的重要契机，以创新为引领，进一步加强地名管理工作，有为有位，地名管理工作得到当地政府和上级部门充分肯定。

一是建立地名管理齐抓共管新机制。市、县两级人民政府办公厅进一步完善地名管理工作联席会议制度，书面建立了由政府分管领导为总召集人，民政部门牵头，20 个左右部门组成的地名管理工作联席会议制度。各成员单位各司其职，共同协调、推进全市地名管理工作。

二是健全规范有序的命名更名机制。市、县两级人民政府出台了《地名管理办法》和《地名常用通名管理办法》，进一步明确了地名管理成员单位联动机制。没有民政部门门牌编码手续，相关部门不予办理不动产证件；土地、规划等审批手续不全的，不予受理，逐步扭转了多年来地名管理方面的被动局面。市、县两级新命名 400 余条街路，解决了多年遗留问题，街路名称得到社会各界的普遍认可。

三是完善门牌编码工作制度。积极推行《标准地名使用证》和《门牌号码证》。制定统一的楼、门、户编码规则，住宅区编码到户，结束了随意编码和无序管理的局面，保证唯一性，避免法律纠纷；规范门牌编码申请手续和程序，彻底改变了过去口头申请门牌号码的习惯，做到一号一档，无档不放号；一路一表，无表不编码。

四是建立详尽的通名管理制度。结合经济发展水平，对道路、住宅区、桥梁等地理实体划分通名等级；对“花园”无花、“广场”无场、“山庄”无山，以及名称中带有××国际、××摩尔、法国××等命名不规范的住宅区，不予门牌编码，直至更名，基本改变了命名中贪大浮夸、名不副实、崇洋媚外、用字不规范的混乱局面。

五是建立城区街路名标志牌保洁、维护、管理工作服务外包长效机制。

将城区街路名标志牌保洁、维护、管理等工作纳入城区环境卫生考评任务，逐步形成了地名标牌设置管理的长效机制，清晰、美观、醒目、准确、完好、便利的地名标牌，保证了社会各界生产经营、生活出行的需求，民政部门每年被评为市容环境整治优秀单位。规定动作做实做细，平实中打造精品。地名普查成果转化方面，现已完成 2300 余块街路名标志牌制作安装和多用途市县两级行政区划图、标准地名图编印等工作，地名规划进入扫尾阶段，《中华人民共和国标准地名词典·晋中卷》被列为全省示范卷。

先行示范　抓好成果数据入库检查 确保普查工作质量

山西省阳泉市地名普查办

成果数据入库是整个地名普查成果的表现方式，是地名普查必不可少的重要环节。在省级三轮核查后，阳泉市从2017年9月开始，适时开展了市级普查数据接边工作。市级数据入库接边工作在全省先行，并在全省进行经验交流、技术推广。

一、召开接边工作专题会议

数据接边工作是地名普查工作必不可少的重要环节，为做好成果数据入库验收工作，市普查办工作往前赶，及早安排各县、区普查成果数据入库接边工作。同时，以会代训，按照国家《第二次地名普查成果数据入库验收办法》《第二次全国地名普查成果数据入库检查要点》对各县、区普查办及技术服务单位技术人员进行了技术培训，保证了成果数据入库工作顺利进行，避免了各县区在此项工作过程中走弯路。

二、成立数据接边检查专项工作组

专项工作组由市普查办和技术服务公司技术人员组成，负责接边工作的协调指挥与技术指导。在整个地名普查成果数据入库工作过程中，先后组织召开三次接边工作协调会，多次现场办公，确保了在短时间内顺利完成数据入库检查工作。

三、抓好数据入库检查，确保数据接边质量

为将全市的地名普查成果数据准确无误地汇入省、国家地名数据库，市普查办按照《第二次全国地名普查成果数据入库检查要点》，进行了两次专题检查验收。

第一次是从完整性、规范性、逻辑性、准确性等4个方面对5个县（区）共计10000条普查成果数据进行检查。

第二次是通过人机交互检查的方式，对入库后的相邻县级政区成果数据的关联性、连通性进行检查。主要是对同一线状地理实体的标准名称不一致的、不同地理实体的两条地理实体要素端点相接容限值不达标、接边范围内的线状地理实体一方存在，而另一方缺失等问题进行检查。

市普查办专项工作组在两次专题检查过程中，对各县、区普查成果数据入库检查中一一列出的问题及时做好记录，在确保检查无遗漏、无丢项情况下，又可将问题及时反馈给县区，方便各县区修改。

四、先行示范检查，在检查中总结经验

在全市的地名普查成果数据入库检查工作中，市普查办数据接边专项工作组从以下几个方面开展工作：

（一）做好普查成果数据入库工作设备准备

将各区、县的矢量数据导入到装有ArcGIS的电脑，另一台打开汇交数据库关闭点状地名和地名标志。

（二）选一条跨界地名进行先行示范检查，总结经验

市普查办与涉及的县区技术人员逐一检查线状地名接边情况，通过检查总结检查要点，特别是在国家普查成果数据入库检查要点中，对有些地名属性信息未提出要求的情况，市普查办作了统一要求，如线状地名实体某一段可能存在大修、扩建等情况，故历史沿革存在差异，但整体沿革情况应保持一致；线状地名实体在相邻普查区域内可能存在差异，但总长等唯一属性应保持一致。并提出：

一是在对属性数据检查方面，要做到地名类别是否一致；标准地名是否一致；罗马字母拼写及通名罗马字母拼写是否一致；使用时间是否一致；来历、含义是否一致；历史沿革中涉及的唯一属性是否一致等六个方面进行核实和技术处理。

二是在连通性检查时将数据库缩放到适当比例尺，检查地名在相邻普查区边界处是否同时存在。如一方普查，另一方漏普；双方均漏普；相邻普查

区地名同时存在时，查看连通点处误差是否符合规范要求、相邻普查区的两条线状地理实体要素的端点相接容限值是否超过 20 米等进行核实和技术处理。

同时，将属性数据检查和连通性检查过程中检查出的每个问题作出纠错示范。

五、市、县成果数据入库、接边工作同步进行

地名普查成果数据入库检查包括入库检查和接边检查，市普查办对各县（区）成果数据进行完整性、规范性、逻辑性和准确性四个方面检查后，及时将修改的矢量数据下发给各个区、县。在各县（区）完善数据库入库检查的基础上，市、县（区）普查办集中开展普查成果数据接边检查工作，发现问题，现场修改，缩短工作时间，减少工作环节，最终完成市级地名普查成果数据入库检查和接边检查工作。

阳泉市第二次全国地名普查成果数据入库检查工作以先行示范检查为基础，制定出的《阳泉市第二次全国地名普查成果数据库接边检查流程》，为全省开展地名普查成果数据入库检查和接边检查工作作了一些探索，为全省地名普查数据接边工作起了一定的推动作用。

以第二次全国地名普查为契机
全面推进城乡地名标志设置
更好地服务经济社会发展和群众生产生活

内蒙古自治区赤峰市地名普查办

地名标志设置是第二次全国地名普查的一项重要任务。赤峰市以第二次全国地名普查为契机，由城镇向农村全面推进城乡地名标志和门户牌设置，形成了城乡一体、衔接有序的地名标志导向体系，提升了地名工作质量和地名公共服务水平，为人民群众的生产生活和经济社会发展创造了便利条件。

一、工作概况

自 2005 年民政部全面启动了地名公共服务工程以来，赤峰市逐步建立了政府主导、民政牵头、财政投入与市场运作相结合的运行机制，相继完成了中心城区（松山区、红山区、元宝山区）主要街路两侧钉挂单位牌、商户牌工作，督促完成了旗、县、区政府驻地设置街路标牌任务。但农村牧区地名标志和门户牌设置一直是空白。2015 年 10 月，第 4 次市长办公会议决定在第二次全国地名普查工作开展期间补充完善城乡地名标志设置工作，要求全市各级政府及民政部门认真研究部署，积极推动落实，全面铺开城乡地名标志设置工作。

自 2015 年 10 月启动地名标志设置工作至 2016 年 5 月末，利用半年时间，全市共设置城乡地名标志牌和门户牌 162 万余块，补充完善了城镇街路巷标志牌、街路两侧的单位牌、商户牌，住宅小区的楼栋牌、单元牌、住户牌；完成了所有农村牧区苏木乡镇、建制村、自然村地名标志牌和门户牌的设置工作，形成了城乡一体、衔接有序的地名标志导向体系。同时还建立了地名标志电子信息档案，将地名标志纳入标准化、信息化管理，为经济社会发展、便捷服务群众创造了条件。

二、主要做法

（一）加强领导，统一部署，有序推进

2015 年 10 月，赤峰市民政局下发了《关于在全市补充设置城乡地名标志的通知》（赤民区划发〔2015〕323 号），全面启动城乡地名标志设置工作。参照《地名　标志》国家标准（GB 17733—2008）和自治区标准，制定了《城乡一体化标准地名标志设置标准》《城乡一体化标准地名标志设置考核验收标准》，为 12 个旗、县、区拨付城乡标志牌设置补贴经费共计 278 万元，用于启动前期地名标志和门户牌的摸排。为了推进地名标志牌设置工作，市民政局于 2015 年 10 月底分别在南部、北部旗县区召开地名标志设置推进工作会议，11 月中旬再次召开全市民政局长会议进行总结推进。2016 年 1 月，在林西县召开全市农村牧区门户牌编排安装工作专项推进会议，并实地观摩了农村牧区门牌号码编排安装工作。3 月，在全市民政工作会议上，市政府与各旗、县、区政府签订城乡地名标志设置责任状，明确各旗、县、区于 2016 年 5 月份前完成全市补充设置城乡地名标志工作。

（二）规范程序，上下联动，积极落实

赤峰市各级政府及民政部门高度重视此项工作，在地名标志设置前期，对市辖行政区域范围内的地名进行了重新梳理，对梳理中发现的不规范地名，根据国家地名管理的有关法规和自治区地名管理规定，按照地名命名、更名的审批权限和程序，依法履行了命名、更名程序；对使用不规范汉字、地名用字不统一的地名依法进行了更名或地名用字审定，对使用非标准读音的进行了读音审定。经过梳理统一标准名称后，组织开展了门户牌的编排摸底工作，由各旗、县、区民政局组织所辖乡镇街道调查实施，并填写了由市民政局统一制作的门户牌信息登记表，建立了信息档案，为后期的门户牌安装和地名标志信息化管理工作奠定了基础。城乡地名标志牌的制作通过各旗、县、区政府购买社会服务实现，制作安装严格按照《城乡一体化标准地名标志设置标准》执行。

（三）巩固成果，规范管理，提升水平

地名标志和门户牌全面设置后，切实为人们的出行和生产生活创造了便

利的条件。为进一步加强赤峰市标准地名标志设置管理，维护地名标志作为国家法定标志物的严肃性，确保地名标志长期发挥作用，赤峰市从三方面提升规范管理水平。一是高度重视，严格按照《民政部关于加强地名标志设置和管理指导意见》精神，及时部署落实，将地名标志设置管理维护情况列为年度考核评估的重点项目，强化监督检查，确保地名标志管理维护工作常态化。二是积极修订《赤峰市地名管理办法》，将地名标志的设置与管理列为地名管理办法的单独一章。根据本市实际情况，列出了切实可行的逐级管理措施，切实加强地名标志的日常维护管理。三是建立健全地名标志档案，建立数据库管理系统，实现对地名标志的分布、信息和维护实行动态管理，及时更新信息，使地名标志管理逐步走向标准化、规范化、信息化。同时，在各类媒体上，多渠道、多层次加大宣传力度，增强公民依法维护地名标志的意识，营造齐抓共管的良好氛围。通过地名标志设置与管理维护，充分发挥地名标志在经济建设、社会交流和方便群众生产生活中的重要作用。

三、几点思考

抓好地名标志设置与管护，进一步提升地名公共服务水平，在今后工作中要把握好以下几点：

一要规范地名管理，严格地名审批，提高地名标准化水平。进一步规范地名命名更名程序，从源头上杜绝不规范地名的产生。理顺地名关联审批事项的关系，将涉及工程项目类地名的审批置于建设工程规划审批之前；专业主管部门审批相关重要地名前应征求同级地名主管部门的意见，并及时将批准后的地名信息报同级地名主管部门备案。拓展地名命名、更名的公开征集和社会公示范围，完善地名命名、更名的民主决策机制。

二要强化地名和地名标志执法监督。各级民政部门和专业主管部门要依法查处擅自命名更名地名、损毁地名标志等违法行为，重点加强对房地产广告中使用地名情况的执法监督。民政、公安、住房城乡建设、工商等部门应结合实际开展联合执法，及时纠正非标准地名使用、未按国家规范拼写标注地名等情形，依法查处地名违法行为，杜绝“大、洋、怪、重”和不规范蒙古语地名。同时，要加强地名标志的日常巡查，对发现遗漏或损毁的地名标志及时上报地名标志维护管理部门，及时维护设置。

三要加强地名文化建设，加大宣传力度。通过第二次全国地名普查，深入挖掘地名文化，推动地名文化产品开发，弘扬优秀传统地名文化，向社会公布并大力宣传推广使用标准地名和保护地名标志设置成果。充分利用报刊、广播、电视、网络等媒体，广泛开展地名法规和地名文化宣传，策划举办形式多样、内涵丰富的宣传活动，全面加强宣传引导，加强社会监督，鼓励公众参与，营造齐抓共管的良好社会氛围。

留住历史记忆　传承地名文脉

内蒙古自治区赤峰市敖汉旗地名普查办

敖汉旗位于赤峰市东南部，是我国古代农业文明与草原文明的交会处。南依努鲁尔虎山北麓，北邻科尔沁沙地南缘，有“全球旱作之源，世界黍粟之乡”“全球重要农业文化遗产地”“全球环境500佳”三张世界级名片，面积8317平方千米。全旗辖11镇4乡1苏木，东与内蒙古通辽市奈曼旗毗邻，南与辽宁省朝阳市接壤，西与赤峰市松山区一桥相连，北依老哈河与赤峰市翁牛特旗隔河相望。

敖汉旗境内山川秀美，锦绣连绵。历史悠久，文化厚重。南部为浅山丘陵区，中部为黄土丘陵区，北部为浅沙坨沼区，老哈河、孟克河、叫来河三条河流纵贯南北。独特的地域环境孕育出特色鲜明的敖汉地名文化，它延续着敖汉人民千百年的情感传承，其与生活在这里的一代又一代人息息相关，是人们情感所系的标志，更是敖汉人不可或缺的历史记忆。

20世纪80年代的第一次全国地名普查，厘清了敖汉旗地名的历史。40年的改革开放和经济建设，敖汉旗这片热土发生了翻天覆地的变化。同时，由于国家一些重大改革举措的实施，如撤乡并镇、移民搬迁、新农村建设，许多地名被更名或者是停止使用，地名信息发生了很大变化，但相关信息缺失，严重影响到当前经济社会对地名信息的需求。2014年7月至2018年6月全国开展第二次地名普查工作，充分体现了党中央、国务院对地名管理和地名普查工作的高度重视。

一、组织有力是保障

为高效保质保量完成此次地名普查任务，敖汉旗政府2014年成立了敖汉旗第二次全国地名普查领导小组（下设了办公室），旗政府分管领导任组长，旗政府办分管副主任、旗民政局局长任副组长，民政、财政、发改、公安、住建、国土等部门负责人任小组成员，负责组织开展全旗地名普查工作。普查过程中，扎实做到“五个到位”，即：机构组建到位、方案制订到位、宣传培训到位、保障机制到位、计划安排落实到位，确保普查工作有序按时按质完成。2015年年末，完成了16个乡镇苏木和成员单位的普查点的数字数据、外业调绘、影像采集工作，共收集地名信息4000条，经过对普查的11大类53个子类的对比、论证和标准化处理，最终确定全旗第二次全国地名普查有效地名3961条。

二、创先争优是动力

地名普查成果转化是全国第二次地名普查的一项重点工作，是推动普查成果应用、服务经济社会发展的重要途径，是体现普查最终成效的关键环节。敖汉旗紧紧抓住这一环节，于2016年3月，按照普查工作的总体要求，坚持科学安排、统筹推进、扎实有序分类分批地开展了地名普查成果转化工作，2017年7月，在全市率先完成了《敖汉旗地名志》《敖汉地名典故》和《敖汉旗政区地名图》的出版发行工作，受到了社会各界的好评。

新版《敖汉旗地名志》于2017年5月份完成了出版发行。为编纂好志书，敖汉旗民政局于2016年初开始对数据库所有地名数据分类分项进行提取整理，2016年3月，敖汉旗政府成立《敖汉旗地名志》编纂委员会及其办公室，并组织相关单位和乡镇专门召开《敖汉旗地名志》编纂工作会议，详细部署编纂工作。敖汉旗民政局具体承担编纂任务，编纂中，按时间节点完成了大纲编纂、文字组稿、蒙文翻译、彩图拍摄、版式确定、书号购买等事宜。2017年2月，旗政府组织召开《敖汉旗地名志》专家评审会，综合专家的评审意见，旗民政局主要领导亲自把关，经多次修订编校，于3月定稿成书，历时一年。一年间，开展了大量的资料整理、调查研究和审查校对等工作。新志以1987版《敖汉旗地名志》为蓝本，通过完善补充，共收录此次地名普查的11大类53个子类2790条地名，补证居民点地名14条、增记和丰富各类地名564条。所收录的地名，均经过标准化、规范化处理。全书共设8个篇章，共60万字。图为先导，文为主体，辅之以表。从地名角度详细记载敖汉旗历史沿革、政区演变、人口迁徙和经济社会发展等基本情况。

在《敖汉地名典故》编辑中，为保证质量，敖汉旗民政局于2016年6月专门组织了30名有文史工作经验和写作专长的社会各界人士，并聘请专职编辑人员，历时一年时间，本着“彰显特色，富含底蕴，大事不虚，小事不拘”

的主旨，追源溯流，旁搜博采，搜旧钩沉，刮垢磨光，共采编地名故事 164 篇，依据故事属性，分篇列序编辑成书。全书共分 3 个篇章，计 25 万余字。根据故事情节创作插图 20 幅，配照片 40 余幅，图文并茂，互为生发，为敖汉旗地名故事概括出了一个全新的轮廓。为地方风俗民情、历史沿革、文化发展、地理变迁等方面的研究提供了很好的参考。经插图创作、照片搜集和书稿的多次校对，2017 年 2 月份定稿，5 月份完成了《敖汉地名典故》出版发行。

三、优质服务是宗旨

《敖汉旗政区地名图》以 2014 版政区图为基础，结合地名普查过程中标准化处理的地名和行政区划调整，制作了《敖汉旗政区地名图》，充分反映全旗行政区划调整后的新面貌。地名图于 2017 年 5 月开始编校，7 月正式出版。2018 年，敖汉旗将普查成果纳入“数字城市”等地理信息公共服务平台，为社会提供电子地图索引；同时与国土测绘、公安、水利、农业、林业等建立共建共享机制，发挥各自优势，共同做好基础地理信息的维护更新。

以上地名普查成果转化只是敖汉旗地名普查工作的一个缩影，通过第二次全国地名普查工作的开展，敖汉旗民政部门将更好地加强敖汉旗地名信息化建设，为国家、内蒙古自治区、赤峰市提供全面准确的地名信息，为人民群众提供更加便捷、规范、高效的地名服务。

一个地名，是一段历史，更是一种文化。地名普查成果转化的开发应用，能更好地传承和传播地名文化，它有利于方便人们的日常生产生活，有利于保障和改善基本民生，提升国家和社会治理能力，从而促进经济建设和交通、文化旅游等事业的发展。敖汉旗地名普查成果的转化，进一步提升了政府部门地名公共服务的能力，将为人们研究敖汉、了解敖汉、感知敖汉、建设敖汉提供高效便捷的公共服务。

挖掘地名文化资源　弘扬优秀传统文化

内蒙古自治区通辽市奈曼旗地名普查办

地名是人们对具有特定方位、地域范围的地理实体赋予的专有名称。地名承载着人类文明发展的历史，是民族历史的见证以及文化的记忆，而每个地名的背后都有一段故事，地名的来历、命名的规则、含义都蕴含着历史的传承和传统文化的精髓。地名是研究不同民族、不同地区文化内涵的重要依据，是真实记载人类从事各种经济社会活动的载体，也是人类文明进步的结晶。为此，奈曼旗高度重视地名文化资源挖掘和地名文化保护工作，不断完善政策、创新手段，充分挖掘地名文化内涵和历史底蕴，推动全旗地名文化保护质量实现新的提升。

一、奈曼旗地名概况

奈曼旗位于内蒙古自治区通辽市西南部，科尔沁沙地南缘，总面积8137.6平方千米，政府驻地大沁他拉镇，全旗辖4个苏木、2个乡、8个镇、1个国有农场、1个街道办事处、355个嘎查村、784个自然村。总人口44万，其中农业人口37.3万，蒙古族人口15.7万。奈曼旗属于农牧交错带，多民族聚居，沿用以蒙古语为主的多语种地名，地名来历以陆地地形、自然景观、农牧业经济活动、历史遗迹和民俗风情为主，地名种类和数量繁多，含义极其丰富。奈曼旗第二次全国地名普查共收集3296条地名信息，挖掘地名文化资源37条。

二、主要做法

为全面系统地保护利用地名文化遗产，奈曼旗重点加强地名文化资源挖掘和地名文化保护工作。2015年，结合第二次全国地名普查工作，创新工作方法，以“三全一精一加强”的工作方式，深度挖掘地名文化资源，取得显著效果。

（一）全面保障

奈曼旗结合第二次全国地名普查工作，组织各成员单位及各苏木乡镇120余人，召开“挖掘地名文化资源、保护地名文化遗产”工作会议，要求各级各部门要高度重视此次地名文化挖掘保护工作，指定各级各部门要有专人负责，强调财政部门要全力保障工作中所需经费。同时，抽调业务骨干，成立工作组，负责整个挖掘保护工作的综合协调，以及人员、资金等重要事项的调度沟通，以确保后期地名挖掘保护工作顺利完成。

（二）全面宣传

奈曼旗大力宣传地名文化挖掘保护工作，利用新闻媒体、广场LED屏幕、发放宣传单等多种宣传方式，得到了社会各界的大力支持。同时，工作人员走进各嘎查村，向广大人民群众讲解地名文化挖掘保护工作的重要意义，做到家喻户晓，营造人人参与的浓厚氛围，并通过宣传与征集相结合的方法，预先找回在民间失传的地名故事22条。

（三）全面调查

奈曼旗地形一般称为“南山、中沙、北河川”，南部山区惯用汉语地名，北部地区蒙古语地名居多，当地人文环境、自然环境、地形地貌、民俗风情、方言特色十分复杂，针对此情况，工作队分为两组，由熟悉汉语地名的工作组前往南部山区进行实地调查，由熟悉蒙古语地名的工作组前往北部进行实地调查，调查工作以全旗355个嘎查村为基本单位，工作组与嘎查村负责人组织广大群众以召开座谈会的方式，重点了解周边地名的历史文化、宗教文化、社会文化、民族文化等基础信息，并在现场征集地名相关历史故事，获取群众提供的第一手资料。同时，工作组与当地的知情人士前往实地进行摸底调查，确定地名所在位置及其他属性数据。对全旗调查所得地名故事模糊不清的，由工作组再次前往实地，组织知情人士进行重新调查，以确保调查数据的准确性。此次摸底调查工作行程3000余千米，访问知情人士近千人。

（四）精准数据

地名故事是地名文化的主要体现，既要无遗漏又要准确无误。因此，在核对地名数据工作中，坚决不放过任何一个有故事的地名。工作组组织相关地名专家以论证会的形式，对调查收集回来的地名故事进行一一论证，并依据第一次全国地名普查资料和收集到的相关史料进行考证。最终，在调查的122条地名故事中，挖掘具有文化内涵的地名故事37条，其中以河水山石命名9条、以神话传说命名8条、以历史人物和事件命名5条、以宗教庙宇命名6条、以英雄烈士命名2条、以其他事物命名7条。

（五）加强地名文化遗产保护

3年来，奈曼旗民政局、旅游局、民宗局、史志办等相关部门联合，在全面调查、科学论证的基础上，对辖区内的地名文化资源进行了深入的挖掘，明确了保护范围和重点，对全旗境内燕长城遗址、土城遗址等文化遗产设置标志进行长远保护。为充分利用地名文化遗产资源，守住历史传承，打造更多具有地方特色的地名文化产品奠定了基础。

凝心聚力　紧盯质量
高效完成地名普查数据整改工作

内蒙古自治区地名普查办

内蒙古自治区位于祖国北疆，横跨“三北”，面积约118.3万多平方千米。东西长约2400千米，南北最大跨度1700多千米，国境线长约4200多千米。有102个县级普查政区。内蒙古自治区多民族聚居，地名涉及语种多，有蒙古、汉、满、鄂伦春、鄂温克、达斡尔、藏等语种地名。地形复杂，冬季漫长寒冷，有效工作时间短，地名普查外业工作量大，存在很多困难。在国务院地名普查办大力支持和指导下，内蒙古自治区地名普查办公室严格按照地名普查工作规程及相关要求，以质量为中心，克服人文地理情况特殊、自然地理条件恶劣、外业工作艰苦等困难，精心组织，周密安排，积极推进地名普查各项工作，取得了一定成效。

一、提高认识，压实责任，强化地名普查工作责任感

内蒙古自治区反复强调，第二次全国地名普查是国务院部署的一项基础性、公益性重大国情调查，各地要从贯彻落实党中央、国务院重大决策部署的高度认识地名普查的重要性，要求各地把地名普查工作当作一项重大政治任务，提到重要议事日程，加强组织领导，采取有力措施开展普查各项工作。从2015年开始连续3年，自治区民政厅将地名普查列入民政重点评估项目进行绩效考核。2015—2016年，自治区与12个盟市签订了第二次全国地名普查工作责任状，进一步明确了工作目标、工作内容和要求、普查成果上报时限及工作责任。通过落实地名普查责任制，层层传导压力，提升了各级政府及民政部门对地名普查工作的认识高度，营造了地名普查的良好基础和浓厚氛围。普查成果上报验收初期，内蒙古自治区地名普查办连续3次下发普查工作情况通报，自治区普查办领导约谈落后盟市普查办领导7人次。此举迅速扭转了几个落后地区的工作局面，全区地名普查质量和进度及时跟进，普查

任务按节点完成。

二、突出重点，抓住关键，加强普查质量管理

普查过程中，始终强调质量是地名普查的生命，把普查的成果质量作为衡量普查成败的首要标准，正确处理地名普查质量、数量与进度的关系，要求各级普查办不能因为赶进度而影响普查质量。内蒙古自治区是少数民族自治地方，有独特的地区和民族特点。针对少数民族语种类，特别是蒙古语、满语地名较多的实际情况，他们要求各地不能舍本逐末，要将普查重点放到地名文化属性的调查上，重点对行政区划、居民点、街路巷、旅游景点、纪念地等几大类地名的含义、来历、沿革进行调查，深入挖掘和保护少数民族语地名文化。各地充分利用第二次地名普查人员、经费有保障的机会，通过反复查阅历史资料、实地走访知情人、专家学者论证研讨等方式，对少数民族语地名音译不准、用字不规范、以讹传讹等地名进行了标准化处理，对个别“一普”中含义、来历错误的地名进行了纠正。全区共标准化处理 20603 条地名，初步形成了一套具有民族特色的地名普查成果。

通过实践他们感到，要保证地名普查质量，充分发挥各级普查办“指挥员、督导员、技术员”的作用是一个关键环节。为此，自治区地名普查办先后 6 次派出工作组赴各盟市，重点对质量不达标、工作进度慢的地区进行督导检查，纠正错误的认识和做法，对当地存在的问题有针对性地进行分析和指导，疑难问题协商解决。每次督查结束后，督查组将检查出的问题进行归纳整理，并逐一提出整改建议，以督查报告形式下发有关旗、县，要求其整改。每个轮次督查结束后都进行总结，将各地存在的共性问题和个性问题分类列出，共性问题统一解决，个别问题单独指导，并提出解决方案下发盟市，促进了普查质量和进度的双提高。盟市普查办对旗县整改情况进行全面跟踪，旗县普查办专人负责，全程参与整改工作，特别是数据库的整改工作，既发挥了普查办监督、指导技术服务单位的作用，保障了普查质量。也让基层普查办人员在检查中熟练使用数据库，详细掌握本地地名具体情况，为下一步实现全区地名数据库更新长效机制奠定了良好基础。

三、直面问题，精准发力，全力高效整改完善成果数据

受人员数量和水平限制，自治区初步验收后，一些地区普查成果仍然还

存在问题。为此，他们重点抓了国务院地名普查办公室复验意见的贯彻落实。一是分析归纳问题，下发整改标准。自治区普查办收到国务院地名普查办公室反馈的复验报告后，全面梳理分析了问题清单，发现内蒙古自治区存在的问题主要集中在罗马字母拼写、普查状态、多媒体、成果图修饰四个方面，随后针对各类问题归纳了六大类14个注意事项和整改标准。其中多媒体主要存在的问题是照片不符合要求，采集照片需要外业工作，耗时较长，为了保证能够按时完成整改，旗县普查办在整改期间加大普查人员配备力度，分组进行照片采集，边采集边整改。在地名普查工作持续近5年中，针对部分基层地名普查工作人员和技术人员有所变动的实际情况，他们对新接岗的人员进行政策、标准的再强调，进行高效衔接。二是以复验报告中问题清单为重点，对数据进行全面检查整改。他们把第二次数据整改作为地名普查最后一次攻坚战。要求各级普查办严肃对待整改工作，严格落实整改责任，以复验报告为主，列出的问题要全部核实整改，没有提到的也要认真检查。各旗县迅速行动起来，对普查成果数据进行了全面检查，并对复验报告中的问题逐条说明整改情况，核实后无须修改的也作出了详细说明，将整改情况报告作为成果数据的一部分一同上报自治区；旗县整改完成后，盟市普查办对照问题清单逐一进行了核查，对问题较多的地区进行了全面检查；自治区普查办按问题清单中20%—30%进行复查，并对问题清单以外的地名选取50—100条进行抽查。2017年11月以来，内蒙古自治区进行的两次数据整改工作，仅自治区普查办对县级普查办反馈整改意见就达300余份。这样基本做到了数据整改全覆盖、无遗漏，使普查数据质量有了大幅提升。三是重点地区集中整改，效果明显。问题较多的几个盟市，将所属各旗县普查办和技术服务单位技术人员召集到呼和浩特，采取集中处理解决的方式进行统一整改，经检查合格后方能离开。遇到疑难问题时，大家互相帮助，协商探讨，当场解决。通过采取这种方式，这些旗县高效完成了整改任务，没有影响全区的整体工作进程。四是精细化整理数据，尽善尽美完成普查工作。各地地名普查成果数据整改完成，上报到自治区普查办后，他们再次对数据光盘进行了可读性检查＋数据入库预检测软件检测＋清洗数据日志检查，并对光盘集中进行整理。然后将全区整改情况进行汇总，形成了整改情况说明，同普查成果数据一并上报国务院地名普查办公室，方便了国务院地名普查办公室复验核实。

创新地名管理 传承地名文化

辽宁省锦州市地名普查办

锦州，为北方草原游牧文化与中原农耕麦黍文化碰撞融合之地，文化独特。契丹、蒙古、满、锡伯、汉等多个民族的风俗习惯，成就了这里民族地名的丰富性。哈达铺、边门子、达子岭、高力井子、歪脖哨、双羊、巧女、剪子胡同、烧锅大坑等许多地名都有着浓郁的地域民俗特色，反映出锦州厚重的地名文化。

近年来，随着锦州城镇化进程的不断加快，老地名正以惊人的速度消失。对此，锦州以第二次全国地名普查为契机，对地名文化进行了深入挖掘，保护地名记忆。通过加强地名文化建设，创新地名管理，传承地名文化。

一、地名编研筑根基

为保护历史地名，传承地名文化，锦州市先后出版《锦州市志》《锦州通史》《锦州春秋纪事》《今日锦州》等典籍。2009 年编纂出版 100 余万字的《锦州地名词典》，汇集上自远古、下至当今的地名 12000 余条，囊括了锦州所有历史地名，既是一部集文献性、科学性、权威性于一体的锦州地名档案，又是一部承载锦州历史文化的地名典籍，有效地传承了锦州地名文化。锦州市计划利用第二次全国地名普查试点成果，编纂出版《锦州市地名志》和《锦州地名故事》等书籍，进一步传承锦州地名文化。

二、地名命名见底蕴

经过多年的实践，锦州市在新增地名命名上，已经形成了“首先通过媒体向公众征集地名，然后经专家集体研讨，将初选命名方案向社会公布，根据反馈意见再经专家组核定，最后向政府报批”的良好地名命名运行机制。紧紧抓住锦州沿海突破战略和城市南扩战略强力实施的有利契机，在经济技术开发区、松山新区、龙栖湾新区的命名过程中，充分体现锦州的地理环境、历史背景和民风民俗等特点。根据锦州是龙文化发源地之一的民间传说，命名了以龙栖湾新区为代表的系列龙地名；因松山地区是历史上“松锦大战”的古战场遗址，命名了松山新区；在新建道路、街巷、小区、广场、商业中心等命名中，命名了渤海大道、龙栖湾大道等，充分展示了锦州地名文化的新视野新内涵新发展。

三、地名标志求突破

锦州市将地名标志作为“民心工程”和“亮点工程”，从第一次全国地名普查开始，特别是在2005年至2010年实施地名公共服务工程中，在市委、市政府的高度重视下，采取政府财政拨款和市场化运作等方式，累计筹集资金500余万元，率先在全市开展城区街路与楼门牌，乡镇与村屯标志牌，农村门户牌的设置工作。采取请名人、书法家在含有历史地名的风景名胜区题字篆刻的方法，确定了国家森林公园、大笔架山岛、北普陀山等地名标志；在含有文物古迹的地理实体上，设置了万佛堂石窟、白老虎屯战斗遗址、梁士英舍身炸地堡遗址等永久性石质地名标志；在具有百年传统“道光廿五”酒厂的原址“烧锅大坑”，原古城的集市“老马路”等设置了铝质地名标志，形成了城乡一体化、全覆盖的地名标志网络，结束了农村没有门牌号码的历史。对此，中央电视台《新闻联播》节目还进行了报道，2006年锦州市被民政部授予“全国地名设标先进市”称号。

四、地名规划见成效

《锦州市城市地名总体规划（2010—2020）》是依据《锦州市城市总体规划（2001—2020年）》和国家的有关法规，与锦州市规划设计院联合编制完成的，分为总则、地名通名专名的使用规范、地名区块布局及采词总体框架、道路名称规划、地名调整优化、地名保护规划、附则，共7章62条。规划范围为：锦州市主城区及松山新区、经济技术开发区、龙栖湾新区，总面积539平方千米。实现了市区各类地名的层次化、系列化，形成了结构布局有序、地名特点清晰、文化内涵丰富，与国际风景旅游城市和历史文化名城相适应的地名体系。《龙栖湾新区整体地名规划》充分立足龙栖湾新区，针对其既是辽宁省沿海经济带发展战略的重点支持区，又是2013年锦州世界园林博览会举办地的实际，围绕“城市与海，和谐未来”的主题，在总体原则上：一是充分体现了亲海亲水、生态宜居、美丽富庶的新型海洋城市的建设目标；二是充分展现了高新技术产业职能；三是切实发展了锦州地名文化，形成科学布局与合理组合的地名系统。在街路命名上，确定了以“山”“海”采词，如灵山路、乐山路、海悦街、海繁街等。在桥梁命名上，行政生活区以“龙”和“水”采词，如龙栖湾大桥、凌水桥；工业园区以“光”字采词（锦州有光伏之都之称），如晨光桥、曙光桥等。同时，在重要的地名命名上又有所突破创新，如龙栖湾大道、世园路、锦州湾大桥、龙浴岛等名称，都彰显了锦州地名文化的新色彩，为发展锦州地名文化留下了浓厚一笔。

五、数字地名谋发展

“锦州数字地名管理系统”是“数字锦州地理空间框架建设项目”中一项非常重要的建设环节，它基于数字锦州地理空间框架，以 1∶5000 和 1∶10000地形图为基础，实现了锦州市地名的管理、处理、检索和分析等功能于一体的公共位置服务系统。该系统的建立提高了锦州市民政部门的业务办公自动化水平，促进了地名信息管理的数字化进程。2019 年，按照锦州市一体化在线政务服务平台建设要求，地名管理作为公共服务项目列入该平台当中，使审批服务事项前置要件信息共享，加快推进了政务服务“一网通办”和企业群众办事“只进一扇门”“最多跑一次”，构建了方便快捷、公平普惠、优质高效的网上政务服务体系目标。同时，为推进锦州市的“IOC 城市智慧运行综合管理平台”的建设，打造锦州“城市大脑”提升城市应急联动能力和综合治理的水平提供地名信息相关数据支持，重点实现以地名文化建设为主线的网上地名信息查询、声讯问路、地名短信服务、重要公共位置安装触摸屏地名查询等公共服务平台，为社会提供更加广泛、便捷、高效的地名公共服务。

建立地名电子档案管理系统
为地名普查工作提供有力支撑

辽宁省沈阳市和平区地名普查办

为促进和平区第二次全国地名普查工作的有效开展，在沈阳市普查办的支持和指导下，和平区普查办创新工作手段，充分整合地名档案资源，在全市率先建成了区级地名电子档案管理系统，初步建立了一种高效整合利用档案资源，全面提升工作效能的全新工作模式，使地名档案在第二次全国地名普查工作中发挥了重要作用。

一、整合档案资源，为地名普查提供坚实的材料支撑

多年来，和平区地名办积累了大量地名工作档案：有 1988 年至 2000 年的审批档案 456 卷，第一次全国地名普查成果档案 910 卷，其他地名工作资料 910 册，各类地图 803 张，其中有 1917 年出版的《奉天附属地实测平面图》、1936 年出版的《大奉天全图》和 1950 年解放军测绘学院出版的《最新沈阳市街详图》等 24 幅老地图。这些资料具有珍贵史料价值，是和平区几代地名工作者积累下来的宝贵财富，是珍贵的历史和文化档案，更是地名普查工作可以参考借鉴的重要资料。第二次全国地名普查工作开始后，和平区普查办对所有库存档案进行了清点，投入近 10 万元，对所有地名档案进行了数字化处理，共扫描各类地名档案 19.57 万页，地图 803 张，在全市率先建成了区级地名电子档案管理系统，将原本分散于各处的各类地名档案，整合到一个系统中，既盘活了库存档案资源，也使历史档案得到有效保护，更实现了所有地名档案的集中管理和集中使用，为和平区第二次全国地名普查工作的开展提供了有力的材料支撑。

二、搭建工作平台，提高地名普查工作效率

新建立的地名电子档案管理系统，不仅为普查工作提供了大量有价值的资料，还大大提高了普查工作的效率。系统建立前，各街道都是分期分批到

区地名办档案库中拍摄本街道的资料，既费时，又费力，效率还不高，仅就查询地名资料这一项工作，就给普查工作带来了很大的不便。地名电子档案管理系统建立后，和平区普查办实现了对第一次全国地名普查资料和地名工作资料的充分利用，实现了与各街道、社区的信息共用共享：他们将全区各类普查实体的历史沿革及其他有价值的信息整理汇总，形成电子文档，通过QQ群和微信群，及时传递给各街道和社区，为普查第一线的工作人员提供了大量翔实的参考资料；各普查成员单位也可以通过这一系统，随时查询所需要的普查资料，大大提高了查询速度，加快了地名普查的进度，提高了地名普查的质量。由于有了这一系统的支持，普查工作效率明显提高，和平区地名普查的各项工作在全市名列前茅，真正实现了普查工作又好又快地推进。

三、发挥资源优势，实现地名普查成果转化

和平区是沈阳市地名文化资源最丰富的城区之一，地名档案资源就是一座宝库。为了贯彻落实好省普查办《辽宁省第二次全国地名普查成果转化规划（2016—2020）》的要求，和平区普查办充分发挥地名电子档案管理系统资料全、查询方便的优势，积极与区政协、区文体局、区档案局合作，对和平区丰富的地名资源进行了分类梳理和深入挖掘，积极开展地名普查成果转化工作，先后编辑出版了《和平区老街路》《和平区老建筑》和《和平老字号》等多本书籍，既弘扬了地名文化，保留了城市记忆，又实现了普查成果的有效利用。为了配合正在开展的营商环境建设和“三城联创”工作，和平区普查办还在全省率先编制了《和平区社区地图册》，将每个社区的基本情况、社区内所有建筑物的地址、街路巷和主要驻社区单位作了清楚的标注，这本书既是广大社区工作者的工作手册，也是政府其他部门开展各项工作的有益参考，得到了各方的高度评价。和平区普查办还在审批大厅地名服务窗口安装了这一系统，建立了地名工作联动机制，实现了服务信息、审批信息定期更新，互通共享，地名工作的服务水平有了显著提高。这项工作得到了市普查办的高度评价，《中国社会报》和《辽宁日报》都给予了报道。

和平区地名电子档案管理系统在第二次全国地名普查中发挥了重要的作用。同时，它本身也是和平区普查办整合地名文化资源，实现普查成果转化的一项重要举措。和平区将在上级业务部门的指导下，不断提升地名工作信息化水平，使地名工作在服务经济社会发展，方便百姓生活等方面发挥更大的作用。

科学高效建设地名地址库
提升地名公共服务质量与水平

辽宁省大连市地名普查办

在民政部的关心和支持下，在市委、市政府的领导下，大连市全力进行地名地址数字化建设，不断完善地名管理体制机制，切实提升地名公共服务的质量与水平。

一、以规范化为基础，突出地名地址库建设标准化

围绕地名地址库建设，重点解决大连市地名管理过程中命名程序模糊，地名监管责任主体不清，地名标准化处理手段单一、使用不到位，处罚机制匮乏等问题，着重做好地名政策法规和标准化研究，不断完善标准体系，做到各项工作有法可依，有标准可循。一是完善地名法制化建设。结合大连市实际情况，在民政部、省民政厅的指导下，于 2015 年 12 月，以市政府令形式，正式颁布实施了《大连市地名管理若干规定》。同时，大连市民政局还拟定了《大连市建筑楼门牌管理暂行办法》《大连市地名标志管理暂行办法》《大连市城镇道路、建筑、公共设施名称管理暂行办法》三项配套性文件，进一步规范了地名命名、更名要求，明确了地名地址管理规程，加强了对地名标志的使用与管理，促进了地名管理规范化发展。二是地名管理导入 ISO9000 质量认证体系。通过质量体系的导入，使大连市地名管理服务理念全面提升，实现了由“管理”向“服务”的转变；工作流程更具科学性，注重过程的全方位监控，使服务承诺落实到位；工作效能大幅提高，各项业务办结时限缩减率达 45%。三是制定了系列地名管理标准化文件。先后组织编制了地名普查验收、楼门牌普查测绘、基础地名数据分类与建库及矢量化地图制作、档案分类编码及档案评定等标准化文件，规范了地名管理行为，使大连市区划地名业务工作全面步入科学化、标准化、规范化、法制化管理轨道。

二、以创新管理体系为抓手，强化地名地址库建设机构和环境支撑

大连市建立了“政府主管、民政牵头、部门协作、社会参与”的地名管理工作机制，近些年，不断创新地名管理体系，构建规范有序的运行机制，着力破解地名地址管理体制机制难题。

一是充分发挥市地名委员会工作机制。市地名委员会是地名管理的议事协调机构。自2015年，市政府对地名委员会成员已进行新一轮调整，由市民政局等27个委办局构成（办公室设在市民政局）。制定了“市地名委员会工作职责”，增设了“地名规划、地名标准化、地名文化”三个地名委员会专业工作组。

二是构建科学的地名专家智库。2014年7月，大连市民政局以市地名委员会名义向国家、省地名主管部门及市委、市人大、市政府、市政协有关部门及在连高校征集涉及地名学行业专家44名，组建了市地名专家智库，为地名规范化、科学化、制度化管理提供有效的智囊保障。

三是建立高效的部门协商与审批机制。自2003年起，大连市实现了楼门牌管理与城市规划、商品房销售、户籍管理、邮政管理等行业管理同步审批，从而全面理顺了标准地名的命名、更名、销名与使用管理机制。2015年，将地名地址工作纳入全市建设工程投资项目审批流程，进一步明确了地名地址在建设工程环节的重要位置，厘清了部门责任，规范了部门协商机制。2016年至今，大连市民政局已通过与市城建局、国土房屋局、工商局等部门建立联合审批使用制度，加强对新开发建设居民小区、建筑名称审核监管力度，确保标准地名的规范性推广。

三、以数字化智慧化为核心，构建地名地址库管理新模式

数字地名建设是大连市实现地名管理科学化、现代化的核心，是民政事业实现智能化、便民化的有效手段，是智慧城市建设的重要基础平台之一。目前，大连市确定了以建设数字地名地址库为核心，以“大连市地名地址公共服务信息系统”为平台，以提升地名地址公共服务管理水平为目标的数字地名管理新模式。

（一）完成覆盖城乡的地名地址库数据建设

根据国务院“第二次地名普查”相关要求，在国家、省普查办的支持下，大连市于2013年全面完成相关任务。通过普查，共采集14个大类49个子类地名数据31219条；标绘1∶1万、1∶5万地形图200余幅。自2014年，通过拓展普查层级，结合补查任务要求，投入980余万元全面启动并完成楼门牌基础数据调查任务。采集地名数据87万余条，标绘1∶2000、1∶50000地形图万余幅。到2015年，大连市基本建成覆盖城乡的以Oracle（甲骨文）数据库为属性数据平台、SuperMap（超级地图）为图形数据平台的地名地址库。

（二）开发建设“大连市地名地址公共服务信息系统”

系统以地名普查数据为基础，以“天地图·大连”与市政府电子政务网络为依托，充分借助“互联网+”、移动互联和大数据技术，利用门户网站、移动App和微信等平台，基本完成与国家地名数据库数据无缝对接，搭建了可靠的基础地名数据交换平台，实现了大连市地名地址由人工管理向智能管理的转变。

一是系统体系健全，框架完备。系统的总体框架由一个核心、三大平台、四类数据库和两大保障体系构成，即：以“大连市地名地址公共服务信息系统数据”为核心，以“综合管理（审批）”“应用支撑”“公共服务”为平台，建设“涉密地理信息数据库、解密地理信息数据库、地名业务经办数据库和民政基础数据库”，搭建“地名公共服务技术标准体系”和“地名数据信息安全体系”。在确保系统安全性，满足区划地名日常管理需要的基础上，实现优化行政审批流程、数据共享的建设目标。

二是系统技术先进，功能强大。系统建设以B/S结构（浏览器和服务器）为主、C/S结构（客户机和服务器）为辅的体系架构。充分利用全市电子政务网丰富的应用资源和强大的技术支撑。在满足日常地名地址管理、查询、数据分析、数据监控、图形处理的基础上，利用图形预处理技术，率先解决在“天地图”平台上的图形实时更新问题；利用大数据处理技术，实现地名规划、楼门牌管理、地名标志维护大数据分析功能，寻找地名管理的共性突出问题集中解决；首次引入移动端App办公系统、微信监控系统与智能回复系统，解决地名管理领域实时反馈率低、监管难等问题；实现区划地名成果实时呈现功能，为各级政府决策提供数据支撑；实现后台档案分析处理，利用多元化处理，解决区划地名档案分类数字化管理难题。

三是系统内容丰富，作用明显。系统由多个功能性模块构成，利用系统，地名审批时限由原来的 30 日缩短至 10 日；地名标志维护反馈与修复效率提升了 30%；地名数据更新与共享机制得到了有效落实。进一步加强了地名管理社会认知度，利用对外服务功能，增强了各单位、广大市民对标准地名使用的意识。扩充了地名公共服务广度与深度，数字化地名录、智能路标的设计等工作得以有效推进。

（三）地名地址智能管理新模式初步形成

系统充分利用全市电子政务网应用资源，借助数据库、虚拟化服务器和地图矢量化软件技术，全面提升了地名地址公共管理服务水平。

一是实现了地名地址无纸化审批。利用专题地图读取技术与 OA 办公系统功能，实现地名地址审批事项的网络化办公，减轻了服务对象申报内容。利用地名标志（路标、楼门牌）维护图文实时反馈机制，确保市容环境地名标志整治工作的顺利推进。现已实现地名审批实时办公、实时处理，提升行政审批服务质量。

二是实现了数字化维护与应用服务管理同步。通过第二次地名普查基础地名地址数据、民政专题数据、移动端与网络数据，满足查询、分析、统计等工作需要；利用临时底图图层数据预处理技术，满足数据即时更新发布，改变图形数据更新缓慢现状。通过数据交换、委托维护、虚拟维护等手段，由系统监控提供面向真实用户体验的应用性能监控管理、端到端的应用系统性能管理、代码级应用性能诊断，对整个平台的运行状况进行实时记录，并根据关键业务的深度分析提供全平台的性能分析，为平台后续建设提供数据基础。

三是实现了对外公共服务广泛应用。通过构建门户网站、客户端移动 App 和微信平台 3 个子系统，实现公共服务质量的提升。建设用于信息发布、网上浏览、网上查询、网上讨论等多种内容为一体的交流互动的服务型多媒体网站，实现网络互动互通；基于“天地图 · 大连”，为相关单位、市民提供便捷的可视化查询、服务、办公服务；实现功能简化、服务快捷的微信公众号服务，拓展服务领域。通过信息化建设，实现了地名公共服务领域广度与深度的提升。

四、以健全地名标志设置为重点，充分发挥地名地址库应用平台优势

地名标志是标识各类实体标准地名的国家法定标志。通过地名地址库建设，按照国家地名标志设置标准，大连市城市路标、城乡楼门牌、自然地理实体三类标志设置基本实现了标准化、一体化管理。

一是完成城区路标设置。全市设置路标 8000 余株，覆盖城区各级道路 98% 以上。2013 年，按照市容环境整治的要求，利用地名地址库数据分析，对较长的城市主要道路，每间隔 500 米设置了 377 株单株单向式路标，有效地增强了路标的指位作用。2014 年，为提升市容环境质量要求，民政局设计了具有城市地标功能的智能路标，并通过了相关专业部门论证。目前，大连市拟选取市内主要场所、旅顺口区等地为试点设置，待技术成熟后全面实施。

二是集中解决老建筑物楼门牌标志设置。通过地名地址库数据采集与分析，通过政府投入与市场化运作方式，集中解决城区老建筑物楼门牌标志缺失及损坏等问题，主城区各类建筑楼门牌设置率达 98% 以上。

三是完成自然实体标志设置。2013 年利用地名地址库采集定位功能，结合第二次地名普查工作要求，大连市选取了 70 个重要地理实体点位设置了朝阳红天然大理石自然实体标志。标志石除标注标准实体名称外，还对实体名称的沿革及含义予以记载，传承了地名文化，提升了设置区域的整体形象。

借力治乱　清理整治不规范“地名标志”

黑龙江省五大连池市地名普查办

第二次全国地名普查工作开展以来，五大连池市地名清理整治工作得到了市政府的高度重视，组织各相关单位召开了专项整改会议，下发了《五大连池市地名清理整顿实施方案》，以市区地名标志清理整顿为重点，集中开展工作，达到了预期效果。

——管理之乱象

地名标志的清理整治，主要包括城市街、路、巷、小区、楼、门牌等，不符合地名命名原则的名称，用字不规范、含义不健康、有路而无标准地名的，有名无路、标志缺失的、污损有碍观瞻的地名标志等。

从此次清理整治工作中发现，城区13条主要街路的街路牌没有按照民政部GB 17733—2008《地名标牌　城乡》国家标准设置，其背景颜色全部为黑色，汉字为黄色，标志牌没有汉语拼音，拼写为俄文，标志牌的尺寸和书写方式也不符合相关要求，这些立柱式街路牌是由城市综合执法局于2014年统一设置安装的。按照街路地名标志国家标准的相关要求，居民地街、巷（东西走向、包括东西向的斜街）地名标志背景颜色为蓝色，文字颜色为白色，居民地路（南北走向、包括南北向的斜街）地名标志背景颜色为绿色，文字颜色为白色，图形符号应为汉字和汉语拼音或少数民族文字，所占书写区域的比例也有一定的要求，且不能用外语拼写。

居民小区命名管理很乱，有重名的现象，开发商为了办理审批手续时方便，大多以一个名字申报，而后根据施工时间的先后使用二期、三期来替代小区名称，在城区里出现了鑫瑞一期、鑫瑞二期、鑫瑞三期等小区，这是不符合地名命名原则的。

2015年8月，五大连池市统一设置的门牌，经过检查有不同程度的减少和损毁，主要原因是楼体外墙改造，个体业主门脸装修，部分业主为了突出自己商户的门牌号码存在统一设置的门牌尺寸变大、改变着色、变换吉利号码等现象。

——治理之成效

地名标志是城市的名片，是实现城镇地名管理规范化、标准化、科学化的重要手段，有利于提高城镇管理水平，方便社会活动和居民生活，更好地为经济建设服务，是一项利国利民的民心工程。

五大连池市借助第二次全国地名普查，依照国家标准，针对以上存在的乱象，对城区地名标志进行了专项清理整治，将城区原有地名标志全部移除，设置街路牌 104 处。最主要的是对“五大连池旅游名镇”的 32 条街路全部进行了命名，并在主要街路增设了标牌的数量。

首先对不规范地名进行了标准化处理，规划小区名称 26 个，满足了人们出行和包裹投递等社会活动的需要。在设置楼栋牌的同时，在单元牌上也标明某某小区，强化了居民对地名的使用频率和意识。其次在非规范地名产生的源头上下了功夫，在下发的《五大连池市地名清理整顿实施方案》中明确要求，市住房和城乡建设局在审批项目、规划项目时，开发建设单位在领取《建筑工程规划许可证》前需到民政部门办理建筑物命名登记审批手续。建筑施工方还要对所建小区地名标志设置作出规划和承诺，工程竣工后，由住房和城乡建设局与民政局统一对施工单位是否按照审定的标准名称制作和设置居民小区、楼、单元门牌等进行检查验收。这样由政府主导，民政、住建部门协同对地名报批使用方式避免了小区重名现象的发生，也防止了“大洋怪重”等地名的出现，使新增地名具有合法性、科学性、规范性。

五大连池市对擅自设置、移动、涂改、遮盖和损坏门牌的单位和业户，责令其恢复原状，所需费用由责任人负担。因为没有可操作性的相关法律法规，处理起来有推诿现象，推进也存在困难。用户认为政府设置的地名标志，一切售后都应由政府无偿更新。针对这样的用户，工作人员耐心为其讲解：“地名标志是社会公益性信息符号，属公共设施，是国家法定的标志物，任何单位和个人不得损坏、侵占。”这样一个浅显的道理让人们认知可能还需要过程，工作人员深切感到依法行政的必要性。

五大连池市在地名标志集中清理整治中取得的经验、引发的思考值得推广，从中汲取有益的工作思路和方法对今后的工作具有一定的借鉴意义。

抓住机遇　大胆创新　全力以赴完成地名普查工作

黑龙江省大兴安岭行署民政局

大兴安岭地委、行署高度重视全国第二次地名普查工作，将其纳入当地重要议事日程，纳入地委深改组督办事宜，采取一票否决制全力推进。

一、召开会议，全力推进

在工作伊始，第一时间召开专题工作会议，对此项工作进行动员部署。会议对相关工作进行了安排，明确了工作目标任务和各相关部门的职责分工。在整个工作的过程中，随机召开专题会议，对工作中发现的问题及时进行研讨和解决，对好的工作经验和方法进行推广，为更好地完成工作奠定了坚实基础和有力保障。

二、制订方案，明确目标

2014 年，大兴安岭地区以行署名义印发了《大兴安岭地区第二次全国地名普查实施方案》。成立了由主管专员任组长，行署副秘书长、行署民政局局长、军分区副参谋长及行署民政局分管区划地名工作领导任副组长，发改委、财政局、住建局、国土资源局、公安局、交通局、旅游委等相关部门任成员的大兴安岭地区第二次全国地名普查领导小组。明确了工作职责分工，细化了时间安排，统一了方法步骤，提出了工作要求。

三、开展调研，吸金纳粹

为了更好地完成“二普”工作，先后三次赴鹤岗、重庆、潍坊、哈尔滨学习区划地名管理的先进经验和做法，回来之后，形成调研报告，向行署进行汇报，结合工作实际制定全区工作目标、改进工作方法，使区划地名工作全面提档升级。

四、及时转化，服务社会

在“二普”工作即将进入尾声，大兴安岭在全省率先进入了“二普”成果转化阶段。

（一）开展了大兴安岭地名文化展品征集工作

为配合省厅做好区划地名文化展示中心建设工作，顺利地将“二普”工作进行转化，更好地为人民群众服务，大兴安岭地区开展了“大兴安岭地名文化展品征集”工作。

一是制订了具体工作方案，明确了工作意义、目标任务、工作方法、征集范围，量化了征集数量。

二是召开了专题座谈会。就地名文化展品征集的方向作了意向性的指导。建议各县区从历史、地域、人文、林区开发发展历程和地名文化等方面有侧重地进行搜集，并按照不同县区的历史发展轨迹、文化特色等方面进行了专门的指导。

三是加大了宣传力度。大兴安岭行署民政局通过报刊、微信等形式对此项工作进行了宣传报道，让此项工作做到家喻户晓，人尽皆知，全民参与。

四是实地采集。为了采集到更好的展品，大兴安岭行署民政局工作人员在2018年1月份，冒着严寒赴漠河县的北极村，对有历史意义的地名和实物进行了实地参观和考察，在搜集相关资料的同时，争得了当地资深文物专家的大力支持。近期，大兴安岭行署民政局还将赴呼玛等历史文化积淀较深的县区现场采集地名文化展品。

（二）启动了《大兴安岭地名志》和《大兴安岭地名词典》的编纂工作

下发了《大兴安岭地区成立〈大兴安岭地区地名志〉和〈大兴安岭地区地名词典〉编纂委员会的通知》（以下简称通知），成立了大兴安岭地区地名志和地名词典编纂委员会。编纂委员会由行署副专员李佰铮任主任，行署民政局党组书记、局长陈铁任副主任，分管区划地名工作的兰勋劼同志任办公室主任。编纂委员会的委员由各县区民政局局长、主管区划地名工作副局长、具体负责区划地名工作的工作人员及地林直相关单位领导组成。编纂委员会办公室设在行署民政局，承担编纂委员会日常工作及业务指导、宣传、督促及检查验收。

（三）开展了规范城乡街、路、巷、楼、门牌等地名标志设置工作

为进一步推进全区地名标准化、规范化进程，提高全区城乡地名信息化管理水平，做好城乡街、路、巷、楼、门牌等地名标志的命名、编号和设置工作，发挥地名在促进经济社会协调发展、加快生态功能区建设，方便人民群众生产生活、更好地为生态旅游、为人民群众和社会各界生产生活服务。根据国家和省的有关法规政策，结合实际，大兴安岭地区制定出台了《关于开展规范城乡街、路、巷、楼、门牌等地名标志设置工作实施方案》，并以行署名义进行印发。2018 年，主要任务是研制设计信息化、智能化街路牌，与智慧城市建设、第二次地名普查成果进行对接。与城市管理数据库和天地图互联，实现城市地名数据化、信息化、智慧化管理。每个县（区）选取 1—2 个乡（镇）、街道办事处进行试点。2019 年，主要任务是完成新建街区城镇街、路、门牌设置和老城区街、路、门牌的补充完善。2020 年，主要任务是完成乡村街、路、门牌设置。各地风景区地名指示牌可按要求有计划进行设计安装，于 2020 年前完成。

此次地名标志规范化设置工作，将对全区城乡内所有街、路、巷两侧建筑物，包括机关、企事业单位、部队、团体、各类居民住宅区等，依照其建筑物坐落方位依次进行编排登记设置标志。通过规范化设置工作，使全区的地名标志物达到编码科学化、门牌序列化、标准规范化，为全区各行业统一使用法定的地名标志提供依据，实现全区城乡街、路、巷、楼、门牌等地名标志设置的统一、规范。

通过此项工作，将街、路、门牌设置维护纳入地方城市管理和维护的日常工作，并在全区推行地名申报制度和县区门牌证使用制度。对未经民政部门审核，达不到国家地名标志设置标准的地名设施要及时查处整改，对蓄意破坏地名标志的行为，要按照有关法律法规认真查处，保持地名标志的完整性和导向性。

此次地名标志规范化设置工作，将会提高全区城市现代化管理和百姓生活水平，为城乡经济社会发展和促进社会主义新农村建设创造良好的社会环境。

（四）召开了全区地名标志规范化设置暨“二普”成果转化工作会议

为顺利将“二普”成果进行转化，加快地名标准化、规范化进程，提高全区城乡地名信息化管理水平、做好城乡地名标志规范化设置工作，抓好地名公共服务，推进区划地名工作更好地开展，区地名标志设置暨“二普”成果转化工作会议于2018年5月3日和4日在大兴安岭地区会展中心召开。会议对相关工作进行了动员部署，对《大兴安岭地区关于开展规范城乡街、路、巷、楼、门牌等地名标志设置工作实施方案》进行了解读；加格达奇区、呼玛县和漠河县作了经验发言；旅游委、公安局、交通运输局、住建局、工商局等相关成员单位就地名标志物规范化设置及“二维码”功能的应用结合本行业的实际进行了交流发言；全体成员对新的地名标志物的规格进行讨论和交流；省级地名专家对地名志和地名词典的编纂方法及注意事项进行讲解；平台设计工程师对智慧地名公共服务平台功能模块和地名标志物通过“二维码”实现连接的有关最新发展情况进行了演示及讲解；省测绘局工程师组织全区对本地的政区图和城区图进行校验；各县区对“二普”工作的归档立卷工作进行探讨交流。

创新形式　广泛宣传　使地名工作深入人心

黑龙江省佳木斯市地名普查办

在第二次全国地名普查中，佳木斯市重视地名文化宣传工作，紧紧抓住“三个结合”开展宣传，使地名文化走进机关、走进社会，引起广大群众的良好反响。

一、普遍宣传与重点宣传相结合

第二次全国地名普查工作开始后，佳木斯市普查领导小组办公室把地名宣传工作纳入普查工作重要内容，安排组织人员在普查中积极开展地名宣传工作，贴出宣传画、宣传标语近百幅；在媒体、报纸、电脑、手机微信群里发表地名普查信息；在政府信息发简报；在机关大厅中粘贴宣传资料，上对领导，下对群众，不留死角，努力开展全面、普遍的地名宣传工作。在宣传内容上突出重点，把文化底蕴丰厚、正能量色彩浓郁、乡土风俗突出的地名作为重点普查了解对象，采集充分的信息纳入普查成果资料里。据不完全统计，全市已有近百条抗日战争、东北小延安及其他历史时期的具有浓郁文化内涵的地名信息得到发掘、整理和重点宣传。

二、专业宣传与群众宣传相结合

2016 年 5 月份开始，市普查办就谋划在新闻媒体上进行高标准、专业化的宣传。经多方努力，市普查办聘请了市作家协会专职作家和对佳木斯市历史及现实地名有研究的专家撰写一批地名故事。从 7 月 23 日开始在佳木斯广播电视台《三江文化探秘》节目中开辟专栏播出“地名故事”专题片，节目播出时间为 7 月 23 日首播至 10 月 15 日最后一期播出，共 12 期，每周播出一期，每期 20 分钟，深受广大受众赞扬和好评，社会效果良好。时任佳木斯市市长的林宽海同志看到了“水源山的钟声”后，对市委宣传部的同志说：“地名故事这个节目办得很好，要继续挖掘我市地名文化，搞好地名宣传，增强城市凝聚力。”

在搞好专业宣传的基础上，佳木斯市地名普查办于2016年6月12日印发了《爱我家乡讲地名故事》活动征文公告，公告通过文件形式发到机关各单位，通过媒体广告形式发给广大城乡居民，广泛征集地名故事，邀请全市老百姓投稿，并对优秀稿件给予媒体播出或刊登、收入《地名故事集》、评优奖励等安排。各单位积极组织机关干部、职工踊跃参加征文活动，活动结束后共收集地名故事67篇，经专家评审，特别贡献奖为《东北银行的秘密》，作者孙代君（作家协会专职作家），另产生一等奖3篇、二等奖4篇、三等奖5篇。

三、结合普查，深入宣传

在实地普查中，佳木斯市地名普查办发现有些单位的群众和领导对普查工作不重视，不支持，影响普查工作正常开展。于是他们组织人员在实际普查中对普查对象进行重点宣传。例如，在去中直单位佳木斯铁路部门调查铁路线信息时，门卫人员听说是地名普查，就说，地名普查有什么用？不让进门。主管领导听说是要普查，向普查人员要市政府的介绍信，要铁路上级部门哈尔滨铁路局的会签文件。又说需要向哈尔滨铁路局请示汇报，批准之后才能给提供信息。面对这种情况，普查人员顶着酷暑，坐公交车，先后4次带着国务院的普查文件，省、市地名普查实施方案、工作手册到铁路部门，从看门员入手，层层宣传地名普查工作的重要性，讲清当事部门的普查义务。最后，将工作做到了该单位的一把手，取得了当事部门主要领导的支持，并最终圆满地完成了普查任务。

四、现时宣传与持续宣传相结合

搞好地名宣传是一项十分重要的工作。结合地名普查搞好地名宣传，是一种事半功倍的方式。但是，地名普查仅有4年时间，而地名宣传工作则是长期的、永久的。仅仅4年的地名普查是远远不够的，必须做好现时宣传与持续宣传相结合，才能搞好地名宣传，取得长期持久的效果。

在现时宣传中，佳木斯市地名普查办公室采取突出特色、突出重点、集中宣传的办法，效果较为突出。例如，在《三江文化探秘》节目中播出的12个地名故事：(1)《佳木斯地名的由来》。(2)《四丰山的传说》。(3)《被人遗忘的村落》。(4)《西林公园名字的变迁》。(5)《水源山的钟声》。(6)《王三五河的故事》。(7)《敖其湾传奇》。(8)《友谊路的变迁》。(9)《三江平原上的星火》。(10)《维新街的故事》。(11)《竹板屯枪声》。(12)《东北银行的秘密》。单从题目上看，就可以说是突出了特色，突出了重点，取得了较好的效果。

在持续永久宣传中，佳木斯市地名普查办采取继续突出特色和建设宣传平台相结合的办法，保证宣传工作的持久性、永恒性。一是编撰了 180 万字的《佳木斯市地名志》和组织各县（市）编撰各自的《地名志》。二是编制全市和县（市）区的行政区划图。三是建立市、县、区地名普查数据库。四是装订制作好地名普查档案，存入地名档案馆或市档案馆。为领导、为群众、为社会提供地名普查成果服务，通过地名服务，宣传地名工作的重要性和实用性。五是建设地名服务网站，建设地名电子服务平台，建设地名服务场馆等。使地名服务和宣传工作拥有经常性、永久性，群众喜闻乐见的服务平台、宣传平台。六是保证新闻媒体为地名宣传主阵地的态势。中共佳木斯市委副书记、市长林宽海表扬电视台和市普查办，对地名宣传工作抓得好，要求要继续保持下去，多宣传地名工作，让老百姓觉得家乡好、佳木斯好，增强佳木斯人的自豪感。按照林宽海市长的指示，集中宣传结束后，佳木斯电视台继续制作了大量的地名故事专题片，进行了持久宣传。

创新开展工作　圆满完成普查任务

黑龙江省铁力市地名普查办

铁力市辖4镇3乡，境内有伊春市直属林业局（县团级）4个和省属农场1个，总人口37.6万。该市按照国家、省、市第二次全国地名普查实施方案的要求，创新开展工作，圆满完成了地名普查工作任务。此次普查共采集地名11大类、51子类，录入国家和区划地名库实体地名1686条，其中陆地水系类49条，陆地地形类160条，行政区域类10条，群众自治组织类102条，非行政区域类27条，居民点类413条，交通设施类352条，水利、电力、通信设施类27条，纪念地、景点类25条，建筑物类26条，单位类495条。界桩11个，界线7条，地名坐标测绘1686条，其中图解718条，实地测量968条。共采集地名标志信息338条。采集各类照片12320张，选用照片3298张。

一、高素质普查员是普查工作的前提

铁力市在地名普查中，坚持抓好各级普查工作机构和严把普查员任用关，为完成普查工作任务提供了前提条件。铁力市对所辖的4镇3乡、境内的4局1场、普查工作量较大的市直机关、除四局一场以外的大型企业，都建立了强有力的普查工作机构，有领导小组，下设办公室。对基层普查机构，坚持挑选能胜任工作的普查员，以保证普查工作的质量和进度。在地名普查工作动员大会上，主管副市长、市普查工作领导小组组长反复强调各普查单位的机构问题，普查员的选用问题。对四局一场及其他省直大企业的普查工作，市委书记、市长都亲自出面协调，要求建好普查机构，选调高素质的普查员。市普查办的工作人员逐个单位地考察普查员，对不胜任的人员，坚持要求调换，以保证工作正常开展。

二、磨刀不误砍柴工

铁力市在普查工作中，紧抓普查员的培训工作不放，不断拓宽和提升普查员的相关知识，保证了普查工作的顺利开展。工作开展初期，他们按4镇3乡、4局1场、市直机关、大型企业，分别组织培训中层普查机构工作人员。根据各单位的实际情况进行有针对性的培训，接着把7乡镇、5局场及13个普查工作量较大的市直单位，分25场次到基层单位培训普查员，使全市各级普查员都能懂流程、会工作、保质量、保进度。

在普查工作中，市普查办3次组织全市普查员相互学习交流工作经验，在交流中加强学习，推广好的做法。为保证正确指导全市的普查工作，市普查办的工作人员先后到孙吴县和五大连池市取经学习，并先后接待庆安县、南岔区、带岭区、乌马河区、翠峦区、新青区等兄弟单位来铁力交流普查工作。对难以解决的问题进行定期认真梳理，然后找专家咨询，为能圆满完成地名普查工作任务提供了技术和知识保障。

三、挖掘信息保质量

在第二次全国地名普查工作开展的过程中，铁力市对挖掘地名属性信息工作坚持始终，为保证普查工作质量奠定了基础材料。一是充分利用“一普”资料。铁力“一普”资料中有670条地名信息，他们把这些信息逐条核实，对错误信息核实更改，无疑义的保留利用，并作为地名文化保护起来。二是采访老干部老同志。按调查目录，对地名中缺失信息或有疑义的信息，深入基层进行采访。据统计，该市普查办下基层采访30多人次，中层普查办下基层采访600多人次，对达里、沙房、王道、老永府、北斗、韩家等若干地名的信息进行了更改、补充或完善。三是大量查阅有关资料。他们对1990年版《铁力县志》、2013年版《铁力市志》、铁力市政区大典资料、铁力市档案馆存9卷有关地名档案资料、铁力市全宗档案、《桃山地名文化故事》《铁力市地名录》《中共铁力地方史》、4个县团级林业局局志及铁力农场场志，都认真进行了查阅，对统领桥、同顶桥、呼兰河、依吉密河、横太山、悬羊峰、懒虻山等很多地名的文化进行了挖掘。

四、检查验收把住关

铁力市第二次全国地名普查工作伊始，市普查办确定了较高的质量验收标准，坚持达不到标准不过关。一是对预填登记表严格把关。如铁力局、朗乡局、铁力农场和部分村屯的预填登记表填写不合格，便又组织了两次培训，进行了3次返工，最后才确定合格。二是招聘专人对地名信息编辑和整理。市地名普查办招聘了原来编纂市志、党史和做过报社编辑的两名老同志对地名属性信息进行编辑整理，按地名来历、含义、历史沿革、地理实体概况及资料来源逐条进行了认真详细的核实、整理和编辑，保证了地名普查工作基础材料准确无误。三是严把录入关。该市招聘了一名大学计算机专业毕业生和一名从事计算机修理和擅长系统软件的人员，从事各类信息综合，并导入国家地名和区划数据库。四是严把核查关，他们按国家3个批次的复核意见，认真对地名成果数据进行修改。第一批次修改时，因工作量大，他们分3个组开展工作，一个组专门外业测绘返工，另两个组两班倒，双休日不休息，早5时工作，夜10时下班，歇人歇马不歇车，既保证了修改质量，又保证了修改进度。

五、清理整治强管理

铁力市在普查工作中，清理整治不规范地名23个，其中农村居民点不规范地名更名5个，有路无名或一路多名的主要街巷路重新命名16个，随意命名且不符合地名命名要求的清理整治2个，从而加强了地名管理。清理整治不规范地名，一是兴隆村，村委会上报的材料，多次都填写北斗村，公章也刻成北斗村村委会。市普查办查阅了所有历史资料，证实此处建立生产大队时，就称兴隆生产大队，至今没有把兴隆更名为北斗的任何资料。而且该村20世纪80年代已被批准为国家级文明村，国家级文明村的上报材料写的也是兴隆村，现在如果允许该村称北斗村，会引来很多麻烦，所以铁力市把此村名称作为整治的对象，共同做村里的工作，改正了村里随意更名的做法。另一条清理整治的地名是摩尔街，是开发此处楼区的开发商自己随意命名，摩尔街是外国名称，且此街本是文化街的一段，没必要再重新命名，废除了摩尔街的名称。因开发商已离开铁力，因而没能进行有效的处罚。通过以上两处不规范地名的整治，铁力市加强了地名的规范化管理。

坚持政府主导协力推进 强化组织实施工作

上海市地名普查办

第二次全国地名普查是国务院部署的重要国情调查，普查工作涉及范围广、时间跨度长、组织难度大、技术要求高。市政府按照“统一领导、分工协作、分级负责、共同参与”的要求开展工作。

一是健全机构落实责任。市政府高度重视，成立了由蒋卓庆副市长（现已调任市人大常委会主任）任组长、黄融副秘书长为常务副组长、20个相关委办局和16个区领导为成员的市地名普查领导小组，普查领导小组办公室设在上海市规划和自然资源局，以上海市测绘院作为地名普查技术支撑单位，以上海市测绘质检站作为普查监理单位；本市相关委办局成员单位根据普查任务要求，分别负责区划、水系、海岛海域及其他各类地名普查的组织工作；各级政府均成立了地名普查领导小组，区规划资源局成立了普查领导小组办公室，街镇成立了相应的工作机构。健全的组织机构、明确的工作分工，确保了普查工作的正常运转、有序推进。

二是结合创新实际细化工作方案。根据国家有关规定，结合上海地名普查技术创新的成果，科学制定了《上海市第二次全国地名普查实施方案》《上海市第二次全国地名普查技术规程》和《上海市第二次全国地名普查工作实施细则》，体现了技术创新带来的规程创新；制定了工程阶段的作业指导书（6份），细分目标任务，细化操作流程；各区普查办按照全市地名普查实施方案和细则，分解、细化了本区的普查工作要求，确保地名普查工作规范有序。

三是开展业务培训夯实工作基础。地名普查工作技术性强，涉及知识面广，不仅需要掌握相关的专业技术和标准规范，还需要广泛的知识储备。市和区普查办组织开展了多层次、分阶段、有针对性的普查业务培训，加强业务考核，推行普查员持证上岗制度，开展地名普查员采集调查技术比武、地名普查知识考核竞赛等活动，有效增强了地名普查员的学习积极性，增强了学习效果；建立了对口联络员制度，及时到区、街镇了解和解决普查中出现的问题，动态掌握区普查进展情况，指导和督促全市地名普查工作。

四是积极开展宣传营造良好氛围。在传统报刊宣传、一般网络宣传基础上，研究新时代传播规律，探索特色宣传活动。举办了地名展览。借助一年一度的上海书展平台，本着“地图是地名的载体，地名是地图的灵魂”的理念，策划让地图和地名联姻，连续4年通过“地图文化之旅”宣传地名文化，2016年的主题是“上海地图中的地名沿革”主题展览，以“缘起与演变”“时代的印鉴”“传承与更新”3个板块，选取了时间跨度从1905年至2006年的52幅地图来展现上海地名的沿革，2017年开展了“纵横经典——64条永不拓宽道路地名地图展”。开展了地名学术讲座，邀请知名专家作地图与地名学术讲座，复旦教授作的《地名与上海城市空间之拓展》，向社会传递了这么一个信息：历史上保存下来的地名，是地方文化发展的真实记录，是城市发展历程的珍贵印迹，是一种必须倍加珍惜的文化资源与历史遗产。与群众进行热点互动，召开记者与听众见面会，针对民众关切，坦率回答地名管理与地名文化保护中的热点难点问题；发放地名普查宣传手册与地名文化产品，普及地名知识，吸引更多民众关注地名普查、参与地名工作。

坚持创新驱动引领地名普查工作

上海市地名普查办

创新是提高地名普查水平的现实要求。从改革开放排头兵、创新发展先行者的定位出发，上海地名普查工作注重创新引领，注重技术集成，以思路创新带动技术创新，以技术创新带动机制创新和方法创新，全面提高普查工作的科技含量与整体能级。

一是创新工作思路。改革传统地名普查方式，着眼于将地理国情普查与地名普查相结合，与市测绘院天地图基础数据库相结合，与先进地理信息采集技术相结合，走出一条重科技、重集成的普查工作新路子，打赢一场现代化条件下的地名普查战争。

二是创新工作技术。将地理国情普查成果的工作模块、数据格式、表格分类进行技术转换，实现与地名普查的工作模块、数据格式、表式分类相对接；将测绘院天地图系统中的有关属性数据转化为地名普查的预备数据；开发平板采集系统，地名图像与定位同步完成。

三是创新工作规程实现三个转变。按照新技术要求改造工作规程，优化工作环节，避免重复劳动，实现三个转变：技术上由手工作业为主转变为以现代技术集成为主；形态上由外业为主转变为内外业并重；内容上由以采集数据为主转变为更加注重信息数据考证核实，极大提高了工作效率与工作质量。

四是创新工作机制和管理方式。在技术组、专家组、协调组基础上创建核心工作团队，目的在发挥核心团队精干高效的特点，起到承上启下、掌控全情、谋划指导、统筹推进的作用，成为组织的运转中枢；核心工作团队成立项目党支部，充分发挥党组织凝聚力强、战斗力强的优势，保障核心团队作风好、协作好、能打硬仗；建立了普查相关部门联动和例会机制，及时了解普查工作动态情况，研究普查中出现的新情况、新问题，部署阶段性工作任务，确保沟通充分，政令畅通。

坚持严把成果数据质量关

上海市地名普查办

质量是普查的生命线，上海市、区两级普查办始终坚持严控质量。

一是细化作业流程落实管控责任。按照《第二次全国地名普查质量管理规定和质量评价体系》，细化工作流程，在资料收集、实地调查、内业汇总、成果数据审核、数据入库等环节，做到要求明确、责任到人；充分发挥地名专家和相关委办局专业把关作用，严格执行三级审校制度，街道、区普查办分管领导签字后成果数据才能上报，确保普查数据完整、准确。

二是采用先进技术提高数据质量。开发测绘平板采集系统，将以往人工草图标注、数据公司标绘落图、测绘院内业标绘等三道工序合而为一，实现地名图像与现场定位的实时采集一次定位，杜绝了多环节产生的人为失误；开发入库监测程序对数据质量进行机器预检，提高了数据的标准化和规范性。

三是日常监理与验收把关相结合。委托专业单位进行质量监理，定期现场检查组织实施情况，抽查成果数据质量，7 个区还接受了国家监理组的质量检查；按照国家普查验收的要求，制定上海市第二次地名普查验收细则和验收工作方案，明确验收程序、标准及量化指标，设置测绘院入库检查、区验收检查、质检站后台检查、市级验收核查四道关，确保普查成果数据高质量。

采用综合督导管控全市普查工作

上海市地名普查办

认真贯彻落实国务院地名普查办关于开展督查与监理的工作要求，结合上海实际，将督导、监理、指导融为一体，合并为综合督导，既突出各自特点，又注重融会贯通，提升整体效能。

一是统筹综合督查内容。以督查进度、质量、队伍、保障为切入点，以国务院地名普查办颁发的监理文件、质检文件、档案管理文件、数据入库标准为依据，内容上融合归整，一体检查，避免多头重复。

二是统筹综合督查方法。将业务监理、技术指导、行政督导有机结合，同时到场，监理中发现技术问题，当场由技术组指导解决，发现的组织实施问题，当即行政督导，责成改进，有效地提高工作效能；全面督查与重点抽查相结合，实地督查与电话督查相结合，加大督查频率，增加督查实效，确保市普查办能够完整、实时掌握各区普查工作开展情况。

三是用好综合督查成果。通过现场点评，对暴露的问题进行及时反馈，责成立即改进；建立“各区地名普查工作进展表”，一区一表，详细、实时反映各区普查管理、保障、进度、质量等各项指标；建立“上海市地名普查形势图”，横坐标为各区名称，纵坐标为各区普查工作进度，实时反映全市普查工作进度和各区工作排名；定期发布监理报告和各类专项检查报告，刺激相关区领导重视，从而督促工作开展；此外还建立简报、通报、约谈、问责等制度，表扬先进，督促落后，形成压力倒逼格局，营造奋勇争先氛围。

保护古城历史地名　传承扬州地名文化

江苏省扬州市民政局

扬州是国务院颁布的中国首批 24 座历史文化名城之一，至今较为完整地保存着双城街巷体系并存的明清古城格局，并初步形成符合扬州特色的历史文化名城保护的“扬州模式”。作为名城保护工作之一的地名文化保护，也随着全国第二次地名普查工作的开展而不断加强。

一、立法建制保护

2015 年以来，为了更好地保护扬州古城，根据上位法的有关规定，扬州市在原《扬州市扬州古城保护管理办法》和原《扬州市地名管理办法》基础上重新制定并于 2017 年正式实施《扬州市古城保护条例》和新《扬州市地名管理办法》，历史地名作为保护内容之一被写进《扬州古城保护条例》，明确了其保护原则、保护规划、保护措施和法律责任。新修订的《扬州市地名管理办法》增加了对扬州历史地名保护的条款，要求建立历史地名档案，并规定了实体消亡的历史地名就近使用制度，地理实体消亡的历史地名，可以就近在现存或者新建的地理实体的命名、更名中使用，使历史地名保护工作纳入了法制化、规范化的轨道。近年来，扬州市陆续恢复老城区历史地名 8 个，2014 年以后又对瓜洲古镇的盐仓巷和石秀才巷进行了恢复。

二、编制名录保护

根据《扬州市历史地名保护制度》，扬州市于 2016 年开始编制扬州历史地名保护名录工作，通过社会征集、乡镇推荐、地名志查询、历史资料筛选等渠道，最终整理出了 810 条历史地名，提请市政府公布了首批历史地名保护名录，得到社会各界的好评。各县（市）也按照《江苏省地名管理条例》要求建立历史地名保护名录制度，并由同级政府公布地名保护名录。在此基础上，组织地名专家对扬州市地名保护名录进行解读，汇编成书。2018 年又结合信息化工作地名保护名录实现了数据信息化管理，社会媒体进行了较为广泛深入的宣传，社会反响好，也得到市委市政府高度重视。

三、因地制宜纳入“公园命名”保护

2500年历史的文化底蕴是扬州的城市之魂、城市之根。郑板桥曾用“绿杨深巷，人倚朱门，不是平常模样”形容扬州古城，得益于扬州多年来的古城保护，“巷城”扬州的旧模样依旧在，今天在现代化城市建设的进程中，古城扬州正在从“园林城市”向“公园城市”转变，扬州已建成各类免费开放生态休闲公园345个，形成了“园在城中，城在园中，城园一体”的绿地格局。2017年《扬州市公园条例》正式实施，这是江苏省首部关于开放式公园的立法。2018年8月发布了《扬州市公园体系发展与保护专项规划》，其中对城市公园的分类进行了详细规定，这为城市公园的命名提供了依据。同时明确了公园实行名录管理，纳入名录前要经过审批管理。

四、市县联动保护

扬州地名文化资源丰富，主城区以外高邮、仪征、宝应也是文化名城。2014年以来，高邮市民政局实施城市文化解读工程，对城区24处历史地名点以碑或牌等形式进行了地名文化解读，助力高邮市于2016年被国务院批准成为历史文化名城；2017年又开展了“述地名文化·溯文明之源”高邮首届地名文化有奖征文活动，进一步宣传历史地名文化。仪征市作为下届省园博会举办城市，2017年就启动枣林湾地区地名命名规划工作，2018年命名及更名相关地名31个，其中8个以原有历史地名命名，将历史地名又“活”起来，在园博会举办期间宣传了仪征地名文化，受到社会各界好评。宝应县政府于2015年公布历史地名保护名录并印发历史地名保护实施意见，4年来为历史地名树碑立传，解读地名文化，恢复使用历史地名6个。

五、提升意识保护

扬州市自2015年起设立地名保护专项资金，通过书、图、摄影、石刻、微视频、征文等多种形式，让地名文化“活”起来，用喜闻乐见的形式“飞入寻常百姓家”，提升全社会对地名文化的自觉意识。陆续编写了《地名掌故》《扬州历史文化大辞典》（地名卷）、《扬州街巷实录》《扬州历史地名保护名录》、扬州市历史地名图。制作了“瓜洲”等首批历史地名保护名录文化石刻，体现扬州厚重的城市文化内涵；市普查办还联合扬州市摄影家协会开展了“最美地名”摄影比赛、征集历史地名照片等活动，进一步宣传地名文化。

六、转化成果保护

地名保护载体的多样性是要在更大范围内更广人群中传播、记录历史地名，从而传承、弘扬地名文化。2015 年以来，制作了《钞关》《盂城驿》《苏唱街》《柳堡》《龙虬》等老地名视频，其中《钞关》《盂城驿》在民政部举办的“地名情　中国梦”全国地名普查微视频征集活动中获奖，地名故事类微视频获奖作品全国仅有 16 个、江苏仅有 2 个。《中国民政》《地名中国》全文刊载了《钞关》解说词，省、市媒体也广泛进行了宣传，引起社会各界关注与热议。近年来，以第二次全国地名普查的成果数据为基础，通过信息化工作，将历史地名进行信息化处理，实现历史地名数据更新维护长效机制，进一步提高历史地名管理和服务水平。

作为中国大运河博物馆的选址所在城市，2021 年扬州还将举办世界园艺博览会，扬州名城的建设离不开历史地名文化的保护与传承，扬州市民政部门将更加努力做好地名普查成果转化工作，为扬州创旅游名城、运河文化名城、新兴科创名城发挥作用。

地名普查助力城市地名文化街区建设的南京实践

江苏省南京市地名普查办

对一座城市来说，地名文化因深植于居民之中而成为市民文化的一部分，是外地人了解这座城市文化的快捷“窗口”，也可把地名文化称之为城市的“窗口”文化。这样，地名文化不仅是本市市民的文化，也是希望了解这座城市的外地人的文化。从而，地名文化又成为一种公共文化。

江苏省南京市秦淮区朝天宫街道在地名普查工作中，充分挖掘街区地名历史文化，采取多种方式传承弘扬当地优秀传统地名文化，提升了城市品质，助力了城市街区地名文化繁荣。

一、朝天宫街区范围的地名文化资源的挖掘

朝天宫街道办事处作为南京市秦淮区人民政府的派出机构，其管理服务范围位于南京主城中心新街口西南片的朝天宫附近，在其 3 平方千米区域内，常住人口 10 万余，有 96 条街巷、24 座桥梁，有 200 多个老地名，蕴藏着诸多历史人文故事，是朝天宫街区特有的文化基因宝库。

通过对朝天宫街区地名群的梳理分析，可以把该地区地名文化的主要文脉概括为“一城一宫，一河两岸”。

“一城”是指冶城。南京市非物质文化遗产地名释文记载：冶城是一处规模较大、围有土墙之百工坊。其址即今朝天宫所在，至今仍称朝天宫后山为“冶山”或“冶城山”。“冶城西峙”为清“金陵四十八景”之一。冶城传为战国时代吴国夫差冶铜铸剑之地；孙吴时期亦在此设置冶宫铸造兵器与货币等。东晋初为丞相王导西园，后建冶城寺于此，东晋末废寺为苑；南朝刘宋建总明观，分设文、史、道、儒、阴阳五科，召请学者，开课授徒、著书立说，为一时文坛盛事。此后，冶山成为道教圣地，香火连绵不绝，流传千载，直到明清，冶山上之建筑，都是道教宫观。冶城山虽不高，但多古迹遗存，如下壶墓、梦笔驿等。唐李白游览冶山曾作《登金陵冶城西北谢安墩》。今冶

城一带有南京市博物馆、朝天宫、古玩市场等，历史名胜、寻旧韵味，共同营造出极具特色的古都氛围。

“一宫”是指朝天宫。南京市非物质文化遗产地名释文记载：明洪武十七年（1384），朱元璋下诏改建元朝在冶山建立的永寿宫，并赐名“朝天宫”，取“朝拜上天”“朝见天子”之意。凡是举行国家大典，文武百官都得在此演习礼仪；官僚贵族子弟袭封爵位时，亦在此演练礼节。另外，朝天宫仍是皇室贵族焚香祈福、礼拜道教诸神之道场。清初至道光年间，朝天宫为道观；同治三年（1864）毁于战火，五年两江总督曾国藩重修朝天宫，改建为文庙及江宁府学。民国期间又先后为中央教育馆、国立故宫博物院南京分院、首都高等法院所在地。现存朝天宫之建筑保留了同治时期的主要格局，为江南地区规模最大、保存最好的一组古建筑群。新评的“金陵四十景”有“朝天云阙”。民国以来，随着朝天宫政治意义之消失，朝天宫市民色彩渐浓，成为皇家气派之旧名与市民之新实结合的有趣之地。因此，秦淮区政府派往该地的办事处亦命名为朝天宫街道办事处。

“一河两岸”是指南京内秦淮河中支从淮清桥起向西偏北经内桥流过冶山、朝天宫南侧的一段河流（属运渎故道，为人工运河）及两岸地区。南京市第五高级中学校本教材（读本）《来自冶山的呼唤——朝天宫历史文化“启示录”》中这样描写：“一河两岸”，“冶山脚下的秦淮河，左岸聚集过明清两代的巨贾商肆、酒楼会馆，曾是引领金陵古城商业繁荣的标杆，为张恨水笔下的浮华都市积淀着生活的原型；右岸曾经生活着安贫乐道、自得其乐的土著和移民，他们身居陋巷、不改其乐，从道家智慧和六朝古风中汲取做人的尊严，是许地山‘落花生’质朴淳厚的发祥地。”这样的“一河两岸”自然留下众多的历史老地名，而被收入南京非物质文化遗产地名的“评事街”“三元巷”“七家湾”就是其突出代表。

二、将地名文化作为打造文化街区的重要资源

从 2010 年开始，南京市主城各区陆续对街道办事处的基本职能进行了重新定位。取消了经济创收考核指标，主要职能改为加强所属范围街区的城市管理和公共服务。该区为朝天宫街道办事处重新确立的发展目标是建设“具有地域特色的先进文化街区”。2012 年，时任区文化局局长的张正荣正是在这样的背景下，转而担任了朝天宫街道办事处的党工委书记。

基层的工作千头万绪，朝天宫街区作为南京主城核心区域的一部分，老住户人口众多，单位间多不相属，人员流动性大，老城改造任务重，城市管理困难多。虽有众多历史文化资源，但要打造先进文化街区仍是困难重重且经费短缺。在这种情况下，张正荣书记和街道领导们先做了三件事。

首先，了解情况，厘清思路。作为曾任文化局局长的他，白天开会和参加各种活动，晚上翻阅多种资料，了解基本情况，研究街区历史文化资源。根据当时老旧小区改造和加强背街小巷整治管理的任务和经费等情况，考虑到朝天宫街区地名文化资源丰厚且深受当地居民喜爱，当地各类人员都希望了解所在地的地名来历含义和沿革历史的特点，准备在小区改造和街巷整治的同时，因地制宜地开展地名文化的宣传和展示，作为先进文化街区建设的起步工程。张正荣书记认为，越是民族的、独特的，就越是先进的、国际的。地名文化因地名命名在一定范围内避免重复的特性和长期使用流传的文化特质，而具有鲜明的个性特征。这正是避免文化重复、彰显文化个性、展示文化悠久的重要文化类型，应是朝天宫街道办事处打造先进文化街区，首先应做好的基础性文化工程。先把区域内的优秀传统地名文化挖掘整理并展示出来，才能逐步得到大家的认同。但是，这样的一个思路，同事们能够赞成吗？

其次，统一思想，达成共识。在街道办事处领导班子统一思想的过程中，大家开始对地名文化的认识不一，有人表示赞同，有人不太理解。在多次研究讨论的基础上，大家形成了一个共识，就是在没有专项经费、没有实践先例，只有工作目标的情况下，对打造先进文化街区地名文化先行的工作思路，应采取“不争论、先试行、看效果、再推开”的态度和策略。领导层的思想统一后，还要统一社区干部的思想认识，以便上下同心，形成工作合力。张正荣书记不仅在有关会议上反复介绍打造先进文化街区过程中地名文化先行的多种考虑和文化意义，还结合各个社区的重点地名经常给社区干部讲来历、讲含义、讲沿革、讲故事，使广大社区干部日益了解地名文化、热爱地名文化，产生了宣传地名文化的工作激情并付诸行动。

最后，招揽人才，具体设计。地名文化建设首先需要有一定历史文化知识的人才，对地名的历史来历、文化含义、沿革故事、现代意义等进行整理考证，作为地名文化再创作的基础。还需要有专门人才运用其专业技能进行地名文化的艺术创作，以便宣传弘扬优秀地名文化。而这些人才作用的发挥，在当时又必须结合环境整治、街巷出新、老旧小区综合治理的工程，进行具体设计和再度创作，才能使市民群众对地名文化的宣传喜闻乐见、从中受益。寓教于日常生活之中，寓教于休闲娱乐之中，寓教于欣赏整治一新的优美环境之中。在多方考察的基础上，选择了两位退休的老同志，一位是退休教师夏老师，退休前是中学的高级教师，擅长文化创意和文字编撰；一位是退休干部袁老师，退休前是省级机关的厅级干部，国家一级美术师，擅长山水画和木刻版画。后来，这两位老师成为朝天宫街道办事处地名文化建设的重要创作者和策划人，成为地名文化建设上的得力助手。

三、街区“五微”地名文化建设的内容与成效

朝天宫街道办事处开展以优秀传统地名文化为主要内容的文化基础建设工作，已经有近 7 年时间。经过持续不断上下多方的共同努力，因地制宜、逐步提高、由点到线、连线成片，目前已在全街区范围内形成了以地名微标牌、微展览馆、微街巷、微小区、微媒体的“五微”地名文化建设的基本工作内容。

第一，地名微标牌，宣承金陵文脉。优秀传统地名是南京这座城市历史文化的鲜活载体，这些地名大多有上百年甚至上千年的悠久历史，蕴藏着南京城市记忆，凝聚着浓浓乡愁。有些地名的故事和反映的文化观念，既是当地群众流传了解的，也是进行社会主义核心价值观教育的生动教材。朝天宫街道办事处正是从有步骤安装形式各异的微地名牌入手，记载宣传地名中大量的正能量人文故事，同时注重艺术性。在微地名牌附近铺设草坪、种植绿竹、修建低篱，打造优美的城市景观。发动社区党员和积极分子，结对认领微地名牌，负责日常管养、维护解读。随着微地名牌制作规模的日益扩大，越来越多的居民主动参与其中，有的还提供地名故事，使得微地名牌成为社会共同治理环境、开展文化活动的鲜活载体。若仅从地名牌解读地名功能看，目前，朝天宫街道已在室内室外解读地名至少 2000 处，基本覆盖街区的全部老地名并适度引申介绍秦淮区和南京市的特色老地名。旭日初升，夕阳西斜，总有居民流连于地名牌前，或感受历史脉动，或聆听岁月回声，或亲近都市绿意。

第二，地名微展馆，铸就共有记忆家园。朝天宫街道办事处发动所属范围内的社区、学校和企事业单位，利用现有建筑闲置空间，逐步打造一批地名微展馆，居民每 500 米就能邂逅一家主题鲜明、展陈精美、绿色环保的微

型展览馆。这些微展馆虽有不同主题，但有一个共同的特点，就是根据推出的主题，将朝天宫街区的地名故事归类。如七家湾社区“民族之家教育馆”整一楼都是七家湾地名来历的各种版本，馆外展陈与回民文化有关的朝天宫街区地名；评事街社区“可园史志馆”以乡贤陈作霖《运渎桥道小志》为蓝本，全面对比晚清至今朝天宫街区地名名称的变化，同时将社区20多个功能室全部以朝天宫街区地名来命名，如，社区主任室称“评事街”、社区警务室称“南捕厅”、楼梯称“云台第”、多功能会议室称“讲堂大街”、社区室内书屋称“津逮楼”、社区室外图书馆称“新古南书院”、社区组织服务室称“程善坊”、居家养老室称“百岁坊”等；张府园社区“怀洛园”微展馆，展陈有“张府园地名春秋”板块，将社区范围内所有地名写成故事，供来办事的居民百姓查看；汉西门社区“明德坊”微展馆，将发生在朝天宫街区的红色文化发生地的地名归类解读；止马营社区正在打造“心灵之桥”微展馆，将朝天宫24桥的诗词归类展示。地名微展馆，创新展陈理念，不做工程改造、不变载体功能，仅利用现有墙壁、走廊、楼梯、地板、窗帘、桌椅、橱柜等设计展陈。目前已建成或联动建成并免费开放的微展馆60余处。

第三，地名微街巷，更新城市景观。利用街巷墙壁、地面等公共空间，以街巷承载的人文典故为内容进行适当更新，向“存量空间”要“增量价值”，对重点街巷进行整体设计、分步更新，赋予不同街巷各具特色的人文主题，主推“转角遇见美”系列。地名微街巷尊重城市肌理和建筑功能，遵循“依楼筑景、依院修景、重微求实”思路，在征得沿街商户同意的前提下，充分使用循环回收的建筑材料，既有乡土特色，又注意节能环保。充分联动高校和驻区单位，发动有一技之长的青年志愿者和退休居民志愿者参与，在节约建设经费的同时，增强社会黏度与活力。目前，已完成地名微街巷建设百余处，代表性的有红土桥“南京特色地名与运渎桥系列地名”微街巷；富民坊“南唐天空”地名微街巷；绒庄街“龙蟠虎踞”地名微街巷；七家湾“南京地名谚语”微街巷；打钉巷“老地名牌”微街巷；三元巷“连中三元”地名微街巷；洪公祠“地名春秋”微街巷；石鼓路“地名史话”微街巷等。

第四，地名微小区，打造诗意栖居。朝天宫街道办事处范围的居民小区以老旧小区居多，通过“街道牵头、单位联动、居民参与”的模式，按照“一小区一主题”，由街道社区党组织协调组织，相关单位倡议主题并提供资源，发动小区居民特别是退休党员居民和在职党员积极参与，在老旧小区的外墙壁、车棚、花坛、门禁等公共空间进行主题设计，并将更新小区环境与推动老小区成立自管会和引进正规物业相结合，在改善小区环境的同时，最大限度地实现对居民的有效动员和组织。目前，已打造和正在推进的地名微小区10多个，代表性的有评事街小区“老城南地名记忆馆”，从小区东西南北门进出，都可以感受到浓浓的地名文化气息，小区内地名诗篇、地名典故随处可见；秣陵路101村的“博爱101馆”把承载好人文化的朝天宫地名全部纳入；韩家苑小区以“南京鸭文化”地名为主题进行创意。

第五，多种微媒体，再度提升老地名的新价值。朝天宫街道办事处的微媒体有政务微博、政务微信、政务微电视台、微报（《民族之家报》和《可园之家报》）。朝天宫老地名的宣传弘扬，除前面的“四微”方式外，另外就是微媒体联动宣传。挖掘整理地名文化时在微媒体上做第一轮宣传；地名微标牌、地名微展馆、地名微街巷、地名微小区是第二轮宣传；第三轮就是将创意出的第二轮成果再次在微媒体上联动宣传，把地名文化中最美的一面多层次地呈现给居民观众。政务微信2017年先是以社区区域为单元整体介绍其地名和文化，后又以“夏日走巷、秋日走巷”为主题，深度介绍老地名；2018年“运渎史话”专题则全方位组合式推介地名文化61集，其中，“红色印迹”推介14次。

城市街区“五微”地名文化建设的创新打造，展示了地名文化建设与城区改造建设的互相结合，提升了朝天宫街区的文化品位，增强了文化特质，深受市民喜爱。环境整治和文化建设的共同提高，使广大居民既感受到环境的整洁，又感受到家园文化的可亲，从而提高了对党和政府工作的认可度，提升了自己的幸福感。其具体成效有：

一是浓郁文化氛围，彰显街区特色。朝天宫街道办事处以优秀传统地名文化统筹开展的“五微”文化建设，借由遍布街区的地名文化载体，使朝天宫街区城市记忆从凝固历史变为触手可及的城市景观，使朝天宫街区的城市形象从抽象概念成为可亲可感的生活具象，以文化特有的温度与情感让街巷、居民小区不再千篇一律，让朝天宫街区洋溢出对居民的向心力与凝聚力。结合街道办事处的政务微信号“美丽朝天宫”坚持日日推送以地名文化为主线的人文历史原创文章，形成了全域全时的文化载体“矩阵”，营造出“城区即景区”的生动文化气象，使整个朝天宫街区日益成为一个彰显南京特色的开放的城市地名文化展览馆。

二是培养精神认同，凝聚主流价值。乡土情怀是现代人内在具有的情感共性，具有所在区域特色的人文典故是城市居民挥之不去的当代乡愁。通过与富有城区特色的优秀传统地名文化与“五微”载体相融合，社会主义核心价值观润物无声地进入了居民生活空间，成为老人看见的回忆、孩子瞧见的故事、中青年人欣赏的景观、企业感受到的服务，完成艺术与思想的融合、审美与教育的共生，实现对群众入脑入心、滴灌微化，于无声处培育具有强大凝聚力和引领力的社会主义意识形态。

三是文化为民服务，赢得群众拥护。优秀传统地名文化的“五微”传承弘扬形式，注重将静态的载体与动态的为民办实事相融合，既解决居民环境诉求，又回应精神期待，使朝天宫街区城市面貌由曾经的全市连续 10 多个月倒数第一，变化为接连荣获南京市城市治理进步奖，多个老旧小区公共空间被媒体和居民誉为“城市客厅”。近 7 年来，以“五微”地名文化建设从最初的不被理解发展为现在的备受欢迎，从单纯注重内容到思想与艺术并重，从街道社区“独角戏”到群众积极参与并衍生出多个街道社区党组织领导下的民非组织。这个过程中，群众亲眼看见街道社区的工作人员自己设计景观、回收废料、制作安装，看见党员干部挨户走访动员，看见志愿者们穿着红马甲无私奉献，看见党组织和政府机构用实际行动回应群众期待、践行党的主张，群众发自内心地对党组织更认可了、更拥护了。通过地名文化街区建设，朝天宫街道不断满足居民群众对美好生活的向往和期待。

精心筹划　严密组织　推动地名普查工作向纵深发展

江苏省苏州市地名普查办

苏州市民政局作为苏州市第二次全国地名普查领导小组成员单位和办公室所在部门，积极贯彻落实国务院和省、市政府的统一部署，自2014年下半年以来，在省第二次全国地名普查领导小组办公室的指导下，全面组织开展第二次全国地名普查工作，圆满完成了各项工作任务，被评为第二次全国地名普查国家级先进集体。

一、地名普查组织工作规范有序

苏州市民政局根据实际情况不断调整、优化工作措施，全力推进地名普查工作。

（一）强化组织领导，地名普查工作有序开展

国务院全面部署第二次全国地名普查工作后，苏州市各级政府高度重视，认真贯彻落实，制订下发第二次全国地名普查工作实施方案，全面部署地名普查工作。苏州市及各县级市、区先后召开领导小组成员会议或联络员会议、普查工作推进会等，全面部署和推进普查工作。苏州市民政局制订下发本级《第二次全国地名普查工作实施方案》，组织指导各县区和镇、街道成立地名普查领导小组及其办公室，全市累计投入地名普查（含成果转化）财政经费达4109.7万元，落实各级普查人员、联络员近2700多人，形成市、县、镇、村四级普查工作网络，有力地保障了地名普查工作的需要。普查期间，苏州市地名普查办以县、区为单位，分片进行业务培训和讲座，先后完成太仓、昆山、张家港、吴中、相城、吴江、虎丘、苏州工业园区等3县级市5区共700多人次的培训工作；同时，常熟、昆山、姑苏、相城等县级市、区还分别采取业务讲座、成果现场会、交流研讨会等形式，对镇、街道普查员开展业务培训和实战训练，参训人数达880多人次，有效提高了一线普查人员的普

查能力和水平。

（二）细化工作内容，确保地名普查快速推广

为便于全市统一步调和标准，苏州市根据上级精神，将普查工作细化为6个步骤。第一步，广泛开展地名资料的收集，重点收集历年地名命名更名文件和资料、第一次全国地名普查和补更资料以及各级地方志书、文史资料及有关古籍等；第二步，合理编制普查目录，按照突出重点、控制数量的要求拉单列项，据统计，苏州全市收入地名调查目录共11大类、44子类、71小类、93456条地名；第三步，预填普查登记表格，普查人员根据地名调查目录，整理、查阅和考证相关资料，充分挖掘地名文化内涵，预填地名登记表。第四步，开展外业实地调查，通过服务外包、质量把控的思路开展此项工作，共采集各类信息、数据近100万条，制作多媒体资料20多万件；第五步，完善数据整理入库，在对各类普查数据进行核对审核基础上，主动对数据进行纠错和“清洗”，确保了入库数据的权威准确；第六步，组织成果检查验收。

（三）着重指导检查，确保地名普查成果质量

苏州市民政局积极主动承担起地名普查主管部门的职责，全面加强普查业务指导，开展定期工作督查，强化成果质量管控，严保涉密数据安全。结合“第二次全国地名普查质量评价体系”，编制下发了9大类99个项目的地名普查质量管理目录，进一步细化了评估目标和质量管理责任。同时，下发了《关于实施第二次全国地名普查监理工作的通知》，在全省乃至全国率先组织实施普查监理，要求各县级市、区积极配合做好监理工作，认真落实整改，确保普查成果质量。监理机构针对全面梳理全市地名普查工作进展情况、相关工作流程和要求，制定监理规划，对各级普查机构及技术服务单位的普查质量、进度、资金、安全、验收、档案、成果、合同、信息等普查全过程情况进行跟踪监理。各级地名普查机构及技术服务单位积极配合，按照监理机构提出的监理结果，认真分析研究，采取整合现有资源、完善计划方案、调整方法步骤、规范档案成果等有效措施整改到位，保证地名普查有计划、有步骤地向前推进。通过自我检查、巡回检查、专项督查等定期活动，加强对各地各普查环节的检查、总结和评估，将质量控制贯穿于普查工作的全方位、全过程，保证高质量、高标准完成普查任务。

二、地名普查成效显著

（一）地名普查成果数量居全省首位

经国家第一轮入库检查修改完善后，苏州全市普查入库地名涉及 11 大类 44 小类，共 85771 条，其中历史地名 14413 条，普查各类地名标志 11351 块，整饬 1 ∶ 50000 比例尺普查成果图 79 幅，居全省首位。同时，依照地名法规政策要求，对普查中发现的不规范地名进行标准化处理，重点解决了有地无名、名称规范、地名标志设置等问题。

（二）地名信息化建设走在全国前列

苏州市以地名普查工作为基础，以问题为导向，按照边普查边转化的原则，积极开展地名信息化建设。苏州市先后投入 180 万元，完成了“苏州市地名信息公共服务平台”“智慧苏州公共地名地址数据中心”两个项目的开发建设，基本形成地名管理的信息化能力。2017 年 5 月，民政部在苏州举办了全国标准地名地址库建设培训班。

三、积极开展地名普查成果转化利用，成果丰硕

（一）编制地名普查成果转化规划，提高规划科学化水平

按照部、省要求，于 2015 年 11 月完成《苏州市第二次全国地名普查成果转化规划（2015—2020 年）》（以下简称《规划》）编制，按照“边普查、边应用”的原则，积极开展地名普查成果转化利用工作。《规划》全面分析编制转化规划的背景和意义，明确开展地名普查成果转化工作的指导思想、基本原则和总体目标，围绕事关地名发展基础性、战略性、全局性、长远性需求提出 5 个方面的具体工作任务，并制定规划实施的具体措施等。按照《苏州城市地名总体规划》原则和精神，充分利用地名普查的成果资料和区域建设控制性详细规划，积极组织、指导相关开发区、镇（街道）开展区域地名详规编制工作，全面推开镇级地名规划，已先后编制完成相城区、吴中区、园区的地名详规，其他区业已全面铺开。这些地名规划，不仅充分转化利用了地名普查成果，而且突出展现当地区域历史文化特色和开发区域功能特点，在一定程度上起到了传承和保护历史地名文化的示范作用。

（二）推开吴文化地名保护项目，走实地名保护特色之路

各县级市、区全面建立历史地名保护名录制度，并公布了第一批吴文化地名保护名录，合计共收录吴文化地名2512条（其中：苏州市辖区1238条，常熟市378条，张家港市386条，昆山市295条，太仓市一稿215条）。其中，《苏州市吴文化地名保护名录（市区卷）》《苏州市吴文化地名保护名录（吴江卷）》《太仓市吴文化地名保护名录》已出版发行。设置首批“苏州市吴文化地名保护名录”地名标志。选取《苏州市区第一批吴文化地名保护名录》中适宜设置标志的地名类别确定设置数量。其中，自然地理实体地名3块，名村古村地名12条，道路、桥梁地名约141块，纪念地旅游地地名约10块。设置样式分为立碑式（180cm×120cm）、双立杆式（120cm×80cm）、附着式（60cm×40cm）三种，进一步宣传和保护地名文化资源。组织拍摄吴文化地名宣传片。为加大吴文化地名保护和宣传力度，按照省政府相关文件要求，制作一批高质量的苏州吴文化地名宣传片。其中，首个宣传片选取吴文化地名保护名录中第一个自然地理实体地名——穹窿山为主题进行制作，充分运用视频拍摄艺术手段，以全面反映穹窿山这一吴文化地名的来历、含义、历史沿革及其实体特征、历史文化、典故传说等内容。

（三）图录典志启动编纂，推动地名普查成果多点开花

根据国家和省部署的图录典志编纂任务要求，及时制订工作方案，成立编纂委员会，并聘请两位专家组建编委会办公室，具体负责苏州市级词条的编纂和各县级市、区词条的审核指导工作。目前《国家标准地名志》和《国家标准地名词典》已完成，部分市、区的《地名志》已完成编纂出版工作。完成《苏州市政区图集》编制工作，该图集集《中国政区大典》（苏州部分）及第二次全国地名普查成果资料之大成，以2014年底苏州市所辖10个县级市、区和95个街道、镇的行政区域为制图区域，图文并茂地详尽反映了苏州市镇级以上政区的历史沿革和经济社会发展成果等内容（资料截至2014年），共计有400多页、120幅地图、500多张图片、近40万字。完成《苏州城市地名图》编制发行，根据地名普查成果转化规划要求和年度工作计划，编制出版了《苏州市城市地名图》（2016年版），图载中心城区各类主要标准地名3410条（其中，住宅区、建筑物1270条）。该图投入预算经费54000元，印

制3000张，作为普查成果和标准地名发布形式，发放各单位使用，提高了地名社会化服务水平。

（四）积极推进地名数据深度开发，地名信息化建设走在前列

完成“智慧苏州公共地名地址数据中心”建设，该数据中心为全国地名地址库建设示范项目。该数据中心部署在市政府信息中心，以源于民政部门的标准地名和源于公安部门的标准地址为基础，基本形成全市统一的标准地名地址数据源及其规范管理机制，并整合多个部门包括民政部门内部的业务数据，实现以城市公共地名地址数据为基础的大数据交互共享，打通信息孤岛，提高在行政管理和社会信息服务中标准地名的绝对占有率和使用率，减少、杜绝不规范地名的出现和使用。另外，根据《国务院关于开展第二次全国地名普查的通知》《第二次全国地名普查实施方案》《江苏省第二次全国地名普查实施方案》等文件要求，组织完成苏州市县级第二次全国地名普查成果市级汇交工作，汇交整合全市各县级第二次全国地名普查成果，重新编制跨界地名数据，并将处理后的成果数据入库，建立苏州市级国家地名普查数据库，为地名普查数据省级汇交相关工作奠定了坚实基础。

四、地名管理工作不断得到加强

（一）修订、完善法规制度、规范性文件

苏州市民政局制定了“苏州市地名专家咨询制度”，聘请在苏州文史、民俗、地名方面有成就的学者、专家组建了苏州市地名专家咨询组，由此建立了“以地名专家组为智囊、地名工作者为骨干、社会各界积极参与”的工作机制，减少了地名命名、更名的随意性和地方长官意志的干预，有效提升了新生地名的文化品位。同时，苏州市民政局结合地名普查、地名规划成果，编制了《苏州市道路、住宅区和建筑物（群）命名更名规则》，以地名主管部门规范性文件形式，进一步明确了地名的命名、更名规程以及地名专名采词要点、通名使用标准等，促进了地名命名、更名管理的标准化、规范化，减少工作人员自由裁量权，增强地名命名、更名方案的客观性，实现地名审批工作的阳光操作。

（二）积极开展不规范地名清理整治工作

苏州市民政局积极建言，争取以苏州市人民政府办公室名义印发《苏州市加强地名文化保护清理整治不规范地名工作实施方案的通知》（苏府办〔2016〕107 号），明确了苏州市第二次全国地名普查领导小组相关成员单位地名文化保护清理整治不规范地名工作职责，要求按照统一部署、各自分工以及管理权限，配合做好本部门、本系统地名文化保护和不规范地名清理整治工作。积极组织各县级市、区结合地名普查，认真对照不规范地名筛查标准，认真排查不规范地名现状，开展地名标准化处理，进一步加大标准地名规范使用的监督管理力度，解决“大、洋、怪、重”等不规范地名问题。据统计，各地共排查出“大、洋、怪、重”及其他类型的不规范地名 789 条，目前已标准化处理的 525 条，标准化率达到 67%；尚未标准化处理的不规范地名 264 条，其中已纳入清理整治范围、逐步推进整改的 262 条、当地居民群众不同意整改的 2 条。同时，苏州市民政局组织各县区切实加强对标准地名规范使用情况的执法监督，及时纠正使用不规范地名的行为。常熟市、姑苏区、虎丘区、吴中区、相城区对在普查中发现的“未批先用、批而不用、用而不全”等未按规定履行审批手续擅自命名、更名地名以及不使用标准地名的行为进行了清理规范，依法予以查处、责令整改。对拒不履行法定义务的相关单位或产权人，下一步将对有关违法情况予以通报曝光，并纳入社会征信体系，以此来强化法规的严肃性，杜绝不规范地名的出现和使用。

念好“广、全、精、统”四字诀
做好地名普查基础工作

江苏省张家港市地名普查办

自全国第二次地名普查工作启动以来，张家港市高度重视，根据上级相关文件精神，结合本市实际，因地制宜、科学谋划、周密部署，紧扣“广、全、精、统”四字诀，做好地名普查基础工作。

一是收集资料尽可能“广”。地名普查工作开展以来，张家港市在全面整理收集“一普”“一普”补更及2009年普查试点资料的基础上，一方面全面收集全市及各区镇各时期的县志、市志、镇志、县（市）地名志和区镇地名志，并考虑到张家港市是由原江阴市和常熟市分割组成的历史情况，特收集了江阴和常熟的县（市）志；另一方面，针对专业设施地名，广泛发动地名普查成员单位力量，提供各时期土地志、水利志等专业志书及各类统计表。鉴于地名历史沿革的存续性，张家港市还专门从古籍书店采购了一批明清时期的历史志书，比如江阴《县志》《常熟县志》《南通县志》等。

二是调查目录尽可能“全”。建立了市、镇、村（社区）三级工作网络，资料共享、信息互通。市普查办综合协调，以区镇为单位，以村（社区）为主力，通过实地调查、资料比对、地图上图相结合，做到地名目录全而不重、全而不杂。截至目前，全市共收集9大类44子类71个小类的地名目录13000余条，其中历史地名约3000条。

三是登记表填写尽可能“精”。市普查办对照国务院地名普查规程要求，结合上级部门下发的表格，对每一类地名需要提供的要素进行梳理。地名普查工作人员在填写登记表的时候，一方面要对照调查目录表，做到不缺不漏；另一方面，要对照各类地名需提供的要求，通过查阅资料、实地走访、召开座谈会等形式尽可能将登记表填写完整、准确。区镇还聘请了退休老师、史志工作人员成立专家组，对登记表的填写情况进行审核、把关，保证提交的登记表的质量。

四是工作安排尽可能“统”。地名普查工作是个系统性、综合性工程，不仅有地名普查基础性工作，还有地名规划、历史地名保护、不规范地名清理整治、地名普查成果转化等一系列的工作。但是各项工作之间不是完全隔离，而是有着内在的牵连性和延续性。在地名普查工作中，尽可能把相关工作统筹起来开展，避免重复劳动。比如将地名普查基础工作、历史地名保护和不规范地名清理整治相结合，在地名普查过程中将不规范地名进行归类统计，并在清理整治过程中将历史地名进行恢复使用，如杨舍镇已在清理整治过程中恢复使用历史地名10余条。

建设丰富多彩的地名文化　服务于打造体现世界名城风貌的现代化国际城区

浙江省杭州市萧山区地名普查办

萧山地处杭州市区东南部，钱塘江南岸，区域面积1420平方千米，户籍人口128万。境内跨湖桥遗址的考古发掘，证实了8000年前的新石器时代，古越先民已在萧山湘湖一带繁衍生息。跨湖桥遗址出土的独木舟，被誉为“中华第一舟”。今城厢街道西部、越王城山山巅的越王城遗址，是春秋吴越争霸时期越王勾践屯兵的军事城堡。萧山悠久的历史、绵远的文脉，为萧山开展地名文化建设奠定了扎实的基础。近年来，萧山区地名普查办公室加大投入，开拓创新，充分调查、挖掘、整理萧山地名文化资源，保护萧山地名文化遗产，传承、弘扬、宣传萧山优秀地名文化，使地名更好地服务于萧山区打造体现世界名城风貌的现代化国际城区。

一、主要做法

（一）加大力度，广泛宣传地名文化

在《萧山日报》推出“村名故事”“萧然寻古”“寻找老地方”等栏目，通过“浙江区划地名”“萧山发布”“萧山民政”等微博、微信平台积极发布相关文章。开展以“弘扬地名文化”为主题的广场宣传活动。在城区主要路段，利用路牌、公交候车亭等设置地名文化公益宣传广告。通过宣传，引起社会的广泛关注，让更多人了解和参与地名文化建设工作。

（二）多措并举，全力保护地名文化

一是科学规划。出台了《杭州市萧山区地名分区规划》，设置专门章节对地名文化保护提出要求，对保护范围、保护内容、保护措施等作出了明确规定。结合不同区域的自然地理、经济特点、社会发展、风土人情等，作出了

不同的地名采词导向，确保地名文化保护有据可依、有章可循。

二是严格保护原则。随着萧山区现代化国际城区建设步伐的加快，城中村改造等工作力度不断加强，导致老地名消失情况严重，他们按照“不轻易舍弃”的原则，遵循“规模方面保大舍小、知名度方面保高舍低、年代方面保长舍短、品位方面保雅舍俗”原则，采取“移植”“立碑”等多种方式，以使历史久远、品位较高的老地名得以传承。

三是公布保护名录。印发了《杭州市萧山区地名文化遗产保护工作实施方案》，通过调查摸底、方案拟定、专家评审等程序，目前他们已先后向社会公布了两批地名文化遗产保护名录，涉及古镇、古村落、古街巷、地方特色等各类地名 118 个。今后这些地名没有特殊情况、未经法定程序，都将不能随意更改，使具有丰富文化内涵的地名得以传承。其中 14 个地名还成功入选了杭州市级千年古镇、千年古村落、重要自然地理实体等地名文化遗产保护名录。

四是科学命名。严把地名命名审批关，从严防范用字不规范、有路而无标准名称、有名而无文化属性等问题，坚持科学、民主决策，切实提高新生地名文化内涵。

五是实行“智慧众筹”。广泛动员社会各界力量，组建地名文化学术研究平台，借助高校教授、专业机构、地名研究专家和爱好者的力量，实现智慧众筹，帮助地名机构做好地名文化建设工作。

六是清理整治不规范地名。对于“大、洋、古、怪”等不规范地名，充分利用第二次全国地名普查等工作契机，进行全面的清理整顿，优化地名使用环境。

（三）编制图书，全面推广地名文化

一是编制实用性图册。先后编制出版了《萧山区区划地名图》《萧山地名影像图册》《萧山城区门牌图册》，如地名影像图册，标注了全区所有现行地名，让大家都能“按图索骥”，像城区门牌图册，标注了具体的楼幢号、单元号、沿路门牌等，深受房管、国土、工商、街道、社区等部门和单位的喜爱，通过这些实用地名图书服务于各级各部门和社会大众，从而使他们更为了解地名工作，进而支持地名工作。

二是编制专业性志书。编制出版了 172 万字的《杭州市萧山区地名志》、

40余万字的《萧山渔浦史话》，为社会各界提供权威、准确的地名查询、考证工具。

三是编制趣味性图书。编制出版了《萧山地名杂记》《美女坝》《萧山地名故事》等一系列趣味性图书，通过地名故事、传说趣闻、地理掌故等，让社会各界更多地了解萧山区的人文历史和文化底蕴，展示地名对于乡土教育、服务经济发展的重要作用。

（四）开动脑筋，不断创新地名文化

地名文化的传播和推广，编书无疑是主要手段之一。近几年来，他们也一直在探索和思考，怎样来创新地名文化的传播载体和途经。

一是推出智慧路牌。引入“互联网+”概念，在湘湖景区推出智慧路牌，采用二维码等信息技术手段，在为市民提供吃、住、行、购、娱服务的同时，还向市民提供了道路、桥梁等地名文化信息，让市民更为形象地了解地名所蕴含的文化和历史。

二是编制出版了《萧山地名文化系列地图》。该系列地图由政区地名、山水地名、围垦地名、交通地名、名胜地名、城区地名、景观地名、湘湖地名等8张主题图组成，以地名文化和历史渊源为依托，结合地名规划，以地图为主，运用文字、照片、表格等元素，以图文并茂的形式展现了萧山区丰富的历史、地理、社会、文化等信息，立意新颖、信息丰富，集实用性、趣味性和知识性为一体。出版后还获得了中国优秀地图作品裴秀奖金奖，民政局也非常荣幸地成为全国唯一获此殊荣的县级单位。

三是拍摄出品了《潇潇湘湖》地名文化微电影。该片总时长13分，集风光、人文、历史于一体，以湘湖风光为“舞台”，以8000年历史为主线，深度挖掘了湘湖地名文化内涵，讲述了湘湖演变历程，重现了越王、吴王、范蠡、西施与壮美湘湖之间的爱恨情仇，充分展现了萧然山、湘湖、老虎洞山、越王城山等地名所蕴含的丰富历史文化内涵。以微电影的形式来展现萧山地名文化，讲述萧山地名故事，这也是萧山区首次尝试，得到了社会各界的广泛好评。该部微电影也荣获了由省新闻出版广电局等单位主办的2016中国梦（浙江）微电影大赛的最佳短视频奖；同时还获得了由省委外宣办（省网信办）等单位主办的“美丽浙江·微力无穷”微电影大赛优秀奖。

二、几点体会

（一）要围绕中心，广泛参与

地名作为社会科学中的一门边缘学科，涉及历史、地理、文化、地方志等各个领域，既贯穿于城市规划、建设、管理的全过程，又服务于人们的物质和精神文化生活，因此，在日常工作中，他们既围绕党委、政府的中心工作，又切实关注民生，把地名文化建设融入城市建设、经济发展、社会生活的全过程，充分发挥地名的管理和服务功能。

（二）要规范管理，保障投入

要积极构建地名文化建设长效机制，推动地名文化建设的法制化、规范化、制度化。制定支持地名文化传承与保护的相关政策措施，为地名文化建设营造良好的政策环境和制度环境。同时各级财政部门要将地名文化传承和保护工作经费纳入本级财政预算，加大财政经费投入力度，为地名文化建设提供资金保障。

（三）要加强协调，共同推进

地名文化传承和保护，与文化产业发展、文物保护、促进旅游业的发展有千丝万缕的关系。它是一项系统工程，需要建设、国土、规划、文广、交通等各个部门的协调配合，形成合力。既要把地名文化建设与地名标志设置、地名规划、地名信息化等地名管理和服务工作相结合，更要使之与相关产业的发展相协作，使之渗透到各个领域、各个环节、各个方面，共同推进地名文化发展繁荣。

（四）要借力发力，智慧众筹

应该说目前全国也好、全省也罢，各级地名机构的人员力量是相对薄弱的，而且地名文化建设专业性强，文化要求高，地名办的工作人员往往都在应付日常工作，平时也没有充足的时间和精力来对付地名文化建设。因此，萧山区地名普查办广泛动员社会各界力量，组建地名文化学术研究平台，借助高校教授、专业机构、地名研究专家和爱好者的力量，实现智慧众筹，帮助地名机构做好该项工作。

（五）要因地制宜，继承创新

要紧密结合本地实际情况，充分挖掘利用各类地名文化资源，开展多层次、多样化的地名文化建设，体现地方特色，建设特色鲜明、丰富多彩的地名文化。同时要坚持继承传统与创新发展相统一，不断丰富地名文化内涵和外延，拓展创新地名文化建设的途径和方法，大力激发文化创造活力，在继承中创新，在创新中发展。

智慧众筹　创新地名文化建设

浙江省嘉兴市地名普查办

嘉兴市积极贯彻国家、省关于加强地名文化建设的精神，新修订的《嘉兴市地名管理办法》（嘉兴市人民政府令第48号），明确了文化建设和地名文化遗产保护的责任主体、措施，确立了制度保障。依此市本级、南湖区、嘉善县、海盐县、海宁市等地先后成立地名专家智库。利用地名专家的智囊、智库和智力，推动地名管理工作实现“智慧众筹”。地名文化建设成效显著。2017年11月民政部地名文化建设与地名文化遗产保护研讨会在嘉兴召开。

一、加强地名文化遗产保护

习总书记在中央城镇化工作会议上提出“望得见山、看得见水、记得住乡愁”，强调要保护、传承和弘扬优秀地名文化。2017年1月，中办、国办印发《关于实施中华优秀传统文化传承发展工程的意见》明确要求“推动地名文化遗产保护”。嘉兴市历年来高度重视地名文化遗产的保护。

（一）“千年古县”“千年古镇（古村落）”地名文化遗产申报

平湖市、桐乡市、嘉善县等地申报省级千年古镇（古村落）地名文化遗产共7个。海盐县澉浦镇被认定为浙江省第一批千年古镇地名文化遗产，海盐县被民政部认定为“千年古县”。

（二）建立地名文化遗产保护制度

按照民政部《全国地名文化遗产保护工作实施方案》，平湖市、海盐县、海宁市、桐乡市已出台《地名文化遗产保护办法》，已草拟完成《嘉兴市地名文化遗产保护办法（征求意见稿）》，目前，正在征求地名委成员单位、地名专家等各方意见，经批准后出台。《嘉兴市地名文化遗产保护规划》正在编制中，将为嘉兴市地名文化遗产保护提供制度保障。

（三）加大地名文化遗产的挖掘、保护力度

以普查为契机，加强对嘉兴市地名文化资源的调查、挖掘、梳理、保护。全市共挖掘地名文化遗产保护名录 1177 条。南湖、秀洲、嘉善、平湖、海盐、桐乡等 6 地出台了第一批地名文化遗产保护名录，共 155 条地名。

二、深化地名文化研究

他们利用地名专家力量，加强对嘉兴地名文化的研究。如对嘉兴红色地名文化的研究。嘉兴市代表浙江省参加了民政部的“红色地名文化保护与弘扬”研讨会，并作了《弘扬与保护中共“一大”红色地名文化的做法》的主题发言，得到与会专家们的认可。2016 年嘉兴市还开展了“弘扬地名文化，延续历史文脉，促进社会和谐发展”为主题的地名文化理论研究征文活动，充分发挥专家智库力量，深化地名文化研究。共征集到论文 10 余篇，内容涉及吴越槜李地名文化、古旧地图、地名标准化、专家库建设、村镇名的水乡特征等，内涵丰富。2018 年，拟召开一次“保护与发展”为主题的研讨会，探讨在地名命名时，如何更好地保护传统地名文化。开展《嘉兴地名故事》的征稿，共收到各位专家以及社会各界的来稿 177 篇，提供了宝贵的地名文化资源。

三、创新地名文化宣传平台

近年来，在省厅指导下，嘉兴市开创了全方位、立体式的地名文化宣传新格局，以网络、报纸、电视、电台等媒介，用“微电影”“地名纪录片”“宣传短片”等新型方式进行宣传。

（一）让地名文化在声音中传播

市地名办先后与嘉兴电台联播了“让记忆苏醒　让时空穿越”为主题的《嘉兴地名》10 期、《地名印象》地名文化宣传 41 期。

（二）让地名文化在镜头中流传

2016 年，市地名办与嘉兴电视台联合制作《嘉兴老地名》。以新闻专题的形式，通过讲述老地名的历史，穿插老街坊的故事，多角度反映老地名的

变迁，唤起市民对地名的记忆和对地名保护的共鸣。

（三）让地名文化在屏幕上演绎

协助省民政厅拍摄公益微电影及地名文化纪录片《大地有名》《恋恋西塘》《云在树上》。协助民政部档案资料馆拍摄《红船精神　地名传承》全国党员干部现代远程教育民政视频片。借助微电影和纪录片，挖掘、升华富有地域特色的文化底蕴，建设地名文化宣传品牌，提升城市功能品位和文化软实力。

四、加强新生地名的建设，保护好老地名

嘉兴市在地名普查时，共挖掘、梳理地名文化遗产保护名录1177条，上报省厅31条。对有丰富历史文化内涵的地名，嘉兴市实施“稳定不变法、移植保护法、派生发展法、地名标识法”等方法进行保护，如启用老地名长水、由拳、槜李、秀水等命名的几条大的道路。

1. 用好现地名

对于新生地名，优先使用反映当地历史、文化、地理、环境的地名，将优秀传统文化融入到新地名中，如启用“流虹、卿月、丰衍”等28个嘉兴老坊名命名桥梁，延续了地名文脉。

2. 起好新地名

在地名命名时，严格把关。多次组织地名专家组成员深入调研。为申报单位提供智力支持，尤其是道路、桥梁等公共设施名称，专家组成员们根据嘉兴历史文化特色，科学、整体考虑提出科学、专业的意见建议，引导申报命名时选择一些具有嘉兴历史文化内涵和区域特色的词语，为嘉兴市地名命名提供科学、专业咨询。

规范建筑物（群）命名备案登记工作

浙江省宁波市地名普查办

在贯彻国务院第二次地名普查领导小组提出的清理整顿不规范地名工作期间，宁波市地名办结合工作实践，就存在的一些楼盘名擅自使用推广名现象，指导各区县（市）地名部门进一步深化全市大建筑物（群）命名预命名备案工作。此项工作成效明显，规范了全市建筑楼盘推广名，为房地产企业减了负，取得了较好的社会效益。

长期以来，使用不规范推广名作为建筑物楼盘宣传名进行推广已成一定惯例，其根源是房地产公司为在激烈的市场竞争中占得先机。楼盘前期宣传中使用“洋、大、怪、重”或名不副实的宣传名做广告，有些甚至违反了地名法律法规，问题引发社会广泛关注，反响强烈。

宁波市地名办面对新情况新业态，以问题为导向，积极调研，采取规范和服务并举的办法破解难题。积极与宁波市住房和建设委员会等相关部门沟通协商，达成共识，共同对建筑开发商建筑物、住宅区未命名楼盘的宣传名加以管控，建立地名预命名备案登记制度，使建筑物、住宅区楼盘备案名与宣传名一致，防止出现未经审批的不规范地名，如“宁波府”“江东府”等“大、洋、怪、重”名。2016 年、2017 年，2 次牵头召开“规范管理建筑楼盘备案名和推广名”座谈会，邀请市发改委、住建委、规划局、市场监督管理局、文广新闻出版局、宁波日报报业集团等 7 个市级相关单位参加，专门就规范管理建筑楼盘备案名和推广名不符等问题进行研究，并初步形成了规范管理建筑楼盘备案名和推广名的制度。并在 2017 年年初全市推广建筑物（群）命名预命名备案机制，镇海、奉化、余姚、宁海等地名部门积极调整工作方式，联合规划、发改部门开展建筑物（群）命名备案登记工作，有效规范了全市建筑楼盘推广名。

一是创新制度，规范流程。为保证房产开发商在建筑物（群）命名预登记过程中的责任和预登记名称权属，要求开发商在落地企业注册成立后方能开展预命名备案登记工作。符合审批条件的建筑物（群）名称发放制式预命名备案登记证明，有效期 6 个月，同时在全市地名网数据库上录入登记。市及各区、县（市）民政窗口出具有效的备案登记证明，并及时纳入“最多跑一次”事项。由于预命名的建筑楼盘名有了合法登记的渠道，有效保护了企业的楼盘名，规范了建筑楼盘推广名乱象，企业主动积极申报地名备案。

二是落实责任，严格把关。每一个预命名备案登记的建筑物（群）都有相关材料需提交，预命名备案登记的地名在全市范围内开展合法性和同名、同音核查，确保备案的合法性、唯一性。目前，全市区、县（市）已全部纳入全市地名数据库统筹管理，防止重名产生，预命名备案登记工作的开展能最大限度避免重名现象的发生。

三是加强服务，减负企业。据了解，楼盘推广费用巨大，依据建筑物（群）规模的不同，前期推广、宣传费用约占到整个宣传费用的 10%—20%，即整个建筑物（群）总销售额的 1‰—2‰。这个数字动辄几十万，多则数百万。一旦建筑物（群）名称因各种原因发生变更，引起的人、财、物各项损失较大。预命名备案登记工作的开展，使开发商规避了建筑物（群）推广名因不符合相关法律法规、重名等原因无法通过审核正式获批的情况，杜绝了推广名乱命名的盲目性，推广名即为备案名，避免了不必要的资金浪费。该项工作自 2018 年开展以来，全市已有 45 个建筑物（群）陆续办理了预命名备案登记，受到了房地产企业的欢迎。

精准定位　规范操作　强力推进地名普查工作

安徽省合肥市地名普查办

合肥市第二次全国地名普查办公室组织全市各级普查机构顺利完成地名普查任务，普查11大类地名共58338条，标绘、转绘1∶50000纸质地形图76幅；标准化处理地名2945个，增设和更新地名标志约11000个，普查审定跨界自然地理实体地名298个，建立了市、县两级区划和地名数据库。5年来，在省民政厅组织的重点工作评估中，合肥市区划地名和地名普查工作，蝉联全省第一。2017年10月，在省普查办组织的省级验收工作中，合肥市以99.1分的平均分，位居全省第一。

一、做好“组织者”，统筹地名普查开展

（一）精心准备实现“四个到位”

一是组织保障到位。普查工作伊始，成立了地名普查领导小组及其办公室，制订下发了实施方案，明确普查目标、任务。召开全市地名普查动员会议，统一了思想认识。二是经费支持到位。将普查经费纳入财政预算，中央和省下拨的普查经费，全部分配至县区，市财政每年还给予县区一定的经费补贴，支持基层开展普查工作。征订了2000多套地名普查教材和普查指导手册，发放到村居以上地名普查机构。购置了电脑、复印机、照相机、GPS数据采集终端、摄像机等设备，保障普查工作顺利开展。三是队伍建设到位。组建了成员单位联络员、基层普查员、普查办协调员、专业技术团队、专家组等5支能干事、会干事、干成事的普查队伍，全市直接从事普查人员近4000人，为普查工作的顺利进行奠定人力基础。四是培训学习到位。全市先后派出100多人次参加了国家和省级以上培训。组织县（市）区有关人员赴厦门、泉州、黄山、宣城等地学习考察普查工作。针对不同层次，不同对象，市普查办和技术支持单位按照市级、县级、乡镇级，分3个层次组织开展地

名普查技术培训，共组织市级技术培训15次，培训普查技术骨干近600人次；13个县（市）区、开发区先后组织县级技术培训均在5次以上，培训了近1500人次的县级普查人员；对全市137个乡镇、街道进行技术培训，培训了近万人次的村级普查人员，确保所有普查人员都能系统掌握地名普查相应知识和技能。

（二）科学实施普查招标

在充分调研的基础上，科学制订招标方案，确定由市统一招标，采用完全政府购买技术外包服务方式，将全市地名普查技术外包服务项目分城区、县市2个标段，由市公共资源交易中心统一公开招标，2015年6月底分别确定技术实力在全省一流的安徽省第一测绘院和安徽省第四测绘院，为城区标段和县市标段的技术支持单位。《第二次全国地名普查监理办法》出台后，立即组织地名普查监理招标工作，于2015年8月确定合肥市测绘设计研究院为全市地名普查监理单位，在全国率先完成了地名普查监理服务招标工作。

（三）多点发力确保快速推进

试点先行，分别在肥西县、蜀山区组织开展县市标段和城区标段的试点，探索普查经验，在全市推广。先后14次组织召开全市地名普查推进会，就启动实施阶段工作、部署外业信息采集、分析普查形势、规范登记表填写、观摩交流成果、城区标段攻坚、地名文化挖掘、地名普查验收上报等专题进行研究和部署。市民政局连续4年将地名普查工作列为全局年度的“十件大事”重点推进、落实。市普查办下发《关于建立合肥市第二次全国地名普查进展情况通报制度的通知》，建立了通报督查制度。逐年对地名普查进展情况进行专项考评、评估，促进普查任务落实。各县（市）区普遍建立了普查通报制度，对乡镇、街道及成员单位的普查进度、成果质量进行排序，通过适时通报普查情况、存在问题、督促整改，有力地推动了普查工作进程。

二、躬行精品“铸造者”，狠抓地名普查质量

质量是普查的生命。市普查办始终把质量管理贯穿于地名普查的每个环节和整个过程。在“全”和“准”上下功夫，坚持进度和质量两手抓、两手硬。一是认识再提高。在思想认识上，强化质量第一的观念，坚决杜绝敷衍

应付思想。二是机制再健全。在体制机制上，建立质量管控体系，对普查涉及的各类表格、工作图等，实行由基层普查员签字确认制度，谁普查谁签字谁负责，一级对一级负责，确保普查数据真实可靠。三是管理再加强。注重过程质量管理，充分发挥监理单位的作用，严格按照《第二次全国地名普查监理办法》要求，督促监理单位在普查过程中，对质量、进度、安全、保密等方面进行全面监理。监理单位采取召开会议、巡视检查、旁站监理、过程成果质量抽查等方式，对普查单位的组织实施、过程质量控制情况和阶段性成果质量情况等进行了全程监理，监理跟踪抽查了66个乡镇、街道，208个村（居）共计约60000多个地名点的数据采集作业过程，检查了约60000张地名普查登记表。撰写监理报告196册，提交监理报告20余份，形成了上万条监理记录，提出整改意见上千条，较好地发挥监理作用。四是审核再从严。成立了市、县、乡三级地名专家队伍，搜集姓氏族谱，挖掘、整理乡村地名文化，强化了专家组在地名普查审核和地名文化挖掘、论证中的作用。通过分级、分层次、多批次对地名普查登记表进行全面审核，大幅度提升地名普查登记表的质量。

三、勇当“开拓者”，深挖地名文化底蕴

结合地名普查，积极开展地名文化的挖掘和保护工作。开展千年古镇、千年古村落地名文化遗产认定工作，深入挖掘、系统整理地名文化。

一是加大申遗力度。组织各县（市）重点对千年古镇（古村落）的地名来历、历史沿革、文化内涵，地域特色文化、乡土风俗、历史典故、文物古迹、历史名人、经济概况等进行深入挖掘，并先后推荐上报17个千年古镇、9个千年古村落，参加全省千年古镇、千年古村落地名文化遗产认定。截至目前，全市有16个镇和5个村分4批通过省级评审，被认定为安徽省千年古镇、千年古村落地名文化遗产，认定数量全省第一。为提升千年古镇（古村落）的知名度，在《合肥晚报》民政专刊上连续10期对已认定为安徽省地名文化遗产的千年古镇（古村落）进行集中宣传，唤起人们对地名文化遗产历史变迁的记忆。

二是深挖地名故事。积极组织各地参加由国务院地名普查办主办、光明网承办的“寻找最美地名故事”活动，全市挖掘整理最美地名故事100余条。经开区选送的《金大桥——匈奴休屠国后裔善举的见证》，入选“中国最美

100 个地名故事”，并被评为优秀奖。人民网安徽频道连续刊发市民政局提供的《合肥为何别称庐州》《载入〈春秋〉的柘皋》等地名故事。开展了“美丽中国·地名寻梦”地名文化短视频征集工作，全市共征集上报短视频 26 个。合肥民政微信公众号开辟“地名故事”栏目，每周推送一则地名故事，弘扬地名文化。

四、愿做“先行者”，转化地名普查成果

市普查办始终秉承“边普查、边转化、边应用”的工作理念，地名普查过程中，先后组织编纂出版了《巢湖流域城镇地名考释》《合肥市道路桥梁水域等地名规划书》《合肥市地名词库》《中华人民共和国标准地名词典》（合肥部分）、《记忆乡愁——肥西县地名览胜》；组织开展《肥东地名掌故》《肥东地图册》《长丰行政区划图》《巢湖传说》《巢湖市地图》《庐江地名掌故》《庐阳地名物语》《长丰地名故事拾零》《包河印记·最美地名》《瑶海地名实录》《中华人民共和国标准地名词典》的编纂工作，肥西县率先出版了《记忆乡愁——肥西县地名览胜》，《肥东地名掌故》《肥东地图册》《长丰行政区划图》《巢湖传说》《巢湖市地图》《庐江地名掌故》《蜀山地名漫谈》等，形成了一批地名普查成果。下一步，将积极组织编纂出版地名图、录、典、志等出版物，并利用地名普查成果，开发研制地名信息化服务产品，为社会经济发展提供优质的地名公共服务。

挖掘、弘扬地名文化遗产，促进文化繁荣

安徽省界首市地名普查办

界首市历史源远流长，文化厚重，地名文化内涵丰富，具有鲜明而丰富的地域文化特色。挖掘、保护和传承地名文化，弘扬优秀传统文化，是推进文化领域供给侧结构性改革的重要任务；是促进县域经济社会创新发展的重要途径；对提升文化的软实力，着力打造文化品牌，发挥名城效应，融合产业、文化、旅游等功能有着重要作用。文化是一个国家、一个民族的灵魂。文化兴国运兴，文化强民族强。保护优秀历史地名，弘扬传统地名文化，促进地名文化发展繁荣，是贯彻党的十九大精神的重要举措，是民政部门的重要职责；必须深刻领会坚定文化自信、推动社会主义文化繁荣兴盛的重大意义。

坚定文化自信，是事关国运兴衰、事关文化安全、事关民族精神独立性的大问题。中国共产党从成立之日起，既是中国先进文化的积极引领者和践行者，又是中华优秀传统文化的忠实传承者和弘扬者。党的十八大以来，面对国内国际形势深刻变化，不同思想文化交流交融交锋，以习近平同志为核心的党中央高度重视文化建设，把坚持中国特色社会主义文化自信与道路自信、理论自信、制度自信并列提出，指出文化自信是“更基础、更广泛、更深厚”的自信，是“更基本、更深沉、更持久”的力量。文化自信是一个民族、一个国家以及一个政党对自身拥有文化的正确认识和笃信；文化自信是中国特色社会主义自信的源泉。

作为民政工作者，立足本职工作，积极参与抢救界首市地名文化，发掘和弘扬地名文化。全国第二次地名普查期间，认真筛选光武镇、光武镇尹城子村、大黄镇、田营镇等地名文化资料，调研地名文化遗产的现状、历史沿革和文化内涵，组织编写申报材料，几易其稿；组织相关部门专家、学者，进行实地考察，开展论证、复核、评估和认定等工作，最终由民政局出资5万元印制统一式样的申报书，上报省民政厅等5厅、局，获得一致好评，认

为界首市的4份申报书内容翔实，材料规范，制作精美，堪为样板。4个镇村获得安徽省民政厅、省住房和城乡建设厅、省旅游局、省文物局、省地方志办公室联合颁发的“安徽省千年古镇（村）”称号，在保护地名文化遗产，传承和弘扬地名文化方面走在了阜阳市的前列。

坚定文化自信，就要大力弘扬中华优秀传统文化、革命文化和社会主义先进文化，创作出为人民群众喜闻乐见的优秀作品，以此弘扬我们的民族精神和时代精神。一个民族的文化，凝聚着这个民族对世界、对历史认知和现实感受，是这个民族最深层的精神追求和行为准则的积淀。文化对思想解放起着引领作用，对经济发展起着先导作用，对社会和谐起着滋润作用，对人的进步起着催化作用。

那么如何打造先进文化，让文化这棵大树枝繁叶茂呢？首先要树立文化自信，只有对本土的文化充满自信和骄傲，文化才能得到更好的继承和弘扬，才能提高国家的凝聚力和创造力；其次，想要使文化事业繁荣发展，就要善于学习，学会创新，用人们喜闻乐见的艺术形式传播优秀文化，获得人们的欣赏和满足；另外，对于国外文化，我们要“取其精华，去其糟粕”，学会鉴别，兼容并蓄，实现文化内容和形式的多样性，从而使文化事业得到长足发展。

立足界首市，首先要抢救和传承本土文化，民政局地名办积极工作，在“二普”期间，挖掘、整理、编写、出版了《界首市地名故事》，收录120余篇文章，约18万字，近110幅图片，以历史、故事、传说、神话等多种形式讲述了界首市各类地名起源和含义，发展和演变；有河流、街路巷以及自然村、建筑物，还有名胜古迹、纪念地、遗址、风景区以及曾经消失的历史地名等。一个村庄就是一段历史，一个故事就是一份记忆，一个地名就是一缕乡愁，《界首市地名故事》的出版能够帮助广大民众更好地了解界首、热爱界首，也让每一个界首人无论走到哪里，都会惦记这片温暖的土地。

正如何逢阳市长在《界首市地名故事》一书序中所写：承前启后创伟业，继往开来写新篇。当前，界首市正处在爬坡过坎、滚石上山的重要关口期，全市上下正在为把界首建设成“品质慢城、乐居界首”而努力奋斗。《界首市地名故事》的出版，必将进一步激发全市人民建家乡、爱界首的强大动力，以只争朝夕的紧迫感和创先争优的进取心，在全面建成小康社会和实现“三大目标规划”的征途上，谱写更加辉煌壮丽的新篇章！

源远流长的中华传统文化，是中华民族艰苦奋斗、自强不息的精神纽带，为实现民族伟大复兴提供源源不竭的动力。当前，新时代中国特色社会主义事业蓬勃发展、波澜壮阔，深化改革如火如荼。只有将蕴藏在人民群众心中的文化创造热情和活力最大限度地激发出来、凝聚起来，才能聚沙成塔，推动我国各项事业向前发展。

借助社会力量　挖掘地名文化

安徽省六安市霍山县地名普查办

一、基本情况

六安市霍山县“二普”工作在省、市第二次全国地名普查领导小组及县委、县政府的重视指导和支持下，精心组织，周密部署，严谨细致，加大投入，改革创新做法，圆满完成了主要工作任务。在认真、细致、准确、全面做好地名普查的基础上，通过创新方法，采取政府购买服务的方式，聚集社会力量，深入挖掘霍山本地地名文化遗产，通过大量地开展民间调研，深入挖掘古迹和文献考证，获得了第一手宝贵地名素材，有效地进行了成果转化，编纂了《霍山地名故事》一书。全书近70万字，涵盖了霍山境内所有的名胜古迹、红色遗址、重点工程、山寨寺庙、山川河流、美丽乡村，从地名渊源故事的角度，真实全面反映了霍山悠久的历史、灿烂的文化、浓郁的民俗、秀美的山川、发展的轨迹。这是霍山有史以来第一次大规模、系统性挖掘整理地名文化。

二、主要做法

（一）高度重视，提高认识，夯实编辑工作的基础

霍山位于安徽西部，大别山深处，地处长江中下游，建县历史非常久远。公元前3000年，我国的黄河流域和长江中下游等地已呈现出文明曙光的时候，霍山就是其中之一。相传黄帝封五岳，封霍山为南岳，古书所载虞舜南巡所至的南岳，即为霍山，本县出名亦因古南岳而得名。从上古的三苗部落到融合皋陶文化，从淮南王国到衡山王国，从宋金对峙到宋末抗元，明末抗清，从红色区域中心到鹿吐石铺抗日大捷，从皮旅中原突围到刘邓大军挺进大别山，从新中国第一坝佛子岭水库到磨子潭及白莲岩水库，从大别山主峰

白马尖到铜锣古寨、温泉小镇，从金山药岭到竹海桑园，在4100多年的历史过程中，霍山因特殊的地理位置，是一个有精彩故事的地方，地方文化值得挖掘。县委政府要求编辑此项图书和以后省、市的“二普”地名成果转化要求不谋而合，充分说明了霍山对“二普”工作的高度重视和前瞻考虑。因此在编纂过程中，他们遵循尊重历史、实事求是、深入挖掘、仔细推敲的原则，立足于地名的由来，借助于历史的沿革，结合当地的民俗，升华故事的精彩，从几个方面去搜集、整理、分类、编辑相关的故事。从梗概到细节，从历史到现今，从弘扬正能量和突出红色文化，站在宣传霍山、服务地方经济社会发展的高度去做此项工作，从思想和意识上都高度重视此项工作，同时也是做前人未做的工作，确保编辑图书的可读性和学术性的统一，立足当前，着眼未来，充分给予了图书编辑可靠的思想和组织保障。

（二）购买服务，民间参与，创新方式值得探索

收集编写地名故事一书，工作量大，对编写人员的历史、文化素质要求较高，而且按照全国统一进程表，时间紧迫，仅靠县民政局内部几位工作人员是难以完成的。为此，县民政局在征得上级主管部门及县委、县政府同意后，通过招标方式，采取购买服务，将该书的编纂任务委托给社会组织——霍山县西山文化研究会。该研究会专业从事县域历史文化研究，拥有一大批热衷于该项事业、高素质、专业性较强的人才队伍，会员达600多人，有高校专家学者、新闻记者、离退休干部、教师，还有民间草根文化爱好者。其研究成果已被列入《霍山年鉴》。政府购买，专业操作，为本书的编纂提供了组织上和人才上的保证。

（三）尊重历史，客观公正，确保优秀文化得以传承

本书作为霍山县第二次全国地名普查的一次转化成果，县局事先为该书的编纂定下了三项原则：一是要尊重历史事实，客观公正，不虚构，不杜撰，能经得住历史的检验；二是要系统全面，不漏掉任何一个有故事、有意义的地名；三是去粗存精，内容健康，能真正把霍山优秀的地名文化挖掘整理出来，得以传承和弘扬。西山文化研究会按照上述三项原则要求，第一步，专门成立了《霍山地名故事》编纂领导组，组织了69人的编纂队伍。第二步，开展业务培训，定原则、定内容、定方式、定时间、定片定点。第三步，包

片包点深入全县各地走访、调研，全面广泛地收集一手材料。第四步，组织10多人的核心编纂人员对原始材料进行筛选整理，加工提炼，同时将该书内容设为4大板块：第一板块为古迹名胜篇。含历史地名（沿革），历史地名传奇、古建筑、红色纪念地、名胜景点；第二板块为美丽乡村篇。含乡镇概述、村社地名、掌故传奇；第三板块为重点工程篇，含重点工程、重点企业、重点学校、医院及服务机构；第四板块为文史辑存。含文赋记序、历史考证、逸闻传说、散文随想。第五步，拿出初稿后，呈递各位专家顾问、县领导及党史办、县文联、各乡镇党委政府传阅，广泛征求各方意见建议，先后数次进行了修改。第六步，与黄山出版社对接，申请书号，并按程序进一步修改校对，落实出版。

（四）牢记使命，不忘初心，助推县域经济社会发展

霍山的许多地名都有着历史的渊源和丰富精彩的内涵，它见证了4100多年的人类文化发展历程，刻印着许多经典感人的故事，展现着秀美的山川河流，孕育着丰富的物产资源。他们编辑出版本书的出发点和立意是能够使县域地名文化得到抢救性保护和厘清，进而得到传承和弘扬，同时为县域社会经济的发展提供精神上的能量，文化上的营养。随着城市大规模的拆迁建设，部分老地名逐渐消失，随之承载的历史文化也一并消亡，这是发展中不可避免的。但是通过编辑整理出版图书，就能保护抢救霍山过去的一段历史。不仅立足当下，也知晓他们的过去，他们是从哪里来的，他们生活的地方是从何时存在和发展的。以文字图书的形式保存，能从中发现霍山历史发展的脉络，能更好地理解、更好地找到如何加速经济发展，传承历史文化。这就是他们编辑图书的根本点。

加强地名普查成果转化　设置智慧门牌

安徽省芜湖市无为县地名普查办

无为县从2014年启动第二次全国地名普查，4年来开展了大量工作。目前，已经按照要求基本完成第二次全国地名普查工作，普查成果已通过省市验收。为加强成果转化，使无为县地名普查成果服务群众，给群众生产、生活带来便利，无为县在无城城区开展了智慧门牌设置工作。共设置路牌约460块，大、中门牌约5100块，门户牌约12000块。

路、门（楼）牌是最广泛的地名标志之一，直接与人们的经济活动、日常生活、人际交往密切相关。近年来，随着经济社会的快速发展，无城城区新建、改建房屋逐渐增多，出现了有门无号无牌、擅自制作门牌等现象，造成了地址混乱、户籍与治安管理难、对外通信交往不畅等问题，给群众的生产生活带来诸多不便。设置规范、标准、统一的路牌、门（楼）牌对完善城市功能、优化投资环境、方便人民生活、创建文明城市等方面将起到积极的促进作用。

所谓智慧门牌就是二维码门牌，全面实施标准地址二维码管理是适应信息化、动态化条件下公安管理、社会治理、民生服务的需要。二维码电子路牌、门牌，是在传统地址信息的基础上引入“互联网+”概念，实现地址路牌、门牌的可视化、数据化、网络化，增强对地理位置的直观感受，实现点对点精确定位。

无为县依据《安徽省地名管理办法》《芜湖市地名管理办法》、无为县人民政府办公室《关于做好无城城区沿街（路）楼门牌设置工作的通知》（政办〔2017〕13号）等相关文件精神，加强学习并结合实际，编制了《无城城区门牌编码和设置规范》。《设置规范》着重规定了门牌的编码方法，要求各参与编制的工作人员按先编沿街单位、居民区的门牌号码，再编小区内楼房号，后编单元、门户号的程序进行，确保做到号码不重、不漏、不错。并结合普查成果和实地查看，梳理出需编码主次要道路约70条。

在对参加编码人员开展会议培训、疑难解答、上路实地指导后，收集无城镇相关社区（村）提供的门牌编码数据，并对数据进行了初步收集与整合，对数据进行了进一步的筛选与整理，再对整理过的数据进行赋码，最后制作、安装了路牌、门牌。

无为县的智慧门牌是用二维码实现对标准地址的管理，居民可以通过扫描门牌上的二维码，查看地理位置、行政管辖、辖区民警及联系方式、周边警情信息、出租房屋信息、沿街商铺信息等。不同的用户具有不同的权限，房主扫描自家的二维码后，可以在线申请变更人口信息、申请户籍办理、咨询公安相关业务办理、登记流动人口信息，还可以在线申请居住证、查看本小区的发破案情况、接收公安机关的安全防范宣传，并可以在线报警、投诉等。而沿街的商铺和企事业单位可以通过二维码门牌在线登记商铺、单位、企业信息及就业人员信息，甚至可以发布招聘信息等，极大方便了居民的生活和企业、个人的日常活动。门牌、路牌的规范标准化设置，不仅方便了群众的生活，也是无为县社会、经济全面发展和城市建设水平不断提高的具体体现。

优势互补聚合力　规范推进增实效

福建省龙岩市新罗区地名普查办

第二次全国地名普查是各级政府一项基础性、公益性、战略性的国情普查，是一项涉及面很广的系统工程，需要政府、社会和广大群众的大力支持、深度参与。为做好“二普”工作，龙岩市新罗区注重发挥政府和社会两个优势，双轮驱动，取长补短，凝聚合力，通过普查办与技术合作单位的有机配合，加上各有关部门的协助支持、专家学者的辅助补充，提高普查整体质量效率。

一、发挥两个优势，优化普查协作机制

普查方式至关重要。在普查准备工作阶段，区普查办认真研究全国多地试点工作案例，分析了“全部外包”与“部分技术外包”两种方式的优缺点和各地的经验与教训。在全市、全省大多数县（区）采取“全部外包”方式的情况下，毅然选择采取“技术部分外包”的方式开展普查，即政府部门组织采集地名属性信息与政府购买技术服务相结合的方式开展，以政府为主，技术力量为辅，发挥政府部门，尤其是普查办在组织协调、收集已有资料、全过程监督检查、审核质量把关等方面优势，避免外来技术单位对本地情况不熟，收集资料不全、协调不便、简单粗糙等问题，扬长避短，双腿走路，并行推进。在工作机制上，按照“统一领导、分工协作、分级负责、共同参与”的总原则进行，具体组织方式上以镇（街道）为最基本的普查组织单位，调查工作的组织、信息采集登记以镇（街）为主，村（社区）配合。同时，按照“条块结合”的方式，由各成员单位收集提供本部门有关地名资料，经整理后下发镇（街道）组织调查核对、补充、更新等工作，充分发挥部门职能作用的同时，依靠基层单位和广大群众的力量查清各类地名情况。

二、凝聚合力，深入发挥各成员单位作用

地名普查点多面广，时间紧，要求高，县（区）级普查办处于整合各方资源、组织工作运转的主体地位，没有普查办的积极运作、深度参与，单靠技术单位一家为主是难以推进的，普查质量也难以保障。区普查办认识到不能当甩手掌柜、一包了之，更不能在一旁当看客，否则发现质量重大问题时就来不及处理了。普查办责无旁贷应有历史的担当，为当地的地理历史负责，务必承担地名属性信息的采集工作，并主动参与到各个环节的工作中去，发挥普查办自身的优势。

（一）广泛收集文史资料，编制调查目录

从2014年11月起，区普查办广泛收集整理地名资料，一是地名档案室的资料；二是史料，包括明、清代、民国9年与民国34年等各版本《龙岩县志》《八闽通志》《闽书》《龙岩市志》《新罗区志》以及各乡镇志等志书；三是专家论文、报刊、文史资料、地名书刊等其他资料。

区普查办分类整理、甄选各类资料，并进行大量的对照考证工作。同时，结合1∶1万地形图上原有标注的地名和上述资料编写调查目录，有记载的地名力争不重不漏，列出各类地名的《调查目录》，预填一部分《地名登记草表》，为实地调查核实提供资料准备。最大限度地避免重要地名的漏查问题，做到应查地名100%调查，普查办自己心中有数。

（二）协调相关部门收集资料，核对信息

新罗区地名普查领导小组专门召开了会议部署区直各有关部门收集地名相关资料，普查办及时跟踪落实，收集到了《第三次全国不可移动文物普查名录》、交通部门公路桥梁普查数据、水利普查成果、地理国情普查资料、公安户籍人口数、宗教场所、教育单位等数据资料。对有关数据有疑问的直接联系部门联络员进行核对，确保准确无误。例如公路、桥梁等多部门管理多渠道来源的地名资料，名称或数据都相互不一致，水利部门水系地名与民政部门原已定的标准地名不一致等问题，首先需要能及时发现出来，普查办对已有资料都比较熟悉，通过比对大部分能看出来，如果技术单位在整理资料时因情况不熟有时是很难发现问题的，造成后期工作的混乱；其次需要普查

办主动与相关部门沟通联系，商请及时查核确定，达到各部门相互一致认可，对减少错误率、提高普查效率发挥优势作用。

（三）发挥抓调查促落实作用，狠抓信息采集核对

新罗区党政机关事业单位和垂直管理单位由区普查办发函由各单位普查联络员直接登记报区普查办，由普查办及时进行审核并反馈意见，再修改完善后正式交给区普查办。以普查办名义协调市、区两级相关主管部门抓好调查登记工作的落实，提高了各部门各单位重视度，减少了推诿扯皮现象。其余地名类别按镇（街）分别下发了《地名调查目录》和初步填好的《地名登记草表》，由各镇（街）普查办人员组织分村分片实地调查走访、核实、补充信息。区普查办紧紧抓住镇（街）分管领导和普查员，责任下压，将普查工作列入全区年度目标管理，按时间节点狠抓工作进度。对各镇（街）上报的地名调查登记表集中审阅，发现问题清单式反馈再狠抓落实，如此上下反复进行。同时，检查、评估镇、村两级普查员的工作绩效、积极性，对落实不力、责任心不强、不积极主动的村联络员，列清单交镇（街）领导督办，限期落实，不配合就换人。

（四）重点环节审核，及时处理问题

区普查办坚持全程重点环节审核，在资料整理建目录阶段、镇村调查采集阶段、踏勘测绘阶段、内外业汇总对照阶段、补充调查登记阶段、五级审核阶段、国普办反馈修改阶段，区普查办对各阶段工作成果全部及时进行了审核，查找问题列清单抓整改，不累积问题。特别是投入大量精力对镇村调查采集的信息依次进行把关，逐一列问题清单，普遍经2—5次反馈重新补充调查。在五级审核阶段［即内外业对照审核、职能部门专业审查、专家审核、地名普查办复查、镇（街）、村（居）审核工作等五级审核］，区普查办科学合理安排审核流程，对各环节审核的情况均要全面复查，并综合各方修改意见，最后确定相关内容。

（五）组织各界参与，挖掘考证地名文化信息

地名来历、含义、历史沿革、地名文化故事等内容是地名调查的重点和难点，没有深入调查了解是收集不到多少有价值的内容的，技术公司由于时

间短、人员力量不够，无法深入调查，故采取镇普查办人员与村联络员入村走访调查的方式进行，如雁石、红坊、万安、曹溪等镇普查办聘请当地退休干部、教师等人员 3 人以上逐村调查走访，召开座谈会等形式采集地名信息，收集资料相对比较完整规范。

区普查办对上报文化信息缺漏的一律打回重新调查，多次反复，直到确实无从查考为止。部分重要地名引入专家学者深入考证。如孔党村历史悠久、文化比较独特，地名来源于传说，而且几个说法不同，一直没有权威的考证，当地村主任也很困惑，想弄明白，普查办积极联系龙岩文化研究会支持牵头专家多次深入考证，拨开迷雾，挖掘历史人文资源，该村后被评为第五批中国传统村落。普查办还对普查成果进行了初步筛选，组织专家组对重要地名文化遗产名录进行了论证，并通过区政府向社会发布。

（六）发挥职能作用，提高普查地名标准化规范化水平

对普查中发现的不规范地名的标准化处理是普查办的职责工作，技术单位不能越俎代庖。在普查取得初步成果后，市、区两级民政局联合开展了整治市政道路等规划工程乱命名问题，对不规范的市政道路、公园等一批规划地名重新进行了命名，一定程度上遏制了规划或工程地名乱用的势头。同时，按照清理整治“大、洋、怪、重”等不规范地名的工作要求，区普查办通过广泛征求意见、召集部门代表和相关专家审议论证，共标准化处理不规范地名 271 个。

对普查掌握的公路设施名称不规范、起止地名不标准等问题，区普查办根据国家标准《公路命名一般规则》和地名命名规定，主动上门与区交通局商讨规范化整治方案，共计对 35 条公路名称进行标准化处理，成果分别报区交通局与区公路局备案。

三、精确规范，提供扎实的技术支撑

地名普查技术工作多，普查办本身不具备技术力量，技术性工作就让技术单位来做，取长补短，有机结合。实地踏勘测定、空间属性、多媒体信息采集、数据整理、建库、矢量图标绘、跨界地名整合、普查档案立卷建档等技术工作，委托省制图院组织测绘、地理信息系统等专业技术人员实施。技术单位严格按照《普查工作规程》的相关技术要求实施，特别是数据建库、

属性与空间数据链接匹配等方面技术性强，省制图院技术人员按《普查数据入库规范》实施，认真修测与标注每个地理实体，并应用软件查错功能，形成检查报告，与普查办一道分析错误情况，并逐一纠错，确保数据链接与匹配无误。区普查办利用影像资料、矢量图等配合进行对重要地名的空间点位、海拔等情况进行对照检核，确保不出现重大差错。

通过普查办与技术单位发挥各自优势，以及广大普查员的艰辛付出，相关部门的通力协作，专家学者的校点补充，使新罗区实现普查工作目标，在全市率先获得普查初步成果，2017 年 3 月通过省普查办专家组的检查验收。2018 年经国家地名普查办前后 5 轮次入库检查、整改完善，圆满完成了第二次全国地名普查工作任务。

多措并举　做好地名普查工作

福建省莆田市地名普查办

莆田市位于福建东南沿海中部，历史底蕴深厚，史称“兴化”，建制至今已有1500多年，素有“海滨邹鲁”“文献名邦”之美称，现辖城厢、涵江、荔城、秀屿4个市辖区，仙游1个县，湄洲岛国家旅游度假区、湄洲湾北岸经济开发区2个管委会。悠久深厚的历史积淀，一代又一代莆仙人的辛勤耕耘，使得兴化大地日益以其古府新市和妈祖文化的独特风貌与时俱进，留下丰富的地名文化财富。

第二次全国地名普查是继1986年第一次全国地名普查以来开展的一项公益性、基础性的国情调查。在莆田市各级地名普查机构精心组织和广大地名普查工作者辛勤努力下，地名普查取得丰硕成果。

试点补查有条不紊——摸清底数

根据国家和省政府的部署安排，2010年莆田市1县4区（含2个管委会）被确定为第二次全国地名普查试点工作单位。全面开展普查试点工作以来，莆田市以高度的责任感和使命感，精心组织，科学谋划，高效运作，严格把关，共普查造册登记、录入地名信息32037条。2013年1月30日，莆田市1县4区（含2个管委会）各项普查试点成果通过国家验收，成为福建省首个普查成果通过国家验收的设区市。

2015年5月，莆田市按照国家和省普查办的统一部署要求，采取技术服务外包的方法，全面启动了莆田市1县4区（含2个管委会）的地名补查补更工作，并确保全市试点成果与普查成果进行有机衔接和有效融合。2018年11月，莆田市地名普查成果数据已全面通过国家验收入库。此次地名普查共累计普查各类地名29936条，收集地名信息30581条。

地名普查是一项复杂的系统工程，涉及面广、专业性强，存在着时间紧迫、工作量巨大和专业人才奇缺等实际困难。为保证普查工作的顺利开展和圆满完成，莆田市普查办和各县（区）普查办除做好经费、人员、设备、组织保障外，还采取了各种行之有效的方式方法，创新工作机制，加强管理指导，确保了普查质量和进度，扎实、有序地推进了普查工作。

层层把关环环相扣——重在求“好”

为实现莆田市政府提出的“对全市范围内的地名进行一次全面、系统的调查核实，查清全市地名及相关属性信息”的预期目标，莆田市地名普查办高起点、高标准、高效率地做好地名普查采集工作，切实做到了“四个好”。一是落实好公司，确保普查工作有技术保证。地名普查工作涉及地图标绘、经纬度测量、矢量地图修改整饰等专业技术，仅靠各级普查办是无法承担的，因此需要向社会购买技术服务。为此，技术服务的好坏，直接影响到普查工作的整体进度和质量要求。莆田市立足于省普查办有关普查工作的要求和工作实际，在不违反法律法规规定的情况下，从“三个有利于”来选择技术服务公司，即：有利于莆田市地名普查工作的统筹协调和全面推进，有利于整个地名普查工作质量保证，有利于莆田市地名普查资料的监督、管理和保密工作。通过积极协调，莆田市从而落实了购买技术服务事宜。二是安排好时间，确保普查工作有序推进。由于购买技术服务事宜曾久拖不决，莆田市地名普查外业采集工作一直拖到2012年5月底才开始，在时间紧、任务重、要求高的情况下，只有主动把工作安排往前移，才能抢得时间，不拖全省后腿。莆田市努力克服困难，在签订购买技术服务合同后，从紧从实地安排普查工作，认真细致地拟订各项方案，增加了方案的可行性和可操作性，做到集中力量、全力以赴抓普查，确保了普查工作有序推进。三是树立好样板，确保普查工作整体推进。莆田市选择地名类别较为全面的荔城区西天尾镇龙山村作为实际普查工作的样板点，重点指导，形成了“荔城区西天尾镇龙山村地名普查成果”“模板”，分发给全市54个乡（镇、街道）、973个村（居）。四是采集好地名，确保地名名称采集全面。此次地名普查工作距20世纪80年代初第一次地名普查已近30年，时间跨度长，随着莆田市城市化快速推进，各类地名信息已发生显著变化，工作难度增大。因此，莆田市结合工作实际，采取了拉网式普查和立体式普查相结合的方法，对承担技术服务公司的普查人员进行分片分组，深入县（区）相关单位和村（居）进行拉网式普查，力求地名普查做到全方位、全覆盖。即以村、居为单位，提出了“不管什么地名，只要能叫上地名名称的，一律在地名目录和相应地名登记表中进行填写”的要求，对普查人员进行分片分组深入到全市 973 个村（居）进行全面的普查登记，力求区域内的地名不漏。立体式普查，就是由分片分组普查人员结合现势性档案资料，到县（区）相关部门普查采集地名相关信息。

“严”字当头攻坚克难——确保质量

为保证地名补查工作质量，莆田市在地名普查工作的各个阶段、各个环节始终坚持“严”字当头，确保地名普查资料的完整准确。一是严补查。地名补查主要是对遗漏、新增和变更的地名进行相关属性信息采集。工作中，要求服务公司补查人员围绕“两查看两必须”的工作要求，做好补查工作，即认真查看 90 年代地名补查补更档案资料，认真查看地名地图、行政区划图，核对试点普查时是否有遗漏的地名；必须向成员单位发出《关于报送地名补查补更资料的函》，必须深入村（居）实地进行补查收集，全面收集新增和变更的地名。通过“两查看两必须”，做到补查地名全方位、全覆盖，确保不遗漏。二是严审核。要求各县（区）必须严格贯彻《福建省县级“地名普查工作五级审核流程”和“地名普查工作流程图”》的通知要求，对试点成果内容在技术服务公司重新审核、调查和考证的基础上，按照“五级审核流程”，一级一级审核到位，确保信息更加完善、更加规范、更加标准。三是严验收。验收是成果质量保证的最后一道“屏障”，为避免验收程序走形式、走过场，莆田市要求所有普（补）查成果由县（区）普查办组织验收，形成县（区）级验收报告，合格后上报市普查办进行检查验收。市普查办也成立了地名专家组，按照《福建省第二次全国地名普查成果验收规范》要求，对所有补查补更成果进行检查验收，形成验收报告，正式行文上报省普查办请示验收。四是严保密。严格按照《福建省第二次全国地名普查工作资料保密有关规定》及《福建省第二次全国地名普查涉密数据管理办法》的相关规定，设立独立的普查办公场所，做到制度上墙，配备铁门、铁窗、铁柜“三铁”设施，安装摄像头进行监控，严格管理涉密计算机，指定专人负责涉密数据的安全与保密管理工作，切实履行相关的保密制度，杜绝失密事件的发生。

莆田市地名普查工作虽然取得了一些成绩，但仍有一定差距。莆田市将进一步加大工作力度，积极探索创新，力争把莆田市地名管理工作提高到一个新的水平。

以人为本破难题　聚焦民生解民忧

福建省南安市地名普查办

一、引子

地名是人们对各个地理实体赋予的专有名称，它由人命名、由人管理、服务于人。可以说，地名的生产主体、管理主体、服务对象都只有人。地名的影响力已深深嵌入了人们的社会交往和生产生活的方方面面。因此，以民为本、服务大众的理念是地名管理一切工作的根本点和出发点。在地名管理与服务中，管理是基础，服务是关键，是目的。树立全方位、多视角的地名管理与服务观念，是现今地名管理工作中的一项重要课题。南安市民政局牵头负责全市第二次全国地名普查工作，始终坚持以人为本、为民服务的理念，加强协作、有效沟通、多措并举，破解了3个不规范村名的更名难题，积累了较好的工作经验，可资借鉴。

二、缘起

南安市地处福建南部晋江中游，东与晋江市、鲤城区、丰泽区、洛江区接壤，南临围头湾，西与安溪县和厦门市翔安区、同安区毗邻，北与永春县和莆田市仙游县交界。地貌复杂，有山有海，有丘陵有小平原，文化底蕴深厚悠久，地名沿革源远流长。全市面积2036.24平方千米，辖26个乡镇（街道）2个开发区、424个村（社区）、2800多个自然村，人口165.52万，是福建省人口大市，是全省32个第二次全国地名普查试点县（市、区）的县市之一，地名“二普”试点工作于2011年11月正式启动，至2012年10月底圆满完成第二次全国地名普查试点工作的各项任务，2013年1月通过国家级试点验收。2014年2月22日，在第二次全国地名普查试点成果评审会上，经专家评审组的评审，南安市的地名普查试点成果得到充分肯定，受到一致的好评。2015年5月进行地名补查工作，2017年12月完成省级复验工作。目前地名“二普”各项成果资料已按要求上报国家级验收。

在地名“二普”过程中，南安市遇到一只棘手的“拦路虎”：南安市石井镇原有三个建制村，其名称分别为（溂）江村、（墙）坂村、（浶）港村，系先辈以闽南语用字命名，存在使用生僻字现象，给村民生产生活带来诸多不便，需要进行更名。南安市民政局、石井镇政府多次向这3个村的干部、群众提出合理更名方案，但村民们认为老地名使用时间长、海内外乡亲认知度高而一直不同意更名，成为不规范地名清理工作的“老大难”。

三、历程

南安市民政局经过充分调查和综合分析，了解到一部分村民不同意更名的原因主要有3点：一是部分村民对地名管理工作的相关规范不够了解，对更名工作有抵触情绪；二是因老地名使用时间长，有习惯性思维；三是担心更名后利益受损。因此，在部分村干部、群众思想观念未转变之前，强制更名难度较大。但也有3个有利因素：一是使用不规范地名已经给群众在办理相关手续等方面带来不便，部分村民已经认识到更名的必要性；二是由于使用生僻字，电脑字库中无字，镇政府在下达公文和公安部门在为村民落户时户籍系统中的地名把这3个村的名字登记为“菊江”“昔坂”和“老港”，已造成了事实更名的现状；三是随着“二普”工作不断深入，村民们对地名更名工作的认识也不断加强，抵触情绪较之前大为减弱。因此，当前对3个村进行更名时机成熟，必须尽快进行。

为确保地名更名工作的平稳顺利进行，南安市从4个方面进行突破：

一是制定下发相关文件并召开专门工作会议，全面部署落实全市地名文化保护和清理整治不规范地名工作，随后在全市掀起清理整治不规范地名工作宣传热潮。

二是相关单位立即对本单位、本部门现有的地名存量进行调查摸底，重点调查梳理文化内涵深、文化基础好的地名和存在“刻意夸大、崇洋媚外、怪异难懂、重名同音”现象的地名数量，基本掌握了本市地名文化资源及不规范地名底数详情，分类梳理了不规范地名情况，形成不规范地名的名单。通过调查，上述3个村被纳入了不规范地名清理整顿工作范围。

三是利用全省开展地址标准化和门楼牌清理整顿工作的有利时机，制定《南安市地址标准化和门楼牌清理整顿工作实施方案》，对上述村的地名更名问题提出指导意见。

四是组织人员深入石井镇和相关村进行调研，形成更名初步方案，并征求村民意见。经过广泛宣传和细致工作，3 个村的绝大多数干部群众对更名工作有了新的认识，对更名方案基本达成一致，市民政局趁热打铁、加强指导：一是由石井镇人民政府提出地名更名正式文本方案，征求 3 个建制村村民意见；二是 3 个建制村分别召开村“两委”会议，研究更名方案并形成一致意见；三是召开村民代表会议对更名方案进行表决通过，并由村民代征求联系户意见，获得多数村民同意；四是石井镇人民政府根据村民代表会议决议确定地名更名方案并向南安市人民政府请示；五是南安市人民政府对石井镇人民政府的地名更名方案进行批复：（澚）江村民委员会更名为菊江村民委员会、（堦）坂村民委员会更名为昔坂村民委员会，（浶）港村民委员会更名为老港村民委员会；三个村的原行政区划和隶属关系不变。地名更名工作至此圆满完成。

四、硕果

由于工作做细做实，这次地名更名工作取得了丰硕成果：

一是经过地名更名，从根本上解决了长期困扰这 3 个建制村群众的地名不规范问题，大大方便了群众生产生活；

二是规范操作程序，广泛征求群众意见，有效消除了不安定因素，维护社会稳定；

三是为各级政府和有关部门今后解决类似问题积累了好的经验。

五、启示

启示一：加强部门协作。在清理整治不规范地名工作过程中，民政部门积极加强与公安等有关部门协作，利用全省开展地名标准化和门楼牌清理整顿工作的有利时机，扎实推进全市不规范地名清理整治工作，取得了显著成效。

启示二：加强业务指导。民政部门要积极发挥业务指导部门职能，加强对地名命名更名工作的指导，就地名命名更名的法律法规规定、操作程序、宣传发动、方案制订、征求意见、上报审批等事项进行详细指导，确保工作顺利进行。

启示三：严格规范运作。在工作中，要严格按照《中华人民共和国村民委员会组织法》、国务院《地名管理条例》《福建省地名管理办法》的相关规定进行运作，广泛征求村干部群众意见，做到该做的程序一个不漏、该要的材料一项不少，把地名命名更名工作做细做实。

启示四：加强宣传工作。村委会地名更名工作涉及全村群众的切身利益，群众关注度高，如果宣传工作没做好，很容易引发群体性事件。因此，在工作中要十分注重宣传发动工作，把地名更名的目的意义、重要作用向群众说明，取得群众谅解和支持，确保工作有效落实。

强化组织实施　高效推进地名普查工作

江西省赣州市兴国县地名普查办

兴国县地处江西省中南部，面积3215平方千米，人口85万，辖25个乡（镇）、317个村（居）委会，是江西省第一批地名普查单位。自第二次全国地名普查启动后，兴国县严格落实国家、省、市地名普查办的部署要求，围绕普查准备、普查实施、完善成果3个阶段14个环节，在“早”“抓”“建”3个字上下功夫，强化组织实施，有序高效地推进地名普查工作。

一、在“早”字上下功夫，大力推进地名普查工作早日启动

一是早启动。收到国家、省、市地名普查相关文件后，立即将地名普查工作纳入县委、县政府重要工作之一，全面统筹推进；2014年9月召开地名普查领导小组会议，完善了政府领导、民政牵头、部门配合、乡镇社会参与的地名普查工作机制，研究制订兴国县第二次全国地名普查实施方案，并于2014年10月率先下发给各乡镇、县各相关部门执行，启动地名普查各项工作。

二是早谋划。结合本地工作实际，通过摸底调研、借鉴试点省市经验，提前谋划，重点解答“为什么普查，普查有什么用”“怎么干好、怎么干快”“哪些是普查的关键，哪些是普查的难点”“现在有什么，还缺什么”“如何在普查中体现兴国特色”等问题，厘清思路，列好清单，争取县领导支持。通过努力，得到县委、县政府的大力支持，立即落实普查经费269万元，为推动全县地名普查打下了扎实的经济基础。

三是早实施。普查方案确定后，通过招标引进有测绘资质的专业公司协助开展普查工作，即刻召开地名普查工作动员大会，同步开展县直单位联络员、乡村普查员培训，细化各阶段地名普查任务分工、时间节点，紧锣密鼓推进地名普查工作。

二、在“抓”字上下功夫，扎实推动地名普查工作有效落实

一是抓进度。根据省、市地名普查办要求，制定的地名普查“作战图”，明确每周普查目标，层层分解目标、层层细化任务、层层压实责任，着力抓好各乡镇、县直各相关部门的普查工作进度，督促乡镇和县直单位按照时间节点完成相应普查工作；着力督促作业单位按照规定时间节点高标准地完成相应的普查任务，确保普查任务有序推进。

二是抓质量。始终把质量监督贯穿普查工作的全过程，进行层层审核，严格把关。“一审”：每张调查登记表都要相应的村（居）委会核实，登记人、审核人要签字、确认，确保第一手资料的准确性。“二审”：每个乡镇都组织熟悉当地情况的老同志对本辖区普查人员填报的地名调查登记表进行逐一审核把关，乡镇确认。“三审”：县相关职能部门对部门职能范围内的地名调查登记资料进行核实和确认。“四审”县普查办组织专家对全县地名调查登记资料逐一进行审核，对出现志书、档案、调查记载不一致的进行详细记录存档备查，经调研论证后进行明确，从而确保普查质量。

三是抓协调。地名普查需要社会各方面的支持配合。一方面，民政部门积极发挥牵头作用，认真履行主体责任，主动与相关部门加强沟通联系，建立地名普查联络员制度，推进地名普查工作顺利开展。另一方面，加强与专业公司的协调配合，以高标准完成普查任务为目标，始终坚持“大事由合同，严格按任务分工履行合同；小事从不计较，加强密切配合”的合作原则，帮助解决好专业单位工作中出现的困难和问题，推动普查工作深入开展。

三、在“建”字上下功夫，建立健全地名普查工作的体制机制

一是建队伍。兴国县建立了 3 支普查工作队伍。建立了组织协调队伍。民政局副局长分片包干，负责督促指导片区普查工作实施，帮助协调解决困难。建立了专家评审队伍。分别从国土、统计、教育、民政部门各抽调 1 名精通本县地名文化的人员组织专家评审委员会，对普查成果逐条进行审核把关，为提高普查信息审核质量、挖掘地名文化、加强地名文化保护等方面工作打下了坚实基础。建立了普查联络员队伍。每个成员单位及乡镇每个村（居）委员会各确定了 1 名地名普查联络员，组成了有 365 名工作人员参与的地名普查联络员队伍，确保了基层地名普查工作有专人抓专人管。

二是建制度。结合兴国县普查工作实际，建立了会议制度、重大事项报告制度、现场调查工作制度、数据审核校验制度、档案管理制度、保密工作制度、普查账务和资产管理制度等11项规定制度，形成了地名普查工作长效管理机制，确保了全县第二次地名普查工作有序开展。

三是建台账。为更好地掌握地名普查进度和工作动态，兴国县建立了地名信息调查登记台账、地名信息审核情况台账、地名普查资料报送台账、地名普查问题整改台账等，为全面掌握和推动地名普查工作提供准确可靠依据。

挖掘地名文化资源 助推大美遂川建设

江西省吉安市遂川县地名普查办

遂川县地处江西省西南，区域面积3144平方千米，人口61.8万，辖11镇、22乡，自东汉建安四年（199年）建县，至今有1800多年的历史。勤劳智慧的遂川人民，在长期的劳动、生活实践中，创造了丰富多彩的地名文化，为新时代建设富裕、和谐、美丽新遂川，留下了宝贵的物质和精神财富。第二次全国地名普查开展以来，遂川县充分利用宝贵的地名文化资源，注重地名文化的保护、传承、利用，探索了一条发挥地名文化作用，推动大美遂川建设的路子。

一、以地名为主线，深入挖掘地名文化

遂川县地名文化内涵丰富，底蕴深厚，很多地名蕴含着“真、善、美”的文化思想和“勤、俭、让”的传统美德，地名文化彰显着遂川人民的“情”和“梦”，“根”与“魂”。多年来，遂川县十分重视地名文化的保护、挖掘工作。

（一）组建专业队伍

由遂川县地名普查工作领导小组牵头，把宣传、文化、县志、党史、文联、旅游等单位的业务骨干整合起来，建立了一支从事地名文化整理、挖掘、创作、宣传的队伍，做到了工作有人抓、有人管，培养了一批从事地名文化会做事、能做事、做成事的队伍。

（二）摸清地名家底

从2014年启动第二次全国地名普查后，通过招标聘请了省测绘局基础院为遂川县地名普查的实施单位，成立了普查工作领导小组，设立了普查办公室，完成了从宣传发动、实地勘查、再到资料上报，共普查了地名8300余

条，摸清了地名底数。

（三）强化宣传弘扬

为推动地名文化发展，县委、县政府牵头，组织编印了《遂川红色故事》《遂川书院文化》等《大美遂川》系列丛书，制作了《乡愁　遂川》电视宣传片，拍摄了电影《神茶》《红色圩场》，邀请遂川本土作家刘述涛创作了《沙子岭机场》《遂川旧事》等地名文学作品，地名文化传承与弘扬风生水起、有声有色。

二、以地名为依托，全力发展乡村旅游

遂川县地处罗霄山脉中端，是典型的山区、林区，山水资源丰富，祖祖辈辈的遂川人民根据山、水的特点，赋予了各地山水很多非常独特的名字。近年来随着旅游业的兴起，遂川县根据山、水、田地名特色，大力开发山、水、田资源。让每个走进遂川的人感受到遂川最有名的山、最神奇的水、最美丽的田。

（一）做好名山文章

南风面是罗霄山脉江西最高峰，海拔 2120 米，也是千年鸟道的地貌标志山峰，每年秋分时节，有数以万只的候鸟从这里飞往中国南部，有时候也在这里短暂休息和觅食，为了做好南风面这座名山的文章，遂川县邀请中央电视台在南风面拍摄了科教宣传片《隘口怪象》，详细地介绍了南风面独特地貌特征、千年鸟道形成的由来，使南风面这座坐落在群山中的大山迅速成名，引来了世界各地的候鸟爱好者慕名前来考察、观光。遂川县因势利导在该地设立了候鸟保护站、环志站、观鸟台，南风面也成了远近闻名的旅游胜地。

（二）做好神水文章

勤劳智慧的遂川先辈，根据遂川水的温度、颜色，命名了热水洲、冷水坑、白水仙等地名，给遂川开发水旅游资源留下了无限的空间。热水洲水温 74℃，汤湖温泉出水温度高达 84℃，昼夜流量 2000 余吨，遂川充分利用热水资源，建起温泉度假村，打造水上乐园、激情漂流、异域风情、养生休闲等项目，日接待游客 3000 多人。冷水坑，因两山夹水绵延 10 千米，水温比一

般河水温度低5—8℃而得名，遂川县委托专业公司组织“溯溪冷水坑”万人公益徒步活动，引爆了冷水坑旅游热。白水仙以瀑布闻名，仙女瀑布86米，水质清澈，飞银溅玉，遂川县投资完善白水仙旅游基础设施，丰富“白水仙”地名故事，现其已成为省级风景名胜区、国家AA级景区。

（三）做好梯田文章

遂川梯田小如碟、大如盆、长如带、弯如月，宛如天上瑶池、人间仙境，尤其是伴随农耕季节的变化，春绿秋黄，展现出多彩多姿的形态，全县10万亩梯田亩亩都有好听的地名、动人的传说，如桃源梯田、梯岭梯田、鹤坑梯田、珠溪梯田等，为了让美丽的梯田走出深山，遂川县每年都要聘请中国摄影家协会的摄影家来梯田拍照、采风，成功举办“第三届全国融媒体看江西——走进中国最美梯田之乡（遂川）”活动，成功获得“中国最美梯田之乡”殊荣，遂川梯田也成了一张亮丽的名片。

三、以地名为基础，推进主导产业发展

遂川金橘、遂川板鸭、遂川狗牯脑茶是该县的地方产品，遂川金橘历史悠久，宋代即为朝中贡品；遂川板鸭也有300多年的加工历史，有“腊味之王”的美称；遂川狗牯脑茶，因茶叶产自该县汤湖镇狗牯脑山上而得名，是江西省“四绿一红”茶品牌之一。这些冠以遂川地名的土特产品，被称为“遂川三宝”，有着深厚的历史积淀和文化底蕴，遂川县注重把地名文化与特产文化有机结合，推动了三大产业的发展。

（一）注重文化挖掘

遂川金橘在南宋淳熙五年（1178年）韩直《桔谱》中记载，“因温成皇后嗜之、价远贵重”，成为皇室珍果，唐太宗李世民每年重阳节在蓬莱殿宴请群臣，都以金橘为上品，每人赐予新鲜金橘。遂川板鸭也是明朝末年，由遂川一名叫刘仁杰的朝廷御膳房厨师发明的一道名菜，因色、香、味、形俱佳，肉干爽肥嫩、风味独特、味香可口而闻名。遂川狗牯脑茶以外形紧结秀丽、香气清新高雅、汤色橙亮、回味甘甜而成为江西茶叶“四绿一红”之首。金橘、板鸭、狗牯脑有故事、有品位，更要有名气。遂川以《神茶》为名制作了一部关于狗牯脑茶的故事片并搬上荧屏，打响了遂川名气。

（二）注重壮大规模

遂川县出台了一系列政策、措施做大特产规模。新种金橘每亩给予500元补贴、连片100亩以上每亩给予1000元补贴，新种茶叶50亩以上每亩给予1200元补贴、连片500亩以上每亩给予2000元补贴、新种5亩以上茶苗基地每亩给予3000元补贴，新建板鸭加工厂给予土地、资金、项目政策优惠，这些惠民措施调动了群众参与金橘、板鸭、狗牯脑茶开发的积极性，全县茶叶种植面积达到24万亩、年产量7000吨，金橘14万亩、年产量6.8万吨，年产板鸭850万只。

（三）注重品牌保护

遂川县对金橘、板鸭、狗牯脑茶既注重品牌创立，更注重品牌的保护，建立了标准化生产体系，先后获得国家驰名商标、省著名商标；同时，积极向国家市场监管总局申报国家地理标志，遂川金橘于2005年获评国家地理标志证明商标，遂川狗牯脑茶于2010年获批国家地理标志证明商标，遂川板鸭于2014年获批国家地理标志集体商标，遂川“三宝”全部打上地方烙印，与地名紧紧联系在一起，受到国家地理标志保护，遂川“三宝”品牌的无形价值超30亿元。

四、以地名为引领，大力弘扬井冈山精神

遂川县是井冈山革命根据地的核心组成部分，毛泽东、朱德、彭德怀、陈毅、罗荣桓等老一辈无产阶级革命家在遂川留下了光辉足迹、创造了辉煌历史，仅在《毛泽东选集》提到的遂川地名就有50多个。这些地名记录了一个个红色故事，演绎了一段段峥嵘岁月，是遂川人最骄傲的精神财富。

（一）结合主题教育，弘扬井冈山精神

毛泽东同志主持制定的《遂川县工农兵政府临时政纲》被誉为中央苏区政权建设的蓝本，体现了井冈山精神。遂川县主动邀请井冈山干部学院的专家宣讲遂川红色历史，指导遂川整理、挖掘红色地名故事，并将遂川县工农兵政府旧址列为中国井冈山干部学院现场教学点，每年组织10多批次主题教育学员现场教学，大大提高了遂川的影响力。

（二）结合特色小镇建设，弘扬井冈山精神

遂川县草林镇是全省第一批特色小镇，也是井冈山斗争时期毛泽东同志亲手创建的红色圩场。毛泽东同志在草林制定了一系列保护工商业发展的政策，使草林圩成为井冈山斗争时期最繁荣的红色圩场。遂川县结合特色小镇建设，投资2000多万元，维修了草林古街，还建起红色圩场展览馆、草林浮桥、草林肖万顺客栈——毛泽东旧居，高度复原小镇原貌，让草林圩名副其实，使人们走进草林圩就能感受到当年毛泽东同志等老一辈革命家实事求是创新路、艰苦奋斗攻难关的气概。

（三）结合纪念活动，弘扬井冈山精神

2016年10月是红军长征胜利80周年，遂川横石村作为红六军团长征出发地，在中国革命历史上具有特殊意义。为了让遂川横石这一红色地名传播更广、更远，遂川县在横石建起了红六军团长征最早出发地纪念碑，维修了红六军团指挥所旧址，修建了长征广场，还邀请肖克之子肖星华、朱德外孙刘康、王佐烈士之孙王生茂等一批红军后代参加纪念红军长征胜利80周年暨红六军团西征雕塑揭牌仪式，遂川横石逐步走进了全国公众视野。

多方联动　多措并举
积极稳妥做好清理整治不规范地名工作

江西省高安市地名普查办

随着高安市城市化进程推进和城市规模日益扩大，各类建筑物、住宅小区、道路大量涌现，随之而来的不规范地名也迅速增多，特别是建筑物和住宅小区地名。为了更好地发挥地名的定位指向、传承人文历史作用，避免通名缺失、“大、洋、怪、重”等问题出现，高安市在完成了11大类7313条地名信息普查的基础上，按照“部门联动、找准问题、分类整治、狠抓落实”的要求，开展了清理整治不规范地名工作。

一、争取领导重视，高位推进

领导重视是做好清理整治不规范地名工作的关键。国务院、省地名普查领导小组召开视频会议部署清理整治工作后，高安市地名普查办高度重视，迅速将文件精神向市委、市政府主要领导汇报，争取领导重视和支持。

一是分析严峻形势。高安市按照上级下发的不规范地名认定原则和标准，梳理了《高安市不规范地名一览表》和地名管理体制存在的问题及由此带来的负面影响、任务要求、实施步骤等，一并向政府领导汇报，把情况讲明、把形势说清，解决为什么要搞清理整治的问题。

二是查找症结所在。过去，高安市地名管理混乱，既有管理体制机制不健全、缺乏统一的管理协调机构、相关部门职责不清、地名管理“政出多门”、开发商命名随心所欲的原因，又有相关部门不作为、乱作为、难作为的原因。通过地名普查领导小组会议多次会商，找准切入点，解决清理整治“抓手”的问题。

三是凝聚整治合力。为积极稳妥推进清理整治工作，成立了以分管副市长为组长的地名清理整治领导小组，明确了相关部门工作职责，落实“各司其职、各负其责”的工作机制，解决清理整治“同频共振”的问题。

二、开展源头治理，遏制增量

就如何推进清理整治不规范地名工作，高安市抓住问题的根本、症结所在，正本清源，严把地名审批“入口关”，做到“命名不再随意、审批不走过场、管理不留死角”。

一是管理主体“对表”。高安市人民政府出台了《关于规范全市地名命名更名工作方案》文件，从根本上理顺地名管理关系，实行地名和地名标志牌归口管理，纠正“政出多门”的不合理管理体制，防止地名“谁都在管、谁都没有管”的问题再度出现，做到源头管控“有人抓”，实现地名管理主体“拨乱反正”。

二是使用地名“对标”。针对开发商为了扩大项目影响、实现项目商业利益最大化而随心所欲命名的问题，高安市要求地名命名必须遵循“四性”，即“人文性、整体性、大众性、专有性”，这样就能够从源头上规范新增地名命名，有效杜绝“大、洋、怪、重”等不规范地名的再次发生。如有个新建小区第一次拟取名“品正·拾里亭”，明显不符合地名管理相关规定，经说明后命名为“品正拾里亭小区”（因附近十里亭路而得名），既符合规定，又体现了人文性。

三是管理过程“对接”。把地名审批作为项目立项“前置条件”，“遏制增量”问题就能迎刃而解。为此，对不规范地名“重灾区”，重点从4个方面进行管控，凡是没有市政府或市民政局的地名批复文件的，市发改委不予立项、市住建局不予发放房屋预售许可证、市自然资源局不予办理不动产登记证、市公安局不予编制门楼牌号。2019年高安市14个新建住宅小区，全部按程序、标准和要求，办理了命名审批手续，地名管理工作步入规范化、标准化轨道。

三、推进问题整治，消化存量

在吃透上级政策精神、把握政策标准的基础上，高安市地名普查领导小组出台了《高安市清理整治不规范地名工作实施方案》，积极稳妥推进不规范地名“存量”清理整治工作。

一是底数“清”。依托高安市第二次全国地名普查数据库，对3674个居民点、137条道路街巷、350幢建筑物名称进行核对梳理，查出8个老旧住宅小区存在不规范地名问题。同时，联合市城乡住房和建设局、自然资源局，对 2014 年以后新增的 34 个新开发的楼盘地名进行核对梳理，查出 15 个新增住宅小区存在不规范地名问题。

二是对象“准”。结合地名工作实际，以城镇新建居民区、大型建筑物、道路街巷等“三类”不规范地名为清理整治重点，分类施策、精准整治，不人为扩大清理整治范围，把群众疑虑降到最低限度。

三是实施“稳”。高安市政府两次召集相关单位负责人开会，重点就“整治存量”工作进行分析研究，对清理整治工作可能出现的负面舆情、可能出现的社会稳定风险点、可能给企业（居民）带来的不利影响、可能遇到的阻力进行预研预判。整治做到“四到位”，即整治合力到位、整治任务到位、整治责任到位、整治措施到位，并按“先易后难、先新楼盘后老楼盘”的方法，因地制宜、循序渐进开展整治，最大限度控制可能出现的风险和负面舆情影响。2019 年上半年高安市已清理整治了 10 个楼盘地名，并完成了更名，社会反映较好。

高度重视　高位推动
精心做好地名普查档案归档工作

江西省修水县地名普查办

修水县位于赣西北修河上游，地处湘、鄂、赣 3 省交界处，县域面积 4504 平方千米，人口 89 万，辖 19 镇 17 乡，是江西省面积最大、九江市人口最多的县。第二次全国地名普查采集词条 11887 条。地名普查成果顺利通过国家验收后，修水县及时部署、高位推动，精心谋划做好地名普查档案归档工作，目前已通过省级验收，并全部移交档案馆。

一、地名普查档案归档基本情况

修水县第二次全国地名普查档案归档工作从 2019 年 3 月初开始，通过专业人员梳理、考证、核定、整理，历时 5 个月加班加点全面完成。共形成纸质档案 11949 卷，其中包括业务类档案 11887 卷、成果类档案 57 卷、其他类档案 5 卷，装无酸档案盒 1604 盒、图筒 2 个、光盘档案盒 1 个；数字化处理档案 11942 卷，电子档案共计 43683 件，其中业务类 31623 件、成果类 12021 件、其他类 39 件，形成画幅 96495 幅，所整理档案达到移交县档案局标准要求。

二、主要做法

（一）加强组织领导，夯实基础保障

1. 落实工作经费。修水县高度重视地名普查档案归档工作，尽管是国家级贫困县，财政资金紧张，脱贫攻坚任务重，仍将档案归档工作作为地名普查实施阶段的收尾工程和关键一环。自地名普查数据通过国家验收后，立即安排档案归档工作，落实档案归档专项经费 45 万元，并纳入地名普查成果转化项目一起公开招标。

2. 落实硬件设备。为了强化管理，确保安全，设置了专用档案室，配备档案柜、专用电脑等设施。档案室实行专人管理，做好防盗、防火、防虫、防鼠、防潮、防尘、防光、防高温等保护工作，档案管理人员定期检查，做好记录，保证安全。电子档案存储于保密电脑中，建立档案备份与恢复系统，保密电脑不接外网、安装保密软件，贴有保密标识，确保档案信息不丢失、不泄密。

3. 落实制度保障。根据档案归档工作需要，修水县先后制定了《修水县第二次全国地名普查工作档案管理制度》《修水县第二次全国地名普查档案保密制度》《修水县第二次地名普查档案查询利用制度》《修水县第二次地名普查档案立卷归档制度》《修水县第二次地名普查档案业务人员岗位职责》等制度，进一步明确了责任主体，为规范地名普查档案管理提供了制度保障。

（二）严格规范标准，强化工作举措

1. 高标准，严控项目招标。由于档案归档的专业性，在招标过程中明确要求投标方熟悉第二次全国地名普查及档案归档要求，对具有地名普查档案归档工作经验者予以加分。考虑到要保存电子档案，优选具有档案数字化加工管理系统、档案加工图形处理系统等系统开发资质的供应商，致力于找到经验丰富、业务能力强的合作伙伴。同时，要求合作方指派经市级以上档案局培训的人员参与档案整理归档工作。

2. 明职责，全程强化督导。为抓好地名普查档案归档工作，树牢主体责任，坚决不做甩手掌柜，做好归档工作的主心骨，修水县积极组织人员认真学习相关文件，学习兄弟县（市、区）经验做法，有计划地安排组织地名普查档案归档工作，对全过程实行严密的监督指导，要求合作方每周向地名普查办汇报一周工作进展情况及存在问题，及时协调解决实际问题，确保地名普查档案归档工作高效、有序进行。

3. 重沟通，保证工作效率。在档案归档过程中，注重加强与县档案局的沟通协调，先后多次到县档案局学习，有疑惑和问题及时联系，并请县档案局工作人员进行现场指导；加强与省、市的沟通，遇到问题及时请示咨询，及时解决，提高了工作效率，确保了顺利移交。

（三）突出效果导向，强化工作效益

档案整理的目的在于利用。为此，修水县牢牢把握纸质档案和电子档案

两个成果，做到“两个确保”：

一方面，确保纸质档案完整规范。对地名普查形成的档案进行分类归档，严格按照《第二次全国地名普查档案管理办法》要求，全面收集了前期普查工作中收集利用的相关历史资料、考证材料、专家修改材料，并进行分门别类的整理；将专家修改材料、同一地名材料单独放置。按照《江西省第二次全国地名普查档案验收办法》（赣民字〔2017〕114 号）和《江西省民政厅　江西省档案局关于地名普查档案归档应把握的几个问题》（赣民字〔2018〕103 号）要求，全部做到“一名一卷”。

另一方面，确保电子档案便捷高效。通过纸质档案数字化转变、精细化修复、标准化处理等流程，建立了电子档案管理系统，将所有纸质档案进行电子化处理，对每一张图像都进行了规范性命名，每一个地名的图像单独存储在一个文件夹中，直接搜索“地名”“档案编号”“案卷号”其中任一项即可查询到对应的档案。对图像的分辨率、清晰度进行了检查，确保每一张图像分辨率在 300dpi 以上、图像清晰可辨。运用 OCR 技术将其转换为双层 PDF 格式，使电子档案可复制、便于日后查询利用。目前，电子档案可直接挂接至县档案局档案数字化管理系统，有效解决了地名管理纸质存档保存难、手工查找速度慢、检索信息时效长等“老大难”问题。

规范地名管理　弘扬地名文化
全力打造省会地名特色品牌

山东省济南市地名普查办

为加强地名文化保护，提升地名管理水平，打造省会地名特色品牌，济南市将地名文化建设与地名法制化建设作为创新工作的突破口，大力实施地名文化保护工程，建立地名命名使用规范新机制，为提升济南城市形象，加快省会经济社会发展作出了积极贡献。

一、以提高地名文化服务水平为目标，规范地名命名程序，实现地名管理科学发展

（一）规范地名命名办法，提高地名命名的科学化规范化水平

为适应新形势对地名管理工作的要求，进一步提高地名工作服务管理水平，在充分调研、广泛征求意见基础上，济南市制定出台了《济南市地名管理办法》，将居民区命名由政府审批改为职能部门登记，最大限度地减少审批环节；明确了地名专名通名的使用标准，增强了依法审批的操作性。2018 年 8 月出台了《济南市市区道路命名规则》，增加了专家论证和社会公示环节，扩大地名命名工作的社会参与度，增强地名命名工作透明度，唤起全社会对地名文化的认知和保护意识。2018 年济南市又启动了《济南市地名管理办法》修改调研工作，拟增加地名文化保护、不规范地名处罚等条款，更好地满足传承地名文化，净化地名命名环境的需要。

（二）增强工作透明度，营造全社会关心、关注的良好氛围

为使依法命名理念深入人心，济南市采取多种形式广泛宣传地名法律法规，进一步提高了全社会的地名意识。一是印发了万余份地名法规全文，发送至相关部门、新闻媒体、县（市）、区民政局和各类房地产开发公司，并在泉城广场组织大型宣传活动，使更多的市民熟知地名管理工作；二是通过报

纸、网站等新闻媒体刊登地名命名原则、标准，宣传命名流程和注意事项，特别是与《济南时报》联合举办“济南市地名管理办法有奖知识竞赛”，通过竞赛的形式普及法规知识；三是邀请地名义务监督员和部分省、市政协委员召开座谈会，研究全市地名命名中存在的问题和对策。

（三）促进地名命名与地名文化相融合，提升地名文化内涵和品位

在老城区道路改造中，济南市为更多地保留体现人文历史风貌的老街巷地名，采用“移植”“复活”的方式，用于新建小区道路中，传承丰富了地名人文历史内涵，取得了不错的成效。如棚户区改造的第一个试点工程使用了“发祥巷”这个街名，官扎营片区改造复活了“官扎营后街”“官扎营中街”“官扎营前街”“官扎营新街”“通普街”等地名。近年来，还组织实施了“为无名道路征名”“我给无名泉起名”“为奥体中心片区新建道路征名”“为高铁西客站片区道路征名”“领秀城片区道路有奖征名”“明府城百花洲片区街巷征名”等一系列征名活动，涌现出了能够体现舜耕历下的舜文化地名群，体现齐鲁文化特色的文博地名群，体现时代风尚的奥体片区地名群和体现“温良恭俭让”国学经典的领秀城片区地名群等。2016 年，会同滨河集团、历城区政府、市社科院联合开展了“华山片区道路命名”论证活动，以体现地域文化、体现历史名人文化、体现华山风貌特色等原则命名了 41 条道路；2019 年，以“名片 + 文化 + 乡愁”为主题，以凸显自然风貌、传承片区记忆、发扬片区文化为原则，尊重片区文化，体现泉城特色命名济南新东站片区道路 22 条，得到社会一致好评，使地名命名与地名文化充分融合、互相交融。

（四）清理整治不规范地名，净化地名命名使用环境

针对居民区使用非标准地名和命名率较低的问题，地名普查办会同公安等部门定期对全市居民区使用非标准地名情况进行集中清理整顿。今年联合市公安局、市自然资源和规划局、市住建局等 8 部门，印发《关于进一步清理整治不规范地名工作实施方案》，进一步加强和规范地名管理，清理整治不规范地名。并对第一批摸底的 8 处不规范地名征求了相关单位意见建议。另外，他们还组织各县区地名工作人员深入辖区项目开发现场，讲解地名命名及使用标准地名的重要性，使用名单位加深了对地名法规的认识，进一步增

强了地名意识。通过清理整顿，济南市的地名命名步入良性发展轨道，年均登记居民区名称达90个，且主动申报比例逐年上升。

二、以组织地名文化活动为载体，保护地名文化遗产，实现地名管理繁荣发展

随着我国城市化进程的加快，地名如何传承城市历史文化遇到了前所未有的挑战。为在城市现代化建设中，加大对地名文化遗产的保护力度，济南市组织开展了丰富多彩的地名文化活动。

（一）开展市民喜爱的老街老巷评选活动

为纪念济南开埠100周年，在全市开展了“市民喜爱的老街老巷”评选活动，共收到选票21000余张，经专家评审确定了20条老街巷为市民喜爱的老街老巷。随后，他们为这20条老街巷挂牌，并在其中已消失的两条老街巷遗址上设立了文化石，供市民观瞻。

（二）开展最具文化遗产价值的老地名海选活动

在全市范围内的1万多个地名中，按照历史久远、个性鲜明、知名度高、蕴含丰富等标准，经过近2万人的评选，评定出趵突泉、四门塔、芙蓉街等30个老地名，作为济南最具文化遗产价值的老地名。

（三）开展济南地名文化展

为配合纪念济南解放60周年，举办了为期10天的“我们的城市记忆——济南地名文化展”，共收集各类反映老地名的图片资料9000余张，参观人数达2万余人次。

（四）开展济南地名文化论坛

围绕地名文化保护与发展这一主题，2010年9月，济南市举办了“2010济南地名文化论坛”，全国近150名各界专家学者同人齐聚一堂，共同研究探讨济南乃至全省全国地名文化保护工作的措施策略及发展方向，为各级地名文化专家、地名管理工作者搭建起交流合作的平台。

三、以开展地名普查为契机，传承发扬地名文化，实现地名管理良性发展

目前，第二次全国地名普查进入成果转化阶段，他们充分利用这一有利契机，做好几项工作：一是借助地名普查海量资源，加快各类成果转化，组织开展地名理论研究，编纂出版地名理论书籍、地名图录典志。二是清理整治各类普查过程中发现的不规范地名，及时安排各相关单位及县区，对专业管理和辖区内的各类地名进行再登记、再甄别、再审定，对存在的“大、洋、怪、重”地名统一上报，审慎清理，对新增地名名称严格把关，切实杜绝不规范地名出现。三是做好“济南市区划边界地名 App”的推广使用，使其成为地名管理者规范区划地名管理的“利器”，成为广大市民了解济南地名工作的“窗口”。

以普查为契机大力推进地名文化建设

山东省诸城市地名普查办

诸城是千年古县，历史悠久，名士辈出，自古以来被称为文献礼仪之邦，地名文化内涵极其丰厚。诸城市在开展地名普查、实施地名标准化过程中，抓住“文化”这个主线，把搞好地名文化建设作为地名工作的精髓和各项服务的延伸，在完成地名普查各项任务的基础上，创新机制，丰富载体，大力推进地名文化建设。建立了政府管理和社会化研究有机结合的工作格局，取得了一系列的管理和学术上的成果。

一、搭建协会平台，凝聚人才智力

近年来，地名文化已成为打造城市形象、实现“文化名市”的重要支撑。地名普查是手段，地名文化的挖掘和应用是目的，而地名研究及地名公共服务都离不开社会资源的支撑。诸城市适时成立了地名协会，成为山东省首家县级地名文化类社团。协会吸纳了在地名文化方面有建树的专家学者和爱好者 70 多人为会员，扩大了地名工作的知名度。使地名普查工作得到更加广泛的社会人才和智力的支持，地名规范、地名设标、地名规划、数字地名、地名研究、地名服务等方面都得到深入和拓展。协会成为联系政府和群众的纽带、市民参与地名文化建设的渠道和开展地名研究的主体。协会成立以来为政府提出合理化建议 12 条，为地名普查提供考据资料 200 多份，创作地名研究论文 55 篇，图书 7 部，获得国家及省地名成果奖 6 次，逐渐成为当地有影响力的文化社团。

二、拓展新载体，弘扬地名文化

诸城市地名委员会办公室、地名协会联合创办了《诸城地名文化报》，作为协会的会刊和发布地名信息的窗口。该报彩印 4 版，每季度出版 1 期，以“弘扬地名文化，传承华夏文明”为宗旨，栏目包括“地名工作”“地名考释”“古今地名”“地名故事”“地名学常识”“古今地名”“法规选登”等10多个栏目，融知识性、趣味性于一体，图文并茂，雅俗共赏。成为展现地名工作的窗口、学术讨论的园地和普及地名学的通俗读物。创刊以来地名学者争相投稿，优秀作品层出不穷。《地名文化报》同时成为对外交流的媒介和外地游子怀乡的寄托，最远曾经交流至陕西省和台湾省。随着地名普查的深入开展，在融媒体充分发展的新形势下，按照上级“边普查，边应用”的工作原则，诸城市在地名网站的基础上，适时开通了“诸城地名文化”公众号，让地名文化走进千家万户。公众号推广信息快捷、灵活，丰富多彩、趣味性强，可以实现平台与观众的互动，从而使地名文化由高高在上的“冷文化”，变成广大群众看得见、摸得着、喜闻乐见的形式。

三、开展活动，激发文化活力

一是开展“地名纠错活动”促进地名规范使用。通过纠错活动，把地名的使用完全置于群众的监督之下。地名协会会员吸收为地名使用监督员，引导广大市民积极参与。对于错用、乱用地名的，地名办采取公布和发函的形式，使一些单位和个人主动作了改正，效果良好。

二是开展地名寻根服务。“寻根”服务是地名咨询服务的新形式，过去很多游子寻根未果，抱憾终身。但诸城市自从形成地名文化人才团队后，对地名寻根者基本做到有问必答，有始有终，有线索必有成果。地名工作者负责认真地查证每一件寻根地名，有时，一个地名考证需要多人配合，查找多种资料，有的需要亲临现场考证，有的考证需要几个月甚至更长的时间，但这个地名文化团队耐心服务，不厌其烦，以铁杵成针的精神，坚持为寻根者找到家。3 年来共查证地名 35 起，确切查证 22 起，使寻根者感受到了家乡人的热情和地名文化的魅力。寻根服务扩大了地名文化的影响力。

三是举办地名文化知识竞赛。4 年来先后举办 4 期地名文化有奖知识竞赛。参与者总数达 5000 人，中奖者远及各省。通过知识竞赛宣传了地名文化，同时挖掘了一批地名文化学者和爱好者。地名学的魅力得到充分展现，“爱家乡从地名研究开始”“我写我家”“写好自己的家”成为地名爱好者的时尚。

四是开展老地名保护工作。对城区老街巷地名、文化内涵丰富的村庄及其他地名实体，采取一系列保护措施，通过调查摸底，登记建档，做到每个地名有来源、有图片、有示意图，建立了全市《地名文化保护名录》。做好具体地名的分析论证，实施分类保护。具体分为实体与地名并存的、有地名无实体的、有实体已更名的和正在开发的 4 类，分别采取不同的保护措施；在此基础上做好宣传推广，建立了全市《地名资源备用库》，挑选文化内涵丰富的老地名向社会宣传，鼓励开发新区合理使用老地名或由老地名派生的新地名。目前，诸城市分别出现了以超然文化、舜文化、恐龙文化、名人文化、古城文化等为核心的地名群，如东坡小区、近苏巷、超然台路是由苏轼超然文化衍生的地名，舜王大道、诸冯街、舜德路等是舜文化的标志，明诚园、臧克家路等是名人文化的代表；古城路、书堂苑、密州路、关帝庙巷等是古城地名的利用和再生等。对老地名的宣传保护，使人们认识到地名的文化价值和开发潜力，从而在城市建设中自觉保护和发展地名文化。

四、多方参与，促进地名管理规范化

诸城市以地名协会核心成员为主体成立了地名专家组，参与第二次全国地名普查、地名规划、地名命名更名的论证、地名图书的编纂等工作。按照“文化”统领、体现特色的思路，保护老地名，纠正盲目追风、滥用时尚名称、人为割断文化传承的做法，以及地名应用中的“大、洋、怪、重”等错误。通过实践，形成了一套规范的地名命名论证程序，即采取地名办公室主持、协会联络、专家论证、群众参与、政府审批的方式进行。专家学者的广泛参与，使新的命名的科学性和文化内涵明显提升。

五、开展地名研究，加快成果转化

随着地名普查工作的基本完成，边普查，边应用，地名文化的社会知名度也得到了极大提高，地名研究在地方文化中占的比重越来越大。几年来参与编辑的官方文献有《乡镇街道信息全书》《千年古县》《中国政区大典》《山东地名故事》《潍坊地名故事》《诸城市志》《古镇古村》《中国标准地名词典》《中国地名志》《山东省地名志》等；在地方文献中地名成果占三分之二之多，地名研究成果十分丰厚，有《诸城地名文化报》（刘烜编辑）、《地名史话》（张德仁撰）、《地名探源》（崔金河编辑）、《诸城水经》《诸城村庄》（郝敬友撰）、《超然台》（李增坡等编辑）、《老诸城》（胡强编辑）等报刊书籍；有全国获奖论文《街路巷命名中的文化要素及相互关系》《县域视角下的地名变迁与地名文化保护》等；入选优秀论文《论地名的文化性》《诸城地名源流考》《试论寻根中的地名考证》等；在各级刊物上发表的研究文章达 40 余篇。同时，一批全新的文化类地名标志（老城地名标志、文化村标、红色地名标志等），已经设计制作完成，将首次装点这个有着深厚文化韵味的古老城市。

地名文化有着无限的深度和广度，习近平总书记提出城市建设要“看得见山，望得见水，留得住乡愁”，这其中有深远的文化意味。地名文化保护和利用为提升城市软实力提供了坚实的文化根基。新的时代，诸城人将不断开拓创新，进一步弘扬地名文化，在创建文明城市、实现“文化名市”、全面振兴乡村战略等重大社会工程中，让地名文化焕发出新的光彩。

淄川区“六弦和奏”
加强地名文化保护和地名命名管理

山东省淄博市淄川区地名普查办

第二次全国地名普查开展以来，淄川区普查办严格按照国务院和省、市地名普查工作领导小组的部署要求，采取“边普查边整改”“边挖掘边保护”等措施，稳步推进各项地名普查工作深入开展。工作中，该区坚持组织领导、人员配备、经费保障、业务培训、工作措施、宣传发动“六弦和奏”，谱写了地名文化保护与地名规范化管理互动发展的优美乐章。主要做法是：

一、以深入的宣传工作，营造地名普查氛围

区民政局领导高度重视地名文化保护和地名规范化管理工作，亲自筹划、亲自组织、亲自督导工作落实。按照立体式宣传的工作构想，以宣传普查政策、普查方法为突破口，以地名普查办工作人员和镇办专兼职人员为主体，及时建立了地名普查 QQ 群、完善了地名信息网站、创建了《淄川区地名普查工作简报》，并通过报纸、广播、电视等媒体，大力宣传地名普查的目的、意义、任务、目标和要求。在城区醒目位置和重要路段设置宣传牌 40 多块、制作墙体宣传标语 63 条、悬挂条幅标语 26 条、制作宣传灯箱 100 个、循环播放电子字幕 400 余次，发放地名普查明白纸 10000 多张，实现了人民群众与地名普查的“零距离”接触。通过微信公众号“新淄川”定期向微信用户发布淄川地名故事，做到了报纸上有字、广播上有声、电视上有影、网络上有故事。为方便地名普查人员工作，区普查办统一制作配备工作证、手提袋 1200 多个，不仅起到了积极的宣传作用，而且大大激发了普查人员的工作责任感。

二、以高度的行动自觉，规范地名命名管理

工作中，淄川区针对由于区划调整、城市改造、道路修建、生活区连片

开发等原因，导致部分城区道路出现“一路多名”“有路无名”“名称过长”“企业冠名”等问题，区普查办按照“边普查、边整改”的原则，及时成立了城区道路地名规范化管理调研小组，对200多条已命名道路和40条规划道路进行实地调研，在广泛听取群众意见建议的基础上，依据相关政策法规，制定了《淄川主城区74条道路命名更名方案》，并分别于2015年5月28日、6月2日向区人大、区政协作了专题汇报。6月15日，通过《淄川工作》、淄川政府网、淄川地名网向社会进行公示。2015年10月21日，淄川区政府向全区发出了《关于对城区部分道路进行规范化命名的通告》，一是对聊斋路、淄城路、松龄路等12条道路进行了起止点调整。二是对建设路、西山路、颐泽将军大道等16条道路注销原名称、更名或调整起止点。三是对张博路附线淄川段、苏相路、丰泉路等40条在用道路、规划道路进行了规范命名。四是对唐骏欧铃路、水院路、电厂路等6条道路注销名称。通过规范道路地名管理，极大地方便了群众的生产生活，提高了地名的公共服务水平。

三、以创新的传播手段，讲好淄川地名故事

一是组织拍摄地名文化系列专题片19期。2014年年初，区民政局党组按照地名文化保护与地名文化宣传相结合的指导思想，确定了拍摄淄川地名文化系列专题片《地名文化·淄川行》项目，并成立了以局分管领导任组长，业务科室和各镇、街道办事处民政主任为成员的工作小组，从300余篇淄川地名故事中，筛选出有代表性的历史文化和民间传说30余篇，分“山之明、水之秀、人之杰、地之灵”等4个系列，委托区广播电视台《聊斋故里》栏目组实地拍摄。拍摄工作具体由区民政局牵头，区广播电视局，有关镇、街道办事处、淄川开发区等单位联合摄制，陆续在《聊斋故里》栏目播放。其中，《淄川地名故事》《悬羊山》《焕山》《洄村古楼》《云明山》《齐山》《杏山》《梓橦山》《烈士陵园》《兆福寨传说》《圣泉水传说》《齐桓公与悬羊山》等专题片，均受到广大观众的好评。2018年上半年，组织拍摄的《大荒地——鲁中人民的初心地》《马鞍山——刺破青天锷未残》《最美地名仙人乡的由来》，在国家2018年“美丽中国·地名寻梦”平台上展播。其中，《大荒地——鲁中人民的初心地》短视频，2019年在“守初心，担使命，跟党走”淄博红色故事微视频大赛中荣获二等奖。通过聚焦淄川地名历史文化、历史事件，集中展示了淄川2000多年的沧桑岁月；通过聚焦淄川民间美丽传说、地

名故事，充分展现了淄川多姿多彩、韵味无穷的“般阳文化”；通过聚焦淄川红色历史文化，进一步展示了党政军民团结一心，顽强拼搏，战胜强敌和艰难困苦的光辉历史。通过拍摄淄川地名文化专题片，反映了淄川人民勤劳、勇敢、机智、善良的品格，更加激发了全区广大人民群众建设富饶、秀美、幸福新淄川的工作热情。二是编纂《淄川地名故事》3 部。继 2011 年、2012 年出版《淄川地名故事》第一集和第二集后，为深入挖掘整理淄川古老的优秀地名文化，营造和培养广大群众的地名文化保护意识，在时间紧、任务重、人员少的情况下，该区于 2015 年挖掘整理出了《淄川地名故事》第三集稿件，分“地名红色记忆”“地名史话”“地名来历”“地名故事”“地方名胜”“乡愁记忆”等栏目共计 110 余篇。在此项工作中，该区先后聘请对淄川历史、地理、文化和地名知识有深入研究的专家学者，对征集到的地名故事进行筛选、校对、编辑，不断增加淄川地区独有的陶瓷文化、煤炭文化、聊斋文化、长城文化、医药文化、孝道文化等本土文化元素，使读者们在阅读中既观览了淄川山水、城乡秀色，又能领悟到爱祖国、爱家乡的道理。

自主普查　全民参与　创新路径
打造地名普查滨州经验

山东省滨州市地名普查办

在地名普查工作中，滨州市突出阶段目标管理，前期抓“资源、队伍”，中期抓“内功、外力”，后期抓“控制、模式”，精心设计路径，精准发力攻坚，推动地名普查工作扎实高效开展。普查地名2.8万条，完全独立自主完成入库、标注、修图等工作，对普查成果数据进行了9轮集中修改，形成了4类13项组织实施类档案材料。2015年，滨州经验被民政部以《民政参考信息》的方式印发全国。自主普查首先节约了财政资金，其次流程高度可控，内容权威可靠，更重要的是锻炼出了一支地名人才队伍。

一、做足三项准备，奠定坚实可靠的工作基础

一是搭好班子，拉起队伍，做到“人手充足”。成立以分管市长为组长的普查领导小组，依托全省唯一全额财政拨款的副县级事业单位的滨州市地名办公室，设立市地名普查领导小组办公室。各级专职普查人员320人，建立起横向囊括40余个业务部门，纵向涵盖市县乡村4级的普查联络员队伍。二是积极争取，精心预算，做到“资金充足”。在高效用好上级资金的同时，全市积极筹措资金420万元，保障了普查工作的经费。三是立足需求，应配尽配，做到“设施完备”。市县配备了数据库电脑、复印扫描一体机、GPS定位仪、高清数码相机、录像机等设备，乡镇配备了数码相机、笔记本电脑等设备，普查联络员统一配备专用存储U盘。

二、发力三个维度，营造持续浓厚的舆论氛围

一是空间上铺天盖地。市级开展了普查宣传月，通过设置路名牌公益广告、开展“寻找最美地名”和“地名知识竞赛”及开辟媒体专版、专题等形式开展宣传；县区通过悬挂横幅、电子显示屏等方式加强宣传；乡镇一级通

过张贴宣传画、农村大集宣传等方式开展宣传；村庄、社区通过政务公开栏、标语粉刷等方式宣传地名普查。二是形式上贴近群众。重视微信、QQ 等新媒体的宣传作用，开通地名微信公众号，升级地名网站，设立地名普查专栏。县区积极制作“微电影”“微视频”宣传地名普查。七旬老人手写万字地名故事参与地名普查，成为一时热点事件。三是时间上长期持久。市地名普查办设置 500 块路名牌公益广告长期宣传，各县、区地名网站作为长期宣传阵地也纷纷开设地名普查专栏，录制《博兴地名故事》《邹平地名故事》《大森聊滨州》等视频在网络上传播。

三、畅通三条途径，提升普查人员的业务水平

一是学先进、集中学。先后组织业务骨干赴先进地区学习成功的普查模式，到浙江大学等高等学府开展业务培训。邀请省普查办专家讲解地名样表填写、地名普查组织实施工作。全市集中培训人员近万人次。二是互相学，日常学。开设地名普查专家热线，开设 QQ、微信工作群，加强普查参与人员的日常沟通，分享经验心得。编印发放《普查参考》《问题台账》等参考材料近 5000 份。三是干中学，学中干。严格对照技术标准开展地名信息调查等各项工作，确保有出处、有规范、有标准。遇到疑难问题，及时加强与上级、兄弟单位、普查一线的沟通，确保普查的规范性、准确性、统一性。通过与日照市普查员交流，解决无棣县拼音不明原因批量报错问题。

四、用好三种人员，建立普查业务的外脑智库

一是用好明白人。聘请地方史志、国土、住建、水利等部门的专业人员，对地名登记表格进行内容审核，确保内容准确。请回参加第一次普查的老地名专家，发挥经验，指导“二普”。二是用好自己人。组织参加普查业务骨干集中互检地名表格，既为对方找错误，又学习别人经验，更好地提升工作质量。三是用好热心人。聘请退休老教师、乡镇站所长为普查协助员，在地名普查过程中提供咨询，形成普查表格后帮助审核，提升了地名普查的质量。

五、借好三次东风，破解标准标志的重点难点

一是破解农村设标难题。抓住农村环境 3 年集中整治的时机，与市农村环境综合治理指挥部共同实施“村碑规范化”项目，对全市自然村地名标志

进行统一标准、规范设置。二是破解城市命名难题。积极参与《滨州市建设工程项目并联审批实施意见》，争取到地名合法性、合理性审查为建设项目的前置审批，理顺了地名审批前后倒置的矛盾，彻底扭转地名管理被动的态势。三是破解路标规范难题。抓住全市“六城同创”契机，对全市路名牌等地名标志进行全面排查，系统进行补设、维修。参与推动市政府正式出台《滨州市户外广告管理办法》，切实加强了对附带广告位地名标志的管理。

六、设好三道关卡，提升普查成果的内涵质量

一是全面扫描。应采尽采，按照“一个都不能少”的原则，敞开采集，后期精选，对可采可不采、标准有争议的地名一律采集，避免二次返工。织好网络，条块结合，部门为纲，属地为目，部门、乡镇双向采集，获取最全面信息，相互补充。总量控制，划定每县 4000 条地名参考线，对于差距明显的县区，找出问题，查缺补漏。二是深挖内涵。注重野外调查，收集民间口口相传、原汁原味的文化属性信息。开辟第二战场，支持市档案局、《鲁北晚报》开展对地名内涵的野外调查。引入专业意见，聘请各方面专家，对地名普查中的文化内涵属性，进行专业审查并给出专业意见。发扬工匠精神，不仅要做“标准统一的工业制成品”，还要做“独具匠心的艺术品”，对文化属性内容精益求精，对一时难以解决的问题，不画句号，多画逗号。三是立体审核。判好作业，成立市技术审核组，集中审核，县区互审，在审核中相互学习，查缺补漏，完成逻辑性、合理性、真实性、准确性审核。制好样板，编制门类齐全、格式规范的地名普查样表，画成最终全面、规范、可学的“葫芦”，各县区对照“葫芦”，返工修订完善。返工修正，根据审核标准完成返工修正，发挥互联网、政务信息公开等作用，交叉验证，提升信息真实性、现势性、权威性。

七、严格三项控制，确保普查过程的安全高效

一是严格督察，进度上进入快车道。实行一周一督查，一周一调度，深入县区、乡镇（街道）、村（居）进行督查。经过不断完善，普查县区地名调查条数达到 4000 条左右。二是问题会商，规范上走成一条线。成立技术组，在普查过程中及时介入、全程审核，对发现的个性问题，及时提出改正，对于共性问题，发布《地名普查疑难问题参考》，全市统一参考执行。三是严

格保密，安全上确保零事故。对于军事设施、文物、墓葬等涉密设施区别对待，由涉密单位先行梳理、遴选、采集，延迟上报，专人管理，专柜保存。向普查参与人员发放专用存储设备，确保普查信息不流失、不泄密。

八、开辟三个板块，丰富成果转化的形式内容

一是学术转化上讲规律。利用地名普查为研究材料，与滨州学院合作出版了系统、全面、细致的《滨州地名研究》学术著作，全书 92 万字，2017 年由线装书局出版。组织撰写《滨州市村庄通名分类研究》《道路街巷命名中科学性与人文性结合研究》《沾化区年代最近的村》等多篇理论文章。二是文学转化上讲趣味。根据地名普查成果，编纂出版了《邹平地名故事》，全书 87 万字，2017 年由九州出版社出版。同时出版了《长白山志》。与市档案局合作开设《滨州地名故事》专展。结合第二次全国古村大会，编纂了包括 54 个村庄的《古村记忆》。三是专业转化上讲服务。出版了《无棣县地图集》《沾化区地图集》《滨州市行政区划图》等各类地名图。编纂完成《沾化区地名志》《无棣县地名志》，并进行了 3 次修改。变被动为主动，利用普查成果对群众常用的百度地图、高德地图等进行纠错，使地名普查惠及更多群众。

对口帮扶　强力推进地名普查复验工作

河南省地名普查办

为加快推进全省地名普查验收工作进度，提升地名普查成果质量，河南省地名普查办在全省开展地名普查对口帮扶工作，确保地名普查验收质量。

帮扶时间为2017年5月24日至6月5日，帮扶对象为地名普查成果质量相对较差、地名普查工作进度推进缓慢的单位。省地名普查办抽调在省级验收中质量较好的商丘市、周口市和驻马店3个省辖市区划地名科长及辖区内部分县区区划地名股长、聘请的地名普查专家组成3个帮扶小组对技术力量较弱的3个省辖市进行对口帮扶；省普查办成立督办小组重点督办进度缓慢、质量较差的2个省辖市；个别县（市、区）较为落后的省辖市要组成帮扶小组对本辖区内较为薄弱的县（市、区）组织力量进行指导帮扶。

为保证帮扶效果，河南省地名普查办对帮扶工作提出了要求。一是被帮扶的省辖市对需重点帮助的县（市、区）集中到一个地点进行帮扶。帮扶结束后，帮扶小组与被帮扶单位分别向省地名普查办上报帮扶情况报告。二是省辖市内部指导帮扶结束后，需向省地名普查办报送重点帮扶单位地名普查成果质量和普查工作进度情况报告，报告中必须有定性评价。三是帮扶过程中，严格按照《第二次全国地名普查质量评价体系》《第二次全国地名普查成果验收办法》《第二次全国地名普查成果数据入库检查要点》等地名普查成果验收标准，进行全面梳理，对指出的问题，立即整改，确保地名普查数据一次性通过国家验收。四是帮扶结束后，省地名普查办对各地普查成果进行复验，逾期完不成任务的单位，省地名普查办将予以通报批评。

帮扶小组首先全面了解、熟悉了帮扶对象的地名普查数据质量和组织实施类整体情况：地名属性信息不完整、栏目缺失、内容少、文字不完整、文化内涵挖掘不深入。针对存在的共性和个别问题，分组审核：即审图组、审库组、审属性信息组，属性信息组再分为：审政区、审群众自治组织、审居民点、审单位和审其他等组，各负其责，逐县、逐类、逐条、逐项、逐栏目、逐句、逐字地查看、比对、审修，最后集中会审定稿的快捷帮扶工作方法。通过历时 2 周的帮扶，推进了全省地名普查验收工作进度，使全省普查成果质量达到了一个水平，为顺利提交国家验收打下了坚实基础。

增强文化自信　传承地名文脉
积极稳妥推进不规范地名清理整治工作

河南省许昌市地名普查办

地名是社会基本公共信息，是国家和民族文化的重要载体。推进地名标准化建设，保护传承弘扬优秀地名文化是地名管理的一项长期任务。全国清理整治不规范地名活动开展以来，许昌市高度重视、精心组织，协调联动、凝聚合力，强化宣传、标本兼治，净化了地名环境、延续了地名文脉，提升了地名法治化、科学化、标准化水平，清理整治工作取得一定成效。主要做法如下：

一、周密部署，高标准高质量启动

许昌市民政局向市政府进行专题汇报，市政府主要领导批示，要求加大工作力度，严格地名把关，充分征求民意，切实抓好落实。一是组建领导机构。组建了以政府分管领导为组长，政府副秘书长、民政局局长为副组长，市民政局、公安局、自然资源与规划局、住房和城乡建设局、交通运输局、市场监督管理局为成员单位的清理整治工作领导小组，领导小组办公室设在市民政局，负责清理整治活动的统筹协调和督导落实。二是成立工作队伍。领导小组从各成员单位及市辖区抽调人员组建清理整治工作队伍和督查队伍，切实抓好清理整治工作任务落实。同时，组建了由历史、地理、方志、文化、法律等方面专家组成的清理整治专家队伍，注重发挥专家在清理整治活动中的咨询论证和风险防控作用。各县（市、区）也成立相应的组织机构，稳妥有序推进实施。三是制订实施方案。经充分沟通协商，市民政局、公安局等6部门联合印发了《许昌市进一步清理整治不规范地名工作实施方案》（许民文〔2019〕25号）。此后，及时召开了市直部门联席会议成员、联络员及各县（市、区）分管领导、地名办主任参加的动员部署会议。

二、强化担当，明晰目标落实责任

根据省民政厅等6部门通知精神，聚焦“加强和规范地名管理，传承弘扬优秀地名文化”总目标，一是全面摸底排查。市、县两级采取数据库搜集、民间征集、遥感影像图对照及实地查看相结合的方式，共排查出不规范地名140个。其中擅自命名、更名的大、洋、怪、重居民住宅小区及大型建筑物37个；一地多名、有地无名及地名标志设置、书写不规范的道路街巷25条；成立较早、名称较为规范但未向地名主管部门申请备案的居民住宅小区78个。二是突出工作重点。以弘扬社会主义核心价值观为原则，对居民区、大型建筑物和道路、街巷等地名中存在的“大、洋、怪、重”等不规范地名进行标准化处理。重点清理整治社会影响恶劣、各方反映集中的城镇新建居民区、大型建筑物中的“洋”地名，及房地产广告、户外标牌标识、互联网地图、在线导航电子地图等载体上的不规范地名。三是细化工作措施。围绕清理整治目标任务，结合各成员单位工作职责，对其在清理整治中的责任和任务认真梳理，明确工作标准，科学合理、规范有序安排清理整治计划和推进措施，做到工作细化、任务分解、责任落实。

三、凝聚合力，分类施策综合整治

开展不规范地名清理整治活动涉及多个部门，既要发挥好各相关部门各负其责的职能作用，又要发挥好地名主管部门沟通协调的牵头作用，形成清理整治工作“统一领导、分工负责、齐抓共管”的良好局面。一是密切协同联动。市领导小组先后召开动员部署会、推进汇报会和攻坚协调会，听取清理整治情况汇报，研究解决清理整治过程中重大问题和突出矛盾。根据工作进度，组织部门会商和专家论证，逐一进行社会稳定风险评估，经反复研究论证，14个新建“大、洋、怪、重”居民住宅小区及大型建筑物，25条地名标志设置不规范的道路街巷，78个未申报标准名称的老旧住宅小区列入不规范地名清理整治清单。针对不规范地名的不同情况，分门别类，一类一议，提出具体处理意见，确定处理时限。二是精准分类施策。对于清单中14个社会影响恶劣、各方反映集中、擅自命名更名的“大、洋、怪、重”新建居民小区和大型建筑物，市、县两级民政部门会同市场监督、城市管理部门，联合下发整改通知书；对于25条地名标志设置不规范的道路街巷，市、县两级民政、住建部门于7月底前按照标准地名予以更换设置；对于未向地名主管部门申报标准名称的78个住宅小区，通知其建设或管理单位，7月底前统一到民政部门备案，并通过政府网站和社会媒体进行宣传，引导群众接受和使用标准地名。三是严格依法行政。6月4日至12日，市、县（市、区）民政局、市场监督管理局、城市管理局组成联合执法检查组，对14个擅自命名、更名的不规范居民小区、大型建筑物逐一下达整改通知书。责成开发企业6月底前清理不规范地名相关的标志标识和广告宣传，重新设置标准地名标志。截至8月底，重点清理的14个“大、洋、怪、重”居民小区已整改到位13个，已对“南加州”“伊顿小镇”“北海62号郡”“恒达NAPA溪地”“建安府”“旭辉公元1875”“东方威尼斯”等设立的非标准名称标志标识全部进行了拆除更换；通过积极协调，百度公司对照普查办提供的标准名称，在电子导航地图进行了相应的修改、更正；78个未申报标准名称的居民小区，已全部完成名称备案。25条一地多名、有地无名及地名标志不规范的道路街巷也已全部整改到位。

四、广泛宣传，强化舆论监督引导

地名与人民群众生产生活和社会交往息息相关。在命名更名工作中，一旦出现工作程序不规范、征求意见不充分、命名更名不科学等问题，极易引发媒体热炒和群众热议。一是主动宣传赢得理解。充分利用报刊、广播和互联网等媒体，加大对清理整治不规范地名活动的宣传。通过“许昌零距离”电视节目专访、《许昌晨报》答记者问、FM926交通广播及“今日头条”网络平台等，多渠道、多形式宣传不规范地名的危害、清理整治活动的意义，普及地名管理政策法规，最大限度地争取人民群众的理解和支持。二是征求意见赢得支持。积极协调文化旅游、教育、水利部门参与，以规范地名文字书写认定、加强地名文化保护，规范旅游、水利风景区地名管理，确保清理整治活动的科学性和严谨性。牢固树立以人民为中心的工作理念，充分听取群众意见建议，妥善做好所涉居民身份户籍、不动产登记、工商注册登记等证照信息变更，尽量降低地名更名给人民群众生产生活带来的不利影响。三是舆情监控正面引导。针对清理整治不规范地名可能产生的不稳定因素，及时向政府汇报，主动与民宗委、网监部门沟通，积极引导和回应社会关切，有针对性地制订风险防控预案和具体应对措施，防止负面炒作，确保清理整治活动有序推进。

五、标本兼治，完善长效管理机制

此次专项清理整治活动，许昌市坚持在大力整治现有“大、洋、怪、重”等不规范地名的同时，健全完善地名管理长效机制，坚决遏制使用新的不规范地名。一是务求整治实效。对于已下达整改通知，逾期不配合整改的重点清理对象，积极联合相关职能部门，采取媒体曝光批评、降低信用等级评定，市场监管部门行政处罚，市、县文明办督查整改等措施，督促相关单位整改到位。对于责任主体不明确，超出基层化解能力或牵涉多个部门的，提请市政府召集相关部门会商解决，确保不规范地名清理整治落到实处。二是创建共享平台。依托市、县地名普查数据库，构建完善的部门间地名信息共享机制，为不规范地名清理整治提供便利。积极探索“互联网＋地名”，引入互联网工具，构建新型地名信息服务平台，为社会提供方便快捷的标准化地名信息服务。有序清理地名标志、道路交通标志、户外标牌广告、互联网地图、在线导航电子地图等载体上的不规范地名，引导社会各界自觉使用标准地名，压缩不规范地名滋生蔓延空间。三是健全制度规范。坚持把地名管理工作融入日常、抓在经常，加大对居民区、建筑物、道路、台、站、港、地等名称的命名、更名审核把关，建立政府领导、部门联动、社会支持、群众参与的工作机制，健全专家论证、社会听证、公开公示、联合执法等工作程序规定，强化监督管理，切实从源头上遏制产生新的不规范地名。

地名虽短几个字，传承文脉上千年。不规范地名清理整治工作吹响了加强地名文化自信，加大地名文化保护的号角。要以这次清理整治活动为契机，更加深入地学习领会习近平总书记关于保护传承优秀传统文化的论述，更加系统地掌握上级政策要求，更加准确地把握新时期地名管理工作规律，努力完成不规范地名清理整治任务，弘扬优秀传统地名文化，不断提升地名管理标准化水平，为全面建成小康社会、实现中华民族伟大复兴的中国梦作出新的贡献！

清理整治不规范地名　延续城市历史文脉

河南省安阳市地名普查办

地名是一个地区历史文化、风土人情及地方文明的重要载体。根据《河南省关于加强地名文化保护清理整治不规范地名工作实施方案》，结合安阳市第二次全国地名普查工作，安阳市不断挖掘地名历史文化内涵，加大不规范地名清理整治力度，为传承和发展安阳的历史文化作出了积极贡献。

一、规范程序，加大力度，清理整治不规范地名

一是以健全规章制度为切入点，规范地名管理工作流程。根据《安阳市地名管理办法》，逐步推行标准地名使用证制度（门牌使用证制度）、大型建筑名称申报审批制度、标准地名公告制度。根据制度逐步形成申请审核、专家论证、公示公告等规范的地名命名工作流程，使地名命名工作不断走向规范化的轨道。出台安阳市《安阳市关于加强地名文化保护和清理整治不规范地名工作实施方案》的通知，印发了《安阳市城镇住宅和建筑物名称管理暂行规定》，对安阳市大型建筑物命名进行规范。

二是以清理整顿地名为突破口，加大地名的规范管理力度。2016 年 7 月，组织各县、区就清理整顿不规范地名召开专题会议，明确清理整治不规范地名的重点是居民区、大型建筑物、街巷、道路、桥梁等地名中存在的“大、洋、怪、重”等不规范地名。各县（市、区）要依照有关法规和标准，对不规范地名进行标准化处理。2016 年 12 月，下发《安阳市第二次全国地名普查领导小组办公室关于地名标准化处理有关事宜的通知》，要求各县（市、区）上报清理整顿不规范地名的工作进展情况，督促各县（市、区）采取有力措施，认真做好贯彻落实。

三是清理整顿工作成效明显，不断提升安阳市地名文化品位。根据严格依法行政、立足传承保护、坚持因地制宜、充分尊重民意四方面原则，不断加大清理整顿不规范地名工作力度，加强地名标准化处理工作。例如：“东方

王府”更名为“安沁园”，“巴黎春天”更名为“吉祥春天”等，通过清理整顿不断规范住宅小区和大型建筑物的名称，使富有安阳历史文化特色的名称不断提高安阳市的文化品位。

二、注重利用，加强保护，传承优秀地名文化

一是加强地名研究，通过地名追寻历史记忆。2012 年 6 月，安阳市承办了河南省首届地名文化建设研讨会，交流了地名文化建设工作经验，分享了专家学者对地名文化建设的理论研究成果，形成一批“城市建设过程中古都地名文化遗产保护”“以古文献、文献为依据开展甲骨地名研究”等理论成果，首次实现了地名理论研究与地名管理工作实务的有序衔接，并对全省地名文化建设所面临的形势、存在的问题及今后的发展形成了共识。

二是注重地域特色，规范地名规划。由于城市发展较快，在地名普查的过程中，发现安阳市有部分道路存在有地无名的问题。结合安阳市实际情况，按照《安阳市地名管理办法》相关规定，他们深入产业集聚区实地查看，先后统计出 185 条无名路，经过名称征集、专家论证与社会公示，2016 年分两批以市政府文件的形式进行公布。在命名过程中，针对区域特色分为 6 个不同块区，在道路命名上分别体现殷商文化、邺文化、曹魏文化等历史文化元素，不仅让群众感受到深厚的地名文化，而且规范了安阳市地名规划编制工作。“千年古县”汤阴县通过对街巷地名千百年来的演绎、变迁、发展过程考证，编制了汤阴县地名规划，使许多具有丰厚历史含义的古地名在地名命名中被使用，不但有效地保护和传承了地名文化，而且在推动汤阴新城建设和产业集聚区发展方面发挥了积极的作用。

三是延续地名文脉，将优秀传统文化融入新地名中。安阳市把地名文化建设作为提高城市“软环境”的重要内容来抓，使地名工作有效地服务经济社会发展。在地名规划编制中，注重与城市总体规划紧密结合，突出当地文化特色，提升了城市文化品位。在地名标志设置中，充分利用安阳为 8 大古都之一的历史资源优势，以著名人物、名胜古迹、旅游景点命名了盘庚街（商代国王）、韩琦（安阳著名人物）路、明福（滑县的明福寺）街、林虑山（林州风景区）路等城区道路，既方便了人们出行，又使广大市民在大街上就能了解城市地名文化，有力提升了安阳市发展的“软环境”。

三、广泛宣传，营造良好氛围，全面推进地名文化建设

一是多种途径，集中宣传。充分发挥各级地名普查宣传网站和地名普查宣传网页的主宣传作用，积极报道地名普查过程中的好经验、好做法和工作体会，激发基层宣传报道热情。发挥社区宣传栏、广告栏、单位电子屏小平台作用，张贴地名普查宣传海报、发布地名普查宣传标语，宣传到社区，宣传到乡间。利用灯箱道路标志牌和公交车进行地名普查宣传。开展地名文化进校园、进社区活动，通过精美直观的地名图片、生动有趣的地名故事，展示了地名背后的历史渊源及地名中蕴含的文化内涵，引导广大青年学生了解关注地名文化，增强广大青年学生保护传承安阳优秀地名文化的责任感和使命感。让地名普查在政府动起来，在民政热起来，在全社会营造地名普查良好氛围。

二是以“新增 159 条道路命名”为契机，进行系列报道。2016 年 1 月 5 日，市政府批复《安阳市城区新增道路命名方案》并以市政府文件进行公示后，市民政局和《安阳日报》《安阳晚报》精心策划，结合城区 159 条道路名称的公布实施，在《安阳晚报》分 7 个版次进行连载，以“新路新名称、浓浓安阳味儿”为主题分综述篇和 6 个版块进行系列报道。新增 159 条道路命名不仅给人们日常生活带来了更多的方便，而且让群众感受到深厚的地名文化。7 月，安阳市又对城区 26 条无名道路进行命名，为群众的日常出行带来方便。

三是创新方法，增强公众参与程度。结合《关于积极开展“地名情　中国梦”全国地名普查微视频（微电影）征集活动的通知》要求，他们组织地名专家进行了专题研究，选择了参加的主题，准备了有关资料，拍摄了《洹水安阳名不虚》的微视频，大力宣传了安阳的甲骨文地名和由此引发的一系列地名，有效地宣传了安阳优秀的地名文化。安阳市报送的《洹水安阳名不虚》和文峰区报送的《安阳市文峰区地名普查工作组掠影》获得优秀奖；安阳市地名普查办获得最佳组织奖，是获得这项荣誉的 3 个地级市之一（安阳市、克拉玛依市、运城市）。开展了“安阳寻找最美地名”活动，共征集稿件 101 件，活动评选出一等奖、二等奖、三等奖和入围奖等奖项，并在报纸上进行公示。在“全国最美地名故事”评选中，汤阴县《邶城，千年爱情胜地》入选“中国最美 100 个地名故事”，是河南省入选的 3 个地名故事之一，并荣获三等奖。通过多种活动的开展让广大群众参与到地名当中来，提高地名在人们心中的认知度，提升地名文化在人民群众中的影响力。

精心组织 试点先行
地名普查“一名一档”建设成效显著

河南省临颍县地名普查办

按照民政部《第二次全国地名普查档案管理办法》《河南省第二次全国地名普查档案管理办法实施细则》《河南省第二次全国地名普查档案验收评分标准》的要求，临颍县试点先行，在全省最早完成地名普查内外业任务，并顺利通过省、市两级初步验收。2016 年 6 月，临颍县被确定为全省地名普查档案归档建设“一名一档”试点，逐步展开地名普查建档工作。

临颍县共对普查业务类、成果类、其他类进行整理归档。其中业务类选取部分行政区域、村民委员会、农村居民点 3 类进行整理，整理出登记表 1202 条，调查表 1145 条，其中包含行政区域类 16 条，村民委员会 367 条，居民委员会 5 条，农村居民点 815 条；复印地名志等资料来源 1202 条；对“一普”时期地名卡片进行整理打印分类到每个地名，对整理好的档案卷做页码，整理出卷内目录 1202 条。临颍县一名一档案卷，参加河南省培训会展示并发言两期，参加民政部培训会展示 3 期，全国全省各地到临颍参观展示 600 多人次。具体做法如下：

做到“一个加强”

“一个加强”，即加强组织领导。一是临颍县在地名普查档案启动的同时，成立由省、市、县联合组成的领导组织，由省市具体指导，县档案局协调，县地名办和外包公司具体干的工作格局。二是得到省地名普查办的大力指导。省市地名专家经常实地过问指导，指导县级不断探索地名普查档案规范化管理，为全省地名档案规范化建设进行试点培育和经验探索。

临颍县探索建档实践经验有四：一是对业务类档案按照一名一卷的要求进行归档。二是对在归档中发现的问题，拿回省地名普查办研究后，通过征求国普办意见，探索出档案排序的新模式，再回到临颍进行实践。三是经得本级档案部门认定。邀请临颍县档案局管理档案的专家，与省地名普查档案专家，结合临颍县地名普查工作实际，给出专业性的指导意见，最终制定了《临颍县第二次全国地名普查档案归档范围及保管期限》和《临颍县第二次全国地名普查档案七项管理制度》。四是通过临颍县地名普查档案一名一档的整理实践，解决了案卷目录的代码问题、卷内目录的标准名称问题、档案盒封面粘贴问题等一系列问题，为全省召开地名普查档案培训，建立地名普查档案规范化建设作出了蓝本，起到了示范的作用。

搞好“两个强化”

“两个强化”，即强化岗位责任，强化人员素质。针对档案整理的细节进行了分工，共分为：资料收集、打印复印、资料分类、入册入档、资料核对、目录编纂、装订几个程序，每个程序都配备相应工作人员，每个程序都有各自的岗位责任，每个程序都有标准要求。在具体分工合作中，做到一环扣一环。

掌握标准要求，提升人员素质是关键。省地名普查档案室对临颍县地名普查办和技术合作单位进行了专项的档案规范化管理培训，省、市、县地名普查办、技术合作单位共同学习《第二次全国地名普查档案管理方法》，掌握规程。

落实“三个把关”

“三个把关”，即把好材料齐全关，把好分类准确关，把好档案美观关。按照“分类准确，编排有序，目录清楚，装订规范”的要求使每盒档案做到“齐全、准确、美观”。

“齐全”指档案收集资料要“齐全”，“一名一卷”案卷以单个地名为单位进行组卷，具体包括：（1）地名登记表：收入一个地名的预填表及其具有重大改动、专家审核意见、领导批示等内容的历次登记表。（2）同一地名的地名标志登记表（注：同一地名指上述地名登记表登记的地名）：即成果类档案中的“地名标志登记表”。（3）同一地名的地名用字读音审定申报表：即成果类档案中的“地名用字读音审定申报表”。（4）地名标准化处理表：为某一地名进行标准化处理的证明文件，一个地名一张，区别于成果类中的“地名标准化处理统计表”。（5）专家历次修改材料。（6）搜集的地名相关史料、考证材料、实地调查的记录：该类材料原则上应当为原件，以复制件归档的，必须在卷内文件目录中进行备注。如为已经归档的文件，可只附原档案号或留复印件；如为志书，可复印封面及相关页。(7)“一普”材料。(8)其他相关材料8个方面资料。同时在资料核对环节，要对每一个地名档案中的每一项资料收集到了没有，盖章了没有，签字了没有进行整理。

“准确”指保证整理出来的档案分类上要准。地名普查档案分为业务类、成果类和其他类3大类，再相应地分成几小类。

“美观”指档案装订。(1)案卷使用150克专业档案封皮及封底。使用国家档案局、河南省档案局监制，厚度为4厘米的档案盒，盒封及盒脊用120克专业档案纸张进行打印粘贴。普查成果图及工作图的案卷，使用150克专业档案封皮及封底。所有档案采用惠普1108型打印机进行文字打印。(2)案卷统一采用3孔一线方式装订，孔距左侧页边2厘米，单孔间距8.5厘米。地图案卷采用直角方式装订。需粘贴处使用胶棒进行粘合。根据上面的要求一项一项地完成，然后对着电脑进行编号制作案卷封面（一定要细心），按照要求分类整理，进行档案的打孔、装订、编号、装盒。打孔的过程中一定使打的3个孔在同一水平线整齐排列，使用胶棒进行粘合的过程中一定要使档案盒面、盒脊整齐工整，做到准确、有序、工整，这样整理出来的档案才整齐、美观、规范。把好制度健全关。结合《第二次全国地名普查档案管理方法》制定《临颍县第二次全国地名普查档案归档范围及保管期限》和《临颍县第二次全国地名普查档案各项管理制度》。

做好“四个到位”

“四个到位”，即认识到位、人员到位、先行到位、设施到位。

一是认识到位，经过开展地名普查档案整理，形成共识，档案是地名普查过程形成的真实记录，是重要成果，是必不可少的重要环节，是开发各项普查成功的重要基础。二是人员到位，明确主要责任人，档案整理各个环节人员，具体到人的管理机制，组成9人的档案整理队伍。三是先行到位，在其他县、区都没有开始的情况下，在资金没有落实的情况下，在具体档案整理细节没有确定的情况下，就开始工作，先行先试，蹚出路子，总结经验。档案整理至今共投入600多人次，资金15万元。四是设施到位，配备了档案装具、档案柜、专一封皮打印机、碎纸机等。

档案工作是维护国家真实历史面貌的真实记录，大力开发档案信息资源，可以为领导决策、解决民事纠纷、编史修志、科学研究提供珍贵的历史材料。临颍县作为全省地名普查档案工作的试点，通过对档案整理的探索和实践，推动了全省档案工作的开展，为以后地名普查档案整理打下了坚实的基础。

深挖广找 彰显潜江地名文化底蕴

湖北省潜江市地名普查办

潜江是楚文化的发祥地之一，是一块具有悠久历史的沃土，每个古老的地名都蕴含着丰富的文化内涵。在这次开展第二次全国地名普查工作中，潜江市在做好全面工作的同时，把地名文化的挖掘作为重要工作来抓。各基层单位积极参与，对全市居民点进行地名文化挖掘，工作中涌现了许多先进人物和事迹。

2017 年国庆节，市地名普查办为了早日高质量完成普查工作，决定利用节假日期间开展全市第二轮地名文化的挖掘工作。在信息采集中，各区镇处采取走访、座谈、查史料、查家谱等形式，对全市 3500 多个居民点进行拉网式调查，调查过程留有座谈纪要和照片，还将有些家谱的重要记载作了复印。调查率达 100%、查证率达 85% 以上。在这场攻坚战中，广大地名普查员不讲报酬、不讲困难、不讲任何条件，全身心地投入到地名文化的挖掘工作之中。

周矶办事处普查员唐先维，退休前是周矶办事处农技站高级农艺师。2016 年 10 月，他不顾年高，听从周矶党委的安排，积极投身潜江市第二次全国地名普查工作。在他的带领下，无论是制订计划、实地踏勘，还是编写信息、整理资料，周矶的地名普查工作都走在全市前列。特别是在全市开展的第二次地名文化挖掘中，他们的工作不仅完成得十分圆满，还很有特色，作为经验在全市推广。在省厅组织的几次工作检查中，他们多次获得检查组领导的好评。

当唐先维同志接到市地名普查办开展第二次地名文化挖掘工作的任务时，正值国庆黄金周。当时，办事处的分管领导休假了，当他请示领导时，领导只表示负责电话联系，不能直接参与。地名普查是一项利国利民的国情调查，作为一名共产党员，虽知前路艰辛，但他还是接下了这项艰巨的工作。周矶办事处共有 19 个村民委员会，他凭着平时工作中建立的人脉关系，得到了基层组织和群众的大力支持。每天他只身一人，骑着一辆自行车，带着一瓶纯净水，拖着蹒跚的身影行进在乡村小道上。

唐先维同志每到一村，都组织召开一次由老干部、老村民等参与的座谈会。他一边听取发言，一边按座谈会纪要的格式认真做好详细记录。为了弄清居民点最初形成的准确时间，还亲自去翻阅当地居民的族谱，并将能反映地名文化的原始资料进行复印，以求资料信息的真实可靠。每调查一村他都积累了有关地名文化大量的口碑和信息原始资料，为求资料的完整性，他将调查得来的资料分村装订成册。经过 10 多天的努力，他调查的脚步终于走遍了周矶全部村庄，为当地地名文化的挖掘获取了大量的资料。

泰丰街道的文化信息员徐定环同志也是一名年近古稀的老人，腿脚轻微残疾。当街道聘请他从事这份工作时，他十分乐意地接受并积极开展工作。两年多时间里，他任劳任怨、勤勤恳恳地工作。特别是在开展地名文化挖掘工作期间，老伴身患癌症住院，他本人残疾，面对繁杂的工作和老伴住院双重压力，他没有向组织和家人叫一声困难。每天天不亮就起床，先忙家务，然后走村串户收集地名文化信息。经过他的不懈努力，泰丰办事处的地名文化收集到了大量的第一手资料。

王场镇的李孝洪同志，适逢地名文化信息挖掘阶段，前任文化信息员有事出国，他中途接任。由于业务不熟，他多次到市地名普查办向有经验的同志学习，很快就熟悉了业务。他在王场通过走访、查族谱、看墓碑等多种形式，获取了大量的当地地名文化资料。

还有高石碑镇的退休教师孙绪广，总口管理区的退休老干部郑元祥，他们都有很强的敬业精神。为了高质量完成地名文化挖掘工作，他们每天骑着自行车，带着馒头和纯净水，走村串户地调查，饿了啃一口馒头，渴了喝一口纯净水。

潜江市地名文化的挖掘之所以取得骄人的成绩，多次得到省厅领导的表彰，就是因为潜江市有一大批对历史高度负责和不辞劳苦、无私奉献的文化信息员，他们为夯实潜江地名文化底蕴书写了浓墨重彩的一笔。

提高站位　精心组织
扎实做好标准地名图集编制工作

湖北省武汉市东西湖区地名普查办

武汉市东西湖区地名普查工作自全国第二次地名普查开展以来，高举习近平新时代中国特色社会主义思想伟大旗帜，将党的十九大精神贯彻落实到地名普查的各项工作中。为切实做好东西湖区地名普查成果的开发利用，规范地名标准化管理，在省、市普查办的指导下，东西湖区地名普查办组织编制并完成了《东西湖区标准地名图集》。他们的做法是：

一、提高站位，切实发挥政府主导责任

经济新常态必然与政治新常态结伴而行，党的十九大报告指出，我国经济社会已进入新常态。新常态对包括区划地名在内的各项政府行政管理工作带来新的机遇和挑战。为此，东西湖区委、区政府以习近平新时代中国特色社会主义思想为指导，牢固树立“四个意识”，坚持以人民为中心的理念，提高站位，统一思想，主动作为，勇于担当。一是认识到位，区委、区政府把地名普查工作与新时期国家安全和社会稳定结合起来；与经济社会发展和群众交流交往需要结合起来；与加强社会综合治理和社会公共服务结合起来；与两县三区的发展战略实施和城市形象提档升级结合起来。二是组织领导到位，东西湖区成立了由区人民政府副区长为组长，民政局局长和政府办公室副主任为副组长，政府20多个部门负责人为成员的普查领导小组，普查办公室主任由区民政局副局长兼任，各职能部门确定了一名联络员具体负责此项工作。三是督办到位，在普查过程中凡遇到推诿扯皮、工作不落实等情况，区政府将亲自督办，视情追责问责。四是保障到位，区政府提供专项财政资金，区地名普查办组建专业团队、聘请专业技术人员。

二、提前规划，注重基础资料核查收集

东西湖区第二次全国地名普查工作于2015年5月正式开始，技术协作单位为湖北省国土测绘院。在地名普查工作中，东西湖区非常注重进行基础资料的收集工作。一是全面覆盖，尽可能丰富、翔实地收集行政区域、群众自治组织、居民点、企事业单位等各项地名资料，这些资料不仅运用到了普查中，也在地名图集的制作中得到充分利用。二是结合相关部门提供的资料，核定了辖区界线及管辖范围。此次图集影像图以社区（大队）为最小基本单元，图幅比例尺在1∶3000—1∶25000，内容丰富详细，不仅标注了地名普查的重要地名，而且标绘了社区（大队）的管辖范围，为区域管理提供了方便。地名普查期间的提前规划为全面、准确地反映东西湖区11大类地名分布打下了基础，为地名图集的制作铺设了道路。

三、明确责任，强化相关部门协同合作

图集的制作完成，各部门、各单位之间的协调配合起了重要作用。一是明确责任、密切配合。区地名普查办5次召开相关区直部门和街道协调部署会议，充分发挥牵头引导作用，主动沟通。各部门间通力配合，积极做好职责内的工作，特别是区国土、交通、水利等部门提供了大量翔实的地名资料，丰富了图集的相关内容。二是财政专项资金支持。区财政局每年将区划地名普查工作经费纳入财政预算，拨付的成果转化利用服务外包专项经费144.1万元，以及中央下拨经费35万元和省下拨27万元已全部保障到位。三是召开联络员会议，部署地名图集核定工作。各街道、社区（大队）严格把关地名图集审查工作，层层审核，保证质量，特别是对社区（大队）的管辖范围进行反复核实、确认，为图集的完成提供了有力的基础保障。四是密切与专业团队沟通衔接。积极主动与湖北省国土测绘院及时沟通，每月召开1—2次协调会，解决疑难问题。同时征求东西湖区地名专家的意见及建议，形成推动图集编纂工作的整体合力，真正实现上下、内外联动，齐头并进。

四、打造精品，充分利用创新技术方法

东西湖区坚持图集制作围绕“突出主题、方便实用”的原则，结合第二次全国地名普查成果，始终将精品战略落实到图集制作工作中的各环节、全

要素。一是采用高清卫星影像作为底图，既包含了卫星影像的丰富内容信息，又包含了地名普查所采集的丰富地名信息，使图集尽可能形象、直观、易读。二是追求整体的美观精致，通过影像直观地反映城市建设发展现状，图集中共有社区（大队）影像图 118 幅，为了充分利用图幅空间，将两个范围较小又相邻的社区（大队）安排在一个展开页图幅内。同时增加 10 张高清精美的区域图片，展现东西湖区区容区貌。三是邀请 4 名专家，对图集中的文字内容、语言方式进行不少于 3 次的交叉校对，减少错误率。

五、确保质量，精准核对图集相关要素

本着以服务社会公众为宗旨制作《标准地名图集》，区地名普查办对图集质量进行了严格把控。一是结合各街道、各区直单位提供的地名普查资料，对《标准地名图集》初稿所涉及的资料，进行严格的审核。二是分 3 批次组织辖区内 11 个街道，对图集中街道、社区、大队的各项基础数据进行核对，如人口、户数、面积，使之科学准确，与官方数据相符。三是组织各街道对街道界线和社区（大队）管辖范围进行标示、确认，对与实际管辖范围有出入的地方进行勘定，争取图集各要素的完善，精益求精，保障质量。

加强地名文化遗产保护　促进千年古县经济发展

湖北省大冶市地名普查办

大冶地处长江中游南岸、湖北省东南部，具有悠久灿烂的历史文化，是华夏青铜文化的发祥地。早在夏朝，大冶的先民就在大青山地区的铜绿山掘井采矿，点燃了炉冶之火。宋乾德五年（967年），南唐国主李煜升青山场院，并析武昌三乡与之合并，新置一县，按《庄子·大宗师》："天地为大炉，造化为大冶"一语，取"大兴炉冶"之意，定名大冶。1051年来，大冶县名一直未变。

目前，全市境内现有保存完好的遗址文物420处。市博物馆已收藏历史文物3155件，其中国家一级文物7件，二级文物68件，三级文物537件。全市纳入文物重点保护单位40处，其中国保4处，省保12处，市保24处。全市被列入国家级非物质文化遗产名录有1项，省级有6项，黄石市级14项，大冶市级19项。大冶以其综合实力先后被评为全国县域经济和县域基本竞争力"百强"县（市）、全国文明城市、国家"千年古县"。近几年来，根据民政部《关于加强地名文化建设的意见》和《全国地名文化遗产保护工作实施方案》的通知等文件精神，大冶市结合实际，主动作为，积极探索，地名文化遗产保护工作初见成效。

一、深入调查挖掘认定

大冶市成立了地名文化遗产资源调查工作领导小组，由民政牵头，领导小组成员单位密切配合，成立遗址文物、地名语词、红色文化、民间文化、历史事件和历史人物等5个工作专班，负责对辖区内所有地名文化遗产的挖掘、认定、材料整理、编制保护规划等工作。5个工作专班按照各自职责，利用资料进行查阅，分门别类，编写地名文化遗产目录。按照地名遗产目录，有目的开展实地勘察、走访和座谈。利用现代信息技术对地名遗产进行甄别和定位，对保存现状充分了解并拍照留存。组织当地群众进行座谈，最后形成比较完善的书面材料。在评审确认阶段，邀请本地专家学者和知名人士组成地名文化遗产评审小组，召开专题评审会议。经公示、公开，征求全社会意见，确定大冶市第一批地名文化遗产保护名录，并向社会公布。

二、建章立制科学决策

2015 年 10 月、2016 年 6 月，市政府先后出台了《大冶市地名文化遗产保护工作实施方案》和《城市地名总体规划》。成立了地名文化遗产申报课题组，通过实地考察论证，充分挖掘历史地名文化属性，突出大冶历史文化特征、文化特色和人文景观。在全市范围内全面开展地名文化遗产保护工作，分期分批开展各类地名文化遗产保护，重点做好千年古县、千年古镇、千年古村、著名山川地名文化遗产的评定、申报和保护工作。坚持历史继承与时代创新相结合，对大冶市有历史价值和文化意义的老地名进行保护和利用，对新开发地区的新地名命名，以反映当地历史文化特色为主，实现了新老地名的有机结合。根据《大冶市地名文化遗产保护工作实施方案》要求，增加了地名命名论证公示程序，全面推行科学民主决策；明确了地名专名通名的使用标准，增强了依法审批的操作性；明确有关部门在地名管理中的职责，建立了协调共管机制。

三、尊重历史传承保护

大冶历史文化底蕴丰厚，地名文化丰富多彩，老地名深入人心。如此，大冶市积极探索地名文化遗产传承保护，建立了全市历史地名保护名录，将重要古镇、古村落、古街巷、古渡口、古驿站纳入保护范围。在地名命名审批时严格把关，凡列入地名文化遗产名录的地名禁止随意更改。对新扩建的道路和建筑物的命名，应尽最大可能沿用有历史内涵的原有地名。对于已经消失的老地名，将其历史沿革和蕴含的故事记载下来。近几年来，市政府先后命名了近 60 条（座）道路巷和桥梁，结合道路巷、桥梁所在地的历史文化，启用了“金湖大道”“青龙路”“乾塔路”“湛月路”“甘霖巷”等老地名，使一批具有丰富文化内涵的老地名重获新生。

四、营造氛围服务社会

市政府牵头积极搭建地名文化活动平台，开展地名文化展览、经典地名故事征集、历史地名评定等活动，并在电视、报刊、网络等媒体上开设专题、专栏，深入挖掘大冶地名的文化蕴含，利用多种途径加强宣传，提高城市的文化品位和知名度，为人民群众提供丰富多彩的地名文化服务。2016 年 10 月，大冶市发起最具文化遗产价值的老地名故事征集活动，并组织专家、市民对 100 多个老地名进行论证，评出 30 个“大冶最古老地名”，20 个“大冶最具文化遗产价值地名”，10 个“大冶经典地名故事”。一系列的活动，充分展示出大冶地名文化的丰富内涵。本次活动将征集一批老地名并挖掘出老地名背后的故事，旨在让老地名“活”起来，让老地名不再是渐行渐远的背影和记忆，同时也为全市旅游、健康产业的发展提供了支撑。

五、依托平台发展经济

大冶是一块红色的土地，1927 年北伐军挥师南下，1929 年成立中共大冶中心县委。大革命时期，彭德怀在大冶组建了红八军和红三军团，程子华在大冶策动了举世闻名的“大冶兵暴”。为传承红色文化，大冶市被誉为“湖北小井冈”。彭德怀元帅曾经战斗过的殷祖镇南山头，建立了“南山头革命纪念馆”，修复了中共大冶中心县委旧址金公祠，每年前来参观和瞻仰的游客达 4 万余人。红三军团建军纪念馆 2006 年被列入《全国红色旅游经典景区名录》，是黄石市“青少年革命传统教育基地”和“爱国主义教育基地”，每年前来开展爱国主义教育的人数达 3 万余人。与此同时，大冶市充分发挥青铜文化优势，将鄂王城、铜绿山古铜矿等重要遗址开发为旅游景点，吸引大批中外游客前来参观。截至 2017 年年底，大冶市已注册毛铺苦荞酒、果城里印子粑、灵溪豆豉、金柯辣椒、四斗粮鸡汤等地名商标 11 个。生产毛铺苦荞酒的劲牌有限公司是一家本土酒厂，现已发展成为全国保健酒行业领军企业。大冶果城里的印子粑，是大冶市的汉族民俗食品，已被评为“湖北金牌旅游小吃”。当前开发地名文化，打造文化品牌，发展文化产业已成为市委、市政府的中心工作。

发扬“工匠”精神　打赢地名普查验收仗

湖北省宜昌市地名普查办

宜昌市地名普查工作在省地名普查办的精心指导下，全市上下紧盯顺利通过省级验收这一目标，发扬“工匠”精神，痛下“绣花”功夫，精准施策，锐意创新，精益求精，高标准、严要求地完成了11大类5.9万条地名的信息入库，在全省率先通过整体验收，取得了质效双优的好成绩。他们的主要做法是：

一、精准施策，三维用力，推出工作新态势

2016年8月省政府专项督查后，全市认真分析研判“评级B+”“排位中等”的问题，下大力气把国家任务转换为政府职责，在提升领导督查力、业务督导力、部门督办力上行非常之策，强力推进全市地名普查工作进入新态势。

一是领导主抓，靠前督查。

2018年市政府刘洪福副市长2次专题听取全市地名普查工作进展情况汇报，将地名普查纳入市政府专项督查，要求全市以“等不起”的紧迫感、“慢不得”的危机感、“坐不住”的责任感，切实打好验收过关的硬仗；建立逢“5”通报制度，通报信息直达市政府办。刘洪福副市长先后5次电询或面谈工作滞后的县市区政府领导，被通报的县市区负责人主动到地名普查办现场办公，解决问题，形成了政府主要负责同志亲自研究部署，分管负责同志具体落实的工作格局。

二是因地施策，包片督导。

宜昌市13个县、市、区，涵盖平原、丘陵、山区不同地理肌理，地名普查工作的基础、难易不一。他们结合各地实际，因地制宜、精准施策，确保工作方向不出偏差、工作路径务实有效。建立每周例会制度，分析现状，制订工作指导计划；组建微信工作群，建立业务学习交流制度，对基层疑问及

时研究，做到问题答疑不过夜；建立包片对口指导制度，把市级核查和省级验收发现的问题与包片责任人工作实绩挂钩，形成了市、县两级荣辱与共的工作机制。

三是推介先行，督办跟进。

在地名普查转段时，注重推介内外业良性合作、网罗文化人才、深度挖掘文化、创新采集文化信息等工作的好经验和好做法，达到了集思广益、取长补短的目的。对各地存在的问题和短板，加强重点督办，做到问题不解决不放手。他们在城区多次召开了民政局局长座谈会、现场办公会，较好地解决了省交叉检查指出“城区地名文化质量差”的问题。

二、严管细抠，三重把关，严出工作新高度

2016 年全省年中推进会后，他们及时转换工作重心、工作方式，紧紧抓住验收的标准、流程和时限这 3 个关键，重细节、精打磨，重程序、提质量，重时限、促进度，全力争创验收好成绩。

一是细抠质量体系，查漏补缺。

针对 2016 年 12 月省交叉检查结果不理想的状况，他们强化指导，以长阳为试点，重点抓质量评价体系，抓项目资料整理，取得了明显效果；今年 3 月，召集内外业骨干召开现场推进会，通过现场观摩、专家讲解，重点解决了“18”的内容怎样整理、外业公司怎样完成“9”的成果等两大问题；在当阳、宜都、秭归市级核查、省级验收时组织各地观摩，参与听取问题交流反馈，引导进一步对照验收标准进行整改。

二是细抠工作流程，提档升级。

组织各地严格依据省地名普查办 8 号文件要求，在第三批市级核查中，对 2 个自查走过场的单位未予评分，要求自查整改后再申报核查，杜绝了抱有侥幸、蒙混过关的不良心理。

三是细抠时间节点，把控节奏。

下发正式文件，要求各地按照验收计划，在 2018 年的 3、4、5 月的每月 5 日、10 日、25 日分别完成作业单位自检、县级自查、申报省验收等工作，每月 15 日左右进行市级核查，确保各地有近 10 天的时间整改，保证省级验收按时进行；果断地将第四批并入第三批接受验收，确保了验收任务提前完成。

三、正视问题，三方解困，闯出工作新天地

面对制约验收的难题，他们立足实际，统筹协调，形成了同舟共济、互帮互助、全市一盘棋的新局面。

一是协调服务外包甲乙双方正向履约，破解合约双方质量、进度期许不一的难题。

外业合作单位中6家为某测绘公司，中标额较低，公司在人力、物力、财力投入和业务研究水平上与发包单位期望值存有偏差。针对这种不利情况，一方面，通过召开外业负责人座谈会、项目经理交流会，提出宜昌标准，促使外业单位之间，特别是与在宜昌中标3家的某科学院，在技术骨干投入量、工作规范程度和数据库建设能力等方面横向比较，引导其自觉向省内做得好的外业单位看齐，弥补期望值的差异。另一方面，主动与测绘公司负责人接触，体谅他们的处境和困难，协调满足他们的合理诉求，增强他们完成任务的信心，一起制定解决困境的措施：即市出面协调中标测绘公司的6地，采取主动分担任务、选聘帮工、分片集中、分批验收等措施，齐心合力地保证宜昌任务按时完成。经过努力，6地提高了外业加班人员的生活保障，测绘公司尽力增派了人手。双方的精诚合作，涌现出了不少感人事迹：兴山县民政局参加过“一普”的59岁区划地名股王荣先股长，亲自操刀绘制全县的工作图；兴山县聘请来的社工李琼自费到测绘公司总部学习并协助外业图上标绘作业，其作业质量不逊于部分外业负责人；测绘公司湖北片总负责人王迎霜置年幼小孩而不顾，为确保枝江市按时验收，亲自上机作业2个多月不回家；项目经理黄勇身兼城区4个区的负责人，白天连轴跑，夜晚干到深夜，节假日不休息还差点误了“五一”回孝感提亲。

二是协调政区主体与管理主体的对接，破解行政区划与管理区域脱节的难题。

在地名普查实施之初，宜昌市地名普查办公室虽然组织召开宜昌高新区、三峡旅游新区和三峡坝区与所属县级政区协调会，明确了普查责任主体和工作实时对接具体措施，但在具体落实中仍有很多的工作要多次协调、多部门协商。为协调三峡坝区的普查，他们通过三峡坝工委与三峡水电枢纽管理局多次对接，出具不少普查工作文件，赶在验收前3个月争取坝区落实了普查工作人员，走上与夷陵区对接的轨道。

三是协调县市区之间的互助，破解各自为阵、故步自封的难题。

大力倡导争先创优、互帮互助。第一批验收的当阳、宜都，在没有先行经验借鉴的情况下，不计较本单位得失，将第一手经验得失与全市共享。鼓励先通过验收的县市区帮助后验收的，协调秭归、兴山、猇亭援助五峰、夷陵、点军，进行团体合作、资源共享，宜昌的验收成绩一个比一个理想，为将工作重心转移到成果转化利用获得了先机。

打赢地名普查验收这一硬仗，宜昌市地名普查办公室充分认识到：天下大事必作于细，古往今来必成于实，唯有务实担当、激情创业，才能真正成就事业，才能真正推动发展。

“四个注重”推进工作　地名普查成果转化成效显著

湖南省衡阳市石鼓区地名普查办

衡阳市石鼓区因千年学府石鼓书院而得名。石鼓区地名普查办提前谋划，引进新技术人才，深挖地名文化，扎实推进地名普查成果转化工作，成效显著。

一、注重整理普查成果，夯实转化利用基础

石鼓区共普查地名6200条，拍摄照片19764张。为了做好地名普查成果转化利用工作，该区对普查成果资料进行了分类整理。

一是深入挖掘地名文化。该区通过聘请史志办的老专家，发动熟知地名变迁的老同志，收集与地名文化有关的老故事，深度挖掘乡（街）、村（社区）地名59条，路、街、巷地名79条，名胜古迹、景点、地片、桥梁地名22条，已经不再使用的历史地名86条，文字资料共计11.3万多字。

二是及时编纂图录典志。依靠外包服务单位的技术支持，与区志办合作，按照分类、分级、分批的原则收集了资料，开始编纂石鼓区标准地名录、地名图集、地名志、历史地名集。

三是规范整理普查档案。聘请档案专家对地名普查中形成的文、表、图、卡进行整理立卷，并按照要求进行归档。

二、注重全方位宣传，留住地名文化“乡愁”

古衡阳8景，石鼓区占4席，即“石鼓江山锦绣华、青草桥头酒百家、朱陵洞内诗千首、西湖夜放白莲花”。为了让石鼓的地名文化得到进一步传播，普查伊始，该区就引进优秀的动漫技术人才，制作推出了石鼓区地名普查微信公众号和石鼓区地名普查网站。在成果转化利用阶段，该区又推出如下新举措：

一是制作石鼓地名文化台历。收集代表石鼓特色的石鼓书院、来雁塔等

12 个地名，通过文字和图片，展示这 12 个地名的今昔对比。台历免费赠送给辖区内各单位和居民，让人民群众了解深厚的石鼓地名文化底蕴。

二是手绘石鼓地名文化故事。该区收集了 10 个区内较有影响的地名文化故事，通过电脑手绘，设计活泼可爱的、具有衡阳文化特色的“雁人”形象，生动再现故事的内容，免费赠送给区内中小学生，让孩子们从小就接受石鼓文化的熏陶。

三是拍摄“石鼓区地名文化宣传视频短片”。把区内具有特色的景点、道路、地片、地名文化故事等拍摄成短片，通过户外电子显示屏播放，让民众感受到石鼓的变迁，了解石鼓的发展，让迁居的市民记住“乡愁”。

三、注重保护传承，重现古城神韵

石鼓区自西汉开始，历经 2000 多年的发展，特别是宋代石鼓书院建立后，诸多先贤在此讲学，成为湖湘文化的发源地之一。石鼓的许多地名和建筑记载着这些光荣过往，但随着岁月的流逝，有些地名和建筑已成历史，亟待抢救。石鼓区地名普查办多措并举，使古城神韵得以重现：一是利用新技术再现古老地名和建筑。炎德楼与杨梅桥两个地名曾经在当地非常有名，是具有丰富的历史文化内涵的标志性建筑，如今只留下些许断壁残垣。在地名普查中，该区地名普查办工作人员从史料中了解到这两个地名，再一一进行了实地调查，如获至宝。区地名普查办技术员历经 3 个月，依靠现代科技，数字“重建”炎德楼与杨梅桥，人们得以通过虚拟世界，一睹它们曾经的风采。令人欣喜的是，数字重建的视频发布后，杨梅桥和炎德楼引起了区政府和有关部门、相关人士的高度重视，区政府决定修缮杨梅桥；炎德楼萧氏家族后裔特意从北京赶回石鼓区，计划出资重修炎德楼。二是修复破损建筑。石鼓区地名普查办主动与文物部门衔接、协作，修复了一批具有代表性的历史建筑。如杨梅桥，有九孔，是迄今所知衡阳市境内桥拱最多的拱桥，且造型精美，对研究衡阳古代交通、桥梁建筑及经济发展都有着重要的意义。但杨梅桥因年久失修，破损严重，在区地名普查办的呼吁下，文物部门已经拨专款将其修复。如来雁塔，该塔建于明万历年间，与雁峰区的迴雁峰遥相呼应，但由于日月迁延，雨浸风蚀，战乱频繁，尤其是 1944 年日军入侵衡阳，来雁塔遭受重创，目前该塔已在修复中。还有来雁公园等，也已在筹建之中。

四、注重综合运用，推动区域经济发展

在地名普查中，石鼓区把地名文化同区域发展定位——“打造湘南地区最具活力的商贸文化中心”相结合，助推区域经济发展。该区一方面运用普查成果惠及群众，如编制区、乡两级行政区划图，制作三维电子地图，方便群众，还计划逐步为人民群众开通网上问路、电话问路服务，在旅游景区等场所设立电子触摸屏等，实现地名服务的多样化和便捷化，为前来石鼓的人们提供方便，让客人感到宾至如归。另一方面运用普查成果服务区域发展。该区用引人入胜、流传甚广的青草桥、来雁塔等地名故事命名了一批新建筑，如青草桥酒吧一条街、来雁新城、旅雁公园等。老地名焕发出了新活力，人们透过地名，感受到浓厚的文化气息扑面而来。

借力地名普查　扎实规范地名管理

湖南省新化县地名普查办

新化县自2014年下半年启动地名普查工作以来，经过扎实工作，对全县范围内的地名及相关属性信息进行了全面的调查、更新、完善，基本摸清了该县30年来地名变化情况，建立了地名数据库，为进一步提高该县地名管理和服务水平，保护和传承优秀传统地名文化，推动经济社会发展奠定了坚实基础。

一、加强领导，主动作为，保障经费

为确保地名普查工作的顺利开展，该县在2014年第13次县政府常务会议上就地名普查工作作了专题研究，明确地名普查工作经费由财政按实解决。同日，以县政府名义下发了《关于印发新化县第二次全国地名普查工作实施方案的通知》（新政办函（2014）208号），成立了由22个成员单位组成的新化县第二次全国地名普查领导小组。2015年9月召开地名普查工作动员大会暨改善地名管理工作会议，对全县地名普查工作进行了安排部署，会上明确乡镇必须加强领导，物色好普查员，负责本辖区的地名普查工作；单位指派联络员，负责本行业地名信息资料的提供，为普查工作提供支持和服务。为了宣传地名普查，让地名普查真正做到家喻户晓，普查办在城区投放大型户外广告两处，悬挂横幅、标语30幅，张贴普查宣传画200余处，发放普查宣传册2万份。

二、加强培训，强化指导，规范地名管理

地名普查包括地理信息和文化属性，如不能让普查员真正弄懂吃透，质量就不可能得到保证。该县十分注重普查业务培训，力求做到文化属性真实完整，地理信息位置准确。为了强化培训效果，2016年10月起，该县对乡镇普查员开展了两个月的轮流培训。县指导组深入乡镇、村与普查员面对面指

导授课、深入交流，每个乡镇都发放一本《新化县地名录》，制作《地名目录》和《地名登记表》样表以供借鉴，指导乡镇普查人员做到“一查二看三问”，查找资料，实地查看，入户问询，努力提高地名普查的数量和质量，建立了普查工作微信群、QQ 群，方便交流工作。共计培训 50 期次 300 余人次，为确保普查的顺利开展和规范地名管理打下了坚实的基础。

1. 留住历史记忆，确定村民小组名称

该县并村前有 1143 个村约 1.2 万个村民小组都是按数字序号命名。2016 年并村后，有的合并村累加的村民小组多达四五十个，村民小组数字重叠，不便于今后工作开展和群众查找。根据上级关于规范地名管理的精神，县地名普查办和并村改革办一道，要求各乡镇本着尊重历史、好找好记的原则，对全县所有建制村下辖的村民小组进行实体名称命名，并明确了要求：一是要尽可能选用时间比较久远、知名度高的地名；二是要实事求是、尊重历史，不能罔顾传统，刻意取些“大、洋、怪、重”的名字；三是要避免重名，一个乡镇尽量少重名，一个村内不能出现重复地名；四是规范地名用字，地名用字应采用标准规范汉字，地名含义需健康。还罗列了一些该县地名常用易错字，以供参考。各乡镇根据新化县地名录和新化县志等相关史料，尊重群众意愿，大多采用具有历史渊源、地名文化、推介旅游的地名作为小组名称，大部分乡镇还对原有村民小组进行了合并，做到不重复、有特色。例如荣华乡田果村 4 组更名为横档印组，村民小苏连声说好：“我们这之所有叫横档印是因为地形神似一块横摆着的官印而得名，明朝就有记载，改为实体名称更有韵味，既传承了文化，也留住了乡愁!”通过这次全国地名普查，目前新化县 8299 个村民小组有了属于自己的实体名称，告别了以序号为名的时代，让一些千百年流传下来的老地名得到了传承。这项工作是新化县地名管理部门为老百姓做的真正接地气的实事、好事，分别在《湖南日报》《娄底日报》《娄底晚报》进行了报道，为该县地名普查工作增添了一抹亮色。

2. 强化协同配合，规范地名管理

近年来，随着该县城市化进程的快速推进，城区道路、广场、高层建筑物和住宅小区日益增多，一些“刻意夸大、崇洋媚外、怪异难懂、重名同音”的不规范地名时有存在，亟须规范。为进一步推动该县地名管理工作的法制化、规范化和标准化，提升地名公共服务能力和水平，提高城市品位，该县 2017 年第 4 次政府常务会议上专门研究地名管理工作，明确将地名名称审批列入建设项目审批前置条件，县民政局列为县大规委成员单位。即日县人民政府下发了《关于进一步加强和规范地名管理工作的意见》（新政发〔2017〕6 号），明确坚持“政府主管、民政牵头、部门协作、社会参与”的地名管理工作机制，充分发挥县地名委员会的综合协调作用，建立地名管理工作联席会议制度，认真落实各成员单位地名管理工作职责。随即召开县地名委员会联席会议，要求民政、发改、房产、国土等相关成员单位要各司其职、严格把关，把地名委员会办公室的地名批复列为各类建设必要的申报资料，各新闻媒体和城管的广告管理部门依据地名委员会批复进行各类宣传报道活动。

三、尊重历史，弘扬文化，传承地名文脉

该县首先对乡镇物色普查员提了要求，必须聘请认真负责、有一定文化功底人员担任普查员。全县乡镇普查员大部分是熟悉当地人文地理的退休干部和退休教师，从队伍上保证了普查的质量。普查员实地调查登记时每一地名信息资料都有登记人、审核人。县相关职能部门对本部门职能范围内的地名调查登记资料进行核实和确认。县普查办组织相关专家对全县所有地名调查登记资料进行核对，特别是对新确定的 8299 条村民小组名称，若出现调查与志书记载不一致的，与各乡镇、村沟通衔接，尊重历史提出建议，双方确认后录入数据库，对近年来出现的一些新地名，尽可能注重文化内涵，做到雅俗共赏。汇总资料的同时，对有地无名、有名无地、一地多名、多地重名、地名用字不规范等情况进行标准化处理，并详细记录存档备查。对“一普”遗漏的、已约定俗成的老地名直接确认。地名普查期间，民政局与宣传部、文联、旅游局共同组织了全县最美家乡地名故事征集活动，收到稿件 130 余封，评选出的新化“十佳”地名故事在《文化旅游》刊物上发表，其中 4 篇入选市“十佳”，这次活动宣传了地名普查，弘扬了传统地名文化，得到了很好的社会反响。

以“互联网+”理念推进区划地名管理信息化建设

广东省东莞市地名普查办

为进一步打破信息共享壁垒，提升公众服务水平，提高基层应用效率，实现地名与社会经济的协调发展，根据《国务院办公厅关于印发政府网站发展指引的通知》精神，2018年8月以来，东莞市民政局以推进地名信息化管理、增强地名网站服务功能为抓手，不断践行和创新“互联网+政务服务”“时空云+地名管理”的理念，努力实现区划地名管理信息平台时效性、权威性和便捷化为目标，从地名信息数据管理源头出发，扎实稳步推进东莞市区划地名管理信息平台开发建设工作。至2019年8月，该平台基本建成并通过内部测试，系统运作顺畅稳定。目前，东莞市区划地名管理信息平台已正式发布上线使用。现将有关情况介绍如下：

一、平台成效

东莞市区划地名管理信息平台主要形成了专题资源库、业务管理平台、地名网上服务专栏、地名巡查移动应用、地名管理服务后台等5部分成果，进一步提高了政务服务效能和地名信息化管理水平，主要体现在以下三方面：

（一）地名管理数字化

平台整合东莞市各类地名资源，建立地名专题库。地名专题库囊括了东莞市第二次全国地名普查成果、东莞市警用地理信息数据、全市存量建筑物数据和全市道路地名数据等。在管理上，通过业务平台对地名全生命周期的闭环管理，从源头上确保了全市地名数据的有效性与合法性。按照地名管理条例、行政区域界线界桩管理办法等相关法律法规建立一套完整、合法、有效的档案管理机制。目前地名专题库已实现政务资源共享，并在全市开展的“二标四实”（标准地址、标准作业图、实有房屋、实有人口、实有单位、实有设施）重点建设工程中投入使用。

（二）服务内容多样化

该平台开设了地名文化展示、地名法律法规查阅、地名公示信息告知、地名信息查询等多种应用功能，向企事业单位提供了网上地名申报及地名审批进度跟进功能，特别是网上申报模块首批提供了建筑物、住宅小区的命名、更名、销名以及道路命名、更名、销名、起止点变更 7 项地名申报服务，有效缩减了申报时间，进一步提高了办事效率，同时为地名文化推广打下了良好基础。

（三）巡查管理移动化

该平台提供了在线地图、实时定位、信息标准录入、位置校验、信息传输为一体的智能终端应用，改变了以往工作人员携带图纸、表格等纸质资料开展界线界桩日常巡查、联检工作和地名标志巡查管护工作的传统方式。实现巡查工作的实时监测、成果上传、问题上报，优化了内业整理工作的效率，提升了地名巡查工作的管理效能和质量。

二、主要措施

为确保东莞市区划地名管理信息平台整体建设工作的顺利开展，保障平台的持续稳定运行，东莞市民政局以顶层统筹为枢纽，着力夯实数据基础，整合基层业务需求，强化建设监督流程、完善运行机制保障。通过 5 项措施，确保平台根基踏实、应用符合实战、运行长效稳定。

（一）领导高度重视，狠抓工作落实

省民政厅对东莞市地名平台建设高度重视，将东莞确立为创建地名地址库示范点。东莞市民政局将地名平台建设项目纳入局重点工作任务，成立了项目领导小组，由分管局领导任组长。工作中，地名业务骨干和信息化建设专家全程参与，从数据支撑、机制构建、业务梳理、技术选型等方面进行全方位管理与支持，切实做到调研情况到一线，应用试点到一线，优化体验到一线，服务保障到一线，有力保证了平台建设各项工作顺利开展。

（二）着力整合数据，夯实应用根基

从夯实数据基础的角度出发，东莞市民政局会同市公安、国土、规划等部门做好全市地名梳理工作，着重解决全市地名数据历史遗留问题。形成了地名普查成果专题库、道路地名资源专题库、建筑物地名资源专题库、界线界桩专题库、地名档案库等数据成果资源，为平台建设奠定了坚实的基础。

（三）坚持需求导向，强化技术应用

充分结合当下大数据框架与空间可视化技术特色，深挖群众办事需求及地名业务管理需要，实现对地名申报、审批、巡查等业务工作的集成化、可视化、智能化管理，有效改善了传统管理模式中的数据缺漏情况，为全市政务信息资源共享提供了翔实的数据来源。

（四）组建专家团队，完善质量监理

平台建设过程中，为保证平台的建设遵循规范，技术前瞻先进，质量符合要求，东莞市民政局积极协调，邀约组建了由公安、国土、保密、电子政务办等兄弟单位业务骨干，地名基层骨干及专家构成的专家团队。在平台技术架构设计、地名业务流程设计、基础数据安全加密等方面充分咨询专家意见，经多次讨论形成了翔实、合理的实施工作方案。在项目实施过程中，严格按照工作方案开展全方位、全过程的监理工作。做到建设单位把好舵，承建单位扬好帆，保证平台的建设质量。

（五）落实配套机制，整治推广接轨

项目的建设成效依托于业务实现与质量控制，平台的长效运行还需要从机制方面进行保驾护航。平台在功能设计方面采用严格的重名检测技术，在机制配套方面，市民政局及时印发了《东莞市加强地名文化保护清理整治不规范地名工作实施方案》，对地名中存在的“大、洋、怪、重”等问题进行集中清理整治。通过此次工作规范了地名的命名、更名、发布和使用，加强了企事业单位对地名命名规则的学习。通过机制的配套工作，确保平台日常运行与企事业单位思想认知的无缝接轨，为平台的全面推广使用提供了有效的机制保障。

三、下一步工作计划

地名蕴含着深厚的文化底蕴，其背后是传说与传奇，更是需要传承和保护的对象，是激发起全民文化自信的重要依托。东莞市区划地名管理信息平台将立足于夯实的数据根基，进一步深化利用“互联网+”“移动云+”“地图云+”等模式，完善对地名数据的共享及全生命周期管理，继续依法依规开展地名梳理整治不规范地名工作，进一步完善全市标准地名信息数据库，加强地名网站的建设和管理，推进地名文化产品及应用，为建设服务型政府作出新的贡献。

积极做好地名文化宣传工作

广东省江门市地名普查办

为贯彻落实党的十九大报告中提出“要讲好中国故事，展现真实、立体、全面的中国，提高国家文化软实力”的部署要求，更好地讲好江门侨乡地名故事，江门市结合第二次全国地名普查，着力挖掘地名文化。2017 年以来，在广东省民政厅的大力支持和倡导下，江门作为广东省试点城市，率先开展地名文化宣传活动，充分利用各种形式和渠道，通过举办系列宣传活动，推动侨乡地名文化海内外传播。

一、充分调研，周密部署系列宣传活动

从 2017 年 10 月底开始，江门市民政局局长、副局长先后带队赴各市（区）进行调研，广泛听取当地专家学者的意见，研究制订活动实施方案。同时，市民政局密切与市教育、侨务、文联、侨联等部门联系，面对面交流侨乡地名文化宣传的深远意义。各部门、各单位就如何开展地名文化宣传工作达成共识，保证了宣传活动的可行性和广泛性。

在深入调研的基础上，江门市结合全市实际，制定下发了《江门市“大地恩情”主题地名文化宣传活动方案》（江民区〔2018〕12 号），活动方案对地名文化宣传的活动内容、工作安排、保障措施进行了明确，对各阶段工作完成时限作出了规定，提出了严格要求。同时，还制订了“大地恩情 · 乡缘讲堂”地名文化进校园等分活动方案，对系列活动进行了进一步细化，确保了地名文化宣传工作顺利展开和推进。

2018 年 4 月 20 日，江门市召开“大地恩情”主题地名文化宣传启动仪式，市政府领导、省民政厅区划地名处领导、市普查领导小组成员单位、市地名专家顾问、市（区）地名普查办主任以及各类社会团体代表参加了启动仪式。江门市政府副市长梁许赞、广东省民政厅区划地名处处长邱智宽、江门市民政局局长谢鸿猷到会讲话和安排部署。各市（区）普查办按照市里的

统一部署和要求，也先后召开工作会议进行安排部署。

二、借势起程，扩大江门侨乡地名文化影响力

地名文化工作的开展要以地名工作为基础和后盾。根据上级文件要求，结合第二次全国地名普查工作，以深挖地名文化，推动江门侨乡地名文化海内外传播为宗旨，借势起程。市民政局联合市教育局、市外侨局、市文联、市侨联等部门，依照各自工作职能，紧密合作，通过各自的信息发布平台，大力宣传侨乡特色地名文化。通过举办启动仪式及地名图片展，拉开宣传活动序幕，为“大地恩情”主题地名文化宣传活动壮大声势，向深度和广度不断推进，进一步扩大江门侨乡地名文化影响力。启动仪式结束后，陆续向外发布了“大地恩情·记住乡愁”江门地名文化有奖征文、“大地恩情·书情画意”美术书法作品展等活动公告，并将最终获奖作品编纂成册。同时，他们主动对接了《江门日报》《广州日报》《南方日报》、江门电视广播台等主流媒体，利用立体式宣传手段，对系列活动进行及时的跟踪报道，争取做到报纸上有字、广播上有声、电视上有影、网络上有故事；此外，江门市还依托专业的文化传播企业，制作了《小鸟天堂》《古劳水乡》等一批地名文化短视频参加“美丽中国·地名寻梦”全国地名文化短视频征集与展播活动；开展大型电视系列片《广东地名故事·江门篇》的拍摄工作，制作了《崖门怀古》《茶坑传奇》等9集系列片，高质量地开展地名文化宣传活动，推动江门侨乡地名文化大发展。

三、借智做精，谱写江门侨乡地名文化新篇章

江门市成立地名文化建设专家顾问组，通过搭建地名专家平台实现“智慧众筹”，为地名管理服务和地名文化建设提供智力支撑。在专家指导下，深挖地名故事前世今生并加强宣传，利用第二次全国地名普查成果，编纂了《新会地名溯源》《江门地名故事·三区篇》《江门地名故事·台山篇》《江门地名故事·恩平篇》等一批优秀作品；组织地名专家，通过现场讲座、图文展示、网上阅览等形式让地名文化进校园入社区；运用新技术，对地名专家评定的27个具有重要历史意义的地名进行数字化记录，从而更好地保护和展现地名文化。同时，他们在集百家之长的基础上，创新了宣传手段：除借鉴兄弟城市开展如征文、书画比赛等活动之外，首次提出设计地名主题公园、

餐馆，让广大市民在休闲的环境中接受地名文化的熏陶，通过文化精神渗透，产生潜移默化的影响。

四、工作展望

地名是望得见山的故土心，看得见水的思乡情，记得住乡愁的回家路。江门源远流长的地名文化是五邑文化繁荣、文化变迁的重要见证和载体，记录着文化的传承、社会的发展。下半年，江门市继续加大工作力度，努力在丰富人民群众精神文化生活上求实效，在讲好中国地名故事上求实效，让更多的人参与保护、宣传地名文化，不断扩大宣传地名文化工作的影响力和覆盖面，让更多的人参与保护、宣传江门侨乡地名文化。

以法治思维和手段 有序推进地名规范管理

广东省汕头市地名普查办

从2016年开展地名普查工作以来，汕头市高度重视地名法制建设，紧紧围绕群众需求，不断创新地名服务内容和方式方法，切实提高地名公共服务能力和质量，地名管理边普查、边规范，取得突破性进展。汕头市民政局荣获国务院第二次全国地名普查领导小组颁发的“第二次全国地名普查先进集体单位”光荣称号。汕头的经验主要是做到“三坚持”：

一、坚持问题导向，增强法治思维，及时出台地名条例

国务院《地名管理条例》《广东省地名管理条例》在推动地名管理的标准化、规范化，服务于汕头市经济建设、城市管理和社会交往中，发挥了积极的作用。但随着经济社会的发展，这些制度或因出台时间较早，严重滞后于时代发展；或因规定的原则性较强，针对性和可操作性不强，已明显不适应当前的实际情况，无法满足城市建设的现实需要，影响了地名管理的规范化和管理力度。为此，迫切要求汕头市在总结地名管理工作实践经验的基础上，借鉴地名先进地区的经验做法，制订一部明确汕头市各区县人民政府及其部门职责、全面规定地名管理工作各个环节、针对性和操作性更强的法规，以规范汕头市的地名管理工作。经不懈努力，《汕头经济特区地名管理条例》（以下简称《条例》）于2016年11月25日经市人大常委会审议通过，自2017年1月1日起正式实施。《条例》共分7章56条，涵盖了地名命名、更名与销名、标准地名使用、地名标志设置与管理、潮汕历史地名保护及法律责任等内容。“潮汕历史地名保护”，明确了保护原则、评价体系、保护名录、使用和保护措施等规定。《条例》结合新形势以法制形式全面规范地名管理，以问题为导向对地名文化保护、地名管理违规违法行为进行处罚等方面作出新的、更具体的规定。

二、坚持政策引导，注重制度配套，推进地名管理规范化

《条例》出台后，汕头市又先后配套制定了《汕头市门楼牌管理规定》《汕头市地名管理咨询专家管理规定》《汕头市地名委员会及其成员单位主要工作职责》《汕头市潮汕历史文化地名保护细则》和《汕头经济特区城镇道路、建筑物和公共设施名称管理办法》等一系列实施配套政策，这较好地完善了地名管理法规，确保地名立法能够落地，具有可操作性，真正服务基层、服务群众。《汕头市门楼牌管理规定》规范了门楼牌号管理，实现了地址信息的标准化和规范化；《汕头市地名管理咨询专家管理规定》健全了地名管理民主决策机制；《汕头市地名委员会及其成员单位主要工作职责》规定了相关职能单位的工作职责，形成地名管理工作的协同机制；《汕头市潮汕历史文化地名保护细则》则对于弘扬潮汕历史文化，提升地名管理水平，彰显汕头城市特色都具有十分重要的意义和作用；《汕头经济特区城镇道路、建筑物和公共设施名称管理办法》明确了通名规定、通名技术规范、申报资料、不予受理情形、论证和听证规定等。

三、坚持动态管理，强化专项治理，努力形成地名管理运用新格局

1. 全面推进地名专项规划编制。地名专项规划，是地名法制建设的重要组成部分，也是做好地名管理工作的前提和保证。汕头市在地名立法的基础上，全面推进汕头市中心城区（金平区、龙湖区、濠江区）和澄海区、潮阳区、潮南区、南澳县的地名专项规划编制，启动汕头市中心城区地名详细规划编制工作，解决了地名重名等一系列历史遗留问题，助力地名普查工作的推进。首先，组织实施《汕头市中心城区地名专项规划（2014—2020）》。汕头市积极做好汕头市中心城区地名专项规划组织实施工作，2017 年 5 月 31 日以市地名委员会的名义印发《关于组织实施〈汕头市中心城区地名专项规划（2014—2020）〉的通知》，2017 年 7 月 4 日专门召开汕头市地名工作会议对汕头市中心城区地名专项规划的组织实施进行贯彻，强力推进汕头市中心城区地名专项规划组织实施工作。2019 年，濠江区以清理整顿不规范地名为契机，认真贯彻落实《汕头市中心城区地名专项规划（2014—2020）》，积极清理整治不规范地名标志。其次，全面推进澄海区、潮阳区、潮南区、南澳县地名专项规划编制。目前，澄海区、南澳县已完成地名专项规划编制工作，

正在抓紧实施。澄海区充分利用《汕头市澄海区地名专项规划》成果资料、澄海区第二次全国地名普查成果资料、澄海区地名标准化处理资料，以及《汕头市东海岸新城溪湾、莱湾地名详细规划（修编）》等权威资料，委托武汉大学编制《汕头市澄海区标准地名图集》，该图集成为汕头有史以来第一部地名图集。潮南区于2017年年底启动了地名专项规划编制工作，目前工作进展顺利。最后，积极推进汕头大学东校区暨亚青会场馆项目命名调整。根据城市建设新任务，协调开展对汕头市东海岸新城溪湾、莱湾地名详细规划进行修编。根据修编后的地名控制性详细规划，对东海岸新城溪湾、莱湾的道路、桥梁、公园重新进行命名调整。共命名调整道路55条，桥梁14座，公园、广场10个，水利设施10个。

2. 积极开展地名文化建设工作。2016年11月25日，市人大常委会审议通过的《汕头经济特区地名管理条例》，共分7章56条，其中包括“潮汕历史地名保护”等内容，明确规定了保护原则、评价体系、保护名录、使用和保护措施等。汕头市认真做好《汕头经济特区地名管理条例》规定的潮汕历史文化地名保护工作。一是高度重视潮阳“千年古县”地名文化的挖掘保护和传承弘扬。把地名普查与“千年古县”调查相结合，地名普查成果转化与塑造“千年古县”品牌相结合，地名文化挖掘保护与潮阳城市文化再造相结合，努力推动潮阳“千年古县”申报工作。2017年12月潮阳“千年古县”申报成功，被民政部、中国地名文化遗产保护促进会评定命名为“千年古县”。二是联合汕头市电视台，推出了《汕头地名蕴乡情》地名文献纪录片，突出本地文化特色，提高文化品位，促进了汕头优秀地名文化的传承、保护和弘扬。三是举办“寻找汕头美地名　讲讲你身边的地名故事”公益征文活动。活动收到众多征文，其中评选出优秀作品40篇，在《汕头特区晚报》刊登，并编印成《寻找汕头美地名》一书，促进了本地优秀地名文化的传承及保护。

3. 扎实推进地名标准化处理工作。对于地名普查中发现的不规范地名，开展地名标准化处理，逐步规范汕头市地名管理秩序，着力打造共建、共治、共享的社会治理格局，为创建全国文明城市和助推汕头经济社会发展，提升城市精细化管理和公共服务水平，营造和谐宜居的生活环境，打下坚实的基础。一是强化政策引领，重视业务培训。在同步推进地名普查中，汕头市始终坚持以国家和省市地名条例为准绳，强化政策指引，以多形式的业务培训解决日常实践中遇到的地名规范化、标准化处理问题。2017 年以来，全市多次组织地名标准化处理业务培训。特别是通过培训，总结归纳了 28 种不规范地名的表现形式，主要包括：一地多名、一名多写、有地无名、有名无地、名实不符、大地名、洋地名（外来语地名）、怪地名、多地重名、地名同音、地名谐音等形式，并辅导各区（县）业务骨干掌握开展地名标准化的基本方法。2017 年 6 月 29 日，汕头市还专门召开庙宇祠堂、宗教类设施名称地名标准化处理研讨会，专门针对汕头实际，研究宗教类设施地名标准化问题，为全市地名标准化处理夯实了业务基础。二是规范标准化流程，强化依法处理。市民政局加强对地名标准化工作日常的组织协调和业务指导，根据收集基层反映的问题，专门向市政府上报了《关于汕头市第二次全国地名普查中需进行地名标准化处理问题的请示》。经原市法制局审核，市政府同意对城市内和村镇内的路街巷、市政交通设施、城市公共空间等名称的不规范地名，采用分类、分级进行地名标准化处理。此举，体现了规范流程、依法治理的思路和路径。三是从严审核把关，同步配套数据建设。市民政局对各区（县）在地名普查中发现的“大、洋、怪、重”等不规范地名、未按规定需要进行地名标准化处理的城市内路街巷、市政交通设施、城市公共空间等名称，认真组织技术会审并进行地名标准化处理工作。2018 年至今，已标准化处理地名 17720 条。其中，金平区 375 条、龙湖区 4326 条、澄海区 12517 条、南澳县 502 条地名已完成地名标准化处理审批工作。目前，汕头市地名标准化处理工作正稳步推进，已取得阶段性成果，新规划区域的地名命名也依法依规有序推进。通过地名标准化的一系列行之有效的举措，推动了全市地名管理的规范化、科学化，提高了城市品位和文明程度，推动并促进了汕头知名度的提升。

汕头市在地名普查过程中积极开展地名法制化建设，让地名管理工作有法可依。在地名管理中发现问题、解决问题，积极开展地名专项规划，推进地名标准化处理，同时积极开展地名文化建设工作，全市地名管理法制化、规范化水平显著提高，推动了全市地名管理使用规范有序，有力提升了市民素养和城市文明新形象。

着力运用新技术　创新地名成果应用

广东省中山市地名普查办

第二次全国地名普查工作开展以来，中山市民政局在省民政厅的有力指导和中山市委市政府的正确领导下，强化机制，优化措施，运用新技术，高质量开展地名普查工作，全面完成第二次全国地名普查任务，创新推进地名成果应用和地名成果出版工作，充分运用地名普查成果促进社会发展，惠及人民群众。

一、创新推进地名成果应用

中山市着力运用新技术，创新推进成果转化工作，将地名普查成果转化服务群众日常生活，切实做到地名普查成果让人民群众受惠，在地名保护中起到重要作用。成果转化主要包括：地名图集、地名志、地名词典、地名录，地名 App，三维激光点云数据影像，三大成果转化应用在不同的领域，具有不同程度的社会影响力。

（一）制作标准地名图集

地名图集是把地名普查数据库中的数字化数据转化为纸质版的地名图集，以更直观的图文并茂形式展现地名普查数据。制作标准地名图集，按中山市24 个镇（街道）级政区为单位，编制中山市及各镇（街道）的标准地名图集。地名图集将印发 100 份，其中，中山市标准地名图集印发 4 份，各镇（街道）各印发4 份。为各镇（街道）提供地名图集，把地名普查成果转化惠及各镇（街道）人民群众。

地名图集的编制，需要通过调用地名普查数据库中的数字化数据，经过脱密处理，根据图集编制要求，运用 Auto CAD、Photoshop 等软件，在有限的图集篇幅里，调整比例尺，最大限度地展现地名。地名图集的制定对于提升地方治理能力，加强地名管理服务，弘扬优秀传统文化，提高政府管理水平和公共服务能力具有重要意义。

（二）开发标准地名 App

中山市开展地名普查工作时，将地名成果转化与普及地名文化和保护地名相结合，提高人民群众对地名及文化保护的意识，把地名普查数据转化为地名 App。地名 App 是将地名普查数据通过编码，转化成 App 使用的数据库，结合美工、界面设计，将数据库与地名 App 界面相关联，开发出能够精准定位到标准地名的实际位置，具有查询、搜索地名、地名定位、地名文化信息等功能。同时，将中山市地名故事等多媒体资料加载在地名 App 上，形成地名故事查阅功能，丰富地名 App 内涵。

地名 App 的开发与使用，将使得人民群众对地名以及地名文化有更深入的了解，也为查询、定位地名提供了便捷条件，对中山当地的地名文化保护产生深远的意义，真正做到了地名成果转化惠及社会。

（三）创建三维激光点云数据影像

地名因描述一定地域历史和文化而形成，代表着人类文化遗产最古老、最活跃的部分，展示着当地自然环境变迁、人类历史演进等信息，是历史文明发展的见证。如果具有传统文化的地名消失了，那具有历史记忆的地名也就没有意义了。

中山市开展地名普查工作时，重点把地名文化保护纳入地名成果转化的规划中，结合信息化和“互联网 +”时代特征，运用无人机拍摄、棱镜镜头拍摄等现代化技术，对 60 个具有重要历史价值的地名进行数据收集，形成全方位的影像，将地名概况和当地文化特点数字化，把具有重要历史价值地名的颜色、形状等图案信息进行全方位收录。运用三维激光点云数据扫描技术，将 60 个具有重要历史价值地名的矢量信息，如：长、宽、高等，形成高精度的点云图（精度误差仅有 0.3mm）。结合收集到的图片、点云图，运用点云处理软件 7.0、天保点云处理、Geomagic、3Dmax、Smart 3D 等 5 个专业软件进行处理，创建三维激光点云数据影像模型。

通过无人机拍摄、以水平 360 度和垂直 270 度旋转式的棱镜镜头对地名标志物进行全辐射的扫描采集。当具有重要历史价值的地名被毁坏时，传统的图纸或图片仅能提供有限像素的纸质材料，而三维激光点云数据影像由于精度高，误差小，并且是数字化数据，保存不受时间限制，可以为长久保存、修复或还原该地名提供高清的原始影像数据，为地名的完整高精度修复提供永久保障。三维扫描影像的成果也可应用在地名标志物的保护上，当其遭受破坏时，可以根据三维影像数据还原。因此，三维激光点云数据影像对地名文化的保护与传承、文物的保护具有十分现实的意义。

二、扎实推进地名成果出版工程

随着经济社会的快速发展，地名作为一种基础信息，使用的频率越来越高，范围越来越大，在社会发展中起着重要的作用。对地名进行标准化处理，规范使用标准地名，不仅可以满足人民群众正常的社交需要，同时能促进政治、经济、文化、社会发展。根据《第二次全国地名普查成果转化规划(2015—2020年)》要求，按照分类、分级、分批的原则，中山市以第二次全国地名普查资料为基础，计划周详，分步实施地名成果出版工程，已于2017年编纂了《中山市标准地名词典》和《中山市地名志》，于2018年完成了《中山市标准地名词典》《中山市地名志》的出版工作和《中山市地名录》的编纂和出版工作。

（一）《中山市标准地名词典》

地名词典即收录特定范围内地理实体的专名词典。主要从自然、经济、人文和历史的角度对其进行说明，提供相关信息。《中山市标准地名词典》主要收录既反映地名现状，又具有历史意义的地名，能够展现地名的基本要素、文化属性和地理实体的基本特征，可反映中山市政治、经济、文化、历史、地理等概况和特征，为各行政机构、事业单位、企业和各行业人士以及普通群众提供准确的地名信息。

中山市以第二次全国地名普查资料为基础，在市地名普查领导小组的统筹协调下，组织市地名普查成员单位、各镇（街道）、村（居）参与《中山市标准地名词典》的编纂工作，他们为编纂工作提供了详尽的地名信息，并根据要求提供制定编纂细则和篇目框架的建议，为科学精准采词提供意见建议，并协助开展校对核实工作。

2017年，中山市已编制标准地名3000条，编印60册文字资料和光盘，2018年以内部出版物的形式印刷出版，印制500套，并刻录相应电子数据光盘。

（二）《中山市地名志》

地名志是地名资料书，是加强地名管理和标准使用地名的重要依据。地名志涵盖政区地名、政区沿革、地名由来、隶属关系变迁、名胜古迹、人文景观、乡土文化、附录、附图、地名索引等，简洁明了，表达准确。

为提高《中山市地名志》的水平，更准确反映地方政治、经济、文化、历史的人文鉴赏，中山市地名普查领导小组统筹协调，邀请方志办对地名志的组织编纂、业务培训、审查验收和出版管理工作提供专家意见支持。

中山市已于2017年编制工作地名词条2500条，编印60册文字资料和光盘。2018年以内部出版物的形式开展印刷出版工作，印制数量500套并刻录相应电子数据光盘。

（三）《中山市地名录》

地名录是规范化的地名一览表，语言表达准确、客观、精练、简单明了，便于使用者检索地名的位置。随着城市经济的高速发展，有的地名在城市改造中消失，有的地名更名，为准确、真实反映地名客观情况，规范使用地名，防止乱用、乱改地名，中山市地名普查领导小组统筹编纂《中山市地名录》，相关数据是基于中山市第二次全国地名普查外业采集的有效地名数据，在科学归纳的基础上，根据地名录要求完成。

中山市从第二次全国地名普查成果中抽取地名4500条，每个地名词条包含地名的标准名称、汉语拼音、地理位置等基本信息，汇编成《中山市地名录》，将审定后的终稿以内部出版物的形式印刷出版，印制数量500套并刻录相应电子数据光盘。

编制语言分布图

广西壮族自治区防城港市防城区地名普查办

根据《国务院关于开展第二次全国地名普查的通知》（国发〔2014〕3号）、《广西壮族自治区人民政府关于开展全区第二次全国地名普查的通知》（桂政发〔2014〕38号）等文件精神及自治区、市的工作部署，防城区开展了第二次全国地名普查工作，经过了近4年的努力，基本完成了地名普查各项任务。为充分利用普查成果，做好成果转化，防城区利用普查时采集的地名语音，编制防城区语言分布图。

一、编制过程

（一）基本情况

防城港市防城区北靠十万大山，南濒北部湾，西邻越南，是一个沿海沿边的城区。全区面积2427平方千米，拥有大陆海岸线138千米，国境线长61.8千米，下辖2个乡8个镇3个街道办，146个建制村和19个社区，2932个居民点。2014年末总人口约43万，居住着汉、壮、瑶、京等19个民族，其中少数民族人口占总人口的35.7%。每个民族的语言各不相同，方言的分布区域不同。

（二）地名语音采集

一是做好语音采集前的准备。地名语音采集是地名普查要求采集的信息之一。因此，为准确采集到原始的地方方言语音，区地名普查办组织了专项的地名语音采集小组，通过对全区的语言分布情况进行调查摸底，制订地名语音采集方案，购置采集语音设备，筛选录音对象，一般选择没有离开过本村的50多岁的男性作为录音对象，确保本地语言的纯度。做好实地调查采集地名方言语音各项准备工作。

二是分片实地采集地方地名语音。根据调查摸底情况，各乡镇、村的方言分布，采取分片采集的办法，对全区各乡镇、村的语音进行采集。也就是附近几个村同一种语言的，就选择一个录音对象对当地的地名进行语音采集，确保每一种方言都能采集。防城区 2932 个居民点主要有 5 种方言，本地人分别称为客家话、白话（粤语）、壮话、瑶话、灵山话（灵山人搬迁到此地带来的方言）。

三是把采集到的地名语音进行整理归纳分类。根据采集小组采集到 6700 多条地名语音，分别找会相关语音的工作人员进行整理，个别采集的语言无法识别的，必须重新找录音人进行核对，确保归类正确。

（三）编制方言分布图

根据采集到的地名方言语音，利用防城区行政区划图为基础，以村为单位，把各村所在的区域，使用的方言用不同的颜色表示，如果使用同一语言连片分布的，就采用片状表示；单独一个村庄使用一种语言，就用点状表示，编制出了防城区语言分布图。防城区各民族使用的语言主要有粤语、客家话、壮语和瑶语。粤语主要分布在水营、珠河、文昌三个街道及江山、茅岭、华石、滩营等乡镇，分布面积约占全区面积的 30%；客家话主要分布在大菉、扶隆、峒中、那良、那梭等，分布面积约占全区面积的 45%；壮语主要分布在峒中、那良、滩营、十万山、大菉等，分布面积约占全区面积的 15%；瑶语主要分布在十万山瑶族乡、那良、峒中、那梭等瑶族聚居地，分布面积约占全区面积的 7%；其他的如灵山话主要分布在扶隆镇等，分布面积约占全区面积的 3%。

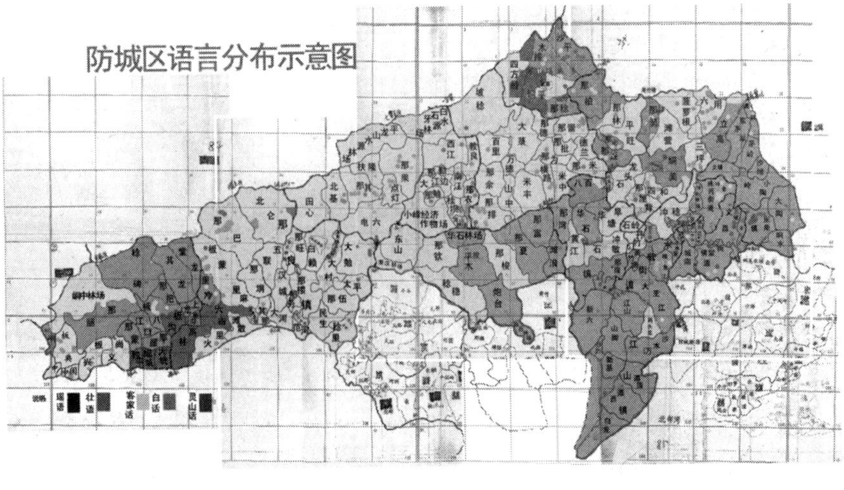

二、成果展示

（一）防城区语言分布一目了然

根据编制的防城区语言分布图，对各乡镇（街道）、村（社区）主要使用的语言分布，色彩鲜艳，不同的语言使用不同的颜色，有点有片，易看易懂，一目了然。同时，根据分布图，可以简单了解防城区方言的发展趋势，高远山区以壮语、瑶语为主，中部以客家话为主，城区附近以粤语为主。

（二）方便社会各界了解风俗民情

方言俗称地方话，只通行于一定的地域，不是独立于民族语之外的另一种语言，而只是局部地区使用的语言。想了解一个地方的风俗民情，可以从了解这个地方的方言开始，防城区语言分布图是最好的工具图。

（三）为专家学者研究民族的变迁提供参考依据

地名文化是祖国先进文化的组成部分，语言是经济社会发展的反映。不同地域的方言，形成于人口迁移和地域阻隔，体现了不同地域间的人群接触和融合。民族迁徙，更直接造成了不同地域方言的形成。所以，在研究民族变迁时，利用语言的分布图，可以找出变迁的一部分过程。

三、案例分析

地方方言也是中国历史文化重要的组成部分。中国自古以来地域辽阔、人口众多，为了便于交流沟通，20 世纪 80 年代开始在全国范围大面积推广普通话。随着普通话的逐渐普及，交通的发达，经济的繁荣以及各区域文化的互相渗透，越来越多的本地人不再使用本地方言，甚至完全不会本地方言，地方方言会随着时间的流逝逐步消失。因此，编制防城区语言分布图，不但是地名普查成果转化的需要，更是为了让更多人了解本地语言种类及其分布，同时记载本地人类发展的历史过程。同时，也希望通过此图，引起社会各界对地名语音的重视，对民族语言的重视，对保护方言的重视。

（一）防城方言主要的特点

通过地名语音采集，发现本地的方言有几个特点：一是各民族在与其他民族、语言的日常交往中，基本上都以白话为主；二是绝大多数壮族人被同化而讲白话或客家话，只有在同一民族间交流时才用本民族语言；三是部分讲客家话的民众逐渐讲白话；四是瑶语一般只有在本族人之间交流使用，其他民族的人一般听不懂。

（二）方言传承了传统民族文化

俗话说“老乡见老乡，两眼泪汪汪”，不管你走到哪里，只要能说上几句家乡话，就倍感亲切，证明你是家乡人。方言，即“地方语言”，就是文化心理认同的重要符号，对于地域文化发展和情感融合具有积极意义。方言包含有浓厚的地域文化底蕴，传承了传统民族的文化，方言不仅是某一地域的语言交际工具，也是对历史发展、社会心理变化、风俗民情、思维方式的描述与记录。同时，方言还是民族语言的基础，是地方文化的代表。

（三）方言是文化的活化石

方言是一个地区的历史文化的活化石、活古迹。方言是一个地区的民众所使用的语言，必然负载着该地区的社会历史文化内容，因而具有多方面的文化研究价值。从群体智慧的形成和发挥的角度来看，方言所起的文化负载作用也是其他物质的和非物质的载体不可比拟的。仅仅是方言土语所传承的古代词语，就包含着非常丰富的民族历史文化内容。方言土语可以说是显现于民众口头上的“活化石”“活古迹”。从某个角度来说，它是比从地下发掘出来的和在地面上能看见的历史古迹更重要的“历史古迹”。它不仅能证实、说明、丰富地上留存的和地下挖掘的古迹所说明的历史内容，而且还能证明许多后者没有或不能说明的多种社会历史文化问题。至于说方言概括民俗、表现民俗、巩固民俗、解释民俗、传承民俗所起的作用，那更是其他任何物质的和非物质的载体都不能比拟的。保护少数民族语言和汉语方言，有利于人类文明的传承与发展，也有利于民族团结、社会安定。

四、延伸思考

语言是人类文化的载体和重要组成部分，当今处于弱势的民族语言正面临着强势语言、全球化、互联网等的冲击，正处于逐渐消失的危险，当一种语言消失后，与之对应的整个文明也会消失。因此，有关机构和语言学界都应该采取积极而有效的措施，抢救濒临消失的民族方言。所以，防城区利用地名普查成果转化，编制出了本地语言分布图，可以为地名工作者研究地名语音的变迁，也可以为社会各界对民族语言的研究保护提供参考，还可以为爱好民族语言的社会各界人士了解民风民俗民情提供参考。

壮乡地名文化挖掘

广西壮族自治区贵港市覃塘区地名普查办

地名承载着人与环境的关系，蕴含社会的记忆，是拥有地域文脉的无形地标，成为居民意象中不可或缺的元素。在人类文化的演进历程中，不同时期产生的地名，呈现出一种区域历史演进序列的文化景观。地名同样是文化遗产的重要组成部分，地名又和我们的生活息息相关，我们的出行、乘车、购物等日常活动，都与一定的社区或街区、街道、建筑等发生关系，这都离不开地名。

壮族是我国少数民族中人数最多，又有着悠久历史和灿烂文化的少数民族，在壮族世代生长繁衍以及从事生产劳动的地方，用壮语命名的地名范围甚广。在壮族地区众多的壮语地名中，保留着大量的古越语（古壮语）的成分，包含着丰富的文化内涵，反映了壮族的历史分布、思维特征及其生产方式。但由于壮语地名皆用汉字记音，既不准确，也易使人望文生义，难识原意。因而，揭示壮语地名的命名特点及其内涵，辨析其原来的意义，对于加深对壮语的认识以及对壮族历史分布、经济生活、文化发展状况的了解，深化壮学研究，都具有积极意义。

覃塘区位于贵港市的西部，全区总面积1503平方千米。辖7个镇3个乡，区内聚集着汉、壮族及其他少数民族，其中壮族人口占70%。自2014年第二次全国地名普查工作全面铺开以来，覃塘区着力采集整理地名文化属性信息，覃塘区对3176条村落地名信息进行了数字化处理，分析了村落的历史变迁脉络，并在广泛的问卷调查基础上，聘请壮语专家审核壮语读音、地名含义和来历，挖掘地名文化，力求在普查范围上实现全覆盖，努力做到地名信息内容丰满，材料翔实，力争比第一次普查工作有较大的提高。

一、以考证壮语地名为切入点，深入挖掘地名文化内涵

一是对照壮语专业书籍、广西壮语地名选集考证甄别疑难地名，力求体

现壮语地名的真实意义。普查中，将壮语地名的含义和来历作为重点考证对象。壮语地名“六务屯”Mbanhloeg moux：以前该地栖息着一种头冠类似帽子的鸟，壮语中“鸟”与“六”同音，“帽”跟“务”同音，故得名六务屯。曾经有过说法，“六务”为6个人在此地务农，经考究其含义全非，以前的说法让人啼笑皆非。“㽘明”Daemz ming：此塘原是地坑，后下雨逐渐成为一个小水塘，当地方言水塘称为“㽘”，“㽘”在壮语中是daemz的谐音，“明”是壮语中mingz的近音，“小”在壮语里称为“明”，故得名㽘明塘。“㽘”字在中国汉语字典里查无此字，实为当地人根据本土方言拼写而成。“把育岭”Ndoibyandoek：旧时，由于把育岭的水都是流向现在的古平水库里，平时下大雨时水流大，古平水库的塘角鱼逆流而上，游上此岭山冲的位置，雨后，村民经常到此地山冲抓塘角鱼。在当地的壮音里塘角鱼即是“把育”的读音，故称把育岭。“板够山”Byambanjgaceuq：“板够”壮话意为旧村，该山位于旧村后面，因而取名板够山。“根骂”Byagama：壮语“根骂”即“狗脚”之意，因该实体状似狗脚，故名。“排厚屯”Mbanjbaizhaeux：“排”是壮语baiz的近音，意为肥沃；“厚”是壮语haeux的近音，意指谷米。本屯土地肥沃，一排排稻田谷子一片金黄，故名排厚屯。排厚是中共贵县第一届县委驻地。1928年3月19日，突遭国民党军队200多人包围，因寡不敌众，驻贵县广西特委委员苏其礼在战斗中牺牲，县委书记陈培仁被捕，后于贵县县城就义。“凌动”Lingzdoengz：“凌”是壮语raengz的谐音，指落水洞；“动”是壮语ndoeng的谐音，指山林。因村后背山林下有落水洞，故名。曾经有这样的说法：村后面的山林有一个水潭，潭底是烂溢泥，人站在旁边用力一踏这下面的烂溢泥便震动，故此水潭名叫凌动。这个说法太离谱。“龙湾祠”：两条龙（山脉）弯曲而下像戏弄珍珠，祠建在珍珠之上。相传，很久以前，贵港榕兴街冯屋有个叫冯四的阿公，在北榄山（壮音，平天山）放牛帮，发现西北方向有个“双龙含珠”的风水地比较合心意，便投出牛鞭做记号。在下山寻找牛鞭时，发现牛鞭已变成“棵我”（壮音，植物类。现在只有在龙湾祠处才见有“棵我”，其他地方不见生长），于是冯四便到此定居，与东艾村韦文晓合为老同，并合作贩牛，得利后捐资行善，救苦救贫，深为乡邻敬佩。故而众乡亲在冯四公去世后便立庙拜祀，敬记后人。1505年始建，一直沿用至今。

二是聘请当地壮语学校的校长和老师共3人研究壮语地名的读音以及标注壮语拼写，对所有壮语地名资料进行审核考证，准确反映当地的壮语地名文化。

三是壮语为覃塘区的主要民族语言，为采集到最原始的民族读音，覃塘区按不同口音划分乡镇采集，从各乡镇遴选世居当地、熟悉当地语言和吐字清晰、口音标准的 7 名发音人对 250 条壮语地名进行录音，最大限度地保留了壮语地名发音的原始状态。

二、地名文化遗产的保护

一是制定地名保护名录，申报非物质文化遗产。地名为非物质文化遗产，制定地名保护名录和申遗是有效的保护方式。地名保护名录的分析内容主要有地名产生和使用时间、珍贵程度、纪念意义、归属感、想象力等 5 项评估标准，并在此基础上划分保护等级。申遗工作要注重将具有相同文化特征的地名群整体申遗，可以达到保护区域文化基因的效果。比如申报广西最美地名，荷美覃塘、九凌水库、灵龟宝山等，这些地名记录和见证了覃塘历史，非常珍贵。

二是科学规划城乡地名。科学规划城乡地名，是解决现有地名管理问题的有效方案。地名规划应作为城乡规划中一项特殊的专项规划，结合城市地理、历史、经济、社会习俗和城市性质、发展方向等相关因素，构建具有地域特色、兼顾城市建设和文化遗产保护的地名景观。可分为地名总体规划和地名详细规划。地名规划在满足快速城市化过程中对地名需求的同时，又保护地名文化遗产，维持城市特色文化与居民的文化归属感。

当前覃塘正有序疏解非城区功能，亟须提前做好地名规划和地名文化遗产保护工作。非城区功能的原所在地和疏解目的地，都关系到地名的注销、新地名的命名。在启动地名规划工作安排时，应注意几个问题：一是保护与合理使用地名文化遗产，彰显区域特色文化。二是当老地名资源不足时再结合区域发展创意命名。三是地名变更可能会产生较大的经济成本，变更之前需要估算成本。

地名普查宣传工作突出“四个强化”

广西壮族自治区桂林市地名普查办

为扎实做好第二次全国地名普查宣传工作，营造良好普查氛围，桂林市突出“四个强化”，注重对普查动态及地名文化挖掘与弘扬的宣传报道。

强化组织领导，明确分工责任。桂林市第二次全国地名普查领导小组办公室于2015年4月成立了由市委宣传部、市民政局、专业传媒公司等单位业务骨干组成的桂林市第二次全国地名普查宣传工作组（简称“市地名普查宣传组”），主要职责是协商新闻媒体的日常宣传报道、策划主题宣传活动、收集并整理普查工作信息及对重大活动的专题宣传。市地名普查宣传组在日常宣传报道、集中宣传活动等工作中发挥了重要作用，也使全市宣传工作更具系统性和专业性。

强化社会各界参与支持，保障工作顺利开展。地名普查宣传的目的之一是吸引群众参与到普查工作中来，同时宣传工作的开展也需要社会各界支持。他们在宣传报道中特别注意与县（区）政府和当地群众积极沟通，促使工作顺利开展。2015年11月，桂林市积极参加国务院普查办开展的“地名情　中国梦”活动，市地名普查办会同市地名普查宣传组到各县（区）探访，在征求当地政府和群众的意见后，确定以秀峰区东西巷、临桂区李宗仁故居、龙胜龙脊梯田、灌阳千家洞等8个体现桂林市传统地名文化的地名作为拍摄内容。作品制作中，他们主动与当地政府、桂林电视台、桂林旅游学院等单位取得联系，得到许多宝贵的拍摄素材和拍摄经验，最终拍摄制作了11部微电影（微视频）参与评选。2016年2月9日，国务院地名普查办公布了微电影征集活动获奖名单，桂林市共获得4个奖项：普查工作类微视频《桂林市第二次全国地名普查工作宣传》获三等奖、《桂林市第二次全国地名普查工作记录片》获优秀奖，地名故事类微电影《广西桂林市东西巷》获优秀奖，地名故事类微视频《广西桂林市临桂区》获优秀奖。2016年12月30日，自治区地名普查办公布“寻找八桂最美地名”故事活动获奖名单，桂林市共有14篇获奖：一等奖3篇，二等奖2篇，三等奖3篇，优秀奖6篇，其中《象鼻山的传说》等2篇地名故事入围全国最美地名故事前100名。2018年1月，桂林市地名普查办启动“寻找桂林最美地名故事”为主题的地名故事征集活动，在《桂林日报》发布征稿启事，面向广大市民征稿，历经一年稿件收集、校对、审核后，2019年11月正式出版《桂林市最美地名故事》。通过开展系列活动，桂林市地名普查工作引起了社会关注，也使得传统地名文化得到展示和弘扬。

强化方式多样性，确保工作取得实效。一是采用多种宣传媒介。日常宣传报道中，桂林市通过横幅、海报、宣传资料等纸质媒介，桂林电视台、县（区）电视台、《桂林日报》、桂林市民政局部门网站、桂林机关党建网等媒体持续进行宣传。同时积极探索工作新方法，在腾讯微信平台建立了“桂林市第二次全国地名普查办公室”微官网，分“官方网站”“最新资讯”“地名文化”“普查活动”“普查游戏”和“普查社区”等6个模块，能及时发布地名普查信息动态，并鼓励群众提供地名来历、含义、历史沿革及地名小故事等。二是作集中宣传。桂林市开展了多场次的集中宣传活动，主要考虑因素是场地位置和人流量，使宣传工作达到最好效果。2015年1月，市本级及城区地名普查办利用周末在桂林“甲天下广场”举办了集中宣传日活动，利用LED宣传车播放宣传视频，现场发放普查宣传资料和桂林市地图，并策划知识竞答、微官网扫码等活动，吸引千余过往群众参与，其间下发宣传手册500本、海报1200张、宣传单5000张。2015年5月，雁山区利用草坪乡草坪圩、雁山镇雁山圩、柘木镇柘木圩的赶圩日开展了3场次地名普查宣传日活动，发放宣传资料5000份。其余县（区）也均在人流量大的街头开展宣传活动。2016年9月至12月，市地名普查宣传组开展3种形式的持续宣传：在城区主干道的墙体上喷绘宣传、《桂林日报》专栏宣传、制作宣传专题片展示宣传，引起社会广泛关注。三是定期推送信息。雁山区采用信息月报、分季度编制简报、定期督查通报等方式，以了解各县（区）普查动态，推广好的做法和经验，及时解决普查中遇到的问题。

强化督查力度，推进工作落实。市地名普查办在制订督查计划时，将宣传工作也列入督查范围，如2015年12月市地名普查办开展年终检查工作，通过县（区）自评、市级综合评分的方式，对年度任务完成情况全面督查，其中就将宣传工作列入评分标准。2016年、2017年市地名普查办将宣传工作列入地名普查检查项目，结合地名普查大督查开展检查评分。通过定期督查，推动此项工作有效落实。

互联网+地名普查

广西壮族自治区南宁市地名普查办

地名普查是一项复杂的系统工作，点多面广，信息量巨大。如何有效把控地名普查数据的录入审核、汇总上报，提高普查工作质效，最大限度减少差错，是确保地名普查工作保质保量完成的重要环节。南宁市地名普查办根据第二次全国地名普查工作部署要求，认真研究，探索创新，提出了“运用互联网+技术，提升普查录审效能”的普查工作思路，即利用“互联网+普查”专用系统，实现普查区域全覆盖，提升普查海量数据的录审进度和质量管控。具体做法是：与技术单位合作研发《南宁市第二次全国地名普查数据审核系统》，系统遵循第二次地名普查技术规程，基于“天地图·广西”利用互联网技术，实现地名普查各种专项数据网上录审，进度质量网上管控，有效解决普查数据审核管控难题，改善录入审核各环节联动协同状态，极大提升了普查工作的质量与效率。

一、实现数据网上录审

系统平台根据普查工作实际需要，功能设置实现地名数据县级、市级录入与审核工作同步网上办公，实时办公。录入员每录入一个地名信息，审核员即可网上同步进行审核，对于不予通过的普查数据信息能及时网上反馈，提高作业效率与作业质量。

系统平台按用户职责不同划分为3类用户：录入员、一级审核员、二级审核员。录入员工作职责是将纸质地名成果录入到系统中，转换为电子成果。审核员负责对地名空间位置及普查数据信息进行审核。

录入员主要是县级、乡镇级民政部门作业人员或者技术合作单位的作业员。他们在系统中根据实地情况新增地名。将地名定位到需要录入地图的位置。具体操作是：点击新增地名按钮，在地图上需要增加地名的位置点击，地图上会出现标记，同时弹出地名属性录入窗口，在窗口上填写地名的属性信息。录入提交后系统会将该点自动提交到一级审核员账号下，以便审核员实时审核。

一级审核员主要是县级民政部门的质量控制人员，主要工作是将系统按照作业范围网上自动推送过来的待审核的地名点，逐个进行空间位置及普查信息的审核。审核通过后，系统按流程将该地名点直接流转到市级审核员。

二级审核员主要是市级民政部门质量核查组成员。他们对通过一级审核的地名数据进行第二轮审核，根据实际情况反馈修改或确认。

二、实现进度网上管理

为确保普查工作按计划推进完成，系统平台针对不同的角色用户设置不同的任务统计功能，方便监督项目进展，实施有效管理，保障项目进度和质量。

对录入员，可支持按照时间阶段和图幅统计录入数量、完成量占比、通过数量、通过率占比实施管理。

对县级审核员，可支持按照时间阶段、图幅、录入员、辖区内乡镇统计录入数量、完成量占比、通过数量、通过率占比实施管理。

对市级审核员，可支持按照时间阶段、图幅、录入员、辖区内县统计录入数量、完成量占比、通过数量、通过率占比实施管理。

三、实现数据网上批量上报

《南宁市第二次全国地名普查数据审核系统》统一管理全市的地名普查数据，能够实现对普查成果数据的统一存储管理、数据提取、分发，并且数据结构对标国家地名普查标准，市、县两级地名数据库的输出与国家地名与区划数据库无缝对接，较好实现了地名成果批量导入上级地名与区划数据库，避免了普查数据信息逐个录入的烦琐工作和可能造成的错误。

总之，这次地名普查，南宁市按照“运用互联网＋技术，提升普查录审效能”的总体工作思路，创新研发《地名普查数据审核系统》，以“天地图·广西”为地理信息平台支撑，对既定的工作流程按网络化作业方式进行梳理组合，针对不同用户职责按照乡镇级、县级、市级、合作单位的工作重点制定了明确的任务分工和进度管控，录入、质检、审核以流水线方式同步开展，做到全市地名普查各层级、各环节质量水平的一体化，减少层级差异，保证了地理信息数据资源的安全可控，充分满足了作业人员、审核人员对普查数据录入审核同步进行的工作需求，同时运用网络自动化手段降低了劳动强度，提高了作业效率，增强了地名普查各环节的一体化水平和不同层级管理单位的协同化水平，较好保障了南宁市地名普查工作的顺利推进和取得优良的成果。

运用“互联网+”思维　创新做好地名普查

海南省海口市地名普查办

为掌握地名基础数据，提高地名标准化水平，加强地名信息化服务建设，做好全国第二次地名普查工作，海口市地名普查办注重运用“互联网+”思维，创新做好地名普查工作，提高了全市地名信息化建设和服务水平。

一、注重业务培训，加强普查队伍建设

地名普查是一项基础性、公益性、战略性国情调查，专业性强，涉及面广，与日常的地名管理工作虽然有互通之处，但在专业知识上要求更高、更细、更深，现有的知识无法满足普查工作需要。此外，社会上虽有专业的测绘机构，但缺乏能将测绘与历史文化、经济社会结合在一起的地名调查机构，要确保地名普查的质量，特别是地名用字、来历、含义、历史沿革及实体概况等数据的真实性、准确性和科学性，必须依托现有各级地名管理工作人员和基层单位组织。为此，海口市地名普查办狠抓人员队伍建设，在普查人员配备上注重老中青三代相互结合，注重多部门、多学科的交叉，积极参加全国地名普查办举办的各类业务培训班，培养普查带头人。海口市地名普查办不仅理顺了普查管理、业务骨干、协调联络、内业查考、外业调查和基层普查等不同业务内容，还专门组织工作人员通过集中讲解、上门现场点评、相互交流等方式开展有针对性地讲解普查方法、地名知识、填表要求、测绘方法、标图技巧、调查要诀、沟通能力等基本普查要领。充分发挥骨干人员作用，以强帮弱，以老带新，示范引领，加速新人的成长步伐。海口市地名普查办始终将培训工作贯穿于第二次全国地名普查工作的全过程。据统计，共累计培训地名普查人员208人次，精心打造了一支业务熟、能力强的高素质普查队伍。

二、注重总结经验，高质量完成普查任务

随着社会经济的快速发展，人流、物流、信息加速流动，对地名信息提

出了更多、更高的需求。海口市有着许多历史悠久、文化内涵丰富的地名，但普查人员对本市地名文化遗产了解不多，底数情况摸不清，对地名文化的挖掘、保护和利用不够深入，特别是对那些面临经济社会快速发展而受到影响逐渐消失的传统自然古村落、古镇、城市老地名等地名文化遗产保护相对薄弱。随着城乡建设、城乡面貌的不断发展，地名数量不断增加，存在着地名命名不规范，特别是命名中出现的“大、洋、重、怪”现象，给地名普查和管理带来了挑战。为此，海口市地名普查办注重总结经验，充分认识第二次全国地名普查任务的重要性，结合本市实际，认真查找工作的薄弱环节，切实采取有效措施，加强普查成果转化，推动地名标准化，规范地名管理，加大地名文化遗产宣传保护力度，高质量完成此次普查任务，为新型城镇化发展营造良好的地名环境。海口市地名普查办结合试点经验，创新方式方法，做到内业与外业相结合，理论与实践相结合。首先是制订普查计划。根据乡镇地名分布状况以及人员情况，有针对性地划分普查片区，制定时间表，明确地名信息采集工作量，并在规定时间内完成调查任务。其次是灵活调查。以乡镇为单位，不分类别，针对个别有地方方言的乡镇，主要由当地的普查人员来负责。这保障了在工作人员走乡入户开展调查时，既能方便沟通，又能拉近与村民们的距离，保证了采集数据的有效性、可靠性。

三、注重成果转化，提升地名信息化水平

海口市地名普查办认真贯彻落实《国务院关于开展第二次全国地名普查的通知》（国发〔2014〕3 号）及《第二次全国地名普查成果转化规划（2015—2020 年）》（国地名普查办发〔2015〕6 号）等文件精神，在认真开展普查工作，严格把好质量关的基础上，十分注重地名普查成果的转化工作，取得了较好的成绩。海口市地名普查办将地名信息化建设列入《第二次全国地名普查成果转化规划（2015—2020 年）》重点建设内容，建立了地名数据库，多次召开服务平台项目建设评审会。创新运用“互联网 +”思维，把网络地名图集精心制作成为全省标准性、权威性的专业地名图集。图集以地名普查成果、最新卫星遥感影像和地形数据为基础，包含 22 个乡镇 21 个街道影像图、分布图，具备较完备的公众服务功能。其中，网络地名图集准确标注 11 大类地名，新增民政专题地图，明确标注民政公共服务设施（包括福利院、敬老院、光荣院及救灾物资储备仓库等）位置和名称，实现内容形式、

使用功能和地名标注创新，并已集成在省民政厅网站上。为促进地名普查成果转换，海口市地名普查办启动研发地名公众查询服务系统，建设地名微信公众号，面向企业、公众免费提供多终端应用与一体化便民服务，通过“互联网+地名服务”，提升了社会治理水平，为服务海口经济社会发展、建设国际化滨江滨海花园城市发挥了重要的促进作用。

传播千年“诗·橙”文化　延续古都史韵文脉

重庆市奉节县地名普查办

奉节，地处三峡库区腹心，位于重庆市东北部，处大巴山脉、七曜山脉、巫山山脉交会地带，地势南北高，中部低。东邻巫山县，南界湖北省恩施土家族苗族自治州，西连云阳县，北接巫溪县，全县幅员面积4098.44平方千米，辖29个乡镇、3个街道、390个村（社区），总人口107万。奉节因“奉公守节”而得名，夏、商、周时，属鱼国。649年，改人复县为奉节县。1927年，直属四川省。1950年，始属万县专区。1992年后，属万县市。1997年后，属重庆直辖市。奉节有着“中国橙都”和“诗城”的美称，悠久的历史沉淀了深厚的文化底蕴，留下了众多具有较高历史价值和丰富文化内涵的各类地名群，是一笔宝贵的文化财富。

自2014年奉节县启动第二次全国地名普查工作以来，在县委、县政府的正确领导下，在市普查办的精心指导下，奉节县积极谋划，周密部署，有序推进，重点对“地名来历、地名含义、历史沿革”等地名核心信息进行了深入的挖掘、探究。按照县委有关大力打造文化大县的要求，对全县的地名词条逐一考证。对全县范围内的地名及相关属性信息进行了全面的调查、核实、登记，建立完善了地名数据库，完成了各项地名数据的整理，切实做到“地名普查全覆盖、文化挖掘全覆盖”。

地名是文化遗产的重要组成部分，承载着丰富的历史文化信息，接续着千百年的情感传承，是人类历史的一块“活化石”，是一种看得见的乡愁。奉节县一直高度重视地名文化遗产保护工作，为确保地名文化属性信息准确，奉节县邀请奉节县地名委员会全体专家组成员亲自挂帅，指导各地名普查员开展地名文化挖掘工作，主要分为查阅文献和实地考证。在查阅文献方面，充分利用“一普”资料和奉节县三峡移民志、奉节县民政志、奉节县文化大观等普查辅助资料，对记载了的地名进行通书查阅，时而挑灯夜读、时而通宵达旦，绝不让任何有价值的信息遗漏。在实地考证方面，为能更客观地挖掘地名文化属性，普查员们更是不畏酷暑，在求真的路上越战越勇，涌现出一批批普查英雄人物，传颂出一段段可歌可泣的普查感人事迹。

在全体普查员的共同努力下，奉节县普查出地名词条18102条，地名词条数量在全市名列前茅，从中筛查出能反映奉节特定的历史、人文、风俗、审美等“精品”地名3000余条，对这些“精品”地名进行了深加工，丰富了文化内涵。积极开展了地名普查成果转化应用，一是配合市上做好《中华人民共和国地名词典·重庆卷》的编纂工作，二是编纂出版《奉节县地名录》，三是绘制全县32个乡镇和奉节县行政区划图，四是完成全县城区及主要集镇设置标准地名牌737块，村（社区）设置“乡愁石”地名标识488块。

通过地名外业普查，奉节县精心分析、总结，对全县城区的地名文化特色总结如下：一是具有独具魅力的诗歌文化，二是土生土长的三峡地理文化，三是战火连天的三国文化，在县城三马山片区主导诗歌文化；其中与诗词相关的道路名称如：东晴巷、西雨巷、竹枝路等有22条，与诗人有关的道路名称如：诗仙西路、东坡街、香山街等有7条，直接以诗城命名的如：诗城路、诗城东路、诗城中路、诗城西路有4条。在宝塔坪片区命名中主导三国文化和三峡地理文化，与三国文化有关的道路名称如：鱼复路、八阵街等有4条；与三峡地理文化有关的道路名称如：夔州路、巴原路等有4条。同时奉节县作为三峡库区移民大县，在移民搬迁的过程中奉节老县城的路、街、巷、台等地名被长江淹没。对此，为留住“乡愁”，奉节县聘请了熟悉奉节本地地名文化的人员组成专家组，经过多次研究、讨论最终出版了《三峡流韵》，该书还将历史地名的曾用名等变迁过程记录在案，较为完善地保存了奉节县老县城的历史地名。

为进一步加强地名文化建设，保护历史文化地名，促进奉节县地名文化繁荣发展，奉节县在全市率先出台《奉节县地名文化遗产保护实施方案》（奉节府办发〔2017〕214号），对开展地名文化遗产保护的重要意义、指导思想、工作原则、工作内容、组织实施、工作要求作了详细说明，重点部署了千年古县、古镇、古村落等地名文化遗产申报工作和地名文化数据库建设工作和地名电子触摸屏安装工作。

奉节有着千年灿烂的文明史，而地名见证着文化根脉和地域文化的变迁，千年古县申报既能充分挖掘、展示奉节的千年文化，也能提升奉节这座文明古县的文化气质。千年古县申报乃是大众所望、实至名归，也是奉节一件大事，更是奉节一件喜事。奉节县按照《奉节县地名文化遗产保护实施方案》启动了千年古县申报前期筹备工作，对照千年古县的申报要求作了细致研究考证，对全县历史文化地名作了认真梳理，借助第二次全国地名普查在对古遗址、古墓葬、古建筑等遗存全面调查的基础上，就其文化属性和重大意义进行了深入的挖掘和讨论，全面为千年古县申报工作打下坚实的基础；奉节县将聘请地名委员会专家组成员和本土文化人才成立千年古县申报课题组，全面负责文化考察研究、撰写申报材料等工作。同时，为确保千年古县申报顺利完成，奉节县将加强与市局的联系沟通和对外宣传，形成群策群力、共同研判的良好工作格局。

奉节，这座诗情与战火相结合的文明古县，毫不遗漏地记载了古代文人骚客们在夔州大地传颂出的脍炙人口的诗歌绝唱，也留下了“公孙述建白帝、刘备永安托孤”等历史佳话。通过开展第二次全国地名普查，及时地保护了奉节厚重的文化底蕴；随着“奉节脐橙”品牌在全国的影响逐渐加深，奉节已名副其实地成为“好山、好水、好风光；有诗、有橙、有远方”的好地方。地名普查永远不会结束，奉节县将永远在探究地名文化的路上，不忘普查初心，砥砺继续前行；持续深入挖掘地名文化属性，向全县乃至于向全国展示奉节县优秀的地名文化遗产。

求真务实　科学实施
全面提升地名管理和公共服务水平

重庆市万州区地名普查办

万州地处重庆东北部、三峡库区腹心，因“万川毕汇”而得名，因“万商云集”而闻名，上束巴蜀，下扼夔巫，历为渝东、川东、鄂西、黔北、陕南、湘西的综合交通枢纽和物资集散中心，素有“川东门户”之称。中华人民共和国成立后，先后置四川省万县地区行署、地级万县市，重庆直辖后设立重庆市万州区。东邻云阳，西界梁平和忠县，南邻石柱和湖北利川，北接开州和四川开江。全区幅员 3457 平方千米，辖 29 镇、12 乡、11 街道，437 个村，197 个社区，总人口 173. 9 万。万州是全重庆市移民任务最重、管理单元最多、人口最多、城市体量最大的区县，已有 1800 多年建城历史，既有白崖仙迹、鲁池流觞、天城倚空等人文盛景，也不乏一碗水、豆芽棚、牛滚凼等市井缩影。第二次全国地名普查期间，万州区累计采集 11 大类 115 个子类地名信息 17363 条、多媒体数据 33989 条，标绘各种比例纸质工作图 336 张，实测经纬度 15871 条，完成拍摄地名文化系列片等 11 项成果转化，2 次承接了国务院地名普查办“公益性地名活动”。具体做法如下：

一、强化组织统筹

1. 加强领导，强化保障。万州区党委、政府高度重视地名普查工作，成立了领导小组，建立 784 人的专兼职普查人员和 54 人专家团队，形成了部门协调机制。区财政投入经费 863 万元，保障了普查工作机构、人员、任务、责任、方案、计划、经费、场地、设备、制度的“十个落实”。

2. 加强宣传，浓厚氛围。在《万州时报》开设普查专栏，利用看万州 App、微万州、普查公众号等新媒体同步宣传 860 余期。组建 9 个宣传小分队进“镇乡、社区、学校、企业”宣传地名普查，做到了家喻户晓，提高了地名普查社会关注度。

3. 加强收集，夯实基础。累计收集“一普”图、文、表、卡资料7023套，相关史志资料4800余册，档案47736套，相关电子文档数据12.69G，并据此编撰调查目录10903条，确保普查基础翔实可靠。

二、强化科学推进

1. 外包技术，服务专业。招标购买专业公司承担地名普查内（外）业技术服务工作，同时委托区地理信息中心分阶段进行空间数据抽检、审图、核界、跨界测点，普查专业优势得以凸显。

2. 扎实培训，要求到位。分阶段开展普查业务培训9期、培训1784人次、发放资料17300余册，做到了应训全训，普查专兼职人员全面掌握普查要领。

3. 创先试点，全程督导。全重庆市第一个开展了地名普查试点，区普查办工作人员全程参与，主动查找问题19项，及时提出整改方案。普查内外业阶段，区普查办累计实地复测坐标数据1729条、复核比对326个村（社区）普查信息7260余条，累计行程253200余千米，确保了外业普查数据精准。

4. 分级自查，确保质量。首创“四步走”工作法，分片集中635个村（社区）自查、再集中镇乡（街道）复查、再组织地名专家复审、最后普查办会同外包公司集中审核增补。共剔除冗余地名1006条、补采集地名4754条、整改历史和现今地名数据1.8万余条，复查率达300%，也是全重庆市第一个将自查验收会开到村居一级的区县。

三、强化成果运用

1. 建立健全规章制度。区政府出台了加强地名规范管理的系列文件，针对“多头管理”“先建设后命名”“只建设不命名”等问题，一是建立地名工作联席会议制度，将民政负责的地名和各专（行）业部门负责的地名整合到联席会议统一平台，组织、协调、指导全区地名服务管理工作；二是厘清地名管理工作机制，根据部门职责厘清地名管理工作机制，进一步强化联动协调；三是明晰地名命（更）名程序及要求，出台《万州区地名命（更）名流程》《不规范地名认定原则和标准》《地名标志设置管护》等细则，为地名管理奠定了坚实的制度基础。

2. 完善地名命名流程。按照项目预核名、征求意见、专家评审、媒体公告、区政府专题研究等程序，命（更）名道路楼盘等147个，清理整顿“长江三桥”“政通路”“化九路连接道”等不规范地名、不规范地名标志共86个，督促指导各专（行）业主管部门集中对29条道路、3座桥梁、1条隧道进行了规范。

3. 开展地名文化保护。联合薄荷社工、明爱社工等社会组织推进万州区地名文化进村落、进社区、进校园“三进”活动，积极营造传承、保护和弘扬优秀的传统地名文化的宣传氛围。认真贯彻《重庆市地名文化遗产保护工作实施方案》，联合文化旅游宣传，依托专家深挖地名文化，有奖征文96篇，发布论文5篇，追根溯源地名文化遗产157个。

4. 推进普查成果转化。累计发布地名文化故事、地名景观图幅687篇，完成地名文化系列片《流逝的乡愁》拍摄、开展优美地名故事“进校园、进社区、进村落”三进活动、免费发放《手绘老万州》《万州最美地名故事》《万州地名概况》地名丛书12000余册，完成行政区划图和村镇地名图编审，完成国家标准地名录和地名志编撰，设置地名文化标识799块。

抓实数据自查 突出普查质量

重庆市渝中区地名普查办

第二次全国地名普查过程中，重庆市渝中区高度重视地名普查质量，坚持以地名普查数据检查验收为抓手，严格标准、规范程序，确保普查质量和成效。

一、加强组织领导，认真开展自查

区普查办专门成立了自查工作小组，严格按照《第二次全国地名普查工作规程》《第二次全国地名普查验收办法》和《第二次全国地名普查质量评价体系》等制度规定，厘清验收程序和验收标准，按照街道社区、职能部门、技术公司、地名普查专家组、普查办公室五级自查顺序进行自查。一是开展地名普查成果质量自查。采取与社会组织登记数据、地名命名数据、机关事业单位登记数据、军标数据等数据进行比对的方式，查找错漏数据信息，严把数据关。先后组织区相关职能部门、街道社区、地名专家、技术服务公司和普查办人员开展了7轮五级地名信息质量自查，修改完善文字简略和错误的内容，尤其注重补充完善充实具有历史文化内涵地名的来历、历史沿革等内容，突出渝中特色，严把文化关。二是开展组织实施类自查。采取先收集后整理补遗的方式进行，收集自2014年开展普查工作以来的工作文件和工作记录材料，严格按照普查验收办法的18项内容和顺序进行整理装档，统一文档格式，补充完善文档内容，严把文字关，共整理装档53个档案盒及146册地名文化书籍。三是参加市局组织的专家组审核。区级自查工作完成后还组织参加了市民政局组织的西南大学专家组质量检查，普查办和技术公司派专人负责与专家对接和修改，对专家组提出的意见、问题进行全面梳理论证、逐一修改。

二、争取市级支持，迎接市级初验

2017 年 9 月 5 日，市普查办相关领导先行对渝中区地名普查工作进行了检查初验。重点检查了成果类 9 项和组织实施类 18 项资料，针对验收材料中的经纬度、五万军标地图、罗马字母拼写、质量审核分类等内容提出了明确的改进意见。对渝中区拍摄的《挖掘地名文化　彰显母城魅力——渝中区第二次全国地名普查工作情况汇报》专题片也提出了宝贵意见和建议，随后对渝中区的保密工作进行了检查，仔细查看了领导干部保密工作责任制、涉密人员管理制度等保密管理制度和涉密电脑、防盗门、铁窗、密码保险柜等保密设备。市普查办对渝中区地名普查保密制度、材料整理、质量审核等工作表示肯定，对于工作中尚待改进的部分提出了明确要求。通过市级初验，渝中区明确了检查验收程序和要点，按照要求进行了整改，确保了 9 月份国务院地名普查办的督查抽验顺利进行。

三、精心准备验收，突出成果转化

渝中区地处长江、嘉陵江交汇处，两江环抱，形似半岛，是重庆的“母城”，积淀了巴渝文化、抗战文化、红岩精神等厚重的人文底蕴，形成了丰富的具有历史文化特色的地名。为迎接国家和市级督查抽验，除了按照验收办法准备组织实施类 18 项材料和普查成果 9 项材料以外，渝中区还准备了各种地名普查转化成果：《第二次全国地名普查专题汇报片》、母城地名历史文化书籍 146 册、《2017—2020 年渝中区地名规划》《街巷渝中》《九开八闭重庆城》《渝中区消失地名录》《渝中区最美 100 个地名影像集》《重庆市渝中区政区图》《渝中区立体地形图》《渝中区社区地图集》。特别是渝中区在全市率先开展了街道界线确认工作，形成了《渝中区街道界线 1∶500 详图》成果，对街道界线的管理和边界的和谐稳定提供了有力的数据支持。

强化部门协同　严格质量管控
高标准完成第二次全国地名普查工作

四川省成都市地名普查办

第二次全国地名普查工作开展以来，成都市认真贯彻落实《国务院关于开展第二次全国地名普查的通知》（国发〔2014〕3号）要求和四川省关于开展第二次全国地名普查的工作部署，精心组织实施，严格质量管控，扎实推进了地名普查各项工作。全市共普查11大类地名12万多个，历史地名4100多个，采集地名地理坐标信息30万余条，收集多媒体信息25万余份，填写地名登记表18万多张，标绘工作图11000余幅，修测成果图529幅，完成入库地名数据127100多条。

一、加强组织领导，落实工作责任

市委、市政府高度重视第二次全国地名普查。为扎实有效组织推进普查工作，一是组织召开全市地名普查工作会议，对全面推进地名普查工作进行了动员部署。成立了成都市第二次全国地名普查领导小组，由市政府分管副市长任组长，市发改委、市经信委、市交委、市公安局等25个市级相关部门和单位为成员单位，明确成员单位职责，建立部门联系协调工作机制。成都市所辖区（市）县也相应成立了地名普查领导小组及办公室，各乡镇（街道）、村（社区）确定了地名普查工作联络员，建立市、区（市）县、乡镇（街道）、村（社区）四级工作组织网络。全市有专兼职普查人员1500余人，为地名普查各项工作的开展奠定了良好的基础。二是明确工作责任，市与区（市）县政府、市级相关部门以及区（市）县与乡镇（街道）和部门分别签订第二次全国地名普查工作目标责任书，并将普查工作目标纳入市级部门、区（市）县政府和乡镇（街道）年度目标绩效考核内容。

二、明确任务，统筹安排

为确保地名普查工作的顺利进行，结合实际，制订了《成都市第二次全国地名普查实施方案》，明确了普查任务、普查原则、普查组织、普查时间节点安排及普查方法步骤等。由于成都市幅员面积较大，此次地名普查的外业信息采集和数据处理等以区（市）县为单位通过购买服务的方式进行。为统一全市地名普查的技术标准，委托专业机构制定了《成都市第二次全国地名普查工作规程实施细则》，对普查信息采集、普查数据要求等进行了详细规定。同时，积极协调市规划部门，将1∶2000大比例尺地形图和卫星影像图作为普查工作用图统一打印配发给各区（市）县，保障了普查用图的统一规范。

三、开展培训，提升能力

地名普查工作专业性强，为提高外业测量采集质量和内业数据录入的准确性，成都市结合实际，通过邀请地名专家和有试点地区普查经验的专业人员授课，以举办讲座、学习考察试点地区工作经验等形式，分别就地名普查的组织实施、信息采集操作流程、外业工作难点要点、保密工作要求等内容组织了20多期专题培训。各区（市）县也对“二普”办、作业单位、监理单位专职工作人员以及乡镇（街道）、村（社区）地名普查人员进行了多层次培训。全市共组织各类培训会330多场，参加培训人员6300余人次，提升了普查人员的能力和素质，为完成普查任务打下了基础。

四、加强保障，确保进度

一是加强宣传保障。为给地名普查营造良好氛围，成都市开展了内容丰富、形式多样的地名普查宣传。先后在《成都日报》等市级媒体上进行了相关专题报道；印制发放宣传手册、宣传画1万余册（幅）；组织工作人员进社区开展宣传，并通过四川手机报、市民政局官方网站、区划地名网站、LED显示屏等形式进行了广泛宣传。各区（市）县也通过有线电视、报纸、网站宣传以及横幅、宣传画进社区等多种方式进行普查宣传，向公众传达地名普查信息，扩大地名普查社会影响力，确保普查外业调查工作得到群众的支持。二是资金保障。地名普查专业性强，成都市采取借助社会力量以区（市）县为单位购买服务，因此资金保障非常到位。同时，将四川省民政厅下达给成都市的地名普查专项补助资金，按照财力因素和服务对象因素及普查绩效因素等作为测算分配指标，及时向各区（市）县进行了划拨。

五、实行两级监理，严格质量管控

为保证地名普查质量，依据《国务院第二次全国地名普查监理办法》《四川省第二次全国地名普查质量管理办法》，一是建立了市、县两级地名普查监理机制。成都市地名普查办通过比选招标，确定地名普查监理服务商，对各区（市）县普查工作制度、技术规范、工作流程、保密措施等开展监理。各区（市）县也通过购买服务开展了普查质量监理，确保普查全过程的质量监督。二是加强了督促检查，建立月督查、季通报制度。针对普查各个节点，定期或不定期开展了督查和现场指导工作，尤其对保密工作、外业调查、地名属性数据填写等重点环节开展专项检查，做到及时发现问题，及时进行整改。普查中共计开展现场督查 37 次、上报督查信息 30 条、下发意见反馈 22 篇、印发通报 8 期。

六、统筹安排部署，开展核查验收

按照《第二次全国地名普查验收办法》，成都市结合实际制订了《成都市第二次全国地名普查核查方案》和《成都市第二次全国地名普查核查规范》，市普查办组成市级核查验收组，严格按照国务院《第二次全国地名普查质量评价体系》的 8 个方面，采取实地查验、现场核实、逐项计分等方式，对各区（市）县地名普查工作进行了核查验收。通过区（市）自查、市级核查、区（市）县整改完善和复核等三上三下核查验收，确保成果数据的真实性和准确性。全市 22 个区（市）县（含成都天府新区、成都高新区）较好地完成了地名普查任务。

七、边普查边转化，建立长效机制

坚持按照“边普查边转化”的原则，制定了《成都市第二次全国地名普查成果转化规划（2015—2020 年）》，通过开展多种形式的成果转化，不断推进地名工作规范化建设。一是组织开展《成都市地名录》《成都地名故事》的编纂，编制《成都市历史文化地图》《成都市行政区划图》。二是开展了地名管理信息化平台建设。在成都市数字城市地理空间框架下，对“二普”数据进行转化处理建库，建设以电子地图为依托的地名可视化、层次化管理系统，实现了标准地名信息和规划地理空间信息的技术对接，开展地名社会查询、部门共享等公共服务。三是按照国务院第二次全国地名普查领导小组《加强地名文化保护清理整治不规范地名工作实施方案》部署，结合实际，制订了《成都市清理整治不规范地名工作实施方案》，开展了清理整治不规范地名工作，标准化处理地名 903 个，建立健全地名管理法治化、科学化、标准化的长效机制。四是联合市文广新局，对历史街道、建筑设置文化地标 300 多座。

完善地名地址库平台建设
进一步提升地名公共服务水平

四川省南充市地名普查办

地名地址信息是多种地理信息服务的基础，是各级政府及其相关部门在地理空间实现有效共享的纽带，建立一个准确、规范的地名地址信息库势在必行。南充市充分利用第二次全国地名普查成果契机，加快推进地名地址库信息平台建设，建成了内容齐全、覆盖全面、互联互通、统一管理、资源共享、方便群众的地名地址库管理信息平台，形成了上下贯通、左右衔接、优势互补、线上线下整体联动的信息化管理服务格局，使南充区划地名业务管理更加规范、决策更加科学。

一、地名信息管理系统

主要实现对数据资源的可视化管理。包含地名管理、地名标志、界桩及界线数据的新增、修改、删除等功能，地图可视化查询，空间数据修改，统计分析等，并对入库的数据进行数据质量检查，确保数据无重名，属性数据无缺少，属性数据与空间数据关联不正确等问题。并通过数据交互接口导入导出数据，通过涉密存储介质人工送达的方式，实现涉密数据的动态更新。

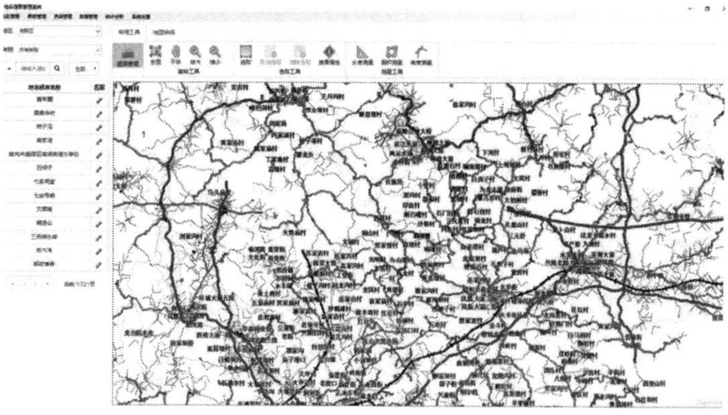

二、楼门牌管理系统

已实现房屋地址变更、建筑物名称登记等业务网上办理，并通过业务提取地名地址数据，达到对路牌、门牌的规范化、标准化管理。

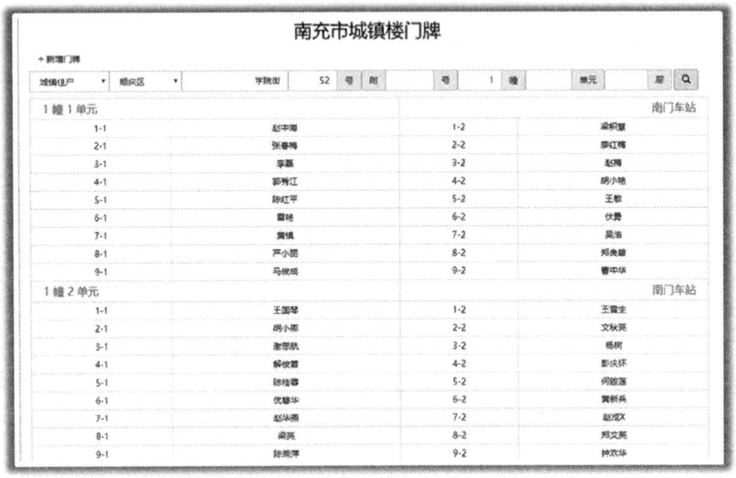

三、区划地名网

该网站是南充区划地名政务信息公开和地名文化宣传平台，也是网上便民办事通道，让民众足不出户就可“一站式”完成业务办理，让民众少跑路，不跑路。以房屋地址变更为例，用户进入区划地名网点击网上办事，选择房屋地址变更业务，填写业务表单，并提交相关资料后，信息系统自动验证表单内容填写格式是否正确，信息是否完善。提交成功后，用户输入手机号码即可查询业务办理进度，审核完成即业务办理结束。

四、微信公众号＋智慧路门牌

通过微信公众号、平台管理后台和地图服务相结合，以微信扫描二维码的方式，在手机上展示出路牌、门牌信息，街道、路段信息，社区服务和辖区警务等信息，方便民众生活出行，并在微信公众号中提供路牌报修、临街门牌报修、临街信息发布等功能，让人民大众对路牌、门牌的日常维护贡献力量。

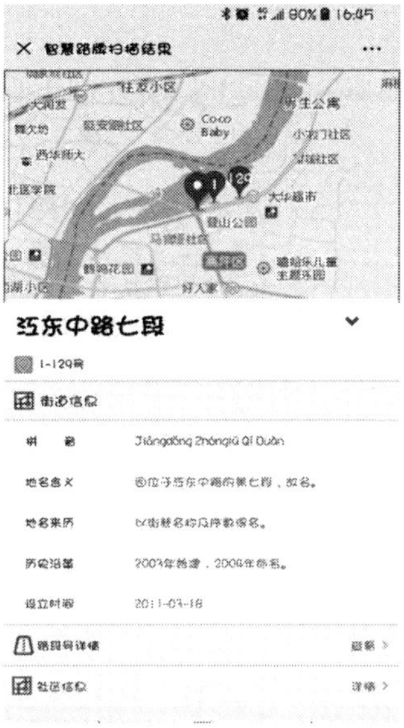

五、南充市智慧路门楼牌管理系统

智慧路门楼牌是在普通路门楼牌的基础上引入“互联网＋”的概念，采用二维码等信息技术手段，展示与地名相关的公共服务信息。比普通楼门牌提供更多社会化应用功能，扫描二维码居民不仅可以查看地理位置、行政管辖、辖区民警及联系方式、公共设施、出租房屋、沿街商铺等信息。同时系统提供路、门牌的统一管理，按类别、区域统计分析路门牌编制使用情况，逐步规范完善市区路门牌的管控。

六、地名地址审批（核）系统

该系统通过数字化办公流程取代传统的纸质化办公，在满足区划地名日常办公的前提下，通过业务驱动更新机制，实现对地址数据的动态更新，避免地名主管部门对地名资料信息掌握不及时、不全面，地名信息现势性不强，造成地名管理被动的现象。民众在办理房屋地址变更及建筑物名称登记时，可以通过网络自助申报，业务人员在系统进行信息审核，审核通过后系统直接生成结果证明文件供民众下载使用，极大地方便了民众业务办理。

七、公共服务接口系统

采用 OAuth2. 0 协议，对公安、房管、住建等部门提供数据接口，实现部门之间的数据共享。

未来，随着社会信息化的发展，地名地址库及其应用平台将全面实现地名地址信息、政府业务信息、民众需求信息的汇聚和展示，为社会提供高效、优质、便捷的一体化在线政务服务，助力加快“智慧城市”的建设进程。

攻坚克难　严格要求　全力做好地名普查工作

四川省阿坝藏族羌族自治州地名普查办

按照《国务院关于开展第二次全国地名普查的通知》（国发〔2014〕3号）、《第二次全国地名普查实施方案》《关于切实做好第二次全国地名普查验收工作的通知》（国地名普查办发〔2017〕8号）等文件规定要求，阿坝州第二次全国地名普查工作在省民政厅的关心指导下，共收集地名调查目录22508条、11大类地名26872个、经纬度26872组、多媒体27695份，历史地名1963个，与“一普”相比新增地名6681个。跨界自然地理实体地名137个，地名标志登记表383个、标绘工作图363幅、修测成果图373幅。

加强组织领导，克服困难，做好基础保障。一是建立健全领导机构。州、县（市）两级均成立了第二次全国地名普查工作领导小组，明确了各成员单位现职，并对第二次全国地名普查工作进行了全面动员和部署，把普查工作任务落到了实处。二是强化政策措施。州地名普查办印发了《阿坝州第二次全国地名普查实施方案》（阿州地名普查组〔2014〕3号）、《第二次全国地名普查工作规程》（阿州地名普查组〔2014〕5号），出台了相关制度，明确了普查的目标任务、普查范围、组织实施、职责分工、时间安排、方法步骤等内容，明确了成员单位职责，并落实了专人负责。三是做好经费保障。2014年以来下拨中央地名普查专项资金共计858.03万元，但缺口资金仍然巨大。阿坝州作为集中连片贫困地区，在财政极其困难的情况下州、县财政预算安排了第二次全国地名普查工作专项经费492万余元，解决了普查经费，确保了地名普查工作的顺利开展。四是抓好人员培训和资料收集。为提高普查员的业务技能，达到地名普查的工作要求，从2016年6月21日开始，州、县相继举办了地名普查工作培训会，全州共培训普查员1300余人次。五是加强宣传报道。为确保全州地名普查的顺利开展，州、县以报纸、网络、电视、沿街电子屏、悬挂条幅等多种宣传形式，宣传开展地名普查的目的、意义，扩大了地名普查的社会关注度。

“三个严格”，全力做好地名普查工作。一是严格把关，确保普查质量。技术服务公司对本地情况不熟悉，单纯依靠技术服务公司开展的普查工作不够深入细致，收集到的地名属性信息会与实际情况有所出入，于是州、县落实专人严格把关，分层面对地名信息资料进行审核把关。第一层面调查确保登记时每一地名信息资料都有登记人、审核人。第二层面由乡镇组织熟悉当地情况的同志对本辖区普查人员填报的调查登记资料进行审核并且分类汇总。第三层面由县相关职能部门对本部门职能范围内的地名调查登记资料进行核对，确认后上报州普查办。二是严格落实保密制度。普查中严格按照《第二次全国地名普查涉密数据保密管理办法》相关规定要求，按程序和保密措施制作、收发、传递、使用、保存、销毁涉密数据，加强对涉密安全环境和人员的管理，确保了涉密数据的安全。与技术服务公司、各县（市）民政局分别签订了《阿坝州第二次全国地名普查保密责任书》，将责任落实到人。严格把关工作开展中的每一环节，按要求、计划认真落实，确保普查工作高质量、高标准圆满完成。三是严格验收，确保普查工作圆满完成。严格按照《第二次全国地名普查规程》《第二次全国地名普查质量评价体系》《第二次全国地名普查验收办法》等政策规定，采取自下而上申请报验，逐级审核的工作程序，各县（市）地名普查办先进行自查，对发现的问题进行整改后形成自查报告；合格后报上一级地名普查办，经核查后形成核查报告，上报省地名普查办进行验收。

彰显民族地名内涵　弘扬民族地名文化

四川省凉山州地名普查办

凉山，以“群峰嵯峨，四时多寒”而得名。汉族、彝族、藏族、苗族等众多民族在此聚居，文化的品种多样，种类繁多，是彝族传统文化最丰厚的地方。此次地名普查，凉山成立第二次全国地名普查领导小组，统一协调部署，同时邀请全州地名及民族文化方面的专家组成专家小组。普查面广、普查程度深。本着尊重历史、尊重民族地名文化的初衷，对凉山民族地名进行了深入挖掘，弘扬了本土民族地名文化。

地名来源的多元化

凉山州历史悠久，全境6万多平方千米，地名文化极其丰富。地名普查专家们利用“一普”资料，结合《凉山地名词典》《凉山彝族自治州民族志》《凉山地名故事》《凉山年鉴》《凉山政区大典》、凉山州行政区划图、各县县志、各县地名录等各类专业志书资料信息；联合州水务局、州文管所等多单位收集各类与地名有关数据；各乡镇、单位填写上报资料；国家地名3.0数据库等多角度搜集各类地名，做到了“应收尽收”。最终全州形成了6万余条珍贵的地名成果。

疑难地名论证及走访

在大凉山彝区，部分地名是通过民族语言音译而来，字面上理解这些地名有一定的困难。为了能深入了解地名的含义，凉山州第二次全国地名普查办，联合凉山地名学会的众多地名学者、专家小组对疑难地名含义进行了专业论证。同时结合实地调查、走访工作，详细记录疑难地名的含义、地名来历等重要信息，形成了大量的宝贵的地名文化挖掘材料。

少数民族地名译写

凉山是全国最大的彝族聚居区，彝文是凉山文化中的重要组成部分。凉山州第二次全国地名普查办联合州语委及各县语言文字专家，彝、藏族文化学者对凉山地名的少数民族语言翻译工作进行了研究分析。对除木里县译为藏语外，其余县市以“彝族母语之乡”喜德县的发音、写法为基础，结合各县地区口音、文化差异，对凉山 6 万余条地名逐一进行双语翻译和校对。

创新普查模式　提高普查质量

贵州省贵阳市乌当区地名普查办

第二次全国地名普查工作开展以来，乌当区地名普查办在区委、区政府的高度重视和省、市地名普查办的有力指导下，按照《国务院关于开展第二次全国地名普查的通知》和省、市地名普查办的统一部署，采取试点先行的方法，积极探索出一条“政府＋技术单位＋专家团队”的工作模式，推动普查工作高质量提前完成，为全市地名普查工作提供参考借鉴。全区共普查到地名5068条，涉及11大类。其中：陆地水系42条，陆地地形1815条，行政区域9条，群众自治组织96条，非行政区域1054条，居民点990条，交通运输设施245条，水利、电力、通信设施202条，纪念地、旅游景点109条，建筑物32条，具有地名意义的单位474条。拍摄、收集地名多媒体照片11085张，地名标志270块，图库匹配连接率达100%。

加强组织领导，强化工作责任。乌当区地名普查工作紧紧围绕“政府统领、民政牵头、部门联动、社会参与”的工作思路，切实做到组织建设到位、队伍建设到位、工作统筹到位、资金保障到位。2014年成立乌当区地名普查领导小组，由区政府一名副区长担任组长，区相关单位、乡（镇、社区）分管负责人作为成员，下设办公室于区民政局。明确工作人员及成员单位相关工作职责，确保每项工作有人抓，有人管。区级财政落实专项普查经费107万元；为加强普查队伍的稳定性，各乡（镇、社区）及各普查成员单位共抽调70余名工作人员作为地名普查人员，具体工作由普查办统一安排。在地名文化挖掘方面，收集乌当区地名“一普”资料及《乌当区组织史》《乌当区地名志》《乌当区水利志》《乌当文史》等40余份资料；在专家组织方面，聘请区级、乡镇级、少数民族及行业专家40余名。自地名普查领导小组办公室成立以来，下发文件90个，签订目标责任书33份，签订保密协议书38份，召开各种专题会议60余次，督查工作进展情况16次，协调相关部门70余次。前期的精心组织、合理安排，为扎实有效地推进地名普查工作奠定了基础。

强化技术运用，确保数据准确。为确保普查数据的完整性和准确性，充分发挥技术单位优势，确保数据整理、外业调查、外业采集、数据入库的准确性。一是RS技术解译影像获取山川、河流、交通、位置、面积、植被类型等地名实体基础数据；二是利用GPS技术快速准确导航定位和测量历史文化遗迹、道路、实体坐标、多媒体数据等；三是利用GIS进行地名信息和地理基础数据的集成及数据信息化建设。通过利用3S技术对资料进行数字化、标准化、系统化管理，有效地保证了空间信息和属性信息的快速获取，便于数据的分析与统计，质量检查与控制，实现图、库、表一体化生产，达到了“四个自动化”，即地理信息自动获取、地名登记表自动化创建、质量自动化检查、普查数据自动化入库。普查前期技术单位研发了“地名普查外业调绘系统”，集计算机技术、网络技术、3S技术、数据库技术等功能一体化，满足地名数据属性数据核实、空间位置核实、多媒体拍摄、数据统计查询、质量检查等多种需求。

发挥专家作用，提高编撰质量。为了做好少数民族地名和历史地名的普查和编撰工作，乌当区组织乡（镇）、村土生土长的退休干部、教师、医生、懂少数民族语的资深寨佬、本地地名文化名人走访少数民族聚居的两个乡、20多个寨子近百人次，并对当地少数民族地名和历史地名进行研究商讨。如乌当区苗族地名语音的汉语译音中，以“谷”字开头的就有10多处（谷定、谷汪、谷庚、谷懂等）；布依族地名语音的汉语译音中，以“拐”字开头的也达10处（拐吉、拐比、拐九、拐棒等）；历史地名以屯堡军事及形成的屯堡地名，如羊堡（今羊昌）、马堡、新堡、谷溪堡（今谷溪）、大堡、小堡、头堡等20余处，今沿用的就有10处之多，这些地名均多次经过专家的共同审核。在编撰工作中，专家李宪杰帮助撰写并把关原属乌当区的金华镇、野鸭乡、朱昌镇等地的地名来历和含义。

狠抓资料整理，规范档案管理。为了规范和加强对第二次全国地名普查档案的管理，确保地名普查档案的完整、规范、系统、安全和有效利用。在调查目录编制、预填地名登记表、普查数据入库阶段分别采取了《地名调查目录检查记录》《地名预填登记表检查记录》《地名普查数据入库检查记录》和人工对照检查、程序自动检查、人机交互检查及乡级审核、技术团队审核、区级审核的“三记三查三审”方法，确保入库数据信息准确无误。同时，按照《贵州省实施〈第二次全国地名普查档案管理办法〉细则》要求，对第二次全国地名普查业务工作过程中形成的具有保存价值的文字、图表、声像、电子及实物等地名普查档案进行整理归档。2018 年 12 月底，地名普查资料的扫描整理分类，电子档案已全部完成，成为全市地名普查归档工作进度最快的一家。2019 年 1 月乌当区成为全省首家通过省级验收的地区。

挖掘红色地名　传承红色文化

贵州省遵义市地名普查办

遵义是贵州省第二大城市，古称播州，是黔北政治、经济、文化中心，川渝南下和黔桂北上的大通道，是长江上游的重要节点城市。也是中央红军长征期间停留时间最长的城镇，众多地名因此与中国革命结下了不解之缘，丰富的红色地名也成了遵义优秀地名文化的精髓。“遵义会议”“娄山关大捷”“四渡赤水”，造就了一个个响当当的红色地名，吸引着人们去追忆、去瞻仰、去纪念。长期以来，遵义市按照民政部、贵州省民政厅关于加强地名文化保护的总体部署，以继承发展为主题，挖掘传承为目的，传播利用为方法，大力推进红色地名文化的挖掘和传承，收到了较好社会成效。

一、深入开展红色地名文化资源调查

2014 年以来，结合第二次全国地名普查，遵义市深入开展了红色地名调查工作，通过实地调查、资料考证、座谈论证等各种形式，对全市范围内的红色地名进行了摸底，并按照第二次全国地名普查的要求，对地名各个属性项信息进行了收集整理，特别是对历史沿革、来历含义等信息进行了深入挖掘。通过细致调查，掌握了全市红色地名的分布、现状和问题，对部分消失的红色地名进行了保护。全市现有红军长征革命旧址、战斗遗址 62 处，重点保护开发的有 20 余处。著名的纪念地地名有遵义会议会址、娄山关红军战斗遗址、苟坝会议会址、茶山关红军强渡乌江战斗遗址、青杠坡战斗遗址、四渡赤水纪念馆、元厚红军渡口、土城渡口、二郎滩渡口、茅台渡口等。2015 年，遵义会议 80 周年之际，对遵义会议核心区进行了重新规划升级，规划了红色文化旅游集聚区，对核心区的地名予以保护，除遵义会议会址、红军烈士陵园、红军街等地名外，恢复了纪念公园这一红色地名，命名了 1935 红色商业街区，并在第二次全国地名普查的过程中，将“遵义会议纪念桥”这一地名予以挖掘，完善和丰富了遵义会议纪念建筑体系。如今，在遵义老城核心区，分布着纪念公园、纪念桥、红军街等一大批红色地名，成为中心城区地名文化的一道亮丽风景。遵义的红色地名文化不仅仅体现在历史事件方面，为纪念和弘扬长征精神，几十年来，还衍生了许多纪念地名。行政区域类如迎红街道，83 年前遵义群众在这里敲锣打鼓欢迎红军入城，后在此地设立迎红街道，地名见证了遵义人民拥军爱国的优良传统，街路巷如红军街、长征大道、雄关大道等。

二、注重红色地名文化保护和宣传

遵义是国务院首批公布的 24 个历史文化名城之一，深厚的红色文化造就了大量的红色地名。历届市委、市政府高度重视遵义的红色地名文化保护工作，将红色地名文化保护作为继承和发扬遵义会议革命传统，传承革命文化，大力培育和践行社会主义核心价值观的重要内容，提出了“尊重历史、彰显文化、富有特色”的要求，要求全市地名工作要规范地名管理，保护地名文化，传承弘扬优秀红色地名文化。为广泛宣传红色地名文化，让更多人知晓了解遵义红色地名，遵义市利用多种途径推动红色地名文化广泛传播。一方面，讲好地名故事。地名故事是传播地名文化的重要载体，为做好地名故事的编撰，遵义市地名普查办在全市各县（市、区）组织了一批熟识地方文化，编纂经验丰富的撰稿人员，对全市地名故事进行了深入挖掘，编辑出版了《遵义地名故事》（第一辑），收录了包括红色地名在内的各类地名故事，并在报纸上进行刊载。另一方面，拍摄红色地名文化专题片。遵义市地名普查办组织拍摄了《弘扬长征精神　传承红色地名》的红色地名文化宣传片，重点对遵义会议、娄山关、赤水、茅台、苟坝等红色地名进行了宣传。

三、加强红色地名文化研究利用

红色地名是文化，也是品牌。遵义的红色地名保护工作，坚持地名文化与红色旅游相结合的原则，以提升红色地名文化的生命力，更好地保护和传承红色地名。通过市文史地名专家对红军长征、遵义会议、四渡赤水以及苟坝会议、遵义战役等丰富史实的挖掘、研究，寻找更多的红色地名以及地名背后的红色故事。通过开辟红色旅游景点，宣介遵义红色地名文化，不断加强红色地名文化资源的保护和开发利用，除知名的遵义会议、四渡赤水、娄山关战斗遗址等红色地名外，打造以苟坝会议会址为核心的苟坝红色旅游文化创新区，开辟了红九军团司令部旧址、浙大西迁历史陈列馆、核桃坝党员教育基地、十谢共产党陈列馆、大芦长征亭等红色旅游景点。围绕四渡赤水这一经典战役，打造了土城红色文化旅游区，建立了四渡赤水纪念馆、青杠坡烈士陵园，土城被评定为国家级历史文化名镇。通过与一系列红色旅游主题产品的结合，保护性地命名了女红军街等一批景区地名，在景区宣传地名的沿革和来历，让红色地名文化的内涵得到了丰富，红色地名的魅力也得以更好展现。

“雄关漫道真如铁，而今迈步从头越”，在遵义悠久的历史中，红色地名文化已成为重要的组成部分，默默记载着中国共产党的光荣历史，见证着中国共产党从孕育到壮大的历史过程。在全面建成小康社会的进程中，遵义必将保护和传承好红色地名文化，以地名文化铭记历史，传承精神，不忘初心，继续前进，为实现“两个一百年”奋斗目标、实现中华民族伟大复兴的中国梦而努力奋斗。

“五个聚焦”打造地名普查工作体系

贵州省铜仁市沿河土家族自治县地名普查办

沿河土家族自治县在第二次全国地名普查中，严格遵循《第二次全国地名普查工作规程》要求，基于土家族文化优势，立足民族性、坚持溯古探源，从政府部门、本地文化人士和乡贤寨老3个层面，全面深入挖掘地名含义、地名来历、地名历史沿革、地理实体描述，依托土家族历史文化与民族元素地名特色，通过“五个聚焦”打造沿河地名普查工作体系。

一、聚焦普查力量，做到“四个依托”

为确保普查工作提供有力的组织保障，县成立普查领导小组、乡镇（街道）成立普查中心、村成立普查队，不断壮大普查队伍。为选优配强普查力量，县普查办设专职普查员4名，联络员按县直部门各1名、乡镇（街道）各3名、村各1名全部配齐。积极调动政府部门、本地文化人士和乡贤寨老3大主体力量，联动服务、共促普查工作机制。做到“四个依托”：依托寨老、村老在所辖范围地名、居民点，通过家谱、代代相传等方式挖掘地名含义、来历、沿革、地理实体描述；依托参与编辑县志的退休老同志，挖掘单位机构、群众自治组织的内容；依托地方文化人对县域内地名（含消失地名）的挖掘整理；依托老党员对红色文化地名、土家文化元素地名挖掘整理，形成了各方力量相互衔接、相互支撑、多点融合的普查工作格局。

二、聚焦经费保障，营造普查氛围

经县政府常务会研究，解决普查专项经费360.071万元，其中分年度拨付使用2015年100万元、2016年99万元、2017年97万元，财政还解决了普查招投标资金64.07万元，资金投入居全市区县前列。采取在道路沿线悬挂标语、张贴海报，利用赶场天在乡镇发放宣传资料，利用广播、电视、网络、QQ群、微信公众号等新兴媒体加强宣传，发挥宣传先导作用，营造普查氛围。

三、聚焦业务培训，提高普查水平

为有效提高普查人员的理论水平和工作能力，采取集中培训和自学相结合、经验交流和座谈相结合的培训方式，由部门推荐行业专家，成立专家咨询组，对所有地名普查登记表进行审核把关，真正起到质量监督作用。按照居民点、村、乡镇（街道）、县为基本单元，形成了整体一条线，做到线上有点，按点定人，人在点上，普查在网中，实现了普查工作零缝隙，挖掘范围零距离。同时，每个点选一具体负责人，居民点由寨老负责、村由主任负责、乡镇（街道）由分管民政的乡镇（街道）长（主任）负责、县由普查领导小组负责，对发现的问题，第一时间汇总，第一时间研究，第一时间对各种历史资料和信息资料的收集、新旧地名的核实、地理位置的变迁，进行分类指导，初步构建了“全覆盖、无缝隙”普查工作体系，着力推进地名普查工作深度开展。

四、聚焦民族地名，追根地名溯源

根据地名调查目录，针对其地名特点和现状，反复讨论研究，分门别类，制订方案，确定了对地名土家族元素的挖掘思路：目录的地名类型分为以地势地貌命名、植物命名、动物命名、劳动和其他行为命名等 4 种不同类型命名，并依照类型选择其重点挖掘。如“车陇岩”“黑獭”“拦克井”等地名的释义，反映了土家村居岩下，地势低洼，迁入人口多的历史状况；又如“沙子”即“李子”，“木梓岭”即“小竹子岭”，“狼溪”即“兰溪”以及“泥马”即“地蜂”，“石猪”即“兽出”等动植物地名的回归，寓意了土家地名物产丰富的地理特征；还有“米溪”就是“燃大火的地方”，“马脑”就是人们养蜂的地方，“大池盖”就是用“打杵”最普遍的地方，“客田”就是以“卡铁”即“铧口”作地名，这些表达了土家族人纯朴勤劳的本色。

五、聚焦普查标准，完善地名标志

对“大、洋、怪、重”地名进行全面清理，对一地多名、多地一名现象进行全面清理，对区域性或特殊文化含义的地名，进行审音定字，对跨界地名和有地无名的地理实体，分别进行审定和命名，共清理不规范地名 268 个。同时，由地名普查领导小组办公室抽调 2 名专门人员对县城主城区团结街道、和平街道的地名标志进行梳理，共梳理出街（路、巷）64 块，具有导向作用的辅助地名标志 33 块；对全县 429 个村按地名标志设置标准制作了 429 块行政村地名标志；县城区道街路巷、广场新增命名（更名）57 条，新增道街路巷地名标志 57 块；行政村更名 12 条，居民点更名 2 条；更换 2015 年行政区划调整后的乡镇地名标志 44 块。

多措并举　深入挖掘　推动地名普查工作圆满完成

贵州省黔东南苗族侗族自治州雷山县地名普查办

第二次全国地名普查工作开展以来，雷山县按照国务院和省、州地名普查办的部署要求，以采集、编写和整理地名属性信息为核心，深度挖掘县域地名中的优秀民族历史文化，更好地保护地名文化遗产，为弘扬优秀地名文化打下坚实的基础。

一、精心组织、有序开展民族地名普查评审工作

一是组建民族地名普查评审专家组。为切实把好地名文化属性信息的质量关，雷山县在全县范围内选择了“双语”翻译能力强，对雷山的历史地理情况较为熟悉，且都有从事与地名资料编写相近工作经历的专家作为专家组成员，并在此基础上组成民族地名普查评审专家组。二是认真收集普查资料。雷山县全面收集了县政府历年地名命名更名文件、《雷山县地名志》《雷山县志》、地名掌故《蚩尤魂系的家园——陶尧》、地名书刊《走进雷山苗族古村落》、雷山县 2000 国家大地坐标系 1∶5 万地形图、雷山县第二次全国土地调查成果、雷山县第一次全国水利普查成果，特别是第一次全国地名普查、补查等相关资料，为普查工作顺利开展打下了坚实的文化基础。三是注重配合，加强地名信息审核工作。为了深度挖掘雷山县的地名文化，雷山县地名普查评审专家组充分利用已有的文化研究成果，如《雷山县古村寨调查》《苗学时空》等资料，积极与地名普查技术单位密切协作，对普查技术单位所有预填登记表的文化属性信息内容进行审核、丰富及润色。

二、立足特色，深入挖掘地名文化属性

一是分类梳理，突出重点。对普查地名进行分类梳理，全县地名共分 11 大类、73 小类。特别是将历史悠久、能体现地域文化特色、具有保护传承价值、地名文化内涵丰富的历史文化名镇、名村和传统古村落等作为重点，确

定采集名单，筛选出被建设部和国家文物局命名的“中国历史文化名镇”西江镇、“中国历史文化名村”上郎德村以及56个“中国传统村落”和少数民族语地名重点进行文化属性信息采集把关。

二是多种方式，确保真实。在地名文化属性信息的挖掘上，从采集方法、采集规范、采集内容方面加以规范。除采取电话、去信函等形式采集地名信息外，还组织普查办人员、专家组人员、普查服务单位人员深入地名单位，通过实地调查、寻找资料、采访知情人、拍摄历史遗迹、召开座谈会等方式，采集散落于民间口口相传的地名故事，特别是召开由“寨老”、乡村干部、当地“知情人”组成的座谈会，对地名信息进行座谈、分析、讨论，充分挖掘村寨及相关地名的由来、历史沿革以及文化、旅游等信息，并配以图片和视频，进一步丰富地名文化属性信息内容。

三是严格规程，注重特色。按普查工作规程，结合民族文化传承和苗语语音特性，采集挖掘地名文化属性。第一，从地方历史中进行挖掘。如中国历史文化名镇“西江镇”，雷山县“一普”资料仅介绍清雍正七年（1729年）为丹江厅属三司之一的鸡讲司辖地，习称鸡讲，后以苗语谐音演化，用汉文书写为“西江”。没有将西江的来历含义介绍清楚。“二普”中，雷山县对“西江”地名的来源进行了重点挖掘。专家团队从苗族5次大迁徙，逐步由分裂到聚落，形成了柳氏族、西氏族、尤氏族、苟氏族、赏氏族等苗族融合体的历史以及雍正十年（1732年）后，西江为“西”氏族聚居地进行分析，得出西江作为苗语Dlib Jangl（西江）音译，其意应为“西”氏族在迁徙过程中向先到的“赏”氏族讨来的地方，“江”通“讨”，“西江”之名源于此。弥补了“一普”对西江介绍的不足。第二，从地名的曾用名入手进行挖掘。如“五星”村曾用名“乌节村”，“乌节”为苗语音译，得出村名来源于山名。第三，从地名的本地方言入手进行挖掘。如“陶尧”村，“陶尧”系苗语Dol Yel（夺尤）音译，由于当地有“等待蚩尤的地方”的说法，又为“尤”支系聚居，得出地名含义为苗族“尤”支系居住之地。第四，从地名的自然环境关系入手进行挖掘。雷山县涉及“乌”字开头的村寨就有35个，如“乌开”“乌响”“乌达”等，“乌”苗语就是水的意思，从而得知这些地名均来源于河、泉、流水。

四是综合比对，去伪存真。广泛利用《雷山县志》《雷山县地名志》、雷山县旅游手册、雷山行政区划图等历史典籍、专业志书、行业资料、地图及其他各种资料进行综合比对，找出不同资料记载的共性和关联。对于“一普”、网络及调查得到的相关资料进行重点甄别核实，确保采集的地名文化属性信息准确全面、脉络清晰，有据可查、资料完整。

挖掘人文故事　彰显地名文化

云南省大理白族自治州弥渡县地名普查办

根据民政部《地名文化遗产鉴定》标准和弥渡县第二次全国地名普查工作部署，按照大理州地名普查办工作方案中提出的“四点工作要求”及“六个方面”的工作思路，从2016年8月10日起，弥渡县普查办项目组技术工作人员借开展地名普查的契机，分别在全县6镇2乡先后开展地名文化挖掘考证调研工作，依靠当地“三老”（老教师、老干部、老村民），广征博引，结合实际，通过与专家座谈、走访群众、实地调查等方式，对弥渡县古镇、古村落、著名山川、古街巷、古建筑、古坊店及历史地名、近现代重要地名等地名文化进行挖掘整理。

一、充分做好前期准备工作，制订地名文化挖掘实施方案

为确保地名文化挖掘工作顺利地开展，弥渡县地名普查办结合前期地名普查的工作，从2016年7月26日至8月7日之间，根据现有的地名目录及现有的资料，分类梳理编制初步地名文化挖掘清单，分别下发各镇街进行初步核对与筛选，摸清本地地名文化资源，拟订地名文化挖掘实施方案及处理措施，为开展地名挖掘提供了全面翔实的基础资料。

二、实地调查，现场访谈，调研考证

地名文化属性信息采集要全面准确、考证深入、完整覆盖各类别地名。为确保地名文化挖掘质量，弥渡县项目组采取分镇街、村居，分组有计划地进行实地调查与现场访谈，综合运用文献分析、实地走访、专家论证等多种有效方法进行挖掘考证。具体做法：把人员分成两组（实地采集组与访谈记录组）。实地采集组主要负责实地勘测，采集图片、视频等多媒体信息；访谈记录组主要负责组织召开村民、专家座谈会，围绕地名标准名称及其别名、曾用名和简称等，全面采集整理来历、含义、历史沿革、地理实体概况、相

关资料的来源出处等内容进行现场访谈记录整理及确认。此外，综合收集考证与地名文化相关的俗语、名言、传说、民俗、诗词、文献、历史事件、乡土物产、民间艺术等地域文化信息，深入挖掘考证地名蕴含的文化信息。

三、提高地名文化挖掘质量，自审与专家论证相结合

为确保此次地名文化挖掘工作质量，弥渡县地名普查办围绕地名文化挖掘这一重点，在前期聘请了弥渡对地名文化方面造诣较高的盛代昌为专家评审组组长，物色各镇街的老干部和老村民 8 人组建了弥渡县第二次全国地名普查专家评审小组。在此次地名文化挖掘中，弥渡县项目组采取了自我审核与专家论证相结合的方式，将实地调查和访谈的地名信息经整理后，交由各镇街、单位组织普查联络人员、知情老同志进行初审和完善；然后对已形成的初稿信息经专家评审小组进行审核论证，最后形成定稿，保证了地名文化挖掘质量。

弥渡县地名普查办切实把地名文化挖掘及地名文化保护工作作为第二次全国地名普查的一项重要工作内容，历经半个多月的时间，完成了弥渡县 60 个重要地名文化挖掘工作，共开展座谈会 8 次，实地访谈老干部、老教师、老村民 78 人次，采集照片 200 多张，视频 105 个，调查报告 65 份，对弥渡县具有深厚文化底蕴的重要地名进行了搜集整理。目前，普查办已编辑出版《弥渡县地名文化故事》，该书由古镇、古村落、古街巷、遗址遗存等 14 部分组成，全面介绍了弥渡县的古镇、古村落民居、古街巷、遗址、风景名胜及与之相关的风土人情，探讨地名与民俗文化的关系，分门别类真实记录弥渡县 22 个类别 60 个地名的来源及其承载的历史掌故和民间传说，累计 5 万多字。

清理整治不规范地名　成效显著

云南省昆明市地名普查办

按照国务院和省第二次全国地名普查领导小组办公室有关地名普查工作的要求，昆明市地名普查办结合工作实际，自 2017 年 8 月开始历时半年，对辖区内的不规范地名进行了全面清理整治，进一步提升了全市地名管理和地名规范化水平。

一、明确了清理整治工作要求

（一）目标要求

昆明市以建设区域性国际中心城市为目标，全面开展辖区内不规范地名清理整治。进一步健全完善地名工作领导机制，充分调查、挖掘、整理和保护历史地名和少数民族语地名资源，传承和弘扬地名文化；以整治路名为重点，认真清理有路无名、以工程名代替法定标准名现象，以及有名难找、标识不清等现象，进一步强化地名管理，提升地名法制化、科学化、标准化、规范化水平。

（二）整治范围

立足重点，全面推进。昆明市地名普查办侧重对主城 6 区及 3 个国家级开发（度假）区范围内的城市道路名称，包括市政道路、属于公路性质但进行市政改造后的道路以及规划道路名称进行全面清理整治，同时结合第二次全国地名普查成果对不规范地名进行规范整治。

（三）清理规范整治原则

一是依法依规、严格执法。严格按照《地名管理条例》《云南省地名管理实施办法》和《昆明市地名管理规定》，依法依规，严格执法。二是统一部署、合力推进。按照“市统筹、区实施”的要求，市人民政府成立了清理规范工作领导小组，统筹开展清理规范工作。6 区人民政府、3 个国家级开发（度假）区管委会和市级相关部门统一思想、统一标准、统一组织清理规范工作，形成合力。三是因地制宜、传承发展。坚持实事求是，不搞“一刀切”，做到既方便群众又节约公共资源，避免引发不必要的社会矛盾。重点保护好历史悠久、文化内涵丰富的地名和少数民族语地名，保护和传承优秀地名文化。四是突出重点、稳步推进。明确清理规范的重点是：地名名称中“大、洋、怪、重”，有路无名，以工程名代替法定标准名，有名难找、标识不清等问题。

二、清理规范整治主要做法

一是不断提高各单位对不规范地名清理规范工作的认识。通过制订工作方案、召开专题会议、下发通知等形式，提高各成员单位工作认识，将该项工作作为提高城市管理水平和提升城市形象的重要事项，认真抓好抓实。

二是重视不规范地名底数详情调查。摸清不规范地名底数详情，是全面清理规范整治的基础，通过认真开展本辖区有关情况的摸底调查，研究针对性的措施，确保整改落实到位。

三是开展集中专项整治，明确属地责任。在摸清全市不规范地名底数详情的前提下，集中开展专项清理整治。在整治活动中明确各县（市）区的属地主体责任，落实辖区内不规范地名清理整治职责，确保全面彻底整改无遗漏。

四是切实履行职责，加强督促指导。针对工作中存在的问题，通过下发通知、实地督查等形式，对清理规范工作进行指导，及时反馈存在的问题，积极组织开展整改落实。

五是对重点敏感地名开展社会听证和专家论证。针对社会关注度高、整改难度较大、涉及群众利益的重点敏感地名，积极组织开展社会听证和专家论证，讲清讲透政策的红线和底线，切实做到公平、公开、公正，促进社会参与和科学民主命名。

六是形成部门协调联动，形成长效机制。形成民政牵头、部门协同的工作机制，强化协调对接，提升部门的合作和重视程度，确保各部门在使用地名的过程中使用标准规范地名，尤其是公安、住建等部门设置的交通标志牌，使用地名频率高，尤其要加强协调，形成齐抓共管的局面。

七是积极开展地名文化建设，强化地名宣传。利用全市第二次全国地名普查契机，扩大地名宣传，让全社会关心关注和参与地名管理。通过发放宣传册、张贴挂图、悬挂标语条幅等多种形式，广泛开展宣传工作，传播地名文化知识，传承、保护和弘扬优秀地名文化。

三、清理整治取得的成效

（一）主城区城市道路名称清理整治规范情况

针对主城区城市道路名称使用面广，新增新建道路较多的实际情况，昆明市地名普查办对昆明主城区城市道路名称进行了重点清理整治。严格按照《地名管理条例》《云南省地名管理实施办法》及《昆明市地名管理规定》，严格依法依规按程序清理规范命名，此部分地名基本为新建未正式命名造成社会使用不便的道路类地名。主城区共清理排查出不规范地名 164 条（其中：五华区 39 条，盘龙区 18 条，官渡区 31 条，西山区 7 条，呈贡区 4 条，晋宁区 22 条，高新区 14 条，经开区 22 条，度假区 7 条）。按照科学民主的命名程序，及时组织开展命名工作，全部完成了规范命名工作。同时积极组织各区设置地名标志牌，共规范设置地名标志牌 213 块，切实解决了有路无名、有名难找、标识不清等问题。由于道路地名还涉及住建、公安、城管等部门设置的各类标志牌的使用，存在使用不规范地名的情形，通过协调对接，共规范各类部门标志牌 242 块，确保了地名使用的规范性和统一性，提升了地名公共服务能力。

（二）结合全市第二次全国地名普查成果清理整治规范情况

昆明市结合全市第二次全国地名普查成果，通过认真梳理，共清理排查出不规范地名 31 个，其中居民区有 12 个，大型建筑物 1 个，道路 14 个，街巷 3 个，桥梁 1 个。从类型上讲，涉及刻意夸大的地名 3 个，崇洋媚外 7 个，其他类型 21 个。昆明市积极发挥社会力量，鼓励市民广泛参与，群策群力解决不规范地名标准化存在的难题，通过面向社会听证、专家论证等多种形式，确保地名标准化的顺利推进。经过努力，完成规范化处理地名 18 个，目前仍未完成标准化处理的不规范地名有 13 个，其中存在年限为 1—5 年的有 2 个，6—10 年的有 9 个，10 年以上的有 2 个。

寻根溯源　尊重历史　保护文化

陕西省黄陵县地名普查办

轩辕黄帝是华夏民族5000年文明的开创者，是全国各族人民共同敬仰和爱戴的人文始祖。黄陵县是轩辕黄帝的陵寝所在地，是华夏民族的精神家园，炎黄子孙朝圣地。习近平总书记指出：“轩辕黄帝陵文化积淀十分深厚，对历史文化要注重发掘和利用，溯到源，找到根，寻到魂。找到历史和现实的结合点，深入挖掘历史文化中的价值观念、道德规范、治国智慧，做到以文化人，以史资政。”同时强调：“要规范地名管理，传承、保护和弘扬优秀传统地名文化。”黄陵县在弘扬黄帝精神，传播黄帝文化，发展黄陵旅游的同时，特别注重地名文化的挖掘研究，以服务社会、方便群众生产生活为根本目的，不断丰富地名文化内涵，做好地名文化的传承和保护，形成了具有鲜明黄帝文化特色的地名体系。

一、政府牵头，专家领航，丰富和传承地名历史文化

为深入开展第二次全国地名普查工作，挖掘和保护地名文化，黄陵县严格按照省、市地名普查办相关普查要求，高度重视地名普查工作，制订了普查工作方案，成立了全县第二次全国地名普查领导小组办公室，明确了相关部门的工作职责，确保了此项工作稳步推进。同时由于此项工作专业性强，地名文化的挖掘又具有一定的学术性研究，黄陵县邀请了黄帝文化研究会秘书处参与此项工作，2017 年 2 月 24 日至 7 月 10 日，黄陵县黄帝文化研究会秘书处先后聘请 10 余位当地专家、学者，对黄帝陵周边老虎尾、韩塬、南城、印台山等 40 个自然村及铜川市印台区虎头村、富县狼虎头村、宜君黄陵两县西部交界处的老虎尾村进行为期一个月的实地调查考究。同时，对民国 33 年《黄陵县志》、民国 30 年《宜君县志》、清末《中部乡土志》及《黄陵文典》《黄陵地名志》等 10 余部与黄陵县村名、地名有关的文史资料进行了查阅，深入挖掘流传在黄帝陵周边的地名文化故事和传说。经过收集整理，

使这些宝贵的民间文化遗产得到传承性抢救和保护，有效充实了地名内容，进一步丰富了黄陵地名旅游文化资源，为黄陵全域旅游建设和经济社会协调发展提供了文化支撑。

二、逐村逐户，调查论证，确保地名真实准确

为确保地名调查统计的信息真实准确，传承和保护好历史地名文化，县地名普查办以第二次全国地名普查工作为契机，专门聘请了 3 名参与县志、地名志、工作年鉴等地方志书编写工作的老同志，组成地名文化考究队，深入全县各个村组进行调查走访，挖掘地名文化，收集地名故事。3 名当地专家顶严寒冒酷暑，历时 1 年多走遍了全县 105 个行政村，288 个自然村，重点对黄帝陵周边的村子进行了调查走访，资料收集，每到一个村，邀请 6 到 10 名了解村史的老人召开座谈会，详细了解村名的演变和由来。通过专家组的调查走访、资料编撰、座谈讨论等工作环节，为编撰地名提供了翔实的第一手资料，最终形成了《黄陵县村名志》《黄陵县地名故事》《黄陵县主要姓氏分布及其渊源》《黄帝陵区域地名考究》《黄陵县城区街道名称文化考究》，确保了地名数据信息真实准确，对黄陵县地名文化的传承和保护工作意义深远。

三、深入宣传，广泛参与，营造良好地名普查氛围

为了调动广大群众积极参与此项工作，黄陵县开展了丰富多彩、形式多样的宣传工作，在各镇（办）及城乡接合部悬挂横幅，发放地名普查宣传海报、年画，营造良好的地名普查氛围；并开通了黄陵县地名普查微信公众号，方便群众及时、准确地了解黄陵县的地名普查工作新动态，同时接受广大群众的建议，积极向群众宣传保护和传承地名文化的重要性，有效地提高了群众的参与率、知晓率。通过深入的宣传，全县上下形成政府牵头、部门配合、群众积极参与的工作格局，极大推动了黄陵县地名普查工作的进程，为圆满完成地名普查工作任务打下了坚实的基础。

通过全县人民的辛苦工作，黄陵县地名普查工作已圆满完成，建立了真实、有效的地名普查数据库，形成了一系列独具特色的地名文化志书。这些普查成果，见证了黄陵县的历史变迁，反映了黄陵的风土人情，传承和保护了黄陵特有的地名文化，为今后黄陵县地名管理和研究，奠定了坚实的基础，是黄陵县地名文化考究史上的一块丰碑。

严格检查验收　确保普查质量

陕西省平利县地名普查办

平利县位于陕西省东南部，大巴山北坡，东邻湖北竹溪，南接重庆城口，西连本市岚皋，北靠汉滨区、旬阳县，居陕、鄂、渝 3 省区交界处，属典型的省际边关县。全县国土总面积 2647 平方千米，南北长约 96 千米，东西宽约 60 千米。海拔最高点系县境内南部化龙山，海拔 2717 米，最低点位于县境北部西河镇投洞子，海拔 300 米。辖 11 个镇、137 个村、6 个社区居委会，总人口 23 万。平利人文历史悠久，文化底蕴深厚，始建于晋太康元年（280 年），具有 1700 多年的建县历史，是女娲文化的重要发源地。平利自然资源丰富，森林覆盖率达 74.6%，被誉为“巴山药乡”和“生物基因库”，是“南水北调”的重要水源涵养区。平利是中国名茶之乡，“平利绞股蓝”取得“国家原产地域产品保护”认证。县内自然环境优美，田园风光秀丽，特色景点众多，2012 年 7 月成功入选“中国十佳最美乡村”。

作为具有 1700 余年历史的千年古县，平利县根据各级第二次全国地名普查工作相关安排要求，认真贯彻落实《地名管理条例》《陕西省实施〈地名管理条例〉办法》《工作规程及实施细则》，坚持按照“统一领导、分工协作、分级负责、共同参与”的原则组织实施，各项工作稳步推进。共编制地名普查目录 4990 条，已调查地名 4990 条，填写地名调查登记表 4990 份，采集多媒体信息 3261 条。主要做法是：

一、加强组织领导，专题安排部署

自地名普查工作启动以来，全县上下统一工作步骤、统一标准要求，地名普查工作稳步推进。一是县政府先后组织召开由各镇和各成员单位负责人参加的地名普查工作动员会、培训会，制订下发了专项工作方案，明确了地名普查工作的内容和时限要求，进一步强化了各镇及各部门的工作职责；二是县上成立了以分管县长为组长的地名普查工作机构，县民政局抽调专人负责地名普查相关工作，各镇、各成员单位分别抽调2人，137个村各明确了1名联络员，组建了县镇村三级普查队伍；三是县民政局专门安排1间办公室和1间资料室作为普查办专用办公场所，并配置了电脑、保密柜、档案柜等办公设施，制定了相应的保密措施，落实了相关工作人员的岗位职责，确保了地名普查工作顺利推进；四是结合地名普查工作进展情况，及时剖析问题、分析原因，组织召开地名普查工作推进会，夯实责任，落实任务，明确时限，有效确保了按规定时限完成地名普查各项工作任务。

二、注重工作培训，广泛宣传动员

地名普查工作量大，时间跨度长，关系到千家万户，需要全社会的广泛支持。为确保全县地名普查的顺利开展，达到地名普查的工作质量要求，一是县普查办组织召开了由各镇及各相关部门参加的专题业务培训会，对地名普查的重要意义、调查范围、调查方法、时限要求等进行了讲解，使参与地名普查的相关单位和人员熟悉和掌握地名普查的方法和步骤。县地名普查办针对数据采集过程遇到的困难和问题，不定期巡回到各镇指导地名普查工作，组织配合普查技术人员到各镇开展镇村普查工作培训会50余次；二是建立了QQ群、微信群等联络平台，对普查工作中遇到的一些问题和困难及时讨论交流、答疑解惑，保证了工作进度和质量标准符合普查要求。组织印制与第二次全国地名普查内容相一致的地名类别调查表等相关材料和资料，力求统一普查项目、统一普查表式、统一普查要求，确保地名普查成果标准规范；三是拓展宣传渠道，在地名普查工作开展过程中，平利县及时组织各镇、村（社区）通过电视、网站、微信、悬挂横幅标语、简报、张贴海报、发放宣传资料等多种形式，进一步加大宣传动员力度，提高全社会对第二次全国地名普查工作的知晓率，支持和配合开展地名普查工作。

三、加强资料收集，稳步审核录入

第二次全国地名普查与30多年前的“一普”相比，时空跨度大、资料变化多、调查手段新，给普查工作提出了更新更高的要求。为确保第二次全国地名普查工作成果质量，首先从收集资料上下功夫，为确保收集到的资料翔实细致，县普查办广泛动员各成员单位和社会各界的力量，积极做好地名普查相关数据资料的收集采纳工作，并对收集回来的资料进行分类整理归档，确保第一手资料的真实可信度。其次，全面挖掘历史地名、深入开展地名文化保护工作，确保普查数据资料的真实准确和文化内涵，县上从各镇和各部门抽调熟悉本县或本镇行政区域内风土人情，对地名文化有一定研究，热心支持地名普查工作的近 30 名相关人员，建立了县级地名普查数据审核专家库，充分发挥专家评审的作用，采取县、镇、村三级评审工作机制，保证了普查资料的真实准确性。另外，为确保按照省市规定的数据入库时限要求做好相关工作，平利县采取边收集、边审核、边录入的办法，内外业相结合、分片包干，逐镇、逐村稳步进行，对已收集的登记表严格审核把关，有效保障了普查工作的顺利推进。

四、明确专人专责，加强巡查督查

为确保地名普查工作有人抓、有人管，各项工作能够落到实处，在各镇和各成员单位确定一名分管领导，明确具体联络人的基础上，县普查办与业务外包公司技术人员不定期到各镇村和各成员单位指导做好表册数据的填报审核工作，并对工作进展情况在全县范围进行通报，确保了工作时效。按照各级检查验收时间节点的要求，县上及时组织召开专题会议进行安排部署，进一步加大县普查办与业务外包公司的协调配合力度，组织外包公司继续加派人员，县民政局及时抽调增加 12 名专职工作人员，组建工作专班，针对薄弱环节，倒排工作周期，指导协助做好外业补录和内业数据整理工作，有力地保证了普查工作进度和质量。

五、强化保密工作，完善各项制度

没有安全的普查是没有底线的普查。在上级下发普查实施方案、工作规程、实施细则、普查工作制度、资金管理办法等文件基础上，细化了工作流程，制定印发了《保密工作制度》等，进一步明确工作任务，结合实际完善各项工作制度。大力开展保密教育、保密工作培训，购置保密设备，采取各种保密措施，全覆盖签订《保密责任书》等方式，将保密责任落实到单位、到个人，积极协调配合技术公司人员，借助专业力量开展保密检查，避免普查人员因工作疏忽造成泄密被追责。

六、严格对照标准，逐项查缺补漏

普查数据的质量关系到普查工作验收的成败，最能够体现地名普查工作成效。为此，通过聘请专家、返聘老同志等方法建立专家地名普查成果评审小组，负责组织实施本辖区地名普查成果的审核工作。采取专家指导咨询等方式，对普查数据前置监控，同时在信息采集、登记过程中严把质量关，对上报的数据、材料做到专人审核、专人填写，确保普查数据真实可靠。审核是否符合国家地名管理系统要求的标准数据格式，是否按照国家地名管理系统的分类进行普查规类登记。并进一步与“一普”数据进行比对、筛选、核实，对上报有误、格式不正确的地名数据，退回重新填报，确保普查数据的质量。对形成的成果类数据，组织专家针对成果表里的错字、错项、漏项，历史沿革描述错误、语句不通顺等项目进行多次修改和完善，确保普查数据成果的质量要求。严格按照地名普查质量评分表所涉及的18项内容，逐条逐项进行比对，认真做好自评自查。对国务院、省、市检查核查所反馈的具体问题，与普查外包公司加强协调配合，采取逐条逐项逐字整改完善，对照验收标准进行再补充、再完善，按时完成了平利县第二次全国地名普查县级自查、市级核查、省级核查验收、国家级四轮次复验审查，并对照反馈意见完成各项整改工作任务，顺利通过了各级检查验收。

虽然平利县全国第二次地名普查工作在组织实施和检查验收方面做了大量的工作和不懈的努力，但成果转化、规范档案管理工作任务还很繁重。目前，经过实地调查走访、广泛征求意见和座谈，制订印发了《平利县城区公园广场桥梁道路命名（更名）实施方案》和《全国第二次地名普查成果转化工作实施方案》，与县公安局、住建局等部门结合“一标三实”，正在进行街路巷道地名标志、门牌设置安装工作。下一步，平利县将根据工作要求，努力完成标准地名图录典志编纂和标准地名标志设置、规范档案管理等后续工作，力争地名普查成果早日为县域经济社会发展贡献力量。

创新思路　强化举措
全力推进第二次全国地名普查工作有序开展

陕西省咸阳市旬邑县地名普查办

旬邑县地处渭北黄土高原沟壑区，位于陕西省中部、咸阳市北部，东接铜川耀州区，北依甘肃正宁县，南傍淳化，西邻彬县。总面积 1811 平方千米，最高海拔 1885 米，辖 9 镇、1 个街道，总人口 29.6 万。第二次全国地名普查工作开展以来，在省市地名普查办的精心指导下，在县委、县政府的坚强领导下，在全县各级各部门的共同努力下，抓早动快，迅速行动，统筹安排，狠抓落实，旬邑县第二次全国地名普查工作取得了显著成效。目前，地名普查质量体系中组织管理、地名调查、地名标准化、地名标志、数据库建设、成果表、检查验收等 7 项内容全部完成，规范了地名标志，推进了成果转化，积累了地名普查工作经验，促进了旬邑县经济社会事业发展。主要做了以下 4 个方面工作：

一、精心安排部署，落实工作责任

第二次全国地名普查工作全面铺开后，县委、县政府高度重视，先后召开了动员会议、推进会议，对普查工作进行了周密安排部署，制订了《实施方案》，印发了《地名普查工作规程》《质量管理和监理实施细则》等 7 个规范性文件，明确了目标任务、实施步骤和工作要求，保证了旬邑县地名普查工作顺利开展。一是成立了组织机构。成立了由县政府分管领导任组长的“旬邑县第二次全国地名普查工作领导小组”。领导小组下设办公室，负责全县地名普查工作的业务指导、宣传和督促检查、验收。县级各部门、各镇办、村也相应地成立了地名普查工作机构，建立联络员制度，明确了地名普查工作人员，形成了政府统一领导、单位分工协作、质量分级负责、社会共同参与的普查工作机制。二是落实了办公场地。着力完善软硬件设施建设，在办公条件紧张的情况下，专门为地名普查办安排了办公室，其中设有保密室、资料室等，新配了专用电脑、档案柜、照相机、碎纸机等办公设备，为全县集中开展普查工作奠定了坚实的基础。三是夯实工作职责。按照“统一领导、分工协作、分级负责、共同参与”的原则，将普查任务分解落实到县国土、财政、住建等21个职能部门，各司其职、各负其责，共同做好普查工作。实行分片包抓责任制，各镇办由县民政局1名领导班子成员、3名干部包抓，具体负责业务指导和督促落实，形成了横向到边、纵向到底的责任体系。四是建立健全工作制度。制定了《普查工作安全保密制度》《普查工作质量管理制度》《工作进展约谈通报制度》等制度，规范了普查工作程序，夯实了普查责任，确保了旬邑县第二次全国地名普查工作扎实稳步推进。

二、狠抓舆论宣传、加强业务培训

根据国家、省、市对第二次地名普查工作的要求，专门编印了《旬邑县地名普查工作手册》，保证了各成员单位和镇办业务人员人手一册。通过在城区街道悬挂横幅、在人流密集场所摆放展板、发放宣传彩页、利用LED大屏幕全天滚动式播放地名普查宣传工作等形式，全方位进行宣传动员，累计发放宣传册200多本，悬挂横幅30余条，发放宣传彩页2万余份。刻制了旬邑县第二次全国地名普查办印章，申请注册了微博号，以方便工作联系，营造了浓厚的宣传氛围，做到了家喻户晓，人人皆知。同时，加大人员培训力度，分3个层面就地名普查工作规程、数据库安装、资料采集、地图标绘方法对成员单位、各镇办普查人员、联络员进行了全面培训，邀请市地名普查办技术人员指导授课，共举办培训约60余次，参训人员300余人，为旬邑县地名普查工作奠定了可靠的人员技术支撑。

三、创新普查手段、科学规范设标

抓早动快，率先于2016年4月25日以技术外包的形式，聘请专业公司对旬邑县地名开展全面普查。在资料收集方面，采取全方位、多渠道的方式，对行业志、书、地图进行收集；有条件的镇（办）进村入户对村（居）的志书，群众收藏的古书、家谱等涉及地名信息的资料进行收集；深入县文化馆、图书馆、地方志办、党史办、档案局等部门查找地名信息资料，确保了普查信息资料的全面性。在外业采集方面，创新工作流程，对既定的流程进行完善，首先调集镇办、行政村地名普查资料，填写预填表，准备资料，其次由技术人员现场按要求填写普查调查目录、预填登记表，在遥感影像图标注其位置，最后由镇办联络员和各村负责人带领进行技术实地勘察。外业共计采集1178个数据点，共收集词条总数2544条，经过筛选之后，完成登记表填写2544张，地名目录2544条，标注地名工作图12幅，采集地名标志143个，各类多媒体文件3987个，图库匹配率达100%，界桩、界线、地名标志牌录入并完成图库匹配。

在成果转化方面，完成了27项普查文件及成果立卷的工作，编制地名故事书一本，地名目录、地名成果表、地名标志登记表、地名标准化处理统计表、地名成果图等成果资料基本齐全，达到地名普查数据验收质量标准。同时，科学规范设标，投资180多万元，对国道沿线的118个地名标志，设置了具有旬邑人文风情的仿古式路牌，达到了所有行政村全覆盖，完成了地名普查规范设标工作，方便了群众出行。

四、严格督促检查，强化质量管理

旬邑县印发了《关于加快推进第二次全国地名普查工作的通知》，成立了第二次地名普查专家督查组，同时聘请专业监理公司，定期对地名普查资料收集、外业采集、普查质量、工作进度等进行监督检查，同时召开自查评审会，及时发现问题，进行技术性指导，坚决做到上一环节不达标、下一环节不开展，保证了普查工作高质量推进。在具体普查工作中，从严推进。首先由技术服务公司收集县志、地名志、地名录、地名词典等资料，完成第二次地名普查调查目录；其次对各镇办、各单位预填的各类表格进行初审，并将初审意见、调查目录和预填登记表提交专家组修改，将修改意见反馈到各镇办、各单位，各镇办、各单位根据反馈意见修改地名普查登记表；最后，由技术服务公司按照修改后的登记表完成数据建库、成果转化工作。

旬邑县地名普查进度和质量走在了全市前列，得到了国务院监理和质量评价工作组和陕西省普查办的肯定，在全市民政工作会上作了经验交流，并推广旬邑的先进做法。

形式多样　宣传有力
营造全民参与地名普查的浓厚氛围

陕西省宝鸡市金台区地名普查办

在宝鸡市金台区区委、区政府的正确领导下，在省、市民政部门的精心指导下以及金台区各镇街、各成员单位的大力配合下，金台区地名普查办努力克服困难，认真细致地拟订各项方案，严格按照省、市地名普查工作要求顺利完成了第二次全国地名普查阶段性工作。特别在地名普查宣传工作中做出了很多创新性工作，让宣传工作贯穿地名普查全过程，确保地名普查工作保质、保量地顺利完成，真正做到了“普查时有你，普查后为你”。

一、加强指导，制订方案

金台区地名普查办根据习总书记在中央城镇化会议上的讲话精神，按照“围绕普查搞宣传，搞好宣传促普查”的总体要求，以普查政策、普查内容、普查意义为宣传重点，结合金台区实际，制订《金台区第二次全国地名普查宣传工作方案》，印发给各镇（街）、村（社）及区级相关部门认真抓好工作落实。

二、宣传重点

结合地名普查相关工作，重点围绕以下 5 个方面的内容开展宣传工作：①宣传开展地名普查的目的、意义、内容和要求；②及时报道地名普查的重大会议活动、有关党政领导的重要指示精神；③宣传报道全区地名普查工作进展情况；④宣传推广地名普查中的好经验、好做法、典型人物及生动事迹；⑤宣传推广地名管理法规政策和标准规范、地名普查成果、地名文化遗产，广泛传播地名文化知识等。

三、宣传方式

以“接地气、多渠道、广传播”为原则，充分发挥地名与百姓生活联系紧密的特点，充分利用报刊、广播、电视、互联网、客户端等媒体，通过多种形式广泛深入开展地名普查工作。主要宣传方式有：

1. 在金台民政网站上开设地名普查专栏，并开通微信公众号。

2. 播放金台区地名普查宣传片。

3. 开展地名知识竞赛进社区、进学校、进单位活动。

4. 开展社区、街头地名普查宣传活动。

5. 开设地名普查标志广告栏和社区宣传栏。

6. 发放宣传彩页、张贴宣传海报和宣传画，悬挂标语条幅，制作电子宣传字幕。

7. 及时印发简报宣传普查工作和普查成果。

四、具体安排

结合地名普查的准备工作，做好宣传动员，具体宣传活动包括：

（一）在金台民政网站上开设地名普查专栏，并开通微信公众号，定期更新

①介绍地名普查标志、目的、意义、方式、相关法律法规，以及《金台区第二次全国地名普查实施方案》。②及时发布地名普查宣传口号、普查进展情况、阶段性成果和各类地名故事，征集社情民意，解答民众关注问题。③积极宣传各部门间的协作、普查人员的辛勤工作，以及在普查中涌现出的先进集体、人物和事迹。④及时回应社会关切，对普查组织实施中遇到的问题做好解疑释惑工作。

（二）播放地名普查宣传片

①利用地名普查培训动员会、各镇（街）与地名普查的相关会议播放地名普查宣传片。②利用各镇（街）、村（社）的电子屏播放地名普查宣传片，每周两次，每次半小时循环播放，持续两个月。③利用途经金台区的公交车车载电视等途径向公众播放地名普查宣传片。

（三）开展地名知识竞赛进社区、进学校、进单位活动

地名知识竞赛试题由区地名普查办统一命题，各镇（街）、社区、学校、单位自行组织答题，评审（奖项设置：一、二、三等奖），评审结果上报区地名普查办，奖品、奖金由区地名普查办统筹考虑设置。

（四）开展社区、街头地名普查宣传活动

利用各种宣传活动开展社区、街头地名普查宣传，发放地名宣传彩页和纪念品。活动现场以图片（尽量多地与群众互动）形式上报区地名普查办存档。

（五）开设地名普查标志广告栏和社区宣传栏

①利用道路路牌标志广告栏进行宣传。②在镇（街）、村（社）开设宣传栏，安排专人负责定期更新，每次更新后以图片形式上报区地名普查办存档。

（六）发放宣传彩页，张贴宣传海报和宣传画，悬挂标语条幅，制作电子宣传字幕

①宣传彩页、海报、宣传画和条幅由区地名普查办统一制作、下发，各镇（街）、村（社）及时张贴悬挂在醒目位置，并以图片形式上报区地名普查办存档。②有条件的单位自己设计制作电子宣传字幕，及时更新，并以图片形式上报区地名普查办存档。

（七）及时印发简报宣传普查工作和普查成果

①对全区电视电话会议、培训等重大普查活动和普查工作进展情况进行宣传报道。②宣传各部门间的协作、普查人员的辛勤工作，以及在普查中涌现出的先进集体、人物和事迹。

五、严格要求、扎实落实

1. 加强组织领导，形成合力。金台区第二次全国地名普查的宣传工作，由金台区第二次全国地名普查领导小组统一领导，金台区第二次全国地名普

查领导小组办公室（以下简称区地名普查办公室）具体负责组织实施。各镇（街）、各有关部门要按照“统一领导、分工协作、分级负责、共同参与”原则，密切配合，认真做好地名普查宣传工作。

2. 明确工作重点，务实宣传。各镇（街）、各有关部门地名普查领导小组及办公室要加强对宣传工作的组织和指导，系统制订宣传工作计划，根据不同阶段工作重点和特点，组织策划开展多种形式的宣传活动，加强督促落实，确保宣传工作落到实处。

3. 确保专人负责，及时上报。地名普查每项宣传活动内容和成果，要以照片或音频、视频资料形式留存，以备地名普查工作最终的验收。各镇（街）、各有关部门地名普查领导小组办公室要掌握所辖村（社）地名普查工作动态，安排专人负责，及时汇总地名普查进展情况及宣传照片，报送至区地名普查办公室。

金台区地名普查办通过开展形式多样、内容丰富并具有趣味性的宣传活动，营造社会各界和人民群众关心、重视、支持地名普查工作的浓厚氛围，让第二次全国地名普查的重要意义做到家喻户晓。

精编细审　多措并举
确保国家标准地名词典工作六个到位

甘肃省嘉峪关市地名普查办

按照《第二次全国地名普查工作规程》《甘肃省第二次全国地名普查成果转化指导意见》要求，嘉峪关市攻坚克难、精诚团结，地名普查成果转化国家标准地名词典工作取得一定成效。

一、领导重视，组织工作到位

嘉峪关市领导高度重视《国家标准地名词典》编纂工作，坚持“政府统一领导、部门分工协作、乡镇分级负责、全民共同参与”的工作思路，充分调动各方面的积极性，确保标准地名词典工作高起点、高标准、高水平完成。

甘肃省《国家标准地名词典》编纂细则业务会议召开后，嘉峪关市地名普查办认真按照甘肃省第二次全国地名普查领导小组办公室的要求，积极制订编纂方案、第一时间召开地名词典编纂部署会，切实营造编纂人员到位、各项准备工作到位的良好态势；积极向省地名普查办推荐《国典》编辑助理，努力创造编纂人员出外培训机会，千方百计营造编纂人员“多走出去学习、走进来钻研”的工作模式。严格要求编纂人员刻苦学习，努力提高专业水平；力求编纂人员责任跟上、业务水平跟上、工作方法技巧跟上；认真听取工作汇报，快速签发文件和通知，要求基层单位配合和支持；力争《国家标准地名词典》（嘉峪关部分）“流程、任务、标准、要求”四统一；着力解决相关部门配合不力、提供资料质量不高、相关数据精确度不高的实际困难，竭力做好组织工作不出差错，不偏轨道。

二、深入研究，确保思路到位

准确编写《国家标准地名词典》（嘉峪关部分）词目表，为后续工作打好基础，是做好标准地名词典编纂工作的重中之重。地名词典词目表要依据行政区划来编写。为此，嘉峪关市首先对行政区划开展了专题调研工作，查找市政府当年撤销街道的相关文件和规定、市编办当年成立三区的相关文件，仔细核对《中华人民共和国乡镇行政区划简册》，认真思索，寻求正确答案。

嘉峪关市是一个特殊的地级市，它是伴随国家“一五”重点建设项目“酒泉钢铁公司”建设而逐步发展的城市，是中国丝路文化和长城文化的交会点，素有“河西重镇”“边陲锁钥”之称，是全国5个不设市辖区的地级市之一，面积2935平方千米，人口23.43万。2012年2月，中央综治委将嘉峪关市确定为全国社会管理创新9个典型培育城市之一。为深入贯彻落实省委、省政府关于加强和创新社会管理工作的实施意见，市委、市政府研究决定撤销新华、五一、胜利、前进、建设、朝阳、峪苑7个街道办事处，全面推行“扁平化”社区管理模式，将全市原有的69个社区（居委会）整合为30个城市社区。嘉峪关市设立3区，即长城区、镜铁区、雄关区，3个区为市政府派出机构。3区下辖3个镇（峪泉镇、新城镇、文殊镇）、30个社区。城区内现无行政区划。《国家标准地名词典》要求以2014年12月31日现状为依据，且和嘉峪关市第二次全国地名普查依据相一致。

在省地名普查办、《国典》编辑部的精心指导下，嘉峪关市地名普查办很快调整了词目表的框架结构，由“7街道、3镇”改为“30个城市社区、3镇”的编写目录，准确确定了《国家标准地名词典》（嘉峪关部分）词目表的定排问题。

三、注重学习，虚心请教到位

由于地名词典编纂工作以前没有干过，而30年前《地名大辞典》（嘉峪关部分）内容不到一页，“一普”资料几乎为零，这为嘉峪关市地名词典编纂工作带来一定的难度。为此，地名普查办勇于挑战、不怕困难、注重学习，认真查阅了历年政府报告，历年相关部门工作总结；做好多渠道、全方位收集工作，到市志办、图书馆、档案馆、文联、城建局等相关部门收集行业志书，确保普查资料全面性、准确性；仔细翻阅《嘉峪关志》《嘉峪关年鉴》《嘉峪关地名志》《嘉峪关文史资料》等，从中寻找资料。遇到不懂的地方，不分节假日，不分上下班，打电话，或到相关部门请教专业知识。甚至在朋友圈发布资讯，借阅关于嘉峪关市城市发展的相关资料，找市上懂功能分区的专业人士收集专业术语。想尽一切办法，通过多种方式，把全市30多年来各行各业的发展成果、行业精髓与地名词典专业紧密结合。嘉峪关市地名普查办编纂人员为了提高专业水平，攻读了《中国通史》《了解点中国地理》《地理常识全知道》《中国遗产文化读本》《美丽甘肃》《中国分省系列地图册·甘肃》，以便于和相关部门沟通时，能准确找到国家标准地名词典真正需要的信息，确保找到的资料能高水平地专业地反映出嘉峪关市历年来社会发展的制高点。

四、积极主动，工作合力到位

《国家标准地名词典》涉及政治、经济、文化、历史、地理、人文科学等方方面面的知识，单靠民政部门或几个人的力量来做，绝对是做不好的。为此，嘉峪关市地名普查办和相关部门加强联系，紧密配合，努力做好牵头、协调、服务工作，着力解决工作中的盲点和难点，力求第一时间解决相关问题，以诚心、真心、尊重对方的方式和相关部门打成一片，在工作上形成一股合力，得到了全市各行各业的支持和帮助。为了切实做好相关业务的沟通工作，让广大群众了解地名普查工作，深知国家标准地名词典的重要性，寻求社会各界的支持和帮助，嘉峪关市还在《嘉峪关日报》“雄关周末”开辟专栏，在市“民政之家”网上开设地名普查专栏，建立微信群、QQ 工作群，确保《国家标准地名词典》工作高效、有序完成。

五、反复推敲，审改工作到位

认真组织开展“回头看”工作。对地名名称、历史沿革、地理属性等逐一核查。认真梳理、大胆创新、集思广益、发现问题、及时解决。广泛征求民众，请教群众，为标准地名词典做向导、行方便、提建议。列问题清单，召开成员单位联席协商会，开展补录、纠错工作；开展实地督导，多次深入乡镇、社区实地调研。及时向普查领导小组组长汇报，成立第二次全国地名普查监理组；做到“四审核”，即自我审核、对照审核、交叉审核、专家审核，达到“三规范”，即数据规范化、语言专业规范化、逻辑结构规范化的总体目标。

六、力出精品，成效工作到位

在《国典》编辑部的认真指导下，在省地名普查办的精心培育下，嘉峪关市地名普查办认真完成《中华人民共和国标准地名词典》第一部分词目表及词目释义上报工作。其中嘉峪关地级市条、聚落条2个大条成为全国样条；《国典》（嘉峪关部分）词目释义第一个被省地名普查办验收通过并上报《国典》编辑部；嘉峪关市普查办专职工作人员顺利通过考试最终成为《国典》编辑助理。嘉峪关市地名普查办在《国家标准地名词典》工作上取得了圆满成绩。

立足实际　扎实推进　力促普查工作取得实效

青海省海北藏族自治州祁连县地名普查办

自2014年7月开展第二次全国地名普查工作以来，在当地党委、政府的高度重视和省州地名办的精心指导及各有关部门的大力支持下，立足本县实际，克服人员、专业、技术等困难，精心谋划、攻坚克难，祁连县第二次全国地名普查工作在进度、成效、质量各方面按要求如期完成。

一、基本情况

祁连县因地处祁连山中段而得名，位于青海省东北部，海北藏族自治州西北部，东与门源、大通县接壤，南与海晏、刚察县相连，西与海西州天峻县为邻，北及西北与甘肃省张掖、肃南、民乐、山丹县为界。总面积1.4万平方千米，年平均气温1℃，年降水量约420毫米，属典型的高原大陆性气候，平均海拔3500米，是“大美青海”的缩影，有“天境祁连”“东方瑞士”等美誉。辖4乡3镇45个村（牧）委会，有汉、藏、回、蒙古、撒拉等17个民族，总人口5.26万，是一个以牧为主，兼营小块农业的县份。境内资源富集、山川壮丽、民风淳朴，是一个独具特色、震撼人心的大美之地。通过一系列艰苦细致的工作，全县完成了11大类47个子类1434条地名属性信息采集，高效优质地完成了地名普查包括区划地名数据库建设等各项任务。

二、主要做法

（一）强化组织领导，健全工作机制

根据上级业务部门的要求，县、乡两级政府及时成立了第二次全国地名普查工作领导小组，制订了统一的实施方案、工作规程，及时组织召开专题会议协调解决了重大问题，确保了普查工作及时开展，做到了机构健全、目

标明确、运行有序的工作机制。

（二）加强业务培训，提高人员素质

针对地名普查质量要求高、时间紧、任务重，没有任何可借鉴的经验，工作人员缺乏最基本地名专业知识状况。先后举办了两期工作安排部署暨培训会。同时，利用广播、电视和每年“5·12”宣传日等活动播放地名普查宣传片等多种形式，广泛深入地宣传地名普查工作的重要意义、内容、要求，营造了全社会协助开展地名普查的良好氛围。

（三）积极主动作为，全力推进工作

为保证普查工作顺利启动和有序展开，通过外聘和内部调剂，为县地名普查办公室落实专职人员6名，省厅先后落实专项经费153.2万元，县政府落实地名标牌设置专项经费52万元，购置了计算机、GPS等普查设备，调剂落实近50平方米办公室，并配备了一辆越野车用于外业普查，为全县率先开展地名普查工作奠定了坚实基础，确保了人员、经费、办公设备“三落实”。结合县情实际制定了《祁连县第二次全国地名普查保密制度》，与每个普查人员接触普查工作的各类表格、地图等相关资料的单位和个人均签订了保密协议，切实加强了保密安全的防范意识。

（四）编写调查目录，开展外业调查

一是认真做好资料收集，包括县地名志、历年地名命名更名文件和相关资料数据等为基础，编制了《祁连县第二次全国地名普查地名调查目录表》。二是根据《地名调查目录表》，印发了《关于预填〈祁连县第二次全国地名普查登记表〉的通知》，并对普查、填表方法等事项进行了专项辅导，得到了各乡镇、各相关部门密切配合和支持，并通过采取“进村入户、实际踏勘、召开座谈会、个别走访”等多种方式完成了资料数据搜集上报工作。三是按照各乡镇、各部门上报的地名普查登记表资料，先后利用两个多月的时间，行程3600余千米，深入到全县各单位、7个乡镇45个村（牧）委会、7个自然村、4个农事队、3个社区居委会，采取“一查二看三问”（即查找资料、找准出处；实际察看、核清实数；走访座谈、摸清基数）等方式，完成了1434条地名信息的采集、对照、挖掘、核实、考证及GPS数据采测工作。同时，通过外包形式委托专业部门用图解法完成了800余条自然地理实体四至坐标、长度、宽度、高程、面积、直线距离等10项数据测量工作和地名成果图的制作工作。

（五）整理完善资料，夯实工作基础

根据外业调查核实和内业图解法测量采集信息等方式，对标准名称、地名含义、来历、历史沿革、地理实体概况等资料先后进行了4次梳理、修改、考证、补充、完善工作，做到了翔实、准确。委托专业人员完成了399条藏语、75条蒙古语、17条藏蒙古复合语地名译写工作，编制完成了《祁连县第二次全国地名普查民族语目录表》。

（六）如实反馈信息，及时审核确认

为确保地名普查资料来源明晰、可靠，先后两次将1434条地名成果表向各乡镇及聘请的专家进行了反馈，各乡镇及时组织有关人员和专家通过走访座谈、召集相关会议等多种方式完成了审核、考证、确认工作，并以正式文件和在普查登记表上签署审核意见、加盖公章的形式完成了上报工作。

（七）积极整改，确保顺利验收

在积极整改省地名办监理机构3次监理的同时，完成了国务院地名普查办公室两次普查成果数据入库检查意见的整改、补充、完善工作，力争按时达到省级、国家级成果验收标准。

三、主要成效

一是确保了数据及时录入。及时购置专用计算机，安装了第二次全国地名普查数据建库与管理软件，按照格式要求成功填报普查目录表、地名普查成果表、地名用字读音审定申报表、地名标准化处理统计表等2000余张，数据库内实现应录尽录，为验收奠定了坚实基础。二是完成了工作图校核工作。先行对“一普”成果图进行校核，准确掌握新、旧地名工作图载地名基本属性信息的基础上，再依照《第二次全国地名普查操作规程》有关工作图地名标注、地理位置符号标绘的规定，完成了省统配的2000中国大地坐标系1∶5万60幅《祁连县第二次全国地名普查工作图》的标注工作，并通过技术支持，委托专业部门完成了《祁连县第二次全国地名普查工作成果图》的制作工作。三是加强了双跨地界的对接工作。完成了祁连县与大通县、刚察县、海晏县、门源县、海西州天峻县542.5千米、43条跨界地名普查确认工作，确保了双方跨界地名的统一性、准确性。四是完成了勘界数据录入和标牌登记编制工作。通过调档、查阅、上报、录入等程序完成了勘界数据资料录入工作，共录入界线20条、界桩43颗，其中省界线1条，州（市）界线2条、界桩12颗，县界线3条、界桩12颗，乡镇界线14条、界桩19颗。完成了八宝镇城镇居民点213幢楼、739个单元、7523个住户门牌编号和单位、居民小区、个体商铺等门牌普查编号、画草图工作，经普查拟设置门牌1749个，其中大门牌244个、中门牌243个、小门牌1262个。完成了县城21条路、3条街、1条巷的地名标牌普查登记编制，罗马字母拼写及藏文翻译工作，拟设置标牌95个。2016年10月，将八宝镇74个城镇居民小区标准地名名称在《祁连山报》进行了公示，为地名设标工作奠定了坚实的基础。五是及时进行了地名普查文书档案的归档工作。在县档案馆专业人员现场指导、协助下，依据地名档案管理办法的技术规范和要求，完成了2014、2015、2016、2017年地名普查文书档案的整理归档工作。六是建立健全月报制度。按照州地名办“建立月报制度”的要求，按时于每月26日前完成工作进展情况的上报。3年多来及时上报情况33期，编发《地名工作动态》45期，省厅采编11期，采编率达24%。七是规范地名条目的归类及入库工作。经普查全县最终收录入库地名11大类47个子类1434条。其中，陆地水系类617条；陆地地形类280条；行政区域类8条；群众自治组织类48条；非行政区域类12条；居民点类133条；交通运输设施类136条；水利水电通信设施类16条；纪念地旅游景点类51条；建筑物类14条；单位类119条。八是将尊重民族语言作为民族语地名普查的关键点。祁连县是多民族聚居的地区，在普查中运用当地民族语言进行地名标准化处理，是关键所在，不能因译写不规范导致一地多名，含义模糊而影响群众的生产生活，甚至发生破坏民族团结的大好局面。鉴于此，在想方设法搜集挖掘考证民族语地名来历含义的基础上，委托专业人员及专家对本次普查的近400条藏语地名、80余条蒙古语地名、20余条藏蒙古复合语地名先后3次进行了译写、修改、完善工作，最终形成了具有民族特色的地名普查成果，也充分保护和传承了民族语地名文化。九是积极做好成果转化工作。按照成果转化的要求，目前正在开展地名标牌制作招投标和编纂《祁连县标准地名志》工作。同时委托专业部门完成编绘制作祁连县行政区划图、全县7个乡（镇）地名图、县城平面图工作。

全力以赴开展地名普查工作
努力打造全国地名普查精品工程

青海省玉树藏族自治州治多县地名普查办

治多县地名普查办公室在第二次全国地名普查工作中，以提升地名管理服务水平为目标，围绕“摸清地名家底，规范地名标准，服务人民群众”和“搞好地名普查，助力中国梦”这一条主线，狠抓“地名精准普查、地名图书编纂、地名信息化建设、行政区划图制作、地名公共服务”等5项转化内容，着力构建层次丰富、形式多样的普查体系，推动地名普查效益社会化应用，实现地名工作创新发展。

一、基本情况

治多县东西跨度621千米、南北宽243千米，辖区总面积8.06万平方千米，平均海拔4500米以上，属全省人均占有面积最大、海拔最高、生态位置最为重要的一个县。下辖5乡1镇20个牧委会、6个社区，人口总数43042人。治多县地域辽阔，全县地名普查工作呈现出普查半径大、区域广的特点，加之属于藏族聚居区，普查过程需要深度结合地方民族文化特性，更需全面掌握地名文化的历史沿革。据了解，由于特殊的地理条件和其他一些综合性的因素，占治多县总面积达50%以上的可可西里地区是第一次全国地名普查工作的空白点。鉴于此，治多县把可可西里地区作为第二次全国地名普查工作的主攻方向，并以此为牵引，推动地名普查工作纵深推进。

二、主要做法

地名普查工作启动以来，治多县结合地区实际，坚持问题导向，突出重点、以点带面，攻坚克难、扎实推进，打造出地名普查工作的“治多模式”，形成了地名普查工作可借鉴、可复制、可操作的典型经验，特别是在地名信息采集、挖掘地名文化、成果转化应用方面成效显著，主要做法有：

（一）高标准定位，抓好“顶层设计”，确保地名普查工作基础牢固

在地名普查和成果转化阶段，高位推进，明确路线图。在具体工作上，狠抓了“四个到位”。一是动员发动到位，召开动员大会，及时部署工作，拉开普查序幕，并结合治多实际研究制订了《治多县第二次全国地名普查实施方案》，确保地名普查工作的方案引领。二是队伍覆盖到位。成立全县地名普查工作领导小组，在乡镇一级成立联合普查小组，在村社一级成立普查小分队。同时成立了治多县地名普查专家顾问委员会，并邀请具有专业资质且熟知本土文化的地方技术公司协助普查工作。三是经费保障到位。设立专门工作场所，落实专项费用256万人，给每一个乡镇落实了5万元的普查经费，确保普查工作有人干、有钱干，投入了成果转化资金115万人。四是建章立制到位。建立了普查质检制度“五检一验”（即普查员之间的自检、互检，负责人之间的自检、互检，质检组的综合核验）工作方法；建立工作简报制度，每周以简报形式汇报工作，每半月做阶段性汇总，并积极报送州地名普查办，进一步加强信息交流；制定涉密资料管理制度，建立涉密资料使用台账。

（二）高效率推进，注重“破解难题”，打造全国地名普查精品工程

坚持突出问题导向，以破解难题、消除盲点为原则，采取“先难后易、先外后内、先远后近、以点带面”的办法，将可可西里作为普查首站，其他地区陆续实施普查，全县地名普查工作呈现前后有序、纵深推进、全面覆盖的特点。难点先行。成立由30人组成的可可西里普查组，以“杰桑索南达杰生前地名手稿、探访当地牧户、玉树行政区划图、格萨尔神授艺人”4把钥匙开启了可可西里地名的神秘之门。15天的普查过程中对可可西里有地有名，但地名、位置与实地不符的结合实地野外调查、走访、核实进行了标准化处理；对有地无名且该地理实体有地名作用的进行了命名；对区域内重名和一地多名的通过标准化处理确定了一个标准名称；对可可西里区域内自然地理实体的多媒体数据和空间数据现场采集了其坐标及多媒体数据。全面推行。可可西里地名普查首战结束后，把在可可西里地名普查过程中形成的有效的工作模式和基本原则运用到了全县5乡1镇地名普查工作当中，起到了以点带面的促进作用。与之不同的是，可可西里地区和其他地区的地形地貌特色迥异，探访可可西里过程中，全程驱车普查，而在治多县的有些地区，由于

交通和地貌地形所限，普查过程中，有很大一部分普查任务仅靠租用马队来完成。

（三）高质量完成，取得“五大成果”，推动地名普查工作落地见效

地名普查的重点在于成果转化，地名普查的意义也在于成果转化，治多县坚持“超前普查、边查边转”的原则，取得“五大成果”，推动地名普查成果落地见效。一是地名普查成果。共采集11大类60个子类的地名信息3809条，整理调查地名登记表3085份，完成可可西里4.5万平方千米379条全境地名的普查任务，填补了可可西里第一次全国地名普查的空白。二是地名图书编纂成果。选择可可西里地名普查这一个点，将可可西里地名普查情况编纂成《可可西里地名文化》系列丛书，系列丛书包括《可可西里地名文化》《可可西里之恋》《可可西里地名录》《探寻可可西里》，已于2017年10月正式出版发行，并召开新闻发布会，在全国尚属首次，反响强烈。三是地名信息化建设成果。完成了治多县8.06万平方千米3809条地名条目藏汉双语精准录入，形成了全县区划地名数据支撑体系，推进地名地址数据库建设。建立了区划地名数据库更新长效机制和地名信息共享机制，实现地名与基层政权、救灾等其他民政业务之间数据共享，充分发挥地名信息在服务经济社会发展中的积极作用。四是行政区划图制作成果。制作藏汉双语版治多县行政区划图和可可西里地名图，即将出版发行，真正将地名普查成果运用到了地区行政管理层面，填补了治多县行政区划图和可可西里地名专题图的历史空白。五是地名公共服务成果。以地名数据库为基础，进一步深化地名公共服务。应用电子信息新技术开发可扫描二维码、具有电子介绍功能的新型地名标志和街路巷牌，探索新的地名标志运营模式，为社会提供更加准确、便捷的地名导向和信息服务，有效提升城乡形象。

这次地名普查中，在县民政局的引领和指导下，全县普查工作人员凭着顽强的毅力，齐心协力，艰苦奋战，最后圆满完成了地名普查这一项重大工程。为进一步利用地名普查成果，建立、完善地名数据库，开展地名信息化服务，开发研制地名信息化服务产品等地名成果的转化利用开发、应用打下了坚实基础。

立足实际　突出特性
县域地名规划编制工作取得实效

宁夏回族自治区泾源县地名普查办

泾源县地处六盘山东麓，辖4乡3镇，97个行政村、3个城镇社区居委会。总面积1131平方千米，总人口12.6万，其中，回族人口占75%。近年来，泾源作为全区生态旅游县，始终把城市规划、旅游规划、地名规划等工作纳入重要的议事日程，立足实际、规范管理。泾源县第二次全国地名普查工作开展以来，在区、市民政部门的精心组织和县委、政府的正确领导下，泾源县依照自治区第二次全国地名普查工作总体规范要求，及时成立组织机构、制订工作方案、统一采购服务等一系列前期准备。按时间节点全面开展第二次全国地名普查工作，分阶段完成了资料收集整理、外业资料普查和成果转化工作等任务。目前标准化地名图录典志、地名规划编纂等工作初步完成。尤其是地名规划工作走在了全区的前列，2015年9月在全国地名规划参评中，泾源县域地名规划编制以民族性、地域性、生态性及旅游性四位一体的特性，被民政部区划地名司评为全国优秀地名规划，被编印成册在全国交流推广。主要做法是：

一、高度重视、精心组织，确保地名规划工作全面开展

根据自治区人民政府《关于印发宁夏回族自治区开展第二次全国地名普查工作实施方案的通知》（宁政发〔2014〕41号）要求，县委政府高度重视，成立了分管副县长任组长，政府办、民政局负责人为副组长，公安、发改、民政、财政、建环、文广、水务、国土、市场监督、林业、交通、邮政及各乡镇政府负责人为成员的泾源县第二次全国地名普查工作领导小组，结合县情制订了《泾源县第二次全国地名普查工作实施方案》，规定普查时间，明确工作任务，确保地名普查各阶段工作顺利推进。

二、科学研究、深入调研，确保前期准备工作到位

为了编好富有泾源特色的地名规划，聘请了具有从事地名规划研究经验的宁夏大学生态中心教授为泾源县地名规划主编，同时从县内退休老教师、县志办、文联、文化等单位在职和离职老干部中聘请了曾从事过地名研究工作，熟知泾源县情、历史发展等方面的“专家学者”，并聘请各乡镇村熟知本区域历史变革、地名变化的“本土专家”全过程参与大纲规划、方案制订及编写内容的审定等工作。在编制前期准备工作中，专家组多次深入周边市县以及甘肃兰州、陕西渭南等地对泾源地名来历及历史发展过程进行了为期半年的考察论证，经过搜集整理，挖掘出了一些已流失的地名，为研究泾源地名命名规划奠定了基础。同时对泾源回族风俗习惯和居住环境等进行了考证，对编制工作提供了科学依据。研究中，不但阐述地理环境状况、政区沿革，还分类（政区、居民点、自然地理实体、其他等）分析现状地名结构和组成，讨论地名形成的影响因素，总结出现状地名的文化特色，并进行地名的动态分析，发现地名发展的未来走向，把握地名需求，以求通过自己的工作将即将消失的地名保护和保留下来，应用至新的地名需求中去。在规划中，主要从山水生态文化、关陇乡土文化、移民多元文化、传统历史文化 4 个方面彰显泾源回族特色的传统地名命名。

三、与相关规划衔接、彰显地名规划的前瞻性

地名规划的重点是适应我国的快速城镇化和新型城镇化的地名需求。因此在规划前期，尽可能地穷尽相关规划——包括县域总体规划、小城镇规划、移民搬迁规划、旅游规划，大县城建设规划、土地利用规划，区域的生态移民规划、主体功能区划等，实实在在地把握了泾源县的发展路径、未来走向。比如，泾源县的生态保障在宁夏乃至全国的主体功能区划中都是禁止开发区，按照“生态立县、绿色崛起”的发展战略，他们从苗木产业、生态旅游（与休闲避暑）、肉牛养殖、中蜂养殖等产业规划方面充分研究和考察，领会“十三五”乃至“十四五”规划中泾源县发展可能带来的地名生成与变化。比如，泾源县自“七五”以来，就有大量的人口迁出，尤其是整村搬迁造成富有历史意义的自然实体地名及居民点地名消亡。“十一五”“十二五”期间，这个进程加快。他们通过调查比对，专门建立了“泾源县孑遗地名库”，然后在规

划中放进新地物命名专名用词库中，力求使这些即将永远消失的地名得以保存，使地名规划突出了延续历史文脉的特点，编制内容的同步性、系统性、地域性、协调性和稳定性更具科学性。为了彰显地名规划的前瞻性，在制定地名规划时，坚持与城市规划同步的原则，做到同规划，同命名，避免命名滞后的问题发生，体现地名规划在城市建设和管理中的价值和作用。

四、开展广泛讨论和意见征询

规划在研究的不同阶段，从不同的资源需求角度开展过调研和征询。如在文史资料方面，先从县政协文史办、县档案馆、图书馆开始，到市一级相关单位，再到自治区一级相关单位。在初步成稿以后，先后进行了7次先自上而下、后自下而上的讨论和修订。成熟后，提交县人民政府常务会审议通过。在地名命名思路的讨论方面，每次都争论得非常激烈，特别是一些地名涉及民族情感问题。如围绕“化平”和“归儒”等的争论，前者是泾源县老县名，可追溯到金朝（宋金时期），后来地名用在河流名中。陕甘起义失败残部被集中安置后，清政府为加强管理，成立了“化平直隶厅”为中央政府直辖；后者是左宗棠给当地建学校命的名——“归儒书院”。通过召开听证会、发放征求意见表等形式，广泛听取社会各个层面、各界人士特别是人大代表和政协委员的意见和建议，使泾源县地名规划更符合群众意愿。定稿后，累计征求群众意见230条，采纳35条。

抓住机遇　转化成果　努力推进地名标志设置步伐

宁夏回族自治区中卫市地名普查办

中卫市辖两县1区，共有40个乡镇442个行政村、32个社区居委会，总面积1.74万平方千米，人口112多万。近年来，在宁夏回族自治区民政厅的大力支持指导下，在市委、市政府的正确领导下，中卫市地名普查办认真贯彻落实自治区政府《关于印发宁夏回族自治区开展第二次全国地名普查工作实施方案的通知》《宁夏回族自治区地名条例》《关于加强城市标准地名设置工作的通知》等文件精神，认真开展地名普查，加快地名普查成果转化，完成了地名标志设置任务，促进了中卫市地名管理工作全面开展。

一、科学筹划，积极创新，树立地名标志设置超前理念

地名标志是城市的名片，直接反映着一个地方文明建设的程度，做好城市标准地名设置工作，对于美化城市环境，方便群众生活，提升中卫形象，促进对外开放和经济发展具有重要意义。中卫市是宁夏全域旅游示范城市和全国文明城市创建城市，市委政府高度重视地名工作，召开市长办公会、市委常委会，听取汇报、专题研究，要求民政部门借第二次全国地名普查有利时机，加强地名成果转化，在做好图录典志编纂工作的同时，按照道路标志设置标准，利用新技术，对门牌进行二维码信息化升级更新，全面打造信息化智慧城市。为此，他们把标准地名设置作为完善城市功能、方便群众交往、塑造城市形象、营造现代化城市氛围的形象工程来抓，立即请示区民政厅，并本着体现新中卫、新发展、新形象的特点和实用、美观、经济的原则，加大创新力度，请技术服务公司支持，采用门牌号最新二维码技术，对城市建成区的1.6万个门牌进行升级更换，安装了“二维码智慧门牌”，此门牌通过手机扫一扫功能就能立刻知道房屋的地理位置等公共服务信息，还能依照房屋的不同性质，为不同用户提供相应的关联信息，开展关联应用服务，全面提升了地名标准化管理水平，推进了地名标志智能化，为打造“智慧中卫”

和提供便捷、高效、全方位的地名信息化服务奠定了基础。

二、精心安排，扎实推进，确保设标工作顺利进行

地名设标工作是一项涉及多部门、多领域的政府行政管理工作，涉及面广，工作难度大，市委、市政府领导又非常重视，把地名标准化和道路标志设置工作作为城市建设的大事。为此，他们成立了市区街道门牌设置工作领导小组，市委主要领导亲自过问，政府分管领导亲自抓落实。制订了《中卫市区街道门牌设置工作实施方案》，及时协调解决门牌设置工作中的具体问题，做好技术人员的培训、宣传和招标、制作、安装工作。同时，市财政划拨配套资金30多万元，全面推进地名街道门牌设置工作，中卫市民政局通过政府招标方式，由技术服务公司按照有关合同要求制作安装带有二维码信息的门牌。区厅地名办李波主任十分关心中卫市地名设标工作，多次对中卫市的工作给予指导帮助，提出了具体意见，帮助解决了街道编码、门牌编码和二维码信息技术问题，形成了中卫市区街道门牌标志牌设置的地方标准。

三、严格要求，缜密安排，全力做好地名门牌设置安装

重点抓了3个环节。一是对门牌进行普查，准确掌握门牌号信息。标准地名地址信息是对实际地名地址进行采集、整理、编码和标注加工处理后，由文字和数字组成的、按特定结构排列且具有空间地理位置的数据集。为此，他们请市规划测绘部门对城市建成区所有门牌进行了普查和编码工作，地名工作人员利用1个多月时间，对市、区50条街道两侧沿街党政机关、企事业单位、大型宾馆、门铺楼住户16000个街道门牌信息进行了采集、编号、登记、赋码工作。二是加强对门牌制作安装监管，确保门牌安装质量。中卫市民政局按照高起点、高标准的原则，要求制作标牌厂家必须是国家指定生产厂家，并在实施中坚持“四统一”即统一标准、统一规划、统一组织、统一制作。严格质量把关，要求选铝板为底板、字体反光材料、编码等符合国家标准，并在安装前，对中标单位提供的样本请民政部地名研究所进行了鉴定，出具检测报告，不允许产品出现失光、变色、生锈、起泡等质量问题。三是加强维护管理，发挥地名标志在经济社会发展中的作用。为了保证门牌的正常使用和维护，他们大力宣传地名标志保护规定，要求门牌使用单位在对外交往、邮政通信、户籍管理等方面使用门牌号并在日常生活中严禁损坏、遮

挡、乱涂乱画、丢弃或私自更换门牌号，在拆迁、入住时及时联系进行补充、更换门牌号，并和厂家签订了维护维修协议，对损坏丢失的门牌及时修缮，确保了门牌功能的有效发挥。

传承文脉　彰显底蕴　扎实推进地名文化建设工作

宁夏回族自治区灵武市地名普查办

一、灵武概况

灵武地处宁夏平原中部沿黄经济核心区，古称灵州，是中国历史上最早建置的200多个县之一，也是宁夏沿用至今建县历史最悠久的历史文化名城。灵武始建于西汉武帝元鼎三年（前114年），至今已有2132年历史。辖区总面积4010平方千米，总人口31.9万。2017年，地区生产总值465亿元，全市一般公共预算收入30.1亿元。2017年，灵武市排名全国综合实力百强县第85位，跻身全国中小城市投资潜力百强，列34位，是国家重要的煤电化工基地、商品粮基地和羊绒产业基地。境内文化遗迹、历史地名，星罗棋布。

二、取得成效

（一）以地名研究为基础，深入挖掘宣传地名文化，彰显古城厚重历史

一是组织开展“千年古县”申报工作。自2015年5月，灵武市启动千年古县申报工作以来，自治区民政厅、灵武市人民政府多次组织区、市专家学者论证，认真梳理灵武历史建置沿革，强力推进文化遗产开发与利用，开展了一系列申遗前期筹备工作。组织拍摄了4集纪录片《千年古城——灵武》，拍摄完成《灵起古城武贯九州》“千年古县”灵武申遗片，出版《千年古县——灵武》专著。二是组织多种形式的宣传活动。除运用报纸、电视等主要媒体宣传外，还利用群众喜闻乐见的形式，宣传地名文化，增强公众对地名文化遗产的保护意识。2018年1月30日，经中国地名文化遗产保护促进会专家审定，灵武市被评定为中国地名文化遗产“千年古县”，这是宁夏首个获此殊荣的市县。灵武市获得“千年古县”称号后，将地名文化资源优势转化为品牌优势，促进文化遗产保护的自觉效应、旅游强市的带动效应、城市建

管的魅力效应、文化发展的创意效应、市民素养的提升效应、对外开放的立体效应，这对申报文化遗产项目，助推招商引资工作，提升灵武对外宣传的知名度，都将起到积极促进作用。

（二）以地名规范为抓手，创新机制，大力发展弘扬传承地名文化

一是建立协调机构，为地名文化建设提供组织保障。建立了地名管理工作联席会议制度，统筹协调地名文化建设事项，研究解决人财物等难点问题。成立了灵武地名学会，组织开展地名文化研究、地名文化知识普及宣传工作，并以此为依托，建立“地名工作专用 QQ 群”“微信群”，搭建地名文化交流平台，在全市逐步形成了以联席会议为平台、地名学会为依托、地名专家组为智囊、地名工作者为骨干、社会各界积极参与的地名文化建设格局。日常工作中，注重从基础抓起，建立完善地名命名专家论证制度、听证制度和政务公开制度，提升新生地名的文化品位。二是完善地名法规，为地名文化建设提供法律保障。制定《灵武市地名管理办法》，从法律层面明确了地名文化保护责任主体。印发了《关于对不规范地名进行清理整顿的通知》，依法开展了地名的清理整顿工作，共清理不规范地名 19 余条，新命名的街路巷地名 20 余条，有效地推进了地名文化健康发展。三是挖掘“千年古县”文化内涵。深入研究地名文化内涵和特征，讲好灵武地名故事。先后出版了《嘉庆灵州志迹校注》《灵武城隍文化》《灵武文史资料》地名故事篇、人物篇、民俗篇、方言篇等系列史料文集；《灵州吟韵》收集整理了反映灵武的古诗 103 篇，还出版了《白衣宰相》《灵州会盟》等系列历史小说和《灵武民间故事传说》《灵武民歌》《灵武谚语》等地方书籍。

（三）以发展先进地名文化为引领，加强地名服务，强化成果运用

一是组织地名专家完成了《灵武市标准地名目录》《灵武市标准地名词典》《灵武市地名志》编纂。二是制订《灵武市地名文化遗产保护工作实施方案》，对城区地名进行总体规范。对具有历史保护价值的老地名进行梳理，在新地名中注入文化元素，充分体现经济、社会、人文等发展所具有的独特地方文化，如重新命名灵州大道、朔方路、兴唐路、中兴路、西平路、宣德路等一批历史地名。审定保护了柳树乡、谢家井、高庙街、傅家湾、唐家庄、安家湖等一批传统文化地名。对恐龙化石、水洞沟遗址、西夏瓷窑、明长城

等重点文保单位进行保护。公布灵武市第一批地名文化遗产保护名录42处及50座现存烽火台。三是以地名文化助推旅游经济发展。灵武市依托丰富的地名文化资源，突出特色，发挥优势，全力打造自然景观游、人文景观游、工业景观游，有效地推动了旅游经济的发展。让城市融入大自然，让群众“望得见山、看得见水、记得住乡愁”。四是加强地名标志标准化设置。城区街路巷标牌设置实现了全覆盖，全面改善了旅游交通标识和地名标志，推行地名标志设置标准化，使之成为表现地名文化的符号。

（四）以评定为“千年古县”历史名片为主线，完善历史名城整体规划和开发利用

一是将地名文化遗产保护工作纳入“十三五”规划。坚持文化底蕴与现代城市发展相结合，组织专家论证、民意代表听证、收集民间建议，将城市风格和功能定位为“唐韵古城、长枣之乡、羊绒之都、丝路古驿”。二是实施地名文化遗产保护工程。在城市开发中注重保护历史遗存，今年投资1亿多元整治高庙周边环境，接通灵武古城墙，建设文化旅游商贸仿古街区，并对镇河塔、古城墙、高庙古建筑群进行修缮，2019年投入使用。已投资2.3亿元建成灵武博物馆、水洞沟博物馆、恐龙化石馆、治沙博物馆、革命烈士博物馆。利用上万棵成片百年枣树这一地理标志产品建成世界枣树博览园。三是邀请专家学者共同参与了《灵武市古城恢复与重点街路巷环境提升工程项目建设》的制定。该项目投资7.5亿元，部分工程已经启动。四是注重对历史遗迹进行开发利用。编制完成《西夏古瓷窑遗址保护规划》《清水营文物保护规划》《明长城保护规划》，已建成清水营影视基地、西夏瓷复烧基地等项目工程。依托千年古渡、千年古渠，开发扩建世界水车博览园等特色旅游产业，全力打造世界枣树博览园、长流水、大海子、世界沙漠公园等旅游景区。

三、下步工作打算

一是以地名标志标准化设置彰显地名文化。将地名标志作为“民心工程”和“亮点工程”，完善城区街路临街门牌、乡镇与村标志牌、农村门户牌的设置工作，形成了城乡一体化、全覆盖的地名标志网络，结束农村没有门牌号码的历史。

二是加强与建设、国土、交通、城管等部门联动，强化新建街路巷、小

区、建筑工地地名的备案、审核和审批工作，维护《宁夏回族自治区地名条例》《灵武市地名管理办法》的严肃性和权威性。

三是提高地名查询服务水平。在主要街区十字路口设置触摸式电子屏地名信息服务查询系统，积极开展地名、旅游、交通查询等多项服务。

四是加强地名档案管理，对此次地名普查收集的地名资料规范建档，防止遗失。联合宣传部门、文广局、文联在全市开展《搜寻记忆》活动，收集、编纂富有历史的《灵武地名故事》，并拍摄成专题片，记录地名历史。

五是加强人才队伍建设，选拔和聘用史学界和地名工作者进入地名人才库，吸收加入灵武地名学会，为地名文化建设提供人才智力支撑。

在今后的工作中，灵武市将以第二次全国地名普查成果和被评定为“千年古县”殊荣为契机，将地名文化建设与城市创新经营紧密结合，用地名文化资源打造城市亮丽的风景线，为建设美好新灵武继续努力。

人物风采

第二次全国地名普查工作难度大、标准要求高、任务艰巨繁重，全面考验和锻炼了各级地名普查工作机构及人员的工作能力、业务水平和工作作风。4 年多的全国地名普查，打造了一支讲政治、讲大局、讲奉献的普查工作队伍，涌现了一大批先进集体和先进个人。为大力弘扬普查工作者科学求实、开拓创新、精益求精、奋力拼搏、无私奉献的普查工作精神，本章整理了 104 篇各地推荐的典型人物事迹，以兹学习。

脚踏实地　勇挑重担　甘于奉献

——记北京市地名普查办史悦

史悦，北京市城市建设档案馆馆员。2015 年进入北京市第二次全国地名普查领导小组办公室以来，秉承高度的责任意识和大局意识，协助负责全市地名普查工作的总体组织协调、督导检查，协助负责与国务院地名普查办公室、市普查领导小组各成员单位、各区分局、各外业单位等相关部门的沟通联络工作，参与地名普查有关事项的招投标、资金管理和项目运营工作，负责地名普查的宣传工作，负责全市无名路和名称不规范道路清理整治专项工作，承办普查办确定的其他事项。曾获 2017 年全国地名理论征文活动一等奖。主要事迹如下：

一、认真学习，扎实做好组织协调工作

自 2015 年投身北京市第二次全国地名普查工作以来，作为市普查办的一名工作人员，史悦始终兢兢业业、恪尽职守，细化岗位职责，抓紧深入学习，协助市普查办不断完善各项规章制度，把研究完善相关规章制度当作核心问题去破解。

依据国务院地名普查办办公室文件精神，结合北京地名普查工作实际，协助制定了《北京市实施〈第二次全国地名普查验收办法〉工作细则》《关于贯彻落实〈加强地名文化保护　清理整治不规范地名的工作实施方案〉的意见》《北京市第二次全国地名普查成果转化规划（2016—2020 年）》《北京市实施〈第二次全国地名普查档案管理办法〉的意见》等普查工作各环节文件，为普查各项工作的顺利实施做好基础性工作。

同时，负责撰写市普查办年度工作计划、总结、报告、会议纪要、工作简报和信息。其中，有 42 篇信息经国务院地名普查办公室摘录或转发，1 篇信息在市政府《北京信息》上转发。

普查是一项专业性强、实施难度大的工作，对普查人员提出了较高要求。

为提高普查人员技术水平和质量管理能力，史悦参与组织了10余次大规模技术培训，累计培训800余人次。在组织培训的同时，也强化了自身对于普查业务知识的不断学习。作为地名普查档案实施意见主要执笔者之一，主讲了普查档案验收相关培训内容。

史悦一方面全程参与普查期间的督导检查，配合普查办全面深入掌握各区、各作业单位的普查工作进展，提早发现问题。另一方面与国务院地名普查办、市级普查成员单位等相关部门保持密切沟通，以便掌握国家最新要求，对普查要求认真整理，及时准确传达到各相关单位。对工作中发现的疑难问题，都认真分析予以回应，对确实难以处理的重大问题，会迅速反馈给普查办，并持续跟踪问题的解决进展。

此外，参与普查资金管理工作，参与地名信息化、图录等项目的立项、绩效跟踪等；负责普查合同资金管理，严格按照财务制度，督促乙方履行合同，累计支付合同额约1.03亿元。

二、勇挑重担，配合完成无名路和不规范地名清理整治专项工作

为做好国务院普查办关于清理整治不规范地名工作，贯彻落实市委、市政府关于道路名称问题的指示要求，市普查办于2017年组织开展了清理无名路和不规范道路名称的专项工作。

由于专项工作有较为严格的时间节点和工作要求，在市普查办人手少、难度大的情况下，史悦积极协助市普查办领导做好相关工作。一方面，做好与各区、相关部门的主动对接，配合摸排道路现状、每周汇总上报全市无名路台账，统计分析道路命名时出现的各种问题，协助制订无名路清理整治工作方案；另一方面，及时向各区传达清理整治工作安排，细化责任分工，并按照要求协助开展集中培训。

为全面推进全市清理整治工作，跟随市普查办领导，在查阅区域规划、工程建设资料，认真分析地名资源情况后，与各分局工作人员一道，对台账上的存疑或有一定难度的无名路和名称不规范道路进行实地踏勘。在工作中，遵循“尊重历史”的原则，遇到情况复杂的无名路，经常询问领导、地名专家和当地居民，掌握实情，做好命名工作。

为保障整治工作有序开展、执行到位，配合市普查办制定了无名路的分类标准、清理整治的工作要求以及分批开展命名。在统一确定主动命名的时

间节点和工作步骤后，要求各分局严格按照命名原则和审批工作流程，分3批完成道路命名工作。

同时，做好社会公告工作。结合工作进度，及时向社会公告无名路命名情况。累计1006条无名路的路名、位置等基本情况，分批公布在国家地理信息公共服务平台——天地图·北京专门开设的地图栏目上。同时，为《北京日报》《北京晚报》《北京青年报》、微信公众号等媒体提供专项工作素材，为宣传地名管理政策，道路命名情况奠定基础。

2018年6月底，在各方的共同努力下，全面完成了全市无名路和名称不规范道路的清理整治、命名工作，对4259条道路分3批进行了有效整治。其中，对1006条无名路命名；对2664条有名无牌道路，函告道路管理部门安装路牌；对589条一路多名道路的名称进行确认或命名。

三、应“急”而动，积极开展地名普查宣传工作

史悦参与地名普查工作以来，始终按照工作要求，配合市普查办认真筹备并及时有效开展地名普查各项宣传活动。

2015年，主动对接《北京日报》等相关媒体，提供普查文稿，刊发地名普查专版，为地名普查外业工作的顺利实施宣传鼓劲。

2016年，以民政部宫蒲光副部长来京调研并慰问一线普查员工作和国务院普查办组织的“新媒体宣传月”等活动为契机，采取电视、网络、报纸等多种形式，组织开展普查集中宣传4次。有关报道、文章20余篇。

2017年，积极宣传组织各区参加国务院地名普查办公室“寻找最美地名故事”征文活动，各区上报稿件70余篇。辅助地名专家对地名理论开展研究，并参与国务院地名普查办公室组织的“地名：保护与发展”主题全国地名理论征文活动，论文《试论地名特殊用字与地名文化遗产保护》获得一等奖。

2018年，组织全市积极参与国务院地名普查办公室“美丽中国·地名寻梦”地名文化短视频征集活动。同时，结合地名管理工作实际，组织拍摄了地名普查系列短视频、动画、H5等，史悦配合修改《舒了的胡同人生》《五道营的前世今生》等地名视频脚本，统筹宣传片现场拍摄各项事宜。目前，已累计完成短视频、动画、H5共15部，并在相应媒体上进行广泛宣传，获得较好的社会反响，为地名普查工作的顺利开展营造良好的社会氛围。

四、迎难而上，全力推进普查验收任务

配合完成全市地名普查成果验收工作。史悦配合市普查办认真分析各外业作业单位的成果资料，与监理、质检单位反复沟通，探索优化普查验收的方法和步骤，先行选取了东城区景山街道作为全市地名普查验收工作的试点，并对景山街道及其所辖社区的工作人员进行了培训。通过验收试点工作，规范了验收程序和要求，为全市开展验收工作奠定了基础。配合制定了验收工作细则和质量评定工作要求，专门进行了部署和培训，进一步细化明确了验收办法、流程、质量评定要求和审核要点，严格了验收标准。

在验收工作中，充分发挥监理、质检单位的优势，突出市、区两级地名普查工作机构的作用，设置预审、征求意见、专家评审等环节，做好普查验收的质量控制和管理。同时，督促质检单位对各区提交的地名条目，从数据库数据、地名目录、地名成果表、地名文化保护等 9 大方面，分批抽样，保证验收质量。对其中不符合要求的，及时下发整改通知书，督促其限期整改后再进行验收，直至符合要求。

本次地名普查工作涉及范围广，任务重。为圆满完成各项任务，史悦克服了人员紧张、事项繁杂，外联工作多头等困难，全力推进地名普查各项工作。鉴于在地名普查工作中的突出表现，获得第二次全国地名普查先进个人荣誉。

创新探索　服务地名普查

——记北京市地名普查员杨川石

地名是重要的地理信息和社会公共信息。北京市第一次全国地名普查已经过去了整整30年，北京的变化发展日新月异，地名也随之不断演变。2014年起，北京市开展了第二次全国地名普查，开始了对全市地名的一次摸底。为完成这次普查，全市上自多个政府部门、区县政府，下至街道、乡镇，以及社区、村，都投入到了这场普查中，同时参与的还有多个技术单位的普查人员，北京市测绘设计研究院的杨川石就是这支普查大军中的一员。

一、扎扎实实　做好技术设计

北京市测绘设计研究院是北京市地名普查办公室的技术支持单位。作为测绘院地名普查项目组的一员，杨川石从普查启动，便一头扎进了普查工作当中。

普查伊始，要编制北京市地名普查技术方案。为让编制的技术方案更加适合北京的实际情况，充分发挥北京的数据优势，发扬北京的地名文化特点，他作为市普查办人员参加了民政部培训，奔赴上海、福建等地开展调研，选取了东城区福祥社区、西城区大栅栏街道、朝阳区太阳宫社区、管庄乡等能够代表北京市老城区、商业区、新城区、乡村4种不同类型的区域开展试点工作，与试点地区的普查工作人员一同验证技术流程、积累实践经验。在此基础上，杨川石编制了北京市地名普查技术方案和内业指导手册等技术文件。

为了提高普查效率，北京市普查办制订了“内－外－内”一体化的工作方案，在技术流程制定过程中，杨川石调研了不同的软件，对多个平台产品进行了详细测试，综合考察了效率、兼容性、可行性、可扩展性，最终确定了最适合北京市地名普查工作的软件平台，实现了全程数字化作业，包括地名信息录入，位置信息、音频、视频、影像等采集在内的所有外业工作均在平板电脑上完成，大大提升了普查工作效率和数据准确性。

他还同国家测绘产品质量检验测试中心和四川省测绘产品质量监督检验站的技术人员一同，在全国率先编制完成了省市级地名普查监理规程和成果检查验收与质量评定规程，为保障地名普查成果质量奠定了坚实基础。

二、孜孜不倦　做好培训交流

地名是历史的记录，地名资料的搜集对于地名普查的顺利开展尤其重要。为了搜集到北京市地名普查办公室26家成员单位的资料，杨川石多次参与资料搜集培训会，与各委办局的联系人逐个沟通，一遍一遍地说明地名普查资料搜集需求。在区县资料收集时，每个区县都有20多家区级成员单位，他又投入到了区县的资料搜集培训工作中。有时，一早就要从市里搭车数十千米，参加郊区普查办早上召开的资料收集培训会。终于，在市地名普查办的协调和全市26个委办局、16个区相关部门的密切配合下，北京市测绘设计研究院收集了近200万条地名信息，并对这些地名信息进行了有针对性的甄别、梳理、分类和整合，形成了统一标准、统一格式的地名资料，分发到了各区普查办用于普查工作开展。

北京市有多家作业单位分区同时开展地名普查工作。为了保证质量、统一标准，市普查办设立了北京市测绘设计研究院、国家测绘质量检测中心及四川质监站联合体两家监理质检单位。杨川石作为测绘院的监理质检人员，按照市普查办的要求，积极组织每一次监理质检工作，包括监理部署、人员安排、监理报告撰写及上报。普查过程中，杨川石参与了数次针对各作业单位的培训工作，包括技术方案培训会、首件检查问题培训会、跨省界自然地理实体地名普查培训会、无名道路整理培训会、地名成果图制作培训会，以及数次验收整改培训会等。

三、大胆创新　助力地名管理

北京作为首都、超大型城市，民政部下发的1∶5万底图数据难以适应北京市地名普查的需要。为了实现更高的精度，并实现与全数字化作业平台无缝衔接，杨川石提出了采用“天地图·北京”电子地图作为本次普查的工作底图。经测试，北京测绘院的“天地图·北京”电子地图能与采集软件完美结合，地图精度、现势性、内容丰富程度完全满足地名普查需求。在后续工作中，北京市各作业单位均以“天地图·北京”作为工作底图，满足了地名采集的需要。

由于种种原因，北京市仍存在少数无名道路，为老百姓的使用带来了不便。如何主动确定这些无名道路，成为无名路整治的一个重要问题。为此，杨川石积极发挥北京测绘院的地理信息处理优势，将地名普查的道路数据、地名规划管理系统中的地名命名数据，以及市交通委的道路数据进行综合比对。通过地理信息空间分析和对道路属性信息关键词的识别，成功定位了5556条疑似问题道路，列出了清单，并按照不同的道路等级、长度、宽度进行了分级。市普查办以此数据分析结果为基础，研究制定了针对无名道路、一路多名道路以及重名道路的筛选标准，最终形成了问题道路清单，制作了问题道路分布图，发放各区、县分管单位进行核对确认和处理。在各方的共同努力下，地名普查阶段，北京市全面完成了北京市无名路和不规范道路的清理整治、命名工作，对全市4259条道路分3批进行了有效整治。其中，对1006条无名路命名；对2664条有名无牌道路，函告道路管理部门安装路牌；对589条一路多名道路的名称进行确认或命名。

在不规范地名整治工作中，接到普查办要研究制定北京市不规范地名筛选标准的任务，杨川石积极学习研究相关政策和技术资料，按照民政部《加强地名文化保护清理整治不规范地名工作》的要求，对地名普查的大量地名条目进行语义分析，制定出了初步筛查标准，形成了北京市“大、洋、怪、重”地名目录，为后续的不规范地名整治工作提供了第一手资料。

地名普查是基于当前地名的实际情况、挖掘历史沿革、面向未来提供决策依据的一项重大的国情国力调查工作。30年前，第一次全国地名普查的专家们用一张张地名卡片，一个个蝇头小楷，一步步脚步丈量出了北京市地名家底。而今，无数个杨川石这样的年轻人正在用新的技术手段继续完善、充实着地名数据库。相信在地名这个历史悠久而文化深远的领域，将会不断有新的技术涌入，碰撞出更多的火花。

在胡同里到处找“麻烦”的斜杠测绘人

——记北京市东、西城和朝阳区地名普查外业调查负责人郭毅轩

三伏天儿里，后海边的柳叶儿都被晒得打了卷儿，两个胸前挂着“北京市第二次全国地名普查外业调查员”证件的年轻人正跟在胡同口儿乘凉的大爷们聊得火热。

“大爷，麻烦向您请教一下，咱们说的这‘金丝套’，都含着哪几条胡同啊?”一个脸庞被晒得黝黑、身高接近1.8米的调查员操着一口纯正的“京片子”问道。

“那您可问对人了!”一位穿着白色跨栏背心的老爷子猛吸了口烟，然后眯着眼缓缓吐出，视线穿过被眼前的烟雾模糊了的后海，悠悠地说道：“我都在这儿住60多年了，要说起这金丝套啊……”

半个小时后，两位调查员写满了好几页记录。那个“黑大个儿”的调查员带着诚恳的笑容对大爷们说：“真的太感谢你们了！张师傅、李师傅。这些地名信息太宝贵了！上周我在国图查了一整天资料，都没您说得这么详细!”

“咳，您客气了，我们毕竟在这儿生活大半辈子了，对这儿有感情，所以知道得要多一些。”大爷们笑呵呵地摆摆手，又问道：“小伙子，听你口音，也是咱北京人吧?”

“黑大个儿”点点头，说道：“嗯，家是海淀的，打小儿在清河边儿长大的。虽然不是这四九城儿里的，但是对咱老北京的感情也很深。”

说着，“黑大个儿”好像突然想起了什么，从怀里掏出几张名片，双手呈给几位大爷，嘴里说道：“哦，对了，大爷，刚才光顾着聊天，忘了作自我介绍了。我叫郭毅轩，在北京市测绘设计研究院工作，负责咱们东、西城和朝阳区的地名普查外业工作。这是我的名片，上面有我的电话。有机会，可能还得向您请教，给您添麻烦了!”

一位大爷接过名片，扶着老花镜看了看，说道：“嚯！高级工程师、注册测绘师！小伙子这么年轻就拿下这么多职称啊！郭工程师!”

“哎哟，您可别这么说，我臊得绕世界找地缝儿去了！您叫我小郭儿就行了，以后有机会还请您多指导咱这儿的地名文化！今儿我们就不打扰了，大爷你们忙着!”

“小伙子多客气！这大热天儿的，回屋喝口水去!”大爷们招呼着。“不了，大爷，今儿我们还得奔柳荫街那儿呢，谢谢您了！下次一定!”“黑大个儿”带着身边的另一个调查员向大爷们告了别，然后快步走向下一个地名走访地点。

路上，郭毅轩对身边的调查员说：“小李，刚才我的交流方式记住了没？在走访的时候一定要注意方式方法，咱们北京人很热心，也很健谈，每个老北京心中都有一个宝贵的北京地名文化宝藏，大家也很愿意把它拿出来分享。而打开宝藏的钥匙，就是礼貌！明儿你就要独自走访了，一定记住!”

小李点点头，说：“好的，郭工，我记住了！您自己要逐个社区去组织启动会，又要协调组织，还要一个一个地这样带我们这 30 多个外业调查员，忙得过来吗？其实，您给我们统一培训一下就行了吧?”

郭毅轩摇摇头，说：“那可不行，差着呢！咱们调查走访，要用心，才有意义，不能怕麻烦。你向别人请教，自己都怕麻烦，别人还能认真负责地跟你讲吗？我给你们培训，自己都怕麻烦，你们还能不怕麻烦吗？大家都怕麻烦，那走访出来的信息还能要吗？我这儿事儿多点儿，没事儿，谁让我是负责人呢。”

郭毅轩确实不怕“麻烦”，也不怕“事儿多”。地名普查期间，他每天早上 4 点多起床，读书学习；早上 6 点多到单位开始工作；平时晚上 6 点多才结束，赶上忙的时候，经常要到深夜。

就这样，他带着大家完成了东西城 24 万条地名信息的外业调查采集。同时，由于还肩负着海淀等 10 余个区的普查监理工作，所以，他自学了监理知识，考取了建设部的注册监理工程师执业资格；又因为需要负责外业数据向内业数据库系统对接的工作，所以他考取了工信部颁发的高级信息系统项目管理师资格；为了更好地提升项目管理能力，他还获得了咨询工程师资格。

同事说他是横跨多个专业的“斜杠青年”。他却说：“我只是想把该做的事儿尽量做好，用咱们北京话怎么说来着——干什么，得吆喝什么！对吧?”

“那你最喜欢的项目是哪个?”有同事曾这样问他。郭毅轩不假思索地回答：“地名普查项目啊！咱北京的测绘人，能为家乡的地名文化做点儿什么，当然是最美的事儿了!”

普查攻坚战中的“全能王”

——记天津市地名普查员徐爱锋

天津市测绘院是天津市第二次全国地名普查的主要技术承担单位之一，一共承担了天津市16个区、县普查任务中的10个，其中包括最早开展的全国地名普查试点区域滨海新区，参与了第二次全国地名普查工作的实践探索到逐渐成熟的全过程，历经长达8年的普查周期。通过一位位天测人的共同努力，为天津市的地名普查工作作出了突出贡献，得到了各级领导的一致好评。

徐爱锋见证了天津市地名普查的整个历程，从参与最开始的滨海新区地名普查试点开始，种种过程深有体会。在他看来，烈日酷暑一天几万步那都不叫事。地名普查工作进入到后期内业攻坚阶段，徐爱锋担起了技术总负责人的重担，全面负责项目的具体实施工作，其工作经验丰富、快速学习、尊重文件规范、技术全面的优势得到充分体现，为普查工作的顺利推进提供了有力保障，项目组成员们都说：“有徐工在，我们心里就踏实了！”

内业建库工作的首要任务是对已开展普查工作的7个区、县的成果数据进行规范入库和更新。由于天津市有滨海新区普查试点区域的经验，并得到了民政部领导的现场指导，各级领导对普查工作非常重视，全市开展普查工作的积极性很高，甚至是超前开展工作，因此依据其后下发的建库要求进行建库是一项艰巨的任务。考虑到自研软件能及时定制功能、灵活性更高，徐爱锋快速独立开发了一套地名数据录入和输出系统，并且通过这一过程更加深入理解了国家规范对技术路线和数据结构的要求。这一系统在随后的国家数据报送和审核修改过程中发挥了至关重要的作用，其随时可根据实际需求修改或者添加实用工具的灵活性有力证明了这一做法的优势。

天津市测绘院最后承担的3个远郊区、县的普查工作几乎是同步展开，而且距离相隔较远。为了保证质量和进度，徐爱锋一直在3个区、县之间奔走，开展培训、收集资料、走访调查、处理数据、答疑解惑，工作无缝切换。

由于需要对接调查的部门众多，有时一天接打电话几十通，爱人生产那天把她送进产房后由于离开接电话，医院两次找家属都没在门口找到他，事后家人因为这个对其责怪不已。普查团队虽然普查经验丰富，但远郊区县与中心城区还是有不小区别，在实际工作过程中碰到不少新情况、新问题，这是团队未曾料到的，徐爱锋不怕困难、不怕麻烦，带领团队与各方齐心协力总能使问题得到圆满解决。由于普查任务重，而且时间紧迫，整个团队包括负责的院领导在此期间都放弃了休息时间，工作日和周末一直处于加班状态，徐爱锋作为两个孩子的父亲也顾不上家里正忙得不可开交，一直与团队一起奋战。

进入数据上报、审核修改阶段，由于担负着10个区、县的任务，因为时限的要求以及有些问题存在的现实困难，每一轮修改上报工作对整个团队来说简直是一次压力测试，是一次对心力和体力的挑战，对徐爱锋来说更是如此。由于使用的是其独立开发的软件，面对10个区县的同步测试，而且数据特殊情况千差万别，保障软件的良好输出运行压力着实不小，一旦数据不能完成输出则后续工作无法进行。事实上压力远远不只这些，每次国家审核意见反馈回来，徐爱锋就是各区县问题的集中地，需要对各类问题集中分析确定解决办法，各区县负责人解决不了的问题就成了他的问题，这压力可想而知。然而，在团队成员眼里好像没有他解决不了的问题。神奇的是，他居然

徐爱锋（左2）外业现场工作

还能气定神闲地为大家抽出时间编写了很多实用软件工具，大大提高了团队修改数据的效率，节省了处理问题的时间，保证了数据上报的进度。

尊重文件规范、注重依据，是徐爱锋经常强调的事。他对国务院普查办和市、区普查办下发的各类规程、规范、方案、通知等都非常熟悉，花时间去认真学习研究，做到了开展工作、处理问题有理有据、方向不偏、少犯错误。他先把要求研究清楚了、技术路线走通了再去安排工作，在他的带领下团队少走了很多弯路，工作反复、重复劳动少了。遇到不确定的问题，他会亲自实地调查、现场核实，尽量做到情况清楚、处理有据。

由于业务能力突出、做事踏实，徐爱锋深受领导和同事们信赖。天津市普查办领导对国家每轮数据审核反馈情况都非常关心，很愿意听取他对问题的分析总结以及对应的修改建议，兄弟单位碰到问题也乐于与其讨论解决办法。院领导对地名普查项目非常重视，但是把项目交给他非常放心、充分授权。他也非常注重对年轻同事的培养帮助，给他们锻炼的机会，鼓励他们勇于挑战、敢于承担，给他们解决问题的时候注意教授解决问题的思路方法，让其知其然还要知其所以然。经过普查攻坚战的洗礼，整个团队的进步非常大，每个人都有收获和提高，锻炼了一支能打硬仗的过硬队伍。

一名平凡的地名普查工作者

——记天津市勘察院周亚建

2014年年初，国务院下发全面开展第二次全国地名普查工作的通知。天津市勘察院承担了天津市南开区、红桥区、西青区、北辰区、蓟州区、宝坻区6个行政区的地名普查任务。为保证高质量地完成地名普查工作，天津市勘察院成立了一支专业技术过硬，测绘经验丰富，能吃苦耐劳，年轻有活力的骨干团队作为地名普查的中坚力量，并选拔多名技术骨干负责地名普查内外业及其他各项组织、培训、技术指导工作，而周亚建就是其中一名项目负责人。

周亚建，河北任丘人，毕业于吉林大学，毕业后进入天津市勘察院，从事外业测量工作。从事工作多年来，从最初的外业测量员成长为现在的项目负责人，他总能以一名专业测绘人的标准严格要求自己，勤奋工作，尽职尽责，用自己的实际行动赢得了同事和领导的信任和赞誉。

周亚建作为项目负责人共承担了南开区、西青区、蓟州区3个区的第二次全国地名普查工作。项目初期，为了能够尽快地掌握地名普查的具体工作内容，周亚建夜以继日地学习各种相关规范标准，上网查阅各种文献资料，请教他人，刻苦钻研业务，带领外业组到实地进行走访调查，只用了1个月的时间就迅速掌握了地名普查的所有工作内容及各项业务，并摸索出了一套高效的工作方法，迅速地带领团队进入了工作状态，指挥其工作团队有条不紊地进行工作。

他的工作方法简单而朴实，能理解和做到的是：一是吃透工作手册中的要领，逐项逐条地理解文中意义；二是理顺工作思路，排列工作目标；三是采取积极主动，争取精益求精；四是克服种种困难，做到有理有据；五是外业吃苦耐劳，内业创造美好；六是仔细核对文表，更新有效数据；七是掌握工作动态，及时上报结果；八是任劳任怨真情在，永葆普查力度不褪色。

此次地名普查工作信息采集工作量非常大，不仅需要收集大量的历史资料和背景材料，还需要对每一个地名进行实地考证。周亚建经常带领外业组深入大街小巷，对每个地名的来历、含义等信息进行深度挖掘，实地考证。

这张照片是2015年8月的一天，周亚建顶着毒辣的太阳连续五六个小时进行高强度的外业调查工作，筋疲力尽地在公路边上休息时拍摄的。当时的室外温度是35℃左右，为了防止晒伤，周亚建在如此炎热的天气下，把自己捂得严严实实。为了能够在工期内保证质量完成外业调查工作，周亚建带领团队不管是炎炎烈日，还是瑟瑟寒风，都依然坚持在地名普查工作的第一线。白天，他们穿行在大街小巷进行走访调查；晚上，还要对调查的数据进行整理分类；其他人都完成当天工作休息了，周亚建还要总结当天外业调查中遇到的问题，查阅相关材料寻找解决办法，编写当天的工作日志。

外业调查工作异常艰辛，但内业数据处理工作同样非常烦琐。他能坚持不懈执着地投入工作，还要克服非一般人遇到的困难。2017年，地名普查进入数据上报、审核修改阶段。3月中旬，为了迎接市、区的检查验收，周亚建带领团队开启“五加二，白加黑”的工作模式。所有人员每天都要工作至凌晨一两点，隔三岔五还要通宵工作，甚至最后三天三夜所有人都未合眼。终于，在经过两周的艰苦奋斗后，周亚建带领他的团队，按时保质地完成了南开区、西青区、蓟州区3个区的地名普查成果“四表、一图、一库”及相关文书材料的制作，并顺利通过了天津市第二次全国地名普查区级、市级验收。

为了地名普查，周亚建不仅在精神和身体上付出了常人难以想象的艰辛，而且在生活上也作出了巨大的牺牲。2017年，周亚建因为几乎每天都在加班，而不能很好地照顾孕吐十分严重的妻子，不能陪妻子产检，甚至在妻子即将分娩时，他还依然在加班。11月中旬，周亚建为了能够完成国务院普查办第二轮修改工作，放下即将分娩的妻子，又一次开启了没日没夜的工作模式。直到2017年11月23日晚11点，周亚建接到妻子腹痛的电话，才放下手中的工作，并安排好后续工作后，赶到家中将已腹痛不止的妻子送到了医院。通过接诊医生诊断，其妻子的羊水已破，预产期提前两周，幸亏送诊及时，否则后果不堪设想。看着腹痛不已的妻子，周亚建心里既担心，又感到内疚和惭愧。妻子分娩期间，他一边牵挂着产房里的妻子，一边还想着地名修改的情况。他通过电话、视频及邮件的方式，不断地了解、修改情况，并对其团队进行指导。2017 年 11 月 24 日，其妻子成功分娩，在确认母子平安并在家人赶到后，周亚建又回到了工作岗位，继续坚守在地名普查工作第一线。

一滴水只有放进大海里才永远不会干涸，一个人只有把自己和集体融合在一起的时候才最有力量。就像是一堆沙子是松散的，可是它和水泥、石子、水混合后，就会比花岗岩还要坚硬。在开展地名普查工作时，周亚建作为项目负责人，拥有一支技艺精湛的团队。在团队的协作下，同心同德、同舟共济。地名普查项目能够取得目前的成果，团队的力量也作出了很大的贡献。

每个人都是一棵树，都可以在自己的位置上站出属于自己的风景；每个人都是一道瀑布，在跌宕中上下求索，在点滴中成就壮阔。地名普查，在其他人看来，只是一件平凡又琐碎的工作，但对于周亚建来说，这是他职业生涯经历的刻骨铭心又倍感自豪的大事。能在自己的青春岁月里，付出自己的全部心血去做好这件事，他无愧于心。所有的艰辛付出，终将留在历史的长河中，奏响一曲铿锵又悠长的普查之歌。周亚建将自己的智慧、热情、拼搏、勤奋，奉献于平凡的事业，在自己的位置上活出了自己的意义和价值。

难忘“二普”工作

——记河北省新乐市地名办主任白洁

她叫白洁，是河北省新乐市地名办主任。1989 年从事地名工作至今。她从懵懂羞涩的姑娘变成了做事泼辣、认真负责的地名人。

毕业分配时，有人告诉她说：去地名办吧，一个女孩子去那里工作不错，坐办公室，不用风吹日晒。刚步入社会，父母是老实巴交的农民，自己啥都不懂，心想分哪算哪吧，凭自己吃苦耐劳的精神总可以混出一片属于自己的天地。就这样她成为正式的地名人。单位报到时，地名办主任是个 50 多岁的倔老头。看她是个姑娘，知道自己无背景，用轻蔑的眼神瞥了她一眼，并且说道：“我到人事局要的是男的，怎么来了个女的?”她不卑不亢地说：“女的一样能把工作做好。”接下来的日子可想而知，只要一到单位，主任便把她派到外面工作。登记户主，门牌编号。这样过了 1 个月，她汇报工作时拿出的资料及处理工作中遇到问题时的那种担当，让老领导赞不绝口，从此她成了领导的得力助手，地名办公室内外工作做得有声有色。不仅办公室写材料，还要走街串巷编门号，钉门牌，访历史，知内涵。她深知要想做好地名工作必须脚踏实地，对多门知识要有所了解。她骑一辆自行车，跑遍大街小巷。同事下乡，她也尽量抽出时间同往，了解本地风俗习惯，地名来历，名人大事，集庙由来等内容，丰富自己的地名知识，为做好本职工作打好基础。不管下乡调研，还是外单位跑材料，从不拖拖拉拉。只要工作所需，立刻行动，总是把工作完成得妥妥帖帖。老领导高兴得合不拢嘴，逢人便说：“别看白洁是个女孩子，工作上泼辣，不怕吃苦，每次工作都能出色完成，我绝对放心。”

1996 年，老地名主任退休。经老主任推荐，局班子调查考核，她被任命为地名办公室主任，没有配备其他工作人员。她深知自己身上的担子更重了，以前还有老领导协调商量，现在自己要独当一面了。但她没有退缩，只要自己脚踏实地，不畏艰难困苦，就一定能把工作做好。她一人先后完成了《中

图1　白洁进行地名普查资料内业整理

国政区大典》《千年古县》《河北省政区图》《石家庄政区图》《石家庄地区地名录》《新乐市政区图》编纂等工作。

2011 年 7 月 21 日，新乐市第二次地名普查工作会议召开，会后立即行动。她知道地名工作来不得半点马虎，要想做好“二普”工作，必须做到工作细致、扎实，必须尽快领会会议精神与工作内容。尽可能掌握第一手资料，才能做好这次地名普查工作。她迅速编写了《新乐市地名普查技术规范和注意事项》，将普查工作中可能遇到的问题及处理方法以最简单的形式打印出来，并分发到有关人员手中。组织街道、镇、乡及有关单位普查人员，召开地名普查工作会议，举办地名普查知识讲座。上门讲解地名普查工作的意义，回答工作人员提出的问题，公开单位办公电话及自己的手机号码，24 小时开机，全天回答提出的问题。有几次晚上刚睡着，手机就响了，仍打起精神，耐心解答。一辆自行车跑遍城区及附近乡镇。1 个月后体重减了 10 斤。

2014 年 12 月 5 日，需马上补充全市加油站内容。为了不耽误工作，第二天就赶紧外出，拿着文件及表单到各加油站询问情况。第一天正遇到刮大风，还是逆风。8 点骑车到离单位 10 千米的一加油站，风大得根本蹬不动车，只好推着车走，等到目的地，已是中午12点了，满头散发，人也变成了“土人”，见到加油站工作人员，人家满脸诧异，吃惊地问：“你真是民政局工作人员?”她说：“如假保换。”接连5天，骑着自行车，顶着呼啸北风，骑行足有100千米，才将材料收集上来。拿着这些材料，眼泪扑簌簌往下掉，爱人看见了问：“怎么了?”她说：“你知道吗?这几天累得我腰痛、腿痛，晚上根本睡不着觉，腿胀痛得都不知该往哪儿放。”爱人说：“以后家里的大小事情你别管了，我全包了，你就安心工作吧。”就这样，回到家往床上一躺，再也不想起来。可一到单位，又像上紧的发条，急急忙忙，穿行在大街小巷。

记得2015年春节刚过，公公因胃癌到省二院住院化疗。爱人到医院陪护，接连几个月家里只剩她和7岁的儿子。有一天儿子发烧在家休息，早晨她把儿子锁在家里，对儿子说：“上午我到石家庄市送材料，中午12点以前肯定到家。”儿子知道她守信用，说到做到。极不情愿地说：“妈，你可要早点回来。”到石市后，本想着中午能到家，可由于种种原因下午3点才到家。儿子边从门缝张望着，边着急地在门口来回走动着，那种忍着病痛和饥饿，企盼又失望的眼神，使她久久不能忘怀，每每想起此事，都觉得特别对不住儿子，眼泪也会止不住地往外流。就这样一连数月，没时间做饭，就到外面凑合一顿。有天儿子说：“妈，我想吃你包的牛肉馅饺子。”她也只能说：“儿子，再等等吧，忙过这一段再说吧。”就这样，她一次又一次失信于儿子。以前她们家可是三天有两天吃饺子。

2016年冬天，爱人陪公公在石家庄住院治病。儿子下午放学后，因没钥匙开不了家门，在门口玩时，被草丛中的破啤酒瓶扎破脚心。她下班到家时，儿子坐在地上哇哇大哭，血把鞋都洇透了。她扔下车子，抱起儿子就往医院跑。脚缝了几针，输了液，但不能穿鞋了。她把儿子背回了家。以后每天早晨她都4点起床，吃完饭后，背儿子上学，把他放在二楼教室，再赶紧上班。每天上午10点、下午3点她还要到学校把儿子从二楼背到学校广场处去上一次厕所。她告诉儿子上学这5天，别吃饱，也少喝水，只能在周末才能吃饱。

还记得有一次“二普”下乡到边远村，下午返回时，汽车爆了胎，坏在了新乐与定州交界的荒野，就在此时天突然黑了下来，狂风大作，大雨倾盆。只好给住在定州的亲戚打电话，亲戚冒着大雨，开车将破胎拉走修好后，又送过来，当时也是儿子一人在家。急得她团团转，可一点办法都没有。大雨下了整一宿，回到家已是凌晨5点。临街家门大开着，屋里的灯全部亮着。

儿子窝在沙发上睡着了。脸上还挂着泪痕，她说：“儿子不怕，妈回来了。”儿子轻声抽泣了两声，她把儿子抱到床上睡下，忍不住哭出声来。

就这样，她无怨无悔地在地名战线上工作了 29 个春秋。工作上兢兢业业、任劳任怨。有人说她傻，干吗非要那么认真，她笑着说：“没办法，我就是个认死理的人。”只有工作认真，她才觉得踏实，才觉得没有虚度自己的光阴。看来她这辈子只能做傻人了。

心无旁骛　坚守信念
扎实开展第二次全国地名普查工作

——记河北省迁安市民政局地名普查员赵海元

从养老事业到“老地名”，多少个岁月奋战在工作岗位上；从一无所知，到融会贯通，他利用了每一个节假日学习普查相关文件及理论，独自骑车走遍大街小巷，不畏骄阳酷暑，奋战在普查第一线，他就是河北省迁安市民政局地名办副主任赵海元。

临危授命，勇担重任

9 年养老服务行业的工作经历，让他在平凡的工作岗位上磨炼出勤劳实干的精神，以饱满的热情和积极的心态对待每一项工作。当迁安市第二次全国地名普查工作拉开序幕时，由市政府组织，民政局牵头成立了地名普查工作领导小组。这是一项责任大、任务重、利在千秋的事业，局领导经过几轮筛选谨慎测评，最终将这个重担交给了他。

挑起地名普查这项工作之初，他倍感业务知识的缺乏，为了不影响日常业务工作，他利用下班、休息时间充实自己，制订学习计划，每天给自己确定学习目标，严格落实学习任务。同时他还研究迁安市每一个地名来历及其文化渊源。

迁安市历史悠久，底蕴丰厚，早在旧石器时代，境内就有先民栖息。如今迁安市辖 21 个乡镇及街道、516 个行政村、34 个社区居委会，国土面积 1208 平方千米。通过第二次全国地名普查入库检查的地名信息有 11 大类，3800 多条。可以说，地名信息量大、涉及区域广、协调单位多、工作时间紧，是迁安市地名普查工作的显著特点。

工作中的困难没有击倒他，反而使他更加努力。首先，他梳理了普查工作的流程并仔细研究每个阶段的工作内容，通过确定阶段性工作，简化工作内容来提高工作效率。其次，他通过“压茬”检测的方式，以本阶段工作内容检验并验证上一阶段工作成果的形式对阶段成果进行检测，保证了成果的正确性。

细心工作，克服困难

地名普查工作需要收集大量的历史资料和背景材料，尤其是林业系统点多面广线长，信息采集工作量特别大，不能闭门造车，必须先把外业工作都做扎实了，才能把此次的地名普查工作做好。

确定普查条目时，外业公司 5 人做完的工作，他一个人用时 2 天 1 夜对第一批 2800 多条地名条目进行核对并将每一条疑问及遗漏条目进行了记录、统计，统一发给技术人员进一步核对。他说：“地名普查是国家大计，只有凡是用心整体上做到心中有数，工作中指导才会有底气，汇报时说话才能有信心。”

信息采集时，他和外业公司人员一起加班加点，白天督促信息表采集，夜里整理入库，遇到沟通阻力时，他自己驱车当面与各单位或乡镇协调。他带着外业公司及相关单位同志几乎跑遍了全市 516 个行政村。每到一处，他都会用手机记录下相关的地名信息，事后整理成文字，通过查阅地名及历史方面的书籍确定信息的真实性。经过了很多艰苦的调查、协调、采集、汇总，地名普查工作取得了初步进展。但是，成功的路上总是铺满荆棘。2017 年 5 月，河北省组织的阶段成果上报过程中，迁安市成果在入库检测过程中出现了不匹配的现象。状况一出现，让他倍感焦急，因图片类多媒体信息太大，迁安市用了 5 张光盘进行存储，相比之下，兄弟县（市、区）只用一张光盘就能存储信息，这无疑大大增加了信息出错率，可是处理如此庞大的多媒体信息需要时间，这可怎么办呢？而且就算处理完这些多媒体信息，把光盘刻好将数据送至千里之外的省会城市也需要大量时间。但他又想到“无论如何，迁安也要如期上报普查成果，河北不会因迁安而落后”。想到这里，他立即协调外业公司，同公司一道晚上加班进行多媒体信息处理工作，第二天早上又拖着疲惫的身子带领技术人员乘坐最早班的高铁进省厅报送成果，他们利用高铁上的 3 个小时车程完成了多媒体信息处理工作。通过合理的安排处置，最终完成了阶段性成果上报任务。

一如既往，任重道远

通过阶段成果报送工作中暴露出的系列问题，他针对这些问题逐一进行排除，提出解决方案，真正解决存在的问题。依据国检提出的意见进行修改，在经过了第一轮的地名普查、搜集工作之后，乡镇、村组难免有些懈怠情绪。他则是戒骄戒躁，通过多次组织召开动员会、个人协调等方式进行沟通，全心扑在地名普查工作上。

孩子是家庭的未来，也是家庭的希望，照顾孩子是每个家庭的责任。他时刻都关心着孩子的成长及学习情况，无奈地名普查工作也刻不容缓，加班、加点成了家常便饭。面对国家大义，辅导孩子成了奢望，孩子出现了成绩下滑、听课不认真、贪玩等现象，遇到此事，他心急如焚，幸好他妻子十分支持他，常说“国家需要你，你更应该奋发作为、干在实处、走在前列，因为有国才有家”。同时妻子还替他分担家务，通过查资料、印试题等方式督促辅导孩子学习，为他解除了后顾之忧。从此之后，他心无旁骛、埋头苦干，把地名普查工作当作头等大事来抓。严格执行国家标准，认真落实国家要求，面对国家、省、市提出的意见建议坚决执行，调查工作一遍又一遍，修改工作一轮又一轮，做到了工作细致、成效显著。就这样，他心无旁骛，坚守信念，始终为圆满完成全国第二次地名普查工作而奋斗。

燕赵大地多风采　青春激扬普查路

——记河北省唐山市地名普查办李伟明

他，出生于燕山脚下。他，成长于渤海之滨。他从小就对高山大海充满无比的热爱，总是怀揣着探索的梦想。梦想是前进的最好动力，正是因为有着这样一种特殊的情怀，他在高考时选择了与地理有关的专业。

他叫李伟明，1986 年出生，2011 年毕业于西南大学地理科学学院，2012 年被招录到唐山市民政局地名办公室工作。工作过程中，他充满朝气、敢于拼搏、不忘初心、砥砺奋进，把智慧、激情、汗水投入到区划地名事业中，很快成为技术骨干。

服从安排，勇挑重担

参加工作以来，李伟明同志一直从事居民区、建筑物命名审核工作，他凭着自己专业技术精、文字能力强、文化底蕴深等优点较好地完成了日常工作任务。2014 年年初，国务院决定在全国范围内开展第二次地名普查。随后，唐山市地名普查工作也拉开序幕，为做好普查工作，锻炼年轻干部，培养后备力量，他服从组织安排，积极从事了第二次全国地名普查工作。

第二次全国地名普查是一项公益性、基础性国情调查，旨在查清行政区域范围内所有地理实体名称、位置及相关属性信息。可以说，它是一项复杂的系统工程，国家仅于 1979 年至 1986 年组织开展过一次。改革开放以后，随着经济社会快速发展和城镇化进程不断推进，城市翻天覆地的变化，地名数据不新、不全、不准的问题突出，地名普查工作时不我待。单从唐山来看，北依燕山、南临渤海，另有芦台、汉沽两块“飞地”位于天津市境内，地名信息量大，涉及区域广，普查任务十分艰巨。面对国家赋予的职责与使命，他没有畏难退却，而是时刻保持“朝受命、夕饮冰，昼无为、夜难寐”的斗志，以坚决服从组织安排的姿态，勇敢地挑起了地名普查工作的重担。

精心组织，周密谋划

工欲善其事，必先利其器。面对地名普查，他初出茅庐，没有实践经验，工作之初进展得并不乐观。每当遇到解决不了的问题，他一方面积极请示上级领导，另一方面虚心请教老同志，细心、耐心、勤奋的学习态度使他掌握了入门之道。即：当你没有工作思路的时候，应该回过头来仔细研究政策文件。就这样，他白天紧锣密鼓学习文件，夜晚挑灯钻研业务手册，来来回回半个月，普查范围、目标任务、职责分工、时间安排、方法步骤已熟记于心。为将所学理论与具体实践相结合，他们率先成立了组织机构，征求了成员单位工作意见，建立了联络员制度，起草制定了普查工作责任制度，主动与相关单位签订责任状，压实了工作责任。在认真领会把握上级要求的基础上，出台了全市实施方案，明确了质量管理体系和保密工作规定，对地名调查目录编写、登记表填写、属性信息整理、数据库使用、多媒体信息采集等重点环节拿出了具体措施。他不仅同县级地名普查员一起，走访街道、调查考证，对地名来历、含义、历史沿革、地理实体描述等核心属性进行文化挖掘，而且还多次召开会议总结对先进经验以点带面进行推广，同时及时发现和解决产生的问题。普查工作开展以来，他先后组织会议10余次，起草各种文件30余份，解决大小问题40余件。他与其他地名普查办同志们一道，加强组织协调力度，周密安排各项工作，保证了普查工作配套联动与高效运转。

立身工匠，一丝不苟

为推动普查成果应用、服务经济社会发展，进一步满足社会对地名信息的需求，他依托第二次全国地名普查资料，开启了《中华人民共和国标准地名词典》（唐山部分）编纂之路。编纂地名词典是一项专业性很强的系统工程，细致烦琐，不能一蹴而就，需要志趣、耐心与毅力。他深知要想将词典编纂好，就要在收词、释义两个重要环节下功夫。要根据词典的定位、规模及具体要求确定收哪些词、不收哪些词，收词要注意系统性和平衡性。为了做好工作，他扎进市图书馆、地名档案馆，利用业余时间翻读了《大中华直隶省地理志》《河北省县名原考》《河北政区聚落地名由来大典》《唐山市志》《唐山年鉴》《唐山市政区概览》和《唐山市地名志》，广泛收集了旧书籍、老报纸等珍贵历史资料，经过整理收取了具有历史传承意义的老地名和重要指向意义的新地名共567条。撰写释文时，他为了弄清楚、写准确政区及居民历史沿革，查阅并考证了《中华人民共和国地名大词典》《河北省地名词典》《河北省行政区划新考》等。此次撰写标准地名词典释文与此前编纂地名大词典的重要区别之一是要写清市辖区、县级市、街道等城区部分城市建设历史，他还为此专门拜访市方志办老专家，亲自去住建、规划、城市管理、交通部门寻找史志资料，有时还去主城区街道办民政所调研情况，所写释文都要经过反复揣摩、比对、验证，有时编写一个词条要花上好几天工夫。

"有志者事竟成，破釜沉舟，百二秦关终属楚；苦心人天不负，砥砺奋进，普查成果创辉煌。"通过普查，全市共查清31940条地名信息，调查2261条地名标志，审定47条跨省界自然地理实体名称，采集42998条多媒体文件，形成104幅1∶5万成果图，所有县（市、区）均建立了区划地名数据库。正在编纂的《中华人民共和国标准地名词典》（唐山部分）资料新颖、内容权威、突出地名基本要素，已形成14万字稿件，亦将永久载入史册。

他青春激扬，他敢于担当，他甘于奉献，他立身工匠。作为新时期地名工作者，经过第二次全国地名普查的历练后，他还会一如既往地走下去……

以青春谱写普查赞歌

——记山西省民政厅穆大鹏

穆大鹏，男，汉族，1983 年出生，山西省民政厅区划地名处主任科员，协助领导负责地名管理工作。第二次全国地名普查开始后，他就成为省地名普查办的一员。在历时 4 年的地名普查工作中，他政治坚定、认真负责、乐于奉献、廉洁自守，以火热的青春，谱写出第二次全国地名普查最美丽的赞歌。

一、面对困难：坚决完成上级交办的工作任务

2014 年，他从统战系统进入民政系统，协助领导负责地名管理工作。按照厅领导安排，专职从事地名普查工作，几年来，风里雨里，全程参与了普查的每个瞬间。

（一）普查之初，迎难而上，采取非常规手段扭转不利局面

当时，普查工作在山西开展可谓困难重重，刚经历了塌方式腐败，部分市县人心浮动，精力不在工作上；经济正处在断崖式下滑阶段，超过百分之八十以上的县级财政压住了“保工资”的红线，普查经费筹措可谓困难重重。面对国务院、省政府交办的工作任务，怎么办？咬着牙也要坚决贯彻执行！通过努力工作，在 2014 年作为全国第一家向民政部上报了省级普查实施方案，当年 5 月召开了全省第二次全国地名普查暨加强地名管理工作电视电话会议，完成了动员部署工作。当年 10 月完成了市、县两级普查机构的设立工作。随着普查工作的深入开展，各种问题和困难逐步凸显出来，使全省工作进度十分缓慢，逐渐走在了全国兄弟省份的后面。如果再不采取有效措施，山西省将很难按时完成上级交办的工作任务，拖全国地名普查工作的后腿。他一次次向领导汇报情况，建言献策，领导采纳了大部分建议，采取了 3 项非常规措施：一是转变工作思路和方式方法，由各级民政单打独斗，还原为

各级政府承担主体责任，民政牵头，各级部门协同配合；二是责任细化落实，政府与民政部门逐级签订普查责任状；三是加强工作力量，建议领导抽调人员，并通过社会购买服务，强化省级技术支持指导力量。这些建议得到厅领导的充分重视，被逐一采纳。在工作的紧要关头，工作得到省主要领导及分管领导大力支持，省分管领导和民政厅薛维栋厅长带头，省、市、县三级政府分管领导及民政局长、分管副局长逐级签订普查责任状，不能按时保质完成任务的，将从通报起，直到引咎辞职。他跟随着民政厅分管领导，走遍了 11 个地级市的 30 多个县区进行督导督查；向领导建议，以省普查办名义对全省工作进度较慢的 1 市 55 个县级政区人民政府下发督办函，将 32 个县列为重点督办县，23 个县纳入预警范围，由厅领导带队进行督导督办；通报批评了 3 个县级政区，并抄送省政府；部分地区因工作不能按时完成受到纪检部门问责。

（二）多措并举，弯道超车，按时保质完成上级交办各项普查任务

山西省地名普查工作全面进入快车道。一是及时研究制定指导性文件。坚持工作“既要自上而下，也要自下而上”原则，出台文件必须接地气、能执行、见实效，在充分征求意见、深入调查研究的基础上，几年来共制订了地名普查实施方案、工作规程实施细则、成果转化规划、档案建设细则等 32 个规范性文件，内容涉及普查验收、跨界自然地理实体普查、词典编纂、档案建设等专项工作文件 46 项，有效指导推进普查工作循序开展。他参加了每一项制度的制定和文件的起草，每天 7 点半以前下班，都要自己小小庆祝一下。二是推广典型经验。他们及时将普查工作中出现的先进事迹、先进经验进行宣传推广，通过下发文件、批转成熟经验、成果现场展示等方式，全省共设立《中华人民共和国标准地名词典》山西省分卷编纂示范市 1 个，地名普查标准档案建设示范县 2 个，地名普查及成果转化示范县 12 个，先后对“运城市普查技术流程及规范”“和顺地名普查成果模板”“阳泉市建库及接边工作”“大同市地名标志设置”“晋城市高平县、阳泉市城区档案建设”等进行全省推广，在普查的不同阶段起到一定的效果。他多次向领导建言献策，将山西省的一些优秀的人和工作推向全国，山西省是一定可以出先进典型和先进经验的。三是精心组织培训。几年来全省举办地名普查专题培训班（共 3 期）、数据建库与管理软件操作培训班、成果验收培训班、普查数据汇交培训

班（共2期）等全省性培训12期，全省视频专题培训2次，下发各类学习视频10次46个文件，指定视频自学文件6个，从技术规范、工作流程、涉密安全等方面进行了全面规范。指导各市开展培训28次、各县级培训228次，共培训普查人员3.86万人次。省普查办对各市和重点县级培训每次都要专门指导，提供技术支持。每次培训，他既是组织者，又是服务员，既要协调会务，又要负责授课，几年来，业务能力水平得到了很好的提升。四是创新工作手段。下发《关于下发第二次全国地名普查成果数据入库预检查软件的通知》等相关文件，通过设立全省技术服务热线、成立普查工作及软件技术服务QQ群、成立普查办公微信群及技术支持微信群，开通普查网站、编印各类成果模板、下发普查专用软件及配套数据等方式，全方位提供技术支持。五是加强普查宣传。在普查过程中，各地充分依托现有宣传平台，充分利用报刊、广播、电视、车载广告等多种媒介，通过海报、标语、宣传栏、宣传片等多种方式，部分地区还开通了微信公众号，及时将普查成果进行转化发布，向全社会宣传普查的重大意义及重要作用。在民政部组织的“地名情　中国梦”全国地名普查微视频（微电影）征集活动中，山西省共获一等奖2名，二等奖1名，优秀奖2名，全国10个优秀组织奖中山西省就占了2名；在民政部地名文化理论征文活动中，山西省报送论文获得二等奖1名，省普查办获优秀组织奖；在民政部组织的“寻找最美地名故事”活动中，山西省获二等奖1名，优秀奖2名，省普查办获最佳组织奖。为宣传山西地名文化，省普查办拍摄了《足迹——山西地名文化寻踪》，选取“晋祠”“曲沃”“平遥”“左权”等地名，对古晋文化、晋商文化、红色文化进行深入宣传。每次活动，他都积极组织各市、县参加，在影片拍摄过程中，他自学了剧本编辑，对待每一项工作，都认认真真，不遗余力。在大家的共同努力下，2016年年底山西省超额完成上级要求80%的普查总体任务，达88.4%。2017年围绕剩余任务，倒排工期，加大力度，攻坚扫尾，按照3月31日时间节点上交了全省普查成果。山西省各项工作展现出蓬勃发展的良好势头，普查主体任务受到民政部宫蒲光副部长点名表扬，多项工作得到国务院普查办肯定。在民政部安排的普查成果质量验收中，全省共安排了三大两小五轮省级验收，“以验为督、以验促改”，按照国务院普查办成果质量验收情况反馈，第二、三轮反馈问题较第一轮分别减少为65.6%和96.8%。在数据入库验收方面，省民政厅联合省测绘局等成员单位，进行了三轮数据验收，派出省级技术指导人员40

余人次赴各市、县支持指导数据整改工作。在国务院普查办第一轮成果数据入库验收中，山西省普查成果质量受到国务院普查办通报表扬，普查成果于2018年11月在全国第一梯队全面通过国务院普查办验收。在大家的共同努力下，此次地名普查，全省共普查词条356968条，包含陆地水系类2531条，陆地地形类16161条，行政区域类1668条，非行政区域类1449条，群众自治组织类30481条，居民点类82959条，交通运输类46276条，水利电力通信设施类27471条，纪念地旅游景点类33179条，建筑物类13062条，单位类101731条。这其中，就凝结了全省千千万万地名普查工作者的共同努力。

（三）注重安全，稳妥收尾，扎实做好普查建档及成果转化工作

在他的多次建议下，将普查涉密检查、资金检查与档案建设检查纳入省级验收附加范畴，召开专门会议讨论档案建设相关事宜，全面做好普查收尾相关工作。省普查办早在2015年就对普查建档工作进行系统培训，要求边普查，边建档，以完善的档案管理，全面记录、印证普查整个过程。2016年，下发《地名普查档案整理工作的通知》。2017年，下发《关于印发〈山西省第二次全国地名普查档案检查验收标准〉》，2018年、2019年又下发了关于推进档案建设的相关通知，进一步规范普查档案管理，为全面开展成果转化工作提供有力依据。2018年山西省正式确定阳泉市城区、晋城市高平县为全省第二次全国地名普查档案建设省级示范县。为了做好档案示范工作，省普查办筛选了部分县级政区的普查档案，邀请民政部档案管理部门领导查验指导，多次沟通，厘清普查建档思路；与省、市、县三级档案部门进行合作，明确普查建档技术规范；组织地级市科长联合查验，研究档案建设工作方式方法；经过认真查验，一致认为阳泉市城区、晋城市高平县的地名普查档案内容完整、形式标准、细节完善，目前已设定为普查省级示范县，并制作成30套标准地名普查档案模板，进行全省推广。

成果转化是第二次全国地名普查第三阶段的重点工作，是推动普查成果应用、服务经济社会发展的重要途径，是体现普查最终成效的关键环节。山西省普查成果转化坚持与普查工作同规划、同部署、同推进原则，前置谋篇布局，稳扎稳打推进。山西省以地名普查领导小组名义下发《关于印发《山西省第二次全国地名普查成果转化规划》的通知》，对全省截至2020年前的成果转化工作进行规划部署。按照成果转化规划，积极推动各项重点工作：

一是抓好地名地址库建设试点工作。长治市在省普查办指导下，认真谋划，广泛调研，在已有《长治市地名管理办法》基础上，相继出台《长治市门楼户牌管理办法》和《长治市新建住宅区和大型建筑物命名审核办理流程》，理顺管理体制。积极与数字城市、智慧城市、警用地理信息管理系统的业务主管单位进行业务对接。召开建设方案专家论证会，制订了《长治市地名地址库建设工作方案》，争取了长治市财政配套资金。在中央补助资金分配中，省普查办也对长治市给予充足的资金倾斜。目前长治市地名地址库试点一期项目已全面完成，投入社会服务群众生活。二是继续做好图录典志编纂工作。山西省成立了《中华人民共和国标准地名词典》山西省分卷编纂组及编辑部，薛维栋厅长亲自担任编纂组组长，确定晋中市作为词典编纂省级试点地区。目前省级图、录、典、志编纂（含国家任务）完成招标，已经全面启动。截至目前，全省共规划成果转化项目 326 个（2018—2020 年度），涉及资金 11904.44 万元，目前已完成项目 22 个，正在开展的项目 184 个，占到总体项目比例 56%。

二、面对工作：工作标准体现思想觉悟水平

尽管工作繁重，任务艰巨，但他一直要求自己，高标准按时完成各项工作，这是一种固执的坚持，也是一种坚定的信仰。时间不够，加班来凑，“五加二，白加黑”已经成为一种工作常态，白天纷繁复杂的各项事务，让他养成了在深夜加班的习惯，现在，已是夜深人静，坐在电脑桌前，正是可以好好思考工作、思考人生的时候。

在山西省民政系统有一个很良好的风气，就是重视学习，从省厅层面，由薛维栋厅长带头抓 75 后年轻干部学习。理论联系实际，知识指导业务，对个人的成长、对工作的判断以及解决问题的能力起到了关键的作用。他参加了国家举办的全部普查会议及培训，认真负责传达传播上级要求和技术规范；他认真学习国务院普查办政策文件，积极学习其他省份先进经验，主动向基层一线工作者学习普查经验；在此基础上，协助领导举办了 12 期全省范围普查培训，组织了若干期网络授课，从一个旁听者到走上讲台授课，正是山西省广大普查工作者学习与成长的历程体现。

三、面对抉择：公而忘私，实则是愧疚良多

“无情未必真君子，怜尔如何不丈夫”。因为工作，他感觉最对不起的，

就是他的妻子。他们相识于地名普查开展之初，他们的爱情也见证了普查工作的风风雨雨。多少次预定约会，变成了办公室加班的陪伴，多少次假期远游，变成了一再推后的梦幻、泡影。自地名普查开始，他从没有休过一天年假，在普查最紧要时刻，他们的婚假也只有短短的 7 天。她的辛苦付出和宽容理解，是对他工作最大的支持与帮助。永远记得 2017 年 3 月 28 日，凌晨 2 点怀胎十月的妻子开始阵痛，送到医院后，在产房外他焦急地等待到凌晨 7 点。妻子疼痛难忍，情绪很不稳定，烦躁地出来走动，他在纠结、犹豫中搀扶着妻子，小声说："今天有个很重要的招标，我不去就……"他已经无法再说下去。妻子了解他的为人，努力挤出一片微笑："你去吧，我能行。"如拨开阴云照射到和煦的阳光，他用了很大的力气才让眼泪没有流下来。在他和妻子两家陪产的 10 多个亲戚不理解的眼光中，他低下头默默地走下楼去，没有勇气回头多看一眼。当天，山西省在全国第一家以公开招标方式完成省本级任务购买社会服务，对山西省普查工作具有里程碑式的重要意义。在招标室，他的手指急促地敲击着桌子，因为他知道，妻子属于较为稀有血型，而且患有贫血，如果生产时发生大出血，那他连最后一面都见不到。下午 1 点 40 分，招标胜利完成的他取回手机，10 多个未接来电几乎揪碎了他的心，但一条短信让他仰天长啸，几乎放声痛哭："楠楠已经生了，男孩，母子平安。"

后话：他在医院 3 楼见到妻子和儿子，随后把这个好消息告诉了躺在同一所医院 11 楼的处长杨锦胜（因工作意外重伤），这一老一幼的缘分，也见证了普查工作者的辛苦付出和无私奉献。

四、面对干扰：把底线提高到廉政标准之上

在他的办公室，坚持着一条"三不"原则，第一是不接受吃请请吃，第二是不接受各种馈赠，第三是办公室外，不做私下接触。"白羽之鹤，自珍羽毛"，作为一名年轻干部，他深受家庭影响，知道行得正、站得直，才能立得住，走得远。"千里之堤，溃于蚁穴"，必须把底线牢固树立在党和人民的要求和期望之上，树立在感情和良知自我鞭策之上，树立在对工作和家庭的责任和义务之上。他从细节上严格要求自己，自觉抵制各种干扰。犹自记得在 2015 年中秋节，收到两份快递月饼，无语之余，他自贴快递费原路寄回，各种干扰自此断绝。几年来，他以干净做人、规矩做事、公平处事，得到了各级普查机构及外业单位的一致认可。

山西省的普查成绩的取得，是在民政部、省政府的正确领导下，厅领导高度重视、亲力亲为的结果。非常荣幸，他作为全省普查工作者中平凡的一员，全程参与了第二次全国地名普查工作，付出了很多的心血，也获得了良好的回报。此次获得国务院地名普查领导小组先进个人表彰，并获邀参加了国务院普查办召开的总结表彰大会，就是对个人最大的支持和肯定。下一步，他将以更积极的工作态度、更饱满的工作热情，主动投身到民政工作的发展大局中去，为中华民族的伟大复兴贡献自己的全部力量。

情倾上党　踏遍长治
做标准地名地址改革创新事业的追梦人

——记山西省长治市民政局姜方

第二次全国地名普查是一项公益性、基础性的国情调查。近几年来，长治市的第二次全国地名普查工作在山西省民政厅和市民政局党组的正确领导下，紧紧围绕开展地名普查和地名地址建库国家示范建设工作，服务当地城乡社会经济建设，利于社会交流交往、方便人民群众生产生活，提高政府管理水平和公共服务能力，得到了政府和社会各界的高度评价。而这些工作的顺利推行和取得的成绩，离不开长治市地名工作战线的一名老队员，从事地名工作20多年的市地名普查办办公室主任姜方同志。

一、分析形势任务，树立工作信心，自逼加压，规范运作，全力做好第二次全国地名普查工作

第二次全国地名普查工作主要内容为对地名11大类、121个子项进行全面普查，涉及面广、内容多、专业技术要求高、任务量大。在山西省前期启动工作较晚的情况下，为了能够按期保质完成，长治市地名普查办负责人姜方同志以主人翁的精神，义不容辞、下定决心、排除万难和有关县市区、有关部门同心同德，协同作战，加强沟通，责无旁贷地认真工作，带领全市各级普查办工作人员采取“一准二核三注重”的工作方法。一准，就是准确把握地名含义、来历与沿革；二核，就是实地调查与文献资料对照进行核实；三注重，就是在资料汇总基础上，注重与当地重要历史事件以及文化脉络相关的地名资料的收集，注重因城乡拆迁出现的历史地名资料的收集，注重新城乡建设中不断产生的新增地名的普查。在普查中，他认真细致地拟订各项方案，增加了方案的可行性和可操作性，并且创造性地开展工作，做到了“三个结合”：一是组织实施与技术规程相结合。由市普查办统一组织协调，各县市区民政局层层布置落实，并进行全员培训，提高了地名普查的社会公

信力，便于采集地名的真实信息资料。涉及地图标绘、经纬度测量、矢量地图修改整饰等专业技术上的工作，由业务外包服务单位派员共同完成，确保地名普查数据的质量。二是以块为主，条块相结合。以乡镇、街道、村为基本普查单位，具体负责采集本行政区域的地名信息资料。13 个县、市、区的地名普查工作领导小组建立联络员制度，负责相关地名信息资料的提供和各地上报的有关行业地名普查登记资料的审核确认工作。经常交流进展情况，讨论分析问题，提出解决方案，推进工作落实。二者相结合，减少了地名普查的遗漏，保证了地名普查的数量。三是传统方法与应用现代信息技术相结合。考虑到地名普查员新同志居多，采用政府主导、部门配合，容易得到理解和支持。设计印刷了《长治市第二次全国地名普查工作操作手册》《长治市地名普查目录》和《长治市地名登记表》，发放给各县市区每一位普查员，并分级分批对普查业务人员进行专业培训。制作各类地名的登记表样表，为普查人员实际操作提供借鉴。及时通报进展情况，召开阶段工作汇报交流会议，交流各地普查工作经验和做法。这些传统的普查方式方法，为普查人员在短时间内熟练掌握普查技能创造条件，大大提高普查效率。同时，在数据采集和成果应用上尽可能应用现代信息技术，用专业 GPS 定位仪测量经纬度，建立完善地名数据库，开发地名地址信息管理系统，利用 QQ 群、微信群与省、市、县区保持经常联系，便于信息交流和疑难解答，保证了普查的进度和质量。

同时，采用“三检四审”的检查方法：“三检”，就是自我检查、相互检查、内部抽检。“四审”，一是成员单位审核；二是对照审核，利用“一普”时形成的档案资料、20 世纪 90 年代地名补查和资料更新档案，以及《长治市地名志》《长治市政区词典》和各县区的地名录等有关地名书籍，对照采集的地名信息进行审核；三是乡镇审核；四是专家审核。多次审核保证了成果资料的质量。

长治市第二次全国地名普查总共普查地名 41878 条，其中陆地水系类 297 条，陆地地形类 2904 条，行政区域类 200 条，非行政区域类 176 条，群众自治组织类 3594 条，居民点类 12717 条，交通运输设施类 3566 条，水利、电力、通信设施类 3146 条，纪念地、旅游景点类 4551 条，建筑物类 1495 条，具有地名意义的单位类 9232 条。各县区统计为，壶关县总普查地名词条数 4068 条，长治市城区普查地名词条数 2004 条，长治市郊区普查地名词条数

2185条，平顺县普查地名词条数4088条，潞城市普查地名词条数3329条，长治县普查地名词条数3071条，武乡县普查地名词条数2922条，黎城县普查地名词条数3063条，沁源县普查地名词条数3750条，屯留县普查地名词条数3634条，襄垣县普查地名词条数3252条，长子县普查地名词条数3122条，沁县普查地名词条数3390条。跨界自然地理实体共245条。全市采集地名标志2270条。制作成果图129幅。与电视台合作拍摄《最美上党　寻梦地名》短视频，共播出16期节目。在“长治市地名普查”微信公众号上，推送全市地名普查成果展1118条。长治市的第二次全国地名普查工作和地名地址建库建设工作，在姜方同志的积极努力工作下，认真按照第二次全国地名普查操作规程要求，精心组织，精心安排，经过几年艰苦努力工作，高质量、严标准、快速度地完成了长治市和13个县市的国家任务，受到了各级民政部门和社会各界广泛好评。

二、情倾上党，专注地名文化，踏遍长治，创新标准地名地址管理新模式

一是情倾上党，深挖长治市地名文化。地名最基本的功能是它的规范命名和导向指引的功能。任何人、任何单位、任何社会组织在工作生活当中都要使用地名，地名就像阳光和空气一样，人人离不了它。地名是历史的活化石，是地域文化的代表。许多老地名有着丰富的历史文化内涵。上党地区是中华文明的起源地之一，是革命老区，也是太行生态山水文化的集中代表。千年古县、千年古都、千年古镇、千年古村和红色地名、生态地名遍布长治市的13个县市区。长子县、襄垣县、黎城县被认定为地名文化遗产“千年古县”。长治市是山西省获批千年古县最多的地级市，还是国家级地名公共服务工作示范市、国家级地名地址库创建试点示范市。但地名管理工作是专业性比较强的工作，搞好地名管理，不能离开语言学、地理学、地域文化和历史学知识的积累。尤其是对当地地域文化的了解和当地历史沿革的传承，必须细致深入。在第二次全国地名普查工作当中，长治市尤其重视对地名文化的挖掘和保护工作，在姜方同志和各级地名普查工作人员的共同努力之下，不仅全部完成了长治市第二次全国地名普查的外业调查、内业整理、数据入库工作，顺利通过了国家和省“二普”办验收，并且拍摄了《最美上党　寻梦地名》文化短视频，在市电视台共播出16期节目，还在“长治市

地名普查”“长治市民政”微信公众号推送全市重点地名文化普查成果展1118条。

二是踏遍长治，创新标准地名地址管理新模式。长治市是民政部确定的全国地名地址库试点示范创建的39个试点城市之一，也成为全省唯一试点建设市。近两年来，在姜方同志和项目组工作人员的共同努力下，理顺了长治市标准地名地址管理体制，创新了管理方式，走遍长治市辖区的街道、乡镇，城市居民住宅小区和农村居民点，收集并标准化处理地名地址信息20多万条，建成长治市区标准地名地址公共服务系统，面向社会公众逐步分级提供标准地名信息和地址信息查询、地名地址定位、地名信息展示，更好地发挥了标准地名地址服务政府、服务社会、服务民生的公众服务能力。

姜方（右4）在外业调查

三、爱留潞州上党，规范政区名称，提升城市地名文化底蕴

长治市的城区、郊区无专名，长治县与长治市“市县同名”的问题存在已久，不符合国务院规范政区名称的要求。“城区”“郊区”名称为通名名称，无专名名称，历史底蕴和文化内涵较弱，难以反映出长治地区的地域和文化特征，指位性不强。同时，长治市城区和郊区两个区政府驻地都位于城区，相距不到1千米，加剧了地区行政管理混乱局面，削弱了郊区行政中心对于区域社会经济发展的辐射功能。姜方同志借助长治市市委、市政府2017年启动的行政区划调整工作机遇，主动作为，提炼长治市第二次全国地名普查资

料成果、深挖长治市的悠久历史沿革和古代政区地名文化，积极向市委市政府提交了《长治市行政区划调整政区地名更名工作方案》。政区地名更名方案社会各界普遍认可满意，既解决了长治市和长治县市县同名、城区郊区无专名的问题，又解决了城区、郊区同城共驻的问题，进一步提升了城市行政管理效能，增进了行政中心的辐射带动能力，得到了省、市、区各级领导的高度评价。

一是城郊区合并命名为“潞州区”。潞州的“潞”，《说文解字》中解释，“大水也”，就是指长治地区的母亲河浊漳河。“潞州”是长治市古代行政区划名称，始置于北周建德七年（578 年），到嘉靖八年（1529 年）二月，潞州升为潞安府为终。历经隋、唐、宋、元、明，历史悠久。潞州时期物产丰饶，有享负盛名、“一熟天下贱”的潞麻；光泽如漆、丰肌腻理的潞墨；还有精巧亮丽的皇室贡品潞绸；以及绵软醇厚“香飘万里醉半山”的潞酒；通达天下的潞铁，畅销华北的潞瓷。其中潞绸手工织造技艺在 2014 年入选国家级非物质文化遗产。因此，将城郊区合并更名为“潞州区”，既符合历史发展的实际，具有延续性，又能够保留和传承传统文化和传统技艺，增强当地居民的文化认同感和归属感，同时提升了城市的文化品位，体现区域特点。

二是长治县改设为“上党区”：“上党县”是长治县的古代行政区划名称，上党县原属于壶关县，隋开皇十六年（596 年）在壶关县地分置上党县，属潞州。明洪武二年（1369 年），上党县废入潞州。历经隋、唐、五代、宋、金、元、明，历史悠久。长治市古称上党，历朝历代，一直为郡为州为府，是中国最早郡治之地。“上党郡”，《释名》（汉・刘熙）曰：“党，所也。在山上其所最高，故曰上党也。”上党郡地高势险，自古为战略要地，《国策地名考》（清・狄子奇）曰“地极高，与天为党，故曰上党”，其意即指上党地区地高势险。上党地区主要指今天的山西东南部的大部分地区，即古代的潞、泽、辽、沁四州。说的就是现在山西东南部的长治盆地、晋城盆地这两块最大的盆地。包括今天的晋中市榆社、左权，临汾市的安泽等县，长治市，晋城市一带。在这里曾经发生过著名的上党战役，它是抗日战争结束之后国共两党发生的首次军事冲突。上党战役打响了中国国内解放战争的第一枪，长治是党解放的第一座城市。隋代上党郡衙署大门上党门留存至今，是长治市的象征和标志性建筑。此外，传统戏曲“上党梆子”和“上党落子”是中国主要的地方戏曲精华，至今仍深受当地人民群众喜爱。发源于上党地区的

“党参”，更是被列入国家基础中药材。“上党堆锦”也是上党人民引以为傲的一项民间手工艺品种，是长治市特有的传统手工艺品，被称为立体国画，2008年被列入第二批国家级非物质文化遗产。因此，“上党”这一名称对于老百姓并不陌生，将长治县更名为“上党区”，既符合历史发展的实际，具有延续性，又体现了区域特点，具有独特的地名文化意蕴。

长治市的地名地址管理和服务工作能够取得一些成绩，离不开姜方同志多年来踏踏实实钻研业务，努力认真提高业务素质，敢于担当负重前行的工作精神。敢于担当，就是要敢于担“责”不推。担当是一种责任，更是一种境界。要把实现工作目标作为施展才华、实现抱负的过程，对有利于长治市民政事业和经济社会发展、有利于人民生活水平提高的事情，要积极进取、争先创优。就是要敢于担“难”不怯。山西省前期的地名普查工作，起步晚、进度慢，被民政部约谈。长治市的工作也属于倒数，想打翻身仗难不难？克难就不难。在姜方同志的带领下，长治市县两级“二普”工作者困难面前不推脱，关键时刻站得出来；“5+2、白加黑”、加班加点，细化地名普查进度计划，明确时间表和路线图，合理调配人员，内外业同步进行，利用一切可用资料加大外业调查、数据采集工作力度，采取非常规措施，不断加快地名普查工作进度，确保按时完成了国务院和省里要求的普查任务。就是要勇于对标一流，敢于争先创优。姜方同志从事区划地名边界管理工作20多年，走遍了全市4区8县，132个乡镇，14个街道办事处和全市3358个行政村的约三分之二。作为生于斯、长于斯的地道长治人，热爱家乡，了解家乡，奉献家乡，是他的初心，所以踏踏实实钻研业务，努力认真提高业务素质，勇于对标一流，也是他的工作职责根本，他所负责的地名地址管理、地名文化挖掘、地名标志设置、界线管理、行政区划调整等工作近年来多次被评为国家级和省级工作先进。

平凡岗位彰显党员本色

——记内蒙古自治区呼和浩特市玉泉区地名普查办公室白洁

白洁是内蒙古自治区呼和浩特市玉泉区民政局一名普通基层干部。2015年开展第二次全国地名普查以来，她始终牢记一名民政人的责任和义务，以饱满的工作热情和忘我的工作态度，爱岗敬业、求真务实、无私奉献，为圆满完成普查任务作出了应有的贡献。

勤于学习　练好内功

2015 年年初，第二次全国地名普查工作在玉泉区启动实施。地名普查是一项头绪多、数据信息量大、涉及范围广的工作，需要收集大量的历史资料和背景材料，而且不能闭门造车，尤其是玉泉区作为呼市老城区，历史悠久、文化底蕴深厚，信息采集工作量庞大。扎实的基础性工作，是此次地名普查工作的重中之重。白洁作为玉泉区地名普查办的一名普通工作人员，把地名普查工作当作头等大事，迅速进入角色，心无旁骛、埋头苦干，全身心投入到漫长而艰辛的工作之中。地名普查工作专业性极强，作为最基层的民政工作者，她深知自己的知识差距和努力目标，始终把自己摆在一个学生的位置勤学苦练。面对此次普查工作的新任务、新要求，她积极参加自治区民政厅、市民政局举办的每一次业务培训，勤于思考钻研业务问题，并作为全区业务代表有幸参加了民政部组织的全国业务培训。同时，她以强烈的事业心和工作责任感，自我加压，加强自学，虚心向同事请教，取长补短，完善自我，进一步丰富积累普查业务知识，做到学有所获、学有所思、学有所用，不断提高驾驭工作的能力和综合素质，使自己成为单位的主要业务骨干之一。

无私奉献，保持本色

甘于奉献是共产党人的本色，更是民政人必有的精神。民政工作整天与基层一线打交道，别人都认为这项工作烦琐、枯燥、平乏、清苦。但白洁始终以一名共产党员的标准严格要求自己，于平凡中彰显党员本色。为保证普查工作按时保质保量完成，她担负起普查办多批借调人员以及全区各镇、街道办事处和村（居）委会等基层一线普查员的业务培训与指导重任，先后10余次深入基层一线开展手把手的业务辅导，有效提高了基层地名普查员的业务水平，为全区普查工作的顺利开展奠定了坚实基础。针对普查操作手册宏观、不易实际操作以及地名普查登记表中反映出的普查不细致、信息不完整、表述不规范等问题，她积极寻找解决办法，在时间紧、任务重的巨大压力下，深入思考，潜心钻研，在短时间内区分不同普查成员单位，分别制作出一套集填写规范、标准要求、普查样表、实例参考等于一体的普查指导手册，实现了各普查单位“所拿即所用”，各类地名属性信息的采集、填写要求一目了然，极大增强了操作手册的可读性、提高了普查人员的工作质效。这一做法得到自治区普查办的高度认可，并因此追加玉泉区为全区第一批普查单位，同时将该项经验在全区范围内进行推广。在外业公司开展实地普查工作中，白洁主动谋划思考，针对外业公司不熟悉辖区实际的情况，提前规划制定行动路线、工作流程和作业方式，并多次主动与公司业务人员共同深入实地开展工作、把控质量，为外业公司节省了时间，提高了效率。在内业整理工作中，她又与公司工作人员一道，共同修改完善国家地名数据库，确保普查成果真实准确完整。在历时两年多的普查工作中，她始终以对工作对事业高度负责的态度，主动放弃节假日休息时间，经常加班加点，任劳任怨，始终保持共产党员的“本色”，以身作则、率先垂范，得到了各级领导和同志们的一致认可和高度评价。

实事求是，不辱使命

质量是第二次全国地名普查工作的生命。保证普查数据质量准确可靠，是普查工作人员的神圣使命。为了确保玉泉区第二次全国地名普查成果质量，白洁与普查团队同事们一道，通过制定普查办各项工作制度，对人员分工、岗位职责、质量标准、工作流程进行统筹规划、合理安排，确保责任落实到岗到人，保证质量有人监督。工作中她总是冲在第一线，一丝不苟地做好数据审核工作，两年来共对全区各成员单位填报的近3000条地名普查信息全部进行了审核，对调查不深入、名称使用不规范、填写内容不翔实、历史考证不准确的报表反复核对，提出修改意见，直至符合规范要求；对近400余条

白洁在整理普查资料

重要地名，逐条逐项进行了再审核、再修改，有时为核对准确一个信息、一段历史，多次深入基层及有关部门，寻找专家进行核实、确认，最终形成了玉泉区普查成果。2017 年 7 月，国务院地名普查办公室专家组赴玉泉区进行预验收，对玉泉区地名普查工作给予了高度评价。第二次全国地名普查工作是一项公益性、基础性的国情调查，对提高政府管理水平和公共服务能力具有重要意义。白洁无论是在工作的组织协调方面，还是在具体工作开展中，始终坚持“求真务实，不辱使命”的信条，始终把质量作为重中之重，丝毫不放松要求、不降低标准，以实际行动为普查工作交上了一份满意答卷。

白洁同志只是全市、全区乃至全国地名普查工作队伍中的普通一员，她所做的工作也许平凡到能让人淡忘，但她就是这样默默无闻地工作着，在平凡的岗位上体现着自己的人生价值，虽然没有惊人的成就，但她那种恪尽职守、无私奉献的精神正是地名普查工作中最宝贵的品质。

咬定青山不放松　风吹雨打亦不动

——记内蒙古自治区乌兰察布市地名普查员李少峰

地名信息有着重要的历史意义和现实意义。2018 年 6 月 30 日，投入巨大人力财力、旷日持久的第二次全国地名普查工作即将画上句号。这项工作历时 4 年，里面凝聚着千千万万地名普查员的足迹和汗水。

李少峰有幸成为乌兰察布市第二次全国地名普查工作的普查员，持续工作 4 年。成为普查员之初，他很清楚，地名普查对自己而言是一项全新的工作，除了满腔的热情，自己一无所知。但是他常常用这样一句座右铭来自勉：橛橛梗梗，所以立功；孜孜淑淑，所以保终。意思是就像松树咬定青山，风吹雨打亦不动摇；如同大浪淘金，勤勉奋发，有志者才能事竟成。

博闻好学　提升能力

“没有金刚钻，不揽瓷器活”。李少峰深知，要使自己由外行变为内行，首要任务是加强学习。他广泛收集了《地名志》《地名图集》《县情大全》等各类相关地名资料，进行系统学习，并认真做好笔记。积极向老支书、老党员、老干部、老教师、长辈等阅历丰富的人请教学习，获取地名知识。他还多次踊跃参加地名普查培训会，进行系统的强化训练，全面掌握了普查工作规程、数据入库、资料采集、地图标绘方法等普查技能。在业务知识上做好了充分的储备。随着对地名普查工作深入了解，李少峰充分认识到地名普查工作不是某个单位或某个人的事，需要大家共同努力，相互协作。凭着过硬的知识储备，他迅速脱颖而出，很快进入地名普查组织者的角色。认真组建了精干的普查员队伍，会同相关部门、人员进行安排部署。

兢兢业业　担当负责

无论下乡工作还是在单位，李少峰都是最忙碌的人。他常说：这不只是一项工作，还是一份历史责任，我们的工作要对国家、人民和社会负责。他全身心地投入到繁杂的地名普查工作之中，几乎天天都要加班，更没有什么节假日。大家对他的一致评价是认真负责。他与大家一道全面搜集与地名相关的历史沿革、名称由来以及相关属性信息资料，包括图、录、典、志等，对资料进行整理、甄别、论证和审定。乌兰察布地处偏远贫困地区，地貌复杂，他不辞辛苦，下乡入村，与同人一起实地勘察，与普查工作人员逐一核实基础数据，确保了数据的真实性和准确性，还积极协调乌兰察布各地相关部门，查清全市地名及相关属性信息，对有地名作用的地理实体进行命名，对不规范地名进行标准化处理，设置标准规范的地名标志，完善地名数据库。

专心致志　一丝不苟

乌兰察布是农业文明和游牧文明的交会地，历史悠久，幅员辽阔，命名常常汉语夹杂蒙古语，为了弄清地名的真实含义和发音，他翻阅了大量的与地名有关的书籍，深入采访不少当地老人和一些专家学者，细心推敲每一个地名的名称和含义。在每个阶段都按照自检、互检、专家审核等检查步骤，确保地名登记表填写格式规范，内容准确。他用情投入，用心感知，挖掘出了一个个鲜活的地名文化故事。例如他在实地查证“八大顷”地名时，有人认为是蒙古语乞丐的意思，他就想，那地名“七大顷”又怎么解释？经过深入调查，才知道当时当地开荒八顷，所以命名为八大顷。“旱淖堡”又是什么意思？为了考证这一地名，他多处查证资料，最后证实是汉语加蒙古语加汉语，意为：在干涸的湖泊建立的村庄。他这样一丝不苟的精神，激励了全体工作人员认真负责的态度，确保了地名普查内容的真实性和有效性。

李少峰在外业采集信息

恪尽职守　累土成山

在以李少峰为代表的广大乌兰察布市地名普查工作人员的辛勤努力下，乌兰察布地名的基本信息，包括行政区域，非行政区域，群众自治组织，居民点，交通运输设施，水利、电力、通信设施，纪念地、旅游景点，建筑物，单位，陆地水系，陆地地形等11大类地名的名称、位置及相关属性信息，都梳理登记完毕，圆满完成了成果入库，顺利通过了国家和自治区验收，全市共收录地名信息29329条，标绘工作图287张，设置地名标志1371个，采集多媒体照片58642张、录音33315条、录像4612条，地名标准处理1153条。

李少峰以一名地名普查工作者的责任，以严谨谦虚的态度，认真扎实的工作，追求完美的情怀，圆满地完成了自己“组织者”“带头人”“指导员”“业务员”的角色，所有的辛苦全部汇聚成了胜利的微笑。

奔驰在北疆地名普查路上的“黑骏马”

——记内蒙古自治区锡林郭勒盟民政局地名普查工作者树贵

树贵，一名墩实的蒙古族小伙儿，一副小眼镜架在鼻梁上，平时汉语虽然说得不太流利，但干起工作来他却如锡林郭勒草原上的“黑骏马”，在风霜雪雨的大草原上，不畏艰辛、纵横驰骋，铸就了蒙古马独特的品格和精神。

作为内蒙古自治区锡林郭勒盟地名普查工作业务带头人，从2009年第二次全国地名普查试点到2014年第二次全国地名普查工作全面铺开，树贵全身心地扑在了地名普查工作第一线，全盟采集地名信息33649条、标准化处理地名信息4444条，编制出版了《锡林郭勒盟行政区划图》《锡林郭勒盟地图集》，设置街巷、楼院门牌地名标志16435块，增设地名标志54块，使全盟第二次全国地名普查工作取得阶段性成果，成为全盟地名普查工作的行家里手，受到了领导和同志们的一致赞誉。

树贵在整理地名普查资料

讲政策，他耳熟能详

平日里，树贵少言寡语，但说起地名普查他却头头是道。第二次全国地名普查工作涉及面广、专业性强、工作量大，所涉及的单位、部门较多，有许多具体的工作要求和技术标准。针对本次地名普查与第一次普查相比跨度时间长、技术要求高、工作难度大、参加普查人员多为新手、没有任何实际操作经验的实际，树贵围绕怎么才能用通俗易懂的语言，深入浅出地把地名普查目标任务讲清楚、政策讲透彻，使地名普查惠民政策家喻户晓，深入人心，着实下了一番功夫。首先他把有关政策、文件精神吃透，武装自己。同时将地名普查宣传资料发放到位，利用报刊、网站、微信等多媒体，广泛宣传第二次全国地名普查的目的和现实意义，取得社会各界的理解和支持。树贵清楚地认识到，对普查人员的业务培训至关重要。他将普查人员培训放在突出位置，加强对普查人员技能培训和业务指导及实地演练。普查前，组织工作人员系统学习地名普查的相关知识，熟悉地名普查工作流程和技术规范。结合各地普查工作实际，指导各地开办了各种形式的培训班，强化对普查人员业务技能的培训。树贵不但是指挥员，而且也是教员，他在参考国家、自治区相关规范的基础上，对全盟第二次全国地名普查工作准备、内容、可能遇到的问题以及质量把关等方面进行了详细说明，让普查人员在普查过程中做到心中有数，有效提高了工作效率。

干工作，他精益求精

地名普查工作是个苦活、累活、难活，工作上容不得半点马虎。树贵不仅对地名普查有着满腔热忱，而且还有着对工作认真负责、一丝不苟的态度。实践中树贵走了“三步棋”。第一步，收集地名“一普”资料、地名补查资料，并进行了全面梳理，分类提取地名信息，摸清了锡林郭勒盟地名基础数据。第二步，按照苏木乡镇、街道办事处划分为若干个调查单位进行实地调查，每个普查地区都由旗县市、技术合作公司指定专人负责开展调查。指导所有普查人员对每一条地名信息采取实地勘查、走访座谈等方式进行了仔细调查核实，并重点对更改地名、新增地名进行整理、甄别、论证和审定，确保每一条地名信息的准确性。第三步，为确保地名普查资料准确无误，一方面，对以前所形成的地名资料，进行重新整理和分类；另一方面，对全盟第二次全国地名普查采集的地名信息进行新旧地名资料比照和核对，确保了地名普查资料的准确、翔实、无重复，还对普查信息中存在的非标准地名进行了登记，清理整治不规范地名，为实现地名规范化管理奠定了坚实的基础。

普查一线上，常常可以看到树贵奔走的身影。2017 年 3 月，锡林郭勒盟草原深处依然春寒料峭、白雪茫茫，在去往正镶白旗、镶黄旗核查的途中遭遇了“风吹雪”恶劣天气，道路受阻，车辆被困，为了按时完成核查任务，树贵只好请求坐上了当地救援清障车，历时 8 多个小时，克服重重困难，终于赶到目的地。在 2017 年 11 月末的旗县地名普查数据复查中，树贵在审核查阅全盟 3 万多条地名信息中，发现有个别旗县的几组数据信息存在不准确的情况，树贵马上要求返工，重新上报。为了每一条数据的精准，树贵不知打了多少次电话，基层的普查人员感觉树贵在这件事上也太认真了。但树贵不这么认为，地名普查是一项很严肃的工作，如果有一条数据出现问题，就会影响到一个地区的整体精准性。为此，树贵在每一个工作环节上都要严格把关，认真审核，确保不出任何漏洞。

比作风，他甘于奉献

“苦留心头悄不语，爱洒岗位细无声”。树贵这匹“黑骏马”，始终奔驰在草原上，在地名普查这块土壤里，踏出了一行行坚实的足迹。在地名普查攻坚阶段，树贵早上班，晚下班，有时常常加班到深夜，一包方便面就是晚餐，核查每一组数据，核对每一条信息，确保高质量完成地名普查工作。2016 年 6 月，树贵的岳父意外摔伤骨折，急需树贵去医院陪床照顾，但到基层调研的行程已安排，考虑再三，树贵毅然舍小家顾大家，忍痛踏上了下乡路。36 岁的树贵，结婚多年，他和妻子商定不完成地名普查任务不要孩子，为此家人埋怨，老人着急，每当这时树贵只是憨憨一笑了之，一门心思把精力用在了地名普查上。作为家中的独生子，树贵将照顾老人的任务交给妻子，妻子理解支持丈夫工作，担当尽孝，使丈夫无后顾之忧，全身心投入到工作之中。

雄鹰翱翔，骏马奔驰。这是一个优秀的草原儿子！这是一名民政战线上爱岗敬业的标兵！为了查清地名基本情况，对有地无名的有地名作用的地理实体进行命名，对不规范地名进行标准化处理，设置标准规范的地名标志，建立、完善地名和区划数据库，加强地名信息化服务建设，发挥地名在促进经济社会协调发展、方便人民群众生产生活、加强国防建设和维护国家主权与领土完整等方面的基础作用。

“饱蘸浓情捧甘心，最是清明可贻人”。树贵舍不得离开他为之奋斗、倾注了全部心血的地名工作岗位！

时代重任的践行者

——记内蒙古自治区赤峰市林西县地名普查办王相田

王相田，现年54岁，负责内蒙古自治区赤峰市林西县第二次全国地名普查工作的具体组织实施。两年以来，两鬓渐增的白发见证了他对地名普查事业那份执着的投入，他用爱岗敬业的精神和风采，诠释了开拓创新、求真务实、攻坚克难、坚守奉献的精神，展示了甘于奉献的实干家形象。

攻坚克难，人生能有几回搏

赤峰市将林西县、巴林右旗和宁城县作为第一批开展普查的旗县，也意味着林西县要第一批完成地名普查任务。2016年2月，全市各个旗县区地名普查工作开展得如火如荼，各地都想将工作做得最好，纷纷拿出自己的看家本领。可当时林西地名办只有他一个人，能否完成好这么艰巨的任务，领导心里也没有底，局里的其他同事也劝他："你这么大岁数了，干点清闲的工作吧，你图啥呢？"他笑笑说："30年了，才等到一回。"在他看来，这既是机会，又是考验，虽不能千古流芳，但也无愧于自己所从事的地名工作。他更知道接下这项工作对他意味着什么，他深信凭着自己多年来积累的工作经验，一定能挑起这份重担。

他虽然是一名地名战线的老兵，但是地名普查工作对他而言仍然是一个新的挑战。那段时间，他不分白天黑夜，不顾节假日，办公室成了他临时的家，全身心地投入到普查工作中。读文件、看规范、翻资料、查档案、写方案，所有的准备工作都由他一个人来做，为了能准确地把握住地名普查的切入点，找准难点，他翻遍了"一普"的3大档案柜的所有资料。当时普查办临时配备的工作人员10多个人，但都是刚刚毕业的大中专毕业生，参加工作时间短，没有工作经验，对地名普查工作更是十分陌生，有的甚至连林西有几个乡镇、普查的对象位于东南西北都分不清。普查办、基层普查员一共60多人没有一个参加过专门的培训，面对诸多难点问题，他清醒地认识到，"工欲善其事，必先利其器”，在认真分析林西地名普查存在问题的基础上，提出了搞好地名普查，必须首先打造一支过硬的队伍的观点，并得到了局领导的支持。“没有金刚钻，怎么揽瓷器活”，为了使参加普查的每一个普查员都能熟练地投入到普查工作中，他用一个月的时间对参加普查的普查员进行了系统强化培训。他白天跑乡镇、下单位，晚上做培训课件，几乎放弃了所有的休息日，除了组织集中培训外，还针对本次普查的时间跨度长、人员不固定、流动性大等特点，开展了不同规模的大小十几场分散的甚至一对一的培训。

执着追求　咬定青山不放松

为从源头上控制普查质量，王相田针对普查全流程，制订了详细的、可操作性强的各阶段的实施方案，并与本县对历史、文化、地理等有一定研究的5名专业人士共同组成了林西县地名普查专家咨询小组。普查过程中遇到的难点和疑点，特别是地名的来历含义等内容，需经专家咨询小组讨论通过，充分体现普查的专业性、技术性、权威性。他严把普查质量关，按照数据库入库规范，对需要入库的数据逐条审核，建立了完善的数据审核制度，自己是第一责任人。他认真扎实的工作态度，在赢得掌声的同时，也有骂声，有多次整改不合格的，有应付了事的，有对加班颇有怨气的，他除了严厉批评外，更多的是耐心给予讲解。他深知为了心中那份执着和责任，如果没有魄力、勇气和担当，是没有办法完成如此艰巨的任务的。他对同事说：“地名普查是一项前无古人的功德事业，即使得罪了人，也不能愧对于心。”正是这份执着和坚持，2016年赤峰市地名普查现场会选在了林西召开，会上王相田作了典型发言并推广林西普查经验，也让他赢得了2016年民政系统“先进共产党员”的称号。

华章绘彩　不负忘年好韶华

2017年，普查进入了攻坚之年，他常说：“普查就像百米冲刺，前面90米跑得再好，冲刺不用力，第一个撞线的一定不是你。”经过2年多的工作，普查进入了汇总入库阶段，基本查清了林西2200多条地名的来历和含义。清朝“移民实边”政策形成了只有百余年历史的塞外小县，由于历史的原因，林西有很多蒙古语地名，第一次地名普查时由于资料缺乏和条件限制，对蒙古语地名的来历含义考证不清，形成了很多错误的解释。他查阅了大量文献

王相田（中）在野外测绘

资料、积累了10多万字的工作笔记，跋山涉水更是家常便饭，他患有严重的腰椎间盘突出症，为了不影响工作，他白天坚持上班，晚上背着自己的爱人去小诊所理疗按摩，他爱人知道后说他："老王，你别这样拼命了，搞坏身体值吗?"他开玩笑回答："什么值不值的，我就想把腰板整直了，把工作干完。"其中，为了"司令地"一个地名，他就先后7次实地进行走访，掌握了第一手资料，还其地名的本来面目，他撰写的2万多字的《林西若干地名略考》刊登在新版《林西县地名志》上，受到了专家学者的一致好评。

2017年年初，县政府决定组织编纂新版《林西县地名志》，由他担任主编，风雨兼程的他再一次接过这一重任，志书编纂的工作量可想而知，县委、县政府领导对新版《林西县地名志》的编纂寄予厚望，他带领编辑部全体工作人员，不辱使命，克服诸多困难，四易其稿，近60万字的《林西县地名志》如期交稿，圆满地完成了地名志的编纂任务，专家评审委员会给予他高度评价，近日即将交付印刷。在完成地名志编纂的同时，认真总结志书编纂经验，成功研制了全区第一款志书编纂软件——《地名志在线编纂信息系统》，并取得了国家版权局颁发的《计算机软件著作权登记证书》。

不行春风哪得秋雨，一分耕耘一分收获，2017年12月，在他的不懈努力下，林西县地名普查数据库建设工作顺利通过市、自治区级验收。伟人创造的是历史，而平凡人需要用平凡去书写人生，他就是一个极其平凡的人，用自己平凡的工作、甘于奉献的精神、普通的共产党员情怀，书写着自己不平凡的人生，为全面完成林西地名普查工作出了巨大的贡献。

燕东本溪能干大活的地名“小专家”

——记辽宁省本溪市民政局区划处处长刘振武

第二次全国地名普查，让本溪记住了一位地名战线上的专家——本溪市民政局区划地名处处长刘振武。

第二次全国地名普查（2014—2018）的4年间，本溪市民政局区划地名处仅有1名工勤编司机，且公车改革后没有地名普查公务用车，刘振武一人撑起本溪市第二次全国地名普查领导小组办公室的全部业务工作，拳打脚踢，统领市辖各县区把第二次全国地名普查工作做得风生水起，按照国家规定的标准和时间，完成了本溪市第二次全国地名普查工作任务。

业绩显著，临战受命

2014年年初，本溪市民政局党委按照公务员领导岗位5年轮岗的规定，对全局业务处长进行轮岗大调整。时任优抚处处长5年的刘振武，被调整为区划地名处处长。局党委如此安排，主要是考虑国家将于2014年开展第二次全国地名普查重大国情普查任务。曾经的“地名小专家”刘振武是能担此重任的最佳人选。

刘振武于2000年从军队转业，2003年至2008年作为主力从事了5年多区划地名管理工作，并取得了很好的业绩，展现出其适宜从事地名工作的特质天赋：一是作为主力参与完成了全国城市地名标志设置重大工作任务，亲自走遍本溪每个城区的每个角落，完成本溪市城区街、路、门（楼）牌信息普查采集和电子地图标绘的基础性工程，为本溪赢得“全国地名标志设置工作先进城市”作出了突出贡献；二是率先主笔在全省编纂完成《本溪市城市地名规划》；三是主导完成了本溪市更换第二代居民身份证所需居民门（楼）牌编码标准地址的编制核准，使本溪市第二代居民身份证更换任务得以顺利完成，制定的居民地址标准格式规范成为“全省编制安装城乡楼门牌标准”重要参考；四是全程参与操作推进并实现了本溪市门（楼）牌编码审批业务纳入行政审批服务大厅，为本溪市门（楼）牌审批管理规范化、法制化、标准化作出了贡献。

担当实干，夯基出新

在刘振武同志看来，曾经的全国城市地名标志设置与第二次全国地名普查都是国家下达的重大工作任务，必须全力以赴，高标准完成。全国城市地名标志设置的一线主战场在市本级，市级地名管理机构既是指挥官又是一线冲锋陷阵的战斗队，而第二次全国地名普查的一线主战场是县区，市级承担的是前敌指挥部的角色，必须把控好全局，全面打赢第二次全国地名普查“战役”。基于准确的认识，刘振武把工作的重点放在督促指导县区的实际工作上，解决难题，把控工作进度，严控质量标准。

4 年的地名普查工作，刘振武除了认真完成筹建地名普查领导小组、地名普查领导小组办公室、地名普查专家咨询委员会，制定发布全市地名普查通知、普查方案以及日常工作通报等国家地名普查规定动作之外，更注重针对普查不同阶段面临的任务特点自创打法开展业务指导，解决基层一线普查人员工作不会干的问题，对高标准完成全市地名普查任务起到了重要的推动作用。

一是在地名调查阶段，刘振武根据基层反映或抽查调查发现的问题，并依自己研学所悟所得及时编写了《地名普查调查表填写阶段业务指导教案》，并在 2016 年 1 月间完成了由县（区）延伸至乡（镇、街道）、社区（村）普查一线工作人员普查工作业务辅导讲释，现场研讨问题，解疑释惑。深入细致地分析讲解什么是地理实体，地名的特征及其分类等易于混淆难懂的问题，提纲挈领地将一线地名普查人员的任务和要求形象地归纳为：写好 1 篇说明文，落实 2 点要求，做到 4 个到位。即写好以地名调查表中所列“地名来历、地名含义、地名历史沿革、地理实体概况”4 个字段为主要内容的 1 篇简短的说明文；完成各级地名普查任务要按照“不错不漏、真实准确”2 点要求完成分属域内的所有地名调查表的信息调查采集和填写；普查工作人员要做到地名调查亲自走到位、地貌实体特征查看到位、地名来历含义和沿革问访、记录到位。通过面对面、手把手的业务指导培训，使基层和一线普查人员真正弄清和解决了地名普查是什么、为什么、怎么干的问题，增强了普查人员的工作信心，提高了全市地名普查、核查的质量和效率。

二是创造性地提出了使用高清卫星影像地图替代地形图开展地名调查的方案，及时解决了在地名普查工作用图没有配发到位情况下如何开展地名调查工作的问题。刘振武将在工作实际中探索出的快速下载拼接卫星影像地图方法、使用下载打印卫星影像地图快捷高效开展地名普查的方法，在全市推广应用，保障了地名普查的顺利进行。

三是在地名普查成果审核上报阶段，专门组织了两轮“地名普查登记表审核专项工作参学研评班”活动。2016 年 12 月 20 日，市地名普查办集中组织对县（区）地名普查登记表填写质量进行集体审核：每县（区）每类地名普查登记表抽选 5 份，将登记表投影到大屏幕上。首先，本县（区）陈述填写的理由、依据，自评优缺点，自评是否符合国家普查标准；其次，其他县区点评，重点查找问题不足，提出修改意见；最后，市级归纳总评。通过开放式的参学研评，使各县区对自身和友邻的工作成果质量有一个客观全面的认识，最终实现了整体水平的共同提高进步。

第二次全国地名普查工作开展以来，基层普遍反映普查经费因为没有明确的使用范围和标准，除了购置些普查设备、办公用品外，不能用于普查人员合理的外业调查补偿补助，要公务用车没有，打车租车、外出用餐不能报销，严重挫伤普查工作人员的积极性。刘振武同志得知此情况，从完成好第二次全国地名普查任务大局出发，以难得的敢于担当的勇气，亲自拟定了《地名普查工作任务质量绩效考评办法》。报经本溪市第二次全国地名普查领导小组领导批准后，以本溪市第二次全国地名普查领导小组办公室文件下发全市各县、区执行。办法密切联系本溪地名普查工作实际，坚持问题和目标两个导向，从维护普查人员合法权益和合理关切、科学合理使用地名普查经费、保障地名普查任务顺利完成的角度出发，明确了各级地名普查人员的责任、权利（包括劳动保护、劳动报酬），以及绩效奖励、劳动补助兑付和责任追究办法。该办法的下发实行，极大地调动了广大普查人员的积极性，为本溪市地名普查任务的顺利开展和完成奠定了基础。

成果质量是地名普查的生命线。第二次全国地名普查是国家任务，不同于一般的工作，其普查成果要以适当的形式向社会发布，供全社会使用，必须做到精准规范。为确保本溪地名普查成果质量，刘振武同志聘请专家讲课答疑，借船出海。

一是在地名调查表填写阶段和地名普查登记表审核阶段，组织普查专家

刘振武参加第二次全国地名普查数据采集和地形图修测培训班

咨询委员会的专家成员开展集中把脉，对各类专业性普查信息、数据进行审核分析，提出修改意见，最大限度地保证普查专业性信息数据的准确可靠。

二是在《中华人民共和国标准地名词典》编纂和核稿阶段，专程聘请辽宁省第二次全国地名普查标准地名词典编纂委员会主编黄伟到本溪开展讲学授课，协助审核把关，确保了本溪市标准地名词典的编纂进度和质量。

三是为保障第二次全国地名普查各项公文写作的规范，刘振武采取会议培训的方式，对公文写作的基本格式等基础知识进行了专门的讲授，确保各县区上报的地名普查文件统一，符合国家公文行文规范。

长风破浪，争先创优

开展第二次全国地名普查，地名标志设置是一项重要的工作任务，也是21世纪初全国地名标志设置行动延展到第二次全国地名普查的一项重大任务。刘振武得益于以往地名标志设置工作实践积累的经验，结合本次普查实际，发扬本溪市“全国地名标志设置工作先进城市”的历史荣誉，自我加码，创造性超额完成地名标志设置任务。

一是一线把关。指导县区大型石质地名标志设置工作，按省任务要求，制订市落实任务方案下达县区落实；组织带领县区学习考察大型石质地名标志设置工作，组织各县、区地名负责人、业务主管领导，赴丹东市五龙背以及市境大型石材经销点现场考察；对各县区设置大型石质地名标志数量、点位、名称、完成设置时间等进行审核、验收。2016年年底，本溪市大型石质地名标志设置计划全部完成，设置大型石质地名标志20块（含摩崖石刻一处），超省定大型石质地名标志设置任务8块。

二是领导支持。工作先争取市领导支持，再到相关部门审批。通过采用路牌广告招商引入社会资金设置街路地名标志的模式，2016 年，成功在本溪城区 10 条主干道设置新式太阳能街路牌 200 块，创全省太阳能街路牌设置之先河。

三是与时俱进，创新门（楼）牌地名标志设置。在全国首创设计符合《中华人民共和国国家标准 GB17733—2008 地名标志》的软体安全楼牌，并用于城区加装苯板楼房更新设置，2017 年底完成更新设置工作，共更新设置新式软体安全楼牌 1786 块，较好地解决了铝质楼牌在加装苯板保温层墙体难以安装，存在高空脱落、伤人毁物的重大隐患问题。

经过 4 年来的顽强奋战，本溪市已全面完成第二次全国地名普查的数据普查和整理验收。但在刘振武看来，这一切成绩的取得不过是他所挚爱的地名事业的一段无悔往事，他将以此为人生征程中一个新的起点，继续踏歌扬帆勇往前行，去迎接新的挑战，铸就新的辉煌！

勤恳实干洒汗水　创新奉献绘新篇

——记辽宁省朝阳市民政局地名普查员王胤

在历时4年多的第二次全国地名普查工作中，涌现出许多感人事迹和先进人物，令人感动，催人奋进。辽宁省朝阳市地名普查办公室王胤作为一名普通工作人员，时刻以一名中国共产党党员的标准严格要求自己，敬业求实、勤奋进取、吃苦耐劳、勇挑重担，在平凡的岗位上作出了不平凡的业绩。

坚定信念，勇挑重担

2014年6月国务院地名普查工作领导小组启动了第二次全国地名普查工作，根据国务院、省地名普查办工作要求，朝阳市也相应成立了地名普查领导小组及办公室，开展本地区地名普查工作。作为一名从事地名管理工作10多年的同志，王胤深深地热爱着地名工作，对地名管理工作和相关业务知识，进行过长达数年的深入研究和孜孜不倦的学习，是朝阳市地名管理工作一名业务骨干。在得知国家要开展地名普查工作，他第一时间就积极主动向领导请缨，要求全程参与朝阳市第二次全国地名普查工作，愿为地名普查工作尽一份心、出一份力。在参与地名普查过程中，他牢固树立政治意识、大局意识、职责意识，对自身高标准、严要求，用心履行地名普查工作各项职责，带头优质、高效地完成了本级的地普任务，同时协助市普查办领导对下级普查办相关地名普查工作进行全面指导、督导和检查工作，得到了省、市普查办领导的好评，为全面完成朝阳市第二次全国地名普查工作，作出了一定的贡献。

勤思善学，勇于创新

地名普查工作标准要求高、难度大、涉及面广且无工作经验可以借鉴，王胤以对地名普查事业的高度责任感和使命感，坚定普查信念，勇于担当普查任务。一方面他认真努力学习吸纳地名普查相关知识，搜集整理各类地名普查资料 50 余件，仔细研究普查各项工作要求规范，提升自我能力，全身心投入到地名普查工作中。曾多次代表市地名普查办参加国家、省普查办组织的地名普查业务培训班，通过学习和领会上级普查办工作精神，结合本地区地名普查工作实际，经市普查办领导审阅同意，他牵头完成《朝阳市第二次全国地名普查工作实施方案》《朝阳市第二次全国地名普查工作考核办法》《朝阳市加强地名文化保护暨清理整顿不规范地名工作实施方案》等多项市级地名普查规范性文件的起草和制定工作。另一方面，王胤结合普查工作实际，不断创新，编制了朝阳市《地名普查登记表样表》《地名普查知识宣传手册》《地名调查目录编写要求》等相关资料，供市、县两级及 24 家成员单位普查人员查阅学习，大大提高了地名普查工作的效率，对指导全市地名普查工作高效、扎实、有序开展起到了重要作用。

攻坚克难，甘于奉献

为了克服地名普查工作涉及面广、难度大、技术规范要求高等困难，几年来，王胤经常以“五加二，白加黑”的工作模式，夜以继日地工作。在家庭方面他克服了孩子幼小上学无人接送，妻子因病住院无法照顾，年逾八旬的父母体弱多病等实际困难。在工作中他克服了人员少、时间紧、任务重的实际情况，经常在完成白天的普查任务后，晚上加班加点查校当天的普查数据，及时纠正错漏，全程指导其他普查员的调查摸底工作。反复检查核对普查数据，发现问题，迅速召集相关普查员及时进行整改。地名普查国家有严格的时间节点，为了赶进度，忙起来几天几夜不出单位的门，都是常事。即使国庆这样的假期也不例外。对于全市上报的地名普查数据，其中地名信息总计 25000 余条，多媒体信息数据 50000 余条，地名普查标绘图 78 幅等普查成果数据，王胤每天都要审阅修改近百条左右。遇到表格中数据不准或有遗漏的地方，及时与报送单位及下级普查办相关人员联系，逐一核实补正。通过 4 年来的攻坚克难，不懈努力，王胤和他的同事们一道按照国家、省普查办时间、进度要求，经过对地名普查成果数据进行多次、反复核对、修改、完善，从而如期、保质、保量地完成了全市地名普查数据成果上报工作。

转化成果，效应初现

朝阳市普查办在全面完成第二次全国地名普查工作任务的基础上，2015

年被民政部确定为“全国地名地址数据库试点示范市”，为做好试点示范工作，朝阳市民政局、市普查办领导高度重视，组建了以分管领导为组长，局信息办、地名科为组员的数据库建库领导小组，并通过与技术服务公司合作引进了新的地理信息平台建库技术，与市移动公司合作引进先进的互联网应用技术。

王胤检查地名普查成果数据入库情况

鉴于王胤同志长期负责地名管理工作且参与过 2003 年单机版《朝阳区划与地名管理系统》软件平台开发建设工作，有着丰富的实践经验，又在第二次全国地名普查工作中表现突出，市民政局、地名普查办领导决定将项目开发建设重任委派给他，带头负责建库方案的制订和相关工作的具体实施。考虑到此次承接的任务重大，他身感自己能力有限，在建库初期，他一是多方搜集、查阅各类专业资料书籍，吸收新技术、新成果并转化应用；二是与市局信息办和软件公司项目负责人深入地交换意见，研究方案；三是组织县（市）区地名管理工作业务骨干、技术人员召开专题研讨会，研究数据库软件平台的功能、架构等专业技术问题；四是深入实地到 7 个县（市）区考察、调研各地区地名管理工作现状和地名管理工作中的一些重点、难点和共性课题。经过长达数月的调研和充分吸纳各方意见，最终确定创新建立集地名普查数据、地名地址数据、行政区域界线界桩数据于一体的网络化、互联、共享的数据库管理系统软件平台建设方案，为数据库建库工作正式实施夯实了基础。在数据库软件开发过程中，由于项目专业性强，软件设计功能全面，需多方引进新的科学技术，因而所面临和要解决的技术难题繁多，研发工作一度面临前所未有的困难。王胤带领项目组的技术团队成员们，攻坚克难，放弃节假日休息时间，工作到夜晚 12 点钟更是家常便饭。经过无数个不分昼夜的辛勤努力，历时近两年多，在各方共同努力下，不负众望，终于按照既定目标研发成功《朝阳市区划与地名地址管理系统》软件平台，给地名普查工作交了一份满意的答卷。其他兄弟市地名普查办领导也来朝阳进行过学习、研讨，王胤都一一耐心细致地进行数据库软件平台开发建设和系统功能的全面介绍和讲解，得到了市民政局、地名普查办领导的好评。

成绩突出，深获好评

在全面完成地名普查工作的同时，王胤还完成了上级交办的多项国家级、省级、市级其他工作任务。一是 2016 年应邀参加民政部组织的行业标准《行政区域界线详图绘制》研论会，会议上凭借着多年工作经验，为新标准的制定提出了卓有成效的建议；二是按照民政部工作要求，协助省民政厅在牵头参与完成冀辽线省界界桩更换试点工作任务的基础上，2016 年完成辽蒙线省界界桩更换工作任务；三是按照国务院普查办工作要求，牵头组织完成《中华人民共和国地名大词典 · 第一卷》朝阳部分的资料整理、编撰、汇总上报工作；四是牵头组织协调市规划局、市诚泰规划设计院，完成朝阳市地名规划的设计、编撰等多项重大项目实施，成绩突出，取得了丰硕的工作成果，得到了民政部、省民政厅、市民政局领导的高度认可。

作为一名共产党员，王胤在平凡的工作岗位上恪尽职守，用心耕耘，不忘初心，牢记使命，为朝阳市的地名工作作出了积极的贡献。

情系地名写华章

——记辽宁省锦州市义县地名普查员赵静

她，穿梭于一个个新建小区之间，启迪着人们对地名的原始记忆；她，分析着浩如烟海的各种信息，探寻着地名孕育的深层内涵。她就是锦州市义县第二次全国地名普查员赵静。

赵静，锦州市义县地名普查领导小组办公室副主任、民政局区划地名股股长，从事地名工作10余年。在这次全国地名普查工作中，赵静以精细的工作、创新的举措和无悔的奉献，展示出一名民政工作者的担当精神和地名情怀，谱写出感人至深的华美篇章。

抓试点，稳推进，确保普查不走弯路

第二次全国地名普查与第一次全国地名普查时隔30余年，对于赵静来说，和其他人一样，都是一个新课题、大工程。

赵静深谙地名普查是一项公益性、基础性的国情调查，来不得半点马虎。因此，她从深入学习、吃透精神入手，严格按照上级文件精神及县领导小组要求，一步一个脚印地稳步实施。为保证普查质量，提高普查效率，她反复修订具体工作方案，并提出采用试点先行一步的方法，先在小范围内摸索经验，及时发现问题，提前解决，再全面铺开。在领导的支持下，赵静将地理实体类别全、便于指导的“城关街道”作为先行普查试点单位。在一个月的试点工作中，赵静把主要精力和时间放在城关街道现场，与大家一起研究填报普查目录和登记表。对普查员的整体水平和心理状态进行全面分析，评估下一步工作可能出现的突出问题和难题，并未雨绸缪，提前设计了具有实际指导意义的全县业务培训教程，为普查工作整体开展厘清了思路，加快了普查进度。

抓培训，精业务，确保队伍整体水平

义县涉及普查类别12大类38子类，需调查实体3000多条。地名普查工作者来自18个乡镇、26家成员单位的150余人。这些人工作岗位、文化程度、理解水平方面的差异给培训工作带来了一定的挑战。要想给大家讲明白，必须自己先把基础理论和操作规程弄懂吃透。结合省市培训、工作实际和试点经验，当过教师的赵静像备课一样精心策划培训环节，准备培训内容，制作培训课件，凭借自己从事教研员的工作经历，讲解突出重点，分析难点，并安排现场答疑，促进学员精准理解。

通过高质量的本级培训，很大程度提高了普查员的思想认识和操作能力，真正明白了自己要干什么，怎么干。保证了义县地名普查实地走访、目录编制、登记表填报的质量和效率，同时也展示了她一丝不苟的敬业精神。

抓关键，攻难点，确保数据填报质量

由于各乡镇地名资料匮乏，加上普查员水平参差不齐等实际问题，给填报登记表带来一定难度。如何解决这一问题？赵静经过反复琢磨，终于想出了一个既能方便大家又能把控质量的最佳方案，即为每个乡镇准备好“一普”档案、《锦州地名辞典》《义县志》等相关资料，让普查员集中到县地名普查办公室现场填写。这样，赵静每天和所有普查员工作在一起，边学边做边指导，简单问题现场研究解决，如遇难题再请示市地名普查办及时处理。这样，全县18个乡镇，在一周内就完成了行政区域、群众自治组织、居民点登记表填报工作，并做到录入信息真实准确完整。这种填报方式首先保证资料齐全且便于集中翻阅，节省了各乡镇查寻档案资料的时间；其次，现场填报对普查员能随时指导，把握工作方向，避免返工，填报质量高。

集中填报、一对一指导的工作方式是义县地名普查的创新之举，并被辽宁省部分市县普查办借鉴。

抓问题，严把关，确保普查整改落实

为了第二次全国地名普查工作，她下足了绣花功夫。

第一轮验收整改中，赵静根据反馈意见对照成果表，对出现的问题进行了细致分析，发现大部分是系统自动生成罗马字母拼写不规范、数据入库地

赵静（右1）在试点单位现场指导

名来历、含义两项合并后，在表述上存在语法、标点错误，认为解决这两类问题的最佳人选就是有一定功底的语文教师。由于赵静本身曾在教育系统做过教研员，她动用了私人关系，请来进修学校小学教育部6名语文教研员，向他们真诚地阐述了这次普查的重要性和自己对整改的高标准要求，希望得到各位老师的帮助和支持。老师们被赵静的责任心感染，利用休息时间逐字逐句审阅修改，用15天完成了整改任务，保证了成果表修改质量。

重传承，深挖掘，地名文化经典流传

为了地名文化熠熠生辉，她付出了艰辛劳动。

这次普查除了让地名更加标准规范之外，另一个重大意义就是保护和传承地名文化。随着时间流逝，很多有文化内涵的地名正在消失，重视地名文化，就是重视我们的历史。

在赵静看来，地名普查，绝不是简单的数字填写和数据录入，因为每一个地名都是一段故事，记录着时代风华、彰显着不同文化，所以挖掘地名历史、传承地名文化是地名普查的真正意义所在。义县燕秦设郡，汉武立县，至今已有2000多年的历史。据此赵静提出，地名普查要体现出义县的深厚历史文化底蕴。

在地名普查过程中，赵静对地名文化的执着追求在同行中是出了名的。挖掘“白庙子”地名来历的过程，对赵静的执着工作态度作出了最生动的诠释。

义县白庙子乡行政区域类登记表填报中，关于“白庙子”地名来历一项，描述为：“因境内有一座白色大庙，故得名。”赵静觉得这个描述显然过于简单，为得到进一步求证，她陆续查找了“一普”档案、《义县志》《锦州地名辞典》等资料，但表述大体一样。《义县志》记载是：“因村内原有一座白色庙宇而得名”；《锦州地名辞典》记载是：“清顺治年间苗姓从山东逃荒到此地落户，因此地有庙一座，外墙为白色，人称白庙子。”可见白色的庙宇便是“白庙子”这一地名来历的主要阐述，并已记入地名相关资料。按理说这些史料应该足以说明这个填报信息的权威性，这样报上去也无可厚非。那么人们为什么对这座庙这么热衷和敬仰，并以此为村名沿袭至今，使其成为永久的标志呢？一定有它的意义所在。于是，赵静又翻阅了多种相关书籍，终于在《义县地名考》中发现了关于白庙子一段有趣的故事：400 年前，白庙子叫“双井子”，因村中的两眼井得名。后金时期（1616—1636 年）这一带连年受灾，双井子成了瘟疫发源地。刚由外地辞官回乡的田永锡见此情景，制定了根治办法并亲力亲为。断瘟源、掘新井、烧白灰。用白灰浆衣裤、刷房子、病重的被隔离在一幢用白灰浆刷新的房子里，而他本人则穿着白灰浆的大褂奔忙于病人之间，终将瘟疫根除。白灰浆褂便成了这个民族的圣服。200 年后有叫孙一精的学子，倾尽己囊，建了一座用白灰石垒砌的庙宇，仿照田永锡容貌塑了尊菩萨像。有了这座庙宇，双井子便易名为白庙子了。

为了证明这个说法，数九寒天她先后两次到白庙子乡找当地老百姓调查，与老者交谈，表示也听过这个传说。实地走访后回来整理，又查阅到一段有说服力的记载——据《东北通史》转引《大金国志》：“金俗好白，妇人皆衣白大袄子，皆金人上白之证也。”

赵静在《义县最美地名故事》中这样写道：岁月流逝、斗转星移，如今这座庙宇已然无存，然而“白庙子”的传说却流传于民间，并载入地名史册。它向后人昭示了大灾大爱、团结必胜的真理；彰显了以民为重、敢于担当的精神。也正是因为这种精神给古老地名添加了保鲜剂、赋予了灵魂，让最美地名故事成为经典，世代传承，这种正能量将在构建和谐社会中发挥重大作用，成为主流。

普查中像这样的案例举不胜举。她说，地名普查的结果是完成国家、省市普查任务，后果是留下一笔有价值的地名资料，我们现在的数据越详尽、越准确，后人传承的资料就越丰富、越真实，所以说地名普查是一项良心活，可以把它看作简单的工作任务，也可以把它视为一种历史责任。

义县城市改造过程中，建起一个个高档小区，原胡同拆迁时并没留下任何图片和地名资料，对于基础数据调查是个难度极大的工作。她先查找第一次普查的相关记录，又到社区与普查员一起实地走访，对胡同的含义和历史沿革作详细调查，回来整理，又请专家组验证，统计上报48条胡同的历史地名，全县共统计调查历史地名228条。

在大辽弘政县古城遗址、大棘城遗址、颛顼之墟遗址的调查中，她多次走访有关部门拜访专家，确保所有资料真实、准确，不出现纰漏。古城遗址保护引起了各级领导的关注，省民政厅为其设地名标志，记载和传承了区域地名文化。

赵静深有感触地说，既然我们接受了地名普查这项任务，就接过了一个使命，要对得起祖先给我们留下来的建筑遗产，为子孙留下完整的地名史料。

讲奉献，克急难，干事兴业硕果丰枝

为了地名工作不留遗憾，她作出了无悔奉献。

有人说，选择了事业就是选择了奉献。赵静亦是如此。

几乎每一次义县地名普查员集中会议上，她都强调这样一句话："我们不要抱怨，为什么摊上了30年来地名最苦最累的一件大事儿，反而应该庆幸，我们光荣地成为续写地名历史的一员。"她是这样说的，也是这样做的。

普查初期，正值地名股的老股长退休，这个担子就落在她一个人身上，由于科室人员都是临时安排，不稳定，组织实施和具体操作都得亲自抓，这样一项工程对她来说压力可想而知。赵静把大部分时间和精力都放在地名普查上。她自己工作在义县，家在50千米以外的市区，每天上下班要往返100千米。地名普查经常加班加点，时间和精力有限，在工作与照顾家人之间只能作出取舍。普查培训和填普查登记表期间，一周只回去一次，平时就吃住在义县亲友家，集中精力设计工作方案、准备培训课程，和普查员在一起开展调查填报。在3天的培训中，有两天晚上吃住在宾馆，解决乡镇民政助理落实普查任务的困惑，随时接待普查员的咨询，每天工作到12点之后。

赵静的父母及公公婆婆都已年过七旬，正是需要陪伴的年纪，她却对4位老人家说："地名普查30年才一次，让我赶上了，这个责任不管怎么说是不能推了。就两三年的事儿，等这事过去了，我一定好好孝顺您，加倍补偿

啦。”看着她疲惫的样子，老人很心疼也很理解，告诉她有时间往家打个电话报个平安就行，不用总两头跑啦。但她心里怎能不知道，对父母的陪伴是不能等的，毕竟他们年事已高，血压都不稳定，一想起这些总有一丝矛盾和愧疚。

赵静患有严重的腰椎间盘脱出病，最怕的就是久坐和劳累，但地名普查这项工作的性质决定了这两点都不能避免。登记表校对时，往往把登记表拿到家里，躺着看、趴着看，检查填报问题，用笔一处处地勾画。赶上实地走访的时候，一天下来，往往是在车后座上侧躺着回到办公室，继续组织大家录入整理，就这样从组织实施、培训、调查到填报入库，一直坚持到最后。

春华秋实，硕果丰枝。义县地名普查各项工作开展紧张有序，数据完备准确，档案完整管理规范，成为辽宁省第二次地名普查的典范。

辽宁省民政厅地名处领导对义县的地名登记工作给予高度肯定。自2016年以来，先后有沈阳市沈北新区、铁西区、于洪区，锦州市凌河区、古塔区等十几家单位同人来义县考察学习，赵静从大局出发，精心准备，在毫无保留地介绍经验的同时，还预测可能会出现的问题，提醒大家在工作中需进一步改进，多加注意。其间对各处的电话答疑不计其数。

赵静就是这样，以认真严谨的工作态度、孜孜不倦的探索精神和忠于事业的奉献情怀，圆满地完成了义县第二次全国地名普查工作任务。

行家　专家　实干家

——记辽宁省沈阳市辽中区地名办主任付东白

付东白，辽宁省沈阳市辽中区民政局地名办公室主任。在第二次全国地名普查工作中，他以“上不愧对祖先，下不负于子孙”的责任感和使命感，脚踏实地、勤奋工作，把自己由门外汉变成地名普查的“行家”、精通业务的“专家”和勇挑重担的“实干家”，用实实在在的行动，用丰硕的普查成果，谱写了辽中区第二次全国地名普查工作的崭新篇章。

付东白在翻阅资料

刻苦学习，从门外汉到“行家”

付东白在民政局长期从事勘界工作，2014 年 10 月主持区地名办工作。上任伊始，正值第二次全国地名普查工作开展之际，对于这个原本既不懂得全区地名概况又不熟悉地名业务的年轻人来说，确实是个名副其实的门外汉。面对新的岗位，首要任务就是在业务知识上做好充分的储备，加强学习，“恶补”短板。他给自己拟出 4 条学习途径：一是虚心请教从事过地名和地名普查工作的老同志，向他们学习地名知识和地名普查工作经验，同时认真学习上级有关文件资料，明确工作任务与要求；二是翻阅大量地名档案资料，全面了解全区城乡地名概况，从图书馆、文化馆等单位借来《辽中县志》《辽中地名志》《辽中水利志》等文献资料，结合网上阅读，做好笔记；三是利用到兄弟区市学习和下乡调研的机会，拜当地干部群众为师，从中获取知识；四是从爱好辽中历史地理文化的老领导、知名人士那里获取养分，进行面对面的交流，从中汲取营养。在两个多月的时间里，付东白夜以继日“啃”完了20多本文献资料，写下了2万多字的阅读笔记。

精益求精，执着信念的“专家”

为把地名普查工作做好，付东白秉持这样一条信念：把住质量，我会比别人做得更好。付东白的这份执着是源于“上不愧对祖先，下不负于子孙”的责任感和使命感，源于对辽中地名的热爱。

在数据调查阶段，针对基层普查人员文化基础差，付东白精心准备通俗易懂的普查教案，认真进行培训，细心讲解地名普查相关知识，对出现的情况认真分析研究，同时经常向上级业务部门请教，及时解决普查中的问题。

在数据整理阶段，在地名普查技术人员缺乏的情况下，付东白敢于挑战新技术，主动挑起收集数据工作重担，在较短时间内掌握新知识，成为数据录入、审核的骨干力量。

在数据核查阶段，付东白在区普查办领导的支持下，聘请4名熟悉辽中地名文化且有一定文化功底的老同志成立普查数据审核专家组，对全区第二次全国地名普查数据信息进行整理和分类，将1500余条地名列为重点普查对象，对地名的来历、含义、历史沿革、地理实体概况4项指标作为审核重点。对有疑点、有矛盾、情况不清楚的普查数据进一步调查，查找核实有关资料。同时，对新旧地名资料进行比照和核对，确保了地名普查资料的准确、翔实，还对普查信息中存在的非标准地名进行了登记造册，为下一步地名规范化管理奠定基础。最终历时半年对全区普查成果表进行校对，审核工作得到了上级业务领导的充分肯定。

勇挑重担，充满热情的“实干家”

地名普查工作工期长、时间紧、任务重、难度大，工作环节复杂。付东白从普查方案的制订、普查宣传、地名调查、地理信息采集、标准化处理、数据库建设……到检查验收，做到了全程参与。

为了得到社会支持和理解，他动员各方力量，利用报刊、网站、微博等媒体，大张旗鼓宣传第二次全国地名普查的目的意义，由于宣传到位，得到了广大人民群众对地名普查工作的信任和支持，每当普查工作队来到普查点时，群众都能积极提供相关地名信息，不计报酬，主动为普查员带路。地名调查及信息采集是地名普查的基础，必须要确保其准确性，付东白结合辽中区域面积大、村（居）多的情况，坚持深入一线调研，跑遍了全区 4 个街道、16 个镇，185 个村委会、47 个社区，亲自核实地名信息数据，面对面解决疑难，及时纠正出现的问题。同时，将个人的电话号码公布给普查员作为主要联络的工具，普查员有问题需要答复，不厌其烦地一遍又一遍讲解，直到普查员学懂弄通为止。

为了地名普查工作走在前列，他顾不上照管家人，全身心投入工作。无论下乡调查还是在普查办，付东白被称为最忙碌的人。几乎天天都要加班，更没有什么节假日。他饱满的工作热情，受到领导和同志们的纷纷点赞，被誉为地名普查的实干家。2016 年 8 月 24 日，辽中区代表沈阳市迎接民政部副部长宫蒲光一行督查调研，辽中区地名普查的做法得到了宫蒲光副部长的充分肯定。几年来，在他和他的同事们的共同努力下，全区共计采集地名信息 4529 条，挖掘历史地名 171 条；侦测、标绘地名成果图 10 幅；地名来历、含义、历史沿革、地理实体概况、多媒体等信息资料整理全面。

在地名普查这块土壤里，付东白如一头拉套的牛，踏出一行行坚实的足迹！

求真务实勇创新　不辞辛苦敢担当

——记吉林省辽源市民政局地名普查员李强

李强是吉林省辽源市民政局社会福利和社会事务科科员，主要负责行政区划和地名管理工作。他素质高，能力强，工作认真，业务精良，在第二次全国地名普查工作中求真务实，勇于创新，不辞辛苦，敢于担当，为辽源市第二次全国地名普查工作作出了突出贡献。

认真学习，熟练掌握业务知识

李强同志于2012年调入民政系统从事区划地名工作。当时局里这项业务一直是个弱项工作。面对完全陌生的行业和薄弱的工作基础，想起调入民政系统时领导的嘱托和他的工作初心，他丝毫没有退缩，因为他深信“人有知学，则有力矣”。他认真学习业务知识和历年以来国家、省厅和市政府下发的相关文件，研究区划地名档案，不断向上级专家和兄弟市州同行请教业务、探讨工作方法，在学中干，在干中学。“明心知往，力行求至”，在复杂工作中奋起直追、知难而进、砥砺前行。为了规范地名管理，出台《辽源市地名管理办法》，对街路门牌进行重新编码安装，完善了街路名称和街路牌的设立。为了掌握行政区划界线相关情况，借省里组织的界线联检工作之机，跋山涉水，走遍了与毗邻地级市级、县级界线，查看每个界桩点的基本情况，在他的不懈努力下，辽源市的区划地名工作虽然起步晚，但是进步快，很快就有赶超之势，得到了省民政厅对口处室的高度认可。

勤奋工作，扎实推进普查工作

初次组织地名普查工作，虽然经验不足，但是他愿意接受挑战，很快就以饱满的工作热情、忘我的工作态度投身地名普查工作。一是周密部署，夯实基础。认真制订地名普查工作计划和具体实施方案，撰写会议文件、领导讲话、会议纪要、座谈会记录、培训方案等各种文字材料，努力搜集各种地

李强（右 2）对外包普查词条抽查式审核

名相关史料。协调相关部门落实办公场所、抽调人员组建辽源市第二次全国地名普查办公室，成立领导机构和工作机构、落实经费，购置电脑、复印机、照相机、摄像机、办公桌椅、GPS、保密柜等设施设备，做到了组织、人员、经费、办公场所、设备、资料等六个方面落实，形成了“政府领导、普查办牵头、部门协作、社会参与”的地名普查工作格局。二是因地制宜，科学谋划。结合辽源市市辖区面积小、人口密集及地名普查工作任务量大、时间紧、专业技术性强等特点，他提出辽源市本级、龙山区、西安区 3 家普查单位以政府购买服务的方式，统一公开招标，聘请专业的社会组织开展地名普查工作的工作方法，得到了市、区地名普查领导小组的肯定，一致认为这样操作便于把控成果质量，便于对普查成果开发、利用，并可减少人力、物力、财力的重复投入。此后，他开始认真钻研，在充分结合辽源本地实际的基础上，先后参考了河南、浙江、内蒙古、彭水县、城口县等省市县的成功经验，详细制订辽源市第二次全国地名普查工作招标方案。因招标文件翔实，被长春、吉林、通化、四平、东辽、双辽等省内 10 多个市、县作为参考方案。三是强化培训，严密制度。为了提高工作人员对地名普查基本工作方法和各项技术指标的准确把握，他努力协调，积极争取业务部门的技术支持，并邀请省地名普查专家来辽授课，做好普查业务培训，指导地名普查工作。为了保证普查工作高效高质完成，他起草建立各项普查工作制度，严格普查工作操作规范。同时，按照保密要求，与中标公司签订了保密协议，落实了 2 名保密工作人员，建立了保密室，确定 1 台涉密计算机，对普查人员进行岗前保密培训，开展保密教育，对地名普查涉密数据实行双人共同管理，安装了防盗门窗、视频监控，室内配备了保险柜、地图柜、地图整理台等，以确保普查涉密数据管理和使用，保障频密数据安全。四是规范操作，有序推进。严格按照地名普查工作计划和普查方案，将任务细化量化到月，还建立了周工作督导制度，并督促中标公司也制定了《项目计划书》、工作流程和周汇报、日跟进等制度，以便及时发现问题，及时提出解决方案。普查期间，每天了解中标公司普查进展情况，先后 3 次对其进行约谈，并以函的形式下达整改意见，确保了工作有序开展。五是建立平台，畅通交流渠道。建立了辽源市地名普查办工作 QQ 群，与各县、区和中标公司保持经常联系，便于信息交流和疑难解答，加强了地名普查工作的沟通和协调，极大地提高了工作效率，保证了普查的进度和质量。

统筹实施，高质完成普查工作

一是完善区划地名图册。针对辽源的行政区划图和城区图多年未更新的现状，他联系出版社和地图编制专业机构，编辑出版了《辽源市城区图》《辽源市行政区划图》，并分别于 2016 年和 2018 年两次进行修订完善，还编制了《辽源市乡镇图册》。为了更好地掌握街路情况，他利用一切可利用的时间，走遍辽源市所有街路，征求公用、规划等部门的意见和建议，编制了《辽源市街路示意图册》，共录入辽源市主要干次路 155 条。二是完成界桩补立工作。全程跟踪指导县级界桩补立工作，严格按照国家 2015 年下发的标准，补立三面界桩 3 颗，双面界桩 23 颗。三是完善地名设标工作。共设村屯标志 53 块，社区标志 30 块，地名标志设置率达到 100%。四是完成地名普查三级审核和省级验收。辽源市共普查 7590 条数据，所有数据经过中标公司、县区普查办、市地名普查办专家组三级审核，梳理普查工作内容的完整性、经纬度、地名来历含义与历史沿革、地理实体概况等问题，对存在错误的进行改正，对不完善的进行补充完善，对未统计到的地名信息进行查漏补缺，有效确保各类数据的客观准确性。辽源市第二次地名普查工作已通过省级验收，正在提交国家验收。因辽源市第二次全国地名普查工作业绩突出，辽源市民政局区划地名工作被省民政厅通报表扬。

李强同志求真务实、开拓进取、团结协作的优良作风和爱岗敬业、任劳任怨、务实重干、勇于奉献的优良品质值得我们学习，堪为全市和吉林省第二次全国地名普查工作的表率。

地名普查的技术担当

——记吉林省民政厅地名普查工作者王彦颖

王彦颖是吉林省第二次全国地名普查领导小组办公室的主要工作人员之一，也是吉林省第二次全国地名普查主要的技术负责人，负责全省地名普查的技术培训和业务指导等工作。

在第二次全国地名普查试点期间，王彦颖就一直负责技术培训和业务指导。由于吉林省普查试点完全是民政局地名普查工作人员参与，没有外协单位，他从软件操作、数据处理、到外业调查等一系列的培训工作，都是一个人完成，由于工作能力出色，多次受到民政部区划地名司的领导认可，受到甘肃省民政厅邀请，为甘肃省地名数据库培训班讲课、培训。

2014 年吉林省地名普查全面开展以后，他继续负责全省的地名普查技术指导等相关工作，全程参与软件平台的建设，积极与软件公司、外包公司联系，优化了普查软件，经常到各地解决技术难题。同时，由于省普查办人手不足，普查办很多综合性的事务需要处理，例如相关文件的起草、督查监理、普查培训等，共参与起草文件 50 余份，组织省级培训班 8 期，每次都亲自讲课，并且作为主要负责人组织专家完成了全省 60 个县（市、区）的省级地名普查验收工作。在吉林省工作之余，受国家地名监理组的邀请，参加了辽宁省的地名普查监理工作，工作能力和热情受到一致的好评。

在地名普查成果转化方面，他也做了大量的工作。由于是地理信息系统专业出身，具有较强的专业技术能力，他独立开发了吉林省地名触摸屏查询系统，并为各地开发了触摸屏查询系统、电子地图、地名网站等一系列的地名转化成果。联合东北师范大学开发了吉林省行政区划与历史沿革数据库。作为主要技术人员，负责出版了第一版的吉林省行政区划图和吉林省行政区划手册，由其负责完成了第二版的吉林省行政区划图和吉林省行政区划图册的初稿设计工作，负责设计吉林省地名普查数据中心建设方案，并参与了前期的招投标工作。2016 年，受民政部地名研究所的邀请，参与了地名成果转

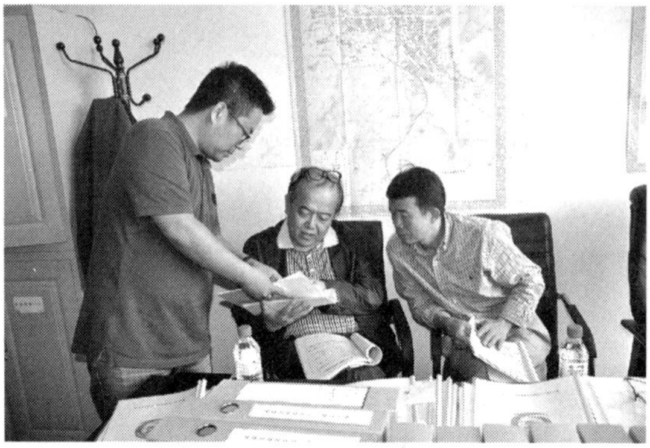

王彦颖（左 1）指导普查工作

化规划方案的起草工作。

由于家庭等方面的原因，王彦颖离开了吉林省民政厅，到山东的一所高校从事教育教学工作。但是他仍然不忘地名事业，不管省普查办还是县（市、区）普查办，遇到问题向他咨询，他每次都不厌其烦地帮助解决问题，提出意见建议，同时还在积极地参与吉林省的地名文化挖掘和地名管理方面的理论探讨，并撰写相关学术论文，继续为吉林地名事业贡献力量。

莫道桑榆晚　普查献余晖

——记吉林省民政厅退休同志李德润

李德润系吉林省民政厅退休的老同志，曾参与吉林省全国第一次地名普查，之后又参加了援助西藏自治区的“一普”工作。该同志1984年调到原吉林省地名委员会，后在吉林省地名档案馆工作至退休，自“二普”试点工作开始以来，他又积极投身到全省地名普查工作中，至今一直没有离开地名工作岗位。

2011年试点地区普查开始后，吉林省第二次全国地名普查领导小组办公室返聘李德润同志到省普查办工作，当时让李德润负责对吉林省13个试点县进行验收，他积极组织人员，把各县的成果表逐字逐句地进行审阅，边审边修改，整整忙了十几天。对每个问题都提出整改意见，不放过一个漏洞，并主动帮助解决困难。县里许多同志都是第一次参加地名工作，他就耐心地手把手教。浑江区问题较多，验收结束后，他全力以赴，帮助他们分类补调。还亲自去了3趟，就地指导，解决问题。

2012年试点地区开始推进成果转化，他积极参与全省地名志编纂启动工作。由于“一普”过去的时间较长，当时地名志编纂的数量不多，为了指导好吉林省的地名志编纂工作，他从档案馆调阅了“一普”关于编纂地名志方方面面的文件，归纳了各地的方案、省里的要求、遇到的问题、省地名志会议的材料等，结合“一普”地名志工作的经验教训，用了4个多月时间总结出一套吉林省编纂地名志的办法，制订出全省成果转化的具体方案，同时编写了地名志编纂细则，为吉林省地名志编纂打下了坚实基础。

吉林省第二次全国地名普查正式启动前，为了在“二普”工作中扬长避短，使普查工作少走弯路，保证质量，他根据国家的要求，全面总结吉林省“一普”工作、“二普”试点工作的经验，用了几个月时间为培训工作准备教材，并编写了30多万字的讲稿、编写了60多种地名成果表的模板、《普查手册》等。他十分重视培训工作，无论是全省培训，还是地区、县里培训，有

李德润在全省培训会上讲课

请必到，不厌其烦，而且从不要报酬，对普查工作的各个环节耐心讲解。在每次全省培训大会上，他都详细讲解如何进行普查，普查的要点和重点，及时解析出现的问题，解答各地的疑问，得到普遍好评。对普查公司也是有求必应，多次为他们进行培训，毫无保留地把自己编写的模板提供给他们，把自己掌握的资料无偿提供给他们，知无不言，诚恳地提出普查公司存在的问题和解决办法。

2011 年至 2015 年，他负责组织全省政区大典编纂工作，全省有 4000 多人参加编写，有近千人通过不同方式与他联系，修改稿子，交流意见，从而保证了书的质量。多次受到国家编辑部的表扬，及时出版了吉林卷。2016 年他又接受了地名词典编辑工作，组织省编辑部的日常工作。他依然是日以继夜，废寝忘食地工作。一个县一个县地解决困难，一个县一个县地修改稿件，一个地区一个地区地完成上报任务。2017 年 11 月，爱人有病住院，他仍然坚持工作。爱人病危时，正是地名词典编纂工作紧张时，雇了 3 个护工轮班照顾，他自己仍坚持领导专家团队进行词典编纂工作。爱人去世后，处理完丧事，马上继续工作。

为做好地名工作，近 70 岁的老同志常年坚持学习，学习电脑、学习出版业务、学习地图业务、学习摄影、学习装帧设计、学习词典志书编辑等，特别是从事地名学理论研究，出版了十几部地名著作。为了更好地完成工作，他靠个人关系从长春市的文史部门找到有工作经验、有资质、有干劲，又热爱地名工作的退休老同志，组建了省地名志编辑部。从 2013 年开始，他每天 6 点多钟就到办公室，晚上七八点钟才回家，节假日也经常不休息。每个县七八十万字的稿子，他至少要看5遍，有3个县甚至看了10遍以上。几年下来，全省一半县（市、区）已经完成地名志初稿；出版印刷的10卷，2020年还将有5卷即将出版。编辑12个县的地名故事；出版印刷完成单行本的2本。积极在媒体上宣传地名工作和地名普查，2011年至今，在电视台做节目十余次，《吉林日报》还对他进行了专访。他热爱地名工作，专门总结了吉林省的“一普”工作和赴西藏地名普查工作，总结了30多年地名工作的经验。编写了《吉林省地名工作三十年》，详细地记录了吉林省的地名工作。

作为一名长期从事地名工作的老同志，他多次参与国务院地名普查办公室组织的地名监理工作，到兄弟省检查“二普”工作，对兄弟省的普查成果虚心学习，毫无保留地提出发现的问题，同时提出解决办法，耐心给他们讲解，并把自己精心编写的模板送给他们，得到了兄弟省的赞扬。经常有辽宁、陕西、湖南、浙江、黑龙江、河北等省的同行电话询问，他都一一帮助解决。

正是有了如此兢兢业业、为地名事业甘愿付出的老同志，吉林省的第二次全国地名普查工作才能进展得如此顺利，吉林省的地名志丛书编纂出版工作才能处于全国的前列。

用心耕耘　力创地名普查佳绩

——记吉林省长春市地名普查员李硕

李硕是吉林省长春市地名普查办的工作人员，她以积极的工作热情全身心地投入到新的工作中。在领导眼中，她是一位朝气蓬勃、乐于奉献的好青年；在同事眼中，她是一位勤恳好学、务实肯干的好同志。在开展长春市第二次全国地名普查项目中，她始终保持高度的责任感和使命感，脚踏实地、勤奋工作，用行动诠释了一名合格的普查工作人员的责任和使命。

努力学习，统筹兼顾，熟练掌握普查工作

李硕于2014年工作调整调入区划地名处工作。当时长春市民政局区划地名处正处于工作人员新老交替阶段，处内大部分工作都需要李硕承担，与此同时，又开展了第二次全国地名普查工作。李硕在完成日常工作的同时，又全身心地投入到地名普查工作中，既要处理日常工作，又要学习和开展地名普查工作，虽然工作繁重，但她能够做到统筹兼顾，圆满完成。

第二次全国地名普查是国务院部署开展的一项基础性、公益性、战略性国情调查。这项工作工期长、时间紧、任务重，工作环节复杂。地名普查工作对李硕而言是一个崭新的领域，没有经验，无从下手，困难重重，但她以党员的高标准要求自己迎难而上，认真学习国家和省里下发的各类地名普查的文件和通知，做到完全领会和熟练掌握；利用国家和省里组织的各类培训时机，学习各地先进经验和做法；虚心向处内老同志请教地名业务，利用业余时间了解掌握“一普”资料，从思想上、认识上、业务上提高对地名普查工作的认知，从一名地名普查的门外汉渐渐成长为地名普查专家。

勤勤恳恳，爱岗敬业，以高度责任感对待工作

开展地名普查工作首先要保证经费足额到位。李硕认真收集国家和省里关于落实经费的文件依据，多次与市财政局相关部门沟通、协调，据理力争，

落实普查经费、购置普查设备经费、楼门牌设置经费、政区地名标志设置经费等2508万元，保证了地名普查工作的顺利开展。

李硕根据长春市实际情况，按照国家和省里有关要求，提出了长春市应采取市本级与所辖区集中统一购买社会服务的方式进行普查，经多方论证，她的提议得到认可。随后她又查阅有关资料，并借鉴外地成功经验，多次与采购中心相关部门沟通、探讨，制订了《采购需求表》《评分标准》《专家构成意见》等方案，参加采购中心组织的答疑会，向参与竞标单位解答相关普查政策、需求等。在李硕的不懈努力下，招标工作顺利完成。实践证明，采取这种普查方式，节约了普查经费、缩短了普查时间、减少了普查环节、节省了人力投入；做到各区之间无缝对接，保证普查内容无遗漏，普查资料全面、完整。

为落实地名普查工作任务，长春市组织召开了地名普查动员大会、工作会议、推进会、协调会、部署会等一系列会议。每次会议召开前，李硕都需要做大量准备工作，经常起早贪黑、加班加点，但她始终毫无怨言，共起草地名普查各类会议通知、领导讲话、总结材料等100多份、50000多字。为确保全市地名普查工作的按时完成，李硕提议建立联络员制度，并制作了联络员通讯录，建立了16个普查工作QQ群，随时对全市各地的普查工作进行指导和督促，及时解决普查工作中的疑难问题。她还针对各县（市）区、各市直单位普查工作完成情况，编写了地名普查工作《简报》。

为了保证普查数据准确、完整、真实，李硕专门协调普查公司为市直部门和各县（市）区、开发区共组织了50余场专题培训会，她还对县、区工作人员进行了《地名词典》的编撰培训。

亲力亲为，深入基层，收集整理各类普查资料

普查工作开展以来，李硕从普查方案的制订、地名调查、地理信息采集、标准化处理、数据库建设、成果表成果图，到检查验收从头到尾都全程参与，从不假手他人。

普查期间，李硕自己或同普查公司到市档案馆及其他相关单位收集了市志、地名志、各类志书、图册、档案等1300多份；她还利用休息时间对“一普”资料进行整理，档案室环境差、灰尘多、空间小，经常弄得自己一身土、一身灰，但她从不介意，整理出可用“一普”资料1500多份；在深入基层调

李硕（中）检查宽城区地名普查工作

研时，针对县（市）区资料不全的问题，李硕帮助各县（市）区等共80多个普查机构收集、查找、整理资料共2500多份。

作为联系人，李硕能够与普查公司密切配合，并且对地理信息采集、标准化处理、数据库建设等提出合理化建议，均得到采用，她的工作态度和能力获得了普查公司的高度评价和认可。

严格审核，及时整改，确保普查数据的准确性

李硕经常说："普查数据一定要真实、准确，否则就失去了地名普查的实际意义。"因此，她对上报的普查资料审核特别严格。她审核了全市208个部门和单位的普查登记表和普查照片，对发现的问题及时提出，与上报单位沟通，并帮助其整改。

由于李硕工作细心，在审核普查照片期间，发现街路牌有不符合国家规定，标注英文的情况，她对此种情况进行了统计，发现长春市共有1042条街路指示牌标注英文，及时向领导汇报。李硕还按要求对不规范地名进行了统计，通过她的努力，已完成了对今麦郎街等4个不规范地名的标准化处理。

长春市普查工作顺利通过了省级检查验收，离不开李硕的辛勤付出、默默耕耘。如今，她还在为地名普查努力工作着，作为一名普查员，没有过人的才能、超人的智慧，但她凭借自身的勤奋，用心耕耘、甘洒汗水、默默奉献，在平凡的岗位上，实现自己不平凡的人生价值。

地名普查“排头兵”

——记黑龙江省五大连池市地名普查办张野

在黑龙江省北部、黑河市南部，有一座因矿泉、旅游驰名中外的美丽城市——五大连池市。在这座“矿泉城”里，有一位具有12年地名工作经验、被同事们誉为“老黄牛”“排头兵”“急先锋”的“老民政人”——张野。

任劳任怨的“老黄牛”

从事地名工作以来，特别是在第二次全国地名普查工作中，张野始终像老黄牛一样卯足干劲、奋力前行，在平凡的岗位上默默耕耘、无私奉献。

2014年7月，全国全面启动了“二普”工作。张野深知，“二普”是新时期国家战略性工作任务，事关提升国家治理能力，事关巩固国防军队建设，意义十分重大。作为地名工作者的张野，既不算“老人”也不算“新人”。但是接受任务的时候他是发蒙的，因为这个活儿从来没接触过，不但点多、面广、工作量大，而且没人、没资金、没设备，他感觉到了前所未有的责任感和压力感，简直是“压力山大”。

犯愁归犯愁，工作还得干。为了完成这项艰巨任务，张野经常文件不离手，泡在办公室精研细读，用较短的时间就掌握了国家和省有关普查工作各类要求及规程。知道应该干什么、应该怎么干以后，他来劲儿了，开启了“复活模式”。他积极向局领导汇报，从有关单位抽调计算机、建筑、汉语言文学等专业的精兵强将，组建了全市“二普”团队。在他的提议下，市政府召开了业务协调会和动员部署会，印发了《五大连池市第二次全国地名普查实施方案》，有关单位安排精干力量担任联络员和普查员，全市共有186名业务骨干投身地名普查工作，建立了全市“二普”网络。在“二普”启动阶段，他会同局领导积极汇报争取，得到了市政府大力支持，市政府在财政拮据的情况下，安排专项资金26万元用于地名普查宣传、购置设备、人员培训等方面的保障，确保了地名普查工作快速启动。

有人、有资金、有设备了，接下来该干活儿了。为了保证高质量完成普查工作，张野带领普查办人员深入全市12个乡镇21个社区96个行政村，以及辖区内8个国营农场、11个部队农场、4个监狱（所）和沾河林业局、五大连池风景名胜区，广泛宣传“二普”的重要意义，检查督导各地普查工作。在一个多月时间里，起早贪黑是常态，按时回家是奢望，张野和他的“二普”团队走遍了五大连池的山山水水，留下了地名普查人员任劳任怨、辛勤耕耘的足迹。

从事“二普”工作的都是“新兵”，基本不明白这项工作应该怎么干。为了使普查员们尽快熟悉业务、提升水平，在开展集中培训的基础上，他又建立了“二普”工作QQ群、微信群，把相关要求、文字模板、工作方法等内容通过QQ、微信等新媒体上传，让联络员、普查员随时了解“二普”工作动态和工作方法，促进了地名普查深入开展。经常有基层普查人员给他打电话、发QQ、发微信咨询业务，无论时间多晚，无论多么口干舌燥，他都耐心细致、不厌其烦地进行解释，直到基层同志听懂弄通为止。时间长了，基层同志都知道民政局有个地名“专家”，有不明白的找他，指定没问题。

兢兢业业的“排头兵”

“不干则已，干就要干好，就要争一流、当排头兵”是张野的口头禅，也是他一贯的工作作风。为了按时限、高标准完成“二普”任务，张野以精益求精、保质保量为目标，想了很多招儿，干了很多事儿。

“巧妇难为无米之炊”，手里可供“二普”利用的资料极其有限，怎么办？为了破解这个难题、获取更多第一手资料，他从多年无人翻动、纸张泛黄的“一普”资料入手，经过重新梳理，编制《五大连池市地名索引》666条。他收集了《德都县志》《五大连池市志》《统计年鉴》《德都县地名录》和五大连池市第二次全国土地调查成果和数据等普查资料，查阅、整理了市档案局存档、自建置以来各时期与行政区划调整相关的历史资料，保证了资料来源的可靠性，也为深度挖掘地名文化奠定了基础。他组织编写了容易懂、接地气的《五大连池市第二次全国地名普查操作手册》，成为每名普查员手中不可或缺的指导性工具书。他不辞辛苦深入各基层单位走访，利用休息时间拜访老同志，了解存疑待考的老地名历史沿革和资料来源，使历史地名与现今地名的信息得到了有机串联，每一个地名信息在他那里都经过深挖细究，保证了各种资料真实、准确、完整、权威。熟悉张野的同志都说他是“活地图”，经过他整理、考证的这些资料，如今已被五大连池市地方志办公室作为重要资料直接采用。

在地名普查过程中，张野坚持严把质量关口、责任落实到人，从收集资料、编制目录、制作样表、实地核查、整理入库等环节，一项一项抓落实、保质量，通过几年来的集中推进、努力工作，五大连池市第二次全国地名普查工作取得了阶段性成果。2016 年 8 月五大连池市代表黑河市接受了国家地名普查监理组的检查，2017 年 3 月又接受了省监理组的检查，普查工作得到了专家组的充分肯定。其间，北安市、铁力市等兄弟市（县）先后到五大连池市考察交流普查工作，获得了同行的赞誉和好评。目前，张野正在带领普查办人员编撰《五大连池市地名志》，进一步推动地名普查成果的转化。

身先士卒的“急先锋”

在“二普”工作中，张野凡事都想在前、做在前，特别是遇到急难险重任务，他更是冲在前面，给同志们作出了表率。

按照普查工作流程，他组织普查办人员，编制五大连池地名普查目录，填写预填登记表 1100 张，指导各基层普查单位完善登记表 3600 张，由于工作量大，他经常带领普查办人员加班加点，查阅大量资料，反复梳理，对行政区域、群众自治组织等重点词条逐一修改、亲自把关，最后录入数据库 2945 条地名信息。在实地调查中，他带领大家早出晚归，每天驱车几百千米到各地采集地名经纬度信息、多媒体照片，标注工作图。许多点位是车辆无法到达的，为了把精确的地理坐标和图像采集回来，每天都要走很远的路，早出晚归是家常便饭，饿了就吃一口自带食物，水喝没了就舀河里的水解渴。在一次野外踏查时，他不慎被蜱虫咬伤，后来导致伤口溃烂，只得去医院做了切除手术，十字花形的刀口永远留在了他的手臂上，成为他在地名普查中留下的永恒印记。

五大连池市是一座旅游城市，但是由于种种原因，多年来一直没有设置街路牌、门楼牌和单元牌。为了解决这个问题，他多次深入街、路、居民小区调查摸底，在掌握第一手资料的基础上，提出了在市区设置街路牌、门楼牌和单元牌的建议，被市政府采纳。为了把工作做实做细，他和安装工人一起顶着炎炎烈日，在市区安装符合国家标准的街路牌、门楼牌和单元牌 5651

块，使之成为城市一道亮丽的风景，结束了五大连池市没有地名标志的历史。此后，又在农村设置村屯牌391块，为群众出行提供了便利。

界桩设置是地名普查中的重要环节。为了突出界桩的标志性和指向性作用，张野组织开展了涉及五大连池市的7条共510千米县级行政区域界线踏查勘测、界桩更换和设置工作，提前完成了省民政厅下达的任务。长期以来，五大连池市与毗邻的北安市、嫩江县从未设置过界桩，他协同相关市（县）民政部门同人开展了界桩点位确认、埋设工作，彻底解决了这个历史遗留问题。界桩埋设点都是远离人群活动的地方，埋设的新型大理石A桩每块重达一吨，装车、运输、填埋每项工作都非常艰苦，作为“领头羊”，他亲力亲为、身先士卒，总是出现在最难、最险、最苦的地方。2016年9月29日，在安装五大连池—孙吴线第10号界桩返回途中，由于当时天降大雨，工程车滑出公路，当场翻车，造成张野的头部、脸部被碎玻璃扎伤多处，腰部被车门挤压受伤。因为安装任务紧迫，他住院治疗仅7天，没等身体完全恢复，就出院投入工作中，至今每逢阴雨天他的伤口还时时作痛。单位的同志戏称，“张野用自己的血肉之躯，为五大连池市地名普查工作留下了浓墨重彩的一笔。”

虽然张野没有豪言壮语、没有丰功伟绩，但是他以严谨的态度、务实的工作作风，诠释了一分耕耘、一分收获的哲理。由于张野工作业绩突出，近年来他多次被授予五大连池市“优秀公务员”“优秀共产党员”等荣誉称号。

勤勤恳恳　真情投入
扎实地做好地名普查工作

——记黑龙江省大兴安岭地区呼玛县民政局周广厚

周广厚，男，出生于1963年8月，任职于呼玛县民政局，2007年开始负责地名区划工作。在工作中，周广厚同志工作踏实认真、勤勤恳恳，真情投入区划地名工作，真心融入群众，深入基层，注重在实践中学习，充分利用自己的所学和特长，全心全意服务区划地名工作，赢得了大家的一致肯定。2011年，第二次全国地名普查拉开序幕。呼玛县是黑龙江省的18个试点县之一。经过局务会研究，决定让周广厚同志作为这次活动的主要负责统筹普查人员之一。呼玛县是大兴安岭地区的农业大县，全县面积1.42万平方千米，所辖6乡2镇54个行政村，面积大，路途远，界线长，而且山川、河流、岛屿较多，情况复杂不一。面对繁重任务、复杂情况，他没有推卸，没有牢骚，反而觉得领导能把这个艰巨任务交给他，是对他人格的信任和能力的肯定，他责无旁贷，更是积极投身到第二次全国地名普查工作中，认真做好地名普查的宣传、调查、收集资料、录入、数据审核等各个环节的工作，为全县的地名普查工作作出了突出贡献。

一、忠诚地名区划工作，以高度的责任感对待地名普查工作

第二次全国地名普查主要查清地名基本情况，对有地无名的有地名作用的地理实体进行命名，对不规范地名进行标准化处理，设置标准规范的地名标志，建立、完善各级国家地名和区划数据库（即国家地名数据库），加强地名信息化服务建设，发挥地名在促进经济社会协调发展、方便人民群众生产生活、加强国防建设和维护国家主权与领土完整等方面的基础作用。它是全面了解中国重大国情国力的重大调查任务，是党和政府科学制定政策的依据。他深知第二次全国地名普查的意义，认真做好了普查前的各项准备工作，带领普查员反复学习第二次全国地名普查的意义、范围、要求等知识，学习普

查方案，讲解普查表的填写和注意事项，让每一名普查员都做普查的明白人。同时，还与其他普查员一起深入家家户户宣传，发放各类宣传材料。

二、一丝不苟，为肩上的责任做足功课

作为地名区划工作的新人，由于之前没有接触过类似第二次全国地名普查这样大规模的繁杂又细致的工作，他不骄不躁，踏实认真，从着手第二次全国地名普查的第一天就从一件件小事做起，从培训课上的认真听讲开始，接着核对普查摸底信息底册等基础工作，然后到翻阅大量的“一普”地名资料学习第二次全国地名普查所需要的各类标准、含义和审核标准等具体事项，抱着不懂就要学的心态。每当遇到不甚清楚的地方，他都会主动和行署民政局普查办公室的同志进行沟通交流，碰到更加复杂的问题也多次向省里培训的老师请教。在普查工作期间，他一直与普查员工作在一线，由于时间短任务重，他主动放弃节假日与休息日，与普查员一道深入乡镇、社区、林场等单位了解真实情况，耐心地向他们讲解第二次全国地名普查的意义和重要性，深入细致的讲解取得了广大群众的配合。就这样，在近6个月的时间里，完成了全县的地名普查摸底填表，按时完成任务。

三、任劳任怨，把手头的事情办到极致

第二次全国地名普查是一项复杂系统的工作，涉及很多牵涉精力的细节问题，以普查表的坐标和图片为例，该项工作作为普查的关键数据之一，尤其马虎不得。特别是呼玛县山川、河流较多，与各县的交界线很长。他挤出时间不辞辛劳、克服重重困难带领普查员亲自实地拍照、做定点收集所需信息，掌握第一手准确资料，并及时地交到各个普查员手中，为第二次全国地名普查数据处理打下很好的基础。

四、不辞辛劳，为具体的普查做到尽心

按照国务院第二次全国地名普查领导小组的要求，要将收集到的普查数据审核，并将审核后的数据录入到地名软件中。就量而言，他所肩负的任务是全县的所有数据的汇总和输入。在进行软件正式录入工作前，他坚持保质保量的原则，每天马不停蹄地穿梭于各个单位、社区、乡镇、林场，翔实了解真实情况，谨慎地进行各类数据采集工作核对，很好地兼顾了普查数据质

量和普查进度。在普查数据录入工作进行的关键时刻，他主动放弃双休日，每天加班加点，奋战在第一线。不用扬鞭，自加压力，他的辛苦没有白干、汗水没有白流，立足岗位，脚踏实地，工作卓有成效，保质保量保时地圆满完成第二次全国地名普查调查和录入工作。他就是这样一个对工作固执的工作人员，一个脚踏实地的普查员，在平凡的工作岗位上，散发着自己的光和热，将呼玛县第二次全国地名普查工作和单位里的其他各项工作顺利地向前推进。

鹤岗市地名普查纪实材料人物风采

——记黑龙江省鹤岗市向阳区地名普查员魏爽

魏爽，中共党员，鹤岗市向阳区第二次全国地名普查工作的普查员。地名对于她来说是一项全新的具有挑战性的工作。虽然在生活中每天都离不开地名，可是谁也不会去思考它的来龙去脉，反正历史上传下来的，更不会去考虑它有什么重要性。然而她就是有那种对未知领域探知的精神，非要搞清楚地名到底是个什么东西。就此开启了长达 3 年的地名求知之旅。

初识地名没有经验，没有先例，困难重重，大家都觉得无从下手，但她以党员的高标准要求自己迎难而上，她认真学习各级有关地名普查工作的文件、规定和要求，学习地名普查相关知识，在市培训会上认真听取专家的讲解，从思想上、认识上提高对地名普查工作的认知，在业务知识上做好充分的储备。

没有成熟完善的施工经验，她亲自去到试点区县学习，仔细研究试点区县的工作资料。虚心请教省地名档案馆的地名普查技术人员，互相探讨，整理出一套规范实用的施工方法。编制了适用于本区的《地名普查登记表样表》。通过规程解读及地名普查课件学习，总结汇集了《向阳区地名普查问题解答集》，供普查人员学习查阅，大大提高了地名普查工作的效率。她也从一名地名普查的门外汉渐渐成长为地名普查优秀工作者。

地名普查是一项头绪多、数据信息量大、涉及范围广的工作，需要收集大量的历史资料和背景材料，向阳区又是鹤岗市经济、政治、文化中心，许多大型企事业单位都设立在此。信息采集工作量特别大，而且不能闭门造车，必须先把外业工作都做扎实了，才能把此次的地名普查工作做好。从此她心无旁骛、埋头苦干，把地名普查工作当作头等大事来抓，每一项工作都亲力亲为，无论内业外业。每一个单位都亲自走访，收集资料。有时为了能记录到一些有价值的信息，一个单位她要跑上数十次不止。遇到不愿配合的单位她都耐心地解释来意，积极协调，即便吃了闭门羹也从不放弃。最终都能达到她预期的效果，在她看来地名工作就是体力、脑力、心态三者的有机结合，缺一不可。作为地名普查工作的一员，她走遍了向阳区的道路街巷，角角落落，沟沟坎坎。有时为了一个地名的真实性和历史沿革，甚至是一张地理实体照片，头顶烈日或身淋雪花也要亲自走访、拍摄。

接到测量地名标志经纬度这个工作时正值冬季，她所在的区是地名标志最多的区。每一个标志都是她拿着测量仪器实地去测量。因为测量仪器是触屏，所以每次操作都要把手套摘掉。为了保证测量准确性，测量仪器必须保持不动状态下 1 分钟左右，平时看来这 1 分钟很短暂，但对于在严冬里手部没有任何保暖措施的她来说却很漫长。就是这样的坚持她完成了全区 144 个地名标志经纬度的测量工作，她怀着的是一种对事业的执着，一种对工作的拼搏精神，她用情投入，用心感知，出色完成了一个又一个工作。

在把地名普查的外业部分搞定后，接下来就是转入内业查阅历史资料和填表了，虽没有外业那么辛苦，但也是一项繁杂和细心的工作，为此她不知加了多少班，熬了多少夜。有时为了一个单位的历史变迁更替和日期吻合程度，以及地名的来源、含义、历史沿革等，需要查阅历史资料和佐证上百份，有时查得她头昏眼花，腰疼背胀。有时为了能写好一张地名调查表，她都要反复写好多次，错一个字就要毁掉重新写，就是为了能把调查表写得更规整些，她总是尽心尽力地把每一个细节完善到位，当然，其间也走了许多弯路，比如有的单位批文名称与地方志所描述的不一样，有的小地名的字音相同而字义不同，有的一个地名出现在不同书籍上，但是描述却大相径庭。这都需要大量的时间和精力去考证，这些都没有一个固定的简捷模式，只能靠自己去挖掘去思索，才能完成。在用电脑输入文字工作中，她没有协作人员，只有她自己不断地摸索和探究。有时为了工作的连续性，在电脑上一连工作就是好几个小时，甚至连续几天。但她仍能做到无怨无悔、一丝不苟，在本次地名普查中，她是外业内业一个人，身心手脑一起上，按时按质按量圆满完成上级交办的任务，并得到有关领导的肯定和好评。

忙忙碌碌的 3 年过去了，她的工作也逐渐成熟，向阳区地名普查的工作质量在市级得到表扬及肯定。同时也迎来了省级地名质量体系验收，在接受验收前期她连续一个月左右没有一个休息日，有时甚至加班到凌晨一两点钟。就是因为这份坚持，她所在的区以优异成绩完成了省级专家评审验收。

魏爽，一名普普通通的党员，她没有什么过人的才能，也不具备什么超人的智慧，但她凭借自身的勤奋，用心耕耘，甘洒汗水，默默奉献，在平凡的岗位上实现着自己不平凡的人生价值；3 年地名普查工作曾一度使她感慨万千、身心疲惫，但也让她开阔了视野，受益良多。这项工作让她认识到了地名的来历、含义及渊源对社会经济发展的作用，认识到地名普查工作与国计民生息息相关，体会到了此次地名普查工作的重要性和必要性，也是历史发展的必然要求和对人类社会的积极贡献。而今，她每天身披灿烂的朝阳，悠然自得地来到地名普查办公室，以高度的文化自觉和自信，投入地名普查成果转化的新阶段。

勇挑重担不推诿　倾尽全力抓落实 确保第二次全国地名普查工作圆满完成

——记黑龙江省齐齐哈尔市甘南县地名普查办董凤文

董凤文同志，1966年出生，党员，财会本科学历、中级政工师。1989年进入民政部门以来，曾在多个岗位就职，均取得了良好业绩，受到县委、县政府多次表彰奖励。2015年全省正式启动第二次全国地名普查工作，董凤文同志因工作需要，从殡葬工作岗位抽调到县民政局地名普查办公室，具体负责第二次全国地名普查的全面工作。面对组织的信任和全新的任务，董凤文同志没有迟疑，也没有退缩，勇敢地挑起了重担，并且很快进入了工作状态，在认真学习研究的基础上，根据省、市安排部署，稳步扎实推进，确保各项任务顺利完成。

（一）发挥作用，统筹协调共同推进

《黑龙江省第二次全国地名普查实施方案》（黑地名普查组发〔2014〕1号）、《齐齐哈尔市第二次全国地名普查实施方案》（齐地名普查组发〔2014〕1号）和《关于全面启动我市第二次全国地名普查工作的紧急通知》（齐地名普查组发〔2015〕2号）等文件下发后，县委、县政府高度重视，及时组织制订了《甘南县第二次全国地名普查实施方案》，明确指导思想、普查任务、具体范围、实施步骤以及工作职责、工作要求。2015年8月2日，成立了甘南县第二次全国地名普查工作领导小组，由县委常委、副县长任组长，民政局局长任副组长，县直各有关单位为成员，下设领导小组办公室，从民政、教育、社区、乡镇、住建、史志办6个部门和单位抽调7人成立了“二普”工作办公室。各乡镇、县直社区、农场、林场也成立了相应的地名普查领导小组，全县10个乡镇、8个县直社区、2个农场、18个县直部门，共38个单位参与“二普”工作，负责地名普查工作的日常事务。为保证“二普办”作用发挥，董凤文同志积极协调各相关单位，切实形成了以县地名普查领导小

组为核心，部门与地方乡镇、县直社区、村及农场上下联动、密切配合，全县“一盘棋”，规范、高效、顺畅的运行机制，确保能够统一步调、统一标准、统一时间点完成普查任务。

（二）以身作则，全面掌握业务规范

为了尽快掌握“二普”工作的业务知识，董凤文带领10个乡镇、8个县直社区以及普查办公室25名同志，参加了2015年8月4日齐齐哈尔市举办的“二普”工作启动暨业务培训会议，为指导全县下步普查工作开展奠定了基础。在学习过程中，他坚持从自身做起，带头学业务强本领，确保“头雁”作用发挥。在此基础上，于2015年8月24日，组织召开了甘南县第二次全国地名普查启动培训会，全县10个乡镇、95个行政村、8个县直社区、2个农场和10个分场、2个林场、1个种羊场，20个成员单位230人参加了业务培训，会上县委常委、副县长作重要讲话。同时，主动邀请富有经验的塔河老地名工作者唐为喜和市民政局地名科郑然，以理论讲解与现场解答方式进行了专题培训和指导，培训会上下发了各乡镇、社区、成员单位地名普查调查目录，印制了300本地名普查操作手册，达到人手一册，印发了2000份宣传单、印制了20幅条幅，切实为甘南县第二次全国地名普查工作顺利开展营造了氛围、奠定了理论基础。

（三）加班加点，准确采集相关数据

从2015年8月底开始，以各个村（居）、农场分场为单位，针对地名名称、位置区域、相关属性及当前情况差异、变更的实际情况，董凤文同志认真组织普查员深入实地进行走访调查了解。他虽患有糖尿病，药针不离身，但他从没休过一个节假日，经常吃住在乡镇，深入到社区，巡回在全县各普查点。有时为了一个条目的数据准确性，他组织翻阅大量历史资料，直至精准无误。同时，严格按操作手册中的要求标准，及时指导和纠正工作中出现的各类问题，确保按计划高质量完成阶段性任务。

（四）注重质量，严格评价标准审核

董凤文同志始终坚持把质量、规范放在首位，精细谋划，周密推进，切实把“二普”工作打造成为放心工程、高标工程。一是严把信息采集关。严

格按照方案和操作手册科学规范去做好每一个环节，开展地名调查 2083 条，有效普查条目 1967 条。为保证外业信息采集质量，坚持严谨细致作风，要求表格填写、坐标采集必须严格精准，对不达标的乡镇有的修改在 6 次以上，切实为下步内业录入奠定了良好基础。二是严把资金使用关。严格执行相关财务管理规定，所购办公设备、器材等走政府采购，内业外包采用政府公开招标形式，支出票据有经手有审批，例行节约不浪费，把每一分的国家专项经费都用在专项工作上。三是严把地名整治关。根据上级要求，结合县情实际，及时制定下发了《〈甘南县加强地名文化保护清理整治不规范地名工作实施方案〉的通知》，结合地名普查工作，共核查清理重名等不合要求的地名 6 处，全部重新进行了更改命名。四是严把边界协定关。加大协调沟通力度，结合“二普”工作，顺利完成了与内蒙古相关地区和碾子山、龙江、富裕、梅里斯等边界勘察，并签订了边界协议。五是严把上报时限关。严格按照省市要求，积极认真组织相关资料收集、整理和起草，确保按时向省、市上报相关数据，按时完成地名文化故事编写，不拖后腿，不误事件，得到充分认可。2016 年 8 月 31 日，甘南县代表黑龙江省接受了国家地名普查工作督导组检查，通过督导组专家的检查指导，使甘南县的地名普查工作在表格填写、材料整理等方面更加完善和规范，按“黑龙江省第二次全国地名普查质量评价标准”对照审核，为后期的省、市检查验收作了充分的准备。

普查中的铿锵玫瑰

——记上海市地名普查员花叶

一个好的地名可以成就一段佳话，一个好的名字也会令人印象深刻。花叶同志在上海市第二次全国地名普查工作中的出色表现令大家牢牢记住了她的名字。

花叶，来自上海市测绘院的高级工程师、注册测绘师，担任了本次普查工作的技术总负责人，她利用专业测绘人员在技术、数据上的优势，同时深入学习、钻研本次普查的技术规范，结合上海市地名普查的具体要求，形成了一套具有上海特色的普查技术路线，确保上海市地名普查工作高质量、高效率地顺利完成，得到了市、国家普查办的多次高度赞扬。

规划科学技术路线

花叶同志在充分研究普查技术规范和地名成果要求和国务院地名普查办各项规范要求的基础上，设计了符合上海地域特色的数据库标准、技术流程、质量规范及标准，起草、编制了各类技术文档、作业指导书19份，近20万字，形成全市统一、规范和高效的整体普查技术体系。

她创新性地建立了“一库式数据模式”，使各类地名条目从资料的收集、调查目录的建立、预登记、调查分发、内业整合、正式入库及成果输出等各个阶段都在全市标准数据库中流转，从“地名普查资料数据库”“地名普查登记数据库”到最终的“地名普查成果数据库”，实现了普查数据在各个生产环节无缝的一键化管理。

钻研先进普查手段

花叶同志作为全市普查技术组负责人，深入钻研普查手段，带领项目组根据技术流程自主研发了“上海市地名普查采集系统”，实现了地名普查内外业工作的一体化。在全市普查中采用“一套数据、一个系统、一张底图”，其中一套数据为“地名普查资料数据库”、一张底图为全市基础地理信息数据，优化了地名普查的生产流程，减少流转环节，有效提高数据的准确率和作业效率。本系统分为 PC 端和移动端两部分，为工作用图、任务分发、现场调查、信息采集、数据录入导出、入库检验等普查各环节服务，系统融合了通信技术、MIS 与 GIS 技术，将任务管理流程融入到云管理终端和移动作业平台，实现了任务管理的一体化、精细化和数字化。

创新高效作业模式

本次地名普查对地名属性要求较高，涉及地名来历含义、历史沿革及地理实体概况等大量文字采编工作，为此花叶在市普查办的支持下组织了地名、历史、方志、文字等各方专家，在国家和市级普查技术要求的基础上，为各个类别地名编制“地名成果表模板”，将地名数据中每一属性项的填写要求、文字表达、语句顺序等在模板表上进行示范性填写，此外，对每项填写要求加以细化说明，使上海市的成果表填写规范、标准，减少了事后校核、返工的工作量。在地名属性把关上，花叶创新地建立了街镇、区、市三级专家审核模式，提出街镇地名专家参与审核的模式，将各区地名条目分解到街镇，由当地“老法师”从源头对地名含义、沿革、来历等进行把关控制。

全力拼搏普查一线

花叶既是技术组的负责人，也是普查领导小组的核心人员。由于本次普查时间紧、任务重，调查工作要深入至街镇，上海市 16 个区分成十几个项目小组同步推进，花叶承担了全市培训、技术指导和质量把关等繁重的工作。特别是在普查面临监理、督查、提交、入库等关键时期，花叶带领项目组不分节假日、日夜连续作战，常常为了一个地名条目的准确性反复求证，为确保数据成果的周期和质量倾注了大量心力。同时，花叶倾力为区里提供好服务，每次区里的推进、监理、督查等工作她都亲自到场指导，为上海市各区顺利完成普查任务倾尽全力。有次国家督查前，她身体不适还坚持深入到区里指导，结果病倒在作业现场被送进了急救室……休息两天后，她又出现在了普查的作业现场。

花叶同志常说地名普查工作要对现在、历史和未来负责，经得起时间的考验。她身上体现了一名优秀党员的初心，展现了高超的专业素养、高度的责任意识和高尚的职业道德。

责任和担当是他创地名普查佳绩的使命

——记上海市闵行区地名普查员潘林海

潘林海是上海市闵行区地名普查办的一员，是闵行区规划和土地管理局地名管理中心的负责人，也是此次地名普查的直接组织者、实施者和执行者。他是一位勤奋好学、踏实肯干、乐于奉献、有责任和担当的好同志。在开展闵行区地名普查工作中，他始终保持高度的责任感和使命感，脚踏实地、勤奋工作，用自己的实际行动诠释了他作为一名共产党员的光荣使命。

临危受命、勇挑重担

2015 年临近年底，原地名管理中心负责人因工作原因被调到局办公室负责局办工作。潘林海既是测绘管理中心的负责人，同时，还肩负局工会副主席和事业联合支部书记工作，但他还是义无反顾地挑起了大梁。地名普查工作对潘林海而言是一个崭新的领域，没有经验，没有先例，困难重重，大家都觉得无从下手开展工作。但他以党员的高标准要求自己迎难而上，迅速向之前开展普查的试点区认真学习地名普查相关知识，积极收集相关资料，从思想上、认识上提高对地名普查工作的认知，在业务知识上做好充分的准备。

由于上海地名普查处在开始阶段，还没有成熟完善的实施经验。为确保地名普查的顺利开展，潘林海积极与市地名普查办汇报沟通，同时，积极支持市地名普查办的新理念，即进行顶层设计，通过梳理流程、明确板块、落实责任、提出要求来制订技术总方案，并运用新技术进行技术支撑。为此，他多次召集区财政部门和招标部门，追加 2016 年地名普查专项预算经费和落实 2017 年、2018 年地名普查专项预算经费，同时采用一部分工作通过政府采购服务的方式得到招标部门的大力支持，为地名普查的顺利开展打下了坚实的基础。同时，他仔细研习地名普查的工作流程、工作规范、技术标准和技术要求，虚心请教市和其他区地名普查专家，互相探讨，网上搜集先进的地名普查成果资料，带领同事们整理出一套自上而下、条块结合、购买服务、层层审核的规范实用的普查实施方案。总结汇集了《闵行区地名普查百问百答》，供各成员单位普查人员学习查阅，大大提高了地名普查工作的效率。他也从一名地名普查的门外汉渐渐成长为地名普查专家。

工作担当、乐于奉献

第二次全国地名普查是国务院部署开展的一项基础性、公益性、战略性国情调查。这项工作跨度长、时间紧、任务重，工作环节复杂，潘林海从普查方案的制订到组织实施、经费保证、动员宣传、业务培训，从地名调查、地理信息采集到标准化处理、数据库建设、成果表、成果图的制作，从质量监理和评价到检查验收，从头到尾都全程参与，事无巨细、尽心尽力，从不叫苦、从不叫累，加班加点已成为新常态。地名调查及信息采集是地名普查的基础，必须要确保其准确性。14 个街镇、工业区，每场业务培训、沟通会必到，每月最少一次到街镇指导工作，排忧解难。他始终坚持在一线从事普查工作，亲手操作检查登记数据，逐一核实，确保了数据的真实性和准确性。他从不觉得街镇工作生活条件艰苦，他是普查工作的“指导员”“普查员”“督查员”“宣传员”“救火员”，把普查工作按市地名普查办的要求和时间节点开展得井井有条。

潘林海被称为最忙碌的人，几乎天天都要加班，更没有什么节假日，有人问他这么赶干什么，他笑着说：“改革开放 30 多年，闵行发生了翻天覆地的变化，有好多老地名已消失，同时又有好多新地名产生，摸清闵行地名家底，是我这辈子的荣幸，更是我的责任。”他工作认真负责，要求每一个地名调查数据真实准确，他检查普查员采集的数据和多媒体照片一一对照，发现有疑问或对不上号，就亲自跑到现场求证或咨询当地地名专家。

责任在心、终获硕果

同事们记得潘林海常说的另一句话是：“我们要有责任心、使命感，不要辜负这份工作。”潘林海对工作上的每件事都有很强的责任心，对不懂的事一定要弄明白，做到真理解与深贯通。市地名普查办组织的每一次地名普查业务培训他都坚持用心听、认真记，不会的问题课后及时向授课老师寻求答案，会后及时组织同事们集中讨论消化，时常为达成一个共识、一个标准答案和大家讨论到深夜。通过用心学习与不断争论，潘林海的地名普查知识与普查方法烂熟于心，成了地名普查的百事通，这才有了后来的能随时解答工作中遇到的各种问题，才有了各项工作都能赶在前，件件事情都有着落。

2016年底，国务院地名普查办质量监理和评定工作组赴上海督导地名普查工作，由于闵行区出色的工作得到了国务院工作组领导的充分肯定。闵行区地名普查工作已经顺利完成，成果转化工作正在日以继夜地进行着。闵行区的地名普查工作在市级地名普查会议上多次得到表扬及肯定，成果质量也得到了市级验收组的一致肯定。

潘林海，作为一名党员，他没有什么过人的才能，也不具备什么超人的智慧，但他凭借自身的责任心和使命感，通过勤奋工作、精心耕耘、甘洒汗水、默默奉献，在平凡的岗位上实现着自己不平凡的人生价值。

质量的守护者

——记上海市地名普查市级监理员尤清清

尤清清，上海市第二次全国地名普查市级监理和验收负责人，她虽是地名普查的新兵，却以饱满的工作热情、扎实的工作作风、精益求精的工作态度，严把地名普查的质量关和周期关，最终上海第二次地名普查成果质量位居全国前列。

一、勇挑重担，迎难而上

第二次全国地名普查是一个全新的、综合的国家工程，涉及面广、要求高、工作量大。为了加强对地名普查质量、进度、安全、保密等工作的监督，国务院要求引进地名普查监理的职能，确保普查工作有序、保质、按期完成。如何开展监理工作、发挥有效作用，在全国来说都是一个全新的工作。而对于“跨界专业户”尤清清来说，这个挑战可能比一般人接受得更快一些。同济大学土地资源管理专业的她，却自毕业起便在测绘界耕耘至今，她不仅有扎实的测绘项目管理和生产经验，也具备了丰富的测绘质量管理和检验的经验。自接到市普查办的“任命”开始，她就迅速沉下心来，研究吃透了国家30余个规范文件和技术规程。

凭借丰富的质量管理经验，她精确找准定位，确立了围绕通过国家验收的主线的监理工作目标。为了写好监理实施方案，她顶着酷暑前往全市16个区调研，并亲自驻扎在普查单位现场办公一个月，深入了解上海市地名普查工作的开展情况。她思路清晰、抓住重点，以《第二次全国地名普查验收办法》为纲领，以《第二次全国地名普查质量评价体系》为抓手，将监理内容细化、落实为9大监理表格，形成了兼具操作性和实效性的监理实施方案。在监理中，对照监理表格逐项检查各区普查办的普查工作记录，出具监理报告，帮助区普查办发现问题、查漏补缺。

二、积极创新，精细管理

在管理上，尤清清结合上海实际，将业务监理和技术指导融为一体，对各区普查办业务监理中发现的技术问题，能够当场解答的立时解答，并及时做好记录，若是疑难问题一时无法解决，也会及时将问题上报市普查办技术组，协同解决；发现的组织实施问题，当即指出，要求区普查办及时整改。考虑到普查工作过程复杂、疑难问题不少，尤清清也会根据需要组织召开专家技术指导和特殊事项专题会议。为了更好地掌握地名普查进度，尤清清坚持定期和 16 个区的地名普查办负责人沟通，每月制作一套“各区地名普查工作进展表”和“上海市地名普查形势图”，实时、动态掌握各区工作进展，为市普查办有针对性地督查普查工作提供了可靠依据。

她始终坚持以做好服务为理念开展监理。对区普查办和普查单位咨询的问题，她总是不厌其烦、尽力解答，将国家的规范、标准、要求及时准确地传递给区普查办。在监理中，对于查出的问题也会设身处地地考虑对方的实际情况，积极出谋划策，帮助区普查办明确国家要求、改正问题，以便顺利通过国家验收。

三、以人为本，狠抓质量

尤清清始终贯彻“监理与服务相结合”的管理理念、“第一次就把事情做对”的质量理念，不断加强作业队伍和验收队伍的质量意识和规范意识教育，营造良好的质量氛围。她根据自己从事全国地理国情普查等国家重大项目质量验收工作的经验，将监理与验收相结合，加强过程控制。提前介入并全程跟踪普查进度情况，对检查中发现的问题主动沟通，分析原因，共同制订整改措施，从源头上把好质量关。地名普查项目时间紧、工作量大、成果种类多、质量要求高，7 名检验员要完成 16 个区的 11 大类成果的验收工作，压力之大可想而知。面对困难，尤清清没有埋头苦干，而是冷静分析了各类成果的难点和检验员的特点，推行分工责任制，有效地提高了验收效率，保证了检验质量和周期。

2016 年年底，国务院第二次全国地名普查监理组来沪检查，上海的地名普查工作得到了充分肯定和高度赞扬，国家监理组认为上海部分区的地名普查成果质量是所检查过的省份中最好的。

尤清清同志以激昂饱满的热情、敬业奉献的精神、积极进取的品格，踏实工作、默默耕耘，为第二次全国地名普查事业默默奉献青春和智慧。

城市的阅读者

——记上海市嘉定区地名工作者朱红

朱红同志是上海市嘉定区地名办主任，有较强的事业心和责任感，有大局意识，工作认真主动细致，作风扎实。她热爱地名工作，爱岗敬业，秉承一名党员为人民服务的宗旨，在上海市嘉定区第二次全国地名普查工作中，在全区范围广、条目多、任务重、时间紧的情况下，团结协作，互相配合，带领团队较好地完成了普查工作的各项任务。

直面压力，知难而进，圆满完成普查任务。嘉定区位于上海西北部，行政区域面积为463.55平方千米，有南翔、马陆、安亭等共12个街镇。此次确定的地名调查条目数为9635条，经核实存在地名条目数5316条，其中陆地水系844条，陆地地形0条，居民点1770条，行政区域12条，群众自治组织309条，非行政区域48条，交通运输设施1570条，水利、电力、通信设施26条，纪念地、旅游景点106条，建筑物188条，具有地名意义的单位443条。采集5316条目照片，照片总数为20713张，29个视频文件。1∶50000成果图4幅，地名标志登记表1769条。针对嘉定地区面广量大的情况，动脑筋想办法，采取有效措施确保按期保质保量地完成普查任务。先后组织发动评选上报嘉定最美地名故事，配合市普查办上报嘉定区地名普查优秀成果并完成地名词典的编撰工作。完成地名普查成果完善、上报汇总工作。充分利用普查成果开展成果转化各项工作，完成地名发布系统，区地名挂图，区地名图（折叠便携图），图说嘉定地名——街镇地名图册，区数字地名档案管理系统，区地名录；完成全国和市级地名词典编撰及各类普查资料的归档与档案管理工作；配合市局完成地名普查宣传片的拍摄工作和上海、江苏联合地名普查实地督查工作等。

善于学习、钻研业务，创新普查工作方法。朱红能带领团队积极参加地名普查各项培训活动，向有经验的区地名办同行学习取经。对街镇普查员在工作中遇到的疑难问题，能主动与市地名处和市测绘院的老师请教沟通，帮助基层解决实际问题。同时及时向区局分管领导汇报普查工作的各阶段进度和完成情况。做好承上启下、协调沟通等工作，便于地名普查工作顺利开展。该同志思路清晰，有条不紊。在此次普查工作中她做到了以下几点：①前期工作推进有序；加强组织领导，健全工作体系；制订实施方案；强化保障措施；落实财政普查专项经费。在2015年底已梳理整理扫描完成历年来地名和居住区、建筑物的审批档案。摸清情况，明确普查的目标和任务。工作方式采取街镇主体，委办局辅助，多线并行，合归一处的模式，先易后难逐步推进。②强化宣传引导，营造良好氛围。印刷了以“开展地名普查、弘扬地名文化”为主题的宣传海报，组织号召街镇在街道、居民区显著位置悬挂地名普查宣传横幅，在居民小区滚动电子显示屏上发布地名普查宣传标语等。在局网站上开辟专栏，推出简报，开通微博，利用新媒体定期宣传地名普查工作。③加强工作指导，落实层层培训。先后召开了区地名普查工作推进会和普查业务培训会等。在市地名处和市测绘院的指导下掌握各类操作技术规范。④完善制度建设，增强工作规范。制定了《岗位职责》《保密制度》《档案管理制度》等其他制度，使普查工作有章可循。⑤注重“三个结合”，基本完成目标。一是政府组织实施与技术外协相结合，层层布置落实，便于采集地名信息准确率。二是以块为主，条块相结合，以镇、村为基本普查单位，具体负责采集地名信息资料。成员单位建立联络制度，互相交流情况，推进工作落实。三是传统方法与现代信息技术相结合。人员配备上以老、中、青结合，老专家把关。数据采集和成果转换上应用现代信息技术，保证了普查的进度和质量。

在地名普查的四年时间里，朱红秉承“规范地名管理，保护传承和弘扬传统优秀地名文化”精神，兢兢业业、任劳任怨、扎扎实实把地名普查工作当作政治任务来完成，为地名管理和社会公共服务打下扎实的基础，为嘉定区的地名普查工作尽责尽力。

责任心是他做好“二普”工作的根本

——记江苏省宿迁市泗洪县民政局杨以银

亲历过1980年（第一次全国）地名普查工作的杨以银，可谓是全省地名战线上唯一的一位在岗老兵。38年如一日，他始终坚守在区划地名工作岗位的第一线，从18岁参加“一普”工作的那天起至今没有换过工作，这的确是地名战线少有的坚持者。他是泗洪县民政局区划地名科负责人。老杨38年如一日，凭着他对区划地名事业的热爱，扎实做事、老实做人，在极其平凡的岗位上奉献了自己的青春和倾注了自己的汗水。在泗洪县第二次全国地名普查工作滞后于全省平均进度的时候，他自愿“脱皮掉肉”式地工作，硬是将常规不可能完成的工作在规定时间内保质保量地完成，又为泗洪县的“二普”工作取得了宝贵的成果。

一、困难再大，也必须把“二普”工作完成好

泗洪县第二次全国地名普查工作于2015年7月启动。按理说，工作启动不算晚，但由于局党组责成他主笔编纂《泗洪县民政志》，这着实让杨以银非常为难。2016年，编纂民政志工作被局党组列入年度重点工作，而“二普”工作却没有被列入其中。没办法，个人服从组织，这是杨以银作为一名中共党员应该具备的素质。杨以银想，两项工作都重要，干脆就两手抓，两不误！但事实不是杨以银打算的那样，编纂民政志工作已经严重影响了“二普”工作，让杨以银最担心的是局领导只重视民政志而忽视“二普”，结果事实恰恰就是这样。民政志初稿于2016年12月编成，而泗洪县的“二普”工作进度却滞后于全省其他县（区）。

2017年3月9日的省“二普”（镇江）培训会标志着全省“二普”工作进入倒计时，全省大多数县（区）“二普”工作已初步完成了入库数据，而当时的泗洪县“二普”工作还在忙于招标，距国家要求6月份上报“二普”成果仅有短短的3个月时间！要想按时完成“二普”成果上报根本不可能！

怎么办？杨以银坐卧不安、吃睡不香。但新任局党组书记、局长刘保国和分管局长胡明奎明确表示，要按国家和省要求如期完成任务。面对繁重而复杂的“二普”工作任务，杨以银心里像压着一块巨大的石头，感觉呼吸都很困难。心里没底呀，但更没有退路！只能靠两个字来解决，那就是“苦干”！时间不等人，杨以银在镇江培训会结束后迅速厘清思路，拟订好推进计划，回来后立即进行普查内业整理。同时，给中标公司施加压力，要求尚未签订合同的中标公司两天内必须进驻泗洪并立即开展工作。杨以银组织了外业调查、内业整理、数据录入与处理等 3 个工作组迅速开展工作。同时，他还要求普查办和技术服务单位工作人员，在此非常时期，暂不考虑节假日和星期天，每天的工作不受上下班时间的约束，做到“日出而作、日落而息”。而杨以银自己则更是加班加点，常常工作到深夜，甚至干脆就吃住在班上。经过 150 天的苦战，泗洪县终于如期保质保量地完成了“二普”成果上报工作。

二、公而忘私是共产党员的本分

自 2017 年 3 月 9 日省“二普”（镇江）培训会开始，泗洪的“二普”工作每天都是“倒计时”，上报成果数据基本上每月都有，工作的压力是一个高潮接着一个高潮。最不凑巧的事是，杨以银家的新房亟待装修，这是他 55 岁才拥有的首套房产，应该是空前重视才对，杨以银和他老伴也着实是这么想的。但事与愿违，偏偏赶上“二普”这件大事！其实开发商于 2016 年 11 月就将新房钥匙交给杨以银了，苦于没有时间装修才耽搁下来。杨以银的老伴是经常催促装修，但杨以银就是不闻不问，时间拖长了，老伴抱怨的话听得老杨耳朵都累，无奈之下，杨以银请了半个小时的假，约好改水电的师傅到现场看下，结果，事情还没来得及说，班上的电话又来了，杨以银只有丢下师傅直奔单位，临走时丢下一句话：“师傅你看着改吧！”装修是件很麻烦的事，需要投入很多精力来设计和规划，但杨以银真的是实在没有时间，他恨不得每天的时长不是 24 小时而是 240 小时！后来装修做防水、铺地板砖、上木工……大小 20 多个环节，杨以银根本没有时间过问，只能由师傅“看着办”。结果，一年下来还是没有装修好，直到 2018 年 2 月，新房才算勉强装修完成，这时候许多问题也都明显地暴露出来了，诸如客厅电视机下面插座偏移中心 50 厘米，进户门内门框与主门颜色不协调，冰箱位置没留好占了本来就不大的餐厅明显感觉堵，厨房该有插座的地方没有插座，洗手间吊顶里高外低不统一，复合地板不仅开缝还“吱吱”作响……艰巨的“二普”任务可算完成了，而杨以银的新房却装砸了！为此，老伴至今还是三六九、九六三地抱怨不停，甚至为此而吵架！

三、只要能完成任务，脱皮掉肉也值得

自2017年3月9日省“二普”工作进入倒计时起，杨以银的“神经”弦“崩”得很紧，一刻也不敢放松！除了紧盯着每天的工作进度，需要自己亲手干的活更多，因为地名的属性信息别人没有自己清楚呀。他每天天一亮就前往4千米外的单位，晚上11点到家，周而复始。从3月13日至8月下旬，5个多月的时间里，杨以银总是精疲力竭地度过每一天。很多时候为了赶时间抓进度，杨以银索性住在办公室，这样可以赢得更多的宝贵时间。单位距离小吃店较远，杨以银经常饿着肚子干活，一干就是几个小时，常常奋战到深夜，而且是有家不能回！据单位值班的门卫说，杨以银晚上一个人在这16层大楼里陆陆续续地住了几十天！这样“脱皮掉肉”式的工作持续了5个多月，人消瘦了，脸色灰暗，连续数月的加班熬夜造成他的血压由原来的70—110上升至95—150，可谓突飞猛进！更大的威胁是久坐造成他患上了肾结石，犯病时疼得他脸色惨白在地上打滚……功夫不负有心人，到当年的8月下旬，泗洪县的“二普”工作终于迎来了曙光！“二普”成果在此前通过省验收的基础上上报国家验收。“二普”成果数据经过几次整改，至2018年7月，成果数据存在的问题和错误已接近清零状态。到2018年10月，泗洪县的“二普”成果数据顺利通过国家验收，且成果质量也由此前处于全省的后进状态冲刺到全省的中上游板块！

泗洪县第二次全国地名普查工作完成后，泗洪县迅速开展地名普查成果转化工作，以此将地名普查成果尽快地分享给社会。在“二普”成果数据尚处于国家验收阶段，积极利用准确的普查成果资料，编制《泗洪县政区图（2018）》和《泗洪县城区地名图（2018）》《泗洪县地名录》，为党政机关、专业部门日常使用和编制各种规划提供适用性蓝本，“两图”编印完成后迅速得到社会公众的喜爱。2018年10月，泗洪县以题为《科学编图，管好档案，扎实推进地名普查成果转化工作》的交流材料在江宁召开的全省地名普查成果转化工作推进会上作为全省先进县代表现场发言。

用专注去聆听　用脚步去丈量

——记江苏省常州市民政局区划地名处戴亚君

2015 年 4 月，戴亚君调任常州市民政局区划地名处处长，从此他便与地名普查结下了不解之缘。在开展第二次全国地名普查的这几年中，他始终保持高度的责任感和使命感，脚踏实地、勤奋工作，深入学习贯彻习近平新时代中国特色社会主义思想，用思想指导行动，用行动诠释了一名共产党员的光荣称号。

虚心学习　勇挑重担

第二次全国地名普查从 2014 年 7 月 1 日就已经开始了。戴亚君初来乍到，还是个区划地名业务的“门外汉”，随着工作逐步开展和人员调整，戴亚君独自挑起了大梁。地名普查项目对他而言是一个崭新的领域，没有经验，没有先例，困难重重，大家都觉得无从下手工作，但他以党员的高标准要求自己迎难而上，他认真学习地名普查相关知识，积极收集相关资料，从思想上、认识上提高对地名普查工作的认知，在业务知识上做好充分的储备。

对照《第二次全国地名普查指导手册》和《第二次全国地名普查百问解答》，他仔细研习单位的地名普查试点资料，虚心请教省内外地名普查专家、学者，互相探讨，网上搜集先进的地名普查成果资料，带领辖市、区普查办成员外出虚心求教，逐步整理出一套规范实用的普查方法。创新编制了《常州市地名普查登记表》、总结汇集了《常州市地名普查问答》、开发了普查登记系统软件，供普查人员开展普查使用，基层普查员只要根据样表和 76 项对应的表格，输入或导入相关地名信息及多媒体数据，普查登记表将自动生成，大大提高了地名普查工作的效率。全市 6 个辖市、区，61 个镇、街道，他一家一家上门开展普查培训，对基层普查员他手把手地开始教，他自己也慢慢地从一名地名普查的门外汉渐渐成长为地名普查专家。2015 年 7 月，常州市第二次全国地名普查推进会议顺利召开，全市地名普查掀起了新的高潮。

亲力亲为　默默奉献

第二次全国地名普查是国务院部署开展的一项基础性、公益性、战略性国情调查。这项工作工期长、时间紧、任务重，工作环节复杂，戴亚君从普查方案的制订、地名调查、地理信息采集、标准化处理、数据库建设、成果表成果图，到检查验收从头到尾都全程参与，从不假手他人。地名调查及信息采集是地名普查的基础，必须要确保其准确性，常州市行政区域面积4300多平方千米，要下乡走一圈最少要一个星期，他始终坚持在一线从事普查工作，与基层普查员一起检查登记数据，逐一核实，确保了普查数据的真实性和准确性。他从不觉得普查工作生活条件艰苦，有的时候野外作业错过了“饭点”，一碗方便面、2个馒头对付一顿也是常事。他是普查工作的“指导员”“普查员”“指挥员”“宣传员”“救火员”，多重角色在身，无暇分身，他把全部的精力投入到繁忙的工作之中。

无论下基层工作还是在单位，戴亚君被称为最忙碌的人，经常都要加班，更没有什么节假日，穿梭在内业和外业之间。他工作认真负责，要求每一个地名调查数据真实准确，他检查普查员采集的多媒体照片，发现有的照片模糊，就亲自跑到现场采集合格的照片。因项目技术部设在常州市测绘院，有的时候深夜还和技术人员一起商量普查数据，他进进出出忙碌的身影被称为“测绘人”，就连测绘院对门的小面馆也都以为他是测绘院的职工，民政人的业务素质和敬业精神得到了大家的充分肯定。

创新有为　收获累累

戴亚君对普查工作上的每件事都能留心，对不懂的事一定要弄明白，做到真理解与深贯通。民政部和江苏省组织的每一次地名普查业务培训他都坚持用心听、认真记，不会的问题课后及时向授课老师寻求答案，晚上向同事们讨教，时常为达成一个共识、一个标准答案和大家争得面红耳赤，有时甚至争论到深夜，这也成了地名普查的一种职业病。通过用心学习与不断争论，戴亚君对地名普查知识与普查方法烂熟于心，成了地名普查的百事通，这才有了后来的能随时解答工作中遇到的各种问题，才有了各项工作都能赶在前，件件事情都有着落。

地名普查与成果转化息息相关，他本着“边普查、边利用”的原则，一边忙地名普查，一边忙成果转化，成果之间有效形成了互补。积极主动与当地科研院所、高等院校、知名学者、理论专家建立广泛密切的联系，把当地知名的地名研究专家全部邀请过来，成立了规模强大的专家咨询队伍，讨论研究地名普查和成果转化中遇到的各种疑难困惑，指导开展全市地名服务各项工作。与常州工学院合作编纂《常州历史地名文化大辞典》过程中，在他的策划和指导下，组建了一支高水平的研究团队，成员包括地方高校语言学、历史学、文化学、文学、地理学、社会学、文献学、计算机科学、图书馆学等学科的教师和专家以及多位热衷于常州地方历史文化的研究者，全书近400万字。该辞典编纂典型做法被作为民政部《中华人民共和国标准地名志》编撰参考办法，向全国推广。

依托第二次全国地名普查资料，按照分类、分级、分批的原则，戴亚君主持编纂出版了一批标准地名图（集）、标准地名录等权威地名工具图书，充分满足社会各界对地名信息的需求。目前已正式编纂出版了《常州市行政区域图》《常州市政区图册》《常州地名文化系列图书——常州城门与古桥》《龙城印象——常州市地名图片集》《溧阳地名》《溧阳地名印记》《地名那些事儿》《地名是我们回家的路》《金坛地名故事》《武进地名故事》《常州地名故事》《新北地名拾趣》《毓秀钟楼地名考》《最忆钟楼征文集》等一大批具有地方特色的各类地名专业书籍。此外，还指导各辖市、区正式出版了本辖区的政区图及地名图，以及《常州市地名录》《溧阳市地名录》《金坛地名录》《武进地名录》《新北地名录》《天宁地名录》《钟楼地名录》《常州市地名志》等，“1+6+X”地名录、典、志体系正在逐渐形成，即将有序推出，相应电子工具图书等一批普查科技转化成果也即将面世。同时，戴亚君还积极创新吸收社会力量参与地名工具图书编纂，鼓励并推动高等院校、地名研究会以及专家学者编纂地名释义、地名考释等专题性、区域性、学术性地名工具图书。

做实做细　强化协作

为深入推进地名基础工作信息化建设，进一步完善标准地名库，更好地服务民生，促进经济社会发展，戴亚君主动协调市公安局，借助公安部门网格化管理的成功经验，开创性地结合第二次全国地名普查工作，由市民政局和市公安局联合针对全市未命名、未批复的道路和住宅小区，开展专项登记核查工作，仅2015年全市共核查出未命名、未批复道路563条，未命名、未批复住宅区48个。此举既解决了基层地名普查工作人员人手不足的问题，又解决了普查覆盖面不到位的难题。

在全面核查清理全市实有道路、居民小区底数的基础上，利用第二次全国地名普查工作的契机，集中解决部分道路、居民小区未命名或因审批手续不全长期未批复的问题，推进全市地名管理标准化、规范化、制度化，提升城市文明形象和群众满意度，为进一步完善全市标准地名库建设奠定基础。

全市各级公安机关根据本地实际，主动与驻地民政部门协调，改变了以往基层地名工作“无人问津”的格局，组织社区民警和社区（村）委工作人员，逐路逐街逐巷开展全面排查，列出辖区目前尚未命名或因手续不全未经地名管理部门批复的道路、小巷、里弄明细，填写《未命名、未批复道路汇总表》，逐一核查清楚道路的起点和终点；对路线较长、涉及多个公安派出所辖区的道路，按照“宁重毋漏”的原则，涉及地公安派出所均要登记上报，由辖市、区治安大队汇总时进行去重；对辖区因土地手续不齐等因素导致的未命名或上报未批复、但实际已交付使用的部分居民住宅小区，特别是安置小区，公安派出所必须逐一核查清楚并填写《未命名、未批复居民住宅小区汇总表》。

各公安派出所社区民警完成排查核对工作后，由分管社区警务副所长负责验收汇总，形成各公安派出所《未命名、未批复道路汇总表》和《未命名、未批复居民住宅小区汇总表》，分别上报街道（乡镇）民政部门和辖市局、分局治安大队。派出所在上报的同时督促街道（镇）民政部门及时向辖市、区民政部门上报排查情况。各地公安机关治安大队汇总各派出所情况后，再上报市公安局人口管理支队，同时，主动与各辖市、区民政部门衔接，汇报本辖区未命名、未批复道路和未命名、未批复居民住宅小区的调查情况，通过各辖市、区民政部门及时向市民政部门上报调查情况，最终由市民政部门审核后集中解决全市未命名、未批复道路和住宅小区的问题。

开展全市未命名、未批复的道路和住宅小区核查登记工作，是第二次全国地名普查的一项十分重要的基础性工作，也关乎群众的切身利益。全市各级民政、公安机关高度重视，强化组织领导，细化工作措施，精心组织开展好核查登记工作。各级公安机关分管领导主动与民政、城乡建设等部门联系沟通，建立协作配合机制，共同做好核查登记和上报工作；积极邀请街道

（乡镇）民政部门负责地名工作的人员一同参与排查核对工作，全面核查清楚辖区范围内道路和住宅小区情况；建立道路和住宅小区名称日常规范管理机制，对今后辖区新建道路小区，积极会同民政部门上门核查，主动督促建设单位申报名称命名。社区民警围绕辖区路段和居民住宅小区，开展地毯式排查，通过查询标准地名库、查看文件批复和实地勘察路牌楼牌等形式进行核查，确保本责任区内未命名、未批复的道路和住宅小区不漏登；分管所领导深入辖区进行实地核查，对民警排查情况进行验收，做好与街道（乡镇）民政部门的衔接工作；分管领导和分局治安大队要加强实地指导和检查，确保排查登记工作的全覆盖。

着眼运用　提升服务

按照“边普查、边转化”的工作要求，戴亚君指导并带领全市各级共推出成果转化项目共计40余项，一大批地名文创、地名丛书、地名保护项目填补了当地和相关领域的空白。为了更好地实现地名普查成果转化利用，提升地名信息化管理和共享服务水平，将传统的地名普查成果转化利用与“互联网+”思维和高新技术相结合，充分发挥互联网的优势及其在社会资源配置中的优化和集成作用，利用信息通信技术以及互联网平台，将互联网与地名普查成果转化利用工作进行深度融合，提升地名普查成果管理信息化水平，构建多样化的服务与共享模式，实现传统地名普查成果转化利用的转型和升级，一直以来是戴亚君不断探索和创新的地名服务新模式。

在“互联网+地名普查成果转化利用”的建设思路下，戴亚君于2016年开始牵头组织“常州市区划地名信息平台”的建设。实现地名审批网络化办理、图文一体化管理、数据动态更新，建设公众服务门户，提高了市、县、乡三级地名管理工作的科学化、规范化和信息化水平，对规范地名管理、提升行政效率、服务社会公众、保护地名文化等起到积极作用。平台建立了面向不同用户、不同应用网络的软件系统，分为地名服务网、地名审批系统、地图管理系统三部分，每个系统的运用用户，都是“普查员”，实现了“人人普查”的构想；平台将地名的行政审批与数据更新结合管理，建立了民政部门地名审批、测绘部门数据采集入库一体化管理流程，在地名日常动态审批的管理机制保障下，实时动态入库，达到了“天天普查”的目的；平台建立了区划地名数据库的长效更新机制，实现地名日常审批与动态入库的无缝衔接，实现公众纠错与动态更正的无缝衔接，形成了“时时普查”的崭新局面。

互联网＋　持续更新

信息社会，如何确保地名信息的实时更新，一直是戴亚君思考并实践的“新课题”。“让信息多跑路，让群众少跑腿”，戴亚君将地名的行政审批与数据更新结合管理，无缝实现已报批地名的实时动态入库，对地名普查成果数据库持续更新。社会公众通过浏览地名服务网的地名地图，可浏览、查询最新的地名普查成果，他将本次地名普查中的居民点、道路、高层建筑、单位、社区等地名信息（标准地名、地名来历、地名含义、地名历史沿革）提取进入互联网终端，借助社会力量对地名信息进行审核校验。网民通过地名地图的纠错入口，对地名信息进行纠错。专家在后台对纠错信息进行审核把关。借此平台，动员全社会广泛参与地名普查校验核对工作，切实提高了地名普查数据准确性和文化挖掘的深度。

为了让地名普查成果转化为“接地气”的公众产品，戴亚君通过多库整合建立了覆盖全市域的区划地名资源中心。审批成果库作为业务库，存储地名命名、更名、消亡等审批成果信息；地名库作为空间库，存储所有地名、地名标志的空间信息和属性信息；区划库同样作为空间库，存储州市级、区县级的行政界线、界桩数据；民政专题库存储了民政部门除区划地名以外其他各类空间地理信息，包括社区服务、福利彩票、居家养老、婚姻登记、民政单位、殡葬网点、社会救助、福利机构等。“一张网”连接了政府与百姓两端，架设了沟通渠道，理顺了管理与服务的关系，提高了公众参与地名普查的热情。

GIS 对空间数据和属性数据共同管理、分析和应用，而一般 MIS（数据库系统）侧重于非图形数据（属性数据）的优化存储与查询，即使存储了图形，也是以文件的形式存储，不能对空间数据进行查询、检索、分析，没有拓扑关系，其图形显示功能也很有限。戴亚君创造性地采用 WebGIS 技术，结合业务审批所采用的 MIS 技术，较好地实现了 MIS 和 GIS 的无缝集成。地名审批成果子系统以 MIS 为主，在地名审批过程中集成 GIS 技术，支持随时调用地图，从而便捷地为地名审批提供地理位置依据，实现图文一体化审批管理，提升区划地名审批的科学性、有效性。

伴随着第二次全国地名普查的忙忙碌碌，常州市地名普查的工作质量在各级地名普查会议上多次得到表扬及肯定。戴亚君总是这样说："普查工作只有起点，没有终点。"虽然第二次地名普查的主体工作已逐渐转入成果转化工作，但地名的考证和挖掘、整理和分析、开发和利用又站在了一个新的更高的起点上。

戴亚君，一名地名工作者，一名普普通通的党员，他没有什么过人的才能，也不具备什么超人的智慧。但他凭借自身的勤奋，用心耕耘，甘洒汗水，默默奉献，在平凡的岗位上实现着自己不平凡的人生价值，也以自己的实际行动践行着他的入党誓言。

矢志为民守初心　笃专地名砺使命

——记江苏省镇江市地名普查办殷金彤

第二次全国地名普查开展以来，殷金彤同志始终坚持把普查工作作为一件实实在在的民生实事，牢记“民政为民、民政爱民”的初心使命，强化一切为人民的工作导向，从全市高质量发展大局着眼，从老百姓所期所盼着手，勤奋工作，开拓创新，在省厅的指导下，镇江地名普查工作圆满完成，地名地址示范市通过民政部验收，“一库两平台”公共服务系统获江苏省现代民政十大创新成果，镇江地名工作真正在全省做出了品牌，在全市作出了贡献，在广大群众中做出了口碑。荣誉的背后折射的是作为民政人深厚的为民情怀和高效的工作机制。

一是聚焦“地名普查”夯基础。地名是重要的基础地理数据。为切实做好地名普查工作，她以强烈的责任意识、奉献意识、担当意识和创新意识，圆满完成全市地名普查工作，顺利通过部、省验收。2018—2019 年，为进一步提高普查数据的精准，在全省率先完成市、县两级行政区域界线矢量转化及镇、村两级行政区域管理线核定工作，形成覆盖全市范围的市、县、镇、村四级数字化区域网格，为各层各级政府厘清各自普查区域范围，明晰职责提供技术支撑。截至目前，普查数据成果已被自规、发改、编办等 10 多家部门广泛应用于“多规合一”、户籍归属划分、城市综合协调管理、《长江岸线保护规划》等多方面，为政府部门行政效能的有力提升贡献了民政力量。在 2020 年突发新冠疫情防控期间，及时提供的可调可变、可增可删的区县、镇街、村社《政区地名图》，为应急宣传在疫情统计、社区管控、健康登记、物资转运等方面提供数据保障。

二是聚焦“地名清理整治”强举措。针对门楼牌“缺码断号、丢失损毁”导致“地方找不准、邮件寄不到”等市民反映强烈的问题，在全省首家开展历时 3 年的门楼牌整治行动，共增补设置各类门楼牌 38 万余块，基本实现“一门一号、一号一牌”，市民不再“找不着北”。2019 年，按照“控增量、清存量”的思路，与市直6部门并肩作战，在全市开展了不规范地名清理整治工作，累计标准化处理地名838条，拆除非标准地名标志广告461处，制定的“事前事中事后”长效管理机制，将更多“望得见山、看得见水，记得住乡愁”的地名呈现给广大市民。

三是聚焦“地名服务平台”求突破。为落实“放管服”改革有关要求，切实解决群众办事来回跑腿的难题，在圆满完成第二次全国地名普查的基础上，以“全国地名地址试点示范创建城市”为抓手，通过制定数据采集、整合、入库等标准和“地名地址”信息服务平台运行办法，累计标准化处理各类地名地址数据124.3万条，率先建成“镇江市地名地址公共服务系统”。该系统建成以来，服务对象可网上直接提交申请和实时查阅审批进度，实现了“跨部门、跨层级不见面审批”和“数据实时查询共享服务”，真正让“数据跑路”替代了“群众跑腿”。

四是聚焦“地名文化保护”浓氛围。“何处望神州，满眼风光北固楼。”悠久的历史文化、深厚的人文底蕴，造就了镇江璀璨多彩的地名文化遗产。通过开展形式多样的传承和保护工作，让地名这一“活化石”更好地延续历史文脉，传承城市历史记忆。近年来，先后建立历史地名保护名录制度，收录地名363条，为其中69个地名树碑立传。《诗话地名·永远的乡愁》获民政部公益性地名文化宣传立项。《诗词里的镇江地名》以诗词为引，“声”动地讲好镇江地名故事。“京口”“绿竹巷”“五十三坡”“三元巷”等老地名先后登上“学习强国”“中国地名大会”等平台，引发社会大众广泛点赞和参与互动。

苍茫林海，扎根大地才能根深叶茂；大江大河，不忘源头方能奔腾不息。在今后的工作中，她将始终坚守为民爱民的初心与使命，在民政事业高质量发展的征途中守正出新、砥砺前行，为“强富美高”新镇江建设作出新的更大贡献。

执着于地名普查工作的宝应人

——记江苏省扬州市宝应县民政局刘翔

刘翔，男，江苏省扬州市宝应县人。1996 年进入宝应县民政局工作，2011 年，经过单位竞聘上岗，担任局区划地名科科长。2014 年，参与全县的第二次全国地名普查工作，负责文件起草、外业协调、组织会议、资料收集及整理归档等项工作。知情的人都说，如果没有一种吃苦耐劳、敢于担当的精神，刘翔是绝对挑不起这一副重担的！3 年来的地名普查工作的实践证明，刘翔不仅挑起了这副重担，而且 2017 年 6 月以优异的成绩顺利通过省级专家的评审验收，市局和县局地名普查办的领导对他的工作也极为赞赏。

刘翔世居宝应，是一位执着的地名普查工作者，他的执着精神主要缘于对宝应地名文化的热爱。当初，刘翔学的是汉语言文学专业，一开始就热衷于中国古典文学和历史文化的学习和研究，许多经典篇章，至今他都能熟记背诵。从事区划地名工作后，刘翔出于对家乡的热爱，潜心研究宝应地名历史文化，对宝应地区的地理变迁、风土人情、历史沿革等知之甚广，对一些民间传说的经典故事、重大历史事件等，如数家珍，有很深的研究和独特的见解。地名普查工作开展以来，刘翔以严谨务实的工作作风、“不唯书、不唯上、只唯实”的科学态度和对历史高度负责的精神，为宝应的地名普查工作把关、引路。几年来，他始终把地名文化的发掘工作放在首位，孜孜不倦、任劳任怨，不分上班和下班，不分休息日和工作日，有时候还不分白天和黑夜，从不计较个人得失和劳动报酬，他执着的敬业精神受到领导和同事们的一致好评。

地名普查是一项头绪多、数据信息量大、涉及范围广且十分复杂的工作，需要协调 10 多个部门和单位开展工作，同时还要收集各部门和单位的大量历史资料和背景资料。加之撤乡并镇以来地名变化比较大，城市化建设以来，县城和集镇又产生了许多新地名，真可谓是点多、面广、线长，信息采集工作量特别大，而且不能闭门造车，必须先把各项工作都做扎实了，才能把此次的地名普查工作做好。为此，刘翔心无旁贷、埋头苦干，把地名普查工作当作头等大事来做，在长久而又艰辛的工作之中，很快成为此路上的行家里手。2015 年，经过省市地名普查办的前期培训后，刘翔进一步明确了任务目标、时间节点，分清了主次关系和轻重缓急，开展了地名普查涉及的 11 大类的全面调查。这些类别的普查，都需要认认真真地和各相关职能部门对接，争取他们的支持和帮助。刘翔不辞辛劳多次上门查找各类资料，有时为了一个地名的真实性、含义及渊源，常常是头顶烈日，或者身淋暴雨，至于饿着肚子拜访某些部门和乡镇已退休的老同志，更是家常便饭的事。

记得 2015 年 7 月的一天，当日晴空万里，骄阳似火，高温难耐，刘翔背着卡片、相机、GPS 等物品，和外业普查员一起赶往西安丰镇去挖掘探寻地名来源。他奔走在绿草荡畔，尽管当时汗流浃背，加之他因腰椎间盘突出引发的腰椎疼痛，他硬是忍痛坚持着，有一种信念在支撑着他，促使他不断地前行。忽然间，一片乌云飘过，天空中电闪雷鸣，狂风阵阵，紧接着的是瓢泼大雨，真是天公不作美，无处藏身，雨水和汗水齐下，全身湿透，其中的滋味只有本人才能体会……尽管如此，刘翔还是咬紧牙关坚持住了，那是一种不达目的誓不罢休的毅力在支撑。

当刘翔他们把所有的工作完成时，雨也停了，衣服也干了，他想这就是大自然对他的考验吧。第二天，当他早晨起床的时候，感觉到头痛发热，四肢无力，心想："坏了，这样我还怎么开展工作?"可事实不容他本人抗拒，一检查是患上了重感冒，医生说需要挂水，可是他认为这样又要耽搁时间了。不想去挂水，就随便开了点药，带在路上吃了。为此遭到了家人责怪：为了这样的事情把自己身体搞垮了，值吗? 他说："没有什么值不值的，干工作哪有那么娇气，比起那些抛头颅、洒热血的革命先烈，这算不了什么，我心无悔!"像这样类似的事情，在刘翔身上发生过很多很多，真是不胜枚举。协助搞外业时蚊虫叮咬，日晒雨淋，司空见惯。一次次，就这样，刘翔硬着头皮没有退缩，总算协助外业人员把地名普查的外业工作搞定了。

接下来就是转入内业查阅历史资料和填表，这活儿虽没有外业辛苦，但也是一项繁杂和细心的工作，为此刘翔不知加了多少班，熬了多少夜。有时为了一个单位的历史变迁更替和日期吻合程度，以及地名的来源、含义、历史沿革等，会同专家组成员一道查阅历史资料和佐证上百份，有时他查得头昏眼花，腰疼背胀，但他总是尽心尽力地把每一个细节完善到位。当然，其间也走了许多弯路，比如有的地名的来历与地方志所描述的不一样，有的地名的真实性令人怀疑，这都需要大量的时间和精力去考证，这些都没有一个固定的简洁模式，只能靠自己去进一步考证才能完成。在用电脑完善数据资料时，刘翔缺少协作人员，只能靠自己不断地摸索和探讨。有时为了工作的连续性，在电脑上一连工作就是好几个小时，甚至连续几天。由于电脑的辐射作用，对他的眼睛已造成了不同程度的损伤，视力急剧下降，看东西都是模糊的，但他仍能做到无怨无悔、一丝不苟。在本次地名普查中，刘翔是外业内业一并干，身心手脑一齐上，按时按质按量圆满完成上级交办的任务，并得到有关领导的肯定和好评。但刘翔面对赞扬，总是淡淡一笑而过，他始终保持着谦虚谨慎的工作作风，觉得自己做得还很不够。

其实，刘翔的家庭压力很大，家属在外地工作，夫妻长期两地分居，小孩上初中，因为是女孩子，每天要按时接送，晚上还要辅导孩子完成作业；父亲患有高血压、冠心病等多种疾病，曾两度脑梗入院治疗，生活不能完全自理，还需要有人照料。去年下半年，父亲住院做手术期间，刘翔正忙着地名普查省级验收工作，实在脱不开身，他只好花高价钱聘请护工在医院照料，下了班，他才去医院陪伴。

刘翔以他高度的历史责任感和不辞辛劳的奉献精神，为全县的地名普查和地名文化挖掘工作作出了一定的贡献，为宝应的地名普查工作者树立了标杆，作出了表率。他凡事敢为人先的工作作风和严谨务实的工作态度，赢得各级领导和同事的交口称赞，被誉为“我们身边学习的榜样”。

传承文脉守望家园

——记浙江省温州市瑞安市退休干部陈思义

陈思义从中共浙江省瑞安市委宣传部副部长、《瑞安日报》总编的岗位上退下来后，从事地名工作，如今年过七旬仍痴迷不已。

2006 年 11 月 30 日瑞安市人民政府发出了《关于开展申报千年古县活动的通知》，成立了千年古县参评委员会，已经退居二线的陈思义在参评委员会之列，被任命为主编，组织撰写申报千年古县的材料。从那时起，他就开始了对地名文化的潜心钻研，在那个寂寞的世界里，默默无闻地寻找生成于历史与现代之间的密码，将它们的记忆呈现于情感与文字的起伏中。

2007 年 2 月陈思义参加了瑞安经济开发区路名讨论，接着又参加了《瑞安城市地名总体规划（2006—2020 年）》审核，任本地专家组组长。

2009 年，他主编的《千年瑞安》一书出版，这本书如同一幅画卷，展现了瑞安一千多年的沧海桑田、岁月变迁，那些山川、村落、街坊、建筑、古迹地名，成为瑞安历史悠久、文化灿烂、名人辈出的地理标志和历史记录，也承载了城市的文脉。此书参加第八届全国书籍设计获奖作品展和国际交流展，以东方人文美学独有的气质，具有天然材质的朴素之美，令人耳目一新。

2010 年 7 月开始在《瑞安日报》开设“地名文化”专栏，发表了一系列地名文化散文，之后把这些文章编印成地名散文集《顾名思义》。

2009 年至 2012 年全国开展第二次地名普查试点。瑞安市作为温州市唯一试点区域，查清了试点地区的地名以及相关属性信息，对不规范的地名进行了标准化处理，对重要地理实体设置地名标志，建立了地名信息数据库。瑞安市地名普查办到 2012 年收集整理完普查的绝大部分资料，建立了相关的数据库，作为地名成果转化部分，市普查办开始编纂新版《瑞安市地名志》，把地名标准化的成果用文字固定下来，陈思义受邀接手编纂任务，其间整理了大量资料，跑塘下、马屿、仙降、荆谷、碧山、潮基、永安等地，不畏严寒酷暑，去实地考察。岩头埠，金潮港的中转埠，晚清时船舶可乘潮直达潮基街，后因河床淤浅，港埠下移，形成岩头埠。民国 19 年（1930 年）曾一度经营轮船运输业务，湖岭、陶山等地货物大都从此港运至瑞安港中转外地。1953 年在此设立航管机关，1957 年建客运码头，恢复货轮营运。他到实地考察，弄清“潮基岩头”这个地名的含义。

陈思义考察碑文

他做足一系列的田野调查，从多方面探索瑞安地名文化，获得了初步的研究成果。如陶山片区 100 多个村，每个村他都去过。他跟那里的乡亲开玩笑：可能除了你们的书记、镇长，我是少有的到过陶山所有村子的人了。每次所到一地，通过村干部、村里了解实地情况的老人等召开座谈会，启发他们回忆村里曾经与地名有关的典故、故事和重大历史事件。对于通过座谈了解到的情况进行去粗取精、去伪存真，形成宝贵的历史资料。文字说明部分，跑新华书店，上当当网、孔夫子旧书网，一本一本地淘地名专著。查阅地方史志，利用现代网络搜集与地名相关的信息，深入挖掘地名文化内涵，把握瑞安地名文化的重点、特点，对地名语源、地名沿革和历史事件、历史人物等做到反复考究。他在地名志初稿基础上，分别从体例、地名分类篇章设置、附篇、文字、标点符号等方面多次提出具体修改建议——体例上既要继承又要创新。全书总体框架结构可以设篇章或章节；附篇收录重要参考资料；收录的每条地名都要独立成篇，结合地名基本要素、历史沿革和现状特征三部分依次记述；文字多方斟酌，风格朴实、简练、详略分明；注意收录统计数据的稳定性，对拿不准的内容要及时讨论解决；与各有关部门联系，征求意见，对初稿不断补充和完善。

2017 年，陈思义继续参与各项地名工作，以他为主评审的瑞安地名专家评审团结合现场踏勘、了解丁山二期围涂工程背景、有奖征名活动等情况后，对围垦区有奖征名的 115 条地名多方筛选讨论，结合符合丁山二期区块未来发展战略方向，体现内涵与便于传播性的地名，最后确定 10 个入围名称。

他研读了一堆地名文化专著，翻烂了《瑞安市地名志》，殚智竭力，数易其稿，写出《白乌兆瑞——瑞安地名文化探索》，已出版。

陈思义说：“注重对历史记忆和文脉的保存，人类才有心灵和文化之根，才有更美好的未来。地名文化研究是一个大课题，我还浅薄，还要老当益壮去探索新的，纠正错的，弘扬好的，再努力吧。”

坚守地名文化阵地　醉心地名文化保护

——记浙江省丽水市青田县民政局郑小平

郑小平是浙江省丽水市青田县民政局社会事务科副科长。作为基层一线的地方地名文化的挖掘者、传承者、弘扬者、保护者，自2006年从部队转业到民政局工作以来，他坚守青田地方地名文化这块阵地，默默奉献着自己的青春，在推进地名文化建设中一干就是12个年头，从一个毛头小伙子变成了一个有斑斑白发的老地名干部。其间，他为青田县地名文化的保护和传承发挥了积极的作用，他的辛勤付出也赢得了领导的肯定和同事们的尊重。由他负责编纂的150万字的《青田县地名志》历经4年的努力，于2016年8月正式出版了；于2016年开始编纂的《青田县地名文化遗产集粹》也于2017年成稿。

新手变“老司机”　靠的是持之以恒

说起青田地名，现在的郑小平可以滔滔不绝地说个没完。而十几年前，他刚刚到青田县民政局任职时，除了他自己家乡几个附近的村庄地名外，对青田县的地名一无所知。但他有一股子从部队出来当兵人不服输的任性，拿起有关介绍青田县情乡情的书本、走访老同志，了解青田地名的相关知识，翻阅大量历史文化书籍及资料，充实自己。迈开腿上山下乡，实地了解。在当时农村通车条件还很差的情况下，他用短短的三个月就跑遍了青田县的33个乡镇。足迹延伸到没人居住的空壳村，查找曾经留下的村庄村名标记，不厌其烦地寻找当地老人、知情人了解核实地名情况，翻阅当地的族谱等古籍资料，了解当地的历史地理、风土人情。

为了尽快收集滩坑水电站蓄水淹没村地方地名资料，一次去岭根采集外业信息，早上4点多钟天还是漆黑一片就起床了。当时青田到北山正在修路，道路颠簸，一路灰尘，本来就腰椎不太好的他，经过1个多小时的颠簸，突发腰椎间盘突出，疼痛难忍，行动不便。同去的同事建议先回城，下次再去，但他怕没时间完整收集所需资料，硬是用双手撑着腰，从北山滩坑水库码头出发，站着乘了1个多小时的船，坚持来到岭根，下了船又忍着剧痛坚持走完各村。当时因为滩坑水库已经蓄水，岭根的很多村庄村民已经搬出去，一些自然村几乎无人居住，原来有的路因少了人的走动，山路两侧草木丛生，十分难走。郑小平与他的同事一路拿柴刀劈开阻挡物，跋山涉水经过一个多小时左右才到达目的地，干粮、矿泉水冲饥也是见怪不怪的事了，走完岭根的各个普查点已是夕阳西下了，终于完成了采集任务。

郑小平在对普查数据进行审核

郑小平，以脚踏实地干事业的“拓荒牛”精神，坚守在地名工作第一线，而且一干就是十几年。如今，青田县下辖的3个街道、9个镇、20个乡、414个行政村、2000多个居民点，他如数家珍，可以不看笔记本不翻阅材料说出它们的前身后世，地名的渊源等。

业精于专　打铁还需自身硬

为了顺利开展地名普查工作，出色完成地名普查任务，郑小平积极参加省市业务培训，经常虚心向上级业务部门请教，认真学习地名普查知识。在普查工作中，他深刻认识到只有自己首先精通业务，游刃有余，才能很好地指导普查员做好普查工作，确保普查质量。在全县组织动员集中培训会上，郑小平同志精心准备，用通俗易懂的普查教案，对普查人员进行培训，细心讲解地名普查相关知识，并对授课中出现的情况进行认真分析研究，有针对性地解疑答惑，确保授课培训扎实有效。通过他耐心细致的讲解，普查员高标准、高质量地掌握了地名普查知识，对确保地名普查质量起到了关键的作用。在地名普查后期，工作数据技术含量高，在地名普查办技术人员缺乏的情况下，郑小平勇于挑战新技术，主动挑起数据工作重担，在较短时间内掌握新知识，成为数据录入、审核的主要骨干力量。面对数据录入、审核工作时间长，面对枯燥的表格和巨大的工作量，他从来都没有过厌倦，也从不计较个人得失。从深入现场采集数据到普查数据核实录入，严把每一道关口。是他的全身心投入和始终默默坚守，在人手十分紧张的情况下，青田在规定的时间内完成了数据录入、审核工作，得到了上级的充分肯定。

敬业爱岗　汗水浇出硕果

在普查工作中，人员少、时间短、任务重，但是他作为科室业务骨干处处起到表率作用。2017 年 4 月，因工作劳累，他连续高烧好几天，为了尽快完成阶段性任务，也未曾请过一天假。于是加班就成了“家常便饭”，不管怎样辛苦，在他手上的工作从没有耽误过。为了较好地完成任务，他经常利用休息日和节假日，主动加班加点，甚至通宵达旦，但从未抱怨过。他任劳任怨，在普查外业信息采集工作期间，为了普查数据准确有效，面对工作任务量大、人手少的实际，2016 年 8 月，他连续一个月加班加点，起早贪黑地到各个普查点去采集数据，再次跑遍了青田县的山山水水、沟沟坎坎。

为加强地名文化宣传，2014 年 9 月，他和同事们精心策划了青田县地名文化征文和讲故事比赛活动，吸引了社会各界近千地名爱好者参与，征集到青田优秀地名故事 25 篇，在挖掘和保护地名文化遗产方面进行了有益探索。

一位普通地名工作者的地名普查之路

——记浙江省绍兴市地名普查软件操作指导员鲁梦瑶

她，是绍兴市第二次全国地名普查软件操作的指导员；她，是跟着普查员唯一跑遍越城区全区251个大大小小村落的一个女地名工作者；她，是一个能连续晚上加班7天的女汉子。

她叫鲁梦瑶。乍听她的名字，根本不会想到她与地名普查这么接地气的工作能搭上边。鲁梦瑶与地名工作很有缘分，大学毕业刚工作，懵懵懂懂就分配到地名办工作。从地图都看不懂的青涩小女生，到一看图形就能如数家珍，知道这是哪个地方，也仅仅是几个年头。

刻苦钻研　勇挑重担

2014年年底，刚放完产假回到单位的鲁梦瑶二话没说，和处室的韦煜钦直接负责起了地名普查整块工作，不久韦煜钦调走，鲁梦瑶独自挑起了大梁。地名普查项目对鲁梦瑶而言是一个崭新的领域，一个方向感极度低下的女生，没有经验，没有先例，困难重重，面对一大堆的图纸，和一本本晦涩难懂的古籍，无疑是极度挑战极限的一份工作。大家都觉得无从下手工作，但她以高标准要求自己迎难而上，认真学习地名普查相关知识，学习数据库软件知识，从一个菜鸟做起，积极收集相关资料，从思想上、认识上提高对地名普查工作的认知，在业务知识上做好充分的储备。

2015年的初春，地名普查项目正式开工，由于绍兴市的地名普查处于开始阶段，还没有成熟完善的普查经验，她仔细研习地名普查有关工作规程，同时虚心请教经历过第一次地名普查的老同志，互相探讨，网上搜集先进的地名普查理论资料，和普查办的同志整理出一套规范实用的普查方法。编制了《绍兴市地名普查工作规程》《地名普查登记表样表》，供普查人员学习查阅，大大提高了地名普查工作的效率。她也从一名地名普查的门外汉渐渐成长为地名普查专家。

任劳任怨　甘于奉献

第二次全国地名普查不仅仅是基础性的一次普查，也是对地名管理现状的一次梳理，为今后地名发展指明方向。但这项工作涉及范围广，时间紧、任务重，工作环节复杂，鲁梦瑶从普查方案的制订、地名调查、地理信息采集、标准化处理、数据库建设、成果表成果图，到检查验收从头到尾始终全程参与。地名调查及信息采集是地名普查的基础，也是关键，采集信息不全、错误都会导致普查质量下降，必须要确保其准确性。而绍兴市的情况特殊，不仅要指导好各区、县（市）地名普查工作，而且要具体承担越城区的具体地名普查。从最南端新昌县贵门乡，到最北端的柯桥区马鞍镇，从海涂的广袤平地，再到山峦起伏、沟壑纵横的会稽山脉，118 个乡镇（街道）几乎都能见到她的足迹。虽然每一次坐车都会晕车，呕吐得晕头转向，但她始终坚持在一线从事普查工作，走村访户，检查登记数据，逐一核实，确保了数据的真实性和准确性。到了灯火阑珊的时候，她还在电脑前“啪啪啪”打着字，但她从不觉得艰苦，只是感到有点遗憾，小孩还在嗷嗷待哺的时候，作为一个母亲，不能每时每刻待在孩子身边。晚上深夜拖着疲惫的身体赶回家，看到孩子已经呼呼大睡，只能在孩子额头轻轻吻一下，早上一大早，孩子没有睁开眼睛的时候，已经奔赴普查一线。内业工作时，她的 QQ 始终在线，所有地名普查的问题，事无巨细 24 小时有问必答，特别是普查系统的一些输入问题，到了她那儿马上手到擒来。她就是普查工作的“指导员”“普查员”“技术员”“宣传员”“救火员”，多重角色在身，无暇分身，她把对孩子的思念之情寄托在繁忙的工作之中。

鲁梦瑶被称为最拼命的人，几乎天天都要加班，更没有什么节假日，有人问她这么赶干什么，她笑着说“干完可以早点回家带孩子”。她任劳任怨，即使标准一改再改，她也能马上执行到位，就拿“群众自治组织”中的行政村来说吧，“行政村”与“村民委员会”填写标准，反复几次，每次都要手工改写，但她总是能在第一时间改好。她认真仔细，要求每一个地名调查数据真实准确，她检查多媒体照片发现部分地名标志照片模糊，就亲自跑到现场采集合格的照片。有些照片为了拍摄出良好的效果，还跑到高楼、山顶去拍。灯火阑珊时，她独自在办公室挑灯夜战，一切的一切都被领导和同事看在眼里，她的业务素质和敬业精神得到了大家的肯定。

鲁梦瑶在查阅地名资料

勤于耕耘　收获成果

鲁梦瑶嘴上常挂着一句话："学习用心点，啥事都不难。"鲁梦瑶对普查上的每件事都能留心，对不懂的事一定要弄明白，做到真理解和深贯通。省里每一次地名普查业务培训她都坚持用心听、认真记，不会的问题课后及时向授课老师寻求答案，晚上还和同事们集中讨论，时常为达成一个共识、一个标准答案和大家争得面红耳赤，有时甚至争论到深夜。通过用心学习与不断争论，鲁梦瑶将地名普查知识与普查方法烂熟于心，成了地名普查的"百事通"，这才有了后来的能随时解答工作中遇到的各种问题，才有了各项工作都能赶在前，件件事情都有着落。

风风雨雨的36个月过去了，鲁梦瑶的孩子渐渐长大，越城区地名普查工作已经顺利完成。越城区地名普查的工作质量得到了国家地名普查监理单位的一致好评及省地名普查办的表扬及肯定。同比绍兴市6个县级地名普查，越城区地名普查质量评分最高、采集成果数量最多。

鲁梦瑶同志，一名普普通通地名工作者，她没有什么过人的才能和头脑，但她勤于耕耘、甘洒汗水、默默奉献，在平凡的岗位上实现着自己不平凡的人生价值。

用专业讲好地名故事

——记浙江省舟山市舟山群岛地名文化工作室王建富

浙江舟山海岛众多，星罗棋布。每个海岛名字背后，都有一个精彩的故事。23 岁前从未与大海产生过联系的王建富 30 年扎根海岛，潜心研究，用自己的专业讲述这个海岛上的每一个地名故事。

与海岛结缘，成为专家

王建富近两米长的办公桌上堆满了泛黄的志书，一张一米见方的舟山群岛地图摆在桌上。对着这张图，王建富能给你讲出很多很多的地名故事。

对舟山如此熟悉的他，在 23 岁前却与大海没什么关系。直到 1989 年从杭州大学地理专业毕业，在校友的建议下来到地名办工作，王建富与地名才开始结缘。

“初到舟山，在定海的‘御书楼’办公，康熙皇帝的御书‘定海山’就在自己脑后。”王建富第一次知道了“定海山”原本是宁波镇海的地名，却因康熙的大笔一挥，两处地名有了如此的演进。正是这样有文化的故事，让王建富逐渐爱上了舟山群岛。

“骑着自行车，到岛上各地跑，一开始是一句舟山话都听不懂。”王建富只能根据文字和村里那些老人的发音对照。

转眼 30 年过去，王建富跑过 600 个岛屿，拍过数以万计的照片，搜集整理了数百万字的海岛地名信息。他编制了地图 20 余种，发表论文 30 余篇，成为浙江省地名图书编纂和地名理论、地名文化研究的主要学科带头人，全国知名的地名学专家。

凭借专业技能，王建富被邀请参与到国家海洋地名研究的重大项目中来。2008 年，王建富参与了国家 908 重大专项子项目《中国海岛志》的编纂工作，担任了《中国海岛志》浙江卷第一分册和第二分册的副主编，成为全国唯一在海洋系统外聘任的副主编以上编委。

2013 年，他获邀到杭州，在钓鱼岛海域地理实体命名方案的评审中，担任专家组组长，提出了命名系缆石、顺风港等建议，迅即被国家海洋局认可、采纳，在方案提出的一个星期之内即向全世界公布，为维护国家主权和海洋权益作出了贡献。

他还参加了民政部《第二次全国地名普查操作规程》《地名标志陆地边境自然地理实体》行业标准等十多项技术规程、研究成果的制定和评审工作。

坐住冷板凳，精益求精

“坐住冷板凳”，形容做学问、搞研究要持之以恒、耐得住寂寞的境界。地名研究不仅要查阅大量资料还要实地勘察，王建富一干就是 30 年。

在编纂《中国海岛志》近两年的时间中，王建富每天要工作到晚上 10 点，全年无休，大年夜也是如此。几百个日夜，他查阅参考书籍，整理资料，编写文章，其中有很多艰辛。

“地名工作就是这样，要靠平时一点一滴地积累，我很清楚地名工作者要面对寂寞、工作时还要吃点苦头的事实。”王建富很怀念那段充实的日子。

为了做到精益求精，王建富一直坚持“凡是自己谈及的地名，一定要到现场勘察”的原则。但一些勘察地在荒郊野岭，王建富几次遇到险情。一次前往长白岛调查，王建富乘坐的小船突遭马达“罢工”，就在海上漂时，一艘货轮从旁边经过，最近就离他们三四米，小船差点侧翻。即使有这些危险，王建富仍坚持现场勘察的原则。为了将照片拍得更好，王建富几乎爬遍了舟山所有的高楼，甚至连裤子都磨破了。有一次，为了找到更好的拍摄角度，他从 20 多层楼的斜窗爬出，才拍到满意的照片。

凭着坐冷板凳的精神，王建富出版了全国第一本海岛地名文化研究专著——《舟山群岛地名文化坐标》，第一本系统介绍舟山发展历史的文化著作——《舟山群岛史话》，第一本舟山群岛综合地图集——《浙江舟山群岛新区地图集》，并与其他人合著了《西方人眼中的近代舟山》，体现了王建富较高的专业研究水平。

地名普查战线上的老黄牛

——记安徽省马鞍山市含山县地名普查办张晓明

著名作家臧克家先生在他的《老黄牛》一诗中写道："块块荒田水和泥，深翻细作走东西。老牛亦解韶光贵，不等扬鞭自奋蹄。"这是对老黄牛精神的赞许，而这种赞许用在安徽省马鞍山市含山县地名办主任张晓明身上恰如其分，他就是一名默默耕耘在地名普查战线上的老黄牛。

因为热爱，初心不改

张晓明早已过了知天命之年，掐指一算，在含山县地名办主任岗位上摸爬滚打也有20多个春秋了。1985年7月，他大学毕业分配至含山师范教书，后又到县地方志办公室工作了几年，1995年12月，组织上调他到县民政局任地名办主任，从此他就像一颗钉子钉在了地名工作战线上，无怨无悔，用青春的热血浇灌地名这方贫瘠的土壤。为了尽快熟悉业务，他找来地名方面的书籍专心苦读，参加各类培训班学习，掌握地名工作的专业知识；为了熟悉含山的地理环境，他一有时间就往乡镇、村落跑，了解核查当地的地名以及地名背后的历史典故和人文情怀。他发现，含山历史文化底蕴深厚，几乎每一个地名，都有不同寻常的故事。渐渐地他爱上了这个职业，几年下来，他跑遍了含山的每一个村庄，谈起含山的地名文化如数家珍，成了名副其实的"含山活地图"。其间，--些同学、同事和朋友或职务晋升，或经商致富，也有人劝他离开这个整天和材料打交道，无钱无权，枯燥无味的岗位，但他不为心动，他说："既然我选择了这一岗位，我就要忠于职守，不改初心，一直干下去。"

地名普查，乐在其中

第一次全国地名普查始于20世纪80年代初，张晓明没有赶上这趟车。2014年7月，全国开展第二次地名普查工作，张晓明磨刀霍霍，决心大干一场，干出一点名堂来。

地名普查说起来容易，但真正干起来困难还真不少。不仅需要专业的技术团队，还需要大量的基层普查员。县地名办的工作人员少，连他在内仅两人，且都年过半百。含山的地域虽然不大，但境内的长山山脉，苍山太湖山山脉，将含山的地形地貌切割成含南、含中、含北3个方块，地形较为特殊。多年来的乡镇、村区划调整，含山现有8镇百村，村民组上千个，工作量何其大哉。为了有序开展“二普”工作，他结合含山实际，从目标任务、普查范围、组织实施、职责分工、时间安排、方法步骤和工作要求等7个方面制订了实施方案。地名普查关键要有一支队伍，他建议一竿子插到底，每个镇、每个行政村确定一名普查员，全县地名普查成员单位、镇村普查员人数近200人；加大培训力度，提高普查员的业务素质，全县召开培训会14场，培训人员925人次。建章立制，强化宣传，在他的主导下，该县先后制定了《含山县第二次全国地名普查宣传工作方案》《含山县第二次全国地名普查质量管理规定》《含山县第二次全国地名普查专项资金管理办法》等一系列规章制度，做到有章可循。广泛收集资料，做到多方面、多角度收集，资料丰富殷实，堆成一座小山，看到这些资料，纵然给核对甄别、论证和审定工作增加了难度，但他心里踏实，感觉心中有谱。

专业的事交给专业团队去做，含山县聘请了外包单位，还聘请南京市行政区划协会对地名普查工作进行全程监理把关。为了让专业团队高效工作，他尽心尽力做好专业人员与地方普查员的沟通协调工作，陪同专业技术人员冒着严寒酷暑跑乡镇、下农村，事无巨细，把后勤保障工作做到实处，即使身体不适，也不言弃。长年累月的伏案工作，疾步如飞的乡村奔走，使他显得消瘦、羸弱，他患有多年的痔疮，严重时肛门脱出，行走困难，坐不下来，但为了完成地名普查任务，常常加班加点工作，忙的时候甚至通宵达旦。2017年年初，他痔疮严重发作，到县中医院做了手术，仅休息一周，因手头工作任务在即，便一瘸一拐地坚持上班，爱人心疼他，说：“地球离开你就不转啊?”他和颜悦色地说：“自己承担的工作，别人插不上手，关键时刻我不能掉链子呀。为地名普查工作流血流汗，我乐在其中。”在基层普查员与专业团队3年多的协同作战、共同努力下，经过地名资料整理、地名调查、普查表格填写、地名标准化、数据建库等一系列基础工作，含山县于2017年2月完成了地名普查任务，普查地名词条数达5058条。2017年9月，含山县地名普查成果数据通过省级核查验收，得分并列全市第一。

张晓明给含山县环峰镇村级普查员讲授地名普查业务知识

成果转化，服务社会

地名普查成果转化运用是此次地名普查工作的重要内容之一。在多年的地名普查工作中，张晓明积累了丰富的工作经验和广博的知识储存，他积极运用现有的资料为大众服务，先后参与了《含山文化丛书》10卷本的编纂工作，担任其中的《名人卷》主编。同时，他还担任乡镇地情类宣传书籍《魅力清溪》（安徽人民出版社2018年1月出版）副主编，承担该书的编审工作，为清溪镇的地名普查成果转化，发挥了一名地名普查工作者的应有作用。

为了将普查成果有效转化，2016年6月，含山县启动《含山文化地名荟萃》书籍的编纂工作，张晓明担任主编，他认真谋划，积极组稿，将其分为村镇寻幽篇、山情水韵篇、历史遗存篇、沧海拾珍篇等四个篇章，不仅承担整部书籍的文字把关任务，还承担环峰镇、昭关镇两个乡镇资料审查、取舍、整理、加工工作，该书20万字，已于2018年年底前出版发行。

“衙斋卧听萧萧竹，疑是民间疾苦声。些小吾曹州县吏，一枝一叶总关情。”张晓明就是这样的人，不善言辞、不事张扬、不计得失，在地名普查战线上勤勉工作，发挥光和热，燃烧自己，照亮他人，奉献社会。

心系普查勇担当　锤炼心志创佳绩

——记安徽省黄山市歙县地名普查工作者汪春妹

汪春妹，是黄山市歙县民政局基层政权股副股长，也是歙县第二次全国地名普查领导小组办公室的成员。她于2014年6月调入歙县民政局，从事区划地名、基层政权及社区建设等工作。2014年第二次全国地名普查工作启动以来，她全身心地投入地名普查工作，脚踏实地、勤奋工作，从一名地名普查战线的新兵蜕变为今日的业务骨干，为歙县地名普查工作的顺利推进作出了突出贡献。

用心学习，通晓普查业务

对于刚到民政局上班没多久的她来说，地名普查工作是一个全新的领域，困难重重，要想做好、做实，就得从头学起。为了读懂、弄懂、多了解，每一次省、市、县组织的地名普查业务培训她都坚持用心听、认真记，课堂上有不明白的地方，课后即向授课老师询问；上班时她还向地名办的其他老同志请教，以学习讨论的方式，把地名普查知识与普查办法铭记于心；晚上及周末忙好家务活后，她就拿出《第二次全国地名普查指导手册》和《第二次全国地名普查案例汇编》，一边看一边做笔记，从中获得了地名普查的大量知识。

她学以致用，担负起传帮带角色。县、乡镇、村普查员业务培训会上，她耐心细致地讲解业务知识，不厌其烦地回答、解释普查员提出的问题；清查摸底和普查登记关键阶段，她经常深入到各村充当“指导员”的角色，解答普查工作中遇到的问题，为全县地名普查工作高质量完成打下了坚实的业务基础。记得有一次在杞梓里镇进行业务培训时，因为该镇16个村的普查员年龄偏大，对表格的填写不明确，集中培训后，她还对每个村的普查员开展了“一对一”的培训，让普查员对每一项要普查的信息有了全面了解，本来只安排半天的培训直到晚上8点才结束。

耐心工作，确保普查质量

第二次全国地名普查是国务院部署开展的一项基础性、公益性、战略性国情调查，工期长、时间紧、任务重，工作环节复杂。这项工作启动以来，她全程参与了普查的宣传、方案的制订、地名的调查、地理信息采集、地名标准化处理、地名数据库建设、成果表、成果图及检查验收。从事地名普查的同人都知道，地名调查及信息采集是地名普查的基础，必须要确保其准确性。歙县辖 28 个乡镇、10 个城市社区、183 个行政村，且大部分行政区域在典型的山区，道路崎岖难行，普查时一天下来都累得不行，但她始终坚持亲手操作检查登记数据，逐一核实，确保了数据的真实性和准确性。普查期间，作为歙县第二次全国地名普查领导小组办公室成员的她，还亲自负责全县各单位、企业的地名普查数据及登记工作。

汪春妹在和地名专家核查普查成果

她，为地名普查付出了许多，为工作当起了“狠心”的妈妈。在普查工作中，她既充当“指导员”“普查员”，又充当“宣传员”“讲解员”，多重角色在身，几乎天天都要加班，没有什么节假日，无暇分身去照顾正在上幼儿园的女儿。每天临下班时，看着她忙碌的身影，同事经常笑着说“快点干完回家带娃”，她总说“等普查结束就好了”。有一次，领导安排她到乡镇指导普查业务，临出发时突然接到家里电话，说孩子发高烧需要住院、一直吵闹着要“妈妈”，但她只是去医院办了下住院手续，就把孩子交给婆婆自个下乡去了。

她工作认真负责，力求每一个地名调查数据真实准确。地名普查中比较困难的是地名来历及含义的挖掘，有些乡镇上报中栏目空着没有写或写个“来历及含义不详”，她就把那些表格整理出来，然后会同所在乡镇的普查员冒着酷暑走村串户，找到当地人来座谈调查了解地名的来历、含义等。

细心核查，高标准完成验收

地名是岁月的见证、历史的记录、是乡愁。在质量验收期间，本着对历史、对人民负责的责任意识，她认真对照国家和省市对地名普查要求，将地名普查中的痕迹档案分类整理归档，并与地名专家一起加班加点核查普查中发现的问题是否全部都整改到位，对一些把握不准或需要标准化处理的地名，及时召集相关人员进行讨论研究，以确保普查的数据质量。如璜蔚的“蔚”，我们平常都是读“weì”，但是当地一些老人都读“yù”，发现该问题后，她及时跟领导汇报，召开地名标准化会议讨论研究，确定“蔚”在专用于地名时，读“yù”，确保了地名普查的精准性。

她任劳任怨，她敢担当、重实效，领导和同人看在眼里记在心里。她的标杆效应已经显现，她和同人们的努力也得到回报。2017 年 6 月，歙县第二次全国地名普查工作顺利通过省级验收，并得到了表扬和肯定，普查分数全省并列第一。现在的她正忙于《歙县地名志》《歙县地名录》及《话说千年古歙》3 本书的编撰工作，资料收集、拍摄图片、文字排版等工作场景随处可见她清瘦的身影。

在普查中更加热爱地名

——记安徽省六安市金安区地名办主任高大林

2014年年底，作为第五批选派干部的他，认真履行完选派职责，光荣地回到了区民政局。时值全国第二次地名普查工作启动，作为地名办副主任的他，欣然地接受了组织交给的一项重要工作，担任区地名办主任，扛起地名普查这项艰巨而神圣的任务。

认真钻研文件精神，搭建工作机制平台

第一次地名普查已过去30余年，没有太多的经验可以借鉴，只有吃透上级文件精神，结合当地实际，才能为领导决策提供依据、指导乡镇开展工作，将工作落到实处。

他接过工作后，认真学习《关于开展全国第二次地名普查的通知》《地名普查质量管理规定》《安徽省地名普查工作规程实施细则》《六安市地名普查实施方案》以及多媒体采集、保密制度等文件，一遍一遍地查阅相关技术参数书籍，咨询相关部门专业人员，从网上搜索等途径，将水库库容、坡度、客运站货运量、河流径流量等用群众熟知的语言加以解释，也不时地充当外业人员与“土专家”之间的翻译。为使预登记表填写更接近农村群众习惯，将水塘、自然村等项的单位明确为“亩”，这样虽然增加了外业人员的工作量，但拉近了与当地群众的距离，可以更好地与“土专家”们沟通。

边工作边学，逐步完善工作机制

金安区是六安市地名普查试点单位，没有经验，但要总结经验，各项工作只有亲力亲为，全程参与，才能为其他县区有效推进提供有利经验。

普查中，他曾这样说过，我们外业虽然进行了招标，由中标公司完成，但地名普查的主体是各级政府，具体承办的是民政部门，地名办不能不管不问，更不能“一包了之”。有了这个态度，他连续1个余月，与外业单位一

起，赴乡镇街开展培训，现场指导地名属性的采集和预填写。在初审乡镇街地名预登记表时，也是逐条逐项进行核对，发现问题及时记录，当天的问题当天逐一分析，提出整改措施；对于不能把握的问题，及时向省市普查办请示，迅速反馈给乡镇街。

在与乡镇街对接的第一天，他发现来参加培训与对接的大多是现任村干部且乡镇重视程度不高，他第一时间将此情况向普查办领导作了汇报，根据指示精神，连夜起草出台了《关于进一步明确乡村职责的通知》，进一步明确会议参加人员范围、乡村职责等。

通过深入地接触地名，他发现地名其实有很多故事、趣闻，一个地名的演变过程就是当地的历史，是一部史书，涵盖了人、事、物等，使他逐渐对地名产生了浓厚的兴趣。

耐心细致核实，确保数据资料准确

地名普查的目的是搜集地名属性第一手真实、准确的资料。金安区通过村老同志或村干部口述、村“两委”初审、乡联络员复审、区普查办和外包单位再审，对全区 1.2 万条地名属性进行了登记。但在此过程中不是一帆风顺的，也使得他明白了一个地名不是单纯的“地 + 名”，还包含了很多“支架”，是个“有血有肉的文化”。

2016 年春节后上班第二天，区普查办就对一个乡镇进行了调度，整个乡镇的预登记表填写缺项特别多，并提请局党组在全区民政工作表彰会上对该乡镇实行“一票否决”。

他在审核预登记表时，发现有个乡镇所辖各村面积之和超出该乡镇总面积很多，迅速带着相关表格赶往该乡镇，与该乡镇普查办、统计站、党政办等部门对接，点出问题，分析问题存在的原因，商讨解决办法。在之后的预登记表完善时，明确要求乡镇街严格按照相关部门普查数据填写，严禁胡编乱造，出现逻辑错误。

重拾地名故事，心生地名情结

随着时间的推移，为时 4 年的第二次全国地名普查工作已经结束，把普查数据转化为成果，是普查的一项任务。金安区编辑了两本内部出版物——《古皋留痕——金安区地名故事集》《金安区乡村演变录》。从内部出版物编辑的外出考察到申请准印证号，他既是组织者、指导者，又是后勤保障者、编辑者。一方面要完成上传下达，指导好内部出版物的架构；另一方面又要做好内部出版物的编辑审稿，搜集《六安州志》《六安市地名录》《六安县地名录》《六安县志》《六安市志》等资料核实。

他上的初中是金安区东河口镇嵩寮岩初中，通过《乡村演变录》了解到，嵩寮岩村原叫汤家冲村。一个出生在20世纪70年代末的家乡人，“汤家冲”这个地名也不知，可想而知，再过10年、20年，此地名将会被逐渐地遗忘。同时，他在与“土专家”交谈中发现，经历过第一次地名普查的老同志较少，因年龄因素，“土专家”们对地名的来历和沿革也是模棱两可，现在不及时记录下来，地名带来的历史记忆将会缩短。这也正是编写《乡村演变录》的初衷。

在完成普查工作的同时，他还积极向外推荐地名普查成果，《金安区毛坦厂与明清老街》入选国家普查办、光明网联合主办的《中国100个地名故事》，《将军山渡漕》获省民政厅和人民网安徽频道联合开展的“安徽地名随手拍”奖，金安区毛坦厂镇成功申报安徽省第五批千年古镇。一件事接触得多了，就会产生感情。现在，他将今日头条、微博、微信等有关地名的资料进行了收藏，一个名叫“记录乡愁的过路人”将会活跃在地名文化之路上……

情系普查、忘我工作，助力琅琊地名历史文化挖掘

——记安徽省滁州市琅琊区地名普查办顾克宽

琅琊区第二次全国地名普查工作（简称“二普”），目前已进入成果转化阶段，通过政府招标采购合同已签订，所需资金已落实，正在按照计划有序推进。说到琅琊区“二普”工作进展过程不得不提到一个人——顾克宽。顾克宽，男，2014 年 1 月退休，地名爱好者，从事民政地名工作多年并参加过“一普”工作，喜欢搜集当地地名有关史话、名胜书刊、志书等，对滁州市地名文化历史掌握较熟悉。琅琊区“二普”工作启动后，局主要领导与他沟通后，将其纳入琅琊区地名普查专家组成员中，并聘为区民政局“二普办”工作人员，可以说顾克宽全程参加了琅琊区地名“二普”工作。

日常工作中，我们常常听到老顾嘴边一句话：“能再次参加“二普”工作，感到非常荣幸，同时也感到责任重大。”非常朴实的一句话，却蕴含着老顾对地名工作的热爱和兴趣，他在这种思想指导下，结合自身对普查工作的热爱和熟悉，在实际工作中对各种普查表格审查总是一张一张查阅修改、校对，即使在他心脏病发病期间，躺在医院里他也总要电话询问普查进展情况和存在的问题，及时给我们提出解决问题的方法。夏季炎热高温，他身体不好，仍然坚持到各街道（中心）进行普查授课培训，我们说老顾你身体不好，不用你去了，他坚持要去，说普查工作要认真严谨，要对历史负责，不能走形式走过场。培训中他对相关问题逐一进行详细讲解，指导工作一丝不苟，直到街道（中心）普查工作人员听懂明白会填写。对普查过程中一些地名的历史沿革、来历含义，老顾利用休息日或下班后深入实地与当地群众进行走访了解。记得有一次，老顾为了弄清“棋盘巷”的来历，晚饭后和老伴一道散步到“棋盘巷”，逐一拜访当地一些老人，功夫不负有心人，终于找到一位老人对“棋盘巷”历史来历较为了解。还有一次，为了进一步核实“火神庙巷”的来历，他周日冒雨深入该地进行走访了解，那位老人被老顾的这种工作精神感动，详细地给老顾进行解释。为了弄清楚滁州“五座桥”的历史地

名，老顾多次进行实地走访了解，终于把滁城已消失的“五座桥”历史资料给挖掘出来，为滁州市今后的地名移植再利用，留下了宝贵的地名普查资料。

总之，老顾在普查过程中这种一丝不苟工作的事例还很多，可以说他是利用一切机会在搜集整理地名普查相关资料，充分体现出他丰富的工作经验和熟练的业务素养，值得我们每一位地名普查工作人员学习。结果是最好的验证，自普查工作启动以来琅琊区地名普查工作一直走在全市的前列，多次得到上级业务主管部门的肯定，也进一步验证了这么一句话：“用对了人，做对了事。”

向党和人民交上一份满意的答卷

——记福建省宁德市屏南县民政局杨代炼

杨代炼同志是屏南县民政局党支部副书记、县地名普查办副主任。开展地名普查工作以来，他始终将其当作一项光荣的使命，以高度的政治责任感和对工作的热忱，积极出主意、想办法、搞协调、抓落实，为屏南县“二普”工作的顺利开展作出了积极贡献。

干一行　钻一行

2013 年 7 月，杨代炼同志从服役 12 年的部队转业，回到屏南县，被安置到民政局负责地名普查工作。初到地方，他克服了诸多不适应，积极主动融入到工作中去，一方面，认真学习地名政策法规性文件和条例，掌握相关业务知识，另一方面虚心向身边同事和前辈学习工作经验。仅仅两个月时间他就学完局里所有关于地名工作的书籍和文件，自学笔记达 2 万余字。每次上级组织的业务培训他都积极参加、认真学习，利用集训期间与全省各地地名普查工作者在一起的机会虚心请教工作中遇到的难点、疑点。正是他的这种干一行爱一行、干一行钻一行的韧劲，很快就成了局里的业务骨干。有了扎实理论基础之后，杨代炼没有待在安逸的办公室处理上传下达的事务性工作，而是主动利用 8 小时以外，特别是节假日的时间，穿梭于县城的大街小巷，不断地纠正城区图的错误，至今他都能随手绘出城区道路图。为了更好地做好“二普”成果应用，杨代炼利用业余时间自学 PS、CDR 等绘图软件，自行绘制城区图、道路命名图等，不仅节约了工作经费，更提升了工作效率。

走出去　沉下去

农民家庭出身的他深知资金来之不易，为了能给县“二普”工作节省更多的经费，地名普查一开始，他就找来 20 世纪 80 年代的“一普”资料认真研究，并利用业余时间全部录入电脑；与此同时，单位领导高度重视“二普”

工作，由分管副局长领着他走访了方志委、党史办、国土、住建、交通、发改、旅游局等“二普”成员单位，随后的日子里，他时常“厚着脸皮”挨个上门要地名书籍、找地名资料。在招标之初他与南平多个县市取得联系，吸收他人的经验做法，并与多家技术公司先行沟通，最后拟订翔实的询价采购文件上报领导小组审批，促使最终以全市最低的 41 万元与技术公司签订合同。

地名普查培训时，杨代炼的身影总是出现在第一线。在 11 个乡镇普查员培训过程中，他一个不落地参加，一而再、再而三地强调地名普查的重要性和必要性。由于普查员文化程度有限，他总是想方设法用最通俗的语言把普查中应该注意的事项讲清讲透，为后期乡镇普查员配合技术公司搞好外业采集打下了扎实的基础。

进入外业采集时，他总是把自己当成是“二普”项目监理，外业队到哪个乡镇哪里就能看到他。为提升普查外业采集的准确率，他亲自带领县地名普查办人员穿梭在全县的山间小路、走遍全县所有的行政村，自行采集普查点数据，最多时他一天跑八九个村庄。其间为了采集界桩的数据他每次都是带领普查人员在山林中穿行几小时，饿了就吃自带的干粮。刚开始外业作业时，由于外业队技术人员怕苦怕累没有走到位，晚上他拿出自己采集的数据一对比外业人员没话说了，第二天立马重新去采集准确的数据。正是他这样严格要求，促使外业队人员每个点都走到位，认真采集数据。在此期间因为他每天早出晚归，家庭根本无法顾及，女儿常常会问“爸爸去哪儿了，怎么都不见人呢”。父母亲总是对他说“单位怎么就你一个人吗？不是有公司在做吗？你整天瞎忙些什么”，对此他总是笑笑，却无言以对，或许这只是责任使然，在他的努力下屏南县外业采集坐标准确率达到 100%。

在内业整理、审核过程中，他更是全程参与，5000 多条地名信息他反复看了一遍又一遍。乡、村两级审核他要求普查员要逐字核对，不能有任何马虎，对于个别村文化程度较差的普查员，他总是不厌其烦耐心用本地话进行解释，不核对清楚绝不放过。各部门审核时，他领着技术人员逐个部门将普查表送到位，讲清审核的必要性和重要性。最后他跟普查专家组一起将乡、村、各部门提出的问题逐一进行核对、审查，并形成核查报告，保证了屏南县“二普”成果顺利通过省、市验收。

攻难题　答好卷

2017 年 6 月份地名普查成果出来了，如何将其真正应用到百姓的生活中呢？这是摆在普查办面前的一大难题。虽然上级有文件要求加大地名普查成果应用，然而全市没有一个县市开始启动这项工作，怎么办呢？他跟分管领导汇报情况后，不等不靠主动出击。先是跟技术公司一起构建了“屏南县行政区划网”，实现了全网可搜索；随即在 10 月份又协调询价采购了 26 面道路牌，顶着烈日跟工人一起将路牌全部安装到位，实现了城区道路路牌全覆盖，在县城树起了一道亮丽的风景线，同时更方便了居民生产生活，有效地杜绝了一路多名的现象；接着他又积极建言献策促使《屏南县行政区划图》《屏南县地名志》顺利招标并签订编制合同。

转业第二年就碰上“二普”这个全国性的任务，杨代炼不仅没有退缩，而是以一名合格党员来不断要求自我，不断告诫自己一定要做好这项惠及民生的工作。正是在他的不断努力与积极协调下屏南县成为全市第一个成立县级地名普查领导小组及其办公室、第一个召开“屏南县第二次全国地名普查动员大会”、第一个开展“二普”宣传月、第一个进行自主询价采购招标、第一个向省里报送“二普”工作通讯、第一个在全国地名普查网报道本县“二普”宣传工作、第一个建立县级行政区划网、第一个完成地名志网上公开招标的县。

杨代炼在平凡的工作岗位上，以抓铁留痕、踏石有印的工作干劲，善始善终地开展地名普查工作，为屏南人民办了一件大实事、大好事，向党和人民交上了一份满意的答卷。

满目青山夕照明

——记福建省漳州市龙海市地名普查专家高建国

那日，龙海市地名普查动员部署与培训的会议室里，座无虚席，会上发言的是位退休老干部，他面容清瘦、精神矍铄，操着一口稍带闽南口音的普通话，语速不紧不慢，语调抑扬顿挫。

“搞好地名普查，传承历史文化，促进改革发展，利国利民利家。”几句顺口溜，通俗易懂，晓畅明白，让与会者耳目一新。

“有人称本人是位土专家，其实，大家对龙海的历史地理、风土人情比较熟悉，可以说你们才是龙海的活字典、活地图。”台下顿时响起一阵热烈的掌声，人们的脸上洋溢出自豪的笑容。

“地名承载着厚重的历史，地名镌刻着灿烂的文化，地名记录着沧桑巨变，地名彰显出时代风华，所以，我们要以上不愧对祖先、下不负于子孙的历史责任感和使命感，努力做好地名普查工作。”

这语言，将诗歌的韵味、警语的凝炼与生动的比喻熔于一炉，让在场的80多人精神振奋，心无旁骛。很多人边听边记，还忙着与台上互动交流。会场上始终充满了热烈而活跃的气氛，秩序井然。

这位退休老干部先后随同市普查办指导检查组工作人员，深入基层乡镇和相关单位进行指导和检查、核对，达到50多人次。

他叫高建国，是龙海市文化馆前任馆长，有着高级职称和30多年党龄，大家称呼他为老高，有的则尊称高老师。

一名退休老干部，为何被市地名普查办聘为专家咨询小组成员，又如何对地名普查情有独钟？

事情还得从4个多月前说起。2016年6月初的一天，高建国老师接到一名同乡朋友、民政局地名科科长的电话，说是市民政局领导有要事找他面谈。之前，局领导曾考虑在文化教育部门物色几位既有一定文字功底，又比较熟悉龙海历史地理文化，还会使用电脑的专业技术人员参与地名普查工作。

而高建国老师曾在文化馆工作35年，其间担任馆长14年，编撰出版过《龙海非物质文化遗产》《龙海现代民间绘画》及参与编撰《文化龙海》《侨乡龙海》《龙海市志》《龙海政协文史》等文艺、民俗书刊，先后在国家级文艺刊物发表及全国专业理论研讨会宣读交流论文10多篇，对龙海民间风俗和地名文化相当熟悉，是个理想的人选。

翌日上午，高建国老师如约来到市民政局，分管地名普查的副局长与地名科科长开门见山，盛情聘请他担任地名普查专家咨询小组组长兼监理，并告诉他，其主要工作是审阅修订各乡镇、农场报送上来的《地名普查登记表》，对表格中所填写的“地名来历”“地名含义”“历史沿革”和“地理实体描述”等内容进行审阅修订。

龙海市地处福建省东南部，漳州市东部。东与厦门市接壤，南与漳浦县交界，西和漳州市区、南靖县、平和县毗邻，北与长泰县相接，全市总面积1128平方千米。下设14个乡镇级人民政府，239个行政村和41个居委会，人口82.28万。在整个漳州市堪称“大哥大”。

地名普查试点工作任务虽已于2012年完成，但这次补查补更工作是“重温”，补查更新完善工作仍然任务重、时间紧、标准高、要求严，为确保如期完成任务，要加强管理，完善制度，落实责任，协调关系，所有受聘人员要集中办公，该局对受聘人员将按照相关规定及其工作量，给予适当经济报酬。

听了领导的讲话，高建国老师考虑的不是待遇问题，他担心的是，面对一项全新的工作，自己仍是“门外汉”，搞不好，会辜负领导和群众的期待，甚至会影响到龙海经济社会发展。

高建国老师是个性情中人，领导的盛情不能推却，再说作为一名老党员、一名退休老干部，不是常说要“老有所学，老有所为，老有所乐”吗？想到这里，他欣然接受。

俗话说，“没有金刚钻，不揽瓷器活”。高建国老师深知，要使自己由外行变为内行，首要任务是加强学习，进行“恶补”。他给自己拟出四条学习途径，一是认真学习上级有关文件资料，明确工作任务与要求；二是全面了解龙海的历史地理文化，从市史志办、图书馆、博物馆、文化馆等单位借来《龙海县志》《龙海村社》《龙海标准地名录》《龙海水利志》《龙海年鉴》《龙海大事记》等文献资料，结合网上阅读，做好笔记；三是利用到外地学习取经和下乡调研的机会，拜当地干部群众为师，从中获取知识；四是从爱好龙海历史地理文化的老领导、知名人士那里获取养分，先后与市政协文史室老领导、市史志办相关科室人员进行对面交流，从中受益匪浅。

在 1 个多月时间里，高建国老师夜以继日，“啃”完了文献资料，做好了阅读笔记，编写总计超过 2. 5 万字相关地名普查培训的文章及材料，其中部分资料通过专用平台发送给乡镇民政部门，用以指导基层普查工作。

“问渠那得清如许，为有源头活水来。”多年的文化馆工作，不断学习、与时俱进的勤奋精神，为高建国老师在龙海市第二次全国地名普查补查工作中发挥主心骨和领头雁的作用奠定了坚实的基础。

全市 16 个乡镇、农场上报的原始资料，总计 8000 条左右，高建国老师安排其他人员每天审阅修改 40 条左右，而自己每天要完成 50 条以上。尤其是 2016 年春节放假期间，他把原始表格资料带到家里阅读修改，放弃了休息。遇到表格中数据不准或有遗漏的地方，除了及时与报送单位电话联系，逐一核实外，还经常下到乡镇，与基层普查人员一起顶着烈日，冒着酷暑严寒，走村串户，查阅资料，实地勘测。在办公室接待前来咨询的乡镇普查人员，与他们一起探讨正确的填写方式。高建国老师的谦和与热情，带动了参与地名普查人员的积极性，促进了全市地名普查工作的开展。

在普查办工作室里，墙壁上挂着《龙海市行政区划图》《龙海市交通地图》以及各种规章制度。图上的许多地名高建国老师熟记于心，有人前来查询，他随手便能指出方位。办公桌上整齐摆放着由他主持编写或审阅修订的 10 多本辅助资料，总计不下 6 万字。经他亲自审阅修改的登记表格近 3000 份，上面红色的文字共有多少，无法精确统计。每周的工作进展情况，他都及时用文字形式向该局分管领导递送报告。其他人员所承担的任务，他都记录在册，随时可以查阅。

上级督查组到龙海现场督办，当他们看到一摞摞原始登记表上写满红色字迹时，当他们翻阅一本本经审阅修订后装帧一新的二稿清样时，当他们仔细查阅各种制度、报告、座谈纪要、培训材料时，尤其是当他们听到该局领导自豪地介绍高建国老师和他的工作时，无不为之感叹。

其实，高建国老师有很多丢不开的事务，外孙女寄托在他家，正在读小学，每天要接送，晚上还要辅导她完成作业。有时正忙着准备阅读核对修改材料，实在脱不开身，只好委托邻居照护。

2018 年 4 月，龙海市地名普查工作顺利通过省级验收。喜讯传来，高建国老师和他的同事们终于露出了胜利的微笑。是年，作为地名普查成果转化项目成果之一，高建国老师全程主笔参与《国家标准地名志》第一部分（政区·居民点）（龙海市）的释文、撰写工作，此中不厌其烦，数次改稿；他还参与第二至第八部分词目表编写工作，并收集、梳理初步的相关资料；2019年下半年他还应邀协助民政局参与新制作《龙海市行政区划图》（初稿图）核对审核工作。

“老夫喜作黄昏颂，满目青山夕照明。”这就是高建国老师退休后生活与工作的真实写照。在桑榆暮景之年，他用自己辛勤的汗水与无私的奉献，为龙海市第二次全国地名普查工作作出了重要贡献，在人生长卷中添上了一抹橘红的色彩。如同一片枫叶，越到深秋，颜色越红。

不忘初心　负重前行

——记福建省莆田市仙游县区划地名办黄元镭

莆田市仙游县位于海峡西岸经济区中部，县域国土面积1841平方千米，占莆田市总面积的45%，辖17个乡镇、1个街道；总人口117万，占莆田市总人口的1/3，是福建省5个人口超百万县之一。从人口、区域国土面积等要素来看，仙游县第二次全国地名普查的工作量大，其信息量约占莆田市的2/5，且面临跨度大、范围广、人手少、情况复杂等难题，普查试点及补查补更工作任务异常艰巨。作为县地名办主任的黄元镭同志，早在10多年前全国的勘定行政区域界线工作中，就创造过优秀的工作业绩，被评为“莆田市劳动模范”。10多年后在第二次全国地名普查中，他又一次表现出了一位优秀共产党员的品格，充分展现了共产党人的初心本质，他既是优秀的组织者，又是积极的参与者。他负重前行，为按时保质保量完成仙游县的普查工作作出了重要的贡献。

加强学习　熟悉业务

第二次全国地名普查工作，是国务院决定开展的一项加强和改善地名管理和地名服务的重要基础性工作，也是一次重要公共信息资源的专项调查。肩负此项工作，黄元镭深感使命光荣，责任重大。在地名普查试点工作和补查补更工作正式铺开之前，他就认真学习地名普查的法律、法规、政策和业务知识，熟悉业务流程，同时积极参加莆田市民政局组织开展的地名普查员的集中培训学习，使自己很快成为一名行家里手，成为地名普查战线上一名熟悉政策、精通业务的骨干，也使仙游县第二次地名普查工作很快打开局面。

开拓进取　化被动为主动

2011年4月15日，仙游县第二次全国地名普查试点工作动员部署会议召开之后，作为仙游县地名办主任的黄元镭便积极投身到前期筹备工作中去，他协调有关领导抽调人员充实区划地名办公室的力量；为解决经费不足的问题，他积极向上级反映，得到了福建省民政厅和仙游县财政局的大力支持，共争取到普查经费100多万元，确保了普查工作能够顺利开展。2015年接到补查补更的工作任务后，他同样是不等不靠，按照上级的要求，及时调整充实了工作领导小组机构，制订印发《补查补更实施方案》，促请领导及时动员部署，做到地名补查补更工作有机构、有方案、有步骤，从而保证了补查补更工作能有效推进。在县财政非常困难的情况下，他积极协调争取到了93万元的专项经费，为补查补更工作的开展提供了有力的资金保障。

为了顺利完成繁重的普查工作任务，黄元镭丝毫不敢松懈。他每天起早摸黑，加班加点，以自己耐心细致的工作作风和吃苦耐劳的奉献精神感动了整个普查团队。在大家的共同努力下，仙游县按时保质完成了第二次地名普查试点任务，共收录涉及9大类36个子类的地名信息11080条，拍摄照片10684张，编印成果资料45册，共计近200万字，成果资料通过了国家验收，被评为优秀等级。补查补更工作也有条不紊地进行，并取得较好的成效，补查出新增地名780条，还对试点11088条地名信息逐一审核更新，整合158条线性地名，数据库建设1套，成果图11幅，进行标准化处理40条，新增地名标志采集447条。

以身作则　踏遍乡村

作为仙游县地名办主任，黄主任以身作则，他在自身患有甲亢、关节炎等疾病的情况下，顶酷暑，不辞辛劳，全程参与了全县地名信息的采集工作。试点期间，因为单位没有配备司机，每一次下乡他都是亲自驾车，既当技术员又当司机，还带着队伍。在5个多月的时间里，他带领普查工作组踏遍全县18个乡镇（街道）、327个村（居）开展野外信息采集工作。虽然皮肤都晒脱皮了，衣服是湿了又干、干了又湿，但是他从没有抱怨一句。补查补更期间，他更是披星戴月，加班加点审核地名信息，不断地总结经验，以促进补查工作更有效地开展。

不辞辛劳　全身心投入

为了确保普查资料的真实性、准确性，黄元镭同志毅然放弃了周末休息时间，带领普查小组加班加点核对每个地名类型，审核每条地名信息。即使面对爱人突然患病的情况，他依然没有放下手中的工作，确保了工程的进度和属性信息资料的完整性、科学性。在完成属性信息资料的采集之后，他还亲自指导信息资料的整理工作，在与大家分享及交流地名普查工作经验中，他提出了多个有效的普查方式、方法，大大加快了工程进度。在普查形成初步成果资料后，他又独自对所有成果资料进行了全方位的审核修改，经他审核修改后的成果资料质量提高了一个层次，难怪参与普查的技术公司人都说，黄主任的工作态度和工作水平是一流的。

一分耕耘　一分收获

普查成果转化是服务社会民生的客观需要，是规范地名管理的重要手段，是保护地名文化的有效途径，是体现普查成效的关键环节。黄元镭同志对地名工作服务大局的意识强，成果丰硕，仙游县充分利用普查成果出版了《仙游地名志》《仙游县行政区划图》《仙游县城区图》《仙游县地名图册》等地名图录典志。并在加强地名公共服务、地名文化保护、严格规范地名命名更名管理、清理不规范地名乱象等工作中取得了很好成绩，全县所有地名得到规范命名，共计清理了12条不规范地名及一批不规范地名标志。在“福建省地名文化遗产千年古镇（古村落）”认定工作中，他积极组织地名、文史、考古等方面专家学者进行寻访、踏勘、座谈、考证，联合撰写调研评估报告，经省级审定，仙游县枫亭镇入选第一批福建省地名文化遗产“千年古镇”。

黄元镭同志全身心投入到地名普查及其成果转化工作中，为仙游县的各项地名工作，为服务仙游人民的日常生活和经济建设作出了自己应有的贡献。

殷殷故乡情，汗洒普查路

——记福建省三明市清流县民政局江祖林

地名的变迁承载了城市的记忆，一个地名代表着一段历史，一个地名见证了一方辉煌。社会的发展演变湮没了无数地名和其所蕴含的历史人文。地名普查就是对一方水土的一个深刻历史记忆，是对历史的负责。本文将介绍一位具有浓厚历史责任感和使命感的执着“二普”人。

57 岁的江祖林，是土生土长的清流县人。毕业于三明师专，先是从事教师工作，后从事乡镇工作，2004 年起在清流县民政局长期负责行政区划和地名管理工作。多次被县委、县政府授予“优秀共产党员”和“先进工作者”荣誉称号。2018 年荣获“全省民政系统先进工作者”称号。他在第二次全国地名普查工作中，作出了自己的贡献。

历尽天华成此景，人间万事出艰辛

地名普查外业采集阶段，他秉承“天地生人，有一人当有一人之业。人生在世，有一日当尽一日之勤”的理念，常常凌晨 4 点，他就整理装备，开始进山。在山区农村长大的他，酷爱大自然，从小就与山水结下了不解情缘。丛林探险成了他一个习惯，生活的一部分，就像喝水一般自然。他双脚踏遍了清流的山山水水，紧盯每一个工作环节，外出采集一去就是一天。为督促技术服务公司做好信息采集工作，每一处的外业采集地点都有他的身影。他每天早出晚归，深入实地踏勘，头顶炎炎烈日，腹中饥肠辘辘，这些都是家常便饭。同时由于很多采集点，山路崎岖，道路被水流冲刷出许多沟壑，加上荒草萋萋，人迹罕至，车辆往往只能开到普查点外围，进出山多为徒步。采集车辆有几次差点侧翻山谷，跌落崖底，险象环生。但他仍微笑面对，恪尽职守，不畏艰辛。他动情地说：“我快退休了，退休之前完成好‘二普’工作，可以给我工作生涯画上圆满句号。”

求索斟酌去残芜，精炼百次铁成钢

“老而好学，如炳烛之明”。为了让自己更好地完成普查工作，年近六旬的他主动学习，查阅《清流县志》《清流统计年鉴》《清流年鉴》等大量的档案资料。同时积极向县方志办的老同志和专家学者请教。他学用结合，对于清流的地名及其沿革，信手拈来，俨然已经成了清流的“活地图”。在业务培训会上，他跟地名普查员说：“地名普查工作如同修族谱一样，既不能带来直接的经济利益，也不能产生政治效应，但它承载着厚重的历史，蕴含着悠久灿烂的文化，大家要本着认真负责的态度，做好工作，无愧于子孙后代。”集体培训后，他对各村（社区）的地名普查员反复耐心讲解地名目录、地名登记表的填写和影像图的标注，务求使每一个普查员都能详细掌握。在实地踏勘中，他紧盯技术服务公司的信息采集，发现存在地名信息漏查、采集的属性信息不翔实不准确、多媒体图片不尽如人意、地理实体概念不清导致分类错误、地名来历含义错误等问题时，及时书面向技术合作方发出《关于要求解决清流县第二次全国地名普查工程有关问题的函》，督促技术合作方对有问题的地名进行全部补查、补拍。

老骥伏枥忘天命，无须扬鞭自奋蹄

为了确保地名普查工作的顺利进行，作为地名普查工作的负责人，他在地名信息采集之前，注重先进行地名标准化处理。“一普”距今 30 多年时间，时境变迁，好多地名都发生了变化，书写也是五花八门。为了规范处理，他深入村中调查走访，认真进行分类梳理，掌握变化原因。有的正在使用的名称没有审批，有部分是户籍管理过程中的错误，有的是普通话读音与方言谐音，有的是受文化教育限制简化沿用习惯等。他根据调查核实结果，向县政府提交审核报告。经县政府同意后，对全县 59 个自然村、55 条街路巷进行了命名，对 3 个建制村、77 个自然村、2 个居民点、2 条街路名称进行了更名，8 条街路巷变更了起止点。全县所有自然村均按国家标准和福建省地方标准设置地名标志，共计设置地名标志 549 块，街路巷牌 211 块；拆除不符合国家标准和福建省地方标准的地名标志牌 174 块，设置乡镇地名标志牌 20 处，采集地名信息 11 大类 4500 多条。

他倾力做好地名普查成果转化工作，2019 年 5 月清流县普查办组织编制出版了清流县行政区划图，分发至各乡镇、县直机关单位、企事业单位。在县里的地名老专家、老同志的支持配合下，编纂了地名文化丛书《清流县标准地名志》（上下册）、《清流县地名文集》，完成了地名志1500条地名资料的采集审核、1400幅图片航拍工作。《地名文化丛书》主要反映的是清流县的地名文化历史，本着对历史高度负责的态度，他对采集的地名信息进行认真审核，反复修改，不错过一个细节。对航拍的图片进行认真筛选，通过高质量的图片，记载地名历史的变迁。同时，细致做好地名信息补充完善工作。他通过验收的数据库地名信息，认真研读，补充遗漏地名信息，修正错误地名信息。查阅各类地名书籍，深入挖掘本土地名历史文化，完善地名历史沿革属性信息，丰富地名文化内涵，准确反映地名历史变迁脉络。他常说：要凭良心做人做事。他家中有卧床16年87岁高龄的老父亲，生活不能完全自理。为了集中精力履行职责，地名普查工作一开始，他就耐心做妻子的思想工作，说服妻子放弃私企工作，在家照顾老父亲。他常常跟她讲孝道，让妻子能够顾大体识大局，支持丈夫安心工作。家事再忙毕竟是个人的事，工作则是国家的事，再忙碌也要把工作摆在第一位。他，就是这样一位顾全大局、不计个人得失的人。

老骥仍伏枥，壮心系地名

——记江西省萍乡市民政局退休干部肖波

肖波同志，76岁，中共党员，原萍乡市民政局副调研员、地名办主任，曾全程参加第一次地名普查外业勘查、内业整理、编纂《萍乡市地名志》等工作。此次普查，萍乡市地名普查办特聘他担任地名普查专家。肖波同志不顾自己年事已高，毫不犹豫投入，全程参与普查，始终把质量当作地名普查的生命线，始终把地名普查工作摆在第一位，为萍乡市第二次全国地名普查作出了突出贡献。

上好“第一课”，增强地名普查人员质量意识

与第一次地名普查相比，此次地名普查信息化程度更高、应用范围将更加广泛，普查成果质量要求也更高，而实际普查操作中，普查作业人员大多为外地人，对当地情况不熟悉，且缺乏专业的地名知识，县区和乡镇民政干部大多身兼数职，对地名普查工作的重要性认识不到位。为了短时间内提高普查人员对普查质量的认识，肖波同志结合自己丰富的地名工作经验，在组织县、乡、村普查人员和相关单位联络员培训时，不仅讲解地名普查相关知识，还通过身边的实例强调普查质量的重要性。“某年萍乡市某县与邻市某县为边界一块土地发生争执，久持不下，后面凭借萍乡市第一次地名普查时的一张地名登记表，平息了争执，为萍乡某县争得了一个多平方千米的土地。这张登记表为什么有这么大作用呢？因为萍乡市的这张地名登记表对该地块有详细准确的记载，萍乡有此依据，而对方毫无凭据，对方也心服口服。”“此次地名普查的地名登记表上，有十几个栏目，每一个栏目都必须认真查清，填写正确，资料可靠，这就是地名普查的质量，这就是我们这代人的时代答卷，要经得起历史的检验、人民的检验。”通过肖波同志贴近实际、充满激情的讲课，普查人员对地名普查有了更深刻的认识，增强了质量意识，为后续地名普查的顺利推进奠定了基础。

直插"第一线"，全程指导提高普查质量之法

2016年年初，萍乡市安源区地名普查进度落到了全市最后面，与国务院、省普查办的要求相差甚远，萍乡市地名普查办请肖波同志一同到安源区督导，通过实地察看、审核资料，他发现了问题的症结所在，原来安源区中标的作业公司在省内多处中标，人手紧缺，只能向市场要人，而请的那些人又缺乏相关的工作经验，公司没培训，普查质量达不到安源区的要求，导致经常换人，此时已换了三拨，普查工作进展缓慢。肖波同志当即向萍乡市和安源区地名普查办请战，主动提出由自己来指导安源区普查，保证在保障质量的前提下完成普查任务。得到许可后，他立即与作业公司负责人沟通，请他固定几个测绘专业、文字功底较好的年轻技术人员负责安源区普查。人定好后，肖波同志首先对他们进行了业务培训，告诉他们实地踏勘的方法、普查的重点，哪些地名信息下去时一次就要问清楚，应该找什么样的人才能了解到可靠的资料等，都讲得明明白白，并要求他们每天严格按照安源区普查办制定的外采路线实施，避免走"弯路"；每天晚上要整理好外采的信息，有缺漏的及时补采。他要么跟作业人员外采，要么在保密室指导作业人员汇总资料、完善登记表，及时审核地名信息，随时解答地名普查方面的问题。在他的感召下，安源区全体普查人员全力拼搏，只用了两个月就完成了重新普查，安源区地名普查成果的质量得到大幅提升，进度也从后进赶超到前列，后来成为全省第一个申请省级验收的单位。普查质量得到省、市普查办及相关专家的认可。

把好"第一关"，严格审核地名普查材料

这几年，不论盛夏酷暑或者严寒三九，肖波同志始终坚持与萍乡市（区）普查办的同志一起上下班。单位离家远，中午肖波同志就在办公室的沙发上打个盹，有时甚至中午不休息。普查期间，肖波同志负责全市行政区域类、群众自治组织类地名信息和湘东区、安源区全类别地名普查成果的审核，每一轮验收修改都要逐张审核、修改近万张地名普查成果表，每一次他都不折不扣完成审核任务，有些成果表上他修改的内容比普查人员填写得更多，红批注的多少也成为评判普查质量的标准。

肖波同志始终坚持质量是地名普查的生命线，坚持普查成果应该去伪存

真，具有权威性，必须真实可靠，而他就是“质检员”“把关员”。在安源区审核地名信息时，他发现一些词条填写的年份、占地面积、建筑面积等信息前后不一致。为获取准确的地名信息，他要么认真核实，对不同出处的资料进行比较和鉴别；要么耐心逐个电话或上门请相关单位核实信息，要么独自乘公交车、步行到实地核查资料，他甚至独自到过需乘车7000米，下车还要步行2000米的显华庵核实重修年份和建筑面积。普查期间，肖波同志几乎跑遍了安源区和湘东区国家、省、市级重点文物保护单位，大型广场，革命烈士陵园，古街道等，甄别并获得了更翔实可靠的第一手资料。

肖波同志在审核地名普查成果表

把普查放在“第一位”，尽心尽责完成普查任务

2016年冬，正是地名普查上报国务院、省地名普查办验收的关键时期。但他妻子生病要到海南三亚休养需要他的照顾。他考虑纠结了很久，去，他负责审核的行政区域类和群众自治组织类词条是普查的重点和难点，一时难找到合适的人员接手；不去，妻子在当地久治不愈，日渐憔悴，他于心不忍。最终，他服从组织安排陪同妻子去休养，但同时也把地名普查审核工作带去了三亚，一同带去的还有满满一箱的工具书和资料。在三亚，他顶着压力，一边照顾生病的妻子，一边加班加点，没日没夜审修经过技术处理的普查资料，2017年春节，肖波同志只在正月初一休息了一天。

视地名为“一生事业”，接续编纂地名典志

地名普查成果上交国务院普查办验收后，他立即投入到地名普查成果应

用中，全力开展地名词典、地名志的编纂工作中。尽管地名词典、地名志对地名要素的要求不同，需要补充完善的地名信息很多，工作量不亚于地名普查审核工作，但他不畏难不抱怨，不等不靠，凭着对地名事业的热爱和高度负责的精神，继续前行。原有的地名资料不全、不准，他就再查资料、找相关单位要，实地再采集再核实；县（区）提供的文稿质量不高，他就逐字逐句修改完善。就这样，他先后完成了《中华人民共和国地名词典》安源区词目、《中华人民共和国标准地名志》萍乡市词目的编纂任务，并协助萍乡市地名办基本完成《萍乡市地名志》编纂工作。

肖波同志地名工作经验丰富，对待工作高度负责，他就像一匹老马，虽然已经不在战场上奔驰，但依然以饱满的热情继续为地名普查工作奉献自己的力量；他是地名战线上的一棵不老松，饱经风雪却依然坚挺；他是地名战线的一面旗帜，引领激励着一批批地名工作者奋勇向前。

用心用情　全力以赴投入地名普查工作

——记江西省景德镇市民政局曾盛华

曾盛华同志是景德镇市民政局区划地名科负责人、市边界办主任。在第二次全国地名普查工作中，他积极探索，勇于创新，扎实工作，为圆满完成全市地名普查任务，挖掘传承瓷都地名陶瓷历史文化，作出了积极贡献。

不漏一塆一巷，认真细致组织普查

第二次全国地名普查工作意义重大，任务艰巨。曾盛华同志迎难而上，勇挑重担。他不负组织信任，积极主动当好领导参谋助手，与市普查办同志们协力同心，创造性地开展工作。面对繁重的任务、紧迫的时间、复杂的情况，他努力学习上级文件精神，结合景德镇市实际情况，集中全市普查办工作人员和外包单位技术人员，按照全市一盘棋的思路，一个个打攻坚战，从乐平市开始，带领所有普查员深入一线，无论偏远乡村还是每个建筑，甚至一口井、一条沟都现场确认，实地勘察，采集地名信息。对未能填写的地名普查登记表，有疑问的登记表，就找到当地村干部、老人座谈，仔细调查了解地名的来历、含义及渊源。因景德镇市地方方言种类繁多，光浮梁县基本每个乡镇都有不同的地方方言，为了做好语音录音采集，他带领技术人员和村委会、社区干部进行录音采集和录音资料核对。经过深入的工作及思考，他结合工作实际，科学调整原定工作流程，创新了一套“边培训、边收集资料、边外业踏勘、边资料审核、边信息录入、统一自查上报”的“五边一统”工作法。该工作法在各县（市、区）推行后，在确保工作质量的前提下，极大地提高了工作效率。2015 年 8 月 13 日，在全省区划地名暨边界管理工作会议上，总结推广了景德镇市地名普查“五边一统”工作法。在他的带领下，景德镇市在全省 11 个设区市中，率先向省普查办提交了地名普查成果数据，受到省地名普查办高度评价和表扬。

传播瓷都故事，创新开展成果转化

景德镇历史悠久，具有1400多年的制瓷历史，誉称“千年瓷都”，是国务院首批公布的24个历史文化名城之一。老城区的三洲四码头、四山八坞、九街十巷、一百零八弄，极富陶瓷文化特色，饱含历史人文信息，是景德镇陶瓷文化的重要组成部分和宝贵的历史文化遗产。曾盛华同志以地名普查为契机，扎实做好独具瓷都特色的地名普查成果转化工作，一是征集整理地名故事。通过《江南都市报》《瓷都晚报》《昌南故事会》等渠道，已征集整理优秀地名故事360余篇（集）。二是拍摄微电影微视频。地名微电影《御窑景巷》于2017年12月在市光明电影院首映，并在腾讯视频公映，“瓷都晚报”等微信公众号发布，群众反响热烈，两天内点播率突破10万人次。《彭家上弄》《三间庙》《浮梁》《洪岩仙境》《龙缸弄》等地名微视频，已在腾讯、爱奇艺投放展播，点击率达330多万人次。三是深化地名研究。在地名普查中，将文献研究与实地考证相结合，深入挖掘地名背后的历史与文化内涵。为编辑出版《景德镇里弄故事集》《景德镇地名影视作品集》《景德镇地名志》《景德镇区划地名图册》《景德镇地名词典》等奠定了翔实的资料基础。四是用好“互联网+”。曾盛华同志在中国人民解放军海峡之声广播电台服役期间，从事互联网技术工作，尤其擅长软件开发。他充分利用自身技术优势，加强地名信息化建设。拓展了区划地名网站应用功能，通过地理系统技术手段，将地名普查数据成果及时向公众分享。积极探索地名手机App应用软件，内容包括当前地理位置服务、地名信息查询、地名历史追溯、地名文化故事、地方地名图解游戏等。同时，拓展地名微信平台应用软件，通过网络、视频、手机客户端等栏目形式，向广大微信平台用户发送当地地名信息。

舍小家为大家，谱写无私奉献精神

曾盛华同志以满腔的工作热情、扎实的工作作风，忘我地投入地名普查工作。工作日晚上加班到10点是他的工作常态，周六不休息也是他的工作常态。在普查工作最紧张的那段时期，他每天工作时间长达16小时。为确保工作进度和质量，他坚持深入基层一线，实地踏勘，拍摄影像图片资料，审核资料信息。对疑、难、重点地名，他带头召集村干部、老乡亲现场调查座谈，了解地名来历、含义及渊源，深入挖掘，多方考证。由于工作压力大，劳累过度，2015 年 7 月的一天，他晕倒在乐平市洎阳街道外业踏勘现场。一周后，他再次晕倒在乐平市乐港镇踏勘工作现场。但他苏醒后仍继续坚持工作，在他的模范带头和行为感召下，全体普查工作人员奋力工作，加班加点，真情奉献，毫无怨言。

2017 年是地名普查数据归档和成果转化的关键之年，也是曾盛华同志的伤心之年。当年 10 月，平日对他疼爱有加的岳母被查出患有直肠癌晚期四级。这对曾盛华及其妻子打击巨大，全家人陷入悲伤与焦急之中。妻子带着岳母去到上海住院治疗，曾盛华同志忙于工作无法陪同，只能通过微信和电话沟通了解岳母病情，做好心理安抚工作。普查工作进展顺利成果显著，而他岳母的病情却每况愈下。2018 年 1 月 9 日，医生为他岳母进行肿瘤切除手术。手术当天，曾盛华赶乘列车奔赴上海，见到术后刚刚苏醒的岳母，热泪盈眶地依偎着岳母，说：“妈，真对不住您，最需要的时候，我没能陪护在您身边。”岳母紧紧拉着他的手说：“孩子，别难过，我没事的。我知道你工作忙，你快回去吧，妈不会怪你。”怀着深深的内疚，曾盛华赶乘当天下午的列车，回到了工作岗位。2018 年 3 月，因癌细胞转移扩散，慈祥的岳母永远离开了他和家人。这也成为曾盛华同志心中永远的愧疚和伤痛。

他把如火青春，无私奉献给了地名普查事业，他用丹心赤忱，奋力书写着地名工作新篇章。

身先士卒　扎实做好地名普查工作

——记江西省抚州市南城县地名普查办危建友

危建友，1966 年出生，干过乡镇农技员、乡企办主任、乡人大秘书、民政所长、司法所长，而后担任南城县民政局地名股股长 10 余年，对南城县地名情况十分熟悉。因南城县参加过“一普”的专家缺乏，他身兼数职，是“二普”全面手；他身先士卒，是“二普”急先锋；他老骥伏枥，是“二普”不老松。

老骥伏枥　刻苦钻研　做好前期准备工作

南城县是江西省第一批普查单位，承担着为全省地名普查工作摸索经验的重任，这既是对南城县信任，也是对南城县的一种考验。如何完成这项巨大而又光荣的任务？作为地名工作“第一人”，危建友认真学习国务院和省地名普查办下发的“二普”资料和方案，准确把握地名普查工作要求，一方面，结合南城实际，谋划普查安排、编制经费预算、部门分工等，争取政府领导重视，编制《实施方案》，成立领导小组，筹备动员部署会议、组织培训；另一方面，不等不靠，主动收集、整理普查所需要的第一手资料，从锈迹斑斑的老档案柜里翻找“一普”原始资料并分类整理，作为“二普”师傅本；主动到各成员单位去协调各种普查相关的史志资料、已有的普查成果，建立“二普”数据池。通过他的不懈努力，收集了大量普查资料，为普查实施做好了充分准备工作。

身先士卒　迎难而上　做好外业调查工作

领导小组成立、实施方案印发，南城县地名普查工作正式启动，他根据实施方案制定“普查时间表”，将普查任务分解到每一天。精心组织推进项目招标、召开动员培训大会，亲自对县直相关单位、各乡镇的普查员、联络员进行了培训，分片手把手教村级普查员填写普查调查表，1 个月就完成了调查表、调查目录的上报整理工作。外业调查时，为了加快普查效率，提高普查数据的准确性，他全程陪同技术人员到外业现场实地调查，既要提前安排好技术人员的行程路线，避免走“弯路”浪费时间，又要指导技术人员准确采集地名信息，时不时兼职翻译，还要帮助协调解决外业交通和技术人员食宿问题。每次实地踏勘分组，他总是到路程最远、交通条件最困难的一组，有时为了拿到一个地名的多媒体资料，他陪同技术人员来回步行几十千米山路，有时技术人员都过意不去地说：“危股，让你跟着受累了。”他总是笑笑说：“应该的，这本来就是我的工作。”一个月下来完成了3000多条地名信息的实地踏勘，他黑了一圈，手、脸都脱皮了。

不辞辛苦　全程指导　做好成果表的填写

普查的成果质量主要通过成果表来体现，成果表的填写是普查工作的重中之重，地名来历、地名含义、地名历史沿革等地名属性信息更是关键。技术人员不是本地人，不熟悉当地情况，地名信息甄别较难，他不辞辛苦带着“一普”的资料，一个个指导技术人员和乡镇、村普查员填写，一张张审核，遇到不能确定的地名来历、含义、沿革等问题，亲自到实地找老干部、老村民现场请教，多方考证，力争做到填写的内容真实可靠。好几次，为了核实地名信息的准确性，他骑着自己的电动车去实地核实，因道路崎岖，他摔了跤，额头、手臂、脚都擦伤过，他拍拍身上的灰尘继续出发。通过以身示范和手把手指导，全县成果表内容的完整率填写从原来的不到30%上升到90%以上。

孜孜不倦　严格把关　做好普查最后冲刺

质量是地名普查的生命线。为了提升普查质量，在组织专家对普查成果进行审核的基础上，他利用双休日、工作之余对地名普查成果表逐条进行复核，将要修改部分用纸笔记录下来、标注好，进行汇总、整理，指导技术人员举一反三进行自查。每次修改他都要花上几天甚至十几天的时间，每次都用了几十张稿纸记下需要修改的地方和内容，标点错误、错别字、语句不通、罗马字母拼写错误等，技术人员修改后，他还要再次复核。一轮又一轮，他自己都记不清看了多少遍，审核了多少个地名。正是他一丝不苟的态度，国务院普查办反馈的意见越来越少，最终通过验收。

初心不改　深入挖掘　做好普查成果应用

“普查的目的不是将资料锁在柜子里、藏在电脑里，而是要应用，要让更多的人认识和使用地名”。普查还没结束，他就积极推进地名普查成果应用。因他不是学地名相关专业出身，日常工作除了地名还要承担基层政权等多项工作，他就利用工作之余虚心学习、刻苦钻研，及时更新自己的“知识库”，学习借鉴兄弟省市的成果转化项目，结合本地实际，编制本地成果应用方案，全程督促指导技术人员开展工作，并积极参与普查成果应用，他先后编写了十多篇地名故事，其中1篇《留衣桥》的地名故事被民政部地名网站转载，3篇被省地名网站转载；先后撰写了微视频《洞天福地・麻姑山》《千烟之村・磁圭》的脚本，亲自撰写了《地名大词典》第一部分的全部词条的释文；现在又在组织编写《南城县乡镇政区地名故事》和《南城县红色地名故事》；同事对他开玩笑说：“建友啊，地名普查后，你不是专家已堪比专家了。”

“地名普查不是一项简单的工作，而是一项系统工程，虽然累，但是越干越有味道，越干越有劲，退休后还想接着干。”危建友同志经常说。江西省有40%以上的县（市、区）民政局地名负责人为“50后”干部，正是有危建友这样一批扎根地名，用心普查的同志，以身先士卒、担当作为的实干精神推动着地名普查工作的顺利完成。

扎根地名　用心普查　绽放别样青春

——记江西省南昌市湾里区地名普查工作者熊霓霓

熊霓霓，女，1983 年出生，是南昌市湾里区民政局区划地名科负责人。4 年普查，她从一名地名工作的“门外汉”历练成为地名知识丰富的“行家里手”。她用严谨的工作态度、扎实的工作作风，在地名普查工作中谱写了青年区划地名工作者的青春之歌。

刻苦钻研　勇挑重担

2016 年年初，熊霓霓同志被任命为区划地名科负责人，接过了局党组交给的地名普查重任。因第一次地名普查距今已有 30 多年，工作任务、要求、方法不同，没有现成的经验可以学习借鉴。她没有畏惧，迎难而上，“唯有学习才可以快速提升”。她暗暗地下决心，从学习钻研地名普查工作手册开始，一头扎进第一次地名普查的档案卡和资料中，对地名普查的 11 个大类进行研究、梳理，“看、再看、再看看”，不断吃透地名普查要求，吃透湾里区的历史文化，吃透湾里区地名来历沿革，不多时她就成了一名普查通、地名通。“竹林花园，竹林是专名，花园是通名，罗马字母拼写时专名与通名之间要空格”，“梅岭，原名飞鸿山，为纪念西汉南昌县尉梅福改为梅岭”。

雷厉风行　作风扎实

“你好，我是区地名普查办的熊霓霓，请你镇分管领导于 6 月 1 日上午 9 点半至招贤镇五楼会议室参加全区地名普查动员部署会，并指派一名工作人员参会，会后将对地名普查工作进行业务培训。”在电话通知 60 多个单位后，她立即印制培训资料、准备培训课件，还要赶往现场布置会场。“普查时间紧、任务重，不能浪费一分一秒，必须按时完成普查任务”“走路都是用跑的”，正是她雷厉风行、争分夺秒的态度，加快了地名普查工作推进速度。

身先士卒　率先垂范

湾里区开展普查外业作业时正值炽热的夏季，她带着外业工作人员顶着炎炎烈日翻山越岭、走村串户采集外业信息，争取一次性采集完地名信息，不遗漏、不缺项。内业处理时，她对照国家下发的标准逐一比对，将存在的问题一一记下，通过查访第一手资料进行补漏，特别是处理农村居民地中存在的疑问，她深入4个乡镇30多个乡村，查看村民族谱，力求普查内容真实有依据、有出处。

熊霓霓带着作业人员外业踏勘照片

“累，真累，改，还要再改，认真改”。这是她在地名普查工作中最深切的体会。一趟趟实地查访、走家串户，一遍遍验收反馈，一轮轮修改完善，她是真的累。但当一次次实地调查带回准确的地名信息时，当部、省、市反馈的验收意见越来越少时，她心有欣慰。当湾里区地名普查通过县级自查、市级核查、国家和省验收时，她心有自豪。当一条条地名条目如数家珍式地从她嘴里道出的时候，可以感受到她对地名普查工作的真心与热爱。正是在她的亲力亲为和以身示范下，湾里区地名普查质量多次获省、市地名普查办认可。

真心诚意　形成合力

地名普查是一项系统工程，需要团队协作、部门配合共同完成。一方面，组建地名普查工作QQ群，将全区地名普查工作人员拉入QQ群里，让普查技术人员及乡镇、成员单位直接沟通，对普查中发现的问题进行研究、探讨，及时给出答复，有效地加快了全区地名普查速度。另一方面，加强与相关部门沟通，加强资源共建共享。她不辞辛苦，多次上门向相关单位收集地名普查相关资料。有些部门被她的诚意打动，主动将相关资料送到她的办公室。在她的努力下，地名普查相关资料在很短的时间内就收集好、收集齐了，为地名普查的顺利实施打下坚实基础。

情系地名　不忘普查初心

“地名普查是国家高度重视的一件事关群众的大事，我们要以高度的责任感和使命感做好这件事。尽管我们是基层一线，但是我们责任重大，资料收集、整理、调查、确认都是要经过我们的，我们一定要对得起国家赋予我们的责任，为后世留存正确的地名资料”“如果你不亲历普查工作，你永远不知道湾里地名文化的多姿多彩”，尽管地名普查已经告一段落，但谈到地名普查她还是津津乐道。

“地名涵盖了历史，更容纳了文化。从湾里的地名中你可以探寻到古代的人文，洪崖子来了这里凿开洞才有了洪崖丹井，梅福来到了飞鸿山才有今日的梅岭”“普查只是手段，改善地名管理、弘扬地名文化才是最终目的”。现在她正在大力推动地名普查成果应用，编纂地名图录典志，编制地名故事，并积极推动将地名文化融入湾里全域旅游大局中，采取多种形式宣传和展现湾里地名文化之美。

“平凡中见不凡”。她的高度负责、热忱工作，也正是我们基层区划地名工作人员的一个缩影。也正是因为有像她这样在基层扑身地名、用心普查的区划地名工作者，才使得全国第二次地名普查工作顺利完成。

齐鲁地名工作的“活名片”

——记山东省地名研究所董珂

30 多年来，她把地名看成孩子，倾心它，爱护它，它的每一分成长和强大，她欣喜；它的每一次受挫和遇冷，她感伤。在这份夹杂着欣喜与感伤的道路上，留下了太多珍贵的印记，都在讲述着这个不断前行的地名人的动人故事。

敢于担当　勇挑重担

2014 年，第二次全国地名普查的序幕正式拉开，山东省地名普查办正式成立。对于这项意义重大的全国性、基础性、公益性、战略性国情调查，普查办的其他同志皆是新手，面对如雪片般纷至沓来的工作文件通知，多少有些紧张，大家不约而同地把目光聚焦到董珂身上。作为全国为数不多的参与过第一次全国地名普查的老同志、老专家，董珂对急重地名任务的出色完成能力，在圈内早已成为共识。看着大家期待的眼神，她主动站出来，“我曾经参加过地名普查工作，多少有点工作体会，有需要我技术指导，信息提供，必责无旁贷”。就这样，从普查方案的制订、地名调查样条编写、地理信息采集、标准化处理、成果表成果图，到检查验收、数据整改，她都全程参与，并随时把自己的好方法、好经验介绍给同事们，充分发挥了“传帮带”的作用。地名调查及信息采集是地名普查的基础性工作，必须确保其准确性，她多次赴县里以至乡镇查看一线的普查工作情况，手把手指导普查员如何进行地名信息搜集、登记。对已完成的普查登记表逐项核实，确保了数据的真实性、准确性和完整性。同事们戏称她是地名普查工作的“指导员”“调查员”“宣传员”“救火员”，全省普查工作的顺利开展及斐然成果，正是对这位老党员敢于担当、勇挑重担的充分肯定与积极回应。

一丝不苟　严谨务实

“这块业务谁负责?”“董珂主任。”“哦，那就放心了。”像这样的对话，在整个普查工作中多次出现。董珂严谨细致、精益求精的工作作风在地名圈里是出了名的，追求完美到了无以复加的程度，她常常自嘲“我这种精神洁癖的人，是不是挺讨人厌的”。作为全国地名委员会专家库成员，她的邮箱充斥着来自多地的地名工作邮件，如此庞大的工作量，别人都替她发愁，她笑谈“时间都是挤出来的”，毫不敷衍地回复每一封邮件。每次举办全省地名普查培训班，她都认真对待自己要说的每一句话，亲自操刀培训讲义，即便眼睛患有重疾，时常出现重影甚至感到头晕恶心，在办公室依旧可以看到她近乎趴在电脑显示器上制作 PPT 讲义的身影。有同事劝她可以找年轻同志代劳，她只是报之一笑，又继续投入到屏幕上的文字世界里。随着地名普查成果转化工作的开展，作为《中华人民共和国标准地名词典》山东省编写组的组长，从采词到释文工作，董珂倾注了无尽的心血，从她的口头禅“我们的编辑工作是一个良心活儿，标准就是问心无愧”可见一斑，编写组的成员都被她追求完美的风格带动起来，办公室时常陷入“三审三校比质量，互相交换再找错”的热潮，大家会因互读审稿发现的夸张性错误哑然一笑，也会为文稿的常识性错误捶胸顿足，唯一的共同点就是对审稿标准的要求绝不放松。与董珂合作过的同事，无一不感觉受益匪浅，对地名工作拥有更广泛的了解及更深厚的感情。

不惧困难　甘于奉献

自从地名普查工作开展以来，无论是方案制订、检查指导还是成果转化、验收监理，董珂成为大家眼中最忙碌的身影，项项工作赶在前，件件事情有着落。“五 + 二”“白 + 黑”已经成为她的工作常态。省内很多地级市的普查工作负责人，常常为凌晨一两点收到她审稿反馈意见的电子邮件挠头，开玩笑地劝她劳逸结合。“我也想轻松一点呀，可是任务太重，时间不等人哪”，她的这一句回答，看似平淡，背后却充满了各种不为人知的艰辛与付出。作为女儿，面对从病重、病危到去世的老母亲，不能时刻侍奉床前，她充满愧疚，却只能在最后的时刻痛哭一场；作为母亲，面对临盆在即的女儿，不能奔赴外地照顾，她心酸地吐槽宝宝会不会怪她这个不称职的外婆；作为一个年近六旬的人，她长期遭受眼疾困扰，被医生数次警告若不进行手术治疗及休息静养，将来有失明的危险，但她依旧“我行我素”，一次次推迟手术时间。即便面部突染带状疱疹，自嘲“毁容”，顶着疾病折磨，这边吃着药，那边打着监理报告。普查期间，她从未因家庭变故、个人病痛影响工作。办公室的年轻人既心怀感动又自愧不如，不仅为有这样的好前辈感到骄傲，还为有机会请教学习暗暗自喜。无形中，她给同事们上了一堂出色的工作作风课。诸多艰难困苦，并没有将她击倒，或许这都要归功于她不惧困难的执着和甘于奉献的责任感。

也许很多人钦羡她的专家名气，也有人感慨她的丰厚经验，世上哪有不劳而获。“宝剑锋从磨砺出，梅花香自苦寒来”，这位巾帼不让须眉的“老地名”，俨然是这两句诗的生动写照。她秉持着无愧于心的诚挚与关切乡愁的情怀，用心体悟与实践，无怨无悔地以满腔心血浇灌地名这棵树苗，看着它茁壮成长，乃至未来的开花结果。她的付出定有回响，她的执着必有收获。正是有她在，有千万个像她一样的普查人在，山东的地名普查答卷才圆满璀璨。

地名普查献余热　一片丹心奉桑梓

——记山东省淄博市博山区八陡镇“五老”

在第二次全国地名普查工作中，山东省淄博市博山区八陡镇活跃着一支由退休老师、退休干部及退休文化工作者组成的地名普查团队。他们的平均年龄65岁，最大的已经71岁，正是这些白发苍颜的老者，担负起了全镇地名普查的重任。他们在区普查办及镇民政办负责人、全国劳模吕绪兰主任的组织带领下，以高度的责任感和使命感，脚踏实地、严谨求实，经过10个月认真扎实的工作，圆满完成了八陡镇近500条地名的普查登记工作，得到了领导的肯定和赞扬，用行动诠释了他们服务桑梓、奉献余热的初心。大家亲切地尊称五位老人为八陡“五老”。

不忘初心、甘为地名普查奉献余热

2016年年初，当八陡镇民政办吕绪兰主任把陈维政、王连峰、丁立昌、韩宗峰、张家森等五名同志请到她的办公室协商地名普查工作的时候，五位老人面对着这份自己并不熟悉的工作，并没有十足的信心做好。但是他们已经明确了地名普查的意义和重要性，深知这是一项基础性、公益性、战略性的国情调查。八陡地名承载着当地厚重的历史，镌刻着灿烂的文化，记录着沧桑巨变，彰显出时代风华，搞好普查工作也是历史发展的必然要求和对家乡对社会的积极奉献。

大家表示，有镇党委、政府和区地名办的指导，有各村基层普查队伍的支持，一定要以上不愧对祖先，下不负于子孙的历史责任感和使命感，努力做好这次普查工作。于是，这些本当含饴弄孙、乐享天伦的老者，全身心地投入到了八陡镇的地名普查工作中。

历尽艰辛，踏遍八陡的每一寸土地

地名普查是一项艰苦的劳动，既是复杂的脑力劳动，也是艰苦的体力劳动。八陡镇地形复杂，山头林立、沟壑纵横，单山头说就有50余个。“五老”不怕辛劳，逐一勘察了镇域内的山山水水、沟沟坎坎、大街小巷，可以说他们的足迹踏遍了八陡的每一寸土地，有时一天要步行爬山近10小时。他们在勘察磨石阁时，误入荆棘丛，王连峰老师的裤子都撕破了，腿上、身上划出了数道血口。有时须爬上陡峭的山梁，乱石漫坡，脚下无路，草墩发滑，丁立昌老师的照相机，几次从肩上滑落，造成严重损坏。韩宗峰老师体质很弱，且患有静脉栓塞症，为了考察围屏山上的齐长城遗迹，他硬是忍着疼痛，手足并用，爬到山巅。由于时间短，工作量大，大家白天采集资料，晚上敲键登记，争分夺秒地工作。张家森老师，犯了肺气肿，呼吸困难。为了不影响进度，他一边治疗，一边坚持工作。

五位老人，大多没有电脑操作能力。有的只靠手写，再请人打印，这样既浪费了时间，也很容易出问题。大家下决心学习电脑操作基础知识。他们的老师是儿子、女儿、孙子、外甥。由于记忆力不好，弄不明白的问题，需反复问，即使惹得儿孙抱怨，也毫不在乎，仍然不耻下问。经过不懈的努力，他们每个人都学会了打字、填表、发稿。特别是学会了Excel格式的表格填写，推动了地名普查工作的进展速度，真可谓“顺流失去奔腾志，逆境垂成挑战心”。

严谨求实，还每一个地名以本来面目

地名普查登记是一项科学、严肃的工作。我们所普查的数据将是今后的标准和依据，如不准确，将会贻害无穷。普查中，发现有的地名由于年代久远，一直没有准确的名称。为了彻底搞清楚，大家以严谨科学的态度，对每一个地名，都反复调查，实地勘察，特别是对方言地名更是精心校对。如“刁花峪”“西拉堙”“梆子井”“磨石阁”“碉堡山”“疙瘩湾”“江米泉”等，多方求证，终得准确答案。为追根溯源，一个地名甚至要用数天的时间，经多次实地勘探，具体观察实体的地理形势、了解知情老人，反复推敲确认，才予以确定，还原该地名的本来面目。

普查登记要力求数据真实、准确、可靠。有时为了一个单位的历史变迁更替和日期吻合程度，需要查阅多份历史资料和佐证。有的单位批文名称与地方志所描述的不一样，有的小地名的字音相同而字义不同，这都要花费大量的时间和精力去考证，有些街巷的长宽、庙宇等建筑物的尺寸，都要用皮

尺去一点点测量，以获得准确可靠的数据。

“五老”在查阅地名资料

倾心投入，挖掘地名的丰富文化内涵

地名普查不光要登记地名的含义、沿革，更重要的是揭示地名的文化元素，挖掘其中所蕴含的厚重的历史和灿烂文化。

八陡镇是明代孝子王让和传说中的孝妇颜文姜的故乡。在普查登记王让故居和颜文姜的祭祀地顺德馨祀（庙宇）等地名时，把重点放在了王让和颜文姜的孝道事迹上。通过调查了解王让后人、顺德馨祀附近的民间老人，挖掘出了两大先贤的许多孝道事迹和趣事逸闻。充实了八陡孝文化的内涵，为当地“四德”文明建设增添了鲜活的素材。

八陡有许多革命遗址。大家心怀崇敬，尽力挖掘地名所蕴含的红色文化元素。在考察茂岭村地名时，详细了解了抗日战争时期，八路军山东纵队四支队百里奔袭全歼茂岭五亩地日本守敌的重大战斗，大家到五亩地战斗遗址亲身感受，并了解到了更多的细节，在地名普查中作了详细记载补充，丰富了地名登记中的红色文化内涵。

地名普查的一个重要任务就是要挖掘地名的渊源沿革，大家在考察中追根溯源，以究其竟。如在考察八陡庄名的来源时，查阅各种书籍资料，一直上溯到北宋年间，并勘察地形地貌，调查土著居民族谱，查明了八陡庄古代路陡难行、交通堵塞故得庄名的历史源头。这与当代公路铁路纵横交错、四通八达的新八陡形成了鲜明的对比。

转化成果，地名普查效益初步显现

地名普查工作中，“五老”踏遍了八陡的山山水水，对这里的一草一木都了如指掌，手头积累了大量的地名文化资料，当地干部群众称他们为八陡的“活字典”“活地图”。2016年，中国长城学会一行来八陡考察齐长城，“五老”成了最好的向导；同年秋，中央电视台《记住乡愁》栏目来八陡拍摄《八陡镇·孝传一方》节目，他们也提供了大量素材。

普查结束后，老人们将手头掌握的地名资料，编辑出了10多篇地名故事，其中有8篇被2017年新出版的《博山地名故事》收录。他们还撰写了5篇关于八陡地名的研究论文。陈维政、王连峰所写的论文有3篇在《淄博史志》上发表，有两篇刊登在即将出版的新《博山区地名志》上。而更多的普查数据、资料，则被多次运用在八陡的思想文化建设以至经济社会发展的各项工作中。地名普查工作的成果在八陡已初步显现。

“莫道桑榆晚，为霞尚满天。”在淄博市地名普查工作中，不仅有八陡“五老”这样一支夕阳专家团队，其他各级普查机构也都成立了由退休教师、退休文化部门干部等组成的专家团队。他们在桑榆暮景之年，无私付出，不计报酬，用自己辛勤的汗水与才智，为地名普查工作作出了积极贡献。他们将一片桑梓深情奉献给了淄博这方土地，为人生的黄昏添上了一抹亮丽的色彩。

柔柔弱弱“娘子军” 铁骨铮铮“女汉子”

——记山东省德州市临邑县地名普查办

山东省德州市临邑县第二次全国地名普查办工作人员是清一色的“娘子军”，正是靠着她们的密切配合，齐心协力，克服种种困难，下乡入村，摸底调查，记录汇总，全身心深入扎实地开展地名普查工作，才使地名工作得以顺利开展，圆满完成了地名普查的各项工作任务。

边干边学，创新不断

2015年10月10日，临邑县召开了第二次全国地名普查动员会，成立了工作专班，地名普查工作正式拉开帷幕。

面对这项要4年完成的大工程，同志们既兴奋又犯愁，既感到荣幸又深知肩上的任务重大。作为一支“年轻”的团队，面对30年一遇的“新普查”，第二次地名普查对于普查办的年轻干部而言是一个崭新的领域，没有经验，没有先例，困难重重，大家都觉得无从下手工作，但她们以党员的高标准要求自己迎难而上，认真学习地名普查相关知识，认真吃透《第二次全国地名普查实施方案》和《第二次地名普查工作规程》内容要求，积极收集相关资料，从思想上、认识上提高对地名普查工作的认知，在业务知识上做好充分的储备。为了更系统明确普查任务目标，普查办的人员进行了职责分工，每项工作细分到每个人，大家分工负责，相互支持、密切合作，确保各项工作有人干，责任有人担，各项工作落实到位。

广泛宣传是搞好地名普查的基础。为把这次地名普查工作做实做细，地名普查办制订了相关的宣传方案，采取多形式的宣传方式，强化宣传工作的力度。通过报刊、电视广播、互联网、宣传栏、标语横幅、电子显示屏等多种途径，广泛宣传第二次全国地名普查工作的重要意义，宣传讲解地名普查知识，向社会公众宣传地名普查工作的基本情况，提高了群众支持、参与地名普查的积极性，使地名普查宣传工作真正做到家喻户晓、人人皆知。

督导地名普查工作

恪尽职守，甘愿奉献

作为女人，为人女，为人妻，为人母，她们感觉都不称职。常常是顾了普查工作，而舍了自己的小家，对孩子没有尽到妈妈的职责，对父母没有尽到女儿的孝心，家里的生活琐事大都落到了父母和爱人的肩上。

分管地名工作的党委委员、普查办副主任程振英在开展普查工作中，她以身作则，常常和同志们深入基层进行地名普查调查走访，一起研究和讨论普查工作中遇到的难点问题，尤其是在开展乡镇外业调查中，带领外业技术人员到乡镇（街道）搞好对接，她提出采取试点乡镇先行逐步推开的原则，选出部分重点村进行实地摸底，针对普查中遇到的问题进行梳理统计，及时与上级普查办沟通协调后，采取措施一一解决，既节约了时间又提高了效率，受到了市普查办一致好评。在整个普查期间，她全身心投入到工作中，家里的年迈父母也无暇照顾，却从未因家庭的原因而耽误工作，请假的天数更是屈指可数。她这种忘我的工作态度和敬业精神感染了大家，在她的带领下，普查办的姐妹们干劲十足，精神百倍、积极工作。

记得地名普查刚开展不久，靳爱华的母亲因病需要住院治疗，她真的希望请几天假在病床前尽一下孝心，但地名普查工作刚刚开始，还没走上正轨，她放心不下。在医院她含泪对妈妈说：“妈，地名普查刚刚开始，单位工作太忙，我白天上班，晚上来陪您。”那段时间她只能坚持白天上班，晚上在医院陪母亲。其间又赶上丈夫意外摔伤住院，她交接完工作，陪丈夫去做手术。

安顿好没有完全康复的丈夫，又接着赶到单位，深入到普查工作中去。

为了尽快熟悉普查流程和规范，保证普查质量，马俊霞在怀孕5个月时参加了山东省第二次全国地名普查业务培训班。之后，又分别两次带孩子参加了省厅组织的培训班，以至于培训期间住宿的宾馆前台工作人员都认识了她。还有其他地市的同志开玩笑地说：“现在二胎放开了，下次带俩来。”地名普查期间，她尚在哺乳期，但面对几千条的数据审核，她深知普查时间紧、任务重，主动放弃回家喂奶的时间，都是婆婆带着幼小的孩子来单位。

刘晓是普查办最年轻的一位女孩，负责普查宣传和各项文字材料汇总，她对待自己的工作不等不靠，遇到问题仔细查找原因并及时与领导沟通，为了完成各项工作她加班加点，毫无怨言，使各项工作顺利地完成。

她们就是这样勤勤恳恳、兢兢业业，舍小家、顾大家，甘于奉献，将全部身心投入到工作中，为临邑县第二次全国地名普查工作的顺利完成奠定了坚实的基础。由于临邑县普查工作起步早、行动快、效率高，2017年德州市第二次全国地名普查工作观摩会在临邑县召开，这也是作为全市普查试点县市（区）之一唯一一次召开阶段性会议，为下一步普查工作顺利进行打下了坚实基础。

筑牢篱笆，确保质量

面对时间紧、任务重的局面，普查办的同志们把提高效率作为制胜的法宝。普查工作中的主要环节是填写普查登记表，最终转换格式导入数据库。普查办的人员将所有Word格式表格全部一次性换成Excel格式，减少了因一个个转换带来的后续工作量，大大缩短了入库时间。同时，制定填表规范，简化烦琐步骤。将《地名普查登记表填写规范》表格化，把每一个地名类别表格按照普查培训标准一一标注该怎样填，填什么，确保了数据的准确性。她们还注重业务的培训，对地名普查工作规程规范和5.0地名数据库系统及时进行学习，迅速掌握文件精神，以便更好地解答和指导表格填写。在工作中遇到新问题及时与上级沟通，最大限度确保每个地名的准确性、真实性。就这样，在她们不懈的努力和省市普查办的精心指导和大力支持下，每个地名登记表从下发到上报最长不超过5个工作日，为数据提前审核过关、入库争取了时间，临邑县地名普查数据入库早于试点县市，准确率全市第一。

与此同时，普查办还积极做好对各单位、乡镇普查联络员的培训工作。

召开地名普查动员大会，围绕普查方案及实施办法和细则，具体讲解登记表的内容、解释、填表说明及有关的注意事项等，特别是对登记表中来历含义、历史沿革和地理实体概况的填写进行重点讲解。同时结合实际，对地名普查各阶段和各环节的工作作了具体安排和说明，并对各乡镇（街道）民政助理、普查员进行了重点培训，使他们吃透实施方案和工作规程，确保普查过程中收集的普查数据的真实性、准确性。

为了加快工作进度，普查办工作人员严格按照普查规程，经常加班到深夜，对收集上来的地名登记表进行一审、二审，最终确定入库。在全面审核、详细复核、数据确定、汇总各个阶段的工作中，严格执行实施方案各阶段工作要求和地名普查工作规程，对上报完成的4000余份登记表进行全面检查，及时查漏补缺，以数据质量为核心，时常加班加点，有时甚至通宵达旦。全体普查人员共同努力，对数据进行一审核、二复核、三确定。有时，为了确保数据准确，时常为达成一个共识、一个标准答案，争得面红耳赤，这也成了她们这个团队的一道独特的风景，她们精益求精的态度，为最后数据成果的入库工作打下了坚实的基础。

在这次地名普查中，临邑县地名普查工作人员凭着顽强的毅力，齐心协力，艰苦奋战，以对地名高度负责的责任感，以严谨谦虚的态度，以认真扎实的工作，以追求完美的情怀，在平凡的岗位上实现着自己不平凡的人生价值，圆满地完成了临邑县第二次地名普查工作任务。

放飞青春筑梦想　建功“二普”奏华章

——记山东省济南市历下区地名普查办

济南市历下区第二次全国地名普查领导小组办公室（以下简称区普查办）成立于2014年8月，设在历下区民政局。以“80后”年轻人为中坚力量，其中有地形勘测人员，有文史编纂人员，有社区工作者，有电脑程序员，还有从事地名研究的学者。他们在历时5年的第二次全国地名普查（以下简称“二普”）工作中奋勇争先、激扬青春，谱写出了壮丽动人的青春之歌。

勇担使命，为民尽责

开展地名普查，全面掌握地名信息，是提升地名管理工作和地名综合服务水平的基础手段，对于推进地名标准化工作有着重要的意义。“二普”开展以来，全区从各成员单位抽调骨干力量充实普查队伍，虽然他们在各自的领域都是顶梁柱，然而对地名工作来说却都是门外汉。同志们深知这次普查如同一场硬仗，不仅标准高、要求严，工作开展起来也会困难重重。然而，年轻人无所畏惧的精神激励着他们勇敢地担起了这份责任，他们的心中只有一个信念，就是这场仗不仅要打赢，更要打得漂亮，要向党和人民交出一份满意的答卷，要用自己的青春为地名文化的传承贡献力量！

在区普查办的带动下，全区地名普查工作同心合力，形成了一盘棋的工作氛围。各部门比学赶超，普查骨干与普查员经常交流各阶段工作进展情况，讨论分析工作中出现的问题，大家把区普查办当作根据地，常常在这里讨论到深夜，区普查办精心编发了多期工作简报，积极推广成功经验和做法，确保全区普查工作步调一致，稳步推进。

在区民政局的大力支持下，区普查办配置了独立的办公室、档案室，并采购了台式计算机、笔记本电脑、打印机、扫描仪、手持式GPS和文件柜等办公和专用设备。为了更好地带领全区普查员迅速掌握业务技能，区普查办印发了指导手册并组织各街道办事处分管领导、普查骨干及普查员培训，通过播放视频、演示表格等形式，耐心、细致地为参训人员讲解普查要领，帮助他们了解地名、认识地名、熟悉地名，稳扎稳打、迅速形成了强有力的战斗堡垒！

不负青春，敢打敢拼

为了能更快地投入到“二普”工作中，这群年轻人不等不靠，主动去试点城市青岛学习经验，积极参加省、市组织的培训班，充分利用一切可以利用的时间，学习钻研专业知识，遇到不会的问题就向省、市普查办的专业人员求教，直到学懂、弄通。他们在短时间内掌握了普查的各项要求和步骤，按照工作部署转发了《山东省第二次全国地名普查工作规程实施细则》，并与各成员单位协商、征求意见，结合辖区实际制订了《济南市历下区第二次全国地名普查实施方案》和《济南市历下区第二次全国地名普查质量管理规定》，明确了目标任务、各部门职责以及工作环节，规范、统一了技术指标和要求。

为讲好地名故事，提高广大市民群众对全国地名普查工作的知晓率、支持率和参与率，年轻的普查员们充分发挥自身优势，与专业传媒公司合作，用流行的语言、活泼的元素制作了巨幅宣传幕布、宣传展板、宣传台历，并以各个村居为宣传点，设置了百余块地名普查宣传专栏，创造了“地名普查人人参与，规范地名人人使用”的浓厚氛围。同时，区普查办与《济南日报》联合推出普查系列报道，从不同角度、不同深度结合历下的地名文化和普查进程进行了宣传推广，取得了良好的反响。

在“二普”工作的那段日子，普查队员们都会感到白天的工作时间根本不够用。大部分的沟通、协调和汇报工作已经把白天的工作时间安排得非常充实，而数据整理、校对和汇总等工作，普查队员们只能利用晚上加班加点来完成。“五加二”“白加黑”，已经成为大家的工作常态。普查队伍里有位姑娘小朗，在接到抽调通知时她正准备回老家结婚，为了保证“二普”工作，小朗主动把婚假缩短了两天，办完婚礼就跑回了普查办。由于工作认真负责，普查的涉密资料也都由她整理和保管，她组织成员单位和普查员分别签订了保密责任书和保密协议，明确了技术要求。即使在怀孕期间，她也一心扑在普查工作上，和大家一起加班加点、跑外业，大家都称她为“拼命小朗”。在普查队伍里还有一位年轻爸爸，大家称他为软件技术达人——老王，老王其实年龄也不大，1982 年出生的他，不仅精通电脑程序，外业测绘也是行家里手。每次通宵汇总数据都是他亲自坐阵，利用自己的专业特长，运用技术编程进行数据导入、导出，不但运行稳定而且极大地避免了误差，达到了事半功倍的效果，给了团队“人在，数据在”的安心与信心。可是，为了保证数据运行通畅，老王有时一连几天通宵奋战在办公室，大家常常早上上班看到他靠在椅子上疲惫的样子，让人心疼不已……

刻苦钻研，紧抓质量

质量是普查工作的生命线，普查员把工作质量始终放在第一位。搜集资料是普查工作的重要环节，历下区是省、市、区三级政府所在地，涉及多个级别多个部门，付出的辛劳与汗水只有那一份份调查表和照片可以记录。史志、市政、交通、水务、公安等部门以及各级综合档案馆、图书馆、建设档案馆、文化馆都是普查队员们经常去的地方。为了确保资料的真实可考，他们搜集的资料都仔细认真地标明来源、时间以及报送接收人员，每一次收到珍贵的文献资料都如同如获至宝。

在整理繁多的资料时，最令人头疼的是数据不一致，比如调查表中的始建年份、历史沿革、地理实体概况等，经常出现街道办事处或实测数据与档案、年鉴等文献上的数据不一致的情况。秉着对历史负责的态度，普查员们常常为了一个拼音，一个历史时间点，一个佐证的资料在档案馆、博物馆、大学、街巷之间来回奔波。很多地名的历史沿革需要请教专家，社科院、文史馆、民俗中心的老专家们成了区普查办的座上宾，一段沿革需要经过不断的论证与评判，才能确定一个相对准确的记录。类似于这样的地名数量，数不胜数，所有资料全部汇总完毕，还需要普查员们一遍一遍地检查语音语调、用字用词以及逻辑关系等内容，真是犹如抽丝剥茧。

善于思考，不断创新

对优秀地名文化的挖掘和保护，一直是开展地名普查工作的重点。年轻的普查员们发现区内原有 36 个自然村，随着城市的变化，有的村落已发展成社区，有的甚至调整了行政区划。伴随着城市更新和建设改造，剩下的 21 个自然村虽保留名称却已经没有了耕地，它们的原始地名资料更是一片空白。为了保护好这些村落历史，展现历下地名文化的传承和发展，普查员们经过讨论，决定在微信公众号中开辟村级地名文化专题。通过实地考察，寻访村居老人、村碑，收集老照片、家谱、村志等形式，逐一走访辖区村落，搜集老村的历史变迁、民俗文化、重要事件、著名人物等有价值的地名文化资料，经过整理、编纂出来的系列文章多次被区级媒体“历下头条”采用。

为进一步提升历下区地名公共服务水平，发挥地名桥梁纽带作用，区普查办依托微信公众号设计了数字街道系统，主要用于地名标志的管理和地名工作信息的传播。成果转化阶段，有的普查队员因为工作原因回到了原单位，而留下来的人带着大家对普查工作的热爱，坚持善始善终。他们整理前期的工作地图，在全区区划地名图的基础上，放大比例尺，用最新的航拍影像图与地名普查资料相结合，编纂了历下区第一部影像图集。

一分耕耘，一分收获，2016 年，区普查办代表山东省迎接国家普查办的检查，获得了总分第一的好成绩，受到了国家及省、市普查办的一致好评。2018 年，区普查数据通过国家验收，成功导入国家地名数据库，这个消息从北京传来，年轻的普查队员们眼含热泪，欢呼雀跃。

5 年，在人生的长河里可能只是转身一瞬，而在炽热的青春里却焕发出夺目的光彩。“人处在一种默默奋斗的状态时，思想就会从生活的琐碎中得到升华。当过去的经历化为飘飞的思绪，那些奋斗的过程，那些拼搏的日夜，都将化为一笔难能可贵的宝贵财富。”经历过第二次地名普查的年轻人们，当他们再回首青春，一定是欣慰的、心怀感恩的，因为正是这个伟大的时代给予了他们成长锻炼的机会，在平凡的岗位上他们用努力和拼搏书写了青春的芳华。

山高岂碍野云飞

——记河南省地名普查办工作人员马旺顺

2017 年 11 月 26 日凌晨 4 时，河南省地名普查办，马旺顺仔细地查看着汝州市地名普查成果清洗数据，然后轻轻舒了口气，说：“最后一个数据清洗完毕，可以刻盘上报了。”办公室内兴奋的笑声在凌晨显得格外响亮。

从第二次全国地名普查开始，他已经习惯了这样的不眠之夜，也不知度过了多少这样忙碌的“双休日”。他是地名普查工作的“指导员”“指挥员”“宣传员”“救火员”，多重角色在身，无暇分身。在省地名普查办，马旺顺被称为最忙碌的人，几乎天天要加班，更没有什么节假日。

自 2014 年 7 月，河南省第二次全国地名普查工作开始，马旺顺由省地名档案室抽调到地名普查办伊始，他转换角色、强化学习、务实苦干，在省地名普查办的领导下，以提高县级政区各类地名文化属性为突破口，科学规划地名普查实施方案，成为一名边干边学、边战斗边指挥的地名普查行家里手。

坚定理想，找准方向

人们总是希望有人能详尽描述出来我们要到达的彼岸在哪里，这样我们才能选择到达的路线。地名普查千头万绪，涉及全省行政区域、非行政区域、群众自治组织、居民点、交通运输等 11 大类地名，是一项十分复杂的系统工程，是一次重大的国情调查。作为地名普查战线的“新兵”，马旺顺首先对《第二次全国地名普查实施方案》《第二次全国地名普查规程》《中国地名汉语拼音字母拼写规则》《第二次全国地名普查指导手册》等进行了深入学习和研究，仔细查阅了“一普”资料、卡片、档案。熟悉了地名普查的组织实施原则、方法步骤、质量控制及普查成果的转化使用等内容，掌握了地名属性信息调查、地理信息采集、工作图标绘等环节，参与制定了《河南省第二次全国地名普查实施方案》《河南省第二次全国地名普查作业指导规范》《河南省第二次全国地名普查涉密数据管理规定》《河南省第二次全国地名普查质量管理规定》等一系列具体方案。汇集了《地名普查问题解答》，供各地普查人员学习查阅，大大提高了地名普查工作效率。他也从一名地名普查的门外汉渐渐成长为地名普查中坚力量。在普查督导期间，针对地名文化属性、地理实体概况描述、罗马字母拼写能够提出自己的看法及观点，提高了全省地名普查成果质量。多次强调标准地名、图载地名、使用时间、普查状态之间的逻辑关系，避免了地名普查成果数据入库问题，确保了数据的准确性、真实性、完整性。他通过自己直接参与和行动，为自己赢得了信任和尊重。

积极探索，力创佳绩

为了让地名普查工作获得众人支持，让地名文化深入人心，他积极探索地名普查宣传新办法。及时开展“最美地名普查员”“淡淡的记忆　浓浓的乡愁——老家河南最美地名故事”征集宣传活动。通过“地名文化进社区、校园”“地名普查微视频征集”等多种方式，宣传地名普查工作，宣扬地名文化。编写了360余篇地名普查信息，其中被国家地名普查网、中国区划地名网、《中国社会报》《河南日报》、河南省民政厅网、河南省区划地名网采用200多篇。共收集整理地名故事300多篇，参与制作地名文化短视频40多个。他所负责的河南地名普查宣传工作受到国务院地名普查办通报表扬。

作为国家《标准地名词典》河南省编写组的主要成员，他积极做好《标准地名词典》的编纂工作。认真组织编制词目表，并在首批通过了国家编辑部的验收。他亲自撰写省级词条，严把词条审核关。为确保向编辑部输送质量好的稿子，在国家编辑部所提供资料及撰写要求基础上，他编写了《词条撰写中应把握的重点问题》，收集整理了河南省全国重点文物保护单位、河南

马旺顺（左）在审核普查成果

省国家历史文化名城（镇、村）、河南省国家非物质文化遗产、河南省省道路线标准名称等多个资料，下发各地参考使用。对各地上报的稿件逐条进行修改，并赴各地进行一对一审稿、培训。马旺顺严谨认真的工作态度及多方学习积累的知识储备得到了国家编辑部的认可，并被确定为国家《标准地名词典》编辑部编辑助理，参加全国词典的编辑修改工作。

在做好国家《标准地名词典》编纂工作的同时，他积极投身于《河南省标准地名词典》《河南省标准地名志》等图录典志的编纂工作。主导完成了词典的采词规则、采词范围及撰写要求，参与编制了地名志编纂实施方案，为河南省地名普查成果转化工作作出了应有的贡献。

情系普查，砥砺前行

在地名普查开展 3 年多的时间里，他脚踏实地，敢于开拓，勇于挑战现状。初次参加地名普查工作，经验不足是他的劣势，但不囿于思维定式。愿意探索新方法、新服务和新程序，“跳出普查搞普查”，也是他的优势。为了一个罗马字母的拼写，他可以和专家组人员据理力争，为了一个普查状态是否正确，他能和技术人员面红耳赤。特别是在数据验收过程中，他对每个县级政区上报数据认真核对，确保没有遗漏问题。

2017 年 5 月的一天晚上，他在返回单位继续验收各地上报普查成果数据的途中，不慎被电动车撞飞，腰部疼痛难忍，为了不耽误数据的上报，他咬牙坚持，坐着不能工作，他就站着，完成了全省 158 个县级政区成果数据省级审核验收工作。并在国务院普查办规定的时间内，与同事共同携带重达百斤的 800 多张光盘赴北京上报国务院普查办。

2017 年 10 月 9 日，连续加班的马旺顺同志因过度劳累发生轻微脑梗而住院。10 月 18 日，省普查办同事去看望他，他却已经出现在了郑州市《标准地名词典》审稿培训班的讲台上，他捂着一只看不见的左眼，进行了 4 个小时的词条要素撰写要求的授课。为了提高词典词条释文质量，他几乎跑遍了全省所有地级市，授课 20 余次。河南省上报的词典词条质量得到了国家编辑部的充分肯定。马旺顺同志雷厉风行、敬业严谨的工作作风，赢得了全省地名普查同人的心。历经地名普查磨砺的他，收获了酸甜苦辣，也收获了累累硕果。

征尘未洗弓已拭，犹看明日射天狼。第二次全国地名普查已顺利收官，他仍在不断总结经验教训，以期在成果转化中再奏凯歌。

精耕细作　厚积薄发

——记河南省驻马店市民政局冯争

冯争是河南省驻马店市区划地名科科长，市地名普查办副主任，人称驻马店“地名活字典”、驿城“活地图”。已在地名管理工作岗位上坚守了20多年，可谓“资深地名人”。此次“最美地名普查员”评选推荐，她全票通过。

不忘初心，履职尽责

2014年7月15日，河南省召开第二次全国地名普查动员电视电话会议，标志着河南省第二次全国地名普查正式全面启动。作为地名战线上的一名“老兵”，冯科长深知这次全国地名普查的意义重大，同时也深感自己的责任重大。凭着20多年的工作经验，要想圆满完成如此重大的工作任务就必须争得上级领导的支持和基层群众的配合。于是她及时向市政府主管领导作了全面系统的汇报；并尽快与《驻马店日报》记者联系，在该报刊登了《科学部署　分段实施　组织开展全市第二次全国地名普查工作》答记者问的报道。同时为得到社会共识，充分利用电视、微信、微博等多媒体、网站信息平台及街头宣传的方式，扩大范围，广泛宣传地名普查的迫切性和必要性，使地名普查工作深入民心，争得了广大人民群众的理解和配合，积极参与的热情高涨。8月15日，在市政府领导高度重视和大力支持下，出台了《认真开展驻马店市第二次全国地名普查工作通知》，成立了驻马店市第二次全国地名普查领导小组，办公室设在市民政局区划地名科。按照市政府要求，冯争同志积极主动督促指导各县区相继成立本级地名普查领导小组及办公室。在冯争和市地名普查办同志们加班加点积极筹备下，12月，市政府组织召开了全市第二次全国地名普查工作部署会和业务培训会，各县（区）分管业务副县（区）长、民政局主管局长、区划地名股长（主任）以及市直成员单位领导都积极参加，为下一步驻马店市第二次全国地名普查工作全面开展打下了坚实的基础。市县两级陆续向社会发布地名普查招标公告，择优录用外业技术

冯争在查阅普查资料

公司，充分做足普查前的一切准备工作。

务实创新，成效显著

要想解决问题，找对方法很重要。前期，争取领导支持和群众配合同步走的方法，事半功倍；2015 年 4 月至 5 月，经市政府领导批准带领县区主管局长和股长前往兄弟省市观摩学习、淘宝取经；认真研究国家《第二次全国地名普查指导手册》，结合驻马店市地名情况复杂、地名资料少、人手不足、设备和技术落后的实际，组织编印《驻马店市地名普查业务操作指南》，并设计印制 60 万份符合驻马店市实际的 11 大类 72 个子类的《地名普查登记表》和《填表说明》及《驻马店市第二次全国地名普查业务和技术问题 1389 解答》等参考与指导依据，加快了全市地名普查基础资料采集与《地名普查登记表》填写工作进度与质量，特别是《驻马店市地名普查登记表》格式规范，填写内容丰富、完整、准确，赢得了省督查组领导的赞扬和省地名普查办专家的认可，在全省地名普查业务培训时作为范例在全省推广。2016 年至 2017 年是地名普查关键阶段，却时值驻马店“创文创卫”高潮，全市各部门各行各业集中时间集中精力投入“创文创卫”工作。在此种情况下，冯争为了全面提高全市普查质量，挤出时间，日夜兼程组织召开了 7 次全市县区主管局长、股长、技术外包项目负责人及专家等 40 多人参加的普查质量评审会。针对各县区质量参差不齐的情况，冯科长在要求各县区认真自查的基础上，创造性地提出了相邻县区循环互查的办法，使各县区之间取长补短，质量迅速提高。远赴开封执行对口支援帮扶工作中，又创新工作方法，采取专家分组审核、集中会审点评的方法，省时高效。

以身作则，爱岗敬业

2016年9月省普查办领导督查全省地名普查技术外包项目购买工作时要求落实责任。可是，当时驻马店市级、县级财力不足，时间要求又非常紧迫，冯争同志心急如焚。为了使各县区能尽早落实购买技术服务项目专项经费和招标工作，她不顾自己身体的不适，加班加点，顶着各方面压力，想方设法搞好协调，为各县区落实技术外包项目招标专项经费和开展技术外包项目招标工作寻找有力依据。由于紧张的工作节奏和工作压力，冯争同志多次生病，普查办的同志都心疼地劝她好好休息一下，等病好了再处理这项工作，可她却认真地说："普查技术服务项目购买招标工作能否顺利完成关系到全市地名普查质量，时间不等人，任务艰巨。地名普查30年难遇一次，这是多么光荣的事情，吃点苦不算什么。我们一定要把这件事认真做好，这也是我们普查工作者的责任担当啊!"

冯争同志对第二次全国地名普查工作恪守职责、认真务实、无畏困难、扎实苦干、倾力创新的态度，感染了全市地名普查战线上的工作者们，他们都以冯争同志为榜样，以饱满的工作热情、积极负责和务实重干的工作态度做好自己的每一份工作，确保了驻马店市地名普查工作取得阶段性的成果，为全市第二次全国地名普查工作作出应有的贡献。

孜孜矻矻桑梓地　山山水水悃愊情

——记河南省鹤壁市地名普查专家刘振生

2017 年 6 月，鹤壁市《羑河的传说》《地名赋》在全国地名普查网络平台发表；成果转化先期作品《鹤壁赋》正式出版。

2018 年 4 月，《鹤壁地名故事》进入排版阶段。

…………

“这些成就的取得，得益于我们聘请的专家刘振生同志。”鹤壁市地名普查工作领导小组领导说。而刘振生却说，这一切归功于省市领导重视和指导有方。

工欲善其事，必先利其器

2016 年，第二次全国地名普查工作全面铺开。刘振生同志先后被鹤山区、鹤壁市第二次全国地名普查领导小组办公室聘为专家组组长，负责挖掘地名文化，指导“二普”工作。

上任伊始，他首先研读有关文件、指导手册，下载全国地名专家关于普查中遇到问题解疑释难资料，细心阅读，掌握要领，明确要求。收集当地资料，把《鹤山区志》《鹤壁地名志》《鹤壁煤矿志》《鹤壁古城古镇古村落古民居》等几十种资料，凡能收集到的悉数拢到案头，以备查用。

为培养一支责任心强、业务熟练、文化专业水平高的普查队伍，在领导支持下，他先后多次召开培训会、交流会、推进会，讲解要点，释疑解难，与大家相互交流，耐心指导，亲力亲为，提高了普查人员的责任意识和专业水平，为工作顺利推进奠定了坚实基础。

民间有珍宝，淘沙始见金

刘振生做过多年语文老师，后在鹤山区委宣传部工作并退休。他文化功底扎实，工作作风严谨，热爱地名文化，对鹤壁的山山水水、风俗民情了如

刘振生在鹤山区培训班上授课

指掌，如数家珍。但他不囿于以往的见闻，不唯于书本现成资料，决心对所有地名来个地毯式收集整理。

他常常与大家一起，跋山涉水，上山下乡，走村入户，田间床头，查访座谈，收集地名来历、历史沿革、人文地理等文化信息。找当地老干部、文化人座谈，得到许多第一手资料。他在大闾寨村调查时发现，村民都把“闾”字写成了“吕”，经座谈和实物查证，得知“闾”字是古代一种组织单位，25 家为一闾。这样，既纠正了以往的差误，又弄清了名称由来和历史溯源。有的村近些年习惯于简称，丢失了地名文化和地理人文信息。石林镇“东台”“西台”，本名“东寺望台”“西寺望台”，史上两村曾有一座宏伟的寺院，并筑有高台。简约后就称为东台、西台了。

为甄别澄清地名中的一些历史事实，挖掘考证出有价值的东西，他往往不辞劳苦，一个村跑上几次。在梨林头村调查时，听说一个老教师家里珍藏着家谱，记载了当地历史地理人文史料，他连续去了两次，都没见到人。第三次又去，老人外出未归，说到傍晚才能回来。结果一直等到晚上 8 点，老人才回到家。当听说他三顾家门而不弃的事后，老人深受感动，把从来秘不示人的家谱从箱底取出，供他查阅，果然发现很多有价值的史料。回到单位，已凌晨 1 点多了，但他完全忘记了疲劳，反而为取得珍贵资料而兴奋。

在调查中，他一丝不苟，虽苦犹乐，收获颇丰，并把这些资料充实到成果表中。

不舍昼夜苦，唯求文章真

刘振生同志与其他同志一道，边调查边整理编排工作。

鹤壁市历史悠久，文化底蕴深厚。7000 年前先民在淇河岸边建村。3000 年前诞生了殷商都城、卫都朝歌、赵都中牟，产生了《诗经》中的《泉水》《桑中》等诗歌，涌现出了帝辛、箕子、卫武公、许穆夫人、子贡等灿若星辰的风云人物，留下了大伾山、云梦山、鹿台、钜桥、大赉店等打着历史烙印的地名。刘振生认为，这些浩瀚的文化遗存，无不沉淀到特定的地名之中，维系着历史之根，留存着文化之魂，成为历史变迁、文明发展和历代记忆传承的鲜活印证，是熠熠生辉的文化瑰宝。为此，对这些特殊地名，更是严格把关，力求准确，发现问题，及时纠正。他认为不满意或有疏漏的，亲自查阅、核对，补充完善。他亲自审阅成果表 3 万余份次，修改 1 万余份，对提高普查质量起了至关重要的作用。

那些日子，他加了多少班，熬了多少夜，没人数得清。人们常看到，别人下班了，他还在伏案工作不停；其他办公室的灯都暗了，他的办公室的灯还是子夜通明。他 60 多岁了，患有高血压，心脏也不太好，可工作起来的那股拼劲，完全像是年轻人。普查工作进入后期，由于久坐和经常加班，有一天他终于累得住进了医院。

领导和同事闻讯，纷纷到医院看望慰问，“刘老师，你这都是累的啊，两年多来，你上山下乡，加班熬夜，太辛苦了。”领导拉着他的手，感激之情溢于言表，嘱咐他安心养病。他躺在病床上，眼眶湿润：“没什么，这段时间紧迫，任务很重，我必须这样，否则将影响工作进度。”3 天后他感到稍微轻了些就执意出院，医生劝留不住，只好给办了出院手续。他的事业心、责任感、工作激情，赢得了领导和同事的钦佩和好评。2018 年春，鹤壁电视台、《淇河晨报》报道了他的先进事迹。

“老牛明知夕阳短，不用扬鞭自奋蹄。”今天的刘振生正全身心地投入在《词典》的编纂工作中，每天以六七千字的速度编辑着、修改着。同时又和领导们一起，开始谋划《鹤壁市地名志》的编纂工作。

在地名文化沃土上精耕细作

——记河南省许昌市鄢陵县地名办张改亮

张改亮，是鄢陵县民政局地名办主任，从事民政工作已23个年头。鄢陵县第二次全国地名普查工作开展以来，他始终以饱满的热情、积极的态度、顽强的毅力、专业的精神投入普查工作，脚踏实地、埋头苦干，淡泊名利、无私奉献，以实际行动诠释了民政孺子牛精神，展现了共产党员的风采，为鄢陵县第二次全国地名普查工作作出了突出贡献。

工匠精神，苦干巧干

走进鄢陵县地名普查办公室，忙而有序的工作氛围扑面而来。近60平方米的空间内，整整齐齐摆放着6张办公桌，电脑、打印机、复印机、文件柜、保密柜等普查设备一应俱全，9名工作人员端坐于办公桌前，有的在进行文字录入，有的全神贯注翻阅书籍，有的拿着放大镜聚精会神查看地图，有的正埋头书写记录，"嗒嗒"的键盘敲击声使人感到："忙碌是一种执着的安静"。令人脑海中浮现一幅画面：年迈的手艺人、紧锁的眉头、专注的眼神、手腕上下翻飞、屏息观察比对，一件融合了时间和心力的精美艺术品即将问世，这就是"工匠精神"——不断雕琢自己的产品，不断改善自己的工艺，享受着产品在手中升华的过程。对细节追求完美和极致，把品质从99%提高到99.99%，其利虽微，却长久造福于世。

严苛与精细。办公室内靠墙的长几上整整齐齐地摆放着50余盒已审核定稿的地名登记表，每一盒地名登记表的封面都打印着地名类别、行政区划名称、表格数量，右上角签署着3个不同笔迹的姓名和日期，并盖有"合格"字样的印章。"地名来历""地名含义""历史沿革""地理实体描述"四项内容表述规范、体例统一、边界清晰。这都是审核完毕达到入库标准的地名登记表，一共有3825份，是鄢陵县全部的地名登记表。这些沉甸甸的资料盒，一张张边缘已磨毛的纸张以及反复修改的字迹，附带粘贴的各种手写资料和复印件。这是普通的地名登记表吗？不！它更像是由十几位“工匠”倾尽心力打造的文字精品，每一个字、每一个标点符号、每一段话都是“文字工匠”用心打磨的结果。

执着与敬畏。贯穿鄠陵县第二次全国地名普查工作过程的，毫无疑问是“责任”二字。张改亮说：“这个工作，我们还是要本着对历史负责、为现实服务、替未来着想的态度去做。”他们聘请的地名专家彭长法老先生说：“我们现在不把每条地名的来龙去脉查清楚，子孙后代就更难查清楚了。”技术合作公司的副总白鑫说：“报酬不是最主要的，我们感觉自己做了一件非常有意义的事情。”……每个人的身上都充盈着厚重的责任感和满满的正能量，在这里，“马虎”和“将就”无处遁形，“浮皮潦草”和“得过且过”渺无踪迹，有的只是对工作的执着和敬畏，对社会的责任，对自我的尊重。

苦干加巧干。鄠陵地名普查工作质量高主要得益于找到了“苦干加巧干”的科学方法，找准了路径、抓住了重点。一是明析路径。在鄠陵，一份地名登记表至少由 1 人采集填写、3 人审核修改、1 人终审定稿才能最终达到入库验收的标准。首先由村（社区）普查员负责采集填写、打印上报；其次由乡镇地名文化工作人员进行第一次修改并签字；再次由县普查办专家完成二审签字；再次由专家组组长三审签字定稿；最后由县普查办、技术合作单位共同对表格的 56 项内容（地名基本信息与属性信息）进行全盘比对校审，完成终审并盖章确认。二是抓住重点。鄠陵县确定陆地水系类、陆地地形类、行政区域及其他区域类、纪念地旅游景点类、居民点类五类地名信息为此次地名普查的重点内容，这五类地名信息占全市地名调查总数的 75%。对这五类地名信息的采集做到“三个必须”：必须充分运用现有资料，通过对现有资料的综合比对，找出不同资料的共性与关联，甄别核实；必须实地调查验证，对信息不全不清的地名，走访座谈实地查验，充分发挥本土群众和知情人士的力量；必须组织专家学者专题论证，对于部分通过资料分析和实地调查后仍存有疑问的地名，集中组织专家学者专题论证，研提解决方案。他先后组织召开 6 次地名专题论证会，邀请语言、文史、方志、党史、地理、民俗等领域的专家学者 30 余人，审定有关地名近 400 个。

夙夜在公，甘于奉献

在负责地名普查工作的 4 年间，他的工作状态经常是“白加黑”“五加二”，满负荷全马力前进，为此还被同事笑称为“拼命三郎”。接手地名普查工作后，他二话没说，把涉及地名普查工作的文件、培训资料全都翻找出来，利用业余时间和普查办的工作人员一道，硬是在半个月内吃透了相关文件精神，掌握了工作流程，明确了工作标准。他远赴试点城市泉州、惠州学习考察，近到长葛、临颍、光山等兄弟县市学习经验，在最短的时间内成为地名普查行家里手，亲自为乡镇、街办调查员进行业务培训。

2016 年 3 月，鄢陵县地名普查工作进入普查资料收集和数据采集关键阶段，资料收集直接关系到数据库建设进度快慢和数据质量的好坏。那段时间他天天带着外业和普查办的年轻人起早贪黑出入在社区、田间地头、乡间小道、河流水库、居民点等普查一线进行实地勘察、数据核对。河南国测规划设计咨询公司负责鄢陵县地名普查的技术员郭燕昌不解地说：“我们 20 多岁的年轻小伙子，每天连续工作 12 个小时都受不了，你这个年龄怎么坚持的?”其实，别人哪里知道，由于连续高强度的体力消耗和精神压力，那段时间他的高血压更严重了，吃药都降不下来。实在受不了住了 1 个星期的院，就又回到岗位，默默坚守在普查一线。功夫不负有心人，就是凭着这股拼劲、狠劲和韧劲，在他的带领下，鄢陵县地名普查办两个月内顺利完成了资料收集任务，为数据汇总入库打下了坚实基础。

2017 年 5 月，为了完成不规范地名清理整治任务，他带领普查办的同事，一连几个星期马不停蹄辗转在发改、规划、住建、房管、银行等部门及十几家房地产公司之间，先后组织召开 5 次协调会议。当时，正是他女儿备战高考的关键时候，他妻子抱怨说：“别人家的孩子高考时，孩子每天晚自习放学都是爸爸去接，你天天不在家，孩子也不管，是孩子重要还是你工作重要?”在他的不懈努力下，鄢陵地名普查工作结出丰硕成果。2017 年 5 月 9 日，国家地名普查监理组莅临鄢陵县，对鄢陵县地名普查工作进行监理和质量评定，5 名专家一致给予充分肯定，认为鄢陵县地名登记表内容填写完整规范，地名成果图绘制准确细致，整体工作水平较高，值得其他地方学习借鉴。2017 年 9 月 4 日，民政部区划地名司陈桥副司长带队，对河南省地名普查工作进行督查抽验，抽查一个省辖市和 2 个县级政区。对许昌市及所辖的长葛市、鄢陵县进行了全面抽验。国务院普查办督查抽验组对鄢陵县地名普查成果质量给予充分肯定，评价鄢陵县地名普查工作顶层设计到位，高位推进，严把质量，保障有力。在地名管理、清理整治、文化保护、成果转化方面富有成效。

本色，在新岗位上绽放

——记湖北省南漳县民政局韩东

韩东，曾经是一名职业军人。2014 年，他转业进入南漳县民政系统。改变了职业，转换了“战场”，但他军人的作风、修养、操守从未改变。他用自己的行动响应习主席“召之即来，来之能战，战之必胜”的号召，让军人本色在新的岗位上继续绽放光彩。

2014 年 1 月，国务院下达开展第二次全国地名普查工作的号令。南漳县迅即拉开了“二普”工作序幕。刚到民政局报到不久的韩东，听从组织的安排，进入南漳县地名普查办工作。一项全新的工作任务摆在自己的面前，就像一副重担压得小韩一阵发蒙。回想在部队那所“大学校”学习、实践、提高的过程，他很快挺起了腰杆。不懂不会怎么办？大不了从头学起。在“二普”项目展开以前，他利用一切时间在网上查找资料，细致了解国家有关“二普”工作的政策精神和业务要求，学习分析兄弟单位开展地名普查工作的做法和经验，埋头自我“充电”。同时，他在局档案室借来本县“一普”的档案材料废寝忘食地仔细阅读，不懂的问题做下记号，抽空就求教参加过“一普”的老科长。“二普”项目实施以后，韩东更是珍惜这个来之不易的学习实践的机会，一头扎进了大山深处……因有些地方方言太重，村中熟知地名故事的老者又不识字，只能口述。尽管韩东竖起耳朵细听，还是不得要领，只能凭感觉猜字，晚上回单位后请教科长，重新修订更正后，第二天又返回找村干部求证。

2015 年 9 月 3 日，为求证南漳境内最高山峰，他只身徒步 5 小时，登上板桥镇木桥村海拔 1602 米的毛家寨山顶。途中天气骤变，狂风四起，雷电交加，暴雨如注，一道若桶粗的闪电在距他不足百米处炸开，瞬间将一棵两人合抱不住的大树拦腰劈断，倒在了他攀爬的山路上，那雷声、那狂风、那暴雨，还有那倒在他上方的大树，确实让人不寒而栗。浑身早已湿透的他不禁打了个寒战，就此止步，人也安全，采集的数据也八九不离十。但是他没退缩，硬是勇往直前登上山顶，完成数据测量、地形地貌勘查、多媒体资料搜集时已近黄昏。下山的路少说还得 3 个小时，手电的电用完了，他砍松油亮子点火把，接近深夜时分，一个衣衫褴褛、满身泥水夹着几处血迹，踉踉跄跄的人影出现在小组人的眼前。韩东倒下了，二更时分他发起了高烧，但韩东乐了，他精准的数据从此改变了南漳最高峰的传统说法。

因为“二普”太辛苦，普查队伍里不断地更换新人，但韩东从未抱怨和退缩，一直带着更换的新人边学边干，很快成为“二普”工作的行家里手。

和韩东在一起时，他说的最多的一句话就是，我在部队是一个兵，现在仍是一个兵，只是岗位发生转变，当上级下达指令后，我的天职就是无条件地服从，创造性地完成好工作。

2015 年 3 月在公开招投标后，展开培训和外业工作时，韩东永远都冲在第一线，在老科长的言传身教下，带队走遍了全县 3859 平方千米的每寸土地，尝尽了地名普查工作中的酸甜苦辣，感受到南漳浓厚的人文气息和优美的自然美景。

作为一个山区县，南漳山大人稀，地片分散，采集信息工作量大。韩东为了工作的顺利完成，克服了山高路远、交通不便等诸多困难。有时，为了完成一张地名信息登记表上的地名来历、含义、历史沿革、地理实体描述等，要与当地老百姓聊上好几个小时；有时，为完成一个偏远居民点的调查登记，要历经大半天，翻山越岭，乘车 100 多千米；有时，为收集一个地名信息，没有公路，车到尽头，徒步两三个小时；有时，遇见荆棘遍地、无路可走，为了一个地名信息，进山都要带着柴刀，开出一条通道……

2015 年 10 月 20 日，他带着小组 3 人在长坪镇大垭村野外作业，28.5 千米长沟荒无人烟，中午他们就泉水啃方便面，谁知山水不净，吃坏了肚子，半天拉了 11 次，第二天小组的人都躺下了，他却砍个树叉举着吊瓶又回到了山沟里，他说时间不等人。队友们还曾开玩笑地说过，小韩不愧是军人出身，身体像铁打的。

工作太苦，没有了正常的休息时间，也没有了双休。有的队员开始打退堂鼓。韩东没有忘记部队思想政治工作的优势，分别去做队员们的思想工作，鼓舞队员们的士气。有时为了安抚因工作劳累而思想躁动的队员，韩东私人掏腰包请队员们吃饭，让队员们暂时地放松心静，为队员们打气。队员们回来休息后，他还要拖着疲倦的身体把当天采集回来的数据进行整理、核对完才能休息。他把圆满地完成任务作为底线，时刻鞭策着自己努力前行。在他脸上永远展现着积极向上、鼓动人心的笑容，但他心中的苦楚却从未向人倾诉过。

2011 年年底，韩东的父亲因交通事故，造成脊柱神经受挫，下肢失去知觉。日常生活需要人照料，每天的康复训练也需要人陪护，妈妈一个人忙不过来。为了照顾双亲，韩东才恋恋不舍地离开自己一直挚爱的军旅生活。但是，转业到南漳民政局以后，加班加点是常态，再加上外业工作经常早出晚归，韩东只有挤出有限的时间跑回家去陪陪自己的父母。无法孝忠两全的情况下，他从仅有的 2000 多元工资里拿出 1500 元专门用于请护工照料，从始至终都未耽误过工作上的任何事情，并且从来没有向组织提出过任何要求，也从未向同事和科长诉过苦。

韩东地名普查野外采集时在无人区就餐

“花前月下的浪漫，耳鬓厮磨的呢喃。”对于 36 岁的韩东只是个梦想。以前在部队的他，因为工作和距离的原因，一直都没有成家。回来后，单位的同事们都比较关照，有牵桥搭线给介绍的，可进入工作状态的他完全没有时间顾虑到这些，为此见过一两面有好感的女孩，都会抱怨说他只会工作，担心他不顾家，然后……就没有然后了。韩东幽默地说：“大男儿当以事业为重，至于其他，面包会有的……”

梅花香自苦寒来。在领导和同志们的指导帮助下，韩东参与的南漳县第二次全国地名普查在湖北省第一批地名普查验收中以 99.1 分的高分一次性通过省级验收。韩东个人撰写的工作论文《“三严三实”工作法》得到民政部转发，同时在全国地名普查工作中进行经验推广，《百岁老人话地名》一文在《中国社会报》刊登。他组织拍摄的微电影《踏遍山水为求实》荣获国家三等奖，为湖北省唯一一家获奖单位。《春秋寨》一文在国家“最美地名评选”中荣获国家二等奖。

面对荣誉，韩东依然是标准的军人答案：成绩来自集体，不是个人的功劳。

从“他乡”到“故乡”

——记湖北省咸宁市嘉鱼县民政局张琪

在湖北省咸宁市嘉鱼县民政局，你总能看到一个娇小却干劲十足的身影，进进出出，上下协调。没错，她就是基层政权和区划地名股股长张琪。

说起张琪，嘉鱼民政系统没有不知道的，她是外地来的“嘉鱼人”。为啥这样说？这要从嘉鱼县地名普查工作开始说起。

张琪，一个随州的姑娘，2013 年 7 月考入了嘉鱼县民政局。她十分热爱自己的工作，在工作中如饥似渴地学习，不断地进步。2014 年年底，嘉鱼县的第二次全国地名普查工作拉开序幕，县民政局成立了地名普查工作领导小组。这样一项意义重大却又任务艰巨的工作交给谁来具体牵头、谁来日常负责呢？局党组钦点了张琪。于是，2015 年 3 月，张琪调到基层政权和区划地名股，地名普查成了她的工作重心。

嘉鱼县是一个从《诗经》里走出来的百湖之县，历史悠久，底蕴丰厚。全县辖 8 个镇、1 个农场，82 个行政村、21 个社区居委会，总人口 37 万，国土面积 1018 平方千米。而此次审核入库的地名信息有 11 大类 4560 条。一个土生土长的老者也不过掌握当地自然湾的基本概况，何况一个二十几岁的小姑娘。

张琪深知意义重大，任务艰巨。她根据地名普查工作进度给自己制定了作息时间表：早上 6 点起床，10 点前完成各种协调联系工作，10 点至下午 6 点做地名普查相关工作，晚上 7 点到 11 点，查阅各类地名资料，核对地名普查信息。本来，张琪给自己安排了午休时间，但是计划赶不上变化，往往到了下班的点儿，张琪还带着外业单位在村里协调。午休，就成了奢侈品。

为了确保地名普查工作宣传到位，张琪联系了嘉鱼电视台滚动飞字 3 个月、中国嘉鱼网报道 12 次，在嘉鱼网上开通了嘉鱼地名故事专栏；督促制作横幅 36 条、展板 20 块，覆盖全县所有街道社区；策划了一场精彩的地名普查主题演出，开展了一系列以“我知晓、我参与、我配合”为主题的集中宣传活动，现场发放地名普查宣传手册5000份。

为了确保组织到位，多次召开动员大会，各镇都组建了“土专家”团队，制作了联络员通讯录和QQ群，成员单位共选派48名业务骨干担任联络员，在普查工作的关键时间节点，全民政系统全员参与。

用张琪的话说：“地名普查的意义不但是国家发展、地方文化层面的，对于我而言，它给了我一个全面认识嘉鱼的机会。我发现，越对地名普查工作深入，越能认识嘉鱼的深厚底蕴，越会喜欢这个地方。”

张琪带着外业单位、合作单位几乎跑遍了全县82个行政村。涉及的居民点上千个。可是如此辛苦的付出，却不见得会得到别人的认同。在港东村，族长是一个很倔强的长者，他认为自己族里的族谱怎么可以随便给外人参看呢？即便是镇里的、村里的、组里的干部轮番上阵做工作，老族长还是不肯。张琪急了，带着外业单位直接找到了老族长。那么多人来，老族长都没给看族谱，张琪这么个“黄毛丫头”来了，老族长更是不屑一顾。

为了取得地名的出生证，张琪给老族长讲了很多关于地名普查的方针政策和意义贡献。

“您看看，您这个湾子，有那么多的典故和历史，要是我们知道了地名的来历和故事，把它写进书里，那湾子里湾子外的人都知道您这里，许多年以后子子孙孙都知道，那多好啊。”老族长不置可否地闭目养神，压根儿没听进去。张琪没有退缩，她拿出了随身的地名普查工作笔记，“您看看这个。”翻开笔记，里面记载着哪个村是因为什么得名，哪个湾子是从哪里迁来的，红色、蓝色、黑色的笔迹标记得清清楚楚。老族长眯着眼睛跟着张琪的节奏看着。

张琪（右1）与专家讨论

“你是说，我们湾子会被写进书里？”老族长终于忍不住询问。“是的是的。”张琪赶紧拿出了红头文件，“这次普查是全国性的第二次普查，您的湾子不仅会写进书里，还是省级、国家级的，会写进历史的。”看到文件上红色的印章，老族长终于同意给看族谱了。

经过了很多艰苦的调查、协调、采集、汇总，地名普查工作取得了初步进展。但是，成功的路上总是铺满荆棘。2016 年 8 月，在全省地名普查工作政府阶段性督查中，嘉鱼县的地名普查工作倒数第三。开会回来的路上，张琪一言不发，局里的领导看到了张琪平时的工作，丝毫没有责怪，反而一个劲地鼓励打气。

痛定思痛。张琪彻夜对比，嘉鱼县的地名普查问题出在哪里，到底是哪里有差距？她自己分析，一一列在本子上：地名文化挖掘不深；部分地名无出生证；表格质量与国家、省厅的要求存在差距……从此以后，张琪带着大家开始了一轮又一轮的修改。然后，在经过了第一轮的地名普查、搜集工作之后，乡镇、村组，难免有些懈怠情绪。没办法，张琪多次组织召开动员会、协调会，长期加班加点，周末也成了摆设。

全心扑在地名普查工作上，张琪自然是没有时间管家里管孩子的。老公在县纪委工作，周末休息也要请假，恨不得比她还忙。怎么办？

正当自己发愁的时候，张琪的母亲打来了电话：“琪琪，我和你爸爸打算从随州搬来嘉鱼，我们就你这么一个女儿，看你在嘉鱼忙得昏天黑地的，我们过来帮你带孩子。”几分感动，几分骄傲，张琪说：“谢谢妈妈，我这就安排好，我们嘉鱼很不错的哦，您也会喜欢的。”

“瞧瞧，这才多久啊，都以为自己真的是嘉鱼人了？”母亲的嗔怪里满是宠爱，虽然她不知道地名普查的具体事情，但每次打电话女儿都很忙，她在忙一项意义重大的事情。

如今，孩子上幼儿园了，地名普查工作作为湖北省第二家通过了验收。同时，按照“望得见山，看得见水，记得住乡愁”的要求，编纂了《嘉鱼记忆——嘉鱼地名文化散记》。搜集整理地名诗词、对联 1200 余首，形成了《嘉鱼县地名诗词楹联集》，制作拍摄了《南有嘉鱼　烝然来思——嘉鱼地名文化集锦》专题片。全国各地前来学习的单位纷至沓来，大悟、潜江、洪湖和咸宁其他市，崇阳、赤壁甚至请张琪去现场指导。

可是，对于父母，张琪充满了歉疚——张琪的母亲，是患过癌症、做过手术的人，自己的身体都需要调养，却在张琪忙工作的时候主动担起生活的担子。张琪说，无法报答，唯有兢兢业业、精益求精。

如今的张琪，俨然一个嘉鱼人的样子。偶有新认识的朋友，她都会笑着说：“我是嘉鱼的。”的确，这一番拼尽全力的地名普查工作真的让张琪把嘉鱼当作故乡，不断地深入，积累了深厚的感情。张琪及其家人，早就把嘉鱼当成了故乡。

疾风知劲草　普查担重任

——记湖北省十堰市民政局区划地名科宁少燕

宁少燕，一名勤奋敬业的基层民政人，从部队到地方，30 多年来辗转多个职能科室后，2010 年来到区划地名科，开始从事区划地名工作。在十堰市第二次全国地名普查工作 4 年时间里，宁少燕和他的同人们不辱使命，克难攻坚，共采集各类地名信息数据 8 万余条，经国务院第二次全国地名普查领导小组审核验收入库终审地名信息数据 58431 条，圆满完成了十堰市第二次全国地名普查任务。他用行动诠释了责任与担当，用匠心谱就了一曲完美的普查之歌。因在地名普查工作中成绩突出，被湖北省第二次全国地名普查领导小组评为湖北省第二次全国地名普查工作突出个人。

宁少燕参加地名普查培训会议

面对挑战迎难而上

1985 年，正值意气风发的年龄，宁少燕同志从部队来到十堰工作。在十堰市民政局，他一干就是 34 年，先后从事过农村救济救灾、农村养老保险、优抚双拥、福利院等工作。2010 年，他开始担任区划地名科科长。在此岗位上，他先后主持和参加了《中华人民共和国政区大典·湖北卷·十堰分卷》的统稿、编审，郧县撤县设区，全国第二次地名普查等重大工作，是区划地名工作战线上的一名老兵。

2014年，距离第一次全国地名普查30多年后，党中央、国务院决定开展第二次全国地名普查工作。本次普查范围涵盖第二次全国地名普查试点地区以外的全国所有区域（不含香港特别行政区、澳门特别行政区、台湾省）。普查内容和任务包含：调查地名基本情况及相关属性信息，对有地无名且有地名作用的地理实体进行命名，对不规范地名进行标准化处理，设置标准规范的地名标志，建立、完善四级国家地名和区划数据库，加强地名普查成果的转化利用，建立地名普查档案等。这是宁少燕来到区划地名科后首次接触地名普查工作，面对挑战，他深感责任重大，但他还是毅然决然地选择迎难而上，努力从工作实践中进行摸索和学习。

常言道：态度决定一切。第二次全国地名普查是党中央、国务院安排部署的一项“国字号”工程，普查范围大、涉及面广、情况复杂、技术要求高、任务艰巨、意义重大。面对这项从未接触过的全新工作，宁少燕一干就是4个春秋。4年来，他顶着人员少，无经验借鉴的压力，克服身患多种疾病的困难，从头开始学起，边干边摸索经验，无论是组织协调、业务培训，还是外业勘查、地名文化挖掘整理，他总是身体力行，亲力亲为，及时发现存在的问题和症结，找到解决问题的有效方法。

肩负重任不辱使命

“天下难事，必作于易；天下大事，必作于细”。第二次全国地名普查是一项系统工程，对他来说虽是一个未知的领域，但在地名普查伊始，他就清醒地认识到“打铁还需自身硬”，要打开工作局面，自己必须要具备过硬的专业知识和求真务实的工作态度。为此，他不仅认真研读了国务院和省人民政府关于地名普查工作的一系列文件和方案，还仔细地对照第二次全国地名普查工作手册和技术操作规范教程，从一个一个专业名称学起，弄清吃透每一类地名的属性信息，熟练掌握每一个流程的技术规程，努力把自己锻造成为一个“懂行人”。

第二次全国地名普查涉及11大类地名，共118项内容，基本涵盖了各级行政区域内所有的点状、线状、面状地理实体，涉及20多个部门的数据信息，普查范围大、涉及面广，任务十分繁重。因而，加强地名普查工作的组织领导尤显重要，是关系地名普查成败的关键。

十堰市民政局区划地名科一共只有两个人。2014 年 7 月第二次全国地名普查启动后，宁少燕为此多次向领导汇报地名普查工作的重要性、复杂性和工作难度，积极争取领导的重视和支持，请求他们帮助解决普查工作中遇到的各种问题和困难。在宁少燕向领导反映情况及市政府和市民政局的高度重视下，及时解决了所需工作经费，配置了设备，制订印发了普查方案。成立了以政府分管市长为组长，相关单位领导为成员的十堰市第二次全国地名普查领导小组及办公室，建立了领导小组成员单位联席会议及联络员制度，定期召开成员单位联席会议，研究解决普查工作中遇到的困难和问题。并运用市内各大新闻媒体、网络平台、宣传车、手机短信、标语横幅等形式迅速展开了全方位的宣传发动。通过不懈的积极努力，市政府当年就将地名普查工作列入了市政府年度重点工作，先后多次召开政府常务会议，专题研究部署地名普查工作，为确保工作落实，市政府还与各县市区政府签订了目标责任状，将地名普查工作列入县市区政府和市直各单位年度综合考核内容，实行“一票否决”制。市政府政务督查室按照市政府印发的《十堰市第二次全国地名普查实施方案》规定的不同阶段任务要求、工作职责、时间进度进行跟踪督办落实。与此同时，市委市政府主要领导亲自过问地名普查工作，在全市各类会议上必定强调地名普查工作。强力的组织领导和督办推动，有效地促进了地名普查各项工作任务的落细落实。

深入挖掘地名文化

地名留后世，文化传千古。开展地名普查工作，他深感挖掘地名文化尤为重要，这是地名得以传承与存史的基础。为此，宁少燕按照地名普查相关技术规范、操作规程要求，从地名来历、地名含义、历史沿革，地名传说、地名掌故等方面入手，到处收集查找相关资料，寻访当地史学专家，大力挖掘地名文化，并根据《湖北省第二次全国地名普查工作规程实施细则》，先后整理出了《十堰城区道路命名情况》《十堰市道路名称采词》《十堰地名汇编》，还结合十堰当地情况，有针对性地编写了 4 万余字适合十堰地区的《十堰市第二次全国地名普查作业规范选讲》教材。在教材中，他系统地整理出了如何界定地名，山区信息采集密度及工作方法，如何填写地名调查登记表，如何制订工作方案，调查目录编写注意事项，地名来历、地名含义的表述以及地理实体的描述等内容，并进行了细化规范，并逐一作了举例说明。针对基层普查员工作任务繁重，没有时间系统学习研究普查业务的客观实际，他采用普遍性与特殊性相结合的工作方法，将几十年间十堰各县市区历史沿革变化的重要时间节点进行了一次系统梳理，要求基层普查员在县级历史沿革的大框架下再结合乡（镇）、村自身历史的小元素进行规范填写。这些自编教材通俗易懂，简单明了、实用性强，不仅能让基层地名普查员学得快、听得懂，还能使他们在普查过程中了解历史、学到知识，提高地名普查工作的吸引力。

十堰有着悠久的人文历史，深厚的文化底蕴，在这片古老的土地上，曾经产生过影响深远的远古人类文化、方国文化、诗经文化、流放文化、武当文化、汉江文化、秦巴文化，这些都是人类文明历史发展进程中留下来的文化瑰宝，如何才能使这些文化元素都在地名普查中得以体现，如何挖掘出一个个鲜活的地名文化故事，如何使这些珍贵的史实得到传承，这是地名普查工作摆在他面前的又一大课题。他深知自己的工作态度关系着全市的地名文化挖掘的深度和广度，深感责任重大。为此，他始终坚持“村买、乡切、县炒、市品”烹饪文化大餐的工作思路，坚持从群众中来，到群众中去的指导思想，对每一重要的历史人文故事传说，他都要会同当地“土”专家进行实地走访考证，现场座谈，找家谱，查史料，直到水落石出为止。

十堰市在全国第二次地名普查中，“十堰”这一地名词条的编写当然尤为重要，也是对外宣传推介十堰历史文化、人文精神、地理特征、旅游资源、民风民俗、社会经济等要素的有效方式。为此，宁少燕通过挖掘整理，走访史学专家，查阅相关史料，全面对“十堰”之名的来历、含义、沿革、地理实体描述、著名历史人物、主要历史事件等元素，进行了系统梳理，撰写出了“十堰”这一地名词条的完整版。

在地名文化挖掘中，宁少燕还就当地长期以来流传甚广的一些地名故事进行了深入系统的挖掘。如：郧西“火车岭（火車 ju 岭）”一名，据当地群众口口相传，商朝末年，纣王昏庸无道，西岐武王拜姜子牙为军师，率兵伐纣，纣王即派太师闻仲征伐。姜子牙刚抵“绝龙岭”（今火车岭），探得闻军已近且多以战车为主，便布下火龙阵，火烧战车，闻军因此大败，闻仲虽身负重伤，但宁死拒降，直至气绝身亡。人们为纪念闻仲忠义气节，便将“绝龙岭”改为“火車（ju）岭”，将闻仲战车上5匹战马投水之地称“五马石水库”，将姜子牙为迟滞闻军行军速度而布下迷雾的地方称为“神雾岭”。后因文字简化，人们遂将“火車（ju）岭”演绎成了今天的“火车岭”一名。历史已随风而逝，留下的却是地名的传说。

诚然，这次地名普查工作，不仅仅只是涉猎一些地名趣闻逸事、传说和红色地名文化，同时还要进行多方面的探索和尝试。有对名人踪迹的寻觅，有对民间乡土文艺的介绍，有对地形地貌成因的勘察，有对战场遗址的探访等。宁少燕就是这样，总是以一个地名普查工作者的责任感，以严谨求真的求知态度，以认真扎实的工作，以追求完美的情怀，圆满地完成了十堰市第二次全国地名普查工作。

地名普查显担当

地名是现代一切数字信息之本。4年的普查，宁少燕和他的团队经过不懈的努力，终于收获了丰硕的成果，2018年11月，十堰市第二次全国地名普查58431条成果数据经国务院地名普查办全面审核，顺利通过验收，得到了省民政厅的充分肯定和社会各界的广泛好评。省民政厅在对十堰市地名管理工作的评价意见中说，近年来，十堰市地名管理工作坚持以服务经济社会发展为根本，不断推进地名工作法制化、服务群众便民化、建立机制长效化，地名管理日益规范，为十堰经济社会发展和人民群众生产生活发挥了重要作用。2012年，十堰市、竹山县、郧西县被评为全省地名公共服务示范市（县），2017年十堰市《用“三化”助推城市地名管理》项目荣获湖北省民政工作创新奖。

宁少燕和他的同人们在十堰市第二次全国地名普查工作中不断创新工作机制，提升管理服务，坚持把规范地名管理和创新地名服务结合起来，通过加强服务来带动和促进管理，极大地提升了地名管理服务水平。

积极开展地名文化遗产挖掘整理保护工作，大力弘扬中华优秀传统文化，是增强地方文化软实力的有效手段，为加强和统筹对该项工作的组织领导和实施，市县两级成立了“千年古县”（古镇）调研暨地名文化保护工作领导小组和工作专班，制定了申报标准，明确了申报程序、评审规则和认证管理体系。竹山县、房县也被成功列入了湖北省千年古县文化遗产保护备选单位。

在十堰市第二次全国地名普查工作中，宁少燕极力主张推行“政府投入+市场”的办法，引入社会资本参与地名公共服务体系的开发应用，积极推进“互联网+地名”公共服务信息平台建设。根据国务院、省地名普查办关于大力开展不规范地名清理整治工作的通知要求，按照属地管理原则，对全市“大、洋、重、怪”不规范地名进行全面清理整治，对清理出的513条不规范地名进行了标准化处理，并新（增）设城乡地名标志1500余块。有效地净化了地名环境，满足了广大人民群众对地名公共服务的需求和创建国家文明城市的要求。

2016年，正值全国第二次地名普查如火如荼之时，宁少燕却突感身体不适。患有“三高”的他，双耳骤然失聪，即便和人很近说话，但他听起来依然很费力，到医院一检查，医生诊断为病毒性感染引起的突发性耳聋，并伴有脓液渗出，建议马上住院治疗。而此时又恰逢第二次全国地名普查的关键时候，他只有选择坚持，在实在听不到声音的时候，他就用棉签或纸巾蘸出耳朵内的脓液。就这样，他还坚持到各地培训讲授地名信息采集的相关规程和方法，地名调查登记表填写规范标准，地名文化挖掘整理方法等知识。直到过了两个多月后，他才赶到医院住院治疗。由于拖的时间太长了，医院要求其转到省级医院进行手术治疗，但他考虑区划地名科人员本来就少，地名普查又处在关键时刻，很多工作都在等着他去做，于是毅然选择在十堰医院就近治疗。在医院治疗的20多天时间里，他一边配合医院治疗，一边继续坚持工作。等到病情稍微有些许好转，他便立即出院又投入到地名普查工作中。由于延误了最佳治疗时间，至今留下了终生的遗憾。

第二次全国地名普查期间，下乡督办推动、指导检查已成为他工作的常态。为了使地名普查数据信息准确无误，无论是标点符号、计量单位还是工作图的标绘、地名文化的挖掘等要素，他都要认真仔细检查，有时他一天要连跑多个县市，一出差就是十天半个月，甚至更长时间，他就是这样始终坚持着，每一项工作亲力亲为。他就是用这种细致入微的工作态度和真心投入，最终使得十堰市第二次全国地名普查成功通过了国务院地名普查办的验收，取得了显著成绩。

成果转化结硕果

“雄关漫道真如铁，而今迈步从头越”。第二次全国地名普查通过国家验收后，宁少燕又马不停蹄地组织开展地名普查成果转化工作，按照省地名普查办的统一安排部署，结合十堰实际，迅速制订了地名普查成果转化方案，积极推进《十堰标准地名志》《十堰市地名故事》《十堰市地名文化短片》《十堰市行政区划图》《十堰市标准地名图集》等“五个一”工程的落地落实。

地名普查成果转化工作，是第二次全国地名普查工作的一项重要内容，是国务院地名普查办、湖北省地名普查办要求全面落实的一项刚性任务。2018 年，在他的主持下，已全面完成了涵盖全市集影像、图形、属性和文档于一体的市级地名普查数据库，为全市地名数字化、信息化建设打下了坚实的基础，修订编印完成了《十堰市行政区划图》。《十堰市标准地名志》《十堰市地名故事》《十堰市地名文化短片》和《十堰市标准地名图集》编纂工作也正在紧锣密鼓地进行着，下一步将全力推进地名普查数据信息化平台建设，不断满足人民群众对地名服务的需求。

疾风知劲草，普查担重任。在十堰市第二次全国地名普查这项“国字号”工程实施过程中，宁少燕以忠诚担当的职业操守，踏实严谨的工作态度，坚守初心、甘于奉献、恪尽职守，用行动践行了民政人的“孺子牛”精神。在地名普查中他与青山绿水相亲，与地名和文字结伴，深入挖掘出了十堰鲜活的地名文化，从一名地名普查工作的新兵成为十堰地名的“活词典”，圆满完成了十堰市第二次全国地名普查工作，受到了湖北省地名普查领导小组的充分肯定。

英姿焕发　共奏普查之歌

——记湖北省国土测绘院

2015年，全省地名普查工作全面铺开，湖北省国土测绘院作为此次普查工作的试点——江夏区的承接单位，积极参与全省其他县市区地名普查的投标，先后中标湖北省10多个县市区的普查外包业务，绝大多数业务由地理信息中心承接。

2017年，湖北省国土测绘院承接的地名普查项目，顺利通过省级验收。在这背后默默付出的普查工作者，尤以女同志居多，这些参与普查的女性，她们中间有的是刚毕业的大学生，有的新婚燕尔，有的上有老下有小。她们是地名普查队伍的"娘子军"，用实际行动诠释了一个个普查工作者的魅力和风采。

普查工作讨论会

同心协力，在探索中前行

为了做好江夏区地名普查试点工作，湖北省国土测绘院地理信息中心时任党支部书记胡波同志，亲力亲为收集普查相关法规、标准、文件等，熟悉业务知识。面对地名普查这一全新的课题，技术出身的胡书记脑海里第一件事就是必须得把相关规范要求、技术标准吃透。之后她组织骨干跟随省普查办，远赴黑龙江、辽宁、山东等省学习其他省份的试点经验。回来后抽调测绘、制图、数据库建库、语言文学等方面的精干力量，组成江夏区地名普查试点工作项目组，共同调查、学习、摸索出一套完整的作业规范和标准的作业流程。项目组的同志们，白天走村串巷实地走访调查，晚上整理调查数据。前期，女同志主要负责乡镇街的培训和普查登记表的填写。由于全省的地名普查均在摸索中推进，江夏区地名普查最初走了不少弯路。该区区域面积大，人口众多，收集到的各类地名信息达 1 万多条，信息量浩如烟海，光是普查登记表就改了 10 多遍。面对如此大的工作压力，部分同志有了畏难情绪，胡波同志作为工作中的前辈和团队的领导，一直关心着同事们的情绪状态，主动与每个人单独谈心，集中研讨高效的工作方法，帮助大家打起精神，直面挑战。

之后，为了迎接省、市的各类检查和来自省内和全国各地的民政干部考察学习，江夏区项目组的每个人都舍小家、顾大家，全力投入到普查工作中。女同志们和男同志一样深入各个村落，向当地村民询问、查找资料、实地查看、访问座谈，努力提高地名普查的数量和质量。睁眼便是普查，醒来亦是普查，长期超负荷的工作导致大家都出现了眼睛充血、腱鞘炎、腰椎间盘突出等系列病症。即便如此，大家还是没有抱怨，依旧步履坚定地开展工作。

苦中作乐，在逆境中成长

为了尽力保证地名普查数据质量，不漏掉任何一个重要地名，洪山地名普查项目组的李亚、付珊珊、刘琼 3 位女同志选择对每一个地方实地走访。

加班也是常有的事，有时还需要熬通宵。刚开始看到办公室的窗外由亮变黑再由黑变亮的时候，这些娘子军都惊呼自己还有如此潜力，后来也就习惯了。随着工作节奏的加快，过了饭点后，她们胡乱塞几口继续忙工作也成了普遍现象。偶尔互相自嘲一句，“一入此门深似海，从此清闲是路人”。

顽强执着，在岗位上坚守

2015 年 9 月以来，谷城县地名普查项目一直高强度推进。饶怡纯是从谷城地名普查工作开始之初就参与进来的一名应届毕业生，她以高度的责任心投入到普查工作中，与其他同事一起扎根谷城县。她所承担的工作任务难度大，负责的乡镇环境差。但饶怡纯无怨无悔，始终把普查工作作为头等大事，有困难尽量自己克服。尤其在地名文化挖掘阶段，为了挖掘到更多的地名故事，经常连续数天吃住在山村，靠步行把一个个山沟里的老湾子和老寨子丈量了一遍。她走访村干部，听山区老人口述当地故事，把一个个濒临消失的地名和故事记录下来。回到普查办后，再对收集到的素材进行整理。由于长期伏案工作，2016 年年底，饶怡纯患上了一种罕见的颈椎病——痉挛性斜颈。起初倔强的她还坚持要等谷城地名普查完成后再去治疗。无奈连续的工作使得她的脖子最终无法下垂，连转动头部都会伴随着强烈的疼痛。2017 年春节后，她不得不去医院安装了颈椎支架。随后她又回到岗位上来了，但不久后连颈椎支架也无法支撑她的脖子扭动。2017 年 3 月 7 日，她休假在武汉进行治疗。即便如此，她还不时关注谷城地名普查进展，令项目组的同事们感动又痛心。

2017 年，地名普查市级核查和省级验收工作接连开展。为了迎接省、市的检查验收，随着前期调查工作的结束，完善数据库和普查成果的输出也成了后期工作的主攻方向。各普查项目在紧张忙碌中吹响了攻坚的冲锋号，在时间紧、任务重的情况下，娘子军们打破常规，分解目标，推行了“5 + 2”“白 + 黑”的工作机制，誓将在时间节点前让普查成果更完美一些。尤其在 6 月以后，气温不断升高，热浪一层层地卷来，很多人从早晨六七点起床，一直工作到第二天凌晨两三点，甚至更晚。犹记得在国务院监理组检查谷城地名普查工作的前一晚，谷城项目建库人员江瑶为了能出一套更高质量的成果图，在办公室通宵熬夜到早晨 6 点。睡了短短两个小时，早上 8 点她又起床做最后的校对。最终国务院监理组对谷城的普查成果给予较高的评价，她绘制的成果图被省验收组评为“最美成果图”。谷城项目组的每个人回忆起那段工作经历，感慨万千，难忘那些加班回来后倒头就能入睡的夜晚。后期工作在有条不紊地推进，项目组的“女汉子”没有一个人叫苦叫累，没有一个人退缩，她们的成就感是完成一份份普查资料和得到上级肯定的喜悦。

与此同时，在省普查办的指派下，信息中心多名员工被派往其他地方开展普查验收技术服务。在黄陂、新洲两区参与验收时，刘艳华的孩子正发高烧住院，完成一天的检查，晚上回到宾馆已经 11 点多了，她才想起儿子生病的事情。验收阶段汪捷的父亲和母亲相继住院，在普查攻坚号角已经吹响的时刻，她为了不打乱整个工作计划和进度，让自己丈夫在医院照顾二老，自己依然辗转各地，奋战在工作第一线。后期的几次集中验收，每天都要检查四五个县市区。由地理信息中心娘子军参与的验收组，在白天检查了 3 个地方，晚上为了多验收几个，三口两口吃完晚饭接着检查，往往忙碌到晚上 12 点后才能结束。

作为地名普查技术精英，李峥总调侃说，她的儿子应该叫“二普”。因为“二普”刚开始，她就是怀着他去青岛学习，后来被派往省普查办做技术支持，生了孩子后又投入到地名普查项目中。由于谷城的普查培训要连续出差，她被迫给孩子断了奶。后来又一直加班，每天要接听无数个从各地打来的技术咨询电话，没有时间好好带他。孩子要去上幼儿园前，她又被派往安徽、河南学习，连他上学的资料都没来得及准备。每念及此，对儿子的愧疚之意便会涌起。

或许，对于地名普查，在其他人看来，只是一件平凡又琐碎的工作，但对这些娘子军来说，这是她们职业生涯经历的刻骨铭心又倍感自豪的大事。能在自己的青春岁月里，付出自己的全部心血去做好这件事，她们无愧于心。所有的艰辛付出，终将留在历史的长河中，奏响一曲铿锵又悠长的普查之歌。

地名文化传承大使

——记湖南省益阳市资阳区退休民警冷长庚

冷长庚出生于湖南省益阳市资阳区一个渔民家庭，年轻时驾过船，当过兵，1969 年从部队复员后在资阳区公安局当民警，2001 年退休。

从他驾船开始，行船洞庭四水、江汉诸河，接触江湖地名，开始对地名感兴趣，特别是他从事公安工作，因办理案件收集证据，一个地名用字的准确与否，影响证据的真实性、案件的定性，基于此，他开始地名收集和整理。为了收集整理地名，他从 20 世纪 70 年代开始，在工作之余走街访巷，同时在下乡办案时也特意留心向村民收集乡村地名，所收集的地名资料按地名分类，编写地名的来历和简略历史过程。在他看来“一个地名关乎着一段历史，也关乎个人的情感”，这句话不仅诠释了他对地名兴趣的所由何来，也诠释了关于兴趣的深刻性。对具体一个地名收集整理，他持以认真探索考证的态度，力求地名由来和历史过程准确性。资阳城区的玉陵坡巷，民间传说是乾隆皇帝游益阳时产生的巷名。在他看来，乾隆皇帝没有到过益阳，此说失真，为此他几经走访，从安化“小淹”的地名产生得到信息，原来南宋理宗皇帝从

冷长庚查阅地名资料

邵阳到杭州登基，途经小淹和益阳，由理宗的活动产生小淹和玉陵坡巷的地名与巷名。他考证的玉陵坡巷名，被收录于益阳市委宣传部编辑的《益阳文史知识八百题》。

2001年，冷长庚退休后发挥人生余热，集中精力继续收集整理地名资料，每天至少用5个小时收集地名资料，核实地名细节，基本上弄清了每个地名源头，并且成文成册，至2016年，共写出地名札记、简录等128本，其中涉及全国各省市区地名69本，洞庭、荆江、湘、资、沅、澧地名39本，资阳、赫山2区20本，共计250余万字。特别是资阳区的地名资料，经过反复考证，先后改写3次。在他进行地名收集整理活动中，为资阳区古城开发编写了《益阳方城简介资料汇编》，其中的部分景点与地名，被《益阳名胜志》采用。

周立志编著《史记益阳》，大部分地名资料由冷长庚提供。政协益阳市委员会编《益阳地名漫谈》文集，他所写地名稿件被收集采用。在编写《资阳区志》初稿时，他被资阳区史志办聘用，将大量地名资料写进区志里。从上可以看出，他收集整理的地名资料，服务于全区经济建设、旅游及地名文化的开发。2012年，他被诊断为直肠癌症，在即将入院治疗的前几天，资阳区文化旅游局请他编写《皇家湖景区导游词》，要求写2万字，4天写成。他不考虑病魔对身体的威胁，欣然受命，如期交稿。这篇导游词，是在他掌握的一手地名资料基础上写成的。对他抱病写成此稿之举，文化旅游部门深受感动。之后，他入院治疗近一年时间，进行两次开刀手术，排便已改道。待病情基本稳定出院后，依然坚持“关乎历史，关乎个人情感”的兴趣爱好，克服生活上的不方便，像健康人一样还是每天用5个钟头的时间，继续收集整理地名资料。在他看来，病魔给予的生命时间已然不多，他想抓紧尚存的时间，对即将消逝的资阳古城街巷的名称进行系统性的整理编写，作为留给后人的一笔精神财富。

2014年，全国第二次地名普查工作拉开序幕。资阳区民政局区划地名办公室主任王杰斌同志是冷长庚的好友，当王杰斌找到他，要他参加地名普查时，他二话没说就答应参与。他将多年积累的地名资料写成初稿，作为地名录入的信息来源。使他欣慰的是，自己积累的地名资料，竟然在全国地名普查工作中派上了用场。从2016年6月份开始，他拖着疾病之躯，每天用不少于9个小时的时间进行写作，至10月中旬写完了17本相关地名书籍。他本打算接着整理编写更为详尽的地名资料，不料，复查中被医院检查出肠息肉转化成肿瘤，怀疑是恶性。他只得再次入院治疗，进行第3次开刀手术，所幸最后诊断为良性肿瘤。一个年已7旬的老人，经过3次开刀手术，身体更加虚弱。可是，他不顾疾病的折磨，刚出院就投入地名写作，至11月底又编写出地名初稿3本。他为资阳区地名普查共编写地名初稿20本，50多万字，涉及地名1000多个。此外，他为赫山区地名普查写出初稿9本，20多万字。

他还在对资阳、赫山的地名进行进一步收集整理考证，并对两区地名进行第四次改写，共计28本，70多万字，其中资阳区16本，赫山区12本。他这么做，是为全国第三次地名普查准备参考资料，也为两区经济建设、旅游开发、地名文化交流提供相应的地名资料。他改写的资阳区的地名资料，已由区史志办、区民政局收录，作为地名信息咨询的依据。

自从他进行地名收集整理的活动传开后，省、市有关媒体先后对他进行采访宣传报道。《潇湘晨报》以《追寻千个地名》为题，较详尽地报道了他数十年来收集整理地名资料的事迹。《益阳在线》以《地名达人冷长庚》为题，将他收集整理地名的事迹在网上发表，广为传播。益阳广播电视台在“新闻综合频道”先后两次播放了他收集整理地名资料的实况。《益阳日报》在“100个读书人的故事”专栏，以《冷长庚16年编撰数百万字地名资料》为题，报道了他地名活动的情况。冷长庚是读书人，他所读的是地名文化的书，写的是地名文化的文章。他数十年以地名文化为人生爱好，堪称是一位地名文化热心人。对他热心地名文化活动的事迹，省、市、区各级区划地名主管部门给予高度评价和充分肯定，湖南省第二次全国地名普查领导小组办公室、湖南红网新闻网络传播有限责任公司授予他“湖南地名文化传承大使”荣誉称号，并颁发了荣誉证书。

地名文化的传承者

——记湖南省沅江市退休干部陈定国

陈定国，是湖南省沅江市的一位普通文化人，协助过全国第一次地名普查，在全国开展第二次地名普查时，他又主动向市地名普查办请战，战功显赫。

他从小热爱文艺，1953 年就开始创作，家乡白沙洲的农民都被他带动起来了，成了诗的村落，被国务院誉为全国第一个“诗歌之乡”，他先后 3 次出席全国表彰大会，站在周恩来总理身边向大会作创作典型发言。时任文化部部长茅盾，赞扬他是全国农民诗人，并题词“力争上游”勉励他。他一直辛勤耕耘，1979 年全国开展第一次地名普查时，这在他脑子里打上了深深烙印，地名既是一种称呼，更是一种文化；既是一个地方别致的名片，又是一个独特的资源。从那时起，他注重编写地名故事，先后在省级报刊发表《洞庭湖

陈定国在核对普查资料

的来历》《明朗山》《状元桥》《舵杆洲》等50多篇文章，出版《南洞庭传说》等3部故事集。

2017年9月，沅江市地名普查办公室面向全市征集“最美家乡地名故事”，辗转寻访到了陈定国老人。初次见面时，只见老人家虽然眉毛胡子都花白了，但笑容满面，谈吐利落，显得神采奕奕，谈起沅江的地名文化，他一肚子传说典故，他向地名普查办公室赠送了有关地名资料和两本有关地名故事书籍，并主动要求参加地名普查工作。

在第二次地名普查中，他参与普查数据整理核实工作，兢兢业业、认认真真，修订更正几十处偏差。比如说，在地名普查表上，把“白沙洲”简写成“白沙”，立即纠正了。讲起白沙洲，他在第一次地名普查时，有一个难忘的经历：乡里合并行政村，将白沙洲村、富足村合并成一个村，定名“富足村”，理由是如今村民都富足了，应该肯定成绩，但这种想法忽视了历史文化，地名是历史文脉之根。当时，他找了有关单位和领导，建议定名“白沙洲村”，在交谈中，他还亮出了自己创作的一首地名诗《白沙洲这个名字》：

白沙洲的锦旗，毛泽东写过；
白沙洲的奖状，周恩来赠过；
白沙洲的诗人，邓小平见过；
白沙洲的名字，刘少奇问过。
白沙洲的散文，茅盾读过；
白沙洲的戏剧，田汉评过；
白沙洲的诗歌，老舍议过；
白沙洲的故事，周扬讲过。

白沙洲这个名字，镌刻着不可磨灭的红色文化印记，延续着湖乡文化血脉，饱含着家国情怀。最后，沅江市、共华镇重视了陈老的建议，白沙洲村、富足村合并，村名定为“白沙洲村”。

他不顾耄耋高龄，实地调查挖掘老地名故事，瞄准具有湖乡特色的地名文化，走遍沅江的山山水水、大街小巷，深入渔村、湖洲、村落、街道，看自然环境，访问当地老人，听传奇故事，追寻历史渊源，查地名文化，挖掘优美典故。诗情画意的水乡沅江，地名文化十分丰富，李白、杜甫、欧阳修、朱熹等文化名人曾在这里留下诗篇，石矶湖、景星寺包含了岁月风霜，凌云塔、万子湖见证了文运兴盛。在挖掘、创作民间文艺时，他一直对地名文化进行保护传承。沅江为什么叫沅江？历来传说沅江因沅水归宿之地而得名，他查史册、翻典籍、找老人，追寻“沅江”的由来。一个老渔民告诉他：传说当时由药山、安乐、沅江、乔江4个县名改来改去，最后定哪个县名好，地方官、才子、老百姓都向县府请愿，纷纷说了自己的理由，一个渔民说得好：“鱼是水里养的，谷是水里长的，河滩是水里变大的，沅江是水里站起来的。”他编写了地名故事《沅江》，还创作了地名诗《沅江》：

水绿水花水茫茫，碧波涌动打渔郎。
赤山苍翠赤山美，胭脂湖边胭脂香。
湖上大桥通四海，芳丘宝塔镇三江。
醉看湿地纷纷鸟，谁不登楼谱乐章。
浩江湖上客重游，大埠口边回水流。
明朗二山成鸟岛，莲花渔港伴芳丘。
登楼追忆千秋浃，凌顶遥看万里洲。
湖畔楼亭花似锦，沅江大地绿油油。

沅江市的湖洲上有个美丽壮观的凌云塔，是古代水中建筑史上的奇观。他三番五次想在这里寻找最美的故事，有的说是鲁班的徒弟修的，有的说是仙人下凡修的。有一次，他在千秋浃过渡时，扶着一位老者上船，听到了另一个版本的凌云塔故事：说是一个石匠师傅爱上了这里的一个渔家姑娘，渔家姑娘也爱上了这位石匠师傅，但为了镇压水里作恶的妖怪，决心要把这宝塔修好才成亲。他觉得这个民间传说丰富了地名文化的内涵，通过加工提炼，写出了凌云塔地名故事。

乐园村的来历，据说是快乐的家园而得名。他深入调查，发现一个神奇的典故。唐朝大历年间，这里叫青草湖，唐朝诗人杜甫划船到这里夜宿一晚，写下了“洞庭犹在目，青草续为名”的优美诗篇，由此这里喊成“种乐”，得到种种快乐之意，根据“种乐”二字含义，更名“乐园”。

有一次，他去草尾镇采访，走到半路，突然发病，腹部剧痛，激烈呕吐。他咬紧牙，忍住痛，慢慢地往前走，找到一位老渔民。老渔民说，新安村这个名字的来历，一般人以为是中华人民共和国成立后人民有了新的安身之所，谓之“新安”。这位老渔民却讲了一个传说千载的由来：南宋时期，农民起义领袖杨幺在战场上发现很多无家可归的孤儿，便在青草湖新建孩儿城，让孩儿重新安家，“新安”一名由此流传至今。此时，陈老痛得伸不直腰，蹲在地上缩成一团，随行者找来小车将他送进医院。他一边打吊针，一边写出了“新安”老地名来历的故事。这次采访，还挖掘出一个关于南宋杨幺起义与沅江老地名的故事系列《杨幺血战南洞庭》。

在全国“寻找最美地名故事”征文活动中，他首先发动、邀请市作家协会的同志编写最美家乡地名故事，在他的带动下，全市有 20 多人搜集整理地名故事 20 多篇参赛。湖南有 4 篇作品在全国得奖，沅江占了 3 篇，沅江的 3 篇中，两篇出自陈老之手。2017 年 7 月，受国务院地名普查领导小组办公室邀请，他出席了在北京召开的全国地名文化保护与传承座谈会，并在会上作重点发言。他在寻找最美地名故事时，编辑出版的《沅江老地名故事》，荣获 2018 年中国世纪大采风征文专著一等奖。

陈定国毕生致力于探寻传播沅江的湖乡地名文化，从青春到暮年依旧一如往昔，不愧为“地名文化的传承者”。

保护与传承

——记湖南省株洲市茶陵县地名普查专家李佛生

地域文化承载着人类文明发展的历史，是国家和民族历史的见证和情感的寄托。地名是地域文化的活化石，保护、挖掘具有历史意义和文化价值的地名就是保护、传承地名文化。在第二次全国地名普查工作中，湖南省株洲市茶陵县民政局地名普查办为了挖掘、保护、传承当地地名文化，特地聘请了地名文化挖掘老专家李佛生，负责地名条目信息审核。茶陵县地名普查项目负责人介绍说："李老对待工作认真负责，全县约有1.8万张地名登记表，每一张地名登记表的地名来历、含义、历史沿革等内容他都要一一把关。"

早上6点半，李佛生准时起床，洗漱整理。出门前李佛生看了天气预报，报道今天有雨，李佛生穿着雨鞋，拿着雨伞准备出发了。

清晨7点，李佛生从家里出发，先步行一里多路到公交车站，再坐一站路就到地名普查办所在的陵园公园大门口。李佛生说："现在国家政策好，持'优待证'坐公交免费。"

不到8点，他就步行到了地名普查办大门口。已年逾八旬的李佛生，忙活了一辈子，本早已是安享晚年的年纪，却仍致力于地名文化的保护与传承工作。

上午8点，李佛生一天的工作就开始了。他说："地名文化挖掘的重点是地名的来历、含义、历史沿革。我们也在实践中总结了一些经验来完成这项工作，并且希望通过查阅资料、深入调查、实地考证的方式来挖掘地名文化，延续地名文脉，体现地域特色，并通过地名普查来把我们茶陵悠久的历史文化传承下去，造福后人。"

地名文化挖掘工作非常单调、繁重。有时候伏案而坐就是一天，甚至连喝水都忘记，83岁高龄的他却自得其乐，沉浸在地名文化的挖掘中。县普查办工作人员介绍说，李佛生做事情执着、认真，把水杯靠墙放是为了避免碰倒水杯弄湿桌上的资料。

临近中午，李佛生依然稳稳地坐在桌前书写着，一坐就是一上午，也不觉得累。县普查办工作人员说："李老曾参加过抗美援朝战争、在部队搞过测绘，回到地方在林业、国土系统工作过，都作出了不菲的成绩。做事吃苦耐劳、精益求精，一直以来都是用部队的标准来要求自己。"身体好，也是李佛生能在退休后20多年里还能继续工作的重要原因。

地名文化挖掘工作对于李佛生来说并没有什么困难，他平时的兴趣爱好就是读报和看书，从初中开始每天读报从未间断，由于经常去图书馆看书还被评为该馆"优秀读者"。

李佛生在林业系统干过，积累了丰富的林业知识，他对当地植物了如指掌，一路上，李佛生不停地告诉我这是杨梅树、这是红檵木、这是桂花树……由于李佛生在过去60多年的工作中已积累了大量知识，当他看到"荔市村"这个地名时立马判断出有误，"荔"为热带植物，茶陵属于亚热带气候不利于热带植物生长，"芳"属于亚热带植物，所以应为"芳市村"。

下午3点，李佛生发现"湾里"这个地名有误，"湾"一般为海湾或者河湾，而此地属内陆无河，所以应为此"塆"，且《茶陵州志》记载为"塆里"。李佛生说："地名的错别字很多，地名有错别字主要因为：一是根据地名含义违背了命名意图；二是认为地图上的地名为标准地名；三是调查人员调查时不管地名的来历、含义，只记读音。"

下午4点，太阳光渐弱，难得的是，到了这个年龄，李佛生身手依然敏捷，看书读报也不需要老花镜。他工作认真仔细，常备黑、红两色签字笔，就在此时李佛生听到了手机铃声响起，接了个电话，草草几句就挂断了，当电话再次响起时，李老直接就挂断了。

即便现在有着非常方便的互联网可以搜索，李佛生依然采用查阅地方志、典、录等资料为依据。李佛生是一个较真的人，一丁点儿疑问都需要通过查阅资料或是实地考证来确保其准确性。在把关地名登记表时对"马伏江"这个地名产生了疑问，字义理解为马伏着水面过江，但他认为是马步行过江，在他多次查阅资料时，最终《舆地纪胜》记载为"马步江"。

他说，地名的来历、含义要结合我们茶陵本地实际，综合分析其自然景观、语言文字、历史事件等，再提炼出能反映茶陵地理特征、时代特色和美好愿望等方面的地名喻义，能体现出地名的命名理据和承载的自然人文发展变迁等深层次内容；对于历史沿革信息，要追根溯源，厘清地名的来龙去脉以及地名所指代地名实体的变化情况。县普查办工作人员说：“李老是‘活字典’，上知天文、下知地理、通晓古今中外。”李佛生却说，自己是万金油，哪里需要抹哪里。

下午5点，坐了一天的李佛生起身走出办公室，在走廊上“活动”时，也舍不得放下手上的资料。

下午6点，把办公台面收拾好，资料整理好，一天的工作就要结束了，几乎每天他都工作到这个时间。

地名文化“掘宝人”

——记湖南省湘西土家族苗族自治州地名文化专家彭司礼

近几年来，在湘西土家族苗族自治州大地上，常常可以看见一位忙碌的身影：去乡镇，乘大巴车，去州直机关，骑自行车，风尘仆仆，汗流满面。你可知道，退休前，他是出门有小车，进屋有秘书的州级领导？他就是被称为湘西州地名文化“掘宝人”的彭司礼同志。

不了的地名情结

18 年前，彭司礼同志担任湘西州民政局局长，首次接触地名工作，便对地名文化产生了浓厚的兴趣。他接触的诸如“猛科坪”“梯拉屋”“德夯”之类含义难以理解的地名，是在他组织相关土家族苗族语言专家研究之后方知其义的。“猛科”，土家语，意为竹子多，该地古时因竹子多而得名。“梯拉屋”，是土家语“梯乃坞”的误记。此地老年人的发音为“梯乃坞”。“梯乃”是土家语梯梯乃的省略。在土家语的语流音变中，双声叠韵的第二个音节处于轻声时，常常把它省略掉，土家语“梯梯乃”，汉译为“山药根”。“坞”就是“窝坨”。“梯乃坞”就是山药根多的地方。“德夯”，苗语，意为小峡谷，该地因地形处于峡谷而得名。地名原来是民族文化的原生态记录！2002 年，时值湘西旅游发展起步，把这些厚重的地名文化与蓬勃起势的旅游结合起来，不正是湘西州的发展优势吗？经过一番调查研究，他撰写了《发掘地名文化，促进旅游开发》的文章。该文在报刊发表后，引起州委、州政府的高度重视，州长亲笔批示，推荐州内各级干部阅读，要求深入挖掘地名文化，搞好文化与旅游的深度融合，同时，要求对具有民族文化内涵的地名予以保护，不能随意更改。18 年过去了，没想到这篇文章还被湘西州民政局保存着，第二次全国地名普查开始，州民政局地名科负责同志依文寻人，找到已退休 8 年的彭司礼同志，请他担任湘西州地名文化开发整理专家组负责人。彭司礼同志虽然退休了，但他还担负着其他几项任务，退而未休，整天忙个不停。

但听说要发掘整理湘西地名文化，便爽快答应，他说湘西地名文化是块“宝藏”，做好发掘、整理、传承工作十分重要，他信心满满，要做湘西地名文化“掘宝人”。

凝聚人心的主心骨

地名审定及其文化的发掘，是项复杂工程，在土家族苗族地区难度更大。首先难在人才缺乏。湘西地区还存在成千上万条土家语苗语地名，要把这些地名发掘出来，宣传出去，传承下去，彭司礼建议用四种方式将有价值的土家语苗语地名记录下来，翻译出来，即汉语拼音、西南官话、国际音标、土家语苗语文字。这当然是件大好事，记不下来，译不出来，谈何传承？他的建议得到地名办及上级领导的肯定。当下，使用土家语苗语交际的人员大量减少，要找出通 4 种记录方式的人着实少之又少，即使找到，又因教学、上班等原因抽不出身。组建专家团队就遇到困难。为此，彭司礼亲自登门做工作，有的因出差等，上门达 5 次之多，可谓是“三顾茅庐”而过之。吉首大学一位教授感动地说，要说忙，我确实忙，但彭司礼同志那一腔热情，让我深受感动，再忙也要把分配我的任务按时完成。

经过一段时间摸底，彭司礼发现，掌握 4 种语言记录方式的专家、学者全州不过十来人，多集中在学校和党政机关，没办法集中办公。彭司礼发明了“集多人一技之长，合为四项技能”的拼凑式技术方案。集中一批精通土家语、苗语的专家，完成土家语、苗语意译工作，一批通国际音标的专家，完成国际音标注译工作，一批精通土家语、苗语文字的专家，完成土家语、苗语文字注译工作，西南官话和汉语拼音相对容易完成任务。

历史上，湘西州土家族和苗族均是有语言无文字的民族，现在保留的土家语苗语地名，均是借助汉语记录下来，由于几个方面的原因，出现汉字记录与实际地名的差异，一是流传中的发音变化。如：热，用普通话读音：rè，汉译为老鼠，用西南官话读音：rě，汉译为漂亮，语音不同，意思相去甚远。二是流传中的汉字记音变化，用汉字记录土家语的人，如果不懂土家语，其记录的汉字，很可能出现字不达意的情况。实际地名记录中，就有同一地名，记录有差异的情况，如，惹巴拉，有的记为热巴拉，有的记为惹巴拉，哪个更准确呢？三是汉语记录的土家语、苗语地名，音节不同，含义不同，按哪个字断句，差异很大，以土家语惹巴拉为例，如果一字一断句，则惹为漂亮，巴为看，拉为路，连起来的意思为看漂亮的路。如果以惹巴为一句，拉为一句，则惹巴为土家族传说中的首领之一，是人名，拉为路，连起来为惹巴的路，即惹巴走的路。四是土家语苗语发音特别的地名，汉语没有适合的字记录，只能找接近的字，如鸭子，土家语发音为“日”和“阿”连起来快读之音，用切音记录为“日阿”，古时找不到合适的汉字，有的只能用“洒”来记录，如果用“洒”发音表达，与实际发音差异较大。上述情况，显然容易产生不同意见。专家学者发生不同意见如何统一？彭司礼的办法有两条，一是发动大家充分讨论、分析，找出意见比较一致的结论，要求每一位专家拿出符合当时历史条件、地名产生环境的理由，不能望文生义，更不能随意推测。二是深入到地名产生地，与当地老者座谈，是土家语、苗语的，听他们实际发音，不是土家语苗语的，结合当地风俗习惯、宗教信仰，具体情况具体分析，得到当地多数群众认可。正确的组织方法得到专家、学者的肯定，大家都服彭司礼同志，湘西地名有争议的部分，专家学者们绝大多数都能取得统一意见，因为有彭司礼这个“主心骨”。

冲锋在前的好队长

彭司礼作为湘西州地名专家组组长，既挂帅又出征，事事冲在最前面。在专家分工时，同志们建议他不要担负具体任务，统揽全局、检查指导就行了。但他表示，不但要具体担负一个县的编纂任务，而且要担负一个大县，一个“难”县的任务。

永顺县是湘西州地域面积最大、人口第二多的大县，也是土家族聚集地区，其收集的地名也是全州最多的，土家语地名数量最大的。全县收集地名18300多条，占全州8县市89000条地名总数的20.56%。其他县市的地名，县市地名办都做了基础工作，将地名表格梳理成了Word文档文字，而永顺县要从源头做起，把18300余条存于数据库的表格式地名，编纂为符合国家、省地名志、地名词典要求的条目，工作量之大，可想而知。彭司礼把所有节假日都用在编纂工作中，大年三十也没休息，每天工作达12个小时以上，即使外出，也带上笔记本电脑，行车途中也在编写。爱人心疼他说：“你怎么比在职上班还忙，家务事不沾边，孙子不带，你自己的身体也吃不消呀!”

永顺县虽然是土家族聚集县，但是土家语消失的速度较其他县市快，全县竟然找不到既精通土家语又有大学文化的人。在18300多条地名中，有

2000余条土家语地名，翻译中错误百出，没有翻译的甚多。为解决这一问题，彭司礼带领保靖县、龙山县土家语专家，3次深入该县，驻县、进乡、到村调查研究，现场翻译。当时正值盛夏，酷暑难耐，坐在家里都汗流浃背，彭司礼一行却行走在高山密林，一干就是半个月。配合彭司礼调查的县领导赞扬彭老，你这么大年岁，这样卖力为民族文化工作，是对我们年轻人的最生动的教育。2000余条土家语词条翻译，彭司礼花的时间最多，流的汗最多，以每条平均花15分钟计算，需要500小时才能完成。相对于永顺县18300条总量，仅占九分之一，可见永顺县地名编纂工作量之大。彭司礼凭着坚韧的毅力，最先完成了编纂任务。

彭司礼不仅要完成自己的任务，还要担负审核湘西州及各县市上报国家的地名志任务。由于各县市编纂人员水平参差不齐，国家地名志的要求高，为完成任务，彭司礼骑自行车跑20多个州直相关单位核对材料、数据。州直一个单位的局长看见当年的老领导骑自行车，满脸汗水模样，打电话给民政局领导，问为什么不给老领导派车。彭司礼赶紧解释，这是自己乐意这么干的，一举两得，既完成了地名材料核实任务，又锻炼了身体。就这样，4万多字的国家地名志，3万多字的国家地名词典条目上报材料，大多由彭司礼重写，都较好地完成了编纂任务。其他专家编纂的条目，彭司礼也要过目。他针对存在的问题，提出10余条整改意见。需知，其他专家的文字量共有300余万字。

一丝不苟的研究者

彭司礼审核、编纂湘西州地名，不但有一股拼劲，还有一股钻劲。他参加省地名办举办的培训班学习，面对几十万字的培训材料，觉得县市编纂人员难以掌握，决定编写湘西州地名编纂指导意见，以简要的方式，让县市编纂者一目了然。编写这样的材料，首先编写者要吃透省里精神，为此，他将国家地名编纂指导材料和省规范意见逐字逐句研读几遍，理解其精髓，然后用湘西语言，编写成《湘西州地名志、地名词典指导意见》《湘西州地名志、地名词典要素排序》《湘西州地名志、地名词典排版意见》《湘西州地名志、地名词典编写样条》等培训材料，为了保证这些材料的准确性，他两次赴省地名办汇报，取得省里对湘西州地名编纂培训材料的认可，在此基础上，对州、县地名编写人员进行培训，他亲自讲课，回答编写者提问。彭司礼编写的培训材料达10多万字，全州受训人员100多人次。编写人员反映，这些指导材料，针对性、操作性强，言简意赅，对全州地名编写产生了良好的指导作用。

全州数百万字的地名，有什么规律性，湘西地名有什么独特性，彭司礼进行了认真的研究。他把成千上万个地名分为8大类：人文类，包括民风民俗、宗教信仰、姓氏名人等，这类地名比重较大，反映古代湘西地区的社会形态、人文风采。动物类，以人们养殖的动物和对人们造成威胁的动物居多，牛、猪、羊、鸡、鸭与人们生产生活相关，老虎、熊对人们造成生命威胁，这些影响深刻的动物成为地名的可能性大。植物类，包括粮食植物、野生植物、自然植物，关系人们衣食住行，成为地名理所当然。地形类，包括山、沟、水、洞等自然地理地貌，出现在湘西地名中的“湖”特别多，其实湘西并没有湖，这里的湖不是汉语意义上的湖，而是土家语，意为沟谷，湘西山多，沟谷自然多，以此为地名就多。方位类，包括上、下、前、后、边等，这是最简单的地名命名方式，仍然保留不少。气象类，包括雾、雪、雨、干旱、太阳等。生产类，包括生产方式、生产工具、生产习惯等，人们的体力付出，劳作形态，成为地名亦有其必然性。工艺类，包括装饰制作、居住造型、艺术创作等。此外，湘西是土家族、苗族聚集区，地名的民族特性突出，以民族语言命名的地名达到20%左右。通过这些研究，揭示了湘西地区命名的规律性。彭司礼将这些规律性东西写成湘西州地名志、地名词典的序言，并在报刊发表，引起湘西州委、州政府领导的重视，指示相关单位纳入文化湘西建设规划。

地名应用的好参谋

参加地名审核和地名志、典编纂工作后，进一步丰富了彭司礼对地名文化应用的认识，特别是对建设文化湘西、促进文化与旅游融合发展、推动农业产业发展，形成了一套较清晰的思路。

文化湘西的地名表现。“西那”，土家语，土家族织锦西朗卡普的简称，湘西土家族地区多个村寨以此命名，可见，历史上，被列为国家非物质文化遗产名录的土家族织锦艺术就很有名气。“补抽”，苗语，意为缓缓坡上的秋千，作为被联合国教科文组织列为保护名录的湘西州苗族“赶秋”，历史上就有传统。“舍巴坛”，土家语，湘西土家族祭祀祖先的地方。彭司礼建议将“舍巴日”作为土家族、“赶秋”作为苗族的节庆日，予以明确，每年定期举行庆祝活动，以增强民族文化氛围，突出湘西民族特色，得到州委、州政府的采纳。

文旅融合的地名贡献。“老司城”，被世界文化遗产委员会命名为“中国老司城土司遗产”；“弄塔”，土家语，意为官坐的地方，揭示了湘西老司城土司100多年的一段历史，填补了历史空白；“溪州铜柱”，中国古代版一国两制的历史见证。依据这些地名，彭司礼写了三篇文章：《老司城，湘西州旅游的一张名片》《猛洞河，土家族的文化结晶》《溪州铜柱：中国古代版的一国两制》，分别就“湘西老司城景区”“永顺县芙蓉镇景区”“永顺县猛洞河景区”的文化内涵，提出建议，得到有关部门重视，依据《溪州铜柱：中国古代版的一国两制》建设的“芙蓉镇铜柱园”，成为该景区的热门景点，游客争相留影，每年接待游客100余万人次。

彭司礼查阅地名资料

农村支柱产业的地名依据。“日阿沾圳”，土家语，汉译为茶叶；此地名证实，湘西古代就有茶叶。现在，湘西茶叶成为农民的主导产业，尤以“黄金茶”“古丈毛尖”出名。“园陀陀”，土家语，意为猕猴桃，如今，猕猴桃已是湘西州的农业大产业，尤其是“红心猕猴桃”，已为大品牌，供不应求。此外，“秫西科”，汉译为板栗山；“马石沟”汉译为产蜂肉的山沟；“弄咕洞”即“团鱼”多的村；“列士车”即梨子多的地方；“洗车河”，“洗车”即醋，以名醋得名；“拍拖坡”意为黄花菜多的地方。偌大湘西，就是一座绿色食品大仓。彭司礼建议，应用地名，打出民族品牌、地方特色、历史依据，就会使湘西食品立得更稳，走得更远，叫得更响。

地名对于民族语言、民族习俗、自然环境、社会结构等方面研究，具有重要作用，彭司礼建议尽快出版《湘西州土家语地名词典》《湘西州苗语地名词典》，州人民政府已将经费列入预算，予以大力支持。

用专心专业谱写一首地名普查之歌

——记广东省地名普查专家唐耿章

有这么一位老人，当他人享受天伦之乐时，他选择了品尝地名普查之苦，当他人锻炼养生时，他选择了埋头钻研，当他人游山玩水时，他选择了舟车劳顿。他，就是广东省第二次全国地名普查的专家——唐耿章。在广东省第二次全国地名普查工作中，他用行动践行其口头禅“做好地名普查工作，既要专业，更要专心”。他专心参与，助力广东省加快了普查进程，圆满完成每一阶段的普查任务；他专业指导，为广东省普查质量的提高提供了技术保障。

一、专心——全身心扑在地名普查工作上

当广东省第二次地名普查工作号角吹响时，早已步入花甲之年的他，毅然放弃了轻松闲适的退休生活，欣然接受省民政厅的邀请，加入省地名普查办，并被聘为省地名普查专家。

专注普查，一路殚精竭虑。自2014年省地名普查工作开始，他自始至终全身心地投入地名普查各项工作中。2016年7月，广东省进入了督查验收阶段，这一阶段至关重要，直接影响各地对普查数据质量的理解和整改。尤其是后期验收工作，当国务院要求省级实地验收不低于20%普查政区时，广东省为确保质量，提高广东省公共服务水平，作出“专设验收小组，100%实地验收普查政区”的决策，这无疑是一场持久硬战啊！恰当时，老唐因肾结石接受手术住院一周，出院时，医生嘱咐务必卧床休息。当厅、处领导和同事们都在忧其身体，劝其休养时，他却若无其事地挥挥手，坚定地说：“没问题，现在工作这么紧，工作第一。”有着18年军龄、24年公务员履历的他，此刻凸显出坚强刚毅、兢兢业业可贵的一面。就这样，在这关键时期，这位68岁的老人，顶着身体种种不适，扛起重担，充当“冲锋陷阵”的勇士，带领团队连续作战近1年半，除了节假日，其他时间基本奔波全省各地、市、县，时间高达135天！其本人督查验收了全省21个地级市的绝大部分县级政

区，足迹遍布全省。在督查验收团队 40 多人中，数他年纪最长，跑的政区最多，每到一处，都认真听取汇报，认真查看资料，耐心细致地指导，市县普查办的同志们很欢迎他、感谢他。与他同行的同志们，在谈及出差印象深刻之事时，一致念及他，“作为组长的他，不是简单地发号施令，而是认认真真地和组员一起检阅资料，主动承担重要的检查内容”“他一坐便是几小时，一忙就忘了喝水，亦忘上厕所”“他精力充沛，马不停蹄，太辛苦了！”同志们的只言片语，尽显对他的认可、赞许、敬佩。为了争时间抢速度，他经常中午不休息，晚上又赶往下一个政区单位。同组的小倪谈及 2017 年 8 月，他带领团队前往梅州四县（市），进行为期一周的验收工作。在梅江区，为了赶进度保质量，他从早上开始验收，一直持续到晚上 8 点，中午不停歇，争分夺秒。为保障下一政区有足够验收时间，简单晚餐后，他便急着摸黑赶路前往蕉岭县，一路上尽是崎岖山路，梅州普查办人员怕他身体吃不消，劝他住一晚，次日再启程，可他摆摆手坚定地说：“没关系，扛得住！”在场的同志都被他的精神感染了，大家顿时觉得浑身上下增添了一股子使不完的劲儿，老同志尚且如此，年轻人有何不能扛啊?！就是这种“白天验收 + 黑夜赶路”“一周四地”的紧张节奏和干劲，让他带领团队硬是打下了这场艰苦的“持久硬战”。他密集地出差验收，大大加快了全省督查验收进程，助广东省在时间紧迫、任务繁重的情况下完成国务院部署的阶段任务。

专注事业，不为人情所动。他将地名普查当成一项神圣高尚的事业，“质量至上”成了他的工作原则。验收时，有的地方为了尽快交差向他求情。要知道，老唐在区划地名处工作了 6 年，与各地区划地名科（股）的领导同事结下了深厚的友谊，面对朋友请求，他不为所动，始终坚持标准，还动之以情，晓之以理：“国家花大钱花大气力搞地名普查，目的就是为了全面准确地掌握地名数据信息。因此，质量是地名普查的灵魂，如果质量不好，草草验收过关，我们会有愧于国家和人民，质量不好的普查数据进行成果转化，以讹传讹，我们会贻害后人。”众人听之，皆认为有理，不再求情。他一身正气，将一些投机取巧的不良苗头扼杀在摇篮中，为全省营造了良好的“质量至上”工作氛围，强化了全省普查人员求真务实的工作作风。

二、专业——为地名普查工作保驾护航

4 年多来，他不断加强学习提高个人专业水平，积极为省地名普查各项决

策建言献策，协助编写《地名登记表解读与参考范例》《地名调查范围的指导意见》等规范文件，让全省普查工作有章可循，有规范可依，并不辞辛苦参与省级督查、验收、培训等工作，充分发挥省级地名普查专家作用，用其专业为地名普查工作作出了贡献。

“专业学习无止境”。他曾任省民政厅区划地名处处长6年。在职期间，参与起草了《广东省地名管理条例》和《广东省建筑物住宅区名称管理规定》等法律法规，在地名理论和实践方面积累了丰富的经验，可谓名副其实的地名专家，但他不满足于此，持着“学习无止境”的劲儿，带头研学普查相关书籍和文件，深刻领会各项规范、政策、举措，全面细致地研究省情，努力把握工作重点难点，形成了自己的独特见解，并探索出一套地名普查工作方法。“不说外行话，不做外行事”，这是他常挂在嘴边的一句话，并身体力行，为全省普查人员树立了学习榜样，推动全省上下形成你追我赶，自觉学习普查知识，主动提高个人普查水平的氛围。

“用专业攻坚克难”。地名普查是一项专业性强、难度大的工作，全省普查队伍中99.9%的人无“一普”经验。因此，在开展地名普查时，遇上不少困难和问题。验收初期，全省大部分地区已形成初步数据，处于报验待验中，如何短期验收并快速推进全省整改？面对这一难题，他善用巧劲，建议“从技术单位承担的任务出发，在每一家技术单位所承担的县级政区中挑选1—2个政区进行验收，确保短期内掌握全省27个技术单位的普查情况，同时促使同一技术单位内信息交流，达到以点带面快速整改的效果”。他的建议让广东省在短期内调动了全省27个技术单位工作的积极性，全省验收整改工作以“以点带面”的方式迅速在全省遍地开花。

“全省一盘棋，一个都不落”。他在实地督查验收时，充分运用其专业特长，及时发现问题，及时指导解决。在河源市督查时，他发现东源县起步慢，质量差，马上建议将其列为“重点对象”，先后2次督查该县并召集河源全市普查办人员和技术服务单位负责人进行集中培训辅导，最后在省级验收中，东源县的普查质量有了质的飞跃。他不厌其烦地为质量欠佳的普查政区明晰工作方向，传授工作方法技巧，努力补齐全省短板，保障了省地名普查整体水平。

爱琢磨的他总能在发现问题解决问题中寻找规律，以解决更大的问题。他在督查数地后，发现地方普遍存在“地名来历填写用词有误”的现象，众人亦混淆其中不得其解，这位老人便开始思索，终于归纳出“地名来历词语的准确运用”，即“各级政府及有关部门批准的地名使用‘命名’；党政机关和事业单位名称使用‘定名’；因传说、典故而得名的地名使用‘得名’；没有经过法定程序批准，并已长期使用的地名使用‘起名’；民间组织、企业类的名称使用‘注册登记’；行政区域和群众自治组织类的地名使用‘批准设立’”，此归纳一出，时任区划地名处邱智宽处长对其大加赞赏！认为此将大大提高全省地名来历用词的规范性和精准性。没有专业知识储备，没有丰富工作经验，没有攻坚克难心思，难以得此用词规律！他这一成果自然列入了省级的成果表重点内容并印发各地，为地方提供有效的指导。这大大地提高了地方工作效率，加快全省普查工作进度，规范了全省数据的填写，提高了全省普查数据的质量。

“一人专不如众人专”。地名普查是一项系统性强的项目，省、地级市、县各级联动开展，缺一不可。他乐于与众人分享他的所学、所思、所专，努力提高全省地名普查队伍整体专业水平。在2017年省级地名普查骨干培训会上，他主讲了《乡级行政区域、群众自治组织、城乡居民点的来历、含义和沿革》，精心梳理1949年后镇（乡、街道）的主要沿革过程，强调“命名和更名务必书写批准机关、具体日期和文号，以提高依据权威性和描写精准性”，还对城乡居名点地名含义来源进行归纳列举。经过他专业的培训，快速启发打开了全省普查骨干的工作思路，帮助他们精准把握工作要领。参会人员给予了充分的肯定和赞许，会后，罗定市副局长激动地紧握其手，感慨道：“唐专家，您这培训对我们太有用了！原来我们对某些问题一直理不清。您如此一说，我们就清晰明了，更知道如何深入开展工作了。”此后，普查办电话便成了“老唐热线”，各地普查人员常常通过电话、微信等向他请教各种疑难问题，甚至有的技术单位组织人员专程登门拜访请教，他不厌其烦一一解答，为他们提供及时的帮助。他更是成了“地名普查明星”，2017年，他在湛江市督查一周，江门新会市林伟雄股长打探此信息后，马上致电，诚邀他返程时绕至新会现场指导，那时，已是周末，他依然欣然前往。他深知，只有全体普查人员专业水平提高了，全省普查质量才能得以保障！因此，只要能帮助普查人员提高专业水平，他便乐此不疲！他用其专业为省级攻克了难关，为各地解疑释惑，整体提高全省地名普查专家和人员的专业素质。

4年多普查工作，广东省全体地名普查人一路汗水，一路高歌，一路芬芳。他常言："专业不专心，难以成事；专心不专业，成不了事；专业又专心，方能成事。"在桑榆暮景之年，他用其专心，舍己为公，促进全省地名普查工作顺利开展；用其专业，促进普查队伍人员专业水平的提高。为广东省地名普查工作谱写了一曲老共产党员的奉献者之歌！

唐耿章同志带领专家验收组进行实地验收

求真求实　为地名普查添光彩

——记广东省阳江市江城区地名普查办张仕添

张仕添，男，汉族，1966 年 5 月 29 日出生，籍贯广东阳江，中共党员，华南热带作物学院本科毕业，工学学士学位。1989 年大学毕业分配到广东省阳江市江城区民政局工作至今已 30 年，2004 年 9 月任江城区民政局区划地名股股长至今，其间担任过社团股副股长、人秘股股长职务；2007 年 11 月至 2011 年 10 月兼任阳江市残疾人联合会第四次代表大会主席团副主席；2015 年 1 月 19 日被聘为广东省第二次全国地名普查专家；2019 年 4 月 23 日被国务院第二次全国地名普查领导小组评为第二次全国地名普查先进个人。张仕添身残志坚，性格乐观向上。工作上尽职尽责，爱岗敬业，勇于担当，事业心强，业务熟悉，工作能力强。特别在江城区第二次全国地名普查中，他不忘初心、牢记使命，肩负重任，兢兢业业、无私奉献，既是检查员，又是指导员，还是普查员。外业不怕日晒雨淋，不畏艰难困苦；内业精益求精，倾注大量心血，为江城区第二次全国地名普查作出了应有贡献。

一、主要事迹

从“一普”到“二普”，时间相隔 30 年。对于一名地名普查员来说，全国地名普查是 30 年一遇。不过，从事民政工作已 30 年的张仕添同志，却际遇 2011—2012 年“二普”试点和 2016—2017 年“二普”补查，全国地名普查他是 5 年两遇！“踏遍山山水水，阅尽古今资料，传承地名文化”，这是地名普查工作者的真实写照。在地名普查工作中，张仕添同志既是一名“二普”新兵，又是一名“二普”老兵，还是一名“开荒牛”，他全程参与了江城区第二次全国地名普查工作。在平凡的工作岗位上，他吃苦耐劳，兢兢业业，尽职尽责，爱岗敬业，勇于担当，事业心强，业务熟悉，工作能力强，成效卓著，被聘为广东省第二次全国地名普查专家，为江城区第二次全国地名普查作出较大贡献。

二、加班加点，普查自检倾注大量心血

江城区地处广东省西南部、阳江市南部，漠阳江中下游，南海之滨，陆域面积665.9平方千米，2014年年底人口70.32万，辖8个街道、4个镇（含平冈、闸坡镇），105个村委会、56个居委会。江城区第二次全国地名普查包括高新区的平冈镇、海陵试验区的闸坡镇等8街道4镇，以及市管的地名。由于地名普查时间紧、任务重，涉及面广，情况复杂，对此，江城区吸收社会力量参与地名普查工作，采取“依托社会力量、利用市场手段、落实专业技术队伍、向社会公开招标”的运作模式开展普查。2016年在网上招标，与在广州的一家中标公司签订地名普查招标合同。

由于该公司派驻江城区的人员不熟悉当地情况，再加上江城区的普查员水平参差不齐，普查工作不够顺畅。作为江城区地名普查办副主任、业务骨干的张仕添同志发挥了重要作用。工作中他肩负重任、责无旁贷、爱岗敬业，全副身心投入地名普查当中，发挥了地名普查工作的顶梁柱作用。

普查中，由于有的普查员在登记表上乱写乱填，有的缺项、缺内容，难以修改，要重新收集资料，这无形中加重了他的工作量。再加上技术员的初审水平有限，送来的3000余份地名普查表普遍存在质量差、无内容。为此，他和普查办人员及聘请的本地专家一起，一边检查验收，一边对发现地名属性信息有问题的地名普查登记表，逐一进行电话外业调查。

审表是一项费时费神的苦差事。有一次，他检查到埠场镇加压站的地名普查登记表，发现其来历、含义、沿革、实体概况太简单，甚至有误。他马上打电话到埠场加压站，边问边记录，其间还耐心等待对方查明相关资料之后的答复。这样一一查清了该泵站的地名信息，有效提高了该表的质量。还有一次，为普查沈海高速公路中的漠阳江东大桥、漠阳江西大桥、白沙收费站3个地名，他致函阳江市交通运输局，函中附有3张地名普查表，表中缺少的信息为空格，由阳江市交通运输局转交广东开阳高速公路有限公司填写空格。他这种不怕麻烦预填普查表、留空格方便他人填写信息资料的收集方法，既方便，也确保了地名普查的真实性。类似这些情况不计其数。细心的他检查一张张地名普查登记表，当发现问题时，又逐一打电话问普查员，普查员不了解就问村委会书记，书记不清楚的，问村主任，直至解决问题。另一方面，他也通过查阅《阳江县志》《阳江市志》《阳江市地名志》《阳江古

村落简志》《阳江市江城区志》《阳江建市十五年大事记》《阳江人从哪里来》《阳江水利志》《广东省阳江市江城区不可移动文物名录》《魅力江城·文化之乡》、江城区第二次全国地名普查试点资料、阳江县“一普”资料等相关资料解决问题。同时，他利用阳江市地情网、江城地情网查阅有关地名资料。此外，他还先后多次到阳江市档案馆、江城区档案馆、阳东区档案馆查阅、收集有关行政区划调整、村（居）委会成立和变更、机构、学校设立的批复等档案资料，确保了地名普查资料来源的真实性，提高了普查质量。为此，他付出了双倍甚至3倍努力。

2017年4月26日至5月10日、5月27日至6月7日和7月15日至8月1日这3段时间，他带领江城区普查办人员及聘请的本地专家，对全区第二次全国地名普查成果进行3次自查，严格按照《第二次全国地名普查验收办法》查缺补漏；在自查中，他对照广东省第二次全国地名普查办的通报，对不规范地名来历的6种用词、断头路等进行更正补充；对有疑问的路名，还到实地核对。此后，得知水务部门将推行河长制，已对全区的河流、灌溉渠、排水沟、山塘进行排查、造册、标图。他立即跑到江城区水务局，将这些水利类的地名连册带图一起拿过来，对照已普查的水利类地名，发现大部分都漏普查了。于是，他日夜加班，又填普查表又标图又拍照，内业、外业连轴转，在较短时间内完成水利类地名的补漏普查，增加河流23条，增加灌溉渠、排水沟、山塘的地名110条。可见，在普查工作中，他既是检查员，又是指导员，还是普查员。

为争时间、赶速度，他平日不分节假日，常常加班加点，除了吃饭和睡觉回家，他不分日夜在单位审表。就连单位门卫都感叹说：“这段时间，他天天工作到晚上12点。”正如张仕添所言：“地名普查试点期间是长期忙，现在地名普查是短期超负荷忙，几乎达到身体承受的极限。长此下去身体吃不消，真是太辛苦！”一分耕耘，一分收获。为确保江城区第二次全国地名普查质量，他超强度工作，也倾注了全部心血。2017年8月8日至9日，江城区第二次全国地名普查成功通过广东省第二次全国地名普查办验收组的现场验收。验收会上，验收组长评价说：“江城区第二次全国地名普查，质量明显比上一个验收单位好。”

三、不畏艰苦，外业不畏艰难困苦

在检查道路类地名普查成果表中，他发现不少道路的起止点及其相交路和丁字路口都很乱。于是，他采取先实地察看道路并画草图，再改表的方法。他先上网查阳江地图，下载并按地域分片打印道路的卫星图，再带着这些道路图纸到实地察看道路走向实况，一条路一条路地仔细对照道路图纸，按实际路况画出分片地域的道路草图，然后据此审核、修改道路类的地名普查成果表。对旧城区的横街小巷，因网上的卫星图不清晰，他有时跑一趟实地察看难以画出道路草图，要跑两三趟才画出道路草图。这样，磨刀不误砍柴工，道路的起止点及其相交路和丁字路口便一目了然，改表容易了，效率提高了，也提高了道路普查的真实性和准确性。

此外，张仕添还对照阳江市民政局历年命名的道路、建筑物、住宅区一览表，增补了遗漏普查的道路类地名 56 条，建筑物、住宅区类地名 78 条。有一次，张仕添同志骑车经过阳江市区马南河电排站时，猛然发觉地名普查漏了此地名。于是，他电话查找并联系该电排站站长，收集好地名信息填好普查表，又亲自到电排站拍照。此外，他还发现阳江市交通运输局、阳江市住建局、阳江市农业局、阳江市海关、阳江市财政局等单位也漏普查了。于是，细心的他又补查了 69 条单位类地名。

由于中标公司及其技术员在广州，路远不便，有时他干脆自己跑外业拍照。他不分日晒雨淋，外业踏遍市区大街小巷，街头巷尾留下他黝黑的身影。有一次，他头顶烈日在江城区城东学校一带实地调查时，他的摩托车突然骑不动了。他只好停车察看，闻到一股汽油味。原来，车子化油器漏油了。幼时曾患小儿麻痹留下后遗症的他，只好一瘸一拐地推着摩托车，走了近 1 千米才找到维修点。尽管汗流浃背，在修好摩托车后，他又继续投入察看道路和画草图的工作中。

在水利类地名的补漏拍照中，对阮西水闸拍照时，小车行至泥质河堤途中突然狂风骤雨，路窄崎岖不平。继续冒雨前行到阮西水闸坝时，坝更窄，仅一车位宽，车窗右侧几乎碰到水闸顶部，小车不敢动。他伸头往车窗外的水闸坝下的河流看，五六米下的河水湍急翻滚，又风大雨大，稍有不慎连人带车掉下河，后果不堪设想。幸好阮西水闸管理员及时冒雨出来，指挥小车缓慢通过阮西水闸坝。冒雨拍照后，小车不敢沿途返回，只好绕道下一个拍照地名点。

他就是这样进行外业普查，不畏艰难困苦，无怨无悔。2015 年 1 月 19 日，因工作突出，张仕添被广东省地名普查办聘请为“广东省第二次全国地名普查专家”。

张仕添（中）在江城区南恩街道北门拱桥实地调查

四、精益求精　重塑地名普查成果图

在检查江城区地名普查成果图时，张仕添发现有不少地名位置不准确。经核对，不少地理实体定位点位置偏移较大。比较离谱的是，位于市区安宁路的江城区公路局，却标到平冈镇高新区管委会对面；而平冈镇的河西八一希望小学，却标到城西街道东砵村，两者相差近 20 千米。

于是，他选城镇居民点的位置来核对。他核对了全区 8 个街道的城镇居民点，位置错误的较多，差错率很大。经统计，共核对了江城区 8 个街道（不含 4 个镇）的全部城镇居民点 260 条，地理坐标位置错误的 115 条，差错率为 44%。几乎是 2 个城镇居民点就有 1 个是错的，差错率太大了。他感到技术员业务不精，未按《第二次全国地名普查工作规程》来标绘地名，多数农村居民点没按规定标在中心位置，只是按卫星图上农村居民点名称的位置来标绘。各类行政区也没标在驻地位置，道路、联围、灌溉渠乱标，县级界线界桩、镇级界线也未入库。一些地名类别还搞错了，如山当作地片、山当作居民点、地片当作山、居民点当作地片、居民点当作道路等。对此，他用 1∶1 万地形图与地名成果图进行核对，并深入全面认真地对图，纠正位置错、类别错、遗漏的地名，从而提高地名普查成果图质量。

他还发现，重复的地名也不少，如“阳江市第一中学”和“阳江市一中”“阳江市城郊学校”和“城郊学校”等，于是，他删除近 100 条重名的地名。为慎重起见，他还向技术员要来各镇（街道）普查员标的卫星图，再次和成果图核对，发现少数地名技术员没按普查员标的位置来标绘成果图。

对地名的核对，他采用1∶1万地形图、普查员标的卫星图、网上卫星图等3种方法反复校对，确保了核对的准确性。对严重失实的成果图，他向领导汇报后，再要求技术员实地对图和入库。

2017年10月19至20日和23日，张仕添同志和技术员先后到闸坡、平冈镇等地，与各村（居）委会的普查员进行对图。对地名位置有疑问的，他还采用网上百度全景（街拍）查看；如百度街拍看不到的，则实地察看。2017年10月29日，为方便走街串巷，张仕添同志用摩托车搭载着技术员，从市区沿城西街道、埠场镇、平冈镇、平冈农场、海陵白蒲圩、南海Ⅰ号博物馆、闸坡镇，骑行2.5小时，走了四五十千米，一路察看不明具体位置的地名。并从中发现中洲街道、观塘村、海陵卫生院等6个地名坐标位置标偏了。在实地勘察闸坡镇东风一巷至八巷时，他认真画出道路草图。但晚上回程时，由于该镇大岭埂隧道封闭维修，他只好骑摩托车搭载技术员沿大岭埂隧道山顶的山间旧公路骑行，沿途上下山坡陡弯急，道路也年久失修，而且风高月黑，路况极为危险。当小心绕过隧道山顶后，他和技术员都心有余悸。

为核对白石坑自然村在地名成果图的位置，他打电话问普查员，普查员一会儿说标在现白石坑村，一会儿说标在南木坑村。对此，他干脆叫司机开车实地察看。途中，要翻山越岭，山路弯曲陡峭，他往车窗外山下看，近百米深陡坡，车在半山腰艰难前行，人在艰险中普查。到南木坑村后，经询问当地人，了解到原南木坑村为贫困村，为脱贫，已被政府动员全村人整体搬迁至白石坑村。至此，真相大白。南木坑村已废弃，是历史地名，白石坑村标图明确。为准确标图，他一丝不苟，外业不怕艰苦，实地勘察核准。

历史赋予民政部门第二次全国地名普查重任，历史也选择了张仕添。他不忘初心、牢记使命，为地名普查倾尽全力；他一丝不苟、求精求实，在江城区第二次全国地名普查工作中闪光。

甘洒余热铸秋光

——记广东省梅州市大埔县地名普查办老同志杨煌标

大家都称他是“老专家”，他却称自己是“小学生”。他的名字叫杨煌标，现年76岁，大专毕业，退伍军人，中共党员，系大埔县经信局退休干部，在职时任秘书股长，经济师职称。自2015年12月起参加大埔县第二次全国地名普查工作，认认真真、一丝不苟，较出色地完成各项工作任务，被推荐为地名文化研究专家。他的主要事迹有4个方面：

热衷史志，熟悉县情

他在县经委、工业局、经贸局工作30多年，均从事文秘工作。退休后的2001—2018年，从未间断编辑史志工作。曾任《大埔县志》《大埔县军事志》《人文百侯》《大埔县党史（第二卷）》编辑，《百侯中学校志》主编，《大埔县文化艺术志》和《大埔县档案志》责任编辑，《茶阳镇志》副主编，每年还参与《大埔年鉴》《大埔文史》撰稿。由于他从事史志工作多年，熟悉县情、地情和社情，2015年12月被县民政局聘请到县第二次全国地名普查办公室工作。

杨煌标在查阅地名资料

克服困难，尽力尽责

在他参加地名普查期间，也碰到不少的问题与矛盾，但他始终正确对待，坚定信心，努力把工作干好。第一是说服家人理解。开始时，家人和许多人都劝他“你有退休金不缺钱，子孙满堂该享清福，何必自找苦累”。他说：“我今生与史志结下不解情缘，如今去干我乐意且有意义的事，还能为社会作点贡献，开心每一天，是一件多好的事啊！”家人思想通了都纷纷表示理解。第二是得到家人的支持。他的住地距县民政局办公地有 2 千米路程，每天来回 4 趟，老人家骑单车或步行辛苦又不安全。他儿子每天小车载他，3 年多不论寒冬酷暑，风雨无阻，准时上班，做到不迟到，不早退。儿子说“你上班，我也要陪班”，他笑对儿子说：“领了公家的事，就要讲诚信，干实事，不务虚。”第三是自强不息。常言道“上了年纪，没有大病也有小疾”。他的血压、血糖和血脂都偏高，属“亚健康”。人要有精气神，他注重锻炼，保持心态乐观，每天吃点药，从未缺勤，从工作中获取乐趣和力量。第四是以工作为重。2017 年 10 月份，他老伴因患高血压住院半个月，接着又进行肾结石微创手术。一个多月的紧要关头，民政局领导答应其休假陪护照顾。但他以工作为重，不中断耽搁，嘱咐儿媳挑起护理重担，他坚持天天上班。第五是尽力尽责。他与办公室的 10 多位同志打成一片，工作多商量沟通，虚心向测绘工程公司技术人员和同事学习，汲取人家的长处，弥补自己的工作短板。他是有 50 年党龄的老党员，他向经贸局承诺凡是经贸系统所属的工矿企业、工业园区、加油站等单位的地名普查，他都会负全责。由于他注重团结协作，发挥团队作用，有力地保证按时、按质、按量完成普查任务，交出了较满意的答卷。

钻研业务，孜孜以求

第二次全国地名普查工作既是一项覆盖全国的基础性、战略性政府工程和重大任务，又是关系着民生和惠民，涉及方方面面的系统工程。他说“我是小学生，一切仍要从零开始，要从不懂到懂，从知之不多到知之较多，求真务实，干好工作。”他认真学习有关文件、范例、规程，了解普查的内容、方法、步骤和成果表的填写，一步一步入门，掌握各项业务知识及流程的操作。例如，在制作行政区域类的县、镇，群众自治组织类的村委会、居委会，非行政区域类的农、林、开发区，纪念地旅游胜地类的纪念地、遗址、人物事件、宗教、公园、风景区等地名时，认真翻阅寻找，用最史实、最确切的佐证资料，将地名来历、地名含义、地名的历史沿革、地理实体概况、历史名人、历史事件、风土民俗等情况对号入座填入表中。他自带办公室的各种书籍、资料有 100 多本（册），这些资料仍解决不了的难题，他又到县方志办、党史办、档案局、文广局、旅游局等单位寻找补充，或请教其他专家寻求答案。2017 年 5 月，省、市普查巡视组莅埔检查成果时，都称他是“活档案”，广州测绘工程公司负责人说：“你们县里不是‘一包了之’，有熟悉县情的本地人参与制作成果表，质量我就放心了。”

甘洒余热，老有所为

他虽已 76 岁高龄，但身体依然健朗，精神饱满，准时上下班，有时还加班加点。为翔实、充分记载地名文化内容，他翻阅浩繁史料，殚精竭虑，不辞艰辛，熟悉掌握有关本县的名人、名史、名居、名寺、古村落、文物古迹以及神话传说等。他注重调查研究，具体运用“五个方法”：一是从史书、有关资料、档案找；二是电话向当地、当事人咨询；三是下单位、基层采访；四是请测绘工程技术人员在电脑资料上比对；五是在互联网中求助，通过多方比对、论证，得出最准确最恰切的地名来历、含义、历史沿革、地理实体概况、发生的重大事件和出现的重要人物等信息。从人文佳话到传统建筑，从国家级非物质文化遗产到红色地名，把大埔源远流长、博大精深的人文资源载入大埔地名志，记录、传承大埔地名文化。在他参与 3 年多的地名普查工作中，制作和审核的成果表 1000 多份，上报国典材料 98 份，地名文化遗产保护建议名单 10 多份，入选《全国地名普查成果 · 寻找最美地名故事》3 篇，编纂《大埔县地名故事》218 条等。他为人热情、谦虚、乐观，积极向上，对工作的执着，很受同事们的钦佩。

知难而上　勇于担当的地名普查事业耕耘者

——记广东省茂名市信宜市民政局杨汪静

杨汪静，一个地道的湖北妹子，2000 年毕业后从家乡武汉来到了广东省信宜这座山城，就职于信宜市民政局，先后在民政局福利股、社会组织管理股、区划地名股工作。她热爱自己的工作，工作中，她认真负责，以饱满的热情、积极的态度和吃苦耐劳的精神，兢兢业业的实际行动，认真履行好自己的职责，受到了省、市、县领导和专家们的一致好评。

2015 年，信宜市成立地名普查工作领导小组开展工作，局党组一致商量将这项意义重大、任务艰巨的工作交给她负责。于是，2015 年 8 月，杨汪静正式兼任区划地名股股长。接手工作之时，正值地名普查工作开展之际，对于这个门外汉来说，要完成全市的地名普查工作任务，她感到压力大，但面对领导分配的新岗位，她毫无怨言，勇敢担当，全身心投入，她虚心向曾从事过地名工作的老同志老前辈学习和请教，认真钻研相关文件政策，查阅资料，学习业务知识，努力提高自己的业务水平。从此地名普查工作成了她工作的重心，从申请普查资金到协调单位再到组织召开动员会、推进会以及各镇级的培训会、收集和审核登记表、组织专家座谈、实地访谈等，她都亲力亲为，从不缺席。由于半道接手，前期有些业务培训没有参加，工作难度可想而知。接手工作后，她迅速进入角色，把涉及地名普查的文件、通知、培训资料全翻了个遍，在基本掌握了相关业务知识后，她主动到兄弟县市学习经验，在短时间内掌握了业务知识，领会了文件精神，还亲自到 19 个镇街进行业务培训。她起早摸黑，出入社区、田间地头、乡间小道，翻山越岭、走东村到西村，走访机关、单位、学校，她的足迹遍布全市各个角落。在负责地名普查工作期间，她工作的状态常常是“白加黑”“五加二”。有一次为了准备专家核查需要的资料，她带领普查办的同志通宵加班整理资料，连续工作超过 30 多个小时。特别是召开乡镇培训会和外业作业期间，由于信宜是山区，来回都需要比较长时间，她每天下乡很晚才回到办公室，但是不管多晚，她都要加班把当天收集的数据整理好，然后再安排好第二天的工作行程。因为19个镇街都要到，都要讲，那段时间她几乎天天都是声音沙哑的。

杨汪静与专家座谈

地名普查工作对她而言，是一个崭新的工作，没有经验、没有先例、困难重重，她迎难而上，认真学习地名普查相关业务知识，从收集相关资料，从思想上和行动上提高对地名普查的认知，虚心向普查技术人员请教专业知识，网上搜集先进的地名普查成果资料，从一名地名普查的门外汉渐渐成长为地名普查专家。在乡镇培训前，她通过与多个普查进度快的县市沟通，以期从中找到共性的问题，经过与外包公司共同就共性问题进行分析，她发现乡镇普查员的水平参差不齐，对登记表内容填写很容易含混不清，概念混淆，基本要素不全等，于是她把重点放在了表格的要素说明和预处理上，她先将表格分成两大块重点内容：一是地名来历调查，包含居民点名称、最早居住者为何人、何时迁入以及居民点变更情况等，二是地理实体描述调查，包含地理实体描述的19项基本要素。然后根据手头收集的志书、图表、年鉴、“一普”资料、族谱等对表格进行预处理。接着带上这些经过预处理的表格到乡镇开培训会，重点就他们要填写和检查的内容作详细的说明，会后收回的表格利用率高，取得了较好的效果，获得了我们需要的真实资料，为后面普查工作的开展提供了最基础的资料。

信宜市人口148.3万，占地面积3101.7平方千米，辖19个镇街400个村居，地名普查工作工期长、时间紧、任务重，工作环节复杂。她从制订方案、地名调查、信息采集，标准化处理，地级核查、省级验收，从头到尾全程参与，她始终坚持深入一线普查工作，亲自操作、检查、核对登记信息和数据，逐一核实，确保数据的真实性和准确性。当发现数据有疑问时，她都会通过翻资料、及时与报送单位联系或实地勘查来求证。她在人手少，又无任何经验的基础上，认真做好普查工作，五易其稿，高标准地完成了地名普查工作，率先申请了市级核查，且普查成果得到了市级领导和专家的一致认可，经过与普查人员、地名专家多次认证和实地踏勘，共确定涉及 11 大类具有地名意义的地名 13894 条，普查成果图 142 幅，收集地名多媒体信息 21491 张，采集地名标志信息 629 条，清理整治不规范地名 74 条，命名更名地名 368 条。全面摸清了信宜近 30 年来地名变化的情况。

在清理整治不规范地名期间，为规范地名管理，她反复走访规划局、国土局、公安局等相关职能单位，不断与他们沟通协调，争取市政府重视并印发了《信宜市城市道路和建筑物住宅区名称命名工作实施方案》，初步形成了“规划部门申报，民政部门实地核查，征求群众意见，组织专家论证，市府常务会审定，社会公开发布”的运行机制，大力开展不规范地名的清理整治工作，共清理整治不规范地名 144 条，大力推进了信宜市地名标准化工作。借地名普查为契机，为提高城市品位，方便全市群众的生产生活，她主动向市政府申请资金，完善全市地名标志的设置工作，跟着作业公司人员顶着烈日一遍遍核实设标的位置，遇到部分群众不允许在家附近埋设路牌，她都亲自上门去做思想工作，争取群众的理解和支持配合。她总是脚踏实地，心怀梦想，用自己的实际行动践行社会主义核心价值观，在平凡的工作岗位上实现着自己不平凡的人生价值。

地名耕耘八余载　一片丹心在普查

——记广西壮族自治区防城港市港口区地名普查工作者黄永强

黄永强，男，广西壮族自治区防城港市人，原为一名教师。2011 年 3 月初，他被港口区人民政府从学校抽调到民政局参加第二次全国地名普查试点工作，从此与地名事业结下不解之缘。2014 年 7 月，第二次全国地名普查正式拉开序幕，按照国务院的部署和要求，普查试点地区的港口区仍需进行普查。区人民政府经过研究，决定让黄永强同志作为港口区地名普查办的主要成员之一，全面负责统筹普查工作。面对如此复杂情况、繁重任务，他没有推卸，没有牢骚，欣然接受并以“四心”的积极态度全力以赴投入到第二次全国地名普查工作中，为港口区的地名普查付出了辛勤汗水。

尽心尽责，以高度责任感对待地名普查工作

认识到位。第二次全国地名普查是国务院部署开展的一项基础性、公益性、战略性国情调查，与第一次全国地名普查时隔 30 年。他深知地名普查的重要意义，因而他经常自豪而又严肃对身边的同事说：“我参加地名普查无上光荣，利家国，不能马虎对待，要对国家和子孙后代负责。”

思想重视。地名普查对黄永强同志而言是一个崭新的领域，自己对地名一无所知；同时，港口区于 1993 年成立，尚未参加第一次全国地名普查，地

黄永强（左 1）深入村委会与普查员共同核实地名

名信息基础薄，丝毫没有资料参考和经验借鉴，而且港口区范围处于大开发大建设阶段，地名增减变化大，困难重重，觉得工作无从下手。但他高标准要求自己迎难而上，把地名普查定为自己人生工作中一门新学科，咬紧牙关，从零学起，从零做起，摸着石头过河，一步一步前进。

工作肯干。在普查期间，黄永强同志一直踏踏实实、任劳任怨工作。由于内容杂，任务重，他主动放弃节假日与休息日，与普查员一道深入村屯实地了解情况，收集资料，考证含义。由于长期野外作业饮食没有规律，他经常胃疼得直不起腰，只能紧紧地捂住肚子，稍休息后再次投入工作。几年来他把所有的公休假无私献给了普查。

虚心学习，多途径储备普查业务知识

由于地名普查是一项大规模的繁杂又细致的工程，作为刚接触地名的新人，他不骄不躁，认真学习，从多种不同渠道储备地名普查知识，为普查打下坚实基础。一是参加培训。积极参加一切培训会，在课上认真用心听、认真记，不会的问题课后及时向授课老师寻求答案力争做到真理解与深贯通。二是自学资料。抱着不懂就要学的心态，通过翻阅上级下发的普查方案、规程和网上搜集先进的成果资料，进一步弥补在培训中、工作中的空白。三是以工作群进行交流。每当遇到不清楚的地方，他都会通过 QQ 群和其他县、区的同志进行沟通交流，碰到更加复杂的问题也多次向市、自治区里的领导、老师虚心请教。

全心投入，全方位做好普查具体工作

港口区是防城港市人民政府驻地，广西重点建设的临海工业区所在地，城区建设及工业区建设是重点工作，能抽调人员参加普查工作甚少，普查办的工作人员只有 3 人。在普查期间，普查办的人员极为不稳定，走了一批又一批。但黄永强同志依然纹丝不动待在普查办挑起了大梁，按照普查规程，全力以赴、脚踏实地做好每一项具体工作，被众人称为“五员”于一身的地名佬。一是认真制订实施方案、工作计划、规章制度，并全面统筹港口区普查工作，精心布置各个时期任务，被称为指挥员；二是 2014 年 12 月在城区街道以及火车站、汽车站等地悬挂宣传标语，张贴宣传画，发放宣传单，依托民政网站开通了地名普查专栏和微信公众号平台，广泛宣传地名普查工作，被称为宣传员；三是在港口区范围举办6场培训会，共为80多名普查员授课，同时，在普查过程中为普查员解答疑难问题，被称为指导员；四是每天都是早早地出发奔赴普查第一线，与港口区40多个村（社区）的普查员共同登记、补充、修改地名资料，被称为普查员；五是物色6名人员组成地名专家委员会，并适时组织他们进行地名论证、修改完善、审核评估，极大保障普查质量，被称为组织员。

用心思索，多样性开展普查成果转化

地名普查成果转化是第二次全国地名普查的一项重点工作，是推动地名普查成果应用、服务经济社会发展的重要途径，也是体现地名普查成效的重要环节。为了让广大群众真正共享到第二次全国地名普查成果，更好了解港口区滨海特色地名和发展建设成就，他开动脑筋，冥思苦想，从“二编写二制作”方面积极策划普查成果转化工作。

参与编纂可读性地名书籍。利用地名成果资料，物色本土地名专家、文化名人共同编纂具有知识性、实用性、趣味性的3类地名图书：一是《港口区政区居民地地名》；二是《港口区地名趣谈》；三是《港口区地名相册》。

主持编绘实效性地图。利用地名普查成果图，与同事共同通过标绘、审核、完善等程序，编绘了4套实效性地图，分别是《港口区行政区划图》《港口区城区图》《港口区地名图》《港口区交通旅游图》，在一定程度上满足港口区干部群众对地名公共服务的需求。

策划制作地名视频。利用多媒体视频资料，精心策划，反复审核完善，通过聘请本地文化传媒公司完成了三类港口区地名视频：一是《港口区最美地名视频》，精选港口区范围内的30个地名以航拍为主要方式，制作时长约15分钟的视频，把地名中最美的画面一一展现给大家。二是《港口区地名视频精选》共8集，按地名类别进行制作，每集配有相关地名内容播音和个别旧历史相片，时长3分钟至7分钟不等。三是《海上胡志明小道起点——防城港》地名故事视频，挖掘当地地名文化，突出海上丝绸之路的地名特色。视频材料在2018年4月底报送国家普查办参加“美丽中国·地名寻梦”视频展播活动。

主持制作地名微页。充分利用地名信息资料和相片资料，制作题目为《寻美港口地名，共享普查成果》的微页，发布在微信公众号后，引起不少人在朋友圈中转发，从而起到宣传地名作用，让更多人关注地名、了解地名、欣赏地名，收到较好效果。

不用扬鞭，自加压力，黄永强的辛苦没有白干、汗水没有白流。在地名普查期间，他通过自身的刻苦勤奋，用心耕耘，默默奉献，将港口区地名普查工作不断向前推进；同时，自己也从一名地名的门外汉慢慢成长为本地的地名通、地名土专家。

勇挑重担　钻研突破　精益求精

——记广西壮族自治区河池市南丹县地名普查办姚胜爱

地名普查是一项重大的国情国力调查，是为党中央制定大政方略的重要参考依据。姚胜爱同志作为广西壮族自治区河池市南丹县地名普查办办公室副主任，对地名普查的重大意义认识到位，从始至终保持了高度的责任感和使命感，既是组织者，又是积极的参与者，为顺利完成全县地名普查任务作出了积极贡献。

认真学习，精通业务

地名普查是一项专业性很强的统计调查工作，普查范围广、指标多、技术要求高。面对全新的工作，要把全县普查工作搞好，自己应先搞熟、搞精普查业务，打铁还需自身硬，为了提高工作能力和业务水平，姚胜爱同志带头积极参加区、市培训，认真学习地名普查知识，工作中经常向上级业务部门请教，做到了业务精通。认真学习《第二次全国地名普查实施方案》及有关知识，同时为提高办公室工作人员的业务水平，着手打造地名普查业务培训骨干，在县地名普查办建立了定期业务学习制度，在他的表率作用下，全体地名普查办工作人员形成了学习、钻研业务的良好氛围，为下一步开展乡镇、村两级的业务培训工作准备了师资力量，在指导普查员时做到游刃有余。在集中组织培训乡镇、村（社区）基层普查员时，针对基层普查人员文化基础差，姚胜爱同志精心准备通俗易懂的普查课件，认真对其进行培训，细心讲解地名普查相关知识，不厌其烦，耐心细致地回答普查员提出的问题，使他们都弄懂，不吃“夹生饭”，共举办各类培训 12 期次，培训人员 1800 多人次。并对授课中出现的情况进行认真分析研究，确保授课培训扎实有效。由于他的业务知识精通扎实，部分兄弟县区邀请他去授课。

精益求精，确保质量

姚胜爱同志以高度负责的精神，严格要求每个普查人员牢固树立质量第一的思想观念，把控制数据质量的一切有效措施贯穿于整个工作过程，把制度落实到每一位普查工作人员的身上。为确保普查数据质量，他总是身先士卒，要求其他工作人员做到的，自己首先做到，什么工作难度最大，他就自己上。在宣传阶段，他不怕吃苦，走村串巷，认真宣传地名普查知识，有时渴了就喝些生水，饿了就吃一些方便面，从来没叫过一声苦、喊过一声累。为了使广大人民群众都了解地名普查知识，共发放资料4000多份，悬挂宣传横幅196条，张贴宣传海报200余张，出动宣传车19台次，真正做到了人人参与地名普查，达到了广大群众家喻户晓、人人皆知。普查登记是整个地名普查的核心环节，登记质量直接决定着普查工作的成败，关系重大。他作为一名普查指导员，在入户登记阶段，他带领普查人员到各户进行认真耐心的询问。逐一登记碰到的问题，在他的指导下都一一进行了解决。在登记过程中他严把质量关，确保“源头”的数据真实可靠。有效控制现场的登记质量是保证地名普查数据质量的最终环节，做到数出有据，真实可靠。在审核阶段，入户登记结束以后，他带领地名普查办公室的全体人员，对各种表格进行一一审核，在入户登记阶段出现的逻辑错误等问题，在他的指导下都得到了改正，使所有表格都能得到上级业务部门的认可，达到了上级业务部门的要求。同时他的工作经验也得到了上级业务部门领导的认可并在河池市推广，各兄弟县区也纷纷到南丹县参观交流。由于他前期工作的认真努力，地名普查工作开展非常顺利。2016年9月18日河池市地名普查工作观摩暨推进会在南丹县召开。

勇挑重担，钻研突破

地名普查工作数据技术含量高，在地名普查办技术人员缺乏的情况下，姚胜爱同志敢于挑战新技术，主动挑起数据工作重担，在较短时间内掌握新知识，成为数据录入、审核的主要骨干力量。全县地名普查的数据录入、审核工作，操作起来要几个月的时间，面对枯燥的表格和巨大的工作量，他从来都没有过厌倦，也从不计较得失，把自己的全身心投入到普查数据工作中去，仅用了一个多月时间就完成。工作中注重突出重点，注重普查细节，注重建立初审、复核、再核等制度，细化量化指标，层层把关，高标准开展成果验收和档案上报工作。为确保质量，及时成立了专门审核工作组，逐一对每个屯每个村每个乡的地名目录进行审核，对不合格的返回重核或安排专门人员到县普查办一对一、面对面进行校对，核准为止。为能更进一步做好地名来历及含义的逻辑性、准确性，他带领工作人员对全县 151 个村（社区）的所有普查登记表进行一一审核，进行了一审核，二复核，三地名专家组论证确定。对有地无名的地名进行命名，对不规范地名进行标准化处理。通过层层审核，考证录入，确保地名普查数据质量。

强化督导，有序推进

为了使整个地名普查工作有序开展，在各阶段工作开展过程中，他跑遍了全县 11 个乡镇的 151 村（社区），加大了督促指导力度，重点指导乡镇按进度采集信息、填写表格，编制地名普查目录等，及时处理工作中遇到的困难和问题。通过采取实地查看、汇报座谈等方式对各村（社区）开展地名普查工作进行督查，面对面地解答疑难问题，及时纠正出现的问题，他主动将个人的电话号码发送给普查员作为主要联络的工具，普查员有问题需要答复，不厌其烦地一遍又一遍讲解，直到普查员学懂弄通为止。特别是在普查摸底和普查登记关键阶段，他放弃了全部的双休日，带领工作小组成员进村入户巡查指导普查工作，回答基层提出的业务问题，为全县地名普查工作高质量完成打下了坚实的业务基础。

脚踏实地　勇于实践　创新贡献

——记广西壮族自治区桂林市地名普查办张璎璎

张璎璎是广西壮族自治区桂林市第二次全国地名普查领导小组办公室普查员、桂林市民政局地名工作者。她在工作中兢兢业业，敢于担当，在普查组织实施、实地作业、质量管理、成果上报、成果转化等方面工作中作出突出贡献，高质量完成普查工作任务。

张璎璎与当地村民干部座谈调查

学用相长，制订周密的方案

桂林市地名普查工作于2014年8月正式启动，因人事变动，区划地名科科长调到别的科室，此项工作便由当时的副主任科员张璎璎具体负责。面对如此系统、复杂的重大项目，她虽然因为缺乏相关知识和经验而信心不足，但更明白全市普查工作待分解落实，必须迅速成长。为掌握业务知识，她对国家地名普查办、自治区地名普查办下发的工作规程、各种文件规范和要求进行熟读，了解普查工作流程和内容。除了书面知识，她到永福县、恭城瑶族自治县调研实践，他们的地名股长参加过“地名补更”甚至“一普”工作，经验丰富。通过与老地名工作者学习交流，与他们一起制作调查目录、发放调查登记表、入村入户调查，她学习到了普查方法。根据调研情况和所学业务，在征得市地名普查办领导同意后，她拟订了《桂林市地名普查各类地名应协调部门情况》《关于规范全市地名普查技术外包招投标等工作的通知》《关于做好桂林市跨界地理实体地名普查及其他有关工作的通知》《关于做好桂林市第二次全国地名普查多媒体信息采集工作的通知》《关于推进完善全市第二次全国地名普查工作及对若干问题的处理说明》等系列方案，并由市地名普查办形成文件下发到县级普查办。这些方案解答了资料收集、技术招标、多媒体信息采集、跨界地名调查及成果制作等地名普查各环节问题，使县（区）工作有据可依、有案可循，保障全市普查工作有效落实，获得县级普查办的大力支持。2017 年 10 月她撰写的《桂林市地名文化的挖掘和保护工作探析》理论文章，在中国地名学会“地名：保护与发展”为主题的全国地名理论征文活动中获优秀奖。从业务小白到业务骨干，这是在实践中学习、学习中实践的结果，也是高度责任心推动下的必然结果。

事无巨细，加强业务指导

地名普查工作专业性强，为了向县（区）同志解释上级规程和规范内容和要求，市地名普查办除了举办培训班外，还采用网络、电话、面对面等方式进行业务指导。作为具体负责人，张璎璎建立了市地名普查办微信群、QQ 群，她的办公室电话也成了热线电话，为县（区）同志解疑释惑。2015 年 6 月，因象山区、灵川县普查人员变动频繁，工作衔接出现问题，张璎璎前往两县（区）对他们进行单独培训，直到他们明白工作流程和要求为止。2017 年 3 月，灌阳县地名普查成果不规范、普查人员临时变更，为保证全市普查成果制作质量，张璎璎利用周末时间带领几位业务骨干到灌阳县，现场指导他们完善普查成果，从组织实施、调查目录、登记表、工作图到成果表、数据库、成果表，一边操作一边讲解，她把所有工作环节内容、要求等向灌阳县普查人员作了进一步培训。2018 年 7 月，地名普查进入全面验收阶段，全州县技术人员变动，导致整改进度缓慢，她与市地名普查办技术人员一起前往全州县，就技术性问题出现原因、整改方法等方面实地操作，指导全州县技术人员完成整改问题。自地名普查工作开展以来，出差和加班成了家常便饭，她的业务能力和敬业精神也得到了局领导、县（区）同志充分肯定。

抓住关键，弘扬优秀地名文化

桂林是中国历史文化名城、国际旅游胜地，具有著名山川、摩崖石刻、千年古村落等众多优秀地名。他们以地名文化考证为重点，秉承“边普查边传承”的原则，普查过程中挖掘出许多传统地名。2015 年 8 月，张瓔瓔会同兴安县普查办同志到文家村、李家村调查，通过与当地老人交流，结合当地地形，判断这两个村并非因姓氏而得名，而是方言地名，分别指有清泉冒出的村落、有河流流过的村落，“文”为水冒出之意，“李”为河流流动之意。2016 年 3 月、7 月，她又与普查办同志到雁山区调查古山寨、墓碑、山崖石刻、古井、桂州窑遗址等古地名，为地名历史沿革、地名来历获取依据，也发现了有较大文化价值的地名，如古汉墓群、唐氏庄园、瓮里古寨、奇峰群山等。为记录和弘扬本地地名文化，经市普查办领导同意，她组织市普查宣传工作组到全市各地收集素材，拍摄了 11 部以秀峰区正阳路东西巷、龙脊梯田等体现桂林传统地名文化为主要内容的微电影，参与国家普查办举办的“地名情 · 中国梦”活动，2016 年 2 月 9 日，国务院地名普查办公布了微电影征集活动获奖名单，桂林市共获得 4 个奖项：普查工作类微视频《桂林市第二次全国地名普查工作宣传》获三等奖、《桂林市第二次全国地名普查工作纪录片》获优秀奖，地名故事类微电影《广西桂林市东西巷》获优秀奖，地名故事类微视频《广西桂林市临桂区》获优秀奖。2018 年 1 月，经市民政局党组同意，张瓔瓔与普查办同志启动“寻找桂林最美地名故事”为主题的地名故事征集活动，在《桂林日报》发布征稿启事，面向广大市民征稿，历经 1 年稿件搜集、校对、审核后，2019 年 11 月正式出版《桂林市最美地名故事》。通过开展系列活动，桂林市地名普查工作得到桂林社会较好反响。

专业知识，开发成果转化产品

作为地理信息系统专业的人员，张瓔瓔利用她的专业知识，为全市普查成果转化工作发挥了重要作用。2016 年年底，在她与技术服务单位的共同努力下，《桂林市行政区划图集》作为广西最早的普查成果转化产品编制出版。2017 年，经市民政局领导同意，张瓔瓔同志抓住“数字桂林”地理信息框架搭建的时机，积极与市国土局沟通对接，推动“桂林市地名信息系统”作为“数字桂林地理信息框架”的示范性应用之一进行搭建，她组织制作用户需求，提供相关数据，并参与系统功能完善、数据录入等工作，此系统已搭建完成，实现全市区划地名数据数字化管理。2018 年桂林市主城区地名图修编完成，而桂林市行政区划图、桂林市六城区行政区划图等地图修编项目于 2019 年年底全部完成。编纂地名图书方面，《桂林市地名故事集》已完成定稿，正印刷出版，同时筹备了《桂林市城镇乡村名录》《桂林市城镇乡村史略》等地名图书编纂工作。桂林市开发的系列普查成果获得上级肯定，在 2018 年全区区划地名暨地名普查成果转化推进会议上，桂林市就地名普查成果转化工作作了典型发言。

4 年以来，张璎璎在领导和同事们的支持下，在地名普查工作中摸索、学习、前进，在平凡的工作岗位上以饱满的热情、高度的责任心，爱岗敬业，求实奉献，为桂林市地名普查工作作出了应有的贡献。

齐心协力　克服困难　扎实做好第二次全国地名普查

——记海南省海口市地名普查工作团队

全国第二次地名普查工作是国务院部署开展的一项基础性、公益性、战略性国情调查。时间紧、任务重、标准高、要求严。为确保如期高质量完成任务，海口市组建了地名普查工作团队，认真落实《国务院关于开展第二次全国地名普查的通知》精神，按照省民政厅和市委、市政府的工作部署，扎实做好地名普查工作，交出了一份优秀的答卷。

海口市地名普查工作培训

勇于探索，以高度的使命感投身地名普查

在地名普查工作开展之初，刚刚建立的海口市地名普查工作团队并不熟悉这项工作，大家曾有过忐忑。在多次参加上级组织的地名普查工作专项学习和组织团队集体学习之后，大家对地名普查的重要意义有了全面深刻的认识，也真正认识到地名信息承载着本地厚重的历史，镌刻着灿烂的文化，记录着沧桑巨变，彰显出时代风华，搞好地名普查工作也是历史发展的必然要求和对家乡对社会的积极奉献，团队的每一名同志对自己有幸参与这项基础性、公益性、战略性的国情调查而感到荣幸和自豪，并积极投身其中。在普查工作初期，部分群众甚至是区、乡镇协助人员对于地名普查这项工作都表

示不理解，认为这是相关部门的工作，不愿配合，少数协助人员连电话都不愿接听，对普查工作的推进增加了不少难度，但负责普查的工作人员并没有因此放弃，而是不厌其烦上门拜访，用自己的坚持感动他们，最终得到基层干部群众的理解和支持，为全面普查工作奠定了坚实的基础。

科学组织，以严格的要求确保普查质量

由于地名普查工作专业性强、数据信息量大、涉及范围广，需要收集大量的历史资料和背景材料。存在着诸如：地名来历不清楚，含义不明，甚至是两者混淆，沿革不详，实体描述不全，行文字词错漏等实际问题，对普查工作造成了极大困难。一是规范地名信息采集流程。严格根据《地名普查登记表格填写规范》设计地名信息采集要素内容填空表，采取从村（居）委会、乡镇民政专员补充，普查人员再根据登记表结合公开出版的有关地名的图、录、典、志和其他记载或反映地名渊源的书刊，以及第一次地名普查和地名补查的成果档案资料，重点围绕地名的来历和含义、历史沿革、地理实体概述等属性内容，组织收集资料进行编写，以规范的流程确保信息的完整。二是强化实地勘察工作。为全面准确掌握地名现状，查清地名的名称、位置及相关属性信息，海口市地名普查团队高度重视实地踏勘，把现地勘查作为开展地名调查的主要途径。组织工作人员分区域对列入调查目录的地名逐个进行现场调查，要求每一名普查人员对地名的属性信息内容需亲自探访当地的老人、知情人认真做好情况记录，在深入细致调查和核实的基础上进行编写。同时，通过建立数据库把所收到的地名普查登记表格内容，与所收集到的属性内容逐一录入数据库，做到地名信息与图上标注的地名建立连接关系，实现图库匹配。

任劳任怨，以务实的作风推进地名普查

地名普查过程中需要收集大量图片资料，为确保质量，每一张都是地名普查工作人到现场拍摄，海口市地名普查工作涉及 4 个区 22 个乡镇，且个别乡镇地处偏僻，交通不便。普查期间，特别是在炎炎夏日，地名普查工作人员多半年的时间都是顶着海南 30 多摄氏度的高温，骑着电动车走街串巷、进村入户，早出晚归，但是每一名地名普查工作团队成员都始终保持高昂的工作热情，以高度负责态度，尽职尽责、任劳任怨。例如，有一次需要拍摄美

兰区的一个水库，由于该水库的地理位置比较偏僻，路两边长满荆棘，在车辆无路难行的情况下，普查工作人员人背肩扛机器设备，徒步行进5个多小时，其间多名队员被荆棘刮伤、扎伤，但无一人退缩，终于到达最佳拍摄位置，圆满完成了拍摄任务。在整个普查过程中，这样的事例比比皆是，可以说每张图片资料，每一段地名信息背后都浸染着他们辛勤的汗水。而在每一次国家验收报告回来后，普查工作成员不厌其烦看资料，找依据，对照标准，查漏补缺，精心修改，力求尽善尽美。为按时完成上报工作，普查人员甚至连双休日都要加班，有的同志除夕、元宵节还在通宵加班，把海口市的1万多条地名一遍又一遍地检查修改，保证了信息的准确无误。

“世上无难事，只怕有心人”。这是海口地名普查团队的工作信条，并用自己的行动去践行，克服一个又一个的现实困难，向第二次全国地名普查交上了海口的圆满答卷。每一个普查工作团队队员也在这兢兢业业的工作中实现着自身不平凡的人生价值。

脚踏实地　地名普查“菜鸟”变达人

——记海南省琼海市地名普查工作者陈保宇

在海南省琼海市地名普查工作中，有这样一位普通的地名普查工作人员，他却做着不普通的事情，为海南省第二次全国地名普查工作圆满完成站好每一班岗。

脚踏实地做事　带领团队攻坚克难

陈保宇是琼海市地名普查项目部的一名普通员工。在同事眼中，他是一位爱岗敬业、勤奋好学的好同事。在领导眼中，他是一位正直能干、乐于奉献的好青年。在妻子和孩子眼中，他是一位热爱工作、责任担当的顶梁柱。琼海市在开展地名普查项目中，他始终保持高度的责任感和使命感，脚踏实地、勤奋工作，用行动诠释了他对工作的完美追求。

工作初期，团队人数少，经验不足，地名普查对于初涉该工作的人来说，完全是未知全新的领域。刚刚着手工作时，困难重重，所有工作人员都是心里十分着急但却无从下手。陈保宇认为，与其在原地干着急，不如充实当前现有的知识储备去工作，在工作中摸索工作方法。为此，陈保宇主动一人独挑大梁，迎难而上，加班加点地学习与地名普查相关的知识，积极参加地名普查培训，积极向有过地名普查经历的工作人员进行请教探讨，不断积累经验。主动把地名普查官方网站上下载的资料和地名普查指导书学会、弄懂、吃透后讲解给其他工作人员，大大提高了整个团队的工作效率。

地名普查工作时间紧、任务重，要在不充裕的时间范围内保质保量完成地名普查工作无疑是地名普查工作人员心中的重担。作为团队里的核心人物，陈保宇统筹安排，整理出一套地名普查工作流程，科学合理地将工作任务分配给每位工作人员，较大地提高工作效率。

陈保宇事事走在最前边，他彻夜研究地名普查云平台、数据库的操作方法，拿着技术操作资料在电脑前不厌其烦地进行模拟尝试，只为找出最简单、最快捷的操作方式，有效缩短内业人员录入地名资料的时间。陈保宇还积极与其他工作人员进行探讨沟通，将第一次全国地名普查的成果资料作为第二次全国地名普查的基础资料，有了资料“底稿”，使每个普查工作人员的心中更有底气。

智勇双全化困难　扎实完成任务

地名普查工作不单单只是文字资料方面的要求，最主要的是为了让社会各界更直观地了解地名文化。国家要求每条地名都有两张以上的图片进行体现，为此在外业工作中，陈保宇带领一部分工作人员下乡进行外业拍照，主动要求去收集偏远山岭的照片，常常一去一回就是一整天。

这些困难在陈保宇面前都不算什么。陈保宇经常到各个乡镇进行拍照业务培训，讲解多媒体采集的要求。在外业采集多媒体照片的过程中，有些村民会对这些初来乍到的陌生人进行驱赶，即使在工作人员解释来意之下仍然抱有怀疑的态度，不给予配合。陈保宇每次遇到这种情况时，总能耐心地讲解自己此行的目的，拿出证件表明身份，并用琼海本地话来打消村民的顾虑。顺利完成采集任务后，陈保宇常常会跟村子里的老人聊天，了解村子的历史文化，倾听老一辈人讲述关于地名的故事。

陈保宇（左 2）对琼海市乡镇助理进行面对面培训

本领稳扎稳打　普查“菜鸟”变“老鸟”

无论是外业拍照还是内业处理，陈保宇总是最忙碌的人，看到他的时候几乎都在加班。为了方便地名信息的采集，他编制了地名采集表格，考虑到有些乡镇干部年纪较大，陈保宇在设计地名采集表格时还细心地加入了各类填写的要则，并配上图片，他经常忙碌至深夜。

同事们总说什么时候都能看到他埋头苦干的背影。这样的工作态度，让陈保宇从一个地名普查“菜鸟”演变成了一个不折不扣的工作“老鸟”，随便说一个琼海市的地名，他总能脱口而出地名的前世今生，俨然成为一个地名专家。陈保宇工作严谨，在查看外业采集回来的照片中发现不合要求的照片，他会立即要求重新采集或者亲自去现场采集。这样的业务素质和敬业精神得到了地方领导的充分肯定。

“少说空话，多做工作，扎扎实实，埋头苦干”这句名言也是陈保宇经常挂在嘴边的一句话。他对工作中的大事小情都很上心，对不懂的事一定要弄明白，做到真理解与深贯通。每次地名普查业务培训他都研精致思，用心听、认真记，不会的问题会议结束后及时寻求答案。时常因为一个标准答案、一个统一方案，组织同事们集中讨论，有时争论得面红耳赤也要论出个结果。正是因为通过孜孜不倦的学习，将地名普查知识与普查方法烂熟于心，陈保宇真正成了普查团队的地名顾问，能随时解答工作中遇到的各种问题，把每件工作落实到位。

不知不觉琼海市地名普查工作已经进行了一年多，多少个日日夜夜造就了琼海市地名普查资料，推动琼海市的地名普查工作顺利完成。琼海市被选为地名普查重点市县，时任民政部区划地名司司长柳拯来查看工作成果时，也给予琼海市地名普查工作充分的肯定。据悉，地名普查成果质量评分中，琼海市在县级评分中为100分，市级评分为97分，同比其他市县，琼海市完成工作质量高，用时最短，速度最快。

这些成绩都离不开一个优秀的团队，更离不开优秀团队的核心人物。陈保宇虽只是一个普普通通的工作人员，没有过人的才华和丰富的履历，但凭借着认真负责，用心耕耘，甘洒汗水，默默奉献，在平凡的岗位上实现着自己不平凡的人生价值。

敢为人先　甘于奉献

——记海南省文昌市地名普查工作者黄思

海南省文昌市在开展第二次全国地名普查工作中涌现了很多可敬可歌的人物。黄思，一名普通的民政工作者，也是这其中一位。黄思同志于1992年7月参加工作，进入民政战线已有20多年之久，他先后从事基层政权、社会福利、社会事务、区划地名等多项业务工作，特别是负责区划地名工作以来，牢固树立“以民为本、为民解困、为民服务”的宗旨，爱岗敬业，勇于进取，攻坚克难，甘于奉献，为圆满完成第二次全国地名普查工作任务贡献了他的全部精力。

加强学习钻研业务　打通工作的最后一公里

为提高地名普查工作效率，黄思同志不仅自觉地加强政治理论学习，提高政治素养，坚定党的信念，且注重加强学习业务知识，勤于钻研业务，不断提高自己的业务知识水平，增强履职能力。通过自觉加强学习，他对《地名管理条例》《地名管理条例实施细则》《海南省地名管理办法》等法律法规及相关地名政策文件都烂熟于心。学习中，黄思同志力求学通弄懂，学深吃透，精益求精。为做好第二次全国地名普查工作，他积极参加省里组织的业务培训班，认真学习地名法律法规和国家、省开展地名普查工作文件精神及地名普查相关知识，积极收集相关资料，精心做好各项准备工作。在普查工作过程中，他坚持边工作、边学习、边摸索，有时遇到把握不准的政策问题，一丝不苟认真查阅相关政策法规，虚心请教老同志。

当地名普查工作任务下来的时候，黄思同志被委以重任。为确保如期高质量完成任务，黄思同志根据文件精神，深入调研，结合文昌市实际，起草了《文昌市第二次全国地名普查工作实施方案》，组织编写《地名调查目录》《地名普查登记表》，制订《地名普查工作要点》，细化工作任务，狠抓工作落实。他组织建立《联络员制度》《普查保密工作制度》《质量监督检查制度》《涉密数据安全管理制度》等，每星期对工作开展情况进行督导检查，发现问题，及时提出解决方案，确保工作有序开展。在开展第二次地名普查工作中，不但抓好工作的进度，而且重视规范工作程序，抓好普查工作质量。

身兼数职率先垂范　为地名普查工作打牢基础

在第二次地名普查工作中，黄思同志身兼普查工作“宣传员”“指导员”“普查员”“指挥员”多重角色。在地名普查工作中，统筹部署和组织开展地名各项工作，建立和完善各项制度，科学规范工作程序，组织抓好各项工作的落实，当好“指挥员”。多种形式、多种途径大力加强宣传工作，营造良好的氛围，积极争取各镇领导的重视支持，各相关部门的密切配合，当好“宣传员”。普查工作部分时间是野外作业，是一件苦差事，但他不怕风吹日晒雨淋，坚持与地名普查员一起深入实地普查，当好“普查员”。工作认真负责，经常深入到各镇开展业务培训，讲解多媒体采集的要求。加强深入检查指导，发现问题及时研究解决，当好“指导员”。黄思同志虽然身兼普查工作的多重角色，但他没有丝毫的怨言，工作任劳任怨。

黄思同志率先垂范，做好表率，带动整个地名普查团队紧密团结，不畏艰苦，钻研业务，扎实工作，严把质量，为地名普查工作打牢基础。在黄思同志的组织领导下，文昌市第二次地名普查工作进展顺利，地名信息共录入地名5115条，共分11大类，其中行政区域类18条，非行政区域类6条，群众自治组织类293条，居民点类3017条，交通运输设施类374条，水利、电力、通信设施类110条，纪念地、旅游景点类55条，建筑物类37条，单位类1136条，陆地地形类44条，陆地水系类25条。多媒体信息类已录入5115条地名相片。地名信息录入在全省是较多的，且普查质量也是较高的。时任民政部区划地名司司长柳拯来查看普查工作成果时，给予文昌市地名普查工作充分的肯定。

开拓进取攻坚克难　地名普查工作取得显著成绩

为推进地名命名标准规范，黄思同志结合文昌的实际，起草了《文昌市加强整治不规范地名工作实施方案》，报市政府通过后组织实施。组织工作人员对不规范地名进行清理整顿，积极争取市政府的重视，以市政府名义下发文件实行地名名称备案制，协调市发改委、市规划局、市住建局、市工商局等相关部门审批的项目，涉及地名的，首先要去函征求市民政局的意见，并实行地名名称备案，从源头上遏制“大、洋、怪、重”等不规范地名的出现。迎难而上，组织人员依法整治“大”“重”“洋”“怪”等不规范地名，如“亿嘉国际，位于文城镇文昌大道旁，含义和规模方面存在刻意夸大，超出实际现象，影响较大，整治难度较大。其多次上门宣传法律法规及地名相关规定，依法依规，动之以情，深入企业做工作。经过黄思同志不懈的努力，终于将“亿嘉国际”更名为“亿嘉大厦”。蓬莱镇“黄泉村”村名含义不雅，容易产生误解，被列入清理整治范围。但是，部分村民以村名沿用已久，改村名身份证、户口簿也要更改比较麻烦、手续较多等理由拒绝更改村名。黄思同志多次上门，一家一户做工作，用汗水和真情打动了村民，经过统一征求群众意见，依法依规将“黄泉村”更为“春泉村”，并积极协调公安等部门主动为村民更换身份证、户口簿等证件，得到村民们的一致好评。

拆除不规范地名招牌工作是一项难啃的“硬骨头”。黄思同志主动请缨，积极争取市政府的重视，加强部门之间的沟通和联系，联合市住建局、市综合行政执法局、市工商局等相关部门做好不规范地名招牌清理工作，拆除不规范地名招牌 70 块。完成地名命名更名共 81 条，组织做好文城、东郊、潭牛等镇 557 个路牌、712 个里巷牌的设置工作。

为加强地名文化遗产保护传承，他组织制订《文昌市加强地名文化保护工作实施方案》，制定历史地名保护名录，加强地名文化保护。黄思同志认为地名文化保护工作不单单是民政部门的事情，没有广大群众的支持与理解，工作成效只会停留在表面上，并不会对社会发展与文明传承产生影响。为此，他经过多方努力，在全市范围内开展地名故事评比活动，邀请广大群众踊跃投稿并进行评比颁奖，评选作品一等奖 1 名，二等奖 3 名，三等奖 5 名，优秀奖 5 名，颁发奖金和奖状，以激励更多群众关心和参与地名文化保护工作，深入推进地名普查成果应用化。

加强地名文化保护，全面、系统地普查各类地名及其属性信息，既要调查现有地名，也要调查已消失不用的地名；查清地名的拼写、读音、位置等基本信息，详细收集地名的来历、含义、历史沿革等文化信息，这都是黄思同志每天的工作。2017 年 6 月，文昌市民政局组织当地多名地名专家及领导开展评审验收会，地名专家组及领导对这次抽查验收工作给出了高度评价，一些历史较长、文化底蕴较深的村、镇、纪念地、文化古迹等，对其历史文化深入挖掘，彰显地名文化特色，做得都非常好，这一切都离不开像黄思同志这样的基层工作人员的默默奉献。

黄思正在开展普查外业工作

攻坚克难“先行者” 砥砺奋进“实干家”

——记重庆市民政局谭华

2014 年 1 月第二次全国地名普查以来，谭华同志始终以“功成不必在我”的精神境界和“功成必定有我”的历史担当，秉承“踏石留印、抓铁有痕”的普查初心，全身心投入到地名普查工作，以身作则，率先垂范，主动作为，创新措施，扎实推进。4 年间，重庆市 11 次在全国地名普查工作会上作经验交流发言，“外业调查、内业处理、普查软件开发、外包服务购买以及普查监理、检查验收、成果转化”等工作多次被国务院地名普查办通报表扬。2016 年，被民政部综合评估为“成效显著，在全国起到了引领、表率作用”。2017 年，被民政部区划地名司评为全国一等奖。

谭华（右 2）在进行地名普查工作

忠诚·干净

谭华同志始终坚持深学笃用习近平新时代中国特色社会主义思想，全面贯彻落实党的十八大、十九大和十九届二中、三中、四中全会精神，深入贯彻习近平总书记对重庆提出的“两点”定位、“两地”“两高”目标和“四个扎实”要求，贯彻落实习近平总书记关于加强和规范地名管理、保护传承弘扬中华优秀地名文化的重要指示，坚决肃清孙政才恶劣影响和薄熙来、王立军流毒，坚决贯彻执行党中央、国务院路线方针政策和市委、市政府决策部署，牢固树立“政治意识”“大局意识”“核心意识”“看齐意识”，在思想上政治上行动上同以习近平同志为核心的党中央保持高度一致。

模范遵守党纪国法和地名普查各项规章制度，坚决反对“四风”，厉行勤俭办公，增强服务能力，严格执行廉洁、组织、财经等各项纪律要求，顾全大局，作风正派，不去不该去的地方，不说不该说的话，不做不该做的事，起到了一个党员领导干部“领头雁”作用。

担当·创新

第二次全国地名普查时间跨度长，技术要求高，工作难度大，且无现成经验可借鉴。面对重重困难，谭华同志主动挑起普查的重担，普查伊始至今，他没有休过一天假，甚至节假日加班加点，他埋头学习地名普查业务，主动研读地名普查政策法规和工作规范，辗转部分普查试点省市实地调研，将全部身心投入到普查工作中，摸索出了一条适合重庆本土的普查工作路子。一是试点示范引领。为高起点、高标准、高水平推进地名普查工作，谭华同志决定在普查之初，选取渝中区具有代表性的社区、街道、老城区和商业区进行试点，探索行之有效的普查工作机制，积累地名普查方式方法、质量管控和成果应用等方面经验，为全市 38 个区县（自治县）有序、高效开展地名普查打下坚实基础。二是夯实基础保障。谭华同志深知落实基础保障是普查成功的根本，在他的带领下，落实了专业人才队伍、专项普查资金、专用设备和办公场所，形成了抓好地名普查工作的有效合力。人才智库方面，带队组建了由高校教授、博导担纲的专家咨询委员会和专家顾问团队，充分发挥“高精尖”人才优势，协调解决全市技术难题，并提供决策建议和意见。工作经费方面，积极协调市财政局，解决普查经费不足的问题，保障一线普查顺利推进。及时下发专项资金使用管理的通知，提高财政资金使用效益。设施设备方面，严格依照政府采购程序，购置了 GPS、电脑、相机、保密管理系统、扫描复印机、多媒体采集等专用设备，采购了 1：500、1：2000 及其他比例尺工作底图，及时下发各地使用，为开展普查提供了必要物资保障。三是打造过硬队伍。“九层之台，起于垒土”。谭华同志非常重视普查队伍建设，4 年来，他带领全市各级采取以会代训、专题解读等方式，先后组织召开培训会、现场会1400余场，整理、编印培训资料5万余套，组织专家奔赴各地专题讲解外业采集、内业规范、数据录入、普查软件及网站使用等，指导各地采集信息、实地测量、标注地图、录入数据、制作成果、自查自检等，组建了一批综合能力强、专业技术精的本土地名普查队伍。四是筑牢保密防线。“保密责任重于泰山”。谭华同志始终把地名普查涉密数据安全摆在首位，先后十余次带领市普查办工作人员，分组分批检查各单位保密管理制度、出入登记制度、专用保密室、“三铁一器”、保密管理系统、保密协议等是否到位。根据检查情况，制发反馈意见督促有关单位进行改正，确保了地名普查涉密数据安全。五是广泛宣传动员。“感人心者，莫先乎情。”在谭华同志的要求和带领下，各地各级结合实际，以街头现场、政府官网、微信微博、广播电视、报刊等为主要阵地，以进社区、进校园、进军营、拉横幅、散发宣传页、设置流动宣传车、张贴公共宣传栏、滚动播出LED屏标语、制作公益广告、编发工作简报、开设摄影大赛、开展健身活动、拍摄地名文化纪录片、开展最美地名评选、征集最美地名故事等为主要手段，从历史脉络、文化传承、社会发展、民风民俗、典故传说、宗教信仰等方面入手，开展了形式多样、丰富多彩、群众喜闻乐见的普查宣传活动600余场次，群众直接参与50余万人次，为普查全面开展奠定良好的舆论基础，营造了浓厚的社会氛围。

笃用·力行

质量是地名普查工作的生命线，质量的好坏，决定地名普查工作的成败。自普查开展以来，谭华同志事必躬亲，亲力亲为，先后带领普查办人员深入各区县（自治县）现场指导和督查，对普查各项工作严字当头、实字托底，从细节入手、在节点发力，一环紧着一环拧、一锤接着一锤敲，把问题处理作为普查的一个重要环节，建立质量管理体系，实施横向联检、纵向评估模式，把质量管理贯穿普查全过程。一是实地督查指导。带领督查组，深入普查一线开展专题调研，通过座谈汇报、资料检查、实地查看等方式，全面审查地名标志设置、成果表填写、数据库导入与备份、文化属性审验及质量问题记录等过程性资料，详细了解各地普查开展情况和实际工作中遇到的问题和困难，贴近基层需求，回应难点关切。栉风沐雨，他以优良作风带动普查主体责任落实，跟随督查队伍，一次次前往山路崎岖、地势凶险的省界边界线实地踏勘，采用便携式移动测量系统手段对易漏采的居民点、交通运输设施及水利、电力、通信设备等，进行实地测查，比对数据库，检验地名名称与实地是否一致、经纬度是否准确，使普查单元得到了应普尽普。二是构建自查科学体系。普查质量管控是贯穿整个普查过程的难题。谭华同志盯着问题抓落实，反思、总结各地督导情况，组织市级专家智库，结合重庆市实际深入探讨，构建了统筹技术公司、村社党员干部、老同志、镇街及成员单位、各地普查办的“三查四审”质量把控体系，自下而上，层层把控，力促全市整体普查质量全面提升。“三查”由技术公司完成。截至 2018 年 8 月，全市 38 个区县（自治县）已先后开展“三查四审”自查工作 800 余次，累计查出少统、漏统、错统地名 8 万余条，整改经纬度与实际不符、成果表填写不全、文化属性描述有误地名 6 万余条，补采地名 14 万余条，补录界线界桩、跨界地名数据 600 余条，品质和数量得到明显提升。三是创新验收思路。谭华同志将普查检查验收当作检验普查成效的试金石，严格督导各单位按时间节点完成上级部署的工作任务，创新思路，出台“1 +4 +2”验收总体方案，设立验收“六道关口”，统筹全市验收工作，锻造地名普查精品。截至 2018 年 8 月，组织领导全市集中审验普查数据 11 次，累计检查地名信息 500 万余条；查验组织实施过程资料 3 次，累计反馈问题 5000 余条；对比、核查地名覆盖率 2 次，发现少采、漏采地名 3 万余条；抽查区县数据 2 次，反馈意见 6000 余条；审核文化属性信息 45. 4 万余条，组织抽查、核对军标图载地名 4000 条；组织技术服务和监理单位，科学验收地名普查成果 45. 4 万余条。全市普查地名 454676 条，实现 11 大类地名全覆盖。

求索·迈进

“路漫漫其修远兮，吾将上下而求索”。谭华同志坚持创新引领，将地名工作和“互联网 + 政务服务”相结合，不断适应信息化新时代，打通地名工作服务人民群众的“最后一公里”，让地名工作接地气、有温度，真正实现“从群众中来、到群众中去”，构建区划地名大格局，助力民生发展。一是加强地名规范化管理。带领专家组，修订《重庆市地名管理条例》，起草《重庆市城市绿地命名管理办法（试行）》，修改完善《重庆市地名专名与通名使用规范》，编制《主城区地名总体规划》《地名规划编制导则》，指导沙坪坝区、万州区等区县编制地名规划。他带着市普查领导小组文件，一次次前往成员单位联系和沟通，建立了地名管理部门联席会议制度，积极推进发展改革、规划等部门审批项目使用标准地名，实现公安部门按标准地名编制房屋门楼号牌。会同市公安局、市城管委、市发展改革委联合下发《关于规范城市道路标志设置和地名信息使用的通知》，提升地名标志规范化设置水平。二是加强地名信息化建设。实施“数字地名”工程，建设地名管理预审系统、地名政务服务、官方微信及微博等系列平台。开展普查成果数据脱密，推送到全市大数据中心为社会所用。建设全国首个“互联网+”地名大数据公共服务平台，实现地名信息由静态服务向动态、由平面到立体、由单向到互动的转化，提高地名信息服务的效率，拓展服务的深度和广度。三是加强地名文化保护。指导完成《国家标准地名词典·重庆卷》（第一部分）3700余条、71万余字词条、释文编撰，编写《中华人民共和国标准地名志》词目表，编制《重庆市区划地名图册》，编印《重庆市历史地名图集》，摄制15集重庆地名文化片。坚持传承和保护好地名文化，推动以市政府办公厅名义下发《重庆市地名文化遗产保护工作实施方案》，筹备市、县两级历史地名保护名录建设，加强对全市新生地名的命名指导和管理，树立文化自觉、增强文化自信。在相邻省交界处设置大型边界地名文化标志物13座，在相邻区（县）交界处建设边界地名文化墙（碑、雕塑）和镇、村界碑30块，图文并茂展示地名文化，促进边界文化交流和民族融合。在渝中区建成两处老地名文化艺术标志物，并附着地名汉语拼音、故事简介、地图、核心精神诗词、历史题材绘画、历史文化信息二维码等内容，让人们留住“乡愁”，记住“回家的路”。

精耕细琢　厚植文化　以地名普查推进“高质量产业之区　高品质宜居之城”建设

——记重庆市大渡口区地名普查办鲁钢

鲁钢，男，48岁，中共党员，大渡口人，现任大渡口区民政局副局长，大渡口区第二次全国地名普查领导小组办公室主任。自2014年第二次全国地名普查工作启动以来，鲁钢同志全身心投入到第二次全国地名普查工作之中。他带领普查工作团队完成全区8个街镇的普查工作，采集地名共计3546条（其中陆地水系5条，陆地地形13条，行政区9条，群众自治组织88条，非行政区54条，居民点782条，交通运输设施428条，水利、电力、通信设施99条，纪念地、旅游景点47条，建筑物162条，单位1859条），采集照片7239张，录音3546条，视频录像272条。全区地名普查工作进度和质量位于重庆市前茅，多次获得市普查办的好评。

精心组织，统筹安排。按照市普查办的统一部署安排鲁钢同志及时向区领导请示汇报，第一时间成立了大渡口区第二次全国地名普查领导小组，由鲁钢同志任普查办主任，具体负责普查工作。在普查过程中，他雷厉风行，积极作为，印发普查工作实施方案，明确各阶段普查任务，细分领导小组成员单位工作职能职责，建立工作责任追究制度。同时，积极向市区两级财政争取资金支持，向区委区政府多次书面请示，申请普查经费100万余元确保普查工作顺利、有序开展。

多方协调，积极争取。鲁钢同志曾在区政府办、街道、民政局等多部门任职，熟悉区情实际及各部门情况，具有较深的人脉关系，能够通过沟通协调得到各单位负责人的高度重视和支持。他克服普查人员对区情不了解情况的实际，减少发文和会议数量，多次带队到相关部门取得第一手准确而翔实的资料和数据。多渠道收集了全区宗教场所、道路建设情况、文物统计、城市道路普查数据图册、通信基站和规模以上企业等各类资料，编写地名调查目录。如：在对全区党政机关、事业单位分类的过程中，他凭借良好的人际关系取得区编办编制的行政机关和事业单位目录，并被市普查办在全市地名普查会议中作为分类统计的范本供其他区县参考使用，为地名普查工作打下了坚实的基础。

深入一线，亲力亲为。鲁钢同志是土生土长的大渡口人，加之其在政府部门工作了30余年，见证了大渡口发展的进程和城市变迁，对大渡口区情实际和历史地名十分熟悉。在普查过程中，他深入一线亲力亲为，多次深入现场，到村（社区）实地踏勘，与当地老百姓亲切交谈，挖掘考证地名传说和历史文化。结合平安边界工作，带领民政局、镇街和技术公司相关工作人员，逐一走遍全区8个镇街，对镇街之间有管理分歧的地块进行实地踏勘，逐个梳理，及时协调处理各镇街管理分歧，精确划分辖区镇街管理界线，并将相关数据固化为普查成果，同时印制新版《大渡口区行政区划地图》供区级职能部门和企事业单位使用。

多方采集，深挖文化内涵。鲁钢同志父母系重钢职工，作为钢城人的后代，熟悉了解钢城文化、义渡文化，挚爱大渡口这片热土，对这片土地上的地名自小就耳熟能详。他多次组织各方资源，上自原区委书记、宣传部长，下至村（社区）老村长、老书记，召开联席会议、工作推进会、专题座谈会，集体研究论证部分老地名的来历和历史沿革，对涉及地理实体相关文化内涵的地名进行全方位调查，保证调查内容真实准确。他还多次深入区档案馆和文化馆所查询资料史籍，对相关零星素材收集整理后，亲自执笔编撰修改《大渡口区地名词典》。

鲁钢在进行地名普查工作

注重质量，标准作业。在地名普查成果验收工作中，鲁钢同志严把质量关，创新实施地名普查数据三级检查制。即：由街镇地名工作负责人开展一级审查，地名普查办公室负责二级审查，自己亲自负责三级审查，对普查工作的数据资料坚持亲自校对，逐字逐句修改文化属性、错别漏字和标点符号等内容。如：在大渡口区、九龙坡区边界的 1 号界桩重新埋设的过程中，准确指出技术公司提供图表的错误，及时纠正数据错漏，保证了普查成果的准确度。此外，他还组织开展“非标准”地名清理规范工作，对有地无名且有地名作用的地理实体进行命名，对“大洋怪重”的非标准地名予以纠正和更名。

加强研究，提升水平。鲁钢同志在地名普查工作中，兴调研转作风，深入研究区划地名管理的相关问题。结合实际，执笔撰写有《关于大渡口区“飞地”“插花地”的调研报告》《关于大渡口区规范居民住宅区命名的调研报告》等调研文章，获得市民政局理论研究成果三等奖。他对区划地名管理工作中的新问题提出一些独到的见解和设想，对如何加强区划地名管理工作的相关观点得到市民政局区划地名处领导的认可。

面对困难，从不退却。在领导和同事们眼里，他是一名不等不靠，带领大家在学中干、在干中学的优秀领导干部，多次承担重要复杂的工作任务，始终坚守在区划地名管理工作一线，全程参与大渡口区第二次全国地名普查工作，取得优秀成绩。他始终不忘初心、保持本色，把对党和人民的忠诚，融入为民服务的实际行动中。

情系地名献余热　用心耕耘保质量

——记重庆市九龙坡区地名普查办张敏

重庆市九龙坡区幅员面积432平方千米，辖11个镇、8个街道、244个村(社)，总人口90万。秦汉先祖在此开基立业，拥有“万年遗址、千年巴国、百年故事、十年黄漂”悠久历史文化，留下众多具有丰富文化内涵的地名。随着经济社会发展和城镇化加速推进，大量新地名不断产生，老地名不断消失。如何保证九龙坡区第二次全国地名普查成果质量，让更多的区域地名大放光彩，使之成为九龙坡文化的重要“名片”，由老中青组成的重庆市九龙坡区地名普查办工作人员进行了创新探索，年长的张敏便是其中一人。

一、结缘，奉献地名普查

张敏，中共党员，年近70岁。曾参与《重庆市九龙坡区志》(1989—2005年)编修，主修《重庆市九龙坡区志·民政志》(1950—2012年)，均已出版。2016年，时逢九龙坡区第二次全国地名普查工作进入质量控制阶段，受聘于地名普查办工作人员。她熟悉区情、作风严谨、敬业实干，与地名工作结下不解之缘。在地名普查质量四级审核中，她常常挑灯夜读，沉埋于地名的审核。为了查找1条信息、核实1个数据，从大量典籍、资料中寻找答案，或通过电话查询，或奔走于区志办、区政协社法文史委、区文化委、区统计局、区民宗委、区档案馆、区旅游局、区市政园林管理局、区图书馆……借九龙坡区编修地方志百部丛书东风，收集区志、镇街志、部门志近100部，各种文史资料20余册。她与区普查办同志一道认真开展“三查四审”工作，汇总专家组审核意见，督促技术服务公司整改地名来历交代不清、文化属性表述有误、经纬度与实际不符、多媒体图片不清晰的地名。查漏地名信息，进行实地考证，推进地名信息采集，确保地名信息周全准确。

二、补采，做到一项不漏

在成果表审核中，她发现城区天桥、跨江大桥漏采，亲自与普查办和技术服务公司人员一道，驱车一天跑遍城区主干道，对团结路口天桥、二十四城天桥、六店天桥等30座天桥地名进行补采，并补拍图片，补齐相关数据。网上搜索外环江津及江津鼎山两座长江大桥资料，并甄别核实，力求做到普查地名全覆盖、内容完整。

她主动联系文化、旅游、农业水利、市政管理部门，对全区历史文化遗址、重点自然和人文景点进行全方位搜索，对全区的大小河流、古桥、水库、渡漕进行排查，确保弥足珍贵的古老地名不遗漏。

为传承区域佛教文化历史，她设法找到《九龙佛缘》《九龙坡区历史与文化》，如获至宝。主动联系技术服务单位，对消失的玉皇阁、西佛寺等30余座寺庙地名进行补采。对因撤并、整合、搬迁消失的建设一中、重庆电厂中学、重庆警察学院、重庆铁路医院、重庆三峡油漆股份有限公司等地名，主动向相关单位索取资料，并与主管部门对接，最终找到答案进行补采。

对因征地、园区开发仍保持建制的九龙镇盘龙村、华岩镇石龙村、西彭镇永安村以及中梁山街道华岩村等10余个行政村，她反复向区民政局基层政权科核实，进行补采。加上军标数据，全区共计补采地名1000余条。

张敏（右3）正在与区普查办同志学习研究地名普查政策

三、挖掘，丰富地名内涵

每一个地名都折射出历史文化的变化，接续着千百年的情感传承，是看得见的“乡愁”。作为一名地名普查工作人员，她深知责任重大，始终把充分挖掘重点地名演变和传承、系统整理地名文化属性、抢救和保护优秀传统地名文化作为应尽责任，确保地名信息来历清楚、内涵丰富、沿革明晰、有时代和地域特色。

她通过资料综合比对，对事件纪念地九龙坡机场、成渝古遗道遗址、重庆抗战兵器工业遗址群（兵工署第一工厂）地名进行深度挖掘。找出不同资料记载的共性和关联，挖掘展示地名蕴含的深厚文化积淀，碎片化的信息日益完善，模糊的历史渐趋清晰。同时，拓展启动重庆抗战兵器工业遗址公园信息，扩大全国重点文物保护单位这一地名的知名度。

对人物纪念地刘伯承故居、冯玉祥故居、周贡植故居和小萝卜头塑像等地名进行挖掘，保护中国传统文化。对宗教纪念地华岩寺、慈云寺、曲水寺等地名进行挖掘，传承巴渝地区历史悠久、资源丰富的佛教文化。她虚心请教地名专家，对有历史价值的地名文化属性如九龙坡、鹤皋岩、毛线沟、白市驿、黄磏等进行深度挖掘，对富有重庆特色的“岚垭”“浩口”“三重堂”等地名进行考证。

四、查证，精准地名信息

质量是地名工作的生命线，地名的审核是一项繁杂而又细致的工作。由于长期从事修志工作养成的习惯，对史实存疑的地名，她总是一追到底、探个究竟，确保信息的准确性、严谨性和完整性。

据“一普”资料中记载，1983 年由九龙乡投资修建的重庆园外园饭店，地名已更换两次，所指代的地理实体已发生变化，成果表仍标注为现今地名。她亲自赶到该地址向新单位索取资料，并到区旅游局了解情况，终于厘清地名的来龙去脉，并进行更正。重庆市第十三人民医院、重庆市九龙坡区第二人民医院等分别由多家医院、卫生院整合而成，历史沿革、地理实体概况较为复杂。她不厌其烦地电话联系两家医院，终于厘清脉络，对成果表信息进行更正。

建设工业（集团）有限责任公司、重庆三峡油漆厂、新华印刷厂等单位搬迁，为保持地名信息的完整性和延续性，在规程要求内容基础上，进一步拓展地理实体概况的文化内涵。对归类不当的党政机关、事业单位、民间组织等地名重新归类，对交叉重复的地名信息进行归并，对更名的企业名称进行规范，对无效地名、广告语作删除，对地名指代方位进行核对。

五、应用，开展成果转化

通过第二次全国地名普查，九龙坡区共采集地名信息 8562 条，与第一次全国地名普查相比，数量增加十余倍，获得最新、最全的地名基础资料。按照国务院地名普查办公室提出的“边普查、边应用”要求，在区地名普查领导小组正确领导和区民政局高度重视下，在市地名普查办精心指导下，她与区普查办同志一道积极谋划，对九龙坡区地名进行全方位整理与辑录绘制，有序推进地名普查成果转化，打造地名文化产品，满足社会对地名信息的要求。

全力配合市地名普查办完成《中华人民共和国标准地名词典·重庆卷》《中华人民共和国标准地名志·重庆卷》编纂。率先在全市启动地名图、录、典、志出版物的编纂，开展全域道路命名规划工作，编制《九龙坡区行政区划图》。完成《重庆市九龙坡区标准地名词典》近 60 万字文稿以及《重庆市九龙坡区标准地名志》部分文稿编纂。按照市民政局地名文化宣传的总体部署，她积极收集、整理九龙坡区“最美地名故事”“二普优秀地名成果资料”及地名文化宣传片拍摄资料，扩大区域地名的知名度。她主动向《九龙报》投稿，报道九龙坡区地名普查工作情况。2019 年，九龙坡区民政局获评重庆市第二次全国地名普查工作先进集体，区普查办两名同志被评为重庆市第二次全国地名普查工作先进个人。

加强新生地名文化建设，保护优秀传统地名文化，延续厚重的历史文化任重而道远。如今，以年近古稀的张敏为代表的九龙坡区地名工作者们仍奋斗和坚守在普查工作的一线。他们秉持新时代的工匠精神，贡献毕生力量，发光发热，让众多散落在九龙坡区的历史文化音符谱写雄浑的乐章。

用心谋事　踏实干事　当好“领头雁”

——记四川省雅安市民政局谢婷婷

谢婷婷，女，汉族，1982 年 5 月出生，四川雅安人，大学本科学历，2004 年 7 月参加工作，现任雅安市民政局基层政权建设和区划地名科科长。她的工作宗旨是“用心谋事、踏实干事”，几年的全国地名普查工作，让她从“地名小白”成长为一名经验丰富的“地名文化传承者”。

地名普查是一次重大的国情调查，工作涉及面广、专业性强、难度大，1979 年至 1986 年，国务院组织了第一次全国地名普查。时隔 30 多年，国务院启动第二次全国地名普查工作，谢婷婷同志刚刚从局办公室调到区划地名科，作为一名业务小白，面对各县（区）从未从事过地名普查的同事，如何做好全市地名普查工作，她感到前所未有的压力，但是能参与这么重要的一项工作，也是人生一件幸事。

谢婷婷同志深知“打铁还需自身硬”，首先要提升自己的业务能力，才能做好雅安地名工作的“领头雁”。她先后两次参加全国地名普查培训班，多次参加全省地名普查培训班，利用大量休息时间自我学习、自我研究，从刚开始军标地图、线状图、地名来历、罗马字母拼写、专名、通名这些专业名词听都听不懂、专业地图也看不懂，通过积极向单位退休专家求教，向上级请示，向部门请教，同兄弟市州讨论，几年下来，也成了一名经验丰富的地名工作者。

要开展好全市的地名工作，光靠自身提高业务水平是不够的。面对这样一个新的工作，县（区）不知道如何着手，市上外出学习先进市州经验，突破瓶颈，全面统一进行外业公司招投标，成为全省第二个启动地名普查的市州；市上多次召开培训会，培训到省、培训到乡镇，请专家讲、自己讲，地名采集标准、多媒体图片格式、地名历史沿革的表述等，他们深知，县（区）的同志业务水平提高了，全市的地名普查工作才能高质量地完成；地名普查开始了，县（区）对收集的材料不清楚是否符合标准，他们组织专家组，一个县（区）一个县（区）都参加核查，统一要求、统一标准，给每个县（区）讲到位，高标准完成全市地名普查，通过国家验收。

《中华人民共和国标准地名词典》《中华人民共和国标准地名志》的编撰工作启动了。各县（区）的同事，包括她自己都一直从事业务工作，说业务没问题，对这样高要求的文字工作，怎么来完成？这又是一个难题摆在她的面前。每一次的编撰、每一次的修改，她都先自己学习国家和省上的要求，手把手地给县（区）同事讲解每一个词条需要编撰的内容、要求，完成自己市级的词条编撰后，加班加点地一条一条地审核县（区）上报的词条，踏踏实实地做好一点一滴，正是这样，雅安卷的词条得到了省上专家的认可。

一路走来，谢婷婷同志不辞辛劳，讲大局、攻业务，争做一名“用心谋事、踏实干事”的践行者。

凝心聚力规范普查　凸显地名文化传承

——记四川省德阳市旌阳区民政局地名普查办谢锐

谢锐，男，汉族，1976 年 9 月出生，四川德阳人，大学本科学历，1995 年 3 月参加工作，1999 年 7 月加入中国共产党，现任德阳市旌阳区民政局行政管理和社会事务股股长。他是一个积极、幽默、踏实的民政人，同时也是一个经验丰富、地名传承的“守护者”。

自德阳市旌阳区开展第二次全国地名普查工作以来，他严格按照要求，全身心扑在了旌阳区作为试点县区的工作上。他厘清工作思路，按照“党政协同、健全机构、强化培训、突出质量、确保安全、深挖文化、合理利用”的原则，及时向领导报告，发挥承上启下的作用，促使普查工作有序推进，促使旌阳区为全市地名普查工作起到示范作用，也为旌阳地名工作积累了丰富的经验。

一、辛勤忙碌背后的地名硕果

自全市地名普查工作启动以来，谢锐同志围绕地名普查工作方案，联合相关部门，全力推进地名普查工作。全区收集整理地名调查目录 12136 条，外业采集 11692 条，预填登记表 12136 条，数据入库 6215 条，其中现今地名 5711 条，匹配率 100%，历史地名 504 条，地名标志入库 247 条。标准化处理 1 条，县乡界线 5 条，界桩 39 个。

二、在实践中摸索，凝聚旌阳地名力量

以信息安全为基准，组建普查专业力量。在第二次全国地名普查工作中，为确保独立、安全，谢锐同志从设立地名普查架构做起，并指导乡镇、街道成立工作机构；他凝聚乡镇干部、各村老干部、知情人士、老专家、老教师、老协会成员等人员为主的普查工作队伍，形成了最大的普查力量，通过层层落实、详细分工，确保了信息的真实、准确、严密、精练。

做好地名老师，组织开展培训。针对普查工作人员业务不熟悉的问题，谢锐同志通过集中组织授课10余次，对全区乡镇、街道的普查人员、专家组成员、村级普查员讲课800余人次，督导覆盖率达100%。为最大限度推进工作，他及时转发地名普查工作规程，下发地名普查相关制度文件，组织相关工作人员认真阅读文件，加强学习相关规范，在地名普查中发放《地名普查工作规程实施细则》142本。针对一些镇乡工作人员信息采集阶段填报表格不标准、不规范的问题，他组建了工作督导组，深入到各乡镇及村（组）检查指导“二普”工作，现场对普查人员进行培训指导，进一步加强普查信息规范。

三、从细节着手规范，发挥专家优势

尊重地名文化历史，提升专业内功。谢锐同志在“二普”工作中，在收集整理了第一次全国地名普查资料、《德阳县地名录》《德阳县志》《德阳市中区志》《政区大典》等历史资料的基础上，仔细研究学习，同时加强对历年来地名命名、更名情况以及地名数据库、党史等资料的整理。在熟悉情况后，他实施分类管理，将下发的图载地名分乡镇、分类别编制目录。根据全区地理国情普查、国土资源调查、文物普查、水利普查等普查成果资料，编制了专项地名普查目录。

深挖文化深度，引导专业优势。谢锐同志在普查工作中，明确填写规范，指导乡镇、街道对地名普查表格的规范填写；并积极指导和组织“开好三个会，动员好三类人”，他深入指导开好乡镇、村（社区）安排培训会，动员好乡镇干部；以村为单位组织召开驻村干部、各村老干部、知情人士参加的“收集座谈会”；他号召乡镇动员好村组干部、土专家等人员；通过召开乡镇评审会，动员好老专家、老教师、老协会成员等人员，这样层层落实、明确细分工，保证了内容的真实、准确、严密、精练。他通过组织引导专家成员、工作组成员，强化对登记表进行面对面的审核，认真核对地名信息，村、社区和乡镇有关部门各负其责。

四、严守工作纪律，强化监管验收

强化纪律责任，杜绝安全隐患。为规范普查办普查资料利用程序，谢锐同志结合实际，制订了保密资料交接制度，严格交接手续，做到资料进出有记录、有签字。同时，按照保密资料必须入柜的要求，他申请配置了保密档案柜4组、保密电脑1台，对要保密的资料进行分类保管，确保资料安全。强化涉密人员管理，坚持持证上岗，签订保密责任书，落实保密责任。实现了物理隔离的方式，落实保密电脑专人负责，专人保管开机密码；并做好数据备份、病毒防护、运行监控等安全管理工作，杜绝失泄密事件发生。

强化过程验收，保障普查有效。谢锐同志始终按照市普查办的验收要求，制订了区级详细的验收工作方案。采取分层次、分类别、分比例原则进行验收；并聘请第三方监理机构，购买了普查监理与普查初验工作服务，力求普查验收工作做到专业化。同时，以民政、财政、国土、水务、交通、教育等多个部门专业人员组成的地名普查专家组对普查工作进行集体评议。

五、做好地名文化宣传，促使地名文化传承

在普查工作中，谢锐同志结合宣传工作方案，积极配合区电台、电视台，通过视频进行集中的标语宣传，同时采取应急视频上随机滚动播放100余条地名普查标语，引导各乡镇（街道）、村（社区）采取电子屏幕有序进行地名普查标语宣传；另外，德阳互联社区信息网开辟地名普查专栏模块，各社区子网站也对地名普查进行专题宣传，地名普查工作深入人心。对地名普查工作成果，他组织开展地名故事征集活动，共征集地名故事100篇，征集了一批具有保护意义的地名，形成了一批地名文化保护目录。完成了地名志、地名录、地图的编撰工作。

一路走来，谢锐同志不辞辛劳，讲大局、攻业务，用实际行动踏寻地名之路，用文字记录一个个地名背后的故事，践行着一个使命：传承保护旌阳地名文化，是责任，也是荣誉。

一位古稀老同志的地名情结

——记四川省达州市《国家标准地名词典》编纂者范希江

范希江原系教师，担任初、高中语文教学工作30余年。其后，从事地方志工作20余载。他把参与地方历史地理文化资料编纂看成是自己一生中最大的幸事，孜孜不倦地奉献着自己的心血和精力，展现出一位年近古稀之人的不懈追求精神。他凭其从教多年的文学修养、文字功底和对编修志书、典籍工作的爱好，刻苦钻研业务。以存真求实的工作态度，熟练掌握修编志典的原则方法，以及娴熟的电脑编辑技能，特别是在查阅档案资料时，熟练运用相关文字识别软件，快速准确地将资料中文字转换成可编辑文字，大大缩减了编纂时间。

他先后参与了《中华人民共和国政区大典》《中华人民共和国标准地名词典》《四川省标准地名录》等地名工具书的编纂工作。由于编写质量高，《中华人民共和国政区大典》达州市词条、通川区词条均作为民政部政区大典编辑部样稿，供全国各地编写时参考。2015年11月20日，达州市第二次全国地名普查领导小组办公室聘请他为达州市第二次全国地名普查专家咨询委员会成员，作为社会力量参与第二次全国地名普查工作。2017年，他接受《中华人民共和国标准地名词典·达州市词条》编纂任务后，认真钻研国典编纂规程，跑遍市、县（市、区）档案馆、地名普查办及部分乡镇，收集词典编纂第一手资料，利用《地名大辞典》规范释文语言、《政区大典》完善释文数据和《年鉴》释文等内容，不知疲倦地工作。经乡镇（街道）、县（市、区）、市“三审三校”和省民政厅、国家编辑部审查后，于2017年10月，率先报送《中华人民共和国标准地名词典》达州市词条释文，受到《标准地名词典》编辑部和省民政厅领导的好评。编写的《中华人民共和国标准地名词典》达州市词条中“洋烈新村”“通川桥”两个词条被列入编辑部发布的释文样稿。2017年12月起，被民政部区划地名司、商务印书馆聘为《中华人民共和国标准地名词典》编辑部审稿专家组成员，审查了辽宁、山西、湖南、湖北、重庆5省、市44个地级市（州）的标准地名词典稿件。同时，承担四川省标准地名词典编纂工作的培训、指导及审稿。配合四川省民政厅区划地名处先后在阿坝、德阳、宜宾、绵阳、新津等地交流《国家标准地名词典》编纂工作经验，分享编辑方法，现场指导改稿。至2018年3月，四川省21个市（州），183个县（市、区）的《标准地名词典》词条释文编纂工作全部完成，经他逐一审核签字后报送国家编辑部，受到参编单位领导和编辑人员一致好评。

2018年12月5日，民政部区划地名司、商务印书馆编辑部发来感谢信，信中称“范希江同志2018年正式参与国典审稿工作，他认真好学，努力工作，克服困难，加班加点，任劳任怨，出色地完成了承担任务，为国典编纂工作作出了贡献”。

2019年，根据《第二次全国地名普查成果转化规划（2015—2020年）》有关要求，达州市通川区、宣汉县、大竹县、渠县、开江县、万源市又先后聘请他编纂标准地名录。年末，编纂工作基本结束。

2019年11月27日，他又被评为“全国社会力量参与地方志工作先进个人”。

如今，他年近古稀，还笔耕不辍，沉醉在志书、典籍编纂的快乐之中。要在有生之年，为世人留下真实、准确的文史、地理信息资源。

老骥伏枥舍清闲　甘为地名普查作奉献

——记贵州省清镇市地名普查办张德枢

清镇市开展的全市第二次全国地名普查工作中，有一位学识渊博、德高望重的长者值得人们学习和铭记，他就是被清镇人民赞誉为清镇史情、地情方面的“活字典”“史志专家”的张德枢同志。多年来，他始终保持高度的政治责任感和神圣使命感，把对地名文化的研究成果和智慧全部奉献在清镇地名工作中，对每个地名的来历、沿革和文化内涵进行深入挖掘、考究，用行动诠释“热心做事、用心干事、慎心理事”的敬业格言。

一、热心做事，以学促用，规律性总结地名普查要领方法

地名普查是一项庞杂而系统的地名历史文化建设工程，涉及范围较广，工作量大，它需记载地名命名的历史文化内涵、沿革演变、人口、资源和环境，以及经济社会发展情况等，头绪繁杂，任务艰巨，责任重大。由于与第一次地名普查间隔时间长，熟悉、了解地名普查工作方法的人太少，基本是一项全新的工作。特别是地名文化释文和挖掘，更是困难重重。年逾九旬的张德枢同志作为清镇市第二次全国地名普查办专家组组长，深感责任重大，深知自己只有熟练掌握地名普查各项专业知识及吃透有关政策精神，才能担当重任。为此，他团结带领市、乡两级专家迎难而上，努力探索适合清镇市地名普查的工作方法：一是组织学习交流。组织大家认真学懂弄通中央及省关于地名普查的相关文件精神，掌握精神实质及各阶段工作重点，搭建相互学习和交流工作平台，认真研究和解决地名普查工作中的新问题，增强市地名普查办学术交流氛围。二是明确责任分工。结合专家组成员的各自特点，合理分工，明确责任，坚持分工不分家，一般事情分工负责，重点难点问题集体讨论解决。三是归纳地名特色。为使市、乡两级地名普查专家认识和把握每个地名的由来及其文化内涵，他撰写了《清镇地名产生的历史背景浅析》一文，从“少数民族语音译命名”“明代军屯为特征的卫所制命名”“地形地

貌特点命名”“清代移民特点命名”“住地名人（大户）姓氏命名”“富有时代特色、展现时代风貌命名”等6个方面，解析了清镇地名产生的历史背景，并在6个方面分别列举了市境内的若干地名。把人们平时对地名由来的零散认识归纳为6个方面的特点，形成了清镇地名由来与沿革的规律性认识，对县级专家组成员掌握全市地名由来及沿革，提供了很好的借鉴与参考。四是清理释文方法。开展地名普查试点工作时，他全面收集地名信息，仔细研习地名普查相关资料，并带领专家组成员互相探讨，整理出一套实用的地名文化释文方法，圆满完成地名普查试点工作，为清镇市后期高质量完成地名普查奠定了坚实的基础。

二、用心干事，夜以继日，带病坚持清镇地名普查工作

第二次全国地名普查，是一项基础性、公益性、战略性国情调查。准确的地名调查及信息采集是地名普查的基础，特别是地名文化属性释文更是地名普查的精髓。他常说，“凡做一件事，要将全副精力集中到这事上头，心无旁骛”。在工作中，为确保地名普查文化属性真实准确，他对所有地名普查文化属性内容都逐一审核、修改、完善。由于年龄大导致书写有一定困难，他放弃休息经常加班至深夜，亲自撰写地名文化属性和成果转化稿件50余万字，审核、修改、完善资料共达500余万字。2017年5月，正是地名普查的攻坚阶段，他老伴生病住院，本该在医院陪伴老伴的他，仍然坚持在岗位上。2018年年初，他突然生病，行动不便，远在海南工作的儿女多次接他去海南养病，但他为了早日完成地名普查工作，放弃去海南养病，超前开展《清镇地名故事》和《清镇市地名志》等地名普查成果转化工作。

三、慎心理事，注重转化，清镇市地名普查工作结硕果

他认真对待每一件事，对不清楚的事一定要弄明白，做到真理解与深贯通。对部分来历不详、沿革模糊、图片不突出主题的地名，他多次带领专家组到实地走访、座谈考证。偏僻的村庄小路上留下了他步履蹒跚的脚步、村寨大树下留下了他向寨老们询问地名由来与沿革的座谈声音……在地名普查工作推进过程中，他高度重视成果转化工作，把自己对清镇史情和地情熟悉掌握的知识，成功运用到地名普查成果转化之中，一是带领专家组成员撰稿，为民政部和贵州省编撰《标准地名词典》《标准地名志》报送文稿10余万字，

且自己主动承担重要和难度大的词条撰稿任务；二是大力推进《清镇地名故事》《故事里的清镇》（民族卷）和《清镇市地名志》的编辑工作。2018 年，《清镇地名故事》《故事里的清镇》（民族卷）印刷出版，受到清镇市各级党政领导和社会各界人士的好评，也使疾病缠身的他感到十分欣慰，继续把成果转化重点放在编纂《清镇市地名志》的工作上，在顽强与病魔作斗争的过程中，他努力克服书写困难，不厌其烦地撰稿、审阅、修改全稿，指导《清镇市地名志》的编撰和出版。

90 岁高龄的他本应在家安享晚年，但凭借自身对地名文化的热爱和无私奉献，圆满完成清镇市第二次全国地名普查专家组的各项工作任务。忆往昔，团结带领地名、史志等文化同人编写出版《清镇县志》《中国共产党清镇县历史》《清镇建县三百年大事记》《清镇县地名志》《清镇市志》《中华人民共和国政区大典·贵州省清镇市卷》《清镇地名故事》《故事里的清镇》《清镇少数民族百科》等 60 余部地名、史志文化书籍，馈赠清镇人民；撰写的《古战场芦荻哨》《古驿道上西清桥》《花渔洞上三座桥》《为地名普查进一言》《清镇地名产生的时代背景浅析》《清镇地名琐谈》《清镇地名趣谈》等多次发表。这种“活到老，学到老，奉献到老”的精神，是张德枢同志一生的真实写照，值得清镇地名、史志等文化工作者学习。

张德枢（左 1）在进行地名普查工作

用脚步丈量大地　用执着传承历史

——记贵州省铜仁市沿河土家族自治县民政局陈红列

陈红列，男，39 岁，中共党员，2004 年 3 月参加工作，现任沿河土家族自治县民政局基层政权和社区建设科（区划地名科）科长。他在平凡的岗位上，充分发挥党员的先锋模范作用，勇于担当，甘于奉献，勤勉工作，务实创新，在地名普查工作中谱写了爱岗敬业的奉献之歌。

一、“我以党员名义承诺，一定把地名普查工作做好”

自 2014 年地名普查工作开展以来，陈红列始终以坚强的党性、廉洁的品格、开拓的思维、务实的作风诠释着对地名普查工作的执着和挚爱，以一股顽强的韧劲、狠劲、冲劲，带领地名普查办工作人员深度挖掘土家语地名，创新探索出了一条地名普查注入土家族民族文化元素互相融合推进的工作新思路，受到了上级部门和普查领导小组的充分肯定和赞誉。

基层政权和社区建设（区划地名）科是主抓地名普查工作的科室。作为地名普查工作的具体业务负责人，如何当好领导的参谋和助手，如何足够地掌握地名普查知识才能够进入地名言辞的内部，才能叙述清楚地名的前世今生，一直是陈红列殚精竭虑思考的问题。沿河是单一的土家族自治县，有自己独特的方言，很多地名与现今地名的意思表达有差异，如何寻找地名的“历史生成”，怎样去指导普查员深度挖掘地名内涵等，必须是首先解决的问题。陈红列的办公桌上、床上、书柜里堆满了有关民俗、红色文化、传统文化、行政区划等资料。白天，烈日高悬，他根据以前原有的资料实地进行历史考察；夜晚，昏黄的灯光下，学习、翻阅、查找国家普查方案、普查规程等一系列文件及县志、民族志、崔氏族谱等资料。收集、查找到的资料，他都认真做笔记，随着笔记本个数的增加，工作脉络逐渐清晰，普查要素已在他心中有山有水、有血有肉。

2015 年 9 月，沿河土家族自治县地名普查工作正式启动，陈红列参与和见证了一个个文件的印发出台、一项项政策的贯彻执行。他把全部精力投入工作，每年几乎没有双休日和节假日，经常通宵达旦伏案加班，任劳任怨，兢兢业业，带领普查办工作人员一次又一次出色地完成了工作任务。不知多少个夜晚，为了起草领导讲话稿和《普查工作实施方案》等一系列文件，准备全县第二次全国地名普查动员会、调度会、推进会等重大会议的资料，他通宵作战，熬红了双眼，白天依然坚守岗位持续日常工作。

二、时至今日他从未向领导请过一天假

2017 年 3 月 17 日，陈红列的第二个孩子出生，他却没有时间陪在妻子的身边。当时恰逢地名普查进入第二阶段关键期，所有普查资料要逐条进行审核，包括拼音、来历、沿革、地理概况审查等，同时要召集专家组评审。加上又遇到局里主要领导调整、分管领导调出，工作处于交接的特殊阶段。陈红列主动为领导分忧，毅然将责任担起来，积极组织普查业务人员抓好普查工作，那段时间几乎是通宵达旦地连轴转。为了按时完成各项工作，大家自觉形成了一个不成文的规定：男同志不回家，女同志 12 点回家，陈红列连续一周不回家。与同事全面完成 7339 条地名审核工作后，他才回到家里。看到妻子和孩子的那一刻，陈红列一脸的愧疚，他安慰妻子说：局领导说了要补我的假，让我一定好好陪你。满脸委屈的妻子眼泪簌簌地掉了下来。然而，时至今日，陈红列一天假也没有请，也没有向领导提过。

陈红列曾经因左肾结石而做过两次手术，在承担普查工作期间，由于长时间生活无规律，导致他右肾也患上了结石，双肾经常疼痛难忍。即便如此，他也没有因病请过一天假，而是继续前行在普查路上。为核实地名的“历史生成”，特别是许多地名，汉语无义，说不清来龙去脉，他经常到实地调查。一次在去官舟镇核实地名的路上，腰部痛得他汗如雨下，肾结石病又复发了。同行的同志见状问他怎么了，他说只是感冒了，一直坚持将官舟镇野鸡坑的原始名为“野漆根”调查清楚后才离开。后来，局里组织全体职工体检，同事看到他的体检报告，才知道他患有双肾结石，问他去官舟时是不是结石疼痛，他才说可能是，并叮嘱不让其他同志知道。事后，在同事的反复催促下，他才去医院检查，幸运的是没有肾积水。“我之所以不说我有结石病，是怕说了影响其他同志的工作，我是负责人，不能因为我病了而拖工作的后腿。”陈红列如是说。

三、遇到“硬骨头”工作第一个站出来接招的就是他

陈红列从不计较个人得失，从不向组织提个人要求，服务的局领导换了一届又一届，身边的同志换了一茬又一茬，他仍然坚守在服务基层政权和区划地名的岗位上，始终保持积极向上的心态和高昂激情的斗志，以身作则，团结带领科室同志完成一项又一项艰巨的任务。不论是在协调工作事务上，还是处理换届选举信访问题等棘手的任务上，每次遇到“硬骨头”工作，首先就是他第一个站出来接招。

陈红列在工作上始终勇于担当，勇于创新，遇到问题从不推诿懈怠，对待每一项工作都非常认真、细致。他常说：“简单的事情重复做，你就是专家。”他这样说也是这样做的。科室工作上的做法经验，随处都有他的创意。他创新探索出的地名普查注入土家族民族文化元素互相融合推进的工作新思路，多次得到铜仁市地名普查办领导的肯定。如：根据地名调查目录，针对其地名特点和现状，反复讨论研究，分门别类，确定对土家族元素地名挖掘思路；目录的地名类型分为以地势地貌命名、植物命名、动物命名、劳动和其他行为命名等四种不同类型命名，并依照类型选择其重点挖掘；“车陇岩”“黑獭”“拦克井”等地名的释义，反映了土家村居岩下，地势低洼，迁入人口多的历史状况；“沙子”即“李子”；“木梓岭”即“小竹子岭”；“狼溪”即“兰溪”以及“泥马”即“地蜂”；“石猪”即“兽出”等动植物地名的回归，寓意了土家地名物产丰富的地理特征；还有“米溪”就是“燃大火的地方”；“马脑”就是人们养蜂的地方；“大池盖”就是用“打杵”最普遍的地方；“客田”就是以“卡铁”即“铧口”作地名，这些地名充分表达了土家族人纯朴勤勇的劳动本色。

参加工作15年来，陈红列在二轮县志、殡葬改革、社区建设、区划调整、地名普查等工作推动上，他都是主动参战，主动参与调研谋划。他撰写的《沿河土家族自治县社区教育调查报告》荣获铜仁市社区教育征文活动二等奖；《打好组合拳　创新社区服务》作为全省社区建设经验交流材料。他还在《多彩贵州》《铜仁报》《沿河报》等媒体发表多篇信息，并参与沿河土家族自治县二轮县志编纂，担任了《沿河土家族自治县民政志》副主编。2019年8月，被评为贵州省民政工作先进个人。

陈红列对工作的热爱，对事业的激情，让人啧啧赞叹。他说，作为一个

农村长大的孩子，深知“地名是凭社会成员间的一种契约而存在，它能够反映一个民族的风俗习惯、政治史”，在此意义上，地名必然能够映照出一个民族历史的生成、情感的变迁、经验的积淀和政治制度的逻辑。在地名普查前行的路上，“国家任务、政府工程、历史责任”已经深深地烙在了他的灵魂深处。

与前人对话，与古今神交。陈红列始终保持对工作的热情、执着和坚守，在平凡的工作岗位上实现自己的人生理想和人生价值，这就是陈红列矢志不渝的追求。

用心耕耘　勇于担当
积极为兴仁地名普查创佳绩作贡献

——记贵州省黔西南布依族苗族自治州兴仁市民政局曹明友

曹明友同志是兴仁市民政局区划地名办公室负责人，自第二次全国地名普查工作启动以来，义不容辞地挑起了地名普查工作重担，用心耕耘，以务实的工作作风和吃苦耐劳的奉献精神为兴仁市第二次全国地名普查工作作出积极贡献，确保兴仁地名普查工作顺利通过州、省、国家的考评验收，得到领导和同志们的好评和肯定。

一、用心做事、敢于担当

根据国务院和省、州地名普查办的统一部署，2014 年 7 月至 2018 年 6 月将开展第二次全国地名普查。由于距上次地名普查时间太久，对大家来说此次普查是一项全新的工作，都有畏难情绪，怕接这项工作。但曹明友同志勇挑重担，主动承担了这项工作。地名普查对曹明友而言是一个崭新的领域，没有经验，没有先例，困难重重。但他却说：我是党员，只要用“心”做事，就没有做不成的事。工作中他以党员的高标准要求自己迎难而上，认真学习地名普查相关知识，积极收集相关资料，从思想上、认识上提高对地名普查工作的认知，在业务知识上做好充分的储备。

兴仁市召开第二次全国地名普查启动会，安排部署了全市地名普查工作。由于尚处在启动阶段，全市没有成熟完善的指导方法。曹明友同志虚心请教地名普查技术人员，借鉴了各地的地名普查成果资料，及时编制了《兴仁市第二次全国地名普查地名登记表填报指南》《兴仁市第二次全国地名普查地名调查目录》《兴仁市第二次全国地名普查地名登记表》，供全市普查人员学习查阅，指导全市地名普查工作有序开展。

二、工作上心、甘于奉献

第二次全国地名普查是国务院部署开展的一项基础性、公益性、战略性国情调查，时间紧、任务重、标准高、要求严，曹明友同志从普查方案的制订、地名调查、地理信息采集、标准化处理、数据库建设、成果表成果图到检查验收全过程都主动作为，将地名普查这项新工作学懂弄通，被普查办的领导和同志们一致称为兴仁市地名普查的“专家”。地名调查及信息采集是地名普查的基础，必须要确保其准确性，他始终坚持在一线从事普查工作，亲手操作检查登记数据，逐一核实，确保了数据的真实性和准确性。无论下乡还是在普查办公室，曹明友被称为最忙碌的人，几乎天天都要加班，更没有什么节假日，就连有时老家有事，回老家看父母，都不忘地名普查工作，老婆、孩子和亲朋都称他为地名普查迷。他工作认真负责，精益求精，要求每一个地名调查数据真实准确，他检查普查员采集的多媒体照片，发现隧道照片模糊，就亲自跑到现场采集合格的照片。

三、学习专心、收获硕果

曹明友常说的一句话是“学习只要用心，永远不会有难题”。他对工作上的每件事都能留心，对不懂的事一定要弄明白，做到真理解与深贯通。每一次地名普查业务培训他都用心听、认真记，不懂的问题课后及时向授课老师寻求答案。通过用心学习，曹明友对地名普查知识与普查方法烂熟于心，这使得他后来能随时解答工作中遇到的各种问题，各项工作都能赶在前，件件事情都有着落。

忙忙碌碌的 3 年时间过去了，兴仁市第二次全国地名普查工作已经顺利完成，普查成果质量在省州地名普查会议上多次得到表扬及肯定。2017 年 8 月 21 日至 23 日，省验收组对兴仁市地名普查进行了现场检查验收，组织管理 99 分，地名调查 95.6 分，地名标准化 94 分，地名标志 91.68 分，数据库建设 95.6 分，成果表 100 分，检查验收 100 分，全部达到验收合格标准，成了黔西南州第一个通过省级验收合格的市。时任民政部区划地名司司长柳拯 2018 年 3 月到兴仁调研地名普查工作时给予了高度肯定。这些成绩的取得离不开省州普查办的关心支持和指导，也离不开当地党委、政府的重视和支持，离不开全市上下的共同努力，更离不开曹明友同志的辛勤付出。

曹明友同志，一名普普通通的党员，他没有什么过人的才能，也不具备什么超人的智慧，但他凭借自身的勤奋，用心耕耘，甘洒汗水，默默奉献，在平凡的岗位上实现着自己不平凡的人生价值。

爱岗敬业　百折不挠　平凡中彰显出的伟大

——记云南省丽江市古城区民政局和萍

和萍，丽江市古城区民政局区划地名办主任。在云南省丽江市古城区第二次全国地名普查工作中，在平凡的岗位上谱写了人生新篇章。她爱岗敬业、积极进取、乐于奉献的精神，是我们永远学习的榜样和楷模，成为地名普查战线一道亮丽的风景。

认真学习，吃透政策

全面了解，是搞好第二次全国地名普查工作的关键。古城区是丽江市政府所在地，在第二次全国地名普查工作中显得尤为重要。“万事开头难”，和萍作为古城区民政局区划地名办主任深知自己所担负的责任。她不放过任何一个学习培训的机会，认真学习研究地名普查的相关文件和会议精神，熟悉并准确把握好普查的工作流程及各个关键环节。对于不了解的问题及时向上级部门学习，向参加过“一普”的同事和专家学者请教，为普查工作开展做好了丰富的知识储备。

收集资料，奠定普查基础

地名普查涉及知识面广，必须对各方面的知识有所了解。古城区于2003年丽江撤地设市时成立，有关地名普查的历史资料严重缺失，为了收集一份资料，和萍常常需要往返古城区—玉龙县多次，收集档案资料，通过到书店购买、请朋友赠送、向专家学者借阅、档案馆等相关单位复印拷贝等方式，不厌其烦，收集了与地名相关的《丽江古城》、乾隆《丽江府志略》《丽江交通志》《古城区年鉴》等第一次地名普查档案等大量翔实的资料，使地名做到有迹可循、有据可依。

三顾茅庐，组建地名专家队伍

普查数据质量是普查工作重中之重，高质量的地名普查专家能极大地发挥地名普查的作用。如何聘请好地名专家？是摆在和萍面前又一个难题。面对熟悉古城区风土人情、人文地理各方面知识、具有一定影响力的专家学者，基本都是一些上了年纪、退了休的同志，对于参加地名普查工作不论是本人还是家人都顾虑重重，但通过和萍多次上门拜访求教、动员说服家人，被她这种对工作的执着热情和“三顾茅庐”的精神所打动，先后有杨金山、和尚武、杨陆老师等丽江知名的专家学者参与到普查工作中来，为普查工作建立了一支高质量的专家团队，保证了普查工作高质量、高标准、高水平推进。

多动脑筋，采取多种途径搞好宣传

为扩大地名普查的社会关注度，在采取报纸、网络、电子屏、悬挂条幅和发放宣传单等多种宣传形式的基础上，和萍主动与古城区电视台联系协调，一起策划、审稿、邀请嘉宾，在电视台的品牌栏目《纳西讲聚营》录制了几期关于地名文化的节目。节目播出后丽江的地名文化在社会上引起了广泛关注，一度成为大家谈论的话题，得到了上级部门和领导的好评。

有的放矢，搞好清理整治不规范地名工作

《丽江市地名管理规定》于 2008 年实施后，极大地杜绝了丽江城区不规范地名的产生。她认真分析，针对丽江是旅游地区，把工作重点放在少数民族用语规范整治问题上，重点整治城区附近地区。古城区是一个少数民族聚居区，纳西族占了总人口的近 60%，在日常生活和地名管理中存在大量的少数民族语地名。有很多少数民族语地名，都是通过音译成汉字进行使用，使用的字词可谓五花八门。比如纳西语通名为“山”就有局、居、聚、菊等译写。为规范这些字词，同时又尊重实体所在地居民的使用习惯，和萍带领专家组成员到实地考证、向百姓请教和召开地名标准化会议的方式，组织专家组共召开了 10 次标准化会议，对全区范围内 550 个少数民族语地名进行了标准化处理，规范少数民族地名通名：山、山峰、峡谷、农村居民点、城市居民点、河流、区片、桥梁等 18 种地名通名。

认真开展地名文化挖掘整理工作

地名文化的挖掘和保护，是普查成果任务要求。普查视频资料一般通过购买服务方式，请电视台收集制作，接到任务后和萍主动向领导请缨“普查工作经费也比较紧张，应该把资金用到刀刃上，我先自己拍上几条试试看”。就这样，和萍带领着普查办的一个工作人员，带着摄像机，同事负责拍摄，她策划选点，又是导演、又是记者、又是主持人，城市、山川等留下她年轻的身影，深入实地拍摄整理了有一定代表性的地名视频资料 13 份，图片几百张。记得她曾开玩笑说“电视主持人不过如此，现在让我去当主持人我一点都不会虚场”。个性十分要强，工作责任重于泰山。

认真负责，任劳任怨

地名普查工作需要大量的外出作业，只要技术服务单位下来，她都会全程陪同配合好他们的工作，带领他们走村入户、翻山越岭到实地现场审核标点，很多时候的中午饭都只是在路上吃点糕点、零食，但和萍从来没有抱怨过，总是任劳任怨完成好每一项工作任务。在配合好技术服务单位工作的同时她还热心帮助联系安排好食宿，为他们提供一个良好的工作环境。就这样和萍抱着对工作认真负责的态度，通过她的不懈努力古城区的地名普查工作按照要求，每一项工作任务都落到了实处，取得了较好效果。

饱经生活磨难，却能坚强自立

和萍是一个吃苦耐劳、宽厚、善良、积极上进的人，同时又是一位饱经生活磨难的人。原本她拥有一个幸福的家庭，但命运打碎了和萍对人生的所有美好规划，先是读大学时兄弟因一场意外事故早逝，参加工作后母亲因一次医疗事故瘫痪多年后病故，接着父亲身患癌症，而在最需要人陪伴分担的时候丈夫向她提出了离婚……接踵而来的不幸，无情地摧残着和萍几经蹂躏的内心，可是和萍没有倒下，她凭着对生活的热爱，对亲人的慈爱，对职业的敬爱，坚强地支撑起这个支离破碎的家庭，面对繁重的地名普查任务和家庭的重担，为了照顾好因患舌癌只能进食流质食物的父亲和 5 岁的儿子，一边积极筹措资金给父亲看病，一边悉心照顾年幼的独子，每次外出参加培训都只能带上患病的父亲和儿子一起同行。和萍同志在昆明参加地名普查培训时，在完成每天的培训任务后，又赶到医院照顾接受化疗的父亲。同时，抱着认真负责、一丝不苟的态度完成好工作。到古城区民政局工作以来，她主动要求到政策性强、外出作业频繁的区划地名办工作，每次都能保质保量地完成各项工作任务，从来没有因为个人和家庭原因影响到工作。

忘我工作，平凡中彰显伟大

2016 年 12 月，在工作和生活的压力下，和萍自身也感到身体不适，但由于地名普查工作进入总结阶段，为不影响工作进度，她一直没能抽出时间到医院检查，直至 2017 年 3 月，最终因为身体的疼痛坚持不住到医院检查，才发现自己本人也罹患癌症，并且错过了最佳的治疗时期。这位坚强而又命运多舛的年轻的地名工作者，于 2018 年 4 月 29 日永远地离开了年迈患病的父亲，年幼的儿子，离开了她热爱的工作岗位……原本她年轻的生命应该有更美好的明天，但她却因一心扑在工作上，最终倒在病床上，在生机勃发的英年骤然长逝，留下了看似平凡实则崇高的精神，把自己所有的光芒，化作了让人瞩目的流星，这种平凡的伟大，彰显出了民政干部“俯首甘为孺子牛”的高尚职业情操，成为我们学习的榜样！

勤奋工作　无私奉献

——记云南省玉溪市峨山彝族自治县民政局退休干部殷子华

云南省玉溪市峨山彝族自治县民政局退休干部殷子华，他在民政战线工作20余载，多次受到省市县表彰，曾参加峨山县第一次全国地名普查工作，参与了峨山行政区划图编辑和地名志编撰。他工作经验丰富，吃苦耐劳，在领导眼中，他是一位兢兢业业、务实肯干的好干部；在同事眼中，他是一位朝气蓬勃、平易近人、团结友爱、敬老爱幼、乐于奉献的老同志；在妻子眼中，他是一位积极进取，有责任担当的好丈夫。

提起“地名”名称，他能口若悬河，娓娓道来，将一个个地名的历史缘由讲成一个个精彩感人的故事。因为他对地名的热爱与业务的精通，无论职位高低、年长年幼，都尊称他为“殷老师”“老殷哥”，被人们誉为峨山县的“活地图”“地名专家”。

2015年，他以专家身份被返聘到峨山县第二次全国地名普查专家委员会，并负责峨山县第二次全国地名普查具体工作。他始终保持高度的责任感和使命感，脚踏实地、勤奋工作，用行动诠释了他自己的口头禅“做事用心，敢挑重担，苦钻业务，踏实做事”。他在业务知识上做好充分的储备，在专家会议和业务培训会上，他凭借工作经历和丰富经验，唱主角，任主讲。投入普查具体工作中，他积极参与动员宣传，深入实地勘察测绘，填表格、查档案，做资料、编目录，挑灯夜战，夜以继日。

峨山彝族自治县地处滇中，总面积1972平方千米，山区面积占96%，坝区及河谷占4%。县域东接玉溪市红塔区，东南与通海县交界，南与红河州石屏县接壤，西南与新平县山水相连，西北与楚雄州双柏县隔绿汁江相望，北与易门县相通，东北与昆明市晋宁区毗邻。山区县的峨山，座座深山有人烟，村寨分散，路远山高。60多岁的殷子华同志为了地名信息采集精准、全面，步行、跋山涉水、翻山越岭是家常便饭。他除了装放纸笔的挎包，记事本、水壶、干粮是殷子华随身必备的物品。他是普查工作中的“宣传员”“普查员”“指导员”“指挥员”“技术员”“检查员”多重角色在身。他凭着 20 多年军营练就的过硬作风，退伍不褪色，发扬军队的优良传统和工作作风，冒着冬春寒露风霜，顶着秋夏炎炎烈日，4 个多月的外业采集信息，放弃双休及节假日，跑遍全县 1972 平方千米的山山水水，走访了大量当地村民，核查了无数地名称谓。妻子生病住院也无暇陪伴在身旁，他把妻子的句句埋怨忘却在繁忙的工作之中，为了完成地名普查的历史重任放弃了家庭“小爱”，体现了无私奉献“大爱”的工作精神。

从 2016 年 4 月开始实地外业调查工作，到 8 月顺利地完成，他编写地名目录，填写地名登记表，标绘工作图，因地制宜，采取不同方式开展普查，发放地名登记表。他要求地名普查登记表先分散后集中的方式确保不错不漏；普查人员必须做到“一查二看、三问四审核、五签名六盖章（即查找资料、实地勘察、访问座谈、审核把关、确认签名、加盖单位公章）”，力求地名普查规范化。集中民政、林业、国土、交通、水利等站所长对应审核草表、工作草图，要求层层负责，层层把关，确保成果质量关。

地名普查工作从 10 月转入内业整理，根据《工作规程》要对每一项成果进行整理和规范化处理，殷子华同志发现问题及时纠正，内容不符的返回原地补审，采取了与当地干部和群众相结合，查阅历史资料和现场核实相结合的工作方法。层层审核，考证录入，全力保证地名普查数据的准确性。带领地名普查专家咨询委员会对全县地名调查表、工作地图等资料进行再把关，再自查、再核对。审核一致后，要求专家咨询委员会签名确认，做到了基础资料收集齐全，普查数据准确无误。

他工作认真负责，要求每一个地名调查数据真实准确，他在检查普查员采集的多媒体照片时，发现采集的照片模糊或图文不符，就自己多次驾驶私家车亲临现场采集合格位置的照片；发现采集不规范不合格就亲自带领普查技术员跑到现场找点定位重采；他办公室的灯光彻夜不熄成为常事，被民政局领导看在眼里，他进进出出忙碌的身影深深地印在了民政局干部职工的心中。

地名信息采集、核实、录入完成，还得制作、设置地名标志牌，他亲力亲为，不但到实地踩点定位，还参与埋设界桩，为工作倾其所能。有时遇到当事人双方为定界发生争执纠纷，工作受阻，他又耐心细致做起调停人，摆事实、讲道理，客观公正说服、疏导，化干戈为玉帛，赢得群众的信任和尊重！

殷子华，一个年过六旬的老同志，不计报酬，不谈条件，凭着满腔赤胆情怀，为峨山地名普查倾注心血，默默奉献：3 年多时间超 2000 个日日夜夜，跑遍全县 21 个社区、55 个行政村、558 个自然村；参与发放宣传材料 2000 余份，专题讲解、辅导 11 次，培训业务骨干 200 余人次；编制地名调查目录 3961 条，包含 11 个大类 79 个子类。与第一次地名普查相比，增加目录 2621 条。

峨山县地名普查工作已顺利进入成果转化阶段。峨山县地名普查的工作质量在省市级地名普查会议上多次得到表扬及肯定。成果质量县级核查验收评定 100 分、市级评定 99. 2 分、省级评定为优秀。同比玉溪市 7 县 2 区的地名普查用时短、采集成果数量多、质量评分处于前列。

殷子华同志，一名普普通通的党员，他没有什么超人的智慧，但他凭借自身的勤奋，用心耕耘，甘洒汗水，默默奉献，在平凡的岗位上实现着自己不平凡的人生价值；同时，也以自己的实际行动践行着他的“活地图”“地名专家”美誉。第二次全国地名普查，峨山县在全市率先完成了地名调查目录编写审核上报，一次性通过省市核查验收，工作得到上级充分肯定，工作事迹几次在县、市电视台播报。这些成绩的取得，是与殷子华同志的勤奋工作和无私奉献分不开的。

用心耕耘，力创地名普查佳绩

——记云南省红河哈尼族彝族自治州建水县地名普查专家杨宝

杨宝是一位年过花甲的老人，也是一位老民政、老党员，他为人低调、热心，做事认真负责、一丝不苟，被云南省红河哈尼族彝族自治州建水县地名普查办聘为专家咨询小组成员，是建水县地名普查战线上的一名“活宝”。

地名是历史的精髓要素之一，每个地名的背后都有一段故事，地名的由来、含义、寓意都蕴含着历史的传承和传统文化的精髓。建水自元代以来就为滇南政治、军事、经济、文化和交通中心，素有“滇南邹鲁、文献名邦”之美誉，文化底蕴深，同时，建水又是一个汉、彝、回、哈尼、傣、苗等多民族聚居地区，在长期的历史发展进程中，形成了积淀深厚、独具地方和民族特色的民族民间传统文化，因此，建水县的地名承载着民族融合、历史变迁、传统文化等诸多信息，要全面地了解建水的地名文化并非一件易事。由于杨宝参加过建水县的第一次全国地名普查，对地名普查的意义有深刻的认识，因此，他在近30年的时间内利用工作之余走遍了全县90%的村寨，通过考察村寨的地形地貌，与当地老者共同探讨地名来历，去熟悉建水的山山水水和一草一木，去感受建水的风土人情和民风民俗，比较翔实、全面地了解、掌握了建水县的居民点地名的基本情况，尤其是一些民族语地名的寓意。其熟知程度，非常人所能及，成了此次地名普查的活字典、活地图。

杨宝对此次地名普查兢兢业业，一丝不苟，为了能更好地完成普查工作，在接受任务之初，通过认真学习上级有关文件资料，大量阅读《建水地名志》《建水年鉴》等文献资料等方式加强学习，进行“恶补”。他结合自身所掌握的知识，从筛选和补充调查目录，到普查成果表的修改审核，根据实际情况和站在对历史高度负责的角度，提出意见和建议。在每次开会的时候，就数他来得最早，提问最多，发言最多。在成果表填写过程中，对每一条地名的地名来历、含义、历史沿革和地理实体描述进行认真的考究，对每一句话，每一个措辞，每一个标点符号都认真地修改，在所有的专家修改的成果表中，他标注的内容最翔实。为了能按时完成成果表的修改任务，他放弃许多与家人共享天伦之乐的时间，甚至挑灯夜战，视力不好，就用放大镜逐字逐行地看，只为能保证地名普查的质量。

由于杨宝参加过建水县第一次全国地名普查，有着丰富的地名普查经验，熟悉地名普查的方法、步骤、程序，深感责任重大。在此次地名普查工作的过程中，他提出了许多的指导性和可操作性的意见和建议。他认为，地名普查工作是一项专业性和系统性较强的工作，对于从未参与地名普查工作的部门和人员来说，既无感性认识，又无现成经验可循，完全是一项全新的工作和挑战，因此地名普查必须强化业务培训，提高普查工作者的业务水平，本着对历史负责、工作负责的态度开展工作。在普查的过程中，要注重外业与内业相结合，建议通过开展实地勘察，在采集地名信息的过程中与当地群众尤其是老人座谈调查了解地名的来历、含义等，确保普查结果的真实性和准确性。为了确保质量，顺利通过检查验收，杨宝多次与技术服务公司共同商讨地名普查操作程序，诠释技术要求，解决普查过程中遇到的问题和困难。

由于有了像杨宝这样的地名专家的大力支持和全身心投入，以及孜孜不倦地工作，使建水县的地名普查成果质量得到了保障，为下一步的地名成果的转化奠定了坚实的基础。

在平凡中见卓著

——记云南省玉溪市峨山彝族自治县民政局李永富

李永富2004年从部队转业到云南省玉溪市峨山彝族自治县民政局工作，14年来，先后历经局办公室、区划地名股岗位，一直默默无闻，踏实勤勉。第二次全国地名普查工作开始后，他作为其中的精干力量，勇挑重担，倾其所能，任劳任怨。他通过一份份亮丽的工作“答卷”，印证了人们常说的那句话：“是金子，在哪里都会闪光。”

2014年11月，峨山县第二次全国地名普查组织领导机构成立，领导小组办公室设立在区划地名股，作为股长的李永富，理所当然挑起了全县普查工作办公室的重担。到12月31日，短短1个多月时间里，他为设立地名普查机构忙里忙外，后脚贴着前脚张罗组织动员和业务培训准备工作。利用“白加黑”满负荷时间开展起草规章制度和工作方案、编制经费预算、收集整理预备资料等工作。使峨山县地名普查按时、有序展开，促使动员部署阶段拟订下发了《峨山县第二次全国地名普查实施方案》，制定了《地名普查财务和资产管理制度》《地名普查现场调查工作制度》等17个规章制度；编印和发放普查宣传材料2000余份；接待群众咨询100余次；协调媒体开展普查动员宣传15期；组织人员集中业务培训12场360余人次；协助开展专题讲解辅导11期；制作悬挂宣传布标10条；建立地名普查QQ群2个，微信平台1个，为整个地名普查任务的圆满完成倾注了他满腔的赤诚。

2015年1月1日起，工作进入了全面普查阶段。任务量更大，人手紧缺，能够直接处理具体业务的只有他和一名返聘回来的老干部两个人。李永富作为普查办唯一的一名专职工作人员，不提条件，没有怨言，全身心投入地名普查目录编写和地名登记表填写工作中。不分上下班，不放过星期天和节假日，见缝插针，挑灯夜战，用近4个月的时间按质按量完成了3961条目录编写和4125份登记表的填写。时间进入4月，就开始外业进行实地调查测量地名地理位置。峨山是山区县，地广人稀，山高路险。为了不把时间耗在往返途中，同时结合山区农村晚上便于找到当地村民的实际，李永富们一般选择整个礼拜住在乡下开展工作。尽管如此，他们依然是每天早早出门，带上水壶、干粮，一整天在野外翻山越岭，涉水过桥，一个点一个点地跑；夕阳落山，炊烟升起的时候，又一家一户走访询问，核实信息。

2015 年 6 月的一天，李永富准备跑完易门、双柏、峨山三县交界地的腊古箐后，下午返回一次县城，处理一些单位事务。于是天刚拂晓就出门，车行到半路，不料被山头垮塌的土石阻塞，便步行崎岖的山路 10 多千米，来回竟用了 8 个多小时。返回途中恰巧又遇上风云突变，一阵瓢泼大雨将他们从头浇到脚。到了下午 6 点多，黑沉沉的天空依然飘着小雨，加之饥肠辘辘，更感寒意直钻心窝。

还有一次，李永富与大龙潭乡民政所人员到大黑山踩点。因中途山路崎岖险峻，放弃开车采用步行前往，结果把预计的时间耽搁了。村委会炊事员做好饭后，饭菜等凉了不见回来。饭菜热一次，等凉了，还是不见回来。待李永富他们返回，钟表的时针已指向晚上 9 点。炊事员说：“这个年代，有你们这样干工作的吗？今天干不完，明天再干，何必这样与自己较劲。”“今天干，明天干，还是我们自己干，干一点就少了一点嘛！只是，也把你牵累了。实在不好意思。”李永富笑着回答。

2016 年 7 月，外业踩点工作进到了化念镇。化念地处河谷地带，气温较高。尤其是夏季，昼间气温差一般达到 30 多摄氏度，炎热难耐，山林草丛中常常有蛇出没，稍不小心，就有被蛇毒伤的可能。为了按时完成地名信息采集任务，李永富顾不了那么多，按照当地干部群众的交代，穿上可以系紧鞋带的鞋子，可以遮身蔽体的衣服，再用绳子扎紧裤脚就奔赴作业点。每爬行一小段，脚底、身上全是汗水，燥热难耐，也不曾让他退却，更没有让他停下作业的脚步。特别针对化念移民迁建点那些与地名有关的新增地名地貌，他反复测量，认真标注，细心绘图，进行地名标准化处理，努力把每一项地名普查工作做到尽善尽美。在前期工作基础上，李永富、殷子华两同志协作建立了峨山县地名属性数据库和图形数据库，全县地名全面普查阶段任务圆满完成。

进入 2017 年，李永富又开始普查成果的上报及检查验收工作。一方面撰写总结材料、整理汇总普查成果；另一方面将所有普查文件和大量普查资料统计上报及立卷归档。量大、内容多，人手少，他加班加点。有一天，因加班没有回家吃晚饭，到夜幕降临，开亮办公室的灯时，才感到肚子饿了，于是点了份外卖。等外卖小哥将饭菜送到了办公室，看到李永富趴在办公桌上专心致志写东西，便风趣地说：“人家说，公务员上班很轻松，一杯茶水，一张报纸，没有多少事可做。原来，你们的工作也很辛苦。”李永富没说什么，只是笑了笑。

2017 年 5 月，全县所有普查材料基本整理完成。峨山县最终收集各类志书、图册、档案 60 多册；收集部门掌握的行业地名信息资料 4125 条次；采集地名标志 100 条，点状数据 2482 条，线状地名 458 条；采集少数民族语地名录音 1120 条，录入地名数据库 941 条；拍摄制作 MP4 视频 31 段；数据库录入多媒体照片 8462 张；完成 17 条城镇新增街路命名；清理出一地多名及地名重名等不规范地名 18 条。形成普查材料 90 余本，估算字数达 1000 多万字，所做工作得到了省、市考核检查组的高度评价，两级考核检查一次性通过。

李永富，峨山县第二次全国地名普查工作中的普通一员，近 3 年时间里，沉下身心、孜孜以求，在山野阡陌间留下深深足迹，在夜幕灯光下挥洒滴滴汗水，在平凡的岗位上作出了不平凡的努力。

不辞辛劳　乐于奉献

——记陕西省汉中市城固县民政局李世强

走进陕西省汉中市城固县民政局地名办公室，有一个装满城固县第二次全国地名普查成果资料的档案柜，里面的资料翔实地记载了城固县第二次全国地名普查工作的整个过程，也见证了城固地名工作者的艰辛付出。在这个办公室里，那个干劲十足的、上下协调的忙碌身影，就是领头人——民政局地名办主任李世强。

李世强，男，中共党员，城固县本土人，2008 年调入城固县民政局工作，现任城固县地名办主任、第二次全国地名普查领导小组办公室主任，主要负责管理地名办日常工作及城固县“二普”全面工作。他勤勤恳恳、兢兢业业、任劳任怨、开拓创新、追赶超越。他坚守共产党人的信念，不忘初心，牢记使命，在大是大非面前旗帜鲜明，在风浪考验面前无所畏惧，在各种诱惑面前立场坚定，平时看得出来，关键时刻站得出来。在第二次全国地名普查工作中，更是勇挑重担，冲刺在前列，以实际行动彰显了一名共产党员的人格魅力，向社会弘扬着城固张骞的精神。

能导航的“活地图”

说到李世强，不仅城固县民政系统无人不知、无人不晓，就连村委会（社区）的支书、主任都无不竖起大拇指，称他为“活地图”。县域内的镇、村（社区）、河流、道路、纪念地、旅游景点的名称、方位、特产，他都了然于心。

城固县从秦建制设县已有 2300 年历史，地名繁多，文化积淀深厚。全县辖 15 个镇、2 个街道，232 个行政村、40 个社区，总人口 54 万，县域面积 2265 平方千米。有些偏远山区一条沟、一个村、一面坡，其学名、俗称、当地叫法，五花八门，即使土生土长的村民，也连连摆手，表示不懂。但李主任却“行”，他能准确地说出标准名称、具体方位，以及相连的地名文化，告知你如何走最捷便，附近有什么企业、景点、便利店都会说得一清二楚。

李世强查阅地名资料

忘我的党员模范

2014 年年底，城固县的第二次全国地名普查工作拉开序幕，这是一项意义重大却又任务艰巨的工作，交给谁来具体牵头、谁来日常负责呢？经局党组反复讨论研究，确定了李世强。

李世强同志深知第二次全国地名普查工作意义非凡，虽然有近 10 年的地名工作经验，但接手时对此项工作也是一头雾水，没有经验可循。工作之初，他犹豫过，怕干不好，但强烈的责任意识和对事业的执着追求战胜了犹豫，他毅然接受组织的安排，以高度的责任感和饱满的激情挑起了城固县第二次全国地名普查的重担。

地名普查刚开始时，由于各种原因，抽调人员没有及时到位。李世强亲自编写了《城固县第二次全国地名普查工作手册》，审阅修订了“城固县第二次全国地名普查目录”，设计了“地名普查登记表”，为后期地名普查奠定了坚实的基础。

在第二次地名普查工作中，他积极联系城固县政府信息办，在政府网上开通了城固县地名普查专栏，开通了地名普查微信公众号，督促制作横幅 28 条、展板 16 块，带队深入镇（办），现场发放地名普查宣传手册 3200 份，并认真撰写了多篇宣传文章，其中在光明网、西部网和县政府网上发表的就有 10 余篇，广泛调动了全县人民追寻地名文化的积极性，为城固县顺利开展地名普查工作营造了浓厚的气氛。他和技术人员先后到 18 镇（办）、100 多个村（社区）和 20 多个部门单位实地进行业务讲解。城固的大街小巷、山沟小河都留下了他数不清的脚印，洒下了他的汗滴。

较真的“老古董”

第二次全国地名普查工作的质量，直接影响着其成果的运用，但此项工作时间紧、任务重，加之扶贫攻坚等重点工作，使有的镇（办）村组在填写地名调查表时，敷衍了事，企图应付过关。可这一切到李世强这里，都过不了关，他对镇（办）上报的调查表总是那么认真核查，从内容填报的完整性、逻辑性以及历史的沿革等多方面考量，对不合格的，坚决退回要求重新核实后填写。记得天明镇有一个村叫“双元村”，填表人将名称来源填写为“该村因有一个文状元和武状元而得名”，猛看上去，还算合理，可到了较真的李世强这里，他查阅了很多资料，分析了文状元和武状元在当时考中的概率很低，地方史志也没有该地出过状元的记载，于是亲自拜访了该村的老人，确定该表述属生编乱套，未深入探究该村地名的来源所致，要求填表人实事求是查访后重新填写。为此填表人还一脸不满：“这又不是高科技，你何必较真。”他严肃回答道：“地名都有合乎情理的文化内涵，我们应该以严谨科学的态度对待它，对此我就是一个较真的‘老古董’。”

公而忘私为普查

自城固县“二普”工作开展以来，他白天和外业调查的人员一道深入村组，晚上和同事们一道完成内业，他还得对内外业进行核查，因此常常忘了回家，忘记吃饭。他的儿子上高中，正在性格变换期。家里还有老人需要照顾，因此重担都落到了他妻子身上。时间久了，儿子不听话了，妻子累了，老人不高兴了，都需要他安抚，可他仍然选择了工作。

坚强的“机器人”

自城固县“二普”工作开展以来，李世强始终坚守在岗位，来得最早，走得最晚。记得省检前两个月，城固县地名普查工作进入最紧张时期，为了按时完成任务，他制定了“五加二”“白加黑”的工作制度。晚上，一般人员都加班到 10 点钟，而他却要坚持到晚上 12 点钟。临近检查前一周，他为了核对数据，一直加班到凌晨 3 点钟，甚至有一天直到天亮，像极了一台连续运转的机器。长时间的劳作，过度的透支，他终于倒下了，被家人送上了手术台。手术后，他却云淡风轻地谈起了工作。面对顽强的他，我们只能作出承诺并自觉努力。因心系工作，在医院里没住几天，他多次请求医生放他出院，信誓旦旦地向医生承诺自己回家好好休养。可出了院，他又忘记了自己是个病人，又忘记了家，一头扎在工作里。在他以身作则带领下，城固县如期高质量地完成了第二次全国地名普查工作。

地名普查工作虽然暂告一段落，但他仍然亲力亲为地忙碌着，彰显着党员干部的本色。

力耕不辍老黄牛

——记陕西省西安市莲湖区地名普查工作者王珞琳

高屋建瓴的行家里手

王珞琳同志1949年12月10日出生于湖北武汉的东湖之滨。他生来带有牛的属相，也具有牛的精神。在参加第二次全国地名普查工作之前，是西安市莲湖区的一名退休公务员。2011年11月被西安文理学院聘为中文系兼职教授，承担西安文理学院成人教育学院教学点的管理和教学工作。2016年8月被西安市莲湖区聘为莲湖区第二次全国地名普查专家组成员，以较高的专业水平和工作能力，热情投入到莲湖区第二次全国地名普查工作中来。同志们都亲切地称他“王老师”!

孜孜不倦的求真进取

所做的第一件事，就是对全区各街道选派的地名普查专干进行培训。这次培训对全区地名普查工作来说，关系重大。正所谓“失之毫厘，谬之千里”。虽是出身语文教师的语言文字专家，他深深明白，有新的工作，必须有新的学习。一连几天，他把《陕西省第二次全国地名普查工作手册》读了一遍又一遍，吃透了《工作流程》和《实施细则》，还把已经收上来的一批《陕西省第二次全国地名普查登记表》进行了认真的分析和归类，有针对性地编写制作了幻灯课件，这才走上了讲台。培训无疑是成功的，不仅交表速度加快，错误率也明显降低。后来，他还分别给参与工作的学校老师和公司员工开过两次培训讲座。他用自己的进步，对全区的第二次全国地名普查工作起到了很好的助力与推动作用。

第二件事是审表改错。全区采集到的地理名称多达4969条，表的一审修改、二审修改和三审修改，他都能坚持做到亲手执笔操作，完全合规中矩，不畏起早贪黑。一审中问题最多的是罗马字母拼写，手改毕竟太慢。于是他利用在教育部门工作多年的优势，从学校调来一批语文老师参与其中。许多老师电脑操作娴熟，更是一次修改到位，明显加快了进度。二审中，他又把重点放到名称来历、沿革变化、实体概况上。有明显缺项的，他都要求打回去补充信息，然后再改得文通字顺。他针对居民点缺项过多的问题，亲手设计表格，调动一批年轻人一条街一条街去跑。虽然采集回来不少补充信息，但有的居民点门卫不信任年轻人，说是“你们这种骗子见得多了”，不提供信息，也不让进门。这时，我们的王珞琳老师亲自出马了。也可能是他十分面善，也可能是他比较能言，再难进的院子，他都能畅通无阻，手到擒来。三审中，王珞琳老师采集信息的手段就更多了。他收集了不少电话号码，没有就打“114”查询。要是打不成电话，他就上网搜，有时不放心，他还手机搜一遍，电脑搜一遍，互为参照，互为补充。各党政机关的内设机构和工作职能都是他从网上搬回来的。他还向地名普查合作单位西安某科技有限公司的年轻人学会了使用卫星地图查找点位，测量距离和面积，就连边缘线弯弯曲曲的地形面积也能一量就成。他还经常借助照片和网络地图的摄像探头来确定楼房的形态和层数，这样一来，让人头疼的建筑面积如果缺了，一算也就有了。好学善思的王珞琳老师高兴地说，这回当地名普查的专家，心里不打鼓了！

精益求精的行风作派

看王珞琳同志工作，的确让人佩服。只要能够做得更好，他就不愿稍稍停顿下来。莲湖区的《第二次全国地名普查登记表》可不止改了三遍。第四遍改完，给省上都传过去了，他仍不肯收手。正因为改的次数多，从国家的反馈来看，莲湖区的错误率是比较低的。

进入 2018 年，王珞琳老师负责的莲湖区第二次全国地名普查工作部分进展到编写《莲湖区地名志》和《莲湖区地名实录》阶段。王珞琳老师提出，很有必要走出去，向兄弟区县取取经。这个建议得到了大家的一致赞同，新城区的经被取了回来。经过分析取舍，目录编成，工作全面铺开。他发现信息残缺的问题依然存在，时常会出现“你缺胳膊他少腿”的情况。为了给“数字莲湖”的大数据时代做好铺垫，工作还要更细致。于是，他相应提出各类条目下的项目内容必须齐全的要求，按不同的类别拟定了编写模板。只要信息齐全，填入模板，一个词条就完成了。这次的工作，得到各街办和社区的大力配合与支持，工作效率大大提高，词条的内容也明显充实和丰满起来。

形势不错，但不等于可以有所放松。正因为王珞琳老师精益求精的行风作派，一些比较隐蔽的问题显现出来并被纠正。例如白鹭湾社区有一个叫久福嘉园的居民点在卫星地图上的点位被标错了，王珞琳老师通过手机地图搜索发现不一致。到底哪个是正确的？他决定亲自跑一趟。下班后，他有意骑车绕到那里，不仅确定了位置，还发现该小区这座“U”字形的大楼层数奇特，它不是单纯的局部 7 层和局部 6 层。7 层的那部分中还有 1 个单元是 5 层，6 层的那部分中居然是南半面 6 层，北半面 5 层。于是，这栋楼的建筑面积被重新计算得更加准确了。

默默无闻埋头干　发挥余热作奉献

——记陕西省咸阳市三原县地名普查专家组组长李德林

在陕西省咸阳市三原县第二次全国地名普查工作开展过程中，有这样几位伏案执笔，两鬓斑白，年过花甲却精力充沛的老同志，他们就是三原县民政局聘请的地名普查工作专家组成员。他们都是原党政机关、教育系统退休的老党员干部、老学者。正是他们的执着与努力，确保了地名普查工作的连续性、系统性；正是他们的严谨和奉献，使得地名普查工作取得了阶段性的成果，得到各级领导的肯定和好评。

第二次全国地名普查工作既是一项全国政治性的战略任务，又是一项民生工程和惠民工程。按照上级普查工作的要求，必须选配熟悉当地情况，并有一定文字功底的地名文化专业人士参与其中。为此，三原县民政局领导研究后，经多方寻找挑选和沟通联系，聘请到了由原县教育局局长李德林为专家组组长，原统战部副部长王增博、原民政局地名区划股股长陈立明、原北城中学特级语文教师周新政、退休老干部刁秀海为成员的地名普查专家组。作为本该在家尽享天伦的老同志，他们放弃了安逸的退休生活，欣然接受了这项工作，主动发挥自己的余热为三原县地名普查工作尽一份心，出一份力。他们每一位都爱岗敬业、无私奉献，而其中身为专家组组长的李德林同志对于地名工作的热爱更是达到了“痴迷”的境界。

身先士卒敬业奉献

李德林同志退休后，一直致力于三原县地名文化的探索和研究，先后已出版了《三原县地名探源》《三原方言》等书籍，被称为三原县的“活地图”“行走中的指南针”，本着对地名文化的一腔热爱，对三原本土的一腔热情，在普查工作中，李局长对自己分管的交通运输、道路街巷、农村居民点等类别，要求精益求精，各相关单位或乡镇报上来的调查表，无论大小问题统统逃不过他的火眼金睛，他提出的疑问，一针见血，他提出的观点，在进一步的调查核实后，正确无误。往往为了一个自然村名，一个村界的划分，他不顾寒暑，多地奔走，多家拜访，反复讨论斟酌，在争论不休的情况下，他还会去查阅资料或是上网查询，直到找出正确答案，达成共识才会善罢甘休，从头到尾身体力行，从不假手他人。在他下乡的过程中，接触过的基层干部和群众都对李局长深表敬佩，一个个土生土长的本地人，在他面前也愧叹不如。

无论下乡调查还是在办公室伏案疾书，他总是那个最忙碌的人，在他看来，地名是一件非常有趣又有意义的工作。他可以为一个地名的来历四处奔走，不辞艰辛；他可以为一个地名的沿革上山下沟，废寝忘食；他可以为一个疑难地名搞清楚而欣喜若狂，开怀大笑。他几乎天天加班，牺牲午休时间，牺牲节假日，在单位干，回到家也总是有忙不完的活。2017 年下半年，因长时间的高强度用眼，李德林局长患上眼疾，眼睛干涩、疼痛、泪流不止，大家都劝他回家好好休息休息，可他却说："手头上的活还有好多，在家待不住，来单位边工作边休息，心里踏实。"看似云淡风轻的一句话，让我们感受到了一个年过七旬的老前辈的敬业精神和个人素质，为我们解析了什么才是真正的"干一行，爱一行"。

求真务实毫不懈怠

三原县工具类的地图只有 30 年前普查形成的行政区划图、各镇区划图，因为年代久远，缺少更新，已经远远和飞速发展的经济社会有了很大的差别。李德林局长便有一个想法，想绘制一张三原县城区街巷最新的布局图，以便应用。于是他就开始手工绘图，对电脑只有基础水平的他，下载、学习绘图软件，以清河为界，整个三原城区分为南城和北城，北城区为新城区，规划相对比较正规，道路、街巷分布有序，绘图工作还比较顺利。南城为老城，街巷分布密集，名称繁多，随着发展，都有新的变化和改变，大部分的街巷都需要亲临现场，实地勘查才能弄明白，由于小的街巷路窄，车辆来往不便，李德林局长就骑上自行车，穿梭于大街小巷，对于有疑问的每一处地方，都跑到、看到，记在笔记本上，回来以后再根据记载一一修正。手工绘制地图很多人都会认为是一件不可思议的事情，可李德林局长却硬是凭着双手、双腿完成了这件许多人认为不可思议的工作。经过 3 个多月的实地勘查、修改，《三原县城区街巷示意图》手绘版诞生了！为了让这张地图更好地应用于三原发展，发挥其最大的工具作用，民政局领导邀请专业制图人员，用专业的绘图软件真实还原地图。当制图技术人员看到这张手绘地图时，赞叹之情溢于言表，他们无法相信手工绘制的地图在比例、位置等专业技术方面可以做到如此精准，更无法相信这张地图竟然出自这位没有接受过专业培训且年过七旬的老人之手。

2016 年 12 月 7 至 8 日，省厅召开“全省地名普查工作暨地名普查技术培训会”，随会发放了《陕西省行政区划图册》，李德林局长拿到这套图册时，如获至宝，他认真地阅读查看了相关内容，发现由于基础资料的来源庞杂、不够规范等诸多因素，图册中有不少地方不尽完善。他仔细研究，反复求证，对发现的问题一一列表纠正：内容包括《三原县政区图》中涉及的 11 个乡镇 32 个标准地名，25 处位置标识错误或不准确的；《三原县行政区划表》中乡镇排列序列凌乱、称谓不统一、村名出现别字、出现过时地名等现象的；《三原城区图》中 7 处地名及位置错误的。这份《陕西省行政区划图册三原部分正误录》得到了省厅业务主管领导的充分肯定和高度赞扬。

攻坚克难硕果累累

2017 年新年过后，他带领专家组成员、普查办工作人员就最终审定的 2800 多条地名普查登记表进行再修改、再审定，确保普查的进度与质量。作为终审把关人，他要求专家组成员按照各自分工，对每一条、每一项都进行逐字逐句的推敲和锤炼，他们认真的程度，甚至办公桌上的热茶已凉透，却还没顾上喝一口。文字工作常常一坐就是半天，看得人头昏眼花，腰椎颈椎难受，但专家组 5 名年过七旬的老人却没有半句怨言，实在难受的时候，就站起来稍做活动，又紧接着投入工作，这样的敬业精神确实令大家感动。功夫不负有心人，2800 多份登记表经专家组审阅后，表格 4 大项清晰明了，文化挖掘有头有尾，地理描述指向规范。最终在规定时间内为数据入库奠定了坚实基础。2017 年 5 月 10 日，三原县第二次全国地名普查工作迎接省级验收，最终以较高的综合成绩通过省级专家小组验收。当听到这个好消息，大家都深感欣慰，1000 多个日日夜夜的辛苦终于值了！省级文化专家还在验收中点名夸奖了三原县的地名文化挖掘有内涵、有深度，说确实下了狠功夫，这个成绩来得不容易啊！2 年多的努力终于有了回报。

我们由衷地向李德林同志致敬！向专家组的老专家们致敬！也向承担这

项工作的地名工作者及默默扎根基层的地名普查人员致敬！

在桑榆暮景之年，这样一群老人用自己的辛勤汗水和无私奉献，为三原县第二次全国地名普查工作作出了重要贡献，李德林同志身为专家组组长，自始至终都保持高度的责任感和使命感，整个普查中他既是指导员，又是指挥员、宣传员，也是实际工作者。他的执着和热情，深深地感染着身边的每一个人，他用双手创造了奇迹；他用行动诠释了“活到老，学到老”；他用超人的智慧和勤奋，用心耕耘，甘洒汗水，默默奉献，在平凡的岗位上实现着自己不平凡的人生价值。

敢与须眉试比高

——记陕西省安康市白河县民政局饶绘美

饶绘美，女，汉族，生于1967年9月，1991年7月毕业于安康师范专科学校（现安康学院）应用化学专业，分配至白河县经济委员会（现白河县经济贸易局）工作。1996年10月，调入县民政局，先后从事救灾救济、城乡低保、五保供养、医疗救助、婚姻登记等工作。2016年3月，她被调整到社会事务股任股长，负责全面工作。第二次全国地名普查就是其中的一项工作，在新的工作岗位上，她顾大局、识大体、任劳任怨，没有因为自己是一名女同志、年龄大而求清闲、推责任，而是积极主动、勤勤恳恳、兢兢业业、一丝不苟地开展工作，使白河县第二次全国地名普查工作走在全市前列。

钻研业务提水平

饶绘美同志虽然是一名“老民政”了，但是地名普查对她来说还是项新工作。为了尽快进入角色，她一头扎进了文件堆，深入学习和研读《第二次全国地名普查实施方案》《第二次全国地名普查工作规程》《陕西省第二次全国地名普查工作手册》等地名普查政策和文件，并且还把重点资料抄写在随身携带的笔记本里，笔记达1.5万余字，从而全面掌握了地名普查内容、调查范围、流程、方法以及注意事项。在充分调研的基础上，草拟了《白河县第二次全国地名普查实施方案》，提交县政府审定印发；草拟了《白河县第二次全国地名普查培训方案》，提交县地名普查办报经地名普查领导小组批准实施。

日常工作中，她还积极向经验丰富的民政干部请教。遇到疑难问题，打电话或借助互联网向省、市专家咨询，还经常与其他县（区）同行互相交流，汲取他人的长处，弥补自己的短处，从而成为一名地名普查行家里手。

主动作为勇担当

这次地名普查范围广、涉及面宽、情况复杂、技术要求高。怎样才能使工作顺利开展、确保全县上下一盘棋？一直是饶绘美思考的问题。她迎难而上，积极向领导献计献策，主持草拟了《白河县第二次全国地名普查工作计划》《白河县第二次全国地名普查工作人员分工时间安排进度表》《白河县第二次全国地名普查协调联动工作机制的方案》等文件，并报经地名普查领导小组同意印发，同时严格监督执行。

在普查工作开展期间，她经常深入镇、村（社区）、单位地名普查一线，了解工作情况，掌握工作进度，梳理工作中出现的问题，并针对问题组织筹备召开协调联动会，积极协调解决工作中的重大问题，形成了全县上下统一步调、统一标准、统一节点的工作局面。

白河县地名普查采取以镇为调查单元、自我普查与技术服务外包相结合的方法开展工作。2016 年 10 至 12 月，外包公司工作人员到各镇组织业务培训和外业采集，饶绘美积极与各镇联系协调，安排专人配合，有时她亲自陪同到镇、村或单位培训、指导、督查。

坚持原则保质量

饶绘美深知，质量是地名普查成败的关键，只有坚持“依法普查、科学普查、安全普查、创新普查”的原则，强化责任意识，树立质量观念，加强质量管理，才能优质高效地完成地名普查任务。她起草了《白河县第二次全国地名普查质量管理和监理实施细则》（以下简称《细则》），并要求地名普查质量监理员按照《细则》规定对地名普查的前期准备、数据采集与处理、地名标准化、地名标志设置、检查验收、成果汇交、资料归档等全过程实施质量管控。同时，她还挤出时间对各镇上报的《地名登记表》进行审核，发现实体概况信息填写不完整、地名来历含义混淆表述不清或所在行政区填写错误等问题，她都一一指出，并将问题反馈给相关单位工作人员，让其重新补充完善。

她还是一个善于动脑筋、勤于思考的人，在地名普查过程中，她摸索出了普查成果“五审核”法：即对照审核、镇村（居）审核、地名专家审核、职能部门专业审查、地名普查办组织复查，使白河县普查成果达到了“三规范”（即数据录入规范化、检查验收程序规范化、立档规范化）的效果。

爱岗敬业甘奉献

自调到社会事务股开展地名普查工作以来，她几乎没休息一个周末，加班加点成了习惯，地名普查办的灯光经常亮到晚上十一二点。从地名普查办公设备购置、人员组建、宣传发动、方案制订、会议筹备、资料收集、数据采集等，她事无巨细，一一操劳。为购置地名普查专用设备，她多次与采购中心沟通，设备还是久拖不到位，她生平第一次与人红了脸。为搜集地名相关资料，她到相关单位一盒一册地查找，一坐就是一整天。为采集地名信息，她带领地名普查工作人员不畏严寒酷暑，不怕日晒雨淋，发扬艰苦奋斗、吃苦耐劳的精神，翻山越岭，爬坡过河，实地踏勘测方位、拍照片、录视频，召集当地群众座谈，走访知情人员，深入挖掘地名文化。为迎接省级验收，她天天和外包公司人员抱着《第二次全国地名普查质量评分表》，一项一项核对，查漏补缺，每天深夜一两点才拖着僵硬的双腿回家，母亲病了都无法在床前尽孝。为落实验收反馈意见，她立即着手制订整改方案，夯实整改任务，将责任落实到人，倒排工期表，一条一条整改，一项一项销号。在整改期间，外包公司一名工作人员辞职了，她二话不说，直接顶上去，补拍多媒体照片。有好几次，单位实在抽不出人，她硬是要求丈夫在周末开车带着她前往现场走访，求证地名来历和采集地名影像资料。

饶绘美同志就是这样一位立足岗位、脚踏实地、全心全意、努力工作的人。在地名普查工作中，她以敢与须眉试比高的工作劲头和强烈的责任心、使命感，默默无闻、无私奉献，完成了白河县第二次地名普查工作的各项任务，为传承白河地名文化、守护白河人民的乡土记忆作出了积极贡献！

用心尽责　平凡岗位践忠诚

——记甘肃省白银市边界办公室李沿元

李沿元是白银市边界办公室主任。2016 年 7 月从事地名普查工作以来，始终秉承“用心尽责”的工作理念，以高度的责任感和使命感，脚踏实地、真抓实干、勤奋努力，充分发挥地名普查“宣传员”“战斗员”和“指挥员”等多重角色作用，有力推进了工作落实。2017 年，被市直机关工委评为优秀共产党员和优秀公务员；2018 年，当选为白银市民政局第一党支部书记。

勤学习　强素质

“打铁还需自身硬”。2016 年 7 月，他从救灾救济科调任白银市边界办公室主任。为了熟悉适应工作，尽快使自己由外行变为内行，他采取多种方式进行了学习充电。认真学习上级有关地名普查工作的文件资料，掌握工作任务与要求。收集整理地名普查工作资料，翻阅《白银市志》《白银市统计年鉴》《行政区划与地名管理》《甘肃省地名词典》《白银市地名资料汇编》等文献资料，加速了解白银的历史地理文化。联系购买了《第二次全国地名普查指导手册》《第二次全国地名普查案例汇编》和《第二次全国地普查百问解答》，结合网上阅读，积极补充提高业务认知水平。利用到省上开会和县区检查调研等时机，积极主动探讨取经，不断获取普查知识，努力拓展工作视野。先后和参加过第一次全国地名普查工作的陈波等老同志和甘肃省地名研究中心武江民、党国锋副教授以及市县区地名工作的老领导、老同志多次交流沟通，多方获取工作方法和经验，提高工作能力。通过不懈努力，在短短半年多的时间里，他由原来的地名普查“门外汉”变成了“小专家”，他提出的“加强普查过程资料建立检查促规范”和“聘请第三方机构独立验收保质量”等工作建议都得到了省、市地名普查办领导的认可和推行。

挑重担　推落实

“工作的力度决定工作落实的高度”。2017 年 8 月中旬，省普查办通知，“国务院第二次全国地名普查办委托国家地名研究中心要对白银市地名普查工作进行全面监理和质量评价”。这一通知下达时，距离他到边界办工作才刚刚过了一个月。面对工作重担，他没有丝毫退缩，而是以饱满的工作热情勇挑重担，迎难而上。请示领导同意后，自己带着《第二次全国地名普查工作规程》和《第二次全国地名普查质量评价体系》等文件资料，认真对照《第二次全国地名普查指导手册》《第二次全国地名普查案例汇编》和《第二次全国地普查百问解答》，从政策依据、解决问题的办法和通过整改要达到的标准入手，和各县区普查办人员、技术服务单位人员进行面对面讨论研究，有时还因一个问题引起争论，他就现场打电话询问上级领导和专家学者，两个县区下来，李沿元同志的嗓子沙哑得都说不出话了，但他仍采取用力大声说、在纸上写、用手指点以及指示陪同人员代讲等办法完成了所有县区的检查任务，有效带动了大家的工作热情。在全市推进会、培训会和现场整改会上，李沿元反复用“普查成果要经得起群众和历史检验”“在其位必须谋其政”以及“尽责才能推责”的辩证思维，有效纠正当时行政部门“一包了之”“当甩手掌柜”和技术服务公司员工“混日子混工资”等错误思想认识，统一了思想，提高了大家的责任担当意识，有效推进了工作落实。

盯问题　保质量

“坚持问题导向是确保工作质量的重要保证”。2016 年 7 月，李沿元调任边界办参加地名普查工作。在短短半年时间里，对各县区普查工作进行了三个轮回的检查调研，找准了问题和不足，摸清了工作底数。面对问题不回避、不遮掩，而是坚持问题导向，盯住问题想方设法督促整改。针对当时技术服务公司没有严格按照地名普查规程标注工作图的问题，他通过和技术人员共同查找普查规程、向公司领导沟通反映、书面致函要求解释答复和以正式文件上报省厅协调等多种办法，从根子上彻底解决了工作图的问题，规范了普查工作程序，严肃了普查纪律，确保了普查安全。为提高成果数据质量，在督促技术服务公司集中力量进行修改完善的基础上，采取逐条对照检查的“笨”办法，陪着各县区普查办人员和技术服务公司人员，放弃“五一”外出旅游行程，在兰州连续 10 天夜以继日加班，盯着清单逐条打钩进行核对，确保了普查成果数据的质量。

尽职守　显成效

“办法总比困难多”。2016 年 10 月至 2017 年 10 月期间，技术服务公司在不事先告知市县区普查办的情况下，先后 3 次擅自更换了市县区普查项目负责人，给全市普查工作造成了严重被动……一边是技术服务公司说“业务人员自己不想干了他们也没有办法”的无奈解释，一边是各县区普查办说“技术服务公司不负责任你们市上要想办法解决”的赌气抱怨……在市普查办的支持下，和其他同志一道，在书面发函质询技术服务单位限期协调解决的同时，积极争取省、市普查办领导支持，向技术服务公司负责人打电话协调公司将技术力量向白银地区倾斜，最终保证了工作的稳定。进入普查验收环节后，他建议市普查办采取聘请第三方机构的方式进行独立验收。由于受经费影响，当时县区分管领导都不愿意采纳。他采取电话沟通、利用检查工作时机当面向主要领导汇报的办法，反复向大家阐述第三方验收既是地名普查验收的政策要求，还能避免行政审核解决不了地图拼接、数据完整性检查等技术性问题的缺陷，也才能真正确保普查成果质量的道理。最终，白银市三县两区率先在全省实行了第三方机构独立验收办法，受到了省地名普查办的肯定和推广。

“干一行，爱一行，专一行”。作为地名普查工作的一名新兵，他秉承“用心尽责”的工作理念，以饱满的热情、高度的责任感和使命感，义无反顾地承担起作为一个“地名普查人”的责任，脚踏实地、真抓实干、勤奋努力，在平凡的岗位上践行着对工作的忠诚，受到了大家的一致好评，发挥了良好的典型引领作用。

脚踏实地　真情奉献

——记甘肃省庆阳市西峰区民政局封俊宽

封俊宽自2012年7月起任西峰区民政局党组成员、副局长，2015年兼任西峰区第二次全国地名普查办公室主任。在历时近4年的普查工作中，他创新求实、恪尽职守，高质量完成了普查的各项任务，用责任和真情为西峰区第二次全国地名普查工作作出了突出贡献。

知难而进挑重担

封俊宽同志1993年参加工作，先后就职于教育、文化、民政等多个部门。20多年的一线工作经历，使他积累了丰富的基层工作经验。面对时隔30年的第二次全国地名普查，他临时受命，勇担重任。

随着改革开放的持续深入、经济社会的快速发展和城镇化建设进程的不断推进，西峰地名发生了巨大变化，区内原有地名不断消失，新生地名大量涌现，地名数据不新、不全、不准的问题十分突出。第二次全国地名普查协调面广、要求严格、任务繁重、责任重大。在艰巨的任务面前，封俊宽同志身先士卒、躬身力行，全身心地投入到普查工作中，足迹遍布区内的各个角落。在认真学习、充分领会把握上级普查要求的基础上，他先后指导制订了西峰区第二次全国地名普查实施方案、宣传方案、培训方案和成果转化方案等，强化了普查意识，落实了工作责任，把普查任务纳入成员单位目标管理年度考核，在全区上下形成了齐抓普查、共管普查的良好工作局面。

严格要求提质效

为确保普查工作全面顺利开展，普查伊始，封俊宽同志就确定了以“普查办为主、技术服务为辅、自主普查和技术服务相结合”的工作思路，积极与具备专业能力的技术服务公司多次协调，将实地踏勘、数据处理等技术性强的工作及时进行了外包，弥补了专业技术不足的短板。普查质量的高低，决定着普查成果的转化运用。为此，封俊宽同志与工作人员一起，从资料搜集到普查培训，从地名调查目录编写到地名信息实地核实采集，从地理实体及地名标志位置测量到数据整理入库，都严格按照“严、细、实、准”要求落实，全面提升了普查质量。

为了让普查数据精确真实，他亲自到实地测量求证，确保每个数据都经得起检验。针对北石窟寺、小崆峒、南佐遗址等全区160余个地理实体照片重复不合格问题，他顶着烈日多次实地对照片进行采集。考察时，每天四五点起床，到山里一待就是整整一天。饿了就吃随身带的饼干、方便面，累了就地打个盹。山路险恶，有一次车出了故障，困在了大山深处，夜里气温骤降，极度寒冷，山区里没有信号，无法向外界求助，他在车里整整困了一宿，第二天在路人的帮助下才脱身，接着又投入了工作。

2016年7月的一天中午，骄阳似火，酷热难耐，他和普查办的同志一起背着相机、录音等设备，赶往西峰区最偏僻的显胜乡毛寺村考证部分地名含义和历史沿革等情况。正当他们在陡峭山路上汗流浃背忙碌工作时，忽然间，电闪雷鸣，瓢泼大雨倾盆而下。为了不让设备淋湿影响工作，他赶紧脱下外衣将相机等物品包裹起来紧紧抱在怀里，不一会儿全身就湿透了。夏雨多变，晴雨几次三番，天一放晴他便赶紧架好设备工作，一下雨又匆忙收起，护着设备。直到回家时，衣服还是湿的，好在设备都完好无损，但他却得了重感冒，为了不影响工作，他吃了点感冒药又重新投入到紧张的工作中。为此，有朋友极为不解：为了工作把身体搞垮了，值吗？他笑笑说：“只是个感冒嘛，不要紧不要紧。”正是在他这种恪尽职守、一丝不苟的工作态度引领带动下，西峰区第二次全国地名普查工作取得了显著成效。

踏实工作创业绩

封俊宽同志在长期的基层工作中，养成了兢兢业业、认真负责、踏踏实实的工作作风，他把这一作风带到了第二次全国地名普查工作中，“白+黑”“5+2”成为工作常态。

2016年，女儿大学毕业报考研究生。当时正值外业采集的关键时期，工作十分繁重，妻子又在外地，所以没能帮上孩子一点忙，入学相关手续、飞机票等都是女儿自己办理，女儿临行，他还在肖金镇指导外业采集工作，未能送女儿入学。封俊宽同志集普查工作的“指导员”“普查员”“宣传员”

封俊宽在外业考察

“救火员”于一身，他善于发现和解决工作中的薄弱环节和各类问题，能及时总结先进经验，以点带面全面推广。经过3年多的不懈努力，西峰区地名普查共采集11大类42个子类的地名信息4023条，标绘1∶5万纸质地图7幅，编撰了西峰区第二次全国地名普查地名目录，上报了西峰区第二次全国地名普查地名标准化处理统计表242张，设置重要地名标志100块，协调出版《西峰区地名辑要》2500余册，多媒体数据覆盖率和准确率均达到了100%。成果质量验收县级评定98.2分、市级评定100分、省级评定99分，全区地名普查工作多次受到省、市的表彰奖励和充分肯定。

封俊宽同志凭借自身的勤奋，用心耕耘，甘洒汗水，默默奉献，在平凡的岗位上实现着自己不平凡的人生价值。客观环境的恶劣无法浇灭他对工作的热情，对家人情感的亏欠化作对群众的责任，他以实际行动践行着他的入党誓言。

寻金城地名　续普查新篇

——记甘肃省兰州市民政局田耕

田耕是兰州市民政局区划地名处处长、兰州市第二次全国地名普查领导小组办公室副主任。

自任区划地名处处长以来，他碰到的第一件事就是第二次全国地名普查。他坚持在学中干、在干中学，全身心投入地名普查事业，主动担当全市地名普查，在人文地理实体和自然地理实体普查中描绘人生，默默当起普查孺子牛。兰州市先后接受国务院地名普查办督查、抽查 3 次，较好完成各项工作任务，受到了好评。

冲锋号在任职中吹响

田耕 2013 年年底走上处长工作岗位，第一次接触到区划地名工作。2014 年全国地名普查开始启动，面对全新的工作，他主动挑起普查的重担，埋头学习地名普查业务，主动研读地名普查政策法规和工作规范，提高对普查工作重要性认识，撰写学习笔记 3 万余字，从门外汉变成地名普查的行家里手。作为一名转业军人，他说，是战士就要冲锋。地名普查的开始对他来说，就是冲锋号，他没有停止，没有退缩，只有前进。这是使命，更是担当。自普查以来，他没有休过一天假，甚至节假日经常加班加点。他可能欠家人太多，但在普查工作中，对待地名普查事业上，他无怨无悔，将全部身心投入到普查工作。

难题在攻坚中被击破

第一次地名普查距今已有 30 多年，参与普查的工作人员大多已退休或调整，没有经验可以借鉴，没有规律可循。面对人员少、资料少、经验少的实际，他坚持问题导向，盯着问题抓落实。先后多次在在兰高校、省市图书馆查阅资料，搜集“一普”资料、地方志、统计年鉴、旅游、地理、历史、行政区划调整设置、国土等部门相关资料，共计130多本（册），并联系7位参与地名普查的老领导、专家学者，借阅“二普”相关资料共20余本，为全市第二次全国地名普查打下了良好的基础。在外业普查中，认真核对图载地名信息，逐条进行实地采集，通过位置比对、信息核对，准确录入信息采集表。针对图载地名中当地人不熟悉、无法考证的情况，按照多地走访、现场察看、通过史志资料搜集等办法进行补充完善，丰富了普查内容，较好解决了部分图载地名难以普查的问题。集中对城区道路地名标志进行全面更新，自普查以来，通过兰州市城区道路标准地名标志设置，提升了城市形象，积极与公司协调，公司自筹3000万元，在全省率先完成了符合《地名标志 GB17733—2008》的地名标志。

协调在坚持中融合

作为省会城市，兰州市范围内涉及省属单位、中央在兰州单位、企事业单位，协调难度大，部门和单位配合意识不够的问题时有发生。在普查中，他不厌其烦，带着介绍信、带着省市普查领导小组文件，一次次上门联系和沟通，使普查单元得到应普尽普，先后协调落实150多个单位。在协调联系中，坚持纵向上下对接，协调省级，向下到区县普查办和乡镇、街道办事处和社区，横向延伸所有部门。他跑遍了大小单位和部门，相互建立了较好的合作关系。为解决“二普”经费不足的问题，主动申请财政资金，2015年度市本级财政预算，市财政列支资金200万元，各县区配套资金总计约180余万元；市县区普查办共提供办公场所15间约300平方米。同时，严格依照政府采购程序，采取集中采购、分散采购方式，配备普查专用设备，市县区共配备手持GPS10部、便携式摄像机9部、打印机18台、照相机9部、文件柜20组。

质量在创新中提升

在全市地名普查中，他积极探索质量提升的途径和办法。一是重宣传。全方位开展地名普查宣传，以“开展地名普查，弘扬地名文化”为主题在东方红广场进行宣传，现场发放传单10000余份，积极协调市委宣传部，通过在兰各大媒体对此项工作进行了宣传报道，达到了“接地气、多渠道、广传播”的宣传目的，提高了地名普查的宣传影响力。二是高标准。严格普查程

田耕在核查普查成果

序，国家规定程序一个不漏、严格普查标准，不人为降低普查指标、严格数据采集，坚持标准不降低、严格数据入库，采集人员、专家审核未通过不予入库。严格督查检查，坚持不定期督查贯彻普查全过程、严格自查核查，县区自查市级核查一个不少。严格保密规定，各级均建立保密工作责任制，安全保密工作得到强化，安宁区对涉密资料存储实施“一铁三器三人管理”的工作机制在全省得到推广。采用基层单位采集、专门部门核对、专家审核质量验收、服务单位集中录入的普查工作方法，从源头上坚持普查质量高起点推进，全过程坚持专业化优先，提升了普查质量。三是广动员。充分利用兰州市网格化管理的资源优势，调动基层参与普查的积极性，坚持普查类别全覆盖，不留死角，将全部乡镇街道办事处纳入成员单位，使普查成员单位涵盖了兰州市所有行政区域。四是强培训。采用层级培训，在省级培训的基础上，采取以会代训、政策宣讲解读、专题模拟演练等方式，先后组织召开普查工作培训、软件安装使用培训、地名普查推进会等会议，对普查工作人员进行了培训，培训率达到了100%。五是坚持专业化。按照对口专业核对，对水利、宗教场所、旅游、纪念地等的普查，坚持行业归类，由各区县普查办先行采集，后进行专业审核的办法，重点核对信息的真实性、准确性，提高了整体普查质量。

统筹推进全市普查

自普查开展以来，他先后带领普查办人员深入各区县，坚持现场指导和督查，参与8个区县技术培训，进行督导。从制订方案到阶段性工作任务进行，都事必躬亲，亲力亲为，认真审核把关。先后接受国务院地名普查办领导的检查和督导3次，较好完成了迎检工作任务，其中安宁区和榆中县普查中图载地名普查、地名文化挖掘受到了好评。在省普查办的有力指导和市、区县普查办各成员单位的共同努力下，取得了一定成绩，但作为普查工作要保持现势性，传承和保护好地名文化，更好地服务兰州经济社会发展，还需要付出更大的努力。

一名90后地名普查员的心路历程

——记甘肃省庆阳市环县民政局慕逸升

慕逸升是一名“专业对口”的民政局区划地名工作者。在领导眼中，他是一位朝气蓬勃、乐于奉献的好青年；在同事眼中，他是一位勤恳好学、务实肯干的好职工。自开展甘肃省庆阳市环县第二次全国地名普查以来，他始终保持高度的责任感和使命感，脚踏实地、勤奋工作。他与同事们一起，共收集整理地名信息11个大类，形成地名目录10367条，成果表10367份；完成1∶5万成果图34张，1∶1万城区成果图1张；地名标志登记表26条；地名标准化处理7条；标绘1∶5000遥感影像图35张；建立完善了环县的基础地名数据库。

环县位于甘肃省东部，庆阳市北部，踞陕、甘、宁3省（区）交界处，总面积9236平方千米，约占庆阳市总面积的三分之一。辖9镇11乡，251个行政村、6个社区、1487个村民小组。地处毛乌素沙漠边缘，陇东黄土高原丘陵沟壑区，属残塬沟壑区向沙漠区的过渡地带。地貌分为西部掌地丘陵沟壑区、北部梁峁丘陵沟壑区、南部残塬丘陵沟壑区、中部环江河谷区。境内丘陵起伏，沟壑纵横，有流域面积1平方千米以上的沟道17364条（其中流域面积10平方千米以上1820条），有大小山梁859架、山头3万余个。有大小残塬527块，有掌区小流域382条。地形地貌复杂多样，对地名普查工作带来了很多不便，增加了很多工作量。

认真学习，精通业务

2014年10月20日，慕逸升同志有幸作为环县第二次全国地名普查员参加全省地名普查培训。通过培训，让他认识到了地名的来历、含义及渊源对社会经济发展的作用，体会到了此次地名普查工作的重要性和必要性，也是历史发展的必然要求和对人类社会的积极贡献。培训结束后，接市民政局通知，一个月后市民政局举行全市乡镇以上地名普查员培训，由慕逸升负责地名普查相关表格填写及相关知识的解读。这对于慕逸升而言是一个崭新的工作，没有经验，没有先例，困难重重，大家都觉得无从下手工作。但他以党员的高标准要求自己迎难而上，认真学习地名普查相关知识，积极收集相关资料，从档案局调取 30 多年前的“一普”档案 37 卷 178 件，从思想上、认识上提高对地名普查工作的认知，在业务知识上做好充分的储备。认真做好课件，多次咨询省厅培训时的几位授课老师，反复修改。他的努力不负众望，在 2014 年 11 月 24 日的庆阳市第二次全国地名普查培训中得到了肯定。12 月 18 日，庆城县民政局邀请慕逸升在全县的地名普查培训中进行授课，课件资料被多个县列为参考资料。

钻研突破，勇挑重担

参加完所有的培训工作后，兴趣正浓的慕逸升投入了环县的普查工作，可实际情况让他对这项工作产生了很大的抵触。记得那是在庆城县培训结束后，回到单位，领导告诉他地名普查办调入工作人员没有得到人社部门批准，工作暂时由他一人负责。拿着厚厚的《甘肃省第二次全国地名普查工作手册》，心想：“地名普查工作是民政局的事，这么重的任务，怎么就成我一个人的事了？本来的工作任务就已经够忙的。想归想，做归做，通过一番思想斗争后，他决定还是放手干吧！经过对上级文件和《甘肃省第二次全国地名普查工作手册》细细研读后，使他茅塞顿开，豁然明朗。原来地名普查工作不是某个单位或某个人的事，需要全社会共同努力，相互协作，此时感到无比汗颜……顿感自己太渺小、太狭隘。于是这项光荣而艰巨的工作任务就落在了他的肩上。

忘我工作，全心投入

地名普查是一项头绪多，数据信息量大，涉及范围广的工作，需要收集大量的历史资料和背景材料，信息采集工作量特别大，而且不能闭门造车，必须先把外业工作都做扎实了，才能把此次的地名普查工作做好。从此他心无旁骛、埋头苦干，把地名普查工作当作头等大事来抓，正式步入了长时而又艰辛的工作之中。进一步明确了任务目标、时间节点，分清了主次关系，分清了轻重缓急，基本开展了地名普查涉及单位类的 31 个行政、事业单位，26 个非行政区域类的林场及苗圃基地的地名普查工作。这些类别的普查，都

慕逸升在查阅普查资料

需要兢兢业业、认认真真、脚踏实地地工作。2015 年 10 月，全市地名普查决定与技术单位合作完成部分技术方面的工作，进场的工作人员分担了一部分压力，但作为这次地名普查工作的甲方，他必须负责，必须对所有环节把关。技术合作单位入场以后，他带着技术合作单位的人员，按照他整理的《环县地名普查目录》跑遍了全县 20 个乡镇、251 个村的山山水水，沟沟坎坎，有时为了一个地名的真实性和地名的含义及渊源，饿着肚子找寻多人。记得那是在 2016 年 5 月 27 日，当日晴空万里，骄阳似火，高温难耐，他带着登记表、相机、GPS 等物品，和技术合作单位的职工一起，赶往南湫乡进行外业采集和收集地名的含义、历史沿革等。由于路程较远，从县城到乡政府 130 千米，早上 8：00 就出发，中午也不能休息，尽管当时酷热难耐，但硬是咬牙坚持着。忽然间，一片乌云飘过，天空中电闪雷鸣，狂风阵阵。接着是瓢泼大雨，真是天公不作美，藏身车内，汗流浃背，全身湿透，其中的味道只有本人才能体会……，当雨停了以后，几个人都傻眼了，村组道路是土路，水坑、泥巴，车子陷进去就出不来了，几个人有的推，有的往车轮子底下水坑扔土块，等他们驶出这段路面后衣服上、鞋子上都是泥土，一个个精疲力竭地瘫坐在路上，晚上回到家已经 23：00 了，他想这也许就是大自然对他的考验吧。类似这样的事情太多了，搞外业蚊虫叮咬，披星戴月，日晒雨淋，是家常便饭。转入内业查阅历史资料和填表，虽没有外业那么辛苦，但也是一项繁杂和细心的工作，为此他不知加了多少班，熬了多少夜。有时为了一个地名的历史变迁更替和日期吻合程度，以及地名的来源、含义、历史沿革等，需要查阅很多历史资料，其间也走了许多弯路，比如有的单位批文名称与地方志所描述的不一样，有的小地名的字音相同而字义不同，有的还要考虑方言专用字，这都需要大量的时间和精力去考证，没有一个固定的简洁模式，只能靠自己去挖掘去思索，才能完成。在信息录入工作中，他和外包公司的人员一样，加班加点，有时为了工作的连续性，在电脑上一连工作就是好几个小时，甚至连续几天。由于电脑的辐射作用，给他的眼睛已造成了不同程度的损伤，视力急剧下降，以前不戴眼镜的他现在眼镜都摘不掉了，但他仍能做到无怨无悔、一丝不苟。当内业外业工作都完成后开始自检，上报省市验收的时候，传来一个不好的消息，人秘股告诉他工作调动了，被“下放”到合道镇中心敬老院，编制和工资都转到乡镇了，这无疑是一个噩耗。他找到局长，局长告诉他：“这是县上领导的意思，机构调整，敬老院归乡镇管理，你虽然调走了，但是地名普查没有结束，还不能走，抽调上来继续搞地名普查。”纠结、无奈、不甘心，他当时想：“我人都调走了，为什么还要留下来，地名普查已经和我没关系了。”一下午他呆呆坐着，和同事也没有话说。第二天上班，他好像啥事没有一样，继续投入工作，他决定留下来，做什么事都得善始善终。在后面自检的过程中，每个词条、每张表、每张照片他都要看，不合适的词条就改，不合格的照片就重新拍，他开着自己的车去找相关的地理实体，因为他知道他比技术合作单位的人更熟悉环县。经过多次修改，环县的普查成果通过了县、市、省各级的审核和肯定。在本次地名普查中，他是外业内业一个人，身心手脑一齐上，按时按质按量圆满完成上级交办的任务，并得到有关领导的肯定和好评。

他虽然年龄小，工作时间短，但强烈的责任感和认真务实的态度，是他一个普通共产党员的人生信念。经过 3 年多的磨砺，他喜欢上了地名工作，也使他认识到地名普查工作与民生息息相关，认识到地名文化的博大精深。

呕心沥血为普查

——记青海省海南藏族自治州贵德县地名普查办切军措

自2014年第二次全国地名普查工作开展以来，切军措带领县普查办同志勤奋工作，攻坚克难，全县地名普查工作取得了丰硕成果，普查进度和质量走在了全省前列。切军措同志在工作中因公负伤，身体受到很大损害，至今还处在痛苦的康复过程中。

一、刻苦钻研，成为普查行家里手

第二次全国地名普查工作开展后，切军措任贵德县地名普查办副主任，具体承担全县地名普查工作。地名普查技术含量比较高，她第一次接触这项工作，刚开始时对普查程序等理解不透，也不太懂识图用图。为了认真贯彻落实县委、县政府领导提出的“为历史负责，做精品工程”指示精神，适应工作需要，切军措主动请示到省普查办拜师学艺，注意虚心向省里参加过“一普”的老同志、老专家学习请教，到兄弟州、县学习经验，抓住参加培训、会议等机会多方取经。通过刻苦努力，很快掌握了地名普查相关政策知识，起草制定了全县普查工作制度、实施方案、年度工作计划、保密措施等一系列制度文件。工作过程中，切军措每天上班的第一件事就是组织普查办同志一起学习、研讨普查相关政策文件，熟记操作规程并将严格的保密制度贯穿于工作始终，有力地保证了全县普查工作规范有序开展。除了努力做好本县普查工作外，还主动指导兄弟县开展工作。通过工作实践和努力，省上称她已经从当初连地图都看不好的新手，变成了地名普查方面的行家里手。在国务院普查办召开的全国普查专家、骨干工作座谈会上，也介绍了贵德县工作开展情况并提出了下步工作建议，得到了与会同志的肯定。

二、勤奋工作，获得普查丰硕成果

切军措担任民政局办公室主任，除了需要完成大量的会议、协调、接待、公文起草等综合性工作外，还承担了党建、优抚安置、基层政权建设等具体业务工作，已经是“满负荷”运转。担任地名普查办副主任后，既要完成原来承担的工作，又要花费大量时间开展普查工作，变成了“超负荷”运转。她常常是白天外出搞地名普查，晚上回来处理其他公务，“五加二”“白加黑”加班加点成为常态。

贵德县位于青藏高原地区，地形地貌复杂、高海拔地区严寒缺氧、天气异常多变，普查外业可用工期短。雪山、沼泽、深谷、河流阻隔，“四沟”乡镇交通条件差。与有些地方“一包了之”不同，为了做好普查工作，她身先士卒，亲力亲为，带领普查办几个20多岁的小伙子克服重重困难，顶风冒雪，翻山越岭，跑遍了贵德的山山水水、大街小巷。面对全县复杂的地形地貌环境和艰苦的交通、气候条件，她和普查办的同志克服困难，跋山涉水，经常徒步前往，对全县所有地名实体进行拉网式实地踏勘，做到了外业调查全覆盖，掌握了县域内全部地名的一手资料；面对全县少数民族众多，一大批少数民族村落一地多名、有地无名、一名多写甚至含义不详，考证难、确定难等诸多难题，她和普查办的同志不厌其烦，在大山里走访群众610余人（次），追根求源，深挖细查，逐一查证核准，确保了采集资料的准确性和标准性；面对必须确保普查成果真实性的高标准和严要求，她和普查办的同志对重点地名进行了详细的重复踏勘和查漏补缺工作，对形成普查成果的地名全部进行了现场标绘、实地拍照，重要地名视频全部通过无人机及摄像机进行实地拍摄，少数民族语地名发音全部入户采集。

通过切军措和同事们的齐心努力，贵德县地名普查工作取得了丰硕成果。全县共采集普查11大类地名条目1730条，较“一普”新增地名831条；生成地名成果表1730份，成果图20张；实地完成多媒体采集4067条，照片3460张，视频11条；民族语地名发音采集达到100%。在海南州内第一个通过省级第三轮普查监理，并且在省级验收中一次性通过。普查成果转化工作成绩突出，出版了汉藏两种文字标注的贵德县地图，是全省唯一用汉藏两种文字标注的县域地图；完成了贵德县地名词典和地名目录编制工作，地名志进入出版阶段。

贵德县的普查工作得到了国务院及青海省普查办的高度评价。2017年8月，国务院普查办在对贵德县普查成果进行抽验后认为“工作认真扎实，成果丰富真实，质量优良，特别是多媒体采制成果在青海省乃至全国处于先进水平”。2018年5月，青海省普查办在贵德县召开了全省普查工作现场会，省普查办领导评价“贵德县普查工作严谨、严实，县普查办人员工作精神令人感动，值得全省同志学习”。

三、公而忘私，牺牲精神令人赞叹

切军措身体过去曾在下乡看望慰问优抚对象和困难群众的路上受伤并留下了后遗症，属于伤残人士，身体状况是不适宜到野外特别是高海拔地区工作的。但在普查过程中，她还是拖着病痛之躯走遍了贵德的山山水水，身心经受了常人难以忍受的痛苦，付出了常人难以想象的艰辛和牺牲，差点献出了生命。

切军措平时工作特别繁忙，有时家里、单位难以兼顾，尽管很顾家，但为了工作却只能亏欠家里。单位普查电脑不够用，她把自己家的电脑搬到了办公室。2017 年冬天在深山里普查地名，连续一个多月晚上 11 点前没有到过家，有时在外工作时间长了，自己掏钱请普查队员吃饭。一次，老公身体不适正在住院，母亲突发心肌梗死昏迷被人送进了医院。当时，她正带领地名普查小组在野外进行测量作业，心急如焚地赶到医院作了安排。因普查工作正赶进度，第二天她又继续带队到野外作业。之后很长一段时间都是白天在野外作业，晚上在医院陪床。

2018 年 1 月 14 日，正是青藏高原上寒气逼人的时候。为了补充完善普查成果资料，当天一大早，她像往常一样，带领普查办的工作人员，冒着严寒，前往海拔 5000 多米的边界山上采集地名补充信息。当完成任务下山时，由于思考下步工作加之劳累和高原反应，一脚踩空，从高山上滚落，一直翻滚了 30 多米，当场昏迷过去，幸好被在场的一个牧民拉住才没有继续滚落从而保住了性命。同伴们立即将她送入了县医院，在医院昏迷了 3 天多时间。由于伤情严重，先后被转到省城和北京的大医院治疗。其间，她刚刚清醒一些，为了地名工作顺利完成，就在病床上审核修改普查图等成果材料，参与并协调做好全省普查工作贵德现场会的筹备工作。

经专家确诊，切军措因受创伤造成了继发性癫痫、颈动脉夹层、右侧肢体偏瘫等症状。目前，出现了认知障碍，走路一瘸一拐，视力明显下降，正在病房中接受痛苦的康复治疗，仍在细心地整理着床头的一大堆普查资料。有人问她，为了工作这么拼命值吗？后悔吗？在她的心目中，有幸亲身经历并能高质量完成这样一项艰巨的任务，是特别自豪的一件事。她坚定地回答：值！从不后悔。

持之以恒　主动作为　高标准推进地名普查任务落实

——记宁夏回族自治区地名委员会标准化中心李波

李波同志，宁夏回族自治区地名委员会标准化中心主任。自2014年国务院开展第二次全国地名普查以来，他深入贯彻落实习近平总书记关于加强和规范地名管理、保护传承弘扬中华优秀传统地名文化的重要指示精神，按照国务院和自治区政府的统一部署，用改革创新的精神，统筹协调、精心组织、狠抓落实，扎实推进地名普查工作新发展，为宁夏地名标准化工作作出了突出贡献。

一、持之以恒，努力提高思想境界和政治素养

李波同志持之以恒地坚持学习党的创新理论，特别是深入学习领会习近平新时代中国特色社会主义思想，在实际工作中坚持以十九大精神为思想指导，努力把所学所想所感悟到的都转化为推动地名普查工作的强大动力。一是勤学善思。4年来，他深入学习习近平新时代中国特色社会主义思想，全面学习贯彻党的十九大及自治区党委全会精神，坚决拥护以习近平同志为核心的党中央，做到懂政策、明精神、悟理论。坚持联系实际，将学习成果转化为推动地名工作的认识、理念和思路，转化为加强自身建设的觉悟、思想和信念。二是严以修身。他始终注意道德修养的提升，始终坚持社会主义核心价值体系，自觉贯彻中央关于加强领导干部思想道德建设有关要求，把“立言”与“立行”统一起来，不断改造主观世界。三是学以致用。坚持调查研究，问计于同事、问计于基层、问计于群众，在耳闻、目睹、足践之中获得真知灼见，做到科学判断，指导实践，推动工作。

二、主动作为，扎实推动地名普查工作落实

地名普查是一项基础性、公益性、战略性的国情调查。李波同志作为宁夏回族自治区地名委员会标准化中心负责人，严格按照国务院、民政部、自

治区党委政府安排部署以及民政厅的工作要求，主动作为，狠抓宁夏地名普查工作落实。2014 年 1 月国务院印发《关于开展第二次全国地名普查的通知》以来，他先后参与制订了地名普查实施方案、工作规程实施细则、质量管理规定、验收办法实施细则、监理办法实施细则、加强地名文化保护清理整治不规范地名实施方案、档案管理办法等 15 项制度规定，形成了较为完备的普查制度体系。他先后组织召开了 20 余次专题会议，统筹推进全区地名普查工作。他切实加强对全区各级普查机构工作指导，加快普查进度，确保了地名普查稳妥有序进行。他组织制定了《宁夏回族自治区标准地名地址编制规范（试行）》《宁夏回族自治区二维码标准地名标志制作规范（试行）》《宁夏回族自治区倾斜摄影数据采集制作规范（试行）》，印发全区各市、县（区）遵照执行。通过这些举措，有效推动了宁夏第二次全国地名普查工作落实及成果转化。

三、勇于担当，严格管控地名普查质量

质量和标准是开展地名普查的生命线。李波同志始终把严格管控地名普查质量标准作为自己履职尽责的基本要求，在地名普查矛盾问题面前迎难而上、攻坚克难，敢于担当。根据《第二次全国地名普查工作规程》，他起草编制了《宁夏回族自治区第二次全国地名普查工作规程实施细则》《宁夏回族自治区第二次全国地名普查归档文件整理规则》，对全区第二次全国地名普查过程中的质量、进度、安全、验收、档案以及技术服务购买、成果转化、资金使用、资料归档整理等工作内容开展定期和不定期的实地监理活动。他组织成立了自治区地名普查专家咨询委员会，对全区地名普查工作中遇到的疑难问题、重大事项进行研讨和审定。他积极协调，通过政府采购形式，委托中国地名学会对全区 22 个县（区）地名普查开展全面验收工作，委托中国地名研究所作为第三方参与图录典志编绘编纂的评审、评定工作，有效保证了地名普查和图录典志编撰质量。

四、精心筹划，切实加大地名文化建设力度

地名是传统文化的见证和载体。为做好宁夏地名文化建设工作，李波同志认真组织开展地名文化资源调查、挖掘、整理和研究工作，并运用多种方式，宣传弘扬宁夏优秀地名文化，真正使地名文化建设接地气、聚人气、见

实效。他精心筹划，组织地名标准化中心与宁夏《新消息报》合作，刊登了以“大观地名”为主题的反映宁夏厚重而生动的地名文化的系列报道。组织宁夏地名学会，与民政部地名研究所、中国社会出版社合作，编纂完成了《方舆·宁夏地名文化精粹 2017》专刊。参加民政部地名论文征集活动，撰写上报宁夏论文 16 篇，其中，《浅议银川地名的文化记忆及建议》获得三等奖，《黄土高原丘陵沟壑区历史居住地名文化发展研究——以宁夏海原县为例》《宁夏地名行政执法调查及对策研究》获得优秀奖，自治区民政厅获得优秀组织奖。

五、锐意进取，积极促进地名普查成果转化

普查的目的在于应用。按照“边普查、边应用”的原则，李波同志锐意进取，积极促进地名普查成果转化。在他的具体组织指导下，2017 年已完成图录典志招标与合同审签工作，形成的自治区、市、县（区）三级标准地名图录典志编纂（绘）规则已下发到各市、县（区）。他组织开展制作的具有宁夏特色的 26 集地名动漫系列片、30 集微电影（微动漫）系列片，以宁夏地名为主题，结合地名文化遗产保护、大运黄河、红色地名、丝绸之路、慈善民政、风景名胜等内容，从地名角度集中反映宁夏的风土人情。先后组织完成了银川市、贺兰县、平罗县、盐池县、红寺堡区、泾源县等县域地名规划和宁夏贺兰山东麓葡萄产业及文化长廊地名规划。他参与完成了灵武市“千年古县”地名文化遗产的认定工作。

六、团结协作，在履职尽责中发挥先锋作用

李波同志作风优良、爱岗敬业、甘于奉献，有高尚的政治品德和良好的精神风貌，无论是在工作学习还是日常生活中，都以身作则，为同事作出了表率。按照“一岗双责”的要求，他坚持对地名业务工作和党风廉政建设同部署、同落实、同检查，带头贯彻执行中央“八项规定”精神和自治区有关规定，带头执行和维护党的政治纪律、组织纪律、廉政纪律和群众工作纪律，以《准则》和《条例》规范自己的言行，充分发挥了先锋模范作用。他始终以《廉政准则》为镜，自觉增强法纪意识，时刻对照自己的言行，时刻记住法律与纪律的“高压线”，把握公与私的“警戒线”，坚守原则、坚守规矩。在履职尽责中坚持不断改进作风，他主动与中心副主任和成员沟通情况，虚

心听取大家的意见，自觉接受监督。在提要求、出制度、定措施过程中，他充分听取意见建议，注意调动中心成员积极性，共同推进任务落实。在他的带领下，宁夏回族自治区地名委员会标准化中心多次被民政厅评选为先进处室，他个人连续多年被自治区党委、政府和民政厅表彰为优秀共产党员和先进工作者，2013 年、2014 年、2015 年连续 3 年被评为优秀公务员，2016 年荣立三等功一次。

引领示范　真抓实干　不忘初心　砥砺前行

——记新疆维吾尔自治区地名标准化中心

新疆维吾尔自治区第二次全国地名普查工作启动以来，按照《国务院关于开展第二次全国地名普查的通知》和《自治区关于开展第二次全国地名普查的通知》精神，自治区普查领导小组办公室周密部署，精心组织，全力推进。根据国务院普查办的要求，全区105个县市区（含兵团9个市）已全部完成普查任务。全区普查收录地名23万余条，比“一普”时增加了16万余条。近年来，自治区先后在国务院普查办组织的地名普查现场会上3次介绍经验，在自治区3次的督查中获得了“走在全国前列”的赞誉。自治区地名标准化中心是承担自治区第二次全国地名普查工作实施的主要单位。

一、单位介绍

新疆维吾尔自治区地名标准化中心（其前身为新疆维吾尔自治区地名档案资料馆），中心编制为26人，实有人员为20人，内设机构为7个科室，即：地名档案科、地名科、信息科、地图科、财务科、政工科和综合科。其中副处级以上领导3人，少数民族7名，女职工13名，有中高级职称人员11名，其中副高职称3名，在职党员人数为20名。主要职责任务为：开展地名学基础理论和地名命名、更名的应用研究工作；草拟地名的各种技术标准，承担地名翻译任务；收集、整理、保管全区地名档案资料。中心馆藏15个地名载体，8大类，存放在中心的全疆各类地名普查和补更资料近20万卷，另有包括各县、市《地名图志》在内的各类地名工具图书资料2.4万册，地名卡片档案、地名文书档案、基建档案、照片档案、音像档案、勘界文书档案、破产企业档案、财务档案、精神文明档案等千余卷，地名标绘图、地名勘界图万余幅。

二、主要工作

1. 地名普查试点工作

2009 年开展的第二次全国地名普查试点工作，地名标准化中心承担了全部地名普查试点工作，派出 2 个工作组分赴第一批自治区 2 个试点县市，历经 80 余天的跋山涉水、高温高寒、高原反应，经内业核实、外业踏勘、录入数据库、整理、验收，按期上报国家普查办，积累了普查经验。并在完成 2 个地名普查试点县工作的基础上，又投入了大量的人力、物力和财力，在全疆 30 个边境县市全面开展了地名普查试点工作。为了做好此项工作，我中心举办了一期全疆地名普查工作培训班，对全疆 30 个地名普查试点县市 80 余名地名干部进行了全面的地名普查业务知识培训，中心 4 名同志精心准备，认真备课，制作课件，圆满完成了授课任务，受到参会代表的一致好评，为完成全疆地名普查任务打下了良好的理论基础。

2. 全面开展地名普查工作

2014 年 8 月 6 日地名普查视频会议召开以来，自治区按照《国务院关于开展第二次全国地名普查的通知》和《自治区关于开展第二次全国地名普查的通知》精神，中心按照自治区普查领导小组办公室工作计划，周密部署，精心组织，全力推进，按照内业、外业作业，标准化处理，数据库建设等程序，全面科学有序展开。一是保障工作到位。中心组成地名专家咨询委员会、地名普查协调组、地名业务技术指导组、地名宣传成果转化组，建立了全面的运行机制；积极制订中央补助资金分配方案，先后三次按时保障普查经费落实各级普查办，积极争取地方配套资金预算 3523 万元，落实 630 万元；二是人员培训到位。中心按自治区普查办工作计划，分别于 2014 年 8 月 6 日、2015 年 3 月、2015 年 7 月，召开了自治区第二次全国地名普查工作视频会、动员部署会、推进协调会，从而统一各地普查办的思想，振奋了精神，激发了斗志，树立了敢打必胜的信念。2015 年 4 月，中心编制《普查质量验收细则初稿》；中心分别在乌鲁木齐市、乌鲁木齐市水磨沟区、克拉玛依市、福海县、博湖县先后举办各级普查人员工作现场会、培训班，区级培训 180 人次，地州（市）级培训 1493 人次，县（市、区）培训 7564 人次；对全区 250 余名业务骨干进行了培训，通过观摩学习使全体普查人员厘清了工作思路，掌握了普查程序，学会了普查的组织方法；使普查人员熟练地掌握了软件的基本操作；三是组织工作到位。中心先后制订了《自治区第二次全国地名普查方案》《自治区第二次全国地名普查工作计划》《自治区第二次全国地名普查宣传方案》《自治区第二次全国地名普查成果转化方案》《自治区第二次全国地名普查质量验收细则》《自治区 2015 年完成普查任务县（市、区）方案》等一系列方案措施 60 余项，统一编印了《地名普查业务培训手册》《县市区第二次全国地名普查工作流程》，下发了《地名普查指导手册》《地名普查百问解答》《地名普查案例汇编》，使全区普查工作执行有依据，行动有标准，进度有要求。中心对 2015 年完成普查任务的 29 个县（市、区）进行了全面验收，完成任务率达到 47%，合格率达 93%。2016 年 1 月，积极、及时组织 29 个县市整改工作，完成整改率达到 100%。中心根据普查工作计划，对完成普查任务 60% 的县级政区（即 35 个普查县市区）先后进行了 4 次督查，发了 5 次通报，对 10 个县市进行了约谈。经预验收，35 个普查县市区完成了普查任务，完成任务率占普查县市区的 53%，合格率 95%。2016 年 12 月，完成 55 个县、市、区复验，并确定了第一批上报国务院普查办验收的县市区 43 个。2017 年 4 月，中心又组织对自治区 64 个普查县市区再次进行复验，以求确实达到国家验收上报标准。验收组经过 18 天的严格验收，64 个普查县市区均达到国家验收上报要求，上报国家普查办。2018 年 2 月，依据国家普查办的整改意见，中心再次组织了各县市区进行整改；6 月进行了兵团与自治区的数据库合库工作，就合库后整改意见又修正了 2 次，最终达到国家普查办的质量标准。

三、主要做法

新疆维吾尔自治区面积大，地形复杂，区情特殊，特别是维稳任务十分繁重，加之此次普查专业性强、时间紧、标准高、任务重，为达到预期目标，完成国务院和自治区下达的任务，主要采取了以下做法：

（一）领导重视，强力推进

1986 年我国实施第一次全国地名普查，时隔 30 余年，随着经济社会的快速发展和城镇化进程的快速推进，新疆维吾尔自治区的地名情况发生了巨大的变化。目前，掌握的地名信息不能反映地名的实际情况，地名数据不全、不新、不准的情况十分突出，迫切需要开展地名普查，尽快摸清地名底数详情，进一步加强和改善新时期地名管理工作，显得十分必要。为此，我们首先将普查工作作为民政工作的重中之重，列入年度考评和督查项目。经中心多次召开会议，认真研究部署整体普查工作，决心坚决落实国务院普查办关于2015—2017年完成40%、40%、20%县级政区的普查任务要求，并组织区级有关部门建立协调机制，统一解决有关难点问题。在几个月内，以政府名义3次召开动员推进会，这是历年来少有的，正是由于这几次动员推进会，使自治区普查工作得到了强力推进，认识更加到位，决心更加坚定，行动更加自觉，使全区形成了上下同心协力的良好工作氛围。

（二）把握普查的整体进程，确保普查有序进行

这次普查时间紧、任务重、质量要求高，因此把握好局部与全局显得非常重要。为此我们采取了总体部署分类实施，积极制定《自治区第二次全国地名普查工作计划》《2015年完成任务县市区普查明细方案》《2016年地名普查（补查）明细方案》，对完成任务、时间节点、内容作了详尽安排，进而统一了全区普查进程，确保了全区的步调一致。制订了方案，对每月完成的普查内容、标准、质量都作了细致的安排，进而使普查内容更加清晰，时间节点更加具体，推进速度明显加快，避免了普查工作走弯路的问题，达到事半功倍的效果。

（三）发挥优势，克服困难，全力搞好保障工作

新疆维吾尔自治区是多民族聚居区，语种复杂，区域广阔，基层专业工作人员少，兼职多，技术能力低，特别是近几年维稳任务十分繁重。针对这些短板，他们积极发挥资源优势，提高普查进度和质量。中心为各个县（市、区）提供第一次地名普查补更资料21万卷（件）。近年来，中心编撰了《新疆地名志》《新疆地名大词典》、少数民族语（维吾尔语）译写规则地方标准，这些志、典、规则的出版发行本身就是对新疆地名的标准化，它涵盖了90%的地名，其含义、来源、沿革的描述，这样既提高了效率，也保证了质量。调动试点县市优势，组织各地观摩学习、经验介绍，通过中心的5个业务、技术组，经常巡回指导各地，解决了全区业务技术方面遇到的各类问题，进而统一了全区技术标准。

（四）建立各项机制，确保普查质量

自治区根据实际工作情况，建立了3个质量监理机制，分别对普查整个过程和重点环节实施监控。一是成立了专家组，由社科、文化、地名、地理、语言等专家教授组成，主要任务就是对有争议的地名进行论证，进行标准化处理；二是成立验收组，由区普查办技术人员和有关专家教授组成，主要任务是按照《自治区第二次全国地名普查质量验收细则》实施验收，采取县级自检，地州级初验，省级普验程序进行；三是成立监理组，分为验收监理和日常监理，聘请兵团测绘院进行验收监理，他们“二普”试点时完成了兵团的普查工作，这次他们也承担了兵团的普查任务，对普查任务非常熟悉，对国家普查质量标准掌握得非常准确。监理的职责就是全程监控自治区验收的全过程，并对验收写出书面意见。2015年12月13日自治区对29个县（市、区）进行了预验收，监理组全程参加，提出来许多问题，达到了监理的目的。实践证明内行监督和外行监督效果是不一样的。自治区日常监理由区普查办技术人员和专家组成，主要监理全区县市区的整体普查情况。这些机制的建立，保证了普查的整体质量水平，也达到了普查的最终目标。

（五）普查成果转化工作

为加快信息化建设步伐，不断完善地名区划网，提高服务水平。中心自主建立了新疆地名公共服务信息网，主站建立了13个栏目、涵盖14个地州站、96个县（市、区）级子站，全区2015年本级发布信息298条，上报国家信息135条，在国家地名普查网上发布信息54条，2016年上报187条，发布71条，位居全国第二，为普查工作顺利进行发挥了应有的作用。清理不规范地名和地名文化保护工作中成果显著，依托第二次全国地名普查，对地名文化进行深入的挖掘，编撰了《吐鲁番地名故事集》《地名图志》《地名故事》《新疆古地名录》《新疆大美地名画册》等，启动20集电视系列片《走丝绸之路·讲新疆地名故事》《新疆第二次全国地名普查纪实》拍摄工作，展开了不同内容的成果转化。

根据国务院第二次全国地名普查办关于国家标准地名图录典志编纂工作的要求，自治区于2016年启动开展《中华人民共和国标准地名词典》（新疆部分）编纂工作，共收录2900条词目（含新疆生产建设兵团），约80余万

字。2018 年启动开展了《中华人民共和国标准地名志》（新疆部分）编纂工作，共收录地名 613 条，约 58 万余字。目前，自治区地名标准化中心已完成两部书籍的初审工作。

（六）普查宣传工作有声有色

中心制订了《新疆第二次全国地名普查宣传方案》，印发了《地名普查宣传手册》，下发了地名普查宣传图片，与自治区电视台拍摄公益宣传片，与自治区经济报社开展地名普查有奖知识问答活动，各地也通过多种形式展开宣传活动：博州开展了地名普查宣传月活动，全区普遍开展了宣传周活动；通过宣传展板、宣传栏、媒体播放，使普查工作得到了广泛宣传，进而得到了社会各界的支持。自治区参加民政部组织的“地名情·中国梦”微视频征集活动获得了 9 个奖项；在部网站刊发各种信息和经验材料近百余篇。

以上这些成绩的取得离不开国务院普查办的有力领导和支持，离不开自治区普查办的有力部署推进，得益于各级党委政府的极大关注，得益于成员单位的鼎力协作，得益于全区地名工作者的共同努力。全国各族人民正在深入学习贯彻党的十九大会议精神，为全面建成小康社会，实现中华民族伟大复兴的中国梦而努力。中心将以此为契机，以习近平新时代中国特色社会主义思想为指导，不断开拓创新，勇于进取，为美丽中国、大美新疆作出地名工作者应有的贡献。

坚守使命、甘于奉献
当好地名普查工作的指挥员、宣传员、服务员

——记新疆维吾尔自治区民政厅区划地名处姜兆新

2014 年 7 月 1 日起，第二次全国地名普查在全国拉开序幕。新疆涉及 14 个地（州、市）、96 个县（市、区），是一项十分复杂的系统工程。姜兆新同志始终坚守使命，甘于奉献，深入一线，务实苦干，以强化基层调研为突破口，科学规划全疆地名普查工作，在工作中不断锤炼本领，努力成为一名边干边学、边实践边提高的地名普查带头人，以实际行动诠释了一名地名区划工作者的责任担当。

一、勇于担当，坚守使命，以强烈的事业心、责任心抓好第二次全国地名普查工作

自 2005 年参加工作起，姜兆新同志作为一名地名区划事业战线上的新兵，由一个门外汉到熟悉再到精通，他从工作开始就坚定了完成好地名区划工作的决心信心，并时刻保持对地名区划事业的热爱和执着追求。他深深地知道，组织将这份重任交给自己，是组织对自己的信任，自己唯有以实际行动报答组织的信任，以优异的工作成绩来回馈广大群众热切的期盼。自 2005 年起，他先后参与了全疆地名公共服务工程、第二次全国地名普查试点工作和第二次全国地名普查工作，均在同类行业部门取得领先成绩。特别是地名普查工作，责任重大、任务艰巨，姜兆新同志秉持着对党负责、对地名事业负责的态度，以满腔的热情、负责的态度和忘我的工作精神投入到第二次全国地名普查工作中，敢于担当、主动作为，发挥模范带头作用，出色地完成了地名普查各项工作任务，获得了上级领导和全疆各县（市、区）地名干部的好评和认可。

二、埋头学习，认真钻研，当好地名普查工作的指挥员

地名普查工作时间紧、任务重，技术要求高，工作千头万绪，如何科学

地实施全疆地名普查工作，是摆在姜兆新同志眼前的首要难题。作为一名地名普查战线上的“新兵”，他既是指挥员也是战斗员，他不等不靠、主动作为，为自己制定学习任务，提出工作要求。首先，深入学习研究了《国务院关于开展第二次全国地名普查的通知》《第二次全国地名普查实施方案》及《第二次全国地名普查规范》等相关规范性文件；其次，仔细查阅了新疆维吾尔自治区第一次地名普查的主要资料，虚心向地名普查工作的前辈和上级业务部门请教，深入细致开展一线调研工作，掌握第一手资料。通过不断的学习、积累，业务能力得到显著提高，先后组织制定了《新疆维吾尔自治区第二次全国地名普查实施方案》《新疆维吾尔自治区第二次全国地名普查培训方案》《新疆维吾尔自治区第二次全国地名普查工作规程》《新疆维吾尔自治区第二次全国地名普查工作手册》等一系列方案和规范性文件，为全疆开展第二次地名普查工作提供了政策依据和具体操作规范。

在指导推进落实中，他始终与地名普查人员一起，认真谨慎，尽职尽责，每项工作都亲自参与。2016 年 10 月底，他带着人到米东区与福海县的边界出外业，恰逢下起了雨，西北晚秋寒风刺骨，风雨交加，车行在没有道路的泥泞戈壁滩上左右打滑，夜宿简陋寒冷的油田宿舍，带头赤脚蹚过冰冷河水过大渠，不说一声苦。工作中他处处以身作则作出表率，引领县（市、区）将普查工作做实、做细。对地名普查中遇到不确定、拿不准的问题，始终保持清醒的认识，坚持与大家深入探讨，无论哪个单位或者个人，只要想“跨大步，抄近道”都被他坚决制止。从严从实从细抓好地名普查是他经常讲的一句话，他也是这样做的。

三、深入一线，务求实效，当好地名普查工作的宣传员

抓好地名普查工作前期动员宣传至关重要，作为组织实施者，他深知宣传工作就像部队临阵前的动员，如果宣传不到位，成员单位和普查工作者就会不重视，工作马马虎虎，造成“错、漏、重”等问题，地名普查质量难以保障，因此，当好宣传员责任重大。为了做好第二次全国地名普查宣传工作，使地名普查工作深入人心，姜兆新同志组织开展了形式多样、内容丰富的“第二次全国地名普查宣传月活动”。对宣传月的组织领导、活动内容和工作重点作了具体部署，要求各地结合实际、精心策划。

活动期间，他跑遍了全疆 14 个地（州、市）、96 个县（市、区），指导

各地如何利用新媒体进行宣传。他在和田的时候，半夜接到妻子王旭的电话，电话中妻子急哭了，说小儿子突然生病发高烧，很想让他回去，还有女儿也非常想念爸爸。挂了电话，姜兆新在房间里踌躇良久，给妻子发微信：“让你爸妈来帮帮忙。这边工作启动得晚，再不抓紧，会耽误全疆的工作……”在姜兆新的不懈努力下，全疆 96 个县（市、区）均通过当地电视新闻宣传了地名普查工作，共计悬挂横幅标语 1100 余幅，制作各种宣传栏 100 余块，宣传单 5 万余张，电子显示屏播放 5250 次，创设县市微信公众号 90 余个。通过多方位的宣传普及，社会各界积极主动参与、支持地名普查工作，为全疆地名普查的顺利完成打下了坚实的群众基础。2016 年，在克拉玛依地名普查成果验收示范会上，组织 14 个地（州、市）以展板形式介绍本县（市、区）的经验做法，供全疆参训人员观摩，起到了良好的示范作用。

四、情系普查，以身作则，当好地名普查工作的服务员

地名普查头绪多，涉及范围广，数据信息量大，涉及地理、历史和语言等多领域。指导服务好地州县市普查工作，不仅要自身业务素质过硬，还要做好服务工作。为抓好普查工作，他先后组织参加了 2015 年福海县全疆地名普查工作观摩现场会、2016 年克拉玛依地名普查成果验收示范会、2017 年博湖县地名普查档案（新疆）观摩现场会，先后举办了 13 期地名普查业务培训班，进行了现场展示和地名普查授课任务。在历时 4 年的地名普查工作中，姜兆新同志足迹遍布全疆 96 个县（市、区），每个县（市、区）至少去过两次以上，在地名普查 QQ 群中共答复问题 3500 余次，授课 70 余次，编写信息简报 56 余篇。尤其是在地名普查整改阶段，历时 25 天，加班加点，不分昼夜，组织完成了 14 个地（州、市）96 个县（市、区）与生产建设兵团的接边合库工作，保质保量地完成全疆地名普查成果数据上报工作。

“千淘万漉虽辛苦，吹尽黄沙始到金”，初识地名普查的他，爱上了地名普查工作；历经地名普查磨砺的他，收获了酸甜苦辣，也收获了累累硕果。姜兆新同志，一名普通的民政工作者，在平凡的地名工作岗位上，坚持信念，敢于担当，以高度负责的态度，高标准、高质量、高效率出色地完成了各项地名普查任务，在自己平凡的岗位上继续谱写着地名区划工作的新篇章！

用心普查　用精准数据　践行新担当

——记新疆维吾尔自治区巴音郭楞蒙古自治州民政局郭卫星

郭卫星，男，生于1968年4月，锡伯族，山东莱芜人。出生于新疆伊犁尼勒克县，1990年毕业于新疆工学院地质系矿物普查及勘探专业，1996年3月加入中国共产党，1990年10月参加工作。在平凡的工作岗位上，他以满腔的工作热情，高度负责任的工作态度，勤勉务实的工作精神，把各项工作想在前、干在前，从具体细小处做起，一门心思扑在工作上，凭着敢想、敢干、敢担当的工作精神，曾多次被自治区、自治州民政厅（局）评为先进工作者和先进个人。突出的工作业绩、务实的工作作风，不但在单位起到模范带头作用，在当地民政系统也得到普遍认可。

在地名普查工作中，他勇于创新，敢于担当，在普查组织实施、一线作业、质量管理、工作保障、数据建库、成果转化等方面作出突出贡献，出色完成地名普查各项工作任务，在民政系统发挥出了中流砥柱的重要作用，为加快巴音郭楞蒙古自治州区划地名建设步伐和促进地名工作的快速发展作出了突出贡献。

一、早筹划　奠基础　展现新担当

凡是知情的人都知道，郭卫星曾参加过第一次全国地名普查、全国土地调查、全国勘界、土地确权、地名大词典编撰等多项地名工作，是一名工作思路清晰、凡事未雨绸缪的地名普查员。

为将第二次全国地名普查工作如期有序落实，作为巴音郭楞蒙古自治州区划地名科科长的郭卫星，在前期准备工作中，一直为地名普查机构成立筹备奔波忙碌着。从组建地名普查工作队伍，到精心制订实施工作方案，再到向自治州政府请示购置办公设备、申请资金到位、申请办公场地都离不开他的辛勤付出。为更好地取得辖区单位的理解和配合，他先后组织邀请相关人员撰写《铁门关》《楼兰古城》《丝绸之路》《都护府》等地名故事，在当地电视台、报纸、网站、微信平台进行推送广泛宣传报道，要求全州各县（市）、乡（镇）、村（社区）积极组织观看，不但让各族群众对地名有了更多的了解，而且从根本上让普查单位对第二次全国地名普查目的意义与重要性有了更深的认识，为普查工作顺利开展奠定了基础。

针对如何确定巴音郭楞蒙古自治州地名普查的调查目录等繁杂工作，郭卫星带领地名普查工作队伍加班加点对辖区普查成员单位提供的地名目录，逐一审核，针对出现的问题，找文献查依据，将其全部补充完善。调研、协调、申请、汇报，他日复一日穿梭于大路街巷和各个协调单位之间，面对繁忙复杂的工作，他从来没有退缩过，而是扛起责任担当，用实际行动完成时代赋予他的神圣使命。

二、学用统筹兼顾　发挥新作用

俗话说，“没有金刚钻，不揽瓷器活”。郭卫星深知，做好地名普查，传承历史文化，促进改革发展，是利国利民的一件大事。虽然参与过第一次全国地名普查，但他心里没有丝毫松懈，他知道，地名普查意义重大，当接到上级下达这份任务的时候，在他的内心深处，一股油然而生的责任感和使命感便涌上心头。

如何高质量完成这次全国地名普查工作？郭卫星第一个念头就是“充电”，新时代，要有新担当，只有学习才能强国，首要任务就是加强学习，“白加黑”“5+2”成了他前期准备工作的全部。他给自己拟出四条学习途径，一是认真学习上级有关文件资料，把工作任务和要求吃透吃准；二是深入了解巴州的历史地理文化，从巴州史志办、图书馆、博物馆、文化馆等单位借来全州各县县志、地名志、水利志、年鉴等文献资料，结合网上阅读，做好笔记；三是到兄弟地州学习取经和下基层调研的机会，拜访当地干部群众，从中获取文献参考依据；四是从爱好巴州历史地理文化的老领导、知名人士那里获取养分，进行面对面的交流，了解地名来由变迁。

在一个多月时间里，他夜以继日，硬是“啃”完了20多本文献资料，收集整理了10万多字的文献资料，着实为他做好第二次全国地名普查工作提供了可靠的依据，为后期落实地名普查工作奠定了硬性基础。

当同行问起查阅这么多文献资料有没有必要时，他总是认真地说：“地名承载着巴州的历史、镌刻着灿烂的文化、记录着沧桑变迁，彰显这个新时代的巨变，所以绝不能稀里糊涂地搞，修好‘国普’，是新时代赋予我们的使命，必须认真做好……”

三、冲破艰难险要　展现新作为

巴音郭楞蒙古自治州地域辽阔，历史悠久，地名文化底蕴丰厚，辖区与3省区、8地州接壤，下辖8县1市，涉及17条县市界线，252条乡镇界线，地名条数多，类别分类复杂，语音审定难度大，地名普查工作任务重、时间紧，特别是地名普查外业信息采集工作，为自治州“二普”工作提出了严峻的挑战。

为确保第二次全国地名普查工作顺利进行，面临茫茫戈壁、大漠高原，郭卫星带领普查队伍并没有退缩，在工作例会中，他信念坚定地说：“组织既然把这么重要的任务交给我们，这是信任，我们决不会辜负组织信任，再苦再累，决不退缩，一定要保质保量地完成任务，为巴州人民交上一份满意的答卷。”

站在讲政治的高度上，把“二普”工作作为一项政治任务来完成，将工作持续有序落实，他协调领导小组挑选8名能干事、干成事的业务能力强的普查员，组建成自治州一支精干的普查队伍。2014年12月底，巴音郭楞蒙古自治州第二次全国地名普查工作正式开始。扛起责任，他带领队友义无反顾地开赴“二普”工作第一线，奔波于茫茫戈壁滩、大漠高原，车辆不能通行的地方就骑马去，险峻的地方就是徒步爬上去，风餐露宿，白天跑，晚上带领普查人员整理核实数据，转、标绘工作图，对每个地方的地名逐一核实论证，用实际行动践行自己的担当作为。

有人问，不分白天黑夜地干图什么？郭卫星却严肃地说道：“图的是一份责任！第二次全国地名普查责任重大，挖掘、保护地名文化是一项利国利民的民心工程，也是一项方便人民群众生产生活，为保障国家安全和人民群众生命财产提供便捷。”

四、高质量严把关　落实高标准

从2014年8月开始填写地名普查登记表，他带领8名地名普查工作人员，用将近5年的时间，对全州范围内的地名及相关信息进行了全面的调查，摸清了20年间巴音郭楞蒙古自治州地名变化情况。填写了28000多张地名登记表。针对地名普查登记表填写不完整问题，现场组织各县（市）普查员逐条按照地名认真审查，并查找相关资料，向各成员单位反复核实，反复修改，补充、更新和完善，确保地名普查登记表每一个地名每一项内容都符合国家质量评价体系标准，最终形成了第八稿地名普查登记表800多册。

在将审核后的登记表入库、地图修测、图库链接等工作中，他带领普查技术人员，用了1个多月时间加班加点完成数据入库、图库链接、图形数据整合等工作。以较高质量完成普查登记表的完善、内业处理（专家审定）、外业普查任务处理、数据入库、图库链接、图形数据整合、标准化处理等工作。同时，巴音郭楞蒙古自治州地名普查在数据建库、成果转化等方面成绩突出，获得了上级领导一致好评。2016年在博湖县成功举办了自治区“二普”档案管理工作现场推进会，民政厅将博湖县“二普”工作档案作为档案整理标杆，向全区推广。在全巴州第二次全国地名普查中，共普查地名2.8万余条，强化了地名规范化管理，健全完善地名管理和服务体系。这些成绩与郭卫星找对工作方法，全身心投入是分不开的，他默默无闻工作、辛勤汗水付出对巴音郭楞蒙古自治州地名普查工作起到了推动作用。

在郭卫星的带领下，先后完成3条省界、8条地州界、17条县（市）界、252条乡镇界线图等对接修测工作。建立健全边界地州联席会议、边界纠纷应急处理等维护边界地区稳定长效机制，推进巴州与周边省区、地州、县（市）平安边界建设，妥善调处边界纠纷10多起，切实确保边界地区和谐稳定。积极适应城镇化发展新要求，稳妥推进行政区划改革调整，先后完成二师铁门关市设立、全州9个撤乡设镇及塔中设镇工作。完成库尔勒市设立朝阳街道、梨香街道办事处审核和报批工作。坚决贯彻落实《兵团向南发展规划纲要》精神，二师铁门关市拟设建制镇行政区划调整工作稳步推进，州党委、人大、政府、政协会议研究通过了《新疆生产建设兵团第二师22团、23团、24团、26团、27团、36团、37团、38团（一期）、223团行政区划调整方案》，同意将以上9个团场划归铁门关市管辖，由兵团第二师铁门关市按照相关程序要求，逐级上报国务院审批。

根据当地实际情况，先后指导各县市开展宗教色彩地名清理整治和更名工作，清理整治浓厚宗教色彩地名73个。先后编撰完成《新疆地名大辞典（巴州部分）》《新疆政区大典（巴州部分）》。与住建、工商等部门联合开展不规范地名清理整顿工作，建立地名标志牌设置和日常维护管理长效机制。

不断完善地名网站、数字门牌等服务功能，提高地名信息化和公共服务水平，并在公安、住建、民宗、国土、统计领域得到广泛应用。

五、工作成效显著　业绩结硕果

坚守普查一线，无论遇到什么样的困难，郭卫星都身先士卒，带领工作人员一一解决。在互查工作中郭卫星同志带头放弃节假日休息，全身心投入到工作中，同样一个任务，落在他手里，他总能高效率完成。

由于工作出色，1991 年 9 月被巴州社会治安见义勇为奖励基金会授予见义勇为先进个人；2003 年 1 月，被中华人民共和国人事部、民政部联合荣记一等功。郭卫星同志严谨的工作态度和优良的工作作风得到了自治区、自治州、县市、乡镇、村社区领导的表扬，在 2010 年至 2017 年的 8 个年度考核中，连续 3 年被评为“优秀”等次，为自治州全体普查员树立了榜样。

走过严寒酷暑　奉献地名普查

——记新疆生产建设兵团勘测设计院（集团）有限责任公司马莉娜

马莉娜，1984年出生，现任新疆兵团勘测设计院（集团）有限责任公司高级工程师，是兵团第二次全国地名普查工作第二师、第八师主要负责人。2014年8月，尚在休产假的马莉娜就参加了地名普查外业培训工作。2015年，兵团第二次全国地名普查工作全面拉开帷幕，此时正是普查工作需要人手的关键时期，马莉娜在孩子刚满周岁就离开家，带领调查组成员先后奔赴第十二师、第八师、第二师以及第四师各团场开展调查工作，奔波辗转，一走就是小半年，顾不了孩子也顾不了家。

2015年10月18日，在八师开展调查工作时，工作时间紧、任务重，马莉娜却突然接到唯一的妹妹病逝的消息，19日她匆匆赶回家，20日参加完妹妹的葬礼后就带着悲伤，匆匆赶回工作组继续工作，留下无尽遗憾。

八师团场的外业工作完成了，各组回到乌市进行短暂的休整，为奔赴下一个师做好准备。因其他工作的紧急要求，马莉娜又马不停蹄奔赴北京，由于工作性质特殊，且工作量十分巨大，为不耽误即将开展的第二师地名普查工作，马莉娜在北京封闭工作期间，日夜加班追赶进度，终于完成了所有工作，于地名普查项目组赴下一个师的前一夜，从北京赶回乌鲁木齐，第二日就带领调查组与大部队一起奔赴下一个师，继续开展兵团南疆师团的地名普查工作。

长期的四处奔波，休息不好，使得马莉娜在北京就病了，一直咳嗽不断，病毒引起中耳炎，鼓膜疼痛，左耳听力下降。此时已进隆冬，夜长昼短，为调查增添了许多困难。在这种情况下，为不耽误工作进度，马莉娜依然没有休息，在团场医务室抽血化验检查完就继续工作。医生让输液，可是输液太浪费时间了，冬日里白天短，调查时间本就不足，所以马莉娜要求医生不输液，只开口服药。

库尔勒一线的调查工作完成了，塔里木一线的调查工作仍在继续，这一

马莉娜在进行外业调查

年的冬天格外冷，常年不降雪的塔克拉玛干沙漠也覆盖上了皑皑白雪，塔里木的调查工作难度成倍地增加了，可这又算什么呢！马莉娜一路前行，带领着组员们齐心协力地解决调查中遇到的问题，使调查工作在计划中稳步推进，最终胜利完成！

2016 年，马莉娜再次带领调查组赴石河子开展一市两镇的地名普查工作。这一年的夏天格外炎热，连日 40 多摄氏度的高温使得马路上人烟稀少。可是普查组的身影却穿梭在每个地名标志和地名采集点间，不论日晒雨淋，他们放弃所有节假日，保质保量地推进各项调查工作。由于家人就在石河子市住，每当家人看到石河子随处可见的地名宣传内容时，都会高兴地告诉马莉娜：“你们的地名普查宣传工作做得好！”马莉娜会说：“我们的调查工作做得更好！”石河子市的调查工作顺利完成了。

2016 年 8 月在奔赴四师开展部分团场调查工作的前夕，马莉娜和家人作别，而此时，一向身体健朗，92 岁高龄的爷爷健康却出现了问题，为了不让马莉娜担心，爷爷说没关系，等她回来就好了。可是马莉娜没想到，这一去，就再也见不到亲爱的爷爷了。在外工作，每天晚上回到住处，她都和家人通电话，得知爷爷的状况越来越不好，焦急不安中，为能够早些回去只能加快工作进度。组员们无怨无悔地全力支持组长，马莉娜心存感激。9 月 24 日晚上马莉娜和爷爷通了电话，爷爷的声音竟洪亮了起来，还叮嘱马莉娜要好好工作，大家都以为这是将要变好的转机，却没想到，这竟是回光返照。9 月 25 日，爷爷走了……，留给马莉娜的最后一句话是“好好工作……”

兵团第二次全国地名普查工作有很多的人参与其中，每个人都有自己的故事，大家都在自己的岗位上努力付出，奠定属于自己的那块砖，汇聚着力量。正是因为有了马莉娜等人的辛苦付出，我们的地名工作才会坚定地前行，兵团地名事业才会稳步发展。

不忘初心　锐意进取
不断提升师市地名公共管理水平

——记新疆生产建设兵团第十师北屯市民政局王晨龙

王晨龙是新疆生产建设兵团第十师北屯市民政局地名普查项目的一名普通工作人员，是支持边疆建设发展，全力维护社会稳定、积极向上、勇挑重担的90后优秀青年。2011年大学毕业，怀揣报效国家、实现个人价值的梦想，王晨龙毅然决然地告别父母、离开生活了20余年的家乡，积极投身参加西部大学生计划。他一路高歌：“到西部去，到基层去，到祖国最需要的地方去……”，来到祖国最西北的边陲小城——新疆生产建设兵团第十师北屯市。兵团第十师位于祖国的西北角，地跨阿勒泰、塔城两地区，是一个典型的边境师。“我家住在路尽头，界碑就在房背后。界河边上种庄稼，边境线旁牧牛羊”就是对边境一线——第十师185团和186团的真实写照。作为新一代的兵团人，王晨龙始终铭记历史赋予兵团人的职责使命，将“热爱祖国、无私奉献、艰苦创业、开拓进取”的兵团精神牢记于心，在地名普查工作中，用勤劳、智慧和汗水，以实际行动践行着自己曾经许下的诺言。

不断提升综合素质和业务能力

王晨龙把学习贯彻习近平新时代中国特色社会主义思想和党的十九大精神，“不忘实心、牢记使命”等学习教育与本职工作相结合，坚持政治理论学习，坚定为民服务理想信念，牢记职责使命，始终坚持加强地名理论研究和创新工作方式方法。在他的积极工作下，十师以完善地名数据库建设，构建高起点、高标准、高质量、高效率的地名信息运用系统平台为依托，使师市地名管理更加科学、规范，更好地为师市各项事业发展和职工群众生产生活提供优质服务，为有效推进“数字十师”和“智慧城市”建设提供了强有力的基础保障。

把地名普查工作真正做实做细

初到十师民政局，局领导即安排王晨龙从事第二次全国地名普查工作，对于刚从学校毕业从未接触过这项工作的他，有种初生牛犊不怕虎的劲头，带着饱满的热情一头扎进工作中。王晨龙克服人手少、时间紧、环境恶劣等诸多困难，利用“5+2”“白+黑”的工作模式，加班加点、克难攻坚，迅速从一个门外汉成长为行业精英，这一干就是整整8个春夏秋冬。2011—2013年，完成师市181—188团8个团场兵团第二次全国地名普查试点工作，基本完成了属性地名数据库建设，总计录入地名数据信息1303条，导入多媒体照片460余张，录入地名信息32类1195条。2016年6月5日正式启动对十师师直、北屯市、屯南煤矿外业调查和十师10个团场，包括181团、182团、183团、184团、185团、186团、187团、188团、189团、190团的地名补查工作。外业调查共收录地名2060个，拍摄多媒体照片2562张，实测地名数量达75%以上，填写地名登记表2060张，地名标志登记表1530张。按照国务院地名普查办、兵团的要求及兵团民政局下发的《关于开展2016年度兵团第二次全国地名普查工作安排的通知》安排部署，十师地名普查资料完成补录工作，补录多媒体照片2082张，上报国家进行复验。

全力提升地名规范化管理水平

第十师北屯市地名规划工作有序推进。自2011年12月28日挂牌建市以来，北屯城市面貌发生了很大改观，随着北屯市作为全国“智慧城市”的试点城市，北屯市地名管理工作先行展开并有序推进，对城市化各项进程起到了至关重要的作用。2014年王晨龙参与编制北屯市城区地名命名规划方案，通过座谈和实地调研，查阅北屯历史资料和规划，对城区规划道路进行分析归类，对北屯城区124条道路名称和新申报的10个小区进行命名，对28个小区区域范围进行了调整。同时，利用两个月的时间对北屯市城区沿街商铺进行地址编码，同年11月完成北屯市城区3万多块地名标志牌的制作安装工作。同时，在规划前期，王晨龙积极主动与相关部门对接，按照程序规定，就新建道路、居民小区和标志性建筑建议由建设单位提出命名申请，经民政局审核，报市政府审批。尤其加强对全师团场及连队的地名命名工作，严格把关，切实做到地名命名规范化管理。

地名清理整顿工作进展顺利。随着城市建设的快速发展，从 2014 年 7 月起，北屯市城区道路名称及北屯市城市总体规划进行修编，城区建设、道路规划等工作任务总量大幅度提高，团场道路和小区未命名、随意命名、重名等不符合国家地名规范管理情况普遍存在。结合兵团开展的第二次全国地名普查工作，师市民政局决定由王晨龙负责统一整治师团地名中存在的“刻意夸大、崇洋媚外、怪异难懂、重名同音”等不规范现象，进一步规范地名命名、更名、发布和使用，使师团地名更好地体现和彰显十师北屯市经济发展成果和屯垦戍边的军垦精神。经过不懈努力，对北屯市城区新增的 93 条道路，以及 400 多条团场道路、小区地名和连队标准地名地址进行认真规划，确保规划后的地名“规范、有序、好用、稳定”。

全国地名地址库示范试点城市建设工作掷地有声。2016 年北屯市被指定为全国地名地址库示范试点城市后，师市民政局高度重视，主动作为，申请并建设北屯市地名地址数据库管理与服务系统，形成统一、权威的地名地址管理应用平台，促进了北屯市公共信息资源的充分利用，全面提高城市信息化管理水平。为达到预期效果，主要负责此项工作的王晨龙经常加班加点、废寝忘食地收集整理资料，多次与设计单位沟通系统应用过程中出现的问题和自己的想法，为软件的正常运行提出切实可行的建设性意见。目前，已导入北屯城区基础数据 3 万余条，每年办理门牌证 5000 多本，顺利完成民政部、兵团民政局的验收工作，并被民政部评为优秀等次。北屯市地名地址数据库为兵团地名地址数据库的建设提供了基本框架，为兵团地名地址工作提供了基础保障。

王晨龙（右 1）在进行地名普查工作

《中华人民共和国政区大典》（新疆分卷）北屯市政区大典编纂工作圆满完成。2013 年，王晨龙负责完成了北屯市政区大典编纂工作，提供 1 万余字的北屯市地名资料，为《中华人民共和国政区大典》（新疆分卷）的出版发行提供了翔实可靠的资料，同时也填补了十师北屯市地名领域内容的空白，具有重要的文献价值和实用价值。还先后参与兵团地名故事、地名图志及“美丽中国 · 地名寻梦”视频征集等活动，为各项工作的顺利开展付出了常人难以想象的艰辛和努力。

作为一名基层的地名普查人员，王晨龙秉承兵团人特别能吃苦、特别能奉献、特别能战斗的吃苦耐劳精神和民政工作理念，勤劳肯干，默默奉献，用自己的聪明才智耕耘着地名普查这份自己所热爱的事业。由于他严谨的工作作风和一贯认真负责的工作态度，在地名数据、介质的管理和使用过程中从未出现一起失误、失泄密事件，得到了同行业专家的高度评价，也得到领导和同事们的普遍认可和广泛赞誉。

王晨龙说：“我热爱十师这片热土，我的心已深深地扎根在了北屯，我要用双脚丈量这座城市，亲身见证北屯的发展、壮大和辉煌。当我看到北屯的街路、小区、商铺的地名能为辖区各族干部职工群众以及外地游客、来此地办事的各族同胞提供便利快捷的服务时，所有的辛苦和劳累就会烟消云散。这是对我工作最大的认可和支持，因为我爱十师爱北屯，我热爱地名普查这份崇高而又伟大的事业。”

珍惜地名始于心　认真普查践于行

——记新疆生产建设兵团勘测设计院（集团）有限责任公司王梓蔚

王梓蔚，女，汉族，大学本科学历，中共党员，2015 年 7 月入职新疆兵团勘测设计院（集团）有限责任公司测绘地理信息分院。在第二次全国地名普查工作中，她认真负责、脚踏实地、无怨无悔，用实际行动展现出了一名年轻党员应有的风采，圆满完成了地名普查的各项工作。

对于一名初到工作岗位，从来没有接触过普查类项目的年轻同志来说，面对如此重大的普查工作，她没有退缩，下定决心，从理论知识入手，提高自身业务能力。

自 2015 年 9 月份普查培训开始，她积极参加培训，认真记录，把不清楚的地方全部记录下来，利用休息时间仔细琢磨，与项目组其他成员讨论、交流，参加十二师的外业调查试点工作，很快掌握了普查工作的各项工作流程。

王梓蔚在进行地名普查工作

2015 年 10 月，她全程全身心投入到普查工作中，毫不懈怠，跟随项目组去到了八师莫索湾片区，正式开展地名普查工作。在完成第一个团场的普查工作到达 149 团后，面对人手不足、时间紧迫的实际情况，她主动承担起独自进行调查工作的任务，并向小组长保证能如期按时按点地完成 149 团全团将近300条地名的调查工作。为了不影响工作进度，她几乎放弃了休息时间：从清晨到太阳落山，她抓紧每一分外业工作的黄金时间；结束外业工作回到宾馆，又继续伏在电脑前整理数据直到凌晨4点……在这样夜以继日的状态下，终于用一周的时间完成了149团的地名普查工作。她认真踏实的工作态度，得到了当地民政科领导及工作人员的一致好评。

2015年12月，王梓蔚继续跟随项目组奔赴南疆开展第二师的地名普查工作。那一年的冬天，南疆出现罕见的低温、大雪天气，加上所住的宾馆暖气供应不足，她病倒了。雪上加霜的是，二师的工作进展也不顺利，偶尔出现突发状况。这使她无暇顾及身体上的不适，时刻集中精神于工作之中，工作效率丝毫不减。这样的坚持对同行的同事是一种无言的鼓励，大家齐心协力，跨过了一个又一个难关。

回到乌鲁木齐已是2016年1月中旬。在外的一个多月里没有周末休息，始终保持高强度作业，在各地的宾馆中辗转。回到熟悉的办公室，王梓蔚像回到家一样身心轻快，然而她清醒地知道接下来还有更重的任务需要完成。回到乌鲁木齐的第二天，她立刻投身内业工作中。按项目组工作安排，她承担八师、二师地名数据修改的重任，需要在5月底前将近3000条地名数据，参照标准规范全部修改完毕并提交审核。时不我待，她主动放弃周末、节假日，每天最后一个离开办公室，在深夜打开家门，一如在外的每一个日日夜夜。高效的工作，不懈的坚持，使她在规定的时间第一个完成工作任务并通过审核。

2016年6月，刚刚完成内业工作后，还来不及休息，王梓蔚便跟随项目组奔赴石河子市。此时正值炎热的夏季，石河子市的温度已接近40摄氏度。由于沿路需要采集的地名非常密集，且市区不便于停车，炎炎烈日下，她只能带领项目组成员步行采集城区每一条道路的地名，即使是在艳阳高照的中午，也坚持工作。晚上继续加班加点进行资料整理直到凌晨。项目组仅用3个月的时间就完成了石河子市及两个镇的地名普查工作，然后马不停蹄地奔赴下一个工作点——四师边境团场。

到达四师团场已是9月，正值团场秋收农忙季节，没过几天便是传统佳节中秋节和新疆少数民族的古尔邦节。既不能占用团场民政科负责人的休息时间，又要保证按时完成任务，王梓蔚改变了作业方式，选择先从团场范围、数据量都相对较少的68团入手，积极与团场工作人员沟通，最大限度取得当地人员的帮助，大大缩短了作业时间，按时完成了四师的地名普查工作。

从北疆到南疆，从酷暑到严寒，在将近1年的外业工作后，地名普查项目进入内业阶段，开始了大批量的数据整理工作。面对石河子市、第八师、第四师、第二师近万条地名数据，王梓蔚坚持逐条修改，遇到问题，及时与当地普查工作人员沟通，确保所做数据的真实性、完整性，直到2017年4月顺利将第一批成果上报国家。

2017年9月，国家地名普查实地督查小组前往新疆督导、检查，作为兵团重要的军垦城市，王梓蔚负责的石河子市被选为抽查对象，为此她深感责任重大。为了呈现一份高质量的普查成果，她又开始了高强度作业。面对大批量的数据档案，甚至连续通宵进行装订。长期的久坐，使她的腰疼得直不起来，但她仍然咬牙坚持，贴上膏药继续跟大家并肩作战。听闻成果顺利通过国家的抽查，她才真正地放松下来。

2017年11月，国家下发第一轮修改意见，恰逢项目负责人出差在外，无法组织修改工作。王梓蔚第一时间肩负起组织工作，分析国家修改意见，以及项目组专家提供的修改方案，带领项目组成员连续加班20多天。在这期间，办公室每天听到最多的话就是“王梓蔚，能不能过来一下”“王梓蔚，这个怎么弄”……王梓蔚的任务是修改第八师和石河子市两个数据库，同样的时间内，她的数据量相对更大，任务更重。但每一次，她都毫不犹豫地站起来，帮助大家解决问题，也导致她需要花费更长的时间完成自己的工作。那段时间，她依旧是第一个来，最后一个走。高度的责任感以及乐于助人的精神感动了项目组的每一个人，在这一阶段的工作结束后，每一位并肩作战的同事都由衷地对她说，辛苦了。

自2015年参与地名普查工作以来。无论是准备工作时，从手忙脚乱到有条不紊，还是外业调查时，冒着严寒酷暑，深入杂草丛生的渠首龙口、山里的牧点，实地调查每一条地名；无论是内业整理时，放弃无数个周末及节假日，加班加点只为保质保量完成任务，还是上报成果时，通宵整理资料，只为交一份满意的答卷……王梓蔚都能脚踏实地、毫不懈怠，遇到困难，积极面对，没有一丝怨言。这3年，她充分发挥党员的先进模范和带头作用，与项目组成员一起，在每一个阶段、每一条地名的填报中，严格按照普查填写规范，以收集的原始资料为依据，确保普查数据真实有效，最终高效率、高质量地完成了地名普查任务，成绩显著。

有人问，为什么你能如此坚持。王梓蔚说，因为我时刻记得我是谁。是的，作为一名兵团人，王梓蔚用自己不怕苦、不怕累的实际行动践行了艰苦奋斗、开拓进取的兵团精神；作为一名共产党员，她不忘初心、勇挑重担，时刻高标准、严要求自己的一言一行。在最青春的岁月里，她用自己昂扬向上的朝气、不畏艰难的勇气、不甘落后的拼劲，为地名普查工作贡献了自己最大的力量。